ETHERCAT
INDUSTRIAL ETHERNET APPLICATION
TECHNOLOGY

EtherCAT
工业以太网应用技术

李正军◎编著

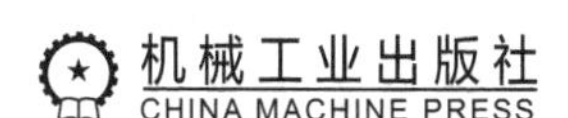

本书从科研、教学和工程应用出发，理论联系实际，全面系统地介绍了 EtherCAT 工业以太网的通信协议、EtherCAT 从站控制器（ESC）与硬件系统设计、从站信息规范与 XML 文件的编写、伺服驱动器控制应用协议、常用的 EtherCAT 主站、EtherCAT 从站驱动与应用程序设计及其移植方法和调试，力求所讲内容具有较强的可移植性、先进性、系统性、应用性及资料开放性，起到举一反三的作用。

全书共分 11 章，主要内容包括：工业以太网概述、EtherCAT 通信协议、EtherCAT 从站控制器、EtherCAT 从站硬件系统设计、EtherCAT 从站评估板与从站栈代码、EtherCAT 从站信息规范与 XML 文件、CANopen 与伺服驱动器控制应用协议、EtherCAT 主站、EtherCAT 从站驱动和应用程序设计、从站增加数字量和模拟量通信数据的方法和主站软件安装与从站开发调试。全书内容丰富，体系先进，结构合理，理论与实践相结合，尤其注重工程应用技术的讲解。

本书是在作者教学与科研实践经验的基础上，结合多年工业以太网技术的发展编写而成的，书中详细地介绍了作者在工业以太网应用领域的最新科研成果，给出了大量的应用设计实例。

本书可作为高等院校各类自动化、机器人、自动检测、机电一体化、人工智能、电子与电气工程、计算机应用及信息工程等专业的本科教材，同时可以作为相关专业的研究生教材，也适合从事 EtherCAT 工业以太网控制系统设计的工程技术人员参考。

图书在版编目（CIP）数据

EtherCAT 工业以太网应用技术/李正军编著. —北京：机械工业出版社，2020.2（2024.11 重印）
（工业自动化技术丛书）
ISBN 978-7-111-64818-5

Ⅰ.①E… Ⅱ.①李… Ⅲ.①工业企业-以太网 Ⅳ.①TP393.18

中国版本图书馆 CIP 数据核字（2020）第 030261 号

机械工业出版社（北京市百万庄大街 22 号 邮政编码 100037）
策划编辑：时 静 李馨馨 责任编辑：李馨馨 白文亭
责任校对：肖 琳 责任印制：郜 敏
北京富资园科技发展有限公司印刷
2024 年 11 月第 1 版第 6 次印刷
184mm×260mm · 39.25 印张 · 973 千字
标准书号：ISBN 978-7-111-64818-5
定价：188.00 元

电话服务 网络服务
客服电话：010-88361066 机 工 官 网：www.cmpbook.com
010-88379833 机 工 官 博：weibo.com/cmp1952
010-68326294 金 书 网：www.golden-book.com
封底无防伪标均为盗版 机工教育服务网：www.cmpedu.com

前　言

现场总线技术经过二十多年的发展，现在已进入稳定发展期。近几年，工业以太网技术的研究与应用得到了迅速的发展，工业以太网已经成为重要的工业控制网络。

EtherCAT 是由德国倍福（BECKHOFF）公司于 2003 年提出的实时工业以太网技术。它具有高速和高数据有效率的特点，支持多种设备以拓扑结构形式连接。其从站节点使用专用的控制芯片，主站使用标准的以太网控制器。EtherCAT 是一项高性能、低成本、应用简易、拓扑灵活的工业以太网技术，并于 2007 年成为国际标准。EtherCAT 技术协会（EtherCAT Technology Group，ETG）负责推广 EtherCAT 技术和对该技术的持续研发。

EtherCAT 扩展了 IEEE802.3 以太网标准，满足了运动控制对数据传输的同步实时要求。它充分利用了以太网的全双工特性，并通过“On Fly”模式提高了数据传送的效率。

EtherCAT 工业以太网技术在全球多个领域得到广泛应用。如机器控制、测量设备、医疗设备、汽车和移动设备以及无数的嵌入式系统中。

EtherCAT 由主站和从站组成工业控制网络，主站一般采用倍福公司的 TwinCAT 3 等产品或者采用开源主站（如 IgH、SOEM 等），从站可以选用市场上已有的产品。但对于一些有特定要求的设备，则需要开发 EtherCAT 从站。由于 EtherCAT 技术开发难度较大，且获取详细的技术开发资料需要先加入 ETG 成为会员，再加上 EtherCAT 有很多应用行规，给开发者带来了很大的困难。本书的目的就是让开发者对 EtherCAT 工业以太网有一个全面的理解，通过本书的学习，能够对开发和应用 EtherCAT 工业以太网有所帮助。

本书共分 11 章。第 1 章介绍了工业以太网技术及其通信模型和优势、实时以太网和实时工业以太网模型分析及国内外流行的工业以太网；第 2 章首先对 EtherCAT 工业以太网进行了整体架构介绍，然后讲述了 EtherCAT 通信协议，包括 EtherCAT 规范概述、EtherCAT 物理层服务和协议规范、EtherCAT 数据链路层、EtherCAT 数据链路层协议规范、EtherCAT 应用层服务、EtherCAT 应用层协议规范；第 3 章详述了 EtherCAT 从站控制器，包括 EtherCAT 从站控制器概述、EtherCAT 从站控制器的倍福解决方案、EtherCAT 从站控制器 ET1100、EtherCAT 从站控制器的数据链路控制、EtherCAT 从站控制器的应用层控制、EtherCAT 从站控制器的存储同步管理、从站信息接口（SII）、分布时钟操作、EtherCAT 从站控制器 LAN9252、EtherCAT 从站控制器 AX58100、基于 Sitara 处理器的 EtherCAT 工业以太网、集成 EtherCAT 的 AM353x 处理器、netX 网络控制器、Anybus CompactCom 嵌入式工业网络通信技术；第 4 章详述了 EtherCAT 从站硬件系统设计，包括基于 ET1100 的 EtherCAT 从站硬件电路系统设计、基于 LAN9252 的 EtherCAT 从站硬件电路系统设计、8 通道模拟量输入智能测控模块（8AI）的设计、8 通道热电偶智能测控模块（8TC）的设计、8 通道热电阻智能测控模块（8RTD）的设计、4 通道模拟量输出智能测控模块（4AO）的设计、16 通道数字量输入智能测控模块（16DI）的设计、16 通道数字量输出智能测控模块（16DO）的设计、8 通道脉冲量输入智能测控模块（8PI）的设计；第 5 章详述了 EtherCAT 从站评估板与从站栈代码，包括 EL9800 EtherCAT 从站评估板、EtherCAT 从站栈代码；第 6 章详述了 EtherCAT

从站信息规范与XML文件，包括EtherCAT从站信息规范、XML文件及示例；第7章详述了CANopen与伺服驱动器控制应用协议，包括CAN总线简介、CANopen协议、IEC 61800-7通信接口标准、CoE、CANopen驱动和运动控制设备行规、CiA402伺服驱动器子协议应用、CiA402伺服驱动器子协议运行模式；第8章讲述了EtherCAT主站，包括EtherCAT主站分类、TwinCAT 3 EtherCAT主站、Acontis EtherCAT主站、IgH EtherCAT主站、SOEM EtherCAT主站、KPA EtherCAT主站、RSW-ECAT Master EtherCAT主站；第9章详述了EtherCAT从站驱动和应用程序设计，包括EtherCAT从站驱动和应用程序代码包架构、EtherCAT从站驱动和应用程序设计、EtherCAT通信中的数据传输过程；第10章详述了从站增加数字量和模拟量通信数据的方法，包括EtherCAT程序和XML文件修改概述、EtherCAT从站XML文件的修改实例、在EtherCAT从站开发板上增加一个自定义的变量、EtherCAT从站增加数字量输入/输出（DI/DO）数据通信的方法、EtherCAT从站增加模拟量输入/输出（AI/AO）数据通信的方法；第11章讲述了主站软件安装与从站开发调试，包括EtherCAT开发前的准备——软件的安装；EtherCAT从站的开发调试。

本书是作者科研实践和教学的总结，一些实例取自作者多年来的工业以太网科研攻关课题。对本书中所引用的参考文献的作者，在此一并向他们表示真诚的感谢。由于编者水平有限，并且EtherCAT工业以太网涉及的技术资料繁多，书中错误和不妥之处在所难免，敬请广大读者不吝指正。

编　者

目　录

第1章 工业以太网概述

近几年，工业以太网技术的研究与应用得到了迅速的发展，以其应用广泛、通信速率高及成本低廉等优势被引入到工业控制领域，成为新的热点。本章首先讲述工业以太网技术及其通信模型、实时以太网和实时工业以太网模型分析，然后介绍几种国内外流行的工业以太网，如 EtherCAT、SERCOS、EtherNet POWERLINK、PROFINET 和 EPA。

1.1 现场总线简介

现场总线（Fieldbus）自产生以来，一直是自动化领域技术发展的热点之一，被誉为自动化领域的计算机局域网，各自动化厂商纷纷推出自己的现场总线产品，并在不同的领域和行业得到了越来越广泛的应用，现在已处于稳定发展期。近几年，无线传感网络与物联网（IoT）技术也融入工业测控系统中。

按照国际电工委员会（IEC）对现场总线一词的定义，现场总线是一种应用于生产现场，在现场设备之间、现场设备与控制装置之间实行双向、串行及多节点数字通信的技术。它作为工业数据通信网络的基础，沟通了生产过程现场级控制设备之间，及其与更高控制管理层之间的联系。它不仅是一个基层网络，而且还是一种开放式、新型全分布式控制系统。这项以智能传感、控制、计算机及数据通信为主要内容的综合技术，已成为自动化技术发展的热点，并将导致自动化系统结构与设备的深刻变革。

1.1.1 现场总线的产生

在过程控制领域中，从 20 世纪 50 年代至今一直都在使用着一种信号标准，那就是 4~20mA 的模拟信号标准。20 世纪 70 年代，数字式计算机引入到测控系统中，而此时的计算机提供的是集中式控制处理。20 世纪 80 年代微处理器在控制领域得到应用，微处理器被嵌入到各种仪器设备中，形成了分布式控制系统。在分布式控制系统中，各微处理器被指定运行一组特定任务，通信则由一个带有附属“网关”的专有网络提供，网关的程序大部分是由用户编写的。

随着微处理器的发展和广泛应用，产生了以 IC 代替常规电子线路，以微处理器为核心，实施信息采集、显示、处理、传输及优化控制等功能的智能设备。对于一些具有专家辅助推断分析与决策能力的数字式智能化仪表产品，其本身具备了诸如自动量程转换、自动调零、自校正及自诊断等功能，还能提供故障诊断、历史信息报告、状态报告及趋势图等功能。通信技术的发展，促使传送数字化信息的网络技术开始广泛应用。与此同时，基于质量分析的维护管理、与安全相关系统的测试的记录以及环境监视需求的增加，都要求仪表能在当地处理信息，并在必要时允许被管理和访问，这些也使现场仪表与上级控制系统的通信量大增。另外，从实际应用的角度，控制界也不断在控制精度、可操作性、可维护性及可移植性等方面提出新需求。由此，现场总线产生了。

现场总线就是用于现场智能化装置与控制室自动化系统之间的一个标准化的数字式通信链路，可进行全数字化、双向及多站总线式的信息数字通信，实现相互操作以及数据共享。现场总线的主要目的是用于控制、报警和事件报告等工作。现场总线通信协议的基本要求是响应速度和操作的可预测性的最优化。现场总线是一个低层次的网络协议，在其之上还允许有上级的监控和管理网络，负责文件传送等工作。现场总线为引入智能现场仪表提供了一个开放平台，基于现场总线的分布式控制系统（FCS），将是继 DCS 后的新一代控制系统。

1.1.2 现场总线标准的制定

数字技术的发展完全不同于模拟技术，数字技术标准的制订往往早于产品的开发，标准决定着新兴产业的健康发展。国际电工委员会/国际标准协会（IEC/ISA）自 1984 年起着手现场总线标准工作，但统一的标准至今仍未完成。

IEC TC65（负责工业测量和控制的第 65 标准化技术委员会）于 1999 年底通过的 8 种类型的现场总线作为 IEC 61158 最早的国际标准。

最新的 IEC 61158 Ed. 4 标准于 2007 年 7 月出版。

IEC 61158 Ed. 4 由多个部分组成，主要包括以下内容：

IEC 61158-1 总论与导则；

IEC 61158-2 物理层服务定义与协议规范；

IEC 61158-300 数据链路层服务定义；

IEC 61158-400 数据链路层协议规范；

IEC 61158-500 应用层服务定义；

IEC 61158-600 应用层协议规范。

IEC 61158 Ed. 4 标准包括的现场总线类型如下：

Type 1　IEC 61158（FF 的 H1）；

Type 2　CIP 现场总线；

Type 3　PROFIBUS 现场总线；

Type 4　P-Net 现场总线；

Type 5　FF HSE 现场总线；

Type 6　SwiftNet 被撤销；

Type 7　WorldFIP 现场总线；

Type 8　INTERBUS 现场总线；

Type 9　FF H1 以太网；

Type 10　PROFINET 实时以太网；

Type 11　TCnet 实时以太网；

Type 12　EtherCAT 实时以太网；

Type 13 EtherNet Powerlink 实时以太网；

Type 14 EPA 实时以太网；

Type 15 Modbus-RTPS 实时以太网；

Type 16 SERCOS Ⅰ、Ⅱ现场总线；

Type 17 VNET/IP 实时以太网；

Type 18 CC-Link 现场总线；

Type 19 SERCOS Ⅲ现场总线；

Type 20 HART 现场总线。

每种总线都有其产生的背景和应用领域。总线是为了满足自动化发展的需求而产生的，由于不同领域的自动化需求各有其特点，因此，在某个领域中产生的总线技术一般对这一特定领域的满足度高一些，应用多一些，适用性也好一些。

1.1.3 工业以太网引入工业领域

现场总线打破了传统控制系统的结构形式，采用数字信号替代模拟信号的传输，在一对双绞线上可以挂接多个节点。但在传输速率等方面具有一定的局限性，比如运动控制场合需要微妙级的数据刷新周期，现场总线难以满足其要求。工业以太网以其应用广泛、通信速率高及成本低廉等优势引入到工业控制领域，成为新的热点。工业以太网使用率正在工业自动化和过程控制市场上迅速增长，几乎所有远程 I/O 接口技术的供应商均提供一个支持 TCP/IP 协议的以太网接口，如 Siemens、Rockwell、GE、Fanuc 等，他们销售各自的 PLC 产品，但同时提供与远程 I/O 和基于 PC 的控制系统相连接的接口。

1.2 以太网与工业以太网概述

1.2.1 以太网技术

20 世纪 70 年代早期，国际上公认的第一个以太网系统出现于施乐（Xerox）公司的帕罗奥多研究中心（Palo Alto Research Center，PARC），它以无源电缆作为总线来传送数据，在 1000m 的电缆上连接了 100 多台计算机，并以曾经在历史上表示传播电磁波的介质“以太（Ether)”来命名，这就是如今以太网的鼻祖。以太网发展的历史见表 1-1。

表 1-1 以太网的发展简表

标准及重大事件	时间(速度),标志内容
Xerox 公司开始研发	1972 年
首次展示初始以太网	1976 年(2.94Mbit/s)
标准 DIX V1.0 发布	1980 年(10Mbit/s)
IEEE 802.3 标准发布	1983 年,基于 CSMA/CD 访问控制
10 Base-T	1990 年,双绞线
交换技术	1993 年,网络交换机
100 Base-T	1995 年,快速以太网(100Mbit/s)
千兆以太网	1998 年
万兆以太网	2002 年

IEEE 802代表OSI开放式系统互联七层参考模型中一个IEEE 802.n标准系列，IEEE 802介绍了此系列标准协议情况，主要描述了此LAN/MAN（局域网/城域网）系列标准协议的概况与结构安排。IEEE 802.n标准系列已被接纳为国际标准化组织（ISO）的标准，其编号命名为ISO 8802。以太网的主要标准见表1-2。

表1-2 以太网的主要标准

标准	内容描述
IEEE 802.1	体系结构与网络互联、管理
IEEE 802.2	逻辑链路控制
IEEE 802.3	CSMA/CD媒体访问控制方法与物理层规范
IEEE 802.3i	10Base-T基带双绞线访问控制方法与物理层规范
IEEE 802.3j	10Base-F光纤访问控制方法与物理层规范
IEEE 802.3u	100Base-T、FX、TX、T4快速以太网
IEEE 802.3x	全双工
IEEE 802.3z	千兆以太网
IEEE 802.3ae	10Gbit/s以太网标准
IEEE 802.3af	以太网供电
IEEE 802.11	无线局域网访问控制方法与物理层规范
IEEE 802.3az	100Gbit/s的以太网技术规范

1.2.2 工业以太网技术

人们习惯将用于工业控制系统的以太网统称为工业以太网。如果仔细划分，按照国际电工委员会SC65C的定义，工业以太网是用于工业自动化环境、符合IEEE 802.3标准、按照IEEE 802.1D“媒体访问控制（MAC）网桥”规范和IEEE 802.1Q“局域网虚拟网桥”规范、对其没有进行任何实时扩展（Extension）而实现的以太网。通过采用减轻以太网负荷、提高网络速度、采用交换式以太网和全双工通信、采用信息优先级和流量控制以及虚拟局域网等技术，到目前为止可以将工业以太网的实时响应时间做到5~10ms，相当于现有的现场总线。采用工业以太网，由于具有相同的通信协议，能实现办公自动化网络和工业控制网络的无缝连接。

以太网和工业以太网的比较见表1-3。

表1-3 以太网和工业以太网的比较

项目	工业以太网设备	商用以太网设备
元器件	工业级	商用级
接插件	耐腐蚀、防尘、防水，如加固型RJ45、DB-9及航空插头等	一般RJ45
工作电压	DC 24V	AC 220V
电源冗余	双电源	一般没有
安装方式	DIN导轨和其他固定安装	桌面、机架等
工作温度	-40~85℃或-20~70℃	5~40℃
电磁兼容性标准	EN 50081-2(工业级EMC) EN 50082-2(工业级EMC)	办公室用EMC
MTBF值	至少10年	3~5年

工业以太网即应用于工业控制领域的以太网技术，它在技术上与商用以太网兼容，但又必须满足工业控制网络通信的需求。在产品设计时，材质的选用、产品的强度、可靠性、抗干扰能力及实时性等方面应满足工业现场环境的应用。一般而言，工业控制网络应满足以下要求。

1）具有较好的响应实时性：工业控制网络不仅要求传输速度快，而且在工业自动化控制中还要求响应快，即响应实时性好。

2）可靠性和容错性要求：能安装在工业控制现场，且能够长时间连续稳定运行，在网络局部链路出现故障的情况下，能在很短的时间内重新建立新的网络链路。

3）力求简洁：减小软硬件开销，从而降低设备成本，同时可以提高系统的健壮性。

4）环境适应性要求：包括机械环境适应性（如耐振动、耐冲击）、气候环境适应性（工作温度要求为-40～85℃，至少为-20～70℃，并要耐腐蚀、防尘、防水）、电磁环境适应性或电磁兼容性 EMC 应符合 EN50081-2/EN50082-2 标准。

5）开放性好：由于以太网技术被大多数的设备制造商所支持，并且具有标准的接口，系统集成和扩展更加容易。

6）安全性要求：在易爆可燃的场合，工业以太网产品还需要具有防爆要求，包括隔爆、本质安全。

7）总线供电要求：即要求现场设备网络不仅能传输通信信息，而且要能够为现场设备提供工作电源。这主要是从线缆铺设和维护方便的角度考虑，同时总线供电还能减少线缆用量，降低成本。IEEE 802.3af 标准对总线供电进行了规范。

8）安装方便：适应工业环境的安装要求，如采用 DIN 导轨安装。

1.2.3 工业以太网通信模型

工业以太网协议在本质上仍基于以太网技术，在物理层和数据链路层均采用了 IEEE 802.3 标准，在网络层和传输层则采用被称为以太网“事实上的标准”的 TCP/IP 协议簇（包括 UDP、TCP、IP、ICMP、IGMP 等协议），它们构成了工业以太网的低四层。在高层协议上，工业以太网协议通常都省略了会话层、表示层，而定义了应用层，有的工业以太网协议还定义了用户层（如 HSE）。工业以太网的通信模型如图 1-1 所示。

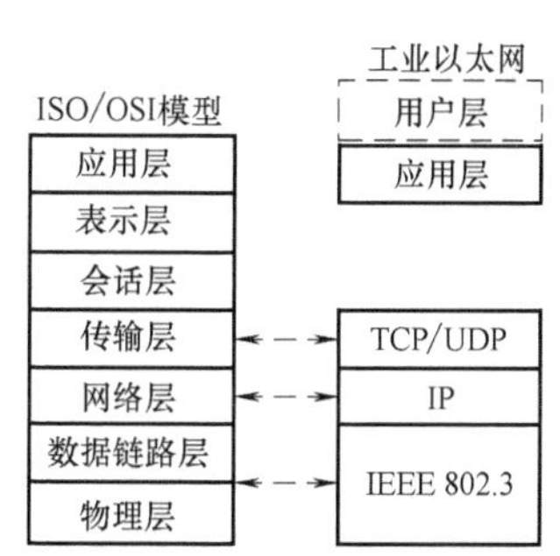

图 1-1 工业以太网的通信模型

工业以太网与商用以太网相比，具有以下特征。

（1）通信实时性

在工业以太网中，提高通信实时性的措施主要包括采用交换式集线器、使用全双工（full-duplex）通信模式、采用虚拟局域网（VLAN）技术、提高质量服务（QoS）以及有效的应用任务的调度等。

（2）环境适应性和安全性

首先，针对工业现场的振动、粉尘、高温和低温、高湿度等恶劣环境，对设备的可靠性提出了更高的要求。工业以太网产品针对机械环境、气候环境及电磁环境等需求，专门对线缆、接口及屏蔽等方面做出设计，符合工业环境的要求。

在易燃易爆的场合，工业以太网产品通过包括隔爆和本质安全两种方式来提高设备的生产安全性。

在信息安全方面，可利用网关构建系统的有效屏障，对经过它的数据包进行过滤。同时，随着加密、解密技术与工业以太网的进一步融合，工业以太网的信息安全性也得到了进一步的保障。

(3) 产品可靠性设计

工业控制的高可靠性通常包含以下三个方面内容。

1) 可使用性好，网络自身不易发生故障。

2) 容错能力强，网络系统局部单元出现故障，不影响整个系统的正常工作。

3) 可维护性高，故障发生后能及时发现和处理，通过维修使网络及时恢复。

(4) 网络可用性

在工业以太网系统中，通常采用冗余技术以提高网络的可用性，主要有端口冗余、链路冗余、设备冗余和环网冗余。

1.2.4 工业以太网的优势

以太网发展到工业以太网，从技术方面来看，与现场总线相比，工业以太网具有以下优势。

1) 应用广泛。以太网是目前应用最为广泛的计算机网络技术，受到广泛的技术支持。几乎所有的编程语言都支持 EtherNet 的应用开发，如 Java、Visual C++、Visual Basic 等。这些编程语言由于广泛使用，并受到软件开发商的高度重视，所以具有很好的发展前景。因此，如果采用以太网作为现场总线，可以保证有多种开发工具、开发环境供选择。

2) 成本低廉。由于以太网的应用广泛，受到硬件开发与生产厂商的高度重视与广泛支持，有多种硬件产品供用户选择，硬件价格也相对低廉。

3) 通信速率高。目前以太网的通信速率为 10Mbit/s、100Mbit/s、1000Mbit/s、10Gbit/s，其速率比目前的现场总线快得多，以太网可以满足对带宽有更高要求的场合。

4) 开放性和兼容性好，易于信息集成。工业以太网因为采用由 IEEE 802.3 所定义的数据传输协议，它是一个开放的标准，从而为 PLC 和 DCS 厂家广泛接受。

5) 控制算法简单。以太网没有优先权控制，意味着访问控制算法可以很简单。它不需要管理网络上当前的优先权访问级。还有一个好处是没有优先权的网络访问是公平的，任何站点访问网络的可能性都与其他站相同，没有哪个站可以阻碍其他站的工作。

6) 软硬件资源丰富。大量的软件资源和设计经验可以显著降低系统的开发和培训费用，从而可以显著降低系统的整体成本，并大大加快系统的开发和推广速度。

7) 不需要中央控制站。令牌环网采用了"动态监控"的思想，需要有一个站负责管理网络的各种家务。传统令牌环网如果没有动态监测是无法运行的。以太网不需要中央控制站，它不需要动态监测。

8) 可持续发展潜力大。由于以太网的广泛使用，使它的发展一直受到广泛的重视和大量的技术投入，由此保证了以太网技术不断地向前发展。

9) 易于与 Internet 连接。能实现办公自动化网络与工业控制网络的信息无缝集成。

1.2.5 实时以太网

工业以太网一般应用于通信实时性要求不高的场合。对于响应时间小于 5ms 的应用，工业以太网已不能胜任。为了满足高实时性能应用的需要，各大公司和标准组织纷纷提出各种提升工业以太网实时性的技术解决方案。这些方案建立在 IEEE 802.3 标准的基础上，通过对其和相关标准的实时扩展来提高实时性，并且做到与标准以太网的无缝连接，这就是实时以太网（Realtime EtherNet，RTE）。

根据 IEC 61784-2—2010 标准定义，所谓实时以太网，就是根据工业数据通信的要求和特点，在 ISO/IEC 8802-3 协议基础上，通过增加一些必要的措施，使之具有实时通信能力，具体如下。

1）网络通信在时间上的确定性，即在时间上，任务的行为可以预测。

2）实时响应适应外部环境的变化，包括任务的变化、网络节点的增/减以及网络失效诊断等。

3）减少通信处理延迟，使现场设备间的信息交互在极短的通信延迟时间内完成。

2007 年出版的 IEC 61158 现场总线国际标准和 IEC 61784-2 实时以太网应用国际标准收录了以下 10 种实时以太网技术和协议，见表 1-4。

表 1-4　IEC 国际标准收录的工业以太网

技术名称	技术来源	应用领域
EtherNet/IP	美国 Rockwell 公司	过程控制
PROFINET	德国 Siemens 公司	过程控制、运动控制
P-NET	丹麦 Process-Data A/S 公司	过程控制
Vnet/IP	日本 Yokogawa 公司	过程控制
TC-net	日本 Toshiba 公司	过程控制
EtherCAT	德国 BECKHOFF 公司	运动控制
EtherNet Powerlink	奥地利 B&R 公司	运动控制
EPA	浙江大学、浙江中控公司等	过程控制、运动控制
Modbus/TCP	法国 Schneider-Electric 公司	过程控制
SERCOS-Ⅲ	德国 Hilscher 公司	运动控制

1.2.6　实时工业以太网模型分析

实时工业以太网采用不同的实时策略来提高实时性能，根据其提高实时性策略的不同，实现模型可分为 3 种。实时工业以太网实现模型如图 1-2 所示。

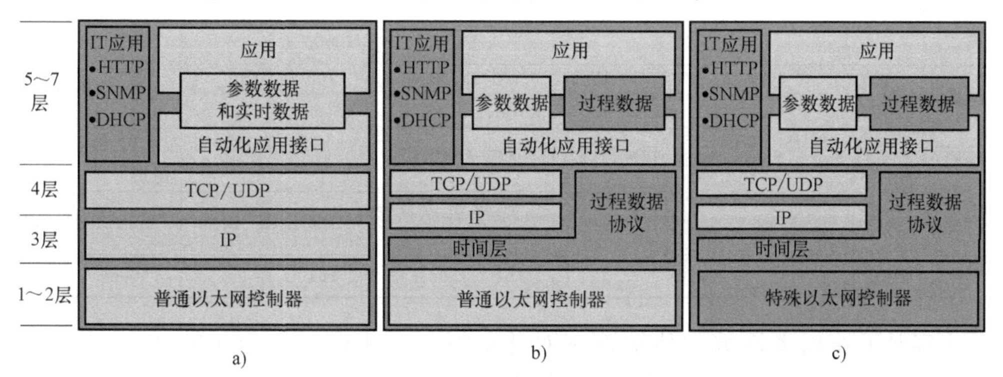

图 1-2　实时工业以太网实现模型

图 1-2a 中的情况是基于 TCP/IP 实现，在应用层上做修改。此类模型通常采用调度法、数据帧优先级机制或使用交换式以太网来滤除商用以太网中的不确定因素。这一类工业以太网的代表有 Modbus/TCP 和 EtherNet/IP。此类模型适用于实时性要求不高的应用中。

图 1-2b 中的情况基于标准以太网实现，在网络层和传输层上进行修改。此类模型将采用不同机制进行数据交换，对于过程数据采用专门的协议进行传输，TCP/IP 用于访问商用网络时的数据交换。常用的方法有时间片机制。采用此模型典型协议包含 Ethemet POWERLINK、EPA 和 PROFINET RT。

图 1-2c 中的情况是基于修改的以太网，基于标准的以太网物理层，对数据链路层进行了修改。此类模型一般采用专门硬件来处理数据，实现高实时性，通过不同的帧类型来提高确定性。基于此结构实现的以太网协议有 EtherCAT，SERCOSⅢ和 PROFINET IRT。

对于实时以太网的选取应根据应用场合的实时性要求。

工业以太网的三种实现见表 1-5。

表 1-5 工业以太网的三种实现

序号	技术特点	说 明	应用实例
1	基于 TCP/IP 实现	特殊部分在应用层	Modbus/TCP EtherNet/IP
2	基于以太网实现	不仅实现了应用层，而且在网络层和传输层做了修改	EtherNet POWERLINK PROFINET RT
3	修改以太网实现	不仅在网络层和传输层做了修改，而且改进了底下两层，需要特殊的网络控制器	EtherCAT SERCOSⅢ PROFINET IRT

1.2.7 几种实时工业以太网的比较

几种实时工业以太网的对比见表 1-6。

表 1-6 几种实时工业以太网的对比

项目	名称					
	EtherCAT	SERCOS Ⅲ	PROFINET IRT	POWERLINK	EPA	EtherNet/IP
管理组织	ETG	IGS	PNO	EPG	EPA 俱乐部	ODVA
通信机构	主/从	主/从	主/从	主/从	C/S	C/S
传输模式	全双工	全双工	半双工	半双工	全双工	全双工
实时特性	100 轴，响应时间 100μs	8 轴，响应时间 32.5μs	100 轴，响应时间 1ms	100 轴，响应时间 1ms		1~5ms
拓扑结构	星形、线形、环形、树形、总线型	线形、环形	星形、线形	星形、树形、总线型	树形、星形	星形、树形
同步方法	时间片+IEEE1588	主节点+循环周期	时间槽调度+IEEE1588	时间片+IEEE1588	IEEE1588	IEEE1588
同步精度	100ns	<1μs	1μs	1μs	500ns	1μs

几个实时工业以太网数据传输速率对比如图 1-3 所示。实验中有 40 个轴（每个轴 20Byte 输入和输出数据），50 个 I/O 站（总计 560 个 EtherCAT 总线端子模块），2000 个数字

量，200 个模拟量，总线长度 500m。测试得到 EtherCAT 网络循环时间是 276μs，总线负载 44%，报文长度 122μs，性能远远高于 SERCOSⅢ、PROFINET IRT 和 POWERLINK。

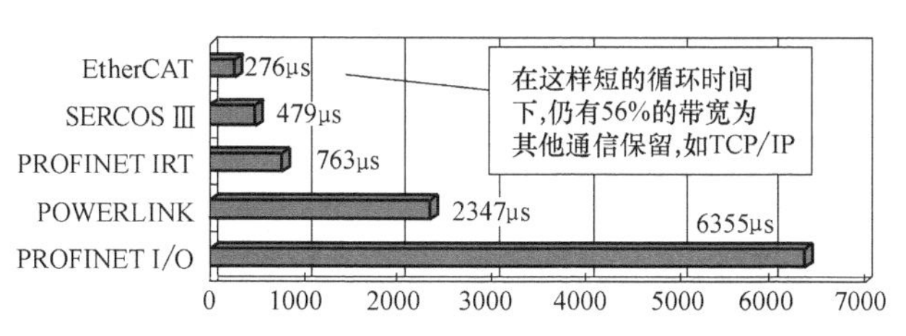

图 1-3 几个实时工业以太网数据传输速率对比

根据对比分析可以得出，EtherCAT 实施工业以太网各方面性能都很突出。EtherCAT 极短的循环时间、高速、高同步性、易用性和低成本使其在机器人控制、机床应用、CNC 功能、包装机械、测量应用、超高速金属切割、汽车工业自动化、机器内部通信、焊接机器、嵌入式系统、变频器及编码器等领域获得广泛的应用。

同时因拓扑的灵活，无须交换机或集线器、网络结构没有限制及自动连接检测等特点，使其在大桥减震系统、印刷机械、液压/电动冲压机以及木材交工设备等领域具有很高的应用价值。

国外很多企业对 EtherCAT 的技术研究已经比较深入，而且已经开发出了比较成熟的产品。如 BECKHOFF、Kollmorgen、Phase、NI、SEW、TrioMotion、MKS、Omron、CopleyControls 等自动化设备公司都推出了一系列支持 EtherCAT 的驱动设备。国内对 EtherCAT 技术的研究尚处于起步阶段，而且国内的 EtherCAT 市场基本都被国外的企业所占领。

1.3 几种流行的工业以太网

1.3.1 EtherCAT

EtherCAT 是由德国倍福公司开发的，并且在 2003 年底成立了 ETG 工作组（EtherNet Technology Group）。EtherCAT 是一个可用于现场级的超高速 I/O 网络，它使用标准的以太网物理层和常规的以太网卡，介质可为双绞线或光纤。

1. 以太网的实时能力

目前，有许多方案力求实现以太网的实时能力。

例如，CSMA/CD 介质存取过程方案，即禁止高层协议访问过程，而由时间片或轮循方式所取代的一种解决方案。

另一种解决方案则是通过专用交换机精确控制时间的方式来分配以太网包。

这些方案虽然可以在某种程度上快速准确地将数据包传送给所连接的以太网节点，但是，输出或驱动控制器重定向所需要的时间以及读取输入数据所需要的时间都要受制于具体的实现方式。

如果将单个以太网帧用于每个设备，从理论上讲，其可用数据率非常低。例如，最短的以太网帧为 84Byte（包括内部的包间隔 IPG）。如果一个驱动器周期性地发送 4Byte 的实际值和状态信息，并相应地同时接收 4Byte 的命令值和控制字信息，那么，即便是总线负荷为

100%时，其可用数据率也只能达到 4/84= 4.8%。如果按照 10 μs 的平均响应时间估计，则速率将下降到 1.9%。对所有发送以太网帧到每个设备（或期望帧来自每个设备）的实时以太网方式而言，都存在这些限制，但以太网帧内部所使用的协议则是例外。

一般常规的工业以太网的传输方法都采用先接收通信帧，进行分析后作为数据送入网络中各个模块的通信方式，而 EtherCAT 的以太网协议帧中已经包含了网络中各个模块的数据。

数据的传输采用移位同步的方法进行，即在网络的模块中得到其相应地址数据的同时，数据帧可以传送到下一个设备，相当于数据帧通过一个模块时输出相应的数据后，立即转入下一个模块。由于这种数据帧的传送从一个设备到另一个设备的延迟时间仅为微秒级，所以与其他以太网解决方法相比，性能得到了提高。在网络段的最后一个模块结束整个数据传输的工作，形成了一个逻辑和物理环形结构。所有传输数据与以太网的协议相兼容，同时采用双工传输，提高了传输的效率。

2. EtherCAT 的运行原理

EtherCAT 技术突破了其他以太网解决方案的系统限制，通过该项技术，无须接收以太网数据包，再将其解码，之后再将过程数据复制到各个设备。EtherCAT 从站设备在报文经过其节点时读取相应的编址数据，同样，输入数据也是在报文经过时插入至报文中。整个过程中，报文只有几纳秒的时间延迟。

由于发送和接收的以太网帧压缩了大量的设备数据，所以有效数据率可达 90%以上。100Mbit/s TX 的全双工特性完全得以利用，因此，有效数据率可大于 100Mbit/s。

符合 IEEE 802.3 标准的以太网协议无须附加任何总线即可访问各个设备。耦合设备中的物理层可以将双绞线或光纤转换为 LVDS，以满足电子端子块等模块化设备的需求。这样，就可以非常经济地对模块化设备进行扩展。

EtherCAT 的通信协议模型如图 1-4 所示。EtherCAT 通过协议内部可区别传输数据的优先权（Process Data），组态数据或参数的传输是在一个确定的时间中通过一个专用的服务通道进行（Acyclic Data），EtherCAT 系统的以太网功能与传输的 IP 协议兼容。

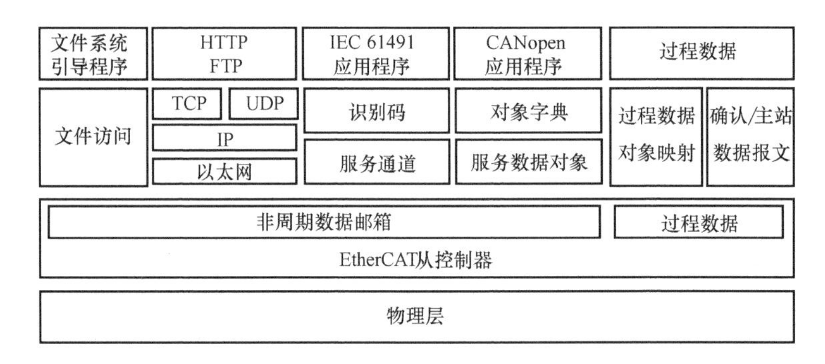

图 1-4　EtherCAT 通信协议模型

3. EtherCAT 的技术特征

EtherCAT 是用于过程数据的优化协议，凭借特殊的以太网类型，它可以在以太网帧内直接传送。EtherCAT 帧可包括几个 EtherCAT 报文，每个报文都服务于一块逻辑过程映像区的特定内存区域，该区域最大可达 4GB。数据顺序不依赖于网络中以太网端子的物理顺序，可任意编址。从站之间的广播、多播和通信均得以实现。当需要实现最佳性能，且要求 EtherCAT组件和控制器在同一子网操作时，则直接采用以太网帧传输。

然而，EtherCAT不止于单个子网的应用。EtherCAT UDP将EtherCAT协议封装为UDP/IP数据报文，这意味着任何以太网协议栈的控制均可编址到EtherCAT系统之中，甚至通信还可以通过路由器跨接到其他子网中。显然，在这种变体结构中，系统性能取决于控制的实时特性和以太网协议的实现方式。因为UDP数据报文仅在第一个站才完成解包，所以EtherCAT网络自身的响应时间基本不受影响。

另外，根据主/从数据交换原理，EtherCAT也非常适合控制器之间（主/从）的通信。自由编址的网络变量可用于过程数据以及参数、诊断、编程和各种远程控制服务，满足广泛的应用需求。主站/从站与主站/主站之间的数据通信接口也相同。

从站到从站的通信则有两种机制以供选择。

一种机制是，上游设备和下游设备可以在同一周期内实现通信，速度非常快。由于这种方法与拓扑结构相关，因此适用于由设备架构设计所决定的从站到从站的通信，如打印或包装应用等。

而对于自由配置的从站到从站的通信，则可以采用第二种机制，即数据通过主站进行中继。这种机制需要两个周期才能完成，但由于EtherCAT的性能非常卓越，因此该过程耗时仍然快于采用其他方法所耗费的时间。

EtherCAT仅使用标准的以太网帧，无任何压缩。因此，EtherCAT以太网帧可以通过任何以太网MAC发送，并可以使用标准工具。

EtherCAT使网络性能达到了一个新境界。借助于从站硬件集成和网络控制器主站的直接内存存取，整个协议的处理过程都在硬件中得以实现，因此，EtherCAT完全独立于协议栈的实时运行系统、CPU性能或软件实现方式。

超高性能的EtherCAT技术可以实现传统的现场总线系统难以实现的控制理念。EtherCAT使通信技术与现代工业PC所具有的超强计算能力相适应，总线系统不再是控制理念的瓶颈，分布式I/O可能比大多数本地I/O接口运行速度更快。EtherCAT技术原理具有可塑性，并不束缚于100Mbit/s的通信速率，甚至有可能扩展为1000Mbit/s的以太网。

现场总线系统的实际应用经验表明，有效性和试运行时间关键取决于诊断能力。只有快速而准确地检测出故障，并明确标明其所在位置，才能快速排除故障。因此，在EtherCAT的研发过程中，特别注重强化诊断特征。

试运行期间，驱动或I/O端子等节点的实际配置需要与指定的配置进行匹配性检查，拓扑结构也需要与配置相匹配。由于整合的拓扑识别过程已延伸至各个端子，因此，这种检查不仅可以在系统启动期间进行，也可以在网络自动读取时进行。

可以通过评估CRC校验，有效检测出数据传送期间的位故障。除断线检测和定位之外，EtherCAT系统的协议、物理层和拓扑结构还可以对各个传输段分别进行品质监视，与错误计数器关联的自动评估还可以对关键的网络段进行精确定位。此外，对于电磁干扰、连接器破损或电缆损坏等一些渐变或突变的错误源而言，即便它们尚未过度应变到网络自恢复能力的范围，也可对其进行检测与定位。

选择冗余电缆可以满足快速增长的系统可靠性需求，以保证设备更换时不会导致网络瘫痪。可以很经济地增加冗余特性，仅需在主站设备端增加使用一个标准的以太网端口，无须专用网卡或接口，并将单一的电缆从总线型拓扑结构转变为环型拓扑结构即可。当设备或电缆发生故障时，也仅需一个周期即可完成切换。因此，即使是针对运动控制要求的应用，电缆出现故障时也不会有任何问题。EtherCAT 也支持热备份的主站冗余。由于在环路中断时 EtherCAT 从站控制器将立刻自动返回数据帧，一个设备的失败不会导致整个网络的瘫痪。

为了实现 EtherCAT 安全数据通信，EtherCAT 安全通信协议已经在 ETG 组织内部公开。EtherCAT 被用作传输安全和非安全数据的单一通道。传输介质被认为是“黑色通道”而不被包括在安全协议中。EtherCAT 过程数据中的安全数据报文包括安全过程数据和所要求的数据备份。这个“容器”在设备的应用层被安全地解析。通信仍然是单一通道的，这符合 IEC 61784-3 附件中的模型 A。

EtherCAT 安全协议已经由德国技术监督局（TÜV）评估为满足 IEC 61508 定义的 SIL3 等级的安全设备之间传输过程数据的通信协议。设备上实施 EtherCAT 安全协议必须满足安全目标的需求。

4. EtherCAT 的连接

由于 EtherCAT 无须集线器和交换机，因此，在环境条件允许的情况下，可以节省电源、安装费用等设备方面的投资，只需使用标准的以太网电缆和价格低廉的标准连接器即可。如果环境条件有特殊要求，则可以依照 IEC 标准，使用增强密封保护等级的连接器。

EtherCAT 技术是面向经济的设备而开发的，如 I/O 端子、传感器和嵌入式控制器等。EtherCAT 使用遵循 IEEE802.3 标准的以太网帧，这些帧由主站设备发送，从站设备只是在以太网帧经过其所在位置时才提取和/或插入数据。因此，EtherCAT 使用标准的以太网 MAC，这正是其在主站设备方面智能化的表现。同样，EtherCAT 从站控制器采用 ASIC 芯片，在硬件中处理过程数据协议，确保提供最佳实时性能。

EtherCAT 接线非常简单，并对其他协议开放。传统的现场总线系统已达到了极限，而 EtherCAT 则突破建立了新的技术标准。可选择双绞线或光纤，并利用以太网和因特网技术实现垂直优化集成。使用 EtherCAT 技术，可以用简单的线型拓扑结构替代昂贵的星形以太网拓扑结构，无须昂贵的基础组件。EtherCAT 还可以使用传统的交换机连接方式，以集成其他的以太网设备。其他的实时以太网方案需要与控制器进行特殊连接，而 EtherCAT 只需要价格低廉的标准以太网卡（NIC）便可实现。

EtherCAT 拥有多种机制，支持主站到从站、从站到从站以及主站到主站之间的通信。它实现了安全功能，采用技术可行且经济实用的方法，使以太网技术可以向下延伸至 I/O 级。EtherCAT 功能优越，可以完全兼容以太网，可将因特网技术嵌入到简单设备中，并最大化地利用了以太网所提供的巨大带宽，是一种实时性能优越且成本低廉的网络技术。

5. EtherCAT 的应用

EtherCAT 广泛适用于以下领域。

1）机器人。

2）机床。

3）包装机械。

4）印刷机。

5）塑料制造机器。

6）冲压机。

7）半导体制造机器。

8）试验台。
9）测试系统。
10）抓取机器。
11）电厂。
12）变电站。
13）材料处理应用。
14）行李运送系统。
15）舞台控制系统。
16）自动化装配系统。
17）纸浆和造纸机。
18）隧道控制系统。
19）焊接机。
20）起重机和升降机。
21）农场机械。
22）海岸应用。
23）锯木厂。
24）窗户生产设备。
25）楼宇控制系统。
26）钢铁厂。
27）风机。
28）家具生产设备。
29）铣床。
30）自动引导车。
31）娱乐自动化。
32）制药设备。
33）木材加工机器。
34）平板玻璃生产设备。
35）称重系统。

1.3.2 SERCOS

SERCOS（Serial Real-time Communication Specification，串行实时通信协议）是一种用于工业机械电气设备的控制单元和数字伺服装置之间高速串行实时通信的数字交换协议。

1986 年，德国电力电子协会与德国机床协会联合召集了欧洲一些机床、驱动系统和 CNC 设备的主要制造商（Bosch、ABB、AMK、Banmuller、Indramat、Siemens，Pacific Scientific 等）组成了一个联合小组。该小组旨在开发出一种用于数字控制器与智能驱动器之间的开放性通信接口，以实现 CNC 技术与伺服驱动技术的分离，从而使整个数控系统能够模块化、可重构与可扩展，达到低成本、高效率、强适应性地生产数控机床的目的。经过多年的努力，此技术终于在 1989 年德国汉诺威国际机床博览会上展出，这标志着 SERCOS 总线正式诞生。1995 年，国际电工委员会把 SERCOS 接口采纳为标准 IEC 61491，1998 年，SER-

COS 接口被确定为欧洲标准 EN61491。2005 年基于以太网的 SERCOSⅢ面世，并于 2007 年成为国际标准 IEC 61158/61784。迄今为止，SERCOS 已历经了三代，SERCOS 接口协议成为专门用于开放式运动控制的国际标准，得到了国际大多数数控设备供应商的认可。到今天已有两百多万个 SERCOS 站点在工业实际中使用，超过 50 个控制器和 30 个驱动器制造厂推出了基于 SERCOS 的产品。

SERCOS 接口技术是构建 SERCOS 通信的关键技术，经 SERCOS 协会组织和协调，推出了一系列 SERCOS 接口控制器，通过它们便能方便地在数控设备之间建立起 SERCOS 通信。

SERCOS 目前已经发展到了 SERCOSⅢ，继承了 SERCOS 协议在驱动控制领域的优良实时和同步特性，是基于以太网的驱动总线，物理传输介质也从仅仅支持光纤扩展到了以太网线 CAT5e，拓扑结构也支持线性结构。借助于新一代的通信控制芯片 netX，使用标准的以太网硬件将运行速率提高到 100Mbit/s。在第一、二代时，SERCOS 只有实时通道，通信智能在主从（Master and Slaver MS）之间进行。SERCOSⅢ扩展了非实时的 IP 通道，在进行实时通信的同时可以传递普通的 IP 报文，主站和主站、从站和从站之间可以直接通信，在保持服务通道的同时，还增加了 SERCOS 消息协议 SMP（SERCOS Messaging Protocol）。

自 SERCOS 接口成为国际标准以来，已经得到了广泛应用。至今全世界有多家公司拥有 SERCOS 接口产品（包括数字伺服驱动器、控制器、输入/输出组件、接口组件及控制软件等）及技术咨询和产品设计服务。SERCOS 接口已经广泛应用于机床、印刷机、食品加工和包装、机器人以及自动装配等领域。2000 年 ST 公司开发出了 SERCON816 ASIC 控制器，把传输速率提高到了 16Mbit/s，大大提高了 SERCOS 接口的工作能力。

SERCOS 总线的众多优点使得它在数控加工中心、数控机床、精密齿轮加工机械、印刷机械、装配线和装配机器人等运动控制系统中获得了广泛应用。目前，很多厂商如西门子、伦茨等公司的伺服系统都具有 SERCOS 总线接口。国内 SERCOS 接口用户有多家，其中包括清华大学、沈阳第一机床厂、华中数控集团、北京航空航天大学、上海大众汽车厂及上海通用汽车厂等单位。

1. SERCOS 总线的技术特性

SERCOS 接口规范使控制器和驱动器间数据交换的格式及从站数量等进行组态配置。在初始化阶段，接口的操作根据控制器和驱动器的性能特点来具体确定。所以，控制器和驱动器都可以执行速度、位置或扭矩控制方式。灵活的数据格式使得 SERCOS 接口能用于多种控制结构和操作模式，控制器可以通过指令值和反馈值的周期性数据交换来达到与环上所有驱动器的精确同步，其通信周期可在 62.5μs、125μs、250μs 及 250μs 的整数倍间进行选择。在 SERCOS 接口中，控制器与驱动器之间的数据传送分为周期性数据传送和非周期性数据传送（服务通道数据传送）两种，周期性数据传送主要用于传送指令值和反馈值，在每个通信周期数据传送一次。非周期数据传送则是用于自控制器和驱动器之间交互的参数（IDN），独立于任何制造厂商。它提供了高级的运动控制能力，内含用于 I/O 控制的功能，使机器制造商不需要使用单独的 I/O 总线。

SERCOS 技术发展到了第三代基于实时以太网技术，将其应用从工业现场扩展到了管理办公环境，并且由于采用了以太网技术，不仅降低了组网成本还增加了系统柔性，在缩短最少循环时间（31.25μs）的同时，还采用了新的同步机制提高了同步精度（小于 20ns），并且实现了网上各个站点的直接通信。

SERCOS 采用环形结构，使用光纤作为传输介质，是一种高速、高确定性的总线，16Mbit/s 的接口实际数据通信速度已接近于以太网。采用普通光纤为介质时的环传输距离可达 40m，可最多连接 254 个节点。实际连接的驱动器数目取决于通信周期时间、通信数据量和速率。系统确定性由 SERCOS 的机械和电气结构特性保证，与传输速率无关，系统可以保证毫秒级精确度的同步。

SERCOS 总线协议具有如下技术特性。

（1）标准性

SERCOS 标准是有关运动控制的国际通信标准。其所有的底层操作、通信以及调度等，都按照国际标准的规定设计，具有统一的硬件接口、通信协议及命令码 IDN 等。其提供给用户的开发接口、应用接口及调试接口等都符合 SERCOS 国际通信标准 IEC 61491。

（2）开放性

SERCOS 技术是由国际上很多知名的研究运动控制技术的厂家和组织共同开发的，SERCOS 的体系结构、技术细节等都是向世界公开的，SERCOS 标准的制定是 SERCOS 开放性的一个重要方面。

（3）兼容性

因为所有的 SERCOS 接口都是按照国际标准设计，支持不同厂家的应用程序，也支持用户自己开发的应用程序。接口的功能与具体操作系统、硬件平台无关，不同的接口之间可以相互替代，移植花费的代价很小。

（4）实时性

SERCOS 接口的国际标准中规定 SERCOS 总线采用光纤作为传输环路，支持 2/4/8/16Mbit/s 的传输速率。

（5）扩展性

每一个 SERCOS 接口可以连接 8 个节点，如果需要更多的节点则可以通过 SERCOS 接口的级联方式扩展。通过级联，每一个光纤环路上可以最多有 254 个节点。

另外 SERCOS 总线接口还具有抗干扰性能好、即插即用等其他优点。

2. SERCOSⅢ总线

（1）SERCOSⅢ总线概述

由于 SERCOSⅢ是 SERCOSⅡ技术的一个变革，与以太网结合以后，SERCOS 技术已经从专用的伺服接口向广泛的实时以太网转变。原来优良的实时特性仍然保持，新的协议内容和功能扩展了 SERCOS 在工业领域的应用范围。

在数据传输上，硬件连接既可以应用光缆也可以用 CAT5e 电缆；报文结构方面，为了应用以太网的硬实时的环境，SERCOSⅢ增加了一个与非实时通道同时运行的实时通道。该通道用来传输 SERCOSⅢ报文，也就是传输命令值和反馈值；参数化的非实时通道与实时通道一起传输以太网信息和基于 IP 协议的信息，包括 TCP/IP 和 UDP/IP。数据采用标准的以太网帧来传输，这样实时通道和非实时通道可以根据实际情况进行配置。

SERCOSⅢ系统是基于环状拓扑结构的，支持全双工以太网的环状拓扑结构可以处理冗余；线状拓扑结构的系统则不能处理冗余，但在较大的系统中能节省很多电缆。由于是全双工数据传输，当在环上的一处电缆发生故障时，通信不被中断，此时利用诊断功能可以确定故障地点；并且能够在不影响其他设备正常工作的情况下得到维护。SERCOSⅢ不使用星状的以太网结构，数据不经过路由器或转换器，从而可以使传输延时减少到最小。安装SERCOSⅢ网络不需要特殊的网络参数。在SERCOSⅢ系统领域内，连接标准的以太网设备和其他第三方部件的以太网端口可以交换使用，如P1与P2。EtherNet协议或者IP协议内容皆可以进入设备并且不影响实时通信。

SERCOSⅢ协议是建立在已被工业实际验证的SERCOS协议之上，它继承了SERCOS在伺服驱动领域的高性能和高可靠性，同时将SERCOS协议搭载到以太网的通信协议IEEE 802.3之上，使SERCOSⅢ迅速成为基于实时以太网的应用于驱动领域的总线。相比于前两代，SERCOSⅢ的主要特点如下。

1）高的传输速率，达到全双工100Mbit/s。

2）采用时间槽技术，避免了以太网的报文冲突，提高了报文的利用率。

3）向下兼容，可兼容以前SERCOS总线的所有协议。

4）降低了硬件的成本。

5）集成了IP协议。

6）使从站之间可以交叉通信（Cross Communication，CC）。

7）支持多个运动控制器的同步（Control to Control，C2C）。

8）扩展了对I/O等控制的支持。

9）支持与安全相关的数据的传输。

10）增加了通信冗余、容错能力和热插拔功能。

（2）SERCOSⅢ系统特性

SERCOSⅢ系统具有如下特性。

1）实时通道的实时数据的循环传输

在SERCOS主站和从站，或从站之间，可以利用服务通道进行通信设置以及参数和诊断数据的交换。为了保持兼容性，服务通道在SERCOSⅠ-Ⅱ中仍旧存在。在实时通道和非实时通道之间，循环通信和100Mbit/s的带宽能够满足各类用户的需求，为SERCOSⅢ的应用提供了更广阔的空间。

2）为集中式和分布式驱动控制提供了很好的方案

SERCOSⅢ的数据传输率为100Mbit/s，最小循环时间是31.25μs，对应8轴与6Byte。当循环时间为1ms时，对应254轴12Byte，可见其在一定的条件下支持的轴数足够多，这就为分布式控制提供了良好的环境。分布式控制的驱动控制单元中，所有的控制环都是封闭的；集中式控制中仅仅在当前驱动单元中的控制环是封闭的，中心控制器用来控制各个轴对应的控制环。

3）从站与从站（CC）或主站与主站（C2C）之间皆可以通信

在前两代SERCOS技术中，由于光纤连接的传输单向性，站与站之间不能够直接的进行数据交换。SERCOSⅢ中数据传输采用的是全双工的以太网结构，不但从站之间可以直接通信，而且主站和主站之间也可以直接进行通信，通信的数据包括参数以及轴的命令值和实际值，保证了在硬件实时系统层的控制器同步。

4）SERCOS安全

在工厂的生产中，为了减少对人机的损害，SERCOSⅢ增加了系统安全功能，在2005年11月，SERCOS安全方案通过了TÜV Rheinland认证，并达到了IEC 61508中的SL3标准，带有安全功能的系统于2007年底面世。安全相关的数据与实时数据或其他标准的以太网协议数据在同一个物理层媒介上传输。在传输过程中，最多可以有64位安全数据植入SERCOSⅢ数据报文中，同时安全数据也可以在从站与从站之间进行通信。由于安全功能独立于传输层，除了SERCOSⅢ外，其他的物理层媒介也可以应用，这种传输特性为系统向安全等级低一层的网络扩展提供了便利条件。

5）IP通道

利用IP通信时，可以不进行控制系统和SERCOSⅢ系统之间的通信，这对于调试前对设备的参数设置相当方便。IP通道为以下操作提供了灵活和透明的大容量数据传输：设备操作、调试和诊断、远程维护、程序下载和上传以及度量来自传感器等的记录数据和数据质量。

6）SERCOSⅢ硬件模式和I/O

随着SERCOSⅢ系统的面世，新的硬件在满足该系统的条件下，开始支持更多的驱动和控制装置以及I/O模块，这些装置将逐步被定义和标准化。

为了使SERCOSⅢ系统的功能在工程中得到很好的应用，欧洲很多自动化生产商已经开始对系统的主站卡和从站卡进行开发，各项功能得到了不断的完善。一种方案是采用了FPGA（现场可编程门阵列）技术，目前产品有Spartan-3和Cyclone Ⅱ。另一种是SERCOSⅢ控制器集成在一个可以支持大量协议的标准的通用控制器（GPCC）上，如德国赫优讯公司netX系列的芯片，其他的产品也将逐步面世。SERCOSⅢ的数据结构和系统特性表明该系统更好地实现了伺服驱动单元和I/O单元的实时性、开放性，以及很高的经济价值、实用价值和潜在的竞争价值。可以确信基于SERCOSⅢ的系统将在未来的工业领域中占有十分重要的地位。

1.3.3　EtherNet POWERLINK

EtherNet POWERLINK是由奥地利B&R公司开发的，2002年4月EtherNet POWERLINK标准公布，其主攻方面是同步驱动和特殊设备的驱动要求。POWERLINK通信协议模型如图1-5所示。

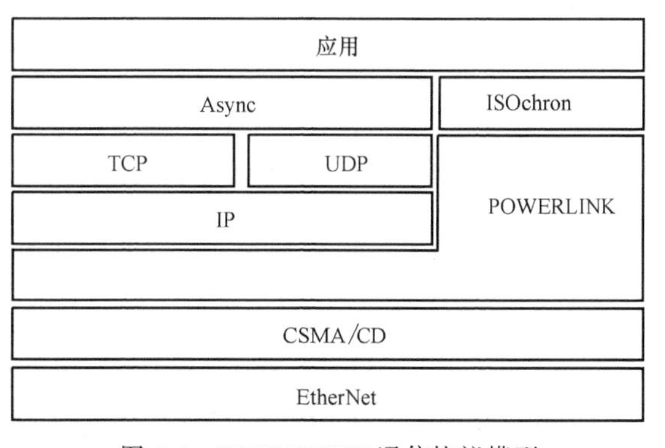

图1-5　POWERLINK通信协议模型

POWERLINK协议对第3和第4层的TCP（UDP）/IP栈进行了实时扩展，增加的基于TCP/IP的Async中间件用于异步数据传输，Isochron等时中间件用于快速、周期性的数据传输。POWERLINK栈控制着网络上的数据流量。EtherNet POWERLINK避免网络上数据冲突的方法是采用时间片网络通信管理机制（Slot Communication Network Management，SCNM）。SCNM能够做到无冲突的数据传输，专用的时间片用于调度等时同步传输的实时数据；共享的时间片用于异步的数据传输。在网络上，只能指定一个站为管理站，它为所有网络上的其他站建立一个配置表，并分配时间片，只有管理站能接收和发送数据，其他站只有在管理站授权下才能发送数据，因此，POWERLINK需要采用基于 IEEE 1588 的时间同步。

1. POWERLINK 通信模型

POWERLINK 是 IEC 国际标准，同时也是中国的国家标准（GB/T-27960）。

如图 1-6 所示，POWERLINK 是一个 3 层的通信网络，它规定了物理层、数据链路层和应用层，这 3 层包含了 OSI 模型中规定的 7 层协议。

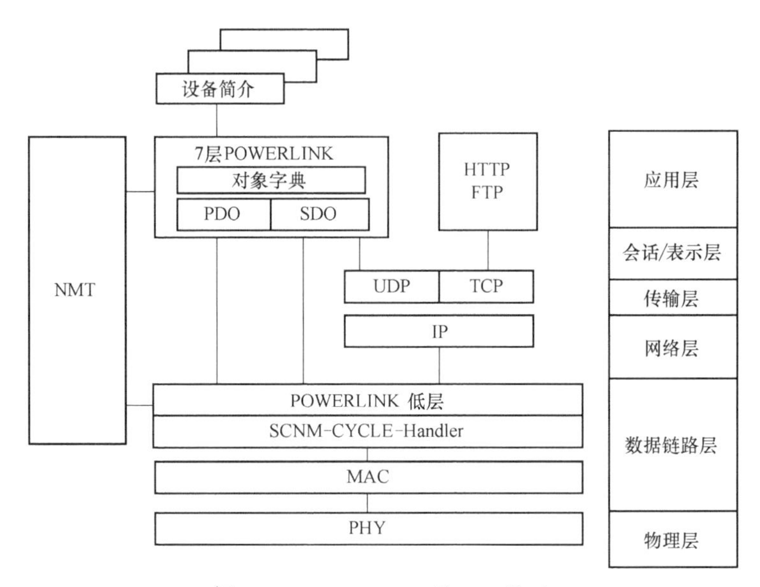

图 1-6 POWERLINK 的 OSI 模型

如图 1-7 所示，具有 3 层协议的 POWERLINK 在应用层上可以连接各种设备，例如 I/O、阀门及驱动器等。在物理层之下连接了 EtherNet 控制器，用来收发数据。由于以太网控制器的种类很多，不同的以太网控制器需要不同的驱动程序，因此在“EtherNet 控制器”和“POWERLINK 传输”之间有一层“EtherNet 驱动器”。

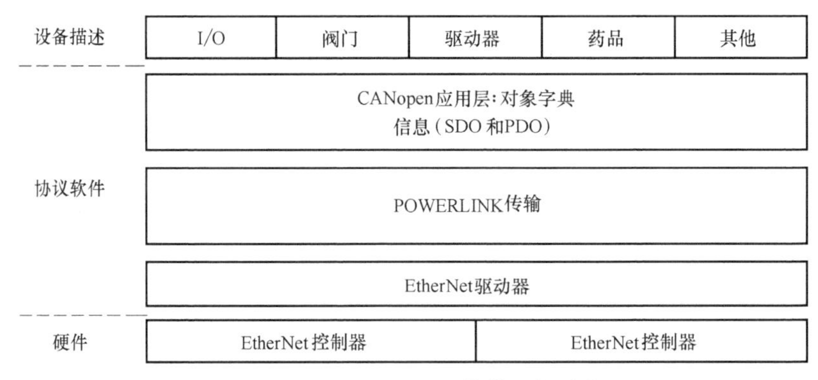

图 1-7 POWERLINK 通信模型的层次

2. POWERLINK 网络拓扑结构

由于 POWERLINK 的物理层采用标准的以太网，因此以太网支持的所有拓扑结构它都支持。而且可以使用 HUB 和 Switch 等标准的网络设备，这使得用户可以非常灵活地组网，如菊花链、树形、星形、环形和其他任意组合。

因为逻辑与物理无关，所以用户在编写程序的时候无须考虑拓扑结构。网路中的每个节点都有一个节点号，POWERLINK 通过节点号来寻址节点，而不是通过节点的物理位置来寻址。

由于协议独立的拓扑配置功能，POWERLINK 的网络拓扑与机器的功能无关。因此 POWERLINK 的用户无须考虑任何网络相关的需求，只需专注满足设备制造的需求。

3. POWERLINK 的功能和特点

(1) 一“网”到底

POWERLINK 物理层采用普通以太网的物理层，因此可以使用工厂中现有的以太网布线，从机器设备的基本单元到整台设备、生产线，再到办公室，都可以使用以太网，从而实现一“网”到底。

1）多路复用。网络中不同的节点具有不同的通信周期，兼顾快速设备和慢速设备，使网络设备达到最优。

一个 POWERLINK 周期中既包含同步通信阶段，也包括异步通信阶段。同步通信阶段即周期性通信，用于周期性传输通信数据；异步通信阶段即非周期性通信，用于传输非周期性的数据。

因此 POWERLINK 网络可以适用于各种设备，如图 1-8 所示。

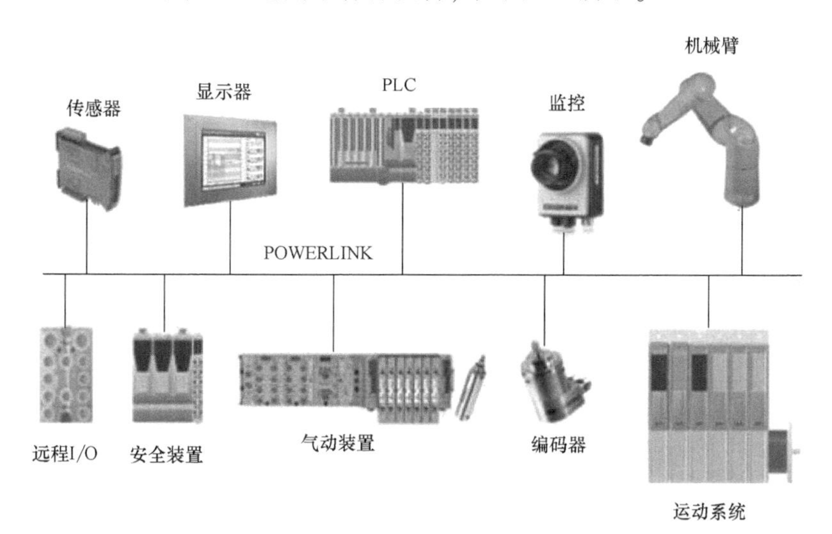

图 1-8　POWERLINK 网络系统

2）大数据量通信。POWERLINK 每个节点的发送和接收分别采用独立的数据帧，每个数据帧最大为 1490Byte，与一些采用集束帧的协议相比，通信量提高数百倍。在集束帧协议里，网络中的所有节点的发送和接收共用一个数据帧，这种机制无法满足大数据量传输的场合。

在过程控制中，网络的节点数多，每个节点传输的数据量大，因而 POWERLINK 很受欢迎。

3）故障诊断。组建一个网络，网络启动后，可能会由于网络中的某些节点配置错误或者节点号冲突等，导致网络异常。因此需要有一些手段来诊断网络的通信状况，找出故障的原因和故障点，从而修复网络异常。

POWERLINK 的诊断有两种工具：Wireshark 和 Omnipeak。

诊断的方法是将待诊断的计算机接入 POWERLINK 网络中，由 Wireshark 或 Omnipeak 自动抓取通信数据包，分析并诊断网络的通信状况及时序。这种诊断不占用任何宽带，并且是标准的以太网诊断工具，只需要一台带有以太网接口的计算机即可。

4）网络配置。POWERLINK 使用开源的网络配置工具 openCONFIGURATOR，用户可以单独使用该工具，也可以将该工具的代码集成到自己的软件中，成为软件的一部分。使用该软件可以方便地组建和配置 POWERLINK 网络。

（2）节点的寻址

POWERLINK MAC 的寻址遵循 IEEE 802.3 标准，每个设备的地址都是唯一的，称为节点 ID。因此，新增一个设备就意味着引入一个新地址。节点 ID 可以通过设备上的拨码开关手动设置，也可以通过软件设置，拨码 FF 默认为软件配置地址。此外还有三个可选方法，POWERLINK 也可以支持标准 IP 地址，因此 POWERLINK 设备可以通过万维网随时随地被寻址。

（3）热插拔

POWERLINK 支持热插拔，而且不会影响整个网络的实时性。根据这个属性，可以实现网络的动态配置，即可以动态地增加或减少网络中的节点。

实时总线上，热插拔能力带给用户两个重要的好处：当模块增加或替换时，无须重新配置；在运行的网络中替换或激活一个新模块不会导致网络瘫痪，系统会继续工作，不管是不断的扩展还是本地的替换，其实时能力不受影响。在某些场合中系统不能断电，如果不支持热插拔，这会造成即使小机器一部分被替换，都不可避免地导致系统停机。

配置管理是 POWERLINK 系统中最重要的一部分。它能本地保存自己和系统中所有其他设备的配置数据，并在系统启动时加载。这个特性可以实现即插即用，这使得初始安装和设备替换非常简单。

POWERLINK 允许无限制地即插即用，因为该系统集成了 CANopen 机制。新设备只需插入就可立即工作。

（4）冗余

POWERLINK 的冗余包括 3 种：双网冗余、环网冗余和多主冗余。

1.3.4 PROFINET

PROFINET 是由 PROFIBUS 国际组织（PROFIBUS International，PI）提出的基于实时以太网技术的自动化总线标准，将工厂自动化和企业信息管理层 IT 技术有机地融为一体，同时又完全保留了 PROFIBUS 现有的开放性。

PROFINET 支持除星形、总线型和环形之外的拓扑结构。为了减少布线费用，并保证高度的可用性和灵活性，PROFINET 提供了大量的工具帮助用户方便地实现 PROFINET 的安装。特别设计的工业电缆和耐用连接器满足 EMC 和温度要求，并且在 PROFINET 框架内形成标准化，保证了不同制造商设备之间的兼容性。

PROFINET 满足了实时通信的要求，可应用于运动控制。它具有 PROFIBUS 和 IT 标准的开放透明通信，支持从现场级到工厂管理层通信的连续性，从而增加了生产过程的透明度，优化了公司的系统运作。作为开放和透明的概念，PROFINET 亦适用于 EtherNet 和任何其他现场总线系统之间的通信，可实现与其他现场总线的无缝集成。PROFINET 同时实现了分布式自动化系统，提供了独立于制造商的通信、自动化和工程模型，将通信系统及以太网转换为适应于工业应用的系统。

PROFINET 提供标准化的独立于制造商的工程接口。它能够方便地把各个制造商的设备和组件集成到单一系统中。设备之间的通信链接以图形形式组态，无须编程。PROFINET 最早建立了自动化工程系统与微软操作系统及其软件的接口标准，使得自动化行业的工程应用能够被 Windows NT/2000 所接收，将工程系统、实时系统以及 Windows 操作系统结合为一个整体，PROFINET 的系统结构如图 1-9 所示。

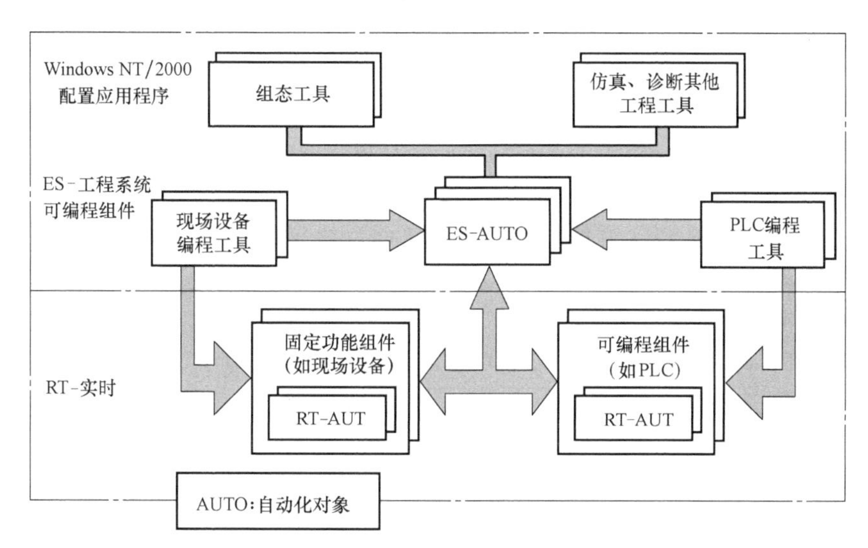

图 1-9 PROFINET 的系统结构

PROFINET 为自动化通信领域提供了一个完整的网络解决方案，包括诸如实时以太网、运动控制、分布式自动化、故障安全以及网络安全等当前自动化领域的热点问题。PROFINET 包括 8 大主要模块，分别为实时通信、分布式现场设备、运动控制、分布式自动化、网络安装、IT 标准集成与信息安全、故障安全和过程自动化。同时 PROFINET 也实现了从现场级到管理层的纵向通信集成，一方面，方便管理层获取现场级的数据，另一方面，原本在管理层存在的数据安全性问题也延伸到了现场级。为了保证现场网络控制数据的安全，PROFINET 提供了特有的安全机制，通过使用专用的安全模块，可以保护自动化控制系统，使自动化通信网络的安全风险最小化。

PROFINET 是一个整体的解决方案，PROFINET 的通信模型如图 1-10 所示。

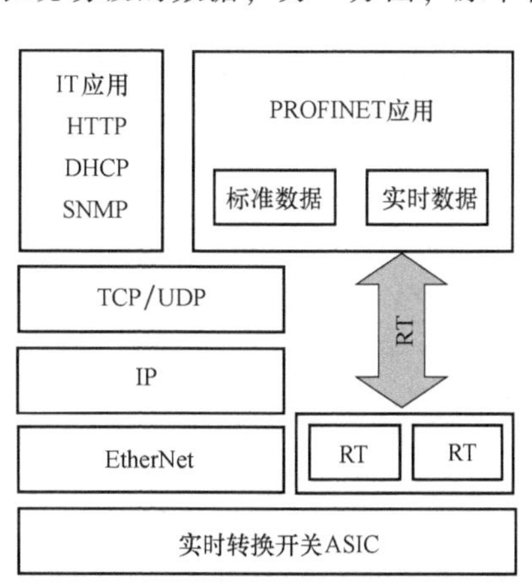

图 1-10 PROFINET 通信协议模型

RT 实时通道能够实现高性能传输循环数据和时间控制信号、报警信号，IRT 同步实时通道实现等时同步方式下的数据高性能传输。PROFINET 使用了 TCP/IP 和 IT 标准，并符合基于工业以太网的实时自动化体系，覆盖了自动化技术的所有要求，能够实现与现场总线的无缝集成。更重要的是 PROFINET 所有的事情都在一条总线电缆中完成，IT 服务和 TCP/IP 开放性没有任何限制，它可以满足所有从高性能到等时同步可以伸缩的实时通信需要的统一的通信。

1.3.5 EPA

2004 年 5 月由浙江大学牵头制定的新一代现场总线标准——《用于工业测量与控制系统的 EPA 通信标准》（简称 EPA 标准）成为我国第一个拥有自主知识产权并被 IEC 认可的工业自动化领域国际标准（IEC/PAS 62409）。

EPA（EtherNet for Plant Automation）系统是一种分布式系统，它是利用 ISO/IEC 8802-3、IEEE 802.11、IEEE 802.15 等协议定义的网络，将分布在现场的若干个设备、小系统以及控制、监视设备连接起来，使所有设备一起运作，共同完成工业生产过程和操作过程中的测量和控制。EPA 系统可以用于工业自动化控制环境。

EPA 标准定义了基于 ISO/IEC 8802-3、IEEE 802.11、IEEE 802.15 以及 RFC 791、RFC 768 和 RFC 793 等协议的 EPA 系统结构、数据链路层协议、应用层服务定义与协议规范以及基于 XML 的设备描述规范。

1. EPA 技术与标准

EPA 根据 IEC 61784-2 的定义，在 ISO/IEC 8802-3 协议基础上，进行了针对通信确定性和实时性的技术改造，其通信协议模型如图 1-11 所示。

图 1-11 EPA 通信协议模型

除了 ISO/IEC 8802-3/IEEE 802.11/IEEE 802.15、TCP（UDP）/IP 以及 IT 应用协议等组件外，EPA 通信协议还包括 EPA 实时性通信进程、EPA 快速实时性通信进程、EPA 应用实体和 EPA 通信调度管理实体。针对不同的应用需求，EPA 确定性通信协议簇中包含了以下几个部分。

（1）非实时性通信协议（N-Real-Time，NRT）

非实时通信是指基于 HTTP、FTP 以及其他 IT 应用协议的通信方式，如 HTTP 服务应用进程、电子邮件应用进程、FTP 应用进程等进程运行时进行的通信。在实际 EPA 应用中，非实时通信部分应与实时性通信部分利用网桥进行隔离。

（2）实时性通信协议（Real-Time，RT）

实时性通信是指满足普通工业领域实时性需求的通信方式，一般针对流程控制领域。利用 EPA_CSME 通信调度管理实体，对各设备进行周期数据的分时调度，以及非周期数据按优先级进行调度。

（3）快速实时性通信协议（Fast Real-Time，FRT）

快速实时性通信是指满足强实时控制领域实时性需求的通信方式，一般针对运动控制领域。FRT 快速实时性通信协议部分在 RT 实时性通信协议上进行了修改，包括协议栈的精简和数据复合传输，以此满足如运动控制领域等强实时性控制领域的通信需求。

（4）块状数据实时性通信协议（Block Real-Time，BRT）

块状数据实时性通信是指对于部分大数据量类型的成块数据进行传输，以满足其实时性需求的通信方式，一般指流媒体（如音频流、视频流等）数据。在 EPA 协议栈中针对此类数据的通信需求定义了 BRT 块状数据实时性通信协议及块状数据的传输服务。

EPA 标准体系包括 EPA 国际标准和 EPA 国家标准两部分。

EPA 国际标准包括一个核心技术国际标准和四个 EPA 应用技术标准。以 EPA 为核心的系列国际标准为新一代控制系统提供了高性能现场总线的完整解决方案，可广泛应用于过程自动化、工厂自动化（包括数控系统、机器人系统运动控制等）及汽车电子等，可将工业企业综合自动化系统网络平台统一到开放的以太网技术上来。

基于 EPA 的 IEC 国际标准体系有如下协议。

1）EPA 现场总线协议（IEC 61158/Type14）在不改变以太网结构的前提下，定义了专利的确定性通信协议，避免工业以太网通信的报文碰撞，确保了通信的确定性，同时也保证了通信过程中不丢包，它是 EPA 标准体系的核心协议，该标准于 2007 年 12 月 14 日正式发布。

2）EPA 分布式冗余协议（Distributed Redundancy Protocol，DRP）（IEC 62439-6-14）针对工业控制以及网络的高可用性要求，DRP 采用专利的设备并行数据传输管理和环网链路并行主动故障探测与恢复技术，实现了故障的快速定位与快速恢复，保证了网络的高可靠性。

3）EPA 功能安全通信协议 EPASafety（IEC 61784-3-14）针对工业数据通信中存在的数据破坏、重传、丢失、插入、乱序、伪装、超时及寻址错误等风险，EPASafety 功能安全通信协议采用拥有专利的工业数据加解密方法、工业数据传输多重风险综合评估与复合控制技术，将通信系统的安全完整性水平提高到 SIL3 等级，并通过德国莱茵 TÜV 的认证。

4）EPA 实时以太网应用技术协议（IEC 61784-2/CPF 14）定义了三个应用技术行规，即 EPA-RT、EPA-FRT 和 EPA-nonRT。其中 EPA-RT 用于过程自动化，EPA-FRT 用于工业自动化，EPA-nonRT 用于一般工业场合。

5）EPA 线缆与安装标准（IEC 61784-5-14）定义了基于 EPA 的工业控制系统在设计、安装和工程施工中的要求。从安装计划、网络规模设计、线缆和连接器的选择、存储、运输、保护、路由以及具体安装的实施等各个方面提出了明确的要求和指导。

EPA 国家标准则包括《用于工业测量与控制系统的 EPA 系统结构与通信规范》《EPA 一致性测试规范》《EPA 互可操作测试规范》《EPA 功能块应用规范》《EPA 实时性能测试规范》《EPA 网络安全通用技术条件》等。

2. EPA确定性通信机制

为提高工业以太网通信的实时性，一般采取以下措施。

1）提高通信速率。

2）减少系统规模，控制网络负荷。

3）采用以太网的全双工交换技术。

4）采用基于IEEE 802.3p的优先级技术。

采用上述措施可以使其不确定性问题得到相当程度的缓解，但不能从根本上解决以太网通信不确定性的问题。

EPA采用分布式网络结构，并在原有以太网协议栈中的数据链路层增加了通信调度子层——EPA通信调度管理实体（EPA_CSME），定义了宏周期，并将工业数据划分为周期数据和非周期数据，对各设备的通信时段（包括发送数据的起始时刻、发送数据所占用的时间片）和通信顺序进行了严格的划分，以此实现分时调度。通过EPA_CSME实现的分时调度确保了各网段内各设备的发送时间内无碰撞发生的可能，以此达到了确定性通信的要求。

3. EPA-FRT强实时通信技术

EPA-RT标准是根据流程控制需求制定的，其性能完全满足流程控制对实时、确定通信的需求，但没有考虑到其他控制领域的需求，如运动控制、飞行器姿态控制等强实时性领域，这些领域，提出了比流程控制领域更为精确的时钟同步要求和实时性要求，且其报文特征更为明显。

相比于流程控制领域，运动控制系统对数据通信的强实时性和高同步精度提出了更高的要求，具体如下。

1）高同步精度的要求。由于一个控制系统中存在多个伺服和多个时钟基准，为了保证所有伺服协调一致的运动，必须保证运动指令在各个伺服中同时执行。因此高性能运动控制系统必须有精确的同步机制，一般要求同步偏差小于1μs。

2）强实时性的要求。在带有多个离散控制器的运动控制系统中，伺服驱动器的控制频率取决于通信周期。高性能运动控制系统中，一般要求通信周期小于1ms，周期抖动小于1μs。

EPA-RT系统的同步精度为微秒级，通信周期为毫秒级，虽然可以满足大多数工业环境的应用需求，但对高性能运动控制领域的应用却有所不足，而EPA-FRT系统的技术指标必须满足高性能运动控制领域的需求。

针对这些领域需求，并对其报文特点进行分析，EPA给出了对通信实时性的性能提高方法，其中最重要的两个方面为协议栈的精简和对数据的复合传输，以此解决特殊应用领域的实时性要求。如在运动控制领域中，EPA就针对其报文周期短、数据量小但交互频繁的特点提出了EPA-FRT扩展协议，满足了运动控制领域的需求。

4. EPA的技术特点

EPA具有以下技术特点。

（1）确定性通信

以太网由于采用CSMA/CD（载波侦听多路访问/冲突检测）介质访问控制机制，因此具有通信“不确定性”的特点，并成为其应用于工业数据通信网络的主要障碍。虽然以太网交换技术、全双工通信技术以及IEEE 802.1P&Q规定的优先级技术在一定程度上避免了碰撞，但也存在着一定的局限性。

（2）“E”网到底

EPA是应用于工业现场设备间通信的开放网络技术，采用分段化系统结构和确定性通信调度控制策略，解决了以太网通信的不确定性问题，使以太网、无线局域网及蓝牙等广泛应用于工业/企业管理层、过程监控层网络的COTS（Commercial Off-The-Shelf）技术直接应用于变送器、执行机构、远程I/O及现场控制器等现场设备间的通信。采用EPA网络，可以实现工业/企业综合自动化智能工厂系统中，从底层的现场设备层再到上层的控制层、管理层的通信网络平台基于以太网技术的统一，即所谓的“‘E（EtherNet）’网到底”。

（3）互操作性

《EPA标准》除了解决实时通信问题外，还为用户层应用程序定义了应用层服务与协议规范，包括系统管理服务、域上载/下载服务、变量访问服务及事件管理服务等。至于ISO/OSI通信模型中的会话层、表示层等中间层次，为降低设备的通信处理负荷，可以省略，而在应用层直接定义与TCP/IP协议的接口。

为支持来自不同厂商的EPA设备之间的互可操作，《EPA标准》采用可扩展标记语言（Extensible Markup Language，XML）扩展标记语言为EPA设备描述语言，规定了设备资源、功能块及其参数接口的描述方法。用户可采用Microsoft提供的通用DOM技术对EPA设备描述文件进行解释，而无须专用的设备描述文件编译和解释工具。

（4）开放性

《EPA标准》完全兼容IEEE 802.3、IEEE 802.1P&Q、IEEE 802.1D、IEEE 802.11、IEEE 802.15以及UDP（TCP）/IP等协议，采用UDP协议传输EPA协议报文，以减少协议处理时间，提高报文传输的实时性。

（5）分层的安全策略

对于采用以太网等技术所带来的网络安全问题，《EPA标准》规定了企业信息管理层、过程监控层和现场设备层三个层次，采用分层化的网络安全管理措施。

（6）冗余

EPA支持网络冗余、链路冗余和设备冗余，并规定了相应的故障检测和故障恢复措施，例如设备冗余信息的发布、冗余状态的管理以及备份的自动切换等。

第2章 EtherCAT通信协议

2

EtherCAT 是由德国倍福公司于 2003 年提出的实时工业以太网技术。它具有高速和高数据有效率的特点，支持多种设备连接拓扑结构。EtherCAT 是一种全新的、高可靠性的、高效率的实时工业以太网技术，并于 2007 年成为国际标准，由 EtherCAT 技术协会（ETG，EtherCAT Technology Group）负责推广 EtherCAT 技术。

EtherCAT 扩展了 IEEE802.3 以太网标准，满足了运动控制对数据传输的同步实时要求。它充分利用了以太网的全双工特性，并通过“On Fly”模式提高了数据传送的效率。主站发送以太网帧给各个从站，从站直接处理接收的报文，并从报文中提取或插入相关的用户数据。其从站节点使用专用的控制芯片，主站使用标准的以太网控制器。

EtherCAT 工业以太网技术在全球多个领域得到广泛应用。如机器控制、测量设备、医疗设备、汽车和移动设备以及无数的嵌入式系统中。

本章首先对 EtherCAT 工业以太网进行了整体架构介绍，然后讲述了 EtherCAT 通信协议，包括 EtherCAT 和规范概述、EtherCAT 物理层服务和协议规范、EtherCAT 数据链路层、EtherCAT 数据链路层协议规范、EtherCAT 应用层服务和 EtherCAT 应用层协议规范。

2.1 EtherCAT 概述

EtherCAT 为基于 EtherNet 的可实现实时控制的开放式网络。EtherCAT 系统可扩展至 65535 个从站规模，由于具有非常短的循环周期和高同步性能，EtherCAT 非常适合用于伺服运动控制系统中。在 EtherCAT 从站控制器中使用的分布式时钟能确保高同步性和同时性，其同步性能对于多轴系统来说至关重要，同步性使内部的控制环可按照需要的精度和循环数据保持同步。将 EtherCAT 应用于伺服驱动器不仅有助于整个系统实时性能的提升，同时还有利于实现远程维护、监控、诊断与管理，使系统的可靠性大大增强。

EtherCAT 作为国际工业以太网总线标准之一，其研究和应用越来越被重视。工业以太网 EtherCAT 技术广泛应用于机床、注塑机、包装机及机器人等高速运动应用场合，以及物流、高速数据采集等分布范围广控制要求高的场合。很多厂商如三洋、松下、库卡等公司的伺服系统都具有 EtherCAT 总线接口。三洋公司应用 EtherCAT 技术对三轴伺服系统进行同步控制。在机器人控制领域，EtherCAT 技术作为通信系统具有高实时性能的优势。2010 年以来，库卡一直采用 EtherCAT 技术作为库卡机器人控制系统中的通信总线。

国外很多厂商针对 EtherCAT 已经开发出了比较成熟的产品，例如 NI、松下、库卡等公司都推出了一系列支持 EtherCAT 的驱动设备。国内的 EtherCAT 技术研究也取得了较大的进步，基于 ARM 架构的嵌入式 EtherCAT 从站控制器的研究开发也日渐成熟。

随着我国科学技术的不断发展和工业水平的不断提高，在工业自动化控制领域，用户对高精尖制造的需求也在不断提高。特别是我国的国防工业，航天航空领域以及核工业等的制造领域中，对高效率、高实时性的工业控制以太网系统的需求也与日俱增。

电力工业迅速发展，电力系统的规模不断扩大，系统的运行方式越来越复杂，对自动化水平的要求越来越高，从而推动了电力系统自动化技术的不断发展。

电力系统自动化技术特别是变电站综合自动化是在计算机技术和网络通信技术的基础上发展起来的。而随着半导体技术、通信技术及计算机技术的发展，硬件集成越来越高，性能得到大幅提升，功能越来越强，为电力系统自动化技术的发展提供了条件。特别是光电电流和电压互感器（OCT、OVT）技术的成熟，插接式开关系统（PASS）的逐渐应用，电力自动化系统中出现大量的与控制、监视和保护功能相关的智能电子设备（IED)，智能电子设备之间一般是通过现场总线或工业以太网进行数据交换。这使得现场总线和工业以太网技术在电力系统中的应用成为热点之一。

在电力系统中随着光电式互感器的逐步应用，大量的高密度的实时采样值信息会从过程层的光电式互感器向间隔层的监控、保护等二次设备传输。当采样频率达到千赫级，数据传送速度将达到 10Mbit/s 以上，一般的现场总线较难满足要求。

实时以太网 EtherCAT 具有高速的信息处理与传输能力，不但能满足高精度实时采样数据的实时处理与传输要求，提高系统的稳定性与可靠性，更有利于电力系统的经济运行。

EtherCAT 工业以太网的主要特点如下。

1）完全符合以太网标准。普通以太网相关的技术都可以应用于 EtherCAT 网络中。EtherCAT 设备可以与其他的以太网设备共存于同一网络中。普通的以太网卡、交换机和路由器等标准组件都可以在 EtherCAT 中使用。

2）支持多种拓扑结构。如线形、星形及树形。可以使用普通以太网使用的电缆或光缆。当使用 100 Base-TX 电缆时，两个设备之间的通信距离可达 100m。当采用 100 BASE-FX 模式，两对光纤在全双工模式下，单模光纤能够达到 40km 的传输距离，多模光纤能够达到 2km 的传输距离。EtherCAT 还能够使用低压差分信号 LVDS（Low Voltage Differential Signaling）线来低延时地通信，通信距离能够达到 10m。

3）广泛的适用性。任何带有普通以太网控制器的设备都有条件作为 EtherCAT 主站，比如嵌入式系统、普通的 PC 和控制板卡等。

4）高效率、刷新周期短。EtherCAT 从站对数据帧的读取、解析和过程数据的提取与插入完全由硬件来实现，这使得数据帧的处理不受 CPU 的性能软件的实现方式影响，时间延迟极小，实时性很高。同时 EtherCAT 可以达到小于 100μs 的数据刷新周期。EtherCAT 以太网帧中能够压缩大量的设备数据，这使得 EtherCAT 网络有效数据率可达到 90% 以上。据官方测试 1000 个硬件 I/O 更新时间仅仅 30μs，其中还包括 I/O 周期时间。而容纳 1486 个字节（相当于 12000 个 I/O）的单个以太网帧的通信时间仅仅 300μs。

5）同步性能好。EtherCAT 采用高分辨率的分布式时钟使各从站节点间的同步精度能够远小于 1μs。

6）无从属子网。复杂的节点或只有 n 位的数字 I/O 都能被用作 EtherCAT 从站。

7）拥有多种应用层协议接口来支持多种工业设备行规。如 COE（CANopen over Ether-

CAT）用来支持 CANopen 协议；SoE（SERCOE over EtherCAT）用来支持 SERCOE 协议；EOE（EtherNet over EtherCAT）用来支持普通的以太网协议；FOE（File over EtherCAT）用于上传和下载固件程序或文件；AOE（ADS over EtherCAT）用于主从站之间非周期的数据访问服务。对多种行规的支持使得用户和设备制造商很容易从其他现场总线向 EtherCAT 转换。

快速以太网全双工通信技术构成主从式的环形结构，如图 2-1 所示。

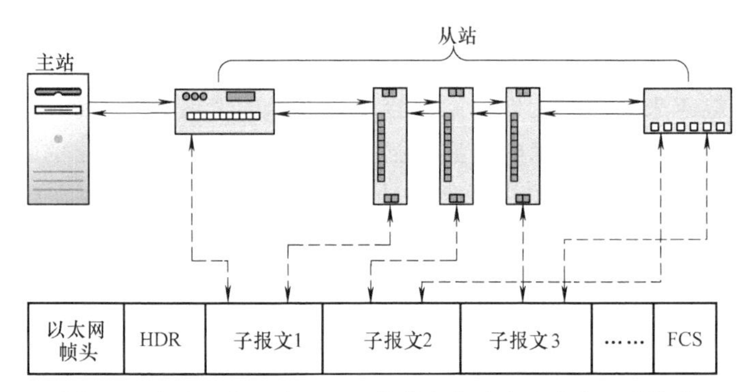

图 2-1 快速以太网全双工通信技术构成主从式的环形结构

这个过程利用了以太网设备独立处理双向传输（TX 和 RX）的特点，并运行在全双工模式下，发出的报文又通过 RX 线返回到控制单元。

报文经过从站节点时，从站识别出相关的命令并做出相应的处理。信息的处理在硬件中完成，延迟时间约为 100~500ns，这取决于物理层器件，通信性能独立于从站设备控制微处理器的响应时间。每个从站设备有最大容量为 64KB 的可编址内存，可完成连续的或同步的读写操作。多个 EtherCAT 命令数据可以被嵌入到一个以太网报文中，每个数据对应独立的设备或内存区。

从站设备可以构成多种形式的分支结构，独立的设备分支可以放置于控制柜中或机器模块中，再用主线连接这些分支结构。

2.1.1 EtherCAT 物理拓扑结构

EtherCAT 采用了标准的以太网帧结构，几乎所有标准以太网的拓扑结构都是适用的，也就是说可以使用传统的基于交换机的星形结构，但是 EtherCAT 的布线方式更为灵活，由于其主从的结构方式，无论多少节点都可以用一条线串接起来，无论是菊花链型还是树形拓扑结构，可任意选配组合。布线也更为简单，布线只需要遵从 EtherCAT 的所有的数据帧都会从第一个从站设备转发到后面连接的节点。数据传输到最后一个从站设备又逆序将数据帧发送回主站。这样的数据帧处理机制允许在 EtherCAT 同一网段内，只要不打断逻辑环路都可以用一根网线串接起来，从而使得设备连接布线非常方便。

传输电缆的选择同样灵活。与其他的现场总线不同的是，不需要采用专用的电缆连接头，对于 EtherCAT 的电缆选择，可以选择经济而低廉的标准超五类以太网电缆，采用 100BASE-TX 模式无交叉地传送信号，并且可以通过交换机或集线器等实现不同的光纤和铜电缆以太网连线的完整组合。

在逻辑上，EtherCAT 网段内从站设备的布置构成一个开口的环形总线。在开口的一端，主站设备直接或通过标准以太网交换机插入以太网数据帧，并在另一端接收经过处理的数据帧。所有的数据帧都被从第一个从站设备转发到后续的节点。最后一个从站设备将数据帧返回到主站。

EtherCAT 从站的数据帧处理机制允许在 EtherCAT 网段内的任一位置使用分支结构，同时不打破逻辑环路。分支结构可以构成各种物理拓扑以及各种拓扑结构的组合，从而使设备连接布线非常灵活方便。

2.1.2 EtherCAT 数据链路层

1. EtherCAT 数据帧

EtherCAT 数据是遵从 IEEE 802.3 标准，直接使用标准的以太网帧数据格式传输，不过 EtherCAT 数据帧是使用以太网帧的保留字 0x88A4。EtherCAT 数据报文是由两个字节的数据头和 44~1498 字节的数据组成，一个数据报文可以由一个或者多个 EtherCAT 子报文组成，每一个子报文映射到独立的从站设备存储空间。

2. 寻址方式

EtherCAT 的通信由主站发送 EtherCAT 数据帧读写从站设备内部的存储区来实现，也就是从站存储区中读数据和写数据。在通信的时候，主站首先根据以太网数据帧头中的 MAC 地址来寻址所在的网段，寻址到第一个从站后，网段内的其他从站设备只需要依据 EtherCAT 子报文头中的 32 地址去寻址。在一个网段里面，EtherCAT 支持使用两种方式：设备寻址和逻辑寻址。

3. 通信模式

EtherCAT 的通信方式分为周期性过程数据通信和非周期性邮箱数据通信。

(1) 周期性过程数据通信

周期性过程数据通信主要用在工业自动化环境中实时性要求高的过程数据传输场合。周期性过程数据通信时，需要使用逻辑寻址，主站是使用逻辑寻址的方式完成从站的读/写或者读写操作。

(2) 非周期性邮箱数据通信

非周期性过程数据通信主要用在对实时性要求不高的数据传输场合，在参数交换、配置从站的通信等操作时，可以使用非周期性邮箱数据通信，并且还可以双向通信。在从站到从站通信时，主站是作为类似路由器功能来管理。

4. 存储同步管理器 SM

存储同步管理 SM 是 ESC 用来保证主站与本地应用程序数据交换的一致性和安全性的工具，其实现的机制是在数据状态改变时产生中断信号来通知对方。EtherCAT 定义了两种同步管理器（SM）运行模式：缓存模式和邮箱模式。

(1) 缓存模式

缓存模式使用了是三个缓存区，允许 EtherCAT 主站的控制权和从站控制器双方在任何时候都访问数据交换缓存区。接收数据的那一方随时可以得到最新的数据，数据发送那一方也随时可以更新缓存区里的内容。假如写缓存区的速度比读缓存区的速度快，则旧数据就会被覆盖。

(2) 邮箱模式

邮箱模式通过握手的机制完成数据交换，这种情况下只有一端完成读或写数据操作后，另一端才能访问该缓存区，这样数据就不会丢失。数据发送方首先将数据写入缓存区，接着缓存区被锁定为只读状态，一直等到数据接收方将数据读走。这种模式通常用在非周期性的数据交换，分配的缓存区也叫作邮箱。邮箱模式通信通常是使用两个 SM 通道，一般情况下主站到从站通信使用 SM0，从站到主站通信使用 SM1，他们被配置成为一个缓存区方式，使用握手来避免数据溢出。

2.1.3 EtherCAT 应用层

应用层 AL（Application Layer）是 EtherCAT 协议最高的一个功能层，是直接面向控制任务的一层，它为控制程序访问网络环境提供手段，同时为控制程序提供服务。应用层不包括控制程序，它只是定义了控制程序和网络交互的接口，使符合此应用层协议的各种应用程序可以协同工作，EtherCAT 协议结构如图 2-2 所示。

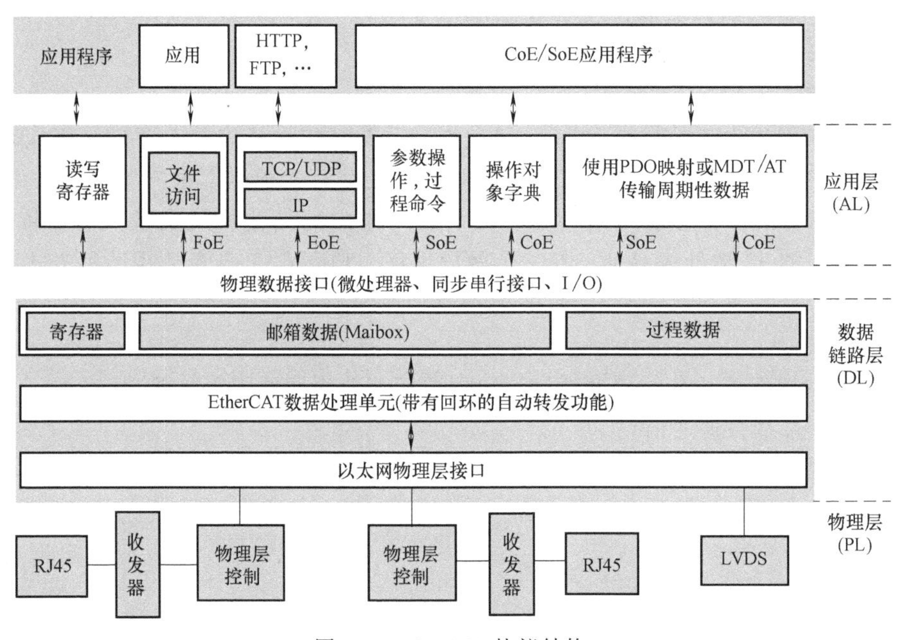

图 2-2 EtherCAT 协议结构

1. 通信模型

EtherCAT 应用层区分主站与从站，主站与从站之间的通信关系是由主站开始的。从站之间的通信是由主站作为路由器来实现的。不支持两个主站之间的通信，但是两个具有主站功能的设备并且其中一个具有从站功能时仍可实现通信。

EtherCAT 通信网络仅由一个主站设备和至少一个从站设备组成。系统中的所有设备必须支持 EtherCAT 状态机和过程数据（Process Data）的传输。

2. 从站

(1) 从站设备分类

从站应用层可分为不带应用层处理器的简单设备与带应用层处理器的复杂设备。

(2) 简单从站设备

简单从站设备设置了一个过程数据布局，通过设备配置文件来描述。在本地应用中，简单从站设备要支持无响应的 ESM 应用层管理服务。

(3) 复杂从站设备

复杂从站设备支持 EtherCAT 邮箱、COE 目标字典、读写对象字典数据入口的加速 SDO 服务以及读对象字典中已定义的对象和紧凑格式入口描述的 SDO 信息服务。

为了过程数据的传输，复杂从站设备支持 PDO 映射对象和同步管理器 PDO 赋值对象。复杂从站设备要支持可配置过程数据，可通过写 PDO 映射对象和同步管理器 PDO 赋值对象来配置。

(4) 应用层管理

应用层管理包括 EtherCAT 状态机，ESM 描述了从站应用的状态及状态变化。由应用层控制器将从站应用的状态写入 AL 状态寄存器，主站通过写 AL 控制寄存器进行状态请求。从逻辑上来说，ESM 位于 EtherCAT 从站控制器与应用之间。ESM 定义了四种状态：初始化状态（Init）、预运行状态（Pre-Operational）、安全运行状态（Safe-Operational）、运行状态（Operational）。

(5) EtherCAT 邮箱

每一个复杂从站设备都有 EtherCAT 邮箱。EtherCAT 邮箱数据传输是双向的，可以从主站到从站，也可以从站到主站。支持双向多协议的全双工独立通信。从站与从站通信通过主站进行信息路由。

(6) EtherCAT 过程数据

过程数据通信方式下，主从站访问的是缓冲型应用存储器。对于复杂从站设备，过程数据的内容将由 CoE 接口的 PDO 映射及同步管理器 PDO 赋值对象来描述。对于简单从站设备，过程数据是固有的，在设备描述文件中定义。

3. 主站

主站各种服务与从站进行通信。在主站中为每个从站设置了从站处理机（Slave Handler），用来控制从站的状态机（ESM）；同时每个主站也设置了一个路由器，支持从站与从站之间的邮箱通信。

主站支持从站处理机通过 EtherCAT 状态服务来控制从站的状态机，从站处理机是从站状态机在主站中的映射。从站处理机通过发送 SDO 服务去改变从站状态机状态。

路由器将客户从站的邮箱服务请求路由到服务从站；同时，将服务从站的服务响应路由到客户从站。

4. EtherCAT 设备行规

EtherCAT 设备行规包括以下几种。

(1) CANopen over EtherCAT（CoE）

CANopen 最初是为基于 CAN（Control Aera Network）总线的系统所制定的应用层协议。EtherCAT 协议在应用层支持 CANopen 协议，并做了相应的扩充，其主要功能如下。

① 使用邮箱通信访问 CANopen 对象字典及其对象，实现网络初始化。

② 使用 CANopen 应急对象和可选的事件驱动 PDO 消息，实现网络管理。

③ 使用对象字典映射过程数据，周期性传输指令数据和状态数据。

CoE 协议完全遵从 CANopen 协议，其对象字典的定义也相同，针对 EtherCAT 通信扩展了相关通信对象 0x1C00~0x1C4F，用于设置存储同步管理器的类型、通信参数和 PDO 数据分配。

1）应用层行规

CoE 完全遵从 CANopen 的应用层行规，CANopen 标准应用层行规主要如下。

① CiA 401 I/O 模块行规。

② CiA 402 伺服和运动控制行规。

③ CiA 403 人机接口行规。

④ CiA 404 测量设备和闭环控制。

⑤ CiA 406 编码器。

⑥ CiA 408 比例液压阀等。

2）CiA 402 行规通用数据对象字典

数据对象 0x6000~0x9FFF 为 CANopen 行规定义数据对象，一个从站最多控制 8 个伺服驱动器，每个驱动器分配 0x800 个数据对象。第一个伺服驱动器使用 0x6000~0x67FF 的数据字典范围，后续伺服驱动器在此基础上以 0x800 偏移使用数据字典。

（2）Servo Drive over EtherCAT（SoE）

IEC 61491 是国际上第一个专门用于伺服驱动器控制的实时数据通信协议标准，其商业名称为 SERCOS（Serial Real-time Communication Specification）。EtherCAT 协议的通信性能非常适合数字伺服驱动器的控制，应用层使用 SERCOS 应用层协议实现数据接口，可以实现以下功能。

① 使用邮箱通信访问伺服控制规范参数（IDN），配置伺服系统参数。

② 使用 SERCOS 数据电报格式配置 EtherCAT 过程数据报文，周期性传输伺服指令数据和伺服状态数据。

（3）EtherNet over EtherCAT（EoE）

除了前面描述的主从站设备之间的通信寻址模式外，EtherCAT 也支持 IP 标准的协议，比如 TCP/IP、UDP/IP 和所有其他高层协议（HTTP 和 FTP 等）。EtherCAT 能分段传输标准以太网协议数据帧，这种方法可以避免为长数据帧预留时间片，大大缩短周期性数据的通信周期。此时，主站和从站需要相应的 EoE 驱动程序支持。

（4）File Access over EtherCAT（FoE）

该协议通过 EtherCAT 下载和上传固定程序和其他文件，其使用类似 TFTP（Trivial File Transfer Protocol，简单文件传输协议），不需要 TCP/IP 的支持，实现简单。

2.1.4 EtherCAT 系统组成

1. EtherCAT 网络架构

EtherCAT 网络是主从站结构网络，网段中可以有一个主站和一个或者多个从站组成。主站是网络的控制中心，也是通信的发起者。一个 EtherCAT 网段可以被简化为一个独立的以太网设备，从站可以直接处理接收的报文，并从报文中提取或者插入相关数据。然后将报文依次传输到下一个 EtherCAT 从站，最后一个 EtherCAT 从站返回经过完全处理的报文，依次地逆序传递回第一个从站并且最后发送给控制单元。整个过程充分利用了以太网设备全双工双向传输的特点。如果所有从设备需要接收相同的数据，那么只需要发送一个短数据包，所有从设备接收数据包的同一部分便可获得该数据，刷新 12000 个数字输入和输出的数据耗时仅为 300μs。对于非 EtherCAT 的网络，需要发送 50 个不同的数据包，充分体现了 EtherCAT 的高实时性，所有数据链路层数据都是由从站控制器的硬件来处理，EtherCAT 的周期时间短，是因为从站的微处理器不需处理 EtherCAT 以太网的封包。

EtherCAT 是一种实时工业以太网技术，它充分利用了以太网的全双工特性。使用主从模式介质访问控制（MAC），主站发送以太网帧给主从站，从站从数据帧中抽取数据或将数据插入数据帧。主站使用标准的以太网接口卡，从站使用专门的 EtherCAT 从站控制器 ESC（EtherCAT Slave Controller），EtherCAT 物理层使用标准的以太网物理层器件。

从以太网的角度来看，一个 EtherCAT 网段就是一个以太网设备，它接收和发送标准的 ISO/IEC 8802-3 以太网数据帧。但是，这种以太网设备并不局限于一个以太网控制器及相应的微处理器，它可由多个 EtherCAT 从站组成，EtherCAT 系统运行如图 2-3 所示，这些从站可以直接处理接收的报文，并从报文中提取或插入相关的用户数据，然后将该报文传输到下一个 EtherCAT 从站。最后一个 EtherCAT 从站发回经过完全处理的报文，并由第一个从站作为响应报文将其发送给控制单元。实际上只要 RJ45 网口悬空，ESC 就自动闭合（Close）了，产生回环（LOOP）。

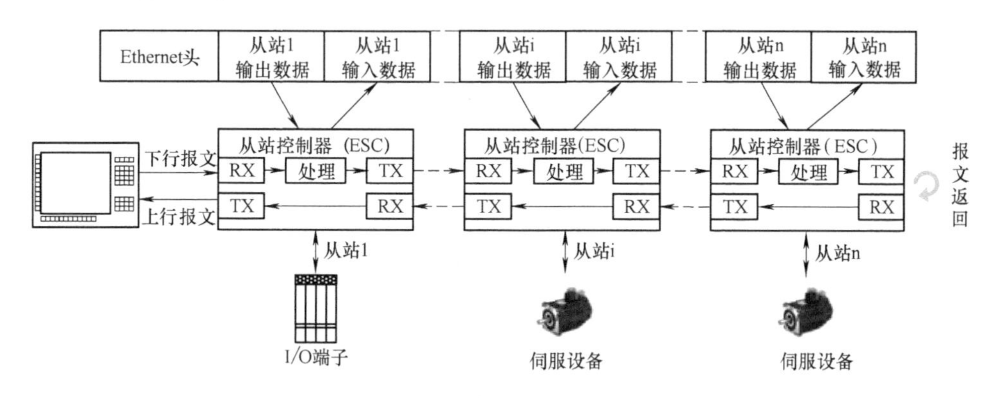

图 2-3 EtherCAT 系统运行

实时以太网 EtherCAT 技术采用了主从介质访问方式。在基于 EtherCAT 的系统中，主站控制所有的从站设备的数据输入与输出。主站向系统中发送以太网帧后，EtherCAT 从站设备在报文经过其节点时处理以太网帧，嵌入在每个从站中的现场总线存储管理单元（FMMU）在以太网帧经过该节点时读取相应的编址数据，并同时将报文传输到下一个设备。同样，输入数据也是在报文经过时插入至报文中。当该以太网帧经过所有从站并与从站进行数据交换后，由 EtherCAT 系统中最末一个从站将数据帧返回。

整个过程中，报文只有几纳秒的时间延迟。由于发送和接收的以太帧压缩了大量的设备数据，所以可用数据率可达 90%以上。

EtherCAT 支持各种拓扑结构，如总线型、星形、环形等，并且允许 EtherCAT 系统中出现多种结构的组合。支持多种传输电缆，如双绞线、光纤等，以适应于不同的场合，提升布线的灵活性。

EtherCAT 支持同步时钟，EtherCAT 系统中的数据交换完全是基于纯硬件机制，由于通信采用了逻辑环结构，主站时钟可以简单、精确地确定各个从站传播的延迟偏移。分布时钟均基于该值进行调整，在网络范围内使用精确的同步误差时间基。

EtherCAT具有高性能的通信诊断能力，能迅速地排除故障；同时也支持主站、从站冗余检错，以提高系统的可靠性；EtherCAT实现了在同一网络中将安全相关的通信和控制通信融合为一体，并遵循IEC 61508标准论证，满足安全SIL4级的要求。

2. EtherCAT主站组成

EtherCAT无须使用昂贵的专用有源插接卡，只需使用无源的NIC（Network Interface Card）或主板集成的以太网MAC设备即可。EtherCAT主站很容易实现，尤其适用于中小规模的控制系统和有明确规定的应用场合。使用PC构成EtherCAT主站时，通常是用标准的以太网卡作为主站硬件接口，网卡芯片集成了以太网通信的控制器和收发器。

EtherCAT使用标准的以太网MAC，不需要专业的设备，EtherCAT主站很容易实现，只需要一台PC或其他嵌入式计算机即可实现。

由于EtherCAT映射不是在主站产生，而是在从站产生。该特性进一步减轻了主机的负担。因为EtherCAT主站完全在主机中采用软件方式实现。EtherCAT主站的实现方式是使用倍福公司或者ETG社区样本代码。软件以源代码形式提供，包括所有的EtherCAT主站功能，甚至还包括EoE。

EtherCAT主站使用标准的以太网控制器，传输介质通常使用100BASE-TX规范的5类UTP线缆，如图2-4所示。

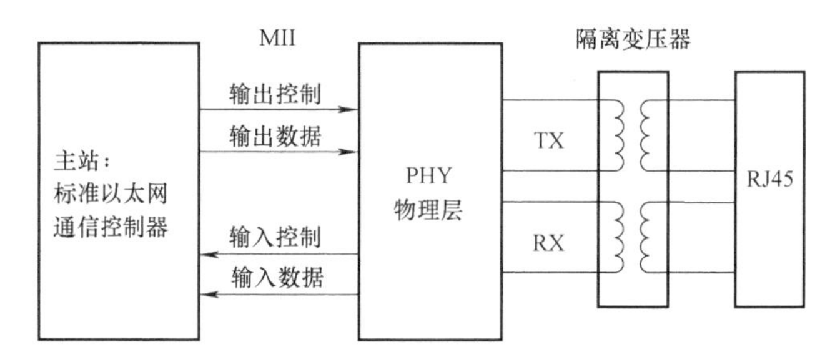

图2-4 EtherCAT物理层连接原理图

通信控制器完成以太网数据链路的介质访问控制（Media Access Control，MAC）功能，物理层芯片PHY实现数据编码、译码和收发，它们之间通过一个MII（Media Independent Interface）接口交互数据。MII是标准的以太网物理层接口，定义了与传输介质无关的标准电气和机械接口，使用这个接口将以太网数据链路层和物理层完全隔离开，使以太网可以方便地选用任何传输介质。隔离变压器实现信号的隔离，提高通信的可靠性。

在基于PC的主站中，通常使用网络接口卡NIC，其中的网卡芯片集成了以太网通信控制器和物理数据收发器。而在嵌入式主站中，通信控制器通常嵌入到微控制器中。

3. EtherCAT从站组成

EtherCAT从站设备主要完成EtherCAT通信和控制应用两大功能，是工业以太网EtherCAT控制系统的关键部分。

从站通常分为四大部分：EtherCAT从站控制器（ESC）、从站控制微处理器、物理层PHY器件和电气驱动等其他应用层器件。

从站的通信功能是通过从站ESC实现的。EtherCAT通信控制器ECS使用双端口存储区实现EtherCAT数据帧的数据交换，各个从站的ESC在各自的环路物理位置通过顺序移位读写数据帧。报文经过从站时，ESC从报文中提取要接收的数据存储到其内部存储区，要发送的数据又从其内部存储区写到相应的子报文中。数据报文的读取和插入都是由硬件自动来完成，速度很快。EtherCAT 通信和完成控制任务还需要从站微控制器主导完成。通常是通过微控制器从 ESC 读取控制数据，从而实现设备控制功能，将设备反馈的数据写入 ESC，并返回给主站。由于整个通信过程数据交换完全由 ESC 处理，与从站设备微控制器的响应时间无关。从站微控制器的选择不受到功能限制，可以使用单片机、DSP 和 ARM 等。

从站使用物理层的 PHY 芯片来实现 ESC 的 MII 物理层接口，同时需要隔离变压器等标准以太网物理器件。

从站不需要微控制器就可以实现 EtherCAT 通信，EtherCAT 从站设备只需要使用一个价格低廉的从站控制器芯片 ESC。从站的实施可以通过 I/O 接口实现的简单设备加 ESC、PHY、变压器和 RJ45 接头。微控制器和 ESC 之间使用 8 位或 16 位并行接口或串行 SPI 接口。从站实施要求的微控制器性能取决于从站的应用，EtherCAT 协议软件在其上运行。ESC 采用德国倍福公司提供的从站控制专用芯片 ET1100 或者 ET1200 等。通过 FPGA，也可实现从站控制器的功能，这种方式需要购买授权以获取相应的二进制代码。

EtherCAT 从站设备同时实现通信和控制应用两部分功能，其结构如图 2-5 所示。

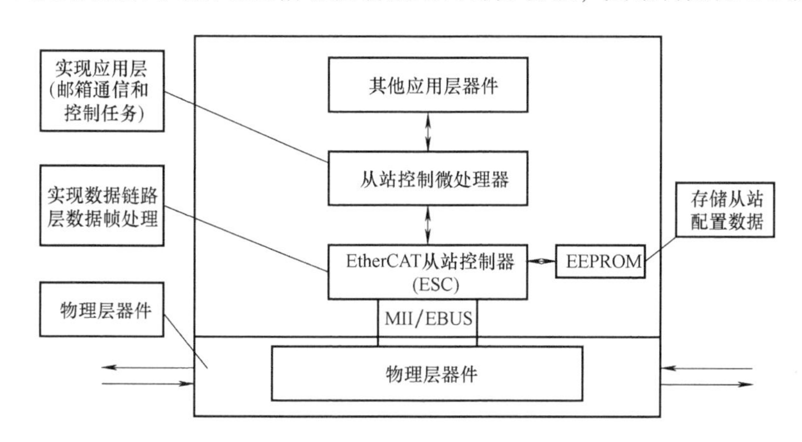

图 2-5　EtherCAT 从站组成

EtherCAT 从站由以下四部分组成。

(1) EtherCAT 从站控制器 ESC

EtherCAT 从站通信控制器芯片 ESC 负责处理 EtherCAT 数据帧，并使用双端口存储区实现 EtherCAT 主站与从站本地应用的数据交换。各个从站 ESC 按照各自在环路上的物理位置顺序移位读写数据帧。在报文经过从站时，ESC 从报文中提取发送给自己的输出命令数据，并将其存储到内部存储区，输入数据从内部存储区又被写到相应的子报文中。数据的提取和插入都是由数据链路层硬件完成的。

ESC 具有四个数据收发端口，每个端口都可以收发以太网数据帧。

ESC 使用两种物理层接口模式：MII 和 EBUS。

MII 是标准的以太网物理层接口，使用外部物理层芯片，一个端口的传输延时约为 500ns。

EBUS 是德国倍福公司使用 LVDS（Low Voltage Differential Signaling）标准定义的数据传输标准，可以直接连接 ESC 芯片，不需要额外的物理层芯片，从而避免了物理层的附加传输延时，一个端口的传输延时约为100ns。EBUS最大传输距离为10m，适用于距离较近的I/O设备或伺服驱动器之间的连接。

(2) 从站控制微处理器

微处理器负责处理EtherCAT通信和完成控制任务。微处理器从ESC读取控制数据，实现设备控制功能，并采样设备的反馈数据，写入ESC，由主站读取。通信过程完全由ESC处理，与设备控制微处理器响应时间无关。从站控制微处理器性能选择取决于设备控制任务，可以使用8位、16位的单片机及32位的高性能处理器。

(3) 物理层器件

从站使用MII接口时，需要使用物理层芯片PHY和隔离变压器等标准以太网物理层器件。使用EBUS时不需要任何其他芯片。

(4) 其他应用层器件

针对控制对象和任务需要，微处理器可以连接其他控制器件。

2.1.5 EtherCAT系统主站设计

EtherCAT系统的主站可以利用德国倍福公司提供的TwinCAT（The Windows Control and Automation Technology）组态软件来实现，用户可以利用该软件实现控制程序以及人机界面程序。用户也可以根据EtherCAT网络接口及通信规范来实现EtherCAT的主站。

1. TwinCAT系统

TwinCAT软件是由德国倍福公司开发的一款工控组态软件，以实现EtherCAT系统的主站功能以及人机界面。

TwinCAT系统由实时服务器（Realtime Server）、系统控制器（System Control）、系统OCX接口、PLC系统、CNC系统、输入/输出系统（I/O System）、用户应用软件开发系统(User Application)、自动化设备规范接口（ADS-Interface）及自动化信息路由器（AMS Router）等组成。

2. 系统管理器与配置

系统管理器（System Manger）是TwinCAT的配置中心，涉及PLC系统的个数及程序，轴控系统的配置及所连接的I/O通道配置。它关系到所有的系统组件以及各组件的数据关系，数据域及过程映射的配置。TwinCAT支持所有通用的现场总线和工业以太网，同时也支持PC外设（并行或串行接口）和第三方接口卡。

系统管理器的配置主要包括系统配置、PLC配置、CAM配置以及I/O配置。系统配置中包括了实时设定、附加任务以及路由设定。实时设定就是要设定基本时间及实时程序运行的时间限制。PLC配置就是要利用PLC控制器编写PLC控制程序加载到系统管理器中。CAM配置是一些与凸轮相关的程序配置。I/O配置就是配置I/O通道，涉及整个系统的设备。I/O配置中要根据系统中的不同的设备编写相应的XML配置文件。

XML配置文件的作用就是用来解释整个TwinCAT系统，包括了主站设备信息、各从站设备信息、主站发送的循环命令配置以及输入/输出映射关系。

3. 基于EtherCAT网络接口的主站设计

EtherCAT主站系统可以通过组态软件TwinCAT配置实现，并且具有优越的实时性能。但是该组态软件主要支持逻辑控制的开发，如可编程逻辑控制器、数字控制等，在一定程度上约束了用户主站程序的开发。可利用 EtherCAT 网络接口与从站通信以实现主站系统，在软件设计上要以 EtherCAT 通信规范为标准。

实现基于 EtherCAT 网络接口的主站系统就是要实现一个基于网络接口的应用系统程序的开发。Windows 网络通信构架的核心是网络驱动接口规范（NDIS），它的作用就是实现一个或多个网卡（NIC）驱动与其他协议驱动或操作系统通信，它支持以下三种类型的网络驱动。

1）网卡驱动（NIC Driver）。

2）中间层驱动（Intermediate Driver）。

3）协议驱动（Protocol Driver）。

网卡驱动是底层硬件设备的接口，对上层提供发送帧和接收帧的服务；中间层驱动主要作用就是过滤网络中的帧；协议驱动就是实现一个协议栈（如 TCP/IP），对上层的应用提供服务。

一个 EtherCAT 主站网络通信构架的实例如图 2-6 所示。

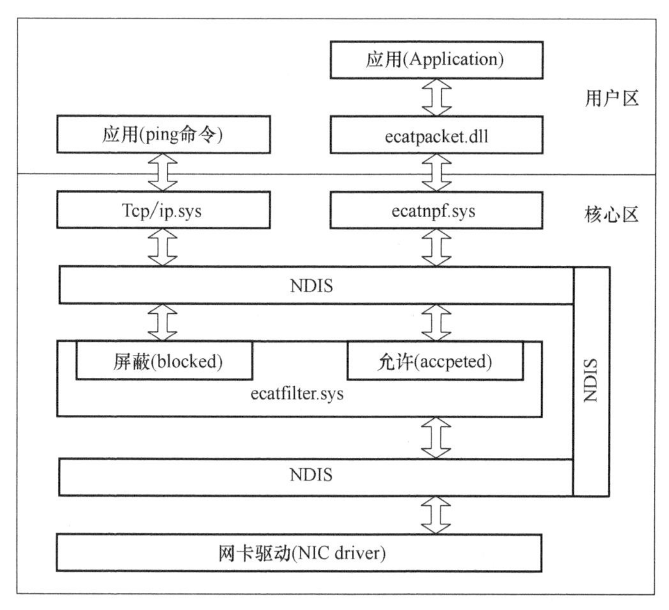

图 2-6　EtherCAT 主站网络通信构架

其中，ecatpacket. dll、ecatnpf. sys、ecatfilter. sys 是德国倍福公司提供的驱动，ecatnpf. sys 是一个 NPF（NetGroup Packet Filter Drive）的修正版本，它是一个 NDIS 的协议驱动，用来支持网络通信分析。ecatpacket. dll 是 packet. dll 的一个修订版，该动态链接库提供了一组底层函数去控制 NPF 驱动（如 ecatnpf. sys）。ecatfilter. sys 是一个中间层驱动，用于阻塞非 EtherCAT 帧。

4. EtherCAT 主站驱动程序

EtherCAT 主站可由 PC 或其他嵌入式计算机实现，使用 PC 构成 EtherCAT 主站时，通常用标准的以太网网卡 NIC 作为主站硬件接口，主站功能由软件实现。从站使用专用芯片 ESC，通常需要一个微处理器实现应用层功能。EtherCAT 控制系统协议栈如图 2-7 所示。

EtherCAT数据通信包括EtherCAT通信初始化、周期性数据传输和非周期性数据传输。

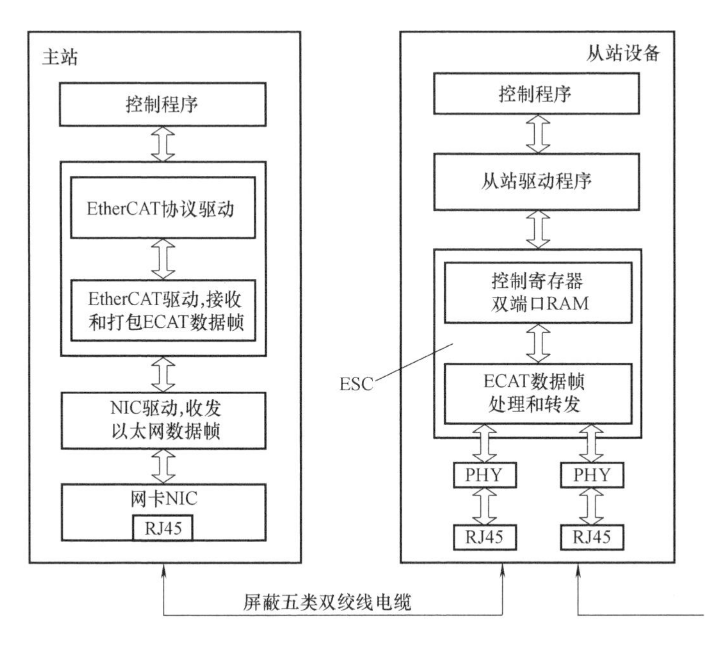

图 2-7 EtherCAT控制系统协议栈

2.1.6 EtherCAT系统从站设计

EtherCAT系统从站也称为EtherCAT系统总线上的节点，从站主要包括传感部件、执行部件或控制器单元。节点的形式是多种多样的，EtherCAT系统中的从站主要有简单从站及复杂从站设备。简单从站设备没有应用层的控制器，而复杂从站设备具有应用层的控制器，该控制器主要用来处理应用层的协议。

EtherCAT从站是一个嵌入式计算机系统，其关键部分就是EtherCAT从站控制器，由它来实现EtherCAT的物理层与数据链路层协议。应用层协议的实现是通过它的应用层控制器来实现的，应用层的实现根据项目不同的需要由用户来实现。应用层控制器与EtherCAT从站控制器构成EtherCAT从站系统，以实现EtherCAT网络通信。

EtherCAT主站使用标准的以太网设备，能够发送和接收符合IEEE802.3标准以太网数据帧的设备都可以作为EtherCAT主站。在实际应用中，可以使用基于PC或嵌入式计算机的主站，对其硬件设计没有特殊要求。

EtherCAT从站使用专用ESC芯片，需要设计专门的从站硬件。

ET1100芯片只支持MII接口的以太网物理层PHY器件。有些ESC器件也支持RMII（Reduced MII）接口。但是由于RMII接口的PHY使用发送FIFO缓存区，增加了EtherCAT从站的转发延时和抖动，所以不推荐使用RMII接口。

EtherCAT从站控制器具有完成EtherCAT通信协议所要求的物理层和数据链路层的所有功能。这两层协议的实现在任何EtherCAT应用中是不变的，由厂家直接将其固化在从站控制器中。

2.2　EtherCAT 规范概述

2.2.1　EtherCAT 的概念

从概念上讲，工业以太网是一种数字式通信网络，用于将工业控制和仪表设备集成为一个系统。典型设备有变频器、传感器、执行机构和控制器。

EtherCAT 协议已被工程化，以支持任何工业部门及相关领域的信息处理、监控和监控系统。它是一个在过程车间的传感器、执行机构、本地控制器之间，并与可编程控制器互连在一起的一个高完整性的低层通信应用实例。

DL/AL 服务和协议如图 2-8 所示，该图说明了数据链路层和应用层的服务与协议视点之间的差异。

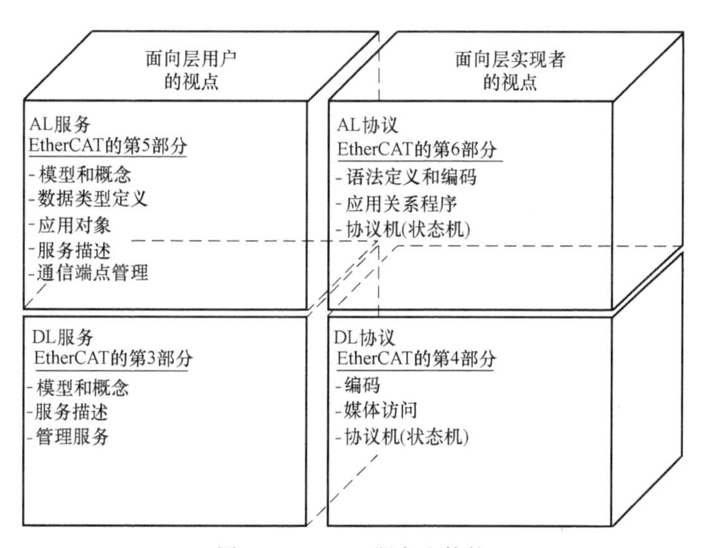

图 2-8　DL/AL 服务和协议

协议部分表示层实现者的视点，服务部分表示层用户的视点。

1. 应用层结构

应用层结构如下。

1）GB/T 31230.5 的类型特定部分中的应用服务元素（ASE）描述“做什么”。

2）GB/T 31230.6 的类型特定部分中的应用关系（AR）描述“怎么做”。

2. 数据链路层结构

数据链路层结构如下。

1）GB/T 31230.3 的类型特定部分中的数据链路服务和模型描述“做什么”。

2）GB/T 31230.4 的类型特定部分中的数据链路协议机以及媒体访问原理描述“怎么做”。

物理层的结构类似，但因其服务容易描述，因此这些服务定义与物理层协议规范出现在同一规范（GB/T 31230.2）中。

1）物理层服务和模型描述“做什么”。

2）物理层电磁和机械规范描述“怎么做”。

2.2.2 EtherCAT对OSI基本参考模型的映射

采用GB/T 9387的原理、方法论和模型来描述EtherCAT的协议类型。OSI模型提供了对通信标准的分层方法，据此可独立地开发和修改各层。EtherCAT规定了完整的OSI通信栈由顶至底的功能，以及潜在地规定了通信栈用户的某些功能。OSI的中间层（第3~6层）的功能可被浓缩到EtherCAT的数据链路层或EtherCAT的应用层，或可由一个单独的层实现。同样，为了简化用户操作，EtherCAT应用层可提供现场总线应用层的用户公用的若干特性。

OSI和EtherCAT各层对应关系见表2-1。该表列出了OSI各层、其功能以及在EtherCAT基本现场总线参考模型中等效的各层。

表2-1 OSI和EtherCAT各层对应关系

<table>
<tr><th>OSI各层</th><th>功 能</th><th>EtherCAT各层</th></tr>
<tr><td>7 应用层</td><td>将位于通信栈中的命令要求译成低层所理解的形式，反之亦然</td><td rowspan="3">应用层
(GB/T 31230.5,
GB/T 31230.6)
↑
↑</td></tr>
<tr><td>6 表示层</td><td>将数据变换为标准化的网络格式，或将标准化的网络格式变换为数据</td></tr>
<tr><td>5 会话层</td><td>创建和管理低层间的对话</td></tr>
<tr><td>4 传输层</td><td>提供透明可靠的数据传输（在可能包括多个链接的网络间端到端的传输）</td><td rowspan="3">↓或↑
↓或↑
数据链路层
(GB/T 31230.3,
GB/T 31230.4)</td></tr>
<tr><td>3 网络层</td><td>执行报文路由</td></tr>
<tr><td>2 数据链路层</td><td>控制对通信媒体的访问。执行差错检测（在一条链路上的点到点传输）</td></tr>
<tr><td>1 物理层</td><td>以一种适合于通信媒体的形式对发送、接收的信号进行编码/译码。规定通信媒体的特性</td><td>物理层
(GB/T 31230.2)</td></tr>
</table>

注：↓和↑表示这一层的功能（当存在时）可包括在按箭头所指的方向最近的现场总线层内。因此网络层和传输层功能可包括在数据链路层或者应用层中，而会话层和表示层功能可包括在应用层中，但不能包括在数据链路层中。

2.2.3 EtherCAT的服务和协议特性

1. 物理层服务和协议特性

EtherCAT规定标准ISO/IEC 8802-3物理层及以下变型：线缆媒体，100Mbit/s，低电压差分信号模式（平行耦合），由ANSI TIA/EIA-644-A规定。

2. 数据链路层服务特性

EtherCAT支持数据链路服务，并能提供ISO/IEC 8886中规定的服务中的无连接子集。

3. 数据链路层协议特性

EtherCAT支持用于EtherCAT DL服务的DL协议。最大系统大小含不限个数的段，每个段含有2^{16}个节点。每个节点最大有2^{16}个对等端以及发布者/订阅者DLCEP。

4. 应用层服务特性

包含在应用过程中的FAL应用实体（AE）提供FAL服务和协议。FAL AE是由一组面向对象的应用服务单元（ASE）和一个管理AE的管理实体（LME）组成。ASE提供工作在一系列相关的应用过程对象（APO）类的通信服务。在FAL ASE中有一个管理ASE，它提供一组用于管理 FAL 类实例的通用服务。

EtherCAT 支持提供无连接循环数据交换的应用服务和用于不同 ASE 的自发通信。

5. 应用层协议特性

现场总线应用层（FAL）是一种应用层通信标准，被设计用来支持自动化环境下的各设备间时间关键的应用请求和响应的传送。

EtherCAT 支持规定 EtherCAT 应用服务元素的抽象语法、编码和行为的应用协议。

2.3 EtherCAT 物理层服务和协议规范

2.3.1 符号和缩略语

1. 符号

EtherCAT 物理层服务和协议规范所用符号见表 2-2。

表 2-2 EtherCAT 物理层服务和协议规范所用符号

符号	定　义	单位
f_r	标称比特率对应的频率	MHz
N+	正-非数据符号，曼彻斯特编码信号，含有一个比特时间的高电平，用作定界符，不携带数据	—
N-	负-非数据符号，曼彻斯特编码信号，含有一个比特时间的低电平，用作定界符，不携带数据	—
T_{bit}	标称的位持续时间	μs
Z	阻抗；电阻和电抗（感性的或容性的）的矢量和	Ω
Z_0	特性阻抗；在定义的频率范围上，电缆阻抗及其终端阻抗	Ω

2. 缩略语

EBUS：由标准描述的 EtherCAT 物理层（A EtherCAT physical layer as described in this international standard）。

EOF：帧结束符（End of Frame）。

LVDS：低压差分信号（Low Voltage Differential Signaling）。

PCB：印制电路板（Printed Circuit Board）。

RxS：接收信号（Receive Signal）。

SOF：帧起始符（Start of Frame）。

TxS：发送信号（Transmit Signal）。

2.3.2 EtherCAT 的数据链路层（DLL）-物理层（PHL）的接口

DLL-PHL 接口是一种虚拟机间的虚拟服务接口，不需要物理信号线。该接口定义了必需的物理服务（PhS）原语以及其使用限制。

PhIDUs 应依照 GB/T 9387 的要求在 DLL 和 PHL 间传输，通过 DLL-PHL 接口数据单元间的映射如图 2-9 所示，是否支持 PhPCI 和 PhICI 是由类型特定的。

这些服务用于 DLL 实体与其关联的 PHL 实体间的 PhIDU 交换。这样的传输是协同操作的 DLL 实体间事物处理的一部分。物理层列出的服务是最低要求，这些服务能联合提供一

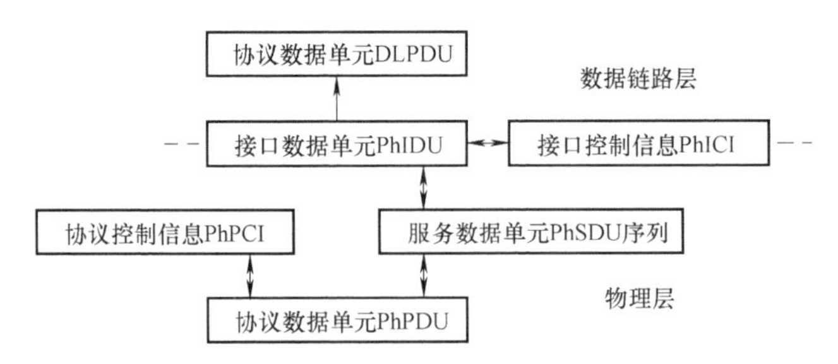

图 2-9 通过 DLL-PHL 接口数据单元间的映射

种方法，通过该方法，协同操作的 DLL 实体能协调在共享的通信媒体上的传输及数据交换。如有必要，也提供数据交换的同步及相关的操作。

2.3.3 系统管理-PHL 接口

该接口为 PHL 提供用于初始化和选择项的服务。

PHL 的目标之一是允许未来的变型，如无线、光纤、冗余通道（如电缆）及不同的调制技术等。一种通常形式的系统管理 PHL 接口，它提供了实现这些变型所需的服务。

当设备直接连接到媒体时，一套完整的管理服务才能被使用。对于有源连接的设备(如有源耦合器、中继器、无线/调制解调器电话及光电等)，其中的一些服务对于有源耦合器是可以隐含的。此外，每个设备可以使用描述原语的一个子集。

2.3.4 DCE 无关子层（DIS）

PHL 实体分为数据终端设备（DTE）组件和数据通信设备（DCE）组件。DTE 组件与 DLL 实体通过接口相连，并形成了 DCE 无关子层（DIS）。DIS 通过 DL-PH 接口交换接口数据单元，并提供了 DL-PH 接口处每次的 PhIDU 和物理发送与接收所需的比特串之间的基本转换。

该子层独立于所有的 PHL 变型，包括编码和/或调制、速度、电压/电流/光模式及媒体等，所有这些变型在指定数据通信设备（DCE）下分组。

2.3.5 DTE-DCE 接口和 MIS 特定功能

PHL 实体分为包含 DIS 的数据终端设备（DTE）组件和包含 MDS 及较低子层的数据通信设备（DCE）组件。DTE-DCE 接口连接这两个物理组件，且其自身包含在 MIS 中。

根据工业实践，定义了许多不同的 DTE-DCE 接口。

对于 DTE-DCE 接口或任何其他接口，不强制显露这些接口。

对于类型 3 同步传输模式、类型 1 和类型 7，DTE-DCE 接口是支持一组服务的功能性和电气接口，不是机械接口。这些服务中的每个服务通过在接口上已定义的信号交互序列实现。

2.3.6 媒体相关子层（MDS）

媒体相关子层（MDS）是数据通信设备（DCE）的一部分。它规定了 MDS 通过 DTE-DCE 接口交换信息，MDS-MAU 接口规定了 MDS 通过 MDS-MAU 接口传输已编码的 Ph 符号。

MDS 的功能包括分别为发送和接收进行逻辑编码和解码、增加/删除前同步码和定界符以及定时和同步功能。

2.3.7 MDS-MAU 接口

媒体附属单元（MAU）是通信部件的一个可选独立部分，可直接或通过无源器件连接到媒体。对于电信号来说，MAU 是为发送和接收信号提供了电平变换和波形整形的收发器。MDS-MAU 接口将 MAU 连接到 MDS。服务被定义为实现该接口的物理信号。

2.3.8 媒体附属单元：电气媒体

MAU 规范描述了一个通过符合 ANSI TIA/EIA-644-A 的线对进行的对称传输线单向传输。在线缆接收端末端放置一个终端电阻（推荐值为 100Ω），能使 PHL 支持更高速的传输。该线对最长不超过 20m。除了被称作 100BASE-TX 和 100BASE-FX 的 ISO/IEC 8802-3 技术，此规范也补充提供了这种传输方法，其主要目的是连接控制柜内的设备。因此，它采用一个公共的信号地。

曼彻斯特比特编码与 ANSI TIA/EIA-644-A 信号发送相结合，其目标是降低线耦合器的成本。

该拓扑结构支持含一个发送方和一个接收方的单一线对。一个连接由正好连接 2 个 DTE 的 2 个线对组成。

2.4 EtherCAT 数据链路层

2.4.1 EtherCAT 数据链路层服务和概念

1. 工作原理

媒体访问控制采用主站/从站原则，主站节点（通常是控制系统）发送以太网帧给从站节点，从站节点从这些帧中提取和插入数据。

从以太网的角度看，一个 EtherCAT 网段就是一个单个的以太网设备，它接收和发送标准的 ISO/IEC 8802-3 以太网帧。然而这种以太网设备并不局限于带有微处理器的单个以太网控制器，也可以包含大量的 EtherCAT 从站设备。当以太网帧传到这些设备的时候，它们处理传入的以太网帧，并在把帧传到下一个从站设备之前，从中读取数据和/或插入自己的数据。网段内的最后一个从站设备沿着设备链反向发送已完全处理的以太网帧，并通过第一个从站设备把收集的信息返回给主站，主站接收信息作为以太网响应帧。

此方法采用以太网全双工的功能：双方向的通信都是独立执行的，在主站发送的路径上每个从站读和写，并且在返回主站路径上以太网帧再通过各中间从站时，仅执行发送到接收的时间的测量。

主站设备和由一个或几个从站设备组成的 EtherCAT 网段间的全双工通信可不通过交换机建立。

2. 拓扑结构

通信系统的拓扑结构对自动化的成功应用是一个非常重要的因素。拓扑结构对布线、诊断功能、冗余选项和热插拔功能都有很大影响。

以太网常用的星形拓扑结构会导致布线所需人力以及基础设施成本的增加。所以，尤其是对自动化应用，往往优先考虑总线型或树形拓扑结构。

从站节点的排列是一个开环型总线，在开环的一端，主站设备可以直接发送帧，或通过以太网交换机发送；另一端就可以接收环上每个从站处理好的帧。每一个以太网帧从第一个节点传递给下一个节点，然后按顺序传给后续节点。最后一个节点使用全双工以太网能力将以太网帧返回到主站，由此产生的拓扑结构是一个物理线型。

端口 n（n 不为 0）收到的以太网帧被转发到端口 n+1，如果没有端口 n+1，以太网帧则被转发到端口 0。如果没有设备连接或者端口被主站关闭，那么发送到该端口的请求将被处理，就好像相同的数据被该端口接收一样（即环路闭合）。

3. 数据链路层

单个以太网帧可以携带多个被无间隙地打包到以太网帧中的 EtherCAT DLPDU。这些 DLPDU 可以分别寻址多个节点。以太网帧以最后一个 EtherCAT DLPDU 结束，除非当该帧小于 64 个八位位组时，以太网帧将被填充至 64 个八位位组。

与从每个从站节点单独发送/接收以太网帧相比，这种打包方式提高了以太网带宽利用率。然而，对于仅有两比特用户数据的双通道数字输入节点，单个 EtherCAT DLPDU 的开销依然可能过多。

因此，从站节点也可支持逻辑地址映射。过程数据可以被插入到逻辑地址空间的任何地方。如果 EtherCAT DLPDU 包含的读/写服务针对位于相应逻辑地址的过程映像区，而不是针对某个特定节点，那么从站节点在过程数据的相应位置插入或提取数据，包含单个 EtherCAT DLPDU 的以太网帧内的逻辑数据映射如图 2-10 所示。

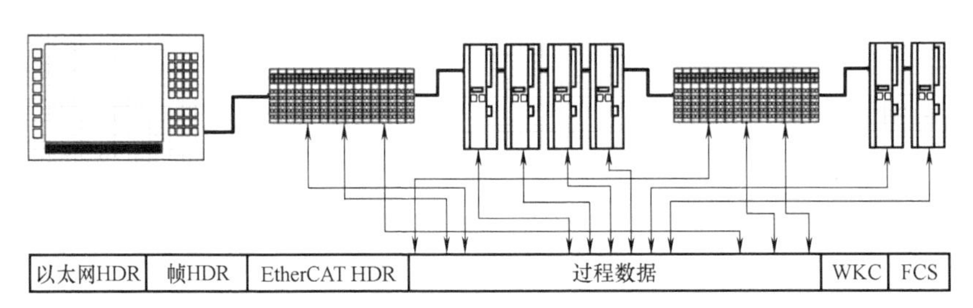

图 2-10 包含单个 EtherCAT DLPDU 的以太网帧内的逻辑数据映射

检测到地址与过程映像相匹配的每个节点插入其数据，因此，用单个 EtherCAT DLPDU 可以实现多个节点同时寻址。这样，通过单个 EtherCAT DLPDU，主站可以完成一个完整的分类逻辑过程映像，与从站设备的物理布线顺序无关。

主站不再需要额外的映射，所以过程数据可以直接传输到一个或多个不同的控制任务中。每个任务可以创建自己的过程映像并在其时间范围（Timeframe）内交换过程映像。节点的物理顺序完全是任意的，仅和首次初始化阶段相关。

逻辑地址空间大小为 2^{32} 个八位位组（4GB）。EtherCAT 工业以太网可以被认为是一个用于自动化系统的串行背板，并使其在大的和非常小的自动化设备下都能连接到分布式进程数据。使用标准的以太网控制器和标准的以太网电缆，大量的 I/O 通道可与自动化设备连接，因此 EtherCAT 具有高带宽，低延迟和良好的有效可用数据传输率。

4. 错误检测

EtherCAT 主站与从站节点（DLE）检查以太网帧校验序列（FCS）来确定一个帧是否被正确接收。由于一个或几个从站会在数据传输过程中修改以太网帧，FCS 会在每个节点接收时被检查，并在转发过程中重新计算。如果检测到校验和错误，从站不进行 FCS 修复，而是通过增加错误计数器来通知主站，以确保在一个开环拓扑里能够精准地确定单一错误源的位置。

当向 EtherCAT DLPDU 读或写数据时，被寻址的从站增加位于 DLPDU 尾部的工作计数器（WKC）。仅转发 DLPDU 但不从 DLPDU 提取或插入信息的从站不改变工作计数器。通过比较 WKC 与期望访问的从站节点数目，主站能检测出期望数目的节点是否已经处理过相应的 DLPDU。

5. 参数和过程数据处理

在数据传输特性方面，工业通信系统需要满足不同的需求。在对时序要求相对不关键且传输是由控制系统触发的情况下，参数数据可以大批量非周期性传送，在事件驱动模式中，诊断数据也是非周期性传送，但时序要求更为苛刻，传输通常由外围设备触发。

另一方面，过程数据通常以不同的周期时间循环传输。在过程数据通信中时序要求是最严格的。GB/T 31230 支持各种不同的服务和协议以满足这些不同的要求。

6. 节点参考模型

（1）到 OSI 基本参考模型的映射

EtherCAT 服务描述使用 GB/T 9387.1（OSI）的原则、方法和模型。OSI 模型为通信标准提供了一个分层的方法，即层可以独立开发和修改。EtherCAT 规范定义了从整个 OSI 通信协议栈的顶层到底层的功能。OSI 中间层（即 3~6 层）的功能并入 EtherCAT 数据链路层或其 DL 用户。

EtherCAT 数据链路参考模型如图 2-11 所示。

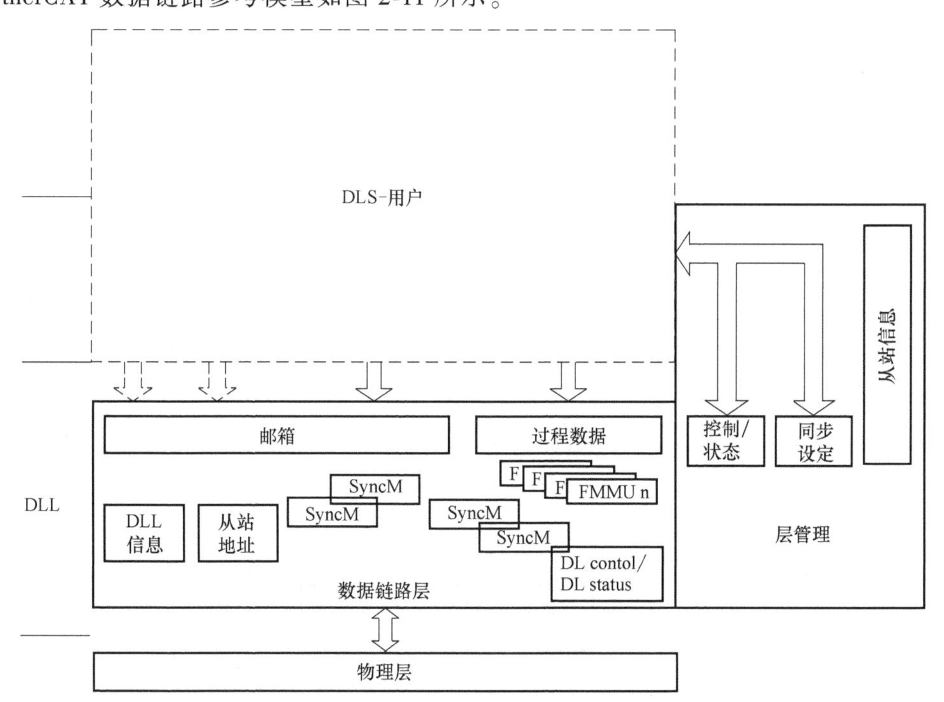

图 2-11 EtherCAT 数据链路参考模型

(2) 数据链路层特征

数据链路层为相连的设备之间的数据通信提供时间关键的基本支持。

数据链路层的任务是根据存储在预先定义的内存位置上的数据链路层参数完成计算、比较，且产生帧校验序列，并通过从以太网帧中提取数据或将数据包含到以太网帧中实现通信。在物理内存中通过邮箱配置或过程数据区，DL 用户都可以获得该数据。

7. EtherCAT 报文寻址

EtherCAT 通信由主站发送 EtherCAT 数据帧读写从站设备的内部存储区来实现，EtherCAT 报文还可用多种寻址方式操作 ESC 内部存储区，实现多种通信服务。

EtherCAT 网络寻址模式如图 2-12 所示。

一个 EtherCAT 网段相当于一个以太网设备，主站首先使用以太网数据帧头的 MAC 地址寻址到网段，然后使用 EtherCAT 子报文头中的 32 位地址寻址到段内设备。

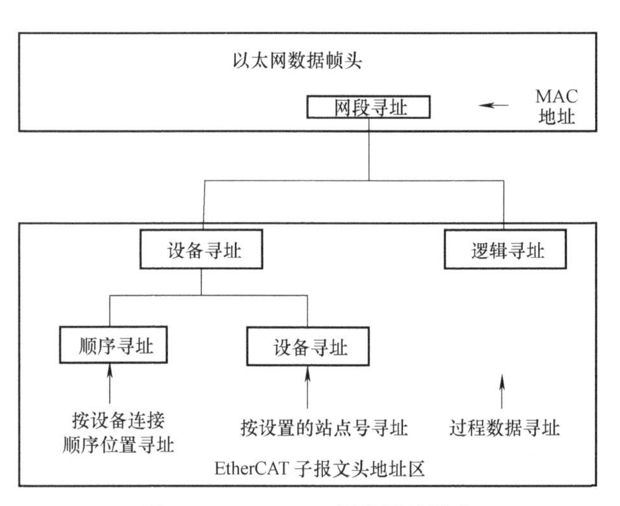

图 2-12 EtherCAT 网络寻址模式

段内寻址可以使用两种方式：设备寻址和逻辑寻址。

设备寻址针对某一个从站进行读写操作。逻辑寻址面向过程数据，可以实现多播，同一个子报文可以读取多个从站设备。支持所有寻址模式的从站成为完整型从站，而支持部分寻址模式的从站称为基本从站。

从站支持不同的寻址模式。在 EtherCAT DLPDU 的首部含有一个 32 位的地址，用来实现物理节点寻址或逻辑寻址。

(1) 网段寻址

网段寻址使用符合 ISO/IEC 8802-3 的 MAC 地址。

根据 EtherCAT 主站及其网段的连接方式不同，可以使用如下两种方式寻址到网段。

1) 直连模式

一个 EtherCAT 网段直接连到主站设备的标准以太网端口，如图 2-13 所示。此时，主站使用广播 MAC 地址，EtherCAT 数据帧如图 2-14 所示。

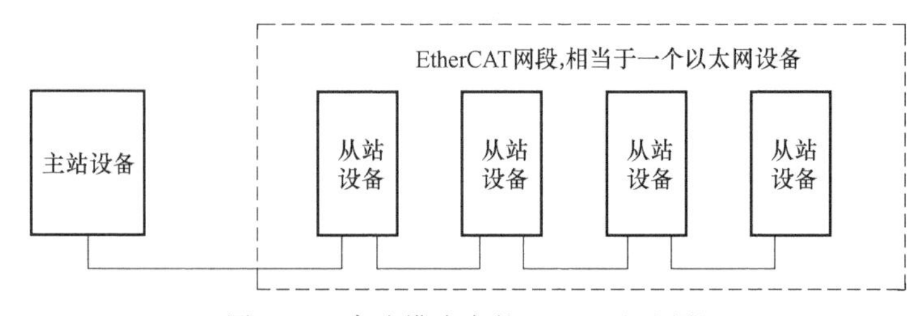

图 2-13 直连模式中的 EtherCAT 网段

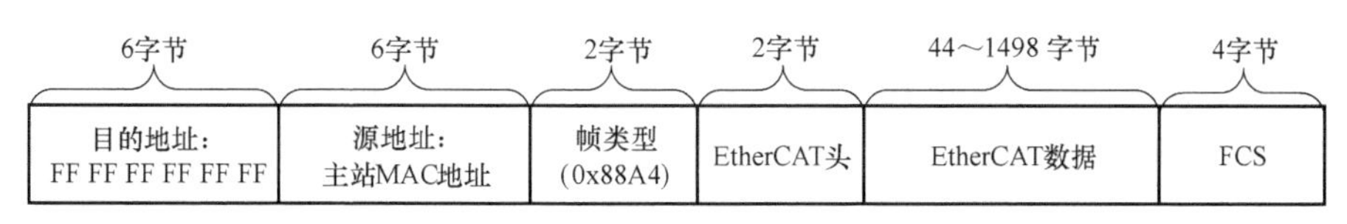

图 2-14　直连模式下的 EtherCAT 网段寻址内容

2）开放模式

EtherCAT 网段连接到一个标准以太网交换机上，如图 2-15 所示。此时，一个网段需要一个 MAC 地址，主站发送的 EtherCAT 数据帧中目的地址是它所控制的网段的 MAC 地址，如图 2-16 所示。

EtherCAT 网段内的第一个从站设备有一个 ISO/IEC 8802. 3 的 MAC 地址，这个地址表示了整个网段，这个从站称为段地址从站，它能够交换以太网帧内的目的地址区和源地址区。如果 EtherCAT 数据帧通过 UDP 传送，这个设备也会交换源和目的 IP 地址，以及源和目的 UDP 端口号，使响应的数据帧完全满足 UDP/IP 协议标准。

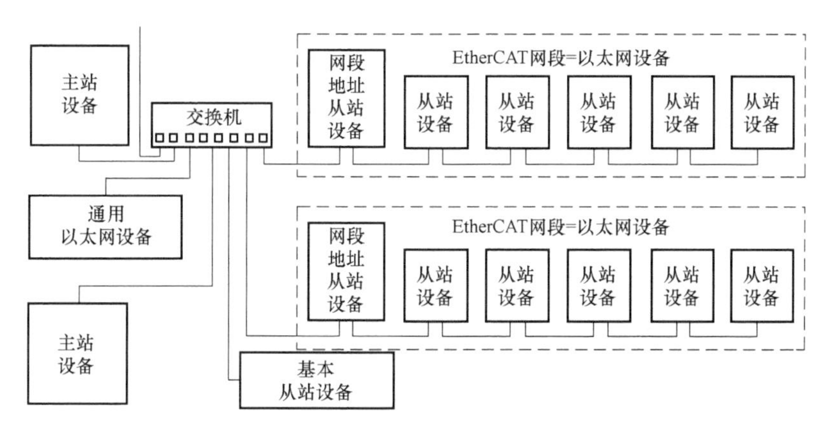

图 2-15　开放模式中的 EtherCAT 网段

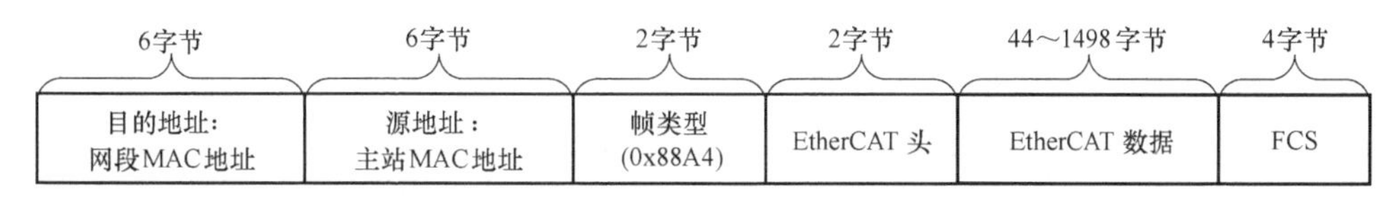

图 2-16　开放模式下的 EtherCAT 网段寻址地址内容

（2）设备寻址

在设备寻址时，EtherCAT 子报文头内的 32 位地址分为 16 位从站设备地址和 16 位从站设备内部物理存储空间地址，如图 2-17 所示。16 位从站设备地址可以寻址 65536 个从站设备，每个设备最多可以有 64KB 的本地地址空间。

设备寻址时，每个报文只寻址唯一的一个从站设备，但它有两种不同的设备寻址机制。

图 2-17　EtherCAT 设备寻址结构

1）顺序寻址

顺序寻址时，从站的地址由其在网段内的连接位置确定，用一个负数来表示每个从站在网段内由接线顺序决定的位置。顺序寻址子报文在经过每个从站设备时，其顺序地址加 1；从站在接收报文时，顺序地址为 0 的报文就是寻址到自己的报文。由于这种机制在报文经过时更新设备地址，所以又被称为“自动增量寻址”。

顺序寻址时的从站地址如图 2-18 所示，网段中有三个从站设备，其顺序寻址的地址分别为 0、-1 和-2。

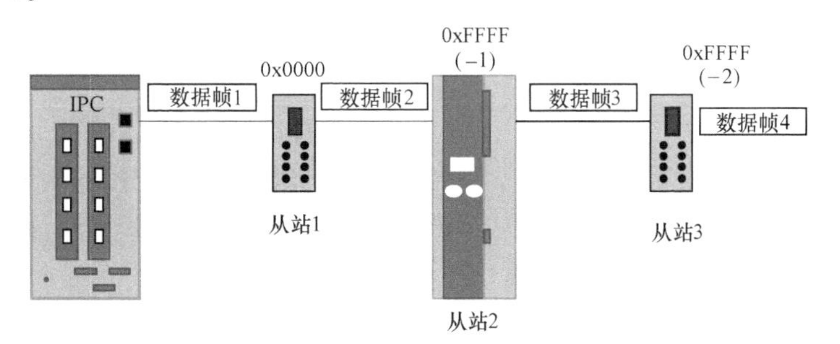

图 2-18 顺序寻址时的从站地址

主站使用顺序寻址访问从站时子报文地址的变化如图 2-19 所示。主站发出三个子报文分别寻址三个从站，其中的地址分别为 0、-1 和-2，如图 2-19 中的数据帧 1。数据帧到达从站 1 时，从站 1 检查到子报文 1 中的地址为 0，从而得知子报文 1 就是寻址到自己的报文。数据帧经过从站 1 后，所有的顺序地址都增加 1，成为 1、0 和-1，如图 2-19 中的数据帧 2。到达从站 2 时，从站 2 发现子报文 2 中的顺序地址为 0，即为寻址到自己的报文。同理，从站 2 也将所有子报文的顺序地址加 1，如图 2-19 中的数据帧 3。数据帧到达从站 3 时，子报文 3 中的顺序地址为 0，即为寻址从站 3 的报文。经过从站 3 处理后，数据帧成为图 2-19 中的数据帧 4。

		子报文1		子报文2		子报文3	
数据帧1	…	0	…	0xFFFF (-1)	…	0xFFFF (-2)	…
数据帧2	…	1	…	0	…	0xFFFF (-1)	…
数据帧3	…	2	…	1	…	0	…
数据帧4	…	3	…	2	…	1	…

主站发出报文的顺序地址，即到达从站1时的地址

经过从站 1处理后的报文顺序地址，即到达从站2时的地址

经过从站 2处理后的报文顺序地址，即到达从站3时的地址

经过从站3处理后的报文顺序地址，即返回主站的地址

图 2-19 顺序寻址访问从站时子报文地址的变化

在实际应用中，顺序寻址主要用于启动阶段，主站配置站点地址给各个从站。此后，可以使用与物理位置无关的站点来寻址从站。使用顺序寻址机制能自动为从站设定地址。

2）设置寻址

设置寻址时，从站的地址与其在网段内的连接顺序无关。如图 2-20 所示，地址可以由主站在数据链路启动阶段配置给从站，也可以由从站在上电初始化的时候从自身的配置数据存储区装载，然后由主站在链路启动阶段，使用顺序寻址方式读取各个从站的设置地址，并在后续运行中使用。

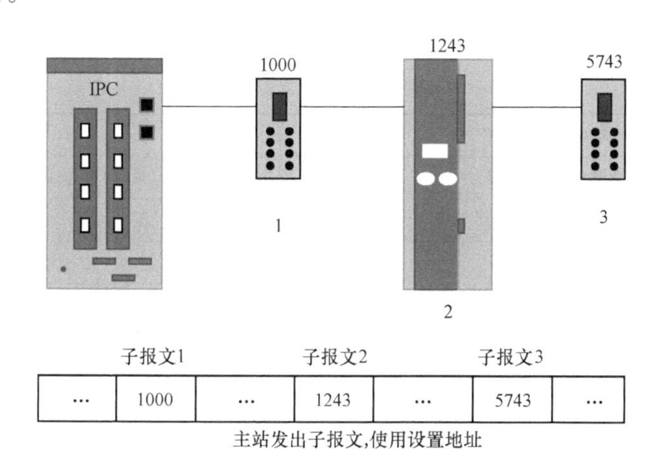

图 2-20 设置寻址时的从站地址和报文结构

（3）FMMU

现场总线内存管理单元（FMMU）将从站本地物理内存地址映射到网段范围内的逻辑地址，现场总线内存管理单元如图 2-21 所示。

（4）逻辑寻址和 FMMU

逻辑寻址时，从站地址并不是单独定义的，而是使用了寻址段内 4 G（232）逻辑地址空间中的一段区域。报文内的 32 位地址区作为整体的数据逻辑地址完成设备的逻辑寻址。

逻辑寻址方式由现场总线内存管理单元（Fieldbus Memory Management Unit，FMMU）实现，FMMU 功能位于每一个 ESC 内部，将从站本地物理存储地址映射到网段内逻辑地址，其原理如图 2-22 所示。

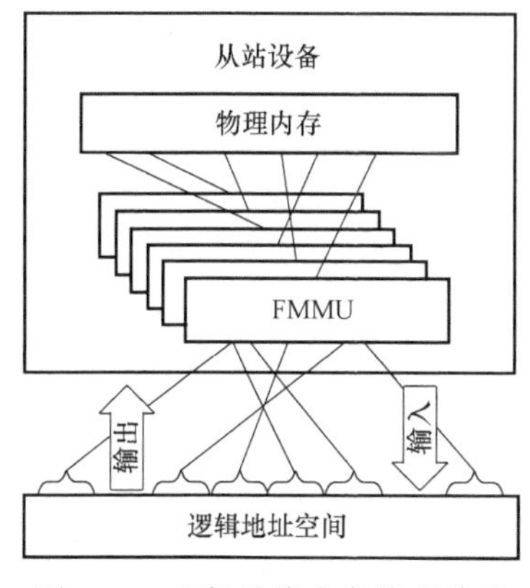

图 2-21 现场总线内存管理单元

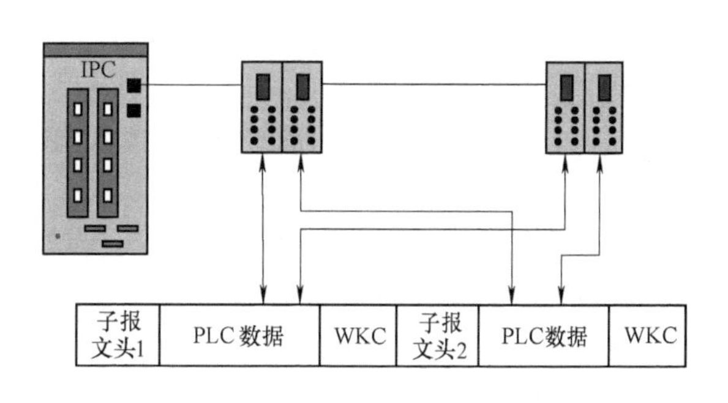

图 2-22 现场总线内存管理单元（FMMU）运行原理

FMMU单元由主站设备配置，并在数据链路启动过程中传送给从站设备。每个FMMU单元需要以下配置信息：数据逻辑位起始地址、从站物理内存起始地址、位长度和表示映射方向（输入或输出）的类型位，从站设备内的所有数据都可以按位映射到主站逻辑地址。FMMU配置实例见表2-3，FMMU映射实例如图2-23所示。

将主站控制区0x00014711从第3位开始的6位数据映射到由设备地址0x0F01第1位开始的6位数据写操作。0x0F01是一个开关量输出设备。

表2-3 FMMU配置实例

FMMU配置寄存器	数值
数据逻辑起始地址	0x00014711
数据长度(字节数,按跨字节计算)	2
数据逻辑起始位	3
数据逻辑终止位	0
从站物理内存起始地址	0x0F01
物理内存起始位	1
操作类型(1:只读,2:只写,3:读写)	2
激活(使能)	1

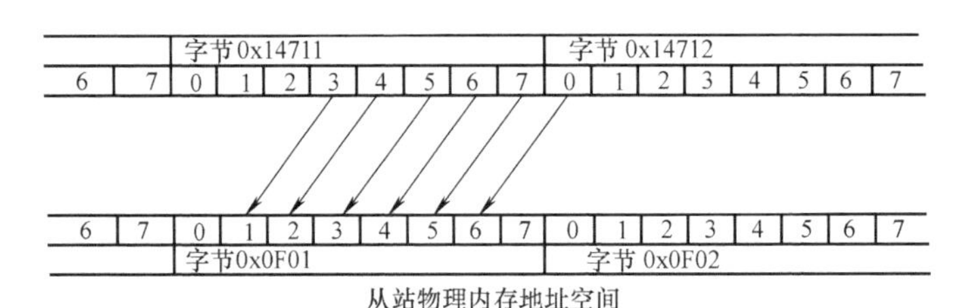

图2-23 FMMU映射实例

当从站设备收到一个数据逻辑寻址的EtherCAT子报文时，将检查是否有FMMU单元地址匹配。如果有，则将输入类型数据插入到EtherCAT子报文数据区的对应位置，以及从EtherCAT子报文数据区的对应位置抽取输出数据类型。使用逻辑寻址可以灵活地组织控制系统，优化系统结构。逻辑寻址方式特别适合于传输或交换周期性过程数据。

FMMU操作具有以下功能特点。

1）每个数据逻辑地址字节只允许被一个FMMU读和另一个FMMU写操作，或被同一个FMMU进行读写交换操作。

2）对一个逻辑地址的读写操作，与使用一个FMMU读和另一个FMMU写操作具有相同的结果。

3）按位读写操作不影响报文中没有被映射到的其他位，因此允许将几个从站ESC中的位数据映射到主站的同一个逻辑字节。

4）读写一个设置的逻辑地址空间不会改变其内容。

（5）同步管理器（Sync Manger）

同步管理器控制对DLS用户内存的访问，每个同步管理器通道定义了一个一致的DLS用户内存区。

8. 从站的分类

(1) 完整型从站 (Full slave)

基本型从站和完整型从站有一个区别，完整型从站支持所有的寻址方式，基本型从站仅支持寻址方式的一个子集。主站设备可支持基本型从站的功能，以允许与另一主站设备直接通信，从站设备应支持完整型从站的功能。

完整型从站支持以下方式。

1) 逻辑寻址。

2) 位置寻址。

3) 节点寻址。

因此完整型从站设备需要 FMMU 和地址自增两个功能。

完整型从站支持网段寻址。支持网段寻址的完整型从站被称为网段寻址从站设备。

只有完整型从站才能与 EtherCAT 网段相连。

(2) 基本型从站 (Basic slave)

基本型从站设备支持节点寻址和网段寻址。

9. 从站的通信层结构

主站可读写的属性与从站的物理内存相关。物理内存包含寄存器和 DL 用户内存。在 DLL 中寄存器区内的信息包括配置、管理和设备标识。DL 用户内存的用途由 DL 用户规定。

从站的通信分层如图 2-24 所示，该图给出了 DL 用户与 DLL 之间和 DLL 与通信之间的交互关系。

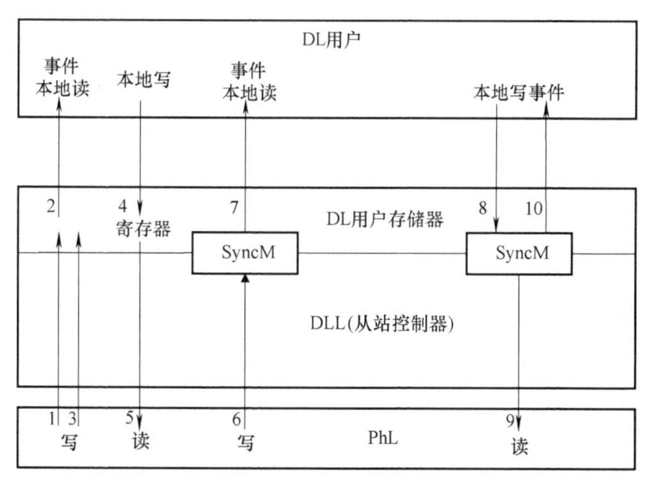

图 2-24 从站的通信分层

DL 对寄存器区的写服务 1 可能会（取决于所写的寄存器）对 DL 用户产生一个事件指示原语，然后会从 DL 用户产生一个本地读请求原语以获取被写的值 2。否则，DL 写服务只访问寄存器区而不告知 DL 用户 3。DL 用户能通过读本地原语随时读取寄存器区。

DL 用户在需要和可能时可以通过本地写寄存器来设置寄存器和更新寄存器 4。对寄存器区的 DL 读服务仅访问寄存器区，无须通知 DL 用户 5。

访问 DL 用户内存区域由同步管理器来协调。在没有同步管理器的情况下，可以通过与寄存器访问相似的方法来访问，但由于一致性限制和缺乏指示由主站引起变化的事件将限制使用这种方法。对 DL 用户内存访问的描述假设使用同步管理器。

对 DL 用户内存区的 DL 写服务 6 将对 DL 用户产生事件指示原语，然后由 DL 用户本地读请求原语得到写入的值 7。

DL 用户根据本地写请求原语写 DL 用户内存区 8。主站通过 DL 读服务读取 DL 用户内存区 9，这将给 DL 用户一个事件指示原语 10 来表明 DL 用户内存区已经被读取，并可以被 DL 用户再次写入。

从站响应所有读和写请求，而且可能响应读/写联合请求。

2.4.2 EtherCAT 支持的通信服务

EtherCAT 子报文所有的服务都是以主站操作描述的。数据链路层规定了从站内部物理存储、读写和交换（读取并马上写入）数据的服务。读写操作和寻址方式共同决定了子报文的通信服务类型，由子报文头中的命令字节表示。EtherCAT 支持的通信服务命令见表 2-4。

表 2-4 EtherCAT 支持的通信服务命令

寻址方式	读写模式	命令名称和编号	解　释	WKC
空指令	—	NOP(0)	没有操作	0
顺序寻址	读数据	APRD(1)	主站使用顺序寻址从从站读取一定长度数据	1
	写数据	APWR(2)	主站使用顺序寻址向从站写入一定长度数据	1
	读写	APRW(3)	主站使用顺序寻址与从站交换顺序	3
设置寻址	读数据	FPRD(4)	主站使用设置寻址从从站读取一定长度数据	1
	写数据	FPWR(5)	主站使用设置寻址向从站写入一定长度数据	1
	读写	FPRW(6)	主站使用设置寻址与从站交换顺序	3
广播寻址	读数据	BRD(7)	主站从所有从站的物理地址读取数据并做逻辑“或”操作	与寻址到从站个数相关
	写数据	BWR(8)	主站广播写入所有从站	
	读写	BRW(9)	主站与所有从站交换数据，对读取的数据做逻辑“或”操作	
逻辑寻址	读数据	BRD(10)	使用逻辑地址读取一定数据长度	
	写数据	LWR(11)	使用逻辑地址写入一定数据长度	
	读写	LRW(12)	使用逻辑寻址与从站交换数据	
顺序寻址	读，多重写	ARMW(13)	由从站读取数据，并写入以后所有从站的相同地址	
设置寻址		FRMW(14)		

主站接收到返回数据帧后，检查子报文中的 WKC，如果不等于预期值，则表示此报文没有被正确处理。子报文的 WKC 预期值与通信服务类型和寻址地址有关。子报文经过某一个从站时，如果是单独的读或写操作，WKC 加 1。如果是读写操作，读成功时 WKC 加 1，写成功时 WKC 加 2，读写全部完成时 WKC 加 3。子报文由多个从站处理时，WKC 是各个从站处理结果的累加。

数据链路层规定了从站内的读、写、交换（读之后立即覆盖）数据的服务。

为了简化表达，使用“读内存”来替代“从物理内存读数据”。同样，使用“写内存”来替代“写数据到物理内存”。

通过读服务，主站从一个或多个从站中读取寄存器或者 DL 用户内存。

除了广播读外，所有读服务的变型的基本服务过程是一样的。被寻址的单元将数据拷贝到 data 参数中。而在广播服务中，从站将对 data 参数与内存或寄存器数据执行按位或操作。

如果只有一个从站连接到主站，服务过程将按照客户端-服务器模型执行。如果有多个从站连接（总是串联），服务过程的调用将以一个从站的输出作为下一个从站的输入的方式处理。

服务过程和 IEEE 802.1D 中定义的过程类似，但将转发和处理合并了。由于 EtherCAT 使用证实服务而不是 IEEE 802.1D 中规定的非证实服务，因此服务原语之间的信息流处理过程适用于这种情况。主站发起一个请求服务并接收一个相应的证实。每个从站接收一个它所接收的数据指示，同时在可能的更新后转发给下一个从站。EtherCAT 服务原语流如图 2-25 所示。

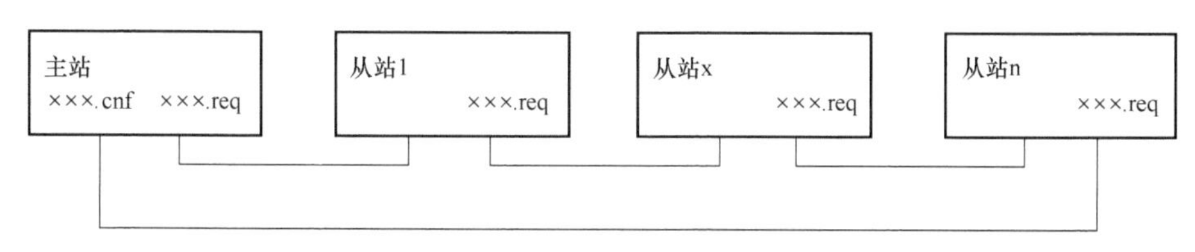

图 2-25　EtherCAT 服务原语流

1. 读服务

通过读服务，主站从一个或多个从站的内存区中读取数据。

（1）位置物理读（Positional physical read，APRD）

通过 APRD 服务，主站按照网段中的物理顺序的先后选择一个从站，从其内存或者寄存器中读取数据。

（2）配置的地址物理读（Configured-address physical read，FPRD）

通过 FPRD 服务，主站依据从站的配置站地址去选择一个从站，并从其内存或寄存器中读取数据。

（3）广播读（Broadcast read，BRD）

通过 BRD，主站从物理内存或寄存器中读取数据，这些数据是将输入数据与所有从站中被选择的对象执行按位或操作而得到的。

（4）逻辑读（Logical read，LRD）

通过 LRD 服务，主站依据逻辑地址选择从站，并从一个或多个从站的内存或寄存器中读取数据。

2. 写服务

通过写服务，主站向一个或多个从站的内存或寄存器中写入数据。

（1）位置物理写（Positional physical write，APWR）

通过 APWR 服务，主站依据在这个网段中从站的物理顺序选择一个从站，往其内存或寄存器中写入数据。

（2）配置的地址物理写（Configured-address physical write，FPWR）

通过 FPWR 服务，主站依据从站的配置站地址选择一个从站，并往其内存或寄存器中写入数据。

(3) 广播写 (Broadcast write, BWR)

通过 BWR 服务，主站向所有从站的物理内存写数据。

(4) 逻辑写 (Logical write, LWR)

通过 LWR 服务，主站依据逻辑地址选择一个或多个从站并往其内存或寄存器中写入数据。

3. 组合读写服务

被寻址从站的读和/或写的规则适用于组合读写服务。

(1) 位置物理读/写 (Positional physical read/write, APRW)

通过 APRW 服务，主站按照网段中从站的物理顺序选择从站，读取其内存或寄存器，并往该从站内存或寄存器中写入数据。

(2) 配置的地址物理读/写 (Configured-address physical read/write, FPRW)

通过 FPRW 服务，主站依据从站的配置站地址选择一个从站，并从其内存或寄存器中读并写入数据。

(3) 广播读/写 (Broadcast read/write, BRW)

通过 BRW 服务，主站读取被所有从站按位或操作的物理内存或寄存器，并写入在前面的所有从站处收集的数据。

(4) 逻辑读/写 (Logical read/write, LRW)

通过 LRW 服务，主站通过逻辑地址选择一个或多个从站，并对其内存进行读写。

(5) 位置物理读/多重写 (Positional physical read/multiple write, ARMW)

通过 ARMW 服务，主站通过从站在网段内的物理顺序选择一个从站，读取其内存或寄存器的数据，并向其后所有其他从站的相同内存或寄存器写入参数 data 值。

(6) 配置的地址物理读/多重写 (Configured-address physical read/multiple write, FRMW)

通过 FRMW 服务，主站通过从站的配置站地址选择一个从站，从其内存或寄存器中读取数据，并且把数据写入所有其他从站的相同对象。

4. 网络服务

(1) 概述

网络变量服务从发布者的角度来描述。数据链路层规定发布的服务。该服务是专门为主站之间，或主站和标准的以太网设备之间的通信服务。

(2) 提供网络变量 (Provide network variable, PNV)

通过 PNV 服务，主站给一个或其他多个站（主站或从站）提供数据。主要通过目的 MAC 地址寻址（组地址/单独地址）。收到指示的站将数据传送给 DL 用户。

5. 邮箱

邮箱是双向工作的：由主站到从站，及由从站到主站。它支持 2 个方向上独立全双工通信和多数据链路用户协议。从站与从站间的通信通过类似路由器的主站进行管理。邮箱首部包含了一个允许主站进行重定向服务的地址字段。

邮箱使用了两个同步管理器通道，每个方向一个通道（例如同步管理器通道 0 用于主站发送到从站，而同步管理器通道 1 为从站到主站）。配置为邮箱模式的同步管理器通道防止另一边的数据超限。通常邮箱通信是非周期性的，并对单个从站进行寻址。因此使用不需要 FMMU（现场总线内存管理单元）的物理寻址，而不是用逻辑寻址。

(1) 主站到从站的通信

主站必须检查从站邮箱命令的应答中的工作计数器 (Working counter)。如果工作计数器没有增加 (通常是因为从站没有完全读取上一条命令),或在规定的时间期限内没有响应,主站必须重发该邮箱命令。进一步的错误校正由更高层协议负责。

(2) 从站到主站的通信

主站必须确定从站是否用邮箱命令填满了同步管理器,并且尽快地发送适当的读命令。

确定从站是否填满同步管理器有各种不同的方法。一个很好的办法是把同步管理器 1 的配置首部的"written bit"配置为一个逻辑地址,并周期性的读取该位。使用逻辑地址能够从多个从站同时读取该位,并且给每个从站配置一个独立的位地址。该方法的缺点是每个从站都需要一个 FMMU。

另外一个方法就是简单地轮询同步管理器数据区,如果从站通过新命令填充了该区域,则读命令的工作计数器就递增一次。

主站必须检查从站邮箱命令的应答中的工作计数器。如果工作计数器没有增加 (通常是因为从站没有完全读取上一条命令),或在规定的时间期限内没有响应,主站必须重发该邮箱命令。主站必须翻转同步管理器区的重试 (retry) 参数。通过翻转重试参数,从站必须把上次读取的数据放入邮箱内。进一步的错误校正由更高层协议负责。

邮箱服务原语映射到 DL 用户内存原语的对应关系为

Mailbox write	event, read local
Mailbox read update	Write local
Mailbox read	event

成功的邮箱写序列如图 2-26 所示。该图给出在邮箱写序列成功时主站和从站间的原语。

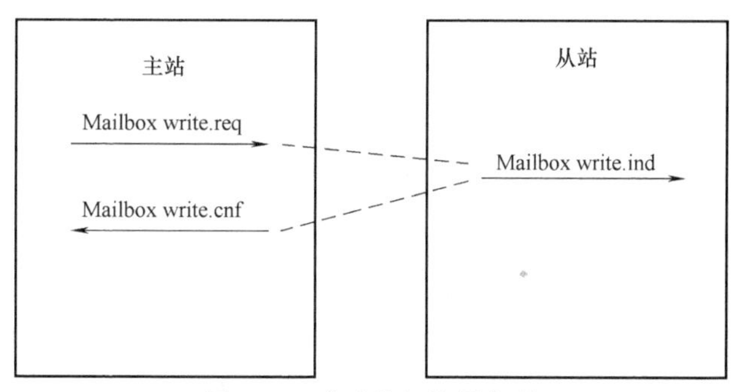

图 2-26 成功的邮箱写序列

成功的邮箱读序列如图 2-27 所示。该图给出邮箱读序列成功时主站和从站间的原语。

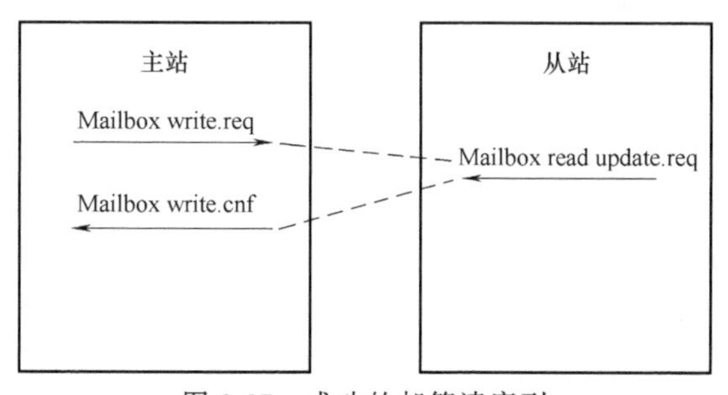

图 2-27 成功的邮箱读序列

2.4.3 EtherCAT 的通信模式

在实际自动化控制系统中，应用程序之间通常有两种数据交换形式：时间关键（Time-critical）和非时间关键（Non-time-critical）。时间关键表示特定的动作必须在确定的时间窗口内完成。如果不能在要求的时间内完成通信，则有可能引起控制失效。时间关键的数据通常周期性发送，称为周期性过程数据通信。非时间关键数据可以非周期性发送，在 EtherCAT 中采用非周期性邮箱（Mailbox）数据通信。

1. 周期性过程数据通信

周期性过程数据通信通常使用 FMMU 进行逻辑寻址，主站可以使用逻辑读、写或读写命令同时操作多个从站。在周期性数据通信模式下，主站和从站有多种同步运行模式。

(1) 从站设备同步运行模式

从站设备有以下三种同步运行模式。

1) 自由运行

在自由运行模式下，本地控制周期由一个本地定时器中断产生。周期时间可以由主站设定，这是从站的可选功能。自由运行模式的本地周期如图 2-28 所示。其中，T1 为本地微处理器从 ESC 复制数据并计算输出数据的时间；T2 为输出硬件延时；T3 为输入锁存偏移时间。这些参数反映了从站的时间性能响应。

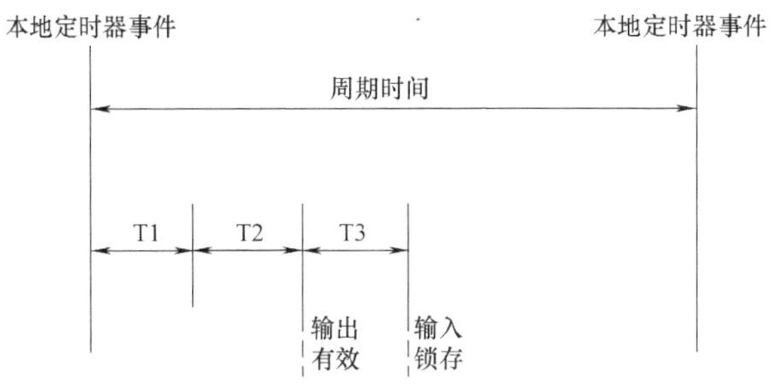

图 2-28 自由运行模式的本地周期

2) 同步于数据输入或输出事件

本地周期在发生数据输入或输出事件的时候触发，同步于数据输入或输出事件的本地周期如图 2-29 所示。主站可以将过程数据帧的发送周期写给从站，从站可以检查是否支持这个周期时间或对周期时间进行本地优化。从站可以选择支持这个功能。通常同步于数据输出事件，如果从站只有输入数据，则同步于数据输入事件。

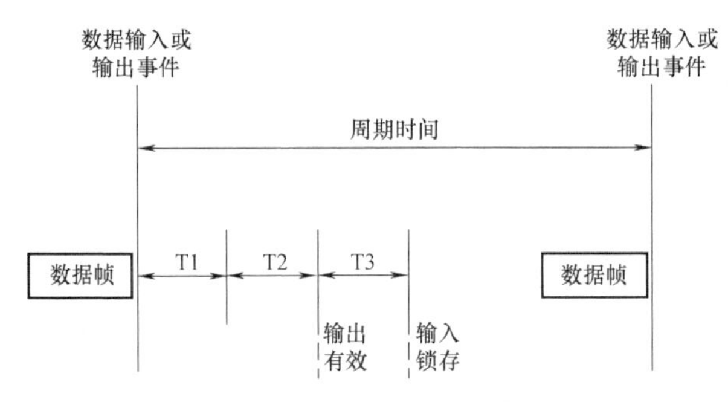

图 2-29 同步于数据输入或输出事件的本地周期

3）同步于分布时钟同步事件

本地周期由 SYNC 事件触发，同步于 SYNC 事件的本地周期如图 2-30 所示。主站必须在 SYNC 事件之前完成数据帧的发送，为此要求主站时钟也要同步于参考时钟。

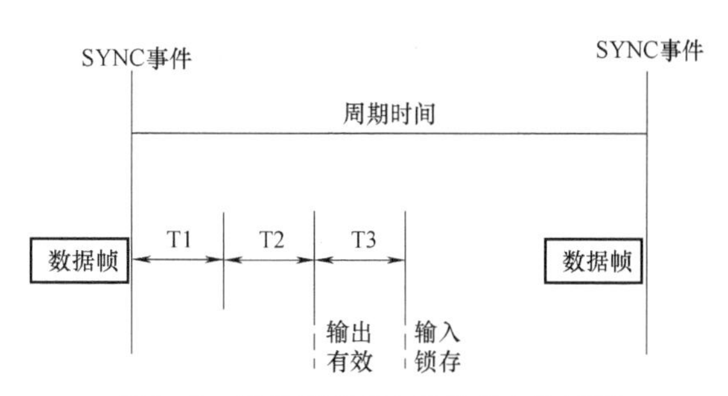

图 2-30　同步于 SYNC 事件的本地周期

为了进一步优化从站同步性能，从站应该在数据收发事件发生时从接收到的过程数据帧复制输出数据，然后等待 SYNC 信号到达后继续本地操作，优化的同步于 SYNC 事件的本地周期如图 2-31 所示。数据帧必须比 SYNC 信号提前 T1 时间到达，从站在 SYNC 事件之前已经完成数据交换和控制计算，接收 SYNC 信号后可以马上执行输出操作，从而进一步提高同步性能。

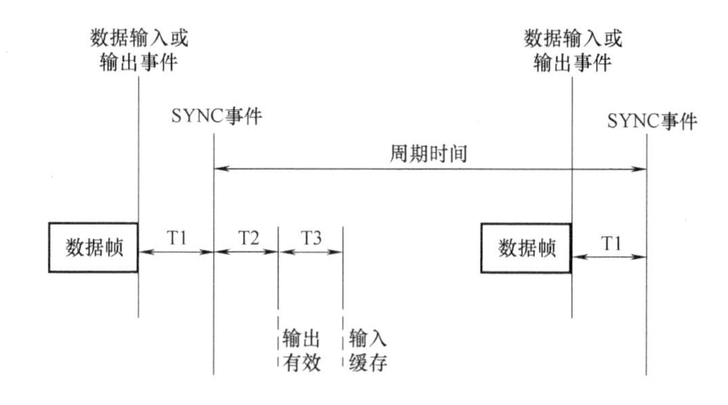

图 2-31　优化的同步于 SYNC 事件的本地周期

（2）主站设备同步运行模式

主站有以下两种同步模式。

1）周期性模式

在周期性模式下，主站周期性地发送过程数据帧。主站周期通常由一个本地定时器控制。从站可以运行在自由运行模式或同步于接收数据事件模式。对于运行在同步模式的从站，主站应该检查相应的过程数据帧的周期时间，保证大于从站支持的最小周期时间。

主站可以以不同的周期发送多种周期性的过程数据帧，以便获得最优化的宽带。例如，以较小的周期发送运动控制数据，以较大的周期发送 I/O 数据。

2）DC 模式

在 DC 模式下，主站运行与周期性模式类似，只是主站本地周期应该和参考时钟同步。主站本地定时器应该根据发布参考时钟的 ARMW 报文进行调整。在运行过程中，用于动态补偿时钟漂移的 ARMW 报文返回主站后，主站时钟可以根据读回的参考时钟时间进行调整，使之大致同步于参考时钟时间。

DC 模式下，所有支持 DC 的从站都应该同步于 DC 系统时间。主站也应该使其通信周期同步于 DC 参考时钟时间。主站 DC 模式如图 2-32 所示。

主站本地运行由一个本地定时器启动。本地定时器应该比 DC 参考时钟定时存在一个提

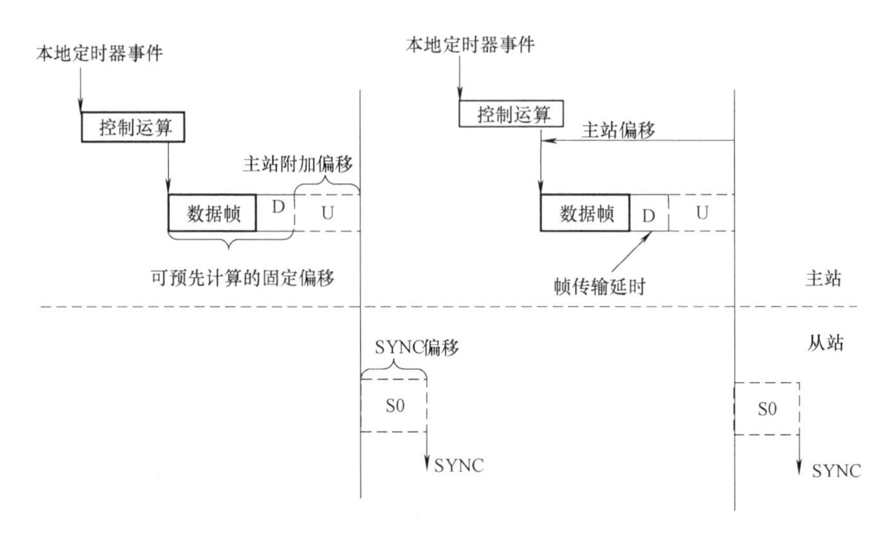

图 2-32 主站 DC 模式

前量，提前量为以下时间之和。

① 控制程序执行时间。

② 数据帧传输时间。

③ 数据帧传输延时 D。

④ 附加偏移 U，与各从站延迟时间的抖动和控制程序执行时间的抖动值有关，用于主站周期的调整。

2. 非周期性邮箱数据通信

EtherCAT 协议中非周期性数据通信称为邮箱数据通信，它可以双向进行——主站到从站和从站到主站。它支持全双工、两个方向独立通信和多用户协议。从站到从站的通信由主站作为路由器来管理。邮箱通信数据头中包括一个地址域，使主站可以重寄邮箱数据。邮箱数据通信是实现参数交换的标准模式，如果需要配置周期性过程数据通信，或需要其他非周期性服务时，需要使用邮箱数据通信。

邮箱数据通报文结构如图 2-33 所示。通常邮箱通信只对应一个从站，所以报文中使用设备寻址模式。其数据头中各数据元素的解释见表 2-5。

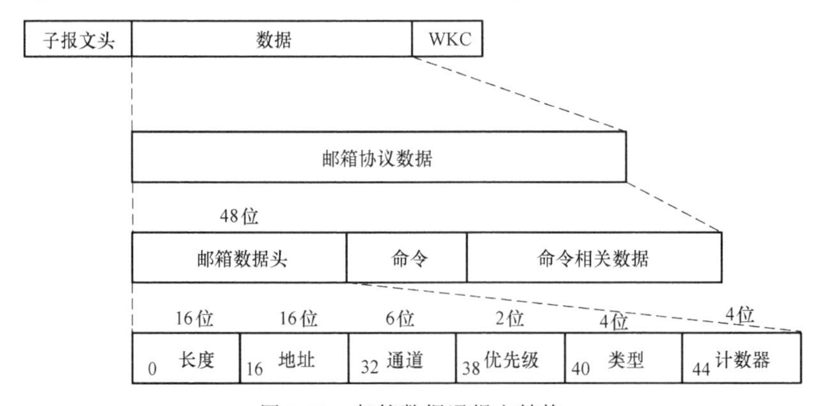

图 2-33 邮箱数据通报文结构

表 2-5　邮箱数据头

数据元素	位数	描　述
长度	16 位	跟随的邮箱服务数据长度
地址	16 位	主站到从站通信时，为数据源从站地址 从站到从站通信时，为数据目的从站地址
通道	6 位	保留
优先级	2 位	2 位
类型	4 位	邮箱类型，即后续数据的协议类型 0：邮箱通信出错 2：EOE(EtherCAT over EtherCAT) 3：CoE(CANopen over EtherCAT) 4：FoE(File Access over EtherCAT) 5：SoE(Servo Drive over EtherCAT) 15：VoE(Vendor specific profile over EtherCAT)
计数器 Ctr	4 位	用于重复检测的顺序编号，每个新的邮箱服务将加 1(为了兼容老版本而使用 1~7)

（1）从站到主站通信——写邮箱命令

主站发送写数据区命令将邮箱数据发送给从站。主站需要检查从站邮箱命令应答报文中工作计数器 WKC。如果工作计数器为 1，表示写命令成功。反之，如果工作计数器没有增加，通常因为从站没有完成上一个命令，或在限定的时间内没有响应，主站必须重发写邮箱数据命令。

（2）从站到主站通信——读邮箱命令

从站有数据要发送给主站，必须先将数据写入输入邮箱缓冲区，然后由主站来读取。主站发现从站 ESC 输入邮箱数据区有数据等待发送时，会尽快地发送适当的读命令来读取从站数据。主站有两种方式来测定从站是否已经将邮箱数据填入数据区。一种是使用 FMMU 周期性地读某一个标志位。使用逻辑寻址可以同时读取多个从站的标志位，但其缺点是每个从站都需要一个 FMMU 单元。另一个方法是简单地轮询 ESC 输入邮箱的数据区。读命令的工作计数器增加 1 表示从站已经将新数据填入了输入数据区。

邮箱通信错误时应答数据定义见表 2-6。

表 2-6　邮箱通信错误时应答数据定义

数据元素	长度	描　述
命令	16 位	0x01：邮箱命令
命令相关数据	16 位	0x01：邮箱语法错误 0x02：不支持邮箱协议 0x03：邮箱通道无效 0x04：不支持邮箱服务 0x05：邮箱头无效 0x06：邮箱数据太短 0x07：邮箱服务内存不足 0x08：邮箱数据数目错误

2.5 EtherCAT 数据链路层协议规范

2.5.1 DL 协议概述

1. 工作原理

EtherCAT DL 是实时以太网技术，旨在最大限度地利用全双工以太网带宽。媒体访问控制采用主站/从站原则，主站节点（典型的控制系统）发送以太网帧给从站节点，从站节点从这些帧中提取和插入数据。

从以太网的角度看，一个 EtherCAT 网段就是一个单个的以太网设备，它接收和发送标准的 ISO/IEC 8802-3 以太网帧。但这种以太网设备并不局限于带后方的微处理器的单个以太网控制器，它可能还包含大量的 EtherCAT 从站设备。这些从站设备直接处理到来的以太网帧，从中读取数据和/或插入自己的数据，并把帧传给下一个从站设备。网段内的最后一个从站设备沿着设备链反向发送已完全处理的以太网帧，并通过第一个从站设备把收集的信息返回给主站，主站接收信息作为以太网响应帧。

此方法采用以太网全双工的模式：双方向的通信都是独立执行的，主站设备和由一个或多个从站设备构成的 EtherCAT 网段直接通信不需要使用交换机。

2. 拓扑结构

通信系统的拓扑结构对自动化的成功应用是一个非常重要的因素。拓扑结构对布线、诊断特性、冗余选项和热插拔特性都有很大影响。

EtherNet 常用的星形拓扑结构可导致布线以及基础结构成本的增加。所以，尤其是对自动化应用，往往优先考虑总线型或树形拓扑结构。

从站节点的布置构成一个开环总线，在开环的一端，主站设备通过直连方式或者交换机发送数据帧。在另一端接收被处理的数据帧。从一个节点到下一个节点数据帧传输都有延时，数据帧从最后一个节点返回 PDU 到主站。利用以太网全双工能力，由此产生的拓扑结构是一个物理线型。

原则上，分支在任何地方都是可以的，它可以用来把总线型结构提升为树形结构，而树形结构支持很简单的布线，比如单个的分支可以拓展到控制柜或机器模块，而主干线却只能从一个模块到下一个模块。

3. 帧处理原则

要实现最高的性能，应以“On Fly”方式直接处理以太网帧。如果以这种方式实现，从站节点在帧通过从站时识别并执行相应的指令。

EtherCAT DL 能够通过标准以太网控制器实现而不直接处理。传输机制对传输性能的影响在 IEC 61784-2 中有相关描述。

节点都有通过读或写服务访问的可寻址内存，这种读或写服务可以是单节点连续或多节点同步访问。多个 EtherCAT PDU 可以嵌入到一个以太网帧中，每个 PDU 寻址一个聚合的数据段。

EtherCAT 的 PDU 传输帧结构如图 2-34 所示。

1）直接在以太网帧的数据区内。

2）通过 IP 传输的 UDP 报文的数据段内。

变种 1）只能在一个以太网子网中使用，因为组合的帧不能被路由器传送。在机械控制应用中，这种限制并不代表一种约束。多个 EtherCAT 网段被连接到一个或多个交换机。同一个网段的第一个节点的以太网 MAC 地址被用作 EtherCAT 网段寻址。

变种 2）通过 UDP/IP 产生一个较长的协议头（IP 和 UDP 头），但对于楼宇自动化等非时间关键的应用，允许使用 IP 路由选择。在主机端可以实现任何标准的 UDP/IP 传输协议。

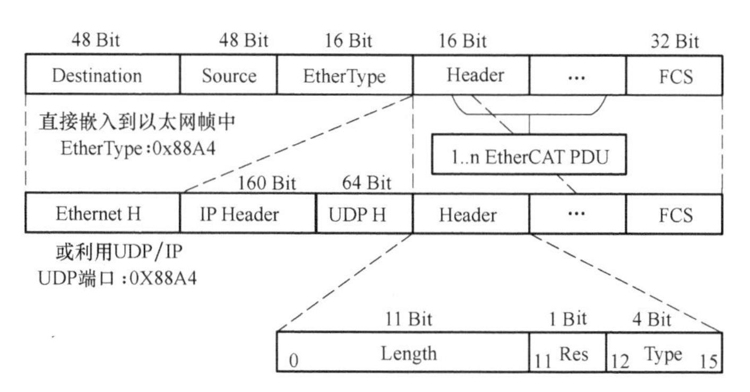

图 2-34　EtherCAT 的 PDU 传输帧结构

4. 数据链路层

通过一个以太网帧携带多个 EtherCAT PDU，多个节点可以被独立地寻址。被无间隙的打包到一个以太网帧中。最后一个 EtherCAT PDU 是帧的结尾，除非当帧的大小小于 64 字节时，在这种情况下帧必须填充到 64 字节。

相对于每个节点传输一帧数据，EtherCAT 能够更好地利用以太网的带宽。然而，例如一个只包含 2bit 用户数据的 2 通道数字输入节点，一个单个的 EtherCAT PDU 的开销仍然过多。

因此，从站节点同样可以支持逻辑地址映射。过程数据可以插入到逻辑地址空间内的任何地方。如果包含用于明确的过程数据映射区（位于相应逻辑地址）的读或写服务，EtherCAT PDU 被发送，而不是寻址特定节点，那么每个节点从正确的位置提取或插入过程数据，单个帧的数据映射如图 2-10 所示。

所有的节点都检测是否有地址与过程映像相匹配，如果匹配的话就插入它们的数据，这样多个节点可以被一个 EtherCAT PDU 同时寻址。主站可以通过单个的 EtherCAT PDU 得到完整的逻辑过程映像序列。主站不再需要额外的映射，所以过程数据可以直接分配到不同的控制任务中。每个任务都可以创建自己的过程映射并在自己的 Timeframe 内交换过程映像。节点的物理顺序完全是任意的，仅和首次初始化阶段相关。

逻辑地址空间大小为 2^{32} 八位位组（4GB）。EtherCAT 现场总线可以被认为是一个用于自动化系统的串行背板，并使其在大的和非常小的自动化设备下都能连接到分布式过程数据。使用标准的以太网控制器和标准的以太网电缆，大量的 I/O 通道（无分配限制）可与自动化设备连接，因此 EtherCAT 具有高带宽，低延迟和最佳的有效可用数据传输率。同时，为了保留现存的技术和标准，像现场总线扫描仪这样的设备也可以连接。

5. 错误检测

EtherCAT DL 通过以太网帧的检测序列（FCS）来判断一个帧是否被正确传输。由于一个或几个从站会在数据传输过程中修改以太网帧，因此在传播过程中，每个从站都会在接收时检查 FCS，并在发送时重新计算。如果检测到校验和错误，从站不进行 FCS 修改，而是通过增加错误计数来通知主站，确保在一个开环拓扑里能够精准地确定单一错误源的位置。

当对 EtherCAT DLPDU 读或写数据时，被寻址的从站要将位于 DLPDU 尾部的工作计数器（WKC）递加。通过分析 WKC，主站能检测出期望的节点号是否已经处理过相应的 DLPDU。

6. 节点参考模型

（1）映射到 OSI 基本参考模型

使用 ISO/IEC 7498 信息处理系统-开放系统互连-基本参考模型（OSI）中的原理、方法和模型描述了 EtherCAT DL。OSI 模型为通信标准提供了一种各个层可以独立开发和修改的分层方法。在 EtherCAT DL 规范中按自顶向下定义了完整的 OSI 协议栈的功能和协议栈的用户功能。OSI 的中间 3~6 层的功能被并入到 EtherCAT DL 数据链路层或 EtherCAT DL 应用层。同样的，那些现场总线应用层的用户常规特性由 EtherCAT 应用层提供，以便简化用户操作。

（2）数据链路层特征

数据链路层为通过 EtherCAT DL 连接的设备之间的数据通信提供基本时间关键的支持。

数据链路层的任务包括计算、比较、生成帧校验序列，并通过从以太网帧中提取或插入数据来实现通信。这些任务依据在被预先定义的内存位置中的数据链路层参数来实现。在物理内存中通过邮箱配置和过程数据部分使得应用层能够使用应用数据。

7. 操作

（1）与 ISO/IEC 8802-3 的关系

这部分描述了 ISO/IEC 8802-3 以外的数据链路层服务。

（2）数据帧结构

EtherCAT PDU 嵌入式以太网帧如图 2-35 所示。

EtherCAT 以太网帧包括一个或多个 EtherCAT PDU，每个 PDU 寻址独立的设备或存储区。通过帧类型 0x88A4 和 EtherCAT 帧头识别 EtherCAT 帧。

Ethernet Header				EtherCAT	EtherCAT PDU			EtherCAT PDU			Enet
Pre	DA	SA	Ether Type	Frame HDR	EtherCAT HDR	Data	WKC	EtherCAT HDR	Data	WKC	FCS
(8)	(6)	(6)	(2)	(2)	(10)	(1..1486)	(2)	(10)	(34..1474)	(2)	(4)

图 2-35 EtherCAT PDU 嵌入式以太网帧

EtherCAT PDU 嵌入式 UDP/IP 如图 2-36 所示。

当采用符合 IETF RFC 791/IETF RFC 768 的 UDP/IP 传输时，通过目的 UDP 的端口号(34980[2]) = 0x88A4 和 EtherCAT 帧头识别 EtherCAT 帧。其他分散的 IP 数据包被忽略。如果 UDP 校验被从站设置成 0，也会被忽略。不检查 IP 服务类型，不校验 IP 协议头，但需要 IP 数据包长度和 UDP 的数据长度。

每个 EtherCAT PDU 都包含一个 EtherCAT 头、数据域和相应的工作计数器。所有节点被 EtherCAT PDU 寻址并且交换相关的数据后，将增加工作计数器的值。

1）IEEE 注册机构为 EtherCAT 分配的以太网帧类型为 0x88A4。

2）互联网数字分配机构（IANA）为 EtherCAT 分配的 UDP 端口号是 34980。

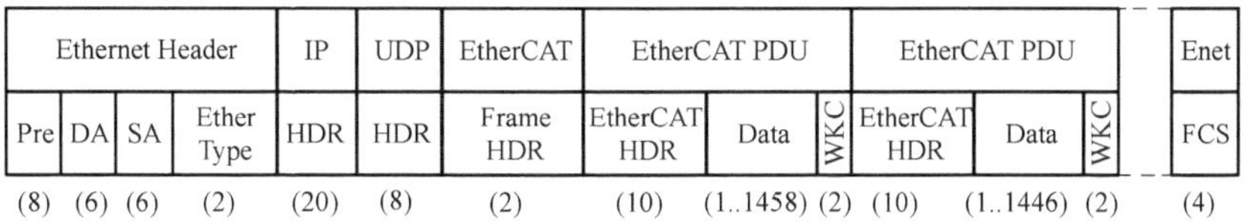

Ethernet Header				IP	UDP	EtherCAT	EtherCAT PDU			EtherCAT PDU			Enet
Pre	DA	SA	Ether Type	HDR	HDR	Frame HDR	EtherCAT HDR	Data	WKC	EtherCAT HDR	Data	WKC	FCS
(8)	(6)	(6)	(2)	(20)	(8)	(2)	(10)	(1..1458)	(2)	(10)	(1..1446)	(2)	(4)

图 2-36 EtherCAT PDU 嵌入式 UDP/IP

2.5.2 EtherCAT 的帧结构

1. 帧编码原则

EtherCAT DL 采用标准的 ISO/IEC 8802-3 以太网帧结构来传输 EtherCAT PDU。也可以选择通过 UDP/IP 发送 PDU。EtherCAT 的特定协议部分在这两种情况下是相同的。

2. 数据类型和编码规则

为了能够交换有意义的数据，数据格式和含义必须被生产者和消费者们知道。本规范通过数据类型的概念模型化以上需求。

编码规则定义了数据类型的数值的描述以及传输语法的描述。数值以位序列描述。位序列以八位位组为单位传输。

3. DLPDU 结构

（1）EtherCAT 帧嵌入以太网帧

EtherCAT 帧嵌入以太网帧见表 2-7。

表 2-7 EtherCAT 帧嵌入以太网帧

帧部分	数据区域	数据类型	值/描述
EtherNet	Dest MAC	BYTE[6]	ISO/IEC 8802-3 规定的目的 MAC 地址
	Src MAC	BYTE[6]	ISO/IEC 8802-3 规定的源 MAC 地址
Optional(可选的)	VLAN Tag	BYTE[4]	IEEE 802.1Q 规定的 0x81,0x00 和 2 字节标签控制信息
	Ether Type	BYTE[2]	0x88,0xA4（EtherCAT）
	EtherCAT frame		EtherCAT 帧结构
	Padding	BYTE[n]	ISO/IEC 8802-3 规定：如果 DL PDU 少于 64 个八位位组，则需要填充
EtherNet FCS	FCS	Unsigned32	ISO/IEC 8802-3 规定的标准以太网校验和代码

（2）EtherCAT 帧结构

包含 EtherCAT PDU 的 EtherCAT 帧结构见表 2-8。

包含网络变量的 EtherCAT 帧结构见表 2-9。

包含邮箱的 EtherCAT 帧结构见表 2-10。

EtherCAT 帧结构应由表 2-8、表 2-9 和表 2-10 中的结构之一构造。

4. 网络变量结构

网络变量编码见表 2-11。

表 2-8 包含 EtherCAT PDU 的 EtherCAT 帧结构

帧部分	数据区域	数据类型	值/描述
EtherCAT Frame	Length	unsigned11	帧的长度（减去 2 个八位位组）
	Reserved	unsigned1	0
	Type	Unsigned4	协议类型=EtherCATDLPDUs（0x01）
	EtherCAT PDU 1		EtherCAT DLPDU 结构
	…		EtherCAT DLPDU 结构
	EtherCAT PDU n		EtherCAT DLPDU 结构

表 2-9 包含网络变量的 EtherCAT 帧结构

帧部分	数据区域	数据类型	值/描述
EtherCAT frame	Length	unsigned11	帧的长度(减去 2 个八位位组)
	reserved	unsigned1	0
	Type	Unsigned4	协议类型= network 变量(0x04)
Publisher header	PubID	BYTE[6]	发布者 ID(Publisher ID)
	CntNV	Unsigned16	包括 EtherCAT 帧在内的网络变量数
	CYC	Unsigned16	发布者侧的周期数
	reserved	BYTE[2]	0x00,0x00
	Network variable 1		网络变量结构
	…		网络变量结构
	Network variable n		网络变量结构

表 2-10 包含邮箱的 EtherCAT 帧结构

帧部分	数据区域	数据类型	值/描述
EtherCAT frame	Length	unsigned11	帧的长度（减去 2 字节）
	reserved	unsigned 1	0
	Type	unsigned4	协议类型=邮箱（0x05）
	Mailbox		EtherCAT 邮箱结构

表 2-11 网络变量编码

帧部分	数据区域	数据类型	值/描述
Network variable	Index	Unsigned16	DLS 对象的索引
	HASH	Unsigned16	全部数据结构的哈希算法,用以检测数据的变更
	LEN	Unsigned16	长度
	Q	Unsigned16	品质
	DATA	OctetString [LEN]	数据,结构由 DLS 用户指定

5. EtherCAT 邮箱结构

邮箱编码见表 2-12。邮箱编码应与 EtherCAT 邮箱内存元素结合使用，或编码成通过以太网 DL 或 IP 传送邮箱的数据结构。

表 2-12 邮箱编码

帧部分	数据区域	数据类型	值/描述
Mailbox	Length	Unsigned16	邮箱服务数据的长度
	Address	WORD	如果一个主站是客户端,站地址是源,如果一个从站是客户端或数据被传输到目标 EtherCAT 段以外,那么站地址是目的
	Channel	Unsigned6	0x00(为以后保留)
	Priority	Unsigned2	0x00:最低优先级 … 0x03:最高优先级
	Type	Unsigned4	0x00: 错误(ERR) 0x01:保留 0x02:基于 EtherCAT 服务的以太网通道(EoE) 0x03:基于 EtherCAT 服务的 CAN 应用协议(CoE) 0x04:基于 EtherCAT 服务的文件访问(FoE) 0x05:基于 EtherCAT 的伺服行规 (SoE) 0x06~0x0e:保留 0x0f:供应商特定
	Cnt	Unsigned3	邮箱服务计数器(0 保留,1 是起始值,7 以后的下一个值是 1) 从站为每个新邮箱服务递增 Cnt 值。主站应检查它,以发现丢失的邮箱服务。主站应改变(递 增)Cnt 值。从站应检查它,以发现重复写的服务。从站不应检查 Cnt 值的顺序。主站和从站的 Cnt 值是独立的
	Reserved	Unsigned1	0x00
	Service Data	OctetString [Length]	邮箱服务数据

错误回复的服务数据编码见表 2-13。

表 2-13 错误回复的服务数据编码

帧部分	数据区域	数据类型	值/描述
Service Data	Type	Unsigned16	0x01:邮箱命令
	Detail	Unsigned16	0x01:MBXERR_SYNTAX 6 个八位位组的邮箱头文语法错误 0x02:MBXERR_UNSUPPORTEDPROTOCOL 不支持邮箱协议 0x03:MBXERR_INVALIDCHANNEL Channel 字段包含错误值 (从站可以忽略 Channel 字段) 0x04:MBXERR_SERVICENOTSUPPORTED 不支持邮箱协议中的服务 0x05:MBXERR_INVALIDHEADER 邮箱协议的邮箱协议头错误 (不包括 6 个八位位组的邮箱头) 0x06:MBXERR_SIZETOOSHORT 接收的邮箱数据长度太短 0x07:MBXERR_NOMOREMEMORY 由于资源限制邮箱协议不能被处理 0x08:MBXERR_INVALIDSIZE 数据长度不一致

2.5.3 分布式时钟（DC）

分布时钟（Distributed Clock，DC）可以使所有EtherCAT设备使用相同的系统时间，从而控制各设备任务的同步进行。从站设备可以根据同步的系统时间产生同步信号，用于中断控制或触发数字量输入/输出。支持分布式时钟的从站称为DC从站。

分布时钟具有以下主要功能。

① 实现从站之间时钟同步。

② 为主站提供同步时钟。

③ 产生同步的输出信号SYNC。

④ 为输入事件产生精确的时间标记。

⑤ 产生同步的中断。

⑥ 同步更新数字量输出。

⑦ 同步采样数字量输入。

2.5.4 EtherCAT的DL用户内存区

1. DL用户内存区概述

系统复位后，理论上内存区可以在没有任何限制条件下用于通信和本地DL用户。即这个区域可有通信，但是通过这一机制数据处理可能不一致。

通过SYNC管理器SM（SYNC Manager）可以用协调的方式使用这个内存区。因为SYNC管理器是由主站创建的，所以从站不能使用这个通信专用区域。

该内存区支持以下2种通信处理模式。

1）缓存模式，始终允许双向读写的操作。这种模式需要三个内存区域支持。本地的刷新率和通信周期都可以单独设定。

2）邮箱模式：使用一个缓存区，实现了带有握手机制的数据交换。一个实体（通信或DL用户）写入数据，然后这个存储区被锁定直到被另一个实体读取数据。

2. 邮箱访问类型

（1）邮箱传送

邮箱传送服务是从主站关于读写方向（写操作是指由主站写入数据，读操作是指由主站读出数据）和从站关于服务描述的角度介绍的。这个操作包含了握手协议，也就是说，主站必须在发出服务请求之后等待从站的确认动作，反之亦然。

数据链路层指定了读写每一帧数据的复原服务。

写服务时，主站（客户端模式）向从站发出修改从站内存区的请求。如果这个被寻址的从站是可用的，并且邮箱是空的的话，写服务将被确认。然后检查操作数是否重复。如果连续写入相同的值将只被执行一次。

这个数据将被更新并保存到有下一次数据更新。

（2）主站写

对邮箱的成功写序列如图2-37所示，该图表示了在主站、DLL与DL用户之间成功写的操作原语序列。

主站发送一个含工作计数器（WKC=x）的写服务，然后从站的 DLL（从站控制器）在 DL 用户的内存区写入该接收到的反馈数据，同时工作计数器加 1（WKC=x+1）并生成一个事件。相应的 SM 通道锁定 DL 用户的内存区域直到被 DL 用户读取。因为 WKC 加 1，所以主站收到此次写操作成功的响应。在 DL 用户读取 DL 用户内存区域时，相应的 SM 通道解锁该内存区域，保证了主站下一次的写入操作。

对邮箱的失败写序列如图 2-38 所示。该图表示了在主站、DLL 与 DL 用户之间失败写的操作原语。

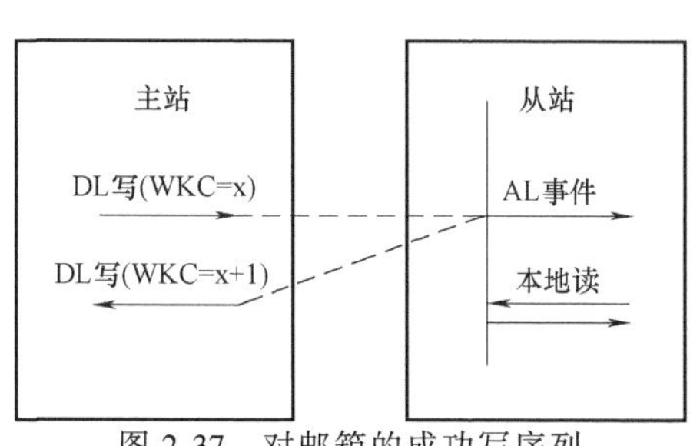

图 2-37　对邮箱的成功写序列

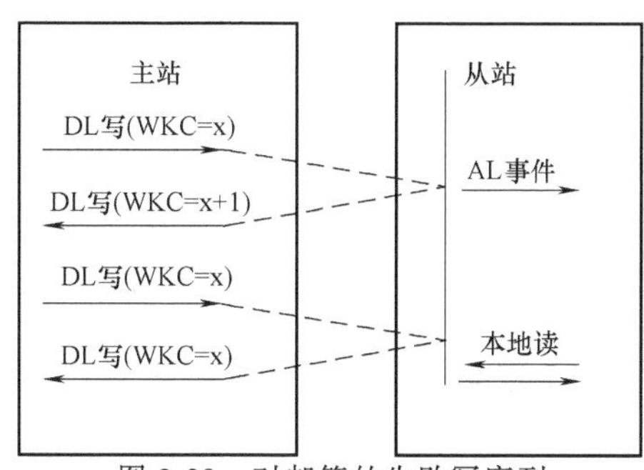

图 2-38　对邮箱的失败写序列

主站发送一个含工作计数器（WKC=x）的写指令，然后从站的 DLL（从站控制器）在 DL 用户的内存区写入一个反馈数据，同时工作计数器加 1（WKC=x+1）并生成一个事件，相应的 SM 通道锁 DL 用户的内存区域直到被 DL 用户读取。因为 WKC 加 1，所以表示主站此次操作成功。在 DL 用户读取 DL 用户内存区域前，主站再次对该区域进行写入操作。因为这时 DL 用户内存区域仍然被锁定，从站的 DLL 将忽略主站这个操作，工作计数器将不再增加。这时主站将收到一个失败的反馈信息。之后在 DL 用户读取存储区域时，相应的 SM 通道解锁该内存区域，保证了主站下一次的写入操作。

（3）主站读

对邮箱的成功读序列如图 2-39 所示。该图表示了在主站、DLL 与 DL 用户之间成功读的操作原语。

DL 用户更新了 DL 用户内存区域。相应的 SM 通道锁定 DL 用户的内存区域直到被主站读取。主站发送一个读取指令，从站的 DLL（从站控制器）发送 DL 用户内存区的数据，工作计数器自加 1（WKC=x+1），并对 DL 用户产生一个事件。因为 WKC 加 1，表示主站此次操作成功，相应的 SM 通道解锁 DL 用户内存区域，保证了 DL 用户下一次的写入操作。

对邮箱的失败读序列如图 2-40 所示。该图表示了在主站、DLL 与 DL 用户之间失败读的操作原语。

DL 用户更新了 DL 用户内存区域。相应的 SM 通道锁定 DL 用户的内存区域直到被主站读取。主站发送一个带工作计数器的读取指令，从站的 DLL（从站控制器）发送 DL 用户内存区的数据，工作计数器自加 1（WKC=x+1），并对 DL 用户产生一个事件。因为 WKC 加 1，主站收到此次操作成功的响应，相应的 SM 通道解锁 DL 用户内存区域，保证了 DL 用户下一次的写入操作。

3. 缓存访问类型

（1）主站写

成功的写缓存序列如图 2-41 所示。该图表示了在主站、DLL 和 DL 用户之间连续写的操

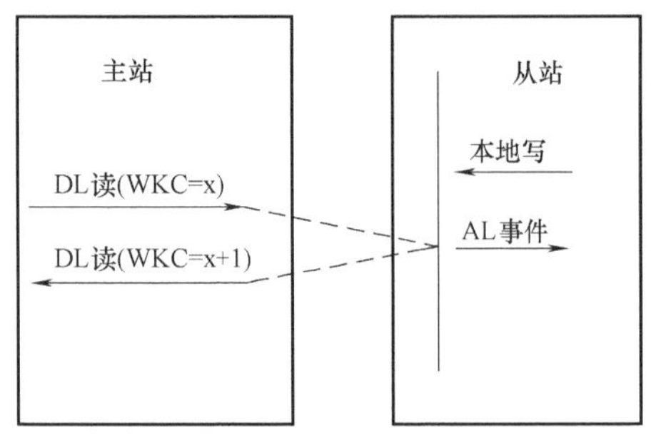

图 2-39 对邮箱的成功读序列

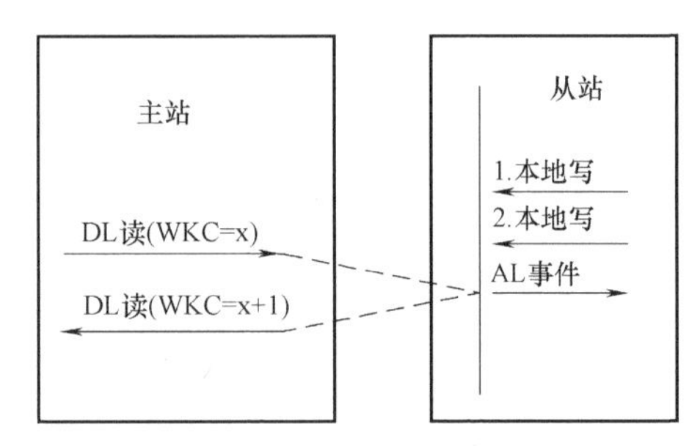

图 2-40 对邮箱的失败读序列

作原语。该图表示了快速主站向较慢速率从站写操作的示例。

主站发送一个含工作计数器（WKC=x）的写请求，从站的 DLL（从站控制器）在 DL 用户内存区写入一个接收数据，工作计数器自加 1（WKC=x+1），并对 DL 用户产生一个事件。因为 WKC 加 1，主站收到此次操作成功的响应。在 DL 用户读取内存区之前，主站再次执行写入指令，因为缓存型的 DL 用户内存区域从来不锁定，从站的 DLL（从站控制器）重新在同一个 DL 用户内存区写入一个接收数据，工作计数器自加 1（WKC=x+1），同时再次对 DL 用户产生一个事件。因为 WKC 加 1，主站收到此次操作成功的响应。然后 DL 用户读取内存区域。

（2）主站读

成功的读缓存序列如图 2-42 所示。该图表示了在主站、DLL 和 DL 用户之间连续读的操作原语。

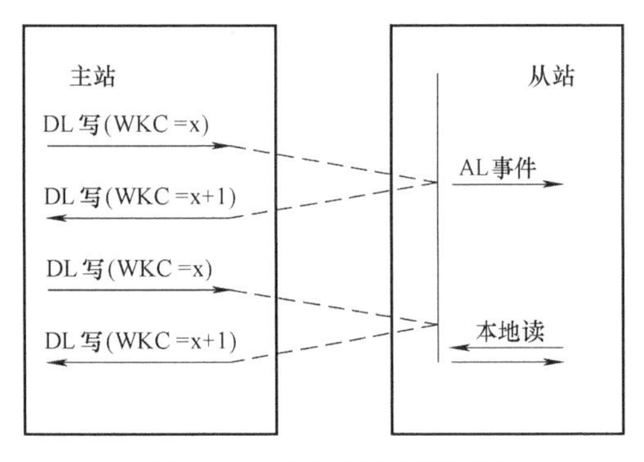

图 2-41 成功的写缓存序列

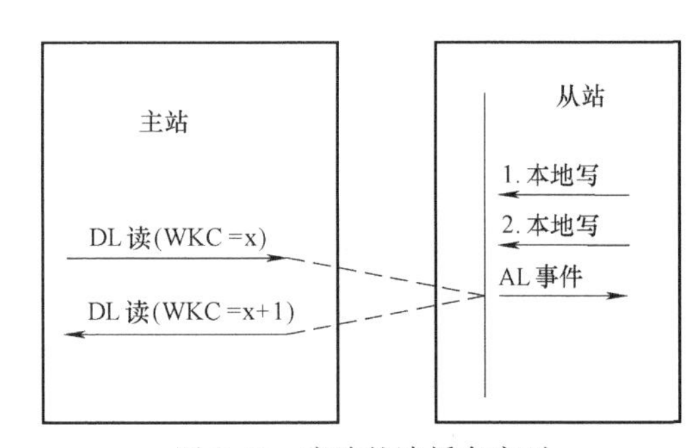

图 2-42 成功的读缓存序列

DL 用户更新内存区“1. 本地写”。DL 用户用新值再次更新内存区“2. 本地写”，因为缓存型的 DL 用户内存区域从来不锁定，相应的 SM 通道就覆盖掉旧数据，主站发送一个带工作计数器的读指令，从站的 DLL（从站控制器）发送 DL 用户内存区的数据，工作计数器自加 1（WKC=x+1），并对 DL 用户产生一个事件。因为 WKC 加 1，主站收到此次操作成功的响应。

2.5.5 EtherCAT 的 FDL 协议状态机

1. 从站 DL 状态机概述

从站的状态机结构如图 2-43 所示。该图表示一个 DL 从站的大致结构，以及和各个状态机之间的交互。

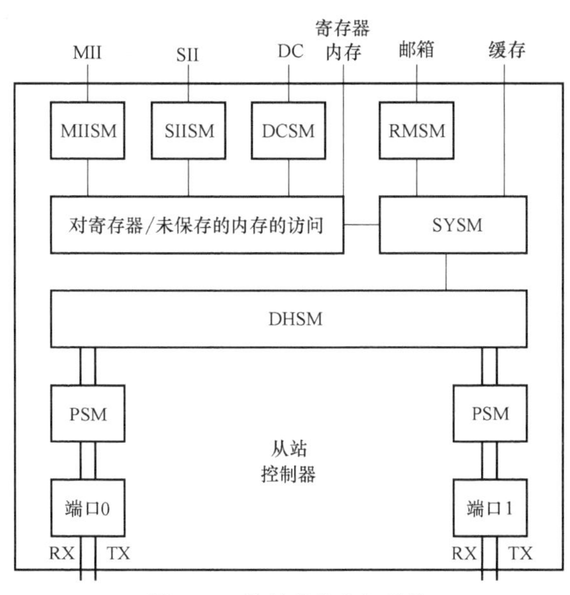

图 2-43 从站的状态机结构

2. 状态机描述

（1） 端口状态机 （Port state machine，PSM）

PSM 协调下层端口状态机与 PDU 处理机，下层端口状态机用于处理 MAC 帧，并将其以八位位组的长度传送到 PDU 处理程序。对于具有 2 个或更多 DL 接口的 DL 都分配一个状态机。对于没有明确定义的状态机端口可以参照 ISO/IEC 8802-3。

1） 信息从 DL 接口的传输是一个八位位组紧接着一个八位位组传输，而不是传输整个帧。

2） 如果一个端口没有链接 Tx. req 原语，那么将导致一个 Rx. ind 原语 （在自动模式下使端口在自动状态，或者由指令关闭该回路)。

另外，ETG. 1000. 3 定义的统计计数器可以被 PSM 处理。

（2） PDU 处理状态机 （PDU handler state machine，DHSM）

DHSM 的处理方式是在第一个端口分拆以太网帧给单独的 EtherCAT PDU，在第二个端口 Receive Time 0 写请求，并将其映射到单独的寄存器或 SYSM （同步管理状态机） 或 DC-SM （DC 状态机)。FMMU 把全局地址映射到物理地址上，通过操作位于 DHSM 上的寄存器，激活 SIISM 和 MIISM。

（3） 同步信号管理器状态机 （Synch manager state machine，SYSM）

同步信号管理器状态机的处理被 SynchM 用作邮箱和缓存存储器的存储区域。邮箱服务被转发到一个处理重试的状态机 （恢复邮箱状态机 RMSM)。对于每个 SM 都存在一个 SYSM。访问内存时，只要没有激活的 SYSM 对应该地址，则访问将从一个 SYSM 转移到另一个 SYSM。如果对应一个特殊的内存地址没有激活的 SYSM，则将有一个对存储区域或寄存器的请求。

（4） 恢复邮箱状态机 （Resilient mailbox state machine，RMSM）

RMSM 是负责在操作读邮箱过程中进行重试操作和检查写邮箱指令的序列号。一个写入邮箱的重试操作就是将同一个序列号再次写入的过程。通过写入一个非零序列号可激活重试机制。

读邮箱的重试机制使用SM通道的Repeat和RepeatAck的参数，Repeat参数中的toggle触发从站进行最后一次读取的重试操作。

(5) SII状态机（SIISM）

1）从站信息交互接口操作流程

SIISM负责访问SII。在这个端口上有指定的读取、写入及重新加载操作。主站可以根据特定程序来激活这些操作。

2）读操作

SII读操作流程如图2-44所示。

3）写操作

SII写操作流程图如图2-45所示。

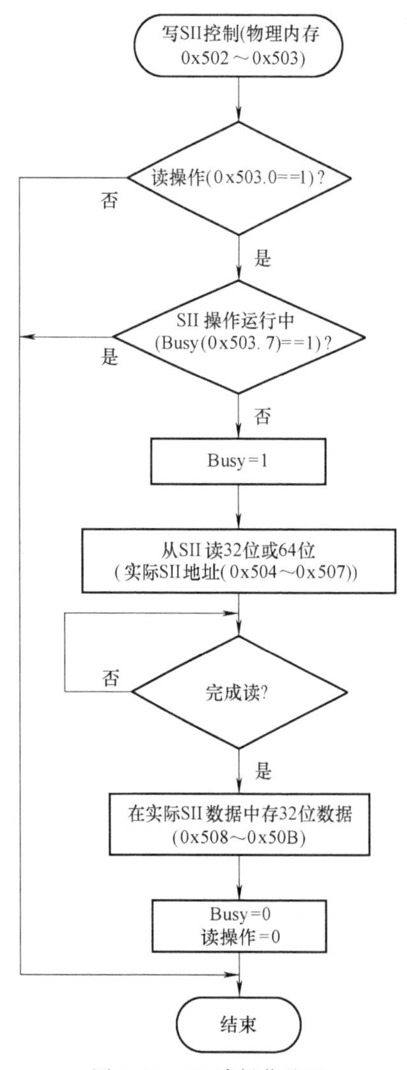

图2-44 SII读操作流程

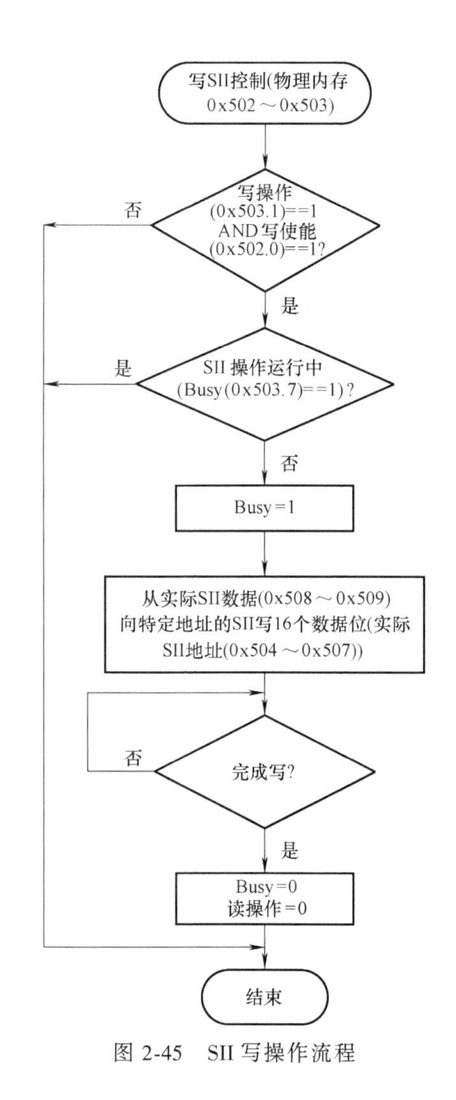

图2-45 SII写操作流程

4）重新加载操作

SII 重新加载操作流程如图 2-46 所示。

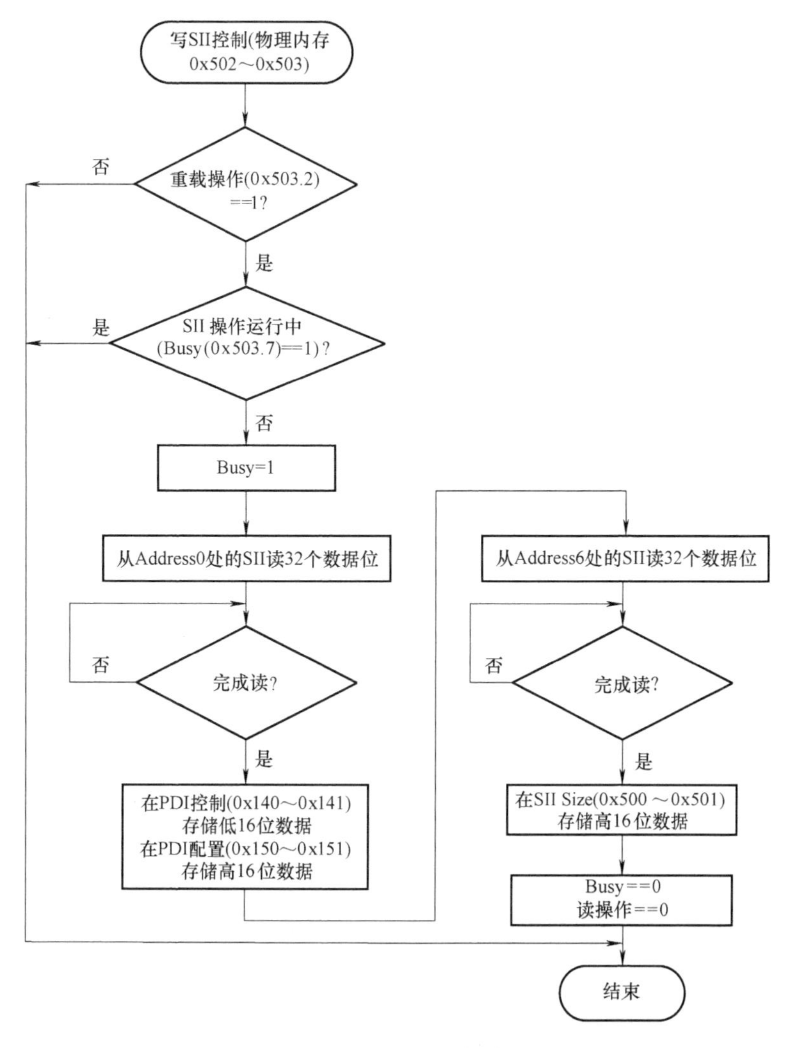

图 2-46　SII 重新加载操作流程

（6）MII 状态机（MIISM）

MIISM 负责访问 MII 媒体独立接口。其命令、地址和数据缓存区都有具体的地址。

（7）DC 状态机（DCSM）

DCSM 处理协调本地时钟、本地时钟同步和时间戳。

分布式时钟可以使所有从站设备具有相同的时间。网段内的第一个从站设备所包含的时钟作为参考时钟。其作用是同步其他从站设备的从站时钟与主站设备的时钟。主站设备每隔一定时间发送一个同步 PDU（为了避免从站时钟超出应用规定的范围），有参考时钟的从站设备将自身的当前时间写入该同步 PDU，然后带有从站时钟的其他从站设备通过 ARMW 服务从同一 PDU 读取时间。由于逻辑环结构，这种情况是有可能发生的，因为参考时钟位于该网段的其他从站时钟之前。

2.6 EtherCAT 应用层服务

2.6.1 对应的 IEC 标准

1. 标准的范围以及所对应的 IEC 标准

ETG.1000 系列文件是在 ETG（EtherCAT Technology Group）范围内对 EtherCAT 技术做详细说明。它分为以下几个部分。

① ETG.1000.2：物理层服务定义和协议规范。

② ETG.1000.3：数据链路层服务定义。

③ ETG.1000.4：数据链路层协议规范。

④ ETG.1000.5：应用层服务定义。

⑤ ETG.1000.6：应用层协议规范。

以上各文件依赖于 IEC 61158 系列文件 Type12 中相一致的部分。

2. 概要

现场总线应用层（FAL）为用户程序提供一种访问现场总线通信环境的方法，以此观点，FAL 可以看作“相应应用程序间的窗口”。

针对 EtherCAT 现场总线的自动化环境和材料，本部分为应用程序之间基本的时间关键及非时间关键信息的交流提供公共要素。

应用层服务以一种抽象的方式定义了由不同类型的现场总线应用层提供的外部可视的服务，它借助于以下几点来实现。

1）用来定义用户能通过使用 FAL 服务来操作的应用资源（对象）的抽象模型。

2）服务原语的动作和事件。

3）原语动作和事件相关的参数以及它们采用的格式。

4）动作和事件之间的关系及其有效顺序。

应用层服务是为定义下列两项服务。

1）在用户与现场总线参考模型之间的边界处的 FAL 用户。

2）在应用层与现场总线参考模型的系统管理之间的边界处的系统管理。

应用层服务指定了在 IEC 现场总线应用层的结构和服务，并与 OSI 基本参考模型（GB/T 9387）及 OSI 应用层结构（GB/T 17176）相一致。

包含在应用过程中的 FAL 应用实体（AE）提供 FAL 服务和协议。FAL AE 由一组面向对象的应用服务单元（ASE）和一个管理 AE 的层管理实体（LME）组成。ASE 提供操作一组应用过程对象（APO）类的通信服务。在 FAL ASE 中有一个管理 ASE，它能提供一组用于 FAL 类实例管理的通用服务。

从应用的角度，尽管这些服务定义了请求和响应怎样被发布和传送，但它们都不包括关于正请求和响应中的应用发布和传送内容的规范。也就是，应用的行为方面没有被定义，这使得 FAL 用户在标准化这种对象行为时更具灵活性。除了这些服务之外，在该部分中也定义了一些支持服务，以提供对控制操作的某些方面的 FAL 的访问。

3. 规范

主要目的是定义适合于时间关键通信的应用层概念性服务的特点，并以此补充 OSI 基本参考模型，来指导服务于时间关键的应用层协议的开发。

其次的目的是为了从现有的工业通信协议中另辟路径。

本规范可作为正式 DL 编程接口的根据。不过，它不是正式的编程接口，任何正式的接口都需要解决本规范未涉及的实现问题，包括如下内容。

1）各种多八位位组服务参数的大小和八位位组的排序。

2）成对的请求和证实，或指示和响应以及原语之间的相关性。

4. 一致性

规范不指定个别的实现或产品，也不具体约束工业自动化系统中的应用层实体的实现。

规范虽然没有与设备的一致性，然而，通过执行相应的满足本部分中任意给定类型的应用层服务定义的应用层协议，可以实现一致性。

2.6.2 EtherCAT 应用层服务的概念

1. 工作原理

应用层服务和 EtherCAT 配套标准描述了一种实时以太网技术，旨在最大限度地利用全双工以太网带宽。媒体访问控制采用主站/从站原则，主站节点（通常是控制系统）发送以太网帧给从站节点，从站节点从这些帧中提取和插入数据。

从以太网的角度看，一个 EtherCAT 网段就是一个单个的以太网设备，它接收和发送标准的 ISO/IEC 8802-3 以太网帧。但这种以太网设备并不局限于带后方的微处理器的单个以太网控制器，它可能还包含大量的 EtherCAT 从站设备。这些从站设备直接处理到来的以太网帧，从中读取数据和/或插入自己的数据，并把帧传给下一个从站设备。网段内的最后一个从站设备将已完全处理的以太网帧返回，并通过第一个从站设备把它作为响应帧发给主站。

此方法采用以太网全双工的模式：双方向的通信都是独立执行的，主站设备和由一个或多个从站设备构成的 EtherCAT 网段直接通信，不需要使用交换机。

工业通信系统在数据传输特性方面需要满足不同的需求。参数数据通常以非周期性、大批量方式传输，其中时序要求相对不苛刻，传输通常由控制系统触发。诊断数据也是以非周期性、事件驱动方式传输，但时序要求更为苛刻，传输通常由外围设备触发。

另一方面，过程数据以不同的周期时间周期性的传输。过程数据通信要求严苛的时序。EtherCAT 应用层支持多种不同的服务和协议来满足这些不同的要求。

2. 通信模型

EtherCAT 应用层区分主站和从站，通信关系总是由主站发起。

一个 EtherCAT 网段包括至少一个主站设备和一个或多个从站设备。所有从站设备支持 EtherCAT 状态机（ESM）和支持 EtherCAT 过程数据的传输。

应用关系模型与通信关系无关。主从关系是标准的应用关系。

3. 应用层要素描述

（1）管理

必备的管理由一组控制从站状态的对象组成。到 DL 的接口提供对所有 DL 寄存器的读访问。

（2）信息接口

必备的从站信息接口包含所有能够永久保存的对象。

（3）同步支持

可选的等时同步操作支持包含用于二进制信号的同步性和时间戳的多个属性。

（4）对从站的访问

实时实体包含网络触发的数据交换接口和用户触发的访问从站对象的接口。主要用于网络触发访问的对象称为PDO。SDO是用于用户触发访问的对象。

PDO的访问方法是读写一个数据缓存区。生产者消费者模型如图2-47所示，数据传递后没有直接确认。主站和从站通过其他的方式来监控数据传递（如WDT和工作计数器）。生产者既可以是主站也可以是从站。

SDO的访问遵循客户机/服务器原则。客户机向服务器发出服务调用，从站开始执行服务并随后返回结果。通常需要一个响应来结束这类服务。

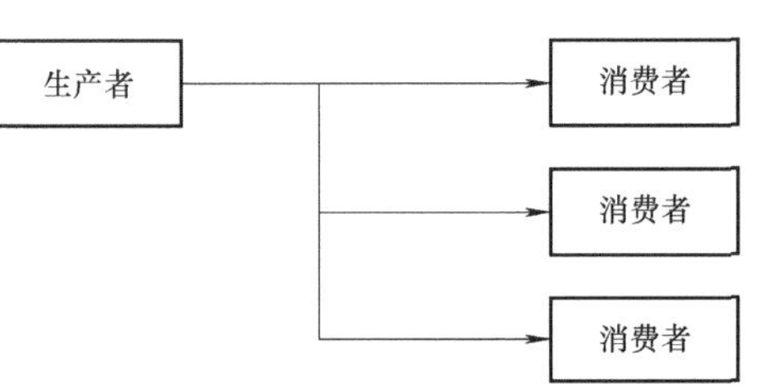

图2-47 生产者消费者模型

客户机服务器模型如图2-48所示。该图给出了这种信息交互的工作流程。

服务器也可能向客户机发起未经请求的交互。这种模式通常用于传输服务器触发的数据。这种服务类型称之为通知，服务器触发调用如图2-49所示。

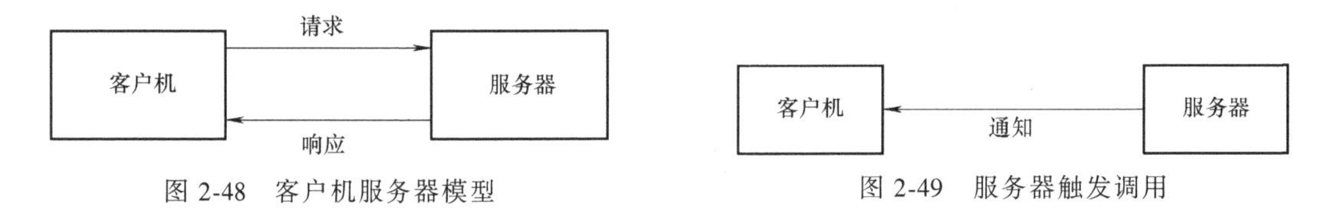

图2-48 客户机服务器模型

图2-49 服务器触发调用

（5）TCP/UDP/IP协议组

该可选的协议专门用于使用标准互联网协议组的从站。协议本身已经在IETF中定义。EOE描述了IP协议（或类似的通信方式）到EtherCAT数据链路层的映射。IP是无连接的双向数据流通信类型。

（6）文件访问

文件传输的主要用途是下载和上传程序文件和配置数据。文件访问是通过客户机/服务器协议架构完成的。

4. 从站参考模型

（1）从站参考模型到OSI基本参考模型的映射

EtherCAT的描述使用了ISO/IEC 7498信息处理系统—开放系统互连—基本参考模型（OSI）的原理、方法和模型。OSI模型提供了一种通信标准分层的方法，其中各层可以独立开发和修改。EtherCAT规范定义了完整的自顶向下的OSI协议栈和一些栈用户的功能。OSI中间的3~6层功能被并入到了EtherCAT数据链路层或EtherCAT应用层。同样地，EtherCAT应用层提供了和现场总线应用层通用的用户特性，这简化了用户操作，从站参考模型如图2-50所示。

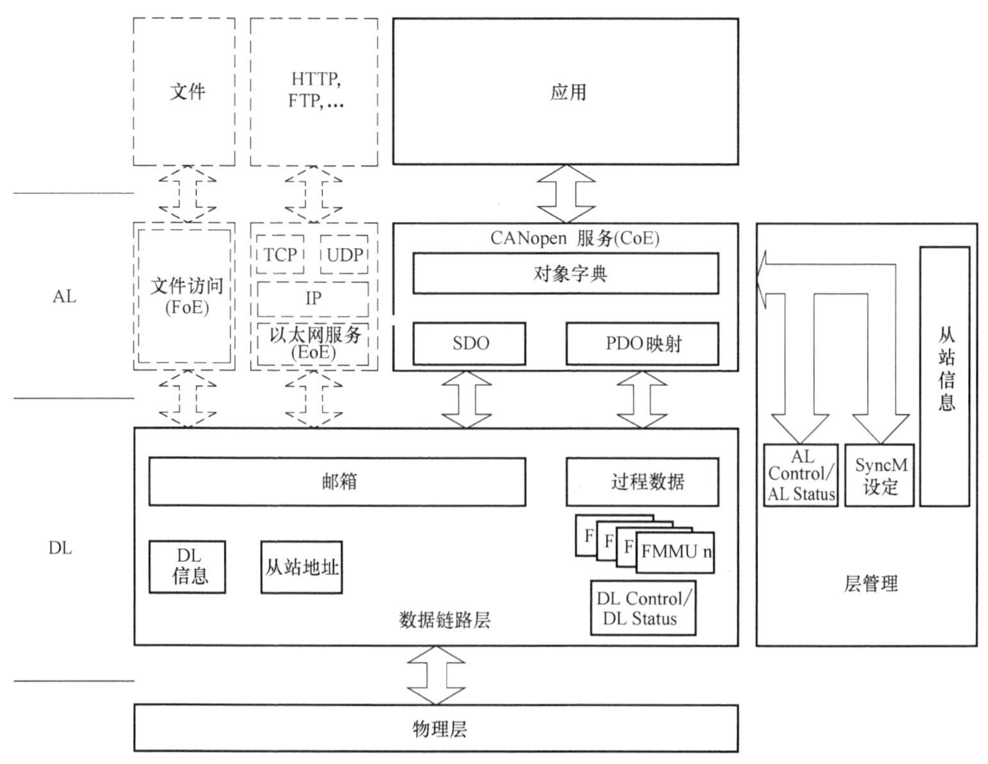

图 2-50 从站参考模型

(2) 数据链路层特性

数据链路层为通过 EtherCAT DL 连接的设备之间的数据通信提供基本时间关键的支持。

数据链路层的任务包括计算、比较及生成帧校验序列，并通过从以太网帧中提取或插入数据来实现通信。这些任务依据在被预先定义的内存位置中的数据链路层参数来实现。在物理内存中通过邮箱配置或过程数据部分使得应用层能够使用应用数据。

另外，数据链路层还有一些协调主从站交互的数据结构，例如 AL 控制/状态和事件，及同步管理器设定等。

(3) 从站应用层分类

1) 简单的从站设备

从应用层角度看，从站设备被分为不具有应用控制器的简单设备和具有应用控制器的复杂设备。

基本从站和完整型从站的 DL 从站分类独立于应用层，因为 DL 寻址机制在 AL 接口中是不可见的。

简单设备有一个固定的过程数据布局，这在设备描述文件中描述。

简单的从站设备如图 2-51 所示。

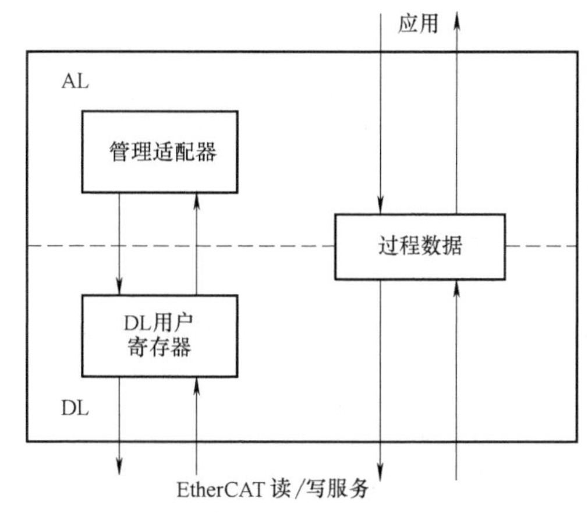

图 2-51 简单的从站设备

简单设备可以在没有本地应用程序做出反

应的情况下证实 AL 管理服务。在安全状态下操作不需要特别的反应（例如，值 0 将以与没有有效值发送的相同方式处理）。

2）复杂的从站设备（Complex slave device）

复杂的从站设备如图 2-52 所示。

复杂从站设备支持以下内容。

① ESM。

② 邮箱（可选）。

③ CoE 对象字典（如果支持邮箱时推荐）。

④ SDO 服务，读和/或写对象字典数据项（如果支持邮箱，推荐）。

⑤ SDO 信息服务，以紧凑的格式读取对象字典中定义的对象和每个项的描述（如果支持邮箱，则推荐）。

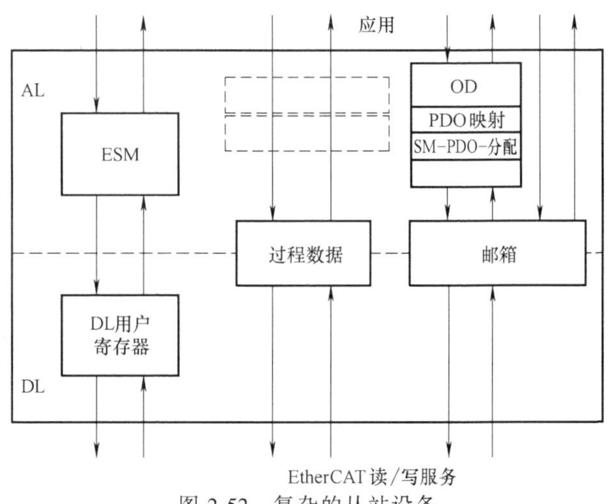

图 2-52 复杂的从站设备

为了传输过程数据，必须可以读取描述过程数据布局的 PDO 映射对象和同步管理器 PDO 分配对象。如果一个复杂设备支持可配置的过程数据，通过写 PDO 映射对象和/或同步管理器 PDO 分配对象来配置。

在这个标准中定义了以下不同的交互类型。

① 基于 EtherCAT 服务上的 CAN 应用协议（CoE）。

② 基于 EtherCAT 服务上的以太网（EoE）。

③ 基于 EtherCAT 服务上的文件存取（FoE）。

不同的类型用于寻址不同的对象类。这些类型可以在单个应用关联中混合使用。

5. 主站参考模型

（1）概述

主站使用在从站章节中描述的服务与从站进行通信。此外，在主站中，为每个从站都定义了一个从站处理程序（Handler）用于控制从站的 ESM，以及实现从站到从站通过邮箱进行通信的路由器（Router），主站功能如图 2-53 所示。

（2）从站处理程序

主站应为每个从站支持一个从站处理程序，以通过使用状态服务来控制从站的 ESM。从站处理程序就是从站 ESM 在主站的映像。另外，从站处理程序在改变从站 ESM 的状态之前可以发送 SDO 服务。

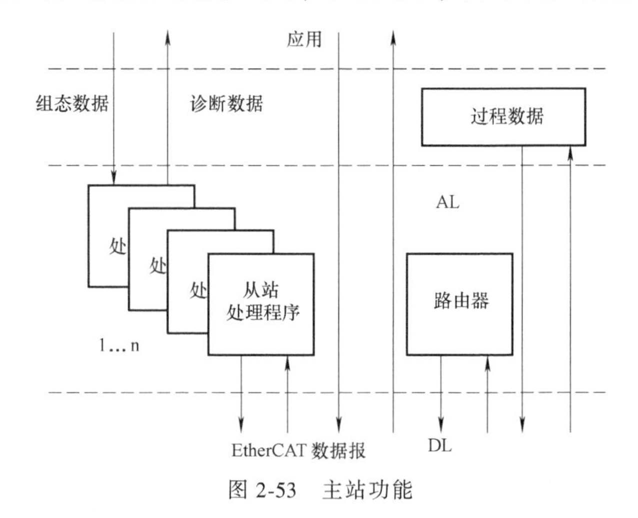

图 2-53 主站功能

(3) 路由器

路由器可以用于以下几个应用。

1) 路由从客户端从站到服务器从站的邮箱服务。

2) 路由从服务器从站到客户机从站的邮箱服务响应。

3) 转发来自第三方设备的邮箱服务。

4) 转发到第三方设备的邮箱服务响应。

路由器的任务：在将邮箱服务路由到由原始地址字段寻址的服务器之前，路由器用客户机地址或虚拟地址来覆盖邮箱服务的地址字段；在将邮箱服务响应路由到原始地址字段寻址的客户机从站，或使用虚拟地址时相应的 IP 地址或 MAC 地址之前，路由器用服务器站地址覆盖邮箱服务响应的地址字段。

2.6.3 EtherCAT 应用层通信模型规范

1. ASEs

(1) 过程数据 ASE

在 EtherCAT 应用层环境中，从站的每一个应用过程都可包含相应实例的若干对象以传递过程数据，它由 PDO 构成。过程数据的内容可以通过 PDO 映射与 CoE ASE 的同步管理器 PDO 分配对象来表述。对于简单从站设备，过程数据为固定的，并通过设备描述文件定义。

过程数据通信通常采用缓存类型的应用存储器，以使主站和从站总是可以访问过程数据。

EtherCAT 还提供其他服务来非周期地读取过程数据对象值，以及为输入和输出数据对象指示新值。

过程数据对象由相关服务隐式寻址。服务器/提供者中的输入或输出数据的间隔由相应的配置属性来决定。

过程数据 ASE 采用生产者/消费者的访问模式。这就意味着用输入值更新过程数据和用过程数据更新输出与数据传输不关联。通过过程输出数据 (Process Output Data) 指示服务原语来表示接收到一个新值。

过程输出数据 (Process Output Data) 服务原语被映射到在 DL 中描述的缓冲类型应用内存原语。推荐但不要求使用 FMMU 实体。使用 FMMU 配置时，单个过程输出数据请求能导致多个过程输出数据指示。过程数据证实原语可以告诉主站更新过程是否成功。

过程输出数据序列如图 2-54 所示。该图给出了主站和从站间用于过程输出数据序列的原语。

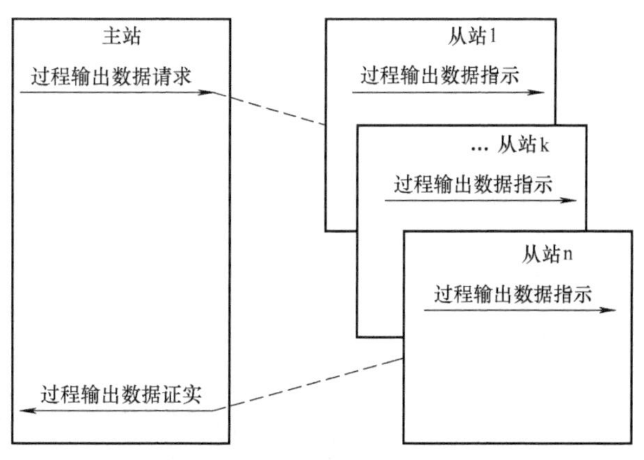

图 2-54 过程输出数据序列

主站通常发出一个 DL 写或读写服务向多个从站发送过程输出数据。每个从站都获得相应的同步管理器 (Sync Manager) AL 事件。从站的 AL 控制器可以随时从相关的应用内存中读取过程输出数据。

过程输入数据（Process Input Data）服务的原语被映射到在DL中描述的缓存类型的应用内存原语。

过程输入数据序列如图2-55所示。该图给出了主站和从站间过程输入数据序列的原语。

主站通常使用DL逻辑读或读写服务从多个从站中读取过程输入数据。主站从预先写入的缓存中获取数据。如果输入数据被读出，每个从站获得相应的同步管理器（Sync Manager）AL事件。从站的AL控制器可以随时向相关的应用内存中写入过程输入数据。

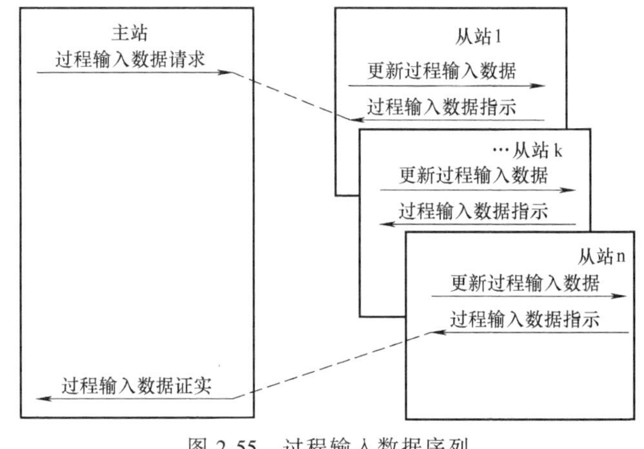

图2-55　过程输入数据序列

接下来描述过程数据ASE的形式模型及其服务。此外，过程数据ASE表示设备的实际输入和输出结构。

对于所有的服务原语，同时被活动的服务原语写入的参数内存区不应重叠。

（2）SII ASE

在EtherCAT应用层环境中，从站的每个应用过程都有一个包含用于标识设备所有信息的SII。从站信息接口被永久保存，并定义了启动（boot）配置数据和应用信息数据。启动配置数据包含上电时初始化从站控制器接口的设置。应用信息数据包含产品代码，主站使用该代码查找设备对应的配置文件。从站控制器（ESC）支持使用从站信息接口寄存器访问从站信息接口。

接下来描述SII ASE的形式模型及其服务。此外，SII ASE代表的是实际的设备输入和输出结构。

（3）CoE ASE

1）概要

CANopen是一个最初为基于CAN的系统开发的通信协议。它是具有高度灵活配置能力的标准化嵌入式网络。

CANopen（CiA DS 301）的欧洲标准为EN 50325-4。

EtherCAT采用了CAN应用协议服务定义。

对象字典包括参数、应用数据和在过程数据接口和应用数据（PDO映射）之间的映射信息。CoE服务器模型如图2-56所示，可以通过服务数据对象（SDO）访问对象字典的各个条目。

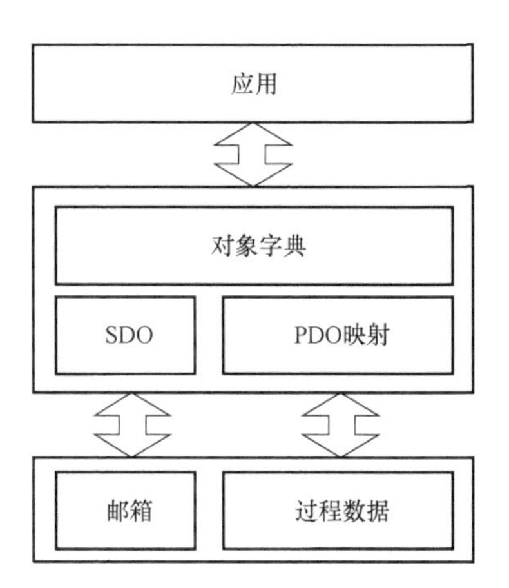

图2-56　CoE服务器模型

2）对象字典

① 对象字典结构

对象字典以标准化的方式包含设备中与CoE相关的所有数据对象。它是设备参数数据结构的集合，其数据结构可以通过 SDO 上传和下载的服务进行访问。

通过 SDO 的信息服务功能，可以读取对象字典可用的条目和在对象字典中条目的描述。组成对象字典的 SDO 各区的描述见表 2-14。

表 2-14 组成对象字典的 SDO 各区的描述

区	内容
数据类型区	数据类型的定义
CoE 通信区	用于所有服务与专用通信目的的变量的定义
制造商特定区	制造商特定变量的定义
设备框架区	在设备行规中定义的变量的定义
预留区	为将来使用预留

② 数据类型区

数据类型区包含以下部分：

a. Static Data types 静态数据类型，通用简单数据类型的定义。

b. Complex Data types 复杂数据类型，通用结构化数据类型的定义。

c. Manufacturer Specific Complex Data types 制造商特定复杂数据类型，制造商特定结构数据类型的定义。

d. Device Profile Specific Static Data types 设备行规特定静态数据类型，设备行规特定简单数据类型的定义。

e. Device Profile Specific Complex Data types 设备行规特定复杂数据类型，设备行规特定结构数据类型的定义。

f. Enumeration Data types 枚举数据类型，设备特定枚举数据类型的定义。

2. AR

(1) 概要

一个从站只有一个 AR 端点。该端点由描述从站应用的状态和状态改变的 EtherCAT 状态机（ESM）控制。从站应用的实际状态被应用反映在 AL 状态寄存器中，主站请求的状态改变在 AL 控制寄存器中指示。

ESM 逻辑上位于 EtherCAT 从站控制器（ESC）和应用之间。

(2) 状态服务

如果从站不支持邮箱服务，从站控制器应该由主站配置为立即证实 AL 状态寄存器中的状态改变。

2.7 EtherCAT 应用层协议规范

2.7.1 CoE 编码

CoE 的一般属性类型描述如下：

```
typedef    struct
{
  unsigned           NumberLo:        8;
```

```
    unsigned        NumberHi:    1;
    unsigned        Reserved:    3;
    unsigned        Service:     4;
} TCOEHEADER;
typedef  struct
{
    TMBXHEADER      MbxHeader;
    TCOEHEADER      CoeHeader;
    BYTE            Data[MBX_DATA_SIZE-2];
} TCOEMBX;
```

CoE 的编码见表 2-15。

表 2-15 CoE 的编码

帧部分	数据字段	数据类型	值/描述
邮箱头	长度	WORD	邮箱服务数据的长度
	地址	WORD	如果主站是客户机,指源站地址;如果从站是客户机,指目的站地址
	通道	Unsigned6	0x00(为将来使用保留)
	优先级	Unsigned2	0x00:最低优先级 … 0x03:最高优先级
	类型	Unsigned4	0x03:CoE
	计数	Unsigned3	邮箱服务计数器 (0 保留,1 为起始值,7 后面的值都是 1)
	保留	Unsigned1	0x00
CoE 头	编号	Unsigned9	取决于 CoE 服务
	保留	Unsigned3	0x00
	服务	Unsigned4	0x00:保留 0x01:紧急事件信息 0x02:SDO 请求 0x03:SDO 响应 0x04:TxPDO 0x05:RxPDO 0x06:远程 TxPDO 发送请求 0x07:远程 RxPDO 发送请求 0x08:SDO 信息 0x09~0x15:保留

2.7.2 EtherCAT 的 FAL 协议状态机

1. 总体结构

FAL 协议状态机结构如图 2-57 所示。

FAL 行为由三个集成的协议机规定。FSPM 是属于 FAL 类规范的 FAL 服务与特定的 AREP 之间的服务接口。

EtherCAT FAL 为从站提供一组协议机，从而主站可以预知从站的行为。

FSPM 主要负责以下活动。

1）从 FAL 服务用户接受服务原语，并将其转换为 FAL 内部原语。

2）根据隐式寻址机制选择 ARPM 状态机，并将带服务参数 FAL 内部原语发送到 ARPM。

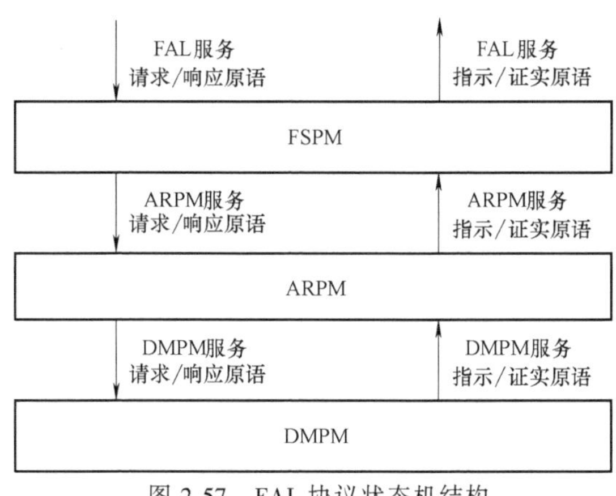

图 2-57 FAL 协议状态机结构

3）从 ARPM 接受 FAL 内部原语，并将其转换为用于 FAL 服务用户的服务原语。

4）将 FAL 服务原语交付给 FAL 用户。

ARPM 为应用关系规定传输类型。

DMPM 规定到数据链路层的映射，因此，DMPM 定义了 LMPM 和 MAC 两种协议机。

（1）现场总线服务协议机（Fieldbus Service Protocol Machines，FSPM）

FSPM 协调用于各种服务和应用关系的底层状态机。

FSPM 基本上是一个映射协议机。其主要任务是向负责相关服务的协议机传递该服务，随后将证实以及响应转发给用户。另外，该协议机中包含的基本冗余控制模式可使两个 AR 合并为一个具有更高可用性的单个实体。

（2）应用关系协议机（Application Relationship Protocol Machines，ARPM）

ARPM 负责单个服务程序执行，AR 协议机如图 2-58 所示。过程数据交互直接由 DL 处理和 ESM 控制。应用有多种运行邮箱协议的方法。

（3）DLL 映射协议机（DLL Mapping Protocol Machines，DMPM）

DLL 映射协议机（DMPM）连接其他状态机与第二层。DMPM 对有关数据链路层用法的组态和错误处理的状态机进行协调。DMPM 将函数映射到第二层的 DLL 服务。DMPM 产生必要的第二层服务参数，从第二层接收证实和指示，并将其传递给适当的 DMPM 用户。

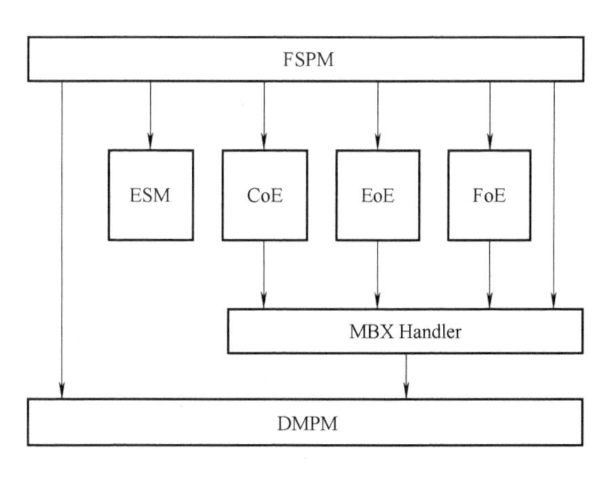

图 2-58 AR 协议机

2. 应用关系协议机（Application Relationship Protocol Machines，ARPMs）

（1）AL 状态机

ESM 负责在启动和工作期间协调主站与从站。状态的改变主要由主站与从站间的交互所导致。这些基本与写 AL 控制字有关。

在 DL 和 AL 初始化之后状态机进入“Init”状态。“Init”状态定义了应用层上主站与从站之间通信关系的初始点。在应用层上主站与从站之间无直接通信。主站使用“Init”状态来初始化一组配置寄存器。如果从站支持邮箱，则相应的同步管理器配置也在“Init”状态进行。

如果从站支持可选邮箱并且邮箱已被设置，则可进入“Pre-Operational”状态。主站和从站均可使用邮箱和适当的协议来交换应用特定的初始化信息和参数。在该状态下无过程数据通信。

如果从站支持输入且主站请求输入，并且输入缓存区已被设置，则可进入“Safe-Operational”状态。从站应用应传递实际输入数据而不处理输出数据，从站的真正输出应被设置为处于安全状态。

如果输出缓存区已被设置且实际输出数据已被发送到从站（只要从站的输出将被使用），则可进入“Operational”状态。从站应用应传递实际输入数据，而主站应用应提供输出数据。

在可选“Bootstrap”状态，从站应用应能接受通过 FoE 协议下载的永久性设置。

ESM 定义了以下四种应被支持的状态。

- Init。
- Pre-Operational。
- Safe-Operational。
- Operational。

除了以下例外，所有的状态转换都是可能的：从“Init”状态只可能转换到“Pre-Operational”状态；“Pre-Operational”状态不能直接转换到“Operational”状态。

通常，状态改变由主站请求。主站请求写 AL 控制寄存器，这会导致从站产生一个寄存器事件“AL 控制”指示。在一次成功的或失败的状态改变后，从站通过本地 AL 状态写服务来响应 AL 控制寄存器的改变。如果请求的状态改变失败，从站将错误标志置位。

EtherCAT 设备既可以是简单设备也可以是复杂设备，它们关于 AL 控制请求和 AL 控制响应的行为是不同的。当收到一个 AL 确认标志（Ack Flag）时，复杂从站将复位 AL 错误标志（Error Flag）（设备模拟无效），而简单从站将确认标志复制到 AL 错误标志（设备模拟有效）。

尽管行为不同，主站应能通过广播命令来初始化网络。因此，主站应被允许通过广播发送一个确认标志被置为 False 的 INIT 请求（AL 控制寄存器 = 0x0001）来复位所有设备。随后，复杂设备应复位错误标志。

在错误发生情况下，首先应将 AL 状态代码（AL Status Code）置位，然后将错误标志置位。在清零错误标志后，AL 状态代码也应被清零。如果错误标志被清零，主站应忽略 AL 状态代码。

当 AL 状态从 OP 转换到 SafeOp 发生错误时，输出同步管理器应被禁用。输入同步管理器应仅在出现导致无效的输入（输入错误或同步错误）的错误时才被禁用。

输出同步管理器在错误被确认且没有输出错误时应被重新使能。

输入同步管理器在错误被确认且没有输入错误时应被重新使能。

引导（Bootstrap）状态是可选的并且只与“Init”状态相互转换。引导状态的唯一目的就是下载设备固件。在引导状态邮箱是可用的，但仅限于通过 EtherCAT 服务（FoE）协议进行文件访问。

ESM 规定如图 2-59 所示。

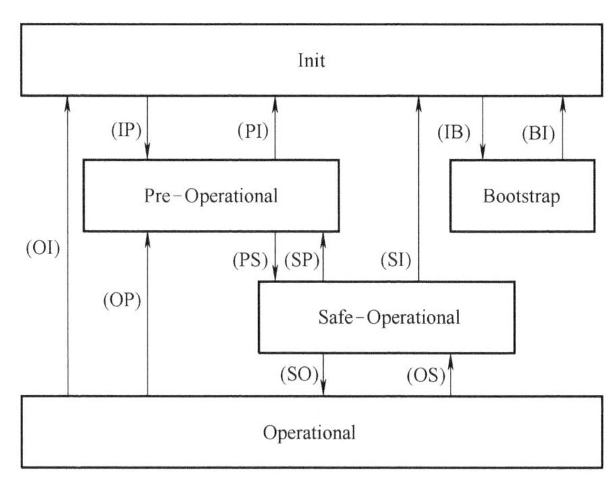

图 2-59 ESM 规定

本地管理服务与 ESM 内的状态转换相关，状态转换与本地管理服务见表 2-16。如果有多个服务与状态转换相关，从站应用将处理所有相关服务。

表 2-16 状态转换与本地管理服务

状态转换	本地管理服务
IP	开始邮箱通信(Start Mailbox Communication)
PI	停止邮箱通信(Stop Mailbox Communication)
PS	开始输入更新(Start Input Update)
SP	停止输入更新(Stop Input Update)
SO	开始输出更新(Start Output Update)
OS	停止输出更新(Stop Output Update)
OP	停止输出更新,停止输入更新(Stop Output Update,Stop Input Update)
SI	停止输出更新,停止邮箱通信(Stop Input Update,Stop Mailbox Communication)
OI	停止输出更新,停止输入更新,停止邮箱通信(Stop Output Update,Stop Input Update,Stop Mailbox Communication)
IB	开始引导模式(Start Bootstrap Mode)
BI	重启设备(Restart Device)

1） Init

“Init” 状态定义了应用层上主站与从站之间通信关系的初始点。在应用层上，主站与从站之间无直接通信。主站使用 “Init” 状态来初始化一组 ESC 配置寄存器。如果从站支持邮箱服务，则相应的同步管理器配置也在 “Init” 状态完成。

2） Pre-Operational

如果从站支持可选的邮箱，则在 “Pre-Operational” 状态邮箱被激活。主站和从站均可使用邮箱和适当的协议来交换应用特定的初始化信息和参数。在该状态下没有过程数据通信。

3）Safe-Operational

在“Safe-Operational”状态，从站应用应传递实际输入数据而不处理输出数据。输出应被设置为“安全状态”。

4）Operational

在“Operational”状态，从站应用应传递实际输入数据且主站应用程序应传递实际输出数据。

5）Bootstrap

在可选“Bootstrap”状态，从站应用应能接受通过 FoE 协议下载的新固件。

（2）邮箱处理程序状态机

邮箱处理程序负责协调主站和从站的有关邮箱的操作。邮箱写被转发到特定状态机，响应被放到读邮箱。

因为没有特定的面向服务的状态，所以没有状态表。

邮箱处理程序的任务包括以下内容。

① 将写邮箱服务映射到协议处理器。

② 将读邮箱的服务请求队列进行排队。

③ 对读邮箱的传输进行证实。

协议处理程序可能是以下几项。

① CoE 状态机。

② EoE 状态机。

③ PoE 状态机。

④ 行规特定状态机。

（3）CoE 状态机

CoE 状态机负责处理 CoE 服务。

主要任务是执行服务请求或提供以下形式的响应。

① 单一帧。

② 帧序列（信息服务）。

③ 带有更多后续帧指示的单个帧。

④ 由于服务的错误结束而中止。

（4）EoE 状态机

EoE 状态机负责在 EtherCAT 上传送标准以太网帧。无论 EtherCAT PDU 是完整的以太网帧，还是可合并成完整帧的以太网帧分段，状态机都可接收和发送 EtherCAT PDU。重组后（不在本状态机的范围内）的以太网帧可视为等同于未经 EtherCAT 服务传输的以太网帧。

在 IEEE 802.1D 中定义了与 EoE 服务相关的以太网端口的进出规则。

（5）FoE 状态机

FoE 状态机负责在 EtherCAT 上传输文件。该状态机也可通过传送命令接收和发送 EtherCAT PDU，“写”表示加载文件到从站，“读”表示加载文件到主站。

第3章 EtherCAT从站控制器

EtherCAT 从站的开发通常采用 EtherCAT 从站控制器（EtherCAT Slave Controller，ESC）负责 EtherCAT 通信，并作为 EtherCAT 工业以太网和从站应用之间的接口。

目前，EtherCAT 从站控制器解决方案的供应商主要有 BECKHOFF、Microchip、TI、ASIX、Renesas、Infineon、Hilscher 和 HMS 等公司。

以上各公司提供的 EtherCAT 从站控制器主要有以下型号。

① BECKHOFF：ET1100、ET1200、IP Core 和 ESC20。

② Microchip：LAN9252。

③ TI：Sitara AM3357/9、Sitara AM4377/9、Sitara AM571xE、Sitara AM572xE 和 Sitara AMIC110 SoC。

④ ASIX：AX58100。

⑤ Renesas：RZ/T1 和 R-IN32M3-EC。

⑥ Infineon：XMC4300 和 XMC4800。

⑦ Hilscher：netX50、netX90、netX500 和 netX4000。

⑧ HMS：Anybus NP40。

本章详述了倍福公司生产的 EtherCAT 从站控制器 ET1100、Microchip 公司生产的 EtherCAT 从站控制器 LAN9252 和 ASIX 公司生产的 EtherCAT 从站控制器 AX58100，并简要介绍了 TI、Hilscher 和 HMS 公司的 EtherCAT 从站控制器解决方案。

本书正文和表中的“WDT”（Watch Dog Timer）一词为监视定时器，一般又称为看门狗。

3.1 EtherCAT 从站控制器概述

本节讲述的内容主要包括倍福公司的 EtherCAT 从站控制器 ET1100 和 ET1200 的实现，功能固定的二进制配置 FPGAs（ESC20）和可配置的 FPGAs IP 核（ET1810/ET1815）。

EtherCAT 从站控制器主要特征见表 3-1。

表 3-1 EtherCAT 从站控制器主要特征

特征	ET1200	ET1100	IP Core	ESC20
端口	2~3（每个 EBUS/MII，最大 1 个 MII）	2~4（每个 EBUS/MII）	1~3 MII/1~3 RGMII/1~2 RMII	2 MII

（续）

特征	ET1200	ET1100	IP Core	ESC20
FMMUs	3	8	0~8	4
同步管理器	4	8	0~8	4
过程数据 RAM/KB	1	8	0~60	4
分布式时钟/位	64	64	32/64	32
过程数据接口				
数字 I/O(位)	16	32	8~32	32
SPI 从站	是	是	是	是
8/16 位微控制器	—	异步/同步	异步	异步
片上总线	—	—	是	—

EtherCAT 从站控制器功能框图如图 3-1 所示。

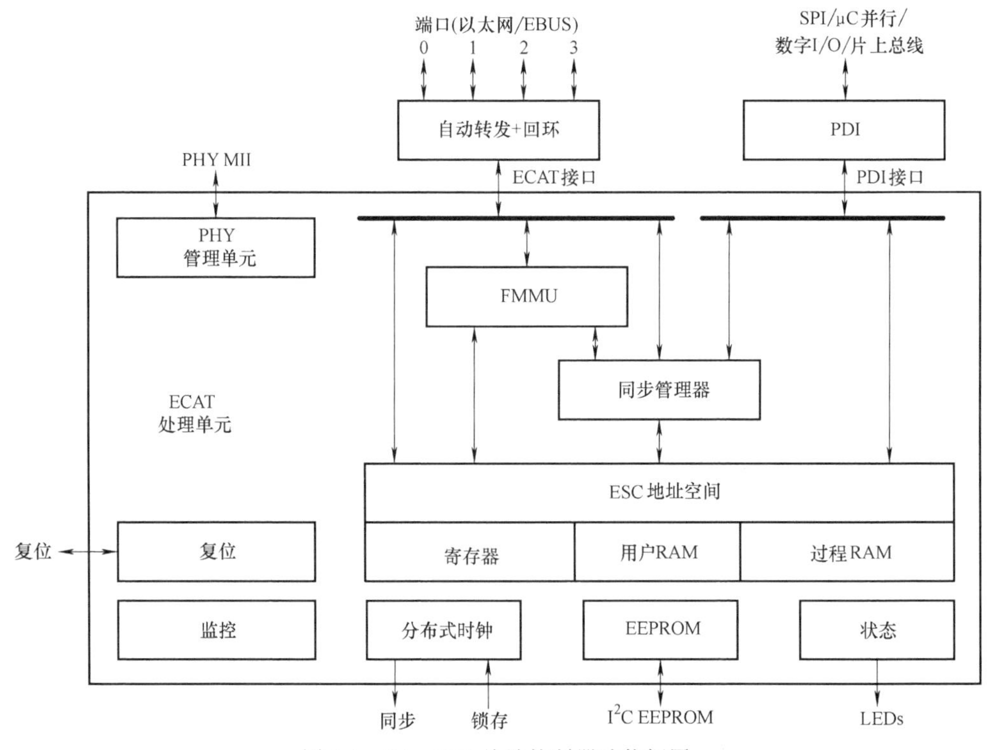

图 3-1　EtherCAT 从站控制器功能框图

3.1.1　EtherCAT 从站控制器功能块

1. EtherCAT 接口（以太网/EBUS）

EtherCAT 接口或端口将 EtherCAT 从站控制器连接到其他 EtherCAT 从站和主站。MAC 层是 EtherCAT 从站控制器的组成部分。物理层可以是以太网或 EBUS。EBUS 的物理层完全集成到 ASIC 中。对于以太网端口，外部以太网 PHY 连接到 EtherCAT 从站控制器的 MII/RGMII/RMII 端口。通过全双工通信，EtherCAT 的传输速度固定为 100Mbit/s。链路状态和通信状态将报告给监控设备。EtherCAT 从站支持 2~4 个端口，逻辑端口编号为 0、1、2 和 3。

2. EtherCAT 处理单元

EtherCAT 处理单元（EPU）接收、分析和处理 EtherCAT 数据流，在逻辑上位于端口 0 和端口 3 之间。EtherCAT 处理单元的主要用途是启用和协调对内部寄存器和 EtherCAT 从站控制器存储空间的访问，可以从 EtherCAT 主站或通过 PDI 从本地应用程序对其寻址。EtherCAT 处理单元除了自动转发、回环功能和 PDI 外，还包含 EtherCAT 从站的主要功能块。

3. 自动转发

自动转发（Auto-Forwarder）接收以太网帧，执行帧检查并将其转发到回环功能。接收帧的时间戳由自动转发生成。

4. 回环功能

如果端口没有链路，或者端口不可用，又或者该端口的环路关闭，则 Loop-back（回环功能）将以太网帧转发到下一个逻辑端口。端口 0 的回环功能可将帧转发到 EtherCAT 处理单元。环路设置可由 EtherCAT 主站控制。

5. FMMU

FMMU（现场总线存储管理单元）用于将逻辑地址按位映射到 ESC 的物理地址。

6. 同步管理器 SM

同步管理器 SM（Sync Manager）负责 EtherCAT 主站与从站之间一致数据交换和邮箱通信。可以为每个同步管理器配置通信方向。读或写处理会分别在 EtherCAT 主站和附加的微控制器中生成事件。同步管理器可负责区分 ESC 和双端口内存，因为根据同步管理器状态可将它们的地址映射到不同的缓冲区并阻止访问。

7. 监控单元

监控单元包含错误计数器和 WDT。WDT 用于检测通信并在发生错误时返回安全状态，错误计数器用于错误检测和分析。

8. 复位单元

集成的复位控制器可检测电源电压并控制外部和内部复位，仅限 ET1100 和 ET1200 ASIC。

9. PHY 管理单元

PHY 管理单元通过 MII 管理接口与以太网 PHY 通信。PHY 管理单元可由主站或从站使用。ESC 自身就使用 MII 管理接口，用于在使用增强的链路检测机制接收错误后，可选择地重新启动自协商，以及可选择地进行 MI 链路检测和配置功能。

10. 分布式时钟

分布式时钟（DC）允许精确地同步生成输出信号和输入采样，以及事件时间戳。同步性可能会跨越整个 EtherCAT 网络。

11. 存储单元

EtherCAT 从站具有高达 64KB 字节的地址空间。第一个 4KB 块（0x0000~0x0FFF）用于寄存器和用户存储器。地址 0x1000 以后的存储空间用作过程存储器（最大 60KB）。过程存储器的大小取决于设备。ESC 地址范围可由 EtherCAT 主站和附加的微控制器直接寻址。

12. 过程数据接口（PDI）或应用程序接口

取决于 ESC，有以下几种 PDI。

① 数字 I/O（8~32 位，单向/双向，带 DC 支持）。

② SPI 从站。

③ 8/16 位微控制器（异步或同步）。

④ 片上总线（例如 Avalon、PLB 或 AXI，具体取决于目标 FPGA 类型和选择方式）。

⑤ 一般用途 I/O。

13. SII EEPROM

EtherCAT 从站信息（ESI）的存储需要使用一个非易失性存储器，通常是 I^2C 串行接口的 EEPROM。如果 ESC 的实现为 FPGA，则 FPGA 配置代码中需要第二个非易失性存储器。

14. 状态/LEDs

状态块提供 ESC 和应用程序状态信息。它控制外部 LED，如应用程序运行 LED/错误 LED 和端口链接/活动 LED。

3.1.2 EtherCAT 协议

EtherCAT 使用标准 IEEE 802.3 以太网帧，因此可以使用标准网络控制器，主站侧不需要特殊硬件。

EtherCAT 具有一个保留的 EtherType 0x88A4，可将其与其他以太网帧区分开来。因此，EtherCAT 可以与其他以太网协议并行运行。

EtherCAT 不需要 IP 协议，但可以封装在 IP/UDP 中。EtherCAT 从站控制器以硬件方式处理帧。

EtherCAT 帧可被细化为 EtherCAT 帧头跟一个或多个 EtherCAT 数据报。至少有一个 EtherCAT 数据报必须在帧中。ESC 仅处理当前 EtherCAT 报头中具有类型 1 的 EtherCAT 帧。尽管 ESC 不评估 VLAN 标记内容，但 ESC 也支持 IEEE 802.1Q VLAN 标记。

如果以太网帧大小低于 64 字节，则必须添加填充字节，直到达到此大小。否则，EtherCAT 帧将会与所有 EtherCAT 数据报加 EtherCAT 帧头的总和一样大。

1. EtherCAT 报头

带 EtherCAT 数据的以太网帧如图 3-2 所示，显示了如何组装包含 EtherCAT 数据的以太网帧。EtherCAT 帧头见表 3-2。

表 3-2 EtherCAT 帧头

名称	数据类型	值/描述
长度	11 位	EtherCAT 数据报的长度(不包括 FCS)
保留	1 位	保留,0
类型	4 位	协议类型。ESC 只支持(Type=0x1)EtherCAT 命令

EtherCAT 从站控制器忽略 EtherCAT 报头长度字段，它们取决于数据报长度字段。必须将 EtherCAT 从站控制器通过 DL 控制寄存器 0x0100［0］配置为转发非 EtherCAT 帧。

2. EtherCAT 数据报

EtherCAT 数据报如图 3-3 所示，显示了 EtherCAT 数据报的结构。EtherCAT 数据报描述见表 3-3。

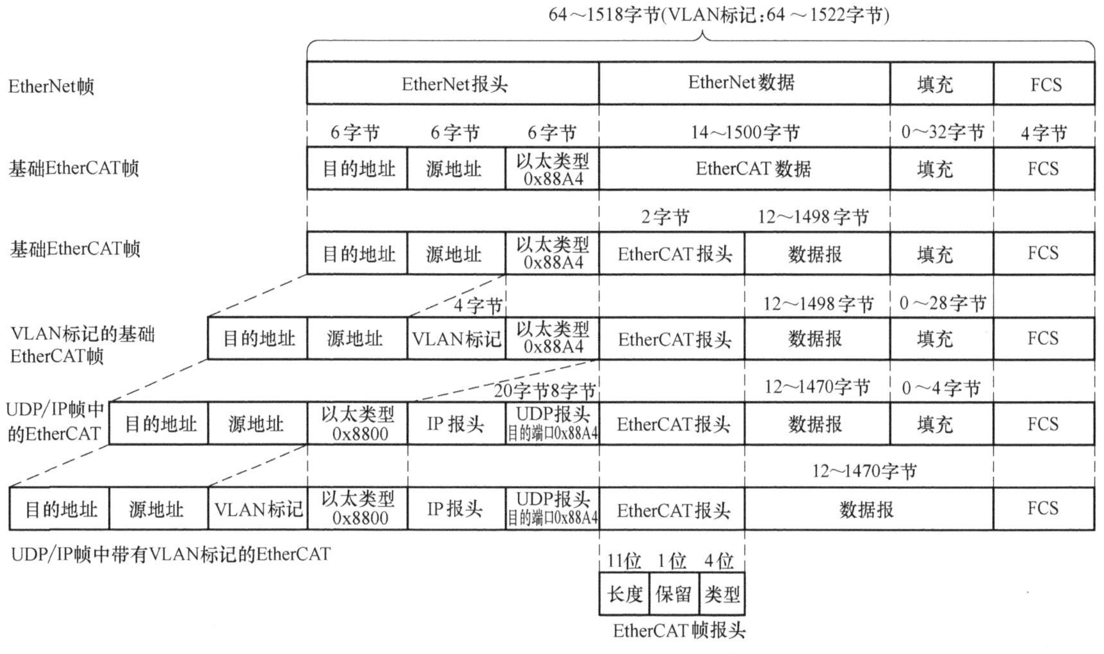

图 3-2　带 EtherCAT 数据的以太网帧

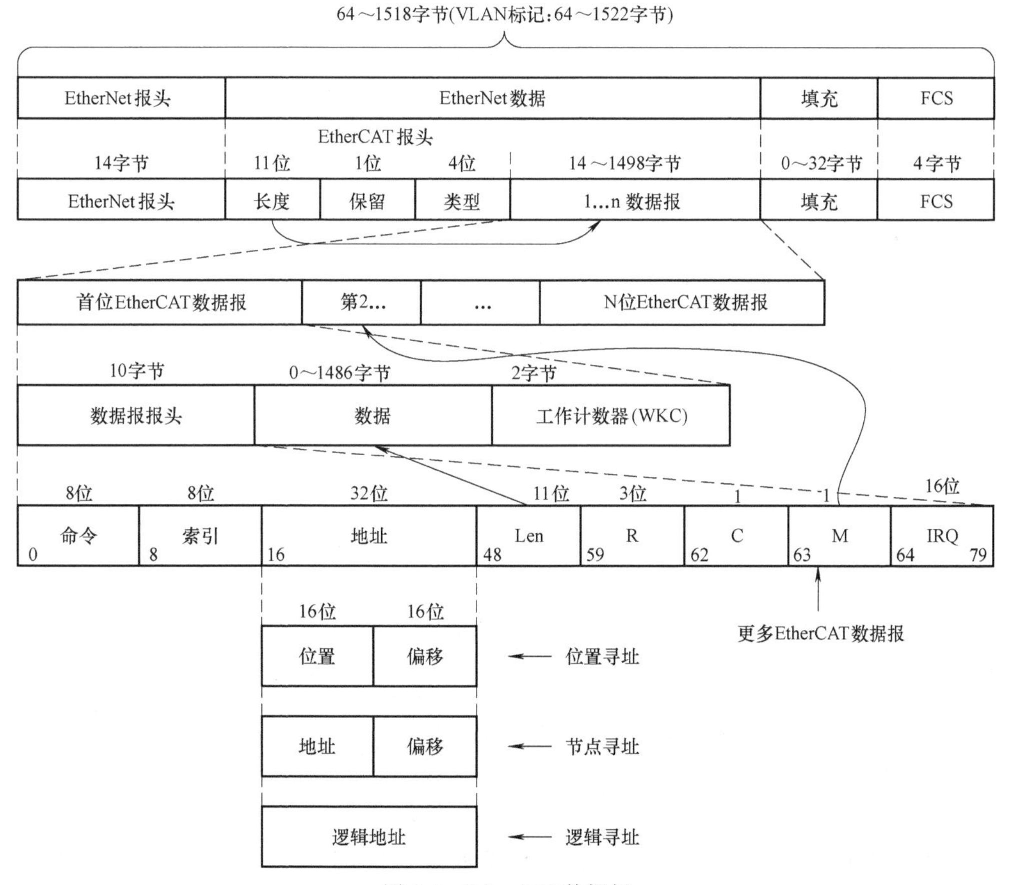

图 3-3　EtherCAT 数据报

表 3-3　EtherCAT 数据报描述

名称	数据类型	值/描述
Cmd	字节	EtherCAT 命令类型
Idx	字节	索引是主站用于标识重复/丢失数据报的数字标识符。EtherCAT 从站不应更改它
Address	字节[4]	地址(自动递增,配置的站地址或逻辑地址)
Len	11 位	此数据报中后续数据的长度
R	3 位	保留,0
C	1 位	循环帧 0:帧没有循环 1:帧已循环一次
M	1 位	更多 EtherCAT 数据报 0:最后一个 EtherCAT 数据报 1:随后将会有更多 EtherCAT 数据报
IRQ	字	结合了逻辑 OR 的所有从站的 EtherCAT 事件请求寄存器
Data	字节[n]	读/写数据
WKC	字	工作计数器

3. EtherCAT 寻址模式

一个段内支持 EtherCAT 设备的两种寻址模式：设备寻址和逻辑寻址。

提供三种设备寻址模式：自动递增寻址，配置的站地址和广播。

EtherCAT 设备最多可以有两个配置的站地址，一个由 EtherCAT 主站分配（配置的站地址，Configured Station Address），另一个存储在 SII EEPROM 中，可由从站应用程序（配置的站点别名地址，Configured Station Alias Address）进行更改。配置的站点别名地址的 EEPROM 设置仅在上电或复位后的第一次 EEPROM 加载时被接管。

EtherCAT 寻址模式见表 3-4。

表 3-4　EtherCAT 寻址模式

模式	名称	数据类型	值/描述
自动递增寻址	位置	字	每个从站增加的位置。如果 Position=0,则从站被寻址
	偏移	字	ESC 的本地寄存器或存储器地址
配置的站地址	地址	字	如果地址匹配配置的站地址或配置的站点别名(如果已启用),则从站被寻址
	偏移	字	ESC 的本地寄存器或存储器地址
广播	位置	字	每个从站增加位置(不用于寻址)
	偏移	字	ESC 的本地寄存器或存储器地址
逻辑地址	地址	双字	逻辑地址(由 FMMU 配置) 如果 FMMU 配置与地址匹配,则从站被寻址

4. 工作计数器

每个 EtherCAT 数据报都以一个 16 位工作计数器（WKC）字段结束。工作计数器计算此 EtherCAT 数据报成功寻址的设备数量。成功意味着 ESC 已被寻址，并且可以访问所寻址的存储器（例如，受保护的 Sync Manager 缓冲器）。工作计数器的递增由 EtherCAT 从站控制器的硬件来实现。每个数据报应具有主站计算的预期工作计数器值。主站可以通过将工作计数器与期望值进行比较来校验 EtherCAT 数据报的有效处理。

如果成功读取/写入整个多字节数据报中至少一个字节或一位，则工作计数器增加。对于多字节数据报，如果成功读取/写入了所有字节或仅一个字节，则无法从工作计数器值中获知。这允许通过忽略未使用的字节来使用单个数据报读取分散的寄存器区域。

Read-Multiple-Write 可命令 ARMW 和 FRMW 被视为类似读命令或者写命令，具体取决于地址匹配。

5. EtherCAT 命令类型

EtherCAT 命令类型见表 3-5，表中列出了所有支持的 EtherCAT 命令类型。对于读写（ReadWrite）操作，读操作在写操作之前执行。

表 3-5 EtherCAT 命令类型

命令	缩写	名称	描述
0	NOP	无操作	从站忽略命令
1	APRD	自动递增读取	从站递增地址。如果接收的地址为零，从站将读取数据放入 EtherCAT 数据报
2	APWR	自动递增写入	从站递增地址。如果接收的地址为零，从站将数据写入存储器位置
3	APRW	自动递增读写	从站递增地址。从站将读取数据放入 EtherCAT 数据报，并在接收到的地址为零时将数据写入相同的存储单元
4	FPRD	配置地址读取	如果地址与其配置的地址之一相匹配，则从站将读取的数据放入 EtherCAT 数据报
5	FPWR	配置地址写入	如果地址与其配置的地址之一相匹配，则将数据写入存储器位置
6	FPRW	配置地址读写	如果地址与其配置的地址之一相匹配，则从站将读取数据放入 EtherCAT 数据报，并将数据写入相同的存储器位置
7	BRD	广播读取	所有从站将存储区数据和 EtherCAT 数据报数据的逻辑“或”放入 EtherCAT 数据报。所有从站增加位置字段
8	BWR	广播写入	所有从站都将数据写入内存位置。所有从站增加位置字段
9	BRW	广播读写	所有从站将存储区数据和 EtherCAT 数据报数据的逻辑“或”放入 EtherCAT 数据报，并将数据写入存储单元。通常不使用 BRW。所有的从站增加位置字段
10	LRD	逻辑内存读取	如果接收的地址与配置的 FMMU 读取区域之一匹配，则从站将读取数据放入 EtherCAT 数据报
11	LWR	逻辑内存写入	如果接收的地址与配置的 FMMU 写入区域之一匹配，则从站将数据写入存储器位置
12	LRW	逻辑内存读写	如果接收到的地址与配置的 FMMU 读取区域之一匹配，则从站将读取数据放入 EtherCAT 数据报。如果接收的地址与配置的 FMMU 写入区域之一匹配，则从站将数据写入存储器位置
13	ARMW	自动递增多次读写	从站递增地址。如果接收的地址为零，从站将读取数据放入 EtherCAT 数据报，否则从站将数据写入存储器位置
14	FRMW	配置多次读写	如果地址与配置的地址之一相匹配，则从站将读取的数据放入 EtherCAT 数据报，否则从站将数据写入存储器位置
15~255		保留	

6. UDP/IP

EtherCAT 从站控制器评估见表 3-6 的头字段，用以检测封装在 UDP/IP 中的 EtherCAT 帧。

表 3-6 EtherCAT UDP/IP 封装

字段	EtherCAT 预期值
以太类型	0x0800(IP)
IP 版本	4
IP 报头长度	5
IP 协议	0x11(UDP)
UDP 目的端口	0x88A4

如果未评估 IP 和 UDP 头字段，则不检查其他所有字段，并且不检查 UDP 校验和。

由于 EtherCAT 帧是即时处理的，因此在修改帧内容时，ESC 无法更新 UDP 校验和。相反，EtherCAT 从站控制器可清除任何 EtherCAT 帧的 UDP 校验和（不管 DL 控制寄存器 0x0100 [0] 如何设置），这表明校验和未被使用。如果 DL 控制寄存器 0x0100 [0]=0，则在不修改非 EtherCAT 帧的情况下转发 UDP 校验和。

3.1.3 帧处理

ET1100、ET120、IP Core 和 ESC20 从站控制器仅支持直接寻址模式：既没有为 EtherCAT 从站控制器分配 MAC 地址，也没有为其分配 IP 地址，它们可使用任何 MAC 或 IP 地址处理 EtherCAT 帧。

在这些 EtherCAT 从站控制器之间，或主站和第一个从站之间无法使用非托管交换机，因为源地址和目标 MAC 地址不由 EtherCAT 从站控制器评估或交换。使用默认设置时，仅修改源 MAC 地址，因此主站可以区分传出和传入帧。

这些帧由 EtherCAT 从站控制器即时处理，即它们不存储在 EtherCAT 从站控制器之内。当比特通过 EtherCAT 从站控制器之时，读取和写入数据。最小化转发延迟，可用以实现快速的循环，转发延迟由接收 FIFO 大小和 EtherCAT 处理单元延迟定义，可省略发送 FIFO 以减少延迟时间。

EtherCAT 从站控制器支持 EtherCAT、UDP/IP 和 VLAN 标记。处理包含 EtherCAT 数据报的 EtherCAT 帧和 UDP/IP 帧。具有 VLAN 标记的帧由 EtherCAT 从站控制器处理，忽略 VLAN 设置并且不修改 VLAN 标记。

通过 EtherCAT 处理单元的每个帧都改变源 MAC 地址（SOURCE_MAC [1] 设置为 1，本地管理的地址）。这有助于区分主站发送的帧和主站接收的帧。

1. 循环控制和循环状态

EtherCAT 从站控制器的每个端口可以处于以下两种状态之一：打开或关闭。

如果端口处于打开状态，则会在此端口将帧传输到其他 EtherCAT 从站控制器，并接收来自其他 EtherCAT 从站控制器的帧。关闭的端口不会与其他 EtherCAT 从站控制器交换帧，而是将帧从内部转发到下一个逻辑端口，直到到达一个打开的端口。

每个端口的循环状态可由主设备控制（EtherCAT 从站控制器 DL 控制寄存器 0x0100）。

EtherCAT 从站控制器支持四种循环控制设置，包括两种手动配置和两种自动模式。

（1）手动打开

无论链接状态如何，端口都是打开的。如果没有链接，则传出的帧将丢失。

（2）手动关闭

无论链接状态如何，端口都是关闭的。即使存在与传入帧的链接，也不会在此端口发送或接收任何帧。

（3）自动

每个端口的环路状态由端口的链接状态决定。如果有链接，则循环打开，并在没有链接的情况下关闭循环。

（4）自动关闭（手动打开）

根据链接状态关闭端口，即如果链路丢失，则将关闭循环（自动关闭）。如果建立了链接，循环将不会自动打开，而是保持关闭（关闭等待状态）。通常，必须通过将循环配置再次写入 EtherCAT 从站控制器的 DL 控制寄存器 0x0100 来明确地打开端口。该写访问必须通过不同的开放端口进入 ESC。

打开端口还有一个额外的回退选项：如果在自动关闭模式下从关闭端口的外部链路接收到有效的以太网帧，则在正确接收 CRC 后也会打开它。帧的内容不会被评估。

自动闭环状态转换如图 3-4 所示。

如果端口可用，则认为端口处于打开状态，即在配置中启用了该端口，并满足了以下条件之一。

1）DL 控制寄存器中的循环设置为自动，端口处有活动链接。

2）DL 控制寄存器中的循环设置为自动关闭，端口处有活动链接，并且在建立链接后再次写入 DL 控制寄存器。

3）DL 控制寄存器中的循环设置为自动关闭，并且端口处有活动链接，并且在建立链接后在此端口接收到有效帧。

4）DL 控制寄存器中的循环设置始终打开。

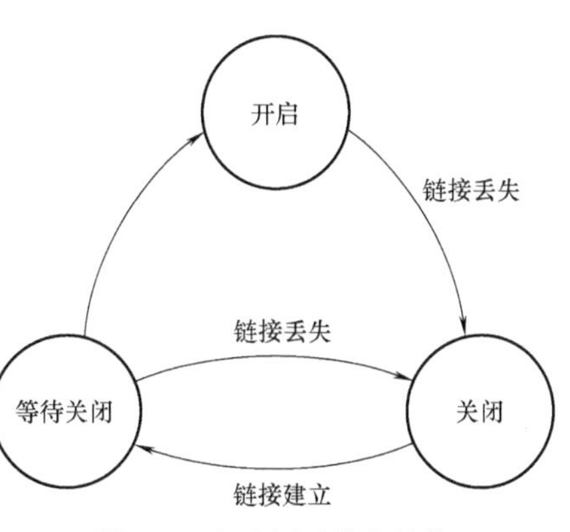

图 3-4 自动闭环状态转换

如果满足下列条件之一，则认为端口已关闭。

1）配置中的端口不可用或未启用。

2）DL 控制寄存器中的循环设置为“自动”，端口处没有活动链接。

3）DL 控制寄存器中的循环设置为自动关闭，端口处没有活动链接，或者在建立链接后未再次写入 DL 控制寄存器。

4）DL 控制寄存器中的循环设置始终关闭。

如果所有端口都关闭（手动或自动），端口 0 将作为恢复端口打开。虽然 DL 状态寄存器反映了正确的状态，但仍可以通过此端口进行读写。这可用于修正 DL 控制寄存器的设置。

环路控制和环路/链路状态寄存器描述见表 3-7。

表 3-7 环路控制和环路/链路状态寄存器描述

寄存地址	名称	描述
0x0100[15:8]	ESC DL 控制	循环控制/循环设置
0x0110[15:4]	ESC DL 状态	循环和链接状态
0x0518~0x051B	PHY Port 状态	PHY 链接状态管理

2. 帧处理顺序

EtherCAT 从站控制器的帧处理顺序取决于端口数（使用逻辑端口号）。

经过包含 EtherCAT 处理单元的 EtherCAT 从站控制器的方向称为“处理”方向，不经过 EtherCAT 处理单元的其他方向称为“转发”方向。

未实现的端口与关闭端口的行为类似，帧被转发到下一个端口。

3. 永久端口和桥接端口

EtherCAT 从站控制器的 EtherCAT 端口通常是永久端口，可在上电后直接使用。永久端口初始化配置为自动模式，即在建立链接后是打开的。此外，一些 EtherCAT 从站控制器支持 EtherCAT 桥接端口（端口 3），这些端口会在 SII EEPROM 中配置，如 PDI 接口。如果成功加载 EEPROM，则此桥接端口变得可用，并且初始化为关闭，即必须由 EtherCAT 主站明确打开（或设置为自动模式）。

4. 寄存器写操作的镜像缓冲区

EtherCAT 从站控制器具有用于对寄存器（0x0000~0x0F7F）执行写操作的镜像缓冲区。在一个帧期间，写入数据被存储在镜像缓冲区中。如果正确接收帧，则将镜像缓冲区的值传送到有效寄存器。否则，镜像缓冲区的值不会被接管。由于这种行为，寄存器在收到 EtherCAT 帧的 FCS 后不久就会获取新值。在正确接收帧后，同步管理器也会更改缓冲区。

用户和过程内存没有镜像缓冲区，对这些区域的访问会直接生效。如果将同步管理器配置为用户存储器或过程存储器，则写入数据将被放入存储器中，但如果发生错误，缓冲区将不会更改。

5. 循环帧

EtherCAT 从站控制器包含一种防止循环帧的机制。这种机制对于实现正确的 WDT 功能非常重要。

循环帧如图 3-5 所示。这是从站 1 和从站 2 之间链路故障的示例网络。

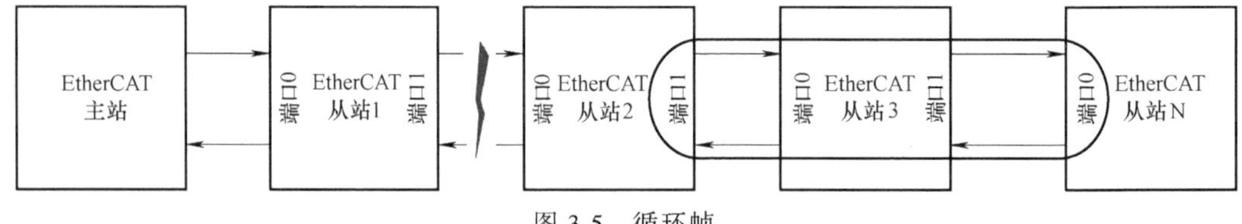

图 3-5 循环帧

从站 1 和从站 2 都检测到链路故障并关闭其端口（从站 1 的端口 1 和从站 2 的端口 0）。当前通过从站 2 右侧环的帧可能开始循环。如果这样的帧包含输出数据，它可能会触发 EtherCAT 从站控制器的内置 WDT，因此尽管 EtherCAT 主站不能再更新输出，WDT 仍永远不会过期。

为防止这种情况，在端口 0 闭环并且端口 0 的循环控制设置为自动或自动关闭（EtherCAT 从站控制器 DL 控制寄存器 0x0100）的从站，将在 EtherCAT 处理单元中执行以下操作。

1）如果 EtherCAT 数据报的循环位为 0，则将循环位设置为 1。

2）如果循环位为 1，则不处理帧并将其销毁。

该操作导致循环帧被检测和销毁。由于 EtherCAT 从站控制器不存储用于处理的帧，因此帧的片段仍将循环触发链接/活动 LED。然而，该片段不会被处理。

循环帧禁止导致所有帧被丢弃的情况如图 3-6 所示。

由于循环帧被禁止，端口 0 不能故意不连接（从属硬件或拓扑）。所有帧在第二次通过自动关闭的端口 0 后将被丢弃，这可以禁止任何 EtherCAT 通信。

由于没有连接任何内容，从站 1 和 3 的端口 0 自动关闭。每个帧的循环位在从站 3、从站 1 检测到这种情况并销毁帧时置位。

在冗余操作中，只有一个端口 0 自动关闭，因此通信保持活动状态。

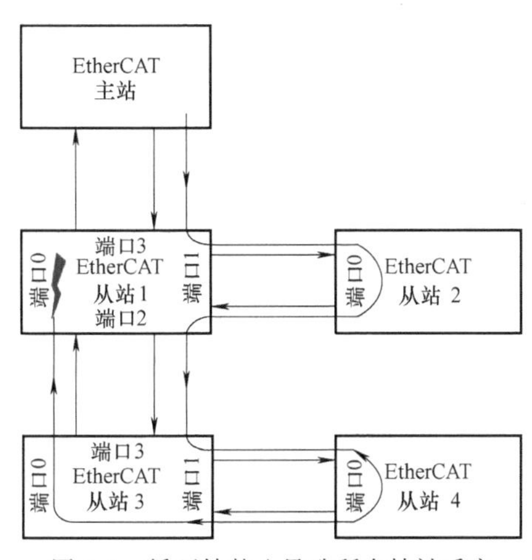

图 3-6 循环帧禁止导致所有帧被丢弃

6. 非 EtherCAT 协议

如果使用非 EtherCAT 协议，则必须将 EtherCAT 从站控制器的 DL 控制寄存器（0x0100[0]）中的转发规则设置为转发非 EtherCAT 协议，否则会被 EtherCAT 从站控制器销毁。

7. 端口 0 的特殊功能

端口 0 与端口 1、2 和 3 相比，每个 EtherCAT 的端口 0 具有以下一些特殊功能。

1）端口 0 通向主站，即端口 0 是上游端口，所有其他端口（1~3）是下游端口（除非发生错误且网络处于冗余模式）。

2）端口 0 的链路状态影响循环帧位，如果该位被置位且链路为自动关闭的，则帧将在端口 0 处丢弃。

3）如果所有端口都关闭（自动或手动），则端口 0 循环状态打开。

4）使用标准 EBUS 链接检测时，端口 0 具有特殊行为。

3.1.4 FMMU

现场总线存储器管理单元（FMMU）通过内部地址映射将逻辑地址转换为物理地址。因此，FMMU 允许对跨越多个从设备的数据段使用逻辑寻址：一个数据报寻址几个任意分布的 EtherCAT 从站控制器内的数据。每个 FMMU 通道将一个连续的逻辑地址空间映射到从站的一个连续物理地址空间。EtherCAT 从站控制器的 FMMU 支持逐位映射，支持的 FMMU 数量取决于 EtherCAT 从站控制器。FMMU 支持的访问类型可配置为读、写或读/写。

3.1.5 同步管理器

EtherCAT 从站控制器的存储器可用于在 EtherCAT 主站和本地应用程序（在连接到 PDI

的微控制器上）之间交换数据，而没有任何限制。像这样使用内存进行通信有一些缺点，可以通过 EtherCAT 从站控制器内部的同步管理器来解决。

1）不保证数据一致性。信号量必须以软件实现，以便使用协调的方式交换数据。

2）不保证数据安全性。安全机制必须用软件实现。

3）EtherCAT 主站和应用程序必须轮询内存，以便得知对方的访问在何时完成。

同步管理器可在 EtherCAT 主站和本地应用程序之间实现一致且安全的数据交换，并生成中断来通知双方发生数据更改。

同步管理器由 EtherCAT 主站配置。通信方向以及通信模式（缓冲模式和邮箱模式）是可配置的。同步管理器使用位于内存区域的缓冲区来交换数据。对此缓冲区的访问由同步管理器的硬件控制。

对缓冲区的访问必须从起始地址开始，否则会被拒绝访问。访问起始地址后，整个缓冲区甚至是起始地址可以作为一个整体或几个行程再次访问。通过访问结束地址完成对缓冲区的访问，之后缓冲区状态会发生变化，并生成中断或 WDT 触发脉冲（如果已配置）。结束地址不能在一帧内访问两次。

同步管理器支持以下两种通信模式。

1. 缓冲模式

缓冲模式允许双方，即 EtherCAT 主站和本地应用程序随时访问通信缓冲区。消费者总是获得由生产者写入的最新的缓冲区，并且生产者总是可以更新缓冲区的内容。如果缓冲区的写入速度比读出的速度快，则会丢弃旧数据。

缓冲模式通常用于循环过程数据。

2. 邮箱模式

邮箱模式以握手机制实现数据交换，因此不会丢失数据。每一方，即 EtherCAT 主站或本地应用程序，只有在另一方完成访问后才能访问缓冲区。首先，生产者写入缓冲区。然后，锁定缓冲区的写入直到消费者将其读出。之后，生产者再次具有写访问权限，同时消费者缓冲区被锁定。

邮箱模式通常用于应用程序层协议。

仅当帧的 FCS 正确时，同步管理器才接受由主机引起的缓冲区更改，因此，缓冲区更改将在帧结束后不久生效。

同步管理器的配置寄存器位于寄存器地址 0x0800 处。

EtherCAT 从站控制器具有以下主要功能。

1）集成数据帧转发处理单元，通信性能不受从站微处理器性能限制。每个 EtherCAT 从站控制器最多可以提供 4 个数据收发端口；主站发送 EtherCAT 数据帧操作被 EtherCAT 从站控制器称为 ECAT 帧操作。

2）最大 64KB 的双端口存储器 DPRAM 存储空间，其中包括 4KB 的寄存器空间和 1~60KB 的用户数据区，DPRAM 可以由外部微处理器使用并行或串行数据总线访问，访问 DPRAM 的接口称为物理设备接口 PDI（Physical Device Interface）。

3）可以不用微处理器控制，作为数字量输入/输出芯片独立运行，具有通信状态机处理功能，最多提供 32 位数字量输入/输出。

4）具有 FMMU 逻辑地址映射功能，提高数据帧利用率。

5）由储存同步管理器通道（Sync Manager，SM）管理DPRAM，保证了应用数据的一致性和安全性。

6）集成分布时钟（Distribute Clock，DC）功能，为微处理器提供高精度的中断信号。

7）具有EEPROM访问功能，存储EtherCAT从站控制器和应用配置参数，定义从站信息接口（Slave Information Interface，SII）。

3.2 EtherCAT从站控制器的倍福解决方案

3.2.1 倍福提供的EtherCAT从站控制器

倍福提供的EtherCAT从站控制器包括ASIC芯片和IP-Core。常用的EtherCAT从站控制器有ET1100和ET1200。

用户也可以使用IP-Core将EtherCAT通信功能集成到设备控制FPGA中，并根据需要配置功能和规模。IP-Core的ET18xx使用Altera公司的Cyclone系列FPGA。

3.2.2 EtherCAT从站控制器存储空间

EtherCAT从站控制器具有64KB的DPRAM地址空间，前4KB（0x0000~0x0FFF）空间为寄存器空间。0x1000~0xFFFF的地址空间为过程数据存储空间，不同的芯片类型所包含的过程数据空间有所不同，EtherCAT从站控制器内部存储空间如图3-7所示。

0x0000~0x0F7F的寄存器具有缓存区，EtherCAT从站控制器在接收到一个写寄存器操作数据帧时，数据首先存放在缓存区中。如果确认数据帧接收正确，缓存区中的数值将被传送到真正的寄存器中，否则不接收缓存区中的数据。

也就是说，寄存器内容在正确接收到EtherCAT数据帧的FCS之后才被刷新。用户和过程数据存储区没有缓存区，所以对它的写操作将立即生效。如果数据帧接收错误，EtherCAT从站控制器将不向上层应用控制程序通知存储区数据的改变。EtherCAT从站控制器的存储空间分配见表3-8。

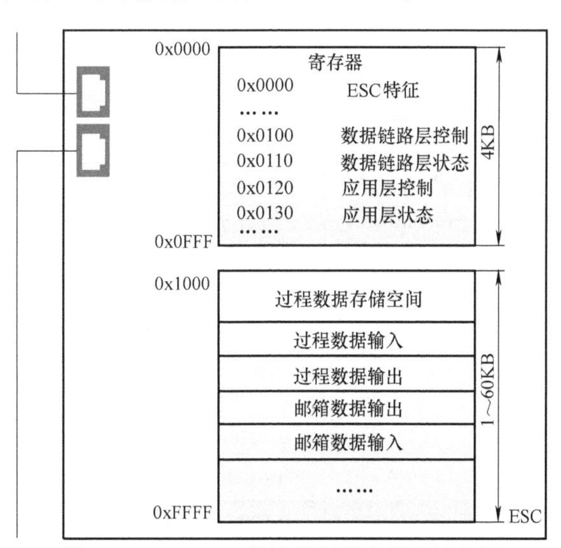

图3-7 EtherCAT从站控制器内部存储空间

表3-8 EtherCAT从站控制器的存储空间分配

功能结构	地址	数据长度/字节	描述	读/写	
				ECAT帧	PDI
ESC信息	0x0000	1	类型	R	R
	0x0001	1	版本号	R	R
	0x0002~0x0003	2	内部标号	R	R

（续）

功能结构	地址	数据长度/字节	描述	读/写	
				ECAT 帧	PDI
ESC 信息	0x0004	1	FMMU 数	R	R
	0x0005	1	SM 通道数	R	R
	0x0006	1	RAM 容量	R	R
	0x0007	1	端口描述	R	R
	0x0008～0x0009	2	特性	R	R
站点地址	0x0010～0x0010	2	配置站点地址	R/W	R
	0x0012～0x0013	2	配置站点别名	R	R/W
写保护	0x0020	1	寄存器写使能	W	
	0x0021	1	寄存器写保护	R/W	R
	0x0030	1	写使能	W	
	0x0031	1	写保护	R/W	R
ESC 复位	0x0040	1	复位控制	R/W	R
数据链路层	0x0100～0x0103	4	数据链路控制	R/W	R
	0x0108～0x0109	2	物理读/写偏移	R/W	R
	0x0110～0x0111	2	数据链路状态	R	R
应用层	0x0120～0x0121	2	应用层控制	R/W	R
	0x0130～0x0131	2	应用层状态	R	R/W
	0x0134～0x0135	2	应用层状态码	R	R/W
物理设备接口 PDI（Physical Device Interface）	0x0140～0x0141	2	PDI 控制	R	R
	0x0150	1	PDI 配置	R	R
	0x0151	1	SYNC/LATCH 接口配置	R	R
	0x0152～0x0153	2	扩展 PDI 配置	R	R
中断控制	0x0200～0x0201	2	ECAT 中断屏蔽	R/W	R
	0x0204～0x0207	4	应用层中断事件屏蔽	R	R/W
	0x0210～0x0211	2	ECAT 中断请求	R	R
	0x0220～0x0223	4	应用层中断事件请求	R	R
错误计数器	0x0300～0x0307	4×2	接收错误计数器	R/W(clr)	R
	0x0308～0x030B	4	转发接收错误计数器	R/W(clr)	R
	0x030C	1	ECAT 处理单元错误计数器	R/W(clr)	R
	0x0300	1	PDI 错误计数器	R/W(clr)	R
	0x0310～0x0313	4	链接丢失计数器	R/W(clr)	R
WDT 设置	0x0400～0x0401	2	WDT 分频器	R/W	R
	0x0410～0x0411	2	PDI WDT 定时器	R/W	R
	0x0420～0x0421	2	过程数据 WDT 定时器	R/W	R
	0x0440～0x0441	2	过程数据 WDT 状态	R	R

（续）

功能结构	地址	数据长度/字节	描述	读/写	
				ECAT帧	PDI
WDT设置	0x0442	1	过程数据WDT超时计数器	R/W(clr)	R
	0x0443	1	PDI WDT超时计数器	R/W(clr)	R
EEPROM控制接口	0x0500	1	EEPROM配置	R/W	R
	0x0501	1	EEPROM PDI访问状态	R	R/W
	0x0502~0x0503	2	EEPROM控制/状态	R/W	R/W
	0x0504~0x0507	4	EEPROM地址	R/W	R/W
	0x0508~0x050F	8	EEPROM数据	R/W	R/W
MII管理接口	0x0510~0x0511	2	MII管理控制/状态	R/W	R/W
	0x0512	1	PHY地址	R/W	R/W
	0x0513	1	PHY寄存器地址	R/W	R/W
	0x0514~0x0515	2	PHY数据	R/W	R/W
	0x0516	1	MII管理ECAT操作状态	R/W	R
	0x0517	1	MII管理PDI操作状态	R/W	R/W
	0x0518~0x051B	4	PHY端口状态	R	R
FMMU配置寄存器	0x0600~0x06FF	16×16	FMMU[15:0]		
	+0x0:0x3	4	逻辑起始地址	R/W	R
	+0x4:0x5	2	长度	R/W	R
	+0x6	1	逻辑起始位	R/W	R
	+0x7	1	逻辑停止位	R/W	R
	+0x8:0x9	2	物理起始地址	R/W	R
	+0xA	1	物理起始位	R/W	R
	+0xB	1	FMMU类型	R/W	R
	+0xC	1	FMMU激活	R/W	R
	+0xD:xF	3	保留	R	R
SM通道配置寄存器	0x080~x087F	16×16	同步管理器SM[15:0]		
	+0x0:0xl	2	物理起始地址	R/W	R
	+0x2:0x3	2	长度	R/W	R
	+0x4	1	SM通道控制寄存器	R/W	R
	+0x5	1	SM通道状态寄存器	R	R
	+0x6	1	激活	R/W	R
	+0x7	1	PDI控制	R	R/W
分布时钟DC控制寄存器	0x0900~x09FF		分布时钟DC控制		
DC接收时间	0x0900~0x0903	4	端口0接收时间	R/W	R
	0x0904~0x0907	4	端口1接收时间	R	R
	0x0908~0x090B	4	端口2接收时间	R	R
	0x090C~0x090F	4	端口3接收时间	R	R

（续）

功能结构	地址	数据长度/字节	描述	读/写	
				ECAT帧	PDI
DC时钟控制环单元	0x0910～0x0917	4/8	系统时间	R/W	R/W
	0x0918～0x091F	4/8	数据帧处理单元接收时间	R	R
	0x0920～0x0927	4	系统时间偏移	R/W	R/W
	0x0928～0x092B	4	系统时间延迟	R/W	R/W
	0x092C～0x092F	4	系统时间漂移	R	R
	0x0930～0x0931	2		R/W	R/W
	0x0932～0x0933	2		R	R
	0x0934	1	系统时差滤波深度	R/W	R/W
	0x0935	1		R/W	R/W
DC周期性单元控制	0x0980	1	周期单元控制	R/W	R
DC SYNC输出单元	0x0981	1	激活	R/W	R/W
	0x0982～0x0983	2	SYNC信号脉冲宽度	R	R
	0x098E	1	SYNC0信号状态	R	R
	0x098F	1	SYNC1信号状态	R	R
	0x0990～0x0997	4/8	周期性运行开始时间/下一个SYNC0脉冲时间	R/W	R/W
	0x0998～0x099F	4/8	下一个SYNC1脉冲时间	R	R
	0x09A0～0x09A3	4	SYNC0周期时间	R/W	R/W
	0x09A4～0x09A7	4	SYNC1周期时间	R/W	R/W
DC锁存单元	0x09A8	1	Latch0控制	R/W	R/W
	0x09A9	1	Latchl控制	R/W	R/W
	0x09AE	1	Latoh0状态	R	R
	0x09AF	1	Latchl状态	R	R
	0x09B0～0x09B7	4/8	Latch0上升沿时间	R	R
	0x09B8～0x09BF	4/8	Latch0下降沿时间	R	R
	0x09C0～0x09C7	4/8	Latchl上升沿时间	R	R
	0x09C8～0x09CF	4/8	Latch1下降沿时间	R	R
DC SM时间	0x09F0～0x09F3	4	EtherCAT缓存改变事件时间	R	R
	0x09F8～0x09FB	4	PDI缓存开始事件时间	R	R
	0x09FC～0x09FF	4	PDI缓存改变事件时间	R	R
ESC特征寄存器	0xE000～0x0EFF	256	ESC特征寄存器，如：上电值，产品和厂商的ID		
数字量输入和输出	0x0F00～0x0F03	4	数字量I/O输出数据	R/W	R
	0x0F10～0x0F17	1～8	通用功能输出数据	R/W	R/W
	0x0F18～0x0F1F	1～8	通用功能输入数据	R	R
用户RAM/扩展ESC特性	0x0F80～0x0FFF	128	用户RAM/扩展ESC特性	R/W	R/W
过程数据RAM	0x1000～0x1003	4	数字量I/O输入数据	R/W	R/W
	0x1000～0xFFFF	8K	过程数据RAM	R/W	R/W

3.2.3 EtherCAT 从站控制器特征信息

EtherCAT 从站控制器的寄存器空间的前 10 个字节表示其基本配置性能，可以读取这些寄存器的值来获取 EtherCAT 从站控制器的类型和功能，其特征寄存器见表 3-9。

表 3-9 EtherCAT 从站控制器的特征寄存器

地址	位	名称	描述	复位值
0x0000	0~7	类型	芯片类型	ET1100:0x11 ET1200:0x12
0x0001	0~7	修订号	芯片版本修订号 IP Core:主版本号 X	ESC 相关
0x0002~0x0003	0~15	内部版本号	内部版本号 IP Core:[7:4]=子版本号 Y [3:0]=维护版本号 Z	ESC 相关
0x0004	0~7	FMMU 支持	FMMU 通道数目	IP Core:可配置 ET1100:8 ET1200:3
0x0005	0~7	SM 通道支持	SM 通道数目	IP Core:可配置 ET1100:8 ET1200:4
0x0006	0~7	RAM 容量	过程数据存储区容量,以 KByte 为单位	IP Core:可配置 ET1100:8 ET1200:1
0x0007	0~7	端口配置	4 个物理端口的用途	ESC 相关
0x0008~0x0009	1:0	Port 0	00:没有实现 01:没有配置 10:EBUS 11:MII	
	3:2	Port 1		
	5:4	Port 2		
	7:6	Port 3		
	0	FMMU 操作	0:按位映射 1:按字节映射	0
	1	保留		
	2	分布时钟	0:不支持 1:支持	IP Core:可配置 ET1100:1 ET1200:1
	3	时钟容量	0:32 位 1:64 位	ET1100:1 ET1200:1 其他:0
	4	低抖动 EBUS	0:不支持,标准 EBUS 1:支持,抖动最小化	ET1100:1 ET1200:1 其他:0
	5	增强的 EBUS 链接检测	0:不支持 1:支持,如果在过去的 256 位中发现超过 16 个错误,则关闭链接	ET1100:1 ET1200:1 其他:0

（续）

地址	位	名称	描述	复位值
0x0008～0x0009	6	增强的 MII 链接检测	0:不支持 1:支持,如果在过去的 256 位中发现超过 16 个错误,则关闭链接	ET1100:1 ET1200:1 其他:0
	7	分别处理 FCS 错误	0:不支持 1:支持	ET1100:1 ET1200:1 其他:0
	8～15	保留		

3.3 EtherCAT 从站控制器 ET1100

3.3.1 ET1100 概述

ET1100 是一种 EtherCAT 从站控制器（ESC）。它将 EtherCAT 通信作为 EtherCAT 现场总线和从站之间的接口进行处理。它具有 4 个数据收发端口，8 个 FMMU 单元，8 个 SM 通道，4KB 控制寄存器，8 KB 过程数据储存器，支持 64 位的分布时钟功能。

ET1100 可支持多种应用。例如，它可以直接作为 32 位数字量输入/输出站点，且无须使用分布式时钟的外部逻辑，或作为具有多达 4 个 EtherCAT 通信端口的复杂微控制器设计的一部分。

ET1100 的主要特征见表 3-10。

表 3-10　ET1100 的主要特征

特征	ET1100
端口	2～4 个端口(配置为 EBUS 接口或 MII 接口)
FMMU 单元	8 个
SM	8 个
RAM	8KB
分布时钟	支持,64 位(具有 SII EEPROM 配置的省电选项)
过程数据接口	32 位数字量输入/输出(单向/双向) SPI slave 8/16 异步/同步微控制器
电源	用于逻辑内核/PLL(5V/3.3～2.5V)的集成稳压器(LDO),用于逻辑内核/PLL 的可选外部电源
I/O	3.3V 兼容 I/O
封装	BAG128 封装(10×10mm^2)
其他特征	内部 1GHz PLL 外部设备的时钟输出(10MHz、20MHz 和 25MHz)

EtherCAT 从站控制器 ET1100 的功能框图如图 3-8 所示。

EtherCAT 从站控制器有 64KB 的地址空间。第一个 4KB 的块（0x0000：0x0FFF）专用于寄存器。过程数据 RAM 从地址 0x1000 开始，其大小为 8KB（结束地址为 0x2FFF）。

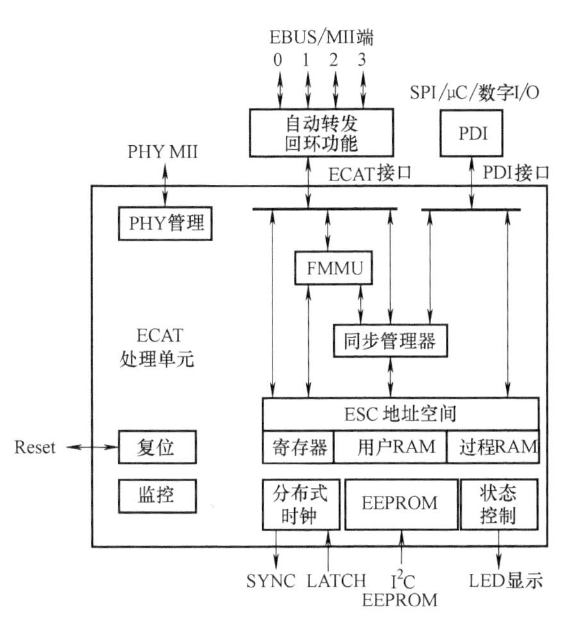

图 3-8　EtherCAT 从站控制器 ET1100 的功能框图

ET1100 存储空间描述符号说明见表 3-11。

表 3-11　ET1100 存储空间描述符号说明

符号	描述	ET1100 EEPROM 配置
x	可用	
—	不可用	
SL	DC SYNC Out 单元和/或 Latch In 单元使能	0x0000[10]=1,或 0x0000[11]=1
S	DC SYNC Out 单元使能	0x0000[10]=1
L	DC Latch In 单元使能	0x0000[11]=1
io	若数字 I/O 过程数据接口已选,则可用	

ET1100 存储空间描述见表 3-12。

表 3-12　ET1100 存储空间描述

地址	数据长度(字节)	描　　述	ET1100
0x0000	1	类型	x
0x0001	1	版本号	x
0x0002~0x0003	2	内部标号	x
0x0004	1	支持的 FMMU 数	x
0x0005	1	SM 通道数	x
0x0006	1	RAM 容量	x
0x0007	1	端口描述	x
0x0008~0x0009	2	特性	x
0x0010~0x0011	2	配置站点地址	x
0x0012~0x0013	2	配置站点别名	x

（续）

地址	数据长度（字节）	描　述	ET1100
0x0020	1	寄存器写使能	x
0x0021	1	寄存器写保护	x
0x0030	1	ESC 写使能	x
0x0031	1	ESC 写保护	x
0x0040	1	ESC 复位 EtherCAT	x
0x0041	1	ESC 复位过程数据接口	—
0x0100~0x0101	2	ESC 数据链路控制	x
0x0102~0x0103	2	拓展 ESC 数据链路控制	x
0x0108~0x0109	2	物理读/写偏移	x
0x0110~0x0111	2	数据链路状态	x
0x0120	5 位[4:0]	应用层控制	x
0x0120~0x0121	2	应用层控制	x
0x0130	5 位[4:0]	应用层状态	x
0x0130~0x0131	2	应用层状态	x
0x0134~0x0135	2	应用层状态码	x
0x0138	1	运行指示灯（RUN LED）覆盖	—
0x0139	1	错误指示灯（ERR LED）覆盖	—
0x0140	1	PDI 控制	x
0x0141	1	ESC 配置	x
0x014E~0x014F	2	PDI 信息	—
0x0150	1	PDI 配置	x
0x0151	1	Sync/Latch 接口配置	x
0x0152~0x0153	2	拓展 PDI 配置	x
0x0200~0x0201	2	ECAT 中断屏蔽	x
0x0204~0x0207	4	应用层中断事件屏蔽	x
0x0210~0x0211	2	ECAT 中断请求	x
0x0220~0x0223	4	应用层中断事件请求	x
0x0300~0x0307	4×2	接收错误计数器	x
0x0308~0x030B	4×1	转发接收错误计数器	x
0x030C	1	ECAT 处理单元错误计数器	x
0x030D	1	PDI 错误计数器	x
0x030E	1	PDI 错误码	—
0x0310~0x0313	4×1	链接丢失计数器[3:0]	x
0x0400~0x0401	2	WDT 分频器	x
0x0410~0x0411	2	PDI WDT 定时器	x
0x0420~0x0421	2	过程数据 WDT 定时器	x
0x0440~0x0441	2	过程数据 WDT 状态	x
0x0442	1	过程数据 WDT 超时计数器	x
0x0443	1	PDI WDT 超时计数器	x

（续）

地址	数据长度(字节)	描　　述	ET1100
0x0500~0x050F	16	EEPROM 控制接口	x
0x0510~0x0515	6	MII 管理接口	x
0x0516~0x0517	2	MII 管理操作状态	—
0x0518~0x051B	3	PHY 端口状态[3:0]	—
0x0600~0x06FC	16×13	FMMU[15:0]	8
0x0800~0x087F	16×8	同步管理器 SM[15:0]	8
0x0900~0x090F	4×4	DC 接收时间	x
0x0910~0x0917	8	DC 系统时间	SL
0x0918~0x091F	8	DC 数据帧处理单元接收时间	SL
0x0920~0x0927	8	DC 系统时间偏移	SL
0x0928~0x092B	4	DC 系统时间延迟	SL
0x092C~0x092F	4	DC 系统时间漂移	SL
0x0930~0x0931	2	DC 速度寄存器起始	SL
0x0932~0x0933	2	DC 速度寄存器偏移	SL
0x0934	1	DC 系统时间偏移过滤深度	SL
0x0935	1	DC 速度寄存器过滤深度	SL
0x0936	1	DC 接收时间 Latch 模式	—
0x0980	1	DC 周期单元控制	S
0x0981	1	DC 激活	S
0x0982~0x0983	2	DC-SYNC 信号脉冲宽度	S
0x0984	1	DC 激活状态	—
0x098E	1	DC-SYNC0 状态	S
0x098F	1	DC-SYNC1 状态	S
0x0990~0x099F	8	DC-周期性运行开始时间/下个 SYNC0 脉冲时间	S
0x0998~0x099F	8	DC 下一个 SYNC1 脉冲时间	S
0x09A0~0x09A3	4	DC-SYNC0 周期时间	S
0x09A4~0x09A7	4	DC-SYNC1 周期时间	S
0x09A8	1	DC-Latch0 控制	L
0x09A9	1	DC-Latch1 控制	L
0x09AE	1	DC-Latch0 控制	L
0x09AF	1	DC-Latch1 控制	L
0x09B0~0x09B7	8	DC-Latch0 上升沿时间	L
0x09B8~0x09BF	8	DC-Latch0 下降沿时间	L
0x09C0~0x09C7	8	DC-Latch1 上升沿时间	L
0x09C7~0x09CF	8	DC-Latch1 下降沿时间	L
0x09F0~0x09F3	4	DC-EtherCAT 缓存改变事件时间	SL
0x09F8~0x09FB	4	DC-PDI 缓存开始事件时间	SL
0x09FC~0x09FF	4	DC-PDI 缓存改变事件时间	SL
0x0E00~0x0E03	4	上电值[位]	16

（续）

地址	数据长度(字节)	描　　述	ET1100
0x0E00～0x0E07	8	产品 ID	-
0x0E08～0x0E0F	8	供应商 ID	-
0x0E10	1	ESC 健康状态	-
0x0F00～0x0F03	4	数字 I/O 输出数据	x
0x0F10～0x0F17	8	通用功能输出数据	2
0x0F18～0x0F1F	8	通用功能输入数据	2
0x0F80～0x0FFF	128	用户 RAM	x
0x1000～0x1003	4	数字量 I/O 输入数据	io
0x1000～0xFFFF	8K	过程数据 RAM[Kbyte]	

3.3.2　ET1100 引脚介绍

输入引脚不应保持开路/悬空状态。未使用外部或内部上拉/下拉电阻的未用输入引脚（用方向 UI 表示）不应保持在打开状态。如应用允许，应下拉未用的配置引脚。当使用双向数字 I/O 时，注意 PDI［39：0］区域中的配置信号。未用的 PDI［39：0］输入引脚应下拉，所有其他输入引脚可直接连接到 GND。

上拉电阻必须连接到 VCC I/O，而不能连接到不同的电源。否则，只要 VCC I/O 低于另一个电源，ET1100 就可以通过电阻和内部钳位二极管供电。

1. ET1100 引脚分布

ET1100 采用 BGA128 封装，其引脚分布如图 3-9 所示，共有 128 个引脚。

A1	A2	A3	A4	A5	A6	A7	A8	A9	A10	A11	A12
B1	B2	B3	B4	B5	B6	B7	B8	B9	B10	B11	B12
C1	C2	C3	C4	C5	C6	C7	C8	C9	C10	C11	C12
D1	D2	D3	D4	D5	D6	D7	D8	D9	D10	D11	D12
E1	E2	E3	E4					E9	E10	E11	E12
F1	F2	F3	F4					F9	F10	F11	F12
G1	G2	G3	G4					G9	G10	G11	G12
H1	H2	H3	H4					H9	H10	H11	H12
J1	J2	J3	J4	J5	J6	J7	J8	J9	J10	J11	J12
K1	K2	K3	K4	K5	K6	K7	K8	K9	K10	K11	K12
L1	L2	L3	L4	L5	L6	L7	L8	L9	L10	L11	L12
M1	M2	M3	M4	M5	M6	M7	M8	M9	M10	M11	M12

图 3-9　ET1100 的引脚分布

ET1100 引脚信号见表 3-13，其中列出了 ET1100 的所有功能引脚，按照功能复用分类，包括 PDI 接口引脚、ECAT 帧接口引脚、芯片配置引脚和其他功能引脚。ET1100 的供电引脚信号见表 3-14。

表 3-13 ET1100 引脚信号

引脚号	功能							
	PDI 接口				ECAT 帧接口		配置功能	其他功能
	PDI 编号	I/O 接口	MCI 接口	SPI 接口	MII 接口	EBUS 接口		
D12	PDI[0]	I/O[0]	/CS	SPI_CLK				
D11	PDI[1]	I/O[1]	/RD(/TS)	SPI_SEL				
C12	PDI[2]	I/O[2]	/WR(RD/nWR)	SPI_DI				
C11	PDI[3]	I/O[3]	/BUSY(/TA)	SPI_DO				
B12	PDI[4]	I/O[4]	/IRQ	SPI_IRQ				
C10	PDI[5]	I/O[5]	/BHE					
A12	PDI[6]	I/O[6]	EEPROM_Loaded	EEPROM _Loaded				
B11	PDI[7]	I/O[7]	ADR[15]					CPU_CLK
A11	PDI[8]	I/O[8]	ADR[14]	GPO[0]				SOF*
B10	PDI[9]	I/O[9]	ADR[13]	GPO[1]				OE_EXT*
A10	PDI[10]	I/O[10]	ADR[12]	GPO[2]				OUTVALID*
C9	PDI[11]	I/O[11]	ADR[11]	GPO[3]				WD_TRIG*
A9	PDI[12]	I/O[12]	ADR[10]	GPI[0]				LATCH_IN*
B9	PDI[13]	I/O[13]	ADR[9]	GPI[1]				OE_CONF*
A8	PDI[14]	I/O[14]	ADR[8]	GPI[2]				EEPROM_ Loaded*
B8	PDI[15]	I/O[15]	ADR[7]	GPI[3]				
A7	PDI[16]	I/O[16]	ADR[6]	GPO[4]	RX_ERR(3)			SOF*
B7	PDI[17]	I/O[17]	ADR[5]	GPO[5]	RX-CLK(3)			OE_EXT*
A6	PDI[18]	I/O[18)	ADR[4]	GPO[6]	RX_D(3)[0]			OUTVALID*
B6	PDI[19]	I/O[19]	ADR[3]	GPO[7]	RX_D(3)[2]			WD_TR1G*
A5	PDI[20]	I/O[20]	ADR[2]	GPI[4]	RXD_(3)[3]			LATCH_IN*
B5	PDI[21]	I/O[21]	ADR[1]	GPI[5]	LINK_MII(3)			OE_CONF*
A4	PDI[22]	I/O[22]	ADR[0]	GPI[6]	TX_D(3)[3]			EEPROM_ Loaded*

（续）

引脚号	功能							
	PDI 接口				ECAT 帧接口		配置功能	其他功能
	PDI 编号	I/O 接口	MCI 接口	SPI 接口	MII 接口	EBUS 接口		
B4	PDI[23]	I/O[23]	DATA[0]	GPI[7]	TX_D(3)[2]			
A3	PDI[24]	I/O[24]	DATA[1]	GPO[8]	TX_D(3)[1]	EBUS(3)-TX-		
B3	PDI[25]	I/O[25]	DATA[2]	GPO[9]	TX_D(3)[0]			
A2	PDI[26]	I/O[26]	DATA[3]	GPO[10]	TX_ENA(3)	EBUS(3)-TX+		
A1	PDI[27]	I/O[27]	DATA[4]	GPO[11]	RX_DV(3)	EBUS(3)-RX-		
B2	PDI[28]	I/O[28]	DATA[5]	GPI[8]	Err(3)/Trans(3)	Err(3)	RESET_VED	
B1	PDI[29]	I/O[29]	DATA[6]	GPI[9]	RX_D(3)[1]	EBUS(3)-RX+		
C2	PDI[30]	I/O[30]	DATA[7]	GPI[10]	LinkAct(3)		P_CONF[3]	
C1	PDI[31]	I/O[31]		GPI[11]	CLK25OUT2			
D1	PDI[32]	SOF*	DATA[8]	GPO[12]	TX_D(2)[3]			
D2	PDI[33]	OE_EXT*	DATA[9]	GPO[13]	TX_D(2)[2]			
E2	PDI[34]	OUTVALID*	DATA[10]	GPO[14]	TX_D(2)[0]		CTRL_STATUS_MOVE	
G1	PDI[35]	WD_TRIG*	DATA[11]	GPO[15]	RX_ERR(2)			
G2	PDI[36]	LATCH_JN*	DATA[12]	GPI[12]	RX_CLK(2)			
H2	PDI[37]	OE_OONF*	DATA[13]	GPI[13]	RX_D(2)[0]			
J2	PDI[38]	EEPROM_Loaded*	DATA[14]	GPI[14]	RX_D(2)[2]			
K1	PDI[39]		DATA[15]	GPI[15]	RX_D(2)[3]			
F1					TX-ENA(2)	EBUS(2)-TX+		
E1					TX_D(2)[1]	EBUS(2)-TX-		
H1					RX_DV(2)	EBUS(2)-RX+		
J1					RX_D(2)[1]	EBUS(2)-RX-		
C3					Err(2)/Trans(2)	Err(2)	PHYAD_OFF	
E3					LinkAct(2)		P_CONF[2]	

F2					LINK_MII(2)	CLK25OUT1		CLK25OUT1
M3					TX_ENA(1)	EBUS(1)-TX+		
L3					TX_D(1)[0]		TRANS_MODE_ENA	
M2					TX_D(1)[1]	EBUS(1)-TX-		
L2					TX_D(1)[2]		P_MODE[0]	
M1					TX_D(1)[3]		P_MODE[1]	
L4					RX_D(1)[0]			
M5					RX_D(1)[1]	EBUS(1)-RX+		
L5					RX_D(1)[2]			
M6					RX_D(1)[3]			
M4					RX_DV(1)	EBUS(1)-RX-		
L6					RX_ERR(1)			
K4					RX_CLK(1)			
K3					LINK_MH(1)			
K2					Err(1)/Trans(1)	Err(1)	CLK_MODE[1]	
L1					LinkAct(1)	LinkAct(1)	P_CONF[1]	
M9					TX_ENA(0)	EBUS(0)-TX+		
L8					TX_D(0)[0]		C25_ENA	
M8					TX_D(0)[1]	EBUS(0)-TX-		
L7					TX_D(0)[2]		C25_SHI[0]	
M7					TX_D(0)[3]		C25_SHI[1]	
K10					RX_D(0)[0]			
M12					RX_D(0)[1]	EBUS(0)-RX+		

（续）

引脚号	功能							
	PDI 接口				ECAT 帧接口		配置功能	其他功能
	PDI 编号	I/O 接口	MCI 接口	SPI 接口	MII 接口	EBUS 接口		
L11					RX_D(0)[2]			
L12					RX_D(0)[3]			
M11					RX_DV(0)	EBUS(0)-RX-		
M10					RX_ERR(0)			
L10					RX_CLK(0)			
L9					LINK_MII0)			
J11					Err(0)/Tians(0)	Err(0)	CLK_MODE[0]	
J12					LinkAct(0)	LinkAct(0)	P_CONF[0]	
H11							EEPROM_SIZE	RUN
G12								OSC_IN
F12								OSC _OUT
H12								RESET
C4								RBIAS
H3								TESTMODE
G11								EEPROM_CLK
F11								EEOROM_DATA
K11							LINKPOL	MI_CLK
K12								MI_DATA
E11								SYNC/Latch[0]
E12								SYNC/Latch[1]

注：1. 表中带“＊”引脚表示可以通过配置引脚 CTRL_STATUS_MOVE 分配 PD［23:16］或 PD［15:8］作为控制/状态信号。

2. 表中带“/”引脚表示逻辑非，如/CS 引脚。

3. 表中 RD/nWR 引脚中的“n”表示逻辑非。

表 3-14 ET1100 的供电引脚信号

引脚编号	电源功能
C5,D3,J3,K5,K8,J10,F10,D10,E9,F3,H9	$V_{CC\ I/O}$
D5,D4,J4,J4,J8,J9,F9,D9,H4,K9	$GND_{I/O}$
C6,K6,K7,C7	$V_{CC\ Core}$
D6,J6,J7,D7	GND_{Core}
G10	$V_{CC\ PLL}$
G9	GND_{PLL}
E4,G3,G4,E10,C8,H10,F4,D8	Res.

2. ET1100 的引脚功能

ET1100 的引脚功能描述见表 3-15。

表 3-15 ET1100 的引脚功能描述

信号	类型	引脚方向	描　述
C25_ENA	配置	输入	CLK25OUT2 使能
C25_SHI[1:0]	配置	输入	TX 移位:MII TX 信号的移位/相位补偿
CLK_MODE[1:0]	配置	输入	CPU_CLK 配置
CLK25OUT1/CLK25OUT2	MII	输出	EtherCAT PHY 的 25MHz 时钟源
CPU_CLK	PDI	输出	微控制器的时钟信号
CTRL_STATUS_MOVE	配置	输入	将数字 I/O 控制/状态信号移动到最后可用的 PDI 字节
EBUS(3:0)-RX-	EBUS	LI-	EBUS LVDS 接收信号-
EBUS(3:0)-RX+	EBUS	LI+	EBUS LVDS 接收信号+
EBUS(3:0)-TX-	EBUS	LO-	EBUS LVDS 发送信号-
EBUS(3:0)-TX+	EBUS	LO+	EBUS LVDS 发送信号+
EEPROM_CLK	EEPROM	双向	EEPROM I^2C 时钟
EEPROM_DATA	EEPROM	双向	EEPROM I^2C 数据
EEPROM_SIZE	配置	输入	EEPROM 大小配置
PERR(3:0)	LED	输出	端口接收错误 LED 输出(用于测试)
GND_{Core}	电源		Core 逻辑地
$GND_{I/O}$	电源		I/O 地
GND_{PLL}	电源		PLL 地
LINK_MII(3:0)	MII	输入	PHY 信号指示链路
LinkAct(3:0)	LED	输出	连接/激活 LED 输出
LINKPOL	配置	输入	LINK_MII(3:0)极性配置
MI_CLK	MII	输出	PHY 管理接口时钟
MI_DATA	MII	双向	PHY 管理接口数据
OSC_IN	时钟	输入	时钟源(晶体/振荡器)

（续）

信号	类型	引脚方向	描　述
OSC_OUT	时钟	输出	时钟源(晶体)
P_CONF(3:0)	配置	输入	逻辑端口的物理层
P_MODE[1:0]	配置	输入	物理端口数和相应的逻辑端口数
PDI[39:0]	PDI	双向	PDI 信号,取决于 EEPROM 内容
PHYAD_OFF	配置	输入	以太网 PHY 地址偏移
RBIAS	EBUS		用于 LVDS TX 电流调节的偏置电阻
Res. [7:0]	保留	输入	保留引脚
RESET	通用	双向	集电极开路复位输出/复位输入
RUN	LED	输出	运行由 AL 状态寄存器控制的 LED
RX_CLK(3:0)	MII	输入	MII 接收时钟
RX_D(3:0)[3:0]	MII	输入	MII 接收数据
RX_DV(3:0)	MII	输入	MII 接收数据有效
RX_ERR(3:0)	MII	输入	MII 接收错误
SYNC/LATCH[1:0]	DC	I/O	分布式时钟同步信号输出或锁存信号输入
TESTMODE	通用	输入	为测试保留,连接到 GND
TRANS(3:0)	MII	输入	MII 接口共享:使能共享端口
TRANS_MODE_ENA	配置	输入	使能 MII 接口共享(和 TRANS(3:0)信号)
TX_D(3:0)[3:0]	MII	输出	MII 发送数据
TX_ENA(3:0)	MII	输出	MII 发送使能
$V_{CC\ Core}$	电源		Core 逻辑电源
$V_{CC\ I/O}$	电源		I/O 电源
$V_{CC\ PLL}$	电源		PLL 电源

3.3.3 ET1100 的 PDI 信号

ET1100 的 PDI 信号描述见表 3-16。

表 3-16 ET1100 的 PDI 信号描述

PDI	信号	引脚方向	描　述
数字 I/O	EEPROM_LOADED	输出	PDI 已激活,EEPROM 已装载
	I/O[31:0]	输入/输出/双向	输入/输出或双向数据
	LATCH_IN	输入	外部数据锁存信号
	OE_CONF	输入	输出使能配置
	OE_EXT	输入	输出使能
	OUTVALID	输出	输出数据有效/输出事件
	SOF	输出	帧开始
	WD_TRIG	输出	WDT 触发器

（续）

PDI	信号	引脚方向	描　　述
SPI	EEPROM_LOADED	输出	PDI 已激活，EEPROM 已装载
	SPI_CLK	输入	SPI 时钟
	SPI_DI	输入	SPI 数据 MOSI
	SPI_DO	输出	SPI 数据 MISO
	SPI_IRQ	输出	SPI 中断
	SPI_SEL	输入	SPI 芯片选择
异步微控制器	CS	输入	芯片选择
	BHE	输入	高位使能（仅 16 位微控制器接口）
	RD	输入	读命令
	WR	输入	写命令
	BUSY	输出	EtherCAT 设备忙
	IRQ	输出	中断
	EEPROM_LOADED	输出	PDI 已激活，EEPROM 已装载
	DATA[7:0]	双向	8 位微控制器接口的数据总线
	ADR[15:0]	输入	地址总线
	DATA[15:0]	双向	16 位微控制器接口的数据总线
同步微控制器	ADR[15:0]	输入	地址总线
	BHE	输入	高位使能
	CPU_CLK_IN	输入	微控制器接口时钟
	CS	输入	芯片选择
	DATA[15:0]	双向	16 位微控制器接口的数据总线
	DATA[7:0]	双向	8 位微控制器接口的数据总线
	EEPROM_LOADED	输出	PDI 已激活，EEPROM 已装载
	IRQ	输出	中断
	RD/nWR	输入	读/写访问
	TA	输出	传输响应
	TS	输入	传输起始

3.3.4 ET1100 的电源

ET1100 支持 3.3V I/O（或 5V I/O，不推荐）以及可选的单电源或双电源的不同电源和 I/O 电压选项。

$V_{CC\ I/O}$ 电源电压直接决定所有输入和输出的 I/O 电压，即 3.3V $V_{CC\ I/O}$，输入符合 3.3V I/O 标准，且不耐 5V。如果需要 5V 容限 I/O，$V_{CC\ I/O}$ 必须为 5V。

核心电源电压 $V_{CC\ Core}/V_{CC\ PLL}$（标称 2.5V）由内部 LDO 从 $V_{CC\ I/O}$ 生成。$V_{CC\ Core}$ 始终等于 $V_{CC\ PLL}$。内部 LDO 无法关闭，如果外部电源电压高于内部 LDO 输出电压，则会停止工作，因此外部电源电压（$V_{CC\ Core}/V_{CC\ PLL}$）必须高于内部 LDO（至少 0.1V）输出电压。

使用内部 LDO 会增加功耗，5V I/O 电压的功耗明显高于 3.3V I/O 的功耗。建议对 $V_{CC\ Core}/V_{CC\ PLL}$ 使用 3.3V I/O 电压和内部 LDO。

1. I/O 电源

I/O 电源引脚可以连接到 3.3V 或 5.0V（不推荐 5.0V），具体取决于所需的接口电压。所有电源引脚都必须连接，并且需要 $V_{CC\ I/O}/GND_{I/O}$ 电源上的稳压电容。

2. 逻辑核心电源

核心电源电压为 2.5V。核心电源由内部 LDO（由 I/O 电源提供）或外部产生。在这两种情况下，都必须将稳压电容连接到 $V_{CC\ Core}/GND_{Core}$ 电源。

3. PLL 电源

PLL 电源电压为 2.5V。PLL 电源由内部 LDO（由 I/O 电源提供）或外部产生。在这两种情况下，必须将稳压电容连接到 $V_{CC\ PLL}/GND_{PLL}$。

ET1100 电源示例原理图如图 3-10 所示。

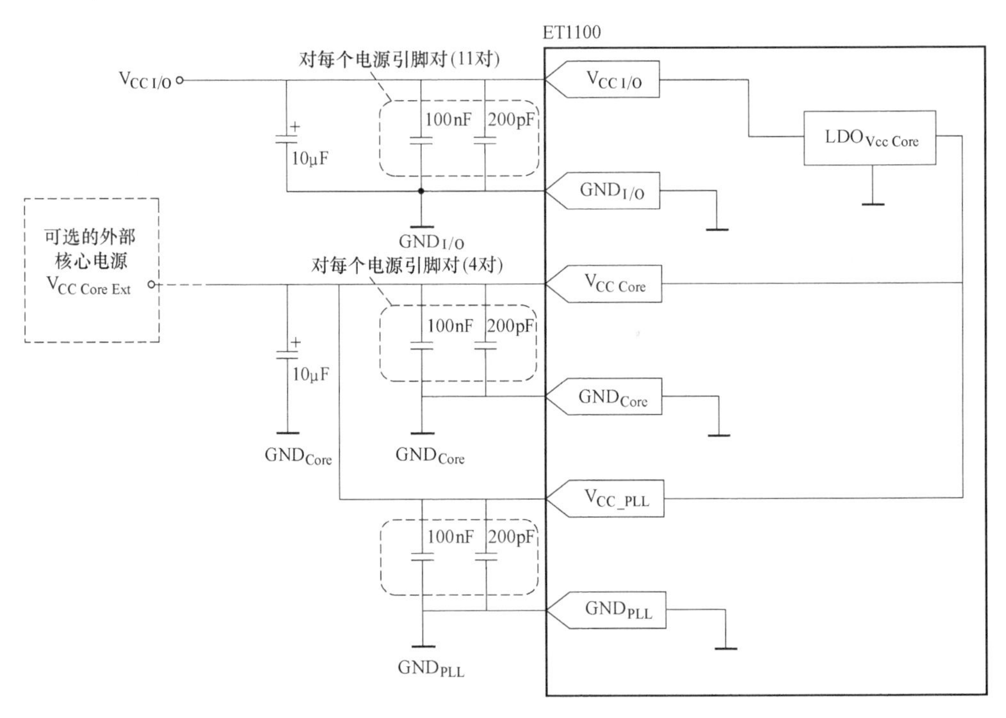

图 3-10　ET1100 电源示例原理图

推荐使用的稳压电容：每个电源引脚对使用 220pF 和 100nF 陶瓷电容，另为 $V_{CC\ I/O}$ 和 $V_{CC\ Core}/V_{CC\ PLL}$ 用 10μF 电容，即总共两个 10μF 电容。$GND_{I/O}$、GND_{Core} 和 GND_{PLL} 可连接到同一个 GND 电位。

如果实际 $V_{CC\ Core}/V_{CC\ PLL}$ 电压高于标称 LDO 输出电压，则内部 LDO 将自动关闭。

3.3.5 ET1100 的时钟源

OSC_IN：连接外部石英晶体或振荡器输入（25MHz）。如果使用 MII 端口且 CLK25OUT1/2 不能用作 PHY 的时钟源，则必须使用振荡器作为 ET1100 和 PHY 的时钟源。

25MHz 时钟源的初始精度应为 25ppm 或更高。

OSC_OUT：连接外部石英晶体。如果振荡器连接到 OSC_IN，则应悬空。

时钟源的布局对系统设计的 EMC/EMI 影响最大。

虽然 25MHz 的时钟频率不需要大量的设计工作，但以下规则有助于提高系统性能。

① 保持时钟源和 ESC 尽可能靠近。

② 这个区域的地层应该无缝。

③ 电源相对时钟源和 ESC 时钟呈现低阻抗。

④ 电容应按时钟源组件的建议使用。

⑤ 时钟源和 ESC 时钟电源之间的电容量应该相同（值取决于电路板的几何特性）。

ET1100 的石英晶体电路连接如图 3-11 所示，石英晶体作为 ET1100 和以太网 PHY 时钟源如图 3-12 所示，振荡器作为 ET1100 和以太网 PHY 时钟源如图 3-13 所示。

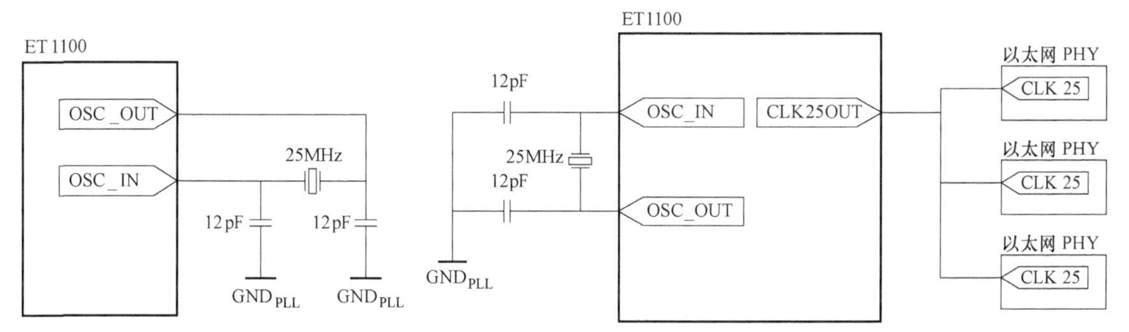

图 3-11 ET1100 的石英晶体电路连接

图 3-12 石英晶体作为 ET1100 和以太网 PHY 时钟源

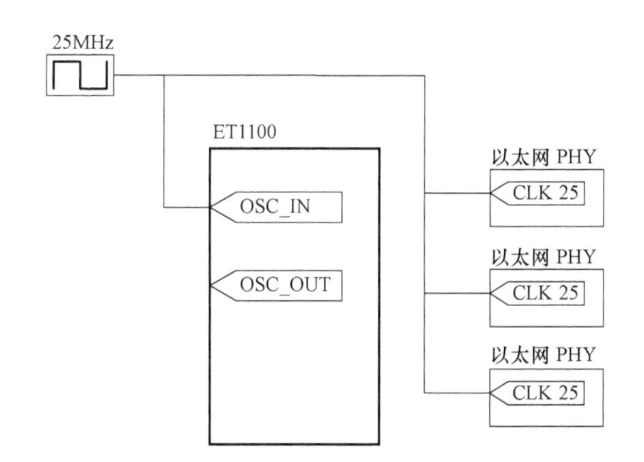

图 3-13 振荡器作为 ET1100 和以太网 PHY 时钟源

3.3.6 ET1100 的 RESET 信号

集电极开路复位输入/输出（低电平有效）表示 ET1100 的复位状态。如果电源为低电平，或者使用复位寄存器 0x0040 启动复位，则在上电时进入复位状态。如果复位引脚被外部器件保持为低电平，ET1100 也会进入复位状态。

RESET 引脚的内部复位逻辑和示例原理图如图 3-14 所示。

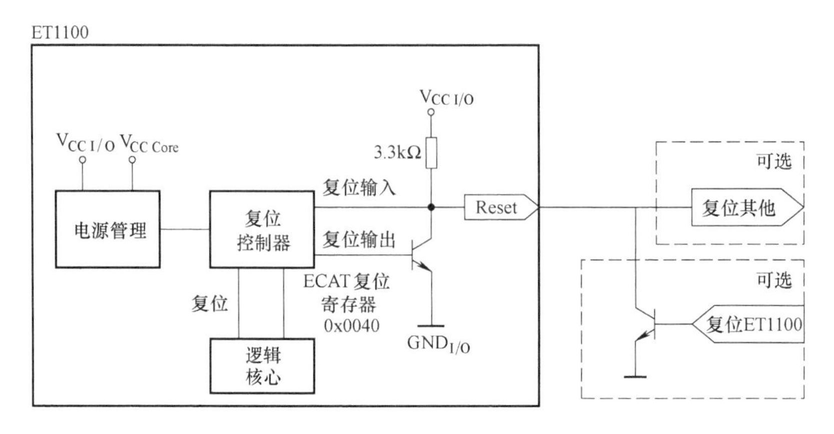

图 3-14 RESET 引脚的内部复位逻辑和示例原理图

建议将 PHY 和微控制器连接到复位引脚。这可确保在 ET1100 处于复位状态（丢帧）时 PHY 不通信，并且允许在意外情况下通过 EtherCAT 复位整个 EtherCAT 从设备。

3.3.7 ET1100 的 RBIAS 信号

RBIAS 是用于 LVDS TX 电流调节的偏置电阻，应用 11kΩ，RBIAS 引脚通过偏置电阻接地。

如果仅使用 MII 端口（没有使用 EBUS），则可以在 10~15kΩ 的范围内选择 RBIAS 引脚偏置电阻。

RBIAS 电阻的示例原理图如图 3-15 所示。LVDS RBIAS 电阻的值应为 $R_{BIAS}=11k\Omega$。

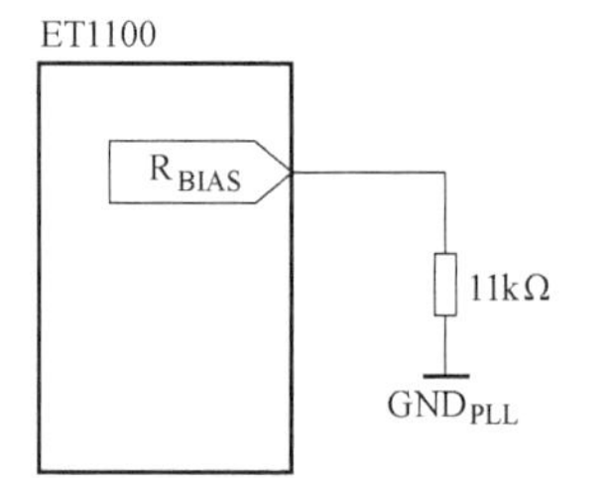

图 3-15 RBIAS 电阻的示例原理图

3.3.8 ET1100 的配置引脚信号

配置引脚在上电时作为输入由 ET1100 锁存配置信息。上电之后这些引脚都有分配的操作功能，必要时引脚信号方向也可以改变。RESET 引脚信号指示上电配置的完成。ET1100 配置引脚信号见表 3-17。

这些引脚外接上拉或下拉电阻。外接下拉电阻时，配置信号为 0；使用上拉电阻时，配置信号为 1。EEPROM_SIZE/RUN、P_CONF [0~3]/LinkAct (0~3) 等配置引脚也可以用作状态输出引脚来外接发光二极管 LED，LED 的极性取决于需要配置的值。如果配置数据为 1，则需要上拉引脚输出为 0（低）时 LED 导通。如果配置数据为 0，则引脚需要下拉，引脚输出为 1（高）时 LED 导通。

表 3-17 ET1100 配置引脚信号

描述	配置信号	引脚编号	寄存器映射	设定值
端口模式	P_MODE[0]	L2	0x0E00[0]	00=2 个端口(0 和 1) 01=3 个端口(0、1 和 2) 10=3 个端口(0、1 和 3) 11=4 个端口(0、1、2 和 3)
	P_MODE[1]	M1	0x0E00[1]	

（续）

描述	配置信号	引脚编号	寄存器映射	设定值
端口配置	P_CONF[0]	J12	0x0E00[2]	0=EBUS 1=MII
	P_CONF[1]	L1	0x0E00[3]	
	P_CONF[2]	E3	0x0E00[4]	
	P_CONF[3]	C2	0x0E00[5]	
CPU 时钟输出模式，PDI[7]/CPU_CLK	CLK_MODE[0]	J11	0x0E00[6]	00=off 01=25MHz 10=20MHz 11=10MHz
	CLK_MDDE[[0]	K2	0x0E00[7]	
TX 相位偏移	C25_SHI[0]	L7	0x0E01[0]	00=无 MII TX 信号延迟 01=MII TX 信号延迟 10ns 10=MII TX 信号延迟 20ns 11=MII TX 信号延迟 30ns
	C25_SHI[1]	M7	0x0E01[1]	
CLK25OUT2 输出使能	C25_ENA	L8	0x0E01[2]	0=不使能 1=使能
透明模式使能	TRANS_MODE_ENA	L3	0x0E01[3]	0=常规模式 1=使能透明模式
I/O 控制/状态信号转移	CTRL_STATUS_MOVE	E2	0x0E01[4]	0=I/O 无控制/状态引脚转移 1=I/0 控制/状态引脚转移
PHY 地址偏移	PHYAD_OFF	C3	0x0E01[5]	0=PHY 地址使用 1~4 1=HPHY 地址使用 17~20
链接有效信号极性	LINKPOL	K11	0x0E01[6]	0=LINK_MH(x)低有效 1=LINK_MH(x)高有效
保留	RESERVED	B2	0x0E01[7]	
EEPROM 容量	EEPROM SIZE	H11	0x0502[7]	0=单字节地址(16kbit) 1=双字节地址(32kbit~4Mbit)

配置引脚用于通过上拉或下拉电阻在上电时配置 ET1100。上电时，配置引脚作为输入由 ET1100 锁存配置信息。上电后，引脚被分配有相应的操作功能，必要时引脚信号的方向也可以改变。在释放 nRESET 引脚之前，上电阶段结束。在没有上电条件的后续复位阶段，配置引脚仍具有其操作功能，即 ET1100 配置未再次锁存且输出驱动器保持工作状态。

配置值 0 由下拉电阻实现，配置值 1 由上拉电阻实现。由于某些配置引脚也用作 LED 输出，LED 输出的极性取决于配置值。

配置输入/LED 输出引脚的示例原理图如图 3-16 所示。

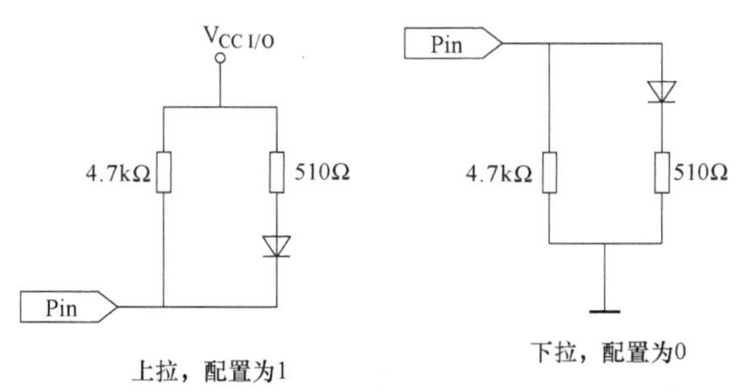

图 3-16 配置输入/LED 输出引脚的示例原理图

1. 端口模式

端口模式配置物理端口数和相应的逻辑端口，见表 3-18。

表 3-18 端口模式配置

说明	配置信号	引脚名称	寄存器	P_MODE[1:0] 值
端口模式	P_MODE[0]	TX_D(1)[2]/P_MODE[0]	0x0E00[0]	00=2 端口(逻辑端口 0 和 1) 01=3 端口(逻辑端口 0、1、2) 10=3 端口(逻辑端口 0、1、3) 11=4 端口(逻辑端口 0、1、2、3)
	P_MODE[1]	TX_D(1)[3]/P_MODE[1]	0x0E00[1]	

术语“物理端口”仅用于对 ET1100 接口引脚进行分组。寄存器组以及任何主、从软件始终基于逻辑端口。物理端口和逻辑端口之间的区别是为了增加可用 PDI 引脚的数量。每个逻辑端口只与一个物理端口相关联，并且可以配置为 EBUS 或 MII 接口。

MII 端口始终分配给较低的物理端口，然后分配 EBUS 端口。如果配置了任何 MII 端口，则最低的逻辑 MII 端口始终连接到物理端口 0，下一个更高的逻辑 MII 端口连接到物理端口 1，依此类推。然后，最低逻辑 EBUS 端口（如果已配置）连接到物理 MII 端口之后的下一个物理端口，即端口［MII 端口数］。如果没有 MII 端口，EBUS 端口将从物理端口 0 开始连接。

如果仅使用 EBUS 或仅使用 MII 端口，则物理端口号与 P_MODE［1:0］=00，01 或 11 的逻辑端口号相同。

2. 端口配置

P_CONF［3:0］确定物理层配置（MII 或 EBUS）。P_CONF［0］确定逻辑端口 0 的物理层，P_CONF［1］确定逻辑端口 1，P_CONF［2］确定下一个可用逻辑端口的物理层（3 为 P_MODE［1:0］=10，否则 2），并且 P_CONF［3］确定逻辑端口 3。如果未使用某个物理端口，则不使用相应的 P_CONF 配置信号。ET1100 端口配置见表 3-19。

表 3-19 ET1100 端口配置

说明	配置信号	引脚名称	寄存器	值
端口配置	P_CONF[0]	LINKACT(0)/P_CONF[0]	0x0E00[2]	0=EBUS 1=MII
	P_CONF[1]	LINKACT(1)/P_CONF[1]	0x0E00[3]	
	P_CONF[2]	LINKACT(2)/P_CONF[2]	0x0E00[4]	
	P_CONF[3]	PDI[30]/LINKACT(3)/P_CONF[3]	0x0E00[5]	

双端口配置，使用逻辑端口 0 和 1。端口信号在物理端口 0 和 1 处可用，具体取决于端口配置。双端口配置（P_MODE［1:0］=00）见表 3-20。

表 3-20 双端口配置（P_MODE［1:0］=00）

逻辑端口		物理端口		P_CONF[3:0]
1	0	1	0	
EBUS(1)	EBUS(0)	EBUS(1)	EBUS(0)	-000
EBUS(1)	MII(0)	EBUS(1)	MII(0)	-001
MII(1)	EBUS(0)	EBUS(0)	MII(1)	-010
MII(1)	MII(0)	MII(1)	MII(0)	-011

P_MODE [1：0] 必须设置为00。P_CONF [1：0] 确定逻辑端口的物理层（1：0）。不使用P_CONF [3：2]，但P_CONF [2] 不应保持开路（建议连接到GND）。如果应用程序允许的话，P_CONF [3] 应尽可能下拉（在表3-20中用“-”表示）。

3. CPU时钟输出模式

CLK_MODE用于向外部微控制器提供时钟信号。如果CLK_MODE不是00，则CPU_CLK在PDI [7] 上可用，因此该引脚不再用于PDI信号。对于微控制器的PDI，PDI [7] 是ADR [15]，如果选择了CPU_CLK，则将其视为0。CPU_CLK模式见表3-21。

表3-21 CPU_CLK模式

说明	配置信号	引脚名称	寄存器	值
CPU时钟输出模式	CLK_MODE[0]	PERR(0)/TRANS(0)/CLK_MODE[0]	0x0E00[6]	00=关闭,PDI[7]/CPU_CLK可用于PDI 01=25MHz时钟输出(PDI[7]/CPU_CLK) 10=20MHz时钟输出(PDI[7]/CPU_CLK) 11=10MHz时钟输出(PDI[7]/CPU_CLK)
	CLK_MODE[1]	PERR(1)/TRANS(1)/CLK_MODE[1]	0x0E00[7]	

4. TX相位偏移

可以通过C25_SHI [x] 信号获得MII TX信号（TX_ENA，TX_D [3:0] ）的相移（0/10/20/30ns），TX相位偏移见表3-22。通过硬件选项支持所有C25_SHI [1:0] 配置，以便以后进行调整。

表3-22 TX相位偏移

说明	配置信号	引脚名称	寄存器	值
TX相位偏移	C25_SHI[0]	TX_D(0)[2]/C25_SHI[0]	0x0E01[0]	00=MII TX信号无延迟 01=MII TX信号10ns延迟 10=MII TX信号20ns延迟 11=MII TX信号30ns延迟
	C25_SHI[1]	TX_D(0)[3]/C25_SHI[1]	0x0E01[1]	

5. CLK25OUT2使能

ET1100可以在PDI [31]/CLK25OUT2引脚上提供以太网PHY使用的25MHz时钟。这仅在使用3个MII端口时才有意义。在少于3个MII端口的情况下，因为未使用LINK_MII（2），引脚LINK_MII（2）/CLK25OUT1无论如何都提供CLK25OUT。如果使用4个MII端口，无论CLK25OUT2是否使能，PDI [31]/CLK25OUT2都提供CLK25OUT2。CLK25OUT2使能见表3-23。

表3-23 CLK25OUT2使能

说明	配置信号	引脚名称	寄存器	值
CLK25OUT2使能	C25_ENA	TX_D(0)[0]/C25_ENA	0x0E01[2]	0=关闭,PDI[31]/CLK25OUT2可用于PDI 1=使能,PDI[31]/CLK25OUT2用于25MHz时钟输出

6. 透明模式使能

ET1100能够基于每个端口与其他MAC共享MII接口。通常，禁用透明模式，ET1100

可以独占地访问 PHY 的 MII 接口。在透明模式打开的情况下，可以将 MII 接口分配给 ET1100 或其他 MAC，例如具有集成 MAC 的微控制器。在处理网络流量时，重新分配并不意味着要执行。

透明模式主要影响 PERR（x）/TRANS（x）信号。如果启用透明模式，PERR（x）/TRANS（x）将变为 TRANS（x）（低电平有效），它控制每个端口的透明状态。PERR（x）在透明模式下不可用。

TRANS（x）仅影响同一端口的 TX_ENA（x）/TX_D（x）信号以及 MI_CLK/MI_DATA。RX_CLK（x）、RX_DV（x）、RX_D（x）和 RX_ERR（x）都连接到 ET1100 和其他 MAC。

只要 TRANS（x）为高电平，每个 MII 接口就像往常一样，ET1100 控制 MII 接口。如果 TRANS（x）为低电平，则端口变为透明（或隔离），即 ET1100 将不再主动驱动 TX_ENA（x）/TX_D（x），因此，其他 MAC 可以驱动这些信号。

Link/Act（x）LED 仍然由 ET1100 驱动，因为它采样 RX_DV（x）和 TX_ENA（x）（在端口透明时变为输入）以检测活动。

只要至少一个 MII 接口不透明，ET1100 就可以控制 MII 管理接口。打开透明模式后，可以通过 PDI 接口访问 ET1100 的 PHY 管理接口，因此微控制器可以访问管理接口。如果所有 MII 接口都是透明的，则 ET1100 会释放 MI_CLK 和 MI_DATA 驱动，可以由其他 MAC 驱动。透明模式使能见表 3-24。

表 3-24 透明模式使能

说明	配置信号	引脚名称	寄存器	值
透明模式使能	TRANS_MODE_ENA	TX_D(1)[0]/TRANS_MODE_ENA	0x0E01[3]	0=正常模式/透明模式关闭，ET1100 独占 PHY 1=透明模式使能，ET1100 可以与其他 MAC 共用 PHY

启用透明模式会禁用 LinkPolarity 配置为高电平有效。

3.3.9 ET1100 的物理端口和 PDI 引脚信号

ET1100 有 4 个物理通信端口，分别命名为端口 0~端口 3，每个端口都可以配置为 MII 接口或 EBUS 接口两种形式。

ET1100 引脚输出经过优化，可实现最佳的数量和特性。为了实现这一点，有许多引脚可以分配通信或 PDI 功能。通信端口的数量和类型可能减少或排除一个或多个可选 PDI。

物理通信端口从端口 0~端口 3 编号。端口 0 和端口 1 不干扰 PDI 引脚，而端口 2 和端口 3 可能与 PDI［39：16］重叠，因此限制了 PDI 的选择数量。

端口的引脚配置将覆盖 PDI 的引脚配置。因此，应先配置端口的数量和类型。

ET1100 有 40 个 PDI 引脚，PDI［39：0］，它们分为 4 组。

① PDI［15:0］（PDI 字节 0/1）。

② PDI［16:23］（PDI 字节 2）。

③ PDI［24:31］（PDI 字节 3）。

④ PDI［32:39］（PDI 字节 4）。

物理端口和 PDI 组合见表 3-25。

表 3-25 物理端口和 PDI 组合

	异步微控制器	同步微控制器	SPI	数字 I/O CTLR_STATUS_MOVE	
				0	1
2 个端口(0 和 1)或 3 个端口(端口 2 为 EBUS 接口)	8 位或 16 位	8 位或 16 位	SPI+32 位 GPI/O	32 位 I/O+控制/状态信号	
3 个 MII 端口	8 位	8 位	SPI+24 位 GPI/O	32 位 I/O	24 位 I/O+控制/状态信号
4 个端口,至少 2 个 EBUS 接口			SPI+16 位 GPI/O	24 位 I/O+控制/状态信号	
3 个 MII 接口,1 个 EBUS 接口			SPI+16 位 GPI/O	24 位 I/O	16 位 I/O+控制/状态信号
4 个 MII 端口			SPI+8 位 GPI/O	16 位 I/O	8 位 I/O+控制/状态信号

1. MII 信号

ET1100 没有使用标准 MII 接口的全部引脚信号，ET1100 的 MII 接口信号描述见表 3-26。

表 3-26 ET1100 的 MII 接口信号描述

信号	方向	描 述
LINK_MII	输入	如果建立了 100 Mbit/s(全双工)链路,则由 PHY 提供输入信号
RX_CLK	输入	接收时钟
RX_DV	输入	接收数据有效
RX_D[3:0]	输入	接收数据(别名 RXD)
RX_ERR	输入	接收错误(别名 RX_ER)
TX_ENA	输出	发送使能(别名 TX_EN)
TX_D[3:0]	输出	传输数据(别名 TXD)
MI_CLK	输出	管理接口时钟(别名 MCLK)
MI_DATA	双向	管理接口数据(别名 MDIO)
PHYAD_OFF	输入	配置:PHY 地址偏移
LINKPOL	输入	配置:LINK_MII 极性

(1) CLK25OUT1/2 信号

如果使用 25MHz 晶体生成时钟，ET1100 必须为以太网 PHY 提供 25MHz 时钟信号(CLK25OUT)。如果使用 25MHz 振荡器，则不需要 CLK25OUT，因为以太网 PHY 和 ET1100 可以共享振荡器输出。根据端口配置和 C25_ENA，CLK25OUT 可通过不同引脚输出，见表 3-27。

表 3-27 CLK25OUT1/2 信号输出

配置	C25_ENA = 0	C25_ENA = 1
0~2 个 MII	LINK_MII(2)/CLK25OUT1 提供 CLK25OUT(如果使用 4 个端口，PDI[31]/CLK25OUT2 也提供 CLK25OUT)	LINK_MII(2)/CLK25OUT1 和 PDI[31]/CLK25OUT2 提供 CLK25OUT

（续）

配置	C25_ENA = 0	C25_ENA = 1
3 个 MII	CLK25OUT 不可用，必须使用振荡器	PDI[31]/CLK25OUT2 提供 CLK25OUT
4 个 MII	PDI[31]/CLK25OUT2 提供 CLK25OUT	

不应连接未使用的 CLK25OUT 引脚，以降低驱动器负载。

CLK25OUT 引脚（如果已配置）在外部或 ECAT 复位期间提供时钟信号，时钟输出仅在上电复位期间关闭。

（2）MII 连接的示例原理图

ET1100 与 PHY 连接的示例原理图如图 3-17 所示。

注意要正确配置 TX 相位偏移、LINK_POL 和 PHY 地址。

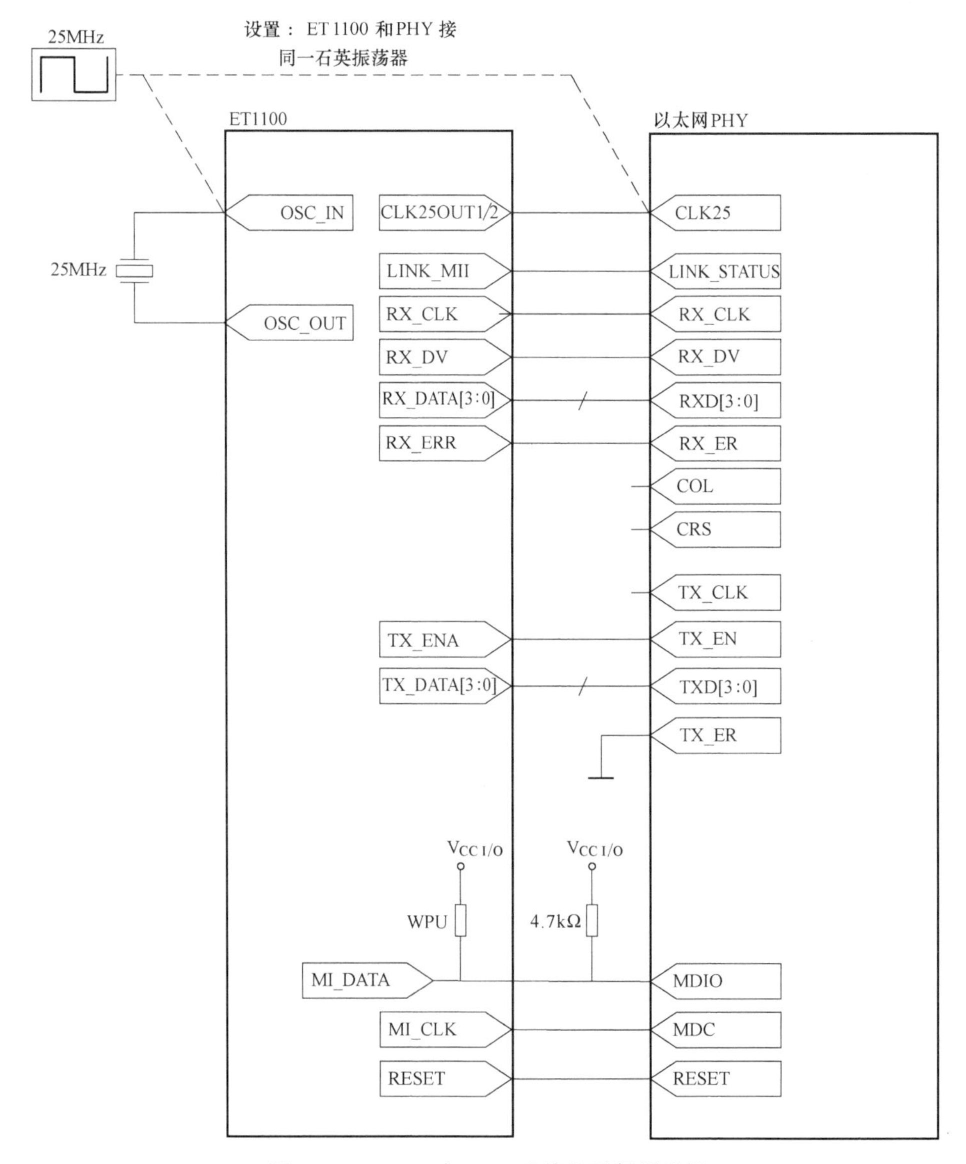

图 3-17 ET1100 与 PHY 连接的示例原理图

2. EBUS 信号

EtherCAT 协议自定义了一种物理层传输方式 EBUS。EBUS 传输介质使用低压差分信号 LVDS（Low Voltage Differential Signal），由 ANSI/TIA/EIA～644“低压差分信号接口电路电气特性”标准定义，最远传输距离为 10m。

EBUS 接口信号描述见表 3-28。

表 3-28 EBUS 接口信号描述

信号	方向	描 述
EBUS-TX+ EBUS-TX-	输出	EBUS/LVDS 发送信号
EBUS-RX+ EBUS-RX-	输入	EBUS/LVDS 接收信号
RBIAS		用于 EBUS-TX 电流调节的偏压电阻，经过 11kΩ 电阻后接地

ET1100 的 EBUS 端口具有开放式故障保护，即 ET1100 检测 EBUS 端口是否连接并在内部关闭端口（无物理链路）。

当信号为 EBUS（x）-RX+/EBUS（x）-RX-时，EBUS LVDS 接收信号。EBUS_RX +引脚内置一个下拉电阻 RLI +，EBUS_RX-引脚内置一个上拉电阻 RLI-，但引脚没有为 EBUS 进行配置。

当信号为 EBUS（x）-TX+/EBUS（x）-TX-时，EBUS LVDS 发送信号。

阻抗为 100Ω 的 LVDS 终端通常通过外接阻值为 100Ω 的电阻 R_L 实现。仅 EBUS 端口需要接此电阻，并且将其放置在 EBUS_RX 输入端。LVDS 终端如图 3-18 所示。

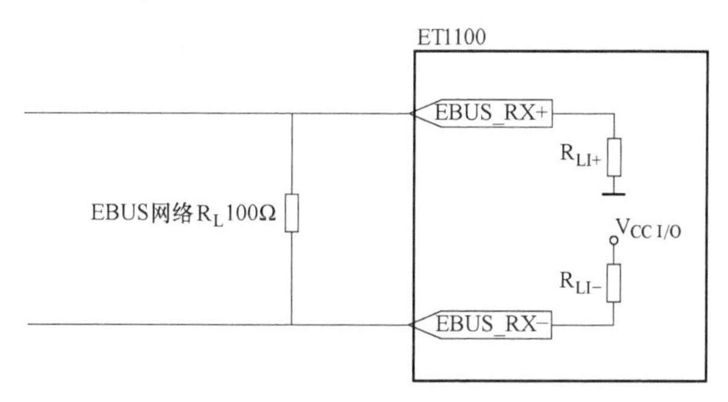

图 3-18 LVDS 终端

EBUS 可以满足快速以太网 100Mbit/s 的数据比特率。它只是简单地封装以太网数据帧，所以可以传输任意以太网数据帧，而不只是 EtherCAT。

3.3.10 ET1100 的 MII 接口

ET1100 使用 MII 接口时，需要外接以太网物理层 PHY 芯片。为了降低处理/转发延时，ET1100 的 MII 接口省略了发送 FIFO。因此，ET1100 对以太网物理层芯片有一些附加的功能要求。ET1100 选配的以太网 PHY 芯片应该满足以下基本功能和附加要求。

1. MII 接口的基本功能

MII 接口的基本功能如下。

1）遵从 IEEE 802.3 100BaseTX 或 100BaseFX 规范。

2）支持 100Mbit/s 全双工链接。

3）提供一个 MII 接口。

4）使用自动协商。

5）支持 MII 管理接口。

6）支持 MDI/MDI-X 自动交叉。

2. MII 接口的附加条件

MII 接口的附加条件如下。

1）PHY 芯片和 ET1100 使用同一个时钟源。

2）ET1100 不使用 MII 接口检测或配置连接，PHY 芯片必须提供一个信号指示是否建立了 100Mbit/s 的全双工连接。

3）PHY 芯片的连接丢失响应时间应小于 15μs，以满足 EtherCAT 的冗余性能要求。

4）PHY 的 TX_CLK 信号和 PHY 的输入时钟之间的相位关系必须固定，最大允许 5ms 的抖动。

5）ET1100 不使用 PHY 的 TX_CLK 信号，以省略 ET1100 内部发送 FIFO。

6）TX_CLK 和 TX_ENA 及 TX_D［3：0］之间的相移由 ET1100 通过设置 TX 相位偏移补偿，可以使 TX_ENA 及 TX_D［3：0］延迟 0、10ns、20ns 或 30ns。

上述要求中，时钟源最为重要。ET1100 的时钟信号包括 OSC_IN 和 OSC_OUT。时钟源的布局对系统设计的电磁兼容性能有很大的影响。

ET1100 通过 MII 接口与以太网 PHY 连接。ET1100 的 MII 接口通过不发送 FIFO 进行了优化，以实现低的处理和转发延迟。为了实现这一点，ET1100 对以太网 PHY 有额外的要求，这些要求可由 PHY 供应商轻松实现。

3. MII 接口信号

ET1100 的 MII 接口信号如图 3-19 所示。

MI_DATA 引脚应接一个外部上拉电阻，推荐 ESC 使用 4.7kΩ 电阻。MI_CLK 采用轨到轨（Rail-to-Rail）的驱动方式，空闲值为高电平。

ET1100 端口为 0 的 MII 接口电路图如图 3-20 所示。

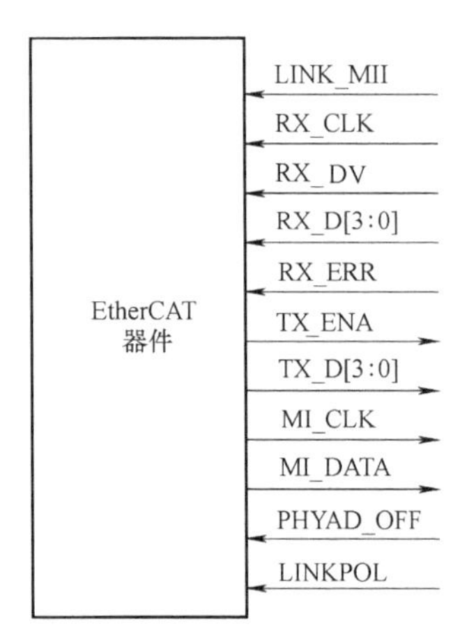

图 3-19 ET1100 的 MII 接口信号

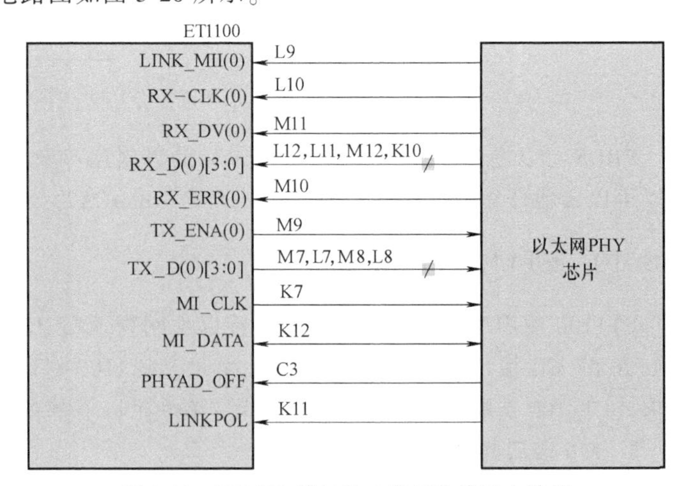

图 3-20 ET1100 端口为 0 的 MII 接口电路图

MI_DATA 应该连接外部上拉电阻，推荐阻值为 4.7kΩ。MI_CLKK 为轨到轨驱动，空闲时为高。

每个端口的 PHY 地址等于其逻辑端口号加 1（PHYAD_OFF=0，PHY 地址为 1~4），或逻辑端口号加 17（PHYAD_OFF=1，PHY 地址为 17~20）。

4. PHY 地址配置

ET1100 使用逻辑端口号（或 PHY 地址寄存器的值）加上 PHY 地址偏移量来对以太网 PHY 进行寻址。通常，以太网 PHY 地址应与逻辑端口号相对应，因此使用 PHY 地址 0~3。

可以应用 16 位的 PHY 地址偏移，通过在内部对 PHY 地址的最高有效位取反，将 PHY 地址移动到 16~19 位。

如果不能使用这两种方案，则 PHY 应该配置为使用实际 PHY 地址偏移量 1，即 PHY 地址 1~4。ET1100 的 PHY 地址偏移配置保持为 0。

3.3.11 ET1100 的 EBUS/LVDS 接口

两个 ET1100 的 EBUS 连接使用两对 LVDS 线对，一对接收数据帧，一对发送数据帧。每对 LVDS 线对只需要跨接一个 100Ω 的负载电阻，不需要其他物理层元件，缩短了从站之间的传输延时，减少了元器件。

3.3.12 ET1100 的 PDI 描述

ESC 芯片的应用数据接口称为过程数据接口（Process Data Interface）或物理设备接口（Physical Device Interface），简称 PDI。ESC 提供以下两种类型的 PDI 接口。

1）直接 I/O 信号接口。无须应用层微处理器，最多 32 位引脚。

2）DPRAM 数据接口。使用外部微处理器访问，支持并行和串行两种方式。

ET1100 的 PDI 接口类型和相关特性由寄存器（0x0140~0x0141）进行配置，ET1100 的 PDI 接口配置见表 3-29。

表 3-29 ET1100 的 PDI 接口配置

地址	位	名称	描述	复位值
0x0140~0x0141	0~7	PDI 类型，过程数据接口或物理数据接口	0：接口无效 4：数字量 I/O 5：SPI 从机 8：16 位异步微处理器接口 9：8 位异步微处理器接口 10：16 位同步微处理器接口 11：8 位同步微处理器接口	上电后装载 EEPROM 地址 0 的数据
0x0140~0x0141	8	设备状态模拟	0：AL 状态必须由 PDI 设置 1：AL 状态寄存器自动设为 AL 控制寄存器的值	
	9	增强的链接检测	0：无 1：使能	
	10	分布时钟同步输出单元	0：不使用（节能） 1：使能	

（续）

地址	位	名称	描述	复位值
0x0140～0x0141	11	分布时钟锁存输入单元	0：不使用（节能） 1：使能	
	12～15	保留		

PDI配置寄存器（0x0150）以及扩展PDI配置寄存器（0x0152～0x0153）的设置取决于所选择的PDI类型，Sync/Latch接口的配置寄存器（0x0151）与所选用的PDI接口无关。

ET1100的可用PDI描述见表3-30。

表3-30 ET1100的可用PDI描述

PDI编号（PDI控制寄存器0x0140[7:0]）	PDI名称	ET1100
0	接口已停用	×
4	数字I/O	×
5	SPI从机	×
7	EtherCAT桥（端口3）	
8	16位异步微控制器	×
9	8位异步微控制器	×
10	16位同步微控制器	×
11	8位同步微控制器	×
16	32数字输入/0数字输出	
17	24数字输入/8数字输出	
18	16数字输入/16数字输出	
19	8数字输入/24数字输出	
20	0数字输入/32数字输出	
128	片上总线（Avalon或OPB）	
其他	保留	

1. PDI禁用

PDI类型为0x00时，PDI被禁用。PDI引脚处于高阻抗状态下而无法驱动。

2. 数字I/O接口

PDI控制寄存器0x140=4时，ET1100使用数字量接口，它支持不同的信号形式，通过寄存器（0x150～0x153）可以实现多种不同的配置。

（1）接口

当PDI类型为0x04时选择数字I/O PDI。ET1100的数字I/O接口信号如图3-21所示，ET1100的数字I/O接口信号描述见表3-31。

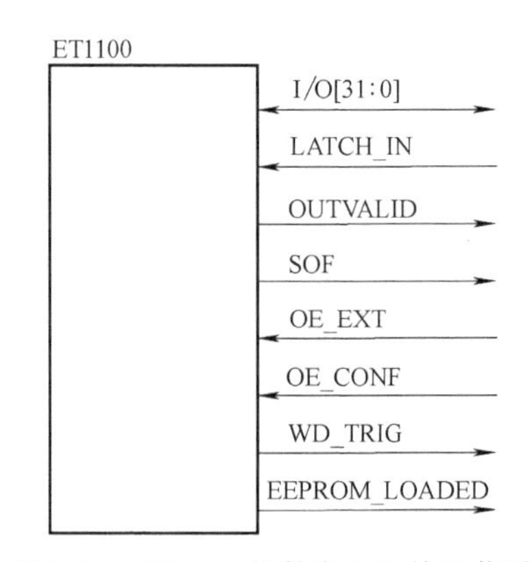

图3-21 ET1100的数字I/O接口信号

接口信号中除 I/O [31:0] 以外的信号称为控制/状态信号，它们分配在引脚 PDI [39:32]。如果从站使用了两个以上的物理通信端口，则 PDI [39:32] 不能用作 PDI 信号，即控制/状态信号无效。此时，可以通过配置引脚 CTRL_STATUS_MOVE 分配 PDI [23:16] 或 PDI [15:8] 作为控制/状态信号。

表 3-31 ET1100 的数字 I/O 接口信号描述

信号	方向	描述	信号极性
I/O[31:0]	输入/输出/双向	输入/输出或双向数据	
LATCH_IN	输入	外部数据锁存信号	激活为高
OUTVALID	输出	输出数据有效/输出事件	激活为高
SOF	输出	帧开始	激活为高
OE_EXT	输入	输出使能	激活为高
OE_CONF	输入	输出使能配置	
WD_TRIG	输出	WDT 触发器	激活为高
EEPROM_LOADED	输出	PDI 处于活动状态,EEPROM 已加载	激活为高

数字量输入/输出信号在 ET1100 存储空间的映射地址见表 3-32。主站和从站通过 ECAT 帧和 PDI 接口分别读写这些存储地址来操作数字输入/输出信号。

表 3-32 数字量输入/输出信号在 ET1100 存储空间的映射地址

地址	位	描述	复位值
0x0F00～0x0F03	0～31	数字量 I/O 输出数据	0
0x1000～0x1003	0～31	数字量 I/O 输入数据	0

（2）配置

通过将 PDI 控制寄存器 0x0140 中 PDI 类型设为 0x04 来选择数字 I/O 接口。它支持位于寄存器 0x0150～0x0153 中各种不同的配置。

（3）数字输入

数字输入量出现在地址为 0x1000～0x1003 的过程存储器中。EtherCAT 器件使用小端（Little Endian）字节排序，因此可以在 0x1000 等处读取 I/O [7:0]。通过具有标准 PDI 写操作的数字 I/O PDI 将数字输入写入过程存储器。

可以采用以下四种方式将数字输入配置为通过 ESC 采样。

1）在每个以太网帧的开始处对数字输入进行采样，这样 EtherCAT 读命令到地址 0x1000:0x1003 时将呈现在同一帧开始时采样的数字输入值。SOF 信号可以在外部用于更新输入数据，因为 SOF 在输入数据被采样之前发出信号。

2）可以使用 LATCH_IN 信号控制采样时间。每当识别出 LATCH_IN 信号的上升沿，ESC 就对输入数据进行采样。

3）在分布式时钟 SYNC0 事件中对数字输入进行采样。

4）在分布式时钟 SYNC1 事件中对数字输入进行采样。

对于分布式时钟 SYNC 输入，必须激活 SYNC 生成寄存器（0x0981）。SYNC 输出寄存器（0x0151）不是必需的。SYNC 脉冲寄存器（0x0982～0x0983）长度不应设置为 0，因为数字

I/O PDI 无法确认 SYNC 事件。采样时间从 SYNC 事件的开始计起。

(4) 数字输出

数字输出原理图如图 3-22 所示。

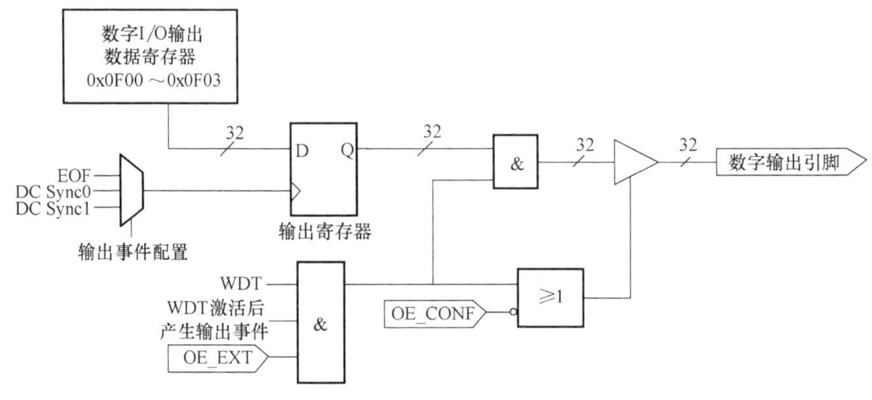

图 3-22 数字输出原理图

数字输出量必须写入寄存器 0x0F00~0x0F03（寄存器 0x0F00 控制 I/O [7: 0]）。不通过具有标准读命令的数字 I/O PDI 来读取数字输出量，而是通过直接连接的方式读取，以获得更快的响应速度。

过程数据 WDT（寄存器 0x0440）必须处于启用状态或禁用状态，否则数字输出将不会更新。可以通过以下四种方式对数字输出进行更新。

1）在 EOF 模式下，数字输出在每个 EtherCAT 帧结束时更新。

2）在 DC SYNC0 模式下，使用分布式时钟 SYNC0 事件更新数字输出。

3）在 DC SYNC1 模式下，使用分布式时钟 SYNC1 事件更新数字输出。

4）在 WD_TRIG 模式下，数字输出在 EtherCAT 帧结束时更新，触发过程数据 WDT（典型的 Sync Manager 配置：对 0x0F00~0x0F03 中至少一个寄存器有写访问权的帧）。仅当 EtherCAT 帧正确时才会更新数字输出。

即使数字输出保持不变，输出事件也总是由 OUTVALID 上的脉冲发出信号。

要使输出数据在 I/O 信号上可见，必须满足以下条件。

1）Sync Manager WDT 必须处于启用状态（已触发）或禁用状态。

2）OE_EXT（输出使能）必须设为高电平。

3）输出值必须写入有效 EtherCAT 帧内的寄存器 0x0F00:0x0F03。

4）输出更新事件必须被配置好。

在加载 EEPROM 之前，不会驱动数字输出（高阻抗）。根据配置，如果 WDT 过期或输出被禁用，也不会驱动数字输出。使用数字输出信号时必须考虑此情况。

(5) 双向模式

在双向模式下，所有数据信号都是双向的（忽略单独的输入/输出配置）。输入信号通过串联电阻连接到 ESC，输出信号由 EtherCAT 从站控制器主动驱动。如果使用 OUTVALID（触发器或锁存器）锁存输出信号，则永久可用。双向模式的输入/输出连接如图 3-23 所示。

可以按照数字输入/数字输出中的说明配置输入样本事件和输出更新事件。

即使数字输出保持不变，输出事件也会通过 OUTVALID 上的脉冲发出信号。重叠输入事件和输出事件将损坏输入数据。

(6) EEPROM_ LOADED

在 EEPROM 正确装载之后，EEPROM_ LOADED 信号指示数字量 I/O 接口可操作。使用时需要外接一个下拉电阻。

图 3-23　双向模式的输入/输出连接

3.3.13　ET1100 的 SPI 从接口

当 PDI 控制寄存器 0x140 = 0x05 时，ET1100 使用 SPI 接口。它作为 SPI 从机由带有 SPI 接口的微处理器操作。

由于 SPI 接口占用的 PDI 引脚较少，剩余的 PDI 引脚可以作为通用 I/O 引脚使用，包括 16 个通用数字量输入引脚 GPI（General Purpose Input）和 16 个通用数字量输出引脚 GPO（General Purpose Output）。通用数字量输入引脚对应寄存器 0x0F18~0xF1F，通用数字量输出引脚对应寄存器 0x0Fl~0xF17。PDI 接口和 ECAT 帧都可以访问这些寄存器，这些引脚以非同步的刷新方式工作。

1. 接口

PDI 类型为 0x05 的 EtherCAT 器件是 SPI 从器件。SPI 有 5 个信号：SPI_ CLK，SPI_ DI（MOSI），SPI_ DO（MISO），SPI _SEL 和 SPI_ IRQ。SPI 主从互连电路如图 3-24 所示，SPI 信号见表 3-33。

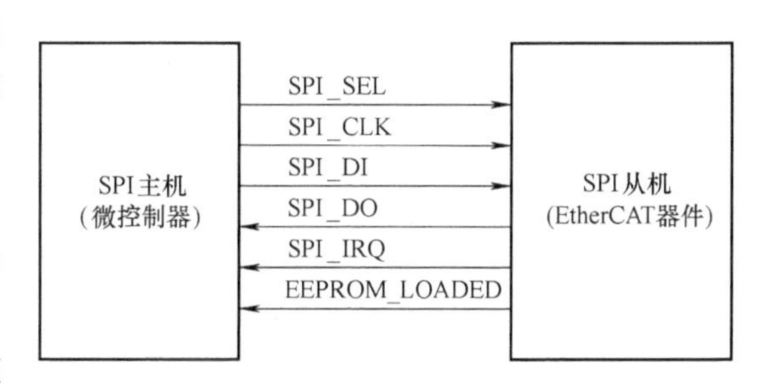

图 3-24　SPI 主从互连电路

表 3-33　SPI 信号

信号	方向	描述	信号极性
SPI_SEL	输入(主机→从机)	SPI 芯片选择	典型:激活为低
SPI_CLK	输入(主机→从机)	SPI 时钟	
SPI_DI	输入(主机→从机)	SPI 数据 MOSI	激活为高
SPI_DO	输出(从机→主机)	SPI 数据 MISO	激活为高
SPI_IRQ	输出(从机→主机)	SPI 中断	典型:激活为低
EEPROM_LOADED	输出(从机→主机)	PDI 处于活动状态,EEPROM 已加载	激活为高

2. 配置

PDI 控制寄存器 0x0140 中的 PDI 类型为 0x05 时选择 SPI 从接口。它支持 SPI_ SEL 和 SPI_ IRQ 的不同时序模式和可配置信号极性。SPI 配置位于寄存器 0x0150 中。

3. SPI 访问

SPI 访问分为地址阶段和数据阶段。

在地址阶段，SPI 主机发送要访问的第一个地址和命令。

在数据阶段，读取数据由 SPI 从机提供（读取命令），或写入数据由主机发送（写入命令）。地址阶段由 2 个或 3 个字节组成，具体取决于地址模式。每次访问的数据字节数可以是 0~N 个字节。在读取或写入起始地址后，从器件内部递增后续字节的地址。地址、命令和数据的位都以字节组的形式传输。

主机通过置位 SPI_SEL 启动 SPI 访问，并通过取回 SPI_SEL 来终止 SPI 访问（极性由配置决定）。当 SPI_SEL 置位时，主机必须为每个字节的传输循环 SPI_CLK 8 次。在每个时钟周期中，主机和从机都向彼方发送一个位（全双工）。通过选择 SPI 模式和数据输出采样模式，可以配置主机和从机 SPI_CLK 的相关边沿。

首先发送字节的最高有效位，最低有效位为最后一位，字节顺序为低字节优先。EtherCAT 设备使用小端（Little Endian）字节排序。

4. 命令

第二个地址/命令字节中的命令 CMD0 可以是 READ、具有等待状态字节的 READ、WRITE、NOP 或地址扩展。第三个地址/命令字节中的命令 CMD1 可能与其具有相同的值。

SPI 命令 CMD0 和 CMD1 见表 3-34。

表 3-34　SPI 命令 CMD0 和 CMD1

CMD1	CMD0	命令
0	0	无(不操作)
0	1	保留
1	0	读
1	1	使用等待状态字节读取
0	0	写
0	1	保留
1	0	地址扩展(3 个地址/命令字节)
1	1	保留

5. 寻址模式

SPI 从机接口支持两种寻址模式，2 字节寻址和 3 字节寻址。通过双字节寻址，SPI 主控制器选择低 13 位地址位 A［12：0］，同时假设 SPI 从器件中高 3 位 A［15：13］为 000b，那么在 EtherCAT 从站地址空间中只有前 8 位可以访问。三字节寻址用于访问 EtherCAT 从器件中整个 64 KB 地址空间。

对于仅支持多个字节连续传输的 SPI 主控制器，可以插入附加的地址扩展命令。

没有地址模式（没有等待状态字节的读访问）见表 3-35。

表 3-35　没有地址模式（没有等待状态字节的读访问）

字节	2 字节地址模式		3 字节地址模式	
0	A[12:5]	地址位[12:5]	A[12:5]	地址位[12:5]
1	A[4:0] CMD0[2:0]	地址位[4:0] 读/写命令	A[4:0] CMD0[2:0]	地址位[4:0] 3 字节寻址:110b
2	D0[7:0]	数据字节 0	A[15:13] CMD1[2:0] res[1:0]	地址位[15:13] 写/读命令 两个保留位,置为 00b
3	D1[7:0]	数据字节 1	D0[7:0]	数据字节 0
4 ff.	D2[7:0]	数据字节 2	D1[7:0]	数据字节 1

3.3.14 ET1100 的异步 8/16 位微控制器接口

1. 接口

异步微控制器接口采用复用的地址总线和数据总线。双向数据总线数据宽度可以为 8 位或 16 位。EtherCAT 器件的异步微控制器接口如图 3-25 所示。

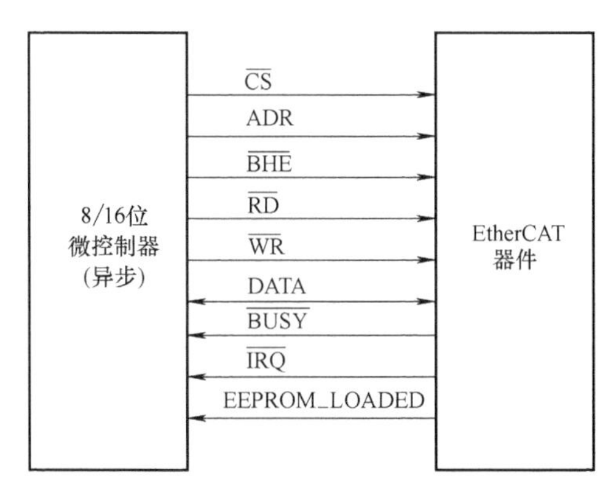

图 3-25 EtherCAT 器件的异步微控制器接口

微控制器信号见表 3-36。

表 3-36 微控制器信号

信号异步	方向	描述	信号极性
$\overline{CS}$	输入(微控制器→ESC)	片选	典型:激活为低
ADR[15:0]	输入(微控制器→ESC)	地址总线	典型:激活为高
$\overline{BHE}$	输入(微控制器→ESC)	字节高电平使能(仅限 16 位微控制器接口)	典型:激活为低
$\overline{RD}$	输入(微控制器→ESC)	读命令	典型:激活为低
$\overline{WR}$	输入(微控制器→ESC)	写命令	典型:激活为低
DATA[7:0]	双向(微控制器→ESC)	用于 8 位微控制器接口的数据总线	激活为高
DATA[15:0]	双向(微控制器→ESC)	用于 16 位微控制器接口的数据总线	激活为高
$\overline{BUSY}$	输出(ESC→微控制器)	EtherCAT 器件繁忙	典型:激活为低
$\overline{IRQ}$	输出(ESC→微控制器)	中断	典型:激活为低
EEPROM_LOADED	输出(ESC→微控制器)	PDI 处于活动状态,EEPROM 已加载	激活为高

一些微控制器有 READY 信号，其功能与 BUSY 信号相同，只是极性相反。

2. 配置

通过将 PDI 控制寄存器 0x0140 中 PDI 类型设为 0x08 选择 16 位异步微控制器接口，将 PDI 类型设为 0x09 选择 8 位异步微控制器接口。通过修改寄存器 0x0150~0x0153 可支持不同的配置。

3. 微控制器访问

每次访问 8 位微控制器接口时读取或写入 8 位，16 位微控制器接口支持 8 位和 16 位读或写访问。对于 16 位微控制器接口，最低有效地址位和字节高位使能（BHE）用于区分 8 位低字节访问、8 位高字节访问和 16 位访问。

EtherCAT 器件使用小端（Little Endian）字节排序。

8 位微控制器接口访问类型见表 3-37。

16 位微控制器接口访问类型见表 3-38。

表 3-37 8 位微控制器接口访问类型

ADR[0]	访问	DATA[7:0]
0	8 位访问 ADR [15:0](低字节,偶数地址)	低字节
1	8 位访问 ADR [15:0](高字节,奇数地址)	高字节

表 3-38 16 位微控制器接口访问类型

ADR[0]	BHE（激活为低）	访问	DATA[15:8]	DATA[7:0]
0	0	16 位访问 ADR [15:0]和 ADR [15:0] +1(低字节和高字节)	高字节	低字节
0	1	8 位访问 ADR [15:0](低字节,偶数地址)	只读:低字节的副本	低字节
1	0	8 位访问 ADR [15:0](高字节,奇数地址)	高字节	只读:高字节的副本
1	1	无效访问	—	—

4. 写访问

写访问从片选（CS）的断言开始。如果没有永久断言，地址、字节高使能和写数据在 WR 的下降沿下置位（低电平有效）。一旦微控制器接口不处于 BUSY 状态，在 WR 的上升沿就会完成对微控制器的访问。终止写访问可以通过 WR 的置位（CS 保持置位）来实现，或通过解除置位或片选（同时 WR 保持置位），甚至可以通过同时取消置位 WR 和 CS 来实现。在 WR 的上升沿后不久，可以通过取消对 ADR、BHE 和 DATA 的置位来完成访问。微控制器接口通过 BUSY 信号指示其内部操作。由于仅在 CS 置位时驱动 BUSY 信号，因此在 CS 设置为无效后将释放 BUSY 驱动器。

在内部，写访问在 WR 的上升沿之后执行，实现了快速写访问。然而，紧邻的访问将被前面的写访问延迟（BUSY 长时间有效）。

5. 读访问

读取访问从片选（CS）的断言开始。如果没有永久断言，地址和 BHE 在 RD 的下降沿之前必须有效，这表示访问的开始。之后，微控制器接口将显示 BUSY 状态，如果它不是正在执行先前的写访问，便会在读数据有效时释放 BUSY 信号。读数据将保持有效，直到 ADR、BHE、RD 或 CS 发生变化。在 CS 和 RD 被断言时，将驱动数据总线。CS 被置位时将驱动 BUSY。

6. 微控制器访问错误

微控制器接口检测微控制器访问错误的方法如下。

1）对 A [0]=1 和 BHE（激活为低）= 1 的 16 位接口进行读或写访问，即通过访问没有高位使能的奇数地址。

2）当微控制器接口处于 BUSY 状态时，置位 WR（或在 WR 保持置位时取消置位 CS）。

3）当微控制器接口处于 BUSY 状态时（读取尚未完成），在 RD 的反断言时（或当 RD

保持断言时 CS 置为无效），置位 WR（或在 WR 保持置位时取消置位 CS）。

对微控制器的错误访问会产生以下后果。

1）PDI 错误计数器（0x030D）将递增。

2）对于 A［0］=1 和 BHE=1 类访问，将不会在内部执行访问。

3）当微控制器接口处于 BUSY 状态时，WR（或 CS）置为无效可能会破坏当前和前一次的传输（如果内部未完成）。寄存器可以接受写入数据，并且可以执行特殊功能（例如 Sync Manager 缓冲器切换）。

4）如果在微控制器接口处于 BUSY 状态时（读取尚未完成）取消置位 RD（或 CS），则访问将在内部终止。虽然内部字节传输终止，但是可以执行特殊功能（例如 Sync Manager 缓冲器切换）。

7. EEPROM_LOADED

EEPROM_LOADED 信号表示微控制器接口可操作。因在加载 EEPROM 之前不会驱动 PDI 引脚，可通过连接下拉电阻实现正常功能。

8. 与没有字节寻址的 16 位微控制器连接

如果 ESC 连接到仅支持 16 位（字）寻址的 16 位微控制器或 DSP，则 EtherCAT 器件的 ADR［0］和 BHE 必须连接到 GND，这样 ESC 将始终执行 16 位访问。所有其他信号照常连接。

EtherCAT 器件连接无字节寻址的 16 位微控制器如图 3-26 所示。

9. 与 8 位微控制器连接

如果 ESC 连接到 8 位微控制器，则不使用 BHE 信号和 DATA［15：8］信号。

EtherCAT 器件连接 8 位微控制器如图 3-27 所示。

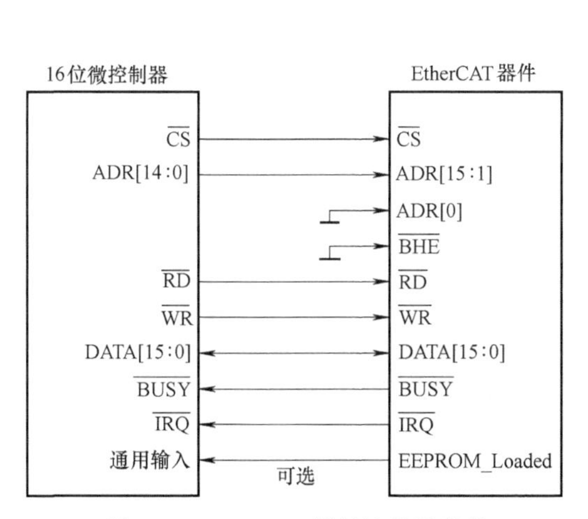

图 3-26 EtherCAT 器件连接无字节寻址的 16 位微控制器

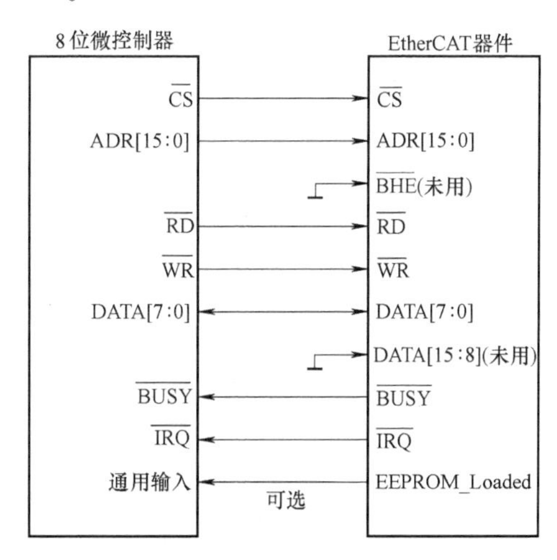

图 3-27 EtherCAT 器件连接 8 位微控制器

3.4 EtherCAT 从站控制器的数据链路控制

（1）数据链路层概述

1） 标准 IEEE 802.3 以太网帧

① 对 EtherCAT 主站没有特殊要求。

② 标准以太网基础设施。

2） IEEE 注册 EtherType：88A4h

① 优化的帧开销。

② 不需要 IP 栈。

③ 简单的主实现。

3） 通过 Internet 进行 EtherCAT 通信

4） 从属侧的帧处理

EtherCAT 从站控制器以硬件方式处理帧。

5） 通信性能独立于处理器能力

（2） 数据链路层的作用

1） 数据链路层链接物理层和应用层

2） 数据链路层负责底层通信基础设施

① 链接控制。

② 访问收发器 （PHY）。

③ 寻址。

④ 从站控制器配置。

⑤ EEPROM 访问。

⑥ 同步管理器配置和管理。

⑦ FMMU 配置和管理。

⑧ 过程数据接口配置。

⑨ 分布式时钟。

⑩ 设置 AL 状态机交互。

3.4.1 EtherCAT 从站控制器的数据帧处理

EtherCAT 从站控制器的帧处理顺序取决于端口数和芯片模式（使用逻辑端口号），其帧处理顺序见表 3-39。

表 3-39 EtherCAT 从站控制器的帧处理顺序

端口数	帧处理顺序
2	0→数据帧处理单元→1/1→0
3	0→数据帧处理单元→1/1→2/2→0(逻辑端口 0,1 和 2) 或 0→数据帧处理单元→3/3→1/1→0(逻辑端口 0,1 和 3)
4	0→数据帧处理单元→3/3→1/1→2/2→0

数据帧在 EtherCAT 从站控制器内部的处理顺序取决于所使用的端口数目，在 EtherCAT 从站控制器内部经过数据帧处理单元的方向称为“处理”方向，其他方向称为“转发”方向。

每个 EtherCAT 从站控制器可以最多支持 4 个数据收发端口，每个端口都可以处在打开或闭合状态。如果端口打开，则可以向其他 EtherCAT 从站控制器的发送数据帧，或从其他 EtherCAT 从站控制器接收数据帧。一个闭合的端口不会与其他 EtherCAT 从站控制器交换数据帧，它在内部将数据帧转发到下一个逻辑端口，直到数据帧到达一个打开的端口。

EtherCAT 从站控制器内部数据帧处理过程如图 3-28 所示。

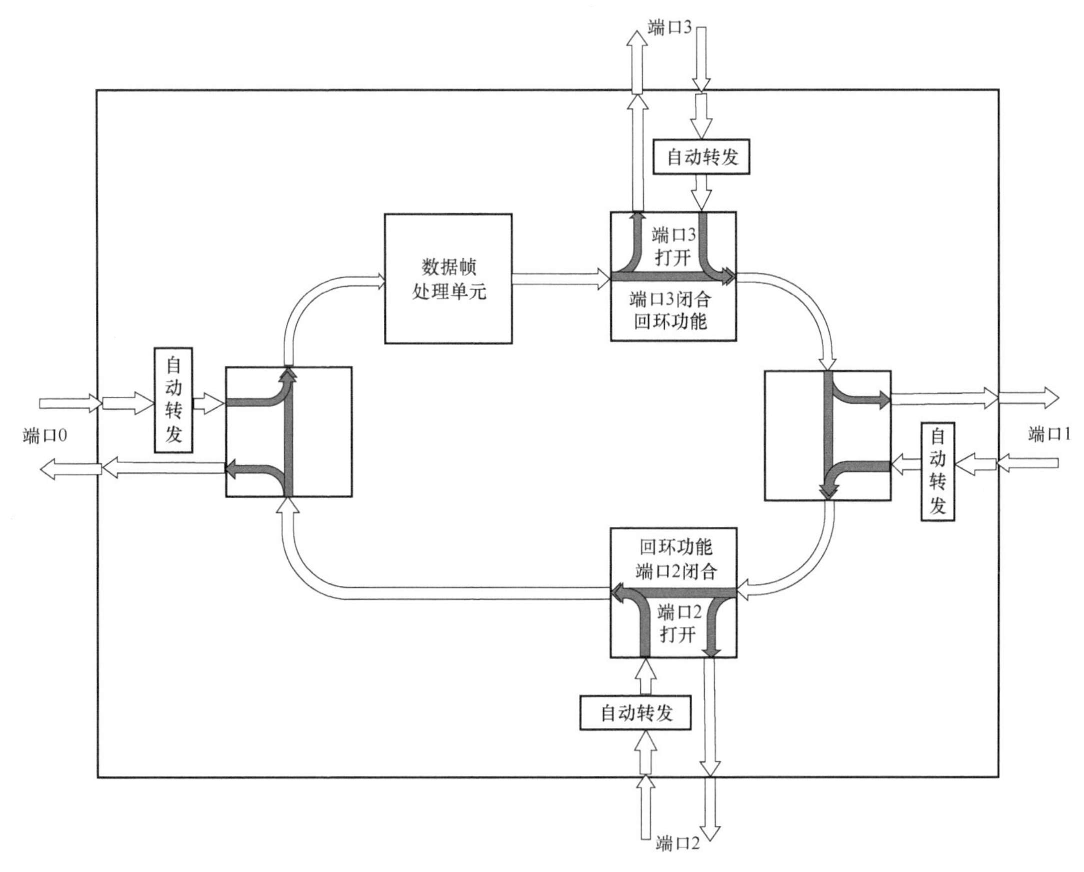

图 3-28 EtherCAT 从站控制器内部数据帧处理过程

EtherCAT 从站控制器支持 EtherCAT、UDP/IP 和 VLAN（Virtual Local Area Network）数据帧类型，并能处理包含 EtherCAT 数据子报文的 EtherCAT 数据帧和 UDP/IP 数据帧，也能处理带有 VLAN 标记的数据帧，此时 VLAN 设置被忽略而 VLAN 标记不被修改。

由于 ET1100、ET1200 和 EtherCAT 从站没有 MAC 地址和 IP 地址，它们只能支持直连模式或使用管理型的交换机实现开放模式，由交换机的端口地址来识别不同的 EtherCAT 网段。

EtherCAT 从站控制器修改了标准以太网的数据链路 DL（Data Link），数据帧由 EtherCAT 从站控制器直接转发处理，从而获得最小的转发延时和最短的周期时间。为了降低延迟时间，EtherCAT 从站控制器省略了发送 FIFO。但是，为了隔离接收时钟和处理时钟，EtherCAT 从站控制器使用了接收 FIFO（RX FIFO）。RX FIFO 的大小取决于数据接收方和数据发送方的时钟源精度，以及最大的数据帧字节数。主站可以通过设置数据链路 DL 控制寄存器（0x0100~0x0103）的位 16~18 来调整 RX FIFO，但是不允许完全取消 RX FIFO。默认的 RX FIFO 可以满足最大的以太网数据帧和 100 ppm 的时钟源精度。使用 25 ppm 的时钟源精度可以将 RX FIFO 设置为最小。

EtherCAT 从站控制器的转发延时由 RX FIFO 的大小和 ESC 数据帧处理单元延迟决定，而 EtherCAT 从站的数据帧传输延时还与它使用的物理层器件有关，使用 MII 接口时，由于 PHY 芯片的接收和发送延时比较大，一个端口的传输延时约为 500ns；使用 EBUS 接口时，延时较小，通常约为 100ns，EBUS 最大传输距离为 10m。

3.4.2 EtherCAT 从站控制器的通信端口控制

EtherCAT 从站控制器端口的回路状态可以由主站写数据链路 DL 控制寄存器（0x0100~0x0103）来控制。

EtherCAT 从站控制器支持强制回路控制（不管连接状态如何都强制打开或闭合），以及自动回路控制（由每个端口的连接状态决定打开或闭合）。

在自动模式下，如果建立连接则端口打开，如果失去连接则端口闭合。端口失去连接而自动闭合，再次建立连接后，它必须被主动打开，后者端口收到有效的以太网数据帧后也可以自动打开。

EtherCAT 从站控制器端口的状态可以从 DL 状态寄存器（0x0110~0x0111）中读取。

EtherCAT 从站控制器数据链路层控制和状态寄存器描述见表 3-40。

表 3-40 EtherCAT 从站控制器的数据链路层控制和状态寄存器描述

地址	位	名称	描述	复位值
0x0100~0x0103 (DL 控制寄存器)	0~31	DL 控制	ESC 数据链路层通信控制	
	0	转发规则	0:处理 EtherCAT 数据帧，非 ETherCAT 帧只转发不处理 1:处理 EtherCAT 数据帧，并设置源 MAC 地址为本地管理地址(MAC 地址字节 0=0x02)终结非 EtherCAT 帧	1
	1	暂时使用 0x0101 配置	0:永久使用 1:使用大约 1s，然后恢复到之前的配置	0
	2~7	保留		
	8~9	端口 0 环路控制	00:自动 链路断开时闭合，链路连接时打开 01:自动闭合 链路断开时闭合，链路连接时写入 0x01 后打开 10:无论链路状态如何，都打开 11:无论链路状态如何，都闭合	00
	10~11	端口 1 环路控制		00
	12~13	端口 2 环路控制		00
	14~15	端口 3 环路控制		00
	16~18	RX FIFO 大小	ESC 在 FIFO 至少半满之后才开始转发数据帧，RX 延时减少 值 | EBUS | MII 0: | -50ns | -40ns 1: | -40ns | -40ns 2: | -30ns | -40ns 3: | -20ns | -40ns 4: | -10 ns | 无变化 5: | 无变化 | 无变化 6: | 无变化 | 无变化 7: | 默认值 | 默认值	7

（续）

地址	位	名称	描述	复位值
0x0100～0x0103（DL 控制寄存器）	19	EBUS 抖动	0:正常抖动 1:降低抖动	0
	20～23	保留		0
	24	站点别名	0:忽略站点别名 1:所有配置地址寻址使用别名	0
	25～31	保留		0
0x0110～0x0111（DL 状态寄存器）	0～15	DL 状态	ESC 数据链路状态	
	0	PDI 可操作	0:EEPROM 没有装载,PDI 不可操作,不可访问过程数据存储区 1:EEPROM 正确装载,PDI 可操作,可以访问过程数据存储区	0
	1	PDI WDT 状态	0:WDT 过期 1:WDT 已重装载	0
	2	增强的链接检测功能	0:没有激活 1:激活	EEPROM
	3	保留		0
	4	端口 0 物理连接	0:无链接 1:检测到链接 MII:对应于 LINK_MII 信号 EBUS:链接检测的结果	0
	5	端口 1 物理连接		0
	6	端口 2 物理连接		0
	7	端口 3 物理连接		0
	8	端口 0 环路状态	0:打开,数据帧在此端口离开 ESC 1:闭合,数据帧被转发到内部的下一端口	0
	9	端口 0 通信	0:无稳定的通信 1:建立了通信	0
	10	端口 1 环路状态	0:打开,数据帧在此端口离开 ESC 1:闭合,数据帧被转发到内部的下一端口	0
	11	端口 1 通信	0:无稳定的通信 1:建立了通信	0
	12	端口 2 环路状态	0:打开,数据帧在此端口离开 ESC 1:闭合,数据帧被转发到内部的下一端口	0
	13	端口 2 通信	0:无稳定的通信 1:建立了通信	0
	14	端口 3 环路状态	0:打开,数据帧在此端口离开 ESC 1:闭合,数据帧被转发到内部的下一端口	0
	15	端口 3 通信	0:无稳定的通信 1:建立了通信	0

1. 通信端口打开的条件

通信端口由主站控制，从站微处理器或微控制器不操作数据链路。端口被使能，而且满足如下任一条件时，端口将被打开。

1）DL 控制寄存器中端口设置为自动时，端口上有活动的连接。

2）DL 控制寄存器中回路设置为自动闭合时，端口上建立连接，并且向寄存器 0x0100 相应控制位再次写入 0x01。

3）DL 控制寄存器中回路设置为自动闭合时，端口上建立连接，并且收到有效的以太网数据帧。

4）DL 控制寄存器中回路设置为常开。

2. 通信端口闭合的条件

满足以下任一条件时，端口将被闭合。

1）DL 控制寄存器中端口设置为自动时，端口上没有活动的连接。

2）DL 控制寄存器中回路设置为自动闭合时，端口上没有活动的连接，或者建立连接后没有向相应控制位再次写入 0x01。

3）DL 控制寄存器中回路设置为常闭。

当所有的通信端口不论是因为强制还是自动而处于闭合状态时，端口 0 都将打开作为回复端口，可以通过这个端口实现读/写操作，以便修改 DL 控制寄存器的设置。此时 DL 状态寄存器仍然反映正确的状态。

3.4.3 EtherCAT 从站控制器的数据链路错误检测

EtherCAT 从站控制器在两个功能块中检测 EtherCAT 数据帧错误，即自动转发模块和 EtherCAT 数据帧处理单元。

1. 自动转发模块检测到的错误

自动转发模块能检测到的错误如下：

1）物理层错误（RX 错误）。

2）数据帧过长。

3）CRC 校验错误。

4）数据帧无以太网起始符 SOF（Start Of Frame）。

2. EtherCAT 数据帧处理单元检测到的错误

EtherCAT 数据帧处理单元可以检测到的错误如下。

1）物理层错误（RX 错误）。

2）数据帧长度错误。

3）数据帧过长。

4）数据帧过短。

5）CRC 检验错误。

6）非 EtherCAT 数据帧（若 0x100.0 为 1）。

EtherCAT 从站控制器的寄存器有一些错误指示寄存器用来监测和定位错误。数据链路错误计数器描述见表 3-41。所有计数器的最大值都为 0xFF，计数到达 0xFF 后停止，不再循环计数，须由写操作来清除。EtherCAT 从站控制器可以区分首次发现的错误和其之前已经检测到的错误，并且可以对接收错误计数器和转发错误计数器进行分析及错误定位。

表 3-41 数据链路错误计数器描述

地址	位	名称	描述	复位值
0x0300+i×2	0~7	端口 i 无效帧计数	计数达到 0xFF 后停止，写接收错误计数器 0x0300~0x030B 中的任意一个后清除所有值	0

（续）

地址	位	名称	描述	复位值
0x0301+i×2	8~15	端口 i 接收错误计数	计数达到 0xFF 后停止，接收错误直接与 MII 或 EBUS 接口的 RX_ERR 信号相关，写接收错误计数器 0x0300~0x030B 中的任意一个后清除所有值	0
0x0308+i	0-7	端口 i 转发错误计数	计数达到 0xFF 后停止，写接收错误计数器 0x0300~0x030B 中的任意一个后清除所有值	0
0x030C	0~7	数据帧处理单元错误计数	计数经过处理单元的错误帧，比如 FCS 错误、子报文结构错误等，计数达到 0xFF 后停止，写操作清除其中的值	0
0x030D	0~7	PDI 错误计数	计数 PDI 操作出现的接口错误，达到 0xFF 后停止，写操作清除其中的值	
0x0310+i	0~7	端口 i 链接丢失计数	计数达到 0xFF 后停止，写其中一个寄存器将清除所有值	

3.4.4 EtherCAT 从站控制器的数据链路地址

EtherCAT 通信协议使用设置寻址时，有两种从站地址模式。

EtherCAT 从站控制器的数据链路地址寄存器描述见表 3-42，表 3-42 中列出了两种设置站点地址时使用的寄存器。

表 3-42　EtherCAT 从站控制器数据链路地址寄存器描述

地址	位	名称	描述	复位值
0x0010~0x0011	0~15	设置站点地址	设置寻址所用地址（FPRD、FPWR 和 FPRW 命令）	0
0x0012~0x0013	0~15	设置站点别名	设置寻址所用的地址别名，是否使用这个别名，取决于 DL 控制寄存器 0x0100~0x0103 的位 24	0，保持该复位值，直到对 EEPROM 地址 0x0004 首次载入数据

1. 通过主站在数据链路启动阶段配置给从站

主站在初始化状态时，通过使用 APWR 命令，写从站寄存器 0x0010~0x0011，为从站设置一个与连接位置无关的地址，在以后的运行过程中使用此地址访问从站。

2. 通过从站在上电初始化时从配置数据存储区装载

每个 EtherCAT 从站控制器均配有 EEPROM 存储配置数据，其中包括一个站点别名。

EtherCAT 从站控制器在上电初始化时自动装载 EEPROM 中的数据，将站点别名装载到寄存器 0x0012~0x0013。

主站在链路启动阶段使用顺序寻址命令 APRD 读取各个从站的设置地址别名，并在以后运行中使用。使用别名之前，主站还需要设置 DL 控制寄存器 0x0100~0x0103 的位 24 为 1，通知从站将使用站点别名进行设置地址寻址。

使用从站别名可以保证即使网段拓扑改变或者添加或取下设备时，从站设备仍然可以使用相同的设置地址。

3.4.5 EtherCAT 从站控制器的逻辑寻址控制

EtherCAT 子报文可以使用逻辑寻址方式访问 EtherCAT 从站控制器内部存储空间，EtherCAT 从站控制器使用 FMMU 通道实现逻辑地址的映射。

每个 FMMU 通道使用 16 个字节配置寄存器，从 0x0600 开始。FMMU 通道配置寄存器描述见表 3-43。

表 3-43 FMMU 通道配置寄存器描述

偏移地址	位	名称	描述	复位值
+0x0:0x3	0~31	数据逻辑起始地址	在 EtherCAT 地址空间内的逻辑起始地址	0
+0x4:0x5	0~15	数据长度(字节数)	从第一个逻辑 FMMU 字节到最后一个 FMMU 字节的偏移量增加 1 字节。例如:如果使用了 2 个字节,则取值为 2	0
+0x6	0~2	数据逻辑起始位	应该映射的逻辑起始位,从最低有效位(为 0)到最高有效位(为 7)计数	0
	3~7	保留		
+0x7	0-2	数据逻辑终止位	应该映射的最后一位,从最低有效位(为 0)到最高有效位(为 7)计数	0
	3~7	保留		
+0x8:0x9	0~15	从站物理内存起始地址	物理起始地址,影射到逻辑起始地址	
+0xA	0~2	物理内存起始位	物理起始位,影射到逻辑起始位	0
	3~7	保留		
+0xB	0	读操作控制	0:无读访问映射 1:使用读访问映射	0
	1	写操作控制	0:无写访问映射 1:使用写访问映射	
	2~7	保留		
+0xC	0	激活	0:不激活 FMMU 1:激活 FMMU,用以检查根据映射配置所反映的逻辑地址块	0
	1~7	保留		
+0xD:+0xF	0~23	保留		0

3.5 EtherCAT 从站控制器的应用层控制

3.5.1 EtherCAT 从站控制器的状态机控制和状态

EtherCAT 从站控制器的状态机控制和状态寄存器描述见表 3-44。

表 3-44 EtherCAT 从站控制器的状态机控制和状态寄存器描述

地址	位	名称	描述	复位值
0x0120~0x0121	0~3	AL 控制位	发起从站状态机的状态切换 1:请求初始化状态 2:请求预运行状态 3:请求 Bootstrap 状态 4:请求安全运行状态 8:请求运行状态	1
	4	AL 错误应答	0:无错误应答 1:应答 AL 状态寄存器中的错误	0
0x0130~0x0131	5~15	保留		0
	0~3	从站状态机实际状态	1:初始化状态 3:Bootstrap 状态 2:预运行状态 4:安全运行状态 8:运行状态	1
	4	AL 错误指示	0:从站处在所请求的状态或标志被清除	0
	5~15	保留		0
0x0134~0x0135	0~15	AL 状态码	应用层状态是否有错误及错误代码	0

EtherCAT 主站和从站按照如下规则执行状态转化。

1）主站要改变从站状态时，将目的状态写入从站 AL 控制位（0x0120.0~3）。

2）从站读取到新状态请求之后检查自身状态。

① 如果可以转化，则将新的状态写入状态机实际状态位（0x0130.0~3）。

② 如果不可以转化，则不改变实际状态位，设置错误指示位（0x0130.4），并将错误码写入 0x0134~0x0135。

3）EtherCAT 主站读取状态机实际状态（0x0130）。

① 如果正常转化，则执行下一步操作。

② 如果出错，主站读取错误码并写 AL 错误应答（0x0120.4）来清除 AL 错误指示。

使用微处理器 PDI 接口时，AL 控制寄存器由握手机制操作。ECAT 写 AL 控制寄存器后，PDI 必须执行一次，否则，ECAT 不能继续写操作。只有在复位后 ECAT 才能恢复写 AL 控制寄存器。

PDI 接口为数字量 I/O 时，没有外部微处理器读 AL 控制寄存器，此时主站设置设备模拟位 0x0140.8=1，EtherCAT 从站控制器将自动复制 AL 控制寄存器的值到 AL 状态寄存器。

EtherCAT 从站控制器的 AL 状态码描述见表 3-45。表中“+E”表示设置了 AL 错误指示位（0x0130.4）。

表 3-45 EtherCAT 从站控制器的 AL 状态码描述

编码	描述	发生错误的当前状态或状态改变	结果的状态
0x0000	无错误	任意状态	当前状态
0x0001	未知错误	任意状态	任意状态+E
0x0002	从站本地应用内存耗尽	任意状态	任意状态+E

（续）

编码	描述	发生错误的当前状态或状态改变	结果的状态
0x0003	设备安装无效，表示 EtherCAT 从站中应用相关的设置无效。	P→S	P+E
0x0006	SII/EEPROM 中的信息与固件程序不符	I→P	I+E
0x0007	固件更新不成功，旧的固件仍然运行	B	B
0x000E	EtherCAT 从站控制器 IP-Core 授权错误	任意状态	I+E
0x0011	无效的状态改变请求	I→S，I→O，P→O，O→B，S→B，P→B	当前状态+E
0x0012	未知的状态请求	任意状态	当前状态+E
0x0013	不支持引导状态	I→B	I+E
0x0014	固件程序无效	I→P	I+E
0x0015	无效的邮箱配置	I→B	I+E
0x0016	无效的邮箱配置	I→P	I+E
0x0017	无效的 SM 通道配置	P→S，S→O	当前状态+E
0x0018	无有效的输入数据	O，S，P→S	P+E
0x0019	无有效的输出数据	O，S→O	S+E
0x001A	同步错误	O，S→O	S+E
0x001B	SM WDT	O，S	S+E
0x001C	无效的 SM 类型	O，S P→S	S+E P+E
0x001D	无效的输出配置	O，S P→S	S+E P+E
0x001E	无效的输入配置	O，S，P→S	P+E
0x001F	无效的 WDT 配置	O，S，P→S	P+E
0x0020	从站需要冷启动	任意状态	当前状态+E
0x0021	从站需要 Init 状态	B，P，S，O	当前状态+E
0x0022	从站需要 Pre-Op	S，O	S+E，O+E
0x0023	从站需要 Safe-Op	O	O+E
0x0024	输入过程数据映射无效	P→S	P+E
0x0025	输出过程数据映射无效	P→S	P+E
0x0026	设置不一致	P→S	P+E
0x0027	不支持自由运行模式（freerun）	P→S	P+E
0x0028	不支持同步模式	P→S	P+E
0x0029	自由运行模式需要 3 个缓冲区模式	P→S	P+E
0x002A	背景程序 WDT 超时	S，O	P+E
0x002B	无有效的输入和输出数据	O，S→O	S+E
0x002C	致命的同步错误，SYNC0 和 SYNC1 停止	O	S+E
0x002D	从 Safe-Op 转换到 Op 前，从站在等待接收 SYNC 信号，若在设置的时间内未能接收到 SYNC 信号，则转换失败	S→O	S+E

（续）

编码	描述	发生错误的当前状态或状态改变	结果的状态
0x002E	周期时间太短		
0x0030	无效的 DC SYNC 配置	O,S	S+E
0x0031	无效的 DC 锁存配置	O,S	S+E
0x0032	PLL 错误	O,S	S+E
0x0033	无效的 DC IO 错误	O,S	S+E
0x0034	无效的 DC 超时错误	O,S	S+E
0x0035	DC 模式 SYNC 周期时间无效	P→S	P+E
0x0036	DC 模式 SYNC0 周期时间不符合应用要求	P→S	P+E
0x0037	DC 模式 SYNC1 周期时间不符合应用要求	P→S	P+E
0x0041	AoE 邮箱适信错误	B,P,S,O	当前状态+E
0x0042	EoE 邮箱适信错误	B,P,S,O	当前状态+E
0x0043	CoE 邮箱通信错误	B,P,S,O	当前状态+E
0x0044	FoE 邮箱通信错误	B,P,S,O	当前状态+E
0x0045	SoE 邮箱通信错误	B,P,S,O	当前状态+E
0x004F	VoE 邮箱通信错误	B,P,S,O	当前状态+E
0x0050	没有给 PDI 分配 EEPROM	任意状态	任意状态+E
0x0051	EEPRON 访问出错	任意状态	任意状态+E
0x0052	外部硬件没有就绪，EtherCAT 从站与另一个外部设备或信号连接丢失，无法进行状态转换	任意状态	任意状态+E
0x0060	从站本地重新启动	任意状态	I
0x0061	设备的标识值被改动	P	P+E
0x0070	检测到的模块标识符列表（0xF050）与所设置的列表（0xF030）不匹配	P→S	P+E
0x00F0	本地应用释放了应用控制器，可以用于 EtherCAT 状态机和其他设备特性控制	I→P	P

3.5.2 EtherCAT 从站控制器的中断控制

EtherCAT 从站控制器的支持以下两种类型的中断。

① 给本地微处理器的 AL 事件请求中断。

② 给主站的 ECAT 帧中断。

分布时钟的同步信号也可以用作微处理器的中断信号。

EtherCAT 从站控制器的中断控制寄存器描述见表 3-46。

表 3-46 EtherCAT 从站控制器的中断控制寄存器描述

地址	位	名称	描述	复位值
0x0200~0x0201	0~15	ECAT 中断屏蔽	ECAT 中断请求是否映射到状态位，位定义同 ECAT 中断请求寄存器 0x0210~0x0211	0
0x0204~0x0207	0~31	AL 事件中断请求屏蔽	AL 事件请求寄存器是否映射到 PDI 中断信号 * IRQ 引脚，位定义同 AL 中断请求寄存器 0x0220~0x0223 0：没有映射到相应的中断请求位 1：映射到相应的中断请求位	0x00FF~0xFF0F

（续）

地址	位	名称	描述	复位值
0x0210~0x0211	0~15	ECAT帧中断请求		
	0	锁存事件	0:无新锁存事件 1:锁存事件发生 读取锁存时间存器中的一个字节可清除此位	0
	1	保留		
	2	DL状态事件	0:DL状态无变化 1:DL状态发生变化 通过读DL状态寄存器进行清除	0
	3	AL状态事件	0:AL状态无变化 1:AL状态发生变化 通过读AL状态寄存器进行清除	
	4~11	每个SM状态镜像值	0:无同步管理器通道事件发生 1:有同步管理器事件发生	0
	12~15	保留		
0x0220~0x0223	0~15	AL事件请求		
	0	AL控制事件	0:AL控制寄存器无变化 1:主站写AL控制寄存器	0
	1	锁存事件	0:Latch输入无变化 1:Latch输入至少改变一次	0
	2	SYNC0状态	0x0151.3=1时有效，通过读SYNC0状态寄存器0x098E.0清除	0
	3	SYNC1状态	0x0151.4=1时有效，通过读SYNC1状态寄存器0x098F.0进行清除	
	4	SM激活寄存器变化	0:无变化 1:至少一个SM通道发生变化 通过读SM激活寄存器进行清除	0
	5~7	保留		
	8~23	SM状态镜像	SM通道0~15状态位映射 0:无SM通道事件发生 1:有SM通道事件发生	
	24~31	保留		

1. PDI中断

AL事件的所有请求都映射到寄存器0x0220~0x0223，由事件屏蔽寄存器0x0204~0x0207决定哪些事件将触发给微处理器的中断信号IRQ。

微处理器响应中断后，在中断服务程序中读取AL事件请求寄存器，根据所发生的事件做出相应的处理。

2. ECAT帧中断

ECAT帧中断用来将从站所发生的AL事件通知EtherCAT主站，并使用EtherCAT子报文头中的状态位传输ECAT帧中断请求寄存器0x0210~0x0211。ECAT帧中断屏蔽寄存器0x0200~0x0201决定哪些事件会被写入状态位并发送给EtherCAT主站。

3. SYNC 同步信号中断

SYNC 同步信号可以映射到 IRQ 信号以触发中断。此时，同步引脚可以用作 Latch 输入引脚，IRQ 信号有 40ns 左右的抖动，同步信号有 12ns 左右的抖动。因此也可以将 SYNC 信号直接连接到微处理器的中断输入信号，微处理器将快速响应同步信号中断。

3.5.3 EtherCAT 从站控制器的 WDT 控制

EtherCAT 从站控制器支持以下两种内部 WDT。

① 监测过程数据刷新的过程数据 WDT。

② 监测 PDI 运行的 WDT。

EtherCAT 从站控制器的 WDT 相关寄存器描述见表 3-47。

1. 过程数据 WDT

通过设置 SM 控制寄存器（0x0804+Nx8）的位 6 来使能相应的过程数据 WDT。设置过程数据 WDT 定时器的值（0x0420~0x0421）为零将使 WDT 无效。过程数据缓存区被刷新后，过程数据 WDT 将重新开始计数。

过程数据 WDT 超时后，将触发如下操作。

1）设置过程数据 WDT 状态寄存器 0x0440.0=0。

2）数字量 I/O PDI 接口收回数字量输出数据，不再驱动输出信号或拉低输出信号。

3）过程数据 WDT 超时计数寄存器（0x0442）增加。

2. PDI WDT

一次正确的 PDI 读写操作可以启动 PDI WDT 重新计数。设置 PDI WDT 定时器的值（0x0410~0x0411）为零将使 WDT 无效。

PDI WDT 超时后，将触发以下操作。

1）设置 EtherCAT 从站控制器的 DL 状态寄存器 0x0110.1，DL 状态变化映射到 ECAT 帧的子报文状态位后，并将其发给 EtherCAT 主站。

2）PDI WDT 超时计数寄存器（0x0443）值增加。

表 3-47 EtherCAT 从站控制器的 WDT 相关寄存器描述

地址	位	名称	描述	复位值
0x0110	1	PDI WDT 状态	0:PDI WDT 超时 1:PDI WDT 在运行或未使能	0
0x0400~0x0401	0~15	WDT 计时分频率 WD_DIV	设定 WDT 计时分频率 例如:默认值 2498=100μs	0x09C2
0x0410~0x0411	0~15	PDI WDT 定时器 t_{WD_PDI}	基本 WDT 计时单元计数值	0x03E8
0x0420~0x0421	0~15	过程数据 WDT 定时器 t_{WD_PD}	基本 WDT 计时单元计数值	0x03E8
0x0440~0x0441	0	过程数据 WDT 状态	0:过程数据 WDT 超时 1:过程数据 WDT 在运行或未使能	0
	0~15	保留		
0x0442	0~7	过程数据 WDT 超时计数	当过程数据 WDT 超时则计数,达到 0xFF 时停止,写操作后清除计数	0
0x0443	0~7	PDI WDT 超时计数	当 PDI WDT 超时则计数,达到 0xFF 时停止,写操作后清除计数	0
0x0804+Nx8	6	SM WDT 使能	0:不使能 1:使能	

3.6 EtherCAT从站控制器的存储同步管理

3.6.1 EtherCAT从站控制器存储同步管理器

EtherCAT定义了如下两种SM通道运行模式。

(1) 缓存类型

该SM运行模式用于过程数据通信。

1) 使用3个缓存区，保证可以随时接收和交付最新的数据。

2) 经常有一个可写入的空闲缓存区。

3) 在第一次写入之后，经常有一个连续可读的数据缓存区。

(2) 邮箱类型

1) 使用一个缓存区，支持握手机制。

2) 对数据溢出产生保护。

3) 只有写入新数据后才可以进行成功的读操作。

4) 只有成功读取之后才允许再次写入。

EtherCAT从站控制器内部过程数据存储区可以用于EtherCAT主站与从站应用程序数据的交换，需要满足如下条件。

1) 保证数据一致性，必须由软件实现协同的数据交换。

2) 保证数据安全，必须由软件实现安全机制。

3) EtherCAT主站和应用程序都必须轮询存储器来判断另一端是否完成访问。

EtherCAT从站控制器使用了存储同步管理通道来保证主站与本地应用数据交换的一致性和安全性，并在数据状态改变时产生中断来通知双方。SM通道把存储空间组织为一定大小的缓存区，由硬件控制对缓存区的访问。缓存区的数量和数据交换方向可配置。

SM由主站配置，其配置寄存器描述见表3-48。

SM配置寄存器从0x800开始，每个通道使用8个字节，包括配置寄存器和状态寄存器。

要从起始地址开始操作一个缓存区，否则操作被拒绝。操作起始地址之后，就可以操作整个缓存区。

SM允许再次操作起始地址，并且可以分多次操作。操作缓存区的结束地址表示缓存区操作结束，随后缓存区状态改变，同时可以产生一个中断信号或WDT触发脉冲。不允许在一个数据帧内两次操作结束地址。

表3-48 EtherCAT从站控制器的SM配置寄存器描述

偏移地址	位	名称	描述	复位值
+0x0:0x1	0~16	数据的物理起始地址	SM通道处理的第一个字节在EtherCAT从站控制器地址空间内的起始地址	0
+0x2:0x3	0~16	SM通道数据长度	分配给SM通道的数据长度,必须大于1,否则SM通道将不被激活;设置为1时,只使能WDT	0

（续）

偏移地址	位	名称	描述	复位值
+0x4	0~7	SM 通道控制寄存器		0
	0~1	运行模式	00:3 个缓存区模式 01:保留 10:单个缓存区模式 11:保留	00
	2~3	方向	00:读,ECAT 帧读操作,PDI 写操作 01:写,ECAT 帧写操作,PDI 读操作	00
	4	ECAT 帧中断请求触发	0:不使能 1:使能	0
	5	PDI 中断请求触发	0:不使能 1:使能	0
	6	WDT 触发	0:不使能 1:使能	
	7	保留		
+0x5	0~7	SM 状态寄存器		
	0	写中断	1:写操作成功后触发中断 0:读第一个字节后清除	0
	1	读中断	1:读操作成功后触发中断 0:写第一个字节后清除	0
	2	保留		
	3	单缓存区状态	单缓存区模式下,表示缓存区状态 0:缓存区空闲 1:缓存区满	0
	4~5	3 个缓存区模式状态	3 个缓存区模式下,表示最后写入的缓冲区 00:缓存区 1 01:缓存区 2 10:缓存区 3 11:没有写入缓存区	11
	6~7	保留		
+0x6	0~7	ECAT 帧控制 SM 通道的激活		
	0	SM 通道使能	0:不使能,不使用 SM 通道控制对内存的访问 1:使能,使用 SM 通道控制对内存的访问	0
	1	重复请求	请求重复邮箱数据传输,主要与 ECAT 帧读邮箱数据一起使用	0
	2~5	保留		
	6	ECAT 帧访问事件锁存	0:无操作 1:EtherCAT 主站读写一个缓存区后产生锁存事件	
	7	PDI 访问事件锁存	0:无操作 1:PDI 读写一个缓存区或 PDI 访问缓存区起始地址时产生锁存事件	

（续）

偏移地址	位	名称	描述	复位值
+0x7	0~7	PDI 控制 SM 通道		
	0	使 SM 通道无效	读和写的含义不同 当读时 0:正常操作,SM 通道激活 1:SM 无效,并锁定对内存区的访问 当写时 0:激活 SM 通道 1:请求 SM 通道无效,直到当前正在处理的数据帧结束	0
	1	重复请求应答	与重复请求位相同时,表示 PDI 对前面设置的重复请求的应答	0
	2~7	保留		0

3.6.2 SM 通道缓存区的数据交换

EtherCAT 的缓存模式使用 3 个缓存区，允许 EtherCAT 主站和从站控制微处理器双方在任何时候访问数据交换缓存区。数据接收方可以随时得到一致的最新数据，而数据发送方也可以随时更新缓存区的内容。如果写缓存区的速度比读缓存区的速度快，以前的数据将被覆盖。

3 个缓存区模式通常用于周期性过程数据交换。3 个缓存区由 SM 通道统一管理，SM 通道只配置了第一个缓存区的地址范围。根据 SM 通道的状态，对第 1 个缓存区的访问将被重新定向到 3 个缓存区中的一个。第 2 和第 3 个缓存区的地址范围不能被其他 SM 通道所使用，SM 通道缓存区分配见表 3-49。

表 3-49 SM 通道缓存区分配

地址	缓存区分配
0x1000~0x10FF	缓存区 1,可以直接访问
0x1100~0x11FF	缓存区 2,不可以直接访问,不可以用于其他 SM 通道
0x1200~0x12FF	缓存区 3,不可以直接访问,不可以用于其他 SM 通道
0x1300	可用存储空间

表 3-49 配置了一个 SM 通道，其起始地址为 0x1000，长度为 0x100，0x1100~0x12FF 的地址范围不能被直接访问，而是作为缓存区由 SM 通道来管理。所有缓存区由 SM 通道控制，只有缓存区 1 的地址配置给 SM 通道，并由 EtherCAT 主站和本地应用直接访问。

SM 缓存区的运行原理如图 3-29 所示。

在图 3-29 的状态①中，缓存区 1 正由主站数据帧写入数据，缓存区 2 空闲，缓存区 3 由从站微处理器读走数据。

主站写缓存区 1 完成后，缓存区 1 和缓存区 2 交换，变为图 3-29 中的状态②。

从站微处理器读缓存区 3 完成后，缓存区 3 空闲，并与缓存区 1 交换，变为图 3-29 中的状态③。

此时，主站和微处理器又可以分别开始写和读操作。如果 SM 控制寄存器（0x0804+

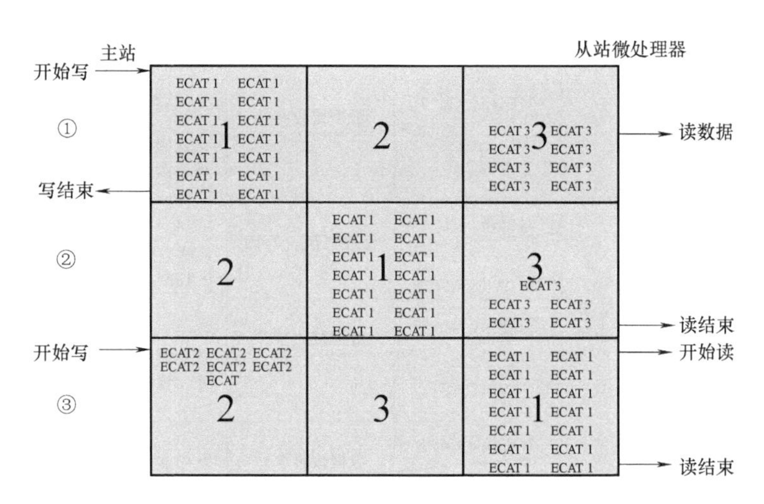

图 3-29　SM 缓存区的运行原理

Nx8）中使能了 ECAT 帧或 PDI 中断，那么每次成功的读写操作都将在 SM 状态寄存器（0x0805+Nx8）中设置中断事件请求，并映射到 ECAT 中断请求寄存器（0x0210～0x0211）和 AL 事件请求寄存器（0x0220～0x0221）中，再由相应的中断屏蔽寄存器决定是否映射到数据帧状态位或触发中断信号。

3.6.3　SM 通道邮箱数据通信模式

SM 通道的邮箱模式使用一个缓存区，实现了带有握手机制的数据交换，所以不会丢失数据。只有在一端完成数据操作之后，另一端才能访问缓存区。

首先，数据发送方写缓存区，然后缓存区被锁定为只读，直到数据按收方读走数据。随后，发送方再次写操作缓存区，同时缓存区对接收方锁定。

邮箱模式通常用于应用层非周期性数据交换，分配的这一个缓存区也称为邮箱。邮箱模式只允许以轮流方式读和写操作，实现完整的数据交换。

只有 EtherCAT 从站控制器接收数据帧 FCS 正确时，SM 通道的数据状态才会改变。这样，在数据帧结束之后缓存区状态立刻变化。

邮箱数据通信使用两个存储同步管理器通道。通常，主站到从站通信使用 SM0 通道，从站到主站通信使用 SM1 通道，它们被配置成为一个缓存区方式，使用握手来避免数据溢出。

1. 主站写邮箱操作

SM 通道邮箱数据通信模式如图 3-30 所示。

主站要发送非周期性数据给从站时，发送 ECAT 帧命令写从站的 SM0 通道所管理的缓存区地址。Ctr 是用于重复检测的顺序编号，每个新的邮箱服务将加 1。数据返回主站后，主站检查 ECAT 帧命令的 WKC，如果 WKC 为 1，表示写 SM0 通道成功，如图 3-30 中的状态①。

如果 WKC 仍然为 0，表示 SM0 通道非空，从站还没有将上次写入的数据读走，主站本次写失败。等待一段时间后再重新发送相同的数据帧，并再次根据返回数据帧的 WKC 判断是否成功，如果从站在此期间读走了缓存区数据，则主站此次写操作成功，返回数据帧子报

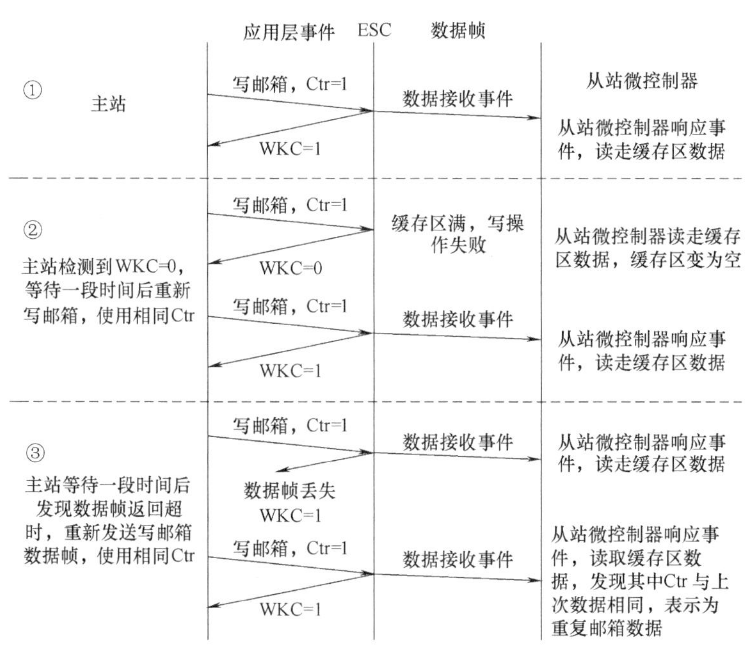

图 3-30 SM 通道邮箱数据通信模式

文的 WKC 等于 1，如图 3-30 中的状态②。

如果写邮箱数据丢失，主站在发现接收返回数据帧超时之后，重新发送相同数据帧。从站读取此数据之后，发现其中的计数器 Ctr 与上次数据命令相同，表示为重复的邮箱数据，如图 3-30 中的状态③。

2. 主站读邮箱操作

主站读邮箱的操作过程如图 3-31 所示。

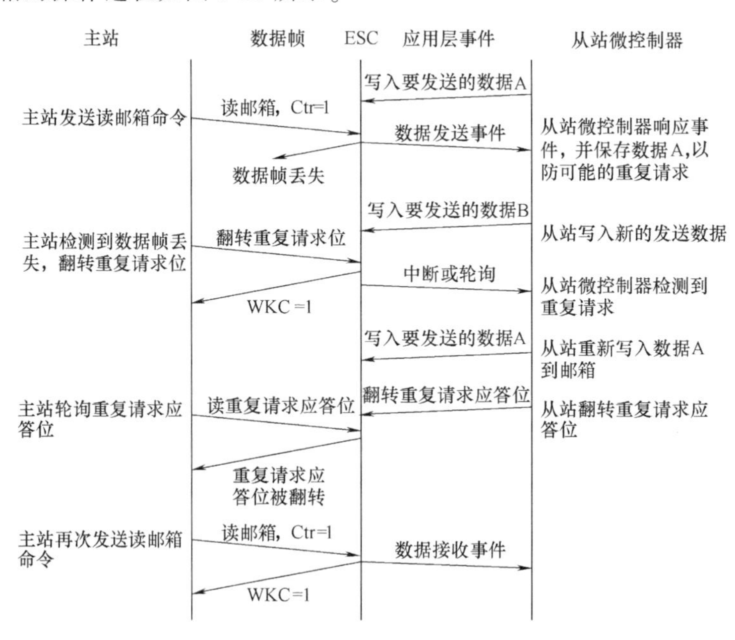

图 3-31 主站读邮箱的操作过程

数据交换是由主站发起的。如果从站有数据要发送给主站，必须先将数据写入发送邮箱缓存区，然后由主站来读取。主站有两种方法来测定从站是否已经将邮箱数据填入发送数据区。

一种方法是将 SM1 通道配置寄存器中的邮箱状态位（0x80D.3）映射到逻辑地址中，使用 FMMU 周期性地读这一位。使用逻辑寻址可以同时读取多个从站的状态位，这种方法的缺点是每个从站都需要一个 FMMU 单元。

另一个方法是简单地轮询 SM1 通道数据区。从站已经将新数据填入数据区后，这个读命令的工作计数器 WKC 将加 1。

读邮箱操作可能会出现错误，主站需要检查从站邮箱命令应答报文中的工作计数器 WKC。如果工作计数器没有增加或在限定的时间内没有响应，主站必须翻转 SM0 通道控制存器中的重复请求位（0x0806.1）。从站检测到翻转位之后，将上次的数据再次写入 SM1 通道数据区，并翻转 SM1 通道配置寄存器中 PDI 控制字节中的重发应答位（0x80E.1）。主站读到 SM1 通道翻转位后，再次发起读命令。

3.7 EtherCAT 从站信息接口（SII）

EtherCAT 从站控制器采用 EEPROM 来存储所需要的设备相关信息，称为从站信息接口 SII（Slave Information Interface）。

EEPROM 的容量为 1KB~4MB，取决于 EtherCAT 从站控制器规格。

EEPROM 数据结构见表 3-50。

表 3-50 EEPROM 数据结构

字地址 0	EtherCAT 从站控制器寄存器配置区			
字地址 8	厂商标识	产品码	版本号	序列号
字地址 16	硬件延时		引导状态下邮箱配置	
字地址 24	邮箱 SM 通道配置		保留	
字地址 64	分类附加信息			
	字符串类信息			
	设备信息类			
	FMMU 描述信息			
	SM 通道描述信息			

EEPROM 使用字地址，字 0~63 是必需的基本信息，其各部分描述如下。

1）EtherCAT 从站控制器的寄存器配置区（字 0~7），由 EtherCAT 从站控制器在上电或复位后自动读取后装入相应寄存器，并检查校验和。

2）产品标识区（字 8~15），包括厂商标识、产品码、版本号和序列号等。

3）硬件延时（字 16~19），包括端口延时和处理延时等信息。

4）引导状态下邮箱配置（字 20~23）。

5）标准邮箱通信 SM 通道配置（字 24~27）。

3.7.1 EEPROM 中的信息

EtherCAT 从站控制器配置数据见表 3-51。

EEPROM 中的分类附加信息包含了可选的从站信息，有以下两种类型的数据。

① 标准类型。

② 制造商定义类型。

所有分类数据都使用相同的数据结构，包括一个字的数据类型、一个字的数据长度和数据内容。标准的分类数据类型见表 3-52。

表 3-51 EtherCAT 从站控制器配置数据

字地址	参数名	描 述
0	PDI 控制	PDI 控制寄存器初始值(0x0140~0x0141)
1	PDI 配置	PDI 配置寄存器初始值(0x0150~0x0151)
2	SYNC 信号脉冲宽度	SYNC 信号脉宽寄存器初始值(0x0982~0x0983)
3	扩展 PDI 配置	扩展 PDI 配置寄存器初始值(0x0152~0x0153)
4	站点别名	站点别名配置寄存器初始值(0x0012~0x0013)
5,6	保留	保留,应为 0
7	校验和	字 0~6 的校验和

表 3-52 标准的分类数据类型

类型名	数值	描 述
STRINGS	10	文本字符串信息
General	30	设备信息
FMMU	40	PMMU 使用信息
SyncM	41	SM 通道运行模式
TXPDO	50	TxPDO 描述
RXPDO	51	RxPDO 描述
DC	60	分布式时钟描述
End	0xffff	分类数据结束

3.7.2 EEPROM 的操作

EtherCAT 从站控制器具有读写 EEPROM 的功能，主站或 PDI 通过读写 EtherCAT 从站控制器的 EEPROM 控制寄存器来读写 EEPROM，在复位状态下由主站控制 EEPROM 的操作之后可以移交给 PDI 控制。EEPROM 控制寄存器功能描述见表 3-53。

表 3-53 EEPROM 控制寄存器功能描述

地址	位	名称	描述	复位值
0x0500	0	EEPROM 访问分配	0:ECAT 帧 1:PDI	0
	1	强制 PDI 操作释放	0:不改变 0x0501.0 1:复位 0x0501.0 为 0	0
	2~7	保留		0
0x0501	0	PDI 操作	0:PDI 释放 EEPROM 操作 1:PDI 正在操作 EEPROM	0
	1~7	保留		0
0x0502~0x0503	0~15	EEPROM 控制和状态寄存器		
	0	ECAT 帧写使能	0:写请求无效 1:使能写请求	0
	1~5	保留		
	6	支持读字节数	0:4 个字节 1:8 个字节	ET1100:1 ET1200:1 其他:0
	7	EEPROM 地址范围	0:1 个地址字节(1KB~16KB) 1:2 个地址字节(32KB~4MB)	芯片配置引脚
	8	读命令位	读写操作时含义不同 当写时 0:无操作 1:开始读操作 当读时 0:无读操作 1:读操作进行中	0
	9	写命令位	读写操作时含义不同 当写时 0:无操作 1:开始写操作 当读时 0:无写操作 1:写操作进行中	0
	10	重载命令位	读写操作时含义不同 当写时 0:无操作 1:开始重载操作 当读时 0:无重载操作 1:重载操作进行中	0
	11	ESC 配置区校验	0:校验和正确 1:校验和错误	0
	12	器件信息校验	0:器件信息正确 1:从 EEPROM 装载器件信息错误	0

（续）

地址	位	名称	描述	复位值
0x0502～0x0503	13	命令应答	0:无错误 1:EEPROM 无应答,或命令无效	0
	14	写使能错误	0:无错误 1:请求写命令时无写使能	0
	15	忙位	0:FEPROM 接口空闲 1:EEPROM 接口忙	0
0x0504～0x0507	0～32	EEPROM 地址	请求操作的 EEPROM 地址,以字为单位	0
0x0508～0x050F	0～15	EEPROM 数据	将写入 EEPROM 的数据或从 EEP-ROM 读到数据,低位字	0
	16～63	EEPROM 数据	从 EEPROM 读到数据,高位字,一次读 4 个字节时,只有 16～31 有效	0

1. 主站强制获取操作控制

寄存器 0x0500 和 0x0501 分配 EEPROM 的访问控制权。

如果 0x0500.0=0，并且 0x0501.0=0，则由 EtherCAT 主站控制 EEPROM 访问接口，这也是 EtherCAT 从站控制器的默认状态；否则由 PDI 控制 EEPROM。

双方在使用 EEPROM 之前需要检查访问权限，EEPROM 访问权限的移交有主动放弃和被动剥夺两种形式。

双方在访问完成后可以主动放弃控制权，EtherCAT 主站应该在以下情况通过写 0x0500.0=1，将访问权交给应用控制器。

1）在 I→P 转换时。

2）在 I→B 转换时并在 BOOT 状态下。

3）若在 ESI 文件中定义了"AssignToPdi"元素，除 INIT 状态外，EtherCAT 主站应该将访问权交给 PDI 一端。

EtherCAT 主站可以在 PDI 没有释放控制权时强制获取操作控制，操作如下。

1）主站操作 EEPROM 结束后，主动写 0x0500.0=1，将 EEPROM 接口移交给 PDI。

2）如果 PDI 要操作 EEPROM，则写 0x0501.0=1，接管 EEPROM 控制。

3）PDI 完成 EEPROM 操作后，写 0x0501.0=0，释放 EEPROM 操作。

4）主站写 0x0500.0=0，接管 EEPROM 控制权。

5）如果 PDI 未主动释放 EEPROM 控制，主站可以写 0x0500.1=1，强制清除 0x0501.0，从 PDI 夺取 EEPROM 控制。

2. 读/写 EEPROM 的操作

EEPROM 接口支持以下 3 种操作命令。

① 写一个 EEPROM 地址。

② 从 EEPROM 读。

③ 从 EEPROM 重载 EtherCAT 从站控制器配置。

需要按照以下步骤执行读/写 EEPROM 的操作。

1）检查 EEPROM 是否空闲（0x0502.15 是否为 0）。如果不空闲，则必须等待，直到空闲。

2）检查 EEPROM 是否有错误（0x0502.13 是否为 0，或 0x0502.14 是否为 0）。如果有

错误，则写 0x0502.[10:8]=[000] 清除错误。

3）写 EEPROM 字地址到 EEPROM 地址寄存器。

4）如果要执行写操作，首先将要写入的数据写入 EEPROM 数据寄存器 0x0508~0x0509。

5）写控制寄存器以启动命令的执行。

① 读操作，写 0x500.8=1。

② 写操作写 0x500.0=1 和 0x500.9=1，这两位必须由一个数据帧写完成。0x500.0 为写使能位可以实现写保护机制，它对同一数据帧中的 EEPROM 命令有效，并随后自动清除；对于 PDI 访问控制不需要写这一位。

③ 重载命令，写 0x500.10=1。

6）EtherCAT 主站发起的读/写操作是在数据帧结束符 EOF（End Of Frame）之后开始执行的，PDI 发起的操作则马上被执行。

7）等待 EEPROM 忙位清除（0x0502.15 是否为 0）。

8）检查 EEPROM 错误位。如果 EEPROM 应答丢失，可以重新发起命令，即回到第 5）步。在重试之前等待一段时间，使 EEPROM 有足够时间保存内部数据。

9）获取执行结果。

① 读操作，读到的数据在 EEPROM 数据寄存器 0x0508~0x050F 中，数据长度可以是 2 或 4 个字节，取决于 0x0502.6。

② 重载操作，EtherCAT 从站控制器配置被重新写入相应的寄存器。

在 EtherCAT 从站控制器上电启动时，将从 EEPROM 载入开始的 7 个字节，以配置 PDI 接口。

3.7.3 EEPROM 操作的错误处理

EEPROM 接口操作错误由 EEPROM 控制/状态寄存器 0x0502~0x0503 指示，见表 3-54。

EtherCAT 从站控制器在上电或复位后读取 EEPROM 中的配置数据，如果发生错误，则重试读取。连续两次读取失败后，设置设备信息错误位，此时 EtherCAT 从站控制器数据链路状态寄存器中 PDI 允许运行位（0x0110.0）保持无效。发生错误时，所有由 EtherCAT 从站控制器配置区初始化的寄存器保持其原值，EtherCAT 从站控制器过程数据存储区也不可访问，直到成功装载 EtherCAT 从站控制器配置数据。

EEPROM 无应答错误是一个常见的问题，更容易在 PDI 操作 EEPROM 时发生。

连续写 EEPROM 时产生无应答错误的原因如下。

1）EtherCAT 主站或 PDI 发起第一个写命令。

2）EtherCAT 从站控制器将写入数据传送给 EEPROM。

3）EEPROM 内部将输入缓存区中数据传送到存储区。

4）主站或 PDI 发起第二个写命令。

5）EtherCAT 从站控制器将写入数据传送给 EEPROM，EEPROM 不应答任何访问，直到上次内部数据传送完成。

6）EtherCAT 从站控制器设置应答/命令错误位。

7）EEPROM 执行内部数据传送。

8）EtherCAT 从站控制器重新发起第二个命令，命令被应答并成功执行。

表 3-54 EEPROM 接口操作错误

位	名　称	描　述
11	校验和错误	EtherCAT 从站控制器配置区域校验和错误，使用 EEPROM 初始化的寄存器保持原值 原因：CRC 错误 解决方法：检查 CRC
12	设备信息错误	EtherCAT 从站控制器配置没有被装载 原因：校验和错误、应答错误或 EEPROM 丢失 解决方法：检查其他错误位
13	应答/命令错误	无应答或命令无效 原因： ① EEPROM 芯片无应答信号 ② 发起了无效的命令 解决方法： ① 重试访问 ② 使用有效的命令
14	写使能错误	EtherCAT 主站在没有写使能的情况下执行了写操作 原因：EtherCAT 主站在写使能位无效时发起了写命令 解决方法：在写命令的同一个数据帧中设置写使能位

3.8 EtherCAT 分布时钟

EtherCAT 分布式时钟具有如下特点。

（1）EtherCAT 设备的同步

（2）系统时间的定义

1）于 2000 年 1 月 1 日 0:00 开始。

2）基本单位为 1ns。

3）64 位值。

（3）进行通信和时间戳

（4）参考时钟的定义

1）一个 EtherCAT 从站将用作参考时钟。

2）参考时钟周期性地分配其时钟。

3）参考时钟可通过“全局”参考时钟（IEEE 1588）进行调节。

EtherCAT 从站控制器内 DC 单元具有如下特点。

（1）提供当地时间信号

1）本地同步输出信号的生成（SYNC0，SYNC1 信号）。

2）同步中断的生成。

(2) 同步数字输出更新和输入采样

(3) 输入事件（锁存单元）的精确时间戳

(4) 传播延迟测量支持

1) 每个 EtherCAT 从站控制器测量在一帧两个方向之间的延迟。

2) EtherCAT 主站计算所有从站之间的传播延迟。

(5) 对于参考时钟的偏移补偿

1) 本地时钟和参考时钟之间的偏移。

2) 所有设备的绝对系统时间。

3) 所有设备的同时性（低于 100ns 的误差）。

(6) 参考时钟的漂移补偿

DC 控制单元。

精确同步对于同时动作的分布式过程而言尤为重要。如几个伺服轴同时执行协调运动。

最有效的同步方法是精确排列分布时钟。与完全同步通信中通信出现故障会立刻影响同步品质的情况相比，分布排列的时钟对于通信系统中可能存在的相关故障延迟具有极好的容错性。

采用 EtherCAT，数据交换完全基于纯硬件机制。由于通信借助于全双工快速以太网的物理层，采用了逻辑环结构，主站时钟可以简单、精确地确定各个从站时钟传播的延迟偏移。分布时钟均基于该值进行调整，这意味着可以在网络范围内使用非常精确的、小于 1μs 的和确定性的同步误差时间基。而跨接工厂等外部同步则可以基于 IEEE 1588 标准。

此外，高分辨率的分布时钟不仅可以用于同步，还可以提供数据采集的本地时间精确信息。当采样时间非常短暂时，即使是出现一个很小的位置测量瞬时同步偏差，也会导致速度计算出现较大的阶跃变化，如运动控制器通过顺序检测的位置计算速度。

在 EtherCAT 中，引入时间戳数据类型作为一个逻辑扩展，以太网所提供的巨大带宽使得高分辨率的系统时间得以与测量值进行链接。这样，速度的精确计算就不再受到通信系统的同步误差值影响，其精度要高于基于自由同步误差的通信测量技术。

EtherCAT 分布时钟由主站在数据链路的初始化阶段进行初始化、配置和启动运行。在运行阶段，EtherCAT 主站也需要维护分布时钟的运行，补偿时钟漂移。在从站端，分布时钟由 EtherCAT 从站控制器实现，为从站控制微处理器提供同步的中断信号和时钟信息。时钟信息也可以用于记录锁存输入信号的时刻。

3.8.1 分布时钟的同步与锁存信号

1. SYNC 同步信号

分布时钟控制单元可以产生两个同步信号 SYNC0 和 SYNC1，用于给应用层程序提供中断或直接触发输出数据的更新。同步信号的控制相关寄存器描述见表 3-55。

同步信号的宽度由脉宽寄存器（0x0982 ~ 0x0983）设定，SYNC0 信号周期时间由 SYNC0 周期时间寄存器（0x09A0 ~ 0x09A3）设置。在同步单元被激活，SYNC0/1 信号输出被使能后，同步单元等待开始时间到达后产生第一个 SYNC0 脉冲。SYNC 信号的刷新频率是 100MHz，SYNC 信号与系统时间之间的抖动为 12ns。脉宽寄存器和 SYNC0 周期时间共同决定了 SYNC0 信号的运行模式，SYNC 同步信号运行模式见表 3-56。

表 3-55 同步信号的控制相关寄存器描述

地址	位	名称	描述	复位值
0x0980	0	SYNC 输出单元控制	0:主站控制 1:PDI 控制	0
	1~3	保留		0
	4	锁存输入单元 0 控制	0:主站控制 1:PDI 控制	0
	5	锁存输入单元 1 控制	0:主站控制 1:PDI 控制	0
	6~7	保留		
0x0981	0	激活周期运行	0:无效 1: 如果 SYNC0 周期时间为 0,只产生一个 SYNC 脉冲	0
	1	激活 SYNC0	0:无效 1:产生 SYNC0 脉冲	0
	2	激活 SYNC1	0:无效 1:产生 SYNC1 脉冲	0
	3~7	保留		0
0x0982~0x0983	0~15	SYNC 脉冲宽度	SYNC 信号宽度,以 10ns 为单位 0:应答模式,SYNC 信号由读取 SYNC0/SYNC1 状态寄存器清除	EEPROM 地址 0x2
0x098E	0	SYNC0 状态	应答模式时读此寄存器将清除 SYNC0 信号	0
	1~7	保留		0
0x098F	0	SYNC1 状态	应答模式时读此寄存器将清除 SYNC1 信号	0
	1~7	保留		0
0x0990~0x0997	0~63	周期运行开始时间	写:周期性运行开始时间,以 ns 为单位 读:下一个 SYNC0 脉冲信号时间,以 ns 为单位	0
0x0998~0x099F	0~63	SYNC1 时间	下一个 SYNC1 时间,以 ns 为单位	0
0x09A0~0x09A3	0~31	SYNC0 周期时间	两个连续 SYNC0 脉冲之间的时间以 ns 为单位 0:单脉冲模式,只产生一个 SYNC0 脉冲	0
0x09A4~0x09A7	0~31	SYNC1 周期时间	SYNC1 脉冲和 SYNC0 脉冲之间的时间,以 ns 为单位	0

表 3-56 SYNC 同步信号运行模式

SYNC0/1 信号脉宽寄存器(0x0982~0x0983)	SYNC0 周期时间(0x09A0~0x09A3)	
	大于 0	等于 0
大于 0	周期	单次
等于 0	周期性应答	单次应答

SYNC 同步信号的 4 种模式如图 3-32 所示。

应答模式通常用于产生中断，中断信号必须由微处理器响应后才能恢复。

4 种运行模式的功能介绍如下。

(1) 周期性模式

在周期性模式下，分布时钟控制单元在启动操作后产生等时的同步信号，在终止操作后停止运行。周期时间由 SYNC0/1 周期时间寄存器决定 SYNC 信号的脉冲宽度必须大于 0，如果脉冲宽度大于周期时间，则 SYNC 信号将在启动后总保持有效。

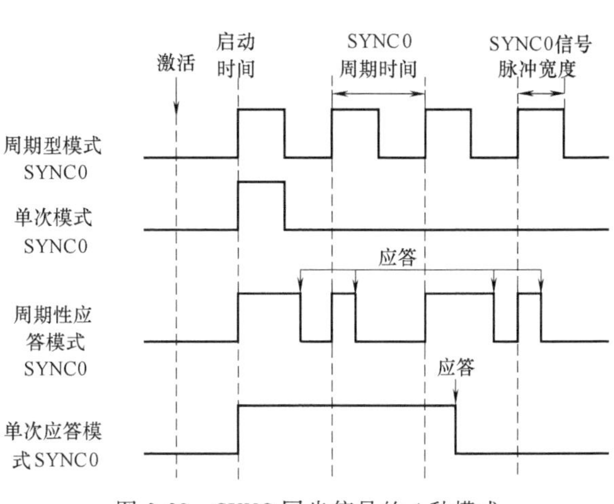

图 3-32 SYNC 同步信号的 4 种模式

(2) 单次模式

单次模式下，SYNC0 周期时间设为 0，在启动时间到达后只产生一个同步信号脉冲。在重新写入开始时间并重新启动周期单元后可以产生下一个脉冲。

(3) 周期性应答模式

周期性应答模式的典型应用是产生等时中断。通过设置 SYNC0 信号脉冲宽度为 0，选择应答模式。SYNC 信号在获得应答之前保持有效，由微处理器读 SYNC0 或 SYNC1 状态寄存器（0x098E，0x098F）产生应答。第一个脉冲在启动时间到达后产生，之后的脉冲在下一个 SYNC0/1 事件发生时产生。

(4) 单次应答模式

单次应答模式下，启动时间到达时只产生一个脉冲。在读 SYNC0/1 状态寄存器产生应答之前，脉冲保持有效。重新写入开始时间并重新启动控制单元后，可以产生下一个脉冲。

第二个同步信号 SYNC1 依赖于 SYNC0，可以比 SYNC0 延迟一个预定义的量。延迟量由 SYNC1 周期时间寄存器（0x09A4~0x09A7）设置。SYNC1 与 SYNC0 并非一一对应，SYNC1 总以其后的下一个 SYNC0 信号为参照基准，SYNC1 信号产生示例如图 3-33 所示。

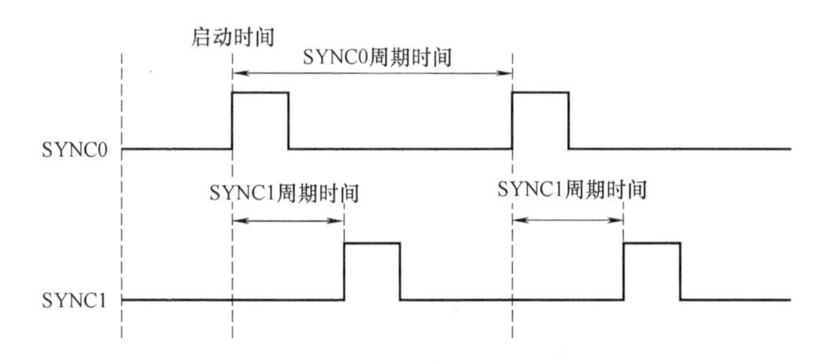

图 3-33 SYNC1 信号产生示例

同步信号产生的初始化过程如下。

1) 设备上电，自动从 EEPROM 装载默认值。

① PDI 控制寄存器 0x0140.10=1，使能 DC 同步信号输入单元。

② 同步/锁存 PDI 配置寄存器 0x0151，SYNC0/1 使用适当的输出驱动模式。

③ 脉冲宽度存器 0x0982~0x0983。

2）设置寄存器 0x0980，分配同步单元给 ECAT 或 PD 控制，决定后续设置参数操作由 ECAT 或 PDI 执行，默认值为由 ECAT 执行。

3）设置 SYNCO 和 SYNC1 信号周期时间。

4）设置周期性运行启动时间。启动时间必须是在周期性运行激活时刻之后，否则必须等计数器溢出后才开始周期性运行。

5）设置寄存器 0x0981.0 为 1，激活周期性运行，并使能 SYNC0/1 信号输出（设 0x981[2：1]=0x03），同步单元在周期性运行启动时间到达后开始产生 SYNC0 脉冲。

2. 同步锁存信号功能

分布时钟锁存单元可以为两个外部事件信号保存时间标记，外部事件信号称为 Latch0 和 Latch1，其上升沿和下降沿的时间标记均被记录。另外，有些从站也可以记录存储同步管理器事件时间标记。

锁存信号的采样率为 100MHz，相应时间标记的内部抖动为 11ns。锁存信号的状态可以从锁存状态寄存器读取。

分布时钟锁存单元支持两种模式：单事件或连续模式，由 Latch0/1 控制寄存器（0x09A8~0x09A9）配置。

（1）单事件模式

在单事件模式下，只有锁存信号的第一个上升沿和第一个下降沿的时间标记被记录。锁存状态寄存器（0x09AE~0x09AF）包含已经发生的事件的信息。锁存时间寄存器（0x09B0~0x09CF）包含时间标记。

每个事件都通过读相应的锁存时间寄存器来应答。锁存时间寄存器被读取后，锁存单元等待下一个事件发生。在单事件模式下，锁存事件也映射到 AL 事件请求寄存器中。

（2）连续模式

在连续模式下，每个事件的时间都被保存在锁存时间寄存器中（0x9B0~0x9CF），每次读取都读到最近发生的事件的时间标记。在连续模式下，锁存状态寄存器（0x09AE~0x09AF）不反映锁存事件的状态。

（3）存储同步管理器事件

某些从站支持锁存主站读写事件时间来调试存储同步管理器的操作。如果 SM 通道配置正确，最近的事件可以从 SM 通道事件时间标记寄存器（0x09F0~0x09FF）读取。

分布式时钟中的同步信号单元和两个锁存信号单元可以由 ECAT 帧控制或本地微处理器（PDI）控制，主站通过写周期单元控制寄存器 0x0980 分配控制权，通过 PDI 控制，微处理器可以根据自己的需求配置分布式时钟，例如设定周期性的中断。

锁存信号时间标记的相关寄存器见表 3-57。

表 3-57　锁存信号时间标记的相关寄存器

地址	位	名称	描述	复位值
0x0140	10~11	PDI 控制	使能/终止分布式时钟单元（低功耗）	EEPROM
0x0151	0~7	同步/锁存 PDI 配置	配置同步/锁存信号引脚	EEPROM

（续）

地址	位	名称	描述	复位值
0x09A8	0~7	Latch0 控制		
	0	Latch0 上升沿控制	0:连续锁存有效 1:单次事件模式,只有第一个事件有效	0
	1	Latch0 下降沿控制	0:连续锁存有效 1:单次事件模式,只有第一个事件有效	0
	2~7	保留		0
0x09A9	0~7	Latch1 控制		
	0	Latch1 上升沿控制	0:连续锁存有效 1:单次事件模式,只有第一个事件有效	0
	1	Latchl 下降沿控制	0:连续锁存有效 1:单次事件模式,只有第一个事件有效	0
	2~7	保留		0
0x09AE	0~7	Latch0 状态		
	0	Latch0 上升沿状态	发生 Latch0 上升沿事件,单次模式有效,否则为 0, 读 Lalch0 上升沿时间时寄存器被清除	0
	1	Latch0 下降沿状态	发生 Lach0 下降沿事件,单次模式有效,否则为 0,读 Lalch0 下降沿时间时寄存器被清除	0
	2	Latch0 引脚状态	Latch0 引脚的状态	0
	3~7	保留		0
0x09AF	0~7	Latch1 状态		
	0	Latch1 上升沿状态	发生 Latch1 上升沿事件,单次模式有效,否则为 0,读 Latch1 上升沿时间时寄存器被清除	0
	1	Latch1 下降沿状态	发生 Latch1 下降沿事件,单次模式有效,否则为 0,读 Latch1 下降沿时间时寄存器被清除	0
	2	Latch1 引脚状态	Latch1 引脚的状态	0
	3~7	保留		0
0x09B0~0x09B7	0~63	Latch0 上升沿时间	Latch0 信号上升沿捕获时系统时间	0
0x09B8~0x09BF	0~63	Latch0 下降沿时间	Latch0 信号下降沿捕获时系统时间	0
0x09C0~0x09C7	0~63	Latch1 升沿时间	Latch1 信号上升沿捕获时系统时间	0
0x09C8~0x09CF	0~63	Latch1 下降沿时间	Latch1 信号下降沿捕获时系统时间	0
0x09F0~0x09F3	0~31	主站读写事件时间	捕获到至少一个 SM 发生 ECAT 事件时的系统时间	0
0x09F8~0x09FB	0~31	PDI 缓存区开始事件时间	捕获到至少一个 SM 通道发生 PDI 缓存区开始事件时的系统时间	0
0x09FC~0x09FF	0~31	PDI 缓存区改变事件时间	捕获到至少一个 SM 通道发生 PDI 缓存区改变事件时的统时间	0

3.8.2 分布时钟寄存器的初始化

分布时钟的功能通过读/写分布时钟初始化相关寄存器来实现。分布时钟初始化相关寄存器描述见表 3-58。

表 3-58 分布时钟初始化相关寄存器描述

地址	位	名称	描述	复位值
0x0900~0x0903	0~31	端口 0 接收时刻	读和写功能不同 写：写 0x0900，各端口锁存数据帧第一个前导位到达时的本地时间 读：读锁存的数据帧第一个前导位到达端口 0 时的本地系统时间	无
0x0904~0x0907	0~31	端口 1 接收时刻	读：读锁存的数据帧第一个前导位到达端口 1 时的本地时间	无
0x0908~0x090B	0~31	端口 2 接收时刻	读：读锁存的数据帧第一个前导位到达端口 2 时的本地时间	无
0x090C~0x090F	0~31	端口 3 接收时刻	读：读锁存的数据帧第一个前导位到达端口 3 时的本地时间	无
0x0910~0x0917	0~63	本地系统时间	每个数据第一个前导位到达时锁存的本地系统时间副本 写：比较写入值和本地系统时间副本，结果作为时间控制环的输入 读：获得本地系统时间	0
0x0918~0x091F	0~63	数据帧处理单元接收时间	读：读锁存的数据帧第一个前导位到达数据处理单元时的本地时间	无
0x0920~0x0927	0~63	时间偏移	本地时间和系统时间的偏差	0
0x0928~0x092B	0~31	传输延时	参考时钟 ESC 与当前 ESC 之间的传输延时	0
0x092C~0x092F	0~30	系统时间差	本地系统时间副本与参考时钟系统时间值之差	0
	31	符号	0：本地系统时间大于或等于参考时钟系统时间 1：本地系统时间小于参考时钟系统时间	0
0x0930~0x0931	0~14		调节本地系统时间的带宽	0x1000
	15	保留		0
0x0932~0x0933	0~15	偏差	本地时钟周期和参考时钟周期偏差	0
0x0934	0~3	过滤深度	系统时间偏差计算的平均次数	4
	4~7	保留		
0x0935	0~3	过滤深度	时钟周期偏差计算的平均次数	12

从初始化阶段到预运行阶段，在发送从站初始化命令之前必须执行以下操作。

1）主站读所有从站特征信息寄存器 0x0008~0x0009，根据 bit2 和 bit3 的值得知哪些从站支持分布时钟及支持的分布时钟位数。由于此时处在初始化阶段，所以使用顺序寻命令 APRD 操作，并获得从站分布时钟特征信息。

2）主站读数据链路状态存器 0x0110~0x0111，根据其中的端口状态判断正被使用的端口，获得网段拓扑结构。端口链路通信状态判断位见表 3-59。根据各个从站端口通信状态可以获得准确的网络拓扑结构。

表 3-59 端口链路通信状态判断位

端口	打开标志	建立通信标志
0	bit8 为 0	bit9 为 1
1	bit10 为 0	bit11 为 1
2	bit12 为 0	bit13 为 1
3	bit14 为 0	Bit15 为 1

3）主站发送一个广播写命令 BWR，写所有从站端口 0 的接收时间寄存器（0x0900），将所有从站捕捉数据帧的第一个前导位到达每个端口的本地时间保存到寄存器（0x0900~0x090F），每个端口使用 4 个字节。

4）主站分别读取各个从站以太网帧到达时刻（0x900~0x90F），根据第 2）步得到的信息来决定哪些端口正被使用。

5）计算传输延时和初始偏移量。

6）主站使用 APWR 命令将步骤 5）计算得到的传输延时写入每个从站的传输延时寄存器（0x928~0x92B）。

7）主站使用 APWR 命令将初始偏移量写入每个从站的初始时间偏差寄存器（0x0920~0x0927）。

8）主站使用 ARMW 命令读参考时钟的系统时间寄存器（0x0910~0x0917），然后将读取结果写入到后续所有从站的本地系统时间寄存器（0x0910~0x0917）。

该步必须重复多次，可以读取系统时间差寄存器（0x092C~0x092F）来判断时钟同步性是否已达到需求。如果主站时钟也需要同步，主站也可以根据接收到的时间来调整自己的时钟。

9）初始化结束，开始发送周期性数据帧。主站通过读参考时钟 ESC 的系统时间来保持与系统时间同步。在运行模式下，也可以经常重复步骤 3）、4）、5）和 6），随时修正传输延时的值。

3.9 EtherCAT 从站控制器 LAN9252

3.9.1 LAN9252 概述

LAN9252 是由 Microchip 公司生产的一款集成两个以太网 PHY 的 2/3 端口 EtherCAT 从站控制器，每个以太网 PHY 包含一个全双工 100BASE-TX 收发器，且支持 100Mbit/s（100BASE-TX）通信速率。LAN9252 支持 HP Auto-MDIX，允许采用直接连接或交叉 LAN 电缆，通过外部光纤收发器支持100BASE-FX。

LAN9252包括一个EtherCAT从站控制器，该EtherCAT从站控制器具有4 KB双端口存储器（DPRAM）和3个现场总线存储器管理单元（FMMU）。每个FMMU均执行将逻辑地址映射到物理地址的任务。EtherCAT从站控制器还包括4个同步管理器（Sync Manager），允许在EtherCAT主器件和本地应用之间进行数据交换，每个同步管理器的方向和工作模式由EtherCAT主站配置。

同步管理器提供两种工作模式：缓冲模式和邮箱模式。

在缓冲模式下，本地单片机和EtherCAT主站可同时写入器件。LAN9252中的缓冲区始终包含最新数据。如果新数据在旧数据可读出前到达，则旧数据将丢失。

在邮箱模式下，本地单片机和EtherCAT主站通过握手来访问缓冲区，从而确保不会丢失任何数据。

1. LAN9252主要特点

EtherCAT从站控制器LAN9252具有如下主要特点。

1）带3个现场总线存储器管理单元（Fieldbus Memory Management Unit，FMMU）和4个同步管理器的2/3端口EtherCAT从站控制器。

2）通过8/16位总线与大多数8/16位嵌入式控制器和32位嵌入式控制器接口。

3）支持HP Auto-MDIX的集成以太网PHY。

4）LAN唤醒（Wake on LAN，WoL）支持。

5）低功耗模式允许系统进入休眠模式，直到被主器件寻址。

6）电缆诊断支持。

7）1.8~3.3V可变电压I/O。

8）集成1.2V稳压器以实现3.3V单电源操作。

9）少引脚数和小尺寸封装。

2. LAN9252主要优势

（1）集成高性能100Mbit/s以太网收发器

1）符合IEEE 802.3/802.3u（快速以太网）标准。

2）通过外部光纤收发器实现100BASE-FX支持。

3）回环模式。

4）自动极性检测和校正。

5）HP Auto-MDIX。

（2）EtherCAT从站控制器

1）支持3个FMMU。

2）支持4个Sync Manager。

3）分布式时钟支持允许与其他EtherCAT器件同步。

4）4KB DPRAM。

（3）8/16位主机总线接口

1）变址寄存器或复用总线。

2）允许本地主机进入休眠模式，直到被EtherCAT主站寻址。

3）SPI/四SPI支持。

(4) 数字 I/O 模式，优化系统成本

(5) 第 3 个端口可实现灵活的网络配置

(6) 全面的功耗管理功能

1) 3 种掉电级别。

2) 链路状态变化时唤醒（能量检测）。

3) 魔术包（Magic packet）唤醒、LAN 唤醒（WoL）、广播唤醒和理想 DA（Perfect DA）唤醒。

4) 唤醒指示事件信号。

(7) 电源和 I/O

1) 集成上电复位电路。

2) 闩锁性能超过 150mA，符合 EIA/JESD78 Ⅱ类标准。

3) JEDEC 3A 类 ESD 性能。

4) 3.3V 单电源（集成 1.2V 稳压器）。

(8) 附加功能

1) 多功能 GPIO。

2) 能够使用低成本 25MHz 晶振，从而降低 BOM 成本。

(9) 封装

符合 RoHS 标准的无铅 64 引脚 QFN 或 64 引脚 TQFP-EP 封装。

(10) 提供商业级、工业级和扩展工业级温度范围的器件

3. LAN9252 应用领域

LAN9252 应用领域如下。

① 电动机运动控制。

② 过程/工厂自动化。

③ 通信模块和接口卡。

④ 传感器。

⑤ 液压阀和气动阀系统。

⑥ 操作员界面。

3.9.2 LAN9252 主机总线接口

LAN9252 提供以下两个用户可选的主机总线接口。

1. 变址寄存器访问

该接口提供 3 个变址/数据寄存器存储区，每个存储区单独进行字节/字-双字转换。内部寄存器的访问方式是：先写入 3 个变址寄存器之一，接着读取或写入相应的数据寄存器。3 个变址/数据寄存器存储区支持最多 3 个独立的驱动器线程，而不会出现访问冲突。每个线程可写入其分配的变址寄存器，而不会出现被其他线程改写的问题。同一 32 位变址/数据寄存器中需要是 2 个 16 位周期或 4 个 8 位周期，但这些访问可以交错进行。支持对过程数据 FIFO 进行直接（非变址）读写访问。直接 FIFO 访问提供单独的字节/字-双字转换，支持对变址/数据寄存器进行交错访问。

2. 复用地址/数据总线

该接口提供复用的地址和数据总线，同时支持单地址阶段和双地址阶段。通过地址选通装载地址，然后通过读/写选通进行数据访问。同一 32 位双字中需要 2 个连续的 16 位数据周期，或 4 个连续的 8 位数据周期。这些访问必须按顺序进行，不能交错访问其他寄存器。支持对过程数据 FIFO 进行突发读写访问，具体方法是：先执行一个地址周期，接着执行多个读写数据周期。

HBI 支持 8/16 位大尾数法（高字节优先）、小尾数法（低字节优先）和混合尾数法操作。两个过程数据 RAM FIFO 将 HBI 与 EtherCAT 从站控制器接口，方便主机 CPU 与 EtherCAT 从站控制器之间的过程数据信息传输。凭借可配置的主机中断引脚，器件可将任何内部中断通知给主机 CPU。

SPI/四 SPI 从控制器提供低引脚数的同步从接口，方便器件与主机系统之间的通信。凭借 SPI/四 SPI 从器件，可以访问系统 CSR、内部 FIFO 和存储器。该器件支持一条和多条采用递增、递减和静态寻址的寄存器读写命令。支持单、双和四位通道，时钟速率最高达 80MHz。

LAN9252 支持多种功耗管理和唤醒功能。

对于没有单片机的简单数字模块，LAN9252 还可在数字 I/O 模式下工作。在此模式下，可通过 EtherCAT 主器件控制或监视 16 个数字信号。

为实现星形或树形网络拓扑，可将器件配置为 3 端口从器件，从而提供额外的 MII 端口。该端口可连接到外部 PHY，成为当前菊花链的一个抽头；或者也可连接到另一个 LAN9252，构成 4 端口解决方案。MII 端口可以指向上行方向（作为端口 0）或下行方向（作为端口 2）。

对于 LED 支持，每个端口包含一个标准运行指示器和一个链路/活动指示器。该器件包含 64 位分布式时钟，用于实现高精度同步以及提供本地数据采集时序的准确信息。

LAN9252 可配置为由采用集成的 3.3V 转 1.2V 线性稳压器的 3.3V 单电源供电。可选择禁止线性稳压器，以便使用高精度的外部稳压器，从而降低系统功耗。

图 3-34 详细给出了 LAN9252 典型系统应用，图 3-35 给出了 LAN9252 的内部框图。

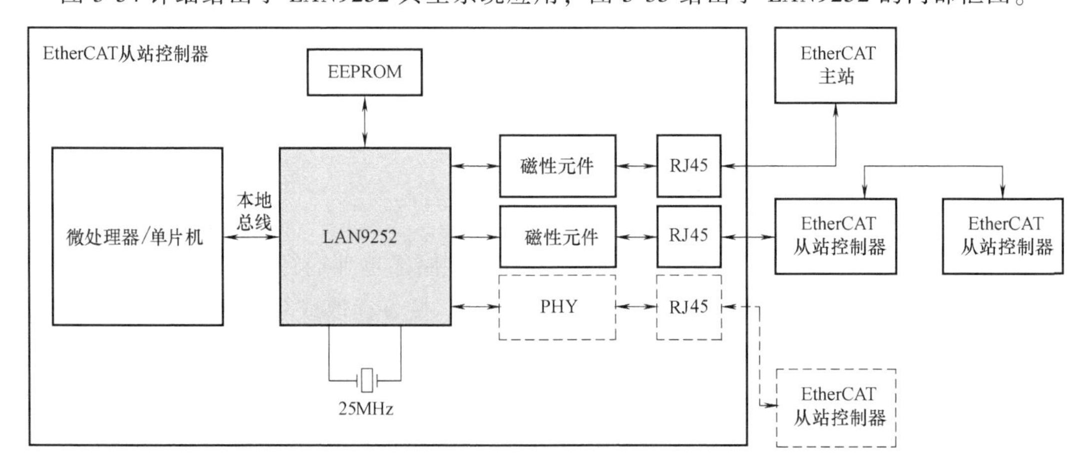

图 3-34 LAN9252 典型系统应用

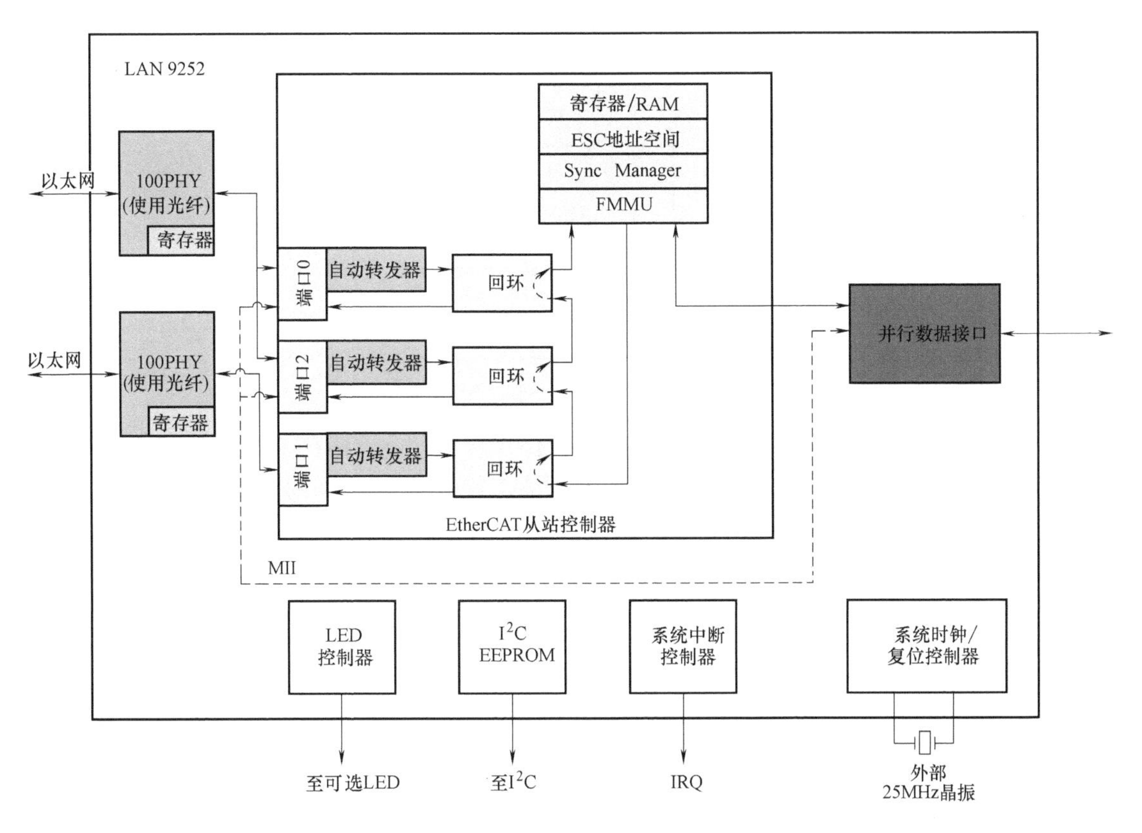

图 3-35 LAN9252 的内部框图

3.9.3 LAN9252 工作模式

LAN9252 提供单片机、扩展或数字 I/O 三种工作模式。LAN9252 工作模式如图 3-36 所示。

1. 单片机模式

LAN9252 通过类似 SRAM 的从接口与单片机通信。凭借简单但功能强大的主机总线接口，该器件可通过 8 位或 16 位外部总线，无缝连接到大多数通用 8 位或 16 位微处理器和单片机以及 32 位微处理器。或者，该器件也可通过 SPI 或四 SPI 进行访问，同时还提供最多 16 个通用输入/输出。如图 3-36a 和图 3-36b 所示。

2. 扩展模式

当器件处于 SPI 或四 SPI 模式时，可使能第三个网络端口以提供额外的 MII 端口。该端口可连接到外部 PHY，以实现星形或树形网络拓扑；或者也可连接到另一个 LAN9252，以构成四端口解决方案。该端口可配置为上行方向或下行方向，如图 3-36c 所示。

3. 数字 I/O 模式

对于没有单片机的简单数字模块，LAN9252 可在数字 I/O 模式下工作。在此模式下，可通过 EtherCAT 主器件控制或监视 16 个数字信号。该模式还提供 6 个控制信号，如图 3-36d 所示。

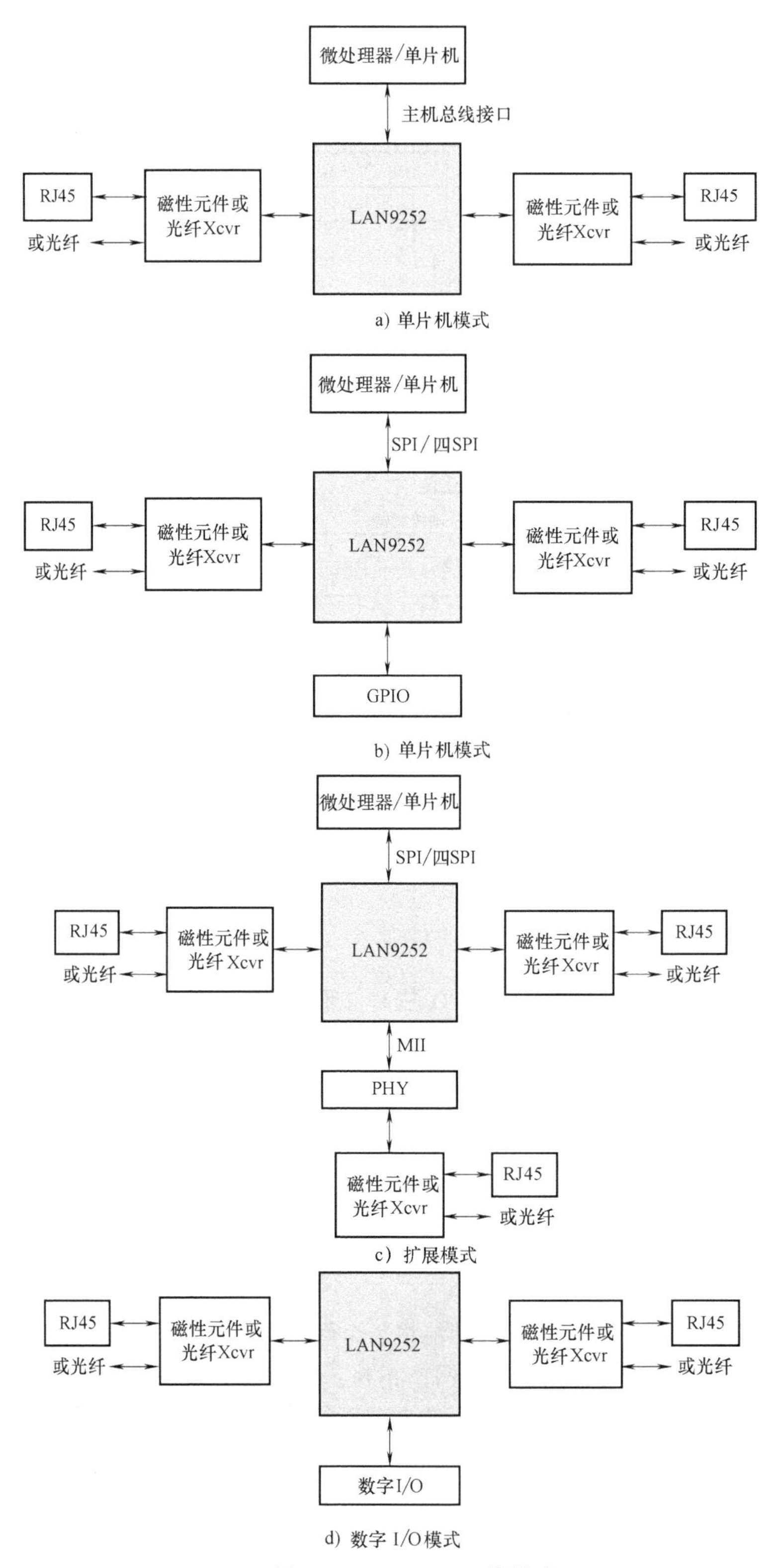

图 3-36 LAN9252 工作模式

3.9.4 LAN9252 引脚介绍

1. LAN9252 引脚分配

LAN9252 为 64-TQFP-EP 封装，其引脚图如图 3-37 所示。

封装底部的外露焊盘（VSS）必须通过过孔区域连接到地。

当信号名称末尾使用“#”时，表示该信号低电平有效。例如，RST#表示该复位信号低电平有效。

LAN9252 的 64-TQFP-EP 封装引脚分配见表 3-60。图 3-37 和表 3-60 中，配置脚引脚通过带下划线的符号名称标识，配置脚值在上电复位时或 RST#置为无效时锁存。

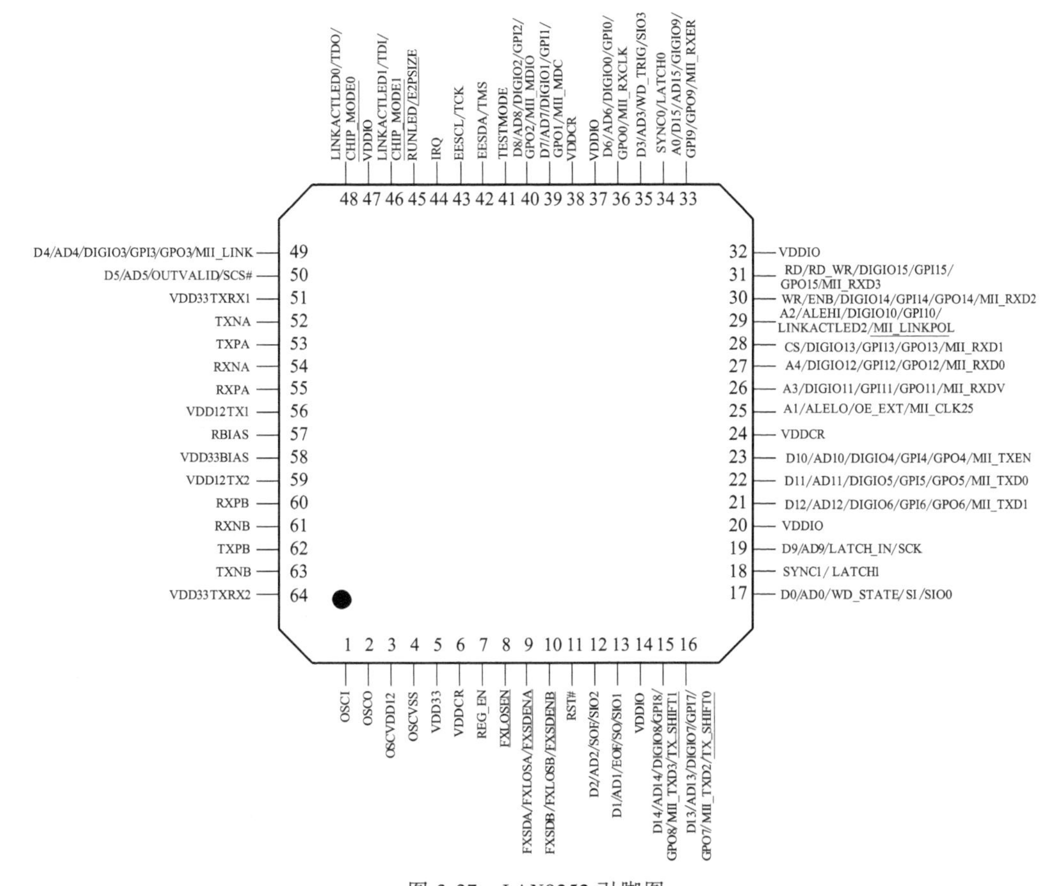

图 3-37 LAN9252 引脚图

从表 3-60 中可以看出，所选引脚的功能会随着器件工作模式的不同而变化。对于某个特定引脚没有功能的模式，对应的表格单元格将标记为“-”。

表 3-60 LAN9252 的 64-TQFP-EP 封装引脚分配

引脚号	HBI 变址寻址模式引脚名称	HBI 复用模式引脚名称	数字 I/O 模式引脚名称	SPI(使能 GPIO)模式引脚名称	SPI(使能 MII)模式引脚名称
1	OSCI				
2	OSCO				

（续）

引脚号	HBI 变址寻址模式引脚名称	HBI 复用模式引脚名称	数字 I/O 模式引脚名称	SPI(使能 GPIO)模式引脚名称	SPI(使能 MII)模式引脚名称
3	OSCVDD12				
4	OSCVSS				
5	VDD33				
6	VDDCR				
7	REG_EN				
8	FXLOSEN				
9	FXSDA/FXLOSA/FXSDENA				
10	FXSDB/FXLOSB/FXSDENB				
11	RST#				
12	D2	AD2	SOF	SIO2	
13	D1	AD1	EOF	SO/SIO1	
14	VDDIO				
15	D14	AD14	DIGIO8	GPI8/GPO8	MII_TXD3/TX_SHIFT1
16	D13	AD13	DIGIO7	GPI7/GPO7	MII_TXD2/TX_SHIFT0
17	D0	AD0	WD_STATE	SI/SIO0	
18	SYNC1/LATCH1				
19	D9	AD9	LATCH_IN	SCK	
20	VDDIO				
21	D12	AD12	DIGIO6	GPI6/GPO6	MII_TXD1
22	D11	AD11	DIGIO5	GPI5/GPO5	MII_TXD0
23	D10	AD10	DIGIO4	GPI4/GPO4	MII_TXEN
24	VDDCR				
25	A1	ALELO	OE_EXT	—	MII_CLK25
26	A3	—	DIGIO11	GPI11/GPO11	MII_RXDV
27	A4	—	DIGIO12	GPI12/GPO12	MII_RXD0
28	CS		DIGIO13	GPI13/GPO13	MII_RXD1
29	A2	ALEHI	DIGIO10	GPI10/GPO10	LINKACTLED2/MII_LINKPOL
30	WR/ENB		DIGIO14	GPI14/GPO14	MII_RXD2
31	RD/RD_WR		DIGIO15	GPI15/GPO15	MII_RXD3
32	VDDIO				
33	A0/D15	AD15	DIGIO9	GPI9/GPO9	MII_RXER
34	SYNC0/LATCH0				
35	D3	AD3	WD_TRIG	SIO3	
36	D6	AD6	DIGIO0	GPI0/GPO0	MII_RXCLK

（续）

引脚号	HBI 变址寻址模式引脚名称	HBI 复用模式引脚名称	数字 I/O 模式引脚名称	SPI（使能 GPIO）模式引脚名称	SPI（使能 MII）模式引脚名称
37	VDDIO				
38	VDDCR				
39	D7	AD7	DIGIO1	GPI1/GPO1	MII_MDC
40	D8	AD8	DIGIO2	GPI2/GPO2	MII_MDIO
41	TESTMODE				
42	EESDA/TMS				
43	EESCL/TCK				
44	IRQ				
45	RUNLED/E2PSIZE				
46	LINKACTLED1/TDI/CHIP_MODE1				
47	VDDIO				
48	LINKACTLED0/TDO/CHIP_MODE0				
49	D4	AD4	DIGIO3	GPI3/GPO3	MII_LINK
50	D5	AD5	OUTVALID	SCS#	
51	VDD33TXRX1				
52	TXNA				
53	TXPA				
54	RXNA				
55	RXPA				
56	VDD12TX1				
57	RBIAS				
58	VDD33BIAS				
59	VDD12TX2				
60	RXPB				
61	RXNB				
62	TXPB				
63	TXNB				
64	VDD33TXRX2				
外露焊盘	VSS				

2. 引脚功能说明

LAN9252 的引脚功能说明分为如下各个功能组。

（1）LAN 端口 A 引脚说明

端口 A 连接到 EtherCAT 端口 0 或 2。

TXPA：端口 A 双绞线发送/接收正通道 1 或端口 A 光纤发送正通道。

TXNA：端口 A 双绞线发送/接收负通道 1 或端口 A 光纤发送负通道。

RXPA：端口 A 双绞线发送/接收正通道 2 或端口 A 光纤接收正通道。

RXNA：端口 A 双绞线发送/接收负通道 2 或端口 A 光纤接收负通道。

FXSDA：端口 A 光纤信号检测。

FXLOSA：端口 A 光纤信号损失。

FXSDENA：端口 A FX-SD 使能。

(2) LAN 端口 B 引脚说明

端口 B 连接到 EtherCAT 端口 1。

TXPB：端口 B 双绞线发送/接收正通道 1 或端口 B 光纤发送正通道。

TXNB：端口 B 双绞线发送/接收负通道 1 或端口 B 光纤发送负通道。

RXPB：端口 B 双绞线发送/接收正通道 2 或端口 B 光纤接收正通道。

RXNB：端口 B 双绞线发送/接收负通道 2 或端口 B 光纤接收负通道。

FXSDB：端口 B 光纤信号检测。

FXLOSB：端口 B 光纤信号损失。

FXSDENB：端口 B FX-SD 使能。

(3) LAN 端口 A 和端口 B 的电源以及通用引脚说明

RBIAS：用于内部偏置电路。

FXLOSEN：端口 A 和端口 B FX-LOS 使能。

VDD33TXRX1：+3.3V 端口 A 模拟电源。

VDD33TXRX2：+3.3V 端口 B 模拟电源。

VDD33BIAS：+3.3V 主偏置电源。

VDD12TX1：该引脚由外部 1.2V 电源供电或者由器件的内部稳压器通过 PCB 供电。该引脚必须连接至 VDD12TX2 引脚，才能正常工作。

VDD12TX2：该引脚由外部 1.2V 电源供电或者由器件的内部稳压器通过 PCB 供电。该引脚必须连接至 VDD12TX1 引脚，才能正常工作。

(4) EtherCAT MII 端口和配置脚引脚说明

MII_CLK25：自由运行的 25MHz 时钟，可用作 PHY 的时钟输入。

MII_RXD[3:0]：从外部 PHY 接收数据。

MII_RXDV：从外部 PHY 接收数据有效信号。

MII_RXER：从外部 PHY 接收错误信号。

MII_RXCLK：从外部 PHY 接收时钟。

MII_TXD[3:0]：向外部 PHY 发送数据。

TX_SHIFT[1:0]：决定 MII 端口的 MII 发送时序移位图

MII_TXEN：向外部 PHY 发送数据使能信号。

MII_LINK：由 PHY 提供，指示已建立 100Mbit/s 全双工链路。

MII_MDC：外部 PHY 的串行管理时钟。

MII_MDIO：外部 PHY 的串行管理接口数据输入/输出。

(5) 主机总线引脚说明

RD：主机总线读选通引脚。通常为低电平有效，极性可通过 PDI 配置寄存器的 HBI 读取，以及读/写极性位更改（HBI 模式）。

RD_WR：主机总线方向控制引脚。与 ENB 引脚配合使用时，它指示读或写操作。

WR：主机总线写选通引脚。通常为低电平有效，极性可通过 PDI 配置寄存器的 HBI 写入以及使能极性位更改（HBI 模式）。

ENB：主机总线数据使能选通引脚。与 RD_WR 引脚配合使用时，它指示数据工作阶段。通常为低电平有效，极性可通过 PDI 配置寄存器的 HBI 写入，以及使能极性位更改（HBI 模式）。

CS：主机总线片选引脚，指示器件被选择用于当前传输。通常为低电平有效，极性可通过 PDI 配置寄存器的 HBI 片选极性位更改（HBI 模式）。

A[4:0]：为非复用地址模式提供地址。在 16 位数据模式下，不使用 bit0。

D[15:0]：非复用地址模式的主机总线数据总线。在 8 位数据模式下，不使用 bit15～bit8，其对应的输入和输出驱动器被禁止。

AD[15:0]：复用地址模式的主机总线地址/数据总线。bit15～bit8 为单阶段复用地址模式提供地址的高字节。bit7～bit0 为单阶段复用地址模式提供地址的低字节，为双阶段复用地址模式提供地址的高字节和低字节。在 8 位数据双阶段复用地址模式下，不使用 bit15～bit8，其对应的输入和输出驱动器被禁止。

ALEHI：指示复用地址模式的地址阶段。它用于在双阶段复用地址模式下装载高地址字节。通常为低电平有效（在上升沿保存地址），极性可通过 PDI 配置寄存器的 HBI ALE 极性位配置（HBI 模式）。

ALELO：指示复用地址模式的地址阶段。它用于在单阶段复用地址模式下装载高地址字节和低地址字节，在双阶段复用地址模式下装载低地址字节。

通常为低电平有效（在上升沿保存地址），极性可通过 PDI 配置寄存器的 HBI ALE 极性位配置（HBI 模式）。

（6）SPI/SQI 引脚说明

SCS#：SPI/SQI 从片选输入。低电平时，选择 SPI/SQI 从器件进行 SPI/SQI 传输。高电平时，SPI/SQI 串行数据输出为三态。

SCK：SPI/SQI 从串行时钟输入。

SIO[3:0]：多位 I/O 的 SPI/SQI 从数据输入和输出。

SI：SPI 从串行数据输入。SI 与 SIO0 引脚共用。

SO：SPI 从串行数据输出。SO 与 SIO1 引脚共用。

（7）ETHERCAT 分布式时钟引脚说明

SYNC[1]、SYNC[0]：分布式时钟同步（输出）或锁存（输入）信号。方向可按位配置。

LATCH[1]、LATCH[0]：分布式时钟同步（输出）或锁存（输入）信号。方向可按位配置。

（8）EtherCAT 数字 I/O 和 GPIO 引脚说明

GPI[15:0]：通用输入，直接映射到通用输入寄存器。不提供通用输入的一致性。

GPO[15:0]：通用输出，反映不带 WDT 保护时通用输出寄存器的值。

DIGIO[15:0]：输入/输出或双向数据。

OUTVALID：指示输出有效并且可被捕捉到外部寄存器中。

LATCH_IN：外部数据锁存器信号。输入数据在每次识别到 LATCH_IN 上升沿时进行采样。

WD_TRIG：Sync Manager WDT 触发信号输出。

WD_STATE：Sync Manager WDT 状态输出。0 表示 WDT 已超时。

SOF：帧起始输出，指示以太网/EtherCAT 帧的起始。

EOF：帧结束输出，指示以太网/EtherCAT 帧的结束。

OE_EXT：输出使能输入。低电平时，它会清零输出数据。

(9) EEPROM 引脚说明

EESDA：当器件正访问外部 EEPROM 时，该引脚是 I^2C 串行数据输入/漏极开路输出。注：该引脚必须始终通过外部电阻上拉。

EESCL：当器件正访问外部 EEPROM 时，该引脚是 I^2C 时钟漏极开路输出。注：该引脚必须始终通过外部电阻上拉。

(10) LED 和配置脚引脚说明

LINKACTLED2：端口 2 的链路/活动 LED 输出（熄灭=无链路；点亮=有链路但无活动；闪烁=有链路且有活动）。

MII_LINKPOL：通过设置 link_pol_strap_mii 的值来配置 MII_LINK 引脚的极性。

RUNLED：运行 LED 输出，由 AL 状态寄存器控制。

E2PSIZE：配置 EEPROM 大小硬配置脚的值。低电平选择 1KB（128B×8）~16KB（2KB×8）；高电平选择 32KB（4KB×8）~4MB（512KB×8）。

LINKACTLED1：端口 1 的链路/活动 LED 输出（熄灭=无链路；点亮=有链路但无活动；闪烁=有链路且有活动）。

CHIP_MODE1：该引脚与 CHIP_MODE0 共同配置芯片模式硬配置脚的值。

LINKACTLED0：端口 0 的链路/活动 LED 输出（熄灭=无链路；点亮=有链路但无活动；闪烁=有链路且有活动）。

CHIP_MODE0：该引脚与 CHIP_MODE1 共同配置芯片模式硬配置脚的值。

(11) 其他引脚说明

IRQ：中断请求输出。

RST#：作为输入时，该低电平有效信号允许外部硬件复位器件。作为输出时，该信号在 POR 或响应来自主控制器或主机接口的 EtherCAT 复位命令序列期间，被驱动为低电平。

REG_EN：当连接 3.3V 电压时，将使能内部 1.2V 稳压器。

TESTMODE：该引脚必须连接至 VSS 引脚，才能正常工作。

OSCI：外部 25MHz 晶振输入。该引脚也可由单端时钟振荡器驱动。如果采用这种方法，OSCO 应保持未连接状态。

OSCO：外部 25MHz 晶振输出。

OSCVDD12：除非通过 REG_EN 配置为稳压器关闭模式，否则通过片上稳压器供电。

OSCVSS：晶振地。

(12) JTAG 引脚说明

TMS：JTAG 测试模式选择。

TCK：JTAG 测试时钟。

TDI：JTAG 数据输入。

TDO：JTAG 数据输出。

（13）内核和 I/O 电源引脚说明

VDD33：内部稳压器+3.3V 电源。

VDDIO：+1.8V～+3.3V 可变 I/O 电源。

VDDCR：除非通过 REG_EN 配置为稳压器关闭模式，否则通过片上稳压器供电。应在引脚 6 上使用并联接地的 1μF 和 470pF 去耦电容。

VSS：公共接地端。此外露焊盘必须通过过孔阵列连接到地平面。

3.9.5 LAN9252 寄存器映射

LAN9252 的寄存器地址映射如图 3-38 所示。

系统 CSR 可直接寻址的存储器映射寄存器，其基址偏移范围为 050h～314h。这些寄存器可由主机通过主机总线接口（Host Bus Interface，HBI）或 SPI/SQI 寻址。

系统控制和状态寄存器地址分配见表 3-61 所示。当触发芯片级复位时，所有系统 CSR 均复位为默认值。

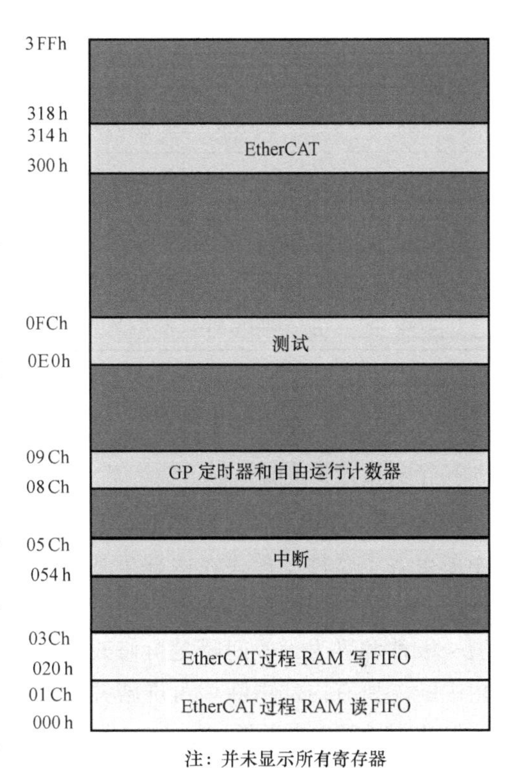

图 3-38 LAN9252 的寄存器地址映射

表 3-61 系统控制和状态寄存器地址分配

地址	寄存器名称
000h～01Ch	EtherCAT 过程 RAM 读数据 FIFO(ECAT_PRAM_RD_DATA)
020h～03Ch	EtherCAT 过程 RAM 写数据 FIFO(ECAT_PRAM_WR_DATA)
050h	芯片 ID 和版本(ID_REV)
054h	中断配置寄存器(IRQ_CFG)
058h	中断状态寄存器(INT_STS)
05Ch	中断允许寄存器(INT_EN)
064h	字节顺序测试寄存器(BYTE_TEST)
074h	硬件配置寄存器(HW_CFG)
084h	功耗管理控制寄存器(PMT_CTRL)
08Ch	通用定时器配置寄存器(GPT_CFG)
090h	通用定时器计数寄存器(GPT_CNT)
09Ch	自由运行 25MHz 计数器寄存器(FREE_RUN)
1F8h	复位控制寄存器(RESET_CTL)
300h	EtherCAT CSR 接口数据寄存器(ECAT_CSR_DATA)

（续）

地址	寄存器名称
304h	EtherCAT CSR 接口命令寄存器(ECAT_CSR_CMD)
308h	EtherCAT 过程 RAM 读地址和长度寄存器(ECAT_PRAM_RD_ADDR_LEN)
30Ch	EtherCAT 过程 RAM 读命令寄存器(ECAT_PRAM_RD_CMD)
310h	EtherCAT 过程 RAM 写地址和长度寄存器(ECAT_PRAM_WR_ADDR_LEN)
314h	EtherCAT 过程 RAM 写命令寄存器(ECAT_PRAM_WR_CMD)

3.9.6 LAN9252 系统中断

1. LAN9252 中断功能

LAN9252 提供了多层可编程中断结构，此结构通过系统中断控制器来控制。可编程系统中断由各个器件子模块在内部生成，并可配置为通过 IRQ 中断输出引脚生成单个外部主机中断。主机中断的可编程性为用户提供了根据应用要求优化性能的能力。IRQ 中断缓冲器类型、极性和置为无效间隔是可修改的。IRQ 中断可配置为漏极开路输出，以便与其他器件共用中断。所有内部中断均可屏蔽并且能够触发 IRQ 中断。

2. LAN9252 中断源

LAN9252 能生成以下类型的中断。

1）以太网 PHY 中断。

2）功耗管理中断。

3）通用定时器中断（GPT）。

4）EtherCAT 中断。

5）软件中断（通用）。

6）器件就绪中断。

7）时钟输出测试模式。

所有中断均通过排列成多层类分支结构的寄存器进行访问和配置。器件中断结构的顶层是中断状态寄存器（INT_STS）、中断允许寄存器（INT_EN）和中断配置寄存器（IRQ_CFG）。

中断状态寄存器（INT_STS）和中断允许寄存器（INT_EN）聚合并允许/禁止来自各个器件子模块的所有中断，并将它们组合在一起以产生 IRQ 中断。这两个寄存器为通用定时器、软件和器件就绪中断提供直接中断访问配置。可以在这两个寄存器内直接监视、允许/禁止和清除这些中断。

此外，还为 EtherCAT 从器件、功耗管理和以太网 PHY 中断提供了事件指示。这些中断的区别在于中断源在其他子模块寄存器中生成和清除。INT_STS 寄存器不提供有关子模块内的哪个特定事件引起中断的详细信息，需要软件轮询额外的子模块中断寄存器才能确定准确的中断源并将其清除。对于涉及多个寄存器的中断，只有在处理了中断并在其中断源清除后，才能在 INT_STS 寄存器中将其清除。

中断配置寄存器（IRQ_CFG）负责使能/禁止 IRQ 中断输出引脚以及配置其属性。

IRQ_CFG 寄存器允许修改 IRQ 引脚缓冲器类型、极性和置为无效间隔。置为无效定时器可保证 IRQ 输出的最小中断置为无效周期，可通过中断配置寄存器（IRQ_CFG）的中断置为无效间隔（INT_DEAS）字段进行编程。全零设置将禁止置为无效定时器。无论出于何种原因，置为无效间隔都从 IRQ 引脚置为无效时开始。

（1）以太网 PHY 中断

每个以太网 PHY 都提供一组相同的中断源。中断状态寄存器（INT_STS）的顶层 PHY A 中断事件（PHY_INT_A）和 PHY B 中断事件（PHY_INT_B）位为 PHY x 中断源标志寄存器（PHY_INTERRUPT_SOURCE_x）中的 PHY 中断事件发生提供指示。

PHY 中断通过各自的 PHY x 中断屏蔽寄存器（PHY_INTERRUPT_MASK_x）允许/禁止。PHY 中断源可通过 PHY x 中断源标志寄存器（PHY_INTERRUPT_SOURCE_x）确定和清除。

各个中断基于以下事件产生。

1）ENERGYON 激活。

2）自适应完成。

3）检测到远程故障。

4）链路中断（链路状态置为无效）。

5）链路接通（链路状态有效）。

6）自适应 LP 应答。

7）并行检测故障。

8）收到自适应页。

9）检测到 LAN 唤醒事件。

为了使中断事件触发外部 IRQ 中断引脚，必须在相应的 PHY x 中断屏蔽寄存器（PHY_INTERRUPT_MASK_x）中允许所需的 PHY 中断事件，中断允许寄存器（INT_EN）的 PHY A 中断事件允许（PHY_INT_A_EN）和/或 PHY B 中断事件允许（PHY_INT_B_EN）位必须置“1”，且 IRQ 输出必须通过中断配置寄存器（IRQ_CFG）的 IRQ 使能（IRQ_EN）位使能。

（2）功耗管理中断

器件提供了多个功耗管理事件中断源。中断状态寄存器（INT_STS）的顶层功耗管理中断事件（PME_INT）位提供发生功耗管理控制寄存器（PMT_CTRL）中功耗管理中断事件的指示。

功耗管理控制寄存器（PMT_CTRL）提供所有功耗管理条件的使能/禁止以及状态。其中包括 PHY 上的能量检测以及通过 PHY A 和 PHY B 提供的 LAN 唤醒（理想 DA、广播、唤醒帧或魔术包）检测。

为了使功耗管理中断事件触发外部 IRQ 中断引脚，必须在功耗管理控制寄存器（PMT_CTRL）中允许所需的功耗管理中断事件，中断允许寄存器（INT_EN）的功耗管理事件中断允许（PME_INT_EN）位必须置“1”，且必须通过中断配置寄存器（IRQ_CFG）的 bit 8 IRQ 使能（IRQ_EN）位使能 IRQ 输出。

功耗管理中断只是器件功耗管理功能中的一部分。

（3）通用定时器中断

顶层中断状态寄存器（INT_STS）和中断允许寄存器（INT_EN）中提供GP定时器（GPT_INT）中断。此中断在通用定时器计数寄存器（GPT_CNT）从0折回FFFFh时发出，在中断状态寄存器（INT_STS）的GP定时器（GPT_INT）位写“1”时清除。

为了使通用定时器中断事件触发外部IRQ中断引脚，必须通过通用定时器配置寄存器（GPT_CFG）中的通用定时器使能（TIMER_EN）位使能GPT，中断允许寄存器（INT_EN）的GP定时器中断允许（GPT_INT_EN）位必须置“1”且必须通过中断配置寄存器（IRQ_CFG）的IRQ使能（IRQ_EN）位使能IRQ输出。

（4）EtherCAT中断

中断状态寄存器（INT_STS）的顶层EtherCAT中断事件（ECAT_INT）提供发生AL事件请求寄存器中EtherCAT中断事件的指示。AL事件屏蔽寄存器提供所有EtherCAT中断条件的允许/禁止。AL事件请求寄存器提供所有EtherCAT中断的状态。

为了使EtherCAT中断事件触发外部IRQ中断引脚，必须在AL事件屏蔽寄存器中允许所需的EtherCAT中断，中断允许寄存器（INT_EN）的EtherCAT中断事件允许（ECAT_INT_EN）位必须置“1”且必须通过中断配置寄存器（IRQ_CFG）的IRQ使能（IRQ_EN）位使能IRQ输出。

（5）软件中断

顶层中断状态寄存器（INT_STS）和中断允许寄存器（INT_EN）中提供了通用软件中断。当中断允许寄存器（INT_EN）的软件中断允许（SW_INT_EN）位从清零切换为置“1”（即在使能的上升沿）时，将产生中断状态寄存器（INT_STS）的软件中断（SW_INT）位。此中断提供了一种简单的软件产生中断的方法，设计为用于常规软件使用。

为了使软件中断事件触发外部IRQ中断引脚，必须通过中断配置寄存器（IRQ_CFG）的IRQ使能（IRQ_EN）位使能IRQ输出。

（6）器件就绪中断

顶层中断状态寄存器（INT_STS）和中断允许寄存器（INT_EN）中提供了器件就绪中断。中断状态寄存器（INT_STS）的器件就绪（READY）位用于指示器件已准备好在上电或复位条件后接受访问。在中断状态寄存器（INT_STS）中对该位写“1”会将其清零。

为了使器件就绪中断事件触发外部IRQ中断引脚，中断允许寄存器（INT_EN）的器件就绪中断允许（READY_EN）位必须置“1”，且必须通过中断配置寄存器（IRQ_CFG）的IRQ使能（IRQ_EN）位使能IRQ输出。

（7）时钟输出测试模式

要实现系统级调试，可通过将中断配置寄存器（IRQ_CFG）的IRQ时钟选择（IRQ_CLK_SELECT）位置“1”，将晶振时钟使能到IRQ引脚上。

IRQ引脚应通过IRQ缓冲器类型（IRQ_TYPE）位设置为推挽式驱动器以获得最佳效果。

3.9.7 LAN9252中断寄存器

下面详细介绍与可直接寻址中断相关的系统CSR。这些寄存器用于控制、配置和监视IRQ中断输出引脚以及各种器件中断源。LAN9252中断寄存器见表3-62。

表 3-62 LAN9252 中断寄存器

地址	寄存器名称(符号)
054h	中断配置寄存器(IRQ_CFG)
058h	中断状态寄存器(INT_STS)
05Ch	中断允许寄存器(INT_EN)

1. 中断配置寄存器 (IRQ_ CFG)

LAN9252 中断配置寄存器 (IRQ_ CFG) 的偏移量为 054h，32 位，见表 3-63。读/写该寄存器可用于配置和指示 IRQ 信号的状态。

表 3-63 LAN9252 中断配置寄存器 (IRQ_ CFG)

位	说明	类型	默认值
31:24	中断置为无效间隔(INT_DEAS) 此字段用于确定中断请求置为无效间隔(10μs 的倍数) 将此字段设置为 0，会使器件禁止 INT_DEAS 间隔、复位间隔计数器并发出任何待处理中断。如果向此字段写入新的非零值，任何后续中断都将遵循新设置	R/W	00h
23:15	保留	RO	—
14	中断置为无效间隔清零(INT_DEAS_CLR) 向此寄存器写入“1”，会将中断控制器中的置为无效计数器清零，从而使新的置为无效间隔开始(无论中断控制器当前是否处于有效的置为无效间隔) 0:正常工作; 1:清零置为无效计数器	R/W SC	0h
13	中断置为无效状态(INT_DEAS_STS) 此位置“1”时，表示中断控制器当前处于置为无效间隔中，并且可能的中断将不会发送到 IRQ 引脚 此位清零时，表示中断控制器当前未处于置为无效间隔中，并且中断将发送到 IRQ 引脚 0:中断控制器未处于置为无效间隔中 1:中断控制器处于置为无效间隔中	RO	0b
12	主器件中断(IRQ_INT) 无论 IRQ_EN 位的设置或中断置为无效功能的状态如何，此只读位用于指示内部 IRQ 线的状态。当此位置“1”时，允许的中断之一处于有效状态 0:没有允许的中断处于有效状态 1:一个或多个允许的中断处于有效状态	RO	0b
11:9	保留	RO	—
8	IRQ 使能(IRQ_EN) 此位控制 IRQ 引脚的最终中断输出。清零时，IRQ 输出禁止且永久置为无效。此位对任何内部中断状态位均不起作用 0:禁止 IRQ 引脚上的输出 1:使能 IRQ 引脚上的输出	R/W	0b
7:5	保留	RO	—

（续）

位	说　　明	类型	默认值
4	IRQ 极性(IRQ_POL) 清零时,此位使 IRQ 线用作低电平有效输出。置“1”时,IRQ 输出高电平有效 当 IRQ(通过 IRQ_TYPE 位)配置为漏极开路输出时,此位被忽略且中断始终低电平有效 0:IRQ 低电平有效输出 1:IRQ 高电平有效输出	R/W NASR①	0b
3:2	保留	RO	—
1	IRQ 时钟选择(IRQ_CLK_SELECT) 当此位置“1”时,IRQ 引脚上可输出晶振时钟。这用于系统调试,目的为观察时钟,不适用于任何功能目的 当使用此位时,IRQ 引脚应设置为推挽式驱动器	R/W	0b
0	IRQ 缓冲器类型(IRQ_TYPE) 当此位清零时,IRQ 引脚用作漏极开路输出,用于线或中断配置。置“1”时,IRQ 为推挽式驱动器 当配置为漏极开路输出时,IRQ_POL 位被忽略且中断输出始终低电平有效 0:IRQ 引脚漏极开路输出 1:IRQ 引脚推挽式驱动器	R/W NASR①	0b

① 当复位控制寄存器（RESET_CTL）中的 DIGITAL_ RST 位置“1”时，不会复位指定为 NASR 的寄存器位。

2. 中断状态寄存器（INT_STS）

LAN9252 中断状态寄存器（INT_STS）的偏移量为 058h，32 位，见表 3-64。

此寄存器包含中断的当前状态。值“1”表示满足相应中断条件，而值“0”表示未满足中断条件。此寄存器的位反映了中断源的状态，与在中断允许寄存器（INT_EN）中是否允许中断源作为中断无关。当指示为 R/WC 时，向相应位写入“1”将响应并清除中断。

表 3-64　LAN9252 中断状态寄存器（INT_STS）

位	说　　明	类型	默认值
31	软件中断(SW_INT) 当中断允许寄存器(INT_EN)的软件中断允许(SW_INT_EN)位设置为高电平时,将产生此中断。写入“1”将清除此中断	R/WC	0b
30	器件就绪(READY) 此中断用于指示器件已准备好在上电或复位条件后接受访问	R/WC	0b
29	保留	RO	—
28	保留	RO	—
27	PHY B 中断事件(PHY_INT_B) 此位指示来自 PHY B 的中断事件。中断源可通过轮询 PHY x 中断源标志寄存器(PHY_INTERRUPT_SOURCE_x)确定	RO	0b
26	PHY A 中断事件(PHY_INT_A) 此位指示来自 PHY A 的中断事件。中断源可通过轮询 PHY x 中断源标志寄存器(PHY_INTERRUPT_SOURCE_x)确定	RO	0b
25:23	保留	RO	—
22	保留	RO	—

（续）

位	说　　明	类型	默认值
21:20	保留	RO	—
19	GP 定时器(GPT_INT) 当通用定时器计数寄存器(GPT_CNT)从 0 回到 FFFFh 时，将发出此中断	R/WC	0b
18	保留	RO	—
17	功耗管理中断事件(PME_INT) 当按功耗管理控制寄存器(PMT_CTRL)中的配置检测到功耗管理事件时，将发出此中断。写入“1”将清零此位。要将此位清零，必须先将功耗管理控制寄存器(PMT_CTRL)中的所有未屏蔽位清零 中断置为无效间隔不适用于 PME 中断	R/WC	0b
16:13	保留	RO	—
12	保留	RO	—
11:3	保留	RO	—
2:1	保留	RO	—
0	EtherCAT 中断事件(ECAT_INT) 此位指示 EtherCAT 中断事件。中断源可通过轮询 AL 事件请求寄存器确定	RO	0b

3. 中断允许寄存器（INT_EN）

LAN9252 中断允许寄存器（INT_EN）的偏移量为 05Ch，32 位，见表 3-65。

此寄存器包含 IRQ 输出引脚的中断允许。向任何一位写入“1”均会允许相应中断作为 IRQ 的中断源。中断状态寄存器（INT_STS）寄存器中的位仍将反映中断源的状态，与在此寄存器中是否允许中断源作为中断无关（软件中断允许（SW_INT_EN）除外）。有关每个中断的说明，请参见中断状态寄存器（INT_STS）中的各位，这些位的布局与此寄存器的布局相同。

表 3-65　LAN9252 中断允许寄存器（INT_STS）

位	说　　明	类型	默认值
31	软件中断允许(SW_INT_EN)	R/W	0b
30	器件就绪中断允许(READY_EN)	R/W	0b
29	保留	RO	—
28	保留	RO	—
27	PHY B 中断事件允许(PHY_INT_B_EN)	R/W	0b
26	PHY A 中断事件允许(PHY_INT_A_EN)	R/W	0b
25:23	保留	RO	—
22	保留	RO	—
21:20	保留	RO	—
19	GP 定时器中断允许(GPT_INT_EN)	R/W	0b
18	保留	RO	—
17	功耗管理事件中断允许(PME_INT_EN)	R/W	0b
16:13	保留	RO	—

（续）

位	说　　明	类型	默认值
12	保留	RO	—
11:3	保留	RO	—
2:1	保留	RO	—
0	EtherCAT 中断事件允许(ECAT_INT_EN)	R/W	0b

3.9.8 LAN9252 主机总线接口

1. 主机总线接口功能概述

主机总线接口（HBI）模块提供高速异步从接口，简化了器件与主机系统之间的通信。HBI 允许访问系统 CSR、内部 FIFO 和存储器，并基于字节顺序选择来处理字节交换。

HBI 提供的功能如下。

（1）地址总线输入

支持两种寻址模式，分别是复用地址/数据总线和支持地址变址寄存器访问的多路复用地址总线。模式选择通过配置输入来完成。

（2）可选数据总线宽度

主机数据总线宽度是可选的。支持 16 位和 8 位数据模式。该选择通过配置输入来完成。写入数据时，HBI 执行字节/字到双字汇编；读取数据时，HBI 会保持跟踪字节/字。在 16 位模式下，不支持单字节访问。

（3）可选读/写控制模式

提供两种控制模式。单独的读取和写入引脚或者使能和方向引脚。模式选择通过配置输入来完成。

（4）可选控制线极性

片选、读/写和地址锁存信号的极性可通过配置输入选择。

（5）动态字节顺序控制

HBI 支持基于字节顺序信号选择大尾数法和小尾数法的主机字节顺序。该高度灵活的接口提供混合字节顺序的方法来访问寄存器和存储器。根据器件寻址模式的不同，该信号可以是受配置寄存器控制的信号，或者作为选通地址输入的一部分。

（6）直接 FIFO 访问

FIFO 直接选择信号将直接对 EtherCAT 过程 RAM 写数据 FIFO（仅复用地址模式）执行所有主机写操作，并且直接从 EtherCAT 过程 RAM 读数据 FIFO（仅复用地址模式）执行所有主机读操作。该信号作为地址输入的一部分选通。

2. 读/写控制信号和极性

（1）器件支持两种不同的读/写信号方法

1）读（RD）和写（WR）选通是单独引脚上的输入。

2）读信号和写信号从使能输入（ENB）和方向输入（RD_WR）解码。

（2）器件支持对以下各项进行极性控制

1）芯片选择输入（CS）。

2）读选通（RD）/方向输入（RD_WR）。

3）写选通（WR）/使能输入（ENB）。

4）地址锁存控制（ALELO 和 ALEHI）。

3. 复用地址/数据模式

在复用地址/数据模式下，地址、FIFO 直接选择和字节顺序选择输入与数据总线共用。支持两种方法，即单阶段地址（利用多达 16 个地址/数据引脚）和双阶段地址（仅利用低 8 位数据位）。

（1）地址锁存周期

1）单阶段地址锁存

在单阶段模式下，所有地址位、FIFO 直接选择信号和字节顺序选择均通过 ALELO 信号的后沿选通到器件中。地址锁存在全部 16 个地址/数据引脚上实现。在 8 位数据模式下，引脚 AD[15:8] 专用于寻址，不必通过读写操作连续驱动这些具有有效地址的高地址线。但由于器件始终不会驱动这些引脚，因此这种称为部分地址复用的操作是可以接受的。

可选择通过 CS 信号限定 ALELO 信号。使能限定时，CS 必须在 ALELO 期间有效，以选通地址输入。未使能限定时，CS 在地址阶段期间状态为无关。

地址将被保留以供未来所有读写操作使用，直至发生复位事件或加载新地址。这样，无须多次执行地址锁存操作也可对同一地址多次发出读写请求。

2）双阶段地址锁存

在双阶段模式下，地址低 8 位通过 ALELO 信号的无效边沿选通到器件中，剩余的地址高位、FIFO 直接选择信号和字节顺序选择均通过 ALEHI 信号的后沿选通到器件中。选通可采用任意顺序。在 8 位数据模式下，不使用引脚 AD[15:8]。在 16 位数据模式下，引脚 AD[15:8] 仅用于数据。

可选择通过 CS 信号限定 ALELO 和 ALEHI 信号。使能限定时，CS 必须在 ALELO 和 ALEHI 期间有效，以选通地址输入。未使能限定时，CS 在地址阶段期间状态为无关。

地址将被保留以供未来所有读写操作使用，直至发生复位事件或加载新地址。这样，无须多次执行地址锁存操作也可对同一地址多次发出读写请求。

3）地址位到地址/数据引脚的映射

在 8 位数据模式下，地址 bit0 与引脚 AD[0] 复用，地址 bit1 与引脚 AD[1] 复用，以此类推。最高地址位是 bit9，与引脚 AD[9]（单阶段）或 AD[1]（双阶段）复用。锁存到器件中的地址被视为字节地址，包含 1KB 字节（0~3FFh）。

在 16 位数据模式下，地址 bit1 与引脚 AD[0] 复用，地址 bit2 与引脚 AD[1] 复用，以此类推。最高地址位是 bit9，与引脚 AD[8]（单阶段）或 AD[0]（双阶段）复用。锁存到器件中的地址被视为字地址，包含 512B（0~1FFh）。

当地址发送到器件的其余部分时，将被转换为字节地址。

4）字节顺序选择到地址/数据引脚的映射

字节顺序选择包含在复用地址中，从而允许主机系统基于所用的存储器地址动态选择字节顺序。这允许通过混合字节顺序的方法来访问寄存器和存储器。

字节顺序选择与最后一个地址位之前一位的数据引脚复用。

5）FIFO 直接选择到地址/数据引脚的映射

将 FIFO 直接选择信号包含在复用地址中，从而允许主机系统将 EtherCAT 过程 RAM 数据 FIFO 视为较大的扁平地址空间进行寻址。

FIFO 直接选择信号与最后一个地址位之前两位的数据引脚复用。

（2）数据周期

主机数据总线可以是 16 位或 8 位宽，而所有内部寄存器均是 32 位宽。在 8 位或 16 位数据模式下，主机总线接口执行字/字节到双字的转换。要执行读/写操作，需要在同一双字中执行两次或四次连续访问。

1）写周期

当 CS 和 WR 有效时（或当 ENB 有效且 RD_ WR 指示写操作时），将发生写周期。地址锁存周期期间已捕捉主机地址和字节顺序。

在写周期的后沿（WR、CS 或 ENB 变为无效），主机数据将被捕捉到 HBI 中的寄存器内。根据总线宽度的不同，捕捉的数据可以是字或字节。对于 8 位或 16 位数据模式，其用作为双字汇编，受影响的字或字节由低地址输入确定。此时，字节交换也是基于字节顺序完成的。

① 初始化后的写操作

器件初始化之后，来自主机总线的写操作将被忽略，直至执行读周期。

② 8 位和 16 位访问

在 8 位或 16 位数据模式下，主机需要执行两次 16 位/四次 8 位写操作，才能完成一次双字传输。不存在顺序要求。主机可先访问低位或高位字/字节，前提是对其余的字或字节执行额外的写操作。

2）读周期

当 CS 和 RD 有效时（或当 ENB 有效且 RD_ WR 指示读操作时），将发生读周期。地址锁存周期期间已捕捉主机地址和字节顺序。

在读周期开始时，会选择相应的寄存器，其中的数据会被驱动到数据引脚上。根据总线宽度的不同，读取的数据可以是字或字节。对于 8 位或 16 位数据模式，返回的字节或字由字节顺序和低地址输入确定。

① 初始化完成的轮询

器件初始化之前，HBI 将不会返回有效数据。要确定 HBI 何时工作，应轮询字节顺序测试寄存器（BYTE_ TEST）。每次轮询都应包含地址锁存周期和一个数据周期。一旦读取到正确的模式，即可认为接口为工作状态。此时，可以通过轮询硬件配置寄存器（HW_ CFG）的器件就绪（READY）位来确定器件何时完全配置。

② 8 位和 16 位访问

对于某些寄存器访问，主机需要执行两次连续的 16 位/四次连续的 8 位读操作，才能完成一次双字传输。不存在顺序要求。主机可先访问低位或高位字或字节，前提是对其余的字或字节执行额外的读操作。

读字节/字计数器保持跟踪读操作次数。该计数器与上述写计数器是相互独立的。在读周期的后沿，计数器递增计数。在最后一次读取双字时，会执行内部读操作以更新任何读取时更改 CSR。

（3）ETHERCAT 过程 RAM 数据 FIFO 访问

FIFO 直接选择信号允许主机系统将 EtherCAT 过程 RAM 数据 FIFO 视为较大的线性地址空间进行寻址。当地址锁存周期期间锁存的 FIFO 直接选择信号有效时，将对 EtherCAT 过程 RAM 写数据 FIFO 执行所有主机写操作，并从 EtherCAT 过程 RAM 读数据 FIFO 执行所有主机读操作。仅解码锁存的低地址信号，以选择正确的字节或字。该模式将忽略所有其他的地址输入。所有其他操作均相同（双字汇编和 FIFO 弹出等）。

FIFO 直接选择访问的字节顺序取决于地址锁存周期期间锁存的字节顺序选择。

读取 EtherCAT 过程 RAM 读数据 FIFO 时不支持突发访问。但是，由于 FIFO 直接选择信号在复位事件发生或者新地址加载之前一直保留，因此无须多次执行地址锁存操作也可多次发出读写请求。

3.9.9 LAN9252 的 SPI/SQI 从器件

1. SPI/SQI 功能概述

SPI/SQI 从模块提供低引脚数同步从接口，便于 LAN9252 与主机系统之间的通信。通过 SPI/SQI，可访问系统 CSR、内部 FIFO 和存储器。该器件支持一条和多条采用递增、递减和静态寻址的寄存器读写命令。SPI 模式支持单、双和四位通道，时钟速率最高达 80MHz。SQI 模式始终使用四位通道，其工作时钟速率最高也为 80MHz。

SPI/SQI 提供的功能如下。

（1）串行读操作

以最高 30MHz 的频率进行 4 线（时钟、选择、数据输入和数据输出）读操作。包括串行命令、地址和数据。采用递增、递减和静态寻址实现单次或多次寄存器读操作。

（2）快速读操作

以最高 80MHz 的频率进行 4 线（时钟、选择、数据输入和数据输出）读操作。包括串行命令、地址和数据。首次访问为空字节。采用递增、递减和静态寻址实现单次或多次寄存器读操作。

（3）双/四输出读操作

以最高 80MHz 的频率进行 4 线或 6 线（时钟、选择、数据输入/数据输出）读操作。包括串行命令和地址以及并行数据。首次访问为空字节。采用递增、递减和静态寻址实现单次或多次寄存器读操作。

（4）双/四 I/O 读操作

以最高 80MHz 的频率进行 4 线或 6 线（时钟、选择、数据输入/数据输出）读操作。包括串行命令、并行地址和数据。首次访问为空字节。采用递增、递减和静态寻址实现单次或多次寄存器读操作。

（5）SQI 读操作

以最高 80MHz 的频率进行 6 线（时钟、选择、数据输入/数据输出）写操作。包括并行命令、地址和数据。首次访问为空字节。采用递增、递减和静态寻址实现单次或多次寄存器读操作。

（6）写操作

以最高 80MHz 的频率进行 4 线（时钟、选择、数据输入和数据输出）写操作。包括串行命令、地址和数据。采用递增、递减和静态寻址实现单次或多次寄存器写操作。

(7) 双/四数据写操作

以最高 80MHz 的频率进行 4 线或 6 线（时钟、选择、数据输入/数据输出）写操作。包括串行命令、地址和并行数据。采用递增、递减和静态寻址实现单次或多次寄存器写操作。

(8) 双/四地址/数据写操作

以最高 80MHz 的频率进行 4 线或 6 线（时钟、选择、数据输入/数据输出）写操作。包括串行命令、并行地址和数据。采用递增、递减和静态寻址实现单次或多次寄存器写操作。

(9) SQI 写操作

以最高 80MHz 的频率进行 6 线（时钟、选择、数据输入/数据输出）写操作。包括并行命令、地址和数据。采用递增、递减和静态寻址实现单次或多次寄存器写操作。

2. SPI/SQI 从器件操作

SIO [3:0] 引脚上的输入数据在 SCK 输入时钟的上升沿被采样。SIO [3:0] 引脚上的输出数据在时钟的下降沿被采样。SCK 输入时钟可以是高电平有效脉冲或低电平有效脉冲。当 SCS#片选输入为高电平时，SIO [3:0] 输入被忽略，SIO [3:0] 输出为三态。

在 SPI 模式下，8 位指令在 SCS#变为有效后从输入时钟的第一个上升沿开始。该指令始终以串行方式输入 SI/SIO0。

对于读指令和写指令，指令字节后跟两个地址字节。根据指令的不同，地址字节以串行方式输入，或者以每个时钟 2 位或 4 位的方式输入。虽然所有寄存器均按双字访问，但地址字段被视为字节地址。使用十四个地址位指定地址。地址字段的 bit15 和 bit14 用于指定连续访问时地址自动递减（10b）还是自动递增（01b）。

对于一些读指令，地址字节后跟空字节周期。器件不会在空字节周期期间驱动输出。空字节以串行方式输入，或者以每个时钟 2 位或 4 位的方式输入。

对于读指令和写指令，如果存在空字节，则一个或多个 32 位数据字段跟在空字节后面，否则将跟在地址字节后面。数据以串行方式输入，或者以每个时钟 2 位或 4 位的方式输入。

可通过使能四 I/O（EQIO）指令从 SPI 模式切换至 SQI 模式。一旦处于 SQI 模式，后续的所有命令、地址、空字节和数据字节均以每个时钟 4 位的方式输入。可通过复位四 I/O（RSTQIO）指令退出 SQI 模式。

3.9.10 LAN9252 的以太网 PHY

1. 以太网 PHY 功能

该器件包含 PHY A 和 PHY B。

PHY A 和 PHY B 的功能相同。PHY A 连接到 EtherCAT 内核端口 0 或 2。PHY B 连接到 EtherCAT 内核端口 1。这些 PHY 通过内部 MII 接口与相应的 MAC 接口。

PHY 符合针对双绞线以太网的 IEEE802.3 物理层标准，可配置为全双工 100Mbit/s（100BASE-TX/100BASE-FX）以太网操作。所有 PHY 寄存器均遵循 IEEE802.3（第 22.2.4 条）指定的 MII 管理寄存器组规范并且可完全配置。

PHY 寻址根据器件模式将 PHY A 的地址设置为 0 或 2，并将 PHY B 的地址固定设置为 1。

此外，可以通过 PHY x 特殊模式寄存器（PHY_SPECIAL_MODES_x）中的 PHY 地址（PHYADD）字段更改 PHY A 和 PHY B 的地址。为确保正常工作，PHY A 和 PHY B 的地址必须唯一。不会执行任何检查来确保每个 PHY 已设置为不同的地址。

2. PHY A 和 PHY B

该器件集成了两个 IEEE802.3 PHY 功能。PHY 可配置为 100Mbit/s 铜缆（100BASE-TX）或 100Mbit/s 光缆（100BASE-FX）以太网操作，并包括自动协商和 HP Auto-MDIX 功能。

每个 PHY 在功能上可分为以下几部分。

1）100BASE-TX 发送和 100BASE-TX 接收。

2）自适应。

3）HP Auto-MDIX。

4）PHY 管理控制和 PHY 中断。

5）PHY 掉电模式。

6）LAN 唤醒（WoL）。

7）复位。

8）链路完整性测试。

9）电缆诊断。

10）回环运行。

11）100BASE-FX 远端故障指示。

LAN9252 每个 PHY 主要组成部分框图如图 3-39 所示。

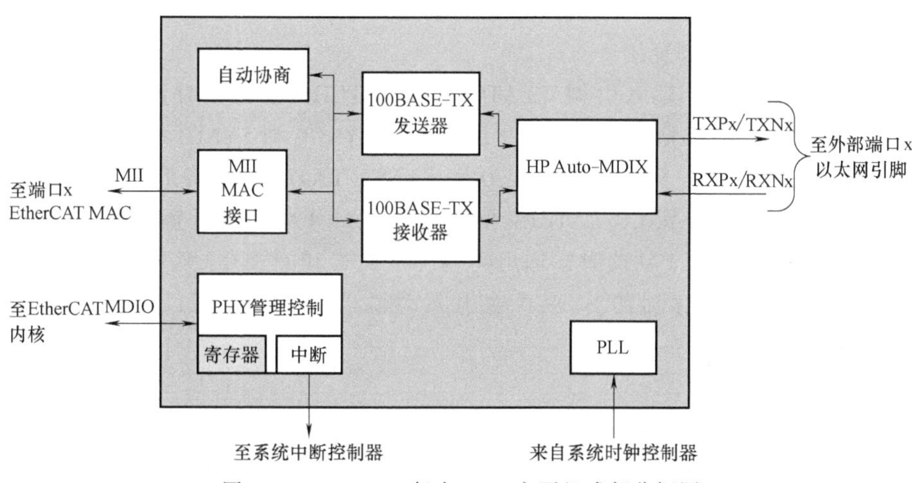

图 3-39 LAN9252 每个 PHY 主要组成部分框图

3.9.11 LAN9252 的 EtherCAT 功能

1. LAN9252 的 EtherCAT 功能概述

LAN9252 的 EtherCAT 模块实现了一个 3 端口 EtherCAT 从站控制器，该控制器具有 4KB 双端口存储器（DPRAM）、4 个 Sync Manager、3 个现场总线存储器管理单元（FMMU）和 1 个 64 位分布式时钟。

每个端口均接收以太网帧、执行帧校验并将以太网帧转发到下一个端口。接收到帧时会生成时间戳。如果某个端口上没有链路、端口不可用或者端口的环路关闭，则各端口的环回功能会将以太网帧转发到下一个逻辑端口。端口 0 的环回功能将帧转发到 EtherCAT 处理单元。环路设置可通过 EtherCAT 主器件控制。

数据包按以下顺序转发：端口 0→EtherCAT 处理单元→端口 1→端口 2。

EtherCAT 处理单元（EtherCAT Processing Unit，EPU）接收、分析并处理 EtherCAT 数据流。EtherCAT 处理单元的主要用途是实现并协调对 ESC 的内部寄存器和存储空间的访问，这两部分均可被 EtherCAT 主站和本地应用寻址。主站和从站应用间的数据交换与双端口存储器（过程存储器）相当，并且通过一致性校验（Sync Manager）和数据映射（FMMU）等特殊功能得到了增强。

每个 FMMU 均执行将逻辑 EtherCAT 系统地址按位映射到器件物理地址的任务。

Sync Manager 负责确保 EtherCAT 主站与从站之间的数据交换和邮箱通信的一致性。每个 Sync Manager 的方向和工作模式由 EtherCAT 主器件配置。提供两种工作模式：缓冲模式和邮箱模式。在缓冲模式下，本地单片机和 EtherCAT 主器件可同时写入器件。LAN9252 中的缓冲区始终包含最新数据。如果新数据在旧数据可读出前到达，则旧数据将丢失。在邮箱模式下，本地单片机和 EtherCAT 主器件通过握手来访问缓冲区，从而确保不会丢失任何数据。

凭借分布式时钟（Distributed Clock，DC）可以精确同步输出信号、输入采样和事件时间戳的生成。

2. LAN9252 的分布式时钟

LAN9252 从站控制器支持 64 位分布式时钟。

（1）SYNC/LATCH 引脚复用

EtherCAT 内核提供两个输入引脚（LATCH0 和 LATCH1），用于外部事件的时间戳。上升沿和下降沿时间戳均会被记录。这两个引脚分别与 SYNC0 和 SYNC1 输出引脚共用，用于指示是否发生了时间事件。SYNC0/LATCH0 和 SYNC1/LATCH1 引脚的功能分别由 SYNC/LATCH PDI 配置寄存器的 SYNC0/LATCH0 配置和 SYNC1/LATCH1 配置位确定。

当设置为 SYNC0/SYNC1 功能时，输出类型（推挽式和漏极/源极开路）和输出极性由 SYNC/LATCH PDI 配置寄存器的 SYNC0 输出驱动器/极性和 SYNC1 输出驱动器/极性位确定。

（2）SYNC IRQ 映射

SYNC0 和 SYNC1 的状态可分别映射到 AL 事件请求寄存器的 DC SYNC0 的状态和 DC SYNC1 的状态位。SYNC0 和 SYNC1 的状态的映射分别由 SYNC/LATCH PDI 配置寄存器的 SYNC0 映射和 SYNC1 映射位使能。

（3）SYNC 脉冲长度

SYNC0 和 SYNC1 脉冲长度由同步信号寄存器的脉冲长度控制。同步信号寄存器的脉冲长度根据 EEPROM 的内容进行初始化。

3. PDI 选择和配置

器件使用的过程数据接口（Process Data Interface，PDI）由 PDI 控制寄存器指示。可用的 PDI 如下。

1）04h：数字 I/O PDI。

2）80h~8Dh：主机接口 PDI（SPI 和 HBI 复用/变址单/双阶段 8/16 位）。

4. 数字 I/O PDI

数字 I/O PDI 提供 16 个可配置数字 I/O（DIGIO [15:0]），用于不带主机控制器的简单系统。数字 I/O 输出数据寄存器用于控制输出值，而数字 I/O 输入数据寄存器用于读取输入值。每 2 位数字 I/O 对可配置为输入或输出。方向由扩展 PDI 配置寄存器选择，该寄存器通过 EEPROM 配置。

数字 I/O 也可配置为双向模式，此时输出会在外部驱动和锁存，并在之后释放，以便可采样输入数据。双向操作由 PDI 配置寄存器的单向/双向模式位选择。PDI 配置寄存器根据 EEPROM 的内容进行初始化。

5. 主机接口 PDI

主机接口 PDI 用于带主机控制器的系统，该系统使用 HBI 或 SPI 芯片级主机接口。

PDI 配置寄存器和扩展 PDI 配置寄存器中的值反映来自 EEPROM 的值。PDI 配置寄存器中的值用于在主机接口模式下配置 HBI。如果使能了 GPIO（SPI 使能 GPIO），则会使用扩展 PDI 配置寄存器中的值。

PDI 配置寄存器和扩展 PDI 配置寄存器根据 EEPROM 的内容进行初始化。

6. 端口接口

（1）端口 0 和端口 2（内部 PHY A 或外部 MII）

当 chip_mode_strap [1:0] 不等于 11B 时（双端口或三端口下行模式），EtherCAT 从站控制器的端口 0 连接至内部 PHY A。当 chip_mode_strap [1:0] 等于 11B 时（三端口上行模式），端口 0 连接至 MII 引脚。

当 chip_mode_strap [1:0] 等于 11B 时（三端口上行模式），EtherCAT 从站控制器的端口 2 连接至内部 PHY A。当 chip_mode_strap [1:0] 等于 10B 时（三端口下行模式），端口 2 连接至 MII 引脚。

（2）外部 MII PHY 连接

外部 PHY 连接至 MII 端口，如图 3-40 所示。以太网 PHY 与 EtherCAT 从站控制器的时钟源必须相同。25MHz 输出（MII_CLK25）用作 PHY 的参考时钟。由于 EtherCAT 从站控制器不包含发送 FIFO，因此 PHY 的 TX_CLK 未连接。来自 EtherCAT 从站控制器的发送信号可根据 CLK25 输出通过发送移位补偿进行延时，以便其像由 PHY 的 TX_CLK 驱动一样正确对齐。

以太网 PHY 应连接至 EtherCAT 从站控制器 RST#引脚，以便其在 EtherCAT 从站控制器就绪之前保持复位。否则，远端链路伙伴会检测到来自 PHY 的有效链路信号，并会“打开”其端口，假定本地 EtherCAT 从站控制器就绪。

MII_MDC 和 MII_MDIO 信号在 EtherCAT 从站控制器和 PHY 之间连接。MII_MDIO 需要外部上拉。外部 PHY 的管理地址必须在 chip_mode_strap [1:0] 等于 11B 时（三端口上行模式）设置为 0，在 chip_mode_strap [1:0] 等于 10B 时（三端口下行模式）设置为 2。

PHY 的 LINK_STATUS 是 LED 输出，指示 100Mbit/s 全双工链路是否处于活动状态。EtherCAT 从站控制器的 MII_LINK 输入的极性可配置。

由于 EtherCAT 在全双工模式下工作，因此 PHY 的 COL 和 CRS 输出未连接。

由于 EtherCAT 从站控制器不产生发送错误，因此 PHY 的 TX_ER 输入连接至系统地。

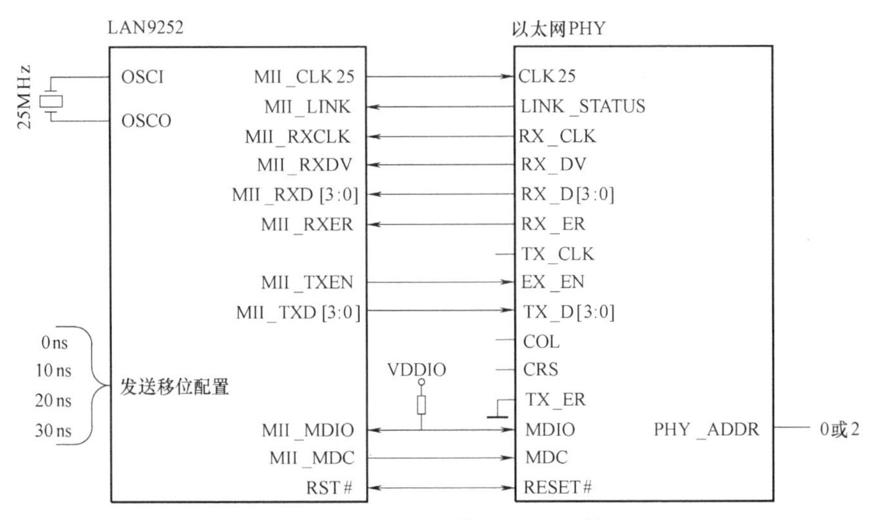

图 3-40 LAN9252 外部 PHY 连接

7. LED

器件的每个端口都包含一个运行 LED（RUNLED）和一个链路/活动 LED（LINKACTLED［0:2］）。LED 引脚的极性由相应的 LED 极性配置脚确定。引脚输出为漏极开路或源极开路。

EtherCAT 内核配置能够通过运行 LED 改写寄存器来直接控制运行 LED。

通过将功耗管理控制寄存器（PMT_CTRL）中的 LED_DIS 位置“1”可禁止（停止驱动）所有 LED 输出。

8. EtherCAT CSR 和过程数据 RAM 访问

EtherCAT CSR 提供对 EtherCAT 内核的各种参数的寄存器级访问。根据访问方式的不同，EtherCAT 的相关寄存器主要分为两类：直接和间接。

可间接访问的 EtherCAT 内核寄存器位于 EtherCAT 内核中，必须通过 EtherCAT CSR 接口数据寄存器（ECAT_CSR_DATA）和 EtherCAT CSR 接口命令寄存器（ECAT_CSR_CMD）间接访问。可间接访问的 EtherCAT 内核 CSR 提供对 EtherCAT 内核的许多可配置参数的完全访问。

3.10 EtherCAT 从站控制器 AX58100

3.10.1 AX58100 概述

AX58100 是由中国台湾亚信（ASIX）公司生产的一款 2/3 端口 EtherCAT 从站控制器（ESC），集成两个支持 100Mbit/s 全双工操作与 HP Auto-MDIX 功能的快速以太网 PHY。AX58100 支持 CANopen（CoE）、TFTP（FoE）及 VoE 等标准 EtherCAT 协议，适用于工业自动化、电动机控制、运动控制、机器人、数字信号 I/O 控制、模拟数字转换器（ADC）/数字模拟转换器（DAC）转换器控制及传感器数据采集等各种实时工控产品应用，提供了经济有效的解决方案。

AX58100提供一个三通道PWM控制器或一个步进控制器，一个用于闭环控制的增量/霍尔编码接口，一个SPI Master接口用于SPI装置数据采集和输出，32个适用于工业实时I/O控制应用的数字控制I/O，以及一个I/O WDT提供监测I/O状态来做适当处置以确保产品功能的安全性。

AX58100提供两种过程数据接口（PDI），Local Bus接口和SPI Slave接口，可通过这些接口将AX58100连接到外部传统MCU/DSP工业控制机台以支持EtherCAT功能。AX58100有两个内存空间，分别对应到ESC内存和Function缓存器，设计人员可以透过芯片选择脚位来决定存取哪一个内存空间。内部网桥会根据设定的同步条件来自动同步ESC内存与功能缓存器的内容，并提供EtherCAT Master来远程控制AX58100的功能（PWM，SPI Master等）。AX58100将ESC和应用程序中断事件反应在中断状态缓存器，并通过条件或边缘中断触发模式来通知外部MCU/DSP来管理这些ESC和应用程序中断事件。AX58100功能框图如图3-41所示。

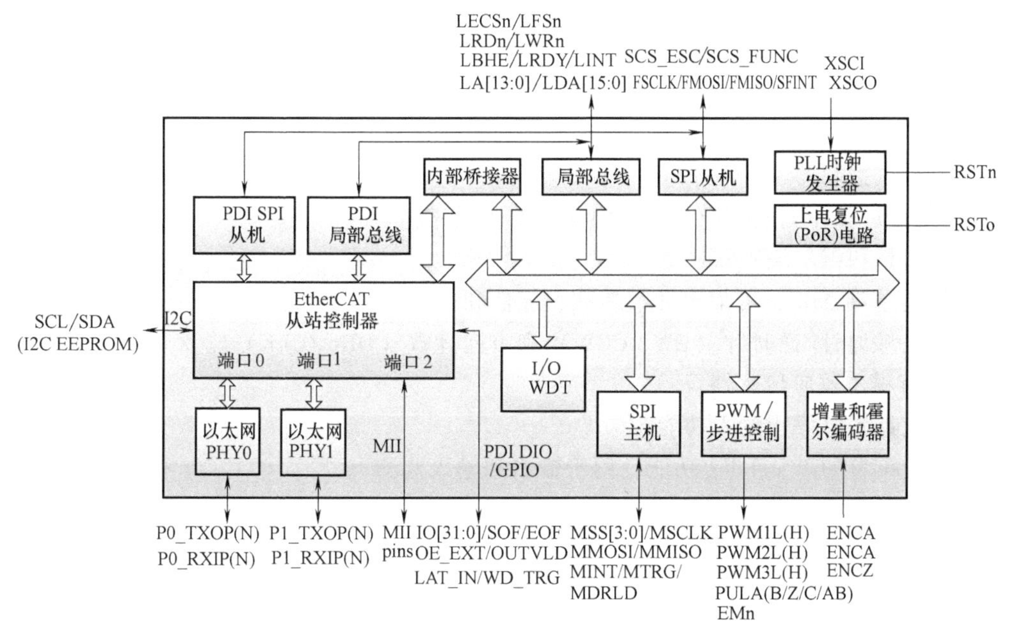

图3-41 AX58100功能框图

1. AX58100主要特点

（1）2/3端口标准EtherCAT从站控制器（ESC），集成两个快速以太网PHYs

（2）标准EtherCAT从站控制器（ESC）

1）支持8个现场总线存储器管理单元（FMMUs）。

2）支持8个同步管理器。

3）支持64位分布式时钟。

4）内置9KB字节RAM。

（3）集成式快速以太网PHYs

1）兼容IEEE 802.3和802.3u 100BASE-TX/100BASE-FX标准。

2）支持交绞线自动侦测及切换（HP Auto-MDIX）。

3）支持自动极性侦测及校正。

4）支持 PHY 回路模式。

（4）内置第 3 个 MII 网络端口以支持星形或树形网络拓扑

（5）支持 32 位数字信号/通用型输入/输出控制（DIO/GPIO）

每个 I/O 皆可通过 FMMU 直接单独控制。

（6）SPI Slave 界面

1）支持 SPI Mode 3 时序工作模式。

2）支持最高位（MSB）优先传输模式。

（7）Local Bus 界面

1）具有 8/16 位总线。

2）支持异步传输。

3）支持 16 位总线 BHE 信号功能。

（8）内部网桥可根据设定的同步条件来自动同步 ESC 内存与功能缓存器的内容

（9）支持 3 个 PWM 控制通道

1）可调整所有通道的频率，相位对齐与先断后合（BBM）时间。

2）可调整每个通道的占空比，相位位移与极性。

（10）步进控制器

可调整步进脉冲宽度、极性和方向改变的延迟时间。

（11）增量和霍尔编码器接口

1）支持单端 ABZ，可配置计数常数、极性和多个 Z 信号功能。

2）支持顺时针/逆时针（CW /CCW）和方向计数（DIR /CLK）输入。

3）支持霍尔效应传感器。

（12）支持紧急停止输入功能

（13）可配置的 Watchdog 功能，用于输出和输入监测

（14）IRQ 事件输出

1）EtherCAT 相关事件中断。

2）应用程序相关事件中断。

3）WDT 超时事件中断。

（15）SPI Master 接口

1）可编程 SPI 时钟频率高达 50MHz。

2）支持 4 种 SPI 时序模式。

3）支持最低位（LSB)/最高位（MSB）优先传输模式。

4）可支持到 8 个 SPI 装置。

5）可支持到 8 个 SPI 信道，每个信道提供 8 个字节读写缓冲。

6）支持 ADC 数据就绪和 DAC 数据加载指示功能。

7）支持周期性数据采集。

8）可提供延迟取样以支持高延迟装置。

9）支持外部中断输入。

（16）支持一个 I^2C Master 接口

(17) 集成片内上电复位 (PoR) 电路

(18) 80 引脚 LQFP 封装并符合 RoHS 规范

(19) 工作温度范围：-40~+105℃

2. AX58100 应用领域

AX58100 应用领域如下。

① 工业自动化。

② 电动机控制。

③ 运动控制。

④ 机器人。

⑤ 数字信号 I/O 控制。

⑥ DAC/ADC 转换器控制。

⑦ 传感器数据采集。

⑧ 传统通信模块。

⑨ 操作员 HMI 接口。

AX58100 的典型应用如图 3-42 所示。

3.10.2 AX58100 引脚介绍

AX58100 为 80 引脚 LQFP 封装，其外形图和引脚图分别如图 3-43 和图 3-44 所示。

1. 通用引脚描述

TEST：测试模式使能。正常运行时，始终连接逻辑低电平或不连接。

RSTn：复位输入，低电平有效。RSTn 是用于复位该芯片的硬件复位输入。该输入与内部上电复位 (POR) 电路进行“与”逻辑，使该芯片产生主系统复位。

RSTO：复位输出。

XSCI：25MHz 晶振输入 。

XSCO：25MHz 晶振输出。

SCL：用于 I^2C 主控制器的串行时钟线。SCL 是三态输出，需要接外部上拉电阻。

SDA：用于 I^2C 主控制器的串行数据线。SCL 是三态输出，需要接外部上拉电阻。

PDI_EMU：PDI 仿真使能。

EEP_DONE：EEPROM 已加载，PDI 有效。

LED_RUN\EEP_SIZE：RUN LED。该引脚是芯片复位阶段的输入方向，用于引导程序设置以决定 EEPROM 的大小配置。

LED_ERR\3PORT_MODE：Error LED。该引脚是芯片复位阶段的输入方向，用于引导程序设置以决定端口 2 MII 使能配置。

SYNC_LATCH [0]：分布式时钟同步输出或锁存输入信号 0。

SYNC_LATCH [1]：分布式时钟同步输出或锁存输入信号 1。

NC：保留，接地。

2. 以太网 PHY 引脚描述

P0_TXOP：PHY 0 差分发送正信号。在铜缆模式下，差分数据在 MDI 模式下传输到 TXOP/TXON 信号对上的介质。在光纤模式下，信号对应连接到光纤收发器的 TX+/TX-

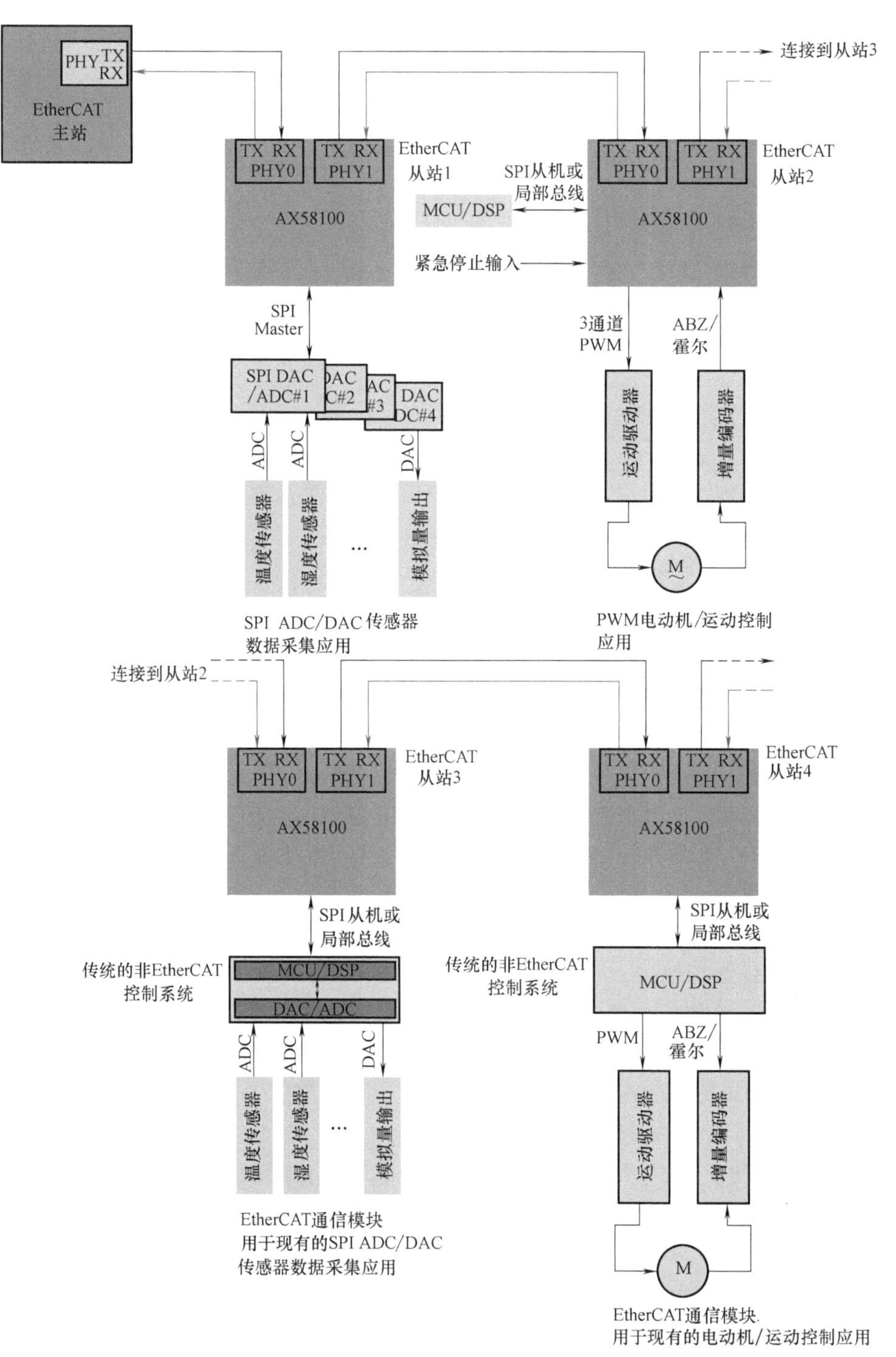

图 3-42 AX58100 典型应用

引脚。

P0_TXON：PHY 0 差分发送负信号。

P0_RXIP：PHY 0 差分接收正信号。在铜缆模式下，在 MDI 模式下的 RXIP /RXIN 信号

图 3-43 AX58100 外形图

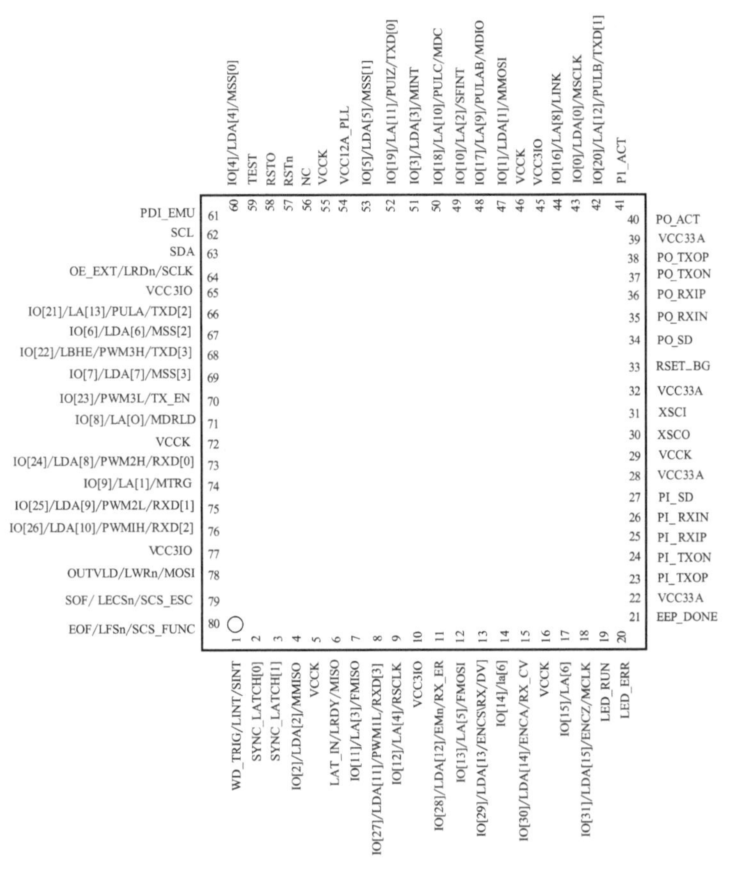

图 3-44 AX58100 引脚图

对上接收介质上的差分数据。在光纤模式下，信号对应连接到光纤收发器的 TX+/TX-引脚。

P0_RXIN：PHY 0 差分接收负信号。

P0_SD：PHY 0 光纤模式信号检测。当 SD<0.2V 时，铜缆模式；当 1.0V<SD<1.8V 时，没有检测到信号的光纤模式，产生远端故障；当 SD>2.4V 时，具有检测信号的光纤模式。

P0_ACT/P0_FIBER：PHY 0 链路/活动 LED。该引脚是芯片复位阶段的输入方向，用于引导程序设置以决定 PHY 0 介质模式。

P1_TXOP：PHY 1 差分发送正信号。与 P0_TXOP/ON 描述相同。

P1_TXON：PHY 1 差分发送负信号。

P1_RXIP：PHY 1 差分接收正信号。与 P0_RXOP/ON 描述相同。

P1_RXIN：PHY 1 差分接收负信号。

P1_SD：PHY 1 光线模式信号检测。与 P0_SD 描述相同。

P1_ACT/P0_FIBER：PHY 1 链路/活动 LED。该引脚是芯片复位阶段的输入方向，用于引导程序设置以决定 PHY 1 介质模式。

RSET_ BG：PHY 片外偏置电阻。将 (12±1%)kΩ 的外部电阻连接到 PCB 模拟地。

3. 电源和地引脚描述

VCC3IO：I/O 引脚数字电源，3.3V。在每个 VCC3IO 和 GND 之间加一个 0.1μF 的旁路电容。

VCCK：内核数字电源，1.2V。在每个 VCCK 和 GND 之间加一个 0.1μF 的旁路电容。

VCC33A：EtherNet PHY 的模拟电源，3.3V。在 VCC3A 和 GND 之间加一个 0.1μF 的旁路电容。

VCC12A_PLL：PLL 的模拟电源，1.2V。在 VCC12A_PLL 和 GND 之间加一个 0.1μF 的旁路电容。

GND：所有模拟和数字电源的地。

4. PDI 数字量 IO 和 GPIO 引脚描述

IO [31：24]：数字/通用 I/O [31：24]。

IO [23：16]：数字/通用 I/O [23：16]。

IO [15：8]：数字/通用 I/O [15：8]。

IO [7：0]：数字/通用 I/O [7：0]。

SOF：帧起始。

EOF：帧结束。

OE_EXT：输出使能。

OUTVLD：输出数据有效/输出事件。

LAT_IN：外部数据锁存。

WD_TRIG：WDT 触发器。

5. ESC PDI/功能 SPI 从机接口引脚描述

SCS_ESC：用于 ESC 的 SPI 芯片选择。

SCS_FUNC：用于功能的 SPI 芯片选择。

SCLK：SPI 时钟。

MOSI：SPI 数据 MOSI。

MISO：SPI 数据 MISO。

SINT：SPI 中断。

FSCLK：功能 SPI 时钟。

FMOSI：功能 SPI 数据 MOSI。

FMISO：功能 SPI 数据 MISO 。

SFINT：SPI 功能中断。

6. ESC PDI/功能局部总线接口引脚描述

LECSn：局部总线 ESC 芯片选择。

LFCSn：局部总线功能芯片选择。

LRDn：局部总线读。

LWRn：局部总线写。

LBHE：局部总线字节高位使能（仅限 16 位宽度）。

LRDY：局部总线就绪。

LINT：局部总线中断。

LA [13：0]：局部总线地址总线。

LDA [15：8]：局部总线数据总线 [15：8]。

LDA [7：0]：局部总线数据总线 [7：0]。

7. PWM 电动机控制器引脚描述

PWM1L：PWM 1 低引脚或步进（STEP）引脚。

PWM1H：PWM 1 高引脚或方向（DIR）引脚。

PWM2L：PWM 2 低引脚。

PWM2H：PWM 2 高引脚。

PWM3L：PWM 3 低引脚。

PWM3H：PWM 3 高引脚。

PULA：脉冲 A，可编程点 A。

PULB：脉冲 B，可编程点 B。

PULZ：脉冲 Z，PWM 周期起始点。

PULC：脉冲 C，PWM 周期中间点。

PULAB：脉冲 AB，在可编程点 A 和 B 时进行切换。

EMn：紧急输入，低电平有效。

8. 增量/霍尔编码器接口引脚描述

ENCA：ENC 输入 A、Sin、CW、CLK 或 HALL A。

ENCB：ENC 输入 B、Cos、CCW、DIR 或 HALL B。

ENCZ：ENC 输入 Z、Zero 点或 HALL C。

9. SPI 主机引脚描述

MSS [3：0]：SPI 主机选择。

MSCLK：SPI 主机 SCLK。

MMOSI：SPI 主机 MOSI。

MMISO：SPI 主机 MISO。

MINT：SPI 主机中断输入。

MTRG：SPI 主机触发输入。

MDRLD：SPI 主机 ADC 数据就绪/DAC 数据已下载。

10. 端口 2 MII 引脚描述

MCLK：MII 时钟，以太网 PHYs 的 25 MHz 时钟源。

LINK：LINK，如果建立了 100 Mbit/s（全双工）链路，则由 PHY 提供。

MDC：PHY 管理接口时钟。

MDIO：PHY 管理接口数据。

TXD [3]：发送数据 [3]。

TXD [2：1]\TX_ SH [1：0]：发送数据 [2：1]，该引脚是芯片复位阶段的输入方向，用于引导程序设置以决定外部 PHY 的 TXD 相移。

TXD [0]\LINK_ POL：发送数据 [0]，这些引脚是芯片复位期间的输入方向，用于引导程序设置以决定外部 PHY 的 LINK 极性。

TX_EN：发送使能。

RX_CLK：接收时钟。

RXD [3：0]：接收数据。

RX_ER：接收错误。

RX_DV：接收数据有效。

3.10.3 AX58100 功能说明

1. 时钟/复位

AX58100 需要一个晶振（25MHz，室温下±25 PPM）作为时钟源，内部 PLL 生成 100MHz 时钟以供 EtherCAT 从站控制器（ESC）和其他功能使用。

AX58100 有三个复位源，在 VCCK 上电期间，内部上电复位（POR）可以产生复位脉冲，以便在 VCCK 电源引脚上升到某个阈值电压电平时复位所有功能块。第二次复位是 RSTn 引脚复位，用于进行基本复位。第三个是 EtherCAT 命令复位，EtherCAT 主站可以发送复位序列强制 AX58100 复位。AX58100 还支持复位输出 RSTO 极性引导程序配置（RSTO_POL）。

2. EtherCAT 从站控制器（ESC）

AX58100 实现了一个 3 端口的 EtherCAT 从站控制器（ESC），由 BECKHOFF 公司授权，具有 9 KB 的过程数据 RAM，8 个现场总线内存管理单元（FMMUs），8 个同步管理器和 1 个 64 位分布式时钟。

端口 0 和 1 集成了嵌入式以太网 PHY，端口 2 是可选的 MII 接口，它是与其他接口共享的多功能引脚（即 PWM，霍尔，局部总线，数字 I/O）。数据包按以下顺序转发：端口 0→EtherCAT 处理单元→端口 1→端口 2。

过程数据接口（PDI，也称为主机接口）提供 SPI 从机，异步 8/16 位微控制器接口（也称为异步局部总线）和数字 I/O。当外部 MCU 采用从系统时，SPI 从机和异步 8/16 位局部总线接口将被使用；当直接 I/O 控制时，数字 I/O 被使用。

AX58100 支持 ESC 存储空间的功能寄存器映射，映射寄存器位于 0x3000~0x33FF 的过程数据存储器地址。

3. 以太网 PHY

AX58100 嵌入了两个基于 DSP 的以太网 PHY，完全符合 100BASE-TX 和 100BASE-FX 以太网标准，如 IEEE 802.3u 和 ANSI X3.263-1995（FDDI-TP-PMD）。在铜缆模式下，支持 MDI/MDIX 自动交叉功能（HP Auto-MDIX）。

4. 内部桥接器功能

AX58100 有两个存储空间，一个用于 ESC，另一个用于 AX58100 指定功能。桥接器处理 ESC 存储器和功能寄存器之间的数据同步，使用 EthterCAT 数据包的 SOF、EOF、ESC 控制信号、SYNCx 和 LATx，PDI 芯片选择（ESC 和功能）断言和解除断言，PWM 周期启动，寄存器写入和寄存器数据变化，共有 13 个源同步两个空间的寄存器内容。每个功能映射都可以独立启用，当启用任何功能映射时，也会启用与中断相关的寄存器映射（INTCR 和 INTSR）。

5. I/O WDT

I/O WDT 用于 AX58100 安全引擎，用于监视 I/O 信号切换状态和一个紧急停止输入（EMn）引脚。当 I/O 信号与模式不匹配或保持超时时间时，WDT 将触发，或 EMn 输入引脚断言，强制 I/O 引脚进入默认电平。默认级别是可配置的，可以驱动为低、高或三态。

6. PWM 控制器

PWM 控制模块提供脉冲宽度调制（PWM），或者 STEP/DIR 来控制电动机驱动。PWM 模式有 8 个引脚（3 对控制信号，每个控制信号对有一个高脉冲引脚（PWMxH）和低脉冲引脚（PWMxL）控制电源驱动电路。另一个有两个定位引脚，PULZ 和 PULC 点周期启动和中心时间，三个可编程触发引脚，即 PULA、PULB 和 PULAB。步进脉冲模式有 2 个引脚，步进（STEP）和方向（DIR）连接到步进电动机控制器，共用 PWM1H/L 引脚。

PWM 支持高达 12.5MHz 的输出频率，以及可编程极性，定时调整。

7. 增量和霍尔编码器接口

AX58100 提供带线性或旋转增量编码器的接口，以获取位置信息，支持四种输入模式。正弦/余弦模式（A/B/Z 引脚），顺时针模式（CW/CCW/Z 引脚），方向-时钟模式（DIR/CLK/Z 引脚）和霍尔模式（A/B/C 引脚）。它可以在正弦/余弦，顺时针和方向-时钟模式这三种模式下累积位置，并在霍尔模式下计算 GAP 时间。

Sin/Cos 模式支持高达 8.33MHz 的输入频率，高达 16.66MHz 的 CW/CCW 和 DIR/CLK，以及高达 2.77MHz 的霍尔模式。

8. SPI 主机控制器

串行外设接口（SPI）主控制器提供一个全双工，同步串行通信接口（4 线），可灵活地与众多 SPI 外围设备或带 SPI 从设备的微控制器配合使用。SPI 主控制器支持 4 种类型的接口定时模式，即模式 0、1、2 和 3，以允许使用大多数可用的 SPI 器件。它支持 MSB/LSB 首发数据传输。

支持 8 个通道可以按设备顺序访问，每个通道可变传输长度最多 8 个字节。支持对同一设备的多通道访问，数据长度可达 64 字节。对于高性能应用，SPI 主控制器支持在 SPI 器件和数据寄存器之间继续传输数据。

提供 4 个芯片选择，支持 One-cold 编码输出（最多 4 个器件），或使用最多 8 个器件的二进制编码输出（使用外部二进制解码器）。

One-cold 编码与 One-hot 编码对偶。

One-hot 编码又称一位有效编码，其方法是使用 N 位状态寄存器来对 N 个状态进行编码，每个状态都有它独立的寄存器位，并且在任意时候，其中只有一位有效。One-hot 编码是一组位，其中值的合法组合仅是那些具有单个高（1）位的值，而所有其他位为低（0）。

还有一种类似的实现方式，其中除了一个“0”外，所有位均为“1”，有时也称为 One-cold 编码。

支持标准 SPI 设备访问，无须胶连（glue）逻辑电路。支持 ADC 应用的“触发数据就绪输入”，支持 DAC 应用的“数据加载指示输出”和“数据路径菊花链”。

MSCLK SPI 时钟可通过软件进行编程，最高可运行 50MHz。

3.10.4　AX58100 芯片配置和存储器映射描述

1. 用于芯片配置的引导程序引脚

AX58100 支持五个多功能引导程序引脚（引脚 19、20、58、40 和 41），用于五种硬件配置，即外部 I^2C EEPROM 大小，ESC 支持的端口号，RSTO 极性和集成端口 0/1 PHY 介质模式；并支持其他三个多功能引导程序引脚（引脚 42、52 和 66），用于配置端口 2 MII 信号。用户需要利用外部电阻上拉/下拉这些引导程序引脚。AX58100 用于芯片配置的引导程序引脚描述见表 3-66。

表 3-66 AX58100 用于芯片配置的引导程序引脚描述

引脚	信号名称	描述
19	EEP_SIZE	I^2C EEPROM 大小 0:1kbit~16kbit 1:32kbit~4Mbit
20	3PORT_MODE	ESC 端口数 0:2 端口模式 1:3 端口模式
58	RSTO_POL	RSTO 复位输出极性 0:低电平有效 1:高电平有效
40	P0_FIBER	端口 0 PHY 媒体模式 0:铜缆模式 1:光纤模式
41	P1_FIBER	端口 1 PHY 媒体模式 0:铜缆模式 1:光纤模式
66	TX_SH[1]	端口 2 MII TXD 对齐位置
42	TX_SH[0]	00:与 MCLK 对齐 01:对 MCLK 延迟 1/4 相位 10:对 MCLK 延迟 1/2 相位 11:对 MCLK 延迟 3/4 相位
52	LINK_POL	端口 2 MII LINK 极性 0:低电平有效 1:高电平有效

2. 硬件配置 EEPROM（HWCFGEE）

AX58100 I^2C 主控制器支持与外部 I^2C 器件和 I^2C 硬件配置 EEPROM 加载器的通信，以支持在芯片复位期间从外部 I^2C EEPROM 加载 EtherCAT 从站信息（ESI）。AX58100 支持 I^2C EEPROM，EEPROM 大小从 1kbit（128 字节）到 4Mbit（500KB）。

AX58100 I^2C 硬件配置 EEPROM 布局见表 3-67。

从 EtherCAT 主站系统重新配置 EEPROM 时，必须特别注意并非每个主站都允许将类 1 写入 EEPROM。有多种方法将此内容写入 EEPROM，以便在 AX58100 引导时自动加载访问控制配置。

1）使用预编程的 I^2C EEPROM。

2）首先使用其他类别，例如 2049。然后对单一的 EEPROM 字节写操作，用 0 覆盖高字节。

从偏移量 0x00~0x7F 的 AX58100 HWCFGEE 内容以及一般类别都是必需的（至少 I^2C EEPROM 的最小容量为 2kbit，对于具有许多类别的复杂设备，应配备 32kbit EEPROM 或更大）。ESC 配置区用于 AX58100 的硬件配置。所有其他区域均由 EtherCAT 主站或本地应用程序使用。

表 3-67 AX58100 I²C 硬件配置 EEPROM 布局

EEPROM 字节偏移	EEPROM 字偏移	参数	ESC 寄存器偏移
ESC 配置区			
0x00	0x00	PDI 控制	0x140
0x01		ESC 配置(第 2 位也映射到 ESC 寄存器 0x0110.2)	0x141
0x02	0x01	PDI 配置	0x150
0x03		Sync/Latch[1:0]配置	0x151
0x05~0x04	0x02	同步信号脉冲长度	0x0983~0x0982
0x07~0x06	0x03	庫展 PDI 配置	0x0153~0x0152
0x09~0x08	0x04	配置站别名	0x0013~0x0012
0x0A	0x05	主机接口扩展设置和驱动强度	
0x0B		保留,应为 0	
0x0C	0x06	保留,应为 0	
0x0D		多功能选择和驱动强度	
0x0F~0x0E	0x07	校验和	
0x13~0x10	0x09~0x08	供应商 ID	
0x17~0x14	0x0B~0x0A	产品代码	
0x1B~0x18	0x0D~0x0C	修订号	
0x1F~0x1C	0x0F~0x0E	序列号	
0x27~0x20	0x13~0x10	保留	
引导程序邮箱配置			
0x29~0x28	0x14	引导程序接收邮箱偏移量	
0x2B~0x2A	0x15	引导程序接收邮箱大小	
0x2D~0x2C	0x16	引导程序发送邮箱偏移量	
0x2F~0x2E	0x17	引导程序发送邮箱大小	
邮箱同步管理器配置			
0x31~0x30	0x18	标准接收邮箱偏移量	
0x33~0x32	0x19	标准接收邮箱大小	
0x35~0x34	0x1A	标准发送邮箱偏移量	
0x37~0x36	0x1B	标准发送邮箱大小	
0x39~0x38	0x1C	邮箱协议	
0x3F~0x3A	0x1F~0x1D	保留	
0x7B~0x40	0x3D~0x20	保留	
0x7D~0x7C	0x3E	大小	
0x7F~0x7E	0x3F	版本	

（续）

EEPROM 字节偏移	EEPROM 字偏移	参　　数	ESC 寄存器偏移
ESC 类别 1（如果使用 AX58100 桥接器访问配置）①			
0x81～0x80	0x40	类别 1 类型（默认值：0x0001）	
0x83～0x82	0x41	类别 1 数据大小（字）（默认值：0x0021）	
0x84	0x42	MCTLR 访问控制	0x0580
0x85		PXCFGR 访问控制	0x0581
0x86	0x43	PTAPPR 访问控制	0x0582
0x87		PTBPPR 访问控制	0x0583
0x88	0x44	PPCR 访问控制	0x0584
0x89		PBBMR 访问控制	0x0585
0x8A	0x45	PICTRLR 访问控制	0x0586
0x8B		PISHR 访问控制	0x0587
0x8C	0x46	P1HPWR 访问控制	0x0588
0x8D		P2CTRLR 访问控制	0x0589
0x8E	0x47	P2SHR 访问控制	0x058A
0x8F		P2HPWR 访问控制	0x058B
0x90	0x48	P3CRRLR 访问控制	0x058C
0x91		P3SHR 访问控制	0x058D
0x92	0x49	P3HPWR 访问控制	0x058E
0x93		SGTR 访问控制	0x058F
0x94	0x4A	SHPWR 访问控制	0x0590
0x95		TDLYR 访问控制	0x0591
0x96	0x4B	STNR 访问控制	0x0592
0x97		SCFGR 访问控制	0x0593
0x98	0x4C	SCTRLR 访问控制	0x0594
0x99		SCNTR 访问控制	0x0595
0x9A	0x4D	ECNTVR 访问控制	0x0596
0x9B		ECNSTR 访问控制	0x0597
0x9C	0x4E	ELATR 访问控制	0x0598
0x9D		EMODR 访问控制	0x0599
0x9E	0x4F	ECLRR 访问控制	0x059A
0x9F		HALSTR 访问控制	0x059B
0xA0	0x50	WRT 访问控制	0x059C
0xA1		WCFGR 访问控制	0x059D
0xA2	0x51	WTPVCR 访问控制	0x059E
0xA3		WMSPR 访问控制	0x059F

（续）

EEPROM 字节偏移	EEPROM 字偏移	参　　数	ESC 寄存器偏移
0xA4	0x52	WMMR 访问控制	0x05A0
0xA5		WOMR 访问控制	0x05A1
0xA6	0x53	WOER 访问控制	0x05A2
0xA7		WOPR 访问控制	0x05A3
0xA8	0x54	WTPVR 访问控制	0x05A4
0xA9		SPICFGR 访问控制	0x05A5
0xAA	0x55	SPIBRR 仿问控制	0x05A6
0xAB		SPIDBSR 访问控制	0x05A7
0xAC	0x56	SPIDTR 访问控制	0x05A8
0xAD		SPIRPTR 访问控制	0x05A9
0xAE	0x57	SPILTR 访问控制	0x05AA
0xAF		SPIPRLR 访问控制	0x05AB
0xB0	0x58	SPI01BCR 访问控制	0x05AC
0xB1		SPI23BCR 访问控制	0x05AD
0xB2	0x59	SPI45BCR 访问控制	0x05AE
0xB3		SPI67BCR 访问控制	0x05AF
0xB4	0x5A	SPI03SSR 访问控制	0x05B0
0xB5		SPI47SSR 访问控制	0x05B1
0xB6	0x5B	SPIINTSR 访问控制	0x05B2
0xB7		SPITSR 访问控制	0x05B3
0xB8	0x5C	SPIPOSR 访问控制	0x05B4
0xB9		SPI 数据状态（SPIDSR 和 SPIDSMR）访问控制	0x05B5
0xBA	0x5D	SPIC0DR 访问控制	0x05B6
0xBB		SPIC1DR 访问控制	0x05B7
0xBC	0x5E	SPIC2DR 访问控制	0x05B8
0xBD		SPIC3DR 访问控制	0x05B9
0xBE	0x5F	SPIC4DR 访问控制	0x05BA
0xBF		SPIC5DR 访问控制	0x05BB
0xC0	0x60	SPIC6DR 访问控制	0x05BC
0xC1		SPIC7DR 访问控制	0x05BD
0xC2	0x61	SPIMCR 访问控制	0x05BE
0xC3		INTCR 访问控制	0x05BF
0xC4	0x62	INTSR 访问控制	0x05C0
0xC5		功能映射使能	0x05C1
其他 ESC 类型信息（细分类别）			
		…	

（续）

EEPROM 字节偏移	EEPROM 字偏移	参　　数	ESC 寄存器偏移
		类别字符串	
		类别概述	
		类别 FMMU	
		类别 Sync　Manager	
		每个 PDO 的类别 Tx-/RxPDO	

① ESC 配置区的保留字或保留位应填入 0。

上电或复位后，AX58100 会自动读取 ESC 配置区（EEPROM 偏移量 0x00～0x0F）。它包含 PDI 配置，分布式时钟设置和配置的站点别名。ESC 配置区数据的一致性通过校验确保。

EtherCAT 主站在重新加载 EEPROM 内容时可以调用。在这种情况下，配置站点别名寄存器 0x0012：0x0013 和 ESC 配置寄存器位 0x0141［1，4，5，6，7］（增强链路检测）不会传输到寄存器中，它们只会在开机或重置后的初始加载 EEPROM 之后传输。

要使用 AX58100 桥接器功能，用户应在 EEPROM 偏移量 0x80 的第一类中定义“桥接器访问配置”参数。类别类型必须为 0x0001，类别数据大小必须为 0x0020，这样 AX58100 会在上电或复位后，自动将 EEPROM 桥接器访问配置参数加，载到从 0x0580 开始的桥接器访问配置寄存器存储区中。

3.10.5　AX58100 的微控制器接口

1. 8/16 位微控制器局部总线接口电路

8/16 位微控制器通过局部总线与 AX58100 接口电路如图 3-45 所示。该接口电路是一个异步 8/16 位局部总线的 PDI 应用。

AX58100 支持 14 位局部地址总线 LA［13：0］，保持微控制器的局部总线的 LA［15：14］位地址总线直接浮空。LFCSn 信号接 4.7kΩ 上拉电阻，AX58100 支持一个 LRDY 信号，指示局部总线准备好，EEP_DONE 信号是可选的，指示 ESC PDI 总线有效。

2. 8 位微控制器局部总线接口电路

8 位微控制器通过异步局部总线与 AX58100 接口电路如图 3-46 所示。该接口电路是一个异步 8 位局部总线的 PDI 应用。

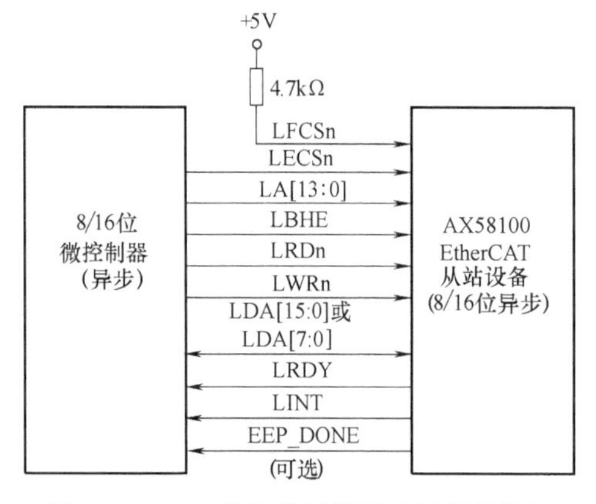

图 3-45　8/16 位微控制器通过局部总线与 AX58100 接口电路

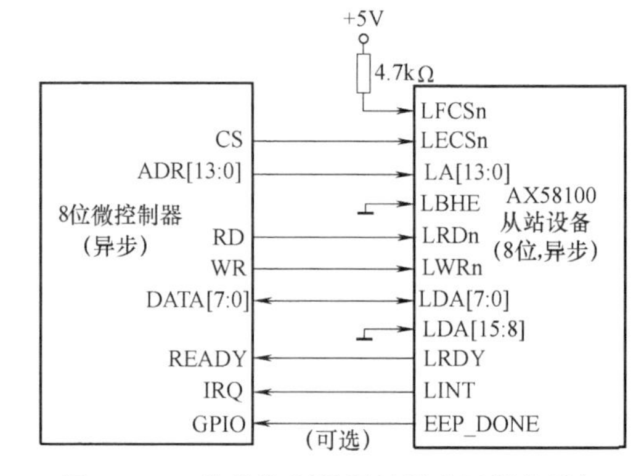

图 3-46　8 位微控制器通过异步局部总线与 AX58100 的接口电路

3. 16 位微控制器局部总线接口电路

16 位微控制器通过异步局部总线与 Ax58100 接口电路如图 3-47 所示。该接口电路是一个异步 16 位局部总线的 PDI 应用。

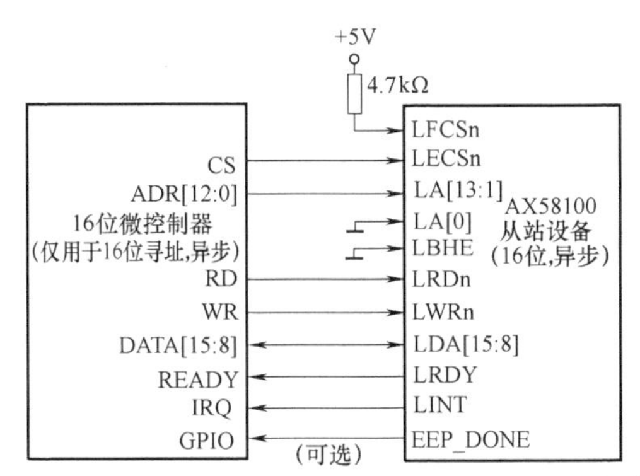

图 3-47 16 位微控制器通过异步局部总线与 AX58100 的接口电路

4. SPI 总线接口电路

微控制器通过 SPI 与 AX58100 的接口电路如图 3-48 所示。

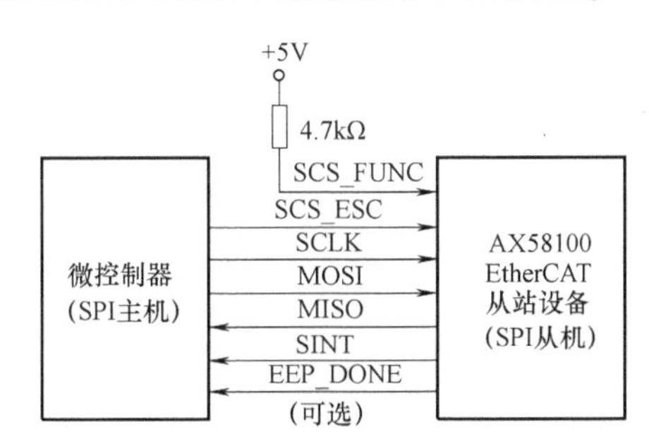

图 3-48 微控制器通过 SPI 与 AX58100 的接口电路

3.11 基于 Sitara 处理器的 EtherCAT 工业以太网

Texas Instruments（TI）是第一家获得 EtherCAT 技术许可的半导体公司。TI 已将 EtherCAT 集成到多个 Sitara 处理器中，包括 AM335xARM Cortex-A8、AMIC110 ARM Cortex-A8、AM437x ARM Cortex-A9 和 AM57x ARM Cortex-A15 器件。为了实现 EtherCAT 工业以太网，TI 公司已开发了可编程实时单元（PRU）技术，为工业通信创建统一的前端，并将 EtherCAT 和其他工业标准引入其不断发展的基于 ARM 的微处理器平台。

TI 公司还将软件、硬件和工具整合在一起，以简化使用 Sitara 设备开发基于 EtherCAT 产品的过程。此外，Sitara 的工业级温度和长寿命周期支持使其成为 EtherCAT 和其他工业网络应用的理想选择。

EtherCAT 与 Sitara 处理器的集成，可实现以更低的成本实现同类最佳的功能。如基于 Sitara AM335x 处理器的 EtherCAT 集成满足或超过所有要求的功能和性能基准，包括关键的 EtherCAT 功能，如分布式时钟和低于 700ns 的端到端延迟。除了 Sitara 处理器的功能外，TI 公司通过为设计工程师提供广泛的相关软件、硬件和开发工具，简化了 EtherCAT 产品的开发。

3.11.1 典型 EtherCAT 节点

典型 EtherCAT 节点具有类似于图 3-49、图 3-50 和图 3-51 之一的架构。

许多简单的 EtherCAT 设备（如数字 I/O）都可以使用单一 FPGA 或 ASIC 解决方案创建。

基本的数字 I/O EtherCAT 设备如图 3-49 所示。这种架构非常适合对成本敏感的简单 I/O 节点，这些节点不需要软件，所有功能都在硬件中实现。

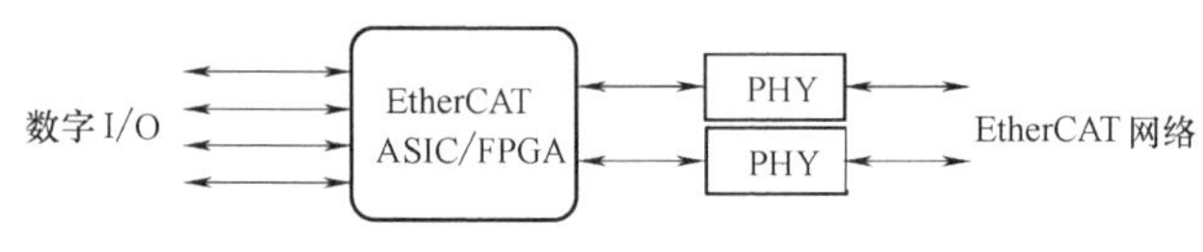

图 3-49 基本的数字 I/O EtherCAT 设备

在需要额外处理能力的 EtherCAT 节点中，通常是一个带有片上闪存的外部处理器连接到 EtherCAT ASIC/FPGA，以实现应用程序级处理。采用 ASIC 和外部处理器的 EtherCAT 从站如图 3-50 所示，集成 EtherCAT 的 ARM 处理器如图 3-51 所示。这类设备可以是传感器应用，如处理器需要操作传感器，实现设备驱动器并运行 EtherCAT 协议栈。这种架构的成本高于简单数字 I/O 设备的成本，它具有开发人员可以选择适合其需求和成本目标的处理器的灵活性。

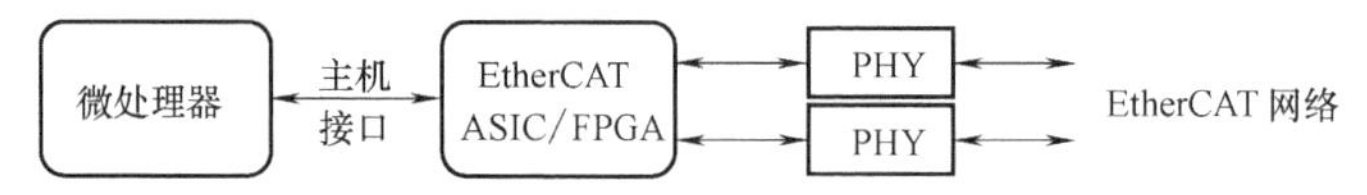

图 3-50 采用 ASIC 和外部处理器的 EtherCAT 从站

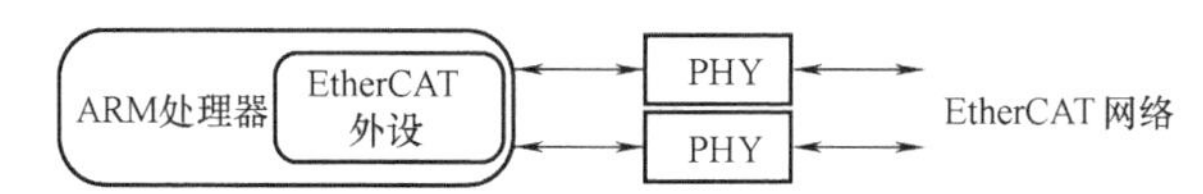

图 3-51 集成 EtherCAT 的 ARM 处理器

在另一种方法中，EtherCAT 实现是具有集成 CPU 的设备中的外围设备之一。许多 FPGA 器件都能够在 FPGA 中配置处理器或已经集成了处理器。一些供应商在设备上为 ASIC 提供 EtherCAT 和合适的处理器。FPGA 非常灵活，但根据 CPU 的选择，存在成本或工作频率难以满足的风险。

3.11.2 TI 的 EtherCAT 解决方案

TI 已将 EtherCAT 功能集成到 Sitara 处理器中。这些设备将 ARM 处理核心与其他外围设备和接口集成在一起，使其成为构建工业自动化设备的良好器件。

基于 TI Sitara AM335x/AMIC110/AM437x/AM57x 处理器上的 EtherCAT 从站如图 3-52 所示。

Sitara 处理器集成了可编程实时单元工业通信子系统（PRU-ICSS），支持与 MII 接口的低级别交互。此功能使 PRU-ICSS 能够实现 EtherCAT 等专用通信协议。

整个 EtherCAT MAC 层可以通过固件封装在 PRU-ICSS 中。PRU-ICSS 即时处理 EtherCAT 报文并解析、解码地址并执行 EtherCAT 命令。在 EtherCAT 栈（第 7 层）和工业应用程序运行时，中断可用于 ARM 处理器所需的任何通信，其中 PRU-ICSS 还可执行帧反向转发。由

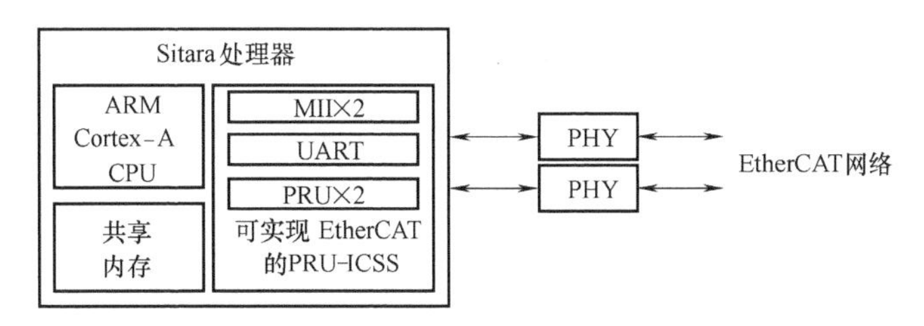

图 3-52 基于 TI Sitara 处理器上的 EtherCAT 从站

于 PRU-ICSS 可以实现所有 EtherCAT 功能，ARM 处理器可用于复杂应用，或者以低速 ARM 核用于更简单且成本受限的应用，如分布式 I/O。

要使用 Sitara 处理器完成 EtherCAT 解决方案，需要 TI 的 TLK105L、TLK106L、DP836X0、DP83822 或 DP8384x 等以太网 PHY 器件。如 TLK110 对 MII 和 PHY 接口之间的低延迟这一 EtherCAT 性能的重要属性进行了优化。TLK110 也有先进的电缆诊断功能，可快速定位电缆故障。

3.11.3 EtherCAT 软件架构

在 TI 的一个 Sitara 处理器上，三个主要的软件组件构成 EtherCAT 从站实现。

第一个是在 PRU 中实现第 2 层功能的微代码。

第二个是在 ARM 处理器上运行的 EtherCAT 从站栈。

第三个是依赖于应用了此解决方案的终端设备的工业应用程序。

TI 在处理器软件开发套件（SDK）中提供了其他支持组件，如协议适配层和设备驱动程序。无论是否使用经过 TI 测试的 EtherCAT 栈，图 3-53 中所示的架构均可在不做任何更改

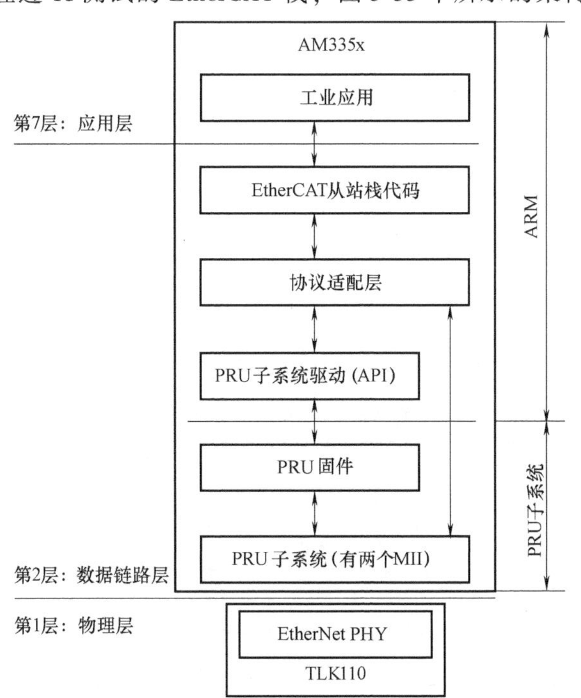

图 3-53 EtherCAT 从站软件架构

的情况下工作。此 EtherCAT 解决方案也独立于操作系统，可以通过参考 PRU-ICSS 固件 API 指南进行调整。

在 EtherCAT 第 2 层中，PRU 实时内核共享数据报处理、分布式时钟、地址映射、错误检测和处理以及主机接口等任务。

PRU 还模拟内部共享存储器中的 EtherCAT 寄存器空间。凭借其确定性的实时处理能力，PRU 在一致且可预测的处理延迟下处理 EtherCAT 数据报。采用 TI DP83822 以太网 PHY 器件的 Sitara 处理器存在低延迟，这使得 TI 的解决措施成为一种重要的 EtherCAT 从站解决方案。

EtherCAT 固件架构如图 3-54 所示，EtherCAT Rx-Tx 延时如图 3-55 所示。

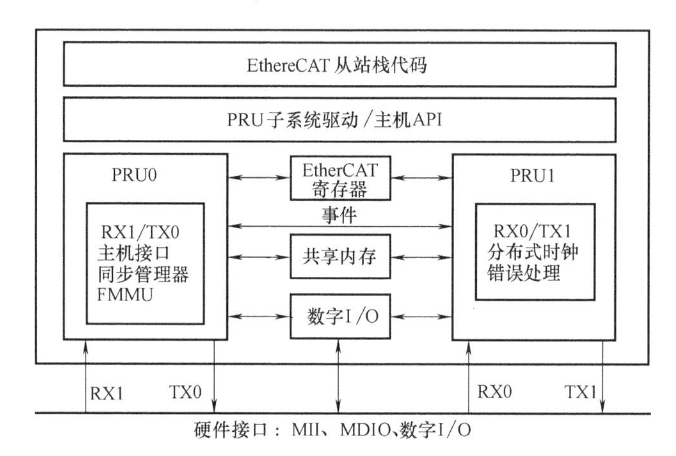

图 3-54 EtherCAT 固件架构

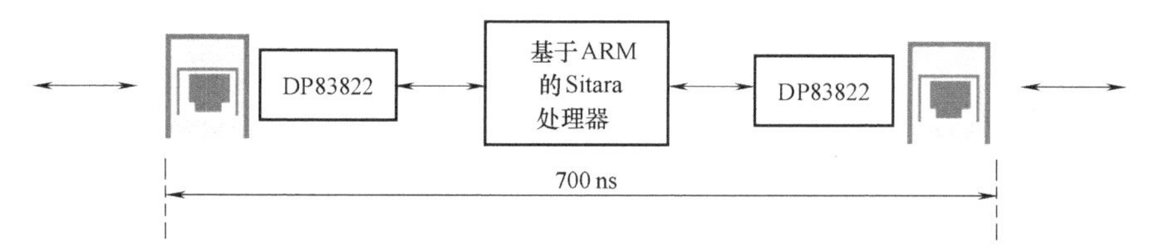

图 3-55 EtherCAT Rx-Tx 延时

3.11.4 关键的 EtherCAT 参数

表 3-68 中提供了 Sitara AM335x 和 AM437x 处理器上 EtherCAT 从站实施的关键属性。

表 3-68 Sitara 处理器上 EtherCAT 从站实施的关键属性

属　性	AM335x 处理器	AM437x 处理器	AMIC110 SoC	AM437x 处理器
端口数	2 个 MII 接口	2 个 MII 接口	2 个 MII 接口	2 个 MII 接口
EBUS	无专用 EBUS	无专用 EBUS	无专用 EBUS	无专用 EBUS
FMMUs	8 个	8 个	8 个	8 个
同步管理器	8 个(缓冲器/邮箱)	8 个(缓冲器/邮箱)	8 个(缓冲器/邮箱)	8 个(缓冲器/邮箱)
定时器	64 位(32 位 HW,32 位 SW)	64 位(32 位 HW,32 位 SW)	64 位(32 位 HW,32 位 SW)	64 位(32 位 HW,32 位 SW)

(续)

属　性	AM335x 处理器	AM437x 处理器	AMIC110 SoC	AM437x 处理器
分布式时钟	有(<<1μs)Sync0/1	有(<<1μs)Sync0/1	有(<<1μs)Sync0/1	有(<<1μs)Sync0/1
Sync/Latch 信号	SYNC0/1,LATCH0/1	SYNC0/1,LATCH0/1	SYNC0/1,LATCH0/1	SYNC0/1,LATCH0/1
主机接口	集成 ARM Cortex-A8 SPI 接口	集成 ARM Cortex-A9 SPI 接口	集成 ARMCortex-A8 SPI 接口	集成 ARM Cortex-A15 SPI 接口
过程数据 I/F	12KB 片上共享内存,8KB 用于 PD	32KB 片上共享内存,28KB 用于 PD	12KB 片上共享内存,8KB 用于 PD	32KB 片上共享内存,28KB 用于 PD
按位操作	支持	支持	支持	支持
数字 I/O	许多芯片级 GPIOs	许多芯片级 GPIOs	许多芯片级 GPIOs	许多芯片级 GPIOs
封装	PBGA 324,15×15mm	NFBGA 491,17×17mm	PBGA 324,15×15mm	NFBGA 491,17×17mm

TI 简化了将 EtherCAT 与 Sitara 处理器集成的过程。集成 EtherCAT 从站所需的所有工具和软件代码均作为这些处理器软件开发套件（SDK）的一部分提供。在每个开发平台上，SDK 包括 Ether-CAT 协议的固件、软件驱动程序、硬件初始化例程、栈 API 的适配层、EtherCAT 协议栈和应用程序本身。通过 SDK 的支持文档可在应用程序中修改和构建新功能。

为了便于集成 EtherCAT 协议栈，TI 还与 BECKHOFF 公司密切合作，在 Sitara 处理器上验证 EtherCAT 从站栈代码。BECKHOFF 代码已经过调整，可以在 Sitara 处理器上运行，并且经过测试以保证客户使用该集成无任何漏洞。客户可成为 ETG 会员，并有权在将产品推向市场之前直接通过 ETG 网站获取 BECKHOFF 栈的免费副本。BECKHOFF 的 EtherCAT 栈副本也包含在处理器 SDK 中，用于评估、开发和测试。

对于典型用例，EtherCAT 固件、栈、驱动程序和高级操作系统（如果需要）或实时操作系统内核都可以从相应的软件开发套件中重复使用。在开发用户应用程序时，用户通常只需修改一个文件。

EtherCAT 软件集成如图 3-56 所示。

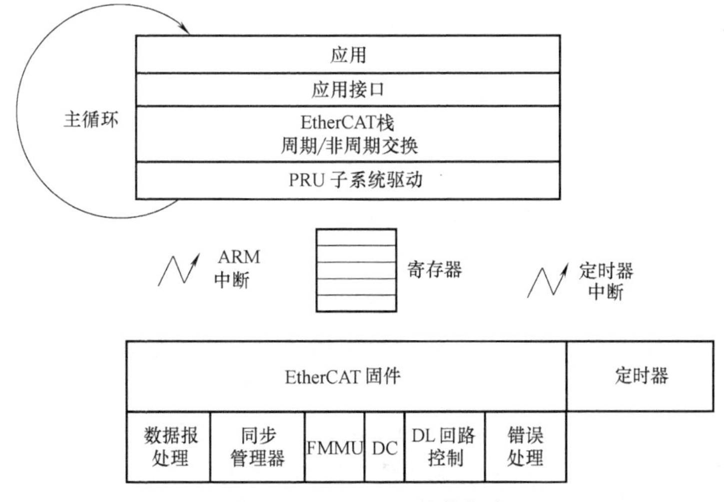

图 3-56　EtherCAT 软件集成

3.12 集成 EtherCAT 的 AM353x 处理器

3.12.1 AM335x 微处理器的功能

AM335x 微处理器基于 ARM Cortex-A8 处理器，增强了图像、图形处理、外设和工业接口选项（如 EtherCAT、EtherNet/IP 和 PROFIBUS 等）方面的功能。这些设备支持高级操作系统（HLOS），Linux 和安卓系统可以由 TI 免费提供。

AM335x 微处理器的功能框图如图 3-57 所示。

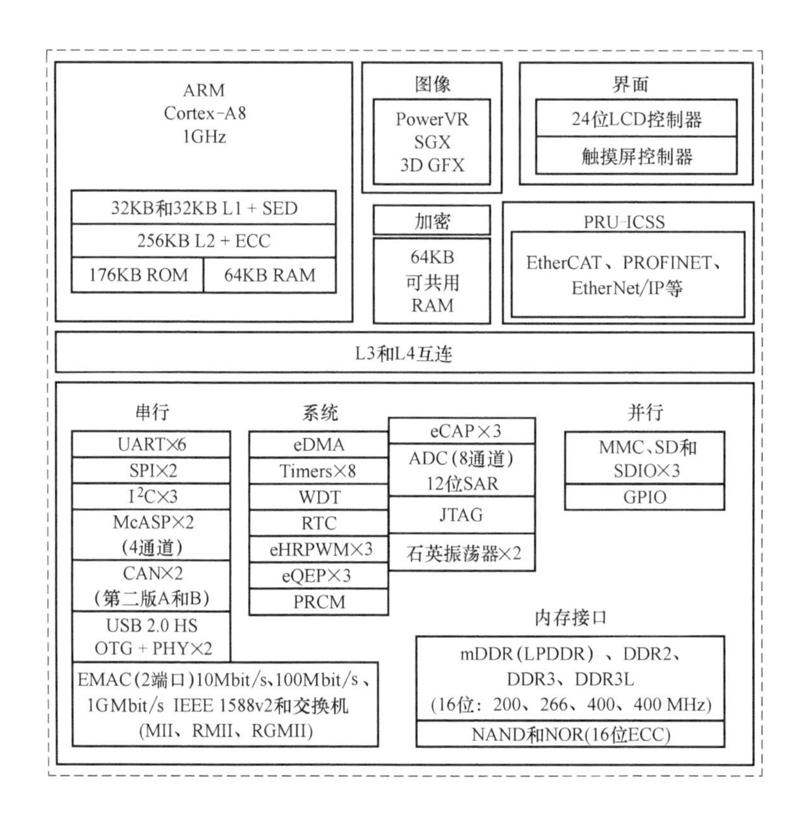

图 3-57 AM335x 微处理器的功能框图

AM335x 微处理器包含的每个子系统简要介绍如下。

微处理器单元（MPU）子系统基于 ARM Cortex-A8 处理器，PowerVR SGX 图形加速器子系统提供 3D 图形加速，以支持显示和游戏效果。

PRU-ICSS 与 ARM 内核分离，允许独立操作和计时，使得系统更高效和灵活。PRU-ICSS 支持额外的外设接口和实时协议，如 EtherCAT、PROFINET、EtherNet/IP、PROFIBUS、EtherNet Powerlink 和 SERCOS 等。此外，PRU-ICSS 具有可编程特性和访问引脚、事件和片上系统（SoC）资源，使得其可以灵活地实现快速实时响应、专用数据处理操作、自定义外设接口以及从 SoC 的其他处理器核心卸载任务。

3.12.2　AM335x 微处理器的特性

1. 1-GHz Sitara ARM CortexR-A8 32 位 RISC 处理器

1）NEON SIMD 协处理器。

2）具有单错检测（奇偶校验）的 32KB/32KB L1 指令/数据高速缓存。

3）含纠错码（ECC）的 256KB L2 高速缓存。

4）176KB 的片上引导 ROM。

5）64KB 专用 RAM。

6）仿真和调试 JTAG。

7）中断控制器（高达 128 个中断请求）。

2. 片载存储器（共享 L3 RAM）

1）64KB 通用片载存储器控制器（OCMC）RAM。

2）所有主机均可访问。

3）支持快速唤醒保持。

3. 外部存储器接口（EMIF）

1）mDDR（LPDDR）/DDR2/DDR3，DDR3L 控制器。

2）通用存储器控制器（GPMC）。

3）错误定位模块。

4. 可编程实时单元子系统和工业通信子系统（PRU-ICSS）

1）支持 EtherCAT、PROFIBUS、PROFINET 和 EtherNet/IP 等协议。

2）两个可编程实时单元（PRUs）。

① 32 位可运行在 200MHz 以下的负载/储存 RISC 处理器。

② 具有单错检测（奇偶校验）的 8KB 指令 RAM。

③ 具有单错检测（奇偶校验）的 8KB 数据 RAM。

④ 具有 64 位累加器的单周期 32 位乘法器。

⑤ 增强型 GPIO 模块提供移入/移除支持，并且并行锁存在外部信号上。

3）具有单错检测（奇偶校验）的 12KB 共享 RAM。

4）每个 PRU 可访问三个 120 字节的寄存器组。

5）用于处理系统输入事件的中断控制模块（INTC）。

6）用于内外部主机和 PRU-ISCC 内部资源连接的互联总线。

7）PRU-ISCC 内部外设。

① 一个具有流控引脚的 UART 端口，支持速率高达 12Mbit/s。

② 一个增强型捕捉（eCAP）模块。

③ 两个支持工业应用的 MII 以太网接口，如 EtherCAT。

④ 一个 MDIO 端口。

5. 电源复位和时钟管理（PRCM）**模块**

1）控制待机和深度睡眠模式的进入和退出。

2）负责睡眠排序、电源关闭排序、唤醒排序和电源打开排序。

3）时钟。

① 集成 15~35MHz 高频振荡器，此振荡器用于为不同的系统和外设时钟生成一个基准时钟。

② 支持用于子系统和外设的单一时钟使能/失效控制，以便于减少功耗的操作。

③ 5 个 ADDLL 以生成系统时钟，如 MPU 子系统，DDR 接口，USB 和外设（MMC/SD、UART、SPI、I^2C），L3，L4，以太网，SGX530，LCD 像素时钟。

4）电源。

① 两个不可由开关控制的电源（实时时钟 RTC，唤醒逻辑单路 WAKEUP）。

② 三个可由开关控制的电源。

③ 实施 SmartReflex 2B 类标准用于基于裸片温度、过程变化和性能的内核电压调节。

④ 动态电压频率调节。

6. 实时时钟（RTC）

① 实时日期（日/月/年/星期几）和时间（小时/分钟/秒）信息。

② 内部 32.768kHz 振荡器、RTC 逻辑电路和 1.1V 内部 LDO。

③ 独立加电复位（RTC_PWRONRSTn）输入。

④ 用于外部唤醒事件的专用输入引脚（EXT_WAKEUP）。

⑤ 可编程警报可用于生成到 PRCM（用于唤醒）或者 Cortex-A8（用于事件通告）的内部中断。

⑥ 可编程警报可与外部输出（PMIC_POWER_EN）一起使用来使能电源管理 IC 恢复非 RTC 电源域。

7. 外设

1）两个具有集成 PHY 的 USB 2.0 高速 OTG 端口。

2）两个工业用千兆以太网 MAC（10Mbit/s、10 0 Mbit/s、1000 Mbit/s）。

① 集成开关。

② 每个 MAC 都支持 MII、RMII、RGMII 和 MDIO 口。

③ 以太网 MAC 和此开关能够在独立于其他功能的模式下运行。

④ IEEE 1588v2 精度时间协议（PTP）。

3）两个控制器域网络（CAN）端口，支持 CAN2.0A 和 2.0B。

4）两个多通道音频串行接口（McASPs）。

① 高达 50 MHz 的发送/接收时钟。

② 每个 McASP 端口上有多达四个具有独立 TX/RX 时钟的串行数据引脚。

③ 支持十分复用（TDM）IC 间音频数据传输（I2S）和相似格式。

④ 支持数字音频接口传输（SPDIF、IEC 60958-1 和 AES-3 格式）。

⑤ 用于发送和接收的 FIFO 缓冲器（256 字节）。

5）多达 6 个 UART。

① 所有 UART 支持 IrDA 和 CIR 模式。

② 所有 UART 支持 RTS 和 CTS 流控。

③ UART1 支持全模式控制。

6）3 个 MMC/SD/SDIO 接口。

① 1 位、4 位和 8 位 MMC/SD/SDIO 模式。

② MMCSD0 含有位 1.1V 或 3.3V 运行准备的专用电源。

③ 高达 48MHz 的数据传输速率。

④ 支持卡检测和写保护。

⑤ 写 MMC4.3 和 SD/SDIO 2.0 规格兼容。

7）多达 3 个 I^2C 主/从接口

① 标准模式（高达 100kHz）。

② 快速模式（高达 400kHz）。

8）多达 4 组通用 I/O（GPIO）。

① 每组 32 个 GPIO（与其他功能引脚复用）。

② GPIO 可被用于中断输入（每组多达两个中断输入）。

9）多达 3 个外部 DMA 事件输入，此事件输入也可被用于中断输入。

10）8 个 32 位通用定时器。DMTIMER1 是一款用于操作系统（OS）时基的 1ms 定时器。

11）一个 WDT 定时器。

12）SGX530 3D 图形引擎。

13）LCD 控制器。

14）12 位逐次逼近型（SAR）ADC。

15）3 个 32 位增强型捕捉模块（eCAP）。

16）3 个增强型高分辨率 PWM 模块（eHRPWM）。

8. 设备 ID

包含电气熔丝组件，其中一些位可由厂家编程。

1）产品 ID。

2）设备部件号（唯一的 JTAG ID）。

3）设备修订（可由主机 ARM 读取）。

9. 调试接口支持

1）用于 ARM（Cortex-A8 和 PRCM）的 JTAG、cJTAG 及 PRU-ICSS 调试。

2）支持设备边界扫描。

3）支持 IEEE 1500。

10. DMA

片载增强型 DMA 控制器（EDMA）有 3 个第三方传输控制器（TPTC）和 1 个第三方通道控制器（TPCC），支持多达 64 个可编程逻辑通道和 8 个 QDMA 通道。

11. 处理器间通信（IPC）

用于 IPC 的集成硬件邮箱，用于 Cortex-A8、PRCM 和 PRU-ICSS 之间过程同步的自旋锁。

1）生成中断的邮箱寄存器。

2）4 个中断源（Cortex-A8、PRCM、PRU0 和 PRU1）。

12. 安全

1）加密硬件加速器（AES、SHA、RNG）。

2）安全启动。

13. 启动模式

启动模式由启动配置引脚选择，此引脚信号在 PWRONRSTn 复位输入引脚上升沿锁存。

14. 封装

298 脚 S-PBGA-N298 封装（ZCE 后缀），324 脚 S-PBGA-N324 封装（ZCZ 后缀）。

3.12.3 AM335x 微处理器的应用

AM335x 微处理器的应用领域如下。

1）游戏外设。

2）家庭和工业自动化。

3）打印机。

4）消费医疗器械。

5）称重。

6）联网自动售货机。

7）教育游戏。

8）高级玩具。

3.12.4 AM335x 微处理器的 EtherCAT 从站硬件实现

EtherCAT 工业以太网由主站和从站组成。主站功能完全由软件来实现，可以使用普通的 PC、工业 PC 及嵌入式板卡。从站需要根据实际的应用来做具体的设计，因此在 EtherCAT 应用中，核心问题就是 EtherCAT 从站的设计与实现。

下面以 TI 公司生产的 AM335xICE 开发板为例介绍 EtherCAT 从站的设计与实现。

1. EtherCAT 从站硬件结构

采用 TI 公司生产的 AM335xICE 开发板作为硬件平台来实现 EtherCAT 从站。AM335xICE 是基于 AM3359 ARM 微控制器的一块电路板，它包括 AM3359 ARM 子系统、电源复位系统、DDR2 存储系统和一些基本的接口电路，如 RS-232、USB、SDMMC 卡等，同时还包括用于工业控制的外设，如 EtherCAT、PROFIBUS 和 CAN 等工业通信接口。电路板提供两个 EtherCAT 接口与 AM3359 ARM 上的 EtherCAT 端口 0 和端口 1 连接，用于 EtherCAT 通信。AM335xICE 开发板功能框图如图 3-58 所示。

AR3359 中有一个可编程实时单元工业用通信子系统（PRU-ICSS），PRU-ICSS 能够实现 EtherCAT 从站控制器的功能。

AM335xICE 开发板外形图如图 3-59 所示。

2. PRU-ICSS 功能

PRU-ICSS 由两个 RISC 处理器核以及数据存储器、指令存储器、中断控制器、内部外设等组成。PRU-ICSS 能够实现多种工业以太网主站或从站控制器，如 EtherCAT、PROFINET、EtherCAT/IP、PROFIBUS 和 SERCOSⅢ。

PRU-ICSS 中有两个可编程实时单元（PRU），两个 PRU 可以独立的编程操作，也可以协同工作，同时可以与芯片上的 ARM 核协同工作。PRUs 可以通过主接口访问 ARM3359 的所有资源。AM3359 中的 ARM 处理器能够访问 PRU-ICSS 中的资源。每个 PRU 都有 8KB 的程序存储区和 8KB 的数据存储区。这些存储空间能够同时映射到 PRU0、PRU1 和 ARM 寻址

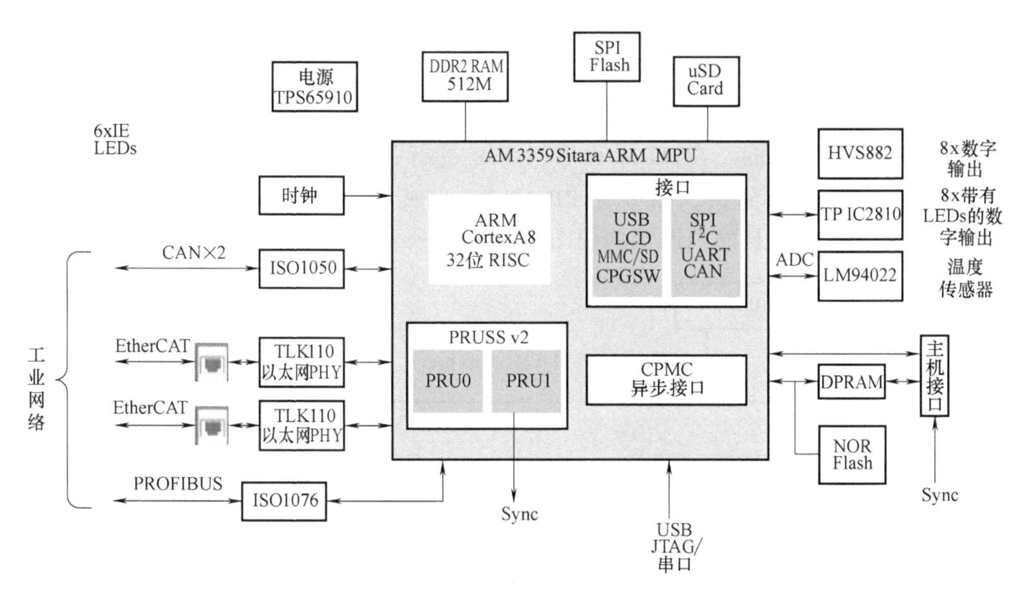

图 3-58 AM335xICE 开发板功能框图

图 3-59 AM335xICE 开发板外形图

空间。由于 ARM3359 具有这些特点，因此在进行软件开发时，可以单独编写 PRU 程序实现所需要的功能，编译成 PRU 处理器可执行二进制代码，ARM 上电启动时，将 PRU 程序加载到 PRU0 或 PRU1 的指令存储器中并启动 PRU，实现设计的工业以太网功能。

3. PRU-ICSS 实现 ESC 的方法

通过对 PRU0 和 PRU1 编程可以实现 ESC 中的数据帧处理单元、FMMU、Sync Manager、分布式时钟、错误检测和主机接口等功能，并使用 PRUSS 中 12KB 的共享 RAM 来模拟 ESC 的寄存器。

TI 公司在发布 AM335xICE 开发套件的时候，提供了 PRU EtherCAT 固件程序，能够实现 EtherCAT 从站硬件功能。在 ARM 程序对 ICE 进行初始化的时候，将固件程序下载到 PRU0 和 PRU1 的指令存储器，即可将 PRU-ICSS 变成 EtherCAT 控制器。加载好固件后，PRU-ICSS 实现 EtherCAT 从站控制器的框图如图 3-60 所示。

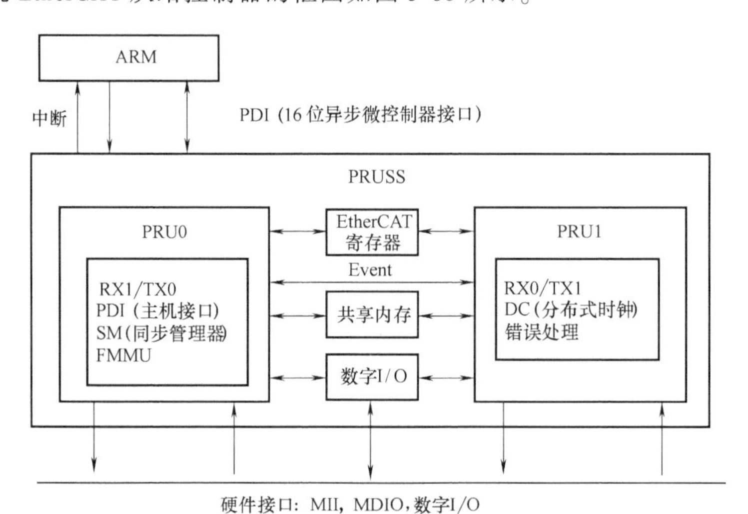

图 3-60 PRU-ICSS 实现 EtherCAT 从站控制器的框图

在图 3-60 中，PRU-ICSS 向 ARM 发送 5 个中断：Sync0 中断、Sync1 中断、AL_Event 中断和两个 ARM 命令响应中断。ARM 通过写 PRU-ICSS 中断设置寄存器，能够向 PRU1 产生两个中断：高优先级 ARM 命令中断和低优先级 ARM 命令中断。通过这些中断就能实现 ARM 和 PRU 处理器之间的通信。

使用 PRU-ICSS 实现 EtherCAT 从站控制器后，从站所具有的功能参数见表 3-69。

表 3-69 PRU-ICSS 实现的 EtherCAT 从站控制器的主要参数

PRU-ICSS 实现的功能参数		描　述
从站微处理器	ARM Cortex-A8	从站微处理器
ESC	FMMU	8 个
	SM	8 个
	EEPROM	EEPROM 的功能使用微处理器来模拟
	PDI	16 位异步接口
	分布式时钟(DC)	支持
	端口	2 个 MII 端口
	架构	PRU 固件实现
	LRW	支持
	定时器	32 位(64 位软件)
	Sync 信号	Sync0 和 Sync1
	Latch 信号	支持
	host 中断	支持
	WDT	支持(PDI WDT)
	DPRAM	使用 PRU-ICSS 共享的 12KB RAM 模拟 8KB 的 DPRAM

3.12.5 AM335x 微处理器的 EtherCAT 从站软件实现

1. 软件设计分析

从站软件使用了分层的软件设计方法，原因如下。

1）层与层之间使用一定的接口函数互相交互，能够减少软件实现的复杂度。

2）对于复杂的工程，可以让不同的人实现不同的层，能够提高效率，比如驱动工程师编写底层软件，应用工程师编写顶层软件。

3）能够实现代码可移植、可复用性。

2. EtherCAT 从站的软硬件整体架构

EtherCAT 从站的软硬件整体架构如图 3-61 所示。

软件分成以下三层来实现。

（1）驱动程序

其中 PRU-SS 驱动主要包括 PRU-ICSS 寄存器配置、缓存读写及 EEPROM 模拟等供 ARM 处理器访问 PRU-ICSS 的程序。其他硬件驱动程序主要用于初始化和操作 FLASH、电源、SDRAM、SD 卡及串口等硬件。

（2）EtherCAT 协议栈

EtherCAT 协议栈处理 EtherCAT 通信，它是从站软件的核心部分。

（3）应用层

实现具体控制任务。

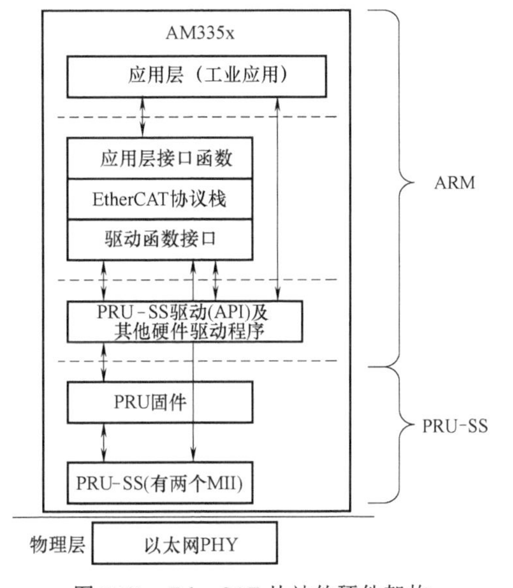

图 3-61 EtherCAT 从站软硬件架构

3. PRU-ICSS 驱动程序

PRU-ICSS 驱动程序函数主要分成以下几个部分：ESC 命令程序、SM 属性管理、SM 邮箱模式处理程序、SM 缓冲模式处理程序、ESC 寄存器和存储区访问程序、PRU-ICSS MDIO 控制程序、EtherCAT 协议栈和固件过程间通信接口、EEPROM 模拟程序。

3.13 netX 网络控制器

netX 是德国赫优讯（Hilscher）公司生产的一种高度集成的网络控制器。该公司由 Hans-Jürgen Hilscher 于 1986 年创建，总部位于德国 Hattersheim。公司最初是由一个致力于电子和控制技术的专家团队组成，在这个领域的成功奠定了公司在系统工程领域的服务供应商资格。该公司基于早期所取得的经验，在 20 世纪 90 年代初将重点转向现场总线与工业以太网市场。目前公司从事工业通信技术，并成为该领域首屈一指的工业通信产品制造商和技术服务供应商。2005 年底赫优讯公司推出了代表工业通信未来的网络控制芯片 netX。

netX 具有全新的系统优化结构，适合工业通信和大规模的数据吞吐。

每个通信通道由三个可自由配置的 ALU 组成，通过命令集和其结构可以实现不同的现场总线和实时以太网系统。内部以 32 位 ARM 为 CPU 核，主频 200MHz，netX 的特点如下。

① 统一的通信平台。

② 现场总线到实时以太网的全集成策略。

③ 集成通信控制器的单片解决方案。

④ 开放的技术。

netX 作为一个系统解决方案的主要组成部分，包含了相关的软件、开发工具和设计服务等。客户可以根据其产品策略、功能或资源决定选择 netX 的相关产品。

3.13.1 netX 系列网络控制器

netX 网络控制器根据其性能的不同，具有不同的型号，面向的应用场合也不一样。netX 网络控制器的功能及适用场合见表 3-70。

表 3-70 netX 网络控制器的功能及适用场合

型号	功能及适用场合
netX 5	带有两个通信接口,需外接 CPU
netX 50	带有两个通信接口 可作为 I/O-Link,网关和 I/O 提供协议栈,适合小型应用
netX 100	带有三个通信接口 可作为 IO/运动控制/识别系统 提供协议栈,适合大型应用
netX 500	带有四个通信接口 可作为 HMI 提供协议栈,适合大型应用

每一种现场总线或工业以太网都有其专用的通信协议芯片，只有 netX 是目前唯一一款支持所有通信系统的协议芯片。

netX 作为一种最优的网络控制器只需外接时钟、外部内存和物理网络接口就可以了。针对以太网的应用，片上已经集成了 PHY（模拟以太网驱动），因此只需外接少量的元器件。详细的设计开发文档可以从赫优讯公司网站的 netX 板块中下载。

3.13.2 netX 系列网络控制器的软件结构

netX 网络控制器的基本理念就是提供一种开放的解决方案。通过定义好的接口，用户可以在 netX 上实现不同的应用。可以是单片的解决方案，所有的应用都在 netX 上实现；也可以将 netX 作为一个模块，应用通过双端口内存接口访问 netX。

netX 软件结构原理图如图 3-62 所示。

3.13.3 基于 netX 网络控制器的产品

赫优讯公司可以为各种现场总线和工业以太网技术研究和开发提供解决方案。产品种类丰富，包括 EtherCAT、PROFIBUS、DeviceNet、CANopen、InterBus、CC-Link、ControlNet、ModbusPlus、AS-Interface、IO-Link、SERCOS、PROFINET 和 EtherNet/IP 等各种主流现场总

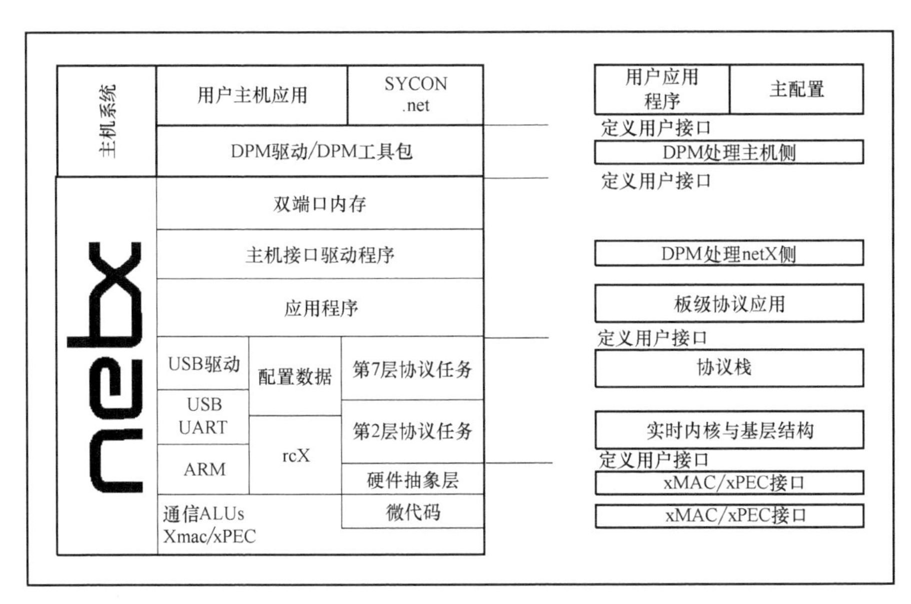

图 3-62　netX 软件结构原理图

线与工业以太网系统。该公司还生产和销售各种通用网关、计算机通信板卡、小背板嵌入式通信模块以及工业网络 ASIC 芯片等，并提供相应的软件工具等辅助产品。赫优讯公司的产品如图 3-63 所示。

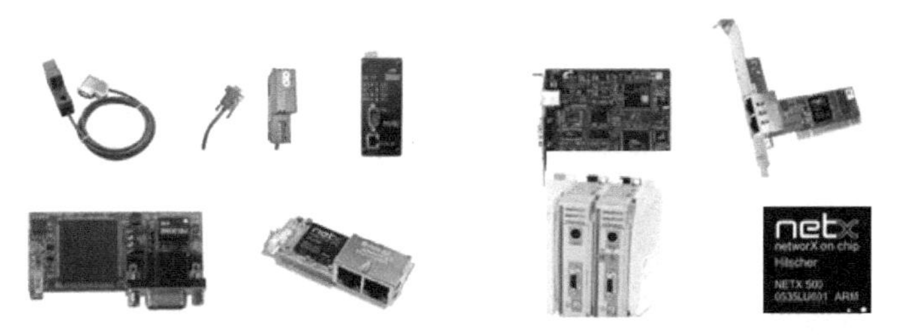

图 3-63　赫优讯公司的产品

netX 产品具有如下技术特点。

1）固件（Firmware）：各种产品的固件基本代码相同，技术不断改进和完善，每年销售量巨大，技术成熟可靠。

2）双端口内存（Dual Port Memory）：各种 Hilscher 产品都采用简便的物理和逻辑接口。

3）赫优讯设备驱动（Hilscher Device Driver）：Hilscher 提供各种产品的标准驱动。

4）网络配置工具（Configuration Tool）：对于各种 Hilscher 产品以及各种现场总线使用同一个网络配置工具。

3.14　Anybus CompactCom 嵌入式工业网络通信技术

HMS 公司于 1988 年由 Nicolas Hassbjer 创建，自成立以来一直处于技术的前端，可以为用户提供从需求分析到产品支持全方位的服务，并能够根据特殊需求进行方案定制。随着上百万接口卡和网关的应用，HMS 公司的技术如今已经应用于世界的众多工厂。

HMS 公司起初是进行一个关于纸张厚度测量的研究项目，但很快意识到其设备需要与不同的现场总线和工业网络联接。因此，HMS 公司发明了“Anybus”产品概念——一种可以接入任何网络的接口卡。HMS 公司开发和生产先进的工业通信硬件和软件，用于自动化设备和不同工业网络之间的通信连接，总部位于瑞典的 Halmstad，其产品首次安装于三个通用汽车工厂后，便以极快的速度增长，如今已在全球拥有几百名员工，并被认可为自动化工业通信技术的领导者。在 10 个国家设有分支机构，在另外 30 个国家拥有合作伙伴，已建立起广泛的销售和全球支持网络。

工业以太网正在以更快的速度增长，而无线技术也找到了立足点。更加清晰明朗的是网络市场依旧呈现碎片化，因为客户依旧有连接现场总线、工业以太网和无线网络的需求。总之，工业设备越来越多的要实现互联，诸如工业物联网和工业 4.0 的趋势推动了这一过程。

3.14.1 Anybus CompactCom 接口

HMS 公司的新型以太网解决方案能够使设备制造商将其选择的工业以太网协议下载到标准化以太网硬件。HMS 公司针对通用以太网产品发布了 Anybus CompactCom 产品。Anybus CompactCom 是一系列芯片、板卡或模块模式的通信接口，可嵌入工业设备，支持所有主流工业网络，但尤其适合高端工业以太网与现场总线应用。

1. Anybus CompactCom 40 系列通信接口的结构形式

Anybus CompactCom 40 系列通信接口的结构形式如图 3-64 所示。

这是一种通信解决方案，包含以太网硬件，可加载 PROFINET、EtherCAT、EtherNet/IP 和 EtherNet POWERLINK。该解决方案为设备制造商带来完全的灵活性，只需在交付客户之前将需要的工业以太网协议简单下载到 CompactCom 芯片、板卡或模块中即可。

图 3-64 Anybus CompactCom 40 系列通信接口的结构形式

2. Anybus CompactCom 40 系列的特点与优势

Anybus CompactCom 40 系列的特点与优势如下。

① 完整的、具有连接件的可互换通信模块。

② 单一芯片支持多种网络联接。

③ 预制的解决方案，将编程工作量降到最低。

④ 快捷的设计以及 HMS 的免费支持确保了产品快速的上市时间。

⑤ 网络合规性预认证，使产品的网络认证更快捷。

⑥ 快速的以太网数据传输：每个方向 1500 字节的处理数据，1500 字节的参数数据。

⑦ 小于 15μs 的极低延迟（针对实时网络）。

⑧ 基于事件的接口方式，支持任意时刻简单访问输入与输出数据。

⑨ 快速的、基于事件的应用硬件接口：8/16 位并口与高速 SPI 接口，同时支持 I/O 移位寄存器接口。

⑩ 所有以太网版本使用一个硬件平台，简单下载新的固件就可以支持与另一网络的通信（如 PROFINET、EtherNet/IP、EtherCAT 等）。

⑪ 固件管理工具支持通过 FTP 或串行连接简单下载。

⑫ 扩展的基于 FLASH 的文件系统支持双 disc 访问（内部的与外部的）。

⑬ Socket 接口处理完整以太网报文（支持 20 多个 Socket 连接）。

⑭ 时钟同步操作。

⑮ 通过通往 IXXAT Safe T100 的黑色通道支持功能安全网络。

⑯ 可靠的安全性：强制的软件签名阻止了将未授权软件下载到模块中。此外，使用加密防止非法复制。

由于工业网络市场正在向工业以太网方向发展，CompactCom 通用以太网解决方案立即成为用户提供产品的一个重要部分。这种产品使得设备制造商的操作更为方便，制造商不必库存不同工业以太网对应的不同 CompactCom 产品，而是可以将客户订单要求的网络协议简单下载到标准化的通用以太网硬件。

Anybus CompactCom 技术基于 Anybus NP40 网络处理器，客户可以通过一个实施项目即时访问整个 CompactCom 系列，只需简单插入另一 Anybus CompactCom 芯片、板卡或模块即可访问任何现场总线和工业以太网网络。

用户可以使用固件管理器软件简单下载固件用于其选择的网络，也可以使用 FTP 或应用接口下载固件。

3. Anybus NP40 网络处理器

NP40 网络处理器集成了 HMS 独特的 IP 以提供同类最佳延迟，以及对诸如运动控制的高要求工业应用起决定性作用的实时功能。实时加速器（RTA）在若干层面参与工作，从网络控制器层的“动态”协议预处理，到确保即时访问网络控制数据的零延迟 API。可配置的 RTA 根据网络事件指示进行中断操作，这优化了与主机应用的集成。NP40 网络处理器的结构如图 3-65 所示。

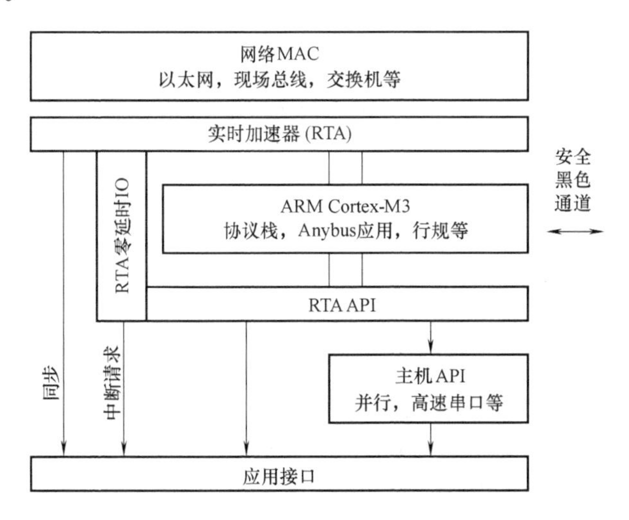

图 3-65 NP40 网络处理器结构

由于 NP40 处理器实际上提供了设备与网络间的“0 延迟”，Anybus CompactCom 40 系列是具有快速网络周期与同步要求，如伺服驱动器系统的高性能应用的理想选择。

Anybus NP40 是 HMS 公司工业网络处理器，能够处理工业设备与任意工业网络之间的通信，尤其针对实时工业以太网。其特点如下。

1）灵活性：一个硬件平台，任意网络可行

NP40 支持所有主流的工业以太网和现场总线网络。通过简单下载新的软件，一个硬件平台能够支持多种不同的网络。因此，对于每个新网络无须启动新的开发项目。

2）性能：针对高要求应用，支持运动和同步

NP40 处理器能够实现较低延迟，将延迟降到几微秒。它实际上允许网络与主机 API 之间的“0 延迟”，使其能够支持需要同步或者运动配置文件的高性能应用。

在 NP40 处理器中，HMS 公司将强大的 ARM Cortex M3 核心与 FPGA 结合到同一芯片上，同时允许快速数据传输与硬件或 FPGA 的实时同步。

实时交换机集成到 FPGA 结构中且支持实时网络中的同步循环消息，如 PROFINET IRT、POWERLINK、EtherCAT 和 SercosⅢ。由于网络处理器基于闪存，对于多种不同的工业以太网它可以重新编程。

Anybus CompactCom 40 系列使用了集成的以太网 HUB，支持多路复用以及轮询响应链方式，具有 1μs 的响应时间（从轮询请求到轮询响应的时间），同步的最大抖动时间是 1μs。能够满足高性能工业以太网应用需求，因此主机和选择网络之间能够实现快速通信，每个方向的处理数据速率达到 1500 字节。

采用 Anybus CompactCom 时，设备制造商只需插入相应的 Anybus 产品，就能即时连接 20 种工业网络。这种产品为设备制造商打开了新的商机，并相应地扩展了其市场。

4. Anybus NP40 网络处理器

CompactCom 40 系列由 M40、B40 和 C40 组成，具有模块、板卡和芯片三种形式的通信产品，这些产品形式都建立于 Anybus NP40 处理器之上，尤其适合现代高要求工业应用。通过植入 CompactCom 概念到用户的产品中，只需简单插入另一 Anybus 模块，用户就可以即时访问任意其他的工业网络。

（1）M40 通信模块

M40 是完整的通信模块，它支持用户的产品在工业网络上通信。

（2）B40 通信板卡

B40 是板卡模式的高性能网络接口，预制的软件与硬件可支持用户的设备与任意工业网络之间的通信。用户具有添加自选连接件（DSUB、RJ45、M12 等）与网络隔离的灵活性，尤其适合需要极快速数据传输的高要求工业应用。该板卡是主要考虑连接件灵活性、尺寸与成本，寻求半集成解决方案的设备制造商的理想选择。基于 Anybus NP40 网络处理器，B40 可以实现优化的集成，如具低延迟的动态处理与直通交换的高性能以太网交换机。NP40 支持机器与网络间极快速的数据传输，这是支持运动控制行规，同步等高性能的基础。

适用的网络有 EtherCAT、PROFINET、ETHERNET POWERLINK、EtherNet/IP、Modbus TCP、CC-Link、DeviceNet 和 PROFIBUS。

B40 以太网双端口模块如图 3-66 所示。

（3）C40 通信芯片

C40 包含处理用户的设备与任意工业网络间通信所需的全部功能。基于芯片的解决方案可以让用户自己设计芯片周围的硬件和连接件。这种单芯片网络控制器无须不同外部通信所需的 ASIC 与 FPGA，极大地降低了设计复杂性和成本。C40 以太网双端口模块如图 3-67 所示。

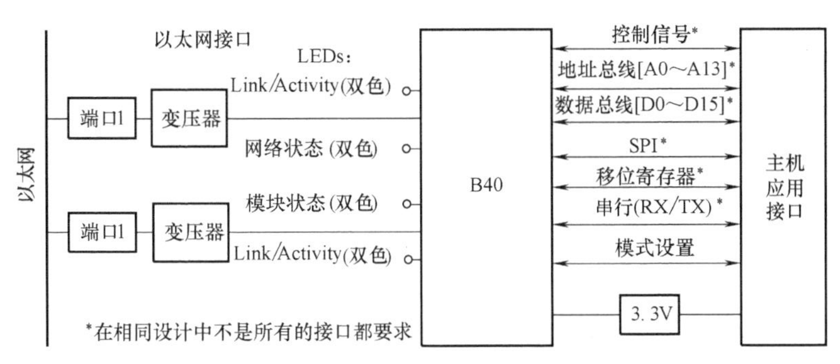

图 3-66　B40 以太网双端口模块

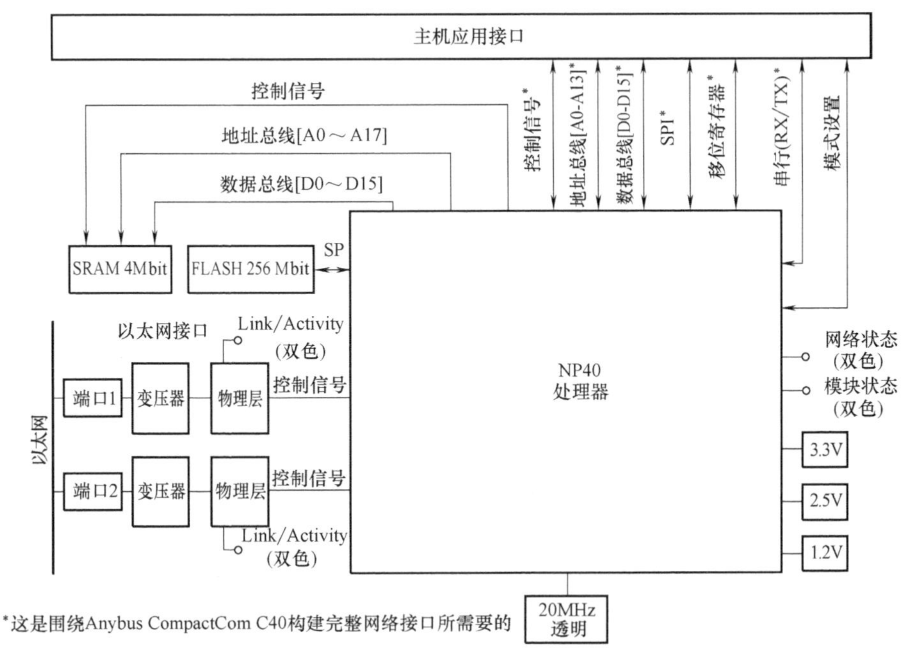

图 3-67　C40 以太网双端口模块

5. Anybus CompactCom 模块的安装

将 CompactCom 模块滑入主机自动化设备 PCB 预先指定的卡槽内，模块采用创新机制固定，只需拧紧 CompactCom 模块前部的两个螺丝即可完成安装。CompactCom 模块结构如图 3-68 所示。

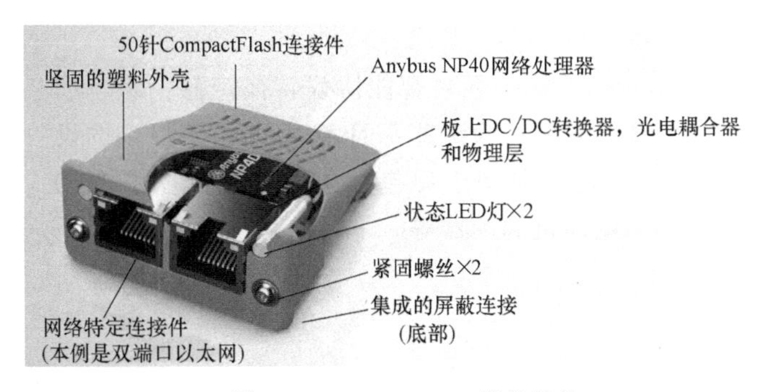

图 3-68　CompactCom 模块结构

实现工业网络的从站可以采用 Anybus CompactCom 40 系列的从站板卡、模块或芯片，其共同特点与用户的接口是与网络类型无关的，从而可以开发一次即可实现所有主流网络，各自特点介绍如下。

（1）B40 板卡

B40 优势如下。

1）接口丰富

它与用户的 CPU 之间的硬件接口可以通过 UART 串口、8bit/16bit 并口或 SPI 接口通信（同时支持，任选其一），软件接口 HMS 公司提供 C 语言的驱动和基于主流 ARM 的示例工程。

2）互换性强

由于软硬件接口的统一性，用户开发了一种网络，其他网络就不用再做第二次开发，只需更换同一系列中不同的 B40 型号，或者直接更换以太网固件即可。

3）内置交换机：

以太网接口的 B40 均内置双口以太网交换机，便于用户多个设备级联。

4）实时性强

I/O 数据延迟小于 15μs，同步抖动小于 1μs，可以满足工厂自动化和运动控制应用。

5）开发简单

由于 B40 上已包含除连接器外的全部软硬件，因此用户无须了解协议本身。此外，HMS 公司可以提供免费样品和本地技术支持服务帮用户评估测试。

（2）M40 模块

M40 模块与 B40 相比，M40 多了外壳、连接器及指示灯等，安装更方便，互换性也更好，其性能、接口和开发方法与 B40 完全相同。

（3）C40 芯片。

芯片适用于年用量较大或需要高集成度的场合，C40 芯片方案由 NP40 处理器加上对应的软件组成。HMS 并不仅仅提供芯片本身，而是会以授权的方式提供包含协议栈的固件、原理图和 BOM，它与 M40/B40 软件接口完全相同，所以推荐用户前期可以用 M40 或 B40 评估，然后再过渡到 C40。

3.14.2 Anybus Communicator 串行网关

HMS 公司进一步扩展其产品系列，推出支持 CC-Link 网络的 Anybus Communicator 串行网关。如图 3-69 所示。

图 3-69 Anybus Communicator 串行网关

Anybus Communicator 串行网关是一系列智能协议转换产品，将自动化设备的串行接口接入各种现场总线。为那些不具备 EtherCAT 接口的设备接入 EtherCAT 网络提供了可能。典型应用包括条形码阅读器、RFID 扫描器、称重设备、变频器和电动机起动器等。

第4章 EtherCAT从站硬件系统设计

EtherCAT主站采用标准的以太网设备，能够发送和接收符合IEEE802.3标准以太网数据帧。在实际应用中，使用基于PC或嵌入式计算机的主站，对其硬件设计没有特殊要求。如果主站使用TwinCAT软件，需要满足TwinCAT支持的网卡以太网控制器型号的要求。

EtherCAT从站使用专用EtherCAT从站控制器（ESC）芯片，要设计专门的从站硬件系统。本章首先以EtherCAT从站控制器ET1100和LAN9252为例，讲述了EtherCAT从站控制器与STM32F4微控制器总线接口的硬件电路设计及MII端口电路的设计，同时介绍了ET1100直接I/O控制的从站硬件电路设计，最后详细讲述了EtherCAT从站智能测控模块的设计方法。

4.1 基于ET1100的EtherCAT从站硬件电路系统设计

4.1.1 基于ET1100的EtherCAT从站总体结构

EtherCAT从站以ST公司生产的ARM Cortex-M4微控制器STM32F407ZET6为核心，搭载相应外围电路构成。

STM32F407ZET6内核的最高时钟频率可以达到168MHz，而且还集成了单周期DSP指令和浮点运算单元（FPU），提升了计算能力，可以进行复杂的计算和控制。

STM32F407ZET6除了具有优异的性能外，还具有如下丰富的内嵌和外设资源。

1）存储器：拥有512KB的FLASH存储器和192KB的SRAM；提供了存储器的扩展接口，可外接多种类型的存储设备。

2）时钟、复位和供电管理：支持1.8~3.6V的系统供电；具有上电/断电复位、可编程电压检测器等多个电源管理模块，可有效避免供电电源不稳定而导致的系统误动作情况的发生；内嵌RC振荡器可以提供高速的8MHz的内部时钟。

3）直接存储器存取（DMA）：16通道的DMA控制器，支持突发传输模式，且各通道可独立配置。

4）丰富的I/O端口：具有A~G共7个端口，每个端口有16个I/O，所有的I/O都可以映射到16个外部中断；多个端口具有兼容5V电平的特性。

5）多类型通信接口：具有3个I^2C接口、4个USART接口、3个SPI接口、2个CAN接口、1个ETH接口等。

EtherCAT从站的外部供电电源为+5V，由AMS1117电源转换芯片实现+5~+3.3V的电压变换。

基于 ET1100 的 EtherCAT 从站总体结构如图 4-1 所示。

主要由以下几部分组成。

1）微控制器 STM32F407ZET6。

2）EtherCAT 从站控制器 ET1100。

3）EtherCAT 配置 PROM CAT24C6WI。

4）以太网 PHY 器件 KS8721BL。

5）PULSE 公司以太网数据变压器 H1102。

6）RJ45 连接器 HR911105A。

7）实现测量与控制的 I/O 的电路。这一部分的电路设计将在智能测控模块的设计中详细讲述。

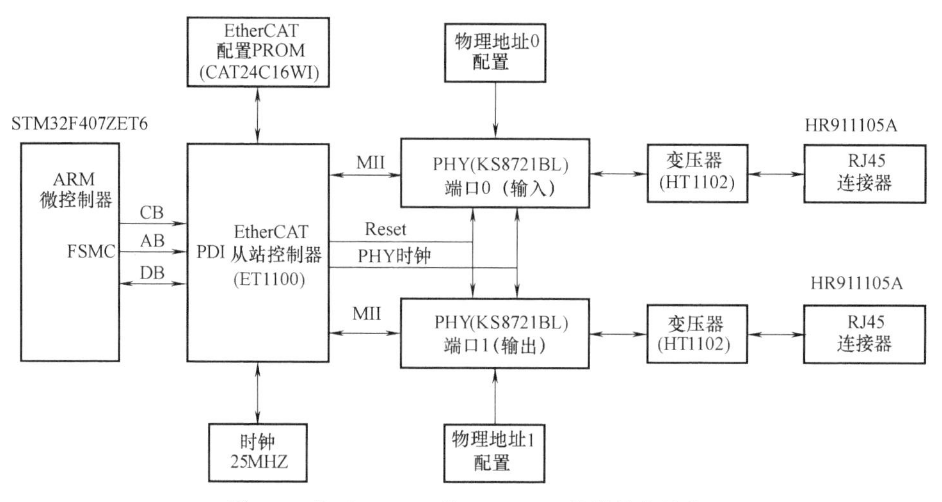

图 4-1 基于 ET1100 的 EtherCAT 从站总体结构

4.1.2 微控制器与 ET1100 的接口电路设计

1. ET1100 与 STM32F407ZET6 的 FSMC 接口电路设计

ET1100 与 STM32F407ZET6 的 FSMC 接口电路如图 4-2 所示。

ET1100 使用 16 位异步微处理器 PDI 接口，连接两个 MII 接口，并输出时钟信号给 PHY 器件。

STM32 系列微控制器拥有丰富的引脚及内置功能，可以给用户开发和设计过程中提供大量的选择方案。

STM32 不仅支持 I^2C、SPI 等串行数据传输方案，同时在并行传输领域也开发了一种特殊的解决方案，即一种新型的存储器扩展技术 FSMC，通过 FSMC 技术，STM32 可以直接并行读写外部存储器，这对于外部存储器的扩展方面有很独特的优势，同时 FSMC 功能还可以根据从站系统中外部存储器的类型进行不同方式的扩展。

（1）FSMC 机制

STM32 系列芯片内部集成了 FSMC 机制。FSMC 是 STM32 系列的一种特有的存储控制机制，可以灵活地应用于与多种类型的外部存储器连接的设计当中。

FSMC是STM32与外部设备进行并行连接的一种特殊方式，FSMC模块可以与多种类型的外部存储器相连。FSMC主要负责把系统内部总线AHB转化为可以读写相应存储器的总线形式，可以设置读写位数8位或者16位，也可以设置读写模式是同步或者异步，还可以设置STM32读写外部存储器的时序及速度等，非常灵活。STM32中FSMC的设置在从站程序中完成，在程序中通过设置相应寄存器数据选择STM32的FSMC功能，设置地址、数据和控制信号以及时序内容，实现与外部设备之间的数据传输的匹配，这样，STM32芯片不仅可以使用FSMC和不同类型的外部存储器接口，还能以不同的速度进行读写，灵活性加强，以满足系统设计对产品性能、成本及存储容量等多个方面的要求。

（2）FSMC结构

STM32微处理器能够支持NOR FLASH、NAND FLASH和PSRAM等多种类型的外部存储器形式扩展，这是因为FSMC内部集成有对于NOR FLASH、NAND FLASH和PSRAM的控制器，所以才能够支持这几种差别很大的外部存储器类型。FSMC模块的一端连接Cortex-M4内核，一端连接外部的存储器，FSMC模块把系统AHB总线转化成连接到能够与外部存储器相符合的总线形式。在这个过程中，FSMC模块起到了连接转换的作用，将系统内部的总线形式转化成可以与外部存储器连接的连线形式，同时还可以对信号及时序进行调整。

U1 STM32F407ZET6

引脚名称	引脚号	信号
PD7/FSMC_NE1/FSMC_NCE/U2_CK	123	nCS
PD4/FSMC_NOE/U2_RTS	118	nRD
PD5/FSMC_NWE/U2_TX	119	nWR
PD6/FSMC_NWAIT/U2_RX	122	BUSY
PC0/OTG_HS_ULPI_STP	26	IRQ
PC3/SPI2_MOSI	29	EE_LOADED
PG5/FSMC_A15	90	A15
PG4/FSMC_A14	89	A14
PG3/FSMC_A13	88	A13
PG2/FSMC_A12	87	A12
PG1/FSMC_A11	57	A11
PG0/FSMC_A10	56	A10
PF15/FSMC_A9	55	A9
PF14/FSMC_A8	54	A8
PF13/FSMC_A7	53	A7
PF12/FSMC_A6	50	A6
PF5/FSMC_A5/ADC3_IN15	15	A5
PF4/FSMC_A4/ADC3_IN14	14	A4
PF3/FSMC_A3/ADC3_IN9	13	A3
PF2/FSMC_A2/I²C2_SMBA	12	A2
PF1/FSMC_A1/I²C2_SCL	11	A1
PF0/FSMC_A0/I²C2_SDA	10	A0
PD14/FSMC_D0/TIM4_CH3	85	D0
PD15/FSMC_D1/TIM4_CH4	86	D1
PD0/FSMC_D2/CAN1_RX	114	D2
PD1/FSMC_D3/CAN1_TX	115	D3
PE7/FSMC_D4/TIM1_ETR	58	D4
PE8/FSMC_D5/TIM1_CH1N	59	D5
PE9/FSMC_D6/TIM1_CH1	60	D6
PE10/FSMC_D7/TIM1_CH2N	63	D7
PE11/FSMC_D8/TIM1_CH2	64	D8
PE12/FSMC_D9/TIM1_CH3N	65	D9
PE13/FSMC_D10/TIM1_CH3	66	D10
PE14/FSMC_D11/TIM1_CH4	67	D11
PE15/FSMC_D12/TIM1_BKIN	68	D12
PD8/FSMC_D13/U3_TX	77	D13
PD9/FSMC_D14/U3_RX	78	D14
PD10/FSMC_D15/U3_CK	79	D15
PC1/ETH_MDC	27	SYNC[0]
PC2/SPI2_MISO	28	SYNC[1]

图4-2 ET1100与STM32F407ZET6的FSMC接口电路

2. ET1100应用电路设计

EtherCAT从站控制器ET1100应用电路如图4-3所示。

在图4-3中，ET1100左边是与STM32F407ZET6的FSMC接口电路、CAT24C16WI EEPROM存储电路和时钟电路等。FSMC接口电路包括ET1100的片选信号、读写控制信号、中断控制信号、16位地址线和16位数据线。右边为MII端口的相关引脚，包括两个MII端口引脚、相关MII管理引脚和时钟输出引脚等。

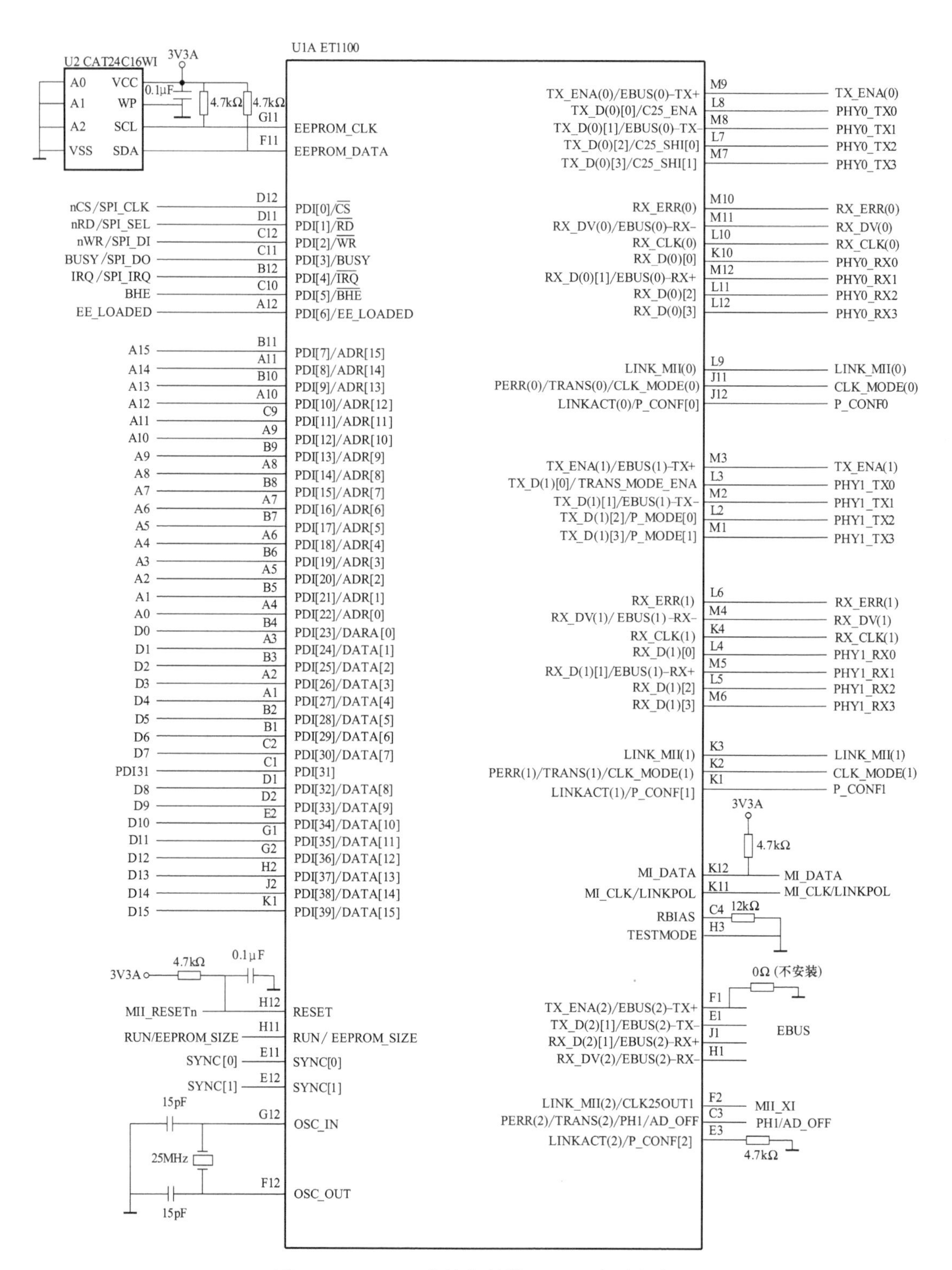

图 4-3 EtherCAT 从站控制器 ET1100 应用电路

ET1100 的 MII 端口引脚说明见表 4-1。

表 4-1 ET1100 的 MII 端口引脚说明

分类	编号	名称	引脚	属性	功能
MII 端口 0	1	TX_ENA(0)	M9	O	端口 0 MII 发送使能
	2	TX_D(0)[0]	L8	O	端口 0 MII 发送数据 0
	3	TX_D(0)[1]	M8	O	端口 0 MII 发送数据 1
	4	TX_D(0)[2]	L7	O	端口 0 MII 发送数据 2
	5	TX_D(0)[3]	M7	O	端口 0 MII 发送数据 3
	6	RX_ERR(0)	M10	I	MII 接收数据错误指示
	7	RX_DV(0)	M11	I	MII 接收数据有效指示
	8	RX_CLK(0)	L10	I	MII 接收时钟
	9	RX_D(0)[0]	K10	I	端口 0 MII 接收数据 0
	10	RX_D(0)[1]	M12	I	端口 0 MII 接收数据 1
	11	RX_D(0)[2]	L11	I	端口 0 MII 接收数据 2
	12	RX_D(0)[3]	L12	I	端口 0 MII 接收数据 3
	13	LINK MII(0)	L9	I	PHY0 指示有效连接
	14	LINKACT(0)	J12	O	LED 输出,链接状态显示
MII 端口 1	1	TX_ENA(1)	M3	O	端口 1 MII 发送使能
	2	TX_D(1)[0]	L3	O	端口 1 MII 发送数据 0
	3	TX_D(1)[1]	M2	O	端口 1 MII 发送数据 1
	4	TX_D(1)[2]	L2	O	端口 1 MII 发送数据 2
	5	TX_D(1)[3]	M1	O	端口 1 MII 发送数据 3
	6	RX_ERR(1)	L6	I	MII 接收数据错误指示
	7	RX_DV(1)	M4	I	MII 接收数据有效指示
	8	RX_CLK(1)	K4	I	MII 接收时钟
	9	RX_D(1)[0]	L4	I	端口 1 MII 接收数据 0
	10	RX_D(1)[1]	M5	I	端口 1 MII 接收数据 1
	11	RX_D(1)[2]	L5	I	端口 1 MII 接收数据 2
	12	RX_D(1)[3]	M6	I	端口 1 MII 接收数据 3
	13	LINK_MII(1)	K3	I	PHY1 指示有效连接
	14	LINKACT(1)	L1	O	LED 输出,链接状态显示
其他	1	CLK25OUT1	F2	O	输出时钟信号给 PHY 芯片
	2	M1_CLK	K11		MII 管理接口时钟
	3	M1_DATA	K12		MII 管理接口数据

ET1100 电源供电电路见图 4-4。

3. FSMC 驱动程序设计

EtherCAT 从站采用 STM32 作为微控制器，EtherCAT 从站的底层驱动程序是 STM32F4 特有的 FSMC 功能，利用 STM32 的固件库函数，封装底层读写函数为上层 EtherCAT 协议驱动程序提供调用接口。

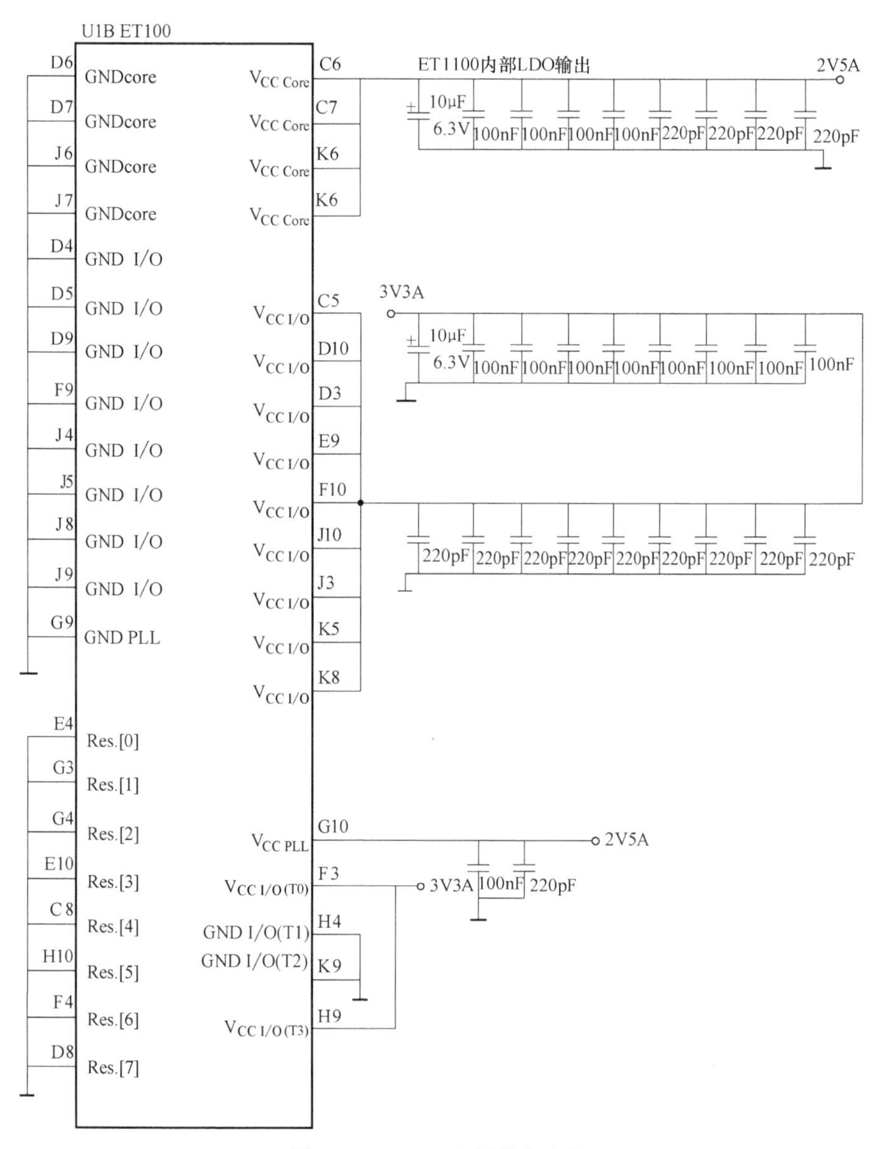

图 4-4 ET1100 电源供电电路

STM32 微控制器的 FSMC 功能可以把 STM32 内的 1GB 内存分为 4 个 256MB 的存储块，如图 4-5 所示，STM32 内部 FSMC 模块对应的起始区域为 0x60000000，FSMC 模块的 4 个不同的部分可以驱动不同类型的外部存储器。存储块 1 用于访问 NOR 型或者 PSRAM 型设备，存储块 2 和 3 用于访问 NAND 设备，存储块 4 则用于访问带有 PC 卡的外部设备，当需要片选不同类型的外部存储器时，则需要选择不同的存储块，使用 FSMC 实现读写外部存储器的功能。

该 EtherCAT 从站设计中，使用 ET1100 作为从站控制器，使用微控制器 STM32 通过 FSMC 读写 ET1100 芯片的内部存储区。ET1100 芯片具有 64KB DPRAM 地址空间，则 STM32 芯片内部以 0x60000000 为起始地址开辟一块 64KB 的地址空间，将 ET1100 内存空间映射到这一区域。从站微控制器对这一段内存进行操作，相应的也是对从站控制器 DPRAM 内存的操作，完成数据通信的过程。

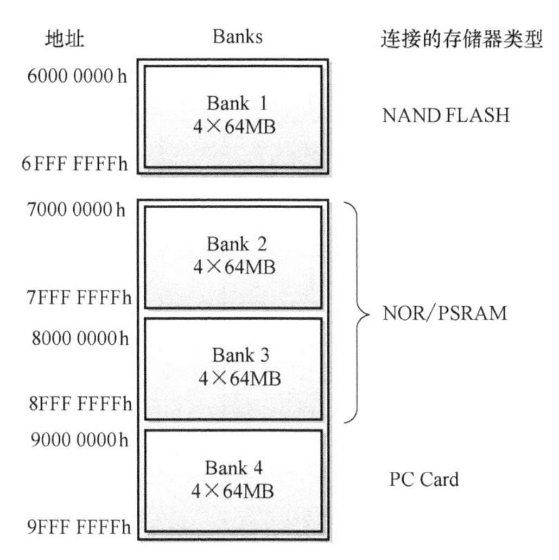

图 4-5 STM32 微控制器的 FSMC 存储块

4.1.3 ET1100 的配置电路设计

ET1100 的配置引脚、MII 引脚与其他引脚复用，在上电时作为输入，由 ET1100 锁存配置信息。上电之后，这些引脚有分配的操作功能，必要时引脚方向也可以改变。RESET 引脚信号指示上电配置完成。ET1100 的配置引脚说明见表 4-2。ET1100 引脚配置电路如图 4-6 所示。

表 4-2 ET1100 配置引脚说明

编号	名称	引脚	属性	取值	说明
1	TRANS_MODE_ENA	L3	I	0	不使用透明模式
2	P_MODE[0]	L2	I	0	使用 ET1100 端口 0 和 1
3	P_MODE[1]	M1	I	0	
4	P_CONF(0)	J12	I	1	端口 0 使用 MII 接口 端口 1 使用 MII 接口
5	P_CONF(1)	L1	I	1	
6	LINKPOL	K11	I	0	LINK_MII(x)低有效
7	CLK_MODE[0]	J11	I	0	不输出 CPU 时钟信号
8	CLK_MODE[0]	K2	I	0	
9	C25_ENA	L8	I	0	不使能 CLK25OUT2 输出
10	C25_SHI[0]	L7	I	0	无 MII TX 相位偏移
11	C25_SHI[0]	M7	I	0	
12	PHYAD_OFF	C3	I	0	PHY 偏移地址为 0

4.1.4 EtherCAT 从站以太网物理层 PHY 器件

EtherCAT 从站控制器 ET1100 只支持 MII 接口的以太网物理层 PHY 器件，有些 Ether-

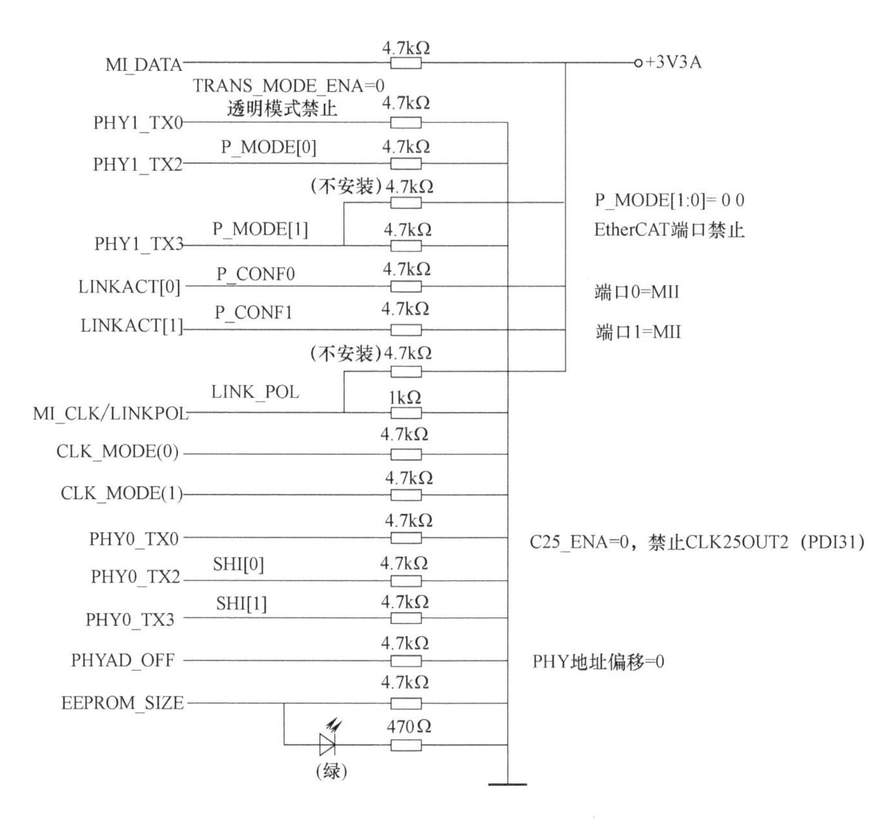

图 4-6　ET1100 引脚配置电路

CAT 从站控制器也支持 RMII（Reduced MII）接口。但是由于 RMII 接口 PHY 使用发送 FIFO 缓存区，增加了 EtherCAT 从站的转发延时和抖动，所以不推荐使用 RMII 接口。

ET1100 的 MII 接口经过优化设计，为了降低处理和转发延时，对 PHY 器件有一些特定要求，大多数以太网 PHY 都能满足特定要求。

另外，为了获得更好的性能，PHY 应满足如下条件。

1）PHY 检测链接丢失的响应时间小于 15μs，以满足冗余功能要求。

2）接收和发送延时稳定。

3）若标准的最大线缆长度为 100m，PHY 支持的最大线缆长度应大于 120m，以保证安全极限。

4）ET1100 的 PHY 管理接口（Management Interface，MI）的时钟引脚也用作配置输入引脚，因此，不应固定连接上拉或下拉电阻。

5）最好具有波特率和全双工的自动协商功能。

6）具有低功耗性能。

7）3.3V 单电源供电。

8）采用 25MHz 时钟源。

9）具有工业级的温度范围。

BECKHOFF 公司给出的 ET1100 兼容的以太网物理层 PHY 器件和不兼容的以太网物理层 PHY 器件分别见表 4-3 和表 4-4 所示。

表 4-3 ET1100 兼容的以太网物理层 PHY 器件

制造商	器件	物理地址	物理地址偏移	链接丢失响应时间/μs	说明
Broadcom	BCM5221	0~31	0	1.3	没有经过硬件测试，依据数据手册或厂商提供数据，要求使用石英振荡器。不能使用 CLK25OUT，以避免级联的 PLL（锁相环）
	BCMS222	0~31	0	1.3	
	BCM5241	0~7，8，16，24	0	1.3	
Micrel	KS8001L	1~31	16		PHY 地址 0 为广播地址
	KS8721B KS8721BT KS8721BL KS8721SL KS8721CL	0~31	0	6	KS8721BT 和 KS8721BL 经过硬件测试，MDC 具有内部上拉
National Semiconductor	DP83640	1~31	16	250	PHY 地址 0 表示隔离，不使用 SCMII 模式时，配置链接丢失响应时间可到 1.3μs

表 4-4 ET1100 不兼容的以太网物理层 PHY 器件

制造商	器件	说明
AMD	Am79C874，Am79C875	根据数据手册或制造商提供的数据，不支持 MDI/MDIX 自动交叉功能
Broadcom	BCM5208R	
Cortina Systems（Intel）	LXT970A，LXT971A，LXT972A，LXT972M，LXT974，LXT975	
Davicom 半导休	DM9761	
SMSC	LAN83C185	
Micrel	KS8041 版本 A3	硬件测试结果，没有前导位保持

4.1.5 10/100BASE-TX/FX 的物理层收发器 KS8721

1. KS8721 概述

KS8721BL 和 KS8721SL 是 10BASE-T/100BASE-TX/FX 的物理层收发器，通过 MII 口来发送和接收数据，芯片内核工作电压为 2.5V，用以满足低电压和低功耗的要求。KS8721SL 包括 10BASE-T 物理媒介连接（PMA）、物理媒介相关子层（PMD）和物理编码子层（PCS）功能。KS8721BL/SL 同时拥有片上 10BASE-T 输出滤波器，省去了外部滤波器的需要，并且允许使用单一的变压器来满足 100BASE-TX 和 10BASE-T 的需求。

KS8721BL/SL 运用片上的自动协商模式能够自动地设置成为 100Mbit/s 或 10Mbit/s 和全双工或半双工的工作模式。它们是应用 100BASE-TX/10BASE-T 的理想物理层收发器。

KS8721 具有如下特点。

1）单芯片 100BASE-TX/100BASE-FX/10BASE-T 物理层解决方案。

2）2.5V CMOS 设计，在 I/O 口上容许施加 2.5/3.3V 电压。

3）3.3V 单电源供电并带有内置稳压器，电能消耗<340mW（包括输出驱动电流）。

4）完全符合 IEEE802.3u 标准。

5）支持 MII 简化的 MII（RMII）接口。

6）支持 10BASE-T，100BASE-TX 和 100BASE-FX，并带有远端故障检测。

7）支持 power-down 和 power-saving 模式。

8）可通过 MII 串行管理接口或外部控制引脚进行配置。

9）支持自动协商和人工选择两种方式，以确定 10/100Mbit/s 的传输速率和全/半双工的通信方式。

10）为 100BASE-TX 和 10BASE-T 提供片上内置的模拟前端滤波器。

11）为连接、活动、全/半双工、冲突和传输速率提供 LED 输出。

12）媒介转换器应用支持 back-to-back 和 FX to TX。

13）支持 MDI/MDI-X 自动交叉。

14）KS8721BL/SL 为商用温度范围 0～+70℃，KS8721BLI/SLI 为工业温度范围 -40～+85℃；

15）提供 48 引脚 SSOP 和 LQFP 封装。KS8721BL 为 48 引脚 LQFP 封装，KS8721SL 为 48 引脚 SSOP 封装。

2. KS8721 结构和引脚说明

KS8721 结构如图 4-7 所示。

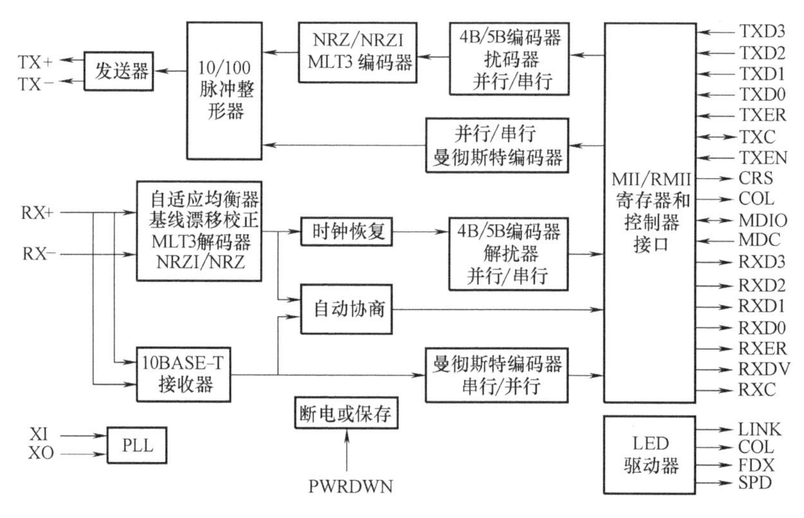

图 4-7　KS8721 结构图

（1）KS8721 引脚说明

KS8721 引脚图如图 4-8 所示，其说明如下。

① MDIO（1 引脚）：管理独立接口（MII）数据 I/O。该引脚要求外接一个 4.7kΩ 的上拉电阻。

② MDC（2 引脚）：MII 时钟输入。该引脚与 MDIO 同步。

③ RXD3/PHYAD1（3 引脚）：MII 接收数据输出。RXD［3…0］这些位与 RXCLK 同步。当 RXDV 有效时，RXD［3…0］通过 MII 向 MAC 提供有效数据。RXD［3…0］在 RXDV 失效时是无效的。复位期间，上拉/下拉值被锁存为 PHYADDR［1］。

④ RXD2/PHYAD2（4 引脚）：MII 接收数据输出。复位期间，上拉/下拉值被锁存为 PHYADDR [2]。

⑤ RXD1/PHYAD3（5 引脚）：MII 接收数据输出。复位期间，上拉/下拉值被锁存为 PHYADDR [3]。

⑥ RXD0/PHYAD4（6 引脚）：MII 接收数据输出。复位期间，上拉/下拉值被锁存为 PHYADDR [4]。

⑦ VDDIO（7 引脚）：数字 I/O 口，2.5 /3.3V 容许电压，3.3V 电源稳压器输入。

⑧ GND（8 引脚）：地。

⑨ RXDV/PCS_LPBK（9 引脚）：MII 接收数据有效输出，在复位期间，上拉/下拉值被锁存为 PCS_ LPBK。该引脚可选第二功能。

⑩ RXC（10 引脚）：MII 接收时钟输出，工作频率为 25MHz（100Mbit/s）、2.5 MHz（10Mbit/s）。

⑪ RXER/ISO（11 引脚）：MII 接收错误输出，在复位期间，上拉/下拉值被锁存为 I-SOLATE。该引脚可选第二功能。

⑫ GND（12 引脚）：地。

⑬ VDDC（13 引脚）：数字内核中唯一的 2.5V 电源。

⑭ TXER（14 引脚）：MII 发送错误输入。

⑮ TXC/REF-CLK（15 引脚）：MII 发送时钟输出。晶体或外部 50MHz 时钟的输入。当 REF-CLK 引脚用于 REF 时钟接口时，通过 10kΩ 电阻将 XI 上拉至 VDDPLL 2.5V，XO 引脚悬空。

⑯ TXEN（16 引脚）：MII 发送使能输入。

⑰ TXD0（17 引脚）：MII 发送数据输入。

⑱ TXD1（18 引脚）：MII 发送数据输入。

⑲ TXD2（19 引脚）：MII 发送数据输入。

⑳ TXD3（20 引脚）：MII 发送数据输入。

㉑ COL/RMII（21 引脚）：MII 冲突检测，在复位期间，上拉/下拉值被锁存为 RMII select。该引脚可选第二功能。

㉒ CRS/RMII-BTB（22 引脚）：MII 载波检测输出。在复位期间，当选择 RMII 模式时，上拉/下拉值被锁存为 RMII 背靠背模式。该引脚可选第二功能。

㉓ GND（23 引脚）：地

㉔ VDDIO（23 引脚）：数字 I/O 口，2.5 /3.3V 容许电压，3.3V 电源稳压器输入。

㉕ INT#PHYAD0（25 引脚）：管理接口（MII）中断输出，中断电平由寄存器 1fh 的第 9 位设置。复位期间，锁存为 PHYAD [0]。该引脚可选第二功能。

㉖ LED0/TEST（26 引脚）：连接/活动 LED 输出。外部下拉使能测试模式，仅用于厂家测试，低电平有效。连接/活动（Link/Act）测试见表 4-5。

表 4-5　连接/活动（Link/Act）测试

连接/活动	引脚状态	LED 定义　PHYAD0
无连接	H	Off
有连接	L	On
活动	—	切换

㉗ LED1/SPD100（27引脚）：传输速率LED输出，在上电或复位期间，锁存为SPEED（寄存器0的第13位）。低电平有效。传输速率LED指示见表4-6。该引脚可选第二功能。

表4-6 传输速率LED指示

传输速率	引脚状态	LED定义
10BT	H	Off
100BT	L	On

㉘ LED2/DUPLEX（28引脚）：全双工LED输出，在上电或复位期间，锁存为DUPLEX（寄存器0h的第8位）。低电平有效。全双工LED指示见表4-7。该引脚可选第二功能。

表4-7 全双工LED指示

双工	引脚状态	LED定义
半双工	H	Off
全双工	L	On

㉙ LED3/NWAYEN（29引脚）：冲突LED输出，在上电或复位期间，锁存为ANEG_EN（寄存器0h的第12位）。冲突LED指示见表4-8。该引脚可选第二功能。

表4-8 冲突LED指示

冲突	引脚状态	LED定义
无冲突	H	Off
有冲突	L	On

㉚ PD#（30引脚）：掉电。1=正常操作，0=掉电，低电平有效。

㉛ VDDRX（31引脚）：模拟内核唯一的2.5V电源。

㉜ RX-（32引脚）：接收输入，100FX，100BASE-TX或10BASE-T的差分接收输入引脚。

㉝ RX+（33引脚）：接收输入，100FX，100BASE-TX或10BASE-T的差分接收输入引脚。

㉞ FXSD/NWAYEN（34引脚）：光纤模式允许/光纤模式下的信号检测。如果FXEN=0，FX模式被禁止。默认值是“0”。

㉟ GND（35引脚）：地

㊱ GND（36引脚）：地

㊲ REXT（37引脚）：RXET与GND之间外接6.49kΩ电阻。

㊳ VDDRCV（38引脚）：模拟2.5V电压。2.5V电源稳压器输出。

㊴ GND（39引脚）：地

㊵ TX-（40引脚）：发送输出，100FX，100BASE-TX或10BASE-T的差分发送输出引脚。

㊶ TX+（41引脚）：发送输出，100FX，100BASE-TX或10BASE-T的差分发送输出引脚。

㊷ VDDTX（42引脚）：发送器2.5V电源。

㊸ GND（43引脚）：地

㊹ GND（44引脚）：地

㊺ XO（45引脚）：晶振反馈，外接晶振时与XI配合使用。

㊻ XI（46引脚）：晶体振荡器输入，晶振输入或外接25MHz时钟。

㊼ VDDPLL（47引脚）：模拟PLL 2.5V电源。

㊽ RST#（48 引脚）：芯片复位信号。低电平有效，要求至少持续 50μs 的脉冲。

（2）KS8721 部分引脚可选第二功能

KS8721 部分引脚可选第二功能说明如下。

① PHYAD［4：1］/RXD［0：3］（6、5、4 和 3 引脚）：在上电或复位时，器件锁定 PHY 地址，PHY 默认地址为 00001b。

② PHYAD0/ INT#（25 引脚）：在上电或复位时，锁定 PHY 地址，PHY 默认地址为 00001b。

③ PCS_LPBK/RXDV（9 引脚，Strapping 引脚）：在上电或复位时，使能 PCS_LPBK 模式，下拉（PD，默认）= 禁用，上拉（PU）= 使能。

④ ISO/RXER（11 引脚，Strapping 引脚）：在上电或复位时，使能 ISOLATE 模式，下拉（PD，默认）= 禁用，上拉（PU）= 使能。

⑤ RMII/COL（21 引脚，Strapping 引脚）：在上电或复位时，使能 RMII 模式，下拉（PD，默认）= 禁用，上拉（PU）= 使能。

⑥ RMII/BTBCRS（22 引脚，Strapping 引脚）：在上电或复位时，使能 RMII 背靠背模式，下拉（PD，默认）= 禁用，上拉（PU）= 使能。

⑦ SPD100/No FEF/（27 引脚）：在上电或复位时，锁存到寄存器 0h 的第 13 位。下拉（PD）= 10Mbit/s，上拉（PU，默认）= 100Mbit/s。如果在上电或复位时，SPD100 被置位，则该引脚也会作为寄存器 4h 中的速率支持 LED1 被锁存。如果上拉 FXEN，则锁存值 0 表示没有远端错误。

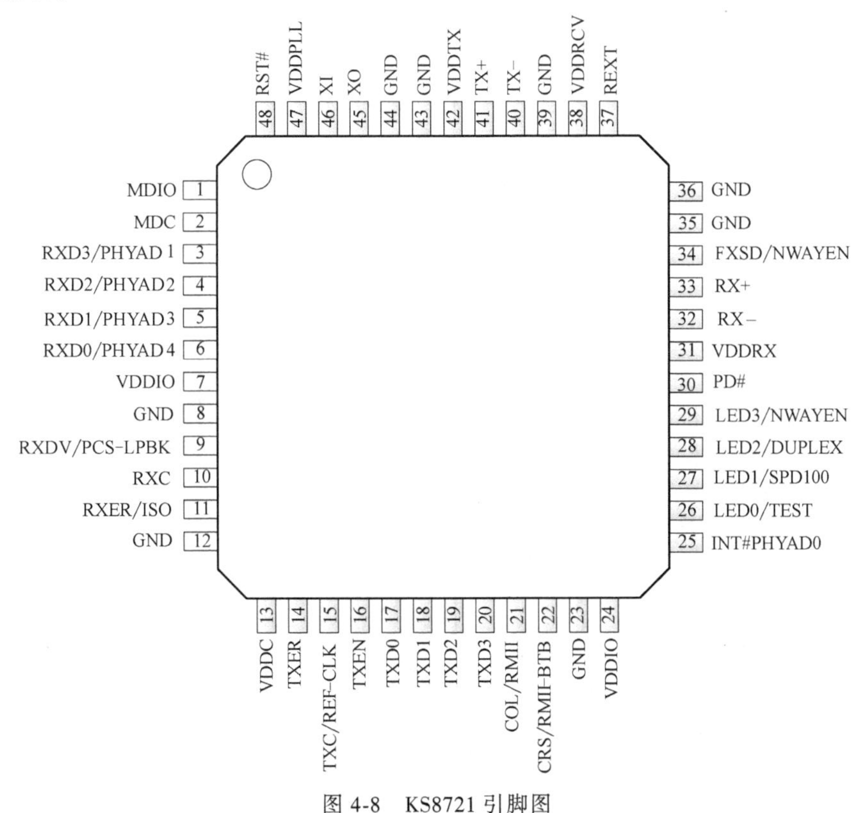

图 4-8　KS8721 引脚图

⑧ DUPLEX/LED2（28 引脚）：在上电或复位时，锁存到寄存器 0h 的第 8 位。下拉（PD）= 半双工，上拉（PU，默认）= 全双工。如果在复位期间上拉为双工，则该引脚也会被锁存为双工，就像寄存器 4h 中支持的一样。

⑨ NWAYEN/LED3（29 引脚）：Nway（自动协商）使能，在上电或复位时，锁存到寄存器 0h 的第 12 位。下拉（PD）= 禁止自动协商，上拉（PU，默认）= 使能自动协商。

⑩ PD#（30 引脚）：掉电使能。上拉（PU，默认）= 正常运行，下拉（PD）= 掉电模式。

⑪ Strapping 引脚（strapping pin）：在芯片的系统复位（上电复位、RTC 的 WDT 复位、欠电压复位）过程中，Strapping 引脚对电平采样并存储到锁存器中，锁存为“0”或“1”，并一直保持到芯片掉电或关闭。

一些器件可能会在上电时，驱动被设定为输出（PHY）的 MII 引脚，从而导致在复位时锁存错误的 Strapping 引脚读入值。建议在这些应用中使用 1kΩ 外部下拉电阻来增大 KS8721 的内部下拉电阻。

4.1.6 ET1100 与 KS8721BL 的接口电路

ET1100 与 KS8721BL 的接口电路如图 4-9 所示。

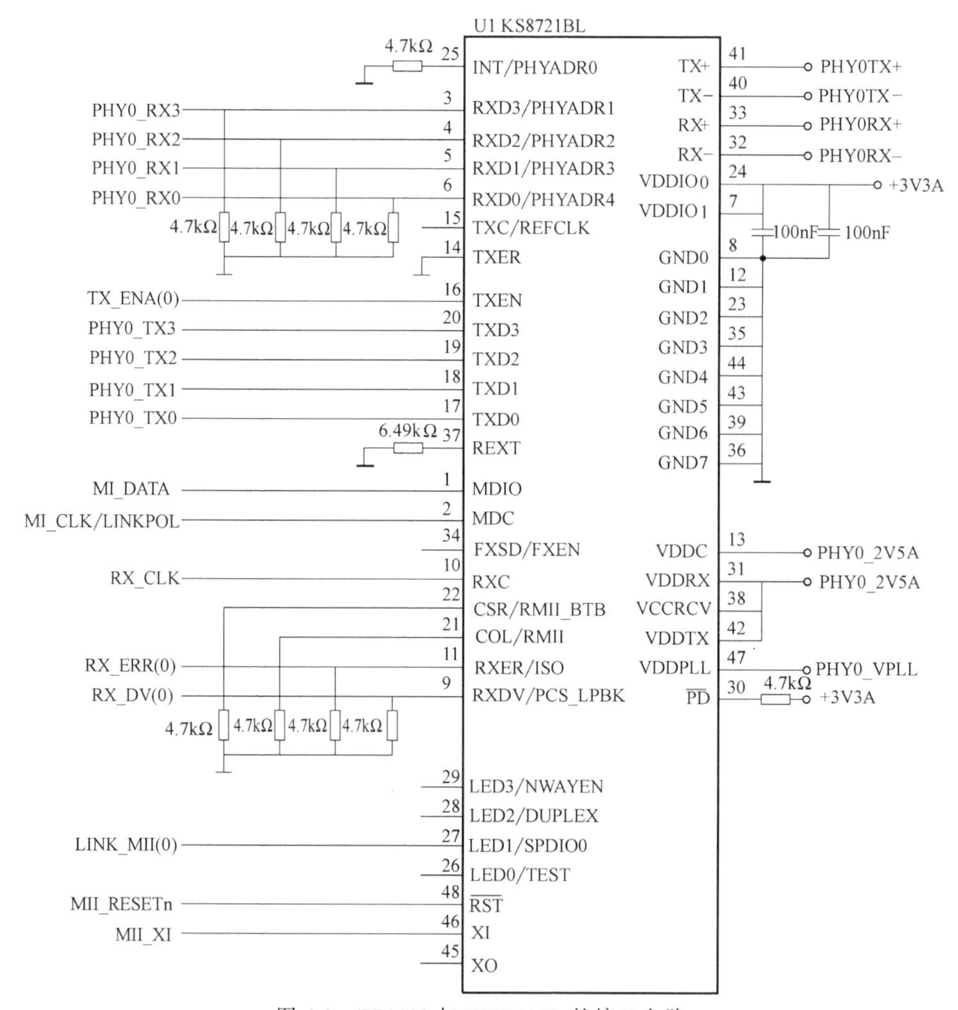

图 4-9 ET1100 与 KS8721BL 的接口电路

ET1100 物理端口 0 电路、KS8721BL 供电电路和 EtherCAT 从站控制器供电电路分别如图 4-10~图 4-12 所示。ET1100 物理端口 1 的电路设计与 LAN9252 物理端口 0 的电路设计完全类似。

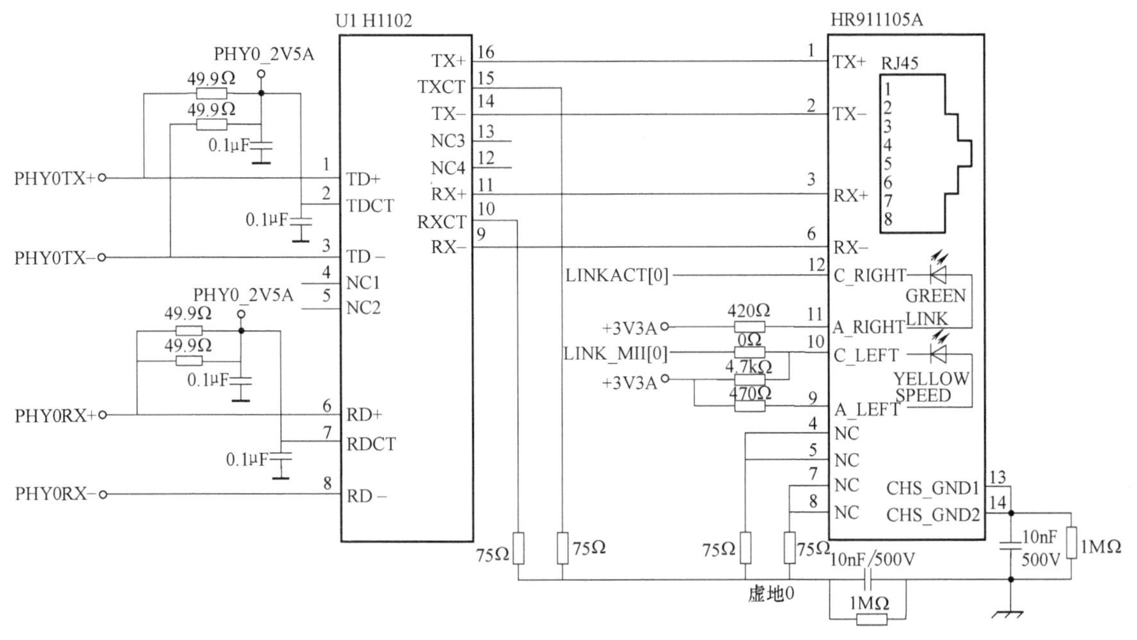

图 4-10　ET1100 物理端口 0 电路

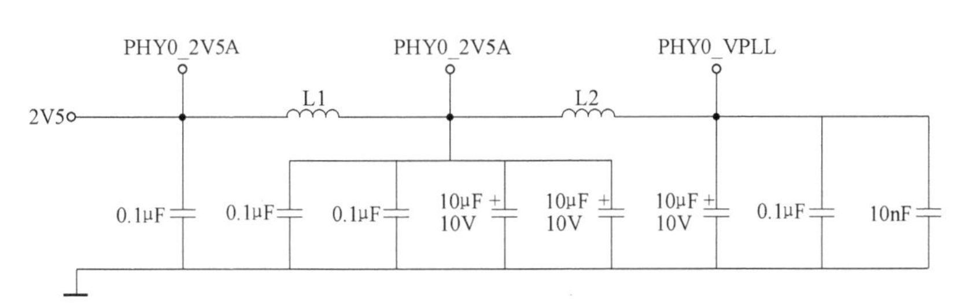

图 4-11　KS8721BL 供电电路

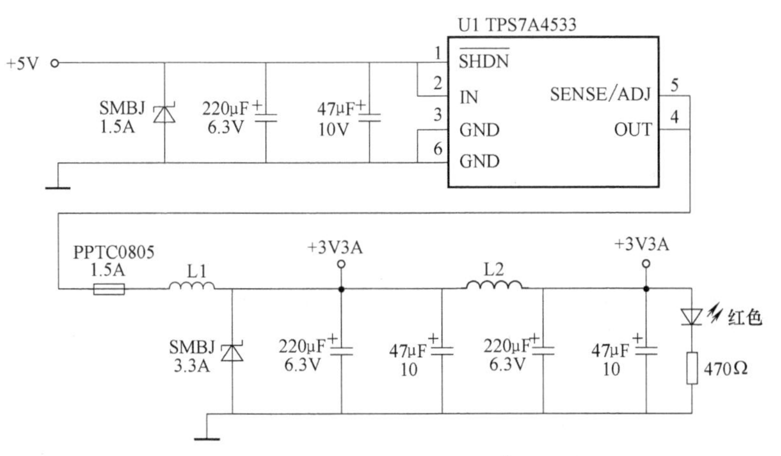

图 4-12　EtherCAT 从站控制器供电电路

4.1.7 直接I/O控制EtherCAT从站硬件电路设计

1. 直接I/O控制EtherCAT从站控制器ET1100应用电路设计

EtherCAT从站控制器ET1100的PDI接口配置为I/O控制，ET1100可以直接控制32位数字量I/O信号。

直接I/O控制EtherCAT从站控制器ET1100应用电路如图4-13所示。

在图4-13中，设计了16通道数字量输出DOUT0~DOUT15和16通道数字量输入DIN0~DIN15。

ET1100的MII端口电路与带微控制器的MII端口电路相同，PDI接口直接当作I/O信号使用。由于ET1100使用3.3V供电，当外围电路为5V供电时，在I/O引脚串联300Ω的电阻。

在设计的I/O电路的设计中，ET1100和外部电路之间要加光电耦合器，实现光电隔离，达到抗干扰的目的。

图4-13中的16通道数字量输入DIN0~DIN15和16通道数字量输出DOUT0~DOUT15，可以分别与数字量输入/输出电路连接。

2. 光电耦合器

光电耦合器，又称光隔离器，是计算机控制系统中常用的器件，它能实现输入与输出之间的隔离，光电耦合器的输入端为发光二极管，输出端为光敏晶体管。

光电耦合器的优点是：能有效地抑制尖峰脉冲及各种噪声干扰，从而使传输通道上的信噪比大大提高。

（1）一般隔离用光电耦合器

1）TLP521-1/TLP521-2/TLP521-4

该系列产品为Toshiba公司推出的光电耦合器。

2）PS2501-1/PC817

PS2501-1为NEC公司的产品，PC817为Sharp公司的产品。

3）4N25

4N25为Motorola公司的产品。

4N25光电耦合器有基极引线，可以不用，也可以通过几百kΩ以上的电阻，再并联一个几十pF的小电容接到地上。

（2）AC交流用光电耦合器

该类产品如NEC公司的PS2505-1，Toshiba公司的TLP620。

输入端为反相并联的发光二极管，可以实现交流检测。

（3）高速光电耦合器

1）6N137系列

Agilent公司的6N137系列高速光电耦合器包括6N137、HCPL-2601/2611，HCPL-0600/0601/0611。该系列光电耦合器为兼容高CMR，高速TTL的光电耦合器，传输速度为10MBd。

主要应用于以下几个方面。

① 线接收器隔离。

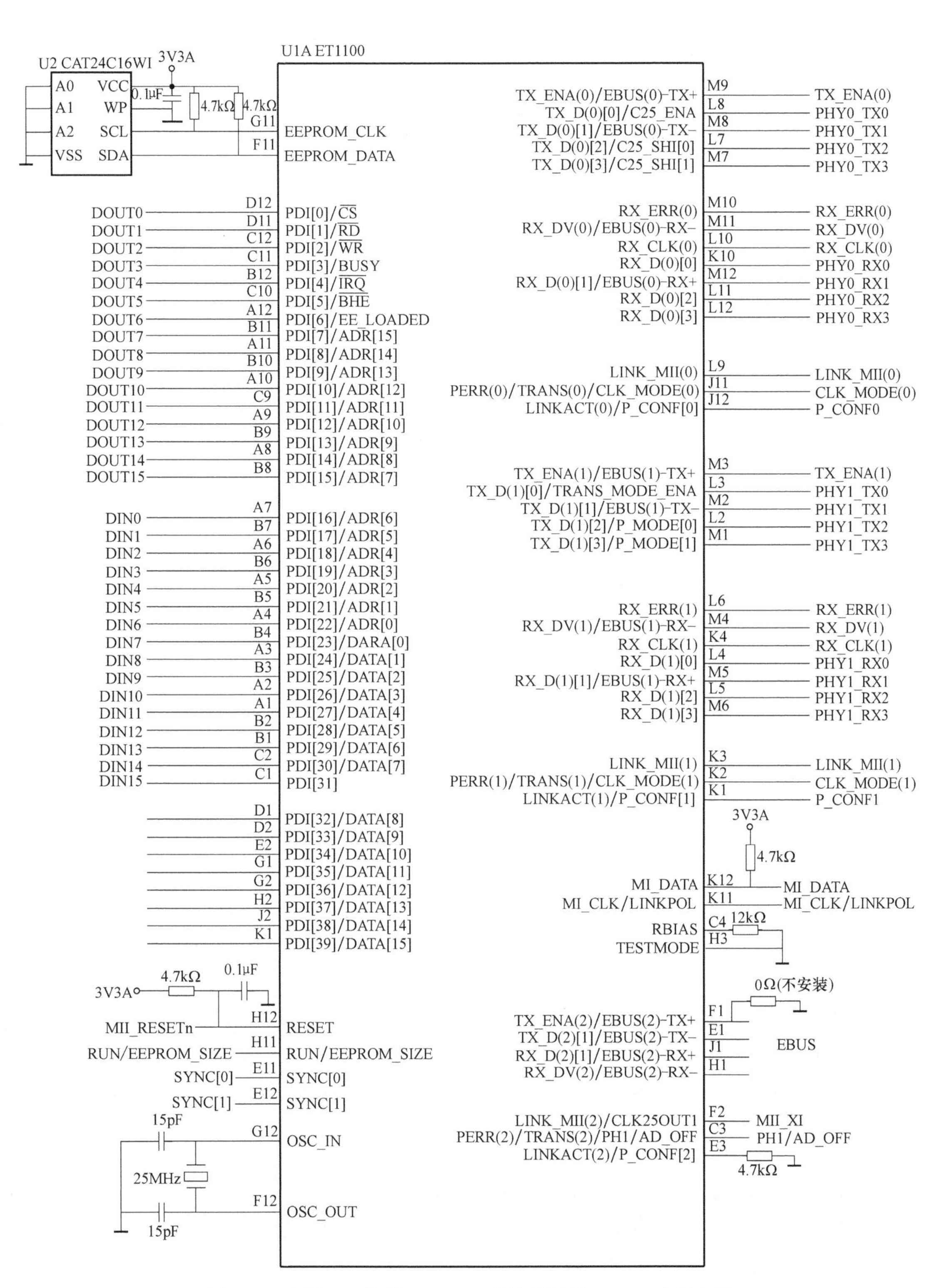

图 4-13　直接 I/O 控制 EtherCAT 从站控制器 ET1100 应用电路

② 计算机外围接口。

③ 微处理器系统接口。

④ A/D、D/A 转换器的数字隔离。

⑤ 开关电源。

⑥ 仪器输入/输出隔离。

⑦ 取代脉冲变压器。

⑧ 高速逻辑系统的隔离。

6N137 和 HCPL-2601/2611 为 8 引脚双列直插封装，HCPL-0600/0601/0611 为 8 引脚表面贴封装。

2）HCPL-7721/0721

HCPL-7721/0721 为 Avago 公司的另外一类超高速光电耦合器。

HCPL-7721 为 8 引脚双列直插封装，HCPL0721 为 8 引脚表面贴封装。

HCPL-7721/0721 为 40ns 传播延迟 CMOS 光电耦合器，传输速度为 25Mbit/s。

主要应用于以下几个方面。

① 数字现场总线隔离，如 CC-LINK、DeviceNet、CAN、PROFIBUS、SDS。

② AC PDP。

③ 计算机外围接口。

④ 微处理器系统接口。

（4）PhotoMOS 继电器

该类器件输入端为发光二极管，输出为 MOSFET。生产 PhotoMOS 继电器的公司有 NEC 公司和 National 公司。

1）PS7341-1A

PS7341 为 NEC 公司推出的一款常开 PhotoMOS 继电器。

输入二极管的正向电流为 50mA，功耗为 50mW。

MOSFET 输出负载电压为 AC/DC 400V，连续负载电流为 150mA，功耗为 560mW。导通（ON）电阻典型值为 20Ω，最大值为 30Ω，导通时间为 0.35ms，断开时间为 0.03ms。

2）AQV214

AQV214 为 National 公司推出的一款常开 PhotoMOS 继电器，引脚与 NEC 公司的 PS7341-1A 完全兼容。

输入二极管的正向电流为 50mA，功耗为 75mW。

MOSFET 输出负载电压为 AC/DC 400V，连续负载电流为 120mA，功耗为 550mW。导通（ON）电阻典型值为 30Ω，最大值为 50Ω，导通时间为 0.21ms，断开时间为 0.05ms。

3. 数字量输入通道

数字量输入通道将现场开关信号转换成计算机需要的电平信号，以二进制数字量的形式输入计算机，计算机通过三态缓冲器读取状态信息。

数字量（开关量）输入通道接收的状态信号可能是电压、电流或开关的触点，容易引起瞬时高压、过电压或接触抖动现象。

为了将外部开关量信号输入到计算机，必须将现场输入的状态信号经转换、保护、滤波、隔离等措施转换成计算机能够接收的逻辑电平信号，此过程称为信号调理。

（1）数字量输入实用电路

数字量输入实用电路如图 4-14 所示。

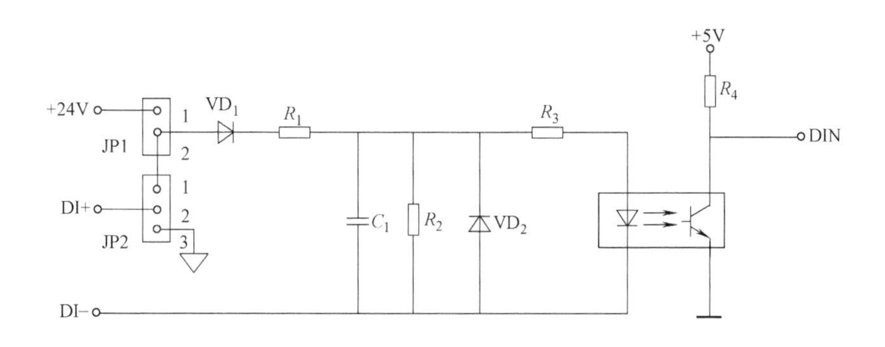

图 4-14 数字量输入实用电路

当 JP1 跳线器 1-2 短路，跳线器 JP2 的 1-2 断开、2-3 短路时，输入端 DI+和 DI−可以接一干接点信号。

当 JP1 跳线器 1-2 断开，跳线器 JP2 的 1-2 短路、2-3 断开时，输入端 DI+和 DI−可以接有源接点。

（2）交流输入信号检测电路

交流输入信号检测电路如图 4-15 所示。

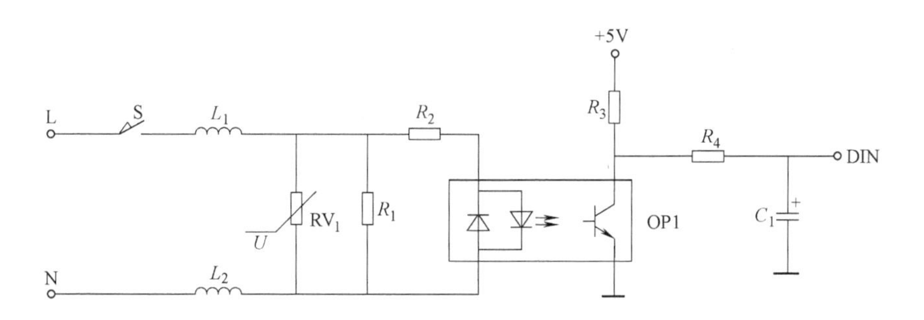

图 4-15 交流输入信号检测电路

L、N 为交流输入端。当 S 按钮按下时，I/O=0；当 S 按钮未按下时，I/O=1。

4. 数字量输出通道

数字量输出通道将计算机的数字输出转换成现场各种开关设备所需求的信号。计算机通过锁存器输出控制信息。

继电器方式的开关量输出，是目前最常用的一种输出方式，一般在驱动大型设备时，往往利用继电器作为控制系统输出到输出驱动级之间的第一级执行机构，通过第一级继电器输出，可完成从低压直流到高压交流的过渡。如图 4-16 在经光耦后，直流部分给继电器供电，而其输出部分则可直接与 220V 市电相接。

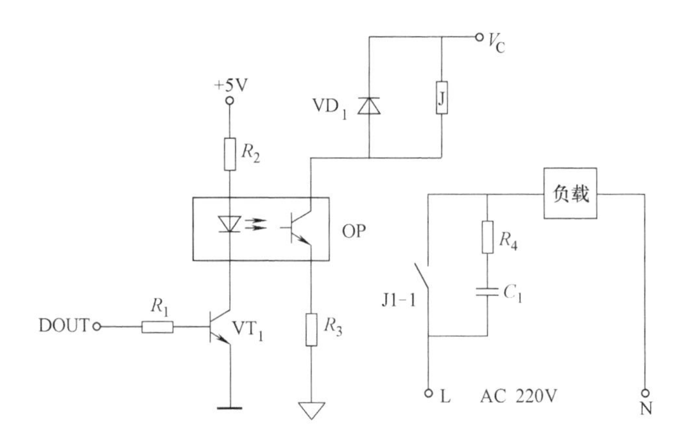

图 4-16 继电器输出电路

4.2 基于 LAN9252 的 EtherCAT 从站硬件电路系统设计

基于 LAN9252 的 EtherCAT 从站总体结构如图 4-17 所示。

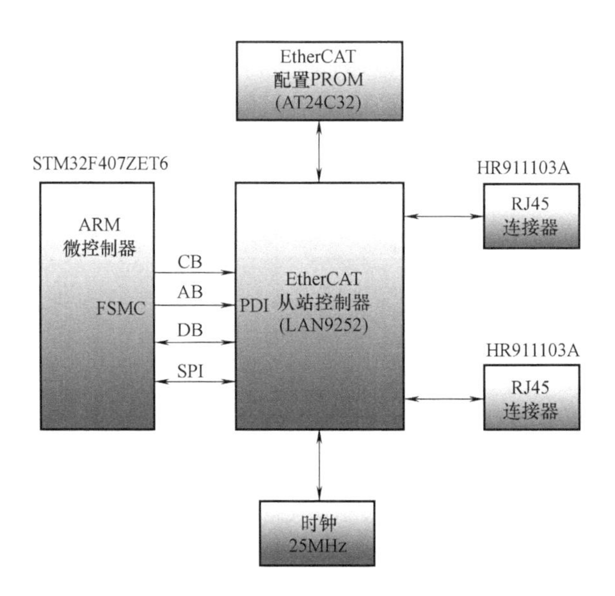

图 4-17 基于 LAN9252 的 EtherCAT 从站总体结构

主要由以下几部分组成。

1） 微控制器 STM32F407ZET6。

2） EtherCAT 从站控制器 LAN9252。

3） EtherCAT 配置 PROM AT24C32。

4） RJ45 连接器 HR911103A。

5） 实现测量与控制的 I/O 的电路，这一部分的电路设计将在智能测控模块的设计中详细讲述。

LAN9252 与 STM32F407ZET6 的 FSMC 接口电路如图 4-18 所示。

LAN9252 使用 16 位异步微处理器 PDI 接口或 SPI 串行接口，连接两个 MII 接口。

EtherCAT 从站控制器 LAN9252 应用电路如图 4-19 所示。

在图 4-19 中，LAN9252 左边是与 STM32F407ZET6 的 FSMC 接口电路、AT24C32 EEPROM 存储电路和时钟电路等。FSMC 接口电路包括 LAN9252 的片选信号、读写控制信号、中断控制信号、4 位地址线和 16 位数据线，另外，LAN9252 也可以通过 SPI 总线与 STM32F407ZET6 接口。右边为两个 MII 端口的相关引脚。

LAN9252 物理端口 0 电路如图 4-20 所示，LAN9252 物理端口 1 电路设计与 LAN9252 物理端口 0 电路设计完全类似。

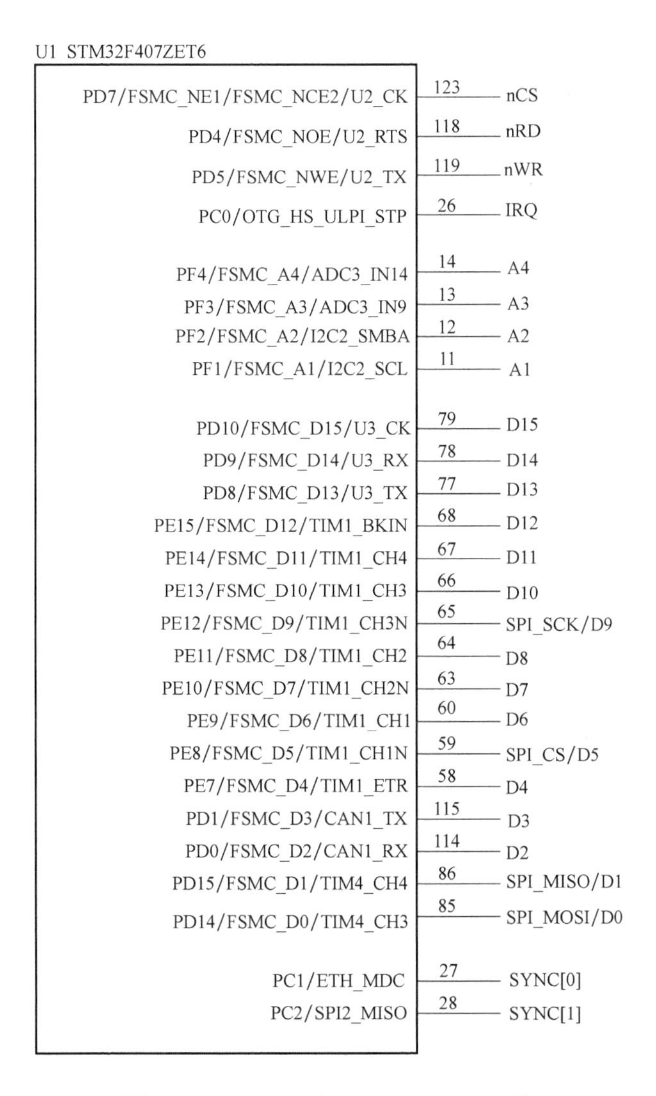

图 4-18 LAN9252 与 STM32F407ZET6 的 FSMC 接口电路

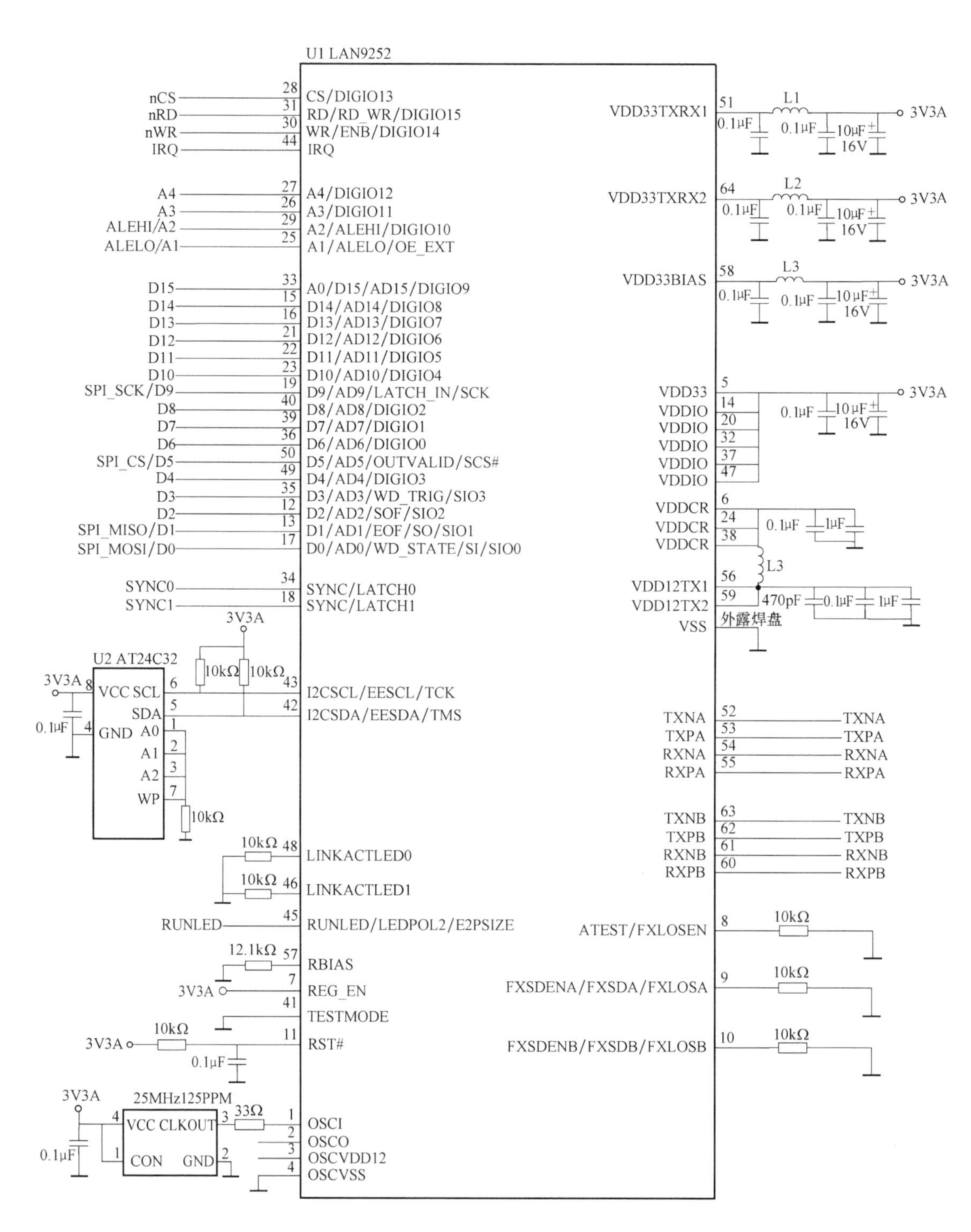

图 4-19　EtherCAT 从站控制器 LAN9252 应用电路

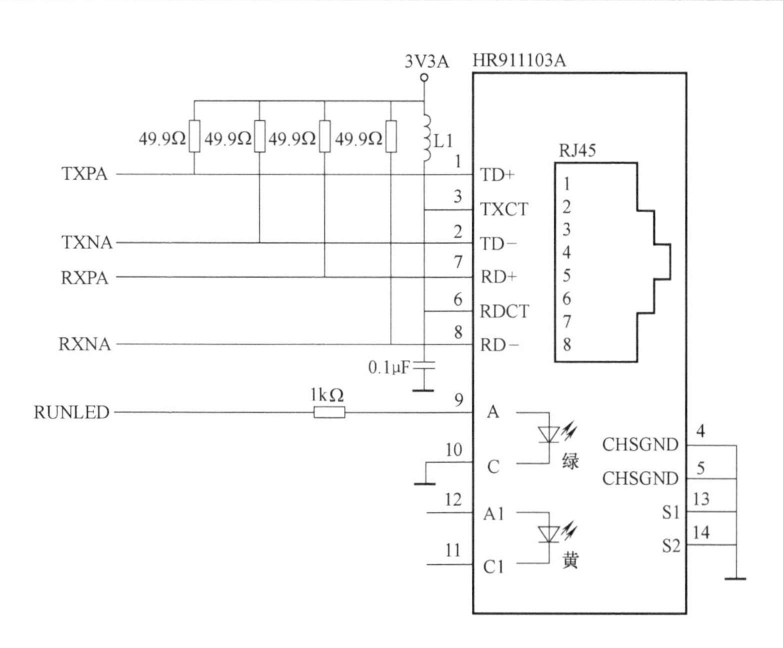

图 4-20　LAN9252 物理端口 0 电路

4.3　8 通道模拟量输入智能测控模块（8AI）的设计

4.3.1　8 通道模拟量输入智能测控模块的功能概述

8 通道模拟量输入智能测控模块（8AI）是 8 路点点隔离的标准电压、电流输入智能测控模块。可采样的信号包括标准Ⅱ型、Ⅲ型电压信号，标准的Ⅱ型、Ⅲ型电流信号。

通过外部配电板可允许接入各种输出标准电压、电流信号的仪表、传感器等。该智能测控模块的设计技术指标如下。

1）信号类型及输入范围：标准Ⅱ、Ⅲ型电压信号（0~5V、1~5V）及标准Ⅱ、Ⅲ型电流信号（0~10mA、4~20mA）。

2）采用 32 位 ARM Cortex M4 微控制器，提高了智能测控模块设计的集成度、运算速度和可靠性。

3）采用高性能、高精度、内置 PGA 的具有 24 位分辨率的 Σ-Δ 模数转换器进行测量转换，传感器或变送器信号可直接接入。

4）同时测量 8 通道电压信号或电流信号，各采样通道之间采用 PhotoMOS 继电器，实现点点隔离的技术。

5）通过主控站模块的组态命令可配置通道信息，每一通道可选择输入信号范围和类型等，并将配置信息存储于铁电存储器中，掉电重启时，自动恢复到正常工作状态。

6）智能测控模块设计具有低通滤波、过电压保护及信号断线检测功能，ARM 与现场模拟信号测量之间采用光电隔离措施，以提高抗干扰能力。

8 通道模拟量输入智能测控模块的性能指标见表 4-9。

表 4-9　8 通道模拟量输入智能测控模块的性能指标

输入通道	点点隔离独立通道
通道数量	8 通道
通道隔离	任何通道间 AC　25V (47~53)Hz 60s
	任何通道对地 AC　500V(47~53)Hz 60s
输入范围	DC　(0~10)mA
	DC　(4~20)mA
	DC　(0~5)V
	DC　(1~5)V
通信故障自检与报警	指示通信中断,数据保持
采集通道故障自检及报警	指示通道自检错误,要求冗余切换
输入阻抗	电流输入 250Ω
	电压输入 1MΩ

4.3.2　8 通道模拟量输入智能测控模块的硬件组成

8 通道模拟量输入智能测控模块用于完成对工业现场信号的采集、转换及处理，其硬件组成框图如图 4-21 所示。

硬件电路主要由 ARM Cortex M4 微控制器、信号处理电路（滤波、放大）、通道选择电路、A/D 转换电路、故障检测电路、DIP 开关、铁电存储器 FRAM、LED 状态指示灯和 EtherCAT 通信接口电路组成。

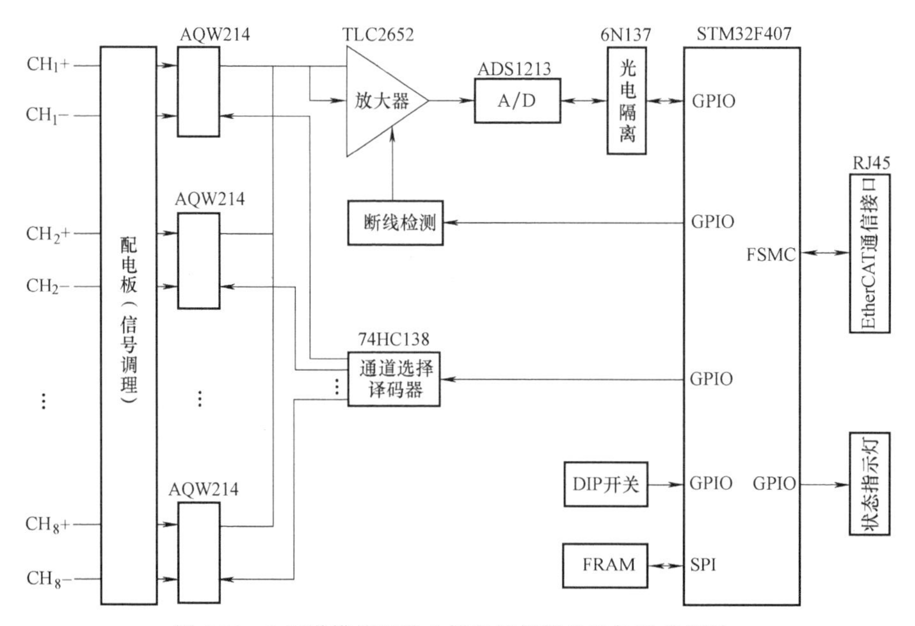

图 4-21　8 通道模拟量输入智能测控模块硬件组成框图

该智能测控模块采用 ST 公司的 32 位 ARM 控制器 STM32F407ZET6、高精度 24 位 Σ-Δ 模数转换器 ADS1213 、LinCMOS 工艺的高精度斩波稳零运算放大器 TLC2652CN、PhotoMOS

继电器 AQW214EH、EtherCAT 从站控制器采用 ET1100 及铁电存储器 FM25L04 等器件设计而成。

现场仪表层的电流信号或电压信号经过端子板的滤波处理，由多路模拟开关选通一个通道送入 A/D 转换器 ADS1213，由 ARM 读取 A/D 转换结果，A/D 转换结果经过软件滤波和量程变换以后经 EtherCAT 工业以太网发送给主站。

智能测控模块故障检测中的一个重要的工作就是断线检测。除此以外，故障检测还包括超量程检测、欠量程检测及信号跳变检测等。

4.3.3 8 通道模拟量输入智能测控模块微控制器主电路的设计

8 通道模拟量输入智能测控模块微控制器主电路如图 4-22 所示。

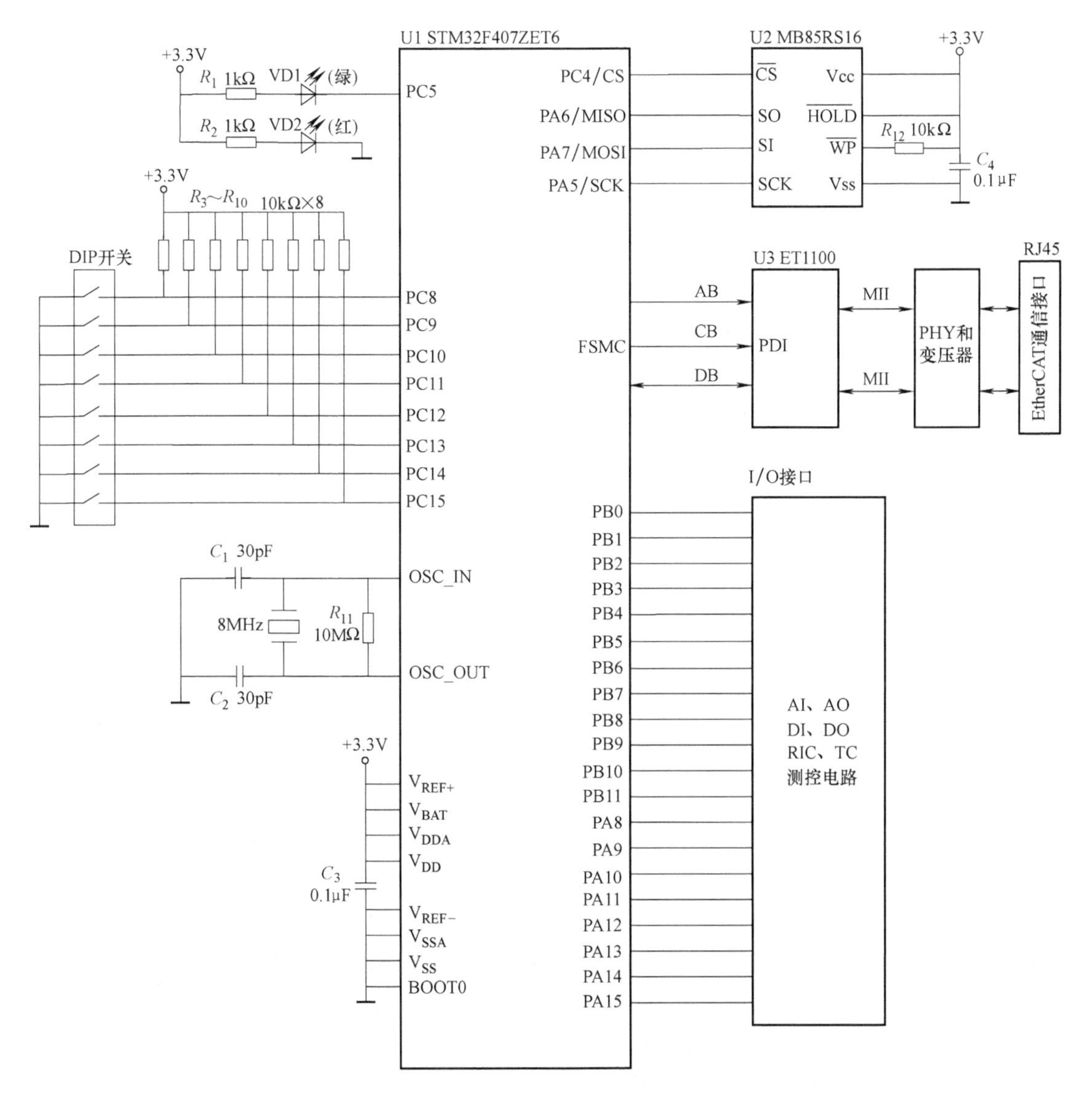

图 4-22 8 通道模拟量输入智能测控模块微控制器主电路

图 4-22 中的 DIP 开关用于设定机笼号和测控智能测控模块地址，通过 CD4051 读取 DIP 开关的状态。74HC138 3-8 译码器控制 PhotoMOS 继电器 AQW214EH ，用于切换 8 通道模拟量输入信号。

4.3.4 8 通道模拟量输入智能测控模块的测量与断线检测电路设计

8 通道模拟量输入智能测控模块测量与断线检测电路如图 4-23 所示。

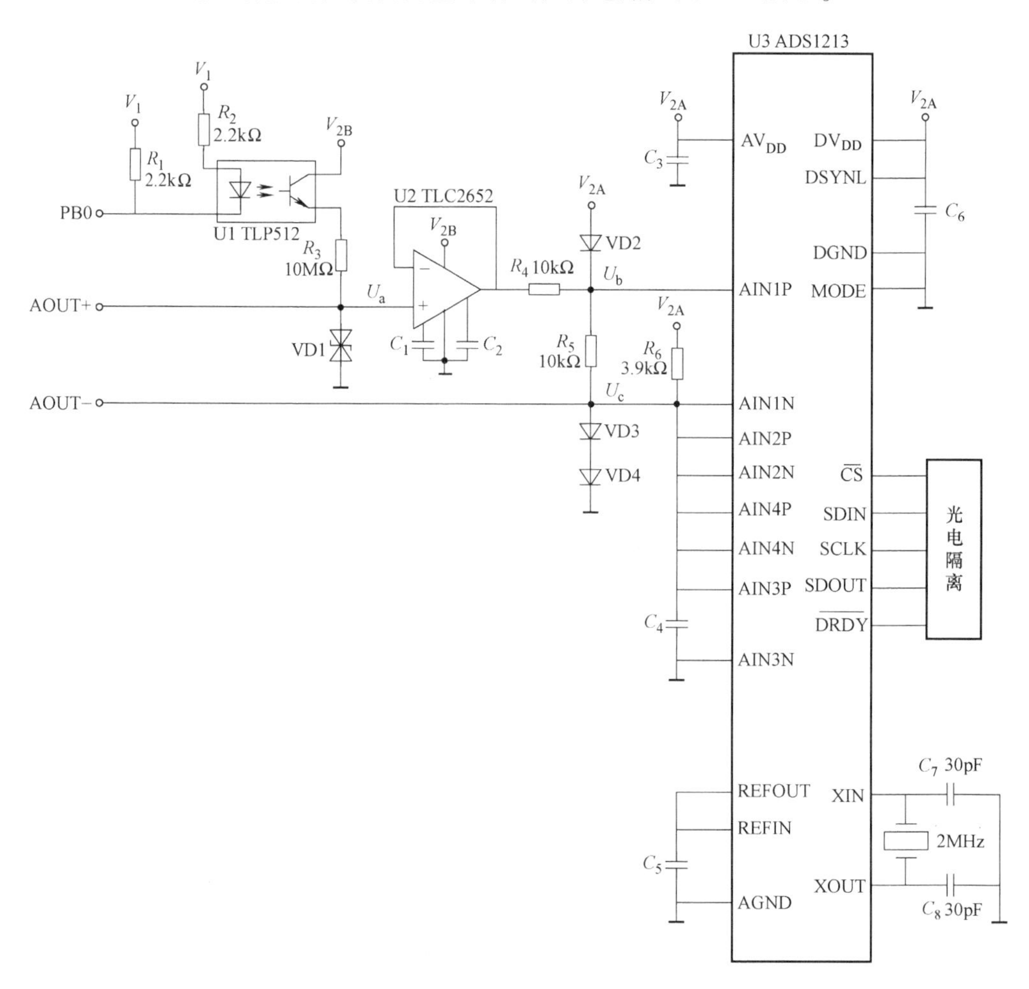

图 4-23 8 通道模拟量输入智能测控模块测量与断线检测电路

在测量电路中，信号经过高精度的斩波稳零运算放大器 TLC2652CN 跟随后接入 ADS1213，两个二极管 1N4148 经上拉电阻接+5V，使模拟信号的负端恒为+1.5V，这样设计的原因在于 TLC2652CN 虽然为高精度的斩波稳零运算放大器，但由于它在电路中为单电源供电，这意味着它在零点附近不能稳定工作，从而使其输出端的电压有很大的纹波；而接入两个二极管后，由于信号的负端始终保持在+1.5V，当输入信号为零时，TLC2652CN 的输入端的电压仍为+1.5V，从而使其始终工作在线形工作区域。由于输入的信号为差分形式，因而两个二极管的存在不会影响信号的精确度。

在该智能测控模块中，设计了自检电路，用于输入通道的断线检测。自检功能由 PD0

控制光耦 TLP521 的导通与关断来实现。

由图 4-23 可知，ADS1213 输入的差动电压 U_{in}（AIN1P 与 AIN1N 之差）与输入的实际信号 U_{IN}（AOUT+与 AOUT-之差）之间的关系为 $U_{in}=U_{IN}/2$。

由于正常的 U_{IN} 的范围为 0~5V，所以 U_{in} 的范围为 0~2.5V，因此 ADS1213 的 PGA 可设为 1，工作在单极性状态。

由图 4-23 可知，模拟量输入信号经电缆送入模拟量输入智能测控模块的端子板，信号电缆容易出现断线，因此需要设计断线检测电路，断线检测原理如下。

1）当信号电缆未断线，电路正常工作时，U_{in} 处于正常的工作范围，即 0~2.5V。

2）当通信电缆断线时，电路无法接入信号。首先令 PB0=1，光耦断开，$U_a=0V$，而 $U_c=1.5V$，故 $U_b=0.75V$，可得 $U_{in}=0.75V$，而 ADS1213 工作在单极性，故转换结果恒为 0；然后令 PB0=0，光耦导通，$U_a=8.0V$，$U_c=1.5V$，故 $U_{in}=(8.0V-1.5V)/2=3.25V$，超出了 U_{in} 正常工作的量程范围 0~2.5V。由此即可判断出通信电缆出现断线。

4.3.5 8 通道模拟量输入智能测控模块信号调理与通道切换电路的设计

信号在接入测量电路前，需要进行滤波等处理，8 通道模拟量输入智能测控模块信号调理与通道切换电路如图 4-24 所示。

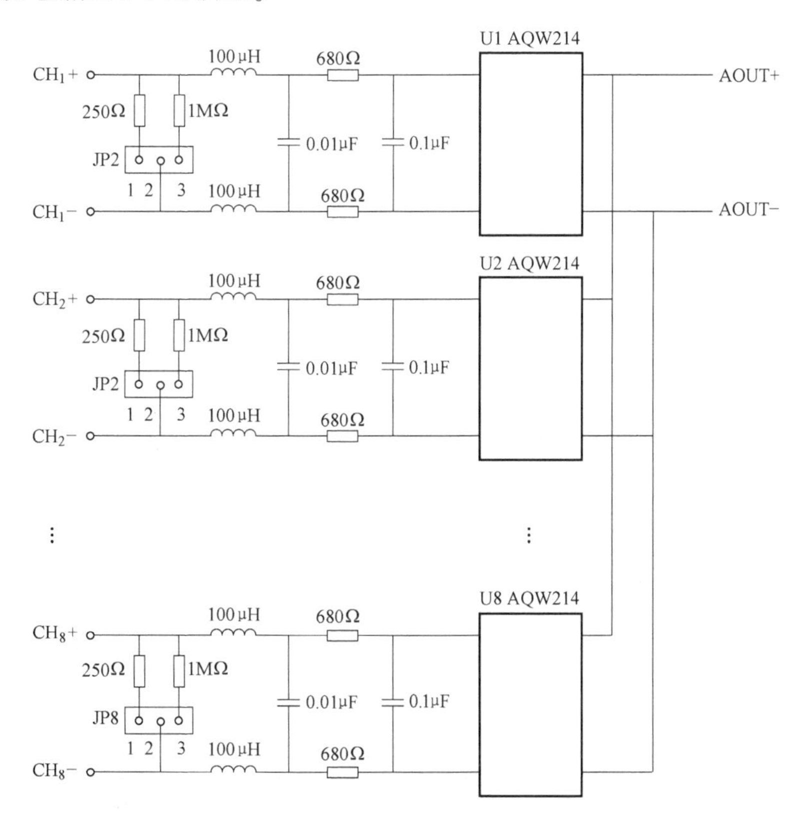

图 4-24 8 通道模拟量输入智能测控模块信号调理与通道切换电路

LC 及 RC 电路用于滤除信号的纹波和噪声，减少信号中的干扰成分。调理电路还包含了输入信号类型选择跳线，当外部输入标准的电流信号时，跳线 JP1~JP8 的 1、2 短接；当外部输入标准的电压信号时，跳线 JP1～JP8 的 2、3 短接。信号经滤波处理后接入 PhotoMOS 继电器 AQW214EH，由 74HC138 3-8 译码器控制，将 8 通道中的一路模拟量送入测量电路。

4.3.6 8 通道模拟量输入智能测控模块的程序设计

8 通道模拟量输入智能测控模块的程序主要包括 ARM 控制器的初始化程序、A/D 采样程序、数字滤波程序、量程变换程序、故障检测程序、EtherCAT 通信程序及 WDT 程序等。

4.4 8 通道热电偶输入智能测控模块（8TC）的设计

4.4.1 8 通道热电偶输入智能测控模块的功能概述

8 通道热电偶输入智能测控模块是一种高精度、智能型的、带有模拟量信号调理的 8 路热电偶信号采集模块。该智能测控模块可对 7 种毫伏级热电偶信号进行采集，检测温度最低为-200℃，最高可达 1800℃。

通过外部配电板可允许接入各种热电偶信号和毫伏电压信号。该智能测控模块的设计技术指标如下。

1）热电偶智能测控模块可允许 8 通道热电偶信号输入，支持的热电偶类型为 K、E、B、S、J、R、T，并带有热电偶冷端补偿。

2）采用 32 位 ARM Cortex M4 微控制器，提高了智能测控模块设计的集成度、运算速度和可靠性。

3）采用高性能、高精度、内置 PGA 的具有 24 位分辨率的 Σ-Δ 模数转换器进行测量转换，传感器或变送器信号可直接接入。

4）同时测量 8 通道电压信号或电流信号，各采样通道之间采用 PhotoMOS 继电器，实现点点隔离的技术。

5）通过主控站模块的组态命令可配置通道信息，每一通道可选择输入信号范围和类型等，并将配置信息存储于铁电存储器中，掉电重启时，自动恢复到正常工作状态。

6）智能测控模块设计具有低通滤波、过电压保护及热电偶断线检测功能，ARM 与现场模拟信号测量之间采用光电隔离措施，以提高抗干扰能力。

8 通道热电偶输入智能测控模块支持的热电偶信号类型见表 4-10。

表 4-10 8 通道热电偶输入智能测控模块支持的热电偶信号类型

R(0～1750℃)	K(-200～1300℃)
B(500～1800℃)	S(0～1600℃)
E(-200～900℃)	N(0～1300℃)
J(-200～750℃)	T(-200～350℃)

4.4.2 8 通道热电偶输入智能测控模块的硬件组成

8 通道热电偶输入智能测控模块用于完成对工业现场热电偶和毫伏信号的采集、转换及处理，其硬件组成框图如图 4-25 所示。

硬件电路主要由 ARM Cortex M4 微控制器、信号处理电路（滤波、放大）、通道选择电路、A/D 转换电路、断偶检测电路、热电偶冷端补偿电路、DIP 开关、铁电存储器 FRAM、LED 状态指示灯和 EtherCAT 通信接口电路组成。

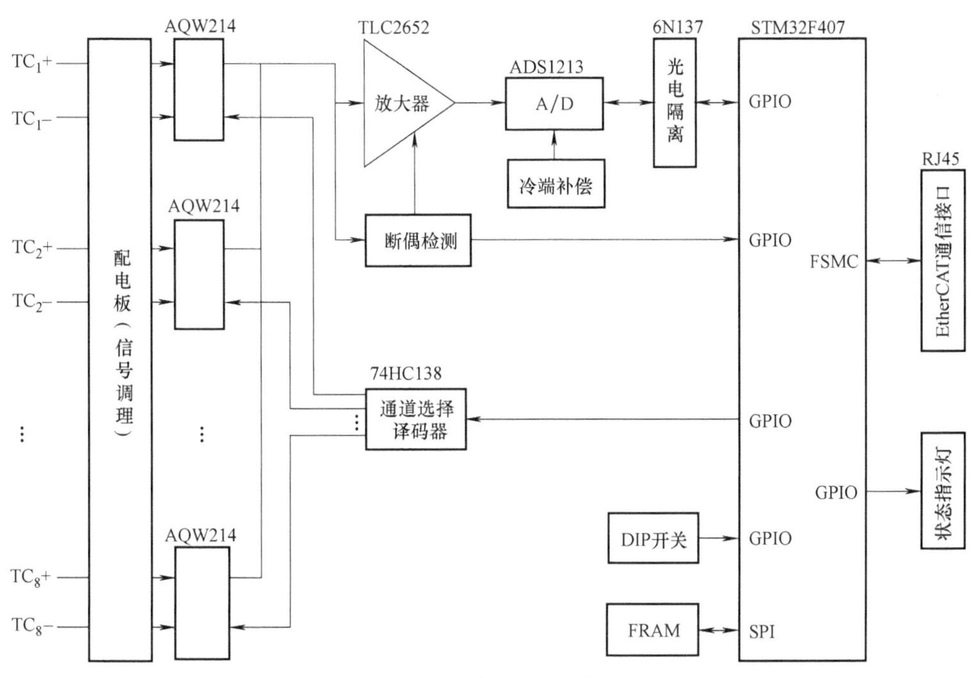

图 4-25 8 通道热电偶输入智能测控模块硬件组成框图

该智能测控模块采用 ST 公司的 32 位 ARM 控制器 STM32F407ZET6、高精度 24 位 Σ-Δ 模数转换器 ADS1213 、LinCMOS 工艺的高精度斩波稳零运算放大器 TLC2652CN、PhotoMOS 继电器 AQW214EH 及 EtherCAT 从站控制器 ET1100 等器件设计而成。

现场仪表层的热电偶和毫伏信号经过端子板的低通滤波处理，由多路模拟开关选通一个通道送入 A/D 转换器 ADS1213，由 ARM 读取 A/D 转换结果，A/D 转换结果经过软件滤波和量程变换以后经 EtherCAT 工业以太网发送给主站。

4.4.3 8 通道热电偶输入智能测控模块的测量与断线检测电路设计

8 通道热电偶测量与断线检测电路如图 4-26 所示。

1. 8 通道热电偶测量电路设计

如图 4-26 所示，在该智能测控模块的设计中，A/D 转换器的第 1 路用于测量选通的某一通道热电偶信号，A/D 转换器的第 2、3 路用作热电偶信号冷端补偿的测量，A/D 转换器的第四路用作 AOUT−的测量。

2. 断线检测及器件检测电路设计

为提高智能测控模块运行的可靠性，设计了对输入信号的断线检测电路，如图 4-26 所示。同时设计了对该电路中所用比较器件 TLC393 是否处于正常工作状态检测的电路。电路中选用了 PhotoMOS 继电器 AQW214 用于通道的选择，其中 2、4 引脚接到 ARM 微控制器的两个 GPIO 引脚，通过软件编程来实现通道的选通。当跳线 PC10 为低时，AQW214 的 7、8

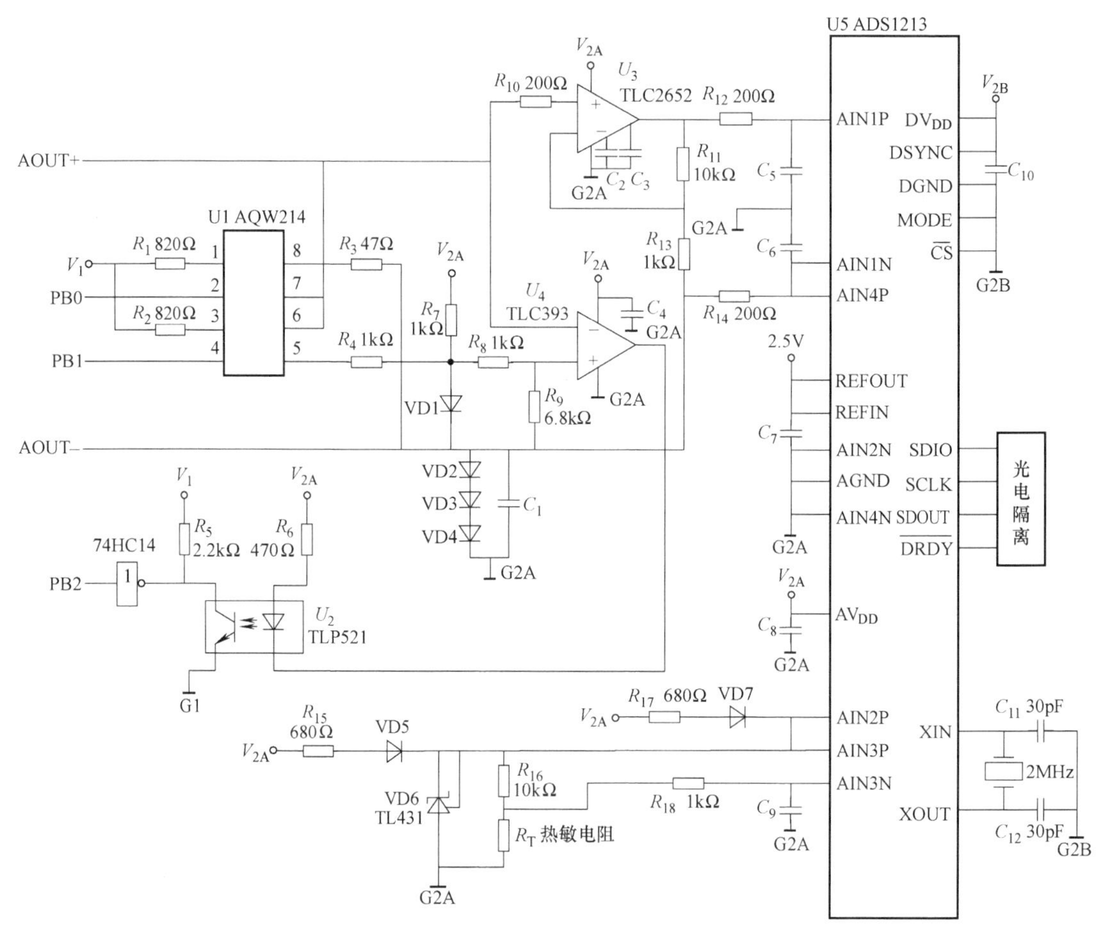

图 4-26 8 通道热电偶测量与断线检测电路

通道选通，用来检测器件 TLC393 能否正常工作；当 PB1 为低时，AQW214 的 5、6 通道选通，此时 PB0 为高，AQW214 的 7、8 通道不通，用来检测是否断线。图 4-26 中 AOUT+、AOUT-为已选择的某一通道热电偶输入信号，其中 AOUT-经 3 个二极管接地，大约为 2V。经过比较器 TLC393 的输出电平信号，先经过光电耦合器 TLP521，再经过反相器 74HC14 整形后接到 ARM 微控制器的一个 GPIO 引脚 PB2，通过该引脚值的改变并结合引脚 PB1、PB0 的设置就可实现检测断线和器件 TLC393 能否正常工作的目的。通过软件编程，当检测到断线或器件 TLC393 不能正常工作时，点亮红色 LED 灯报警，可以更加及时准确地发现问题，进而提高了智能测控模块的可靠性。

下面介绍断线检测电路的工作原理。

当 PB0 为低电平时，AQW214 的 7、8 通道选通，此时用来检测器件 TLC393 能否正常工作。设二极管两端压差为 u，则 AOUT-为 $3u$，VD1 上端的电压为 $4u$。

$$V- = 3u$$

$$V+ = \frac{6.8\text{k}\Omega}{7.8\text{k}\Omega} \times u + 3u = 3.87u$$

$V+ > V-$则输出 OUT 为高电平，说明 TLC393 能够正常工作；反之，若 TLC393 的输出

OUT 为低电平，说明 TLC393 无法正常工作。

当 PB1 为低电平时，AQW214 的 5、6 通道选通，此时 PB0 为高，AQW214 的 7、8 通道不通，用来检测是否断线。

1）若未断线，即 AOUT+、AOUT-形成回路，由于其间电阻很小，可以忽略不计。则

$$V- =3u$$

$$V+=\frac{6.8\text{k}\Omega}{7.8\text{k}\Omega}\times u+3u=3.87u$$

$V+>V-$则输出 OUT 为高电平。

2）若断线，即 AOUT+、AOUT-没有形成回路，则

$$V- =4u$$

$$V+ =\frac{6.8\text{k}\Omega}{7.8\text{k}\Omega}\times u+3u=3.87u$$

$V+<V-$则输出 OUT 为低电平。

3. 热电偶冷端补偿电路设计

热电偶在使用过程中面临的一个重要问题是如何解决冷端温度补偿，因为热电偶的输出热电动势不仅与工作端的温度有关，而且也与冷端的温度有关。热电偶两端输出的热电动势对应的温度值只是相对于冷端的一个相对温度值，而冷端的温度又常常不是零度。因此，该温度值已叠加了一个冷端温度。为了直接得到一个与被测对象温度（热端温度）对应的热电动势，需要进行冷端补偿。

本设计采用负温度系数热敏电阻进行冷端补偿。具体电路设计如图 4-26 所示。

VD6 为 2.5V 电压基准源 TL431，热敏电阻 R_T 和精密电阻 R_{16} 电压和为 2.5V，利用 ADS1213 的第 3 通道采集电阻 R_{16} 两端的电压，经 ARM 微控制器查表计算出冷端温度。

4. 冷端补偿算法

在 8 通道热电偶输入智能测控模块的冷端补偿电路设计中，热敏电阻的电阻值随着温度的升高而降低。因此与它串联的精密电阻两端的电压值随着温度升高而升高，所以根据热敏电阻温度特性表，可以制作一个精密电阻两端电压与冷端温度的分度表。此表以 5℃ 为间隔，毫伏为单位，这样就可以根据精密电阻两端的电压值，查表求得冷端温度值。

精密电阻两端电压计算公式为

$$V_{阻}=\frac{2500\times N}{7\text{FFFH}}$$

N 为精密电阻两端电压对应的 A/D 转换结果。求得冷端温度后，需要由温度值反查相应热电偶信号类型的分度表，得到补偿电压 $V_{补}$。测量电压 $V_{测}$ 与补偿电压 $V_{补}$ 相加得到 V，由 V 去查表求得的温度值为热电偶工作端的实际温度值。

4.4.4 8 通道热电偶输入智能测控模块的程序设计

8 通道热电偶输入智能测控模块的程序主要包括 ARM 控制器的初始化程序、A/D 采样程序、数字滤波程序、热电偶线性化程序、冷端补偿程序、量程变换程序、断偶检测程序、EtherCAT 通信程序及 WDT 程序等。

4.5 8通道热电阻输入智能测控模块（8RTD）的设计

4.5.1 8通道热电阻输入智能测控模块的功能概述

8通道热电阻输入智能测控模块是一种高精度、智能型的、带有模拟量信号调理的8路热电阻信号采集模块。该智能测控模块可对3种热电阻信号进行采集，热电阻采用三线制接线。

通过外部配电板可允许接入各种热电偶信号和毫伏电压信号。该智能测控模块的设计技术指标如下。

1）热电阻智能测控模块可允许8通道三线制热电阻信号输入，支持热电阻类型为Cu100、Cu50和Pt100。

2）采用32位ARM Cortex M4微控制器，提高了智能测控模块设计的集成度、运算速度和可靠性。

3）采用高性能、高精度、内置PGA的具有24位分辨率的Σ-Δ模数转换器进行测量转换，传感器或变送器信号可直接接入。

4）同时测量8通道热电阻信号，各采样通道之间采用PhotoMOS继电器，实现点点隔离的技术。

5）通过主控站模块的组态命令可配置通道信息，每一通道可选择输入信号范围和类型等，并将配置信息存储于铁电存储器中，掉电重启时，自动恢复到正常工作状态。

6）智能测控模块设计具有低通滤波、过电压保护及热电阻断线检测功能，ARM与现场模拟信号测量之间采用光电隔离措施，以提高抗干扰能力。

8通道热电阻输入智能测控模块测量的热电阻类型见表4-11。

表4-11 8通道热电阻输入智能测控模块测量的热电阻类型

Pt100热电阻	-200~850℃
Cu50热电阻	-50~150℃
Cu100热电阻	-50~150℃

4.5.2 8通道热电阻输入智能测控模块的硬件组成

8通道热电阻输入智能测控模块用于完成对工业现场热电阻信号的采集、转换及处理，其硬件组成框图如图4-27所示。

硬件电路主要由ARM Cortex M3微控制器、信号处理电路（滤波、放大）、通道选择电路、A/D转换电路、断线检测电路、热电阻测量恒流源电路、DIP开关、铁电存储器FRAM、LED状态指示灯和EtherCAT通信接口电路组成。

该智能测控模块采用ST公司的32位ARM控制器STM32F407ZET6、高精度24位Σ-Δ模数转换器ADS1213、LinCMOS工艺的高精度斩波稳零运算放大器TLC2652CN、PhotoMOS继电器AQW212及EtherCAT从站控制器ET1100等器件设计而成。

现场仪表层的热电阻经过端子板的低通滤波处理，由多路模拟开关选通一个通道送入

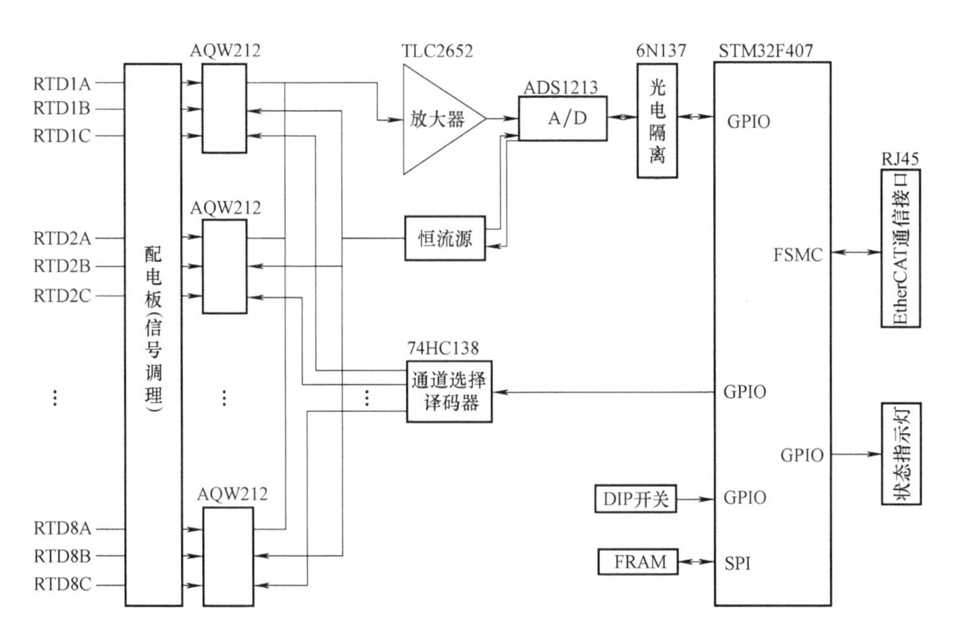

图 4-27 8 通道热电阻输入智能测控模块硬件组成框图

A/D 转换器 ADS1213，由 ARM 读取 A/D 转换结果，A/D 转换结果经过软件滤波和量程变换以后经 EtherCAT 工业以太网发送给主站。

4.5.3 8 通道热电阻输入智能测控模块的测量与断线检测电路设计

8 通道热电阻测量与自检电路如图 4-28 所示。

在图 4-28 中，ADS1213 采用 SPI 总线与 ARM 微控制器交换信息。利用 ARM 微控制器的 GPIO 口向 ADS1213 发送启动操作命令字。在 ADS1213 内部将经过 PGA 放大后进行模数转换，转换后的数字量再由 ARM 微控制器发出读操作命令字，读取转换结果。

为提高智能测控模块运行的可靠性，设计了对输入信号的断线检测电路，在该智能测控模块中，要实现温度的精确测量，一个关键的因素就是要尽量消除导线电阻引起的误差；ADS1213 内部没有恒流源，需要设计一个稳定的恒流源电路实现电阻到电压信号的变换；为了满足 DCS 系统整体稳定性及智能性的要求，需要设计自检电路，能够及时判断输入的测量信号有无断线情况。因此，热电阻的接法、恒流源电路及自检电路的设计是整个测量电路最重要的组成部分，这些电路设计的优劣直接关系到测量结果的精度。

热电阻测量采用三线制接法，能够有效地消除导线过长而引起的误差；恒流源电路中，运算放大器 U4 的同相端接 ADS1213 产生的+2.5V 参考电压，输出驱动 MOS 管 VT1，从而产生 2.5mA 的恒流；自检电路使能时，信号无法通过模拟开关进入测量电路，测量电路处于自检状态，当检测到无断线情况，电路正常时，自检电路无效，信号接入测量电路，2.5mA 的恒流流过热电阻产生电压信号，然后送入 ADS1213 进行转换，转换结果通过 SPI 串行接口送到 ARM 微控制器。

热电阻作为温度传感器，它随温度变化而引起的变化值较小，因此，在传感器与测量电

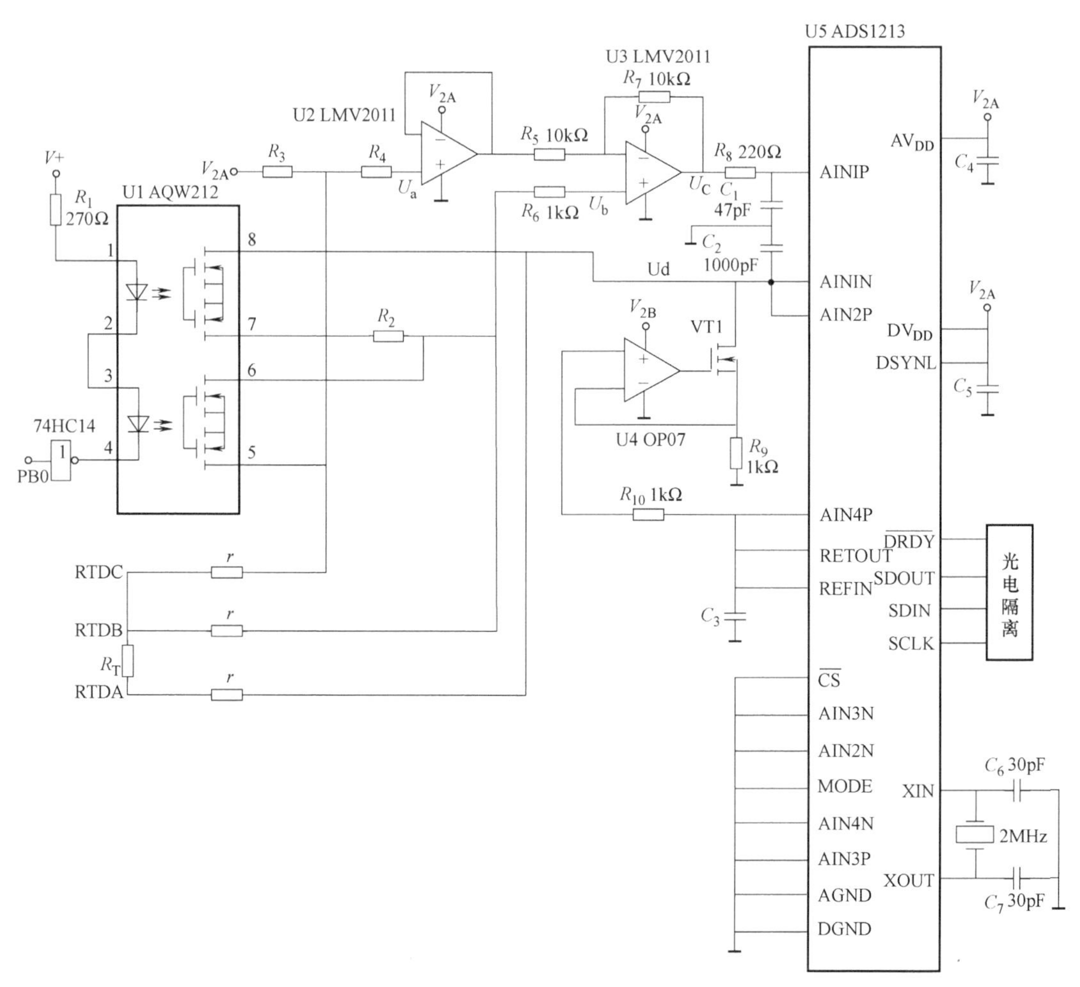

图 4-28　8 通道热电阻测量与自检电路

路之间的导线过长会引起较大的测量误差。在实际应用中，热电阻与测量仪表或智能测控模块之间采用两线、三线或四线制的接线方式。在该智能测控模块设计中，热电阻采用三线制接法，并通过两级运算放大器处理，从而有效地消除了导线过长引起的误差。

由图 4-28 可知，当电路处于测量状态时，自检电路无效，热电阻信号接入测量电路。

假设三根连接导线的电阻相同，阻值为 r，R_T 为热电阻的阻值，恒流源电路的电流 $I=2.5\text{mA}$，由等效电路可得

$$U_a = I(2r+R_T)+U_d$$

$$U_b = I(r+R_T)+U_d$$

$$U_c = 2U_b - U_d$$

$$U_{in} = U_c - U_d$$

整理得

$$U_{in} = IR_T$$

由上式可知，ADS1213 输入的差分电压与导线电阻无关，从而有效地消除了导线电阻对结果的影响。

当自检电路使能，电路处于断线检测状态时，热电阻及导线全部被屏蔽。

假设三根连接导线的电阻相同，阻值为 r，R_T 为热电阻的阻值，恒流源电路的电流 $I=2.5\text{mA}$，精密电阻 $R=200\Omega$，由等效电路可得

$$U_a=U_b=U_c=IR+U_d$$

$$U_{in}=\text{UIN1P}-\text{UIN1N}=U_c-U_d$$

整理得

$$U_{in}=IR=2.5\text{mA}\times200\Omega=0.5\text{V}$$

由上式可知 ADS1213 输入的差分电压在断线检测状态下为固定值 0.5V，与导线电阻无关。

综上可知，在该智能测控模块中，热电阻的三线制接法及运算放大器的两级放大设计有效地消除了导线电阻造成的误差，从而使结果更加精确。

为了确保系统可靠稳定地运行，自检电路能够迅速检测出恒流源是否正常工作及输入信号有无断线。其自检步骤如下。

1）首先使 SEL=1，译码器无效，屏蔽输入信号，若 $U_{in}=0.5\text{V}$，则恒流源部分正常工作，否则恒流源电路工作不正常。

2）在恒流源电路正常情况下，SEL=0，ADS1213 的 PGA=4，接入热电阻信号，测量 ADS1213 第 1 通道信号，若测量值为 5.0V，达到满量程，则意味着恒流源电路的运放 U4 处于饱和状态，MOS 管 VT1 的漏极开路，未产生恒流，即输入的热电阻信号有断线，需要进行相应处理；若测量值在正常的电压范围内，则电路正常，无断线。

4.5.4 8 通道热电阻输入智能测控模块的程序设计

8 通道热电阻输入智能测控模块的程序主要包括 ARM 控制器的初始化程序、A/D 采样程序、数字滤波程序、热电阻线性化程序、断线检测程序、量程变换程序、EtherCAT 通信程序及 WDT 程序等。

4.6 4 通道模拟量输出智能测控模块（4AO）的设计

4.6.1 4 通道模拟量输出智能测控模块的功能概述

8 卡为点点隔离型电流（Ⅱ型或Ⅲ型）信号输出模块。ARM 与输出通道之间通过独立的接口传送信息，转换速度快，工作可靠，即使某一输出通道发生故障，也不会影响到其他通道的工作。由于 ARM 内部集成了 PWM 功能模块，所以该智能测控模块实际是采用 ARM 的 PWM 模块实现 D/A 转换功能。此外，模板为高精度智能化卡件，可以实时检测实际输出的电流值，以保证输出正确的电流信号。

通过外部配电板可输出Ⅱ型或Ⅲ型电流信号。该智能测控模块的设计技术指标如下。

1）模拟量输出智能测控模块可允许 4 通道电流信号，电流信号输出范围为 0~10mA（Ⅱ型）、4~20mA（Ⅲ型）。

2）采用 32 位 ARM Cortex M4 微控制器，提高了智能测控模块设计的集成度、运算速度和可靠性。

3）采用 ARM 内嵌的 16 位高精度 PWM 构成 D/A 转换器，通过两级一阶有源低通滤波

电路，实现信号输出。

4）同时可检测每个通道的电流信号输出，各采样通道之间采用 PhotoMOS 继电器，实现点点隔离的技术。

5）通过主控站模块的组态命令可配置通道信息，将配置通道信息存储于铁电存储器中，掉电重启时，自动恢复到正常工作状态。

6）智能测控模块计具有低通滤波、断线检测功能，ARM 与现场模拟信号测量之间采用光电隔离措施，以提高抗干扰能力。

4.6.2 4通道模拟量输出智能测控模块的硬件组成

4通道模拟量输出智能测控模块用于完成对工业现场阀门的自动控制，其硬件组成框图如图 4-29 所示。

硬件电路主要由 ARM Cortex M4 微控制器、两级一阶有源低通滤波电路、V/I 转换电路、输出电流信号反馈与 A/D 转换电路、断线检测电路、DIP 开关、铁电存储器 FRAM、LED 状态指示灯和 EtherCAT 通信接口电路组成。

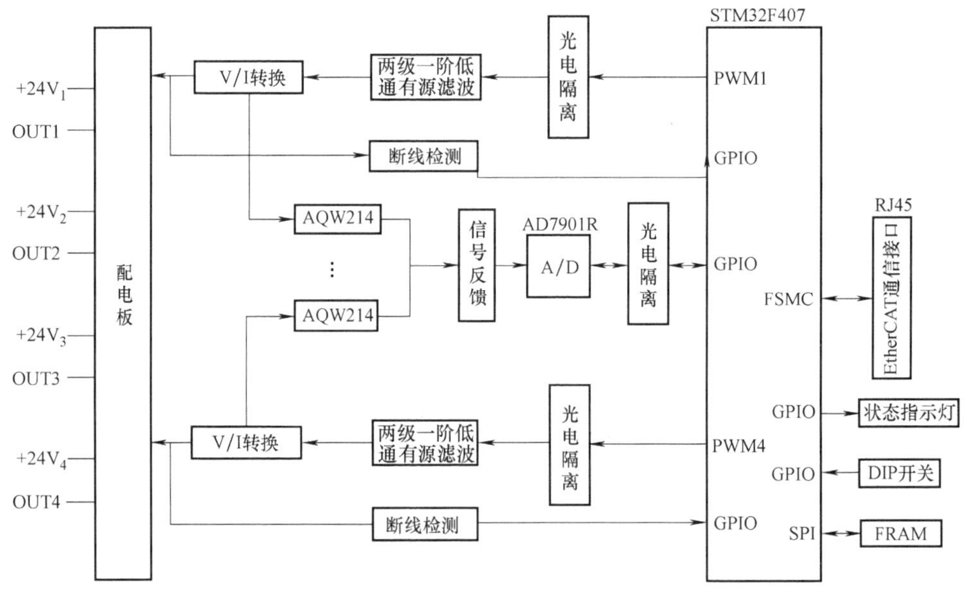

图 4-29 4通道模拟量输出智能测控模块硬件组成框图

该智能测控模块采用 ST 公司的 32 位 ARM 控制器 STM32F407、高精度 12 位模数转换器 ADS7901R、运算放大器 TL082I、PhotoMOS 继电器 AQW214 及 EtherCAT 从站控制器 ET1100 等器件设计而成。

ARM 由 CAN 总线接收控制卡发来的电流输出值，转换成 16 位 PWM 输出，经光电隔离，送往两级一阶有源低通滤波电路，再通过 V/I 转换电路，实现电流信号输出，最后经过配电板控制现场仪表层的执行机构。

4.6.3 4通道模拟量输出智能测控模块的 PWM 输出与断线检测电路设计

4通道模拟量输出智能测控模块 PWM 输出与断线检测电路如图 4-30 所示。

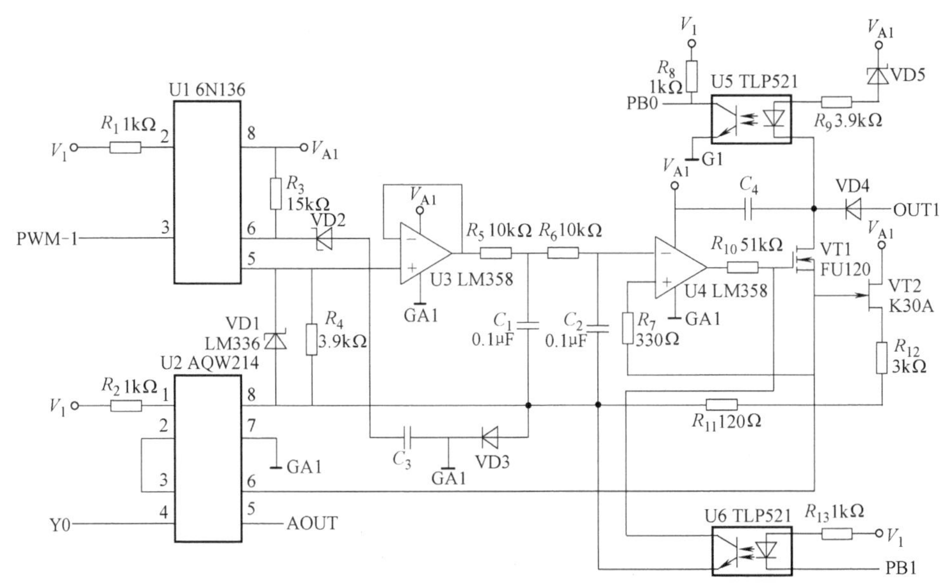

图 4-30 4 通道模拟量输出智能测控模块 PWM 输出与断线检测电路

STM32F407 微控制器产生占空比可调的 PWM 信号，经过滤波形成平稳的直流电压信号，然后通过 V/I 电路转换成 0~20mA 的电流，并实现与输出信号的隔离。STM32F407 微控制器通过调节占空比，产生 0%~100%的 PWM 信号。硬件电路则将 0~100%的 PWM 信号转化为 0~2.5V 的电压信号，利用 V/I 转换电路，将 0~2.5V 的电压信号转换成 0~20mA 的电流信号。电流输出采用 MOSFET 管漏极输出方式，构成电流负反馈，以保证输出恒流。为了能让电路稳定、准确地输出 0mA 的电流，电路中还设计了恒流源。

在图 4-30 中，光电耦合器 U5 用于输出回路断线检测。

当输出回路无断线情况，电路正常工作时，输出恒定电流，由于钳位的关系，光电耦合器 U5 无法导通，STM32F407 微控制器通过 PA0 读入状态 1，据此即可判断输出回路正常。

当输出回路断线时，VT1 漏极与输出回路断开，但是由于 U5 的存在，VT1 的漏极经光电耦合器的输入端与 VA1 相连，V/I 电路仍能正常工作，而 U5 处于导通状态，STM32F407 微控制器通过 PB0 读入状态 0，据此即可判断输出回路出现断线。

4.6.4 4 通道模拟量输出智能测控模块自检电路设计

4 通道模拟量输出智能测控模块自检电路如图 4-31 所示。

4 通道模拟量输出智能测控模块要实时监测输出通道实际输出的电流，判断输出是否正常，在输出电流异常时切断输出回路，避免由于输出异常导致现场执行机构错误动作，造成严重事故。

图 4-31 中的 U1 为 10 位的串行 A/D 转换器 TCL1549。

由于输出的电流为 0~20mA，电流流过精密电阻产生的电压最大为 2.5V，

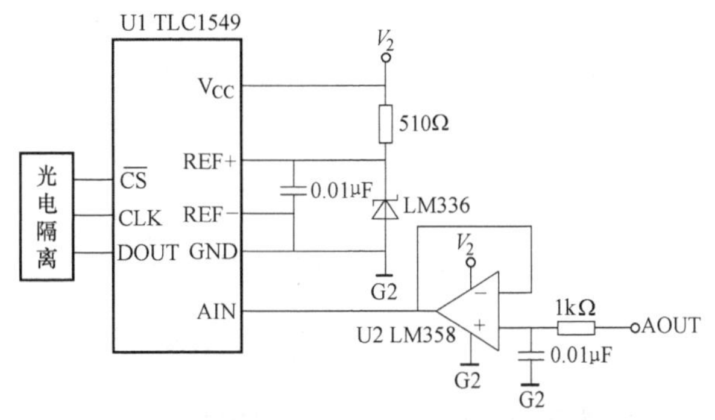

图 4-31 4 通道模拟量输出智能测控模块自检电路

因此采用稳压二极管 LM336 设计 2.5V 基准电路，2.5V 的基准电压作为 U1 的参考电压，使其满量程为 2.5V。这样，在某一通道被选通的情况下，输出信号通过图 4-31 中的 PhotoMOS 继电器 U2 进入反馈电路，经图 4-31 中的运算放大器 U2 跟随后送入 A/D 转换器。STM32F103 微控制器通过串行接口读取 A/D 转换结果，经过计算得出当前的电流值，判断输出是否正常，如果输出电流异常，则切断输出通道，进行相应的处理。

4.6.5 4 通道模拟量输出智能测控模块输出算法设计

4 通道模拟量输出智能测控模块程序的核心是通过调整 PWM 的占空比来改变输出电流的大小。PWM 信号通过控制光电耦合器 U1 产生反相的幅值为 2.5V 的 PWM 信号，由于占空比为 0%~100%可调，因此 PWM 经滤波后的电压为 0~2.5V，然后经 V/I 电路产生电流。电流的大小正比于光电耦合器后端的 PWM 波形的占空比，而电流的精度与 PWM 信号的位数有关，位数越高，占空比的精度越高，电流的精度也就越高。

在程序设计中，还要考虑对信号的零点和满量程点进行校正。由于恒流源电路的存在，系统的零点被抬高，对应的 PWM 信号的占空比大于 0%。因此在占空比为 0%时，通过反馈电路读取恒流源电路产生的电压值，它对应的占空比即为系统的零点。对于满量程信号也要有一定的裕量。如果算法设计占空比为 100%时对应的电流为 20mA，那么由于不同智能测控模块之间的差异，输出的电流也存在差别，有的可能大于 20mA，有的可能小于 20mA，因此就需要在大于 20mA 的范围内对智能测控模块进行校正。在该智能测控模块中，V/I 电路中设计占空比为 100%，电压为 2.5V 时，产生的电流大于 20mA。然后利用上位机的校正程序，在输出 20mA 时记下当前的占空比，并将其写入铁电存储器中，随后程序在零点与满量程点之间采用线性算法处理，即可得到 0~20mA 电流的准确输出。

由于电路统一输出 0~20mA 的电流，智能测控模块通过接收主控制卡的组态命令以确定Ⅱ型（0~10mA）或Ⅲ型（4~20mA）的电流输出。因此Ⅱ型或Ⅲ型电流的输出通过软件相应算法实现。Ⅱ型（0~10mA）电流信号的具体计算公式如下：

$$I=\frac{\text{Value}}{4095}\times 10\text{mA}$$

式中，I 为输出电流值，Value 为主控制卡下传的中间值。

$$\text{PWM}_{\text{out}}=\text{PWM}_0+\frac{\text{PWM}_{10}-\text{PWM}_0}{10\text{mA}}\times I$$

式中，I 为输出电流值。PWM_{out} 为输出 I 时 ARM 控制器输出的 PWM 值，PWM_0 和 PWM_{10} 为校正后写入铁电存储器的 0mA 和 10mA 时的 PWM 值。

Ⅲ（4~20mA）型电流信号的具体计算公式与Ⅱ型相似，即

$$I_{\text{m}}=\frac{\text{Value}}{4095}\times 16\text{mA}$$

$$I=I_{\text{m}}+4\text{mA}$$

式中，I 为输出电流值，Value 为主控制卡下传的中间值。

$$\text{PWM}_{\text{out}}=\text{PWM}_4+\frac{\text{PWM}_{20}-\text{PWM}_4}{16\text{mA}}\times I_{\text{m}}$$

式中，I_{m} 为输出电流值。PWM_{out} 为输出 I 时 ARM 控制器输出的 PWM 值，PWM_4 和 PWM_{20}

为校正后写入铁电存储器的 4mA 和 20mA 时的 PWM 值。

4.6.6 4通道模拟量输出智能测控模块的程序设计

4 通道模拟量输出智能测控模块的程序主要包括 ARM 控制器的初始化程序、PWM 输出程序、电流输出值检测程序、断线检测程序、EtherCAT 通信程序及 WDT 程序等。

4.7 16通道数字量输入智能测控模块（16DI）的设计

4.7.1 16通道数字量输入智能测控模块的功能概述

16 通道数字量信号输入智能测控模块能够快速响应有源开关信号（湿接点）和无源开关信号（干接点）的输入，实现数字信号的准确采集，主要用于采集工业现场的开关量状态。

通过外部配电板可允许接入无源输入和有源输入的开关量信号。该智能测控模块的设计技术指标如下。

1）信号类型及输入范围：外部装置或生产过程的有源开关信号（湿接点）和无源开关信号（干接点）。

2）采用 32 位 ARM Cortex M4 微控制器，提高了智能测控模块设计的集成度、运算速度和可靠性。

3）同时测量 16 通道数字量输入信号，各采样通道之间采用光电耦合器，实现点点隔离的技术。

4）通过主控站模块的组态命令可配置通道信息，并将配置信息存储于铁电存储器中，掉电重启时，可以自动恢复到正常工作状态。

5）智能测控模块设计具有低通滤波、通道故障自检功能，可以保证智能测控模块的可靠运行。当非正常状态出现时，可现场及远程监控，同时报警提示。

4.7.2 16通道数字量输入智能测控模块的硬件组成

16 通道数字量输入智能测控模块用于完成对工业现场数字量信号的采集，其硬件组成框图如图 4-32 所示。

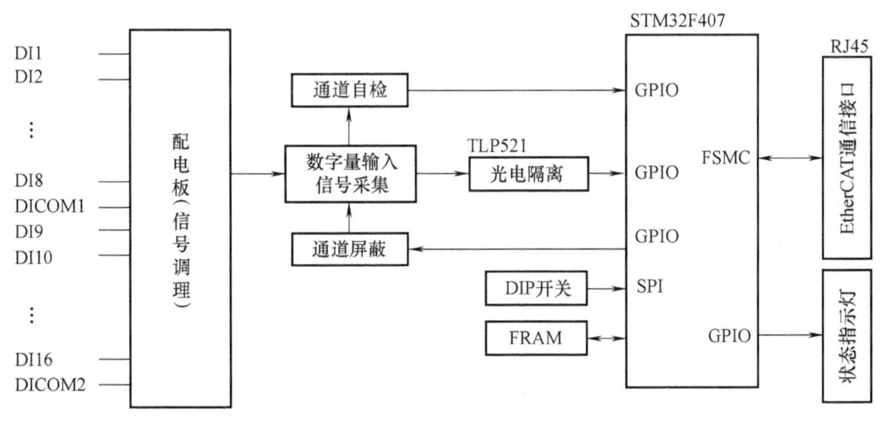

图 4-32 16 通道数字量输入智能测控模块硬件组成框图

硬件电路主要由 ARM Cortex M3 微控制器、数字量信号低通滤波电路、输入通道自检电路、DIP 开关、铁电存储器 FRAM、LED 状态指示灯和 EtherCAT 通信接口电路组成。

该智能测控模块采用 ST 公司的 32 位 ARM 控制器 STM32F407ZET6、TLP521 光电耦合器、TL431 电压基准源及 EtherCAT 从站控制器等器件设计而成。

现场仪表层的开关量信号经过端子板低通滤波处理，通过光电隔离，由 ARM 读取数字量的状态，经 EtherCAT 工业以太网发送给主站。

4.7.3 16 通道数字量输入智能测控模块信号预处理电路的设计

16 通道数字量输入智能测控模块信号预处理电路如图 4-33 所示。

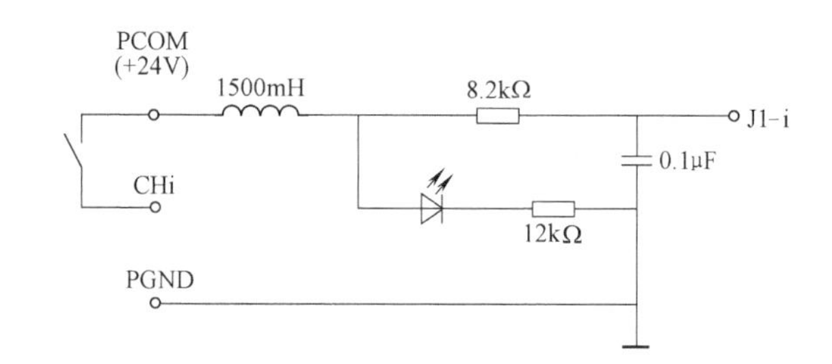

图 4-33 16 通道数字量输入智能测控模块信号预处理电路

4.7.4 16 通道数字量输入智能测控模块信号检测电路的设计

16 通道数字量输入智能测控模块信号检测电路如图 4-34 所示，图中只画出了其中一组电路，另一组电路与此类似。

在数字量输入电路设计中，直接引入有源信号可能引起瞬时高压、过电压及接触抖动等现象，因此，必须通过信号调理电路对输入的数字信号进行转换、保护、滤波及隔离等处理。信号调理电路包含 RC 电路，可滤除工频干扰。而对于干接点信号，引入的机械抖动，可通过软件滤波来消除。

在计算机控制系统中，稳定性是最重要的。测控智能测控模块必须具有一定的故障自检能力，在智能测控模块出现故障时，能够检测出故障原因，从而做出相应处理。在 16 通道数字量输入智能测控模块的设计中，数字信号采集电路增加了输入通道自检电路。

首先 PA13=1 时，TL431 停止工作，光电耦合器 U3~U10 关断，DI0~DI7 恒为高电平，微控制器读入状态为 1，若读入状态不为 1，即可判断为光电耦合器故障。

当微控制器工作正常时，令 PA13=0，PA12=0，所有的输入信号被屏蔽，光电耦合器 U3~U10 导通，DI0~DI7 恒为低电平，微控制器读入状态为 0，若读入状态不为 0，则说明相应的数字信号输入通道的光电耦合器出现故障，软件随即屏蔽发生故障的数字信号输入通道，进行相应处理。随后令 PA13=0，PA12=1，屏蔽电路无效，系统转入正常的数字信号采集程序。

由 TL431 组成的稳压电路提供 3V 的门槛电压，用于防止电平信号不稳定造成光电耦合器 U3~U10 的误动作，保证信号采集电路的可靠工作。

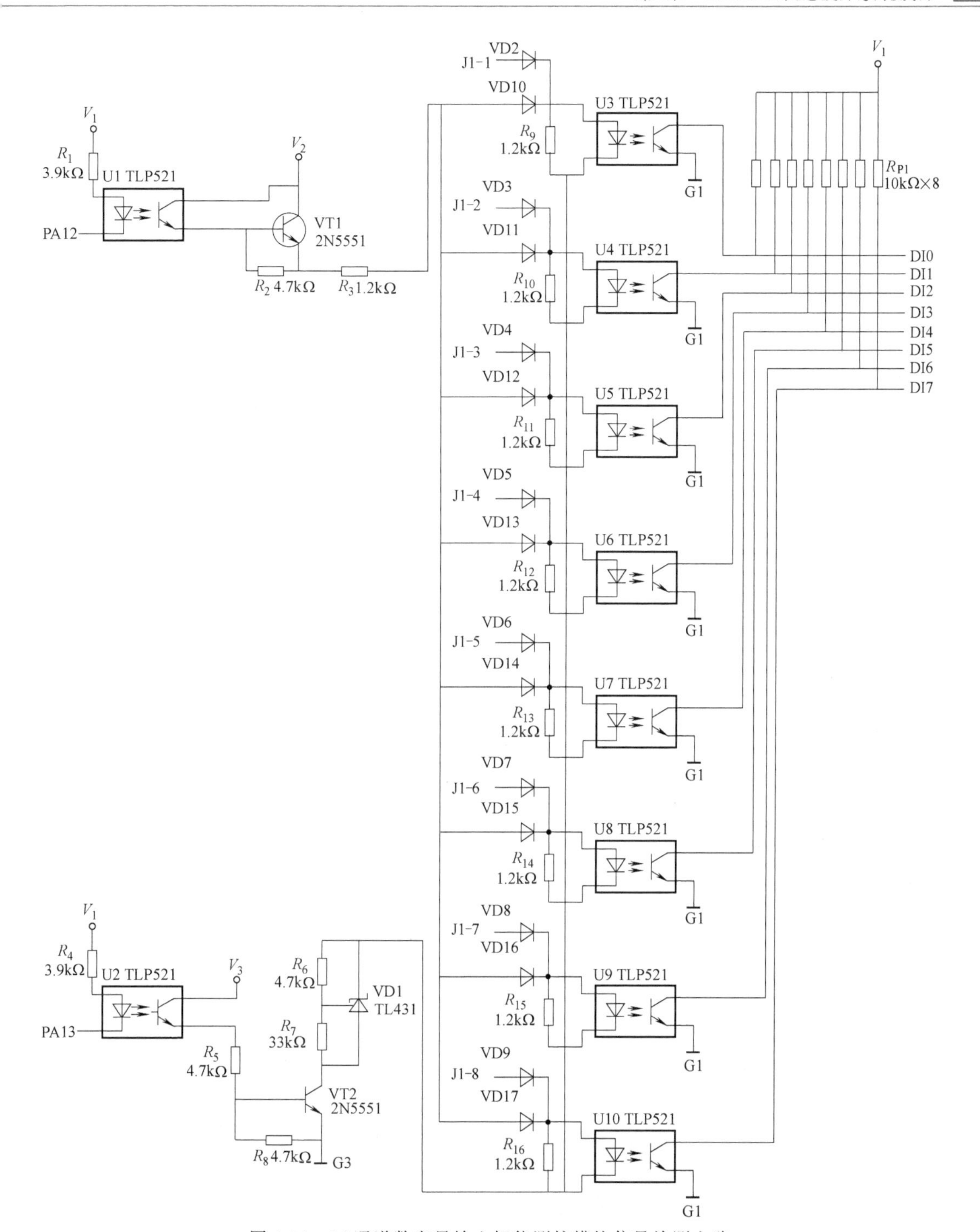

图 4-34　16 通道数字量输入智能测控模块信号检测电路

4.7.5　16 通道数字量输入智能测控模块的程序设计

16 通道数字量输入智能测控模块的程序主要包括 ARM 控制器的初始化程序、数字量状态采集程序、数字量输入通道自检程序、EtherCAT 通信程序及 WDT 程序等。

4.8 16通道数字量输出智能测控模块（16DO）的设计

4.8.1 16通道数字量输出智能测控模块的功能概述

16通道数字量信号输出智能测控模块能够快速响应控制卡输出的开关信号命令，驱动配电板上独立供电的中间继电器，并驱动现场仪表层的设备或装置。

该智能测控模块的设计技术指标如下。

1）信号输出类型：带有一常开和一常闭的继电器。

2）采用32位ARM Cortex M4微控制器，提高了智能测控模块设计的集成度、运算速度和可靠性。

3）具有16通道数字量输出信号，各采样通道之间采用光电耦合器，实现点点隔离的技术。

4）通过主控站模块的组态命令可配置通道信息，并将配置信息存储于铁电存储器中，掉电重启时，自动恢复到正常工作状态。

5）智能测控模块设计每个通道的输出状态具有自检功能，并监测外配电电源，外部配电范围22~28V，可以保证智能测控模块的可靠运行。当非正常状态出现时，可现场及远程监控，同时报警提示。

16通道数字量输出智能测控模块性能指标见表4-12。

表4-12 16通道数字量输出智能测控模块性能指标

输入通道	组间隔离，8通道一组
通道数量	16通道
通道隔离	任何通道间 AC 25V，47~53Hz 60s
	任何通道对地 AC 500V，47~53Hz 60s
输出范围	ON 通道压降≤0.3V
	OFF 通道漏电流≤0.1mA

4.8.2 16通道数字量输出智能测控模块的硬件组成

16通道数字量输出智能测控模块用于完成对工业现场数字量输出信号的控制，其硬件组成框图如图4-35所示。

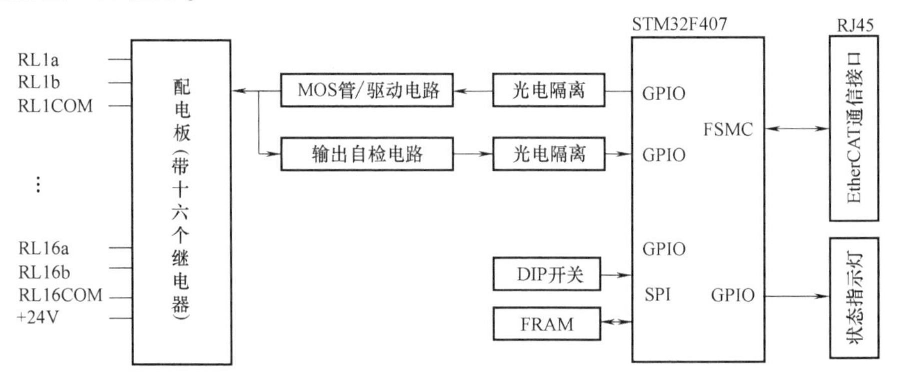

图4-35 16通道数字量输出智能测控模块硬件组成框图

硬件电路主要由 ARM Cortex M4 微控制器、光电耦合器，故障自检电路、DIP 开关、铁电存储器 FRAM、LED 状态指示灯和 EtherCAT 通信接口电路组成。

该智能测控模块采用 ST 公司的 32 位 ARM 控制器 STM32F407ZET6、TLP521 光电耦合器、TL431 电压基准源、LM393 比较器及 EtherCAT 从站控制器 ET1100 等器件设计而成。

现场仪表层的开关量信号经过端子板低通滤波处理，通过光电隔离，ARM 通过 CAN 总线接收控制卡发送的开关量输出状态信号，经配电板送往现场仪表层、控制现场的设备或装置。

4.8.3 16 通道数字量输出智能测控模块开漏极输出电路的设计

16 通道数字量输出智能测控模块开漏极输出电路如图 4-36 所示。图中只画出了其中一

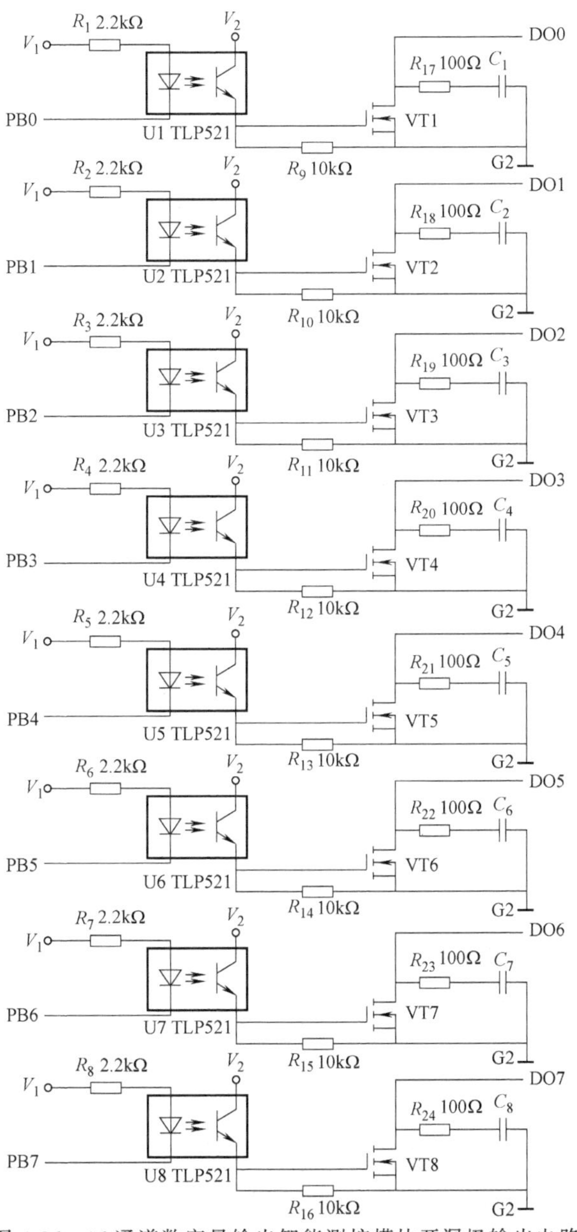

图 4-36 16 通道数字量输出智能测控模块开漏极输出电路

组电路，另一组电路与此类似。

ARM 微控制器的 GPIO 引脚输出的 16 通道数字信号经光电耦合器 TLP521 进行隔离。并且前 8 通道和后 8 通道输出信号是分为两组隔离的，分别连接不同的电源和地信号。同时，进入光电耦合器的数字信号经上拉电阻上拉，以提高信号的可靠性。

考虑到光电耦合器的负载能力，隔离后的信号再经过 MOSFET 管 FU120 驱动，输出的信号经 RC 滤波后接到与之配套的端子板上，来直接控制继电器的动作。

4.8.4 16 通道数字量输出智能测控模块输出自检电路的设计

16 通道数字量输出智能测控模块输出自检电路如图 4-37 所示。

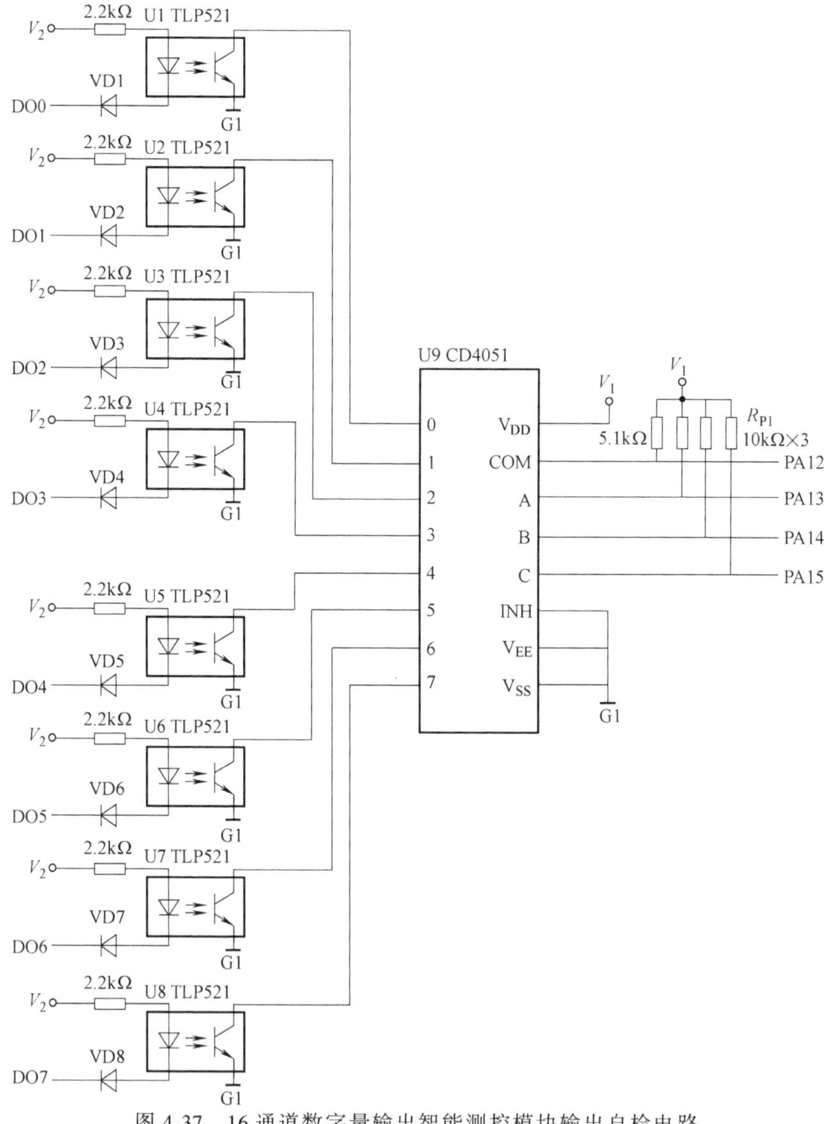

图 4-37 16 通道数字量输出智能测控模块输出自检电路

为提高智能测控模块运行的可靠性，设计了通道自检电路，用来检测智能测控模块工作过程中是否有输出通道出现故障。如图 4-37 所示，采用一片 CD4051 模拟开关完成一组 8 通道数字量输出的自检工作，图 4-37 中只画出了对一组通道自检的电路图，另一组通道与之相同。

每组通道的输出信号分别先经过 TLP521 光电耦合器的隔离，然后连接到 CD4051 模拟开关的一个输入端，两个 CD4051 的 3 个通道选通引脚 A、B、C 都连接到微控制器的 3 个 GPIO 引脚 PA13、PA14 和 PA15 上，而公共输出引脚 COM 则连接到微控制器的 GPIO 引脚 PA12 上。通过软件编程观察 PA12 引脚上的电平变化，可检测这两组通道是正常工作。

若选通的某一组通道的数字信号为低电平，则经 CD4051 后的输出端输出低电平时，说明该通道导通；反之输出高电平，说明该通道故障，此时将点亮红色 LED 灯报警。同理，若选通通道的数字信号为高电平时，则 CD4051 的输出为高电平，说明通道是正常工作的。

这样通过改变选通的通道及输入端的信号，观察 CD4051 的公共输出端的值，以及是否点亮红色 LED 灯报警，即可达到检测数字量输出通道是否正常工作的目的。

4.8.5 16 通道数字量输出智能测控模块外配电压检测电路的设计

16 通道数字量输出智能测控模块外配电压检测电路如图 4-38 所示。

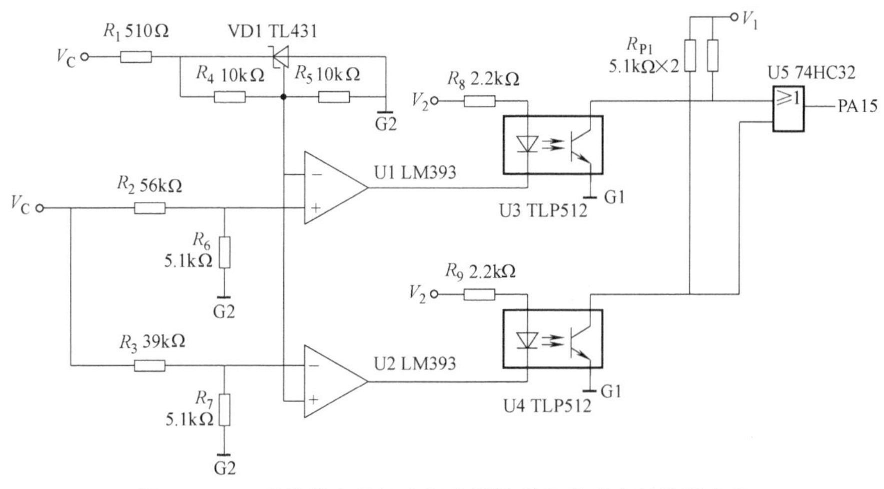

图 4-38 16 通道数字量输出智能测控模块外配电压检测电路

智能测控模块的 24V 电压是由外部配电产生的，为进一步提高模板运行的可靠性，设计了对外配电电压信号的检测电路，该设计中将外部配电电压的检测范围设定为 21.6～30V，即当智能测控模块检测到电压不在此范围时，说明外部配电不能满足模板的正常运行，将点亮红色 LED 灯报警。

由于智能测控模块电源全部采用了冗余的供电方案来提高系统的可靠性，所以两路外配电电压分别经端子排上的两个引脚输入。在图 4-38 中是一组外配电电压的检测电路，另外一组和它是完全相同的。

输入电路采用电压基准源 TL431C 产生 2.5V 的稳定电压，输出到电压比较器 LM393N 的 2 和 5 引脚，分别作为两个比较器件的一个输入端，另外两个输入端则由外配电输入的电压经两电阻分压后产生。

如图 4-38 所示，比较器 U1 的同相端的输入电压为

$$U1_P = \frac{5.1\text{k}\Omega}{56\text{k}\Omega + 5.1\text{k}\Omega} \times V_C$$

当外配电电压 V_C<30V 时，$U1_P$<2.5V，比较器 U1 输出低电平，反之，U1 输出高电平。

比较器 U2 的反相端输入电压为

$$U2_N = \frac{5.1\text{k}\Omega}{39\text{k}\Omega + 5.1\text{k}\Omega} \times V_C$$

当外配电电压 V_C>21.6V 时，$U2_N$>2.5V，比较器 U2 输出低电平，反之，U2 输出高电平。

经两个比较器输出的电平信号进入光电耦合器 U3 和 U4，再经或门 74HC32 输出到微控制器的 GPIO 引脚 PB0。即当外配电电压的范围在 21.6~30V 时，PB0 口才为低电平，否则为高电平。

4.8.6 16 通道数字量输出智能测控模块的程序设计

16 通道数字量输入智能测控模块的程序主要包括 ARM 控制器的初始化程序、数字量状态控制程序、数字量输出通道自检程序、EtherCAT 通信程序及 WDT 程序等。

4.9 8 通道脉冲量输入智能测控模块（8PI）的设计

4.9.1 8 通道脉冲量输入智能测控模块的功能概述

8 通道脉冲量信号输入智能测控模块，能够输入 8 通道阈值电压在 0~5V、0~12V、0~24V 的脉冲量信号，并可以进行频率型和累积型信号的计算。当对累积精度要求较高时使用累积型组态，而当对瞬时流量精度要求较高时使用频率型组态。每一通道都可以根据现场要求通过跳线设置为 0~5V、0~12V、0~24V 电平的脉冲信号。

通过外部配电板可允许接入 3 种阈值电压的脉冲量信号。该智能测控模块的设计技术指标如下。

1）信号类型及输入范围：阈值电压在 0~5V、0~12V、0~24V 的脉冲量信号。

2）采用 32 位 ARM Cortex M4 微控制器，提高了智能测控模块设计的集成度、运算速度和可靠性。

3）同时测量 8 通道脉冲量输入信号，各采样通道之间采用光电耦合器，实现点点隔离的技术。

4）通过主控站模块的组态命令可配置通道信息，并将配置信息存储于铁电存储器中，掉电重启时，自动恢复到正常工作状态。

5）智能测控模块设计具有低通滤波功能。

4.9.2 8 通道脉冲量输入智能测控模块的硬件组成

8 通道脉冲量输入智能测控模块用于完成对工业现场脉冲量信号的采集，其硬件组成框图如图 4-39 所示。

硬件电路主要由 ARM Cortex M4 微控制器、数字量信号低通滤波电路、输入通道自检电路、DIP 开关、铁电存储器 FRAM、LED 状态指示灯和 EtherCAT 通信接口电路组成。

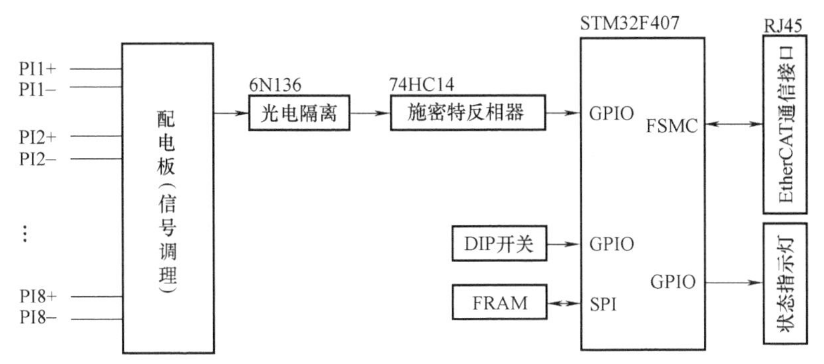

图 4-39 8 通道脉冲量输入智能测控模块硬件组成框图

该智能测控模块采用 ST 公司的 32 位 ARM 控制器 STM32F407、光电耦合器 6N136、施密特反相器 74HC14、EtherCAT 等器件设计而成。

利用 ARM 内部定时器的输入捕获功能，捕获经整形、隔离后的外部脉冲量信号，然后对通道的输入信号进行计数。累积型信号持续计数，频率型信号每秒计算一次，经 EtherCAT 工业以太网发送给主站。

4.9.3 8 通道脉冲量输入智能测控模块的程序设计

8 通道脉冲量输入智能测控模块的程序主要包括 ARM 控制器的初始化程序、脉冲量计数程序、数字量输入通道自检程序、EtherCAT 通信程序及 WDT 程序等。

第5章 EtherCAT从站评估板与从站栈代码

EtherCAT 从站的开发一般建立在评估板或开发板的硬件和软件基础上。BECKHOFF 和国内一些公司向开发者提供 EtherCAT 从站的评估板或开发板，开发者根据自己的需要进行软硬件系统的移植。本章主要讲述了 BECKHOFF 公司的 EL9800 EtherCAT 从站评估板和从站栈代码 SSC 的开发入门、从站栈代码结构、从站栈代码 SSC_V5i12 包含的文件内容、硬件存取的函数原型、从站栈代码的应用、从站栈代码的同步模式、CiA 402 驱动配置和 TwinCAT 设置。

5.1 EL9800 EtherCAT 从站评估板

5.1.1 EtherCAT 从站评估板概述

在 EtherCAT 评估套件基板上，可以评估 EtherCAT 从站控制器（ESC）所有支持的过程数据接口（PDI），并将其用于原型实现。所有基本名称为 FB1XXX 的 EtherCAT 后期模块均与此基板兼容，无须改编即可直接使用。每个 EtherCAT 控制器背板的单独文件都可以从 BECKHOFF 官网上下载，也可以在 EtherCAT 评估套件 CD 上找到。

EL9800 基板支持如下四个可配置的物理过程数据接口。

1）SPI 接口。

2）带 PIC 的 SPI 接口。

3）32 位数字接口。

4）微控制器接口。

作为用于改变要使用的 PDI 用户界面，可以使用具有八种不同 PDI 配置的手动开关。

为了编程和调试，基于 FPGA 的 EtherCAT 控制器背板和 Microchip 公司生产的 PIC24 芯片的不同接口集成在电路板上。此外，用于同步/锁存配置，监视和操作的区域允许用户与基板进行交互。集成电源能够为外部硬件供电。

EL9800_6 EtherCAT 评估板如图 5-1 所示。

EL9800 数据手册中提供了电路板的详细说明和引脚排列。

EtherCAT 模块都附在基板上。EtherCAT 模块和 EL9800 基板之间的通信通过连接器进行。基于 FPGA 的 EtherCAT 从站控制器板使用连接器完成 FPGA 的配置和调试。因此，任何 EtherCAT 模块的所有过程数据信号都可以无延迟地进行测量。

所有模块为了说明从 EEPROM 中成功加载 EtherCAT 配置，在 EL9800 基板上安装了一个 LED。

EL9800 基板支持基于 FPGA 模块和基于 ASIC（例如 ET1100）模块之间的自动区分。

可以连接用户特定的微控制器硬件，并且可以监控 EtherCAT 从站控制器和微控制器之间的通信。EL9800 基板支持具有 8 位和 16 位数据的微控制器。在连接器上可以使用 16 位的地址空间。

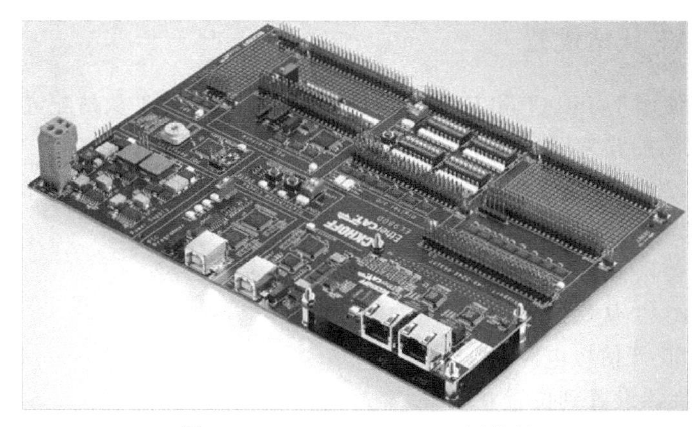

图 5-1 EL9800_6 EtherCAT 评估板

在 EL9800 基板上集成了 Microchip 公司生产的 PIC24HJ128GP306 微控制器。PIC 和 EtherCAT 模块之间的通信使用 SPI 接口实现。另外，使用 I^2C 接口将 EEPROM（AT24C16A）连接到 PIC。

出于演示和测试目的，可以使用数字输入和输出以及与 PIC24HJ128GP306 连接的模拟输入。8 个 LED 和 8 个开关各自构建 PIC 的数字接口。模拟输入连接到 PIC24HJ128GP306 的端口 RB3。连接到 PIC24HJ128GP306 的端口 RF1（RUN）和 RF0（ERR）的 LED 可以获得状态和错误指示。

在分布式时钟的配置区域中，用户可以从 Sync 切换到 Latch 信号配置。这意味着使用开关可以分别从 Sync0 切换到 Latch0，从 Sync1 切换到 Latch1，从同步切换到锁存配置。反之亦然，用户仅改变 EL9800 基板上总线驱动器的驱动方向。EtherCAT 模块必须有效配置，以防止模块和 EL9800 基板损坏。通过开关上方的 LED 指示同步配置。

在分布式时钟区域的右侧部分，同步/锁存信号的状态由 LED 指示，如果相应的同步/锁存信号具有逻辑状态 1，则 LED 处于激活状态。

如果基于 FPGA 的 EtherCAT 模块与 EL9800 基板结合使用，可以使用 EL9800 上的集成 FPGA 编程硬件对这些模块进行编程和调试。FPGA 编程器的 USB 端口必须使用此评估套件提供的 USB 电缆与 PC 连接。基于 FPGA 的 EtherCAT 模块也可以使用 TwinCAT System manager 和 Altera Quartus Ⅱ Programmer 进行编程。EL9800 评估板上的编程硬件仅支持 Altera FPGA 编程（如 FB1122）。编程激活由电路板上的“ACTIVITY” LED 指示。

可以使用该接口对 EL9800 基板上集成的 PIC24HJ128GP306 微控制器进行编程。如果使用本评估套件提供的 USB 电缆将其 USB 端口与 PC 连接，则可以使用 Microchip 的开发软件 MPLAB 对 PIC24HJ128 GP306 微控制器进行编程。

如果为 EL9800 基板供电，则可以通过打开开关来激活 PIC24HJ128GP306 微控制器编程接口。

不同的 LED 在编程操作期间用来显示不同的编程状态。

当开关处于“ON”位置时，“POWER”LED 打开。“ACTIVE”LED 在编程过程中闪烁。

当目标设备成功编程时，“STATUS”LED 闪烁绿色，如果失败，则 LED 变为红色。

5.1.2 EtherCAT 从站配置

本节介绍如何使用 TwinCAT 和 EL9800 评估板创建 EtherCAT 从站配置。

以数字 I/O 从站配置为例，介绍 EtherCAT 从站配置。

ET1100 和 ET1200 可以在没有连接的本地微控制器（和从站软件）的情况下处理多达 32 个（ET1100）数字信号，这些从站设备称为简单设备。

此配置中仅应使用背板式模块 FB1111-0142。

数字 I/O EtherCAT 从站配置步骤如下。

1）关闭 EL9800 评估板电源。

2）将 PDI 选择器设置到位置 0。

3）打开 EL9800 评估板电源。

4）创建 TwinCAT 项目。

5）扫描网络。

6）将 16 位数字 I/O 的器件描述写入 EEPROM。

7）写入和验证成功后，关闭“高级设置”对话框。

8）关闭 EL9800 评估板的电源。

9）将 PDI 选择器设置为位置 4。

10）打开 EL9800 评估板的电源。

11）重新扫描 EtherCAT 从站。

12）如果显示“配置已更改”对话框，请单击“全部复制”，然后单击“确定”。

13）激活“Free Run”（按下〈Ctrl+F5〉也可以激活“Free Run”）。

14）过程数据通信现在正在运行。

可以通过右键单击变量并选择“在线写入”来设置输出。

标准 EtherCAT 从站包括一个连接到 ESC 的微控制器，用于处理与 EtherCAT 相关的软件堆栈。在此示例中，从站栈代码 SSC（Slave Stack Code）用作 EtherCAT 从站软件。

EtherCAT 从站软件 SSC 是免费的。

5.1.3 从站栈代码工程

1. 创建工程

创建工程步骤如下。

1）创建一个工作文件夹（例如“c：\ working \ SSC \ src”），并将 SSC 源文件复制到该文件夹。源文件使用 SSC 工具创建或下载 SSC 的 zip 文件（如 SSC_V5i12）。

2）打开 MPLAB X，然后单击菜单栏中的“File”→“New Project”。

创建一个新的 MPLAB X 工程，如图 5-2 所示。

3）向导如下。

① 选择工程："独立工程"。

② 器件类型：PIC24HJ128GP306。

③ 选择工具："其他工具"→"许可调试器"→"EL9800 PICKit OnBoard 编程器"。

④ 选择编译器：XC16。

⑤ 选择工程名称和文件夹。

4）打开"Header Files"节点的上下文菜单，选择"Add Existing Item..."并添加全部 .h 文件。

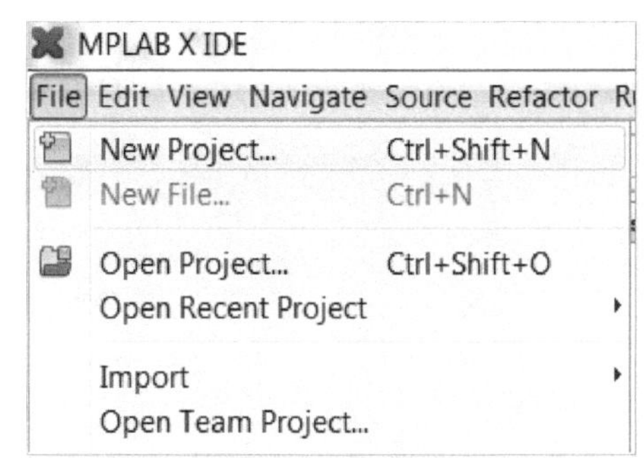

图 5-2　创建一个新的 MPLAB X 工程

5）打开"源文件"节点的上下文菜单，选择"添加现有项..."并添加所有 .c 文件。

2. 下载二进制文件

EL9800_6 EtherCAT 评估板支持两个 PIC24HJ128GP306 调试器接口。

第一个固定连接到板载 PICKit 调试器（通信通道 3）；第二个连接到 J1005（通信通道 2）上的"开放"接口。

在线调试器寄存器的配置取决于所需的接口。

寄存器在 el9800hw. c 中设置（可通过定义"EXT_DEBUGER_INTERFACE"选择）。

1）固定连接调试器：_FICD（ICS_PGD3&JTAGEN_OFF）。

2）"open"界面：_FICD（ICS_PGD2&JTAGEN_OFF）。

以下说明适用于固定连接的板载 PICKit 调试器。

启用板载调试器界面，设置 dipswitch SW600，选择 Debug→"Debug Main Project"。

5.2　EtherCAT 从站栈代码

5.2.1　EtherCAT 从站开发入门

如何使用从站栈代码（SSC）启动 EtherCAT 从站开发简要介绍如下。

下载的 SSC 文档中提供了 EtherCAT 从站设计快速指南。通常，可以使用 SSC 工具或默认 SSC 文件。

1. SSC 工具

1）下载"从站栈代码"。

从下面网址下载 EtherCAT 从站栈代码 SSC

https：//www. ethercat. org/login. aspx？ReturnUrl=%2fmemberarea%2fstack_code. aspx

从站栈代码 SSC 下载所需的 ETG 成员登录界面如图 5-3 所示。

要下载从站栈代码 SSC，需要 ETG 成员登录。在图 5-3 的"User name"和"Password"对话框中，输入由 ETG 提供给成员的用户名（如 SDU_CSE）和口令，单击"Login"按钮，出现如图 5-4 所示的 EtherCAT 供应商 ID 登录界面。在"EtherCAT Vendor ID"对话框中输入 4 字节的 EtherCAT 供应商 ID，如"00000AEB"。

当成功登录 ETG 官网后，出现如图 5-5 所示的从站栈代码 SSC 下载申请界面。

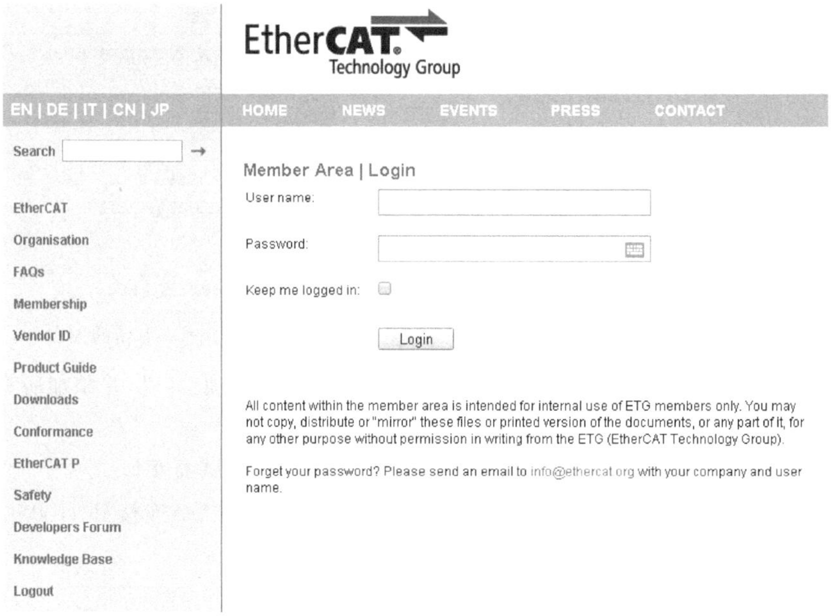

图 5-3 ETG 成员登录界面

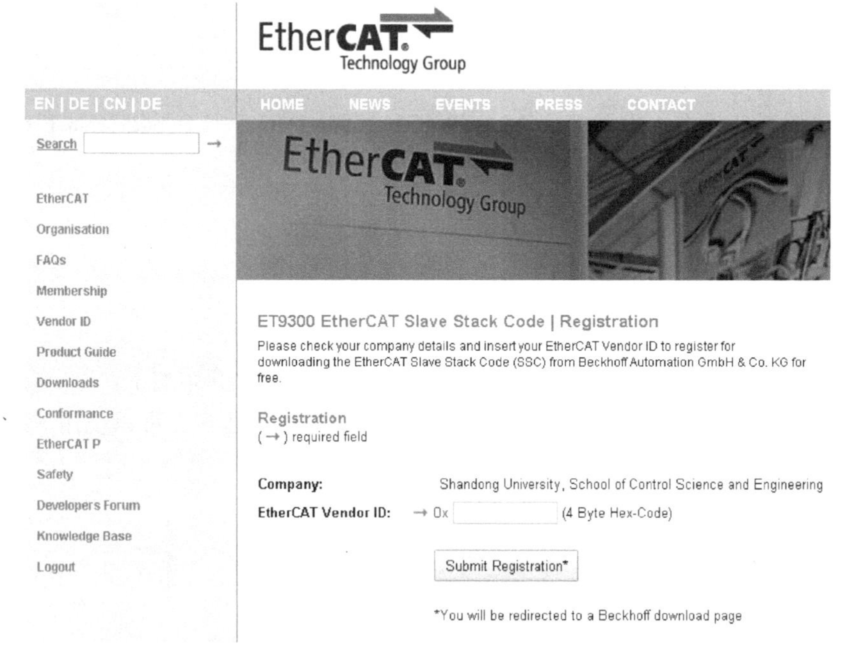

图 5-4 EtherCAT 供应商 ID 登录界面

在图 5-5 中填入相应信息及 E-mail 地址，就会收到如下的从站栈代码 SSC 的下载链接：

http://www.beckhoff.com/forms/stack_code/download.asp? id=9ee663d4-cd04-42a8-af74-fd1fcda7820a&date=09/11/2019

进入该链接，出现如图 5-6 所示的从站栈代码 SSC 下载界面。

单击“Download”按钮，下载从站栈代码压缩包 SSC_V5i12.zip（Tool 1.4.2）。

BECKHOFF

▸Home ▸Kontakt ▸Support ▸Download ▸English
▸Beckhoff ▸News ▸Solutions ▸Training ▸Produktfinder

Beckhoff
IPC
I/O
Motion
Automation
Applications & Solutions
Support
Training
Download
Datenschutzerklärung
Suchen
Home

ET9300 EtherCAT Slave Stack Code | Download Request

Add your personal details to request the Slave Stack Code download link provided by email afterwards.

(▸) required fields

Mr.
First Name:
Last Name: ▸
Company: Shandong University, School of Control Science and Engineering
Email: ▸
Version: SSC V5.12 (Tool 1.4.2)

EtherCAT Slave Stack Code License (PDF)
I accept

Register　Reset

Top　Back　© Beckhoff Automation 2018 - Terms of Use

图 5-5　从站栈代码 SSC 下载申请界面

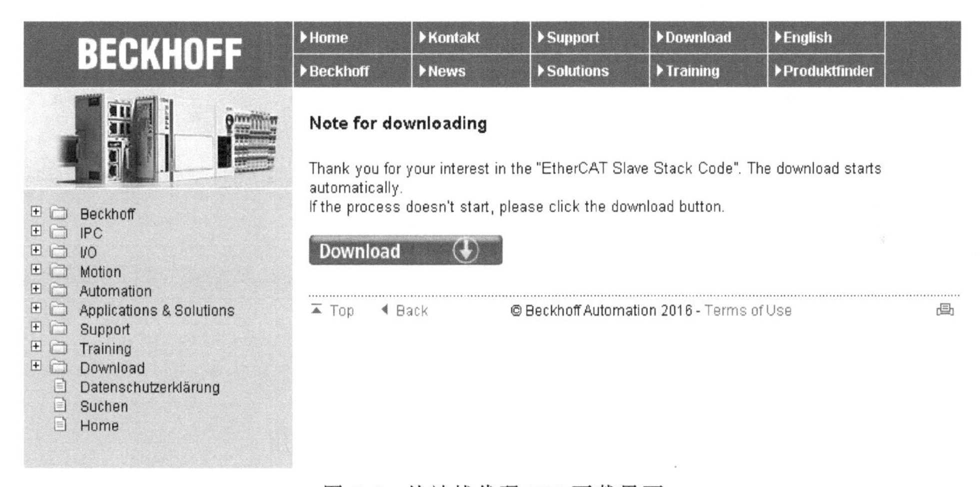

图 5-6　从站栈代码 SSC 下载界面

EtherCAT 从站栈代码 SSC 是由 BECKHOFF 公司提供给 ETG 成员的。

2）解压缩下载的文档。

3）安装 “EtherCAT Slave Stack Code Tool. exe”。

4）启动 SSC 工具（单击 “Start ”→“ Program Files ”→“EtherCAT Slave Stack Code Tool”→“SSC Tool”）。

5）确认使用协议。

6）输入供应商 ID 和公司名称。

7）创建一个新项目（单击 “File”→“New”）。

8）选择。

① 默认的 SSC 配置。

② 自定义平台/应用程序配置。

如果配置文件可用，也可以通过“Import”按钮添加。

如果 SSC 必须在第三方平台上执行，如德州仪器公司 AM335x 或 RenesasR-IN32M3，则建议使用相应的配置。

9）如果选择了默认的 SSC 配置，则硬件设置应根据目标平台进行调整。单击“工程导航”→“硬件”（“Project Navigation”→“Hardware”）。

10）选择从站应用程序。单击“工程导航”→“应用程序”（“Project Navigation”→“Application”）。

11）保存工程。单击“文件”→“保存”（“File”→“Save”）。

12）如果安装了程序生成器，就可以自动创建源代码文档。

单击“Tool”→“Options”→“CreateFiles”→“CreateDocument”。

13）创建从站文件。单击“工程”→“创建”。

14）单击“Start”。

15）使用特定于目标平台的 IDE 创建一个从站工程，导入生成的源文件并运行从站二进制文件。有关详细信息，请参阅平台供应商的 IDE/SDK 文档。

16）使 ESI 文件在 EtherCAT 配置工具/主站的 ESI 缓存中可用。

17）连接从站平台和 EtherCAT 配置工具，并创建一个网络。

18）运行网络配置。

2. 默认 SSC 文件

1）下载“从站栈代码”。

下载路径同上。

2）解压缩下载的文档。

3）使用特定于目标平台的 IDE 创建一个从站工程，导入 SSC 文件并运行从站二进制文件。有关详细信息，请参阅平台供应商的 IDE/SDK 文档。

4）调整 ECAT_Def. h 中的设置以适应目标平台和应用程序。

5）根据步骤 4 中的设置创建 ESI 文件。

6）使 ESI 文件在 EtherCAT 配置工具/主机的 ESI 缓存中可用。

7）连接从站平台和 EtherCAT 配置工具，并创建一个网络。

8）运行网络配置。

5. 2. 2 EtherCAT 从站栈代码结构

如图 5-7 所示，EtherCAT 从站栈代码由三个部分组成：

1）PDI 和硬件抽象。

2）通用 EtherCAT 栈。

3）用户应用。

硬件访问层（硬件功能集）提供的函数和宏在“硬件存取”中进行了定义，描述了通用的 EtherCAT 栈的行为。

应用程序应提供的功能（应用功能集）在“应用程序”中进行了定义。

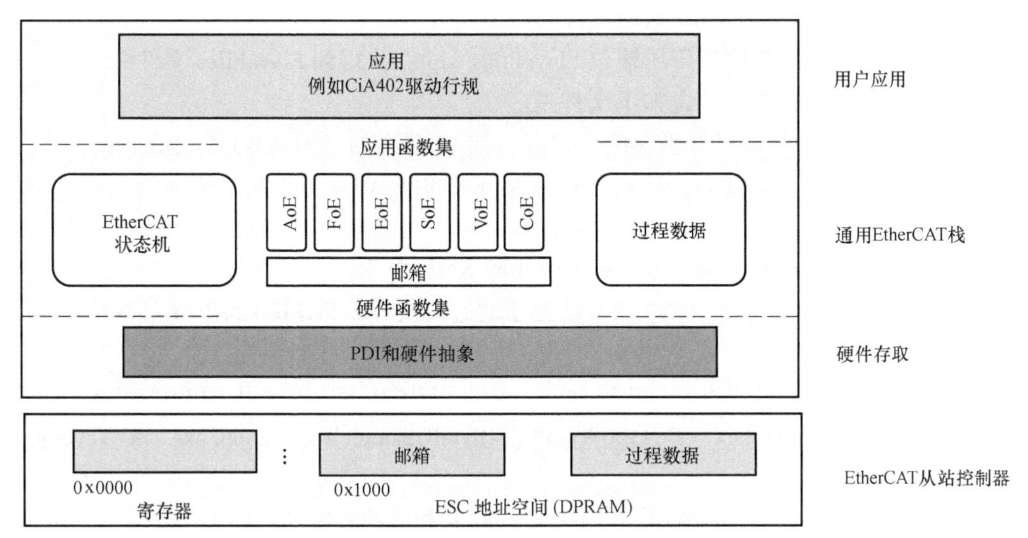

图 5-7 EtherCAT 从站栈代码

从站栈代码层与源文件之间的关联如图 5-8 所示。代码的结构可以通过使用从站栈代码工具来适应应用程序的特定需求。

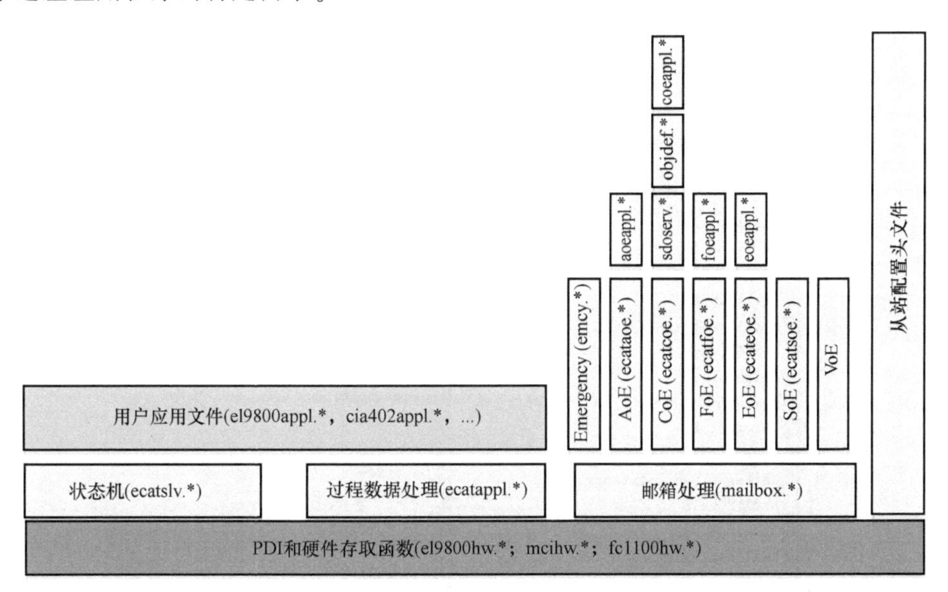

图 5-8 从站栈代码层与源文件之间的关联

5.2.3 从站栈代码包 SSC_V5i12

解压缩从站栈代码压缩包 SSC_V5i12. zip 后，SSC_V5i12 文件夹包括如下文件。

1）EtherCAT Slave Design Quick Guide_V1i2. pdf：EtherCAT 从站栈代码设计快速指南。

2）EtherCAT Slave Stack Code Tool. exe：EtherCAT 从站栈代码工具。

3）EtherCAT SSC License V1. 1. pdf：EtherCAT 从站栈代码授权。

4）ReleaseNotes. pdf：EtherCAT 从站栈代码发布记录。

5）SlaveFiles. zip：EtherCAT 从站栈代码压缩包。

解压缩 EtherCAT 从站栈代码压缩包 SlaveFiles. zip 后，得到 SlaveFiles 文件夹。

在 SlaveFiles 文件夹下，包含如下文件夹。

1）cfg：包含 SSC 的第三方平台配置信息，如 TI 公司的“TI AM335x Sample”。

2）doc：包含 AN_EL9800_V1i6. pdf、AN_ET9300_V1i8. pdf 和 AN_FC11xx_V1i4. pdf 资料。

3）esi：包含 SlaveStackCode. xml 从站栈代码 XML 文件。

4）fc1100 driver：包含 FC1100 的驱动程序动态链接库。FC1100 为 PCI 总线接口卡，采用 ET1100 从站控制器。

5）hex：包含 EL9800_2AxisCia402Sample. hex、EL9800_8BitDigitalIO16BitAnalogInput. hex、EL9800_BootloaderSample. hex、FC1100Win32_4ByteIOSampleApplication. exe 和 TcHelper. dll 文件。

6）src：包含 EtherCAT 从站栈代码的头文件 *. h 和驱动程序源代码 *. c。

EtherCAT 从站栈代码的头文件和驱动程序源代码文件分别如图 5-9a 和图 5-9b 所示。主要

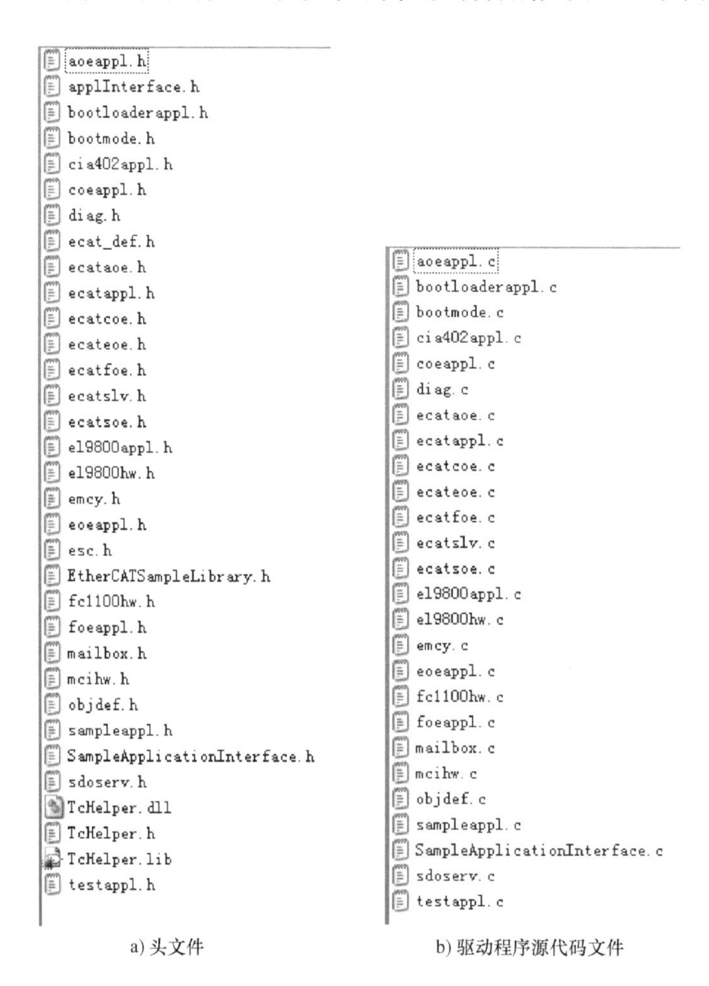

a) 头文件　　b) 驱动程序源代码文件

图 5-9　EtherCAT 从站栈代码的头文件和驱动程序源代码文件

文件的具体作用或功能将在第 9.1 节中讲述。

一般情况下，一些公司提供的开发板 EtherCAT 驱动程序是基于图 5-9a 和图 5-9b 所示的源代码文件，只不过是根据具体需求，做了适当删减。

5.2.4 硬件存取

EtherCAT 从站栈代码可在多个平台和控制器结构上执行，下面描述可用的硬件实现/设置以及如何实现特定于新用户的硬件存取。

为了支持多个硬件架构，SSC 包含多个设置以满足特定的硬件需求。

从站栈代码与硬件相关的设置见表 5-1，设置包括定义的硬件列表设置，该设置位于 ECAT_Def. h 或 SSC 工具中。

表 5-1 从站栈代码与硬件相关的设置

定义	描 述
EL9800_HW	如果从站代码在安装 BECKHOFF 自动化有限公司 EL9800 EtherCAT 评估工具包上的 PIC 微控制器上执行,则进行硬件存取。它包括 PIC 初始化和通过 SPI 访问 ESC。如果 SSC 需要适配通过 SPI 访问 ESC 的任何其他 8 或 16 位微控制器,也可以使用此配置
PIC24	激活 Microchip PIC24HJ128GP306 微控制器的配置,自第 4A 版以来,该芯片安装在 EL 9800 EtherCAT 评估板上。只有在定义“EL9800_HW”时,此设置才会处于激活状态
PIC18	激活安装在 EL9800 EtherCAT 评估板上的 MicrochipPIC18F452 微控制器的配置。只有在定义“EL9800_HW”时,此设置才会处于激活状态
MCI_HW	通用 MCI 实现。使用任何类型的内存接口来访问 ESC 均可以使用
FC1100_HW	具体硬件实现的 FC 1100 PCI EtherCAT 从站卡来自 BECKHOFF,用于 Win 32 操作系统
CONTROLLER_16BIT	如果从站代码是为 16 位微控制器生成的,则应使用此设置
CONTROLLER_32BIT	如果从站代码是为 32 位微控制器生成的,则应使用此设置
ESC_16BIT_ACCESS	如果配置此设置,则在 ESC 上只执行 16 位对齐访问
ESC_32BIT_ACCESS	如果配置此设置,则在 ESC 上只执行 32 位对齐访问
MBX_16BIT_ACCESS	如果配置此设置,则从站代码将只访问 16 位对齐的邮箱数据。如果邮箱数据被复制到本地微控制器内存,并且设置了定义“CONTROLLER_16BIT”,那么这个定义也应该被设置
BIG_ENDIAN_16BIT	如果微控制器总是以 16 位的方式访问外部内存,则需要设置这些定义。它将以大端格式工作,低字节和高字节的切换是在硬件上完成的
BIG_ENDIAN_FORMAT	如果微控制器以大端格式工作,则应配置此设置

设置“EL9800_HW”、“PIC24”、“PIC18”、“MCI_HW”、“FC1100_HW”，用于激活预定义的硬件访问实现。

如果使用 SSC 工具创建了新工程，也可以选择一些配置。如果没有使用这些设置，则需要将用户特定的硬件访问文件添加到从站工程。

通常，硬件存取实现需要支持以下特性。

1）ESC 读写访问。

2）定时器（至少 1ms 基准点）。

3）每隔 1ms 调用一次定时器处理程序（只有当支持定时器中断处理时才需要调用，“ECAT_Timer_int” 设置为“1”）。

4）调用特定于中断的函数（只有在支持同步时才需要）。

① PDI ISR（如果将“AL_EventSupport”设置为1，则为必需）。

② SYNC0ISR（如果“DC_Support”设置为1，则为必需）。

1. 中断处理程序

以下功能由通用从站栈代码（在ecatappl.h中定义）提供，需要从硬件访问层调用。

关于参数和返回值的详细介绍从略，请参考有关资料。

1）函数原型：void ECAT_CheckTimer（void）。

功能简述：此函数需要从定时器中断服务程序（ISR）每隔1ms调用一次。

2）函数原型：void PDI_Isr（void）。

功能简述：需要从PDI中断服务程序（ISR）调用此函数。

3）函数原型：void Sync0_Isr（void）。

功能简述：需要从Sync0中断服务程序（ISR）调用此函数。Sync0中断由ESC的DC单元生成。

4）函数原型：void Sync1_Isr（void）。

功能简述：这个函数需要从Sync1中断服务程序（ISR）调用。Sync1中断由ESC的DC单元产生。

2. 接口函数/宏

下面列出的功能和宏需要通过硬件访问层来实现。

（1）属性

1）函数原型：UINT16 HW_Init（void）。

功能简述：初始化主机控制器、过程数据接口（PDI）并分配硬件访问所需的资源。

2）函数原型：void HW_Release（void）。

功能简述：释放分配的资源。

3）函数原型：UINT16 HW_GetALEventRegister（void）。

功能简述：获取AL事件寄存器（0x220-0x221）的前两个字节。

4）函数原型：UINT16 HW_GetALEventRegister_Isr（void）。

功能简述：如果需要从中断服务程序中访问ESC的特殊函数，则应该执行此函数；否则，该函数将定义为HW_GetALEventRegister。其功能是获取AL事件寄存器（0x220～0x221）的前两个字节。

5）函数原型：void HW_SetLed（UINT8 RunLed，UINT8 ErrLed）。

功能简述：更新EtherCAT运行LED和错误LED（或EtherCAT状态LED）。

6）函数原型：void HW_RestartTarget（void）。

功能简述：重置硬件。只有在设置“BOOTSTRAPMODE_SUBED”时才需要此函数。

7）函数原型：UINT32 HW_GetTimer（void）。

功能简述：读取硬件定时器的当前寄存器值。如果没有硬件定时器可用，则该功能应返回多媒体定时器的计数器值。

8）函数原型：void HW_ClearTimer（void）。

功能简述：清除硬件定时器值。

9）函数原型：UINT16 HW_EepromReload（void）。

功能简述：如果主程序触发EEPROM重新加载请求，则调用此函数。只有在支持EEP-

ROM 仿真并且不设置函数指针“pAPPL_EEPROM_Reload”时才需要。

（2）读访问

1）函数原型：void HW_EscRead（MEM_ADDR * pData，UINT16 Address，UINT16 Len）。

功能简述：从 EtherCAT 从站控制器读取。此函数用于访问 ESC 寄存器和 DPRAM 区域。

2）函数原型：void HW_EscReadIsr（MEM_ADDR * pData，UINT16 Address，UINT16 Len）。

功能简述：如果需要从中断服务程序访问 ESC 的特殊函数，则应实现此函数；否则，此函数将定义为“HW_EscRead”。其功能是从 EtherCAT 从站控制器读取。此函数用于访问 ESC 寄存器和 DPRAM 区域。

3）函数原型：void HW_EscReadDWord（UINT32 DWordValue，UINT16 Address）。

功能简述：从 EtherCAT 从站控制器的指定地址读取两个单词。

4）函数原型：void HW_EscReadDWordIsr（UINT32 DWordValue，UINT16 Address）。

功能简述：如果需要从中断服务程序访问 ESC 的特殊函数，则应该实现此函数；否则，该函数被定义为“HW_EscReadWord”。其功能是从 EtherCAT 从站控制器的指定地址读取两个字。

5）函数原型：void HW_EscReadWord（UINT16 WordValue，UINT16 Address）。

功能简述：从 EtherCAT 从站控制器的指定地址读取一个字。

6）函数原型：void HW_EscReadWordIsr（UINT16 WordValue，UINT16 Address）。

功能简述：如果需要从中断服务程序访问 ESC 的特殊函数，则应该执行此函数；否则，该函数被定义为“HW_EscReadWord”。其功能是从 EtherCAT 从站控制器的指定地址读取一个字。

7）函数原型：void HW_EscReadByte（UINT8 ByteValue，UINT16 Address）。

功能简述：从 EtherCAT 从站控制器读取一个字节。

8）函数原型：void HW_EscReadByteIsr（UINT8 ByteValue，UINT16 Address）。

功能简述：如果需要从中断服务程序访问 ESC 的特殊函数，则应实现此函数；否则此函数将定义为“HW_EscReadByte”。从 EtherCAT 从站控制器读取一个字节。

9）函数原型：void HW_EscReadMbxMem（MEM_ADDR * pData，UINT16 Address，UINT16 Len）。

功能简述：从 ESC 读取数据并复制到从邮箱内存。如果本地邮箱内存也位于应用程序内存中，则此函数等于“HW_EscRead”。

（3）写访问

1）函数原型：void HW_EscWrite（MEM_ADDR * pData，UINT16 Address，UINT16 Len）。

功能简述：从 EtherCAT 从站控制器写入。此函数用于访问 ESC 寄存器和 DPRAM 区域。

2）函数原型：void HW_EscWriteIsr（MEM_ADDR * pData，UINT16 Address，UINT16 Len）。

功能简述：如果需要从中断服务程序访问 ESC 的特殊函数，则应该实现此函数；否则，该函数将定义为“HW_EscW”。其功能是从 EtherCAT 从站控制器写入。此函数用于访问 ESC 寄存器和 DPRAM 区域。

3）函数原型：void HW_EscWriteDWord（UINT32 DWordValue，UINT16 Address）。

功能简述：将一个字写入 EtherCAT 从站控制器。

4）函数原型：void HW_EscWriteDWordIsr（UINT32 DWordValue，UINT16 Address）。

功能简述：如果需要从中断服务程序访问 ESC 的特殊函数，则应实现此函数；否则此函数将定义为“HW_EscWriteWord”。其功能是将两个字写入 EtherCAT 从站控制器。

5）函数原型：void HW_EscWriteWord（UINT16 WordValue，UINT16 Address）。

功能简述：将一个字写入 EtherCAT 从站控制器。

6）函数原型：void HW_EscWriteWordIsr（UINT16 WordValue，UINT16 Address）。

功能简述：如果需要从中断服务程序访问 ESC 的特殊函数，则应实现此函数；否则此函数将定义为“HW_EscWriteWord”。其功能是将一个字写入 EtherCAT 从站控制器。

7）函数原型：void HW_EscWriteByte（UINT8 ByteValue，UINT16 Address）。

功能简述：写一个字节到 EtherCAT 从站控制器。

8）函数原型：void HW_EscWriteByteIsr（UINT8 ByteValue，UINT16 Address）。

功能简述：如果需要从中断服务程序访问 ESC 的特殊函数，则应实现此函数；否则此函数将定义为“HW_EscWriteByte”。其功能是将一个字节写入 EtherCAT 从站控制器。

9）函数原型：void HW_EscWriteMbxMem（MEM_ADDR * pData，UINT16 Address，UINT16 Len）。

功能简述：将数据从邮箱内存写入 ESC 内存。如果本地邮箱内存也位于应用程序内存中，则此函数等于“HW_EscW 区”。

5.2.5 从站栈代码的应用

本节包括对示例应用程序的概述、应用程序接口以及如何启动自己的应用程序开发的指南。

1. 应用程序设置

SSC 包含可用于主站/从站测试或应用程序开发基础的示例应用程序列表。

应用程序相关设置（位于 ECAT_Def. h 或 SSC 工具中）见表 5-2。

表 5-2 应用程序相关设置

定　义	描　述
TEST_APPLICATION	此应用程序支持几乎所有的 SSC 功能。此外，还可以强制执行特定的应用程序行为 本应用程序不得作为应用程序开发的依据
EL9800_APPLICATION	基于 EL9800 EtherCAT 评估版的应用。8(4)个 LED、8(4)个开关、16 位模拟输入
CiA402_DEVICE	CiA402 驱动配置的示例实现。这个应用程序支持两个模块轴
SAMPLE_APPLICATION	硬件独立应用。如果目标平台没有可用的 SSC 工具配置，则推荐应用程序
SAMPLE_APPLICATION_INTERFACE	Win 32 创建动态链接库的示例应用程序

2. SSC 函数

这些函数由通用栈提供，并且必须从应用层调用。函数在头文件“applInterface. h”中声明。

1）函数原型：UINT16 MainInit（void）。

功能简述：初始化通用从站栈。这个函数应该在平台（包括操作系统）和 ESC 准备使用之后调用。

2）函数原型：void MainLoop（void）。

功能简述：此函数处理低优先级函数，如 EtherCAT 状态机处理、邮箱协议，如果没有启用同步，则应用程序也会被启用。此函数应该从应用程序中循环调用。

3）函数原型：void ECAT_StateChange（UINT8 alStatus，UINT16 alStatusCode）。

功能简述：应用程序将调用此函数，以便在出现应用程序错误时触发状态转换或完成挂起的转换。如果该函数是由于错误而调用的，如果错误消失，则将再次调用该函数。

3. 接口函数

（1）通用

1）函数原型：void APPL_Application（void）。

功能简述：此函数由同步中断服务程序（ISR）调用，如果未激活同步，则从主循环调用。

2）函数原型：UINT16 APPL_GetDeviceID（void）。

功能简述：如果主程序请求显式设备 ID，则调用此函数。

3）函数原型：UINT16（* pAPPL_EEPROM_Read）（UINT32 wordaddr）。

功能简述：这是一个可选函数，只有在启用 EEPROM_EVERATION，且没有创建 EEPROM 内容的情况下才需要该函数。

4）函数原型：UINT16（* pAPPL_EEPROM_Write）（UINT32 wordaddr）。

功能简述：这是一个可选函数，只有在启用 EEPROM_EVERATION，且没有创建 EEPROM 内容的情况下才需要该函数。

5）函数原型：UINT16（* pAPPL_EEPROM_Reload）（void）。

功能简述：这是一个可选函数，只有在启用 EEPROM_仿真而不创建 EEPROM 内容（CREATE_EEPROM_Content = = 0）时才需要该函数。

（2）EtherCAT 状态机

通用 ESM 返回代码说明：每个 ESM 函数返回一个 16 位值，该值反映状态转换的结果。

返回值指示的信息如下。

0：指示成功的转换。定义 ALSTATUSCODE_NOERRO。

0xFF：指示挂起的状态转换（应用程序需要通过调用 ECAT_StateChange 来完成转换）。

定义：NOERROR_INWORK。

其他：指示转换失败的原因。

1）函数原型：UINT16 APPL_StartMailboxHandler（void）。

功能简述：此函数是在从 INIT 到 PROP 或 INIT 到 BOOT 的状态转换过程中调用的。

2）函数原型：UINT16 APPL_StopMailboxHandler（void）。

功能简述：在从 PROP 到 INIT，或从 BOOT 到 INIT 的状态转换过程中调用此函数。

3）函数原型：UINT16 APPL_StartInputHandler（UINT16 * pIntMask）。

功能简述：在从 PROP 到 SAFEOP 的状态转换过程中调用此函数（即使没有可用的输入过程数据亦可调用）。

4）函数原型：UINT16 APPL_StopInputHandler（void）。

功能简述：此函数在从 SAFEOP 到 PROP 的状态转换期间调用（即使没有可用的输入

过程数据亦可调用）。

5）函数原型：UINT16 APPL_StartOutputHandler（void）。

功能简述：在从SAFEOP到OP的状态转换过程中调用此函数（即使没有输出过程数据亦可调用）。

6）函数原型：UINT16 APPL_StopOutputHandler（void）。

功能简述：在从OP到SAFEOP的状态转换过程中调用此函数（即使没有输出过程数据亦可调用）。

7）函数原型：UINT16 APPL_GenerateMapping（UINT16 * pInputSize，UINT16 * pOutputSize）。

功能简述：当EtherCAT主站请求从PROP到SAFEOP的转换时，将调用此函数。此函数应计算过程数据大小（以字节为单位），这些值用于检查同步管理器设置以及一般的过程数据处理。

8）函数原型：Void APPL_AckErrorInd（UINT16 stateTrans）。

功能简述：当主站确认和错误时，将调用此函数。

（3）过程数据处理

1）函数原型：void APPL_InputMapping（UINT16 * pData）。

功能简述：在应用程序调用之后调用此函数将输入过程数据映射到通用栈（通用栈将数据复制到SM缓冲区）。

2）函数原型：void APPL_OutputMapping（UINT16 * pData）。

功能简述：此函数在应用程序调用之前调用，以获取输出过程数据。

4. 接口变量

（1）名字：ApplicationObjDic

功能简述：只有当从站支持COE时才需要，变量应在应用程序头文件。此数组包含应用程序特定的对象，这个数组的最后一个元素应该有索引0xFFFF。

类型：结构TOBJECT数组。

（2）名字：pEEPROM

功能简述：指向EEPROM缓冲区的指针，仅当EEPROM仿真时被使能（ESC_EEPROM_EMULATION=1）。它是在ecatappl.h中定义的，应在通电时由应用程序设置（在调用MainInit（）之前）。EEPROM缓冲区的大小通过设置ESC_EEPROM_SIZE（默认2048）来定义。

类型：UINT8 * 。

5. 创建一个应用程序

用户特定的应用程序可以通过调整现有示例应用程序从头开始创建，也可以导入/创建应用程序定义文件。

默认的SSC示例应用程序在本节开头列出。其他（示例）应用程序可能由其他供应商提供，可以通过应用供应商或SSC工具的批处理文件手动添加到从工程中。

如何配置介绍如下。

（1）没有mailbox支持

建议每个复杂的EtherCAT从站至少支持CoE邮箱协议。

若要禁用邮箱处理所有协议设置，则应将其设置为0（包括“AOE_SUPPORTED”，

“COE_SUPPORTED”，“EOE_SUPPORTED”，“FOE_SUPPORTED”，“SOE_SUPPRTED”和“VOE_SUPPORTED”)。

即使不支持 mailbox，SyncManager 0 和 SyncManager 1 也将被禁用，并保留给 mailbox 通信。如果 SM 被移除，SSC 需要进行调整。

(2) 输入/输出专用设备

若要创建只输入/输出的 EtherCAT 从站集，应将“MAX_PD_INPUT_SIZE”或“MAX_PD_Output_Size”设置为 0。否则，这些设置将设置为最大过程数据大小。

未使用的过程数据同步管理器将被禁用。如果 SM 被删除，SSC 需要进行调整。

向 SSC 添加新应用的最方便的方法是使用 SSC 工具。只需创建一个新工程并通过选择“Tool”→“Application“→“CreateNew”来定义应用。每一步的指示可在 EtherCAT 从站快速设计指南中获得。

要手动将新应用添加到从站工程中，需要禁用所有默认示例应用。之后，包括函数定义在内的头文件需要包含在文件“coeappl. c”、“ecatappl. c”和“ecatslv. c”中。相应的 ESI 文件需要从头开始创建，或者通过调整现有文件来创建。

5.2.6 从站栈代码的同步模式

从站栈代码支持不同的同步模式，这些模式基于三个物理信号：(PDI_) IRQ、Sync0 和 Sync1。EtherCAT 从站控制器中断信号如图 5-10 所示。

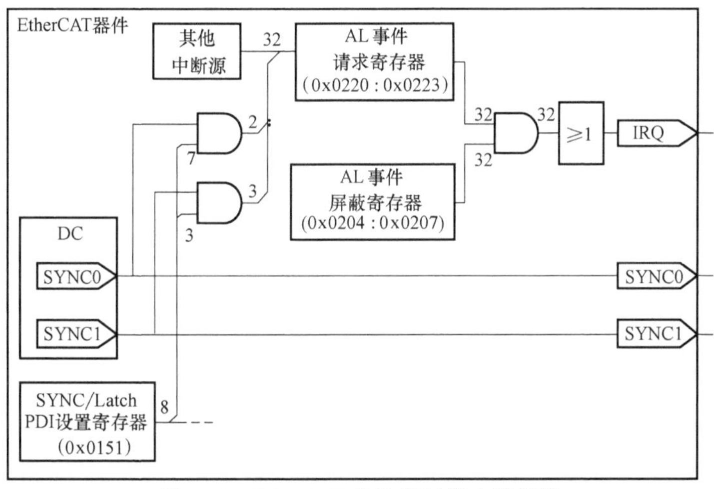

图 5-10　EtherCAT 从站控制器中断信号

从站栈代码支持哪些信号基于以下设置。

(1) AL_EVENT_ENABLED

使能/禁止 (PDI_) IRQ 支持。中断可以由不同的事件触发，这些事件由 AL 事件寄存器（0x220：0x223）和 AL 事件屏蔽寄存器（0x204：0x207）控制。有关详细信息，请参阅 ESC 数据手册。默认情况下，仅过程数据事件（过程数据写入 SyncManager2 或过程数据从 SyncManger3 读取）触发中断。

(2) DC_SUPPORTED

使能/禁止 DC UNIT 生成的 Sync0/Sync1 信号的处理。

如果禁止 AL_EventEnable 和 DC_Support，那么 SSC 将在自由运行（从站应用程序与 EtherCAT 循环不同步）模式下运行。否则，同步模式由 SyncTypes 0x1C32.1 和 0x1C33.1 配置。

如果不支持 CoE 或不写入 SyncType（在从 PROP 到 SafeOP 的状态转换期间），然后根据 DC 激活寄存器（0x981，ESI 元素："dc/opMode/AssignActivate"）设置同步模式。

下面将简述支持的同步模式，用到的函数和寄存器及其值如下。

1）PDO_OutputMapping（）：将输出进程数据从 SM2 缓冲区复制到本地内存，并调用 APPL_OutputMapping（）。

2）ECAT_Application（）：调用函数 APPL_Application（）。

3）PDO_InputMapping（）：调用函数 APPL_InputMapping（）。将输入过程数据从本地内存复制到 SM3 缓冲区。

4）0x1C32.6/0x1C33.6（Calc and Copy 时间）：将过程数据从 ESC 复制到本地内存和计算输出值所需的时间。这可以由"PD_OUTPUT_CALC_AND_COPY_TIME"和"PD_INPUT_CALC_AND_COPY_TIME"来定义。

5）0x1C32.9/0x1C33.9（延迟时间）：延迟接收触发器以设置输出或锁定输入。这可以由"PD_OUTPUT_DELAY_TIME"和"PD_INPUT_DELAY_TIME"定义。

6）0x1C32.2/0x1C33.2（循环时间）：当使用 DC 同步时，从寄存器 0x9A0：0x9A3 读取值。

7）0x1C32.5/0x1C33.5（最小周期时间）：应用程序的最小周期时间。这可以由"MIN_PD_BLORY_TIME"指定。它是所有从站应用程序相关操作的总执行时间。在 SSC 中，它是 PDO_OutputMapping（）、ECAT_Application（）和 PDO_InputMapping（）。

1. 自由运行

在这种模式下，不存在从站应用程序同步。只有当新的输出过程数据可用时，才调用函数"PDO_OutputMapping（）"。

2. SyncManager

在这种模式下，从站应用程序同步执行 SyncManager。在输出过程数据同步管理器（SM2）的每个写事件上，启动从站应用程序。如果设备只支持输入，则在读取输入处理数据（SM3）时启动应用程序。

3. SyncManager /Sync0

当同步事件用于同步时，大多数应用程序都建议采用这种模式。输出过程数据映射由 SM2 事件和 ECAT_Application 触发，以设置输出值并启动输入锁存器。通过监视 SM2 事件（在 Sync0 事件发生之前），应用程序确保每个本地周期可用的新目标值。如果 SM2 事件在 Sync0 事件发生前完成 CalcAndCopy 为时已晚，则"SmEventMissed-Counter"将增加，如果超过 SmEventMissedLimit，从站转到 SafeOpErr。

4. SyncManager /Sync0/Sync1

在这种模式下，输出过程数据映射由 SM2 事件触发，ECAT_Application 在 Sync0 启动，输入锁存由 Sync1 启动。

输入锁存器应该添加到 APPL_InputMapping（）中，默认情况下，它是在 APPL_Application（）中完成的。

5. Sync0

在这种模式下，从应用程序在 Sync0 上启动。为了减少 Sync0 和有效输出之间的抖动延迟，首选的同步是 SyncManager/Sync0。

6. Sync0/Sync1

输出过程数据映射和 ECAT_Application 在 Sync0 上启动，输入锁存以 Sync1 启动。

输入锁存器应该添加到 APPL_InputMapping（）中，默认情况下，它是在 APPL_Application（）中完成的。

7. Subordinated Cycles

在这种模式下，输出过程数据映射在 SM2 事件上触发，ECAT_Application 在 Sync1 上启动，每个从站周期由 Sync0 触发。Sync0 与总线周期之间的关系由 ESI 元素：CycleTimeSync @ Factor 配置。

5.2.7 CiA 402 驱动配置

自 4.30 版以来，"从站栈代码" 包含 CiA 402 驱动配置的示例实现。此实现提供了运动控制器应用层和通信层之间的接口。

支持下列特性。

① CiA 402 对象。

② CiA 402 状态机。

③ 该实现支持循环同步位置（CSP）和循环同步速度（CSV）运行模式。

CiA 402 特定文件如下。

① cia402appl. c：CiA 402 驱动配置实现。

② cia402appl. h：驱动配置特定的对象、定义和轴结构所有与运动控制器相关的值都封装在 TCiA402Axis 结构中（文件：cia402appl. h）。配置参数和错误代码直接映射到相应的对象。在输入/输出映射函数（文件：ecatappl. c）中更新过程数据对象。该示例最多支持两个轴。轴是在 EtherCAT 状态从 PREOP 到 SAFEOP 变化中初始化的。

运动控制器是一个简单的集成，它只将目标值复制到实际值。

1. 对象

所有 CiA 402 特定对象都在文件 cia402appl. h 中定义。

在此示例实现中定义了所有强制对象和一些可选对象。cia402appl. h 文件中的对象定义见表 5-3。对象变量位于结构 CiA402 Objects 中。

从 0x6000 到 0x67FF 的对象对于每个轴都以 0x800 递增（Index+轴号 * 0x8000）。

表 5-3 cia402appl. h 文件中的对象定义

索引	对象名称	源代码中的变量	注释/说明
0x1600	Rx PDO	sRxPDOMap0	包括 csv/csp 之间动态变化所需的所有对象
0x1601	Rx PDO	sRxPDOMap1	包括 csp 操作模式所需的对象
0x1602	Rx PDO	sRxPDOMap2	包括 csv 操作模式所需的对象
0x1A00	Tx PDO	sTxPDOMap0	包括 csv/csp 之间动态变化所需的所有对象

（续）

索引	对象名称	源代码中的变量	注释/说明
0x1A01	Tx PDO	sTxPDOMap1	包括 csp 操作模式所需的对象
0x1A02	Tx PDO	sTxPDOMap2	包括 csv 操作模式所需的对象
0x1C12	SyncManger 2 PDO 分配(Rx PDOs)	sRxPDOassign	此对象在 PREOP 到 SAFEOP 状态转变时写入,配置取决于轴的数量(不包括在 CiA402 Objects 中)
0x1C13	SyncManger 3 PDO 分配(Tx PDOs)	sTxPDOassign	等于 0x1C12(不包括在内 CiA402Objects)
0x603F	错误码	objErrorCode	如果在 PDS 中发生错误,应设置此值
0x6040	控制字	objControlWord	来自主站的输出命令的对象
0x6041	状态字	objStatusWord	当前轴状态
0x605A	快速停止选项码	objQuickStopOptionCode	如果要执行快速停止,则预定义斜坡
0x605B	关机选项码	objShutdownOptionCode	状态转换中的预定义动作 8
0x605C	禁用操作选项码	objDisableOperationOptionCode	状态转换中的预定义动作 5
0x605E	故障反应选项码	objFaultReactionCode	状态“故障反应激活”中的预定义操作
0x6060	运行方式	objModesOfOperation	请求的运行模式
0x6061	操作模式显示	objModesOfOperationDisplay	当前的运行模式
0x6064	定位实际值	objPositionActualValue	当前位置值(由编码器提供)
0x606C	速度实际值	objVelocityActualValue	速度反馈
0x6077	扭矩实际值	objTorqueActualValue	目前未使用(仅限完成)
0x607A	目标位置	objTargetPosition	请求的位置值(以 csp 模式设置)
0x607D	软件位置限制	objSoftwarePositionLimit	包括最小和最大实际位置限制
0x6085	快速停止声明	objQuickStopDeclaration	状态“快速停止活动”中的预定义操作
0x60C2	插值时间段	objInterpolationTimePeriod	
0x60FF	目标速度	objTargetVelocity	主站要求的目标速度
0x6502	支持的驱动模式	objSupportedDriveModes	所有支持的运行模式的列表

2. 状态机

状态更改是通过设置 0x6040（控制字）或本地事件（如果发生错误）来请求的。如果设备处于运行状态，则转换 0、1 和 2 会被跳过。在过渡线旁边的选项码指示在其中一个状态变化中执行的特定动作。

3. 运行模式

通常，此示例支持 csv 和 csp 运行模式。每个轴可以通过模块配置为 csv、csp 或组合控制器。在最后一种情况下，运行模式可以是动态开关。因此，运动控制所需的所有对象都映射到 PDO。在当前的 TwinCAT 版本（2. 11 Build 1539）中，NC 任务没有为对象提供变量 0x6060（运行模式）和 0x6061（运行模式显示），这些对象值需要由 PLC 直接提供。运动控制器函数 CiA 402_DummyMotionControl（）只将目标速度值复制到实际速度，实际位置由实际速度和运动控制器循环时间计算。如果设备处于 SM 同步模式，则循环时间由第一个应用周期内的内部定时器计算。在 DC 同步模式下，循环时间设置为 Sync0 循环值。

5.2.8　TwinCAT 设置

在 EtherCAT 上进行运动控制回路的设置。它基于 TwinCAT 版本 V2.11 版本 1539（在说明中标记了与 TwinCAT 3 的主要区别），至少需要 TwinCAT 级 NC。位置控制位于 EtherCAT 主站上，因此在这种情况下，只需要将“目标速度”和“实际位置”链接到 NC 任务。

运行模式应设置为循环同步速度模式（csv）。对于相应的对象 0x6061（运行模式显示）和 0x6060（运行模式）没有保留 NC 轴变量。因此，这些驱动变量应直接映射到 PLC 应用程序。

仅当配置了具有动态模式切换的轴模块时，才能使用 ModeOfOperation 过程数据。否则必须通过 CoE 访问。

出于测试目的，可以在每次 EtherCAT 主站重启时手动设置 0x6060（运行模式）。

第6章 EtherCAT从站信息规范与XML文件

EtherCAT 从站设备的识别、描述文件格式采用 XML 设备描述文件。第一次使用从站设备时，需要添加从站的设备描述文件，EtherCAT 主站才能将从站设备集成到 EtherCAT 网络中，完成硬件组态。

EtherCAT 从站设备通过 XML 文件描述 EtherCAT 从站信息（ESI），再通过 EtherCAT 配置工具将 ESI 文件生成 EtherCAT 网络信息（ENI），每个设备只有唯一一个 ESI 文件。

EtherCAT 从站信息规范规定了 ESI 文件的结构和用法。该结构由用于生成和验证特定 ESI 文件的架构文件表示。

在从站系统运行前，要将描述 EtherCAT 从站配置信息的 XML 文件烧录进 EtherCAT 从站控制器的 EEPROM 中。

本章详述了 EtherCAT 从站信息规范与 XML 文件，包括 EtherCAT 从站信息规范、XML 文件及示例。

6.1 EtherCAT 从站信息规范

对于每个 EtherCAT 从站的设备描述，必须提供所谓的 EtherCAT 从站信息（ESI）。这是以 XML 文件的形式实现的，它描述了 EtherCAT 的特点以及从站的特定功能。

XML（eXtensible Markup Language，可扩展标记语言）是 W3C（World Wide Web Consortium，万维网联盟）于 1998 年 2 月发布的标准，是基于文本的元语言，用于创建结构化文档。XML 提供了定义元素，并定义它们的结构关系的能力。XML 不使用预定义的“标签”，非常适用于说明层次结构化的文档。

XML 具有以下特点。

1）数据内容与现实相分离。

2）可扩展性。

3）具备验证机制。

4）跨平台与跨语种的信息交互。

5）面向对象的特征。

根据 DTD（Document Type Definition，文档类型定义）或 XML Schema 设计的文档，可以详细定义元素与属性值的相关信息，以达到数据信息的统一性。

XML 作为通用的数据交换格式，它的平台无关性、语言无关性以及系统无关性，给数据集成与交互带来了极大的方便。XML 主要应用领域如下。

1）数据交换。

2）电子商务。

3）数据库支持。

4）WEB 集成与服务。

5）配置文件。

XML 文件适用于各种平台，移植性好，可以作为配置文件对底层数据进行存储和管理。

XML 通过树状结构的层次定义关系，能够方便地定位在某个功能位置，并将数据集成到应用系统中。

通过 XML 文件描述 EtherCAT 从站设备，提供 EtherCAT 从站信息（ESI），再通过 EtherCAT 配置工具将 ESI 文件生成 EtherCAT 网络信息（ENI）。

每个设备有唯一一个 ESI 文件。设备硬件或软件的版本更新必须反映在此设备的 ESI 文件中（通常由修订号表示）。

EtherCAT 从站信息规范规定了 ESI 文件的结构和用法。该结构由用于生成和验证特定 ESI 文件的架构文件表示。

6.1.1 XML 文件说明

1. 元素顺序

元素和属性的顺序由图和表给出，而图或表中最顶层元素应首先在 ESI 文件中描述。按照正确的顺序使用元素非常重要。必须首先使用图的顶层元素，最后使用底层元素。

2. 数字说明

“选择”描述的一个示例如图 6-1 所示。“选择”字段右侧分支中的一个，由于“选择”字段的输入是“1”，所以必须被选择，即以下情况之一。

1）SubElement_1 的一个实例。

2）一个 SubElement_2a 实例和一个 SubElement2b 实例的组合。

3）1~4 个 SubElement_3（它将“SampleType”作为数据类型）实例。

除以上三种情况，不允许出现其他类型的组合。

元素的发生条件见表 6-1。

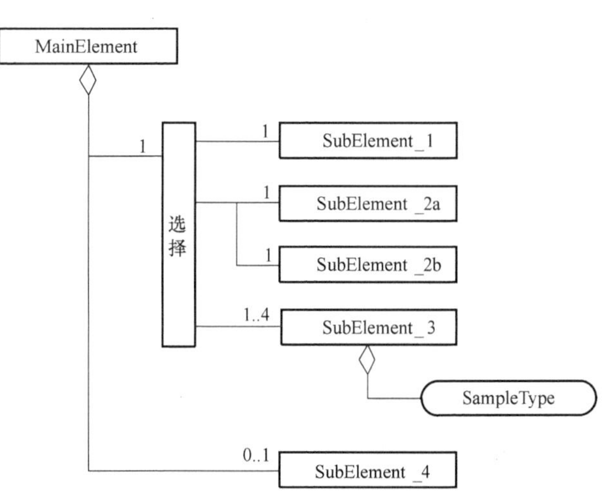

图 6-1 “选择”描述的例子

表 6-1 发生条件的描述

发生	使用	描　　述	发生	使用	描　　述
0..1	O	可选择 最小值:0 最大值:1	1	M	强制性 确切的一个允许元素

（续）

发生	使用	描　述	发生	使用	描　述
0..∞	O	可选择 最小值:0 最大值:无穷	0..n	O	可选择 最小值:0 最大值:n
1..∞	M	强制性 最小值:1 最大值:无穷	1..n	M	强制性 最小值:1 最大值:n

3. 描述表的说明

图 6-1 所示例子的元素描述见表 6-2。

表 6-2　元素的样本描述

元素	使用	描　述
MainElement	M	主要元素 元素显示为矩形
MainElement:SubElement_1	M	子元素用冒号表示 要么是子元素 1,要么是子元素 2a 和 2b,或是子元素 3
MainElement:SubElement_2a	M	要么是子元素 1,要么是子元素 2a 和 2b,或是子元素 3
MainElement:SubElement_2b	M	要么是子元素 1,要么是子元素 2a 和 2b,或是子元素 3
MainElement:SubElement_3	M	要么是子元素 1,要么是子元素 2a 和 2b,或是子元素 3 类型表示为圆角矩形
MainElement:SubElement_4	O	支持邮箱服务的设备是强制的 可选元素可以省略

在表 6-2 中，M=强制性：应存在元素或属性；O=可选：若值与默认值不同，则可能存在元素或属性。

4. 元素和属性的参考

元素和子元素用一个冒号分隔表示。例如，元素：子元素。

元素及其属性由“@”符号分隔表示。例如，元素@属性。

参考元素及其属性由斜体字母表示。

6.1.2　ESI 文件架构

ESI 文件基于以下架构。

（1） EtherCATInfo. xsd

此架构描述了强制性 ESI 文件的结构。该架构要求在同一个文件夹中包含 EtherCATBase. xsd 文件。

（2） EtherCATBase. xsd

此架构描述了复杂的 EtherCAT 特定数据类型。这些数据类型在额外的文件中描述，以便多个文件可以使用它们。

（3） EtherCATDiag. xsd

此架构描述了一个或多个 EtherCAT 设备的诊断信息。诊断信息可以通过以下两种方式进行处理。

1）集成在强制性 ESI 文件中。

2）在基于 EtherCATDiag. xsd 架构的单独文件中描述。ESI 文件中的引用将指向诊断信息所在的文件。

（4）EtherCATDict. xsd

此架构描述了 EtherCAT 设备的字典结构。它包括在设备对象字典中使用的数据类型和对象。

对象字典可以通过以下两种方式处理。

1）集成在强制性 ESI 文件中。

2）在基于 EtherCATDict. xsd 架构的单独文件中描述。ESI 文件中的引用将指向字典所在的字典文件。

（5）EtherCATModule. xsd

此架构描述了一个设备的模块结构（物理模块和功能模块）。模块描述可以通过以下两种方式处理。

1）集成在强制性 ESI 文件中。

2）在基于 EtherCATModule. xsd 架构的单独文件中描述。ESI 文件中的引用将指向模块描述所在的模块描述文件。

6.1.3 XML 数据类型

基于 XML 架构的数据类型（Datatypes）见表 6-3 和表 6-4，它是 XML 架构语言规范的第 2 部分。

EtherCATBase 类型 HexDecValue 见表 6-5。

表 6-3 XML 架构-简单数据类型

数据类型	描　述
xs:string	ASCII 字符串 不得使用“非字符”符号(例如制表符和换行符) 注意:它们可用于 XML 特定注释
xs:boolean	布尔值 0:真 1:假
xs:hexBinary	012345→0x01 LSB,0x45 MSB

表 6-4 XML 架构-派生数据类型

数据类型	描　述
xs:NMTOKEN	Nmtoken(命名标记)是命名字符的任意混合。命名是具有受限制的初始字符集的命名标记。命名的首字符不允许包含数字、附加符号、句号和连字符
xs:int	基于整数范围:-2147483648 ...0 ...+ 2147489647 的比特串(带符号的 32 位整数)
xs:integer	基于整数范围:-∞ ...0 ...+∞ 的比特串(无界整数)

表 6-5 EtherCATBase 类型 HexDecValue

数据类型	描　述
HexDecValue	用十六进制或十进制格式表示的十六进制数,例如: 12345→12345(dec) #x12345→0x12345(hex),其中 0x45 是 LSB,0x01 是 MSB 只允许正值存在。在相关的元素定义中提到了可能的异常

6.1.4 EtherCATInfo

EtherCATInfo 元素是 EtherCAT 从站设备描述的根元素。EtherCAT 从站信息的分类结构如图 6-2 所示。

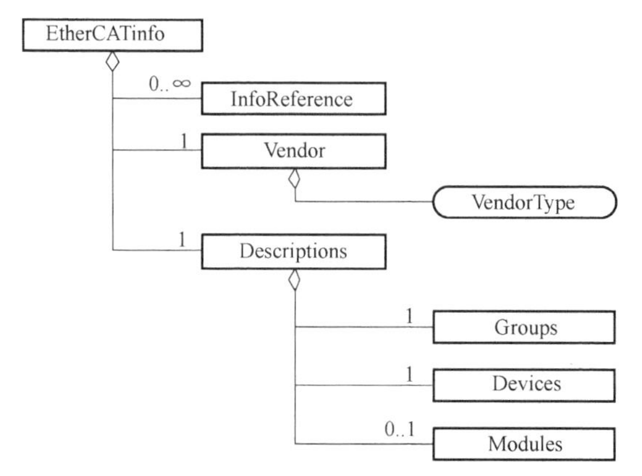

图 6-2　EtherCAT 从站信息的分类结构

EtherCATInfo 元素的属性见表 6-6。

表 6-6　EtherCATInfo 元素的属性

元素	数据类型	使用	描　述
Version	xs:string	O	EtherCAT 设备描述架构版本用作此设备描述文件的架构

EtherCATInfo 元素的内容描述见表 6-7。

表 6-7　EtherCATInfo 元素的内容描述

元素	数据类型	使用	描　述
InfoReference	xs:string	O	基于用于描述模块的 EtherCATModule.xsd 文件的外部文件的文件名
Vendor	VendorType	M	描述由 EtherCAT 技术组织(ETG)指派名称和 EtherCAT 供应商 ID 的设备供应商标识
Descriptions	—	M	使用组(Groups)、设备(Devices)和模块(Modules)元素描述 EtherCAT 设备

EtherCATInfo 描述的供应商属性见表 6-8。

表 6-8　EtherCATInfo 描述的供应商属性

属性	数据类型	使用	描　述
FileVersion	xs:int	O	EtherCAT 从站信息(ESI)文件的版本。此版本是特定于供应商的,不由配置工具评估 不要将文件版本与架构版本混淆

Descriptions 元素的内容描述见表 6-9。

表 6-9　Descriptions 元素的内容描述

元素	数据类型	使用	描　述
Groups	—	M	可以将相似的设备分配到一个组。配置工具使用设备到组的结构 元素 Groups 可以定义例如名称或位图符号等类型的一个或多个组 将设备分配到组是在元素 Device:Group 中进行的

（续）

元素	数据类型	使用	描 述
Devices	—	M	元素 Devices 可以描述具有诸如 SyncManagers，FMMU 和 Dictionary 等 EtherCAT 功能的一个或多个设备
Modules	—	M	元素 Modules 描述了可以为模块化或复杂设备配置的所有可能的模块 这通常（但不是唯一）用于支持 Modular Device Profile（ETG. 5001）的设备

6.1.5 Groups

组中设备结构是使用配置工具将设备组合在一起而形成的，无从属功能连接到 Groups 元素。

Groups 的组成如图 6-3 所示。

Groups 的内容见表 6-10。

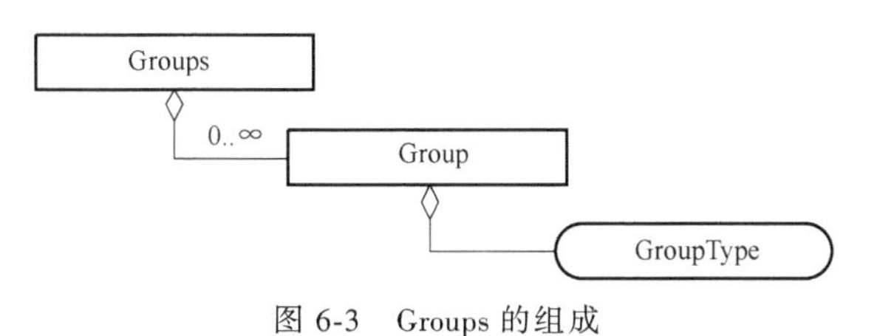

图 6-3 Groups 的组成

表 6-10 Groups 的内容

元素	数据类型	使用	描 述
Group	GroupType	O	一个 Group 将相似但具有略微不同特性的设备组合到一起

Groups 的属性见表 6-11。

表 6-11 Groups 的属性

属性	数据类型	使用	描 述
SortOrder	xs:int	O	按照供应商提供的顺序显示多个组 组按此顺序值的升序排序
ParentGroup	—	O	供将来使用

6.1.6 Devices

Devices 元素的组合方式如图 6-4 所示。它描述了运行设备必需的所有设置和功能。

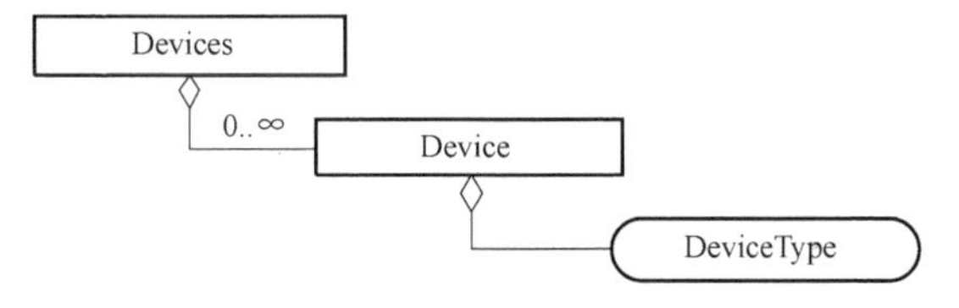

图 6-4 Devices 元素的组合方式

Devices 的内容见表 6-12。

表 6-12 Devices 的内容

元素	数据类型	使用	描 述
Device	DeviceType	O	保存有关设备的所有信息，如 SyncManager 和 FMMU、对象字典、数据类型和 PDO 映射与分配描述

Device 的属性见表 6-13。

表 6-13　Device 的属性

属性	数据类型	使用	描　　述
Invisible	xs:boolean	O	对于诸如电源装置等没有 EtherCAT 功能(无 ESC)的设备是强制的 允许值 0:EtherCAT 从站(具有 ESC) 1:非 EtherCAT 从站(即没有 ESC)。该设备由硬件配置工具显示,但在主站配置文件中不使用数据表示
Physics	PhysicsType	M	各个端口的物理特性
Crc32	HexDecValue	O	用于检查设备描述以防更改的 CRC 校验和

6.1.7　Modules

组成 Modules 元素的方式如图 6-5 所示。当 EtherCAT 从站设备根据模块化设备行规（ETG.5001）构建时，通常（但不是唯一）使用它。它描述了物理模块（例如模块化 I/O 终端）以及具有不同操作模式（例如不同的同步模式）的功能模块。

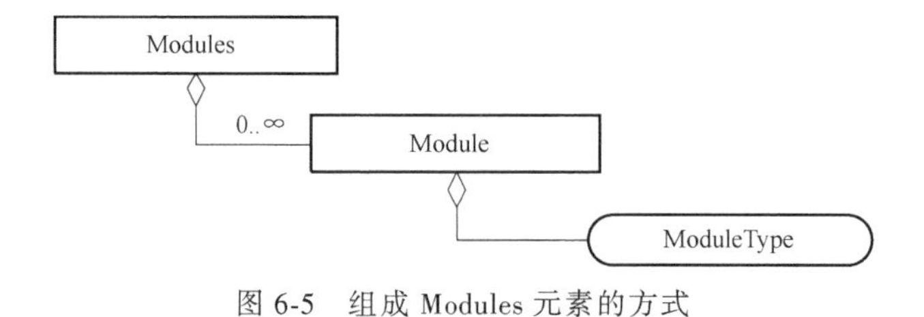

图 6-5　组成 Modules 元素的方式

Modules 的内容见表 6-14。

表 6-14　Modules 的内容

元素	数据类型	使用	描　　述
Module	ModuleType	O	单个模块的描述

模块描述可以集成到 EtherCAT 从站信息（ESI）文件（基于 EtherCATInfo.xsd）中，或在单独的文件（基于 EtherCATModule.xsd）中描述。在后一种情况下，必须在元素 EtherCATInfo：InfoReference 中列出对此文件的引用。

Modules 的属性见表 6-15。

表 6-15　Modules 的属性

属性	数据类型	使用	描　　述
Crc32	HexDecValue	O	用于检查模块描述以防更改的 CRC 校验和

6.1.8　Types

1. AccessType 的组成

AccessType 的组成如图 6-6 所示。

AccessType 的属性见表 6-16。

AccessType

图 6-6　AccessType 的组成

表 6-16　AccessType 的属性

属性	数据类型	使用	描　　述
ReadRestrictions （读限制）	xs:NMTOKEN	O	读访问仅在选定的 ESM 状态下可用。访问类型应为 rw 或 ro PreOP　仅在 PreOP 状态时进行读访问 PreOP_SafeOP　仅在 PreOP 和 SafeOP 状态时进行读访问 PreOP_OP　仅在 PreOP 和 OP 状态时进行读访问 SafeOP　仅在 SafeOP 状态时进行读访问 SafeOP_OP　仅在 SafeOP 和 OP 状态时进行读访问 OP　仅在 OP 状态时进行读访问 Configtool:出于兼容性原因,“PreOp”也应被接受并以与“PreOP”相同的方式处理。允许配置工具处理过去的 ESI 文件
WriteRestrictions （写限制）	xs:NMTOKEN	O	只能在选定 ESM 状态下使用写访问。访问类型应为 rw 或 wo PreOP　仅在 PreOP 状态时进行写访问 PreOP_SafeOP　仅在 PreOP 和 SafeOP 状态时进行写访问 PreOP_OP　仅在 PreOP 和 OP 状态时进行写访问 SafeOP　仅在 SafeOP 状态时进行写访问 S　feOP_OP　仅在 SafeOP 和 OP 状态时进行写访问 OP　仅在 OP 状态时进行写访问 Configtool:出于兼容性原因,“PreOp”也应被接受并以与“PreOP”相同的方式处理。允许配置工具处理过去的 ESI 文件

2. ArrayInfoType 的组成

ArrayInfoType 的组成如图 6-7 所示。

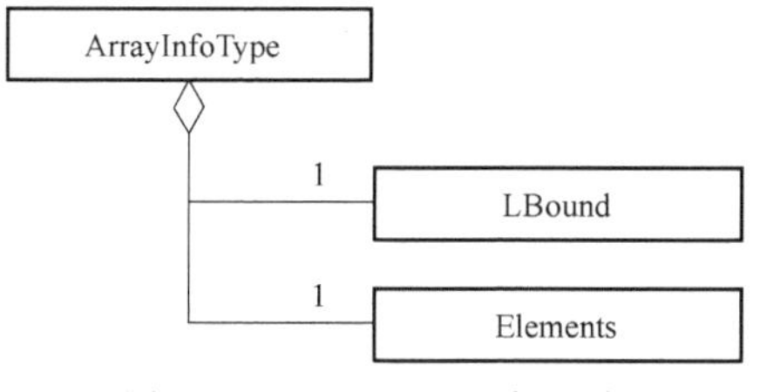

图 6-7　ArrayInfoType 的组成

ArrayInfoType 的内容描述见表 6-17。

表 6-17　ArrayInfoType 的内容描述

元素	数据类型	使用	描　　述
LBound	xs:integer	M	第一个数组元素的索引。数据范围:0…255
Elements	xs:integer	M	数组元素的数量 数据范围: 1…255(当用作 ARRAY 信息) n+1(当用于 XYZ 的 ARRAY[0…n])

3. DeviceType 的组成

DeviceType 用于描述 EtherCAT 从站设备。DeviceType 的组成如图 6-8 所示。DeviceType 的内容描述见表 6-18。

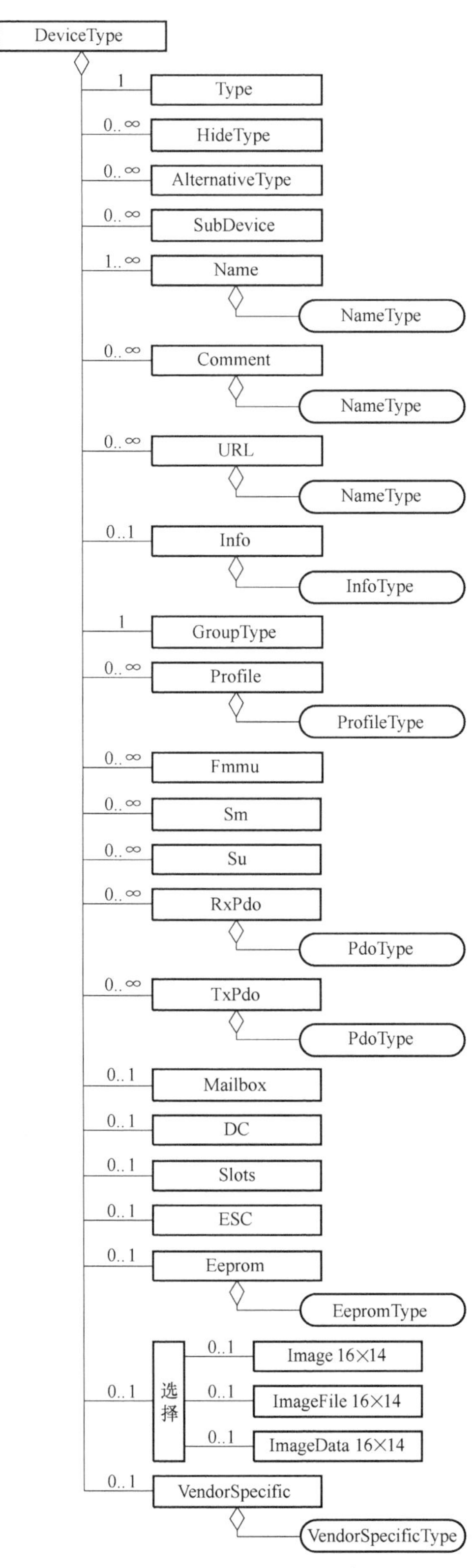

图 6-8　DeviceType 的组成

表 6-18 DeviceType 的内容描述

元素名称	数据类型	使用	描述
Type	xs:string	M	设备标识包括名称(Name)、产品代码(ProductCode)和修订号(RevisionNo)
HideType	xs:string	O	当显示(新)设备时,包含产品代码和可能包含的设备修订号不应由配置工具再次显示(例如设备的旧版本) 注意:配置工具可能还支持显示元素 HideType 列出的设备
AlternativeType	xs:string	O	供应商专用 Configtool:跳过元素
SubDevice	xs:string	O	用于显示由配置工具清晰排列的多个 ESC 构建的 EtherCAT 从站 包含描述附加子设备的产品代码和 ESIs 修订版本
Name	NameType	M	配置工具显示的设备的详细名称(不用于标识)
Comment	NameType	O	在 ESI 文件中描述设备的可选注释(通常不由工具评估)
URL	NameType	O	有关设备的更多信息的 URL。通常指向供应商的主页,其中可以下载最新的 ESI 文件
Info	InfoType	O	有关该设备的其他信息(如 ESC 的硬件功能、超时)
GroupType	xs:string	M	引用应将此设备分配给的组(在元素 Groups 中描述)。 元素中使用的句柄的名称组: Groups:Group:Type
Profile	ProfileType	O	对于使用的配置文件和对象字典的描述,包括数据类型定义
Fmmu	xs:string	O	FMMU 使用的定义允许值 "输出":FMMU 用于 RxPDO "输入":FMMU 用于 TxPDO "MBoxState":FMMU 用于轮询输入邮箱状态(寄存器 0x080D.0)
Sm	xs:string	O	同步管理器(SyncManager)的描述包括开始地址和数据传输方向。 允许值 "MBoxOut":邮箱数据,主站到从站 "MBoxIn":邮箱数据,从站到主站 "Outputs":过程数据,主站到从站 "Inputs":过程数据,从站到主站 注:ETG.1000 中规定的标准同步管理器的分配。 第一个列出的同步管理器描述了 SyncManager0,下面的同步管理器描述了 SyncManager1 等 如果使用相同方向和缓冲模式的多个同步管理器,属性 PDO@SU 是强制的
Su	xs:string	O	通过定义由此字符串标识的不同数据报(可能是不同的帧)来定义时序上下文
RxPdo	PdoType	O	RxPDOs(输出过程数据)的描述
TxPdo	PdoType	O	TxPDOs(输入过程数据)的描述
Mailbox	—	O	可用邮箱协议的说明
Dc	—	O	同步模式的描述。可能是 Freerun、同步管理器事件或分布式时钟同步
Slots	—	O	定义模块可能的组合(在元素 Modules 中描述)。当设备支持模块化设备配置文件(ETG.5001)时,可以使用此功能
ESC	—	O	ESC WDT 寄存器的初始值

（续）

元素名称	数据类型	使用	描　述
Eeprom	EepromType	O	使用是强制性的 SII 的描述，例如 PDI 配置（在启动期间从 ESC 加载）、EEPROM 大小
Image16x14	xs:string	O	Image16x14（弃用）、ImageFile16x14 或 ImageData16x14 弃用 Configtool：跳过元素
ImageFile16x14	xs:string	O	Image16x14（弃用）、ImageFile16x14 或 ImageData16x14 BMP 文件（尺寸应为 16x14，16 色）的文件路径，可由配置工具显示 0xFF00FF 用于透明色
ImageData16x14	xs:hexBinary	O	D：Image16x14（弃用）或 ImageFile16x14 或 ImageData16x14 BMP 文件（尺寸应为 16x14，16 色）的十六进制数据，可由配置工具显示 0xFF00FF 用于透明色
VendorSpecific	VendorSpecificType	O	供应商专用的 DeviceType 元素

（1） Mailbox 的组成

Mailbox 描述了支持的邮箱协议。Mailbox 的组成如图 6-9 所示。

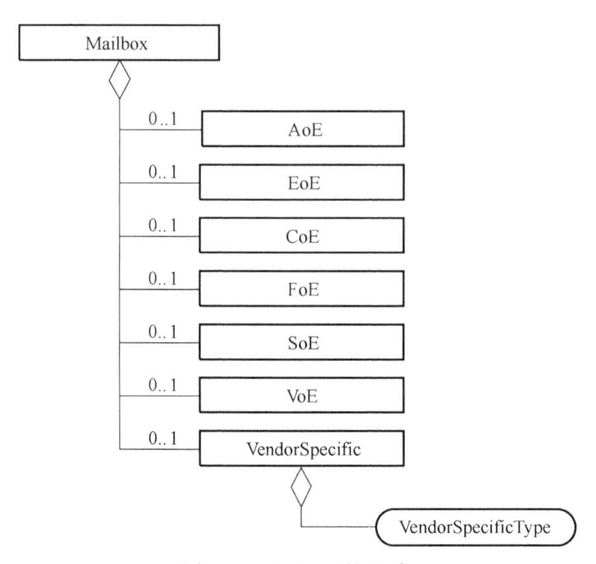

图 6-9　Mailbox 的组成

Mailbox 的属性见表 6-19。

表 6-19　Mailbox 的属性

属性	数据类型	使用	描　述
数据链路层	xs:boolean	O	0：不支持邮箱数据链路层（不支持邮箱重发服务） 1：支持邮箱数据链路层（支持邮箱重发服务） 根据 ETG. 1000. 4 规范，支持邮箱服务的设备必须支持邮箱数据链路层
实时模式	xs:boolean	O	供将来使用

Mailbox 的内容见表 6-20。

表 6-20 Mailbox 的内容

元素名称	数据类型	使用	描 述
AoE	—	O	不存在:设备不支持 AoE 存在:设备支持 AoE(ADS over EtherCAT)
EoE	—	O	不存在:设备不支持 EoE 存在:设备支持 EoE(EtherNet over EtherCAT)
CoE	—	O	不存在:设备不支持 CoE 存在:设备支持 CoE(CAN application protocol over EtherCAT)
FoE	—	O	不存在:设备不支持 FoE 存在:设备支持 FoE(File Transfer Protocol over EtherCAT)
SoE	—	O	不存在:设备不支持 SoE 存在:设备支持 SoE(Servo Drive Profile over EtherCAT)
VoE	—	O	不存在:设备不支持 VoE 存在:设备支持 VoE(Vendor Specific Protocol over EtherCAT)
VendorSpecific	VendorSpecificType	O	供应商专用的 DeviceType:Mailbox 元素

如果此条目存在，则设备支持 CoE。CoE 的组成如图 6-10 所示。

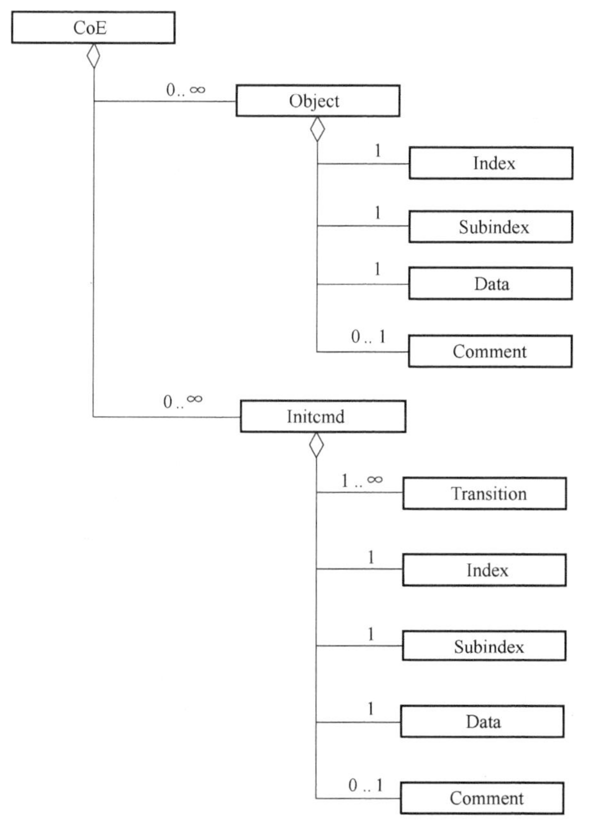

图 6-10 CoE 的组成

Device Type: Mailbox: CoE 的属性见表 6-21。

Device: Mailbox: CoE 的内容描述见表 6-22。

表 6-21 Device Type：Mailbox：CoE 的属性

属性	数据类型	使用	描 述
SdoInfo	xs:boolean	O	0:不支持 SDO 信息服务 1:支持 SDO 信息服务
PdoAssign	xs:boolean	O	启动时下载 PDO 分配(例如 0x1c12、0x1c13 等) 0:PDO 分配未被下载 1:PDO 分配被下载(例如,PDO 分配可被更改时设置) 注:在 PdoAssign = true 时,被分配对象的访问权限不应为"只读" 在 PDO 分配中配置的填充 PDOs 包含在下载的 PDO 列表中
PdoConfig	xs:boolean	O	启动时下载 PDO 配置 0:不下载 PDO 配置 1:PDO 配置被下载(PDO 映射可被更改时设置) 注意:当 PdoConfig = true 时,映射对象的访问权限不应为"只读" 在 PDO 配置中配置的填充 PDOs 包含在下载的 PDO 条目列表中
PdoUpload	xs:boolean	O	设备具有动态的过程数据,即 PDO 配置和 PDO 分配是由设备实时上传的,并根据已计算好的 PDO 数据长度来设置从站同步管理器的数据长度 0:PDO 描述取自 ESI(EtherCAT 从站信息)文件,从站同步管理器的数据长度根据 PDO 的数据长度来计算 1:PDO 描述由从站的对象字典上传,从站同步管理器的数据长度根据 PDO 的数据长度来计算
Complete Access	xs:boolean	O	0:不支持 SDO 完全访问 1:支持 SDO 完全访问
Eds File	xs:string	O	使用对象词典的 EDS 文件的文件路径。如果允许,则使用 EDS 文件字典而不是元素 Profile:Dictionary
DS402Channels	xs:int	O	弃用
Segmented Sdo	xs:boolean	O	0:不支持分段 SDO 服务 1:支持分段 SDO 服务
Diag History	xs:boolean	O	0:不支持诊断历史对象 0x10F3 1:支持诊断历史对象 0x10F3

表 6-22 Device：Mailbox：CoE 的内容描述

元素名称	数据类型	使用	描 述
Object	—	O	弃用 Configtool:跳过元素
Object:Index	xs:int	M	弃用 Configtool:跳过元素
Object:SubIndex	xs:int	M	弃用 Configtool:跳过元素
Object:Data	xs:hexBinary	M	弃用 Configtool:跳过元素
Object:Comment	xs:string	O	弃用 Configtool:跳过元素

（续）

元素名称	数据类型	使用	描　　述
InitCmd	—	O	CoE 命令的定义(使用 SDO 下载服务)
InitCmd:Transition	xs:NMTOKEN	M	状态转换,在此期间发送邮箱协议专用初始化命令
InitCmd:Index	HexDecValue	M	CoE 对象索引
InitCmd:SubIndex	HexDecValue	M	CoE 对象子索引
InitCmd:Data	xs:hexBinary	M	CoE 对象数据(不包括邮箱标头和 CoE 标头)
InitCmd:Comment	xs:string	O	此命令的注释

Device：Mailbox：CoE：InitCmd 的属性见表 6-23。

表 6-23　Device：Mailbox：CoE：InitCmd 的属性

属性	数据类型	使用	描　　述
Fixed	xs:boolean	O	弃用 配置工具:跳过元素
CompleteAccess	xs:boolean	O	0:命令应按子索引发送 1:初始化命令可按子索引发送或通过完全访问发送
OverwrittenByModule	xs:boolean	O	0:始终发送此命令 1:当元素 Module:Mailbox:CoE:InitCmd 中定义了具有相同索引和子索引的初始化命令时,将不发送此命令

Device：Mailbox：CoE：InitCmd：Data 的属性见表 6-24。

表 6-24　Device：Mailbox：CoE：InitCmd：Data 的属性

属性	数据类型	使用	描　　述
自动调整	xs:boolean	O	0:CoE:initcmd:Data 定义的默认值已发送 1:CoE:initcmd:Data 定义的默认值由实值覆盖,例如 0x1C32.02 将被重置为以太网主站的周期

（2） Dc

元素 Dc 描述设备支持的同步模式。模式不一定必须是 DC 模式即使用分布式时钟。

（3） Slots

插槽用作模块的位置固定器。元素 Slots 描述了允许的模块组合，正如它们在元素 Description：Modules 中描述的那样。几个 Slots 可组合为一个 SlotGroup。

（4） ESC

元素 ESC 描述了 ESC WDT 寄存器的初始化值和 RW 命令（FPRW，APRW）的偏移值。ESC 默认值是 ESC 特定的（ESC init 值）。如果元素可用，这些值将被覆盖。如果 WDT 的时间设定为 0x0000，那么 WDT 就被禁用了。

4. GroupType 的组成

可以将设备组合在一起。这对于配置工具在树状视图中显示一个供应商的设备，或在 GroupType 名称下结构化的设备类型可能很有用。

GroupType 的组成如图 6-11 所示。

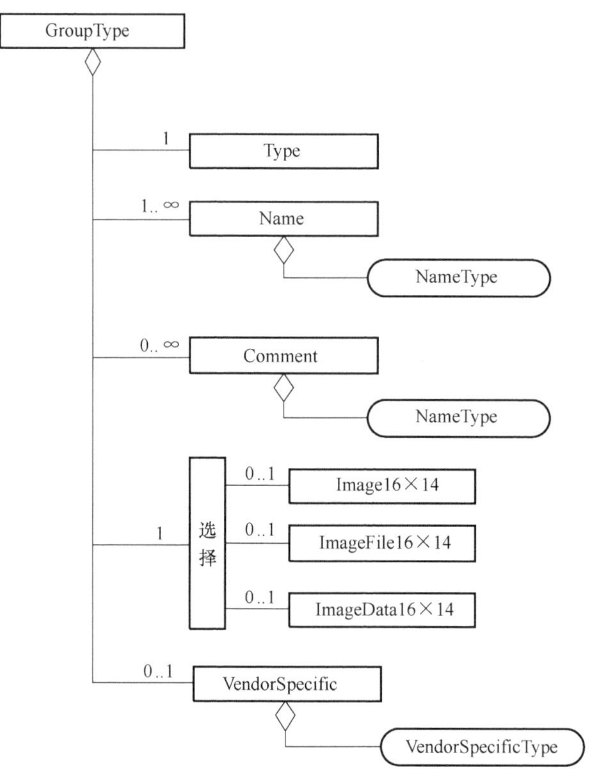

图 6-11 GroupType 的组成

GroupType 的内容描述见表 6-25。

表 6-25 GroupType 的内容描述

元素名称	数据类型	使用	描 述
Type	xs:string	M	对应于 Description:Devices:Device:Group 中 GroupType 的参考句柄
Name	NameType	M	由配置工具显示的此组的名称
comment	NameType	O	可选注释
Image16x14	xs:string	O	Image16x14(弃用)、Image16x14 或 ImageData16x14 弃用 Configtool:跳过元素
ImageFile16x14	xs:string	O	由 bmp 文件表示的 Image16x14(过时)、Imagefile16x14 或 Image16x14File(尺寸为 16x14 像素,16 色),可以通过配置工具显示 0xff00ff 用于透明颜色
ImageData16x14	xs:hexBinary	O	可以用配置工具显示的 bmp 文件的 Image16x14(弃用)、Image16x14 或 Image16x14(尺寸为 16x14 像素,颜色为 16 色)十六进制数据 0xFF00FF 用于透明颜色
VendorSpecific	VendorSpecific	O	供应商的专用 Vendor 元素

5. PdoType 的组成

PdoType 用于描述 RxPDOs 和 TxPDOs。PdoType 的组成如图 6-12 所示。

PdoType 的属性见表 6-26。

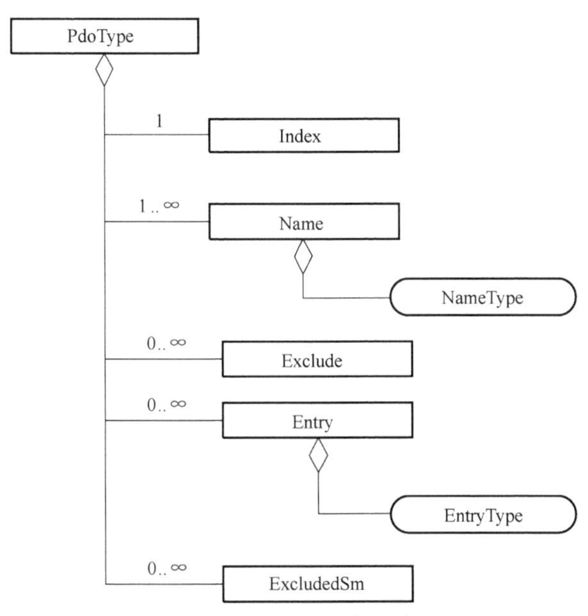

图 6-12　PdoType 的组成

表 6-26　PdoType 的属性

属性	数据类型	使用	描　　述
Fixed	xs:boolean	O	0:可以改变 PDO 映射,即可以删除或添加 PDO 项目 1:PDO 内容不可配置,即完整的 PDO 内容是固定的,PDO 条目(EntryType)的 Fixed 属性被覆盖
Mandatory	xs:boolean	O	PDO 可在同步管理器中配置 0:PDO 分配是可更改的(如对象字典 0x1C12 的内容是可更改的) 1:必须将 PDO 分配给默认的 SyncManager 如果没有默认的 PDOs 分配到 SyncManager,则强制位(Mandatory bit)不应该被置位
Virtual	xs:boolean		0:标准 PDO 描述 1:有以下两种情况 ①从寄存器(在 ESC 内存中地址为 0x:0000 到 0x0EFFF)中读取过程数据。在这种情况下元素 Sm@ Virtual 的值应为"True" ②可以通过配置工具手动配置 PDO 的内容(即 PDO 条目)。在这种情况下无元素 PdoType:Entry 描述 配置工具应通过添加索引为 0 和 BitLen=[填充位大小]的填充 PDO 条目,对默认情况下对齐的过程数据字节进行排序。
Sm	xs:int	O	此 PDO 的默认同步管理器,即默认情况下此 PDO 包含于过程数据映像中 默认情况下未分配给任何同步管理器的 PDOs 可以通过配置工具手动分配。在这种情况下,不得将 PDO 配置为强制的(即 Pdo @ Mandatory 要置为 FALSE) TxPDO 只能分配给输入同步管理器。RxPDO 只能分配给输出同步管理器
Su	xs:int	O	对 PDO 进行分组并定义它们可以分配给哪个 FMMU(以及使用此同步管理器),即 Pdo@ Su 和 Fmmu@ Su 具有相同的值

（续）

属性	数据类型	使用	描　　述
PdoOrder	xs:int	O	弃用 Configtool:跳过元素
OSFac	xs:int	O	默认过采样系数
OSMin	xs:int	O	最小过采样系数
OSMax	xs:int	O	最大过采样系数
OSIndexInc	xs:int	O	项目索引的过采样增量
OverwrittenByModule	xs:boolean	O	0:对象是过程数据配置的一部分 1:忽略对象(例如当配置工具支持 Modules 和 Slots 时,过程数据在元素 Modules 中定义)
SRA_Parameter	xs:boolean	O	属性只能用于安全参数映射定义(对象 0x1D00-0x1DFF; ESI 元素 Modules:SafetyParameterMapping) 允许值 0:该映射参数由 FSoE 连接中的安全主站写入,不得用于 SRA CRC 计算 1:该映射参数是 SRA 参数集的一部分,这些值可用于 SRA CRC 计算

PdoType 的内容见表 6-27。

表 6-27　PdoType 的内容

元素名称	数据类型	使用	描　　述
Index	HexDecValue	M	PDO 索引 RxPDOs:索引范围为 0x1600~0x17FF TxPDOs:索引范围为 0x1A00~0x1BFF
Name	NameType	M	PDO 名称
Exclude	HexDecValue	O	如果将此 PDO 分配给同步管理器,所排除的 PDO 索引的列表 PDO 是“互斥的”,即如果某个 PDO(如 PDO_A)被另一个 PDO(如 PDO_B)排除,则 PDO_B 也必须被 PDO_A 排除
Entry	EntryType	O	根据 EntryType 的所有条目的描述
ExcludedSm	xs:int	O	可能不会将此 PDO 分配给同步管理器 如果选择默认的话,PDO 会被分配到所有类型和方向相匹配的同步管理器中 当 PDO 可以分配给具有匹配的方向和类型(1/3 缓冲模式)的任何 SM 时,不需要此元素

PdoType：Index 的属性见表 6-28。

表 6-28　PdoType：Index 的属性

属性	数据类型	使用	描　　述
DependOnSlot	xs:boolean	O	0:对象索引是固定的 1:对象索引取决于模块被分配到的 Slot 编号
DependOnSlotGroup	xs:boolean	O	0:对象索引是固定的 1:对象索引取决于模块被分配的 SlotGroup 编号

PdoType：Exclude 的属性见表 6-29。

表 6-29　PdoType：Exclude 的属性

属性	数据类型	使用	描　述
DependOnSlot	xs:boolean	O	0:对象索引是固定的 1:对象索引取决于模块被分配的 Slot 编号
DependOnSlotGroup	xs:boolean	O	0:对象索引是固定的 1:对象索引取决于模块被分配的 SlotGroup 编号

PdoType：Entry 的属性见表 6-30。

表 6-30　PdoType：Entry 的属性

属性	数据类型	使用	描　述
Fixed	xs:boolean	O	0:可以修改、添加或删除此 PDO 的条目(由属性 PdoType @ Fixed 覆盖) 1:此 PDO 条目是固定的

6. SubItemType 的组成

SunItemType 描述了 RECORD 或 ARRAY 数据类型的索引。SubItemType 的组成方式如图 6-13 所示。

SubItemType 的内容见表 6-31。

表 6-31　SubItemType 的内容

元素名称	数据类型	使用	描　述
SubIdx	HexDecValue	O	当对象数据类型为 RECORD 时,每个 SubItem 都必须是强制的 当对象数据类型是 ARRAY 时,仅对于 SubItem 0(即子索引 subindex 为 0)是强制的
Name	xs:string	M	SubItem 的名称 第一个 SubItem(即子索引 subindex 为 0)的名称应为"SubIndex 000"、"number of entries"或"Number of entries" 如果数据类型为 ARRAY,则没有相关的第二个 SubItem 如果数据类型为 RECORD,则该名称是对象定义(Object:Name)中相应条目的标识符,即拼写必须相同
DisplayName	NameTypeT	O	包含该子索引的替代名称,可以通过配置工具显示或替代 Name 的值 元素 Name 包含用于 SDO 信息的名称,并可能由特定规范(例如"硬件版本")定义。元素 DisplayName 也可以作为其他语言的个别术语
Type	xs:string	M	此子条目的数据类型
Comment	NameTypeT	O	SubIndex 内容的描述
BitSize	xs:int	M	SubIndex 值的二进制位长
BitOffs	xs:int	M	从 0 开始的 SubIndex 值的位地址 SubIndex 0 的位偏移应为 0x00。对于子索引大于 0 的子项,可以无任何限制地选择位偏移。用于对齐的填充位不必明确描述
DafaultString	xs:string	O	弃用 Configtool:跳过元素
DefaultData	xs:hexBinary	O	弃用 Configtool:跳过元素
MinValue	HexDecValue	O	弃用 Configtool:跳过元素

（续）

元素名称	数据类型	使用	描述
MaxValue	HexDecValue	O	弃用 Configtool：跳过元素
DefaultValue	HexDecValue	O	弃用 Configtool：跳过元素
Flags	—	O	对象处理的权限 对于 ARRAY 和 RECORD 如果定义了子项目，则应该使用格式 SubItemType：Flags（覆盖 ObjectType：Flags 给出的值）
Flags：Access	AccessTypeT	O	CoE Access Type 引号中为允许使用的值 “ro”：只读（默认值） “rw”：读写 “wo”：只写 访问权限可以通过属性“ReadRestrictions”和“WriteRestrictions”进行限制
Flags：Category	xs：NMTOKEN	O	使用对象 引号中为允许使用的值 “m”：强制 “o”：可选 “c”：有条件的
Flags：PdoMapping	xs：NMTOKEN	O	子项可以映射为 TxPDO、RxPDO 或二者均可 引号中为允许使用的值（不区分大小写） “t”，“T”：发送 PDO（输入） “r”，“R”：接收 PDO（输出） “tr”，“TR”，“rt”，“RT”：发送或接收 PDO 默认值：无法映射（元素不可用）
Flags：SafetyMapping	xs：NMTOKEN	O	子项可以映射到安全数据（输入或输出）或安全参数集中 引号中为允许使用的值（不区分大小写） “si”，“SI”：安全输入 “so”，“SO”：安全输出 “sio”，“SIO”：安全输入或输出 “sp”，“SP”：安全参数集 默认值：无法映射（元素不可用）
Flags：Attribute	HexDecValue	O	供将来使用
Flags：Backup	xs：int	O	允许值 0：此子项不是备份条目 1：此子项是备份条目 备份条目用于设备更换 注意：如果为真，则子条目的默认值应该在 Object：SubItem：Info 中提供
Flags：Setting	xs：int	O	允许值 0：该子条目不是设置（Setting）条目 1：该子条目是设置条目 在主站启动期间下载设置条目 如果为真，则子条目的默认值应该在 Object：SubItem：Info 中提供
Property	PropertyTypeT	O	其他属性的一般性描述 例如可用于定义功能组
Xml	—	O	弃用 Configtool：跳过元素

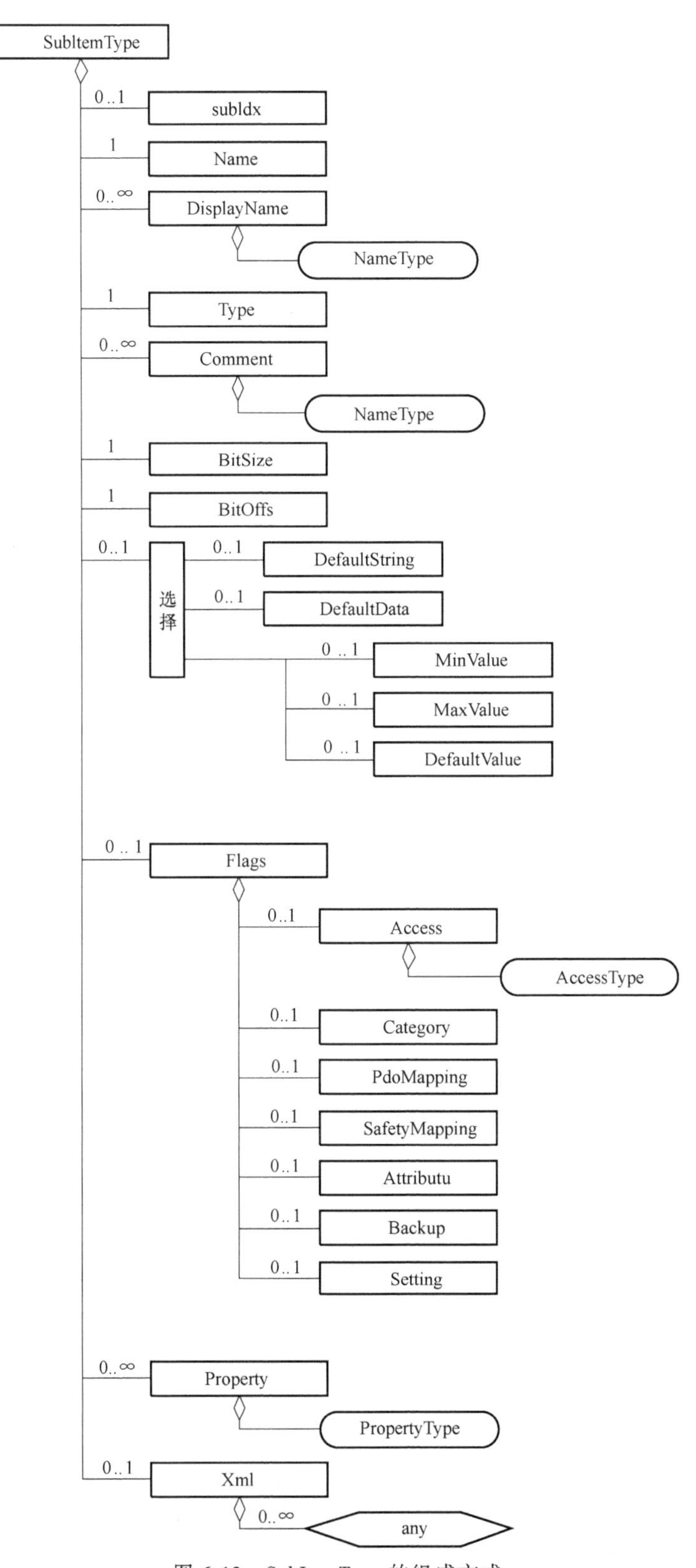

图 6-13 SubItemType 的组成方式

7. VendorType 的组成

VendorType 的组成如图 6-14 所示。

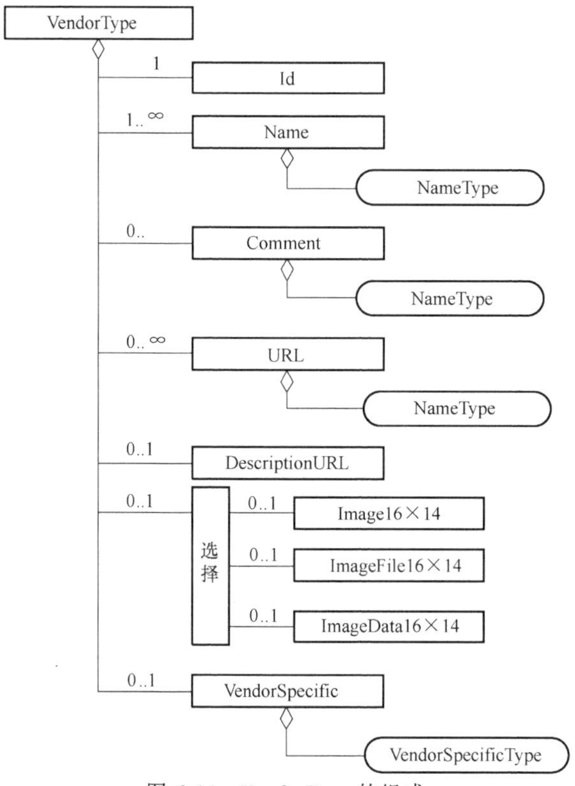

图 6-14 VendorType 的组成

VendorType 的属性见表 6-32。

表 6-32 VendorType 的属性

属性	数据类型	使用	描述
UniqueName	xs:string	O	弃用 Configtool:跳过元素

VendorType 的内容见表 6-33。

表 6-33 VendorType 的内容

元素名称	数据类型	使用	描述
Id	HexDecValue	M	EtherCAT 供应商 ID(OD 0x1018.01)
Name	NameType	M	供应商名称
Comment	NameType	O	注释
URL	NameType	O	公司网址
DescriptionURL	xs:string	O	所有 ESI 文件的 URL
Image16x14	xs:string	O	Image16x14(弃用)、ImageFile16x14 或 ImageData16x14 弃用 Configtool:跳过元素

（续）

元素名称	数据类型	使用	描　述
ImageData16x14	xs:hexBinary	O	Image16x14(弃用)、ImageFile16x14 或 ImageData16x14 对应 BMP 文件(尺寸应为 16x14,16 色)的十六进制数据,可由配置工具显示 0xFF00FF 用于透明色
ImageFile16x14	xs:string	O	Image16x14(弃用)、ImageFile16x14 或 ImageData16x14 对应 BMP 文件(尺寸应为 16x14,16 色)的文件路径,可由配置工具显示 0xFF00FF 用于透明色
VendorSpecific	VendorSpecificType	O	供应商的专用 Vendor 元素

6.1.9 EtherCATDiag

EtherCATBase 类定义的类型见表 6-34。

这些数据类型列在单独的文件（EtherCATBase. xsd）中，以便其他文件（例如 EtherCATDict. xsd）使用它们。

表 6-34 EtherCATBase 类定义的类型

类型
AccessType
ArrayInfoType
DataTypeType
DiagnosticsType
EntryType
EnumInfoType
HexDecValue
ModuleType
NameType
ObjectInfoType
ObjectType
PdoType
ProfileType
PropertyType
SubItemType
UnitTypeType
VendorSpecificType
VendorType

6.1.10 EtherCATDict

根据元素 EtherCATInfo（基于 EtherCATInfo. xsd 的文件）和元素 Profile，可以将离线对象字典集成到 ESI 文件中。

另一种策略是在 EtherCATDict. xsd 定义的额外文件中定义对象。在这种情况下，EtherCATInfo 提供对此文件的引用（Descriptions: Device: Device: Profile: DictionaryFile）。

EtherCATDict 的组成如图 6-15 所示。

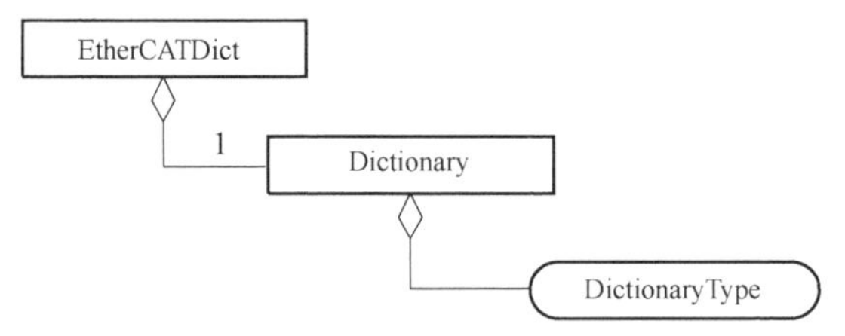

图 6-15 EtherCATDict 的组成

EtherCATDict 的属性见表 6-35。

表 6-35 EtherCATDict 的属性

属性	数据类型	使用	描述
Version	xs:string	O	该字典文件的版本

EtherCATDict 的内容见表 6-36。

表 6-36 EtherCATDict 的内容

元素名称	数据类型	使用	描述
Dictionary	DictionaryType	M	有关供应商字典的信息

6.1.11 EtherCATModule

可以根据 EtherCATInfo（EtherCATInfo.xsd）将对 Modules 的描述集成到 ESI 文件中。另一种策略是使用基于 EtherCATModule.xsd 生成附加文件，以便其他文件也可以使用该描述。在这种情况下，EtherCATInfo 通过元素 EtherCATInfo：InfoReference 提供对此文件的引用。

EtherCATModule 的组成如图 6-16 所示。

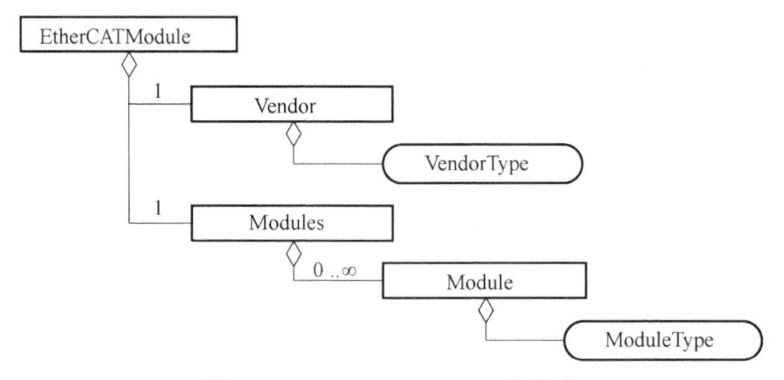

图 6-16 EtherCATModule 的组成

EtherCATModule 的属性见表 6-37。

表 6-37 EtherCATModule 的属性

属性	数据类型	使用	描述
Version	xs:string	O	定义 Modules 元素的架构的版本

EtherCATModule 的内容见表 6-38。

表 6-38 EtherCATModule 的内容

属性	数据类型	使用	描述
Version	VendorType	M	供应商信息
Modules	—	M	模块主要元素
Modules:Module	ModuleType	O	模块主要元素

EtherCATModule：Vendor 的属性见表 6-39。

表 6-39 EtherCATModule：Vendor 的属性

属性	数据类型	使用	描述
FileVersion	xs:string	O	该文件的版本 不要与架构版本混淆

6.2 XML 文件及示例

EtherCAT 从站设备的识别、描述文件格式采用 XML 设备描述文件。第一次使用从站设备时，需要添加从站的设备描述文件，EtherCAT 主站才能将从站设备集成到 EtherCAT 网络中，完成硬件组态。

EtherCAT 从站控制器芯片有 64KB 的 DPRAM 地址空间，前 4KB 的空间为配置寄存器区，从站系统运行前要对寄存器进行初始化，其初始化命令存储于配置文件中，EtherCAT 配置文件采取 XML 格式。在从站系统运行前，要将描述 EtherCAT 从站配置信息的 XML 文件烧录进 EtherCAT 从站控制器的 EEPROM 中。

下面将对 XML 文件中的主要内容进行示例性说明。

6.2.1 EtherCATInfo 示例

EtherCATInfo 是 EtherCAT 从站设备信息描述的根元素，EtherCAT 从站设备信息的架构如图 6-17 所示。

6.2.2 Vendor 示例

Vendor 描述由 EtherCAT 技术组指派的设备供应商的名称、EtherCAT 供应商 ID 和供应商公司图标 BMP 文件的十六进制表示。Vendor 的结构如下。

```
<Vendor>
<! -- Vendor 描述由 EtherCAT 技术组指派的设备供应商的名称、EtherCAT 供应商 ID 和供应商公司图标 BMP 文件的十六进制表示 -->
    <Id>
      #x0AEB
<! -- Id 描述 EtherCAT 供应商的 ID,为一个十六进制序列,需要向 ETG 申请会员来申请此 ID 序列 -->
    </Id>
```

<Name>SDU-CSE
<! -- Name 为 EtherCAT 供应商的公司名 -->
</Name>
<ImageData16x14>
424DD8020000000000003600000028000000100000000E0000000100180000000000A2020000120B0000120B00000000000000000000FFFFFFFFFFFFFFFFFFF8F6F3E3DCC
…
FFFFFFFFFFFFFFFFFFFFFFFFFFFFFFFFFF7F5F2E3DED1DDD4C5DDD2C6DFD8C9ECE7DFFFFFFFFFFFFFFFFFFFFFFFFFFFFFFFFFFFFFF0000
<! --ImageData16x14 条目中的序列为 EtherCAT 供应商公司 logo BMP 文件的十六进制表示-->
</ImageData16x14>
</Vendor>

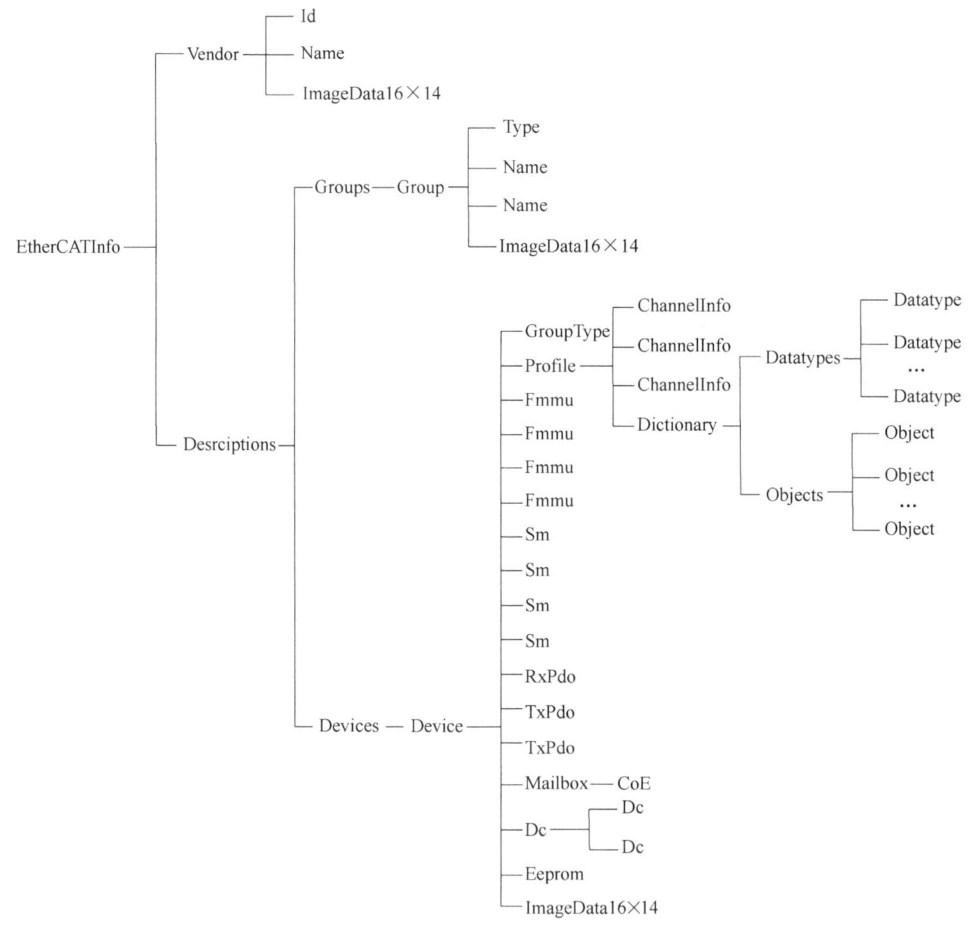

图 6-17 EtherCAT 从站设备信息的架构

1. Id

Id 描述 EtherCAT 供应商的 ID，为一个十六进制序列，需要向 ETG 申请会员来申请此 Id

序列。

2. Name

Name 为 EtherCAT 供应商的公司名。

3. ImageData16x14

ImageData16x14 条目中的序列为 EtherCAT 供应商公司 logo BMP 文件的十六进制表示。

6.2.3 Descriptions 示例

在 Descriptions 中包含 Groups 和 Devices 两个条目，用来描述 EtherCAT 设备。

1. Groups

Groups 下可包含一个或多个 Group，相似的 EtherCAT 设备被分配到同一个 Group 中，Groups 的结构如下，在该例中 Groups 只包含一个 Group。

```
<Groups>
  <Group SortOrder="0">
    <Type>FBECT_ET1100_IO</Type>
    <Name LcId="1031"> FBECT_ET1100_IO </Name>
    <Name LcId="1033"> FBECT_ET1100_IO </Name>
    <ImageData16x14>
      424DD8020000000000003600000028000000100000000E0000000100180000000000A
2020000120B0000120B00000000000000000000FFFFFFFFFFFFFFFFF8F6
    …
      C5DDD2C6DFD8C9ECE7DFFFFFFFFFFFFFFFFFFFFFFFFFFFFFFFFFFFFFF0000
    </ImageData16x14>
  </Group>
</Groups>
```

SortOrder 是 Groups 中每个 Group 的序号，在 Groups 包含多个 Group 时该序号会依次增大。

Type 为该 Group 的类型名。

ImageData16x14 为此 Group 的 BMP 文件的十六进制表示。以将山东大学校徽制作成图标为例演示将某一图片制成图标的方法步骤。

1）制作用来生成序列的 BMP 文件，可使用 Photoshop 等绘图软件完成，图片应为 16 * 14 的 BMP 格式，16/24 位深度，制作完成的山东大学校徽 BMP 文件如图 6-18 所示。

2）打开 EtherCAT 图标转换工具，并打开制作好的 logo，即可生成一串十六进制序列，如图 6-19 所示。

sdu.bmp

图 6-18 山东大学校徽 BMP 文件

3）复制生成的序列，打开要设置图标的 XML 文件，将序列粘贴到 ImageData16x14 处替换原来序列，可如此更改 XML 文件中的三处图标序列，重新烧录 XML 文件，重启 TwinCAT 主站，再打开 EEPROM 烧录界面，可发现图标已经变成山东大学校徽，如图 6-20 所示，三个图标分别对应 XML 文件中的三处 ImageType16x14（第一处是 Vendor→ImageData16x14，第二处是 Descriptions→Groups→Group→ImageData16x14，第三处是 Descriptions→Devices→Device→Im-

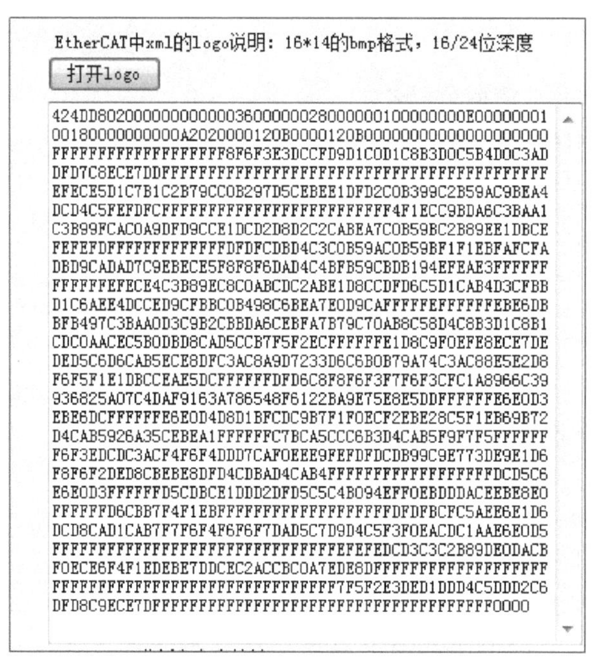

图 6-19　生成图标的十六进制序列

ageData16x14)。

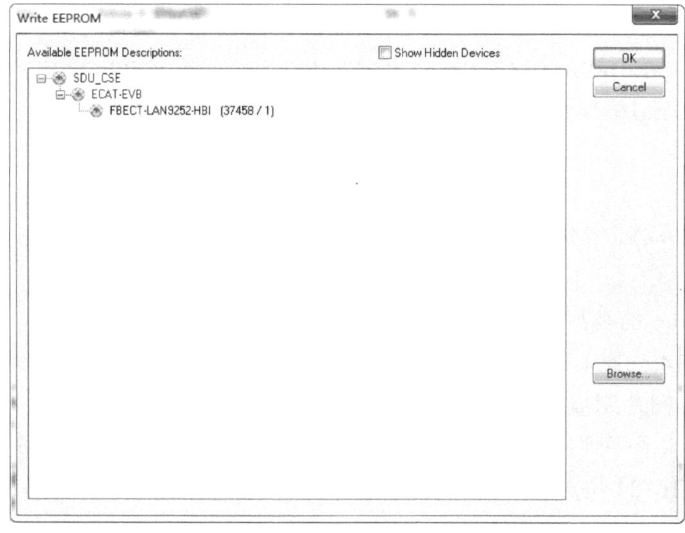

图 6-20　更改后的图标

2. Devices 元素示例

Devices 下可包含一个或多个 Device 条目，每个 Device 条目下包含信息如下。

1）Physics 描述网络接口类型，Y 表示 RJ45 接口，K 表示 EBUS 接口。

2）Type 描述产品类型和产品号，ProductCode 指产品类型，Revision 指产品号。

3）Name 描述从站设备的名称。

4）Info 描述状态机转换和邮箱数据通信的相关时间参数。

5）GroupType 描述该从站设备所属的组类型，与 Group 下的 Type 中的内容相对应。

```
<Devices>
  <Device Physics =" YY" >
  <Type ProductCode =" #x00001100" RevisionNo =" #x1" >
    FBECT_ET1100
  </Type>
  <Name LcId =" 1033" > FBECT_ET1100</Name>
  <Name LcId =" 1031" > FBECT_ET1100</Name>
  <Info>
    <StateMachine>
      <Timeout>
        <PreopTimeout>2000</PreopTimeout>
        <SafeopOpTimeout>9000</SafeopOpTimeout>
        <BackToInitTimeout>5000</BackToInitTimeout>
        <BackToSafeopTimeout>200</BackToSafeopTimeout>
      </Timeout>
    </StateMachine>
    <Mailbox>
      <Timeout>
        <RequestTimeout>100</RequestTimeout>
        <ResponseTimeout>2000</ResponseTimeout>
      </Timeout>
    </Mailbox>
  </Info>
  <GroupType>
    FBECT_ET1100_IO
    </GroupType>
    <Profile>
    …
  </Profile>
  < Fmmu >
  …
  </ Fmmu >
  < Sm >
  …
  </ Sm >
  < RxPdo >
  …
  </ RxPdo >
```

```
    < TxPdo >
    …
    </ TxPdo >
    < Mailbox >
    …
    </ Mailbox >
    < Dc>
    …
    </ Dc >
    < Eeprom >
    …
    </ Eeprom >
    < ImageData16x14>
    …
    </ ImageData16x14>
    </Device>
</Devices>
```

6）Profile 条目包含通道信息、数据类型和对象字典的相关内容，如下所示。

```
<Profile>
    <ChannelInfo>
        <ProfileNo>5001</ProfileNo>
        <AddInfo>100</AddInfo>
        </ChannelInfo>
    <ChannelInfo>
        <ProfileNo>5001</ProfileNo>
        <AddInfo>200</AddInfo>
    </ChannelInfo>
    <ChannelInfo>
        <ProfileNo>5001</ProfileNo>
        <AddInfo>300</AddInfo>
    </ChannelInfo>
    <Dictionary>
        <DataTypes>
        …
        </DataTypes>
        <Objects>
        …
        </Objects>
    </Dictionary>
```

```
</Profile>
```

Dictionary 中包含数据类型和对象字典的定义。

DataTypes 下包含多个数据类型的定义。

一个较为简单的数据类型如下所示。

```
<DataType>
  <Name>USINT</Name>
  <BitSize>8</BitSize>
</DataType>
```

Name 描述数据类型的名称，BitSize 表示该数据类型所用位数。

一个较为复杂的数据类型如下所示。

```
<DataType>
  <Name>DT7010</Name>
  <BitSize>24</BitSize>
  <SubItem>
    <SubIdx>0</SubIdx>
    <Name>SubIndex 000</Name>
    <Type>USINT</Type>
    <BitSize>8</BitSize>
    <BitOffs>0</BitOffs>
    <Flags>
      <Access>ro</Access>
      <Category>o</Category>
    </Flags>
  </SubItem>
  <SubItem>
    <SubIdx>1</SubIdx>
    <Name>LED 1</Name>
    <Type>BOOL</Type>
    <BitSize>1</BitSize>
    <BitOffs>16</BitOffs>
    <Flags>
      <Access>ro</Access>
      <Category>o</Category>
      <PdoMapping>R</PdoMapping>
    </Flags>
  </SubItem>
  …
  LED 2~LED 7
  …
```

```
    <SubItem>
      <SubIdx>8</SubIdx>
      <Name>LED 8</Name>
      <Type>BOOL</Type>
      <BitSize>1</BitSize>
      <BitOffs>23</BitOffs>
      <Flags>
        <Access>ro</Access>
        <Category>o</Category>
        <PdoMapping>R</PdoMapping>
      </Flags>
    </SubItem>
  </DataType>
```

Name 描述数据类型的名称，BitSize 表示该数据类型所用位数，SubItem 为该数据类型下的子类型，若干个 SubItem 构成完整的数据类型。DataType 与 SubItem 的关系如同 C 语言中数组与数组中元素的关系。SubIdx 为 SubItem 在 DataType 中的索引号，Name 为 SubItem 的名称，Type 为 SubItem 的类型，BitSize 为 SubItem 所占位数，BitOffs 为该 SubItem 在 Datatype 中的偏移量。

Objects 下包含若干个对象字典的定义。每个对象字典的索引号及其在通信中的作用都应与 CoE 协议中对于对象字典的定义严格对应，在浏览 XML 文件中每个对象字典的内容时，应对照 CoE 协议中关于对象字典的定义说明。

一个较为简单的对象字典定义如下所示。

```
<Object>
  <Index>#x1001</Index>
  <Name>Error register</Name>
  <Type>USINT</Type>
  <BitSize>8</BitSize>
  <Info>
    <DefaultData>021a</DefaultData>
  </Info>
  <Flags>
    <Access>ro</Access>
    <Category>o</Category>
  </Flags>
</Object>
```

Index 为该对象字典的索引号，Name 为该对象字典的名称，Name 可由使用者自行定义，但索引号一定要与 CoE 协议中关于对象字典索引号的说明相一致。Type 为该对象字典的数据类型，是 DataTypes 中的一种，在定义某个对象字典之前，一定要确保该对象字典要采用的数据类型已经定义，否则应在 DataTypes 中定义要采用的数据类型。DefaultData 为该对象字典的默认值。

一个较为复杂的对象字典定义如下所示。

```
<Object>
  <Index>#x7010</Index>
  <Name> DO Outputs </Name>
  <Type> DT7010</Type>
  <BitSize>24</BitSize>
  <Info>
    <SubItem>
      <Name>SubIndex 000</Name>
      <Info>
        <DefaultData>08</DefaultData>
      </Info>
    </SubItem>
     <SubItem>
      <Name> LED 1</Name>
      <Info>
        <DefaultData>00</DefaultData>
      </Info>
    </SubItem>
    …
    LED 2～LED 7
    …
    <SubItem>
      <Name> LED 8</Name>
      <Info>
        <DefaultData>00</DefaultData>
      </Info>
    </SubItem>
  </Info>
  <Flags>
    <Access>ro</Access>
    <Category>o</Category>
  </Flags>
</Object>
```

Index 为该对象字典的索引号，Name 为该对象字典的名称。SubItem 为该对象字典中的子条目，对象字典 Object 中 SubItem 的数目和类型与对象字典采用的数据类型 DataType 中 SubItem 的数目和类型是一一对应的。

7）Fmmu 描述了 FMMU（现场总线内存管理单元）的配置信息，如下所示。

```
<Fmmu>Outputs</Fmmu>
```

<Fmmu>Inputs</Fmmu>

<Fmmu>MBoxState</Fmmu>

“Outputs”、“Inputs” 和 “MBoxState” 分别指 “输入”、“输出” 和 “邮箱状态”。

8）Sm 描述了存储同步管理通道 SM（Sync Manager）配置信息，如下所示。

<Sm MinSize="34" MaxSize="128" DefaultSize="128" StartAddress="#x1000"
    ControlByte="#x26" Enable="1">
    MBoxOut
</Sm>
<Sm MinSize="34" MaxSize="128" DefaultSize="128" StartAddress="#x1080"
    ControlByte="#x22" Enable="1">
    MBoxIn
</Sm>
<Sm DefaultSize="6" StartAddress="#x1100" ControlByte="#x64" Enable="1">
    Outputs
</Sm>
<Sm DefaultSize="6" StartAddress="#x1400" ControlByte="#x20" Enable="1">
    Inputs
</Sm>

前两个 SM 通道用于邮箱数据通信，SM0 通道用于主站到从站的邮箱数据通信，SM1 通道用于从站到主站的邮箱数据通信。后两个 SM 通道用于过程数据通信，SM2 通道用于主站到从站的过程数据通信，SM3 通道用于从站到主站的过程数据通信。

MinSize 和 MaxSize 分别是每次允许传输字节数的最小值和最大值。

DefaultSize 为每次传输字节数的默认值。

StartAddress 的值为从站控制器芯片中 DPRAM 中寄存器的地址值，对于 SM0 和 SM3，表示从主站接收到的数据存储在从该地址开始的寄存器中；对于 SM1 和 SM3，表示把从该地址开始的寄存器中的数据发送给主站。

Enable 表示使能该通道。

以上内容显示在通信协议中采用了 4 个 SM 通道，在前面 Objects 中有关于 SM 通道配置信息的描述，在 CoE 对象字典协议中对描述 SM 类型的对象字典 0x1c00 的定义见表 6-40。

表 6-40　CoE 对象字典中对于 0x1c00 的定义

索引号	含　义
0x1c00	同步管理器通信类型，子索引 0 定义了所使用的 SM 数目，子索引 1～32 定义了相应的 SM0～SM31 通道的通信类型，相关通信类型如下 0：邮箱输出，非周期性数据通信，1 个缓存区写操作 1：邮箱输入，非周期性数据通信，1 个缓存区读操作 2：过程数据输出，周期性数据通信，3 个缓存区写操作 3：过程数据输入，周期性数据通信，3 个缓存区读操作

在示例 XML 文件中的关于 SM 通道数目和类型的具体定义如下。

```
<Object>
    <Index>#x1c00</Index>
    <Name>Sync manager type</Name>
    <Type>DT1C00</Type>
    <BitSize>48</BitSize>
    <Info>
      <SubItem>
        <Name>SubIndex 000</Name>
        <Info>
          <DefaultData>04</DefaultData>
        </Info>
      </SubItem>
      <SubItem>
        <Name>SubIndex 001</Name>
        <Info>
          <DefaultData>01</DefaultData>
        </Info>
      </SubItem>
      <SubItem>
        <Name>SubIndex 002</Name>
        <Info>
          <DefaultData>02</DefaultData>
        </Info>
      </SubItem>
      <SubItem>
        <Name>SubIndex 003</Name>
        <Info>
          <DefaultData>03</DefaultData>
        </Info>
      </SubItem>
      <SubItem>
        <Name>SubIndex 004</Name>
        <Info>
          <DefaultData>04</DefaultData>
        </Info>
      </SubItem>
    </Info>
```

```
        <Flags>
            <Access>ro</Access>
            <Category>o</Category>
        </Flags>
    </Object>
```

从以上 XML 文件中可知，实际通信协议一共采用了 4 个 SM 通道，SM0、SM1、SM2 和 SM3 的通信类型分别为邮箱数据输出、邮箱数据输入、过程数据输出和过程数据输入。

9）RxPdo 和 TxPdo 中包含主、从站通信时通过 SM 通道传输的输出过程数据对象和输入过程数据对象，如下所示。

```
<RxPdo Mandatory="true" Fixed="true" Sm="2">
…
<TxPdo Mandatory="true" Fixed="true" Sm="3">
…
<TxPdo Mandatory="true" Fixed="true" Sm="3">
…
```

“Mandatory=true” 表明该配置是强制的，“Fixed=true” 表明该配置是固定的，输入过程数据使用 SM2 通道，输出过程数据使用 SM3 通道。

RxPdo 中包含通过 SM2 通道传输的输出过程数据，如下所示。

```
<RxPdo Mandatory="true" Fixed="true" Sm="2">
    <Index>#x1601</Index>
    <Name>DO Outputs</Name>
    <Entry>
        <Index>#x7010</Index>
        <SubIndex>1</SubIndex>
        <BitLen>1</BitLen>
        <Name>LED 1</Name>
        <DataType>BOOL</DataType>
    </Entry>
    …
    LED 2~LED 7
    …
    <Entry>
        <Index>#x7010</Index>
        <SubIndex>8</SubIndex>
        <BitLen>1</BitLen>
        <Name>LED 8</Name>
        <DataType>BOOL</DataType>
    </Entry>
    <Entry>
```

```
    <Index>#x0</Index>
    <SubIndex>0</SubIndex>
    <BitLen>8</BitLen>
  </Entry>
</RxPdo>
```

其中包含 8 个数字量的传输，8 个数字量的值由主站发送、从站接收，对于从站而言是输入，故用 RxPdo 表示。Index 为 SM2 通道中其中一个映射或唯一一个映射的索引，Name 为该映射的名称。每一个 Entry 条目代表该通道中的一个对象，例如 Entry 表示索引 0x7010 表示的对象字典中子索引为 1 的对象，即 LED 1。在对象字典 0x1601 的定义中，将 SubIndex 001 中 DefaultData 的内容以两个数字为单位倒序排列得 70100101，其中 7010 对应 RxPdo 第一个 Entry 中的索引，第一个 01 对应 SubIndex，第二个 01 对应 BitLen。

对象字典 0x1601 描述了一个映射关系，将映射 0x1601 添加到 RxPdo（输出过程数据）中，即 SM2 中。在对象字典 0x1c12 中也有相同作用的定义。

```
<Object>
  <Index>#x1601</Index>
  <Name>DO RxPDO-Map</Name>
  <Type>DT1601</Type>
  <BitSize>304</BitSize>
  <Info>
    <SubItem>
      <Name>SubIndex 000</Name>
      <Info>
        <DefaultData>09</DefaultData>
      </Info>
    </SubItem>
    <SubItem>
      <Name>SubIndex 001</Name>
      <Info>
        <DefaultData>01011070</DefaultData>
      </Info>
    </SubItem>
    <SubItem>
      <Name>SubIndex 002</Name>
      <Info>
        <DefaultData>01021070</DefaultData>
      </Info>
    </SubItem>
    …
    SubIndex 003~SubIndex 007
```

```
            …
            <SubItem>
                <Name>SubIndex 008</Name>
                <Info>
                    <DefaultData>01081070</DefaultData>
                </Info>
            </SubItem>
            <SubItem>
                <Name>SubIndex 009</Name>
                <Info>
                    <DefaultData>08000000</DefaultData>
                </Info>
            </SubItem>
        </Info>
        <Flags>
            <Access>ro</Access>
            <Category>o</Category>
        </Flags>
    </Object>
```

对象字典 0x1c12 用于给 SM2 通道分配映射（具体参见 CoE 协议中关于对象字典的定义），SubIndex 000 表示添加的 Pdo 映射的数目，SubIndex 001 中的 DefaultData 表示添加的 Pdo 映射的对象字典索引号。

```
    <Object>
        <Index>#x1c12</Index>
        <Name>RxPDO assign</Name>
        <Type>DT1C12</Type>
        <BitSize>32</BitSize>
        <Info>
            <SubItem>
                <Name>SubIndex 000</Name>
                <Info>
                    <DefaultData>02</DefaultData>
                </Info>
            </SubItem>
            <SubItem>
                <Name>SubIndex 001</Name>
                <Info>
                    <DefaultData>0116</DefaultData>
                </Info>
```

```xml
        </SubItem>
        <SubItem>
            <Name>SubIndex 002</Name>
            <Info>
                <DefaultData>0216</DefaultData>
            </Info>
        </SubItem>
    </Info>
    <Flags>
        <Access>ro</Access>
        <Category>o</Category>
    </Flags>
</Object>
```

综上可知，对象字典 0x7010、0x1601、0x1c12 之间关系为：0x7010 定义了一个数据对象；0x1601 为 0x7010 建立了一个映射，用于在 SM 通道中传输对象字典 0x7010 中的数据；0x1c12 把 0x1601 建立的映射添加到 SM2 中，用于在主站和从站的通信中传输数据。

TxPdo 中包含通过 SM3 通道传输的输入过程数据，两个映射 0x1a00 和 0x1a02 在两个 TxPdo 条目中分别进行描述。具体分析类似 RxPdo，故不再赘述。

10）MailBox 对邮箱数据通信进行相关配置，如下所示。

```xml
<Mailbox DataLinkLayer = "true">
    <CoE SdoInfo = "true"  SegmentedSdo = "true"  CompleteAccess = "true" />
</Mailbox>
```

11）Dc 描述了从站处于 OP 状态时主站的两种工作模式,如下所示。

```xml
<Dc>
    <OpMode>
        <Name>Synchron</Name>
        <Desc>SM-Synchron</Desc>
        <AssignActivate>#x0</AssignActivate>
        <CycleTimeSync0 Factor = "1">0</CycleTimeSync0>
        <ShiftTimeSync0>0</ShiftTimeSync0>
        <CycleTimeSync1 Factor = "1">0</CycleTimeSync1>
    </OpMode>
    <OpMode>
        <Name>DC</Name>
        <Desc>DC-Synchron</Desc>
        <AssignActivate>#x300</AssignActivate>
        <CycleTimeSync0 Factor = "1">0</CycleTimeSync0>
        <ShiftTimeSync0>0</ShiftTimeSync0>
        <CycleTimeSync1 Factor = "1">0</CycleTimeSync1>
```

</OpMode>

</Dc>

TwinCAT 主站工作模式选择如图 6-21 所示。XML 文件中描述了对应主站的两种工作模式：Syncchron 对应同步模式，DC-Syncchron 对应 DC 模式。

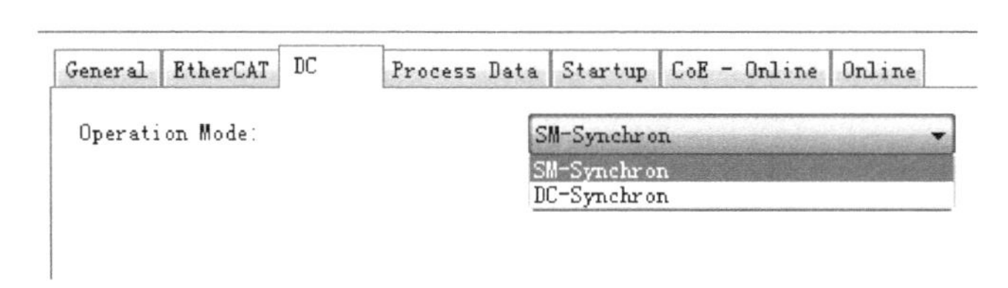

图 6-21 TwinCAT 主站工作模式选择

12）Eeprom 描述了 EEPROM 存储器的相关信息，如下所示。

<Eeprom>

<ByteSize>2048</ByteSize>

<ConfigData>080E00CC0A00</ConfigData>

</Eeprom>

“ByteSize” 表明 EEPROM 存储空间大小为 2048 字节。

第7章 CANopen与伺服驱动器控制应用协议

7

CAN（Controller Area Network）总线是德国的 BOSCH 公司在 20 世纪 80 年代初提出的控制器局域网络，用来解决汽车内部的复杂硬信号接线。如今，其应用范围已不再局限于汽车工业，而向过程控制、纺织机械、农用机械、机器人、数控机床、医疗器械及传感器等领域发展。CAN 总线以其独特的设计，低成本，高可靠性，实时性及抗干扰能力强等特点得到了广泛的应用。

CANopen 协议是基于 CAN 总线的一种高层协议，在欧洲应用较为广泛，且协议针对行业应用，实现比较简洁。

IEC 61800-7 是控制系统和功率驱动系统之间的通信接口标准，包括网络通信技术和应用行规。

本章详述了 CANopen 与伺服驱动器控制应用协议，包括 CANopen 协议、IEC 61800-7 通信接口标准、CoE、CANopen 驱动和运动控制设备行规、CiA402 伺服驱动器子协议应用和 CiA402 伺服驱动器子协议运行模式。

7.1 CAN 总线简介

1993 年 11 月，ISO 正式颁布了道路交通运输工具、数据信息交换、高速通信控制器局域网国际标准，即 ISO 11898 CAN 高速应用标准，ISO 11519 CAN 低速应用标准，这为控制器局域网的标准化、规范化铺平了道路。CAN 具有如下特点。

1）CAN 为多主方式工作，网络上任一节点均可以在任意时刻主动地向网络上其他节点发送信息，而不分主从，通信方式灵活，且无须站地址等节点信息。利用这一特点可方便地构成多机备份系统。

2）CAN 网络上的节点信息分成不同的优先级，可满足不同的实时要求，高优先级的数据最多可在 134μs 内得到传输。

3）CAN 采用非破坏性总线仲裁技术。当多个节点同时向总线发送信息时，优先级较低的节点会主动地退出发送，而最高优先级的节点可不受影响地继续传输数据，从而大大节省了总线冲突仲裁时间，尤其是在网络负载很重的情况下也不会出现网络瘫痪的情况（以太网则可能）。

4）CAN 只需通过报文滤波即可实现点对点、一点对多点及全局广播等几种方式传送接收数据，无须专门的“调度”。

5）CAN 的直接通信距离最远可达 10km（速率 5kbit/s 以下）；通信速率最高可达 1Mbit/s（此时通信距离最长为 40m）。

6）CAN 上的节点数主要取决于总线驱动电路，目前可达 110 个；报文标识符可达 2032 种（CAN 2.0A），而扩展标准（CAN 2.0B）的报文标识符几乎不受限制。

7）采用短帧结构，传输时间短，受干扰概率低，具有极好的检错效果。

8）CAN 的每帧信息都有 CRC 校验及其他检错措施，保证了数据出错率极低。

9）CAN 的通信介质可为双绞线、同轴电缆或光纤，选择灵活。

10）CAN 节点在错误严重的情况下具有自动关闭输出功能，以使总线上其他节点的操作不受影响。

控制器局域网（CAN）为串行通信协议，能有效地支持具有很高安全等级的分布实时控制。CAN 的应用范围很广，从高速的网络到低价位的多路接线都可以使用 CAN。在汽车电子行业里，使用 CAN 连接发动机控制单元、传感器及防刹车系统等，其传输速度可达 1Mbit/s。同时，可以将 CAN 安装在卡车本体的电子控制系统里，诸如车灯组、电气车窗等，用以代替接线配线装置。

制订技术规范的目的是在任何两个 CAN 仪器之间建立兼容性。可是，兼容性有不同的方面，比如电气特性和数据转换的解释。为了达到设计透明度以及实现柔韧性，CAN 被细分为以下不同的层次。

1）CAN 对象层（The Object Layer）。

2）CAN 传输层（The Transfer Layer）。

3）物理层（The Physical Layer）。

对象层和传输层包括所有由 ISO/OSI 模型定义的数据链路层的服务和功能。对象层的作用范围如下。

1）查找被发送的报文。

2）确定由实际要使用的传输层接收哪一个报文。

3）为应用层相关硬件提供接口。

在这里，定义对象处理较为灵活，传输层的作用主要是传送规则，也就是控制帧结构、执行仲裁、错误检测、出错标定及故障界定。总线上什么时候开始发送新报文及什么时候开始接收报文，均在传输层里确定。位定时的一些普通功能也可以看作是传输层的一部分。理所当然，传输层的修改是受到限制的。

物理层的作用是在不同节点之间根据所有的电气属性进行位信息的实际传输。当然，同一网络内，物理层对于所有的节点必须是相同的。尽管如此，在选择物理层方面还是很自由的。

7.2 CANopen 协议

CANopen 协议是基于 CAN 总线的一种高层协议，在欧洲应用较为广泛，适合于电梯电气、越野汽车、航海电子、医疗电器、工程机械及铁路机车等领域，且协议针对行业应用，实现比较简洁。

7.2.1 CANopen 协议概述

现场总线网络一般只实现了第 1 层（物理层）、第 2 层（数据链路层）、第 7 层（应用层）。因为现场总线通常只包括一个网段，因此不需要第 3 层（传输层）和第 4 层（网络层），也不需要第 5 层（会话层）第 6 层（描述层）的作用。

CAN 现场总线仅仅定义了第 1 层、第 2 层，实际设计中，这两层完全由硬件实现，设计人员不需要再为此开发相关软件或固件（Firmware）。

CAN 只定义了物理层和数据链路层，没有定义应用层，需要一个高层协议来定义 CAN 报文中的 11/29 位标识符和 8 字节数据的应用。

另外，基于 CAN 现场总线的工业自动化应用中，越来越需要一个开放的、标准化的高层协议。这个协议应支持各种 CAN 厂商设备的互用性、互换性，能够实现在 CAN 现场总线网络中提供标准的、统一的系统通信模式，提供设备功能描述方式，执行网络管理功能。

1）应用层（Application layer）：为网络中每一个有效设备都能够提供一组有用的服务与协议。

2）通信描述（Communication profile）：提供配置设备、通信数据的含义，定义数据通信方式。

3）设备描述（Device proflile）：为设备（类）增加符合规范的行为。

CAL 协议和基于 CAL 协议扩展的 CANopen 协议是基于 CAN 的高层协议。

CANopen 协议是 CiA（CAN-in-Automation）定义的标准之一，并且在发布后不久就获得了广泛的承认。

CANopen 协议被认为是在基于 CAN 现场总线的工业自动化系统中占领导地位的标准。大多数重要的设备类型，例如数字和模拟的输入/输出模块、驱动设备、操作设备、控制器、可编程控制器或编码器，都在称为“设备描述”的协议中进行描述。

“设备描述”定义了不同类型的标准设备及其相应的功能。依靠 CANopen 协议的支持，可以对不同厂商的设备通过总线进行配置。

在 OSI 模型中，CAN 和 CANopen 标准在 OSI 网络模型中的位置如图 7-1 所示。

7.2.2 CAL 协议

CAL（CAN Application Layer）协议是目前基于 CAN 的高层通信协议中的一种，最早由 Philips 公司医疗设备部门制定。现在 CAL 由独立的 CAN 用户和制造商集团 CiA 协会负责管理、发展和推广。

CAL 提供了以下 4 种应用层服务功能。

（1）CMS（CAN-based Message Specification）

CMS 提供了一个开放的、面向对象的环境，用于实现用户的应用。CMS 提供基于变量、事件及域类型的对象，以设计和规定一个设备（节点）的功能如何被访问。例如，如何上载或下载超过 8 字节的一组数据（域），并且有终止传输的功能。

CMS 从 MMS（Manufacturing Message Specification）继承而来。MMS 是 OSI 为工业设备的远程控制和监控而制定的应用层规范。

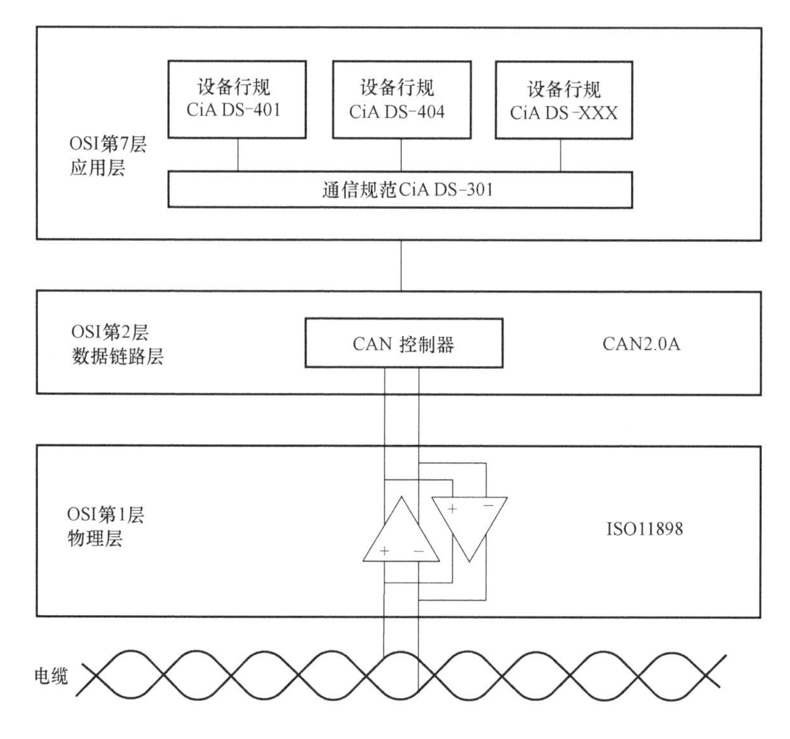

图 7-1　CAN 和 CANopen 标准在 OSI 网络模型中的位置

（2）NMT（Network ManagemenT）

提供网络管理服务，如初始化、启动和停止节点，侦测失效节点。这种服务是采用主从通信模式来实现的，所以只有一个 NMT 主节点。

（3）DBT（DistriBuTor）

提供动态分配 CAN-ID 服务（Communication Object Identifier，COB-ID）。这种服务是采用主从通信模式来实现的，所以只有一个 DBT 主节点。

（4）LMT（LayerManagemenT）

LMT 提供修改层参数的服务：一个节点（LMTMaster）可以设置另外一个节点（LMTSlave）的某层参数，如改变一个节点的 NMT 地址或改变 CAN 接口的位定时和波特率。

CMS 为它的消息定义了 8 个优先级，每个优先级拥有 220 个 COB-ID，范围从 1 到 1760。剩余的标志（0，1761~2031）保留给 NMT、DBT 和 LMT，映射到 CAL 服务和对象的 COB-ID 见表 7-1，COB-ID 为 11 位 CAN 标识符。

表 7-1　映射到 CAL 服务和对象的 COB-ID

COB-ID	服务或对象
0	NMT 启动/停止服务
1~220	CMS 对象优先级 0
221~440	CMS 对象优先级 1
441~660	CMS 对象优先级 2
661~880	CMS 对象优先级 3

（续）

COB-ID	服务或对象
881～1100	CMS 对象优先级 4
1101～1320	CMS 对象优先级 5
1321～1540	CMS 对象优先级 6
1541～1760	CMS 对象优先级 7
1761～2015	NMT 节点保护
2016～2031	NMT、LMT 和 DBT 服务

表 7-1 中为 CAN2.0A 标准的 11 位 ID 范围（0，2047），限制在（0，2031）。

如果使用 CAN2.0B 标准，29 位 ID 并不改变这个描述，表 7-1 中的 11 位映射到 29 位 COB-ID 中的最高 11 位，以至于表中的 COB-ID 范围变得增大许多。

CAL 提供了所有的网络管理服务和报文传送协议，但并没有定义 CMS 对象的内容或者正在通信的对象的类型。

CANopen 是在 CAL 基础上开发的，使用了 CAL 通信和服务协议子集，提供了分布式控制系统的一种实现方案。

CANopen 在保证网络节点互用性的同时，允许节点的功能随意扩展。

CANopen 的核心概念是设备对象字典（Object Dictionary，OD），在其他现场总线（PROFIBUS，Interbus-S）系统中也使用这种设备描述形式。

对象字典不是 CAL 的一部分，而是在 CANopen 中实现的。

7.2.3　CANopen 通信和设备模型

1. 通信层和参考模型

所有标准的工业通信系统均必须符合国际标准化组织所定义的 OSI 开放系统互联模型的协议标准。CANopen 通信系统可根据该模型来描述，CANopen 数据通信模型的简化图如图 7-2 所示。CANopen 功能均被映射到一个或多个 CAN 报文中。

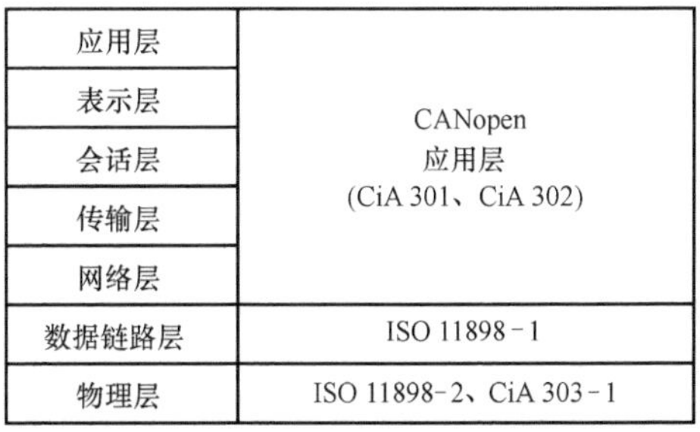

预定义 CANopen 消息使用的是基本的报文格式（带 11 位标识符）。CANopen 规范和建议文档包含一些扩展的定义，其中部分为用户专用的定义。

<table>
<tr><td>应用层</td><td rowspan="5">CANopen
应用层
(CiA 301、CiA 302)</td></tr>
<tr><td>表示层</td></tr>
<tr><td>会话层</td></tr>
<tr><td>传输层</td></tr>
<tr><td>网络层</td></tr>
<tr><td>数据链路层</td><td>ISO 11898-1</td></tr>
<tr><td>物理层</td><td>ISO 11898-2、CiA 303-1</td></tr>
</table>

图 7-2　CANopen 数据通信模型的简化图

在 CANopen 中仅需要一部分网络层、传输层、会话层或表示层的功能，CANopen 应用层（CiA 301）对此进行了具体描述。CANopen 应用层具体描述了通信服务和通信协议。除此之外，还对形式上属于通信协议且不是 ISO 应用层组成部分的一些特定通信对象的数据内容进行了描述。

在 CANopen 标准中还包括网络管理。CiA 305 规范对层设置服务（LSS）进行了描述。LSS 可以对位速率和设备标识（节点 ID）进行设置和修改。CiA 305 规范对用于可编程 CANopen 设备和与安全相关的数据通信也进行了描述。此外，还有一些基于 CANopen 规范的设备子规范、接口规范以及应用规范，这些规范主要用来定义过程数据、配置参数及其与通信对象的映射关系。

2. 对象的描述与定义

为了达到各种不同的兼容性等级，所有的过程数据、配置参数和诊断信息都必须用同一个对象模型来描述。CANopen 规范通过三套属性来描述一个对象。

（1）对象描述

对象描述包括对象的名称及其唯一的标识符（索引）。此外用户还可设定对象的类型，包括变量（仅由一个元素构成）、数组（由多个相同的元素构成）以及记录（由不同的元素构成）。包含在对象模型中的数据类型描述了各组成部分的编码和长度。CANopen 规范已经预先定义了数据类型，但用户也可以自定义数据类型。在类别（Category）属性中具体规定了是否必须采用该对象（强制性的），或者由设备制造商决定是否采用该对象（选择性的）。

（2）入口描述

入口描述可以为数组和记录（子对象）设定一个名称及其唯一的标识符（子索引）。假如是变量，其子索引总是为 00h。数组和记录的子索引 00h 的数据类型通常为 UNSIGNED8，并且包含最高子索引。另外，还有一些其他的属性，包括元素类别、访问权限设定以及在某一过程数据对象中传输该对象的许可（PDO 映射）。此外，用户还可以设置上电或复位后的默认值以及默认值的范围。

（3）值定义描述

该描述详细规定了对象的含义，包括物理单位、乘数、偏置量和编码。如果某一子对象由多个部分组成，则子对象的每个部分都要单独定义。值定义也包括图形描述，比如各个部分在对象中的排列方式，以及最低有效位的位置和最高有效位的位置。

7.2.4 CANopen 物理层

CANopen 的物理层相当于 CAN 控制器中采用的子层 PLS（物理信息）、MAU（介质访问单元）和 MDI（介质专用接口），这些子层均位于驱动模块中并通过连接器和电缆实现。

在许多工业应用中均采用 DIN 46912 规定的 9 引脚 D-Sub 连接器，见表 7-2。

这种连接装置由一个插座和一个插头构成。该连接器为 CiA 102 规定的端口配置，也适用于 CANopen。

表 7-2 9 引脚 D-Sub 连接器的引脚分配

引脚	信号	说　明
1	—	保留
2	CAN_L	总线导线(低电平表示显性位)
3	CAN_GND	CAN 的接地线
4	—	保留
5	CAN_SHLD	CAN 的导线屏蔽层(可选)
6	GND	接地线(可选)
7	CAN_H	总线导线(高电平表示显性位)
8	—	保留
9	CAN_V+	收发器和光电耦合器(可选)的正极电源

物理媒介对于“显性位”和“隐性位”的阐述是 CAN 访问机制和除错管理的基本前提条件。图 7-3 提供了一种简单的 CAN 总线驱动方式（集电极开路耦合），Sx 为发送信号，Ex 为接收信号。该图表示了显性电平和隐形电平的形成原理，隐性电平为 5V，显性电平接近 0V。

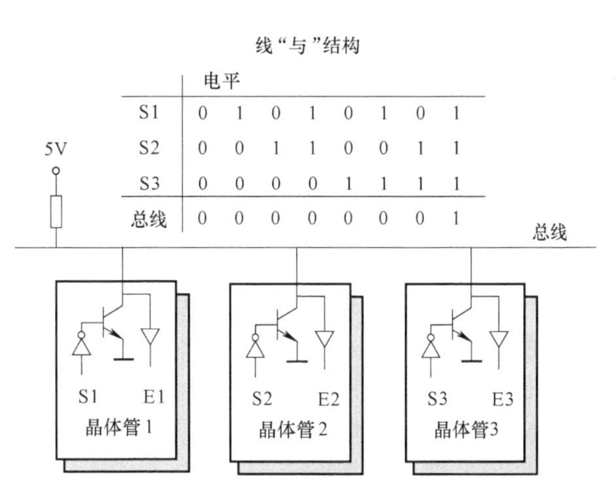

图 7-3　CAN 总线的显性电平和隐性电平

7.2.5　CANopen 应用层

CANopen 应用层详细的定义了通信服务和其他相关的通信协议。通信对象、过程参数和配置参数一起保存在设备的对象字典中。通信对象中的标识符可以通过“预定义主/从连接集”或应用于协议中定义的“预连接”来分配。通信协议由各种不同的 CAN 报文来实现。由于大多数的通信对象都可以被“破坏”或“生成”，所以通信对象的优先级必须根据实际的应用来分配。通信对象的分配方式、应用对象的动态分配方式以及应用对象的动态分配方式相结合，使得系统集成商有了更多的方式进行参数配置，也就是说，在设计通信参数方面的自由度变得更大。

CANopen 规范中所定义的基本通信服务构成了应用程序与 CANopen 应用层之间的接口。基本服务有以下 4 种。

1）请求：应用程序请求 CANopen 软件的一种通信服务。

2）指示：CANopen 软件向应用程序报告某一事件或应执行的任务。

3）响应：应用程序对 CANopen 软件报告的事件或任务做出的应答。

4）确认：CANopen 软件向应用程序确认 CANopen 软件已经执行了任务。

CANopen 应用层的服务类型分为两种，一种是仅在一个设备中执行的服务，比如局部服务和提供者启动的服务；另一种是多个设备通过网络进行通信的服务，比如确认和未确认的服务。

1. 基本原理

由于 CAN 只对物理层和数据链路层进行了定义，因此，为了能使设备之间通过 CAN 进行通信，用户还需要进行一些与应用相关的定义。首先，将网络中可用的 CAN 标识符分配给每个设备。这样才能知道哪些消息的优先级高，哪些消息的优先级低，设备之间是否具有优先顺序，或 CAN 标识符中是否包含预设功能。其次，为了不让系统中出现功能不同但 CAN 报文相同的情况，用户还要做出一些相关的定义。

除了上述定义外，传输的数据内容也要定义，主要包括数据内容的传输格式以及数据读取规则。

通信单元由 CAN 收发器、CAN 控制器以及 CANopen 协议栈组成。协议栈中包括实现通信的通信对象（如过程数据对象和服务数据对象和状态机。通信单元提供数据传输所需的所有机制和通信对象，符合 CANopen 规范的数据可以利用这些机制通过 CAN 接口进行传输。

在 CANopen 设备的应用单元中，对设备的基本功能进行定义或描述。例如：在 I/O 设备中，可以访问设备的数字或模拟输入/输出接口；在驱动控制系统中，可以实现轨迹发生器或速度控制模块的控制。

对象字典是应用单元与通信单元之间的接口，实际上是设备的所有参数列表。应用单元和通信单元都可访问这个参数列表。可以对对象字典中的词目进行读或写。例如，为通信对象配置不同的 CAN 标识符。如果应用对象是一个调节器，那么对象字典中的词目就是调节器的参数。

2. 通信对象

CANopen 应用层详细描述了各种不同类型的通信对象（COB），这些通信对象都是由一个或多个 CAN 报文实现的。

3. 对象字典

对象字典是一个有序的对象组，每个对象采用一个 16 位的索引值来寻址，为了允许访问数据结构中的单个元素，同时定义了一个 8 位的子索引，CANopen 对象字典的结构见表 7-3。

表 7-3 CANopen 对象字典的结构

索引	对　　象
0000	未用
0001~001F	静态数据类型(标准数据类型,如 Boolean,Integer 16)
0020~003F	复杂数据类型(预定义由简单类型组合成的结构,如 PDOCommPar,SDOParameter)
0040~005F	制造商规定的复杂数据类型
0060~007F	设备子协议规定的静态数据类型
0080~009F	设备子协议规定的复杂数据类型
00A0~0FFF	保留
1000~1FFF	通信子协议区域(如设备类型,错误寄存器,支持的 PDO 数量)
2000~5FFF	制造商特定子协议区域
6000~9FFF	标准的设备子协议区域(例如“DS-401 I/O 模块设备子协议”;Read State 8 Input Lines 等)
A000~AFFF	符合 IEC 61131-3 的网络变量
B000~BFFF	用于 CANopen 路由器/网关的系统变量
C000~FFFF	保留

对象字典中索引值低于 0x0FFF 的“datatypes”项仅仅是一些数据类型定义。

一个节点的对象字典的有关范围在 0x1000~0x9FFF。

在对象字典中，CANopen 设备的所有对象都是以标准化方式进行描述的。对象字典是所有数据结构的集合，这些数据结构涉及设备的应用程序、通信以及状态机。对象字典利用对象来描述 CANopen 设备的全部功能，并且它也是通信接口与应用程序之间的接口。

对象字典中的对象可以通过一个已知的 16 位索引来识别，对象可以是一个变量、一个数组或一种结构；数组和结构中的单元又可以通过 8 位子索引进行访问（不允许嵌套结构）。

这样用户就可以通过同一索引和子索引获得所有设备中的通信对象，以及用于某种设备类别的对象（设备、应用或接口子协议）。而制造商相关的属性则保存在事先保留的索引范围内（即制造商定义的范围），而且索引的结构也已固定。

CANopen 网络中每个节点都有一个对象字典。对象字典包含了描述这个设备和它的网络行为的所有参数。

一个节点的对象字典是在电子数据文档（ElectronicDataSheet，EDS）中描述或者记录在纸上。不必要也不需要通过 CAN-bus“审问”一个节点的对象字典中的所有参数。如果一个节点严格按照在纸上的对象字典进行描述其行为也是可以的。

节点本身只需要能够提供对象字典中必需的对象（而在 CANopen 规定中必需的项实际上是很少的），以及其他可选择的、构成节点部分可配置功能的对象。

CANopen 由一系列称为子协议的文档组成。

通信子协议（communicationprofile），描述对象字典的主要形式和对象字典中的通信子协议区域中的对象及通信参数，同时描述 CANopen 通信对象。这个子协议适用于所有的 CANopen 设备。

还有各种设备子协议（Deviceprofile），为各种不同类型设备定义对象字典中的对象。目前已有 5 种不同的设备子协议。

设备子协议为对象字典中的每个对象描述了它的功能、名字、索引和子索引、数据类型，以及这个对象是必需的还是可选的，这个对象是只读、只写或者可读写等。

一个设备的通信功能、通信对象、与设备相关的对象以及对象的默认值由电子数据文档提供。

单个设备的对象配置的描述文件称作设备配置文件（Device Configuration File，DCF），它和 EDS 有相同的结构。二者文件类型都在 CANopen 规范中定义。

设备子协议定义了对象字典中哪些 OD 对象是必需的，哪些是可选的。

必需的对象应该保持最少数目以减小实现的工作量。

可选项在通信部分和与设备相关部分，可以根据需要增加以扩展 CANopen 设备的功能。如果需要的项超过了设备子协议中可以提供的，在设备子协议中已预留由足够空间提供给厂商的特定功能使用。对象字典中描述通信参数部分对所有 CANopen 设备（例如在 OD 中的对象是相同的，对象值不必一定相同）都是一样的。对象字典中设备相关部分对于不同类的设备是不同的。

4. 网络管理系统

网络管理系统（NMT）负责启动网络和监控设备。为了节约网络资源，尤其是 CAN 标识符和总线带宽，将 CANopen 网络管理系统设计成一种主/从站系统。对于那些出于安全原因要求在网络中包含多个 NMT 主站的应用而言，可以采用一个“动态主站”（Flying NMT Master）。当活动的 NMT 主机出现故障时，另一个设备将会自动承担 NMT 主站的义务。

在 CANopen 网络中只允许有一个活动的 NMT 主站，通常为中央控制器（即应用主站）。原则上每一种设备（包括传感器）均可执行 NMT 主站功能。如果网络中有多个设备都具有 NMT 主机功能，则只有一个能配置成主站。有关配置 NMT 主站的详细信息可在用于编程 CANopen 设备的“框架规范”（CiA 302）中找到。

CANopen 定义的从站通信状态机如图 7-4 所示。

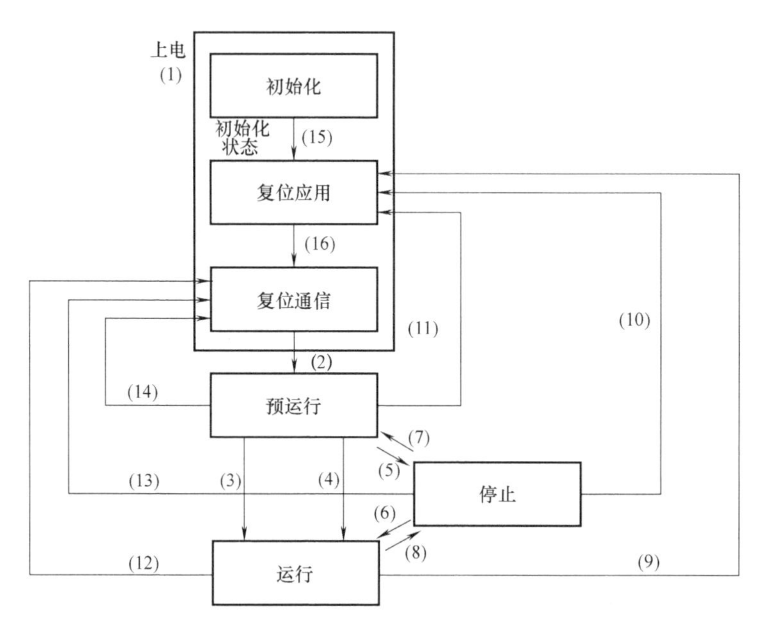

图 7-4　CANopen 定义的从站通信状态机

图 7-4 中数字对应的 CANopen 网络管理服务（NMT）见表 7-4。从站必须提供启动远程节点服务，其他服务都可以通过本地应用实现。进入预运行状态后从站开始支持 SDO 服务，在进入运行状态后开始启动 PDO 服务。

表 7-4　CANopen 网络管理服务（NMT）

状态	服　　务
(1)	上电之后自动进入初始化状态
(2)	初始化完成，自动进入预运行状态
(3)(6)	启动远程节点指令(进入运行状态)
(4)(7)	进入预运行指令(进入预运行状态)
(16)	复位应用结束，自动进入复位通信状态
(5)(8)	停止远程节点指令(进入停止状态)
(9)(10)(11)	复位节点指令(进入复位应用子状态)
(12)(13)(14)	复位通信指令(进入复位通信子状态)
(15)	初始化结束，自动进入复位应用状态

7.2.6　CANopen 通信

CANopen 通信模型定义了 4 种报文（通信对象）。

1. 管理报文

1）层管理，网络管理和 ID 分配服务：如初始化，配置和网络管理（包括节点保护）。

2）服务和协议符合 CAL 中的 LMT，NMT 和 DBT 服务部分。这些服务都是基于主/从通信模式，即在 CAN 网络中，只能有一个 LMT、NMT 或 DBT 主节点，以及一个或多个从节点。

2. 服务数据对象 SDO（Service Data Object）

CANopen 设备为用户提供了一种访问内部设备数据的标准途径，设备数据由一种固定的结构（即对象字典）管理，同时也能通过这个结构来读取。对象字典中的条目可以通过服务数据对象（SDO）来访问，此外，一个 CANopen 设备必须提供至少一个 SDO 服务器，该服务器被称为默认的 SDO 服务器。而与之对应的 SDO 客户端通常在 CANopen 管理器中实现。因此，为了让其他 CANopen 设备或配置工具也能访问默认 SDO 服务器，CANopen 管理器必须引入一个 SDO 管理器。

被访问对象字典的设备必需具有一个 SDO 管理器，这样才能保证正确地解释标准的 SDO 传输协议，并确保正确地访问对象字典。SDO 之间的数据交换通常都是由 SDO 客户端发起的，它可以是 CANopen 网络中任意一个设备中的 SDO 客户端。

1）通过使用索引和子索引（在 CAN 报文的前几个字节），SDO 使客户机能够访问设备（服务器）对象字典中的项（对象）。

2）SDO 通过 CAL 中多元域的 CMS 对象来实现，允许传送任何长度的数据（当数据超过 4 个字节时分拆成几个报文）。

3）SDO 通信协议用来确认服务类型，为每个消息生成一个应答（1 个 SDO 需要 2 个 ID）。SDO 请求和应答报文总是包含 8 个字节（没有意义的数据长度在第一个字节中表示，第一个字节携带协议信息）。SDO 通信有较多的协议规定。

3. 过程数据对象 PDO（Process Data Object）

在许多集中式控制系统中，各种设备都可能会定时传输其所有的过程数据。通常情况下，控制主机会通过轮询的方法来查询从机的过程数据。从机则把各自过程数据应答给控制主机。

在 CANopen 中，过程数据被分为几个单独的段，每个段最多为 8 个字节，这些段就是过程数据对象（PDO）。过程数据对象由一个 CAN 报文构成，过程数据对象的优先级由对应的 CAN 标识符决定。过程数据对象分接收过程数据对象（RPDO）和发送过程数据对象（TPDO）两种。

1）过程数据用来传输实时数据，数据从一个生产者传到一个或多个消费者。数据传送限制在 1~8 个字节（例如，一个 PDO 可以传输最多 64 个数字 I/O 值，或者 4 个 16 位的 AD 值）。

2）PDO 通信没有协议规定。PDO 数据内容只由它的 CANID 定义，假定生产者和消费者知道这个 PDO 的数据内容。

3）每个 PDO 在对象字典中用 2 个对象描述。

PDO 通信参数：包含哪个 COB-ID 将被 PDO 使用，传输类型、禁止时间和定时器周期。

PDO 映射参数：包含一个对象字典中对象的列表，这些对象映射到 PDO 里，包括它们的数据长度（in bits）。生产者和消费者必须知道这个映射，以解释 PDO 内容。

4）PDO 消息的内容是预定义的（或者在网络启动时配置的）。

映射应用对象到 PDO 中是在设备对象字典中描述的。如果设备（生产者和消费者）支持可变 PDO 映射，那么使用 SDO 报文可以配置 PDO 映射参数。

5）PDO 可以有多种传送方式。

① 同步（通过接收 SYNC 对象实现同步）。

非周期：由远程帧预触发传送，或者由设备子协议中规定的对象特定事件预触发传送。

周期：在每1~240个SYNC消息后触发传送。

② 异步。

由远程帧触发传送。由设备子协议中规定的对象特定事件触发传送。

由传输类型定义的不同PDO传输模式见表7-5。传输类型为PDO通信参数对象的一部分，由8位无符号整数定义。

表7-5 PDO传输模式

传输类型	触发PDO的条件（B=both needed O=one or both）			PDO传输
	SYNC	RTR	Event	
0	B	—	B	同步，非循环
1~240	O	—	—	同步，循环
241~251	—	—	—	保留
252	B	B	—	同步，在RTR之后
253	—	O	—	异步，在RTR之后
254	—	O	O	异步，制造商特定事件
255	—	O	O	异步，设备子协议特定事件

注：SYNC——接收到SYNC-object。RTR——接收到远程帧。Event——例如数值改变或者定时器中断。传输类型为1~240时，该数字代表两个PDO之间的SYNC对象的数目。

一个PDO可以指定一个禁止时间，即定义两个连续PDO传输的最小间隔时间，避免由于高优先级信息的数据量太大，始终占据总线，而使其他优先级较低的数据无力竞争总线的问题。禁止时间由16位无符号整数定义，单位为100μs。

一个PDO可以指定一个事件定时周期，当超过定时时间后，一个PDO传输可以被触发（不需要触发位）。事件定时周期由16位无符号整数定义，单位为1ms。

PDO通过CAL中存储事件类型的CMS对象实现。PDO数据传送没有上层协议，而且PDO报文没有确认（一个PDO需要一个CAN-ID）。每个PDO报文传送最多8个字节（64位）数据。

4. 预定义报文或特殊功能对象

（1）同步（SYNC）

1）在网络范围内同步（尤其在驱动应用中）：在整个网络范围内，当前输入值准同时保存，随后传送（如果需要），根据前一个SYNC后接收到的报文更新输出值。

2）主/从模式：SYNC主节点定时发送SYNC对象，SYNC从节点收到后同步执行任务。

3）在SYNC报文传送后，在给定的时间窗口内传送一个同步PDO。

4）用CAL中基本变量类型的CMS对象实现。

5）CANopen建议用一个最高优先级的COB-ID以保证同步信号正常传送。SYNC报文可以不传送数据以使报文尽可能短。

（2）时间标记对象（Time Stamp）

1）为应用设备提供公共的时间帧参考。

2）用 CAL 中存储事件类型的 CMS 对象实现。

（3）紧急事件（Emergency）

1）设备内部错误触发。

2）用 CAL 中存储事件类型的 CMS 对象实现。

（4）节点/寿命保护（Node/Life guarding）

1）主/从通信模式。

2）NMT 主节点监控节点状态，称作节点保护（Node guarding）。

3）节点也可以（可选择）监控 NMT 主节点的状态，称作寿命保护（Life guarding）。当 NMT 从节点接收到 NMT 主节点发送的第一个 Node Guard 报文后启动寿命保护。

4）检测设备的网络接口错误（不是设备自身的错误），通过应急指示报告。

5）根据 NMT 节点保护协议实现。NMT 主节点发送远程请求到一个特定节点，节点给出应答，应答报文中包含了这个节点的状态。

（5）Boot-UP

1）主/从通信模式。

2）NMT 从节点通过发送这个报文，向 NMT 主节点说明该节点已经由初始化状态进入预操作状态。

通信对象类型中有两个对象用于数据传输，它们采用两种不同的数据传输机制实现。

SDO 用来在设备之间传输大的低优先级数据，典型的是用来配置 CANopen 网络上的设备。

PDO 用来传输 8 字节或更少数据，没有其他协议预设定（意味着数据内容已预先定义）。

一个 CANopen 设备必须支持一定数量的网络管理服务（administrative messages，管理报文），需要至少一个 SDO。每个生产或消费过程数据的设备需要至少一个 PDO。所有其他的通信对象是可选的。一个 CANopen 设备中 CAN 通信接口、对象字典和应用程序之间的联系如图 7-5 所示。

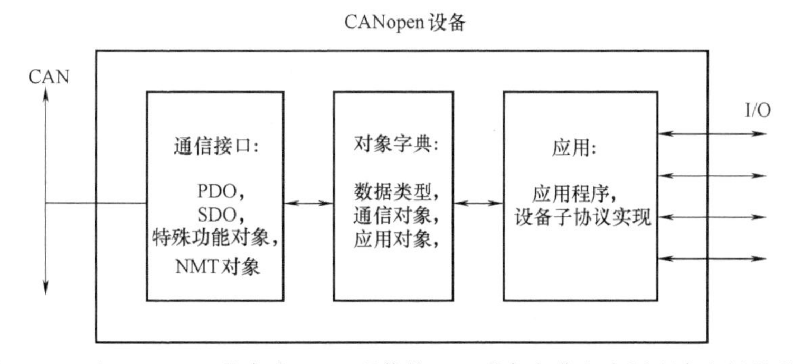

图 7-5　一个 CANopen 设备中 CAN 通信接口、对象字典和应用程序之间的联系

7.2.7　CANopen 预定义连接集

为了减小简单网络的组态工作量，CANopen 定义了强制性的默认标识符（CAN-ID）分

配表。这些标志符在预操作状态下可用，通过动态分配还可修改他们。CANopen 设备必须向它所支持的通信对象提供相应的标识符。

默认 ID 分配表是基于 11 位 CAN-ID，包含一个 4 位的功能码部分和一个 7 位的节点 ID（Node-ID）部分，如图 7-6 所示。

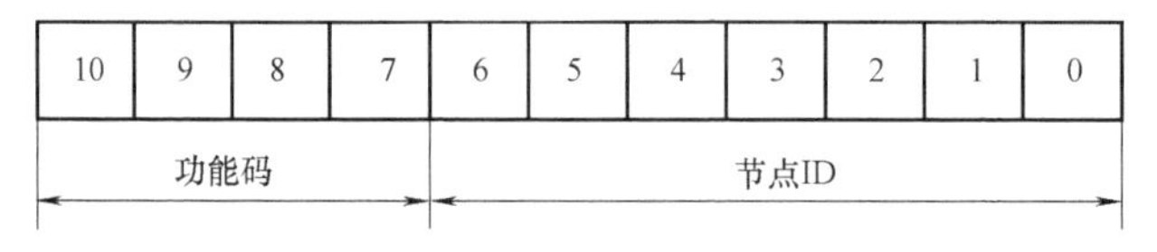

图 7-6 预定义连接集 ID

Node-ID 由系统集成商定义，例如通过设备上的拨码开关设置。Node-ID 范围是 1～127（0 不允许被使用）。

预定义的连接集定义了 4 个接收 PDO（Receive-PDO），4 个发送 PDO（Transmit-PDO），1 个 SDO（占用 2 个 CAN-ID），1 个紧急对象和 1 个节点错误控制（Node-Error-Control）ID。也支持不需确认的 NMT-Module-Control 服务，SYNC 和 Time Stamp 对象的广播。CANopen 预定义主/从连接集 CAN 标识符分配表见表 7-6。

表 7-6 CANopen 预定义主/从连接集 CAN 标识符分配表

	对象	功能码（ID-bits 10-7）	COB-ID	通信参数在 OD 中的索引
CANopen 预定义主/从连接集的广播对象	NMT Module control	0000	000H	—
	SYNC	0001	080H	1005H，1006H，1007H
	TIME SSTAMP	0010	100H	1012H，1013H
CANopen 预定义主/从连接集的对等对象	紧急	0001	081H～0FFH	1024H，1015H
	PDO1（发送）	0011	181H～1FFH	1800H
	PDO1（接收）	0100	201H～27FH	1400H
	PDO2（发送）	0101	281H～2FFH	1801H
	PDO2（接收）	0110	301H～37FH	1401H
	PDO3（发送）	0111	381H～3FFH	1802H
	PDO3（接收）	1000	401H～47FH	1402H
	PDO4（发送）	1001	481H～4FFH	1803H
	PDO4（接收）	1010	501H～57FH	1403H
	SDO（发送/服务器）	1011	581H～5FFH	1200H
	SDO（接收/客户）	1100	601H～67FH	1200H
	NMT Error Control	1110	701H～77FH	1016H～1017H

PDO/SDO 发送/接收是由从站 CAN 节点方观察的。

NMT 错误控制包括节点保护（Node Guarding）、心跳报文（Heartbeat）和 Boot-up 协议。

7.2.8 CANopen 标识符分配

ID 地址分配表与预定义的主/从连接集相对应，因为所有的对等 ID 是不同的，所以实际上只有一个主设备（知道所有连接的节点 ID）能和连接的每个从节点（最多 127 个）以对等方式通信。两个连接在一起的从节点不能够通信，因为它们彼此不知道对方的节点 ID。

比较表 7-6 中的 ID 映射和 CAL 的映射，可知具有特定功能的 CANopen 对象如何映射到 CAL 中一般的 CMS 对象。

CANopen 网络中 CAN 标识符（或 COB-ID）分配有以下 3 种不同的方法。

1）使用预定义的主/从连接集。ID 是默认的，不需要配置。如果节点支持，PDO 数据内容也可以配置。

2）上电后修改 PDO 的 ID（在预操作状态），使用（预定义的）SDO 在节点的对象字典中适当位置进行修改。

3）使用 CALDBT 服务。节点或从节点最初由它们的配置 ID 指示。节点 ID 可以由设备上的拨码开关配置，或使用 CALLMT 服务进行配置。当网络初始化完毕，并且启动后，主节点首先通过“Connect_ Remote_ Node”报文（是一个 CALNMT 服务）和每个连接的从设备建立一个对话。一旦这个对话建立，CAN 通信 ID（SDO 和 PDO）即用 CALDBT 服务分配好，这需要节点支持扩展的 boot-up。

7.3 IEC 61800-7 通信接口标准

IEC 61800 标准系列是一个可调速电子功率驱动系统通用规范。其中，IEC 61800-7 是控制系统和功率驱动系统之间的通信接口标准，包括网络通信技术和应用行规。它定义了一系列通用的传动控制功能、参数、状态机，以及被映射到概述文件的操作序列描述。同时，提供了一种访问驱动功能和数据的方法，它们独立于驱动配置文件和通信接口。其目的在于建立一个通用的驱动模型，该模型使用那些能够映射到不同通信接口的通用功能和对象。使用通用的接口在建立运动控制系统时可以增加设备的独立性，不需要考虑通信网络的某些具体细节。

7.3.1 IEC 61800-7 体系架构

IEC 61800-7 体系架构如图 7-7 所示。

EtherCAT 作为网络通信技术，支持了 CANopen 协议中的行规 CiA 402 和 SERCOS 协议的应用层，分别称为 CoE 和 SoE。

IEC 61800-7 由三部分组成，涉及 4 种类型。

IEC 61800-7-1 主要是关于一般接口的定义，它包含了一个通用的电力系统驱动接口规范和几个附件，根据附件规定，4 种类型接口被映射到了通用接口。

IEC 61800-7-200 是这 4 种类型的调速电力驱动系统概要规范，也称作行规。

IEC 61800-7-300 规定了这 4 种类型是怎样映射到相对应的网络对象上的。

类型 1 CiA 402：CiA 402（CAN in Automation，简称 CiA）规定了 CAN 的应用层协议 CANopen。CiA402 描述了 CANopen 应用层数字运动控制设备，例如伺服电动机、变频设备和步进电动机等，是一种驱动和运动控制的行业规范。

类型 2 CIP Motion：CIPMotion 是 CIP 协议的组成部分，是一种专门针对运动控制推出的实时工业以太网协议，是基于 EtherNet/IP 和 1588 标准的运动控制行业规范。这个协议为变

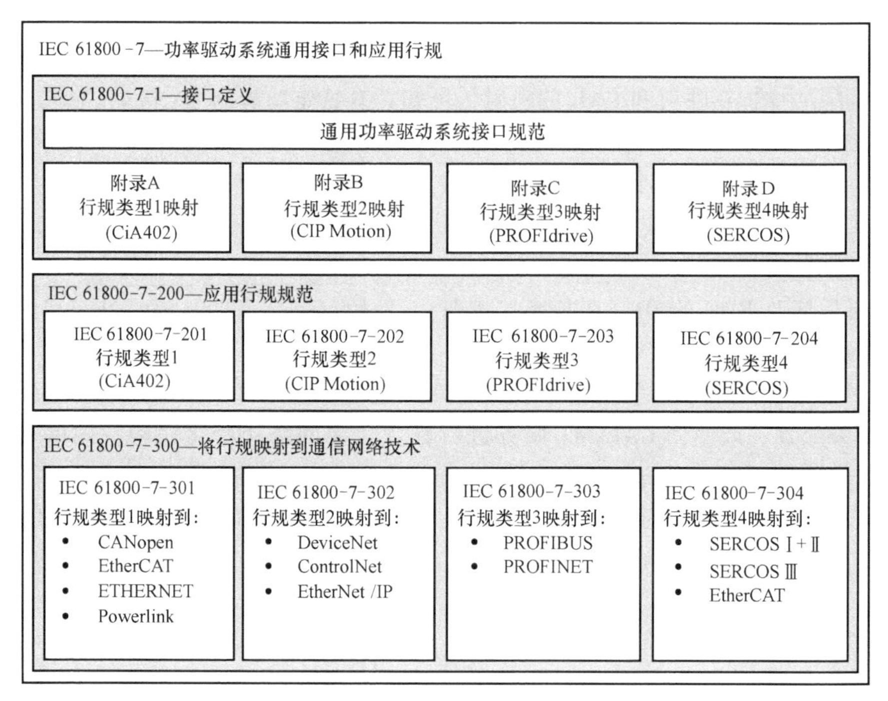

图 7-7 IEC 61800-7 体系架构

频设备和伺服驱动设备提供了广泛的功能支持。

类型 3 PROFIdrive：PROFIdrive 是由西门子公司基于 PROFIBUS 与 PROFINET 定义的一种开放式运动控制行业规范。PROFIdrive 能够支持时钟同步，支持从设备与从设备之间的通信。它为驱动设备定义了标准的参数模型、访问方法和设备行为，驱动应用范围广泛。

类型 4 SERCOS：SERCOS 是可以使用在数字伺服设备和运动系统上的通信标准，SERCOS 作为一种为人们所熟知的运动控制接口，规定了大量标准参数，用以描述控制、驱动以及 I/O 站的工作。

7.3.2 CiA402 子协议

CiA402 子协议中规定了三种通过数据对象访问伺服驱动的方式，它们分别是过程数据对象（PDO）、服务数据对象（SOD）和内部数据对象（IDO）。其中 PDO 是以不确定的方式访问，SDO 是通过握手的方法，即是以确定的方式访问，IDO 是生产厂家指定的，通常不可以直接进行访问，只有在其通过 SDO 授权后才可以访问。电源驱动状态机规定了设备的状态和它可采取状态转换的方法，也描述了接收到的命令。因此，可以通过设备的控制字来转换它的状态，也可以通过它的状态字获得设备正处于的状态。

IEC 61800-7-201 还包含了实时控制对象的定义、配置、调整、识别和网络管理对象。系统将各种需要的装置连接起来，通过其通信服务，就可以传送实现要求的各种数据。其中包括非实时性数据，例如诊断、配置、识别和调整等；过程数据，例如要求达到的位置、实际的位置等。IEC 61800-7-301 规定了这些通信服务标准。

每种控制模式都包含了相应的对象集，用来实现控制。在对象字典里的所有对象要按照属性分类，每个对象都使用一个唯一的 16 位的索引及 8 位子索引进行编址。定义一个对象需要定义多种对象属性。例如，访问属性指出该对象的读写方式，告知网络该对象是只读方式、只写方式、读写方式还是常量；PDO 映射属性指出该对象是否可以映射为实时通信的通信对象；默认值表明一个可读写或者常量的对象在上电或者应用程序复位时的值。

7.4　CoE

CANopen 是为定义 CAN 总线的高层协议而开发的，而 EtherCAT 的底层实现机制，特别是数据链路层的实现与 CAN 总线的数据链路层有着巨大的差异。将 CANopen 作为 EtherCAT 的应用层，在保证兼容性的同时，为了与 EtherCAT 数据链路层接口，同时充分发挥 EtherCAT 的网络优势，需要对 CANopen 协议进行相应的功能扩充，这样就形成了 CoE（CANopen over EtherCAT），其主要功能如下。

1）使用邮箱通信访问 CANopen 对象字典及其对象，实现网络初始化。

2）使用 CANopen 应急对象和可选的事件驱动 PDO 消息，实现网络管理。

3）使用对象字典映射过程数据、周期性传输指令数据和状态数据。

CoE 与 CANopen 协议的差异如下。

（1）通信

在 CANopen 协议中，通信对象标识符（COB-ID）是非常重要的概念，它同时提供了寻址、优先级及指令等多种功能。但这种基于 CAN 总线的实现机制在 EtherCAT 网络中已经完全失去了意义，EtherCAT 有自己对应的寻址、优先级和指令规范，因此 CoE 中完全没有了与 COB-ID 相关的信息。

（2）状态机

通过分析比较 EtherCAT 通信状态机，可以发现它们极为相似，根据对应状态所能提供的服务，可以得出 CANopen 与 EtherCAT 通信状态机映射关系，见表 7-7。

表 7-7　CANopen 与 EtherCAT 通信状态机映射关系

EtherCAT 状态	CANopen 状态
上电	上电(初始化)
初始化(INIT)	停止
预运行(支持邮箱服务)	预运行(支持 SDO)
安全运行(支持邮箱和过程数据输入服务)	
运行(主从邮箱和过程数据输入输出服务)	运行(支持 SDO 与 PDO)

可以看出它们的主要差别如下。

1）EtherCAT 状态机不会在上电后自动进入预运行状态。

2）CANopen 不支持安全运行状态。

3）EtherCT 不支持通过复位指令回到 INIT 状态。

经过以上分析可以发现 EtherCAT 状态机可以取代 CANopen 状态机，而不会丢失关键的网络管理机能，因此在 CoE 中没有了 CANopen 通信状态机的显式存在。

7.4.1 CoE 对象字典

CoE（CANopen over EtherCAT）协议完全遵从 CANopen 协议，其对象字典的定义也相同，见表 7-3。CoE 通信数据对象见表 7-8。其中针对 EtherCAT 通信扩展了相关通信对象 0xlC00~0xlC4F，用于设置存储同步管理器的类型、通信参数和 PDO 数据分配。

表 7-8 CoE 通信数据对象

索引号	含 义
0x1000	设备类型,32 位整数 位 0~15:所使用的设备行规 位 16~31:基于所使用行规的附加信息
0x1001	错误寄存器,8 位 位 0:常规错误 ;位 4:通信错误 位 1:电流错误 ;位 5:设备行规定义错误 位 2:电压错误 ;位 6:保留 位 3:温度错误 ;位 7:制造商定义错误
0x1008	设备商设备名称,字符串
0x1009	制造商硬件版本
0x100A	制造商软件版本
0x1018	设备标识符,结构体类型 子索引 0:参数体数目 子索引 1:制造商 ID(Vendor ID) 子索引 2:产品码(Product Code) 子索引 3:版本号(Revision Number) 子索引 4:序列号(Serial Number)
0x1600~0x17FF	RxPDO 映射,结构体类型 子索引 0:参数体数目 子索引 1:第一个映射的输出数据对象 ⋮ 子索引 n:最后一个映射的输出数据对象
0x1A00~0x1BFF	TxPDO 映射,结构体类型 子索引 0:参数体数目 子索引 1:第一个映射的输入数据对象 ⋮ 子索引 n:最后一个映射的输入数据对象
0x1C00	SM 通道通信类型,子索引 0 定义了所使用 SM 通道的数目,子索引 1~32 定义了相应 SM0~SM31 通道的通信类型,相关通信类型如下 0:邮箱输出,非周期性数据通信,1 个缓存区写操作 1:邮箱输入,非周期性数据通信,1 个缓存区读操作 2:过程数据输出,周期性数据通信,3 个缓存区写操作 3:过程数据输入,周期性数据通信,3 个缓存区读操作
0x1C10~0x1C2F	过程数据通信同步管理器 PDO 分配 子索引 0:分配的 PDO 数目 子索引 1~n:PDO 映射对象索引号
0x1C30~0x1C4F	同步管理器参数 子索引 1:同步类型; 子索引 2:周期时间,单位为 ns; 子索引 3:AL 事件和相关操作之间的偏移时间,单位为 ns

7.4.2　CoE 周期性过程数据通信

在 CoE 周期性数据通信中，过程数据可以包含多个 PDO 影射数据对象，CoE 协议使用数据对象 0x1C10~0x1C2F 定义相应 SM 通道的 PDO 映射对象列表。

以周期性输出数据为例，输出数据使用 SM2 通道，由对象数据 0x1C12 定义 PDO 分配，CoE 的 PDO 分配图如图 7-8 所示。

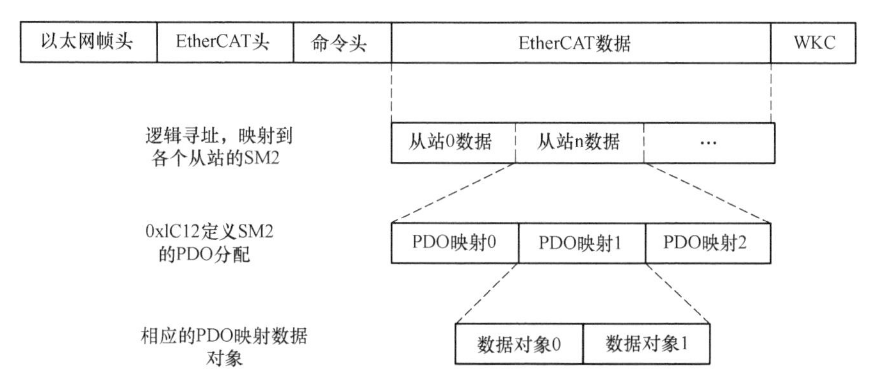

图 7-8　CoE 的 PDO 分配图

SM2 通道 PDO 分配对象数据 0x1C12 取值见表 7-9。

表 7-9　SM2 通道 PDO 分配对象数据 0x1C12 取值

子索引	数值	PDO 数据对象映射			
		子索引	数值	数据字节数	含义
0	3			1	PDO 映射对象数目
1	PDO0 0x1600	0	2	1	数据映射数据对象数目
		1	0x7000:01	2	电流模拟量输出数据
		2	0x7010:01	2	电流模拟量输出数据
2	PDO1 0x1601	0	2	1	数据映射数据对象数目
		1	0x7020:01	2	电流模拟量输出数据
		2	0x7030:01	2	电流模拟量输出数据
3	PDO2 0x1602	0	2	1	数据映射数据对象数目
		1	0x7040:01	2	电流模拟量输出数据
		2	0x7050:01	2	电流模拟量输出数据

根据设备的复杂程度，PDO 过程数据映射分为如下几种形式。

（1）简单的设备不需要映射协议

1）使用固定的过程数据。

2）在从站 EEPROM 中读取，不需要 SDO 协议。

（2）可读取的 PDO 映射

1）固定过程数据映射。

2）可以使用 SDO 通信读取。

(3) 可选择的 PDO 映射

1) 多组固定的 PDO，通过 PDO 分配对象 0x1C1x 选择。

2) 通过 SDO 通信选择。

(4) 可变的 PDO 映射

1) 可通过 CoE 通信配置。

2) PDO 内容可改变。

7.4.3 CoE 非周期性数据通信

EtherCAT 主站通过读写邮箱数据 SM 通道实现非周期性数据通信。CoE 协议邮箱数据结构如图 7-9 所示。

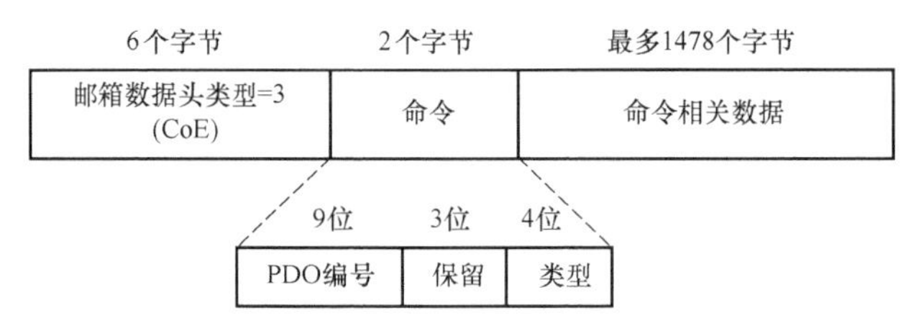

图 7-9 CoE 协议邮箱数据结构

CoE 命令定义描述见表 7-10。

表 7-10 CoE 命令定义描述

数据元素	描　　述
PDO 编号	PDO 发送时的 PDO 序号
类型	CoE 服务类型 0:保留 1:紧急事件信息 2:SDO 请求 3:SDO 响应 4:TxPDO 5:RxPDO 6:远程 TxPDO 发送请求 7:远程 RxPDO 发送请求 8:SDO 信息 9~15:保留

1. SDO 服务

CoE 通信服务类型 2 和 3 为 SDO 通信服务。

SDO 数据帧格式如图 7-10 所示。

SDO 传输类型如图 7-11 所示。

(1) SDO 三种传输服务

1) 快速传输服务

快速传输服务与标准的 CANopen 协议相同，只使用 8 个字节，最多传输 4 个字节有效数据。

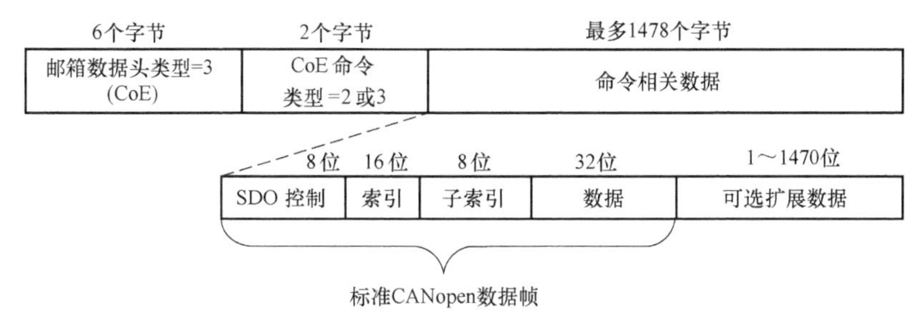

图 7-10　SDO 数据帧格式

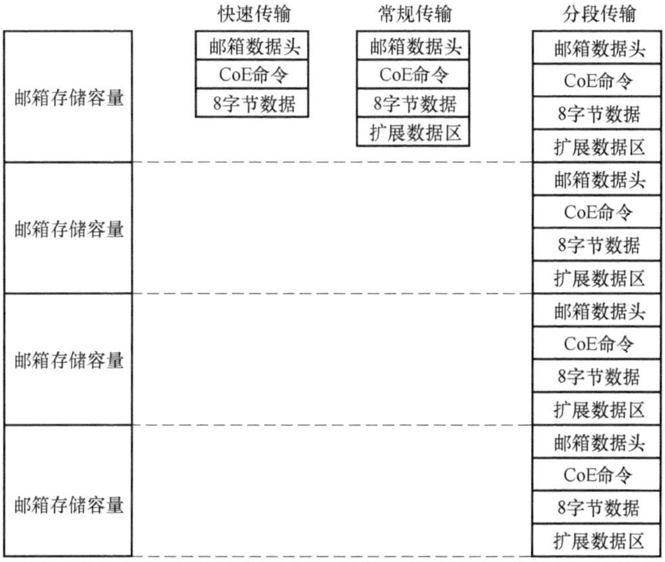

快速传输　常规传输　分段传输

邮箱存储容量 | 邮箱数据头、CoE命令、8字节数据 | 邮箱数据头、CoE命令、8字节数据、扩展数据区 | 邮箱数据头、CoE命令、8字节数据、扩展数据区（×4）

图 7-11　SDO 传输类型

2）常规传输服务

使用超过 8 个字节，可以传输超过 4 个字节的有效数据，最大可传输有效数据取决于邮箱 SM 所管理的存储区容量。

3）分段传输服务

对于超过邮箱容量的情况，使用分段的方式进行传输。

SDO 传输又分为下载和上传两种，下载传输常用于主站设置从站参数，上传传输用于主站读取从站的性能参数。

（2）SDO 下载传输请求

SDO 下载传输请求数据格式如图 7-12 所示。

如果要传输的数据小于 4 个字节，则使用快速 SDO 传输服务，它完全兼容 CANopen 协议，使用 8 个字节数据，其中 4 个字节为数据区，有效字节数为 4 减去 SDO 控制字节中的位 2 和 3 表示的数值。

如果要传输的数据大于 4 个字节，则使用常规传输服务。在常规传输时，用快速传输时的 4 个数据字节表示要传输的数据的完整大小，用扩展数据部分传输有效数据，有效数据的

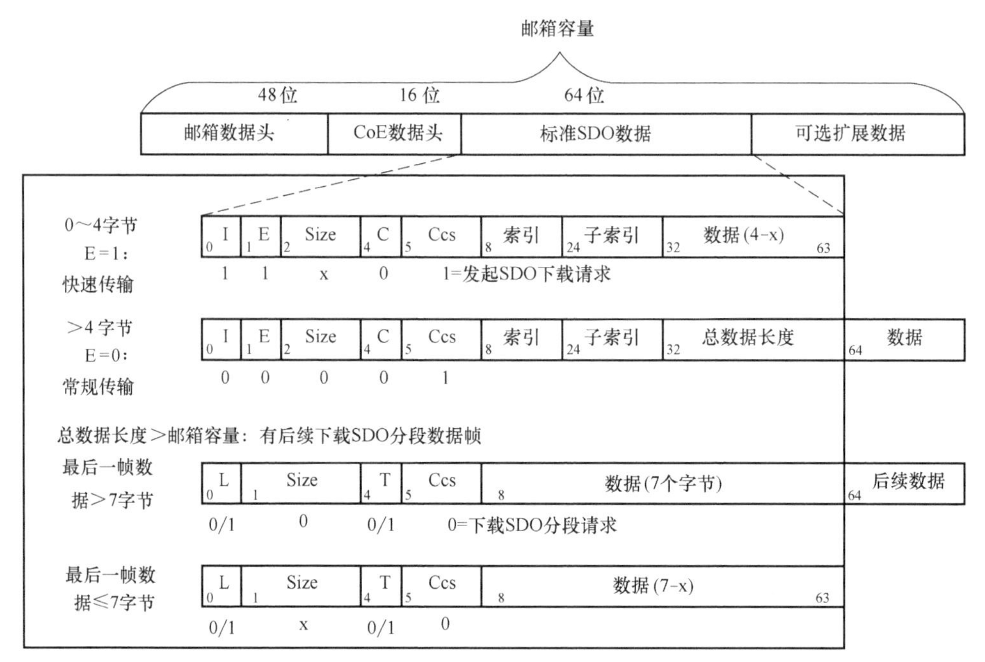

图 7-12　SDO 下载传输请求数据格式

最大容量为邮箱容量减去 16，实际大小为邮箱头中长度数据 n 减去 10。

SDO 下载传输请求服务的数据帧内容描述见表 7-11。

表 7-11　SDO 下载传输请求服务的数据帧内容描述

数据区	数据长度	位数	名称	取值和描述
邮箱头	2 字节	16 位	长度 n	n≥0x0A：后续邮箱服务数据长度
	2 字节	16 位	地址	EtherCAT 主站到从站通信，为数据源从站地址 EtherCAT 从站之间通信，为数据目的从站地址
	1 字节	位 0～5	通道	0x00：保留
		位 6～7	优先级	0x00：最低优先级 ⋮ 0x03：最高优先级
	1 字节	位 0～3	类型	0x03：CoE
		位 4～7	保留	0x00
CoE 命令	2 字节	位 0～8	PDO 编号	0x00
		位 9～11	保留	0x00
		位 12～15	服务类型	0x02：SDO 请求
SDO 数据	1 字节 （控制字节）	位 0	数目指示 I（Size Indicator）	0x00：未设置传输字节数目 0x01：设置传输字节数数目
		位 1	传输类型 E（Transfer Type）	0x01：快速传输 0x00：常规/分段传输
		位 2～3	传输字节数（Data Set Size）	4-x：快速传输时的有效数据字节数，x 是位 2～3 表示的数值 0：常规/分段传输时无效

（续）

数据区	数据长度	位数	名称	取值和描述
SDO 数据	1 字节（控制字节）	位 4	完全操作（Complete Access）	0x00:操作由索引号和子索引号检索的参数体 0x01:操作完整的数据对象,子索引应该为 0 或 1(不包括子索引 0)
		位 5~7	CoE 命令码 C_{CS}（CoE Command Specifier）	0x01:下载请求 0x00:分段下载请求
	2 字节	16 位	索引号	数据对象索引号
	1 字节	8 位	子索引号	操作参数体子索引号
	4 字节	32 位	数据	快速传输:数据 常规传输:传输数据对象的总字节数,如果本次传输的有效数据数目小于总数据长度,则后续有分段传输数据
	n-10		扩展数据	常规传输的扩展数据,传输有效数据

（3）SDO 分段下载传输

在常规下载传输时，如果传输数据对象的总数量大于本次传输的允许数据数量，则必须使用后续的分段下载传输服务，其格式如图 7-12 所示，分段下载服务数据内容描述见表 7-12。

表 7-12　分段下载服务数据内容描述

数据区	数据长度	位数	名称	取值和描述
邮箱头	2 字节	16 位	长度	n≥0x0A:后续邮箱服务数据长度
	2 字节	16 位	地址	EtherCAT 主站到从站通信,为数据源从站地址 EtherCAT 从站之间通信,为数据目的从站地址
	1 字节	位 0~5	通道	0x00:保留
		位 6~7	优先级	0x00:最低优先级 ⋮ 0x03:最高优先级
	1 字节	位 0~3	类型	0x03:CoE
		位 4~7	保留	0x00
CoE 命令	2 字节	位 0~8	PDO 编号	0x00
		位 9~11	保留	0x00
		位 12~15	服务类型	0x02:SDO 请求
SDO 控制数据	1 字节	位 0	是否有后续分段	0x00:有后续传输分段 0x01:最后一个下载分段
		位 1~3	分段数据数目（SegData Size）	7-x:最后 7 个字节中的有效数据数目,x 是位 1~3 表示的数值
		位 4	翻转握手位(Toggle)	每次在 SDO 下载分段请求时翻转,从 0x00 开始
		位 5~7	CoE 命令码 C_{CS}（CoE Command Specifier）	0x01:下载请求 0x00:分段下载请求
	n-3		数据	分段传输数据

(4) SDO 下载传输响应

EtherCAT 从站收到 SDO 下载请求之后，执行相应处理，然后将响应数据写入输入邮箱 SM1 中，由主站读取。主站只有得到正确的响应之后才能执行下一步 SDO 操作。

SDO 下载响应数据格式如图 7-13 所示。

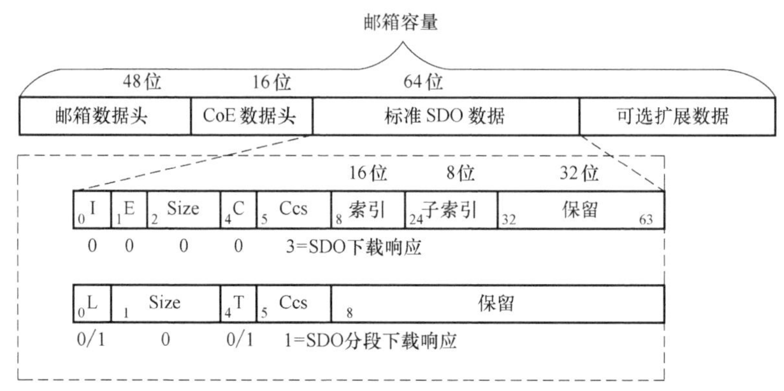

图 7-13 SDO 下载响应数据格式

SDO 下载响应数据描述见表 7-13。

表 7-13 SDO 下载响应数据描述

数据区	数据长度	位数	名称	取值和描述
邮箱头	2 字节	16 位	长度	n≥0x0A：后续邮箱服务数据长度
	2 字节	16 位	地址	EtherCAT 主站到从站通信，为数据源从站地址 EtherCAT 从站之间通信，为数据目的从站地址
	1 字节	位 0~5	通道	0x00：保留
		位 6~7	优先级	0x00：最低优先级； ⋮ 0x03：最高优先级
	1 字节	位 0~3	类型	0x03：CoE
		位 4~7	保留	0x00
CoE 命令	2 字节	位 0~8	PDO 编号	0x00
		位 9~11	保留	0x00
		位 12~15	服务类型	0x03：SDO 响应
快速和正常下载响应 SDO				
快速和正常传输 SDO 数据	1 字节	位 0	数目指示 I	0x00
		位 1	传输类型 E	0x00
		位 2~3	传输数目	0
		位 4	完全操作	0x00：操作由索引号和子索引号检索的参数体 0x01：操作完整的数据对象，子索引应该为 0 或 1（不包括子索引 0）
		位 5~7	CoE 命令码 C_{CS}	0x03：下载响应 0x01：分段下载响应
	2 字节	16 位	索引号	数据对象索引号
	1 字节	8 位	子索引号	操作参数体子索引号
	4 字节	32 位	保留	保留

（续）

数据区	数据长度	位数	名称	取值和描述
分段下载响应 SDO				
分段下载响应 SDO	1 字节	位 0～3	保留	0x00
		位 4	翻转位	与相应的分段下载请求相同
		位 5～7	CoE 命令码 C_{CS}	0x03：下载响应
	7 字节		保留	

（5）终止 SDO 传输

在 SDO 传输过程中，如果某一方发现有错误，可以发起 SDO 终止传输请求，对方收到此请求后，即停止当前 SDO 传输。SDO 终止传输请求不需要应答。SDO 终止传输请求数据描述见表 7-14。

表 7-14 中 SDO 数据有 4 个字节的终止代码，表示终止传输的具体原因。

表 7-14　SDO 终止传输请求数据描述

数据区	数据长度	位数	名称	取值和描述
邮箱头	2 字节	16 位	长度	n＝0x0A：后续邮箱服务数据长度
	2 字节	16 位	地址	EtherCAT 主站到从站通信，为数据源从站地址 EtherCAT 从站之间通信，为数据目的从站地址
	1 字节	位 0～5	通道	0x00：保留
		位 6～7	优先级	0x00：最低优先级 ⋮ 0x03：最高优先级
	1 字节	位 0～3	类型	0x03：CoE
		位 4～7	保留	0x00
CoE 命令	2 字节	位 0～8	PDO 编号	0x00
		位 9～11	保留	0x00
		位 12～15	服务类型	0x02：SDO 请求
SDO 数据	1 字节（控制字节）	位 0	数目指示 I	0x00
		位 1	传输类型 E	0x00：常规/分段传输
		位 2～3	传输数目	0x00：常规分段传输
		位 4	保留	
		位 5～7	CoE 命令码 C_{CS}	0x04：终止传输请求
	2 字节	16 位	索引号	数据对象索引号
	1 字节	8 位	子索引号	操作参数体子索引号
	4 字节	32 位	终止代码	表示终止传输的原因

（6）SDO 下载传输

SDO 快速下载传输如图 7-14 所示。

当主站要下载的有效数据小于 4 个字节时，使用快速传输服务。主站首先发送快速 SDO 下载请求到从站 SM0，从站读取邮箱数据后执行相应操作，并将响应数据写入输入邮箱 SM1。主站读 SM1，读到有效数据后，根据响应数据判断下载请求的执行结果。图 7-14 中箭

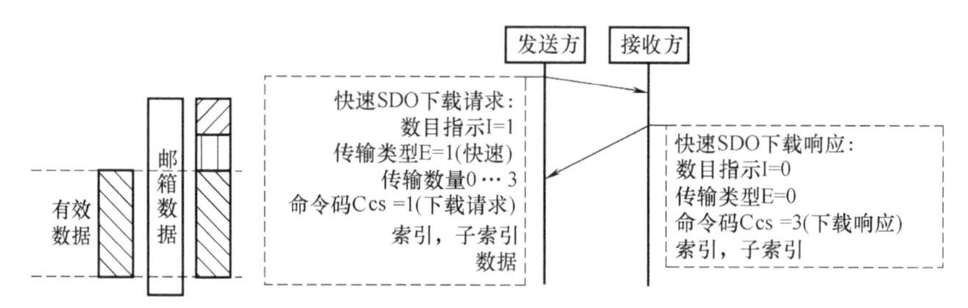

图 7-14 SDO 快速下载传输

头表示有效数据的方向，从站到主站的有效数据也需要由主站发送读数据子报文来读取。

SDO 常规下载传输如图 7-15 所示，若主站要下载的有效数据大于 4 个字节且小于邮箱容量，则使用扩展数据区进行传输，其传输过程和快速下载传输类似。

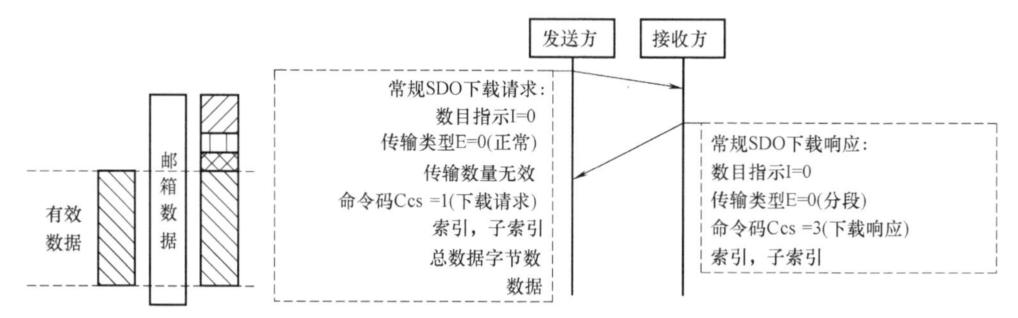

图 7-15 SDO 常规下载传输

SDO 分段下载传输如图 7-16 所示，若主站要下载的有效数据大于邮箱容量，则必须分

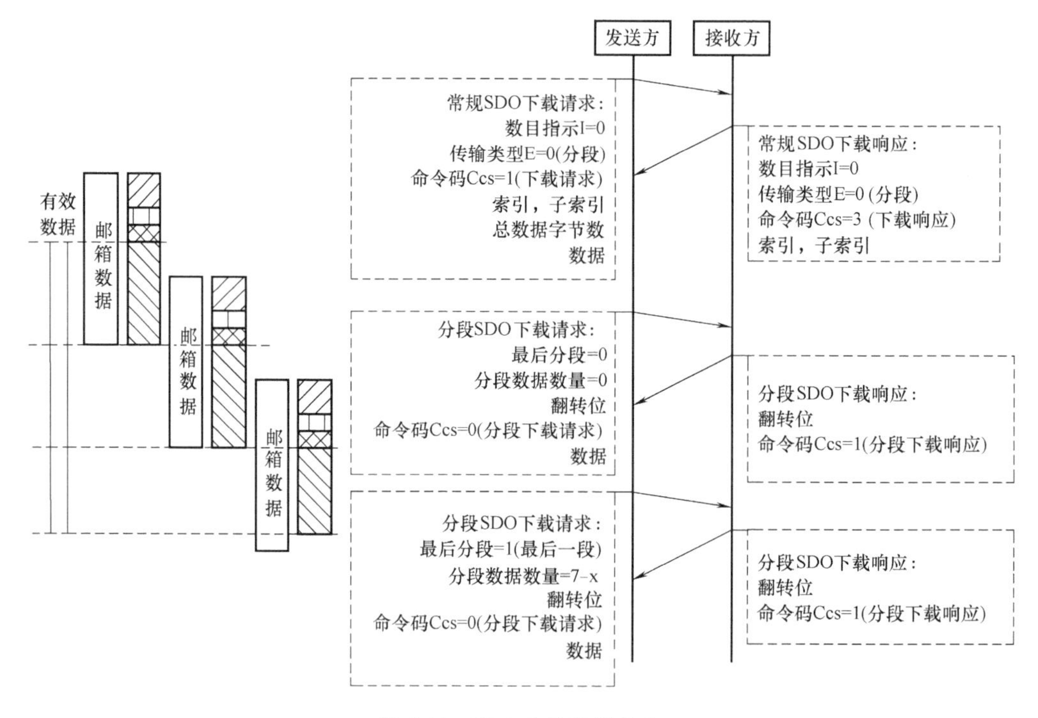

图 7-16 SDO 分段下载传输

段传输，每一个传输步骤都必须得到正确的响应才能继续后续操作。

在传输的过程中，如果主站或从站发现错误，则发起终止 SDO 传输请求，另一方收到此请求后即停止当前传输过程。

2. 紧急事件

紧急事件由设备内部的错误事件触发，将诊断信息发送给主站。当诊断事件消失之后，从站应该将诊断事件和错误复位码再发送一次。紧急事件数据帧格式如图 7-17 所示。

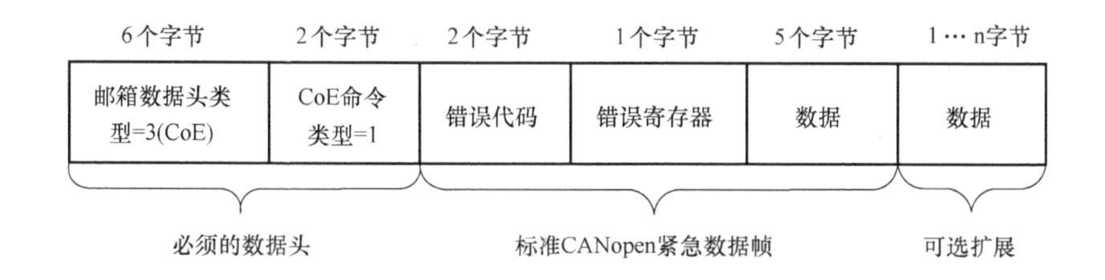

图 7-17　紧急事件数据帧格式

紧急事件数据元素描述见表 7-15。

表 7-15　紧急事件数据元素描述

数据区	数据长度	位数	名称	取值和描述
邮箱头	2 字节	16 位	长度	n=0x0A：后续邮箱服务数据长度
	2 字节	16 位	地址	EtherCAT 主站到从站通信，为数据源从站地址 EtherCAT 从站之间通信，为数据目的从站地址
	1 字节	位 0~5	通道	0x00：保留
		位 6~7	优先级	0x00：最低优先级； ⋮ 0x03：最高优先级
	1 字节	位 0~3	类型	0x03：CoE
		位 4~7	保留	0x00
CoE 命令	2 字节	位 0~8	PDO 编号	0x00
		位 9~11	保留	0x00
		位 12~15	服务类型	0x01：紧急数据
SDO 控制数据	2 字节	16 位	紧急错误码	
	1 字节	8 位	错误寄存器	映射数据对象 0x1001
	5 字节	40 位	数据	制造商定义错误信息

7.5　CANopen 驱动和运动控制设备行规

7.5.1　对驱动的访问

从 CAN 网络到驱动的访问是通过数据对象完成的。驱动数据对象如图 7-18 所示。

1. 过程数据对象

图 7-18　驱动数据对象

过程数据对象是未确认的服务中的消息。它们用于和驱动进行实时数据传输。其传输速度很快，因为它是在没有协议开销的情况下执行的，这意味着在一个 CAN 帧中传输 8 个应用程序数据字节。

2. 服务数据对象

服务数据对象是确认的服务中的消息，具有某种握手功能。它们用于访问对象字典的条目。特别是适合于各种可能的应用的驱动，它所要求的行为的配置是由这些对象完成的。

3. 内部数据对象

内部数据对象表示制造商和设备特定功能对该行规的适应性。通常这些对象不能直接访问，然而，制造商可以通过服务数据对象服务让用户访问内部数据对象。

7.5.2　驱动的结构

驱动结构如图 7-19 所示。

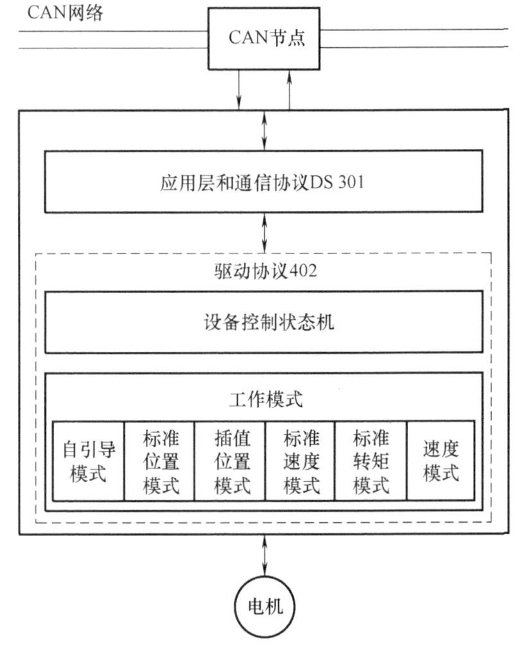

图 7-19　驱动结构

设备控制：驱动的启动和停止以及一些特定模式的命令由状态机执行。

工作模式：工作模式定义了驱动的行为。

本行规定义了如下模式。

1. 自引导模式

介绍了查找原点位置的各种方法（也包括参考点、基准点和零点）。

2. 标准位置模式

驱动的定位是在这个模式下中被确定的。速度、位置和加速度是有限的，使用轨迹发生器的轨迹运动也是可能的。

3. 插值位置模式

介绍了单轴的时间插值和坐标轴的空间插值。

4. 标准速度模式

轨迹速度模式用来控制驱动的速度，对位置没有特别的考虑。它提供限速和轨迹发生器。

5. 标准转矩模式

描述了所有转矩控制的相关参数。

6. 速度模式

用这个简单的模式来控制具有限速功能和斜坡功能的驱动器的速度。

制造商会在手册中说明其设备支持哪种模式。

如果支持多个模式，则制造商也会声明是否允许在驱动器运动时更改操作模式，或仅在驱动器停止时更改操作模式。

操作模式的功能结构如图7-20所示。

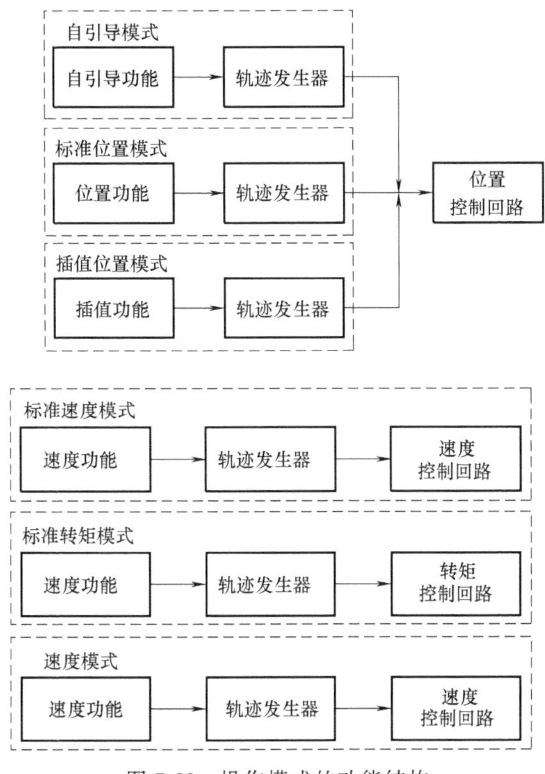

图7-20 操作模式的功能结构

轨迹发生器：所选择的操作模式和相关的参数（对象）定义了轨迹发生器的输入。轨迹发生器提供具有需求值的控制回路。它们通常是模式特定的。

每个模式都可以使用自己的轨迹发生器。

7.6 CiA402伺服驱动器子协议应用

7.6.1 设备控制状态机

伺服驱动器需要依据CiA 402描述的设备子协议进行控制。主站控制器通过修改6040h控制字（Control Word）来操作伺服驱动器的运行状态，同时通过读6041h状态字（Status Word）来获取驱动器的当前状态。

状态机描述了控制器的状态以及主机的控制方式，是CiA 402伺服驱动器应用协议运行的基础，如图7-21所示。

每一个状态代表内部或者外部具体条件的响应。同时，控制器的状态还限制了控制命令的使用。例如，当启动一个点对点的位置操作时，只能在操作使能状态下使用。

状态机可分为动力电关闭（Power Disabled）、动力电使能（Power Enable）和出错（Fault）3个状态。

只要有报警状态出现，状态机将自动进入“出错”状态。控制电上电后，伺服驱动器

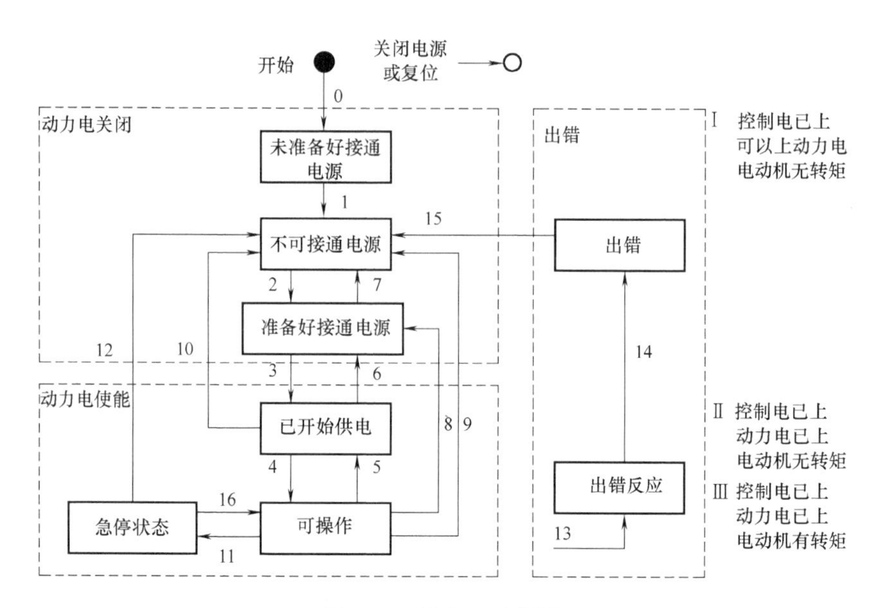

图 7-21 状态机示意图

将进行初始化，当初始化完成后，状态机自动切换到“不可接通电源（Switch on disabled）”状态，此后便可对单元进行配置。在进入到“可操作（Operation enable）”状态之前，要注意配置参数是否正确，因为该状态下电动机的转矩已经输出。如果参数配置不正确，容易导致电动机误动作。

状态机各状态的说明见表 7-16。

表 7-16 状态机各状态的说明

状态名称	说　明
未准备好接通电源 (Not ready to switch on)	控制电上电后,伺服驱动器进行初始化过程。在初始化未完成前,一直处于本状态
不可接通电源	伺服驱动器初始化完成
准备好接通电源 (Ready to switch on)	控制电已上,动力电使能开关关闭(该使能开关可用于伺服驱动器控制开关动力电),电动机无力矩
已开始供电 (Switched on)	动力电已上,电动机无力矩输出,该状态表示伺服驱动器已经做好按配置功能去控制电动机的准备
可操作	伺服驱动器按配置功能控制电动机,在此状态下电动机有力矩输出
急停状态 (Quick stop active)	伺服驱动器按照设定去停机
出错反应 (Fault reaction active)	伺服驱动器内部发生报警,并且按报警设定的运行方式去停机,电动机存在力矩输出
出错(Fault)	报警状态,电动机无力矩输出

7.6.2 设备控制相关对象

设备控制相关对象说明见表 7-17。

表 7-17 设备控制相关对象说明

索引	名 称	数据类型	读写属性
6040h	控制字(Control Word)	UNSIGNED16	RW
6041h	状态字(Status Word)	UNSIGNED16	RO
605Ah	快速停机选择码(Quick stop option code)	UNSIGNED16	RW
605Bh	关机选择码(Shutdown option code)	INTEGER16	RW
605Ch	禁止运行选择码(Disable operation option code)	UNSIGNED16	RW
605Dh	暂停选择码(Halt option code)	UNSIGNED16	RW
605Eh	故障选择码(Fault reaction option code)	UNSIGNED16	RW
6060h	运行模式选择码(Modes of operation)	INTEGER8	RW
6061h	实际运行模式选择码(Modes of operation display)	INTEGER8	RO

伺服驱动器通过控制字接收控制命令，通过状态字反馈伺服驱动器状态，通过“Modes of operation”选择运行模式，通过“Modes of operation display”反馈实际运行模式。

伺服驱动器支持五种停机方式，分别如下。

1）快速停机：通过快速停机选择码选择停机方式。

2）关机停机：通过关机选择码选择停机方式。

3）禁止运行停机：通过禁止运行选择码选择停机方式。

4）暂停停机：通过暂停选择码选择停机方式。

5）故障停机：通过故障选择码选择停机方式。

1. 6040h 控制字

6040h 控制字信息说明见表 7-18。

表 7-18 6040h 控制字信息说明

索引	6040h
名称(Name)	控制字
对象代码(Object Code)	VAR
数据类型(Data Type)	UNSIGNED16
存取(Access)	RW
PDO 映射(PDO Mapping)	是(Yes)
单位(Units)	—
值的范围(Value Range)	—
默认值(Default Value)	0

6040h 控制字的位定义见表 7-19。

表 7-19 6040h 控制字的位定义

bit15~11	bit10~9	bit8	bit7	bit6~4	bit3	bit2	bit1	bit0
Manufacturer specific	Reserved	Halt	Fault reset	Operation mode specific	Enable Operation	Quick Stop	Enable Voltage	Switch on

(1) 6040h 控制字的位 0~3 和位 7

这几位构成了状态机跳转的控制命令，各种跳转条件见表 7-20。

表 7-20 状态机跳转条件

命令	控制字的位					转换
	Bit7 故障复位	Bit3 使能运行	Bit2 快速停机	Bit1 使能电源	Bit0 接通电源	
关机	0	×	1	1	0	2,6,8
接通电源	0	0	1	1	1	3
	0	1	1	1	1	3
禁用电源	0	×	×	0	×	7,9,10,12
快速停机	0	×	0	1	×	7,10,11
禁止运行	0	0	1	1	1	5
使能运行	0	1	1	1	1	4,16
复位错误	上升沿触发	×	×	×	×	15

(2) 6040h 控制字的位 4、5、6、8

这 4 位在各个运行模式下的含义有所不同，具体含义见表 7-21。

表 7-21 6040h 控制字位 4、5、6、8 在不同运行模式下的含义

位	运行模式 Operation mode				
	标准定位模式 (Profile Position Mode)	标准速度模式 (Profile velocity Mode)	标准力矩模式 (Profile torque Mode)	回零模式 (Homing Mode)	插补位置模式 (Interpolation position mode)
4	新设定点(New set-point)	保留	保留	回零运行开始(Homing operation start)	使能插补位置模式(Enable ip mode)
5	立即更改设置(change set immediately)	保留	保留	保留	保留
6	abs/rel	保留	保留	保留	保留
8	暂停	暂停	暂停	暂停	暂停

(3) 6040h 控制字的其他位。

6040h 控制字的其他位保留。

2. 6041h 状态字

6041h 状态字信息说明见表 7-22。

表 7-22 6041h 状态字信息说明

索引	6041h
名称(Name)	状态字
对象代码(Object Code)	VAR
数据类型(Data Type)	UNSIGNED16

（续）

索引	6041h
存取(Access)	RO
PDO 映射(PDO Mapping)	是
单位(Units)	—
值的范围(Value Range)	—
默认值(Default Value)	NO

6041h 状态字的位定义见表 7-23。

表 7-23　6041h 状态字的位定义

位	描　　述	M/O
0	准备好接通电源(Ready to switch on)	M
1	接通电源(switch on)	M
2	运行使能(Operation enabled)	M
3	出错(Fault)	M
4	电源使能(Voltage enabled)	M
5	急停(Quick stop)	M
6	不可接通电源(Switch on disabled)	M
7	报警(Warning)	O
8	制造商自定义(Manufacturer specific)	O
9	远程(Remote)	M
10	目标指令到达(Target reached)	M
11	内部限制启动(Internal limit active)	M
12、13	特定运行模式(Operation mode specific)	O
14、15	制造商自定义(Manufacturer specific)	O

（1）6041h 状态字位 0~3 和 位 5、6

这几位代表了伺服驱动器状态机所处的状态，其定义见表 7-24。

表 7-24　伺服驱动器状态机所处的状态位定义

值(binary)	状　　态
xxxx xxxx x0xx 0000	未准备好接通电源
xxxx xxxx x1xx 0000	不可接通电源
xxxx xxxx x01x 0001	准备好接通电源
xxxx xxxx x01x 0011	已开始供电
xxxx xxxx x01x 0111	可操作
xxxx xxxx x00x 0111	急停状态
xxxx xxxx x0xx 1111	出错反应
xxxx xxxx x0xx 1000	出错

(2) 6041h 状态字的位 4：电源使能

当该位为 1 时，表示动力电已通。

(3) 6041h 状态字的位 5：急停

当该位为 0 时，表示伺服驱动器按照对象字典 605Ah（急停选择码）选定的方式进行停机。

(4) 6041h 状态字的位 7：报警

若此位被置“1”，则代表伺服驱动器检测到报警。

(5) 6041h 位 9：远程

此功能位暂时未使用，并且一直被置“1”。

(6) 6041h 状态字的位 10：目标指令到达

该位为 1 代表设定点达到设定值，例如在位置模式下，表示伺服驱动器走到了设定的位置。在 6040h 的 Halt 位被置位后，当速度减到零后，该位将被置“1”。

(7) 6041h 状态字的位 12、13

这 2 位在不同的模式下含义不同，详细情况见表 7-25。

表 7-25 状态字的位 12、13 定义

位	运行模式(Operation mode)				
	pp	pv	tq	hm	ip
12	设定点确认(Set-point acknowledge)	速度(Speed)	保留	回零完成(Homing attained)	激活 ip 模式(ip mode active)
13	跟随错误(Following error)	最大滑动误差(Max slippage error)	保留	回零错误(Homing error)	保留

(8) 6041h 状态字的其他位。

6041h 状态字的其他位保留。

3. 快速停机选择码

当状态机由 Operation Enable 跳转 Quick reaction active 状态时，使用 605Ah（快速停机选择码）来选择停机方式，停机代码说明见表 7-26，其设定值含义见表 7-27。

表 7-26 停机代码说明

索　引	605Ah
名称(Name)	快速停机选择码
对象代码(Object Code)	VAR
数据类型(Data Type)	INTEGER16
存取(Access)	RW
PDO 映射(PDO Mapping)	NO
单位(Units)	—
值的范围(Value Range)	0,1,2,3,5,6,7
默认值(Default Value)	0

表 7-27 停机代码设定值含义

设定值	定 义
0	关闭伺服驱动器的输出、电动机自由停机
1	电动机按减速斜率停止后,然后跳转到不可接通电源状态
2	电动机按快停斜率停止后,然后跳转到不可接通电源状态
5	电动机按减速斜率停止后,仍然停留在急停状态
6	电动机按快停斜率停止后,仍然停留在急停状态

4. 关机选择码

当 Operation Enable 跳到 Ready to switch on 状态时，伺服驱动器按本对象字典停机，其对象说明和设定值含义见表 7-28 和表 7-29。

表 7-28 关机选择码对象说明

索 引	605Bh
名称(Name)	关机选择码
对象代码(Object Code)	VAR
数据类型(Data Type)	INTEGER16
存取(Access)	RW
PDO 映射(PDO Mapping)	NO
单位(Units)	—
值的范围(Value Range)	0,1
默认值(Default Value)	0

表 7-29 关机选择码设定值含义

设定值	定 义
0	关闭伺服驱动器的输出、电动机自由停机
1	电动机按减速斜率停止后,关闭伺服单元的输出

5. 禁止运行选择码

当状态机由 Operation Enable 跳转 Switched On 状态时，使用 605Ch（禁止运行选择码）来选择停机方式，该停机方式说明和设定值含义见表 7-30 和表 7-31。

表 7-30 停机方式说明

索 引	605Ch
名称(Name)	禁止运行选择码
对象代码(Object Code)	VAR
数据类型(Data Type)	INTEGER16
存取(Access)	RW
PDO 映射(PDO Mapping)	NO
单位(Units)	—
值的范围(Value Range)	0,1
默认值(Default Value)	0

表 7-31 禁止运行选择码设定值含义

设定值	定　　义
0	关闭伺服驱动器的输出、电动机自由停机
1	电动机按减速斜率停止后，关闭伺服单元的输出

6. 暂停选择码

当控制字的位 8 设定成“1”后，使用 605Dh（暂停选择码）来选择停机方式，其对象说明和含义见表 7-32 和表 7-33。

表 7-32 暂停选项代码说明

索　　引	605Dh
名称(Name)	暂停选择码
对象代码(Object Code)	VAR
数据类型(Data Type)	INTEGER16
存取(Access)	RW
PDO 映射(PDO Mapping)	NO
单位(Units)	—
值的范围(Value Range)	1,2,3
默认值(Default Value)	0

表 7-33 暂停选择码设定值含义

设定值	定　　义
0	关闭伺服驱动器的输出、电动机自由停机
1	电动机按减速斜率停止后，停留在 Operation Enable 状态
2	电动机按快停斜率停止后，停留在 Operation Enable 状态

7. 故障选择码

当发生报警后，即系统跳入到 Fault 状态机之前，使用 605Eh（故障选择码）来选择停机方式，其详细信息见表 7-34 和表 7-35。

表 7-34 Fault 代码

索　　引	605Eh
名称(Name)	故障选择码
对象代码(Object Code)	VAR
数据类型(Data Type)	INTEGER16
存取(Access)	RW
PDO 映射(PDO Mapping)	NO
单位(Units)	—
值的范围(Value Range)	1,2
默认值(Default Value)	0

表 7-35　故障选择码设定值含义

设定值	定　义
0	关闭伺服驱动器的输出、电动机自由停机
1	电动机按减速斜率停止
2	电动机按快停斜率停止

7.6.3　单位转换单元（Factor Group）

为了适应各行各业的应用，方便用户定义各自的命令单位，伺服驱动器的内部单位转换单元可以将任意用户单位（User Unit，简称 UU）转换成驱动器内部的运行单位（Encoder Increment，简称 Inc）。

伺服驱动器把位置、速度、加速度的单位以个、秒分之一和秒平方分之一进行定义，伺服驱动器的默认单位见表 7-36。

表 7-36　伺服驱动器的默认单位

对象	名称	内部单位	备　注
位置	位置单位（Position Unit）	Inc：Increments	1 个编码器的单位脉冲，例如 17 位 编码器，表示一圈有 131072 个脉冲 1 个编码器脉冲简称 Inc 通过单位转换把用户 UU 单位转换成 Inc 单位
速度	速度单位（Speed Unit）	Inc/s：Increments/second	速度单位定义是多少个编码器脉冲每秒
加速度	加速度单位（Acceleration Unit）	Inc/s^2：Increments/second/second	加速度单位定义是多少个编码器脉冲每二次方秒
转矩	转矩单位（Torque Unit）	mRT：Rated torque/1000	无须转换，单位值定义为额定转矩的千分之一，简称 mRT

单位转换相关对象字典说明见表 7-37。

表 7-37　单位转换相关对象字典说明

索引	名称	数据类型	读写属性
608Fh	位置编码器分辨率（Position encoder resolution）	ARRAY	RW
6090h	速度编码器分辨率（Velocity encoder resolution）	ARRAY	RW
6091h	传动比（Gear ratio）	ARRAY	RW
6092h	进给常数（Feed constant）	ARRAY	RW
607Eh	极性（Polarity）	ARRAY	RW

7.6.4　故障代码（Error code）

该对象字典提供伺服驱动器最近发生的报警代码，报警代码信息见表 7-38。

表 7-38 报警代码信息

索　引	603Fh
名称(Name)	故障代码
对象代码(Object Code)	VAR
数据类型(Data Type)	UNSIGNED16
存取(Access)	RW
PDO 映射(PDO Mapping)	YES
单位(Units)	—
值的范围(Value Range)	—
默认值(Default Value)	0

7.7 CiA402 伺服驱动器子协议运行模式

7.7.1 伺服驱动器支持的 CiA402 运行模式

伺服驱动器支持的 CiA402 运行模式如下。

1）标准位置模式（Profile Position Mode）。

2）标准速度模式（Profile Velocity Mode）。

3）标准转矩模式（Profile Torque Mode）。

4）回零模式（Homing Mode）。

5）周期性同步位置模式（Cyclic Synchronous Position Mode）。

6）周期性同步速度模式（Cyclic Synchronous Velocity Mode）。

7）周期性同步转矩模式（Cyclic Synchronous Torque Mode）。

对象字典 6060h（运行模式）用来设定要使用的运行模式，对象字典 6061h（运行模式显示）为当前使用的运行模式。

当 6060h 与 6061h 的值不相同时，系统将切换到 6060h 设定模式。

1. 运行模式

6060h 伺服驱动器运行模式的切换只有在接通电源的状态下才能进行，其对象说明和设定值含义见表 7-39 和表 7-40。

表 7-39 6060h 伺服驱动器运行模式的对象说明

索　引	6060h
名称(Name)	运行模式
对象代码(Object Code)	VAR
数据类型(Data Type)	INTEGER8
存取(Access)	RW
PDO 映射(PDO Mapping)	YES
单位(Units)	—
值的范围(Value Range)	1,3,4,6,8,9,10
默认值(Default Value)	0

表 7-40　6060h 伺服驱动器运行模式的设定值含义

设定值	定　　义
0	无模式设定
1	标准位置模式
3	标准速度模式
4	标准转矩模式
6	回零模式
7	插补位置模式

2. 运行模式显示

该对象字典的值为显示当前使用的运行模式，如果切换成新设的运行模式，那么 6061h 的值将等同于 6060h 的值，其详细信息见表 7-41 和表 7-42。

表 7-41　6061h 当前使用的运行模式对象说明

索　　引	6061h
名称(Name)	运行模式显示
对象代码(Object Code)	VAR
数据类型(Data Type)	INTEGER8
存取(Access)	RO
PDO 映射(PDO Mapping)	YES
单位(Units)	—
值的范围(Value Range)	1,3,4,6,8,9,10
默认值(Default Value)	0

表 7-42　当前使用的运行模式设定值含义

设定值	定　　义
0	无模式设定
1	标准位置模式
3	标准速度模式
4	标准转矩模式
6	回零模式
7	插补位置模式

7.7.2　位置控制功能

对于位置闭环控制来说，轨迹发生器输出值 6062h（Position demand value）和编码器位置环反馈值 6064h（Position actual value）是位置闭环控制的输入。为了保持控制环路的稳定，加入了位置环输出限幅；为了防止运动超过物理限定，加入了绝对位置限定功能。位置环控制功能框图如图 7-22 所示。

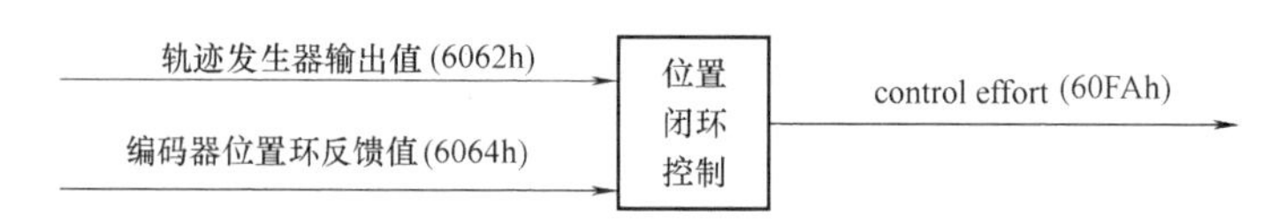

图 7-22 位置环控制功能框图

1. 位置跟随误差

跟随误差指的是参考位置 6062h 和实际位置 6064h 的偏差。在 6066h 跟随误差超时 (Following error time out) 设定的时间内，如果跟随误差值一直大于 6065h 跟随误差窗口 (Following error window) 的值，那么状态字 6041h 的位 13 跟随误差 (Following error) 将被置“1”。

2. 位置到达

位置差值为目标位置 (Target position) 607Ah 和实际位置 6064h 的差值。如果该差值稳定在可接受的位置范围并达到设定时间 (Position windows time) 6068h，那么状态字的位 10 将被置“1”，即表示目标位置到达。

3. 位置控制功能的相关对象字典

位置控制功能的相关对象字典信息见表 7-43。

表 7-43 位置控制功能的相关对象字典信息

索引	名 称	数据类型	读写属性
6062h	位置命令需求值(Position demand value)	INTEGER32	RO
60FCh	位置命令内部需求值(Position demand internal value)	INTEGER32	RO
6063h	实际位置内部值(Position actual internal value)	INTEGER32	RO
6064h	实际位置值(Position actual value)	INTEGER32	RO
6065h	跟随误差窗口(Following error window)	UNSIGNED32	RW
6066h	跟随误差超时(Following error time out)	UNSIGNED16	RW
6067h	位置窗口(Position window)	UNSIGNED32	RW
6068h	位置窗口时间(Position window time)	UNSIGNED16	RW

(1) 6062h：位置命令需求值

该对象字典提供位置命令需求值，该值是位置轨迹规划的输出值，单位是用户自定义单位。

(2) 60FCh：位置命令内部需求值

该对象字典提供位置命令内部需求值，该值是位置轨迹规划的输出值，单位为内部编码器单位，即 Increment：Inc 。

(3) 6063h：实际位置内部值

该对象字典提供编码器计量的实际位置内部值，单位为内部编码器单位，即 Increment：Inc。

(4) 6064h：实际位置值

该对象字典提供编码器计量的实际位置值，单位为用户单位，即需要把 6063 h 的值转换成用户位置单位，即 User Unit：UU。

(5) 6065h：跟随误差窗口

该对象字典提供位置控制模式下位置需求值和位置反馈值之间的跟随误差域值。给定单位为位置用户单位，即 User Unit：UU 。如果该值被设定成 0Xffffffff，那么该功能将被关闭。

(6) 6066h：跟随误差超时

该对象字典提供位置控制模式下，跟随误差超出 6065h（跟随误差窗口）域值的连续累计最大报警时间值，单位为 ms。

(7) 6067h：位置窗口

该对象字典提供位置控制模式下目标位置值和反馈位置值之间的位置差值域值。给定单位为位置用户单位，即 User Unit：UU。如果该值被设定成 0Xffff，那么该功能将被关闭。

(8) 6068h：位置窗口时间

该对象字典提供位置控制模式下，位置差值小于 6067h 域值的连续累计最大时间值，单位为 ms。

7.7.3 标准位置模式

标准位置模式是控制器给定标准曲线的加速度值、减速度值、标准转速值、结束标准转速值和目标位置值，伺服驱动器根据设定的标准曲线类型进行轨迹规划（位置控制下只支持速度为梯形的规划）。

1. 标准位置模式的控制

标准位置模式下 6040h 控制字和 6041h 状态字的定义见表 7-44 和表 7-45。

表 7-44 标准位置模式下 6040h 控制字的定义

15~10	9	8	7	6	5	4	3~0
*	Change on setpoint	Halt	*	Abs/rel	Change set immediately	New setpoint	*

表 7-45 标准位置模式下 6041h 状态字的定义

15~14	13	12	11	10	9~0
*	Follow error	Set point acknowledge	*	Target reached	*

(1) 标准位置模式下 6040h 控制字位 4、5、9 的定义

标准位置模式下 6040h 控制字位 4、5、9 的定义见表 7-46。

表 7-46 标准位置模式下 6040h 控制字位 4、5、9 的定义

位 9	位 5	位 4	定　义
0	0	0→1	运行完当前设定点的定位，然后再启动新设定点的定位
×	1	0→1	立即进行新设定点的定位
1	0	0→1	以此刻速度运行完当前设定点的定位，然后再启动新设定点的定位

(2) 标准位置模式下 6040h 控制字位 6、8 位的定义

标准位置模式下 6040h 控制字位 6、8 位的定义见表 7-47。

表 7-47　标准位置模式下 6040h 控制字位 6、8 位的定义

位	值	定　　义
6	0	607Ah(目标位置:Target positon)为一个绝对定位值
	1	607Ah 为一个相对定位值
8	0	执行定位
	1	轴将根据 605Dh 的定义停止轴的运行

(3) 标准位置模式下 6041h 状态字位 10、12、13 的定义

标准位置模式下 6041h 状态字位 10、12、13 的定义如表 7-48 所示。

表 7-48　标准位置模式下 6041h 状态字位 10、12、13 的定义

位	值	定　　义
10	0	Halt (controlword. Bit 8)= 0:目标位置未到达 Halt (controlword. Bit8)= 1:轴减速
	1	Halt (controlword. Bit 8)= 0:目标位置到达 Halt (controlword. Bit 8)= 1:速度为 0
12	0	之前的定位点定位完成,等待新设定点
	1	之前的定位点仍在处理,可接受新的设定点进行覆盖
13	0	未超出跟随误差域值(6065h,Following error window)
	1	已超出跟随误差域值(6065h,Following error window)

2. 标准控制模式的相关对象字典

标准控制模式的相关对象字典见表 7-49。

表 7-49　标准控制模式的相关对象字典

索引	名　　称	数据类型	读写属性
6040h	控制字 (Control Word)	UNSIGNED16	RW
6041h	状态字 (Status Word)	UNSIGNED16	RO
6060h	运行模式 (Modes of operation)	INTEGER8	RW
6061h	运行模式显示 (Modes of operation display)	INTEGER8	RO
6062h	位置命令需求值 (Position demand value)	INTEGER32	RO
60FCh	位置命令内部需求值 (Position demand internal value)	INTEGER32	RO
6063h	实际位置内部值 (Position actual interal value)	INTEGER32	RO
6064h	实际位置值 (Position actual value)	INTEGER32	RO
6065h	跟随误差窗口 (Following error window)	UNSIGNED32	RW
6066h	跟随误差超时 (Following error time out)	UNSIGNED16	RW

（续）

索引	名　称	数据类型	读写属性
6067h	位置窗口 (Position window)	UNSIGNED32	RW
6068h	位置窗口时间 (Position window time)	UNSIGNED16	RW
607Ah	目标位置 (Target position)	INTEGER32	RW
607Bh	位置范围限制 (Position range limit)	INTEGER32	RW
607Dh	软位置限制 (Soft position limit)	INTEGER32	RW
607Fh	最大标准转速 (Max profile velocity)	UNSIGNED32	RW
6080h	最大电动机转速 (Max motor speed)	UNSIGNED32	RW
6081h	标准转速 (Profile velocity)	UNSIGNED32	RW
6082h	结束标准转速 (End profile velocity)	UNSIGNED32	RW
6083h	标准加速度 (Profile acceleration)	UNSIGNED32	RW
6084h	标准减速度 (Profile deceleration)	UNSIGNED32	RW
6086h	运动规划类型 (Motion profile type)	INTEGER16	RW
60C5h	最大加速度 (Max acceleration)	UNSIGNED32	RW
60C6h	最大减速度 (Max deceleration)	UNSIGNED32	RW

(1) 607Ah：目标位置

该对象字典提供目标位置。在标准位置模式控制模式下，轨迹发生器将根据加速度(6083h)、减速度（6084h）及运动规划类型（6086 h）等设定条件对不同的目标位置设定值进行路径规划。该变量给定可以是增量式给定，也可以是绝对式给定，这取决于6040h控制字位6的状态。该变量的单位为位置用户单位，即User Unit：UU。

(2) 607Bh：位置范围限制

该对象字典用来配置最大和最小位置范围值，它仅用来限定输入的大小范围。当超过或者到达限定值时，输入值将自动反转到限定值的另一端。该限定值可以有效地防止输入值超出607D h（位置范围限制）设定的限定范围。该值的单位为位置用户单位，即UU。当该对象字典的值全部设为0时，表示该限定功能被关闭。

(3) 607Dh：软位置限制

该对象字典用来配置最大和最小软件位置限定值。该限定值将以绝对位置形式来定义，用来限定位置命令需求值和实际位置值的值。每个目标位置都需要进行位置范围限定检测。该值单位为位置用户单位，即UU。当该对象字典的值全部设为0时，表示该限定功能被关闭。

(4) 607Fh：最大标准转速

该对象字典用以设定最大允许移动速度，单位为 UU/s，即用户单位每秒。

(5) 6080h：最大电动机转速

该对象字典用以配置电动机运行的最大转速，该值可以从电动机铭牌参数中获得。该值的单位是转每分钟，即 rpm。

(6) 6081h：标准转速

该对象字典用来设定完成加速度后，能到达的最大速度值，单位为 UU/s，即用户单位每秒。

(7) 6082h：结束标准转速

该对象字典用来设定到达目标位置规划后的速度值。在完成目标位置规划后，需要停止电动机运行时，常把该对象字典的值设置成 0，单位为 UU/s，即用户单位每秒。

(8) 6083h：标准加速度

该对象字典用来设定位置给定曲线的减速度值，单位为 UU/s^2（用户单位每二次方秒）。

(9) 6084h：标准减速度

该对象字典用来设定位置给定曲线的加速度值，单位为 UU/s^2（用户单位每二次方秒）。

(10) 6086h：运动规划类型

该对象字典用来选择速度曲线规划的类型，目前 EMC 系列伺服驱动器在标准位置模式下只支持梯形速度曲线。

3. 两种使用模式

该功能包含两种模式，分为单点模式和多点模式。

当 6040h. bit5 = 1 时，为单点运行模式，即立即更新模式。

当 6040h. bit5 = 0 时，为多点运行模式。

当设定 607Ah 对象字典一个新点后，通过控制 6040h 控制字的位 4 一个上升沿，可以使能新设定的点，使驱动器控制电动机运行到新设定点的坐标上。同时，状态字 6041h. bit12 将给出 1 状态，只有当 6041h 状态字的位 12 = 0 的情况才能接受新的设定点。

7.7.4 标准速度模式

标准速度模式是主站给定标准曲线的加速度值、减速度值、标准速度值、加加速度（jerk）的值和曲线规划类型。根据以上限定条件，伺服驱动器内部自动进行规划。

1. 标准速度模式的控制

标准速度模式下 6040h 控制字和 6041h 状态字的定义见表 7-50 和表 7-51。

表 7-50 标准速度模式下 6040h 控制字的定义

15~9	8	7	6~4	3~0
*	Halt	*	Reserved	*

表 7-51 标准速度模式下 6041h 状态字的定义

15~14	13	12	11	10	9~0
*	Max slippage error	Speed	*	Target reached	*

标准速度模式下 6040h 控制字位 8 的定义见表 7-52。

表 7-52　标准速度模式下 6040h 控制字位 8 的定义

位	值	定　义
8	0	执行控制命令
	1	根据 605Dh 的设定停止轴的运行

标准速度模式下 6041h 状态字位 10、12、13 的定义见表 7-53。

表 7-53　标准速度模式下 6041h 状态字位 10、12、13 的定义

位	值	定　义
10	0	Halt(控制字位 8)= 0:目标速度未到达
	1	Halt(控制字位 8)= 1:轴减速
12	0	Halt(控制字位 8)= 0:目标速度到达
	1	Halt(控制字位 8)= 1:速度为 0
13		一般用于感应电动机的描述

2. 标准速度模式的相关对象字典

标准速度模式的相关对象字典见表 7-54。

表 7-54　标准速度模式的相关对象字典

索引	名　称	数据类型	属性
6040h	控制字 (Control Word)	UNSIGNED16	RW
6041h	状态字 (Status Word)	UNSIGNED16	RO
6060h	运行模式 (Modes of operation)	INTEGER8	RW
6061h	运行模式显示 (Modes of operation display)	INTEGER8	RO
6069h	转速传感器实际值 (Velocity sensor actual value)	INTEGER32	RO
606Bh	转速需求值 (Velocity demand value)	INTEGER32	RO
606Ch	实际转速值 (Velocity actual value)	INTEGER32	RO
606Dh	转速窗口 (Velocity window)	UNSIGNED16	RW
606Eh	转速窗口时间 (Velocity window time)	UNSIGNED16	RW
606Fh	零速阈值 (Velocity threshold)	UNSIGNED16	RW
6070h	零速阈值时间 (Velocity threshold time)	UNSIGNED16	RW
60FFh	目标转速 (Target velocity)	INTEGER32	RW

（续）

索引	名　称	数据类型	属性
6086h	运动规划类型 (Motion profile type)	INTEGER16	RW
60A3h	标准加加速使用 (Profile jerk use)	UNSIGNED 8	RW
60A4h	标准加加速 (Profile jerk)	Array	RW

（1）6069h：转速传感器实际值

主站可以通过读取该对象字典来获取电动机转速，单位为 Inc/s。

（2）606Bh：转速需求值

该值为速度轨迹规划输出值，单位为用户速度单位（UU/s）。

（3）606Ch：实际转速值

该值为当前速度反馈值，单位为用户速度单位（UU/s）。

（4）606Dh：转速窗口

该值为速度到达域值，与 6067h（位置窗口）定义的功能一致。通过将该值与 606Ch（实际转速值）和 60FFh（目标转速）的差值进行比较，来判断目标速度是否达到。如果在 606E（转速窗口时间）定义的时间内到达，那么将把 6041h 状态字位 10（目标指令到达）置“1”。

（5）606Eh：转速窗口时间

该值为速度到达域值，定义同 6068h（位置窗口时间）一致，单位为 ms。

（6）606Fh：零速阈值

该对象字典定义为零速阈值，指的是速度接近零速的一个范围，用以判断电动机是否停机转动。如果 606Ch（实际转速值）的值在 6070h（零速阈值时间）定义的时间内大于 606Fh（转速阈值）的值，那么 6041h 状态字 12（目标指令到达）会置“1”。

（7）6070h：零速阈值时间

该值用于定义零速阈值判断时间，单位为 ms。

（8）60FFh：目标转速

主站通过修改该对象字典速度来控制电动机的转动，该值的单位为用户速度单位（UU/S）。

（9）6086h：运动规划类型

该对象字典用于设置曲线规划的类型。

（10）60A3h：标准加加速使用

该对象字典用于设置 60A4h（Profile jerk）的使用模式。

（11）60A4h：标准加加速

该对象字典用于设置曲线规划的类型，单位为 ms，表示加加速度由 0 加速到最大加速度的时间。

7.7.5 标准转矩模式

标准转矩模式是根据主站给定标准曲线的目标转矩和转矩的加速度，驱动器内部自动进行转矩曲线规划。标准转矩模式通过给定标准速度（6081h）进行速度限制，防止电动机持续加速至过快的速度。

1. 标准转矩模式的控制

标准转矩模式下 6040h 控制字和 6041h 状态字的定义见表 7-55 和表 7-56。

表 7-55　标准位置模式下的 6040h 控制字定义

15~9	8	7	6~4	3~0
*	Halt	*	Reserved	*

表 7-56　标准转矩模式下的 6041h 状态字定义

15~14	13~12	11	10	9~0
*	reserved	*	Target reached	*

标准转矩模式下 6040h 控制字位 8 的定义见表 7-57。

表 7-57　标准转矩模式下 6040h 控制字位 8 的定义

位(控制字)	值	定　　义
8	0	执行控制命令
	1	根据 605Dh（暂停选择码）的设定停止轴的运行

标准转矩模式下 6041h 状态字位 10 的定义见表 7-58。

表 7-58　标准转矩模式下 6041h 状态字位 10 的定义

位	值	定　　义
10	0	Halt(控制字位 8)= 0:目标转矩未到达 Halt(控制字位 8)= 1:轴减速
	1	Halt(控制字位 8)= 0:目标转矩到达 Halt(控制字位 8)= 1:速度为 0

2. 标准转矩模式的相关对象字典

标准转矩模式的相关对象字典见表 7-59。

表 7-59　标准转矩模式的相关对象字典

索引	名　　称	数据类型	属性
6040h	控制字 (Control Word)	UNSIGNED16	RW
6041h	状态字 (Status Word)	UNSIGNED16	RO
6060h	运行模式 (Modes of operation)	INTEGER8	RW
6061h	运行模式显示 (Modes of operation display)	INTEGER8	RO
6071h	目标转矩 (Target torque)	INTEGER16	RW
6074h	转矩需求值 (Toruqe demand)	INTEGER16	RO

（续）

索引	名　　称	数据类型	属性
6075h	电动机额定电流 (Motor rated current)	UNSIGNED32	RO
6076h	电动机额定转矩 (Motor rated torque)	UNSIGNED32	RO
6077h	实际转矩值 (Torque actual value)	INTEGER16	RO
6078h	实际电流值 (Current actual value)	INTEGER16	RO
6087h	转矩变化率 (Torque slop)	UNSIGNED32	RW
6088h	转矩规划类型 (Torque profile type)	INTEGER16	RW

(1) 6071h：目标转矩

该对象字典是标准转矩模式的目标转矩值，该值的单位为千分之一的额定转矩，即 Rated Torque /1000。

(2) 6074h：转矩需求值

该对象字典用来显示轨迹发生器的输出值，该值的单位为千分之一额定转矩，即 Rated Torque /1000。

(3) 6075h：电动机额定电流

该对象字典用来指示额定电流，所有电流的相对值均参考该值。该值的单位为毫安(mA)。

(4) 6076h：电动机额定转矩

该对象字典用来指示额定转矩，所有转矩的相对值均参考该值。该值的单位为毫牛米(mN·m)。

(5) 6077h：实际转矩值

该对象字典用来提供电动机的实际转矩值，该值的单位为千分之一的额定转矩，即额定转矩/1000。

(6) 6078h：实际电流值

该对象字典用来提供电动机的实际电流值，该值的单位为千分之一的额定电流，即额定电流/1000。

(7) 6087h：转矩变化率

该对象字典用来配置转矩变化率，该值的单位为千分之一额定转矩每秒，即额定转矩/1000/s。

(8) 6088h：转矩规划类型

该对象字典用来设定转矩曲线的给定规划形式，伺服驱动器只提供线性曲线规划。

7.7.6 回零模式

回零模式用于伺服驱动器寻找原点位置。伺服驱动器可以支持多种回零点模式，用户需要根据相应的需求进行设置。用户可以通过设定回零的速度、加速度和回零方式对回零功能进行配置。

由于增量式或单圈绝对值编码器断电后不能记录工作台的实际位置，所以当选用该类型编码器的电动机时，每次上电后伺服驱动器都需要寻找一次零点。如果使用多圈绝对值编码器，那么只需要在正常使用前回一次零点便可，每次上电后工作台的绝对位置能从编码器里直接读出，所以不需要再次回零。

1. 回零模式的控制

回零模式下 6040h 控制字和 6041h 状态字的定义见表 7-60 和表 7-61。

表 7-60　回零模式下的 6040h 控制字定义

15～9	8	7～5	4	3～0
*	Halt	*	Homing operation start	*

表 7-61　回零模式下的 6041h 状态字定义

15～14	13	12	11	10	9～0
*	Home error	Homing attained	*	Target reached	*

回零模式下 6040h 控制字位 4、8 的定义见表 7-62 所示。

表 7-62　回零模式下 6040h 控制字位 4、8 的定义

位		定　义
4	0	未启动回零模式
	0→1	启动回零模式
	1	回零模式被启动
	1→0	中断回零模式
8	0	使能位 4 的控制
	1	根据 605Dh（暂停选择码）的设定停止轴的运行

回零模式下 6041h 状态字位 10、12、13 的定义见表 7-63。

表 7-63　回零模式下 6041h 状态字位 10、12、13 的定义

位 13	位 12	位 10	定　义
0	0	0	正在回零中
0	0	1	回零被打断或未启动回零
0	1	0	找到参考点，但是未到达目标位置点
0	1	1	回零完成
1	0	0	回零发生错误，速度不为零
1	0	1	回零错误，速度为 0
1	1	×	保留

2. 回零模式的相关对象字典

回零模式的相关对象字典见表 7-64。

表 7-64 回零模式的相关对象字典

索引	名称	数据类型	属性
6040h	控制字 (Control Word)	UNSIGNED16	RW
6041h	状态字 (Status Word)	UNSIGNED16	RO
6060h	运行模式 (Modes of operation)	INTEGER8	RW
6061h	运行模式显示 (Modes of operation display)	INTEGER8	RO
607Ch	回零偏移量 (Home offset)	INTEGER32	RW
6098h	回零方法 (Homing method)	INTEGER8	RW
6099h	回零速度 (Homing speeds)	ARRAY	RW
609Ah	回零加速度 (Homing acceleration)	UNSIGNED32	RW

(1) 607Ch：回零偏移量

该对象字典用来设定参考点和零点之间的位置。

(2) 6098h：回零方法

回零模式中所需的信号有 4 种，分别如下。

1) 正限位信号 (Positive Limit Switch)。

2) 负限位信号 (Negative Limit Switch)。

3) 参考点信号 (Home Switch)。

4) 编码器的索引脉冲 (Index Pulse)。

(3) 6099h：回零速度

定义了回零期间使用的速度。

(4) 609Ah：回零加速度

该值的单位为用户定义的加速度单位，即 UU/SS。

3. 回零方法

各种回零方法的详细说明如下。

1) 方法 1：使用负向限位开关和索引脉冲。

驱动器首先以 6099h.01h 对象的速度快速向负向移动，直到撞到负向限位开关才减速停止，然后伺服驱动器以 6099h.02h 对象的速度返回，寻找零点位置，即离开限位开关后编码器的第一个索引脉冲。

2) 方法 2：使用正向限位开关和索引脉冲。

伺服驱动器首先以 6099h.01h 对象的速度快速向正向移动，直至撞到正向限位开关才减速停止，然后驱动器以 6099h.02h 对象的速度返回，寻找零点位置，即离开限位开关后编码器的第一个索引脉冲。

3) 方法 3 和 4：使用参考点开关和索引脉冲。

伺服驱动器初始方向依赖于其当前所处的位置，及参考点开关的极性。目标零点位置是参考点开关左边或右边的第一个索引脉冲。

4）方法 17~20：不使用索引脉冲。

这些方式与方法 1~4 类似，区别在于不需要找编码器的索引脉冲（Index Pulse）。例如 19 和 20 两种方式，其对应方式为 3 和 4。

5）方法 35：该回零点方式以当前位置为零点位置，当伺服驱动器安装多圈绝对值编码器时，通常使用该种方式回零。

7.7.7 周期性同步位置模式

周期性同步位置模式（运行模式=6）与标准位置模式不同，其轨迹发生器位于控制器端，而非驱动器端。在该模式下，控制器只需要周期性的下发目标位置即可。该模式加入了位置前馈、速度前馈和转矩前馈控制。其控制原理图如图 7-23 所示。

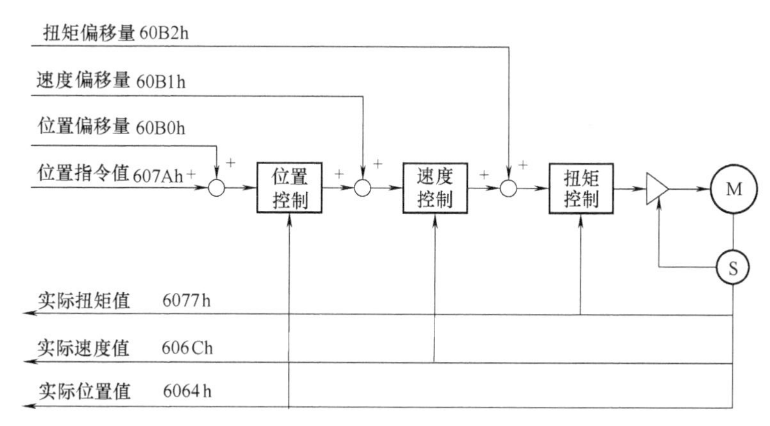

图 7-23 周期性同步位置模式控制原理图

1. 周期性同步位置模式的控制

周期性同步位置模式没有使用控制字，用到了状态字的三个位，周期性同步位置模式下 6041h 状态字定义见表 7-65。

表 7-65 周期性同步位置模式下 6041h 状态字定义

15~14	13	12	11	10	9~0
*	Following error	Target position ignored	*	Reserved	*

周期性同步位置模式下 6041h 状态字位 10、12、13 的定义见表 7-66。

表 7-66 周期性同步位置模式下 6041h 状态字位 10、12、13 的定义

位	值	定义
10	0	保留
	1	保留
12	0	忽略目标位置
	1	目标位置将作为位置控制闭环的输入
13	0	未超出跟随误差域值（6065h，跟随误差窗口）
	1	已超出跟随误差域值（6065h，跟随误差窗口）

2. 周期性同步位置模式的相关对象字典

周期性同步位置模式的相关对象字典见表 7-67。

表 7-67 周期性同步位置模式的相关对象字典

索引	名称	数据类型	属性
6040h	控制字 (Control Word)	UNSIGNED16	RW
6041h	状态字 (Status Word)	UNSIGNED16	RO
6060h	运行模式 (Modes of operation)	INTEGER8	RW
6061h	运行模式显示 (Modes of operation display)	INTEGER8	RO
6064h	实际位置值 (Position actual value)	INTEGER32	RO
606Ch	实际转速值 (Velocity actual value)	INTEGER32	RO
6077h	实际转矩值 (Torque actual value)	INTEGER32	RO
607Ah	目标位置 (Target position)	INTEGER32	RW
60B0h	位置偏移量 (Position offset)	INTEGER32	RW
60B1h	转速偏移量 (Velocity offset)	INTEGER32	RW
60B2h	转矩偏移量 (Torque offset)	INTEGER32	RW
60C2h	插补周期 (Interpolation time period)	Record	RW

7.7.8 周期性同步速度模式

周期性同步速度模式（运行模式=9）与标准速度模式不同，其轨迹发生器位于控制器端，而非驱动器端。在该模式下，控制器只需要周期性的下发目标速度即可。本模式加入了速度前馈和转矩前馈控制。其控制原理图如图 7-24 所示。

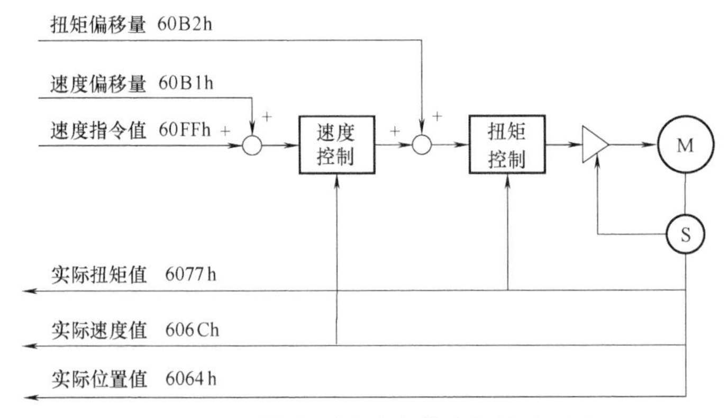

图 7-24 周期性同步速度模式控制原理图

1. 周期性同步速度模式的控制

周期性同步速度模式没有使用控制字，用到了状态字的几个位，周期性同步速度模式下6041h 状态字定义见表 7-68。

表 7-68 周期性同步速度模式下 6041h 状态字定义

15~14	13	12	11	10	9~0
*	reserved	Target velocity ignored	*	Reserved	*

周期性同步速度模式下 6041h 状态字位 10、12、13 的定义见表 7-69。

表 7-69 周期性同步速度模式下 6041h 状态字位 10、12、13 的定义

Bit	Value	定 义
10	0	保留
	1	保留
12	0	忽略目标速度
	1	目标速度将作为速度控制闭环的输入
13	0	保留
	1	保留

2. 周期性同步速度模式的相关对象字典

周期性同步速度模式的相关对象字典见表 7-70。

表 7-70 周期性同步速度模式的相关对象字典

索引	名称	数据类型	属性
6040h	控制字 (Control Word)	UNSIGNED16	RW
6041h	状态字 (Status Word)	UNSIGNED16	RO
6060h	运行模式 (Modes of operation)	INTEGER8	RW
6061h	运行模式显示 (Modes of operation display)	INTEGER8	RO
6064h	实际位置值 (Position actual value)	INTEGER32	RO
606Ch	实际转速值 (Velocity actual value)	INTEGER32	RO
6077h	实际转矩值 (Torque actual value)	INTEGER32	RO
60FFh	目标转速 (Target velocity)	INTEGER32	RW
60B1h	转速偏移量 (Velocity offset)	INTEGER32	RW
60B2h	转矩偏移量 (Torque offset)	INTEGER32	RW
60C2h	插补周期 (Interpolation time period)	Record	RW

7.7.9 周期性同步转矩模式

周期性同步转矩模式（运行模式=10）与标准转矩模式不同，其轨迹发生器位于控制器端，而非驱动器端。在该模式下，控制器只需要周期性的下发目标转矩即可。本模式加入了转矩前馈控制。其控制原理图如图7-25所示。

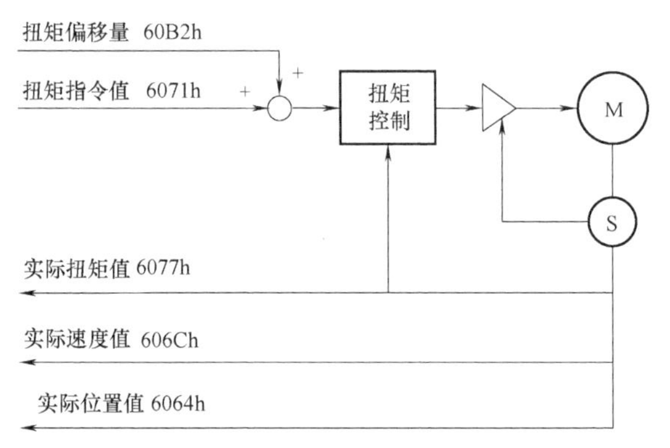

图7-25 周期性同步转矩模式结构

1. 周期性同步转矩模式的控制

周期性同步转矩模式没有使用控制字，用到了状态字的几个位，周期性同步转矩模式下6041h状态字定义见表7-71。

表7-71 周期性同步转矩模式下6041h状态字定义

15~14	13	12	11	10	9~0
*	reserved	Target torque ignored	*	Reserved	*

周期性同步转矩模式下6041h状态字位10、12、13的定义见表7-72。

表7-72 周期性同步转矩模式下6041h状态字位10、12、13的定义

位	值	定　义
10	0	保留
	1	保留
12	0	忽略目标转矩
	1	目标转矩将作为转矩控制闭环的输入
13	0	保留
	1	保留

2. 周期性同步转矩模式的相关对象字典

周期性同步转矩模式的相关对象字典见表7-73。

表7-73 周期性同步转矩模式的相关对象字典

索引	名称	数据类型	属性
6040h	控制字 (Control Word)	UNSIGNED16	RW

（续）

索引	名称	数据类型	属性
6041h	状态字 (Status Word)	UNSIGNED16	RO
6060h	运行模式 (Modes of operation)	INTEGER8	RW
6061h	运行模式显示 (Modes of operation display)	INTEGER8	RO
6064h	实际位置值 (Position actual value)	INTEGER32	RO
606Ch	实际转速值 (Velocity actual value)	INTEGER32	RO
6077h	实际转矩值 (Torque actual value)	INTEGER32	RO
6071h	目标转矩 (Target torque)	INTEGER32	RW
60B2h	转矩偏移量 (Torque offset)	INTEGER32	RW
60C2h	插补周期 (Interpolation time period)	Record	RW

第8章 EtherCAT主站

8

EtherCAT 由主站和从站组成工业控制网络，主站不需要专用的控制器芯片，只要在 PC、工业 PC（IPC）或嵌入式计算机系统上运行主站软件即可。主站软件一般采用 BECK-HOFF 公司的 TwinCAT 3 等产品，或者采用开源主站。

EtherCAT 主站的作用如下。

① 启动和配置。

② 读取 XML 配置描述文件。

③ 从网络适配器发送和接收“原始的”EtherCAT 帧。

④ 管理 EtherCAT 从站状态。

⑤ 发送初始化指令（定义用于从站设备的不同状态变化）。

⑥ 邮箱通信。

⑦ 集成了虚拟交换机功能。

⑧ 循环的过程数据通信。

本章首先讲述了 EtherCAT 主站的分类，然后分别介绍了 TwinCAT 3、Acontis、IgH、SOEM、KPA 和 RSW-ECAT Master EtherCAT 主站。

8.1 EtherCAT 主站分类

8.1.1 概述

终端用户或系统集成商在选择 EtherCAT 主站设备时，希望获得所定义的最低功能和互操作性，但并不是每个主站都必须支持 EtherCAT 技术的所有功能。

EtherCAT 主站分类规范定义了具有定义良好的主站功能集的主站分类。方便起见，只定义了以下两个主站分类。

① A 类：标准 EtherCAT 主站设备。

② B 类：最小 EtherCAT 主站设备。

其基本思想是每个实现都应以满足类型 A 的需求为目标。只有在资源被禁止的情况下，例如在嵌入式系统中，才至少必须满足 B 类的要求。

其他可被认为是可选的功能则由功能包来描述。功能包描述了特定功能的所有强制性主站功能，例如冗余。

8.1.2 主站分类

EtherCAT 主站的主要任务是网络的初始化和所有设备状态机、过程数据通信的处理，并为在主站和从站应用程序之间进行交换的参数数据提供非循环访问。然而，主站本身并不收集初始化和循环命令列表中的信息，这些是由网络配置逻辑完成的。在许多情况下，这是一个 EtherCAT 网络配置软件。

配置逻辑从 ESI、SII、ESC 寄存器和对象库或 IDN 列表中收集所需要的信息，生成 EtherCAT 网络信息（ENI）并提供给 EtherCAT 主站。

EtherCAT 主站分类和配置工具结构如图 8-1 所示。

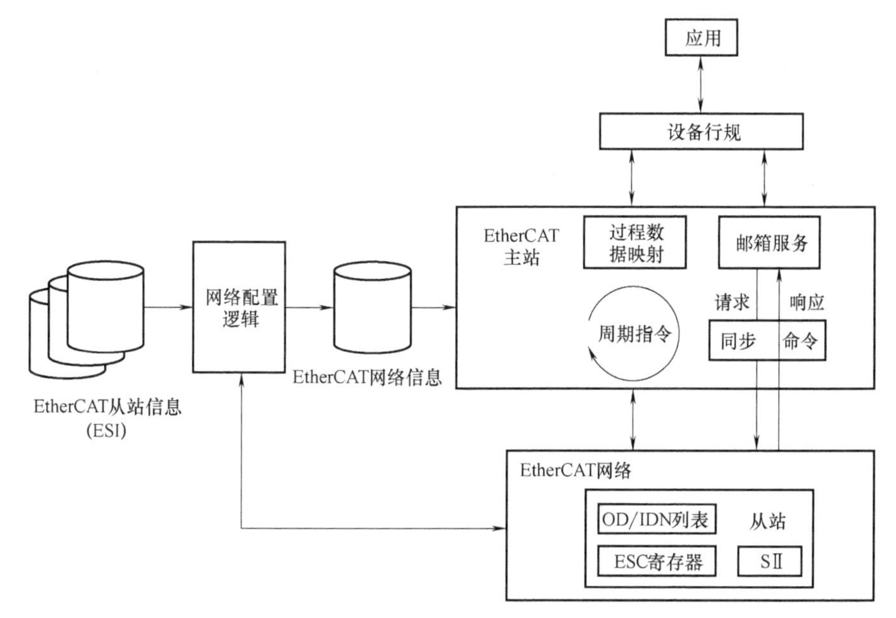

图 8-1 EtherCAT 主站分类和配置工具结构

配置工具或主站配置功能之一统称为配置工具，代表了两个版本。主站应用可能是 PLC 或运动控制功能，也可能是在线诊断应用。

1. A 类主站

A 类主站设备必须支持 ETG 规范 ETG. 1000 系列以及 ETG. 1020 系列中所描述的所有功能，其他的功能列在表 1 主站分类需求规范中。主站设备应支持 A 类主站的要求。

2. B 类主站

B 类主站与 A 类主站相比减少了部分功能，不过对于这一类来说运行大多数 EtherCAT 设备所需的主要功能（例如支持 COE、循环处理数据交换）是必需的。只有那些不能满足 A 类主站设备要求的主站设备才必须满足 B 类主站的要求。

3. 功能包

功能包（FP）定义了一组可选择的功能。如果一个功能包被支持，则应满足其所列要求的所有功能。

4. 主站分类和功能包的有效性

对主站分类和功能包的定义是一个持续的过程，因为一直需要进行技术和附加特性上的提高来满足客户和应用的需求。而主站分类的作用也就是通过这些提高来为最终用户的利益考虑。因此，基本功能集和每个单独功能包的功能范围都是由版本号来定义的。如果没有相应的版本号，主站供应商就不能对其主站分类的实现（基本功能集以及每个功能包）进行分类。

8.1.3 主站分类需求规范

主站分类需求规范见表 8-1，下面详细介绍其功能。

表 8-1 主站分类需求规范

功能	功能名	简短描述	A 类主站	B 类主站	功能 ID
基本功能	服务命令	支持所有指令	如果 ENI 导入支持，为必须	如果 ENI 导入支持，为必须	101
	数据报中的 IRQ 域	在数据报头中使用从站的 IRQ 信息	应该	应该	102
	具有设备仿真的从站	支持带微控制器和不带微控制器的从站	必须	必须	103
	EtherCAT 状态机	支持 ESM 的特殊行为	必须	必须	104
	错误处理	检查网络或从站错误，例如工作计数器的错误	必须	必须	105
	VLAN	支持 VLAN 标签	可以	可以	106
	EtherCAT 帧类型	支持 EtherCAT 帧	应该	应该	107
	UDP 帧类型	支持 UDP 帧	可以	可以	108
过程数据交换	周期性 PDO	周期过程数据交换	必须	必须	201
	多任务	不同周期任务和 PDO 的多次更新率	可以	可以	202
	帧重复	多次发送循环帧以提高系统稳定性	可以	可以	203
网络配置	在线扫描	包括在 EtherCAT 主站的网络配置功能	至少有其中之一	至少有其中之一	301
	读取 ENI	从 ENI 文件中获取的网络配置			
	比较网络配置	在引导过程中比较配置和现有的网络配置	必须	必须	302
	显式站识别	热连接的识别与线缆交换的预防	应该	应该	303
	站别名寻址	支持在从站中配置的站别名，即启用第二个地址并使用	可以	可以	304
	访问 EEPROM	支持通过 ESC 寄存器访问 EEPROM 的例程	读取为必须，写入为可以	读取为必须，写入为可以	305
邮箱支持	邮箱支持	邮箱传输的主要功能	必须	必须	401
	邮箱恢复层	支撑下面的恢复层	必须	必须	402
	多重邮箱通道		可以	可以	403
	邮箱轮询	在从站中轮询邮箱的状态	必须	必须	404

（续）

功能	功能名	简短描述	A 类主站	B 类主站	功能 ID
CoE	SDO 上/下载	正常和快速传输	必须	应该	501
	分段传输	分段传输	必须	必须	502
	完全存取	立即传输整个对象(包含所有子索引)	必须	如果 ENI 支持,为应该	503
	SDO 信息服务	读取对象字典的服务	必须	应该	504
	紧急信号	接收紧急信号	应该	应该	505
	CoE 中的 PDO	通过 CoE 传输的 PDO 服务	可以	可以	506
EoE	EoE 协议	通道 EtherCAT 帧服务,包括所有具体的 EoE 服务	必须	如果支持 EoE,为应该	601
	虚拟开关	虚拟开关功能	必须	如果支持 EoE,为应该	602
	操作系统中 EoE 端点	EoE 层上的操作系统的接口	应该	如果支持 EoE,为应该	603
FoE	FoE 协议	支持 FOE 协议	必须	如果支持 FoE,为必须	701
	固件上/下载	密码,文件名应由应用程序提供	必须	应该	702
	启动状态	支持固件上下载的启动	必须	如果支持 FW,上下载为必须	703
SoE	SoE 服务	支持 SoE 服务	必须	如果支持 SoE,为应该	801
AoE	AoE 协议	支持 AOE 协议	应该	应该	901
VoE	VoE 协议	支持外部连接	可以	可以	1001
分布式同时钟(DC)	DC 支持	支持分布式时钟	必须	如果支持 DC,为必须	1101
	连续传输延迟补偿	传播延迟连续计算	应该	应该	1102
	同步窗口监视	从站同步差连续监测	应该	应该	1103
从站间的通信	通过主站	信息可以由 ENI 文件提供,也可以是任何其他网络配置的一部分;数据的复制可以由主站堆栈或主站的应用程序处理	必须	必须	1201
主站信息	主站对象字典	支持主站对象字典(ETG. 5001 MDP 子配置文件 1100)	应该	可以	1301

表 8-1 中“必须”、“应该”、“可以”的用法说明如下。

“必须”（shall）：用于表示为符合指示而必须遵守的强制性要求，不允许偏离该规定（“必须”等同于“要求”）。

“应该”（should）：用于表示几种可能性中，在不提及或排除其他可能性条件下，有一种被建议为特别合适，或表示更倾向于但不一定是必须采取某种行动；或（以否定的形式）某一行动方案被反对，但不禁止（“应该”等同于“建议”）。对这种可能性的支持提高了系统的性能，或者扩大了对在实用中相对较少中使用的设备或功能的支持。

“可以”（may）：用于表示在标准范围内允许的行动方案（“可以” 等同于 “允许”）。这种可能性的支持用于优化，并且主要用于具体的实例。

1. 基本功能

(1) 服务指令

EtherCAT 数据报（DLPDU）使用几个服务命令来寻址网络中的数据。

有些从站不支持 LRW 命令，如果在 ESI 文件/SII 中设置了 UseLrdLwr 标志，则配置程序员必须要加以小心。

网络配置由配置工具（甚至是分离配置工具或主站功能集成）完成。配置工具可以使用多个命令启动来连接网络并循环更新进程映射。

如果主站支持内部配置功能，它可能会减少命令的多样性。

(2) 数据报中的 IRQ 域

EtherCAT 数据报（DLPDU）包含一个 IRQ 域，主站可以使用 IRQ 域从从站获取信息。

必须考虑的是，IRQ 位由所有从站连接，并且这些位是在帧的所有数据报中设置的。

可检测 DL 状态事件的变化，例如热连接应用程序连接到网络或断开网络时的变化。

(3) 具有设备仿真的从站

有些从站可以使用（设备仿真为“真”）或不使用（设备仿真为“假”）本地应用程序中的任何反应来确认 AL 管理服务。

主站不应该使用仿真为“真”时的设备为从服务器设置错误指示确认位，因为设置此位将导致设置错误指示位显示错误，即使没有错误发生。

(4) EtherCAT 状态机（ESM）

EtherCAT 状态机定义了主站和从站的网络行为。

应使用来自 ESI/SII 的 ESM 转换的超时值。如果没有可用的超时值，则应使用 ETG.1020 中定义的默认超时值。

如果 OpOnly 标志被设置在 ESI 文件/SII 中，则若不处于状态操作（可以是网络配置初始化命令的一部分），主站将禁用所有输出的同步管理。

(5) 错误处理

错误处理功能定义了 EtherCAT 设备（无论是主站和从站）在通信问题情况下的异常行为。

可以在应用程序中对 PDO 参数进行评估，例如 PDO 的开关或其状态。

主站应支持应用程序中提供对错误和诊断信息（例如错误寄存器、诊断对象）的访问接口。

(6) VLAN

VLAN 标签可用于帧的分类。

(7) 以太网帧类型

EtherCAT 数据报是在 EtherType =0x88A4 且 EtherCAT 报文头的 Type =1 的以太网帧内传输。

EtherCAT 帧也可以在 UDP 数据报中传输（EtherType =0x0800，UDP 端口 =0x88A4）。

当使用 UDP 数据报时，系统的性能将明显取决于控制的实时性及其以太网协议的实现情况。

2. 过程数据交换

(1) 循环 PDO

循环帧可在网络配置中定义以用于更新进程映射。

发送循环帧可以由主站或主站的用户（应用程序）来完成。

(2) 多任务

主站可以支持不同的周期任务（任务号），并发送具有不同周期时间的不同帧或帧集。在 ENI 架构（ETG. 2100）中定义了不同的任务号来区分这些不同的帧或帧集。

有些从站（驱动器，过采样器）需要固定的周期时间。如果不支持该从站类型，主站将会给出消息以提示。

(3) 帧重复

为了提高鲁棒性，可以在一个周期内多次发送循环帧。但只能向支持每个周期重复帧的从站发送多个帧，这一规定源自 ESI/SII（标志 FrameRepeatSupport），ETG. 2000 文件。

每个周期至少支持三个相同的帧，这一规定源自网络配置文件 ETG. 2100。

3. 网络配置

(1) 获取网络配置

网络配置应采用下列方式之一。

1）通过扫描网络和读取 SII 中内容来进行在线配置。

从站信息接口（SII）的内容在 ETG. 1000. 6 文件中进行了描述，在 ETG. 1020 文件中对其进行了完善。

2）导入 ENI 文件。

通过导入在 ETG. 2100 中定义的 ENI 文件，主机可以启动并运行网络。ENI 配置源于一种配置工具，并且需要处理 ENI 文件中包含的用来初始化指令的验证信息。

(2) 在启动期间比较网络配置

在启动过程中，主站应根据所配置的情况将所配置的网络配置与现有的网络配置进行比较。

网络配置比较可以包含下列方面。

1）设备 SII 中的供应商编号、产品代码、修订号及系列编号。

2）识别信息（标识 Ado）。

3）拓扑信息。

不可或缺的比较值应该是来自 ENI、ETG. 2100 或在线配置的网络配置的一部分。

(3) 显式站识别

EtherCAT 设备标识的使用是为了明确地标识设备，可以用于热连接应用和线缆交换防护。

(4) 站别名寻址

从站可以通过存储在 SII 中的固定地址来寻址，而这个地址称为配置站别名。配置的站点别名地址在设备上电期间从 SII 加载到寄存器 0x0012（配置站别名寄存器）。配置的站点别名必须由主站来启用。

此别名的使用由寄存器 DL 控制位 24（0x0100. 24/0x0103. 0）激活。如果在 DL 控件中设置了位，配置好的站点别名地址可以用于所有已配置的地址命令类型（FPRD、FPWR、FPRW 和 FPMW）。

（5）访问 EEPROM

主站应支持对包含 SII 的 EEPROM 的读取访问，这个过程是通过从站 ESC 的相关寄存器来完成的。而对 EEPROM 的写访问可用于解决配置问题。

4. 邮箱支持

（1）邮箱支持

邮箱传输是一种非实时服务，用于访问应用程序配置数据（COE、SOE）、传输文件（FoE）或传输标准 IT 数据（EoE）。

（2）邮箱恢复层

恢复邮箱状态机（RMSM）负责使用邮箱信息恢复丢失的帧，它独立于上层邮箱协议。

（3）同时邮箱协议传输

主站支持将两个或多个邮箱通信同时传输到同一设备。

从站必须并行支持多个邮箱协议（并不常见）。

（4）邮箱轮询

主站应评估输入邮箱的新数据。

1）输入邮箱的轮询。

如果在 ENI（ETG. 2100）中给出了 MailboxRecvInfoType：PollTime 元素，则输入邮箱将通过自动增量或固定寻址命令在配置的轮询时间内读取。

2）输入邮箱状态位的轮询。

如果在 ENI（ETG. 2100）中给出了 MailboxRecvInfoType：StatusBitAddr 元素，那么 FMMU 将被配置为循环数据映射同步管理的状态标志（0x0805. 0 * y，y 为同步管理从 0 开始启动的数目）。

如果状态位表明一个输入邮箱已写入，主站将读取邮箱服务数据。

为了支持对输入邮箱状态位的轮询，从站需要一个额外的 FMMU。

在 ESI DeviceType：FMMU =MBoxState 中指出了这一点。

5. EtherCAT 中的 CAN 应用层（CoE）

每个主站都支持 EtherCAT 协议中的 CAN 应用层（CoE）。

（1）SDO 上下载

SDO 上下载协议和服务可用来访问对象字典，每个主站都支持快速和正常的 SDO 上下载服务。

（2）分段传输

如果服务数据超过邮箱数据长度，则使用 SDO 分段传输。

（3）完全存取

SDO 完全存取服务可以同时传输整个对象，其所有子索引的数据也将随后被传输。

（4）SDO 信息服务

通过使用 SDO 信息服务，客户端可以读取服务器的对象字典。

（5）紧急报文

紧急报文由设备内部错误情况的发生触发。

紧急信息的处理不一定要由主站来完成，反而通常是由主站的应用程序来完成。

（6）PDO 通过 CoE 传输

通过 PDO 服务，可以利用邮箱接口将数据对象从客户端自动传输到服务器（RxPDO），或从服务器传输到客户机（TxPDO）。

6. EtherCAT 中的以太网（EoE）

（1）EoE 协议

EtherCAT 中以太网（EoE）的协议是用来通过 EtherCAT 网络传输标准以太网帧。

（2）虚拟开关

软件集成的以太网交换功能负责将各个以太网帧从设备和主机操作系统的 IP 堆栈路由到设备。开关功能与标准第二层以太网交换功能相同，并且不管协议如何都响应其所使用的以太网地址。

（3）操作系统的 EoE 端点

这是 EoE 层之上的操作系统接口，而 EtherCAT 主站堆栈在这方面充当标准以太网网络接口（与 NIC 相比）。

7. EtherCAT 中的文件访问（FoE）

（1）FoE 协议

EtherCAT 中的文件访问（FoE）邮箱命令指定了一种用于将固件或任何其他文件从客户端下载到服务器的标准方法，或从服务器上载固件或任何其他文件给客户。

上下载所需的密码和文件名应由主站的应用程序提供，因此需要主应用程序和应用程序之间存在接口。

（2）启动状态

对于固件的下载，定义了 EtherCAT 状态机中的启动状态。

启动状态的从站可以支持一种特殊的邮箱大小，这是网络配置中初始化命令的一部分。

8. EtherCAT 中的伺服驱动文件（SoE）

EtherCAT 上的伺服驱动文件（SoE）的通信服务是用于访问 SoE 从服务器的 IDN。SoE 驱动文件是额外的主站应用程序，而不是其本身的一部分。

9. EtherCAT 中的 ADS（AoE）

AoE 协议用于访问底层现场总线的从站设备的对象字典，例如对于连接到 EtherCAT-CAN 网关设备的 CAN 从站。它还用于 EtherCAT 自动化协议（EAP）。

10. 针对 EtherCAT 的特定供应（VoE）

通过支持邮箱协议，可以在 EtherCAT 的特定供应协议（VoE）上传输，而主站不需要为之提供额外的服务。

11. 分布式同步时钟（DC）

（1）DC 支持

“DC-从站”指的是通过分布式时钟进行同步的从站。

在网络启动期间必须执行以下几个步骤才能在所有 DC-从站中建立一致的时基。

1）初始传输延迟测量。

2）偏差补偿。

3）设定启动时间。

4）网络启动后，连续漂移补偿。

5）主站必须与参考时钟同步。

初始传输延迟测量和偏差补偿命令并不是网络配置的一部分，而用于漂移补偿的循环ARMW命令是网络配置的一部分。

为了达到最佳的同步效果，主站后的第一个DC-从站时钟应该是参考时钟。

（2）连续传输延时测量

传输延时的连续测量提高了同步长时间的精度。

一些配置工具会添加一个NOP命令到寄存器0x0900，这个NOP命令意味着其将不时（数秒）会被BWR指令替换并开始连续传输测量。

（3）同步窗口监视

为了监测DC从站时钟与参考时钟的时间偏差，主站可读出寄存器0x092C中的系统时差。

这个功能可以通过每个周期的BRD数据报完成，可将其所述结果与限值相比较。

12. 从站间通信

通过主站进行的从站间通信是一种无关拓扑的通用方法，服务器的数据由主堆栈复制到客户端以便实现两个通信周期的最大传输时间。

复制的信息是ENI文件的一部分，也可以是任何其他网络配置文件的一部分。

除了在主站堆栈中进行从站间的数据映射之外，主站还可以提供API来配置从站间的数据映射，并由主站应用程序完成。

但此解决方案的缺点是通过LRW命令和相应的设备配置从站间通信会被限制在一个固定的拓扑内，而另一个缺点是工作计数器将无法被接收信息的从站检验，从而无法验证接收到的数据是否有效。

从站间通信需要支持EtherCAT主站和从站在EtherCAT段中的安全。

13. 主站信息

主站对象字典包含有关网络配置和EtherCAT从站诊断数据的信息。

作为访问主站对象字典的接口，主站应该支持AoE。

8.1.4 功能包

1. FP线缆冗余

在EtherCAT系统中，当发生线缆中断或节点故障时，FP线缆冗余会保持通信。因此使用通常可在两个方向上操作的环行拓扑，如果环在某个点被中断仍然可以到达各分支。

第二个网络端口是用来关闭EtherCAT主站控制系统上的环形闭环，循环帧和非循环帧通过两个端口同时发送，并通过系统传输。

在没有任何故障的情况下，所有EtherCAT从站会与主端口相对有一个前进方向（即所谓的处理方向），而由于EtherCAT从站控制器（ESC）仅会在前向通道上通过，因此这些从站会进行处理。而当没有故障时，所有EtherCAT从站的辅助端口到达相反的方向，因此“冗余”帧中的数据不会改变。

在每种情况下，可能会被修改的EtherCAT帧都会到达另一个端口并由EtherCAT主站检查。万一线缆断裂，两个帧都会在各自的位置上被处理。因此，这两个帧都包含一部分的输入数据，而且主站必须将两个帧的数据组合在一起，并与所有输入数据一起获取一个帧，同时可用工作计数器检查其有效性。从主站端口还是从冗余端口到达 EtherCAT 从站并不重要，对于 EtherCAT 主站来说一个帧发送就会有另一个帧返回。使用标识或适当的机制来标记帧对于找到相匹配的帧是有帮助的。

线缆冗余是单个容错，例如若线缆在某一点被中断，则与从站的通信仍然可以继续进行。当恢复通信时，原始通信的方向也随之恢复。但如果通信在多个地方中断，就必须在发生另一个故障之前恢复所有连接。

FP 线缆冗余规范见表 8-2。

表 8-2 FP 线缆冗余规范

功能名	简短描述	分类	功能号
基础功能	可以处理线缆冗余的一些基础功能	M	FPCR_101
诊断功能	定位线缆断点	M	FPCR_102
热连接冗余	线缆冗余与热连接功能的结合	O	FPCR_103
DC 冗余	FP 线缆冗余与分布时钟的结合	O	FPCR_104

线缆中断时会更改自动增量地址，通常相同的地址会存在两次。因此有必要调整主站端口发送的帧的地址和在辅助端口上的启用命令，反之亦然。

（1） 基础功能

如果线缆中断，则仍然能够不受任何限制地支持所有类型的 EtherCAT 通信（进程、数据和邮箱协议）。

处理情况如下。

① 正常运行。

② 两个从站之间线中断时仍保持工作状态。

③ 主站端口和第一从站之间的线缆中断时仍保持工作状态。

④ 辅助端口和最后一个从站之间的线缆中断时仍保持工作状态。

⑤ 在线缆固定的情况下保持运转。

⑥ 在线缆中断时能启动/停止（状态改变）。

⑦ 线缆中断时调整自动增量地址。

⑧ 线缆中断时帧丢失（通信对象不会收到帧）。

（2） 诊断功能

线缆断点的定位是可行的（每个端口上的从站数量），同时支持检查主站端口和辅助端口链路状态功能。

（3） 热连接冗余

线缆冗余与热连接功能包的结合。

（4） DC 冗余

线缆冗余与分布式时钟功能包的结合。

将线缆冗余与分布式时钟从站结合起来需要采取特殊措施。

2. FP 运动控制

（1） FP 运动控制描述

对于 EtherCAT 驱动器，定义了两个驱动器配置文件：CIA 402 和 SERCOS。在这些配置文件中，指定了对驱动状态机和操作模式的支持。要支持驱动配置，主站的同步能力是必不可少的。

驱动配置也必须作为主站应用之一。

FP 运动控制规范见表 8-3。

表 8-3 FP 运动控制规范

功能名	简短描述	类别	功能号
驱动配置 CiA402	支持 CiA402	M	FPMC_101
驱动配置 SERCOS	支持 SERCOS	O	FPMC_102
分离时钟同步化	支持分离时钟同步化	M	FPMC_103

（2）驱动配置 CiA402

必须支持定义在 IEC 61800-78-201 中的驱动配置文件 CiA402。

对于具有驱动配置文件 CiA402 的基于 EtherCAT 的伺服驱动器，ETG. 6010 准则定义了驱动配置文件所要实现的正常操作。至少应满足这个规范的要求（控制/状态字、操作方式及支持对象等）。

（3）驱动配置 SERCOS

必须支持定义在 IEC 61800-7-204 中的驱动配置文件 SERCOS。

参考 IEC 61800-7-204 中的驱动配置文件 SEROC 和 IEC 61800-7-304 中有关 EtherCAT 映射的内容。

（4）分离时钟同步化

主站应该支持同步分离时钟。

功能包还包括 FP 热连接、FP 外部同步、FP EtherCAT 自动化协议、FP 设备替换及 FP 信箱网关功能。

8.2 TwinCAT 3 EtherCAT 主站

8.2.1 TwinCAT 3 概述

TwinCAT 是德国 BECKHOFF 公司推出的基于 PC 平台和 Windows 操作系统的控制软件。它的作用是把工业 PC 或者嵌入式 PC 变成一个功能强大的 PLC 或者运动控制器来控制生产设备。

1995 年 TwinCAT 首次推向市场，现存版本有两种：TwinCAT 2 和 TwinCAT 3。

TwinCAT 2 是针对单 CPU 及 32 位操作系统开发设计的，其运行核不能工作在 64 位操作系统上。对于多 CPU 系统，只能发挥单核的运算能力。

TwinCAT 3 考虑了 64 位操作系统和多核 CPU，并且可以集成 C++编程和 MATLAB 建模，所以 TwinCAT 3 的运行核既可以工作在 32 位操作系统，也可以工作在 64 位操作系统，并且可以发挥全部 CPU 的运算能力。对于 PLC 控制和运动控制项目，TwinCAT 3 和 TwinCAT 2 除了开发界面有所不同之外，编程、调试、通信的原理和操作方法都几乎完全相同。

TwinCAT 是一套纯软件的控制器，完全利用 PC 标配的硬件，实现逻辑运算和运动控制。TwinCAT 运行核安装在 BECKHOFF 的 IPC 或者 EPC 上，其功能就相当于一台计算机加上一个逻辑控制器“TwinCAT PLC”和一个运动控制器“TwinCAT NC”。对于运行在多核 CPU 上的 TwinCAT 3，还可以集成机器人等更多更复杂的功能。

TwinCAT PLC 的特点：与传统的 PLC 相比，CPU、存储器和内存资源都有了数量级的提升。运算速度快，尤其是传统 PLC 不擅长的浮点运算，比如多路温控、液压控制以及其他复杂算法，TwinCAT PLC 可以轻松胜任。数据区和程序区仅受限于存储介质的容量。随着 IT 技术的发展，用户可以订购的存储介质 CF 卡、CFast 卡、内存卡及硬盘的容量越来越大，CPU 的速度越来越快，性价比也越来越高。因此 TwinCAT PLC 在需要处理和存储大量数据比如趋势、配方和文件时优势明显。

TwinCAT NC 的特点：与传统的运动控制卡、运动控制模块相比，TwinCAT NC 最多能够控制 255 个运动轴，并且支持几乎所有的硬件类型，具备所有单轴点动、多轴联动功能。并且，由于运动控制器和 PLC 实际上工作于同一台 PC，二者之间的通信只是两个内存区之间的数据交换，其数量和速度都远非传统的运动控制器可比。这使得凸轮耦合、自定义轨迹运动时数据修改非常灵活，并且响应迅速。TwinCAT 3 虽然可以用于 64 位操作系统和多核 CPU，现阶段仍然只能控制 255 个轴，当然这也可以满足绝大部分的运动控制需求。

归根结底，TwinCAT PLC 和 TwinCAT NC 的性能，最主要还是依赖于 CPU。尽管 BECKHOFF 的控制器种类繁多，无论是安装在导轨上的 EPC，还是安装在电柜内的 Cabinet PC，或者是集成到显示面板的面板式 PC，其控制原理、软件操作都是一样的，同一套程序可以移植到任何一台 PC-Based 控制器上运行。移植后的唯一结果是 CPU 利用率的升高或者降低。

1. TwinCAT 3 Runtime 的运行条件

用户订购 BECKHOFF 控制器时就必须决定控制软件是使用 TwinCAT 2 还是 TwinCAT 3 的运行核，软件为出厂预装，用户不能自行更改。TwinCAT 3 运行核的控制器必须使用 TwinCAT 3 开发版编程。

TwinCAT 运行核分为 Windows CE 和 Windows Standard 两个版本，Windows Standard 版本包括 Windows XP、Windows Xpe、Windows NT、Windows 7 及 WES 7。由于 Windows CE 系统小巧轻便，经济实惠，相对于传统 PLC 而言，功能上仍然有绝对的优势，所以在工业自动化市场上，尤其是国内市场，Window CE 显然更受欢迎。

2. TwinCAT 3 功能介绍

TwinCAT 3 软件的结构如图 8-2 所示。

TwinCAT 运行核是 Windows 底层优先级最高的服务，同时它又是所有 TwinCAT PLC、NC 和其他任务的运行平台。TwinCAT 3 分为开发版（XAE）和运行版（XAR）。XAE 安装运行在开发 PC 上，既可以作为一个插件集成到标准的 Visual Studio 软件，也可以独立安装（with VS2010 Shell）。XAR 运行在控制器上的，必须要购买授权且为出厂预装。

在运行内核上，TwinCAT 3 首次提出了 TcCOM 和 Module 的概念。基于同一个 TcCOM 创建的 Module 有相同的运算代码和接口。TcCOM 概念的引入，使 TwinCAT 具有了无限的扩展性，BECKHOFF 公司和第三方厂家都有可能把自己的软件产品封装成 TcCOM 集成到 TwinCAT 中。已经发布的 TcCOM 如图 8-3 所示。

1）PLC 和 NC：这是与 TwinCAT 兼容的两种基本类别的 TcCOM。

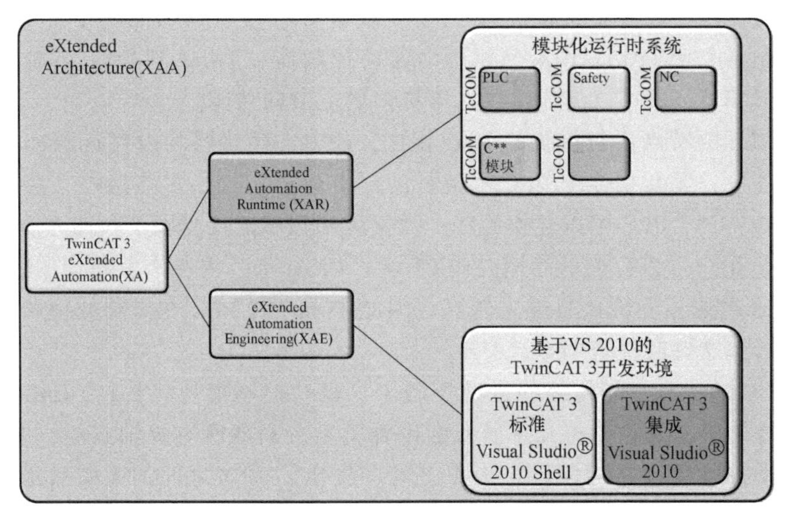

图 8-2 TwinCAT 3 软件的结构

2）Safety 和 CNC：这也是 TwinCAT 2 中已经有的软件功能，在这里以 TcCOM 的形式出现。

3）C 和 C++ Module：TwinCAT 3 新增的功能，允许用户使用 C 和 C++编辑 Real-time 的控制代码和接口。C++编程支持面向对象（继承、封装、接口）的方式，可重复利用性好，代码的生成效率高，非常适用于实时控制，广泛用于图像处理、机器人和仪器测控。

4）Simulink Module：TwinCAT 3 新增的功能，允许用户事先在 MATLAB 中创建控制模型（模型包含了控制代码和接口），然后把模型导入到 TwinCAT 3。利用 MATLAB 的模型库和各种调试工具，比 TwinCAT 编程更容易实现对复杂控制算法的开发、仿真和优化，通过 RTW 自动生成仿真系统代码，并支持图形化编程。

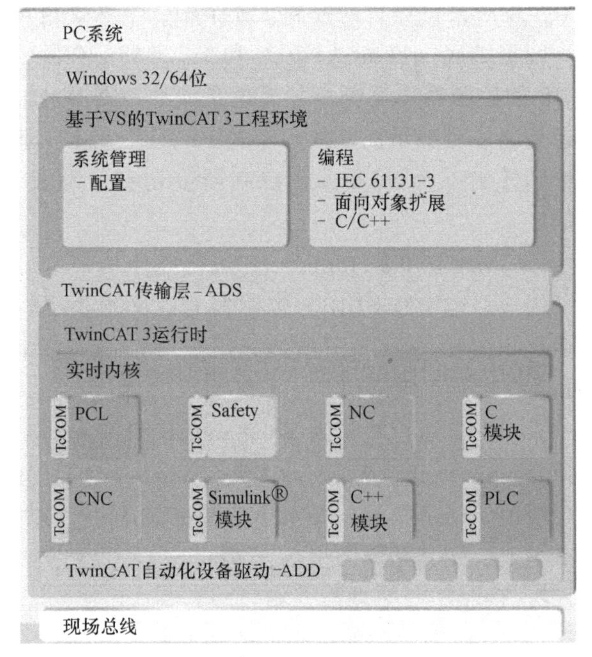

图 8-3 TcCOM

基于一个 TcCOM，用户可以重复创建多个 Module。每个 Module 都有自己的代码执行区和接口数据区，此外还有数据区、指针和端口等。

TwinCAT 模块如图 8-4 所示。

Module 可以把功能封装在 Module 里面而保留标准的接口，与调用它的对象代码隔离开来，既便于重复使用，又保证代码安全。一个 Module 可以包含简单的功能，也可以包含复杂的运算和实时任务甚至一个完整的项目。TwinCAT 3 运行内核上能够执行的 Module 数量几乎没有限制，可以装载到一个多核处理器的不同核上。

TwinCAT 3 的运行核为多核 CPU，使大型系统的集中控制成为可能。与分散控制相比，所有控制由一个 CPU 完成，通信量大大减少。在项目开发阶段，用户只要编写一个 Project，而不用编写 32 个 Project 还要考虑它们之间的通信。在项目调试阶段，所有数据都存放在一个过程映像，更容易诊断。在设备维护阶段，控制器的备件、数据和程序的备份都更为简便。

BECKHOFF 公司目前最高配置的 IPC 使用 32 核 CPU，理论上可以代替 32 套 TwinCAT 2 控制器。

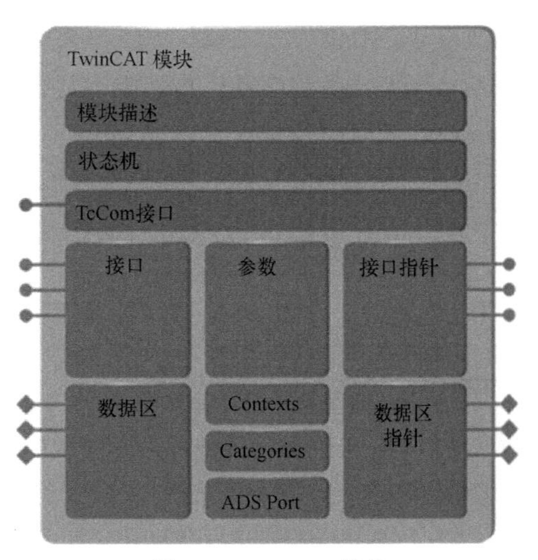

图 8-4　TwinCAT 模块

在开发环境方面，TwinCAT 3 也做了全新的改版。最显著的改变是将 TwinCAT 3 开发环境集成在 Microsoft Visual Studio 中，成为后者的一个插件。

Control、System Manager 和 Scope View 3 种软件实现的编程、配置和电子示波器功能，现在都可以集中在一个软件中实现。除了增加 C/C++和 MATLAB/Simulink 的支持外，在 PLC 编程方面增加了面向对象的扩展功能，即 OOP 编程。

（1） TwinCAT PLC 的实时性

TwinCAT PLC 的 CPU 实际上就是计算机的 CPU，是通过一个操作系统底层的实时核计算机的 CPU 上划分出一部分运算能力，用于执行 PLC 任务。TwinCAT 实时任务 CPU 分配如图 8-5 所示。

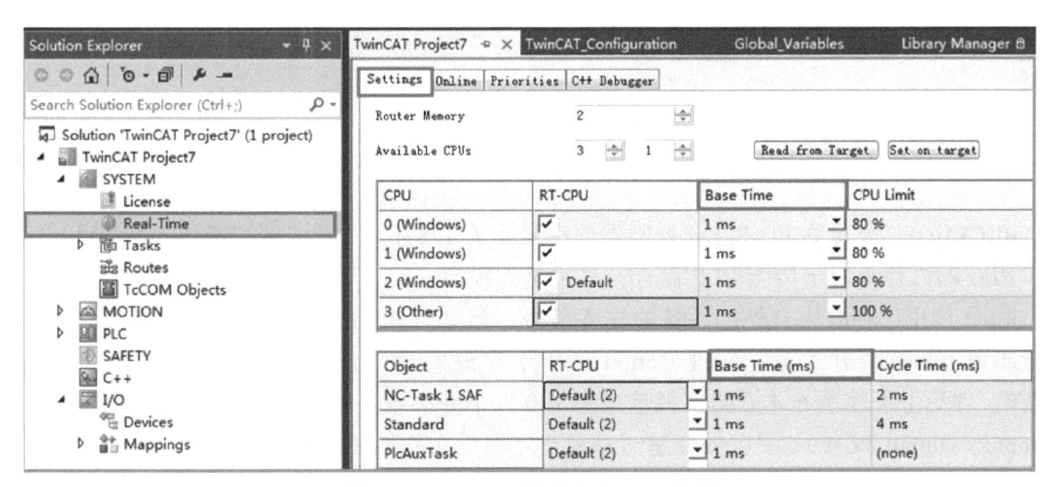

图 8-5　TwinCAT 实时任务 CPU 分配

在 TwinCAT 3 中，针对多核 CPU，可以指定供 TwinCAT 使用的核及分别的 CPU Limit。在图 8-5 中，CPU 3（Other）的 Limit 为 100%，表示这是 TwinCAT 独占的 CPU。默认所有任务都在 Default CPU 上运行，所以多核控制器上，用户要手动分配 Task 运行的 CPU。

根据默认设置，实时核首先把计算机的 CPU 时间划分成 1ms 的小片断，在每个时间片优先执行 TwinCAT 实时任务，然后再响应操作系统的其他程序请求。如果到时间片的 80% 处，TwinCAT 任务还没有执行完毕，则线程挂起，CPU 转去执行操作系统的普通任务。

时间片 1ms 可以最小修改到 50μs，而执行 TwinCAT 任务的 CPU 运算时间比例 80% 也可以根据项目需要做出修改。通常情况下，TwinCAT 任务并不需要 80% 的 CPU 运算能力。至于实际占用了多少，用户可以从开发工具或者 PLC 程序中访问。

（2）TwinCAT PLC 的数据区

TwinCAT 3 中 PLC 的绝对地址区包括 Input、Output 和 Memory，它们都是嵌入式计算机内存的一部分，默认设置大小均为 128KB。

用户可以通过以下 XML 文件修改 TwinCAT 3 中的 PLC 地址区大小：

C：\TwinCAT\3. 1\Components\Plc\devices\4096\1002 0001\1. 0. 0. 0\Device. XML

修改 XML 文件以设置 PLC 数据区的大小如图 8-6 所示。

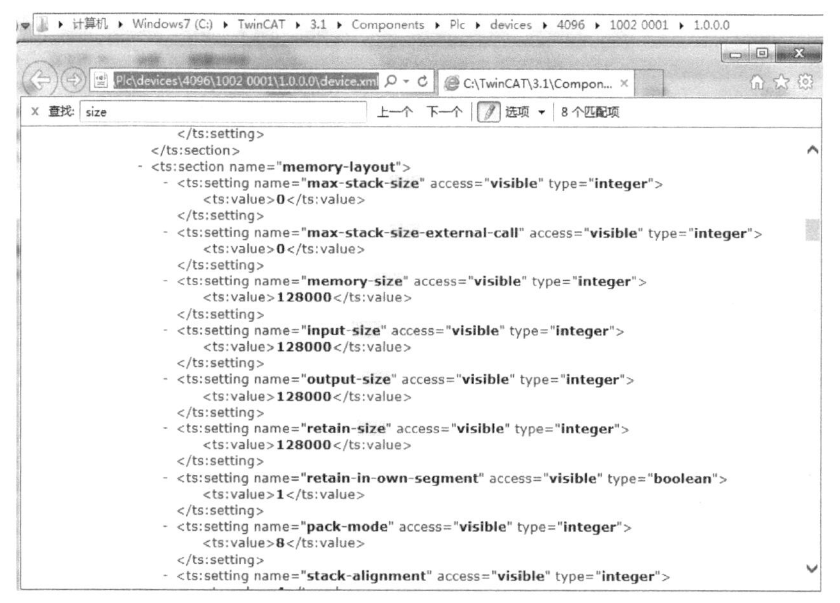

图 8-6 修改 XML 文件以设置 PLC 数据区的大小

BECKHOFF 公司的 PC-Based 控制器内存最小为 128M，最大可以扩展到 2G，所以 TwinCAT PLC 的内存相对于传统 PLC 而言，几乎是无限的。

Input 区用于存放来自外部设备的输入信号，默认为 128KB，理论上可接收 6. 4 万路模拟量或者 100 万个开关量。同理 Output 区用于存放发送给外部设备的输出信号，默认为 128kB，理论上可控制 6. 4 万路模拟量或者 100 万个开关量。Memory 用于存储中间变量。声明 Input、Output 和 Memory 区的变量时必须指定地址，它们在内存中的位置是确定的，可以按所在数据区的地址偏移量访问。

需要注意的问题如下。

① 如果没有给 Input 和 Output 区连接外部设备信号的变量分配确定的地址，程序就无法获取现场设备的状态以及控制现场设备。

② TwinCAT PLC 提供函数 Adr（）来获取变量的地址，用于指针赋值。这个函数既可用于获取任意变量的地址，包括 Data 区的变量。

③ Retain 数据区是掉电保持的，但是由于使用时要求苛刻，如果当前 PLC 程序与 Retaint 区保存的变量类型或者数量不一致，就会导致 PLC 程序启动失败。因此不推荐用户使用这个数据区。

（3）TwinCAT PLC 的数据存储

TwinCAT PLC 使用 EPC 或者 IPC 的 CF 卡、CFast 卡或者硬盘来存储数据。无论是程序还是数据，实际上都是存储介质上的一个文件，目前可供货 CF 卡最大容量已经达 16GB，硬盘则高达 320GB，所以 TwinCAT PLC 的存储空间几乎没有限制。

对于程序，不仅可以在 PLC 上保存机器码，而且可以下载源代码。需要的时候，工程师可以从控制器上载源代码，以确保机器上运行的程序与源代码的一致性。上载的源代码与工程师电脑上保存的文件完全相同，不仅包含基本的逻辑，还包括代码注释、调试画面以及所有变量声明。

对于数据，TwinCAT PLC 没有一个固定的掉电保持区，当声明变量为掉电保持型之后，通过一定的操作，它的值就保存在存储介质上的一个文件中。此外 PLC 数据还可以通过文件读写的方式，按指定格式保存到存储介质中，然后复制到其他应用程序（如 Excel、Notepad）中观察和分析并集中保存。TwinCAT PLC 还支持 XML 文件读写，这使得配方保存更加灵活方便。

TwinCAT PLC 的所有运行数据都在 RAM 里面，掉电即清零。掉电保持的变量必须用一定的方法写入 CF 卡或者硬盘，或者保存在一种特殊的硬件“NovRAM”中。

（4）TwinCAT 与外设 I/O 的连接

TwinCAT 与外设的物理连接，实际上就是 IPC 或者 EPC 的主板与外设的连接。根据控制器的种类不同，主板上提供的接口包括 PCI、PCIe 或者 PC104，以及所有控制器主板都具备的 EtherNet 网口。物理连接之后，TwinCAT 必须提供对物理接口的驱动程序，才能访问这些接口的数据。TwinCAT 可以访问的硬件接口如图 8-7 所示。

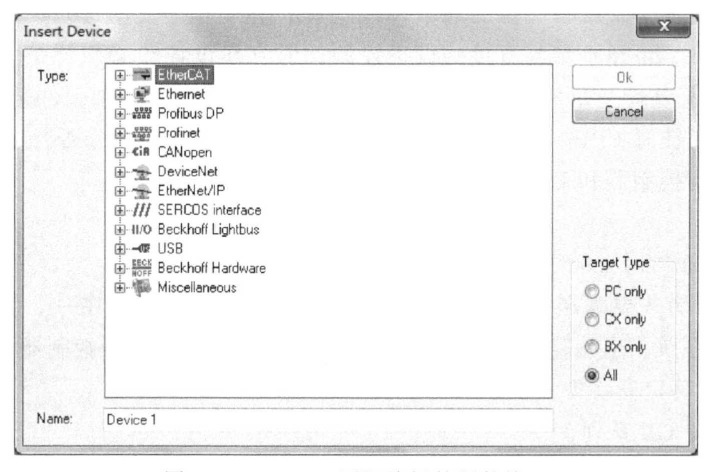

图 8-7　TwinCAT 可以访问的硬件接口

其中最常用的是 EtherCAT 接口。

从下面两种典型应用中，可以形象地说明 TwinCAT PLC 是如何与外设 I/O 连接的。

第 1 种，以 IPC 带 EtherCAT 为例。

BECKHOFF 主导推出的工业以太网 EtherCAT 问世以来，它以高性能低成本获得了市场认可。IPC 带 EtherCAT 接口的 I/O 连接方式如图 8-8 所示。

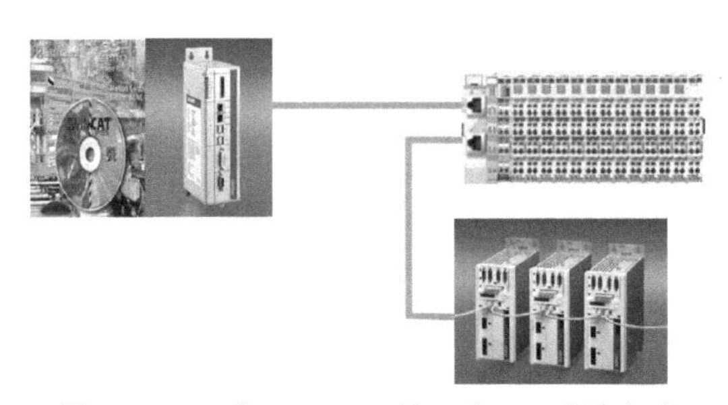

图 8-8 IPC 带 EtherCAT 接口的 I/O 连接方式

控制器直接将主板集成的网卡作为 EtherCAT 主站，通过一条网线连接 EtherCAT 从站设备。

第 2 种，以 CX 带 EtherCAT 为例。

对于导轨安装的 CX 系列控制器，同样也是把主板集成的网卡作为 EtherCAT 主站。CX 带 EtherCAT 接口的 I/O 连接方式如图 8-9 所示。

在图 8-9 中，控制器使用一个内置的以太网口作为 EtherCAT 主站。控制器与电源模块拼装完成后，主板集成的 EtherCAT 主站就与第一个 EtherCAT 从站的电源模块 CX1100-0004 连接完成了。电源模块与相邻的 I/O 端口的连接，和 I/O 端口之间的连接一样，都是 EtherCAT 从站与从站的连接。

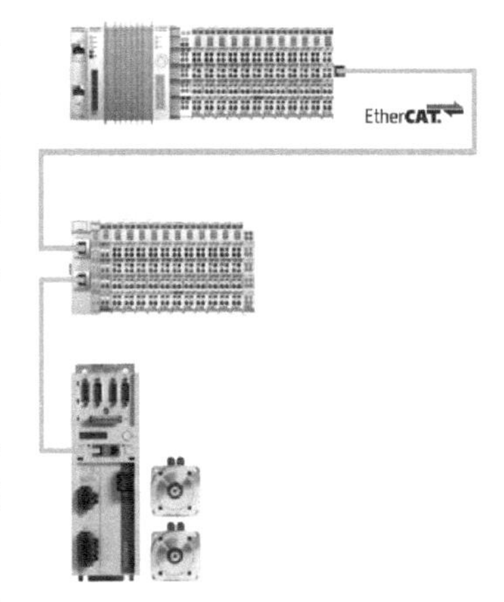

图 8-9 CX 带 EtherCAT 接口的 I/O 连接方式

3. 选型设计

一个完整的控制系统包括控制器、I/O 系统和人机界面。如果设备不是单独工作的，则还要考虑与其他控制系统的连接，比如有没有上一层的主系统，或者下一层的子系统。

在 I/O 系统中，如果是标准电信号，可以接入相应的 I/O 模块。如果是通信方式，比如 RS-485 接口的温控表、CANOpen 接口的变频器和 TCP/IP 接口的机器视觉等，那么在设备控制系统时还需要准备相应的通信接口以及从 PLC 程序使用这些接口的软件包。

人机界面部分，虽然不参与直接的设备控制，但方案设计时必须清楚人机界面的硬件、软件与 PLC 的通信方式。如果 HMI 软件与 TwinCAT 要运行在同一个硬件平台上，那么在控制器选型时，就要注意 CPU、内存和硬盘是否足够，以及操作系统是否合适。

下面分别介绍控制器和 I/O 系统的选型。

（1） 控制器

BECKHOFF 的 PC-Based 控制器包括 EPC 和 IPC 两大类。

选择控制器，首先要确定安装方式，也就是确定产品系列，然后在一个系列产品中选择适当的 CPU 和操作系统，也就确定了控制器的基本型号。具体说，选择控制器可依照以下步骤。

1） 第 1 步，确定安装方式。

① 导轨安装，CX 系列。

② 机柜安装，C69 系列。

③ 带显示面板：CP62、CP22 系列。

2） 第 2 步，选择 CPU。

根据 CPU 的性能及项目要求选择 CPU。

确定了产品系列和 CPU 之后，就能在选型样本中找到正确的控制器型号了。最准确的信息是在 BECKHOFF 官网上搜索该型号，找到“Features”中的标准配置，如果标配不能满足要求，可以在“Options”项搜索需要的选件。

3）第 3 步，确定操作系统。

TwinCAT 运行核依赖于操作系统和硬件平台，不是任意控制器都可以运行任意操作系统，也不是任意控制器和操作系统的组合都可以运行 TwinCAT 3。对于使用硬盘作为系统盘的工控机来说，用户可以任意选择使用 TwinCAT 2 还是 TwinCAT 3，但是对于嵌入式控制器 CX 系列，选择控制软件时还有一定的限制。

CX80xx、CX90xx 系列，只能选择 WindowsCE。操作系统安装在硬盘上的工控机和面板 PC，只能安装 Windows 7 或 Windows XP。CX10xx、CX50x0 系列，以及操作系统安装在 CF 卡或者 CFast 卡上的工控机或者面板 PC，就需要选择使用 Windows XPe 或者 Windows CE。

4）第 4 步，确定 TwinCAT 3 的基本软件功能。

① 即使是对于 CX 控制器，TwinCAT 3 的 Runtime 也必须单独订购。

② 软件订货号不再区分操作系统 CE 或者 Win7。

③ 软件订货号根据控制器性能级别不同而不同，“-00x0”中的 x 就表示控制器的 Performance 级别，性能越强的 CPU 级别越高，价格越贵。单独订购 TwinCAT 3 软件，该值为“-0090”，即按最高性能级别计算。在 BECKHOFF 官网及选型手册上，每款控制器都有 TC3 Performance Class 标注。

如果是包含 NC 控制，还必须确定轴的数量范围。

5）第 5 步，确定 TwinCAT 3 的扩展软件功能。

TwinCAT 2 中的 Supplement，在 TwinCAT 3 称为 Function，必须为每个控制器购买需要的 Function 授权，比如温控库、扩展的 Motion 库和各种通信库等，即使只是 lib 也不例外。

6）第 6 步，确定扩展选件。

通常控制器的存储介质和内存容量是可以变化和扩展的，有的系列甚至可以配成双硬盘、双 CFast 卡或者硬盘+CFast 卡。

7）第 7 步，电源、UPS 和电池。

如果操作系统选择了 Win 或者 Xpe，由于 PLC 允许随时断电，而 PC 随时断电可能导致文件损坏，所以通常会配上 UPS 和电池。

对于工控机和面板式 PC，电源是标配自带的，如果需要 UPS 必须同时订购 C9900-U330（UPS）和 C9900-U209（电池）。

在 CX 系列支持 TwinCAT 3 的控制器中，只有 CX20x0 需要配置电源模块。

（2）系统扩展模块

系统扩展模块包括串行通信模块和现场总线模块等。对于使用 EtherCAT 的系统，这两种模块都有相应的 EL 模块来代替。由控制器主板上扩展出的串口模块速度快、价格便宜，缺点是串口故障时需要整个控制器返修。而通过主板扩展的现场总线模块，已经完全被 EL 模块代替。

1）串行通信模块。

CX 系列嵌入式 PC 最多可以扩展 2 个串口模块，即最多 4 个串口。

2）现场总线模块。

EtherCAT 接口的现场总线接口模块和普通的 E-BUS 端子模块一样，可以位于 EtherCAT

网络的任何位置，数量也不受 CPU 限制。

（3）I/O 系统

在 I/O 选型之前，必须确定控制器与 I/O 连接的总线种类。在新实施的项目中，通常使用 EtherCAT 总线。

I/O 系统的选型包括以下 5 项内容。

① 现场总线主站模块和从站耦合器。

② 信号模块。

③ 系统模块。

④ 电缆和接头。

⑤ 总线分支选件（可选）。

4. 安装和接线

对于硬件的安装尺寸、安装要求及接线说明，可以查阅硬件的用户手册和图纸。

为安全起见，凡是供入电源的地方，包括 CX 电源模块，耦合器 EK110x、EL9410，其控制电源（U_s）和负载电源（U_p）应独立供电，并且两组电源的 24V 和 0V 进模块之前都应该分别加上熔丝。U_s 的熔丝熔断电流为 CPU 和模块 E-BUS/K-BUS 额定功耗折算成 24V 供电时电流的 1.2 倍。而 U_p 的熔丝熔断电流则为计算负载总电流的 2 倍左右。

8.2.2 TwinCAT 3 编程

1. 概述

TwinCAT 3 软件分为开发版和运行版。在前面的系统概述中，简单介绍了 TwinCAT 的原理和若干特点，都是指的 TwinCAT 运行版（XAR），又称为 TwinCAT Runtime，它是控制系统的核心。运行版是用户订购，并在出厂前就预装好的。

下面要介绍的是 TwinCAT 3 开发版（XAE）的使用，包括安装过程、配置编程环境以及一些常用的基本操作步骤。TwinCAT 3 开发版是免授权的，可以从 BECKHOFF 任意分支机构获取 TwinCAT 套装 DVD，也可以从 BECKHOFF 官网下载，然后安装在工程师的编程 PC 上。

2. 开发环境概述

（1）TwinCAT 3 图标和 TwinCAT 3 Runtime 的状态

TwinCAT 安装成功并重启后，编程 PC 桌面右下角有会出现 TwinCAT 图标。

图标的颜色代表了编程 PC 上的 TwinCAT 工作模式，如下所示。

① 蓝色图标表示配置模式。

② 绿色图标表示运行模式。

③ 红色图标表示停止模式。

任何运行了 TwinCAT Runtime 的 PC-Based 控制器上都有这三种模式。如果用传统的硬件 PLC 来比喻 TwinCAT Runtime 的三种模式，表述如下。

① 配置模式：PLC 存在，但没有上电。所以不能运行 PLC 程序，但可以装配 I/O 模块。

② 运行模式：PLC 存在，已经上电，可以运行 PLC 程序，但不能再装配 I/O 模块。

③ 停止模式：PLC 不存在。

如果编程 PC 上的 TwinCAT 处于停止模式，就不能对其他 PLC 编程。

如果控制器上的 TwinCAT 处于停止模式，就不接受任何 PC 的编程配置。

(2) TwinCAT 3 快捷菜单的功能

1) 编程 PC 的 TwinCAT 状态切换

单击通知区域 TwinCAT 图标，在弹出的菜单中选择 System，就显示出左边的子菜单。

TwinCAT 状态快捷切换菜单如图 8-10 所示。

单击 “Start/Restart”，编程 PC 就进入仿真运行模式。单击 “Config”，就进入配置模式。状态切换失败，或者服务启动失败，才会进入停止模式。

2) 进入 TwinCAT 开发环境的快捷方式

如果开发 PC 上安装有多个 Visual Sudio 版本，单击右下角的 TwinCAT 3 图标，就可以选择进入哪个版本的 Visual Sudio 中的 TwinCAT 3。进入 TwinCAT 开发环境的快捷菜单如图 8-11 所示。

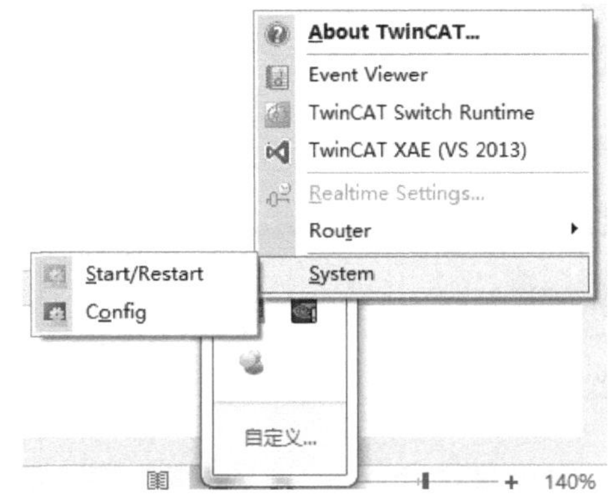

图 8-10 TwinCAT 状态快捷切换菜单

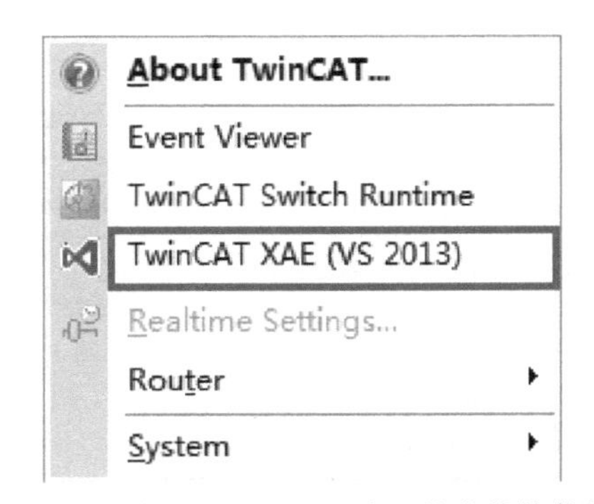

图 8-11 进入 TwinCAT 开发环境的快捷菜单

对于 Windows 8 系统，会提示 0x4115 错误，提示到 TwinCA \ 3. 1 \ 下找到 Win8……bat 文件，运行并重启计算机。

3) 本机的 ADS 路由信息查看和编辑

本机 ADS 路由信息查看和编辑的快捷菜单如图 8-12 所示。

(3) 启动 TwinCAT 3 的帮助系统

在 VS2013 Shell 的开发环境下，按〈F1〉或者从图 8-13 所示界面进入帮助系统。

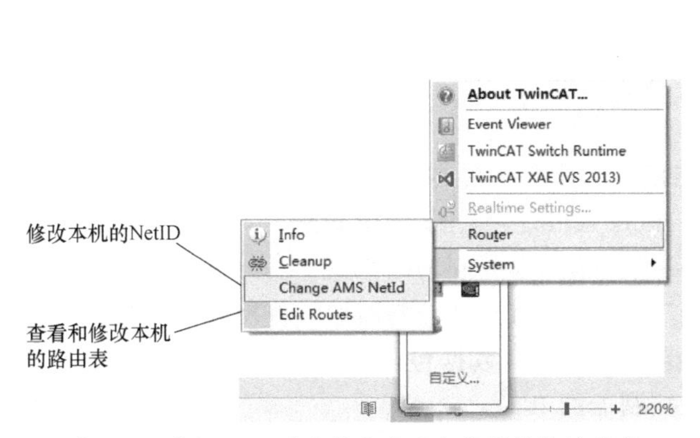

图 8-12 本机 ADS 路由信息查看和编辑的快捷菜单

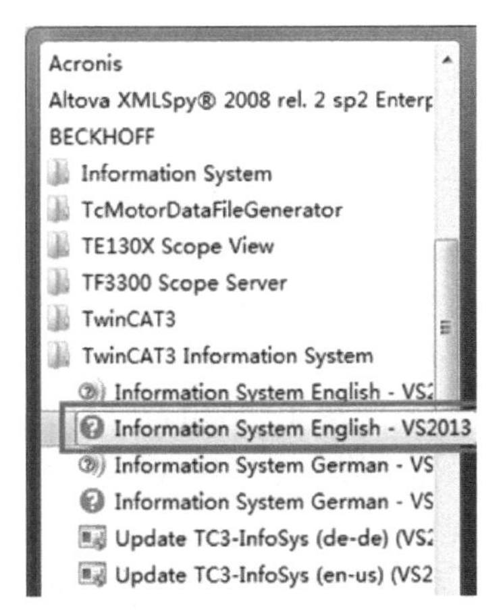

图 8-13 启动 TwinCAT 3 的帮助系统

(4) TwinCAT 3 Quick Start 教程

TwinCAT 3 Quick Start 如图 8-14 所示。

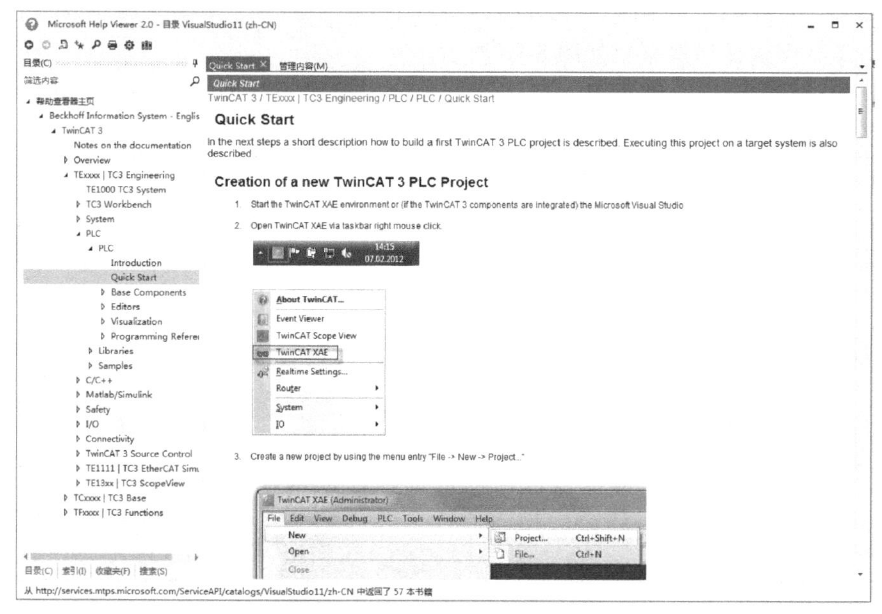

图 8-14 TwinCAT 3 Quick Start

3. 添加路由

(1) 设置 IP 地址

编程 PC 总是通过以太网对 PC-Based 控制器进行编程和配置，和其他 PC 之间的通信一样，通信双方必须处于同一个网段。为此，必须先确定控制器的 IP 地址，才可能把编程 PC 和控制器的 IP 地址设置为相同网段。

设置 BECKHOFF 控制器的 IP 地址有以下方法。

1) 方法 1：适用于新购控制器或者重刷过操作系统的控制器。

控制器出厂时，IP 分配方式为 DHCP，即由外接路由器分配地址。如果网内没有路由器，则默认 IP 地址为 169.254.X.X。

2) 方法 2：适用于已经使用过的控制器，没有显示器，但不确认 IP 地址和 WinCE 操作系统。

掉电，拔出 CF 卡，用读卡器删除文件夹 Document and Setting，删除 \ TwinCAT \ Boot \ 下所有文件。注意删除之前应做好备份。然后插回 CF 卡，重新上电，按默认设置的情况处理。

3) 方法 3：适用于带 DVI 接口并且连接显示器的控制器。

从显示器进入 Control Panael，找到 Network setting 项，修改 IP 设置。

4) 方法 4：适用于所有情况，

使用第三方工具软件，比如 Wireshark。网线连接 PC 和控制器后，将控制器掉电，开启 PC 网卡的 Frame Capture，然后再将控制器上电。观察数据包，可以见到除了 PC 的 IP 之外，另有一个 IP 会发送数据包，那个就是控制器的 IP。

确定控制器的 IP 地址之后，用适当的方法修改编程 PC 或者 TwinCAT 控制器的 IP 地址，使二者处在同一个网段，并在开发 PC 上启用命令模式，运行“Cmd”，然后用“Ping”指令验证局域网是否连通。

关闭杀毒软件的防火墙，以及操作系统的网络连接防火墙，或设置 TwinCAT 为例外。

(2) 设置 NetID

编程 PC 可以对所在局域网内的任意 TwinCAT 控制器进行编程调试。假定局域网内除了普通 PC 之外，多台装有 TwinCAT 运行版的控制器，以及安装了 TwinCAT 开发版的编程 PC。那么这些 PC 之间如何区分呢？

简单地说，所有 PC 之间以 IP 地址区分，而 TwinCAT 控制器及开发 PC 之间以 AMSNetID 区分。

AMSNetID 简称 NetID，NetID 是 TwinCAT 控制器最重要的一个属性，编程 PC 根据 TwinCAT 的 NetID 来识别不同的控制器。

NetID 是一个 6 段的数字代码。TwinCAT 控制器 NetID 的最后两段总是“1”，而前 4 段可以自定义。从 BECKHOFF 订购的控制器出厂有一个默认的 NetID，用户可以修改，也可以维持。而编程 PC 安装了 TwinCAT 之后也有一个默认的 NetID。必须确保同一个局域网内的 NetID 没有重复。

(3) 在 TwinCAT 3 的 System　Routes 中添加路由

“路由”即“AMS Router”，是 BECKHOFF 公司定义的 TwinCAT 设备之间通信的 ADS 协议规范中的一个名词。每个 TwinCAT 控制器都有一个路由表，在路由表中登记了可以与之通信的 TwinCAT 系统的信息，包括 IP 地址（或 Host Name）、NetID 和连接方式等。

快捷方式访问路由表如图 8-15 所示。本机的路由表可以从图标右键快捷菜单的 Router 访问。

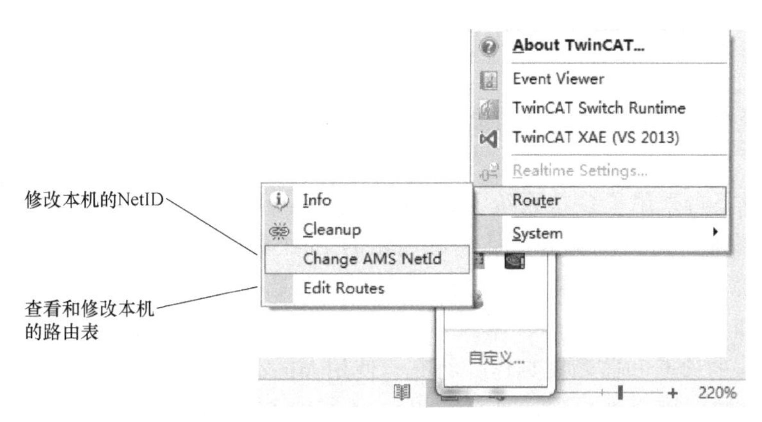

图 8-15　快捷方式访问路由表

实际上，每个 TwinCAT 控制器都有一个路由表，每个控制器只接受自己路由表中的 PC 编程。控制器的路由表要添加路由表完成以后才能从 System Manager 页面看到。

设置好 IP 地址和 NetID 后，就可以添加路由表了。

8.3　Acontis EtherCAT 主站

德国 Acontis 公司提供的 EtherCAT 主站是全球应用最广、知名度较高的商业主站协议栈，在全球已有超过 300 家用户使用 Acontis EtherCAT 主站，其中包括众多世界知名的自动化企业。Acontis 公司提供完整的 EtherCAT 主站解决方案，其主站跨硬件平台和实时操作系统。

8.3.1 Windows EtherCAT 实时平台 EC-Win

EC-Win 是 Acontis 公司为 Windows 系统提供的一个专业的开放的实时 EtherCAT 平台。因此基于越来越流行的 EtherCAT 技术，可以创造出更快速、更精确的实时解决方案。典型的应用是运动控制器、PLC 控制器或者执行频率高达 20kHz 的实时测量应用。EC-Win 的核心组件是功能强大的 EC-Master 协议栈，为了与成熟的 Acontis Windows 虚拟机监控器和实时技术相匹配，EC-Master 协议栈分别进行了专门的优化。EtherCAT 产品系列如图 8-16 所示。

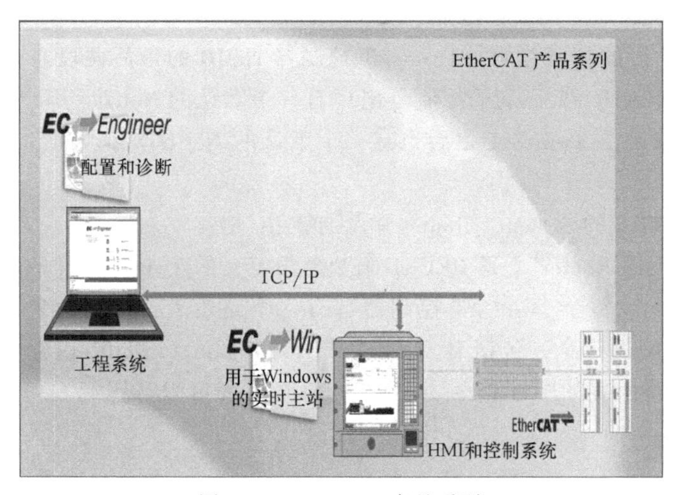

图 8-16 EtherCAT 产品系列

用户可以获得一个完美匹配、功能强大的实时 EtherCAT 编程环境，以及一个具有价格优势，一站式、独家供应的解决办法。

典型的硬件平台采用了多核系统。Windows 系统与 EtherCAT 主站和实时应用程序分别在不同的 CPU 核心上运行。快速并且经过优化的 Intel 和 Realtek 网络控制器驱动确保了尽可能高的实时性。对 EC-Win 虚拟机监控器的集成也是提供实时性重要的一项，它确保了 EtherCAT 从站和实时应用的同步，以及本地 PC 定时器与 EtherCAT 从站的分布时钟同步。同时对 EC-Lyser 的诊断和监测工具作为补充。使用 Microsoft Visual Studio 作为整合开发和调试的工具，同时被应用于 Windows 部分以及实时 EtherCAT 应用部分。使用 EC-Win 的用户省去了购买插件卡以及单独的虚拟监控器或 Windows 实时扩展的高额花费。

EC-Win 是 Windows 操作系统下，功能强大的实时 EtherCAT 主站完整解决方案。EC-Win 以极具吸引力的价格为用户提供 Windows 系统下 EtherCAT 所有的必要组件。

系统管理工具 System Manager 拥有简洁的用户图像界面，是用户在 Windows 操作系统中开发、调试和运行 EtherCAT 应用程序不可或缺的强大工具。EtherCAT 主站完整解决方案如图 8-17 所示。

EC-Win 主要特点如下。

1）Win32 实时平台上 Microsoft® VisualStudio® 支持软件的非实时以及实时部分。

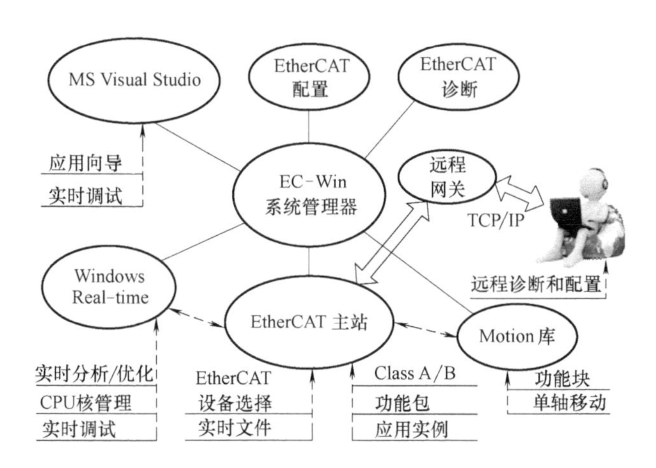

图 8-17 EtherCAT 主站完整解决方案

2）高速：不受中断延迟影响。

3）EtherCAT ClassA 主站协议栈。

4）高性能实时以太网驱动程序。

5）支持分布式时钟 Mastershift 和 Busshift 模式。

6）外部的 TCP/IP 网关通过共享内存连接主站，无须第二个 IP 地址。

7）包含所有 runtime 组件，无须其他任何第三方许可。

1. EC-Win 系统管理软件（System Manager）

EC-Win 系统管理软件具有如下特点。

1）EC-Win 一站式的配置工具。

2）将 EtherCAT 兼容性硬件分配到实时环境中。

3）将附件的硬件分配到实时环境中（可选）。

4）Windows 和实时环境的 CPU 分配和内存配置可通过 GUI 完成。

5）所有开发和配置步骤都集成在一个用户界面上。

6）不同配置和应用在 System Manager 的不同工作区域中显示。

7）实时分析和优化操作系统。

8）在图形界面中给 Windows 和实时环境分配 CPU 时间和配置内存。

9）可以选择预编译的 EtherCAT 应用。

10）利用 Microsoft Visual Studio 中 EC-Win 项目向导，基于已装模板自动创建应用例程。

2. EtherCAT Master runtime

EtherCAT Master runtime 的功能如下。

1）EC-Master ClassA。

2）快速且经过优化的实时以太网驱动，支持 Intel 和 Realtek 网卡。

3）高速 OS 层以获得最佳的 EtherCAT 性能以及最小的 CPU 负载。

4）支持邮箱协议：CoE，SoE，AoE，VoE。

5）支持先进的分布式时钟（DC）模式。

6）集成了 EtherCAT 主站 Mastershift 和 Busshift 分布时钟同步功能。

7）提供大量例程，包括用于 DS402CoE 驱动的 EC-Motion 运动控制例程。

3. Windows 实时平台

EC-Win 的 Windows 实时平台如图 8-18 所示。

集成虚拟机监控程序：Windows 和实时部分（操作系统）安全分开的。有效隔离 Windows 系统故障（蓝屏）。

为实时部分（抢占式多任务、线程、事件、信号量及互斥锁等）提供 Win32 编程范例。

快速、高分辨率的系统计时器（分辨率低于 10ns），中断频率可以达到 25kHz。

Windows 和/或实时部分均可运行于多核（SMP，对称多处理）。这对于四核或者其他多核 CPU 是很重要的。

Windows 和实时部分之间采用虚拟 TCP/IP 网络，因而可以用于 EtherCAT 诊断的完整功能。

可以便捷的使用 Microsoft Visual Studio 作为开发和调试环境，能够通过以太网实现远程调试。

功能强大、图形化的实时分析工具。

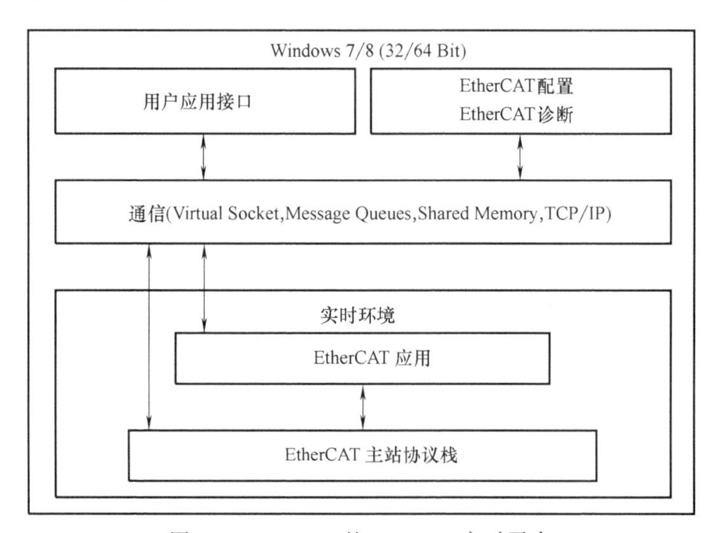

图 8-18　EC-Win 的 Windows 实时平台

4. EtherCAT 主站配置

EtherCAT 主站配置如下。

1）支持标准的 EtherCAT 配置器 ET9000。

2）支持标准化 ENI 格式（EtherCAT 网络信息）的配置文件，所有兼容的配置均可使用。

3）可选：ET9000 插件，用于直接通过 TCP/IP 与 EtherCAT 主站协议栈传输数据（例如可以配置 EtherCAT 安全设备）。

5. EtherCAT 主站运行特点

EtherCAT 主站运行特点如下。

1）拥有 ClassA 功能的 EC-Master 协议栈 SDK。

2）快速并且经过优化的 Intel 和 Realtek 网络控制器驱动。这些驱动不需要使用中断，既能提供优秀的实时性能，又能够顺利地集成到 Windows 或者实时环境中。

3）标准邮箱协议：CoE—EtherCAT 上的 CanOpen，SoE—EtherCAT 上的伺服配置文件，AoE—EtherCAT 上的 ADS，VoE—EtherCAT 的供应方。

4）分布式时钟可以实现传输延时测量和补偿，本地实时定时器和 EtherCAT 分布式时钟参考时钟的同步以及连续的漂移补偿。此功能对于许多 EtherCAT 运动应用程序来说是非常重要的。

5）从站之间通过主站通信。

6）总线通过拓扑检测、分析和验证进行扫描。

7）EEPROM 编程（读和写）。

8）全面可靠的诊断。

9）集成 EC-Master 功能包“远程访问服务”。使用虚拟网络连接提供一个简单的 EC-Master 协议栈远程访问。

10）可选：以有吸引力的价格提供更多的 EC-Master 扩展功能包。

EC-Master 架构如图 8-19 所示。

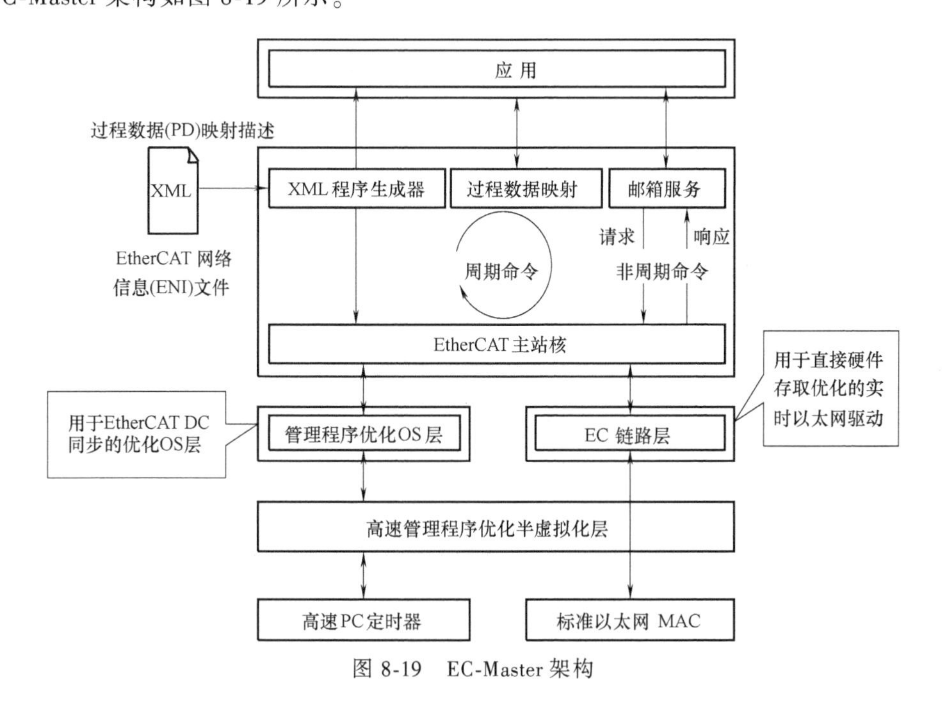

图 8-19 EC-Master 架构

8.3.2 EtherCAT 主站 LxWin 的解决案例

LxWin 是 Acontis 公司最新推出的将 Windows 操作系统扩展出实时 Linux 系统的解决方案。LxWin 和 EC-Win 使用同一款 Virtual Machine runtime（VMF runtime），解决方案中包括由 Acontis 公司提供的实时 Linux 操作系统。LxWin 方案框架如图 8-20 所示。

LxWin 使用和 EC-Win 同样的操作界面，用户在熟悉的 Visual Studio 中编程并可使用 Windows 作为图形界面。另外 Linux 操作系统应用最全面的第三方软件同样可以被用户利用。因此可以说 LxWin 几乎结合了 Windows 和 Linux 两款最强势的操作系统的全部优势。

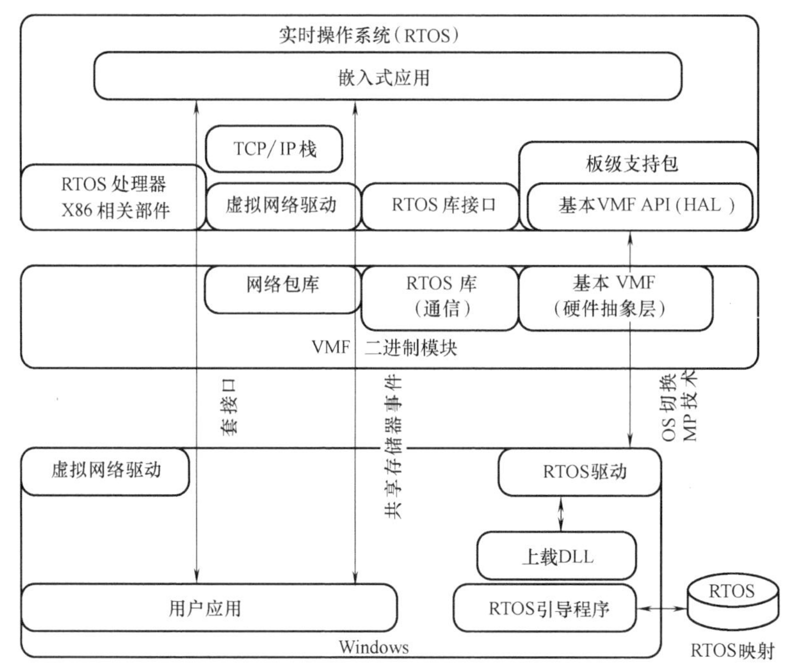

图 8-20 LxWin方案框架

8.3.3 EtherCAT 主站协议栈 EC-Master

EtherCAT主站协议栈针对嵌入式（实时）操作系统进行了专门的优化，具有如下特点。

1）完整符合EtherCAT Master Classes指令（ETG.1500）。

2）极高的可移植性。协议栈独立于操作系统和编译器。

3）支持多种操作系统。

4）高性能、低CPU负载。

5）支持的CPU架构。包括x86、ARM、PowerPC、SH、MIPS。

6）支持SMP多核处理。

7）协议栈广泛应用于机器人（如KUKA）、PLC/运动控制及测量等领域的国际知名品牌产品。

1. ClassA 版本功能

ClassA版本功能如下。

1）所有ClassB的功能。

2）支持分布式时钟（DC）模式同步以及主站同步（DCM）。

3）支持AD Sover EtherCAT（AoE）邮箱协议。

4）支持Transfer over EtherCAT。

2. ClassB 版本功能

ClassB版本功能如下。

1）支持EtherCAT网络信息（ENI）配置文件。

2）支持拓扑检查。在系统启动过程中对比ENI配置文件和实际网络。

3）支持周期性的过程数据交换。

4）支持 CANopen over EtherCAT（CoE）协议。包括 SDO 的上传和下载，SDO 信息服务（访问 CANopen 对象字典），紧急情况请求。

5）支持 ServoProfile over EtherCAT（SoE）协议。

6）支持 EtherNet over EtherCAT（EoE）协议（虚拟交换机）。

7）支持从站与从站之间通信。

8）支持 Safety over EtherCAT（FSoE）从站。

9）支持对从站的 EEPROM 和寄存器访问。

10）丰富的错误诊断和检测功能。

3. 功能扩展包

功能扩展包的内容如下。

1）从站热插拔功能包。热插拔过程中其他从站功能不受影响。

2）冗余（环型拓扑）功能包。可与热插拔功能包配合使用。

3）单主站协议栈控制多个独立 EtherCAT 总线。

4）主站对象字典包括主从站状态、错误报告及总线扫描结果。

5）TCP/IP 远程接口功能包。使用本地相同 API，提供远程配置和诊断功能。

4. 模块化结构

主站协议栈 EC-Master 包含以下几个方面。

（1）EtherCAT-Master-Core

EtherCAT 主站的主要功能都在 Core 层中实现。所有协议的处理也都在这里执行，例如过程数据传输和邮箱协议（CoE，EoE，FoE，SoE，AoE）。

（2）EtherCAT-Link-Layer

主从站的数据交换。将零拷贝（ZeroCopy）和轮询（Polling）技术与 Core 层配合使用，实现最好的实时性性能和最大限度减少 CPU 负载。

（3）OS 层

操作系统的调用被封装在 OS 层。为了能够实现最好的性能，绝大多数功能使用简单的 C 语言宏编写。

5. 系统集成

系统集成为用户提供如下服务。

1）在用户开发控制系统时，可以为用户提供专业的技术指导，以及完整的系统集成解决方案。

2）满足用户特殊需求的定制开发，包括将 EtherCAT 主站移植到其他嵌入式操作系统中。

3）可以为用户提供 Workshop 以及咨询服务。

4）对用户的系统进行性能分析和优化。

6. 支持的操作系统和硬件平台

（1）Microsoft WindowsCE/EC

1）WindowsCE6.0，CE7.0。

2）CeWin（WinCE+Windows）。

3）x86，ARM。

（2）OnTimeRTOS-32

1）版本 5. x。

2）RTOS32WinWindows 实时拓展。

（3）QNXNeutrino

1）版本 6. x。

2）x86。

（4）IntervalZeroRTX

RTX8. 1，RTX2011，RTX2012，RTX64。

（5）TenAsys INtime

版本 3. x、4. x 和 5. x。

（6）非实时的 Windows

1）Windows7（32 位和 64 位）。

2）WinCap 链路层。

（7）实时 Windows

1）Windows7（32 位和 64 位）。

2）Windows 实时拓展。

（8）Linux（实时版本：RT-PREEMPT）

1）内核 2. 6. 24 或更高。

2）32 位和 62 位。

3）x86，ARM，PowerPC。

4）Non-GPL 批准的解决方案。

（9）其他操作系统

1）MQX，ecos。

2）RTAI，Xenomai。

8. 3. 4 EtherCAT 配置及诊断工具 EC-Engineer

EC-Engineer 是一个功能强大的，用于 EtherCAT 网络配置和诊断的软件工具。只需要通过这个工具，就可以让用户快速且便捷地处理所有工程需求和诊断任务。为了让用户在 EtherCAT 网络的配置和诊断方面获得更加流畅的体验，现代化、清晰且直观的用户界面是至关重要的。

1. EC-Engineer 功能

（1）常规功能

EC-Engineer 常规功能如下。

1）在一个项目内配置多个主站系统。

2）EtherCAT 从站可以连接到 Windows PC。

3）EtherCAT 从站可以连接到控制系统。

4）树状视图和拓扑视图。

5）ESI 和 EMI 管理。

6）支持多种语言。

7）基于微软 WPF 技术的新颖用户界面。

（2）配置功能

EC-Engineer 配置功能如下。

1）根据 ETG. 2000 导入 ESI（EtherCAT Slave Information）文件。

2）根据 ETG. 2100 导出 ENI（EtherCAT Network Information）文件。

3）自动测定已连接的从站（总线扫描）。

4）从站设备所有参数可以复制和粘贴使用。

5）PDO 选择和配置。

6）调整和追加 EtherCAT 从站初始化命令。

7）透明集成 MDP（Modular Device Profile）从站。

8）从站固定存储映射。

9）分布时钟（DC）设置。

10）“热插拔”组定义。

11）编程站别名地址。

12）其他主站和从站的参数。

（3）诊断功能

EC-Engineer 诊断功能如下。

1）主站和从站状态（显示和控制）。

2）过程（I/O）数据（显示和控制）。

3）ESC 寄存器（读和写）。

4）EEPROM（读和写）。

5）主站和从站的对象字典。

6）邮箱传输（服务数据对象上传和下载）。

7）固件上传和下载。

8）比较现有配置和实际网络。

2. 在线和离线配置

无论 EtherCAT 从站是否与运行 EC-Engineer 的 Windows PC 相连或者直接与主站协议栈控制系统相连接，均可以使用 EC-Engineer 在实验室或办公室“离线”完成 EtherCAT 的配置工作，或在机器上连接真正的 EtherCAT 网络实现“在线”操作。不论是“离线”还是“在线”，根据“Bus-Scan”特性都可以很容易确定从站和网络拓扑的结构。

网络配置既可以在没有 EtherCAT 网络的离线状态，也可以在连接 EtherCAT 网络的在线状态下完成。进行网络配置时，EtherCAT 从站既可以连接到运行 EC-Engineer 的本地 PC 上，也可以连接到运行 EC-Master 的远程控制系统上。

两种配置均可以轻松使用总线扫描功能确定从站和网络拓扑的结构。如果从站与本地 Windows PC 相连，则在 PC 运行的 EtherCAT 主站可以运行和验证 EtherCAT 网络系统。

如果从站与控制系统相连，在控制器上运行的 EtherCAT 主站协议栈将会确保通信，并为远程的 EC-Engineer 提供所有诊断所需要的服务和信息。

3. 新颖的界面设计

整齐排列的标准视图使用户能够用简单的几个步骤创建一个 EtherCAT 配置。切换到专业视图模式可以看到那些被隐藏的，使用较少的参数和选项，这些参数用于满足用户特定的需求。

EC-Engineer 经过优化的图形界面具有极强的实用性。通过选择界面的主题风格和语言，用户可以调整界面的外观和使用感受。无论是初级技术人员还是高级工程师，所有用户都能直观的使用 EC-Engineer。常用功能可以在初始界面中找到，例如完成离线配置，或者通过扫描所连接的网络完成在线配置，或者对连接的目标系统进行远程配置和远程诊断。

网络中所有从站都以树状图的形式清晰的展示在项目界面中，方便用户在配置或诊断总线时快速浏览并访问目标从站。

4. 与系统相匹配

EC-Engineer 的可用选项和对话框均与控制系统（主站系统）实际支持的设定相匹配。这是 EC-Engineer 的一个显著优势，它可以帮助用户快速创建配置文件，而不需要做无用的、反复的尝试。而所谓的 EMI（EC-Master 信息）文件将定义所有的属性和主站系统的性能范围。除此以外，还可以设置可用的周期时间、邮箱协议的支持和 DC 同步或热插拔。EC-Engineer 装载了一个预定义的 EMI 文件，这个 EMI 文件包含了 EtherCAT A 和 B 两类主站的功能。用户可以此为模板，根据实际需求增加或减少功能。

5. 支持多种语言

不需要重新启动程序就可以轻松地更换语言。除了德语和英语，同样支持像日语、中文或韩文这样的亚洲语言。

6. 固定的过程数据偏移量

EC-Engineer 的一个独特特征是可以任意地为一个或一组从站指定过程数据存储位置。它可以在过程数据区域给从站指定地址，此后即使添加或删除其他从站，此从站地址也不会发生变化。这段内存可以存放输入和输出数据。通过这种方式，配置好的从站过程数据可以简单地分配，而无须修改应用程序。

7. 强大的诊断功能

EC-Engineer 同样是非常专业的诊断工具。通过 TCP/IP 主站和从站均可以被诊断检测。系统状态、过程数据内容等均可以显示，EC-Engineer 支持更复杂的功能，如读取对象字典或下载从站固件等。EC-Engineer 提供一个专门界面，可以用来分析 EtherCAT 总线启动时的错误或缺失。在这个界面中，EC-Engineer 可以连续地追踪输入变量，实时监控输入变量的变化。

8.3.5 EtherCAT 运动控制库 Motion

EC-Motion 为 EtherCAT 驱动器提供了一个简单的 C/C++运动控制库。此库支持所有 PLCopen 标准中规定的单轴运动指令，而不需要额外购买昂贵的硬件。

用户也可能基于这个运动库去编写多轴协同运动的实际应用。驱动器可以运行在 CSP（周期同步位置）或 CSV（周期同步速度）模式下。

驱动器运行的时候没有浮点运算，从而保证了较低的 CPU 负载。所以可以在少数高性能嵌入式平台上连接大量的驱动器。通常情况下，运动控制库的功能被周期性的调用（如每一毫秒一次），而不用创建额外的任务。

因此，可以很容易地将 EC-Motion 控制库整合到 PLC 的运行环境以及无操作的平台上。

EC-Motion 的运行需要一个带有浮点支持并且装载了 C++运行环境的 32 位 CPU 平台。该控制库已经成功通过多个平台的测试，包括 Intel 或 AMDx86，ARM（例如德州仪器 Sitara），PowerPC（例如 CoreIQ）。

为保证运动控制器和驱动器之间恰当的同步，需要一个确定的实时运行环境。

1. EC-Motion 架构

EC-Motion 架构如图 8-21 所示。

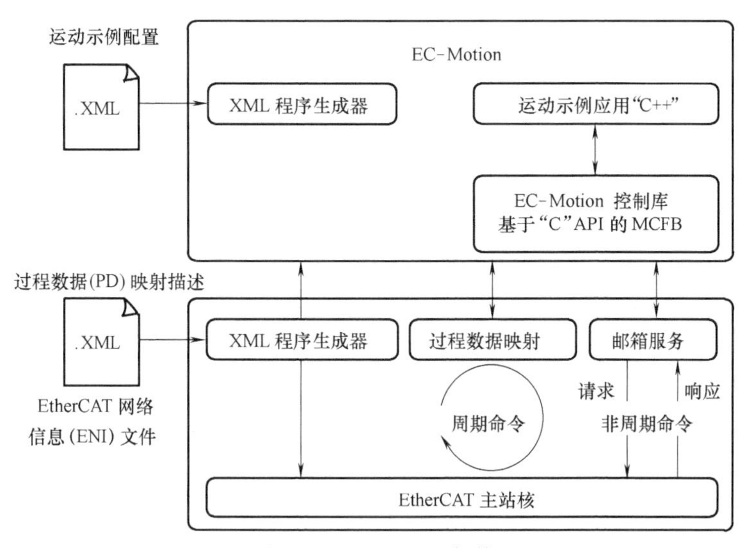

图 8-21　EC-Motion 架构

EC-Motion 可以和功能强大、久经考验的 EC-Master 主站协议栈一同运行在控制器硬件上，从而为用户提供一个完整的运动解决方案。

使用附带的 Windows 远程控制应用，能够通过简单的运动命令实现远程控制。使用 EC-Engineer 配置工具可以对 EtherCAT 网络进行任意的设置，此工具还提供了诊断功能。

Acontis 公司提供了一个完整的微软 Windows 平台运动控制的解决方案 EC-Win，这是一个功能强大并被业界公认的 EtherCAT 实时解决方案。

EC-Motion 产品内容包括以下几个方面。

1）C++运动控制示例程序。

2）配套使用的 Windows 远程控制程序。

3）可选：EC-Engineer——用于 EtherCAT 网络的配置和诊断。

4）可选：EC-Win——基于 Windows 的 EtherCAT 实时平台。

2. EC-Motion 使用标准

EC-Motion 支持认证的标准，以便能够使用各种各样的 EtherCAT 驱动程序，运动控制库提供 PLCopen 中所指定的功能（运动控制功能块，MCFB），驱动器必须符合基于 CIA 兼容驱动器的 ETG. 6010 准则。EC-Motion 使用标准如图 8-22 所示。

3. 基于 PLCopen 的 EC-Motion 的功能

（1）常规功能

EC-Motion 的常规功能如下。

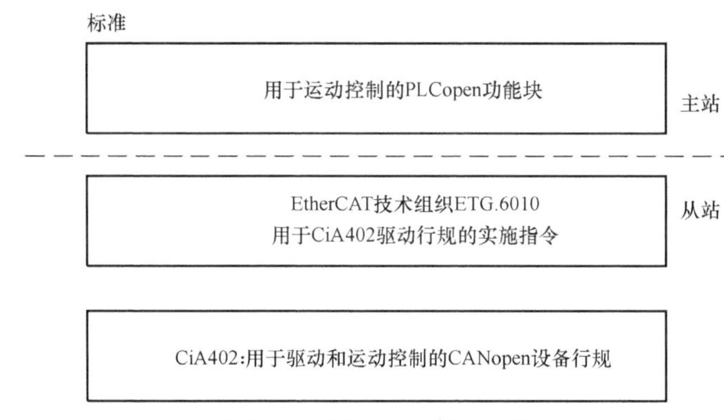

图 8-22 EC-Motion 使用标准

1） MC_Power：控制功率级别（打开或关闭）。

2） MC_ReadParameter，MC_ReadBoolParameter：返还参数的值。

3） MC_WriteParameter，MC_WriteBoolParameter：修改参数的值。

4） MC_ReadActualPosition：返回实际位置。

5） MC_ReadActualVelocity：返回实际速度。

6） MC_ReadMotionState：返回运动状态。

7） MC_ReadAxisError：显示出与功能模块无关的轴误差。

8） MC_Reset：从“错误”的状态变到“静止”状态。

9） MC_SetModeOfOperation：设置操作模式（CSP 或 CSV 模式）。

10） MC_SetPosition：改变一个轴的坐标系统。

（2） 运动功能

EC-Motion 的运动功能如下。

1） MC_Stop：停止运动并将轴切换到“停止”状态。

2） MC_Halt：停止运动并将轴传送到“静止”状态。

3） MC_MoveAbsolute：运动到指定的绝对位置。

4） MC_MoveRelative：运动一段相对的距离。

5） MC_MoveVelocity：以指定的速度运动。

（3） 特点

EC-Motion 的特点如下。

1） 支持基于 CANOpenDS402 或 SERCOS 配置文件配置驱动器。

2） 支持周期同步位置（CSP）和周期同步速度（CSV）模式。

3） 支持 jerklimited 运动。

4） 支持在运动期间（连续更新）改变参数。

5） 支持缓冲模式（缓冲，混合）。

6） 执行效率高，CPU 负载低。

7） 独立于通信层（EtherCAT，CAN）。

8） 适用于 x86、ARM 和 PowerPC 等 CPU 架构。

9） 运动库包含源码。

8.3.6 EtherCAT 配置工具包 EC-CTK

EtherCAT 总线配置工具包（EC-CTK）是一个软件框架，涵盖 EtherCAT 的配置和诊断。

EtherCAT 总线的配置可以离线完成（与工厂没有物理连接，例如在办公室）。

在联机模式下运行，当一个可以选择的配置直接与 EtherCAT 的从站（本地模式）连接，或将其与那里的 EtherCAT 主站协议栈运行控制器（遥控模式）连接。在后一种情况下，EC-Master 提供配置程序需要的所有必要的服务。

Integration The CTK 自定义扩展软件是专门为需要定制的、可扩展的和易于集成的工程解决方案的客户设计的。

EtherCAT 配置工具包分层数据模型如图 8-23 所示。

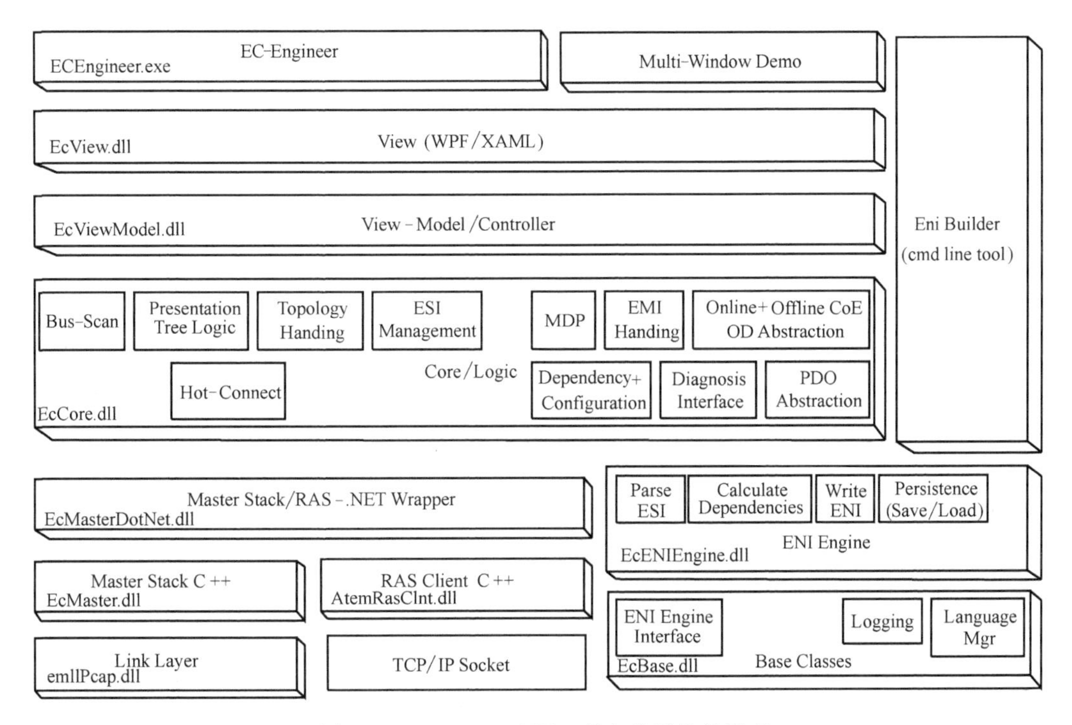

图 8-23 EtherCAT 配置工具包分层数据模型

由于 CTK 架构是基于 Windows 的 WPF 技术，可呈现一个简单而明确分开的用户界面。

需要配置的 EtherCAT 的整个功能在 GUI 中是与底层业务逻辑分离的，并不会在调整界面时改变。软件的模块化设计提供了添加自定义扩展的手段，具体到从站或转换过程中数据信息的示例配置成不同的格式。

该软件可基于微软的 . net 技术（Windows 窗体或 WPF）被集成到任何客户环境。

EtherCAT 配置工具包（CTK）是一个包含 EtherCAT 配置和诊断功能的软件框架。EtherCAT 总线的配置工作可以在离线状态下（例如在办公室中运行，不必连接硬件设备）或在在线状态下完成。当运行于在线模式下，也可以选择直接连接到 EtherCAT 从站网络（本地模式），或连接到运行 EtherCAT 主站协议栈的控制器上（远程模式）。在第二种情况下，EC-Master 将响应所有配置服务的需求。

1. 总线拓扑结构

配置工具包支持所有可用的 EtherCAT 拓扑结构，例如总线型、环形、星形和树形等。只需从目录中选择相应的从站设备并把它放在正确的位置上即可，在一个 CTK 项目中可以配置多个 EtherCAT 总线网络。

2. 模块化设备结构（MDP）从站

基于模块化设备结构（MDP）的复杂从站，其参数均可以用简单明了的方式进行配置。将可用的模块（在右侧）分配到相应的插槽中（在左侧）。

3. 自定义扩展和软件集成

CTK 面向的那些需要可定制、可扩展和易于集成的工程解决方案的客户。

因为 CTK 的架构是基于 Windows WPF 技术的，因此用户界面可以以一种简单和清晰的方式呈现。

EtherCAT 配置所需的全部功能位于底层业务逻辑中，与上层 GUI 是分离的，所以当调整上层 GUI 时不会改变 EtherCAT 配置功能。

该软件的模块化设计允许用户增加自定义拓展，例如用不同的版面分别呈现特定从站的配置和过程数据信息的转换。

该软件可以集成到任何基于 Microsoft. NET 技术（WindowsForms 或 WPF）的用户环境中。

8.3.7 EtherCAT 的诊断和错误检测工具 EC-Lyser

EC-Lyser 是一种特别研制的诊断应用工具，分析了由 Acontis 欧共体控制的 EtherCAT 总线系统。自动化控制系统通常要满足对整个系统的高可靠性。由于恶劣的工业环境，这往往是很难实现的。可能的失败原因是坏的电缆或插头、振动、系统退化和电磁场等。

使用 EC-Lyser 可以检测 EtherCAT 系统的“健康”。可用于设置系统、系统的分析与维修以及错误检测。

查看和更改单个从站或整个网络的状态。获取连接的从站所传输的帧、帧丢失和更多的信息。

显示拓扑视图，EtherCAT 主站协议栈可以直接将系统诊断要求所需的数据传送到 EC-Lyser 诊断工具。由于 EtherCAT 主站提供了 TCP/IP 的远程接口，可以通过连接 EC-Lyser 接口来完成。系统的分析将不再需要 EtherCAT 总线上额外的流量，所有的信息都直接取自 EtherCAT 主站。

8.3.8 EtherCAT 主站 EC-Win 的应用案例

EC-Win 是 Acontis 公司提供的核心产品之一。在 EtherCAT 主站协议栈 EC-Master 之外，EC-Win 解决方案包括实时操作系统 RTOS32-Ontime，将用户运行 Windows 操作系统的 IPC 扩展为带实时操作系统和支持 EtherCAT 主站的设备。EC-Win 底层的 Hyperwise 管理在同一个 CPU 上的 Windows 和实时操作系统，用户在 Visual Studio 中开发应用。

EC-Win 中使用的 Ontime RTOS-32 实时内核是可脱离 Windows 独立运行的实时操作系统，在全球拥有超过 6000 家专业用户。

Ontime RTOS-32 是 Acontis 内部评估后最快的实时系统。

EC-Win 架构中实时内核可以替换为实时 Linux 系统，可以为用户提供完整的带 Linux 系统的 LxWIN 解决方案。

除了 ETG. 1500 定义的主站 ClassA 基本功能外，Acontis 公司还提供热插拔、线缆冗余及主站冗余的功能扩展包。这些功能扩展包开发难度巨大，Acontis 公司的解决方案可提供完整的扩展功能包。

另外，Acontis 公司的线缆冗余方案不需要在网络中增加其他硬件设备，即使采用德国倍福的控制器，应用线缆冗余时同样需要在网络里添加单独硬件。

1. Acontis 主站用户

Acontis 公司的 EtherCAT 产品在全球拥有超过 200 家用户，KUKA 机器人、Cloos 焊接机器人、欧姆龙、松下、德国 Lenze、NI、巴赫曼及美国 John Deere 等国际知名企业的机器人或控制器产品中都使用了 Acontis 公司 EtherCAT 主站协议栈。

在国内市场，上海电气集团、ABB 上海机器人、和利时、熊猫集团、雷塞、清华大学、航天 102 所、北京精雕、沈阳通用机器人、沈阳自动化研究所、国防科技大学、博强机器人及硌石机器人等机器人和控制器厂商也都使用了 Acontis 公司 EtherCAT 主站协议栈。

2. KUKA 机器人应用案例

德国 KUKA 机器人是 Acontis 公司最具代表性的用户之一，KUKA 机器人 C4 系列产品全部采用 Acontis 公司的解决方案。C4 系列机器人采用 EtherCAT 总线方式进行多轴控制，控制器采用 Acontis 公司的 EtherCAT 主站协议栈；KUKA 机器人控制器采用多核 CPU，分别运行 Windows 操作系统和 VxWorks 操作系统，图形界面运行在 Windows 操作系统上，机器人控制软件运行在 VxWorks 实时操作系统上，Acontis 提供的软件 VxWIN 控制和协调两个操作系统；控制器的组态软件中集成了 Acontis 提供的 EtherCAT 网络配置及诊断工具 EC-Engineer；另外，KUKA 机器人还采用了 Acontis 提供的两个扩展功能包：热插拔和远程访问功能。

KUKA 机器人控制器同时支持多路独立 EtherCAT 网络，除了机器人本体专用的 KCB（KUKA Controller Bus，库卡控制总线）网络外，控制器还利用 Acontis 公司 EtherCAT 主站支持 VLAN 功能，从一个独立网卡连接出其他三路 EtherCAT 网络，分别是连接示教器的 EtherCAT 网络 KOI，扩展网络 KEB 以及内部网络 KSB。KCB 网络循环周期 125μs，是本体控制专用网络，以确保本体控制的实时性。KUKA 机器人控制器多路独立 EtherCAT 网络，如图 8-24 所示。同一个控制器支持多路独立 EtherCAT 网络（多个 Instance），这是利用了 Acontis 公司 EtherCAT 主站可支持最多 10 个 Instance 的特性。

除了主站协议栈，KUKA 机器人在其操作界面中，使用 Acontis 公司提供的网络配置及诊断工具 EC-Engineer 的软件开发包 SDK，无缝集成了 Acontis 网络配置及诊断工具的所有功能。用户在 KUKA 的操作界面直接进行 EtherCAT 网络配置及在工作状态下的网络诊断，提升了控制软件的可用性及用户体验。此外，KUKA 机器人选用了 Acontis 公司提供的两个主站功能扩展包：Hot Connect 和 Remote API。

Hot Connect 热插拔功能确保在 EtherCAT 网络工作状态下完成网络中从站的移除或新从站到网络的连接操作。应用此功能，可以完成如在加工过程中更换加工刀具的操作而不造成网络异常。使用热插拔功能，需要注意在配置阶段，在 EC-Engineer 中定义可热插拔从站和不可热插拔从站，比如机器人本体的各个自由度为不可热插拔从站，以保障本体的正常工

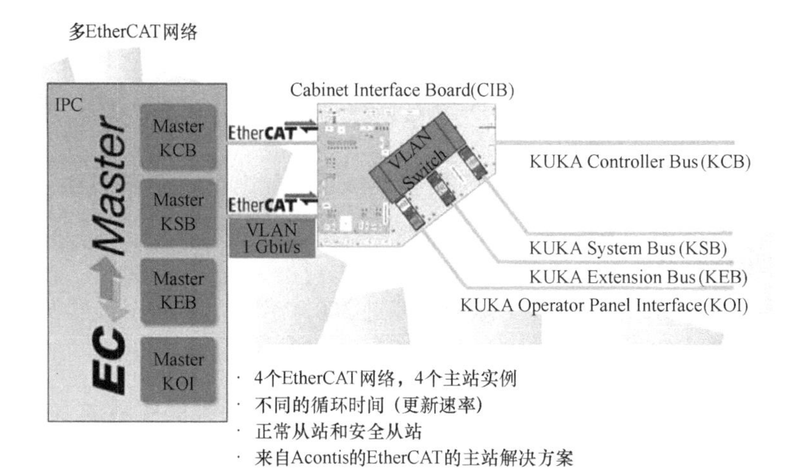

图 8-24 KUKA 机器人控制器多路独立 EtherCAT 网络

作。Remote API 功能可以使现场工程师在不破坏机器人网络实时性的情况下，在工作 PC 上通过普通 TCP/IP 连接机器人控制器，从而远程对机器人网络进行配置以及诊断和监控操作。Hot Connect 和 Remote API 不在 ETG. 1500 定义的主站 ClassA 的功能范围内，是 Acontis 公司提供的主站扩展功能。

另外，Acontis 公司还提供线缆冗余功能扩展包。使用线缆冗余功能扩展包，可保障在线缆出现异常时（如线缆断掉的情况），整个 EtherCAT 网络继续保持正常工作状态。

8.4 IgH EtherCAT 主站

8.4.1 IgH EtherCAT 概述

IgH EtherCAT 理论上适用任何实时性（RTAI，Xenomai）或者非实时性的内核（Linux 2.6/3.x 版本）。

IgH EtherCAT Master 集成到 Linux 内核中。一方面，内核代码具有更好的实时特性，比用户空间代码延迟更短。EtherCAT 工业以太网主站有很多循环工作要做，循环工作通常由内核中的定时器中断触发，当处理定时器中断的函数驻留在内核空间中时，因为不需要将耗时的上下文切换到用户空间进程，所以它的执行延迟更小。另一方面，主代码需要直接与以太网硬件通信，这必须在内核中通过网络设备驱动程序完成。

EtherCAT-1.5.2 提供 8139too、e100、e1000、e1000e 和 r8169 等几个本地以太网网络驱动，使能这些驱动后，EtherCAT-1.5.2 将不会调用 Linux 内核中的网络驱动，无须中断就可以直接操作硬件底层，因此实时性比较好。

除此之外，EtherCAT-1.5.2 为了解决兼容性的问题，也支持通用的网卡驱动（Linux 内核自带的网络驱动），但是相比之下实时性没有 EtherCAT-1.5.2 提供的几个本地网络驱动好。

IgH EtherCAT Master 在功能上除支持基本主站与从站通信外，同时支持分布时钟、CoE、EoE、VoE、FoE 和 SoE，以及方便开发调试的 Linux 命令行工具。

IgH EtherCAT 提出了域的概念。域可以使过程数据根据不同的从站组或者任务周期进行分组发送，因此可以在不同的任务周期处理多个域，FMMU 和同步管理单元将对每个域进行配置，从而自动计算过程数据的内存映射。

IgH EtherCAT 具有如下功能。

1）作为 Linux 2.6/3.x 的内核模块设计。

2）执行 IEC 61158-12 标准。

3）为多个通用以太网芯片提供支持 EtherCAT 的本地驱动程序，以及为 Linux 内核支持的所有芯片提供通用驱动程序。

① 本地驱动程序在不中断的情况下运行硬件。

② 使用主站模块提供的通用设备接口可以轻松实现附加以太网硬件的本地驱动。

③ 对于任何其他硬件，可以使用通用驱动程序。它使用的是 Linux 网络栈的较低层。

4）主站模块支持多个并行运行的 EtherCAT 主站。

5）主站代码通过其独立的体系结构支持任何 Linux 实时扩展。

① RTAI（包括经 RTDM 的 LXRT）、ADEOS、RT-Preempt 及 Xenomai（包括 RTDM）等。

② 即使没有实时扩展也运行良好。

6）提供通用的“应用接口”，用于希望使用 EtherCAT 功能的应用程序。

7）引入域，以允许使用不同从站组和任务周期对过程数据传输进行分组。

① 处理具有不同任务周期的多个域。

② 自动计算每个域内的过程数据映射、FMMU 和同步管理器配置。

8）通过几个有限状态机进行通信。

① 拓扑更改后自动总线扫描。

② 运行期间的总线监控。

③ 在操作期间自动重新配置从站（例如在电源故障后）。

9）支持分布式时钟。

① 通过应用程序接口配置从站的 DC 参数。

② 分布式从站时钟与参考时钟的同步（偏移和漂移补偿）。

③ 可选择将参考时钟同步到主站时钟或其他方式。

10）CANopen over EtherCAT（CoE）。

① SDO 上传、下载和信息服务。

② 通过 SDO 配置从站。

③ 从用户空间和应用程序访问 SDO。

11）EtherNet over EtherCAT（EoE）。

① 通过虚拟网络接口透明地使用 EoE 从站。

② 本地支持交换的，或路由的 EoE 网络架构。

12）Vendor-specific over EtherCAT（VoE）。

通过 API 与供应商特定的邮箱协议通信。

13）File Access over EtherCAT（FoE）。

① 通过命令行工具加载和存储文件。

② 可以很容易地完成从站的固件更新。

14）Servo Profile over EtherCAT（SoE）。

① 按照 IEC 61800-7 标准执行。

② 存储在启动期间写入从站的 IDN 配置。

③ 通过命令行工具访问 IDN。

④ 通过用户空间库在运行时访问 IDN。

15）用户空间命令行工具“ethercat”。

① 有关主站、从站、域和总线配置的详细信息。

② 设置主站的调试级别。

③ 读/写别名地址。

④ 列出从站配置。

⑤ 查看过程数据。

⑥ SDO 下载/上传，列出 SDO 字典。

⑦ 通过 FoE 加载和存储文件。

⑧ SoE IDN 访问。

⑨ 访问从站寄存器。

⑩ 从站 SII（EEPROM）访问。

⑪ 控制应用层状态。

⑫ 从现有从站生成从站描述 XML 和 C 代码。

16）通过 LSB 兼容实现无缝系统集成。

① 通过 sysconfig 文件进行主站和网络设备配置。

② 主站控制的 Init 脚本。

③ 用于 systemd 的服务文件。

17）虚拟只读网络接口，用于监视和调试目的。

8.4.2 IgH EtherCAT 主站架构

IgH EtherCAT 主站架构如图 8-25 所示，其基本通信结构由硬件层、内核空间及用户空间三部分组成。其中主要包括主站模块、设备驱动模块和应用模块。

1. IgH EtherCAT 主站模块

主站模块包含一个或多个 EtherCAT 主站、“设备接口”和“应用程序接口”，一般在一套主站设备中只运行一个主站。

（1）加载主站模块

EtherCAT 主站内核模块可以包含多个主站，每个主站至少要使用一个网络设备，所以要与主站设备网卡的物理地址绑定，这一过程在配置主站环境的时候完成。

用下面的命令加载只有一个主站的主模块，该主站等待一个以太网设备，该以太网设备的 MAC 地址为 00：0E：0C：DA：A2：20，可以通过索引 0 访问主站。

MASTER0_DEVICE＝“00：0E：0C：DA：A2：20”

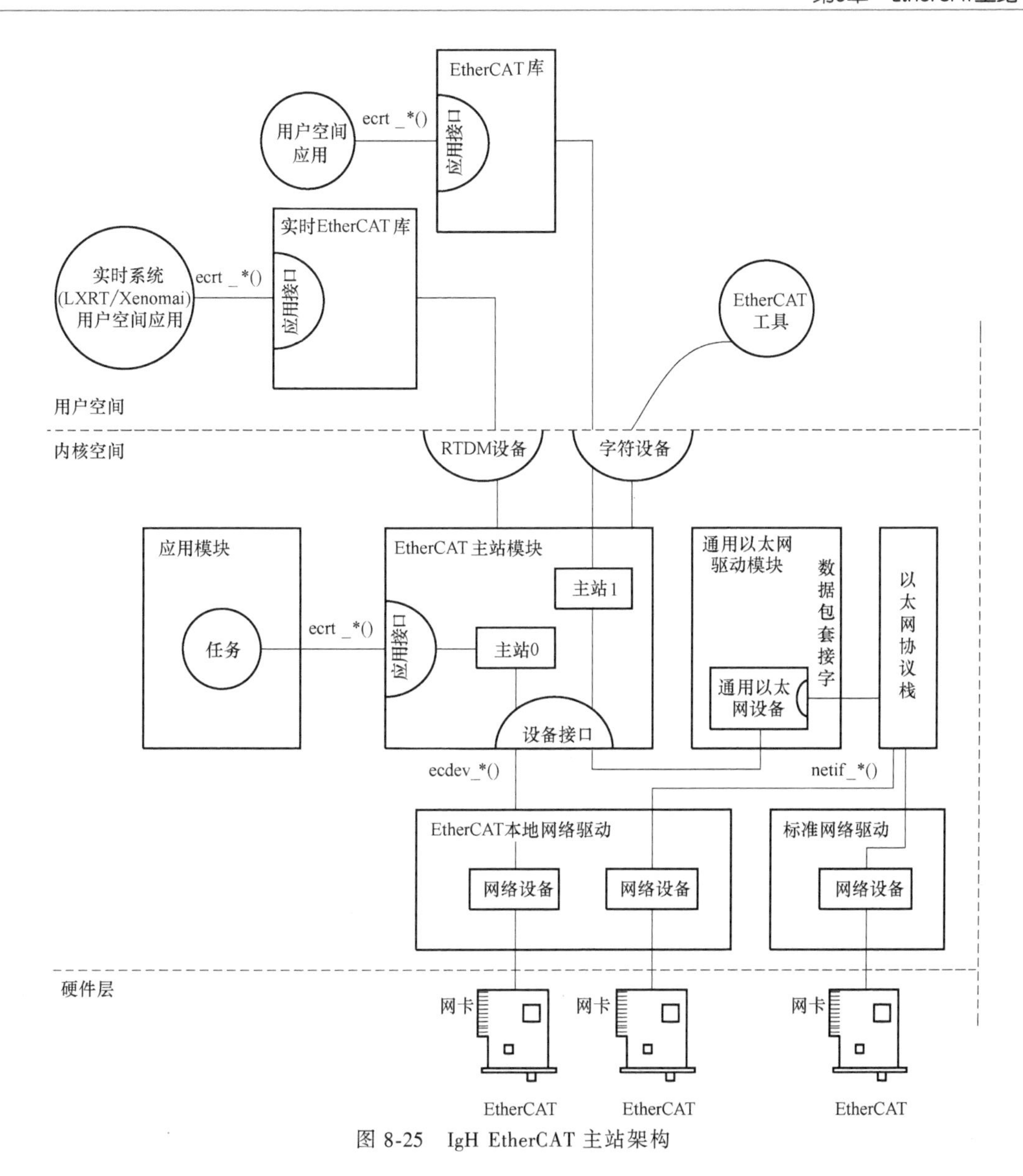

图 8-25 IgH EtherCAT 主站架构

两个主站可以分别通过它们的索引 0 和 1 来表示，如图 8-26 所示。

（2）主站运行段

EtherCAT 主站从开始运行到正式工作会经历几个不同的段，如图 8-27 所示，EtherCAT 主站会经历以下几个段。

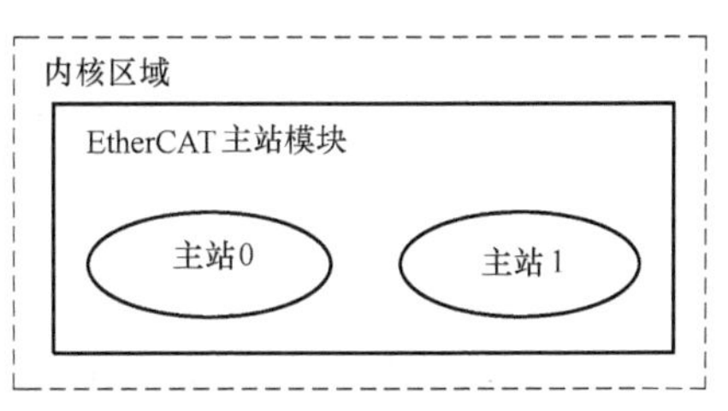

图 8-26 一个模块中的多个主站

1）孤立段。

主站模块加载之后，等待网络设备连接，即加载以太网设备驱动模块。在此状态下，总线上是没有数据通信的。

2）空闲段。

当主站已接受所有必需的以太网设备，但尚未被任何应用程序请求时，主站从孤立段转

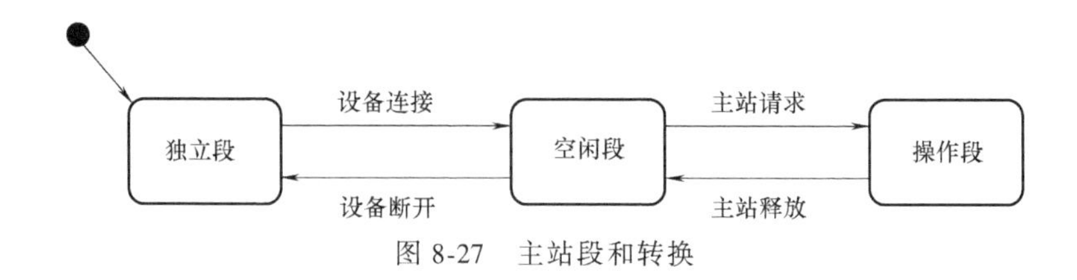

图 8-27　主站段和转换

换到空闲段，此时主站运行主站状态机，该状态机自动扫描总线以寻找从站，并从用户空间接口执行挂起操作（例如 SDO 访问）。此时可以使用命令行工具访问总线，但是由于缺少总线配置，因此没有过程数据交换。

3）运行段。

当应用程序运行的时候，初始化时期会进行总线配置，然后请求主站模块，这个时候，主站会从空闲段转换到运行段。在此状态下，主站模块可以向应用程序提供总线上的从站状态信息和交换的过程数据。

2. 设备驱动模块

以太网设备驱动模块，它通过设备接口将其设备提供给 EtherCAT 主站。这些网络驱动程序可以并行处理用于 EtherCAT 操作的网络设备和“普通”以太网设备。主站模块可以接受某个设备，然后发送和接收 EtherCAT 帧，主站模块拒绝的以太网设备像往常一样连接到内核的网络协议栈。

3. 应用模块

应用程序是使用 EtherCAT 主站的程序，通常用于与 EtherCAT 从站循环交换过程数据，这些程序不是 EtherCAT 主站代码的一部分，而是由用户生成或编写。应用模块可以通过应用接口请求主站。如果成功，它就可以控制主站，以提供总线配置和交换过程数据。

8.4.3　过程数据

（1）过程数据映射

主站通过过程数据对象（Process Data Objects，PDOs）来获取从站的输入/输出，PDOs 既可以通过从站的 TxPDO 和 RxPDO 的 SII 从 EEPROM（一般存放固定的 PDOs 数据）中读取，也可以通过适当的 CoE 对象读取。应用程序可以注册 PDOs 的条目，以便在循环操作期间进行交换。所有注册的 PDOs 条目的总和通过逻辑寻址定义了过程数据映射（Process Data Image）。

（2）过程数据域

通过创建域可以方便地管理过程数据映射，域允许分组 PDOs 交换。域还负责管理 PDOs 交换所需的数据报结构。域是过程数据交换的必要条件，因此必须至少有一个。因为如下原因提出了域的概念。

1）每一帧最大传输 EtherCAT 数据的大小受以太网数据帧大小的限制。最大数据大小是以太网数据字段大小减去 EtherCAT 帧头、EtherCAT 数据报报头和 EtherCAT 数据报报尾：(1500-2-12-2)字节=1484 字节。

如果过程数据映射的大小超过了 1484 字节，那么就需要将该数据映射分割成多个帧来传输，域会自动管理这类问题。

2）并非每个 PDOs 都必须以相同的频率进行交换，有些 PDOs 的值并不是频繁变化的，而是会随着时间的推移而缓慢变化（例如温度值），因此，用高频率交换 PDOs 只会浪费总线带宽。因此，可以创建多个域，对不同的 PDOs 进行分组，从而允许单独的交换。

域的数量没有上限，但是每个域在每个涉及的从站中都占用一个 FMMU，因此最大域的数量实际上受到从站 FMMU 个数的限制。

8.4.4 FMMU 配置

应用程序可以注册 PDOs 条目进行数据交换。每一个 PDOs 和其父类的 PDOs 都要占用从站物理空间内存中的一部分，为了保证同步访问，这片内存受同步管理器的保护。为了使同步管理器对访问其内存的数据报做出反应，有必要访问同步管理器覆盖的最后一个字节，否则同步管理器将不会对数据报做出反应，也不会交换任何数据。这就是为什么整个同步存储区必须包含在过程数据映射中的原因。

例如，如果从站的某个 PDOs 条目被注册为与某个域交换，则将配置一个 FMMU 以映射完整的受同步管理器保护的存储器，PDOs 条目驻留。如果同一个从站的第二个 PDOs 条目在同一域内注册进行过程数据交换，并且它与第一个存在于同一个受同步管理器保护的存储器中，因为所需的存储器已经是域的“过程数据映射”的一部分，所以 FMMU 配置不会改变。如果第二个 PDOs 条目属于另一个同步管理器保护区域，则该完整区域也将包含在域的过程数据映射中。

FMMU 配置如图 8-28 所示，显示了 FMMU 将物理存储器映射到逻辑过程数据映射的配置原理。

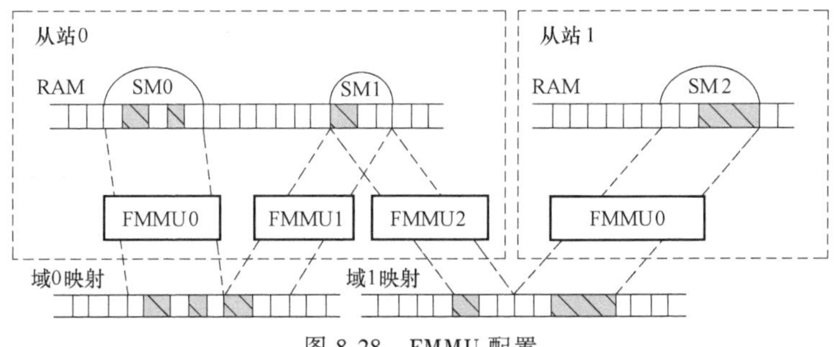

图 8-28 FMMU 配置

8.4.5 应用程序接口

应用程序接口为应用程序访问 EtherCAT 主站提供了函数和数据结构。接口的完整文件作为程序生成器（Doxygen）包含在头文件 include/ecrt. h 中。

每个应用程序都应该分两步使用主站。

（1）配置

请求主站并应用配置。例如创建域、配置从站并注册 PDO 条目。

（2）操作

运行循环代码并交换过程数据。

在主站代码的 examples/子目录中有一些示例应用程序，它们被记录在源代码中。

1. 主站配置

总线配置由应用程序接口提供。由应用程序配置的对象如图 8-29 所示。

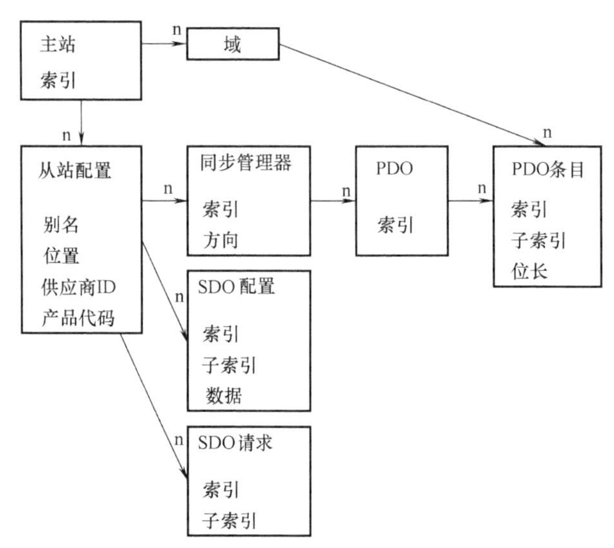

图 8-29　由应用程序配置的对象

应用程序必须告知主站预期的总线拓扑。这可以通过创建“从站配置”来完成。从站配置可以看作是预期的从站。创建从站配置时，应用程序提供总线位置、供应商 ID 和产品代码。

当应用总线配置时，主站检查是否有一个具有给定供应商 ID 和产品代码的从站位于给定位置。如果是这种情况，从站配置将“连接”到总线上的真正从站上，并根据应用程序提供的设置配置从站。从站配置的状态既可以通过应用程序接口查询，也可以通过命令行工具查询。

必须将从站位置指定为“别名（alias）”和“位置”的元组。这允许通过绝对总线位置或称为“别名”的存储标识符或两者的混合来寻址从站。别名是存储在从站 EEPROM 中的 16 位值。它可以通过命令行工具进行修改。指定从站位置的解释见表 8-4。

表 8-4　指定从站位置的解释

别名	位置	解　　释
0	0~65535	位置寻址。位置参数被解释为总线中的绝对回路位置
1~65535	0~65535	别名寻址。位置参数被解释为具有给定别名地址的第一个从站之后的相对位置

如何连接从站配置的示例如图 8-30 所示。

一些配置被附加（attach），而其他配置保持分离。下面给出了从顶部从站配置开始的原因。

1）零别名意味着使用简单的位置寻址。从站 1 存在，供应商 ID 和产品代码与预期值匹配。

2）虽然找到位置为 0 的从站，但产品代码不匹配，因此未附加配置。

3）别名为非零，因此使用别名寻址。从站 2 是第一个具有别名 0x2000 的从站。由于位置值为零，因此使用相同的从站。

4）存在不具有给定别名的从站，因此无法附加配置。

5）从站2又一次是别名为0x2000的第一个从站，但位置现在为1，因此附加了从站3。

如果主站源配置了 enable-wildcards（通配符），那么 0xffffffff 匹配每个供应商 ID 和/或产品代码。

2. 循环操作

要进入循环操作模式，必须“激活”主站以计算过程数据映像，并首次应用总线配置。激活后，应用程序负责发送和接收帧。激活后无法更改配置。

3. VoE 处理程序

在配置阶段，应用程序可以为 VoE 邮箱协议创建处理程序。一个 VoE 处理程序总是属于某个从站配置，因此创建函数是从站配置的一个方法。

VoE 处理程序管理 VoE 数据和用于发送和接收 VoE 消息的数据报。它包含传输 VoE 消息所需的状态机。

VoE 状态机一次只能处理一个操作。因此，一次可以发出读操作或写操作。启动操作后，必须循环执行处理程序，直到完成为止。之后，可以检索操作的结果。

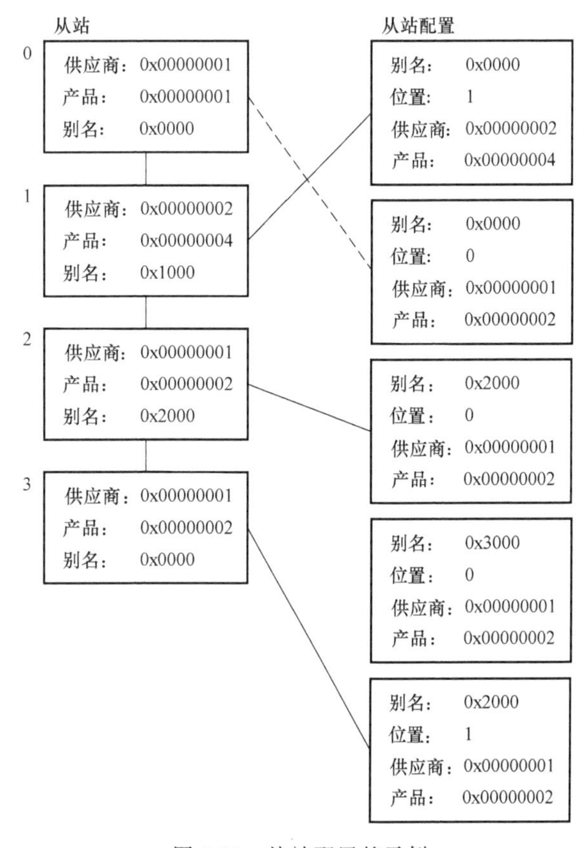

图 8-30 从站配置的示例

VoE 处理程序具有自己的数据报结构，在每个执行步骤之后标记为交换。因此，应用程序可以决定在发送相应的 EtherCAT 帧之前要执行多少处理程序。

有关使用 VoE 处理程序的更多信息，请参考应用程序接口函数和示例应用程序的文档。

4. 并发主站访问

在某些情况下，一个主站由多个实例使用，例如当应用程序执行循环处理数据交换时，有一些支持 EoE 的从站需要与内核交换以太网数据。因此，主站是共享资源，对它的访问必须按顺序进行。这通常通过使用信号量锁定或其他方法来保护关键部分来完成。

主站本身不能提供锁定机制，因为它没有机会知道相应的锁定类型。例如，如果应用程序位于内核空间并使用 RTAI 功能，普通内核信号量将是不够的。为此，做出了一个重要的设计决策：保留一个主站的应用程序必须具有完全控制权，它必须负责提供适当的锁定机制。如果另一个实例想访问主站，它必须通过回调请求总线访问，而回调必须由应用程序提供。此外，如果当前应用程序认为访问主站不合适，则应用程序可以拒绝访问主站。

并发主站访问的示例如图 8-31 所示，显示了两个进程如何共享一个主站。

应用程序的循环任务使用主站进行过程数据交换，而主站内部 EoE 进程使用它与支持

EoE 的从站通信。两者都必须不时地访问总线，但是 EoE 过程通过“询问”应用程序为其进行总线访问来实现这一点。通过这种方式，应用程序可以使用适当的锁定机制来避免同时访问总线。有关如何使用这些回调，请参阅应用程序接口文档。

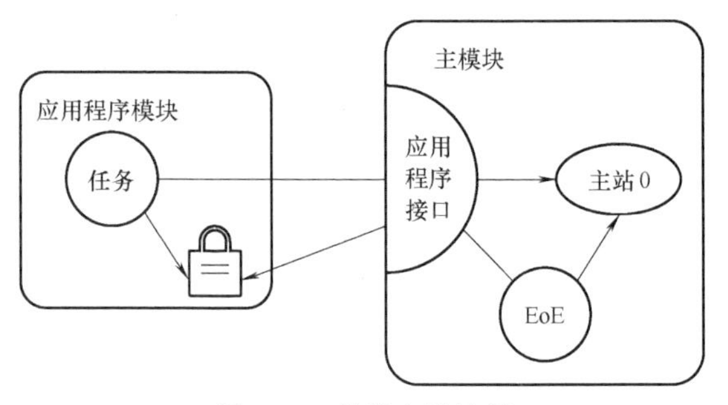

图 8-31 并发主站访问

5. 分布式时钟

从版本 1.5 开始，主站便支持 EtherCAT 的“分布式时钟”功能。可以将总线上的从站时钟与“参考时钟”（具有 DC 支持的第一个从站的本地时钟）同步，并将参考时钟与“主站时钟”（主站时钟的本地时钟）同步。总线上的所有其他时钟（在参考时钟之后）被视为“从站时钟”，分布式时钟如图 8-32 所示。

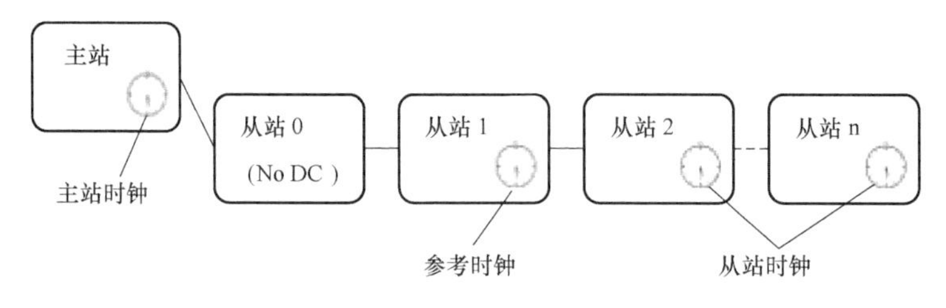

图 8-32 分布式时钟

任何支持 DC 的 EtherCAT 从站都有一个具有纳秒分辨率的本地时钟寄存器。如果从站供电，则时钟从零开始，这意味着当从站在不同时间上电时，它们的时钟将具有不同的值。这些“偏移量”必须由分布式时钟机制补偿。另一方面，由于使用的石英晶体具有固有的频率偏差，因此时钟不会以相同的速度精确地运行。这种偏差通常非常小，但在较长时间内，误差会累积，本地时钟之间的差异会增大。该时钟“漂移”也必须由 DC 机制补偿。

8.4.6 状态机

在内核代码中，为了更有效地处理整个流程，EtherCAT 主站在很多部分都用到了有限状态机（Finite State Machines，FSMs），虽然使用较多的状态机会导致程序应用更加复杂，但是这给用户解决一些问题提供了更多的可能性。

1. 主站状态机

在主站内核代码执行过程中，总会出现各种情况，比如有些从站被人为地拔下或者从站之间连接的网线断掉，为了保障主站可以正常运行，主站必须时刻检测网络拓扑状态，因此需要运行一个主站状态机来完成上面提到的工作，其执行在主站状态的上下文中，有以下几个阶段。

1）总线监视（Bus monitoring）：监视总线的拓扑结构，若拓扑改变，将重新扫描总线。

2）从站配置（Slave configuration）：监控从站的应用层状态，如果检测的从站状态非理想状态，则重新配置从站。

3）请求处理（Request handling）：来自应用程序或来自外部源的请求被处理。请求是主站应该异步处理的工作，例如 SII 访问、SDO 访问或类似操作。

主站状态机就是在上面三个状态之间不断的转换，主站状态机流程图如图 8-33 所示。

图 8-33 中只是包含比较重要的部分，主站驱动被加载之后就会不断执行此状态机，期间当检查到从站状态出错时，还会启动从站状态检测状态机，同时，在执行过程中会不断地检测是否出现错误及其是否需要退出该状态机。

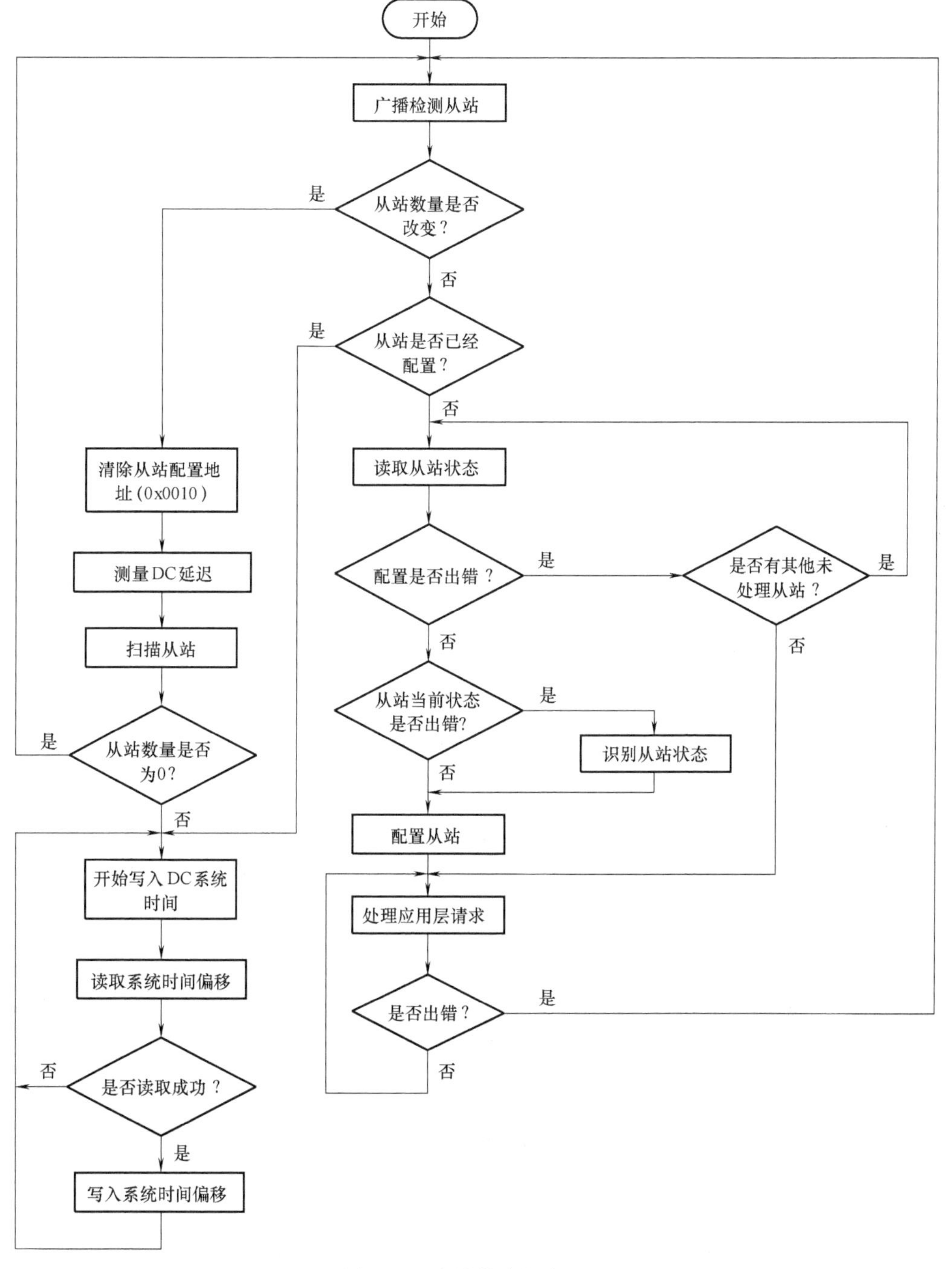

图 8-33　主站状态机流程图

2. 从站扫描状态机

主站为了更加便捷地获取从站信息，建立了从站扫描状态机。从站状态机的建立，为EtherCAT主站协议栈及时稳定地扫描从站提供了可能，同时也为检测整个网络拓扑中从站数量的改变打下了坚实的基础。

在驱动实时检测从站状态时，主要有如下几个步骤。

1）Node Address：为从站设置节点地址，以便可以为所有后续操作对其进行节点寻址。

2）AL State：读取初始应用层状态。

3）Base Information：从较低的物理内存中读取基本信息（如支持的FMMU数量）。

4）Data Link：读取有关物理端口的信息。

5）SII Size：SII内容的大小决定了分配SII映射内存的大小

6）SII Data：从主站的SII映射内存中读取的SII数据。

7）PREOP：假如其支持CoE，PREOP被设置成使用状态变化的FSM使能邮箱通信，并通过CoE进行PDO的读取。

8）PDOs：通过CoE读取PDOs，然后通过PDO读取FSM，如果读取成功，SII中的PDO信息将被重写。

从站扫描状态机流程图如图8-34所示。

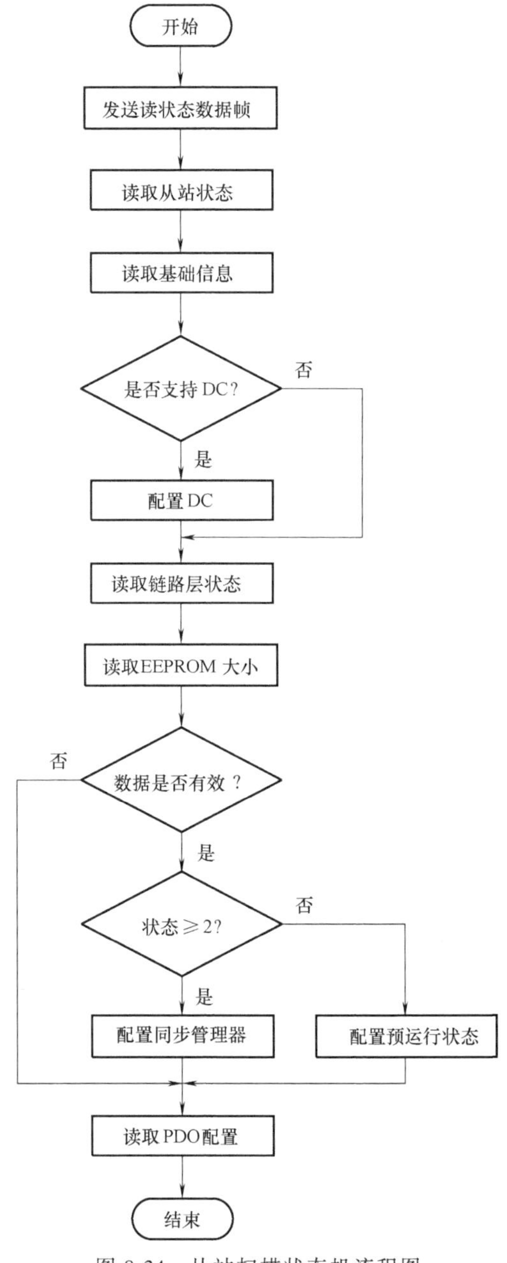

图8-34 从站扫描状态机流程图

在EtherCAT主站协议栈运行期间，其状态机就不断处于循环中，以便所有的可工作从站处于工作状态，状态机一旦检测到某个从站的状态发生异常，则会迅速的切换（在下一个循环周期）状态机的状态，及时地申请从站状态处于可工作状态。从站状态机的稳定运行是整个网络拓扑稳定的基础保障。

3. 从站配置状态机

从站配置状态机引导配置从站并将其带到某个应用层状态，主要分如下几个步骤。

1）INIT：从站处于初始化阶段。

2）FMMU Clearing：清除FMMU中的配置，以免过程数据对从站造成影响。如果从站不支持FFMU，则直接跳过此状态。

3）Mailbox Sync Manager Configuration：如果从站支持邮箱通信，邮箱同步管理器将被配置，否则直接跳过此状态。

4）PREOP：使从站处于预运行状态。

5）SDO Configuration：在从站已经被配置

的情况下，应用程序提供的 SDO 配置将会发送给从站。

6）PDO Configuration：执行 PDO 配置状态机，以应用所有必需的 PDO 配置。

7）PDO Sync Manager Configuration：如果存在 PDO 同步管理器，则配置它们。

8）FMMU Configuration：如果应用程序提供了 FMMUs 的配置（比如应用层申请一个 PDO 条目），则应用此配置。

9）SAFEOP：使从站处于安全运行状态。

10）OP：使从站处于运行状态。

8.4.7 获取软件

有以下几种方法可以获得 IgH EhterCAT 主要的软件。

1）下载官方版本（如 IgH EtherCAT-1.5.2），可以从 EtherLab 项目的官网上下载一个压缩包（如 ethercat-1.5.2.tar.bz2）。网址：http://etherlab.org/download/ethercat/ethercat-1.5.2.tar.bz2。

2）从开源代码托管平台 github 上获取。

进入 github 搜索“igh ethercat”即可下载所需要的源码包。

8.5 SOEM EtherCAT 主站

8.5.1 SOEM EtherCAT 概述

SOEM（Simple Open EtherCAT Master）是由荷兰一位研究 EtherCAT 协议的专家 Arthur Keetels 开发设计的，他将 EtherCAT 部署到自己的平台上使用，并将其成果贡献给开源社区，促进了 EtherCAT 的进一步普及和应用。SOEM 原本是一个简单的 EtherCAT 主站通信程序，但是在不断的改进中，它逐渐发展成为一个功能比较全面的协议栈。

SOEM 协议栈的开发语言为便于移植的 C 语言，完全支持在 Windows 系统和 Linux 系统等常见操作系统间的相互移植，甚至可支持移植到部分嵌入式操作系统中。因为所有的应用程序都是各不相同的，所以 SOEM 不会强行规定任何设计架构。

在 Linux 下它可被用于一般的用户模式，PREEMPT_RT 或 Xenomai；在 Windows 下可被用作用户模式下的编程。

SOEM 主站通过 Raw Socket（原始套接字）接收和发送 EtherCAT 数据帧，调用系统自带的 bind、send 和 recv 模块，以此实现 EtherCAT 主站与从站之间的通信。SOEM 支持分布式时钟（DC），从站设备基于实时时钟，主站控制信号可准确同步。主站代码通过其独立架构可支持任何 Linux 实时扩展，RTA（包括通过 RTDM 的 LXRT）、ADEOS、RT-Preempt 和

Xenomai（包括 RTDM），同时还支持 CoE（CANopen over EtherCAT）、FoE（File Access over EtherCAT）、SoE（Servo Profile over EtherCAT）和 EoE（EtherNet over EtherCAT）等邮箱协议。

SOEM 主站软件操作实现简单、跨平台性强并且提供开源代码，为自动化控制领域的研究人员提供了真正意义上的开发工具，既能够从软件本身上进行 EtherCAT 通信实验，又可以深入了解软件代码底层的实现原理，便于研究人员根据自己的需求进行二次开发。

SOEM 的主要功能包括以下部分。

1）基本读写服务，如 BRD（广播读）、BRW（广播写）、APRMW（自动增读写多从站）及 LRW（读写数据到逻辑地址映射空间）等。

2）自动扫描发现从站，自动配置从站的 FMMU（现场总线存储管理单元）和 PDO（过程数据对象）、MBX（邮箱）的内存映射。

3）设置和读取从站状态。

4）从站 EEPROM 的读写支持。

5）支持时钟同步机制，根据过程数据自动配置从站时钟。

6）支持过程数据和邮箱数据的通信。

7）支持 SoE、CoE、EoE 和 FoE 等应用协议。

8.5.2 SOEM 的下载与使用

1. SOEM v1.4.0 版本

SOEM v1.4.0 版本特点如下。

1）标准 Raw Socket 连接。

2）全冗余支持。

3）“无序”帧恢复。

4）基本读写服务，BRD、BRW、APRMW 和 LRW 等。

5）阻塞或非阻塞传输。

6）从站自动配置。

7）设置和读取从站状态。

8）自动生成过程数据映射。

9）邮箱链接层支持重发切换。

10）支持分布式时钟（DC）。

11）自动配置 DC，从站过程数据交换自动同步时钟。

12）从站 EEPROM 读写支持。

13）静态缓冲区，可锁定内存。

14）支持小端和大端目标平台。

15）支持 SoE、CoE、EoE 和 FoE 等应用协议。

16）连接丢失后从站恢复与重新配置。

17）邮箱错误处理。

18）支持 Linux、Win32、RTK、RTEMS、INtime、ERIKA 和 MacOS 等目标平台。

19）可在 gcc/visual-c/intime/borland-c 下编译。

20）支持重叠的 IOmap。

21）多端口支持，一个主站可在多个网络端口运行并行堆栈。

22）错误信息更新于最新的 ETG1020 文档等。

2. SOEM 的下载

SOEM 是一个用于 EtherCAT 主站的开源协议栈，用户可免费获取和使用 SOEM 源代码，SOEM v1.4.0 源代码下载地址为：https://github.com/OpenEtherCATsociety。

进入该网站后，单击“SOEM”，根据 github 网站提示下载 SOEM-master.zip 文件，解压缩后即可得到 SOEM 的源代码文件。

SOEM 也为用户提供了一个学习和开发 SOEM 代码的开源社区，用户可以在这里获取 SOEM 的相关使用说明或为 SOEM 贡献代码。

SOEM 开源社区地址：https://openethercatsociety.github.io/。

8.5.3　SOEM 源代码结构

1. SOEM 协议栈分层结构框架

SOEM 协议栈采用 5 层结构，其分层结构框架见表 8-5。

表 8-5　SOEM 分层结构框架

第 5 层	上层应用功能
第 4 层	EtherCAT 主站和从站通信的基本功能
第 3 层	按相关服务分类组装 EtherCAT 数据帧的 API
第 2 层	数据帧及网络接口管理
第 1 层	原始套接字接口(Raw Socket)

第 1 层是原始套接字接口（Raw Socket），实现通信数据帧的收发。

第 2 层是数据帧及网络接口管理。收发寄存器都采用带有缓存的寄存器，该部分实现缓存区队列及数据的管理和发送，并实现第 1 层与网卡的连接。

第 3 层是按相关服务分类组装 EtherCAT 数据帧的 API。主要实现 EtherCAT 的组帧，将 EtherCAT 基本的读写服务组装成完整的数据帧格式。

第 4 层是 EtherCAT 主站和从站通信的基本功能。由实现该功能的函数组成，主要包括 ESM（EtherCAT 状态机）初始化状态管理以及数据的收发。

第 5 层是上层应用功能。实现 CoE、FoE、SoE 和 EoE 等上层应用协议的功能。

2. SOEM 库结构框架

通过源代码分析，SOEM 库由分为 5 个层次的多个模块组成，一个模块层建立在另外一个模块层之上。SOEM 库结构框架如图 8-35 所示。

SOEM 库各层功能见表 8-6。SOEM 库采用分层设计，并且提供了一个抽象层，将 SOEM 协议栈与具体操作系统和硬件分开，使得 SOEM 在理论上可以移植到任意操作系统和硬件平台之上。抽象层由 OSAL（操作系统抽象层）和 OSHW（硬件抽象层）两个模块组成，移植的主要内容就是在目标操作系统和硬件平台上重写 OSAL 和 OSHW 的具体实现。

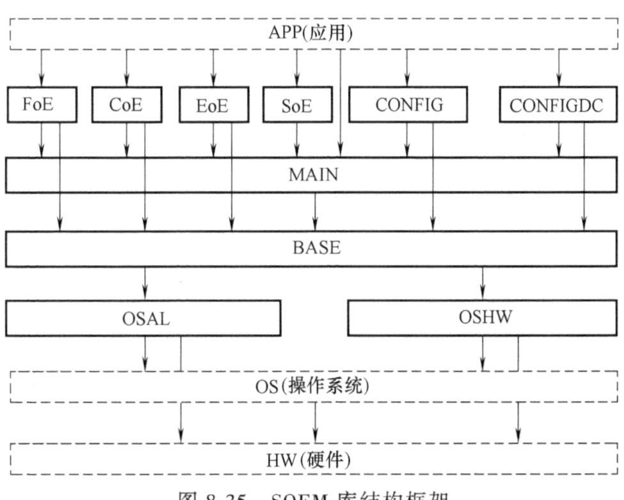

图 8-35　SOEM 库结构框架

表 8-6 SOEM 库各层功能

层	功　　能
OSAL 系统抽象层	系统时钟控制,多线程应用
OSHW 硬件抽象层	主站和网络之间数据的大小端转换,网络驱动
BASE	将工业应用数据组装成 EtherCAT 帧,以 BRD、BRW 和 LRW 等方式对从站读写
MAIN	读写从站 EEPROM,提供邮箱模式的非过程数据读写和三缓冲模式的过程数据 PDO 读写
CONFIG	初始化从站控制器的寄存器,配置从站 FMMU
CONFIGDC	提供分布式时钟,实现主从站之间时钟同步
CoE、CoF 等	应用协议
应用层	调用 SOEM 提供的服务,实现具体的工业控制应用,应用层并不在 SOEM 中

3. SOEM 源代码文件

下载解压 SOEM 源代码后，可以看到 SOEM 源代码分为 cmake、doc、osal、oshw、soem 和 test 六个文件夹。

1）cmake 文件夹内是一些编译模块和工具链。

2）doc 文件夹内是 SOEM 的说明文档。

3）osal 文件夹内是系统抽象层的 c 文件和头文件。

4）oshw 文件夹内是硬件抽象层的 c 文件和头文件。

5）soem 文件夹内是实现 EtherCAT 基本功能的 c 文件和头文件。

6）test 文件夹内是一些例程文件。

部分 SOEM 源代码文件列表及描述见表 8-7。

表 8-7 部分 SOEM 源代码文件列表及描述

文　　件	描　　述
ebox. c	SOEM 的例程
eepromtool. c	SOEM 的 EEPROM 工具
ethercatbase. c	EtherCAT 基础函数
ethercatbase. h	ethercatbase. c 的头文件
ethercatcoe. c	CoE 模块
ethercatcoe. h	ethercatcoe. c 的头文件
ethercatconfig. c	EtherCAT 主站配置模块
ethercatconfig. h	ethercatconfig. c 的头文件
ethercatconfiglist. h	已知的 EtherCAT 从站设备配置列表(弃用)
ethercatdc. c	EtherCAT 分布式时钟函数
ethercatdc. h	ethercatdc. c 的头文件
ethercatfoe. c	FoE 模块
ethercatfoe. h	ethercatfoe. c 的头文件
ethercateoe. c	EoE 模块
ethercateoe. h	ethercateoe. c 的头文件
ethercatmain. c	EtherCAT 主要函数
ethercatmain. h	ethercatmain. c 的头文件
ethercatprint. c	EtherCAT 错误转为可读消息模块
ethercatprint. h	ethercatprint. c 的头文件
ethercatsoe. c	SoE 模块
ethercatsoe. h	ethercatsoe. c 的头文件
ethercattype. h	EtherCAT 整体类型定义和宏定义
red_test. c	SOEM 例程
simple_test. c	SOEM 例程
slaveinfo. c	SOEM 例程

8.5.4 SOEM 的应用

SOEM 是一个库，为用户应用程序提供发送和接收 EtherCAT 帧的方法。这具体取决于应用程序为以下内容所提供的实现方法。

1）读写通过 SOEM 发送/接收的过程数据。

2）保持本地 I/O 数据与全局 I/Omap 同步。

3）检测 SOEM 报告的错误。

4）处理 SOEM 报告的错误。

通过对 SOEM 源代码所提供的例程分析，EtherCAT 主从站可按照图 8-36 所示的流程启动，在启动完成后可通过 I/Omap 访问数据，或通过 CoE 等协议访问 SDO（服务数据对象）和 PDO（过程数据对象）。在 SOEM 的 v1.4.0 版本中又增加了一些自定义配置，包括 PDO

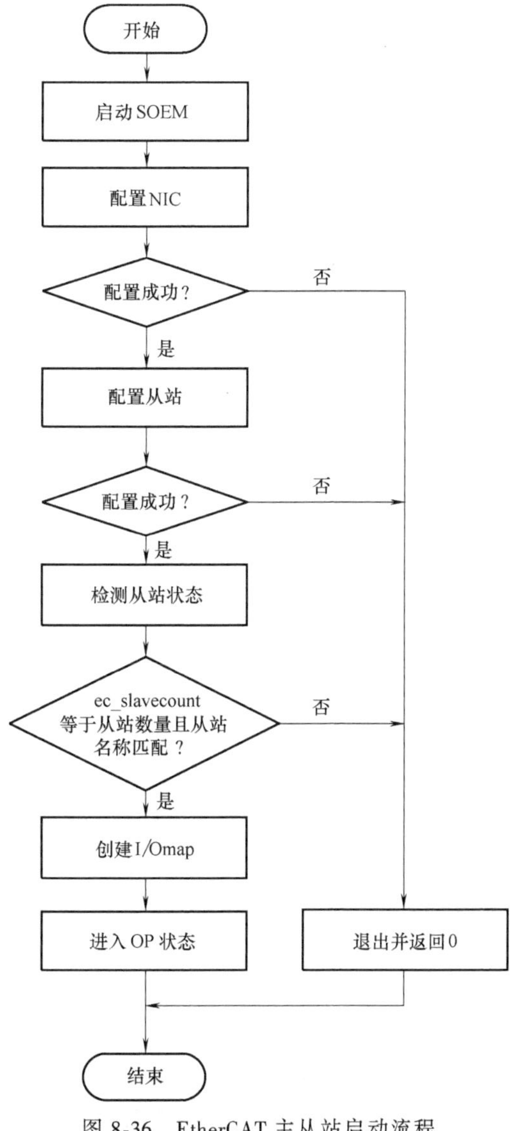

图 8-36　EtherCAT 主从站启动流程

分配和 PDO 配置、重叠 IOmap 和 EtherCAT 从站组等。

8.6 KPA EtherCAT 主站

德国柯尼希帕（Koenig-pa，KPA）公司为全球工业过程控制和工厂自动化行业提供成本效益（Cost-effective）、高质量自动化技术和集成解决方案。2004 年，KPA 公司加入 EtherCAT 技术组织 ETG（EtherCAT Technology Group），此后就专注于 EtherCAT 产品。KPA 公司的业务主要包括应用架构、概念产品开发、系统集成和硬件原型。KPA 公司为各种实时系统提供 EtherCAT 软件、硬件、服务和运动控制产品。

KPA 公司在基于先进技术的工业自动化领域提供全面的解决方案。KPA EtherCAT 提供的产品和服务如图 8-37 所示。

图 8-37 KPA EtherCAT 提供的产品和服务

8.6.1 KPA 自动化软件平台

KPA 自动化软件平台（KPA Automation）是一款高可定制的软件平台，可创建成本效益和可扩展的工厂自动化和过程控制解决方案。凭借超常的灵活性和供应商独立性，该平台可使系统集成商、解决方案提供商和自动化专家能够设计、实现和支持任何水平和规模的工业自动化系统，从轻量（Lightweight）PC、软 PLC 到 SCADA 系统。

KPA 自动化软件平台具有模块化结构，包括几个可单独工作或可集成到工业控制和监控系统中的软件组件：自动化开发环境（KPA Automation Studio）、自动化控制开发（KPA Automation Control）、人机界面开发工具（KPA Automation View），如图 8-38 所示。

由于 KPA 自动化组件是独立于供应商和设备的，因此可以利用它们控制任何设备，并根据特定客户的要求可视化任何生产过程。

KPA 自动化软件平台主要特性如下。

1）分层架构，面向对象设计。

2）无限定制和编程潜力。

3）先进的安全和故障诊断系统。

4）集成第三方硬件设备、软件系统和组件。

5）多语言用户界面，于运行（Runtime）中的全功能翻译系统和在线语言开关。

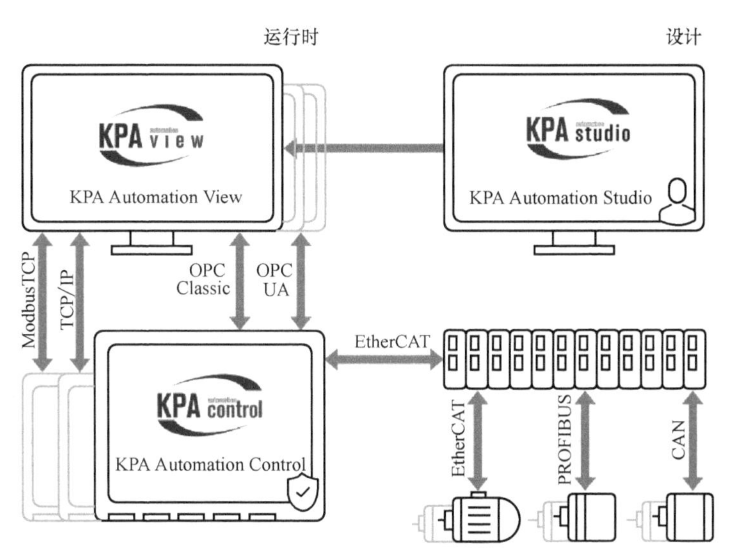

图 8-38 KPA 自动化软件平台组成

8.6.2 KPA EtherCAT 主站

KPA EtherCAT 主站（KPA Master）是一款 EtherCAT 主站协议栈，保证 EtherCAT 技术的所有优势，例如实时操作、极短的循环时间和最低成本实现最高性能。协议栈的架构已经被概念化且发展成熟，可移植到不同操作系统，适用于各种硬件平台，并且可通过 Basic（Class B）、标准（Class A）和高级（Premium）包扩展。

KPA EtherCAT Master 支持 EtherCAT 网络信息格式并且可全面有效地使用该技术。协议栈根据 ETG 规范使用 ANSI“C”开发以满足技术和优化要求，同时缩短执行时间和减少存储器占用，从而满足硬实时操作的要求，可应用于不同硬件平台上的嵌入式系统中。

KPA 提供主站开发包（MDK）使开发者能够配置主站功能。

KPA 支持的硬件平台/供应商如下。

1）Altera Cyclone V。

2）ARM。

3）Freescale PowerPC。

4）Intel x86。

5）Xilinx Spartan/Zynq。

KPA 支持的操作系统如下。

1）INtime。

2）Linux RT Preemt。

3）QNX。

4）RTX。

5）RTX64。

6）VxWorks。

7）Windows。

8）Xenomai。

有些操作系统例如 Windows XP、CE6/7、OnTime RTOS-32、PikeOS 及 RTAI 可被移植，但不主动支持。任何其他操作系统可按需提供支持。

1. KPA EtherCAT 主站协议栈架构

EtherCAT 主站协议栈使用模块化结构以满足各种特定实现。它使主站能够可大可小，以适合应用的要求，可被移植到不同操作系统，匹配各种硬件平台并且允许开发或单独定制每个模块，同时保持其他功能性的完整。KPA EtherCAT 主站协议栈架构如图 8-39 所示。

主站的模块被分组在图 8-44 中的各层，因此所有功能可清晰分开。

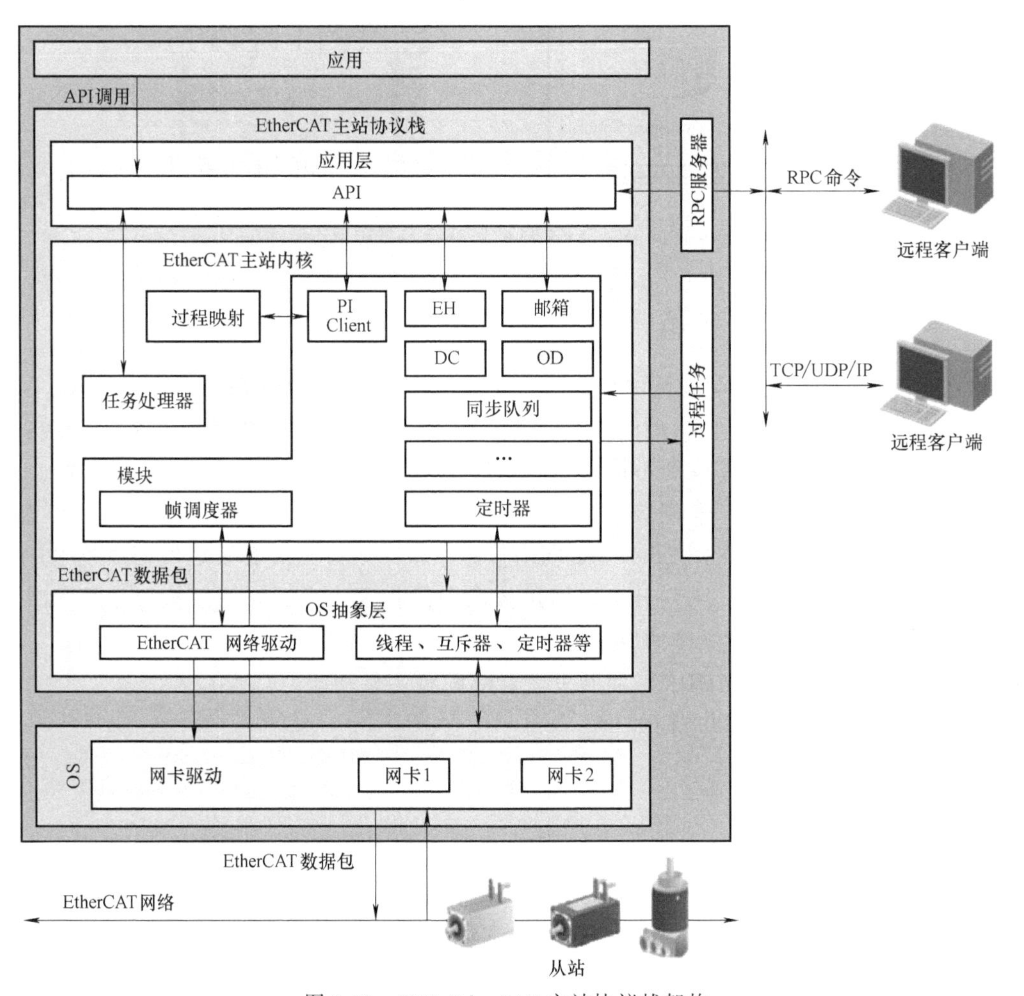

图 8-39 KPA EtherCAT 主站协议栈架构

应用层负责各种编程或/和配置环境与其他应用或设备进行交互。它封装并且保证可从应用端或者过程任务访问主站功能，允许通过远程程序调用服务与主站交互，并且提供 TCP/IP 或/和 UDP 连接，例如通过 UDP 实现邮箱和从站通信。

2. KPA EtherCAT 主站协议栈核心

(1) 邮箱模块

在 KPA 主站内核，邮箱模块部署处理服务数据对象（SDP）、数据传输和数据交换的协议。根据 EtherCAT 标准，已经支持下列协议。

1）CAN application protocol over EtherCAT（CoE）。

2）EtherNet over EtherCAT（EoE）。

3）Servo Profile over EtherCAT（SoE）。

4）File Access over EtherCAT（FoE）。

5）Vendor specific Profile over EtherCAT（VoE）。

6）ADS over EtherCAT（AoE）。

（2）过程映射模块

过程映射地址由配置工具生成的 EtherCAT Network Information（ENI）文件提供，通过主站接口实现从控制/处理任务访问过程映射。

（3）分布式时钟模块

分布时钟（DC）模块使所有 EtherCAT 设备（主站和从站）能够始终共享相同的 EtherCAT 系统时间。这是通过补偿偏置和漂移时间实现的。

（4）帧调度器模块

不同的 PDO 扫描率。

在配置工具中，用户为每个从站单独定义扫描率。帧调度器模块通过将帧转发到 EtherCAT 网络驱动程序来管理 EtherCAT 帧的速度。

3. KPA EtherCAT 主站协议栈操作系统抽象层

主站协议栈操作系统抽象层（OSAL）可使主站毫不费力地移植到任何操作系统。该层包含两个模块。

1）OS 功能模块包含基于 OS 功能的包装器，该模块处理线程、定时器和互斥器等。

2）网络适配器驱动模块从基础网络实现抽象主站协议栈核心。

4. KPA EtherCAT 主站协议栈包

（1）主站级别

KPA EtherCAT 主站可以根据客户的需求提供标准或定制的功能包。根据 ETG.1500 的要求提供两个标准包：Class A（标准包）和 Class B（基础包）。此外，KPA 还为有需求的客户提供额外的类型包——Premium（高级包），其中包含一些高级功能。

EtherCAT 主站级别对比见表 8-8。

表 8-8 EtherCAT 主站级别对比

KPA 名称		基础	标准[1]
ETG.1500, Version 1.0.0		Class B	Class A
基础功能	服务命令	√	√
	从站设备仿真	√[2]	√[2]
	EtherCAT 状态机	√	√
	错误处理	√	√
	EtherCAT 帧类型	√	√
过程数据交换	循环 PDO（循环命令）	√	√
	Multiple Tasks = Leveling	√	√

（续）

KPA 名称		基础	标准[1]
ETG. 1500, Version 1. 0. 0		Class B	Class A
网络配置	读取 ENI	√	√
	比较网络配置	√	√
	访问 EEPROM	√	√
	访问存储器	√	√
邮箱支持	支持邮箱	√	√
	邮箱轮询	√	√
CoE	SDO 上传/下载	√	√
	分段传输	√	√
	全访问	√	√
	SDO Info 服务	√	√
	紧急消息	√	√
EoE	EoE 协议	√	√
	虚拟交换机	√	√
FoE	FoE 协议	√	√
	固件上传/下载	√	√
	Boot 状态	√	√
SoE		√	
AoE		√	
VoE		√	
分布式时钟同步(DC)	支持 DC		√
	连续传播延迟补偿	√	
	时间分布	√	√
	主从站同步	√	
从站间通信	必须通过 ENI 或 API 进行 FSOE 配置	√	√

① 也适用于 Premium 型 KPA 主站。
② 非主站功能：通过 Studio 生成的 init 命令支持。

（2） 特性包和扩展

扩展是高级功能选项（针对 ETG 的特性包），可以单独购买并添加到 KPA EtherCAT 主站的任何类中。有以下主站特性包和扩展。

1） 主站特性包。

① 电缆冗余。

② 热连接。

③ TCP/UDP 邮箱网关。

④ 外部 DC 同步。

2） KPA 主站扩展。

① 数据和帧记录仪。

② 访问权限。

③ 多主站（Master 1.6）。

④ 扩展的主站诊断（Master 1.6）。

⑤ 数据库 CAN（DBC）。

⑥ 主站 OD。

⑦ EtherCAT 自动化协议（EAP）。

⑧ 在线配置。

⑨ 数据兑现。

（3）操作系统

KPA 为以下通用和实时操作系统提供 EtherCAT 主站包。

1）Windows 7。

2）INtime。

3）Linux RT Preemt。

4）Xenomai。

5）QNX。

6）RTX/RTX64。

7）VxWorks。

8）Integrity。

9）FreeRTOS。

10）Nucleus。

根据客户的要求，可支持任何其他操作系统。此外，KPA 已将 KPA EtherCAT 主站移植到了 Windows XP、CE6/7、OnTime RTOS-32、Pikeos 及 RTAI 等操作系统，但 KPA 不主动支持这些操作系统。

8.6.3 KPA EtherCAT Studio

KPA EtherCAT Studio 是一款用于 EtherCAT 网络开发、安装和诊断工具。

KPA EtherCAT Studio 提供了一套用于创建和处理主站、配置和监测 EtherCAT 网络的功能。它可集成到其他设计环境，可用扩展功能建立共同开发工作空间。

KPA EtherCAT Studio 支持的操作系统有 Windows® XP/Vista/7。

KPA EtherCAT Studio 主要特性和功能如下。

1）从站连接到远程主站或本地主站。

2）改变主站和从站的所有数据（对象字典、过程映射、寄存器及固件）。

3）多语言用户界面（中文，默认英文）。

4）兼容任何基于 EtherCAT 的主站（符合 ETG 规范）。

5）开发用 .NET。

6）通过 .NET Remoting，可集成到主机应用。

1. 主站配置

KPA EtherCAT Studio 的主站配置包括以下几点。

1）工程文件处理和对比。

2）通过总线扫描、从文件读取或拖放（drag-and-drop）创建拓扑。

3）在配置的和实际的网络之间对比。

4）过程映射，可缩放。

5）S2S 编辑器。

6）FSoE 主站和从站处理。

7）多种采样率。

8）分布式时钟（DC）设置。

9）从 CoDeSys 导入信号名。

10）导出网络配置文件。

（1）EtherCAT 主站网络配置

向上连接到主站，Studio 获取主站配置（如果主站正在运行），或扫描该网络以检测实际硬件配置，然后把主站端配置和 Studio 中的可用配置进行对比。如果配置不匹配，有多种处理方法，例如用它的副本或高级交互合并配置来简单地替换主站配置或 Studio 端配置。EtherCAT 主站网络配置如图 8-40 所示。

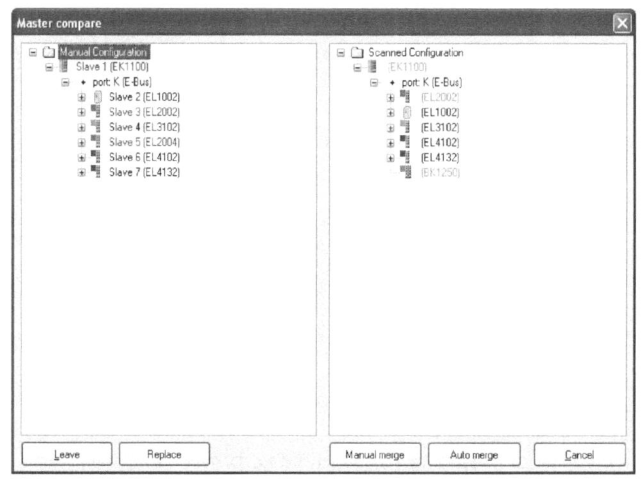

图 8-40　EtherCAT 主站网络配置

（2）EtherCAT 拓扑

拓扑视窗显示 EtherCAT 网络架构和状态。当分段之间通信有丢失时，能够看到导线变成红色高亮。如果电缆断开发生于冗余检查启用状态下，系统将指示断开的位置。EtherCAT 拓扑视窗如图 8-41 所示。

（3）EtherCAT 电缆冗余

在过程自动化领域，对系统持续性和可靠性的要求日益增加，目前冗余已经成为大多数应用所必须的。电缆冗余使得传统的基于闭合环原理的现场总线系统的瓶颈得到解决，例如电缆故障查找的反馈和电缆断开情况下的系统可用性。因为在布线和网络中的冗余，所有从站保持和 EtherCAT 主站的连接。EtherCAT 电缆冗余如图 8-42 所示。

如果网络中发生线路断开，可被检测到并且拓扑将显示事件，图 8-42 中标①处表示线路断开。

（4）从站对从站通信

从站对从站允许在过程映射输入/输出矩阵中的逻辑通信，无须直接的物理导线。

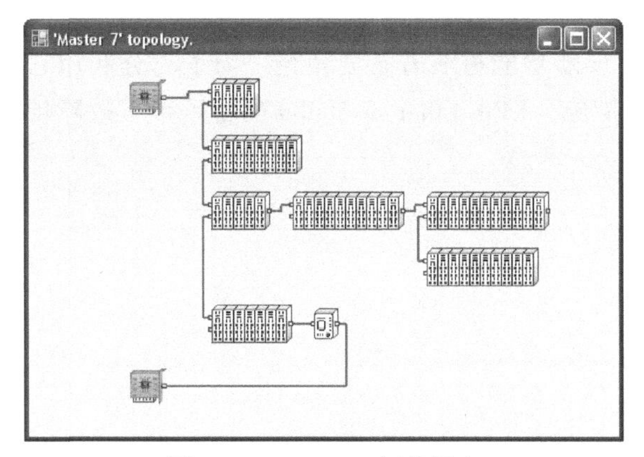

图 8-41 EtherCAT 拓扑视窗

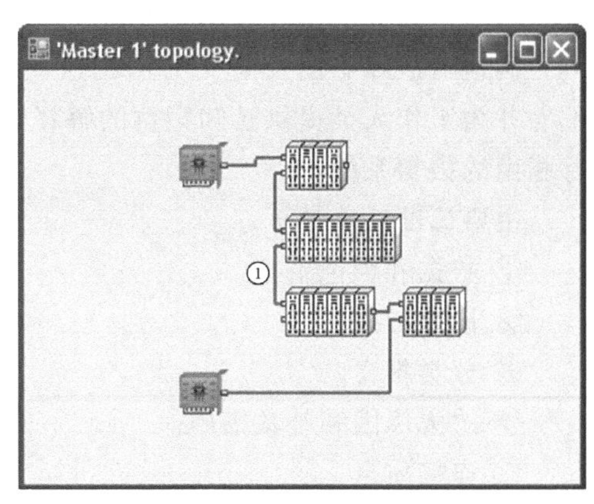

图 8-42 EtherCAT 电缆冗余

(5) ECAT 工程比较工具

ECAT 工程比较工具可比较 Studio 中可用工程和其他来自文件的工程。不同之处用可定制颜色高亮显示，可配置相关属性值。

2. 从站配置

从站配置的主要功能如下。

1) 根据 ETG 标准创建可分发的主配置文件。

2) 自由声明 I/O 信号名称和地址。

3) 变量声明和软件开发工具进行交互于：

IEC 61131-3 (PLC 配置或 XML 格式)；

“C” /C++(*.h 文件)。

从站配置的属性如下。

1) ESI 文件管理器。

2) ESI-SII 比较器。

3) EEPROM-编辑器 (离线、在线)。

4) Excel 导入 (signals, init commands)。

5) 添加和改变 Init 指令。

6) 透明处理 MDP (Modular Device Profile) 从站，例如 CAN-和 Profibus-主站网关。

7) Station Alias 地址编程。

(1) 可扩展的从站库

为新从站打开从站库并且可方便地重建从站。可通过把文件放入库工作文件夹，添加新从站到从站库。相同的步骤可用于升级库内已存在的文件。

(2) ESI 和 EEPROM 比较工具

该工具能够比较来自从站设备或文件的 EEPROM 内容和文件内容，可指定从站或者由用户选择。

3. EtherCAT 诊断

该技术的一个重要特性是使基于 EtherCAT 的解决方案和系统具有高可靠性。

可靠性包含两个关键因素：解决方案或系统的可靠性以及停机时间减少。

因为可靠性通常和技术本身以及质量保证有关，减少停机时间最需考虑的是在适当的时间正确地对故障做出反应。为达到这些目的，诊断功能扮演着重要角色。为了充分利用它们，并为工作人员提供已知案例的解释和补救措施，KPA Ethercat Studio 配备了带有故障排除指南的报警系统。

主要诊断功能如下。

① 数据和帧记录仪。

② 诊断扫描器。

③ 分类报文。

④ 故障原因和补救措施。

⑤ 连接质量。

（1）报警

报警系统记录 Studio 在线（连接到主站）时可能发生的所有报警和事件，并以多种方式报告它们。根据事件的严重性规定了相应的通知类型。关键警报之后会有一个通知窗口，以避免用户错过此类事件，并立即采取必要措施来解决问题。大多数关键报警都带有可能原因和排除方法说明。

（2）报警列表

警报列表按外观顺序显示在 Studio 连接到主站期间已注册的警报和事件。每个报文都有ID，方便识别，时间戳在报文出现时显示，并且显示问题或事件的说明。可按报文的严重程度和来源对它们进行分类。

（3）故障诊断指引

故障诊断指引是 KPA 的调试和支持团队多年工作所积累经验和知识的数据库。该指引对调试或发现瓶颈时可能出现的最常见问题的可能原因和排除方法进行了说明。这些说明包含在综合表格内，并且可在线查阅所发生事件或问题的背景。

（4）在线图表观察器

在线图表观察器是 KPA EtherCAT Studio 重要的诊断功能。该观察器允许同时从一个或多个从站监视多个通道。

（5）快照观察器

在工作期间采集信号值并保存为快照，然后观察器显示快照。获取快照可减少系统的过载，以免影响硬件的实时性能。

（6）数据记录工具

EtherCAT 数据记录工具管理主站端上的数据记录。Studio 调取保存的数据并能够为从定义的集合中选取的信号创建图表。

（7）统计

Studio 采集各种统计数据如下。

1）网络活动性采集于 NIC。

2）EtherCAT 活动性采集于主站。

3）CPU 和总线负载。

（8）记录文件

采集的数据对分析整个系统的性能和找到瓶颈非常有帮助。帧记录仪查看器显示关于主站接收和发送的所有帧的统计信息。它能够保存这些信息在记录文件中。

(9) 帧记录仪

保存在记录文件中有关帧循环的信息，可显示在帧记录仪图表观察器中。

4. EtherCAT Studio 开发框架 (SDF)

Studio 开发框架 (SDF) 是一组业务逻辑和用户界面组件，使软件开发人员能够构建自定义的 EtherCAT 配置和诊断工具。KPA EtherCAT Studio 是基于 SDF 的，可以作为 EtherCAT 配置工具的示例。

(1) SDF 架构和集成

SDF 架构和集成如图 8-43 所示。

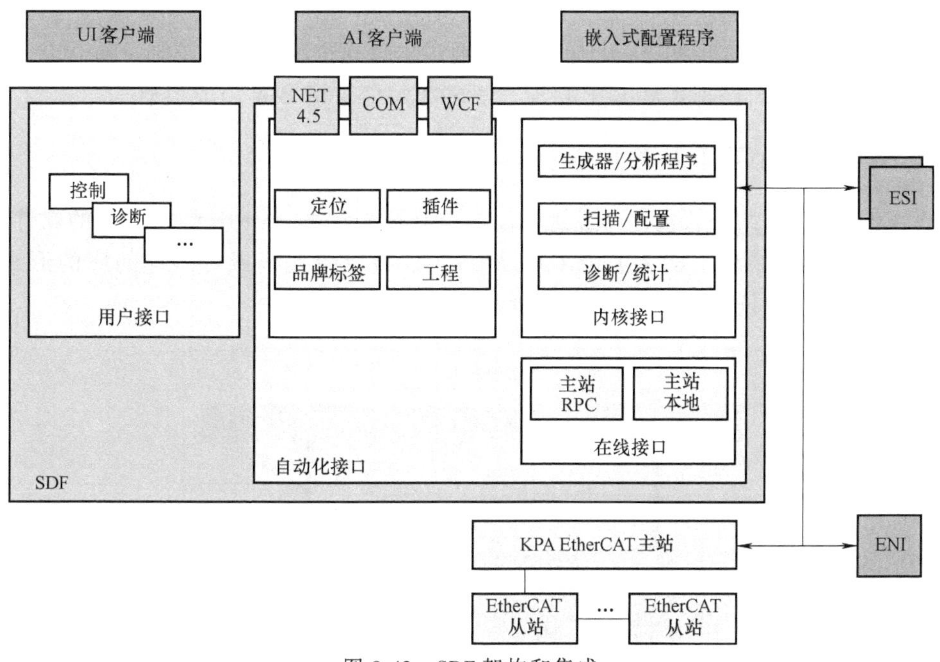

图 8-43 SDF 架构和集成

SDF 提供前端接口有 .NET 远程连接到远程运行的 SDF 实例、WCF 及 COM 等。

作为后端，SDF 与 KPA EtherCAT 主站具有在线的连接关系，并支持所有 ETG 规范。

SDF 可以集成到任何 IDE 中。

SDF 已经集成到以下几个 IDE 和工具中，包括 d2t、fastCenter、FEV、ISaGRAF 和 Phoenix software 等。

(2) SDF 组件

SDF 核心接口和 GUI 组件提供了一整套对象，来实现对使用 BLF 程序 (品牌标签) 的 EtherCAT 配置工具的定制。

1) 用户界面 (UI)。

① 会话。

② 控制。

2) 自动化接口/业务对象 (BL)。

代表 EtherCAT 对象模型的核心接口如下。

① 工程，安全。

② 主站、从站及过程映射等。

③ 从站库。

④ 通过远程程序调用的在线主站接口（RPC）。

3）扩展如下。

① 插件。

② 工具。

4）自定义如下。

① 本地化。

② 品牌标签。

SDF已经被本地化为几种语言，并且可以通过本地化进程转变为任何一种语言。可以通过编写自定义工具和插件来扩展SDF功能。更多相关信息请参阅SDF手册。

8.6.4 KPA EtherCAT从站协议栈

KPA EtherCAT从站协议栈是一款适用于运行在微控制器、CPU或DSP上的软件栈，可使用或不用任何操作系统。KPA EtherCAT从站协议栈以源代码或者编译的库的形式提供。KPA EtherCAT从站协议栈架构如图8-44所示。

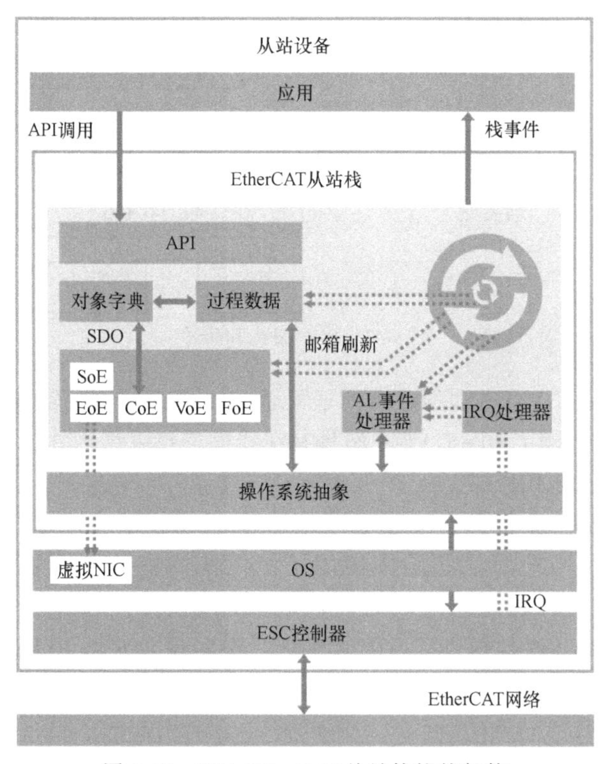

图8-44 KPA EtherCAT从站协议栈架构

KPA EtherCAT从站协议栈基础特性如下。

1）“C”代码编写，低内存占用，用于8和16位微控制器，例如SAB 80x16x（Infineon)、ARM 3.9（ARM)、ATmega128（Atmel)、ppc 52xx、MPC8536（Freescale)、MicroBlaze（Xilinx）和 Sitara（TI)。

2）根据对象字典和过程映射的大小。

ROM（flash）大小>=64KB 标准版（55KB 基本版）

RAM 大小>=8KB 标准版（3KB 基本版）

KPA EtherCAT 从站协议栈接口如下。

1）兼容 Beckhoff EtherCAT 从站控制器（ESC)：ASIC ET 1xxx 和 IP-Core。

2）操作系统-基于或 OS-less。

3）IRQ-处理硬件事件。

4）轮询邮箱（Mbx）和过程映射。

5）静态对象字典（OD)，含来自应用给定的指针。

6）支持 Intel 和 Motorola 数据格式。

可实现的 EtherCAT 功能如下。

1）邮箱协议：CoE、EoE、FoE、SoE 和 VoE。

2）分布式时钟（DC)。

3）差分扫描率。

8.6.5 KPA EtherCAT 从站板卡

KPA 提供 EtherCAT 从站模块用于集成 EtherCAT 网络与其他网络。

（1）EtherCAT 从站

EtherCAT 从站模块用于将 EtherCAT 网络与其他网络集成。根据物理接口的不同，KPA EtherCAT 板卡连接或安装在控制 PC 上。因此，控制 PC 及其网络将作为常规从站显示给 EthercCAT 主站。KPA EtherCAT 从站板卡如图 8-45 所示。

a) PC104接口板卡　　b) PCI接口板卡　　c) 4路CAN网卡

图 8-45 KPA EtherCAT 从站板卡

（2）EtherCAT 分布式输入/输出模块

分布式输入/输出模块可创建分布式控制系统，通过增加一些 I/O 信号实现技术目标和扩展 PLC 的功能。

这些模块也可以连接到 KPA EtherCAT 4CAN 网关上。

另外，这些模块全部兼容以前的 Selectron Systems AG 生产的 Selectron I/O-devices。

8.6.6 KPA 运动控制库

KPA 运动控制库提供单轴和多轴控制功能，即可用于满足 PLCopen 标准的 CNC 解决方案。

KPA 运动控制库亮点如下。

1）位置、速度和扭矩控制，带向前进给功能。

2）单轴和多轴运动，可定义速度、加速度和加加速度于每个轨道段。

3）在一个控制周期内，可运行时改变的时间最优轨道生成。

4）支持 CiA402 驱动协议并可轻松适配任何自定义驱动协议。

5）可混合无限的命令序列。

6）通过简单可扩展的 OSAL（操作系统抽象层），支持各种 OS（QNX 6.5，QNX 6.6，INtime 6，Linux Posix，Xenomai 和 Windows）。

7）可扩展到多核 CPU，并为低端 CPU 进行优化。

8）低循环时间。

KPA 运动控制库应用如下。

1）单轴控制用于输送带、钻孔和冲压。

2）协同多轴控制用于弯曲、焊接、钻孔、研磨、激光和钻孔定位。

KPA 运动开发工具包（MoDK）支持为特定操作系统上的硬件类开发直线和协同运动应用程序。它通过 KPA Motion 扩展了主站开发工具包（MDK）。

KPA 运动开发工具包（MoDK）如图 8-46 所示。

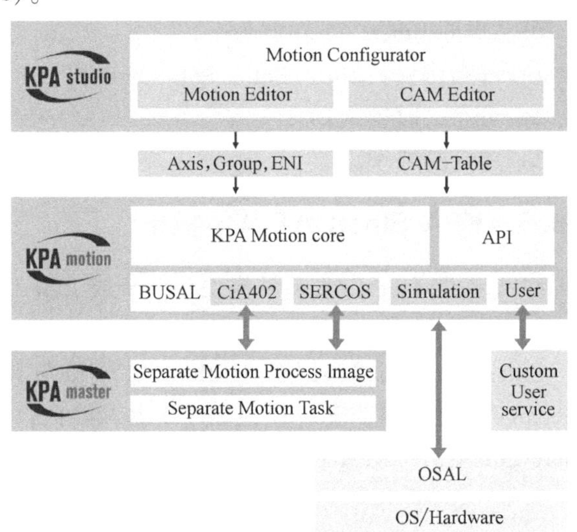

图 8-46 KPA 运动开发工具包（MoDK）

8.7 RSW-ECAT Master EtherCAT 主站

8.7.1 RSW-ECAT Master 概述

RSW-ECAT Master 是由日本 Micronet 公司提供的一个面向 Windows 程序开发人员的中间件软件，让使用者可以通过装有 Windows 系统的电脑轻松地享受 EtherCAT 世界，可以使用 EtherCAT 主站软件的 API（应用程序编程接口）在 Windows 程序中处理高速采样数据。Micronet 公司不仅提供了上述 API，还提供了各种示例程序，以便在 EtherCAT 方面的初学者可以轻松地使用它。

Micronet 公司是一个基于 PC 控制技术的实时解决方案提供商，主要有三个产品和服务。

第一个是用于工业系统的实时操作系统 RTOS。

第二个是 RTOS 的导出系统产品。Micronet 已发展成为驱动、PLCs 及中间件等多种产品。

第三个是 Micronet 为用户提供与 RTOS 的系统集成服务。在半导体/液晶面板制造测试设备、机器人、机器控制、工厂控制和仪器仪表等领域有着丰富的经验。

主要特点如下。

（1）有实际来源的示例

采用 C/C++语言实现了数字 I/O、模拟 I/O 及缓冲等示例程序。可以在创建实际控制程序时使用这些源代码。

（2）高速数据采集

可以用 PC 工具通过 EtherCAT 通信与以太网端口实现高速数据采样。Windows 程序可以利用相关的 API 库轻松地使用采样数据。

（3）丰富的 API 库

提供了 Windows 程序使用高速采样数据的 API。可以控制大量的从站，如数字 I/O 和模拟 I/O。还可以通过组合这些 API 来创建满足用户需要的程序。

8.7.2 RSW-ECAT Master 的系统配置

RSW-ECAT Master 的系统配置如图 8-47 所示。

可以使用 EtherCAT 主站软件中的 API，编写使用 EtherCAT 主站软件函数的 Windows 程序，该 API 由 RSW-ECAT 提供。

（1）EtherCAT 主站软件

可以控制 EtherCAT 通信，它是通过程序中的 API 来处理的。

（2）网络驱动程序

这是一个将以太网端口（NIC）作为实时设备的驱动程序。可以实现以太网主站软件和从站之间的实时通信。

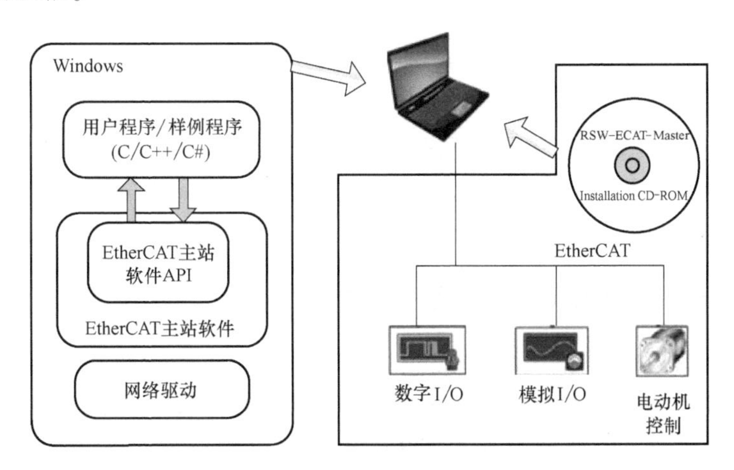

图 8-47 RSW-ECAT Master 的系统配置

RSW-ECAT Master 主站协议栈的部分 API 函数见表 8-9。

表 8-9 RSW-ECAT Master 主站协议栈的部分 API 函数

初始化	EhOpen() WEhClose()	启动 EtherCAT 通信 结束 EtherCAT 通信
主站控制	EhRqState() EhGetState() EhWaitForCyclic()	改变主站状态 获取主站状态 等待主站循环过程
搜索/管理从站	EhFindSlave() EhGetSlaveStatus() EhGetOnlineSlaveCount()	搜索从站 获得从站状态 获得连接的从站计数
过程数据访问	EhReadByte() EhWriteByte() EhReadWord() EhWriteWord() EhReadDWord() EhWriteDWord()	从 VIOS IN 区域读取 8 位数据 将 8 位数据写入 VIOS OUT 区域 从 VIOS IN 区域读取 16 位数据 将 16 位数据写入 VIOS OUT 区域 从 VIOS IN 区域读取 32 位数据 将 32 位数据写入 VIOS OUT 区域

8.7.3 RSW-ECAT Master 的控制程序设计

创建 RSW-ECAT Master 可以控制多个 EtherCAT 从站，就像它们是直接连接到 I/O 端口的设备一样。例如，初始化步骤原本需要复杂的 EhterCAT 主站过程，现在只需调用一些用户友好的 API 函数即可完成。

此外，I/O 函数本身的设计也很简单。因此，即使没有 EtherCAT 方面的专业知识，但是只要有 I/O 设备方面的经验，就可以专注于控制编程。这就是 RSW-ECAT Master 的特性。

RSW-ECAT 通过以下步骤控制从站。

① 初始化主站。应用程序首先初始化与 RSW-ECAT Master 的连接。

② 将主站切换到 OPERATIONAL 状态。启动 EtherCAT 周期通信。

③ 搜索目标从站。非易失的 IDs（VenderID 和 ProductCode）写入 EtherCAT 从站。通过这些 IDs 搜索并获得目标从站的存在和位置。

④ 等待主站循环。等待主站循环的到来

⑤ 控制 I/O。EtherCAT 从站设备通过 RSW-ECAT 在连续的虚拟地址空间（VIOS）中重新定位。可以控制 EtherCAT 从站设备，如 I/O 从站、运动从站控制 I/O 到 EtherCAT 从站设备，就像处理 I/O 地址空间一样。

8.7.4 RSW-ECAT Master 的数据采集功能

RSW-ECAT 包含内核函数，可以快速保持与 Windows 并行运行的实时性能。这个实时内核函数能够在最短的时间内中实现 1ms 的数据采样周期。采样数据存储在环形缓冲区中。用户应用程序可以使用 API 将它们放入块中。

RSW-ECAT 的数据采集过程如图 8-48 所示。

RSW-ECAT-Master 安装 CD-ROM 中包含的材料见表 8-10。

RSW-ECAT-Master 操作环境见表 8-11。

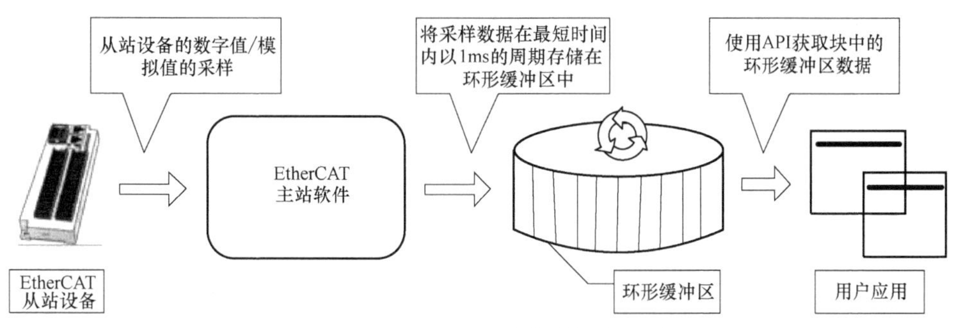

图 8-48 RSW-ECAT 的数据采集过程

表 8-10 RSW-ECAT-Master 安装 CD-ROM 中包含的材料

RSW-ECAT-Master 安装 CD-ROM	EtherCAT 主站软件
	API 库
	安装手册
	样例程序 这些样例代码展示了如何通过 API 调用使用 EtherCAT 函数 (适用于 Microsoft Visual Studio 2008)
USB 加密狗	用于许可证认证的加密密钥

表 8-11 RSW-ECAT-Master 操作环境

操作系统	Windows 7(32 位/64 位) Windows 8(32 位/64 位)
CPU	Intel x86/x64 CPU (Intel 酷睿 2 双核以上)
内存	内存超过 2GB(使用 64MB)
硬盘容量	超过 100MB 的空闲空间
支持板载网络(PCI/PCIe 网卡)	Intel Pro/100,Intel Pro/1000 Realtek 100M,Realtek1G

EtherCAT 配置工具“RSI-ECAT-Studio”是一个自动检测/识别 EhterCAT 从站配置信息的配置工具。必须购买一个许可证，才可以进行配置用于 RS-ECAT-Master 的使用配置信息。

第9章 EtherCAT从站驱动和应用程序设计

EtherCAT 从站的软硬件开发一般建立在 EtherCAT 从站评估板或开发板的基础上。EtherCAT 从站评估板或开发板的硬件主要包括 MCU（如 Microchip 公司的 PIC24HJ128GP306）、DSP（如 TI 公司的 TMS320F28335）和 ARM（如 ST 公司的 STM32F407）等微处理器或微控制器，ET1100 或 LAN9252 等 EtherCAT 从站控制器，物理层收发器 KS8721，RJ45 连接器 HR911105A 或 HR911103A，简单的 DI/DO 数字量输入/输出电路（如 Switch 按键开关数字量输入电路、LED 指示灯数字量输出电路）、AI/AO 模拟量输入/输出电路（如通过电位器调节 0~3.3V 的电压信号作为模拟量输入电路）等，并给出详细的硬件电路原理图；软件主要包括运行在该硬件电路系统上的 EtherCAT 从站驱动和应用程序代码包。

开发者选择 EtherCAT 从站评估板或开发板时，最好选择与自己要采用的微处理器或微控制器相同的型号。这样，软硬件移植和开发的工作量要小很多，可以达到事半功倍的效果。

由于 ARM 微控制器应用较为广泛，本章以采用微控制器 STM32F407 和 EtherCAT 从站控制器 ET1100 的开发板为例，详细介绍了 EtherCAT 从站驱动和应用程序设计方法。基于 ET1100 从站控制器的 EtherCAT 从站硬件系统设计请参考第 4.1 节。

另外，采用微控制器 STM32F407 和 EtherCAT 从站控制器 LAN9252 的开发板的 EtherCAT 从站驱动和应用程序设计方法可以参考本章讲述的设计方法，限于篇幅，就不再赘述。

9.1 EtherCAT 从站驱动和应用程序代码包架构

9.1.1 EtherCAT 从站驱动和应用程序代码包的组成

EtherCAT 从站采用 STM32F4 微控制器和 ET1100 从站控制器，编译器为 KEIL5，工程名文件为“FBECT_PB_IO”，该文件夹包含 EtherCAT 从站驱动和应用程序。EtherCAT 从站驱动和应用程序代码包的架构如图 9-1 所示。图 9-1 中所有不带格式后缀的条目均为文件夹名称。

1. Libraries 文件夹

1）“CMSIS” 文件夹包含与 STM32 微控制器内核相关的文件。

2）“STM32F4xx_StdPeriph_Driver” 文件夹包含与 STM32F4xx 处理器外设相关的底层驱动。

2. STM32F407 Ethercat 文件夹

该文件夹包括以下文件夹和文件。

1）“Ethercat”文件夹包含与EtherCAT通信协议和应用层控制相关的文件。

2）“MDK-ARM”文件夹包含工程的uvprojx工程文件。

3）“User”文件夹包含与STM32定时器、ADC、外部中断和FSMC等配置相关的文件。

4）“stm32f4xx_it.c”和“stm32f4xx_it.h”与STM32中断处理函数有关。

5）“system_stm32f4xx.c”与STM32系统配置有关。

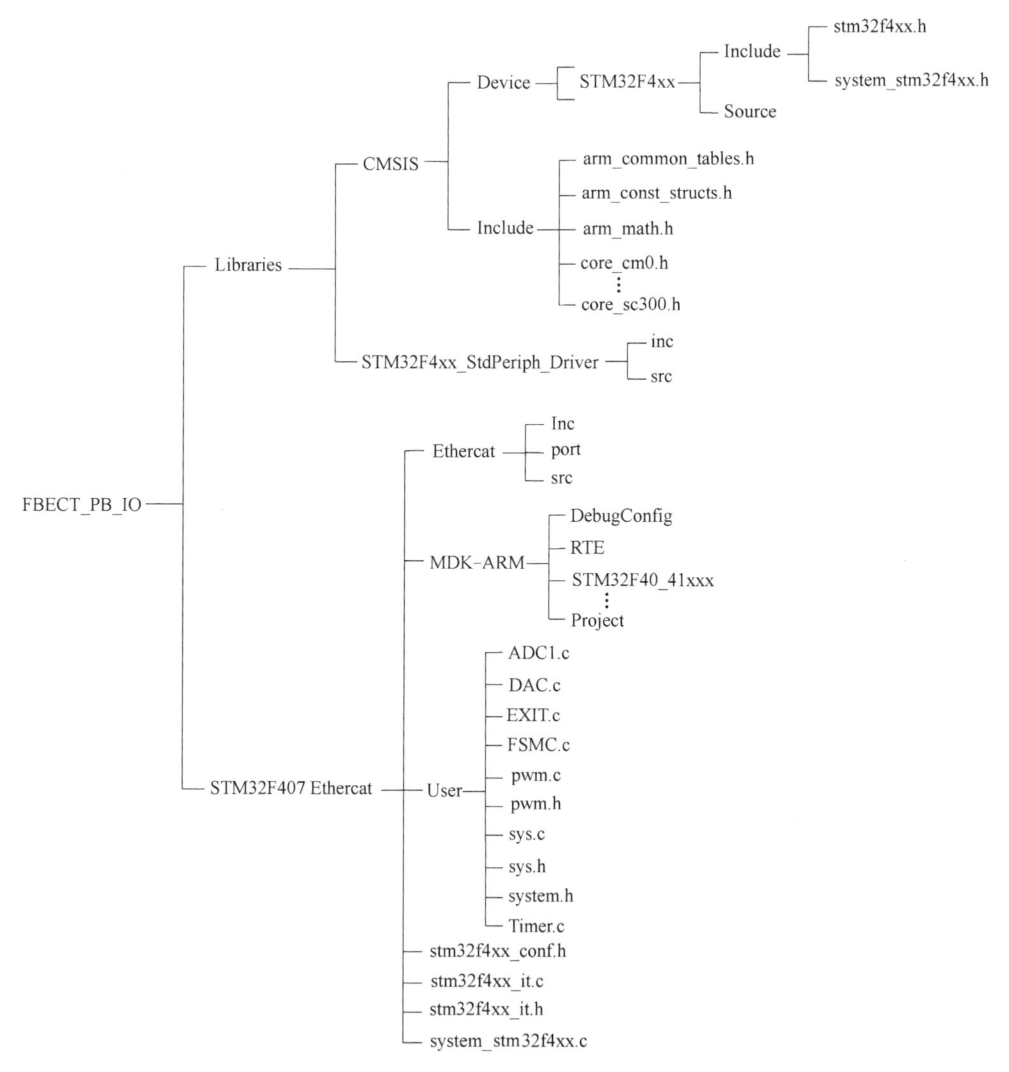

图 9-1 从站驱动和应用程序代码包架构

9.1.2 EtherCAT 通信协议和应用层控制相关的文件

下面详细介绍“Ethercat”文件夹包含的与EtherCAT通信协议和应用层控制相关的文件。

“Ethercat”文件夹下又包含3个文件夹：“Inc”文件夹、“port”文件夹和“src”文件夹，分别介绍如下。

1. 头文件夹“Inc”

“Inc”文件夹包含与EtherCAT通信协议有关的头文件。该文件夹下包含文件如图9-2所示。

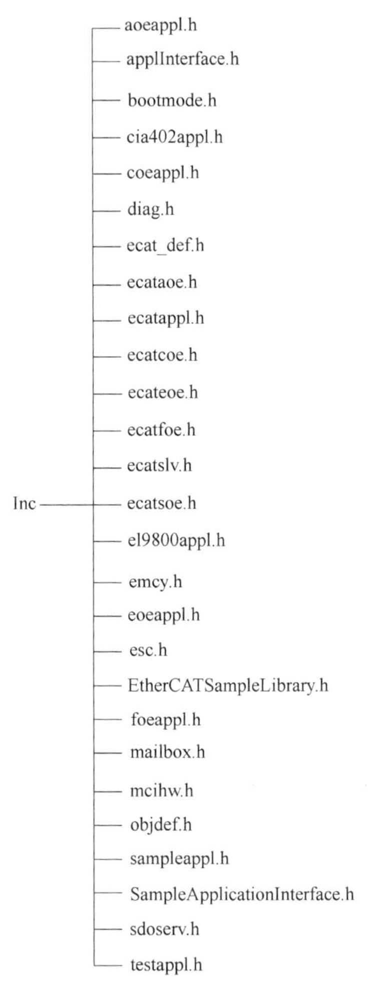

图9-2 “Inc”文件夹下包含的与EtherCAT通信协议有关的头文件

(1) applInterface. h

定义了应用程序接口函数。

(2) bootmode. h

声明了在引导状态下需要调用的函数。

(3) cia402appl. h

定义了与cia402相关的变量、对象和轴结构。

(4) coeappl. h

该文件对“coeappl. c”文件中的函数进行声明。

(5) ecat_def. h

定义了从站样本代码配置。

(6) ecataoe. h

定义了和AoE相关的宏、结构体，并对ecataoe. c文件中的函数进行了声明。

(7) ecatappl. h

对ecatappl. c文件中的函数进行了声明。

(8) ecatcoe. h

定义了与错误码、CoE服务和CoE结构相关的宏，并对ecatcoe. c文件中的函数进行了声明。

(9) ecateoe. h

定义了与EoE相关的宏和结构体，并对ecateoe. c文件中的函数进行了声明。

(10) ecatfoe. h

定义了与FoE相关的宏和结构体，并对ecatfoe. c文件中的函数进行了声明。

(11) ecatslv. h

该文件对若干数据类型、从站状态机状态、ESM转换错误码、应用层状态码、从站的工作模式、应用层事件掩码和若干全局变量进行了定义。

(12) ecatsoe. h

定义了与SoE相关的宏和结构体，并对ecatsoe. c文件中的函数进行了声明。

(13) el9800appl. h

该文件对对象字典中索引为0x0800、0x1601、0x1802、0x1A00、0x1C12、0x1C13、0x6000、0x6020、0x7010、0x8020、0xF000、0xF0100和0xFFFF的这些特定对象进行定义。

(14) esc. h

该文件中对EtherCAT从站控制器芯片中寄存器的地址和相关掩码做出说明。

(15) mailbox. h

定义了和邮箱通信相关的宏和结构体，并对 mailbox. c 文件中的函数进行了声明。

（16） mcihw. h

该文件包含了通过并行接口来访问 ESC 的定义和宏。

（17） objdef. h

该文件中定义了某些数据类型，对表示支持的同步变量的类型进行了宏定义，定义了描述对象字典的结构体类型。

2. 外围端口初始化和驱动源文件夹“port”

“port” 文件夹包含与从站外围端口初始化和驱动相关的文件。

该文件夹包含一个名称为 “mcihw. c” 的源文件，如图 9-3 所示。

该源文件包含对 STM32F407 微控制器的 GPIO、定时器、ADC 及外部中断等外设进行初始化的程序，同时提供了读取和写入 EtherCAT 从站控制器芯片中寄存器的函数。

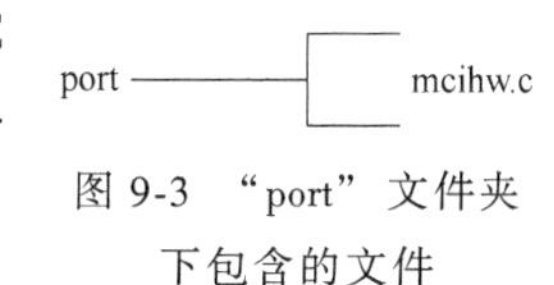

图 9-3 “port” 文件夹下包含的文件

3. EtherCAT 通信协议源文件夹“src”

“src” 文件夹包含与 EtherCAT 通信协议有关的源文件。该文件下包含文件如图 9-4 所示。

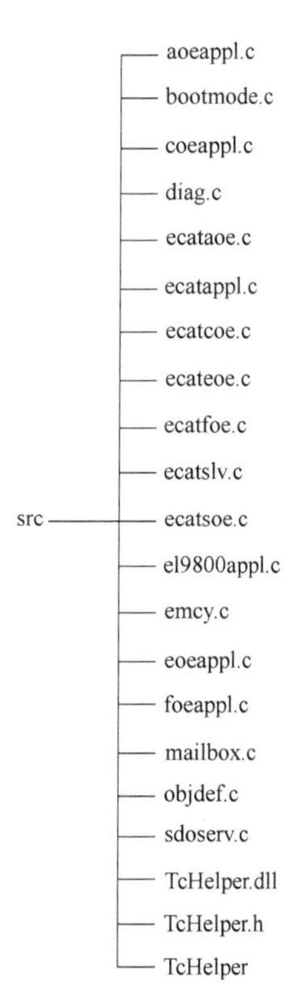

图 9-4 “src” 文件夹包含的与 EtherCAT 通信协议有关的源文件

（1） aoeappl. c

该文件包含 AoE 邮箱接口。

（2） bootmode. c

该文件包含 boot 模式虚拟函数。

（3） coeappl. c

CoE 服务的应用层接口模块。该文件实现的功能如下。

1） 对对象字典中索引为 0x1000、0x1001、0x1008、0x1009、0x100A、0x1018、0x10F1、0x1C00、0x1C32 和 0x1C33 的这些通用对象进行定义；

2） 对 CoE 服务实际应用以及 CoE 对象字典的处理，包括对象字典的初始化、添加对象到对象字典、移除对象字典中的某一条目以及对清除对象字典等处理函数进行定义。

（4） diag. c

该文件包含诊断对象处理。

（5） ecataoe. c

该文件包含 AoE 邮箱接口。

（6） ecatappl. c

EtherCAT 从站应用层接口，整个协议栈运行的核心模块，EtherCAT 从站状态机和过程数据接口。输入/输出过程数据对象的映射处理、ESC 与处理器本地内存的输入/输出过程数据的交换等都在该文件中实现。

（7） ecatcoe. c

该文件包含 CoE 邮箱接口函数。

（8） ecateoe. c

该文件包含 EoE 邮箱接口函数。

(9) ecatfoe. c

该文件包含 FoE 邮箱接口函数。

(10) ecatslv. c

处理 EtherCAT 状态机模块。状态机转换请求由主站发起，主站将请求状态写入 ALControl 寄存器中，从站采用查询的方式获取当前该状态转换的事件，将寄存器值作为参数传入 AL_ControlInd () 函数中，该函数作为核心函数来处理状态机的转换，根据主站请求的状态配置 SM 通道的开启或关闭，检查 SM 通道参数是否配置正确等。

(11) ecatsoe. c

该文件包含一个演示 SoE 的简短示例。

(12) el9800appl. c

该文件提供了与应用层接口的函数和主函数。

(13) emcy. c

该文件包含紧急接口。

(14) eoeappl. c

该文件包含一个如何使用 EoE 服务的例子。

(15) foeappl. c

该文件包含一个如何使用 FoE 的例子。

(16) mailbox. c

处理 EtherCAT 邮箱服务模块，包括邮箱通信接口的初始化、邮箱通道的参数配置、根据当前状态机来开启或关闭邮箱服务、邮箱通信失败后的邮箱重复发送请求、邮箱数据的读写以及根据主站请求的不同服务类型调用相应服务函数来处理。

(17) objdef. c

访问 CoE 对象字典模块。读写对象字典、获得对象字典的入口以及对象字典的具体处理函数由该模块实现。

(18) sdoserv. c

SDO 服务处理模块，处理所有 SDO 信息服务。

9.2 EtherCAT 从站驱动和应用程序的设计实例

从站系统采用 STM32F407ZET6 作为从站微处理器，下面介绍从站驱动程序。

9.2.1 EtherCAT 从站代码包解析

下面将对从站栈代码 STM32 工程中关键 c 文件做介绍。

(1) Timer. c

对 STM32 定时器 9 及其中断进行配置。文件中的关键函数介绍如下。

函数原型：void TIM_Configuration (uint8_t period)。

功能描述：对定时器 9 进行配置，使能定时器 9，并配置相关中断。

参数："period"，计数值。

返回值：void。

（2） EXIT. c

对 STM32 外部中断 0、外部中断 1 和外部中断 2 进行配置。文件中关键函数介绍如下。

1） 函数原型：void EXTI0_Configuration （void）。

功能描述：将外部中断 0 映射到 PC0 引脚，并对中断参数进行配置。

参数：void。

返回值：void。

2） 函数原型：void EXTI1_Configuration （void）。

功能描述：将外部中断 1 映射到 PC1 引脚，并对中断参数进行配置。

参数：void。

返回值：void。

3） 函数原型：void EXTI2_Configuration （void）

功能描述：将外部中断 2 映射到 PC2 引脚，并对中断参数进行配置。

参数：void。

返回值：void。

（3） ADC1. c

对 STM32 的 ADC1 和 DMA2 通道进行配置。

（4） mcihw. c 和 mcihw. h

对从站开发板的外设和 GPIO 进行初始化，对定时器、ADC 及外部中断等模块进行初始化，定义读取和写入从站控制器芯片 DPRAM 中寄存器的函数，也实现了中断入口函数的定义。文件中关键函数介绍如下。

1） 函数原型：void GPIO_Config （void）。

功能描述：对从站开发板上与 LED 和 switch 对应的 GPIO 口进行初始化。

参数：void。

返回值：void。

2） 函数原型：UINT8 HW_Init （void）。

功能描述：初始化主机控制器、过程数据接口（PDI）并分配硬件访问所需的资源，对 GPIO、ADC 等进行初始化，读写 EterCAT 从站控制器 DPRAM 中的部分寄存器。

参数：void。

返回值：如果初始化成功则返回 0；否则返回一个大于 0 的整数。

3） 函数原型：void HW_EcatIsr （void）。

功能描述：通过宏定义将该函数与 EXTI0_IRQHandler 相关联，在外部中断 0 触发时会

进入该函数。若在主站上将运行模式设置为同步模式，ET1100 芯片与 STM32 外部中断引脚相连的引脚则会发出中断信号 IRQ 来触发 STM32 的外部中断，以执行 HW_EcatIsr（）函数。

参数：void。

返回值：void。

4） 函数原型：void Sync0Isr （void）。

功能描述：通过宏定义将该函数与 EXTI1_IRQHandler 相关联，在外部中断 1 触发时会

进入该函数。若在主站上将运行模式设置为 DC 模式，按照固定的同步时间周期，ET1100 芯片与 STM32 的外部中断引脚相连的引脚则会周期性地发出 SYNC0 中断信号来触发 STM32 的外部中断，以执行 Sync0Isr（）函数。

参数：void。

返回值：void。

5）函数原型：void Sync1Isr（void）。

功能描述：通过宏定义将该函数与 EXTI2_IRQHandler 相关联，在外部中断 2 触发时会进入该函数。

参数：void。

返回值：void。

6）函数原型：void APPL_1MsTimerIsr（void）。

功能描述：通过宏定义将该函数与 TIM1_BRK_TIM9_IRQHandler 相关联，在定时器 9 中断触发时会进入该函数。

参数：void。

返回值：void。

（5）el9800appl. c

文件中提供了与应用层接口的函数和主函数。文件中关键函数介绍如下。

1）函数原型：UINT16 APPL_GenerateMapping（UINT16* pInputSize，UINT16* pOutputSize）。

功能描述：该函数分别计算主/从站每次通信中输入过程数据和输出过程数据的字节数。当 EtherCAT 主站请求从 PreOP 到 SafeOP 的转换时，将调用此函数。

参数：指向两个 16 位整型变量的指针来存储过程数据所用字节多少。

“pInputSize”，输入过程数据（从站到主站）；

“pOutputSize”，输出过程数据（主站到从站）。

返回值：参见文件 ecatslv. h 中关于应用层状态码的宏定义。

2）函数原型：void APPL_InputMapping（UINT16* pData）。

功能描述：在函数 PDO_InputMapping（）中被调用，在应用程序调用之后调用此函数将输入过程数据映射到通用栈（通用栈将数据复制到 SM 缓冲区）。

参数：“pData”，指向输入进程数据的指针。

返回值：void。

3）函数原型：void APPL_OutputMapping（UINT16* pData）。

功能描述：在函数 PDO_OutputMapping（）中被调用，此函数在应用程序调用之前调用，以获取输出过程数据。

参数：“pData”，指向输出进程数据的指针。

返回值：void。

4）函数原型：void APPL_Application（void）。

功能描述：应用层接口函数，将临时储存输出过程数据的结构体中的数据赋给 STM32 的 GPIO 寄存器以控制端口输出；将 STM32 的 GPIO 寄存器中的值赋给临时储存输入过程数据的结构体中。在该函数中实现对从站系统中 LED、ADC 模块和 Switch 开关等的操作。此函数由同步中断服务程序（ISR）调用，如果未激活同步，则从主循环调用。

参数：void。

返回值：void。

5）函数原型：void main（void）。

功能描述：主函数。

参数：void。

返回值：void。

（6）coeappl. c

CoE 服务的应用层接口模块。对 CoE 服务实际应用的处理以及 CoE 对象字典的处理，包括对象字典的初始化、添加对象到对象字典、移除对象字典中的某一条目以及对清除对象字典等处理函数进行定义。在前述 XML 文件中 Objects 下定义了若干个对象，在 STM32 工程 coeappl. c 和 el9800appl. h 两个文件中均以结构体的形式对对象字典进行了相应定义。

coeappl. c 中定义了索引号为 0x1000、0x1001、0x1008、0x1009、0x100A、0x1018、0x10F1、0x1C00、0x1C32 和 x1C33 的对象字典。

el9800appl. h 中定义了索引号为 0x0800、0x1601、0x1802、0x1A00、0x1A02、0x1C12、0x1C13、0x6000、0x6020、0x7010、0x8020、0xF000、0xF010 和 0xFFFF 的对象字典。

每个结构体中都含有指向同类型结构体的指针变量以形成链表。

在 STM32 程序中，对象字典是指将各个描述 object 的结构体串接起来的链表。文件中关键函数介绍如下。

1）函数原型：UINT16 COE_AddObjectToDic（TOBJECT OBJMEM * pNewObjEntry）。

功能描述：将某一个对象添加到对象字典中，即将实参所指结构体添加到链表中。

参数："pNewObjEntry"，指向一个结构体的指针。

返回值：void。

2）函数原型：void COE_RemoveDicEntry（UINT16 index）。

功能描述：从对象字典中移除某一对象，即将实参所指示的结构体从链表中移除。

参数："index"，对象字典的索引值。

返回值：void。

3）函数原型：void COE_ClearObjDictionary（void）。

功能描述：调用函数 COE_RemoveDicEntry（），清除对象字典中的所有对象。

参数：void。

返回值：void。

4）函数原型：UINT16 AddObjectsToObjDictionary（TOBJECT OBJMEM * pObjEntry）。

功能描述：调用函数 COE_RemoveDicEntry（），清除对象字典中的所有对象。

参数："pObjEntry"，指向某个结构体的指针。

返回值：成功则会返回 0；否则返回一个不为 0 的整型数。

5）函数原型：UINT16 COE_ObjDictionaryInit（void）。

功能描述：初始化对象字典，调用函数 AddObjectsToObjDictionary（）将所有对象添加到对象字典中，即将所有描述 object 的结构体连接成链表。

参数：void。

返回值：成功则会返回 0；否则返回一个不为 0 的整型数。

6）函数原型：void COE_ObjInit（void）。

功能描述：给部分结构体中元素赋值，并调用函数 COE_ObjDictionaryInit（）初始化 CoE 对象字典。

参数：void。

返回值：void。

（7）ecatappl. c

EtherCAT 从站应用层接口，整个协议栈运行的核心模块，EtherCAT 从站状态机和过程数据接口。输入/输出过程数据对象的映射处理、ESC 与处理器本地内存的输入/输出过程数据的交换等都在该文件中实现。文件中关键函数介绍如下。

1）函数原型：void PDO_InputMapping（void）。

功能描述：把储存输入过程数据的结构体中的值传递给 16 位的整型变量，并将变量写到 ESC 中 DPRAM 相应寄存器中作输入过程数据。

参数：void。

返回值：void。

2）函数原型：void PDO_OutputMapping（void）。

功能描述：以 16 位整型数的方式从 ESC 中 DPRAM 相应寄存器中读取输出过程数据，并将数据赋值给描述对象字典的结构体。

参数：void。

返回值：void。

3）函数原型：void PDI_Isr（void）。

功能描述：在函数 HW_EcatIsr（）中被调用，在函数 PDI_Isr（）中完成过程数据的传输和应用层数据的更新。

参数：void。

返回值：void。

4）函数原型：void Sync0_Isr（void）。

功能描述：在函数 Sync0Isr（）中被调用，在函数 Sync0_Isr（）中完成过程数据的传输和应用层数据的更新。

参数：void。

返回值：void。

5）函数原型：void Sync1_Isr（void）。

功能描述：在函数 Sync1Isr（）中被调用，在函数 Sync1_Isr（）中完成输入过程数据的更新并复位 Sync0 锁存计数器。

参数：void。

返回值：void。

6）函数原型：UINT16 MainInit（void）。

功能描述：初始化通用从站栈。

参数：void，

返回值：若初始化成功则返回 0；若初始化失败则返回一个大于 0 的整型数。

7）函数原型：void MainLoop（void）。

功能描述：该函数在 main（）函数中循环执行，当从站工作于自由运行模式时，会通过该函数中的代码进行 ESC 和应用层之间的数据交换。此函数处理低优先级函数，如 EtherCAT 状态机处理、邮箱协议等。

参数：void。

返回值：void。

8）函数原型：void ECAT_Application（void）。

功能描述：完成应用层数据的更新。

参数：void。

返回值：void。

（8）ecatslv. c

处理 EtherCAT 状态机模块。状态机转换请求由主站发起，主站将请求状态写入 ALControl 寄存器中，从站采用查询的方式获取当前该状态转换的事件。将寄存器值作为参数传入 AL_ControlInd（）函数中，该函数作为核心函数来处理状态机的转换，根据主站请求的状态配置 SM 通道的开启或关闭，检查 SM 通道参数是否配置正确等。

几个关键函数介绍如下。

1）函数原型：void ResetALEventMask（UINT16 intMask）。

功能描述：从 ESC 应用层中断屏蔽寄存器中读取数据并将其与中断掩码进行逻辑“与”运算，再将运算结果写入 ESC 应用层中断屏蔽寄存器中。

参数：“intMASK”，中断屏蔽（禁用中断必须为 0）。

返回值：void。

2）函数原型：void SetALEventMask（UINT16 intMask）。

功能描述：从 ESC 应用层中断屏蔽寄存器中读取数据并将其与中断掩码进行逻辑“或”运算，再将运算结果写入 ESC 应用层中断屏蔽寄存器中。

参数：“intMASK”，中断屏蔽（使能中断必须是 1）。

返回值：void。

3）函数原型：void UpdateEEPROMLoadedState（void）。

功能描述：读取 EEPROM 加载状态。

参数：void。

返回值：void。

4）函数原型：void DisableSyncManChannel（UINT8 channel）。

功能描述：失能一个 SM 通道。

参数：“channel”，通道号。

返回值：void。

5）函数原型：void EnableSyncManChannel（UINT8 channel）。

功能描述：使能一个 SM 通道。

参数：“channel”，通道号。

返回值：void。

6）函数原型：UINT8 CheckSmSettings（UINT8 maxChannel）。

功能描述：检查所有的SM通道状态和配置信息。

参数："maxChannel"，要检查的通道数目。

返回值：void。

7）函数原型：UINT16 StartInputHandler（void）。

功能描述：该函数在从站从Pre-OP状态转换为SafeOP状态时被调用，并执行检查各个SM通道管理的寄存器地址是否有重合、选择同步运行模式（自由运行模式、同步模式或DC模式）、启动WDT及置位ESC应用层中断屏蔽寄存器等操作。若某一个操作未成功执行，则返回一个不为0的状态代码，若所有操作成功执行，则返回0。

参数：void。

返回值：参见文件ecatslv.h中关于应用层状态码的宏定义。

8）函数原型：UINT16 StartOutputHandler（void）。

功能描述：该函数在从站从SafeOP状态转化为OP状态时被调用，检查在转换到OP状态之前输出数据是否必须要接收，如果输出数据未接收到则状态转换将不会进行。

参数：void。

返回值：参见文件ecatslv.h中关于应用层状态码的宏定义。

9）函数原型：void StopOutputHandler（void）。

功能描述：该函数在从站状态从OP状态转换为SafeOP状态时被调用。

参数：void。

返回值：void。

10）函数原型：void StopInputHandler（void）。

功能描述：该函数在从站状态从SafeOP转换为Pre-OP状态时被调用。

参数：void。

返回值：void。

11）函数原型：void SetALStatus（UINT8 alStatus, UINT16 alStatusCode）。

功能描述：将EtherCAT从站状态转换到请求的状态。

参数："alStatus"，新的应用层状态；"alStatusCode"，新的应用层状态码。

返回值：void。

12）函数原型：void AL_ControlInd（UINT8 alControl, UINT16 alStatusCode）。

功能描述：该函数处理EtherCAT从站状态机。

参数："alControl"，请求的新状态；"alStatusCode"，新的应用层状态码。

返回值：void。

13）函数原型：void AL_ControlRes（void）。

功能描述：该函数在某个状态转换处于挂起状态时会被周期性调用。

参数：void。

返回值：void。

14）函数原型：void DC_CheckWatchdog（void）。

功能描述：检查当前的同步运行模式并设置本地标志。

参数：void。

返回值：void。

15）函数原型：void CheckIfEcatError（void）。

功能描述：检查通信和同步变量并在错误发生时更新应用层状态和应用层状态码。

参数：void。

返回值：void。

16）函数原型：void ECAT_StateChange（UINT8 alStatus，UINT16 alStatusCode）。

功能描述：应用程序将调用此函数，以便在出现应用程序错误时触发状态转换或完成挂起的转换。如果该函数是由于错误而调用的，如果错误消失，则将再次调用该函数。比当前状态更高的状态请求是不允许的。

参数："alStatus"，请求的应用层新状态；"alStatusCode"，写到应用层状态寄存器中的值。

返回值：void。

17）函数原型：void ECAT_Init（void）。

功能描述：该函数将初始化 EtherCAT 从站接口，获得采用 SM 通道的最大数目和支持的 DPRAM 的最大字节数，获取 EEPROM 加载信息，初始化邮箱处理和应用层状态寄存器。

参数：void。

返回值：void。

18）函数原型：void ECAT_Main（void）。

功能描述：该函数在函数 Mainloop（）中被周期性调用。

参数：void。

返回值：void。

（9）object. c

访问 CoE 对象字典模块。读写对象字典、获得对象字典的入口以及对象字典的具体处理由该模块实现。几个关键函数介绍如下。

1）函数原型：OBJCONST TOBJECT OBJMEM * OBJ_GetObjectHandle（UINT16 index）。

功能描述：该函数根据实参提供的索引搜索对象字典，并在找到后返回指向该结构体的指针。

参数："index"，描述对象字典信息的结构体的索引号。

返回值：返回一个指向索引号与实参相同的结构体的指针。

2）函数原型：UINT32 OBJ_GetObjectLength（UINT16 index，UINT8 subindex，OBJCONST TOBJECT OBJMEM * pObjEntry，UINT8 bCompleteAccess）。

功能描述：该函数返回实参提供的对象字典和子索引所指示条目的字节数。

参数："index"，描述对象字典信息的结构体的索引号；"subindex"，对象字典的子索引；"pObjEntry"，指向对象字典的指针；"bCompleteAccess"，决定是否读取对象的所有子索引所代表的对象的参数。

返回值：对象的字节数。

（10）FSMC. c

1）函数原型：void SRAM_Init（void）。

功能描述：配置 STM32 读写 SRAM 内存区的 FSMC 和 GPIO 接口，在对 SRAM 内存区进行读写操作之前必须调用该函数完成相关配置。

参数：void。

返回值：void。

2）函数原型：void SRAM_WriteBuffer（uint16_t * pBuffer, uint32_t WriteAddr, uint32_t NumHalfwordToWrite）。

功能描述：将缓存区中的数据写入 SRAM 内存中。

参数：“pBuffer”，指向一个缓存区的指针；“WriteAddr”，SRAM 内存区的内部地址，数据将要写到该地址表示的内存区；“NumHalfwordToWrite”，要写入数据的字节数。

3）函数原型：void SRAM_ReadBuffer（uint16_t * pBuffer, uint32_t ReadAddr, uint32_t NumHalfwordToRead）。

功能描述：将 SRAM 内存区中的数据读到缓存区。

参数：“pBuffer”，指向一个缓存区的指针；“ReadAddr”，SRAM 内存区的内部地址，将要从该地址表示的内存区中读取数据；“NumHalfwordToWrite”，要读取数据的字节数。

首先对 ecatslv. h、esc. h 和 objdef. h 三个头文件中关键定义进行介绍；然后将从主函数的执行过程、过程数据的通信过程和状态机的转换过程三个方面对从站驱动和程序设计进行介绍。

在 EtherCAT 从站驱动和应用源程序设计中，“WDT”为监视定时器（Watch Dog Timer），又称看门狗。

9.2.2 EtherCAT 状态机转换头文件 ecatslv. h

状态机转换头文件对若干数据类型、从站状态机状态、ESM 转换错误码、应用层状态码、从站的工作模式、应用层事件掩码和若干全局变量进行了定义。

状态机转换头文件源代码关键部分如下。

```
/* ----------------------------------------------------------------------------------------------------
文件:ecatslv. h
EtherCAT 从站状态机相关定义
/* ---------------------------------------------------------------------------------------------------- */

#ifndef _ECATSLV_H_
#define _ECATSLV_H_

/* ------------------------------------------文件包含------------------------------------------ */
#include "ecat_def. h"

#if MCI_HW
#include "mcihw. h"
#endif
#if EL9800_HW
#include "el9800hw. h"
#endif
```

```
/* ------------------------------------定义和类型------------------------------------------ */
#ifndef OBJGETNEXTSTR
/* 用于获得对象名称字符串中下一个名称的宏定义 */
    #define  OBJGETNEXTSTR(p  ((OBJCONST CHAR OBJMEM * )(&((p)
     [OBJSTRLEN((OBJCONST CHAR OBJMEM * )(p))+1])))
#endif

#ifndef LO_BYTE
    #define  LO_BYTE  0                /* 字的低字节 */
#endif

#ifndef HI_BYTE
    #define  HI_BYTE  1                /* 字的高字节 */
#endif

#ifndef LOLO_BYTE
    #define  LOLO_BYTE  0              /* DWORD 的低字的低字节 */
#endif

#ifndef LOHI_BYTE
    #define  LOHI_BYTE  1              /* DWORD 的低字的高字节 */
#endif

#ifndef HILO_BYTE
    #define  HILO_BYTE  2              /* DWORD 的高字的低字节 */
#endif

#ifndef HIHI_BYTE
    #define  HIHI_BYTE  3              /* DWORD 的高字的高字节 */
#endif

#ifndef LO_WORD
    #define  LO_WORD  0                /* DWORD 的低字 */
#endif

#ifndef HI_WORD
    #define  HI_WORD  1                /* DWORD 的高字 */
#endif
```

```
#ifndef SWAPWORD
    #define   SWAPWORD(x)   (x)      /*用于对一个字打包的宏*/
#endif

#ifndef SWAPDWORD
    #define   SWAPDWORD(x)   (x)     /*用于对一个 DWORD 打包的宏*/
#endif

#ifndef LOBYTE
    #define   LOBYTE(x)   ((x)&0xFF)/*低字节掩码*/
#endif

#ifndef HIBYTE
    #define   HIBYTE(x)   (((x)&0xFF00)>>8)   /*高字节掩码*/
#endif

#ifndef LOLOBYTE
    #define   LOLOBYTE(x)   ((x)&0xFF)        /*低字中低字节的掩码*/
#endif

#ifndef LOHIBYTE
    #define   LOHIBYTE(x)   (((x)&0xFF00)>>8)      /*低字中高字节的掩码*/
#endif

#ifndef HILOBYTE
    #define   HILOBYTE(x)   (((x)&0xFF0000)>>16)   /*高字中低字节的掩码*/
#endif

#ifndef HIHIBYTE
    #define   HIHIBYTE(x)   (((x)&0xFF000000)>>24)  /*高字中高字节的掩码*/
#endif

#ifndef LOWORD
    #define   LOWORD(x)   ((x)&0xFFFF)      /*低字的掩码*/
#endif

#ifndef HIWORD
    #define   HIWORD(x)   (((x)&0xFFFF0000)>>16)   /*高字的掩码*/
```

```
#endif

#ifndef BIT2BYTE
    #define   BIT2BYTE(x)   (((x)+7)>>3)   /* 用于将位数向上圆整为字节数的宏 */
#endif

#ifndef BYTE2BIT
    #define   BYTE2BIT(x)   ((x)<<3)       /* 用于将字节数转换为位数的宏 */
#endif

#ifndef BIT2WORD
    #define   BIT2WORD(x)   (((x)+15)>>4) /* 用于将位数向上圆整为字数的宏 */
#endif

#ifndef BYTE2WORD
    #define   BYTE2WORD(x)   (((x)+1)>>1)/* 用于将字节数向上圆整为字数的宏 */
#endif

#ifndef ROUNDUPBYTE2WORD
/* 将字节数向上圆整为偶数个字数 */
    #defineROUNDUPBYTE2WORD(x)((((x)+1)>>1)<<1)
#endif

/* ------------------------------------------状态定义--------------------------------------------- */
#define      STATE_INIT          ((UINT8) 0x01)     /* Init 状态 */
#define      STATE_PREOP         ((UINT8) 0x02)     /* PreOP 状态 */
#define      STATE_BOOT          ((UINT8) 0x03)     /* BOOT 状态 */
#define      STATE_SAFEOP        ((UINT8) 0x04)     /* SafeOP 状态 */
#define      STATE_OP            ((UINT8) 0x08)     /* OP 状态 */

#define      STATE_MASK          ((UINT8) 0x0F)     /* 状态码 */
#define      STATE_CHANGE        ((UINT8) 0x10)     /* 状态改变码 */
#define      STATE_DEVID         ((UINT8) 0x20)     /* 请求或响应设备 ID */

/* BOOT 状态向 Init 状态转换 */
#define      BOOT_2_INIT         ((UINT8)((STATE_BOOT) << 4) | (STATE_INIT))
/* BOOT 状态向 PreOP 状态转换 */
#define      BOOT_2_PREOP        ((UINT8)((STATE_BOOT) << 4) | (STATE_PREOP))
/* BOOT 状态向 SafeOP 状态转换 */
```

```
#define      BOOT_2_SAFEOP      ((UINT8)((STATE_BOOT) << 4) | (STATE_
                                SAFEOP))
/* BOOT 状态向 OP 状态转换 */
#define      BOOT_2_OP          ((UINT8)((STATE_BOOT) << 4) | (STATE_OP))
/* Init 状态向 BOOT 状态转换 */
#define      INIT_2_BOOT        ((UINT8)((STATE_INIT) << 4) | (STATE_BOOT))
/* PreOP 状态向 BOOT 状态转换 */
#define      PREOP_2_BOOT       ((UINT8)((STATE_PREOP) << 4) | (STATE_
                                BOOT))
/* SafeOP 状态向 BOOT 状态转换 */
#define      SAFEOP_2_BOOT      ((UINT8)((STATE_SAFEOP) << 4) | (STATE_
                                BOOT))
/* OP 状态向 BOOT 状态转换 */
#define      OP_2_BOOT          ((UINT8)((STATE_OP) << 4) | (STATE_BOOT))

/* Init 状态向 Init 状态转换 */
#define      INIT_2_INIT        ((UINT8)((STATE_INIT) << 4) | (STATE_INIT))
/* Init 状态向 PreOP 状态转换 */
#define      INIT_2_PREOP       ((UINT8)((STATE_INIT) << 4) | (STATE_PREOP))
/* Init 状态向 SafeOP 状态转换 */
#define      INIT_2_SAFEOP      ((UINT8)((STATE_INIT) << 4) | (STATE_
                                SAFEOP))
/* Init 状态向 OP 状态转换 */
#define      INIT_2_OP          ((UINT8)((STATE_INIT) << 4) | (STATE_OP))

/* PreOP 状态向 Init 状态转换 */
#define      PREOP_2_INIT       ((UINT8)((STATE_PREOP) << 4) | (STATE_INIT))
/* PreOP 状态向 PreOP 状态转换 */
#define      PREOP_2_PREOP      ((UINT8)((STATE_PREOP) << 4) | (STATE_PREOP))
/* PreOP 状态向 SafeOP 状态转换 */
#define      PREOP_2_SAFEOP     ((UINT8)((STATE_PREOP) << 4) | (STATE_
                                SAFEOP))
/* PreOP 状态向 OP 状态转换 */
#define      PREOP_2_OP         ((UINT8)((STATE_PREOP) << 4) | (STATE_OP))

/* SafeOP 状态向 Init 状态转换 */
#define      SAFEOP_2_INIT      ((UINT8)((STATE_SAFEOP) << 4) | (STATE_INIT))
/* SafeOP 状态向 PreOP 状态转换 */
#define      SAFEOP_2_PREOP     ((UINT8)((STATE_SAFEOP) << 4) | (STATE_
```

```
                                    PREOP))
/* SafeOP 状态向 SafeOP 状态转换 */
#define         SAFEOP_2_SAFEOP    ((UINT8)((STATE_SAFEOP) << 4) | (STATE_
                                    SAFEOP))
/* SafeOP 状态向 OP 状态转换 */
#define         SAFEOP_2_OP        ((UINT8)((STATE_SAFEOP) << 4) |( STATE_OP))

/* OP 状态向 Init 状态转换 */
#define         OP_2_INIT          ((UINT8)((STATE_OP) << 4) | (STATE_INIT))
/* OP 状态向 PreOP 状态转换 */
#define         OP_2_PREOP         ((UINT8)((STATE_OP) << 4) | (STATE_PREOP))
/* OP 状态向 SafeOP 状态转换 */
#define         OP_2_SAFEOP        (UINT8)((STATE_OP) << 4) | (STATE_
                                    SAFEOP))
/* OP 状态向 OP 状态转换 */
#define         OP_2_OP            ((UINT8)((STATE_OP) << 4) | (STATE_OP))

/* ------------------------------------------ESM 转换错误码------------------------------------- */
/* 用于表示奇数 SM 地址的紧急和诊断码 */
#define      SYNCMANCHODDADDRESS              0x00
/* 无效 SM 地址 */
#define      SYNCMANCHADDRESS                 0x01
/* 无效 SM 大小的 */
#define      SYNCMANCHSIZE                    0x02
/* 用于表示无效 SM 设置的紧急和诊断码 */
#define      SYNCMANCHSETTINGS                0x03
/* 宏添加 SM 通道 */
#define      ERROR_SYNCMANCH(code, channel)    ((code)+((channel)<<2))
/* 宏添加 SM 通道 */
#define      ERROR_SYNCMANCHODDADDRESS(channel)
((SYNCMANCHODDADDRESS)+((channel)<<2))
/* 宏添加 SM 通道 */
#define      ERROR_SYNCMANCHADDRESS(channel)
((SYNCMANCHADDRESS)+((channel)<<2))
/* 宏添加 SM 通道 */
#define      ERROR_SYNCMANCHSIZE(channel)
((SYNCMANCHSIZE)+((channel)<<2))
/* 宏添加 SM 通道 */
#define      ERROR_SYNCMANCHSETTINGS(channel)
```

```
((SYNCMANCHSETTINGS)+((channel)<<2))
/*用于表示无效同步类型的紧急和诊断码*/
#define    ERROR_SYNCTYPES                    0x80
/*用于表示无效 DC 同步控制的紧急和诊断码*/
#define    ERROR_DCSYNCCONTROL                0x81
/*用于表示无效的 Sync0 循环时间的紧急和诊断码*/
#define    ERROR_DCSYNC0CYCLETIME             0x82
/*用于表示无效的 Sync1 循环时间的紧急和诊断码*/
#define    ERROR_DCSYNC1CYCLETIME             0x83
/*用于表示无效的循环参数的紧急和诊断码*/
#define    ERROR_DCCYCLEPARAMETER             0x84
/*用于表示无效的 Latch 控制的紧急和诊断码*/
#define    ERROR_DCLATCHCONTROL               0x85
/*用于表示无效状态的紧急和诊断码*/
#define    ERROR_INVALIDSTATE                 0xF0
/*用于表示没有内存的紧急和诊断码*/
#define    ERROR_NOMEMORY                     0xF1
/*用于表示通用对象字典错误的紧急和诊断码*/
#define    ERROR_OBJECTDICTIONARY             0xF2
/*用于表示无 SM 访问的紧急和诊断码*/
#define    ERROR_NOSYNCMANACCESS              0xF3
/*用于表示无 RxPDOs 的紧急和诊断码*/
#define    ERROR_NOOFRXPDOS                   0xF4
/*用于表示无 TxPDOs 的紧急和诊断码*/
#define    ERROR_NOOFTXPDOS                   0xF5
/*用于表示状态改变错误*/
#define    ERROR_STATECHANGE                  0xF6
/*表明无状态转变*/
#define    NOERROR_NOSTATECHANGE              0xFE
/*表明无错误但操作被挂起*/
#define    NOERROR_INWORK                     0xFF
/*用于表示 SM 错误的紧急和诊断码*/
#define    EMCY_SM_ERRORCODE                  0xA000
/*用于表示设备特定错误的紧急和诊断码*/
#define    EMCY_SM_DEVICESPECIFIC             0xFF00

/*--------------------------------------应用层状态码--------------------------------------*/
/*没有错误*/
#define    ALSTATUSCODE_NOERROR               0x0000
```

```
/ * 无特定错误 * /
#define     ALSTATUSCODE_UNSPECIFIEDERROR            0x0001
/ * 无内存 * /
#define     ALSTATUSCODE_NOMEMORY                    0x0002
/ * 硬件和 EEPROM 不匹配,从站需要 BOOT 状态和 Init 状态之间的转换 * /
#define     ALSTATUSCODE_FW_SII_NOT_MATCH            0x0006
/ * 硬件更新不成功 * /
#define     ALSTATUSCODE_FW_UPDATE_FAILED            0x0007
/ * 请求的状态转换无效 * /
#define     ALSTATUSCODE_INVALIDALCONTROL            0x0011
/ * 请求的状态转换未知 * /
#define     ALSTATUSCODE_UNKNOWNALCONTROL            0x0012
/ * 引导状态不被支持 * /
#define     ALSTATUSCODE_BOOTNOTSUPP                 0x0013
/ * 无有效硬件 * /
#define     ALSTATUSCODE_NOVALIDFIRMWARE             0x0014
/ * 无效的邮箱配置(BOOT 状态) * /
#define     ALSTATUSCODE_INVALIDMBXCFGINBOOT         0x0015
/ * 无效的邮箱配置(PreOP 状态) * /
#define     ALSTATUSCODE_INVALIDMBXCFGINPREOP        0x0016
/ * 无效的 SM 配置 * /
#define     ALSTATUSCODE_INVALIDSMCFG                0x0017
/ * 没有有效的输入变量 * /
#define     ALSTATUSCODE_NOVALIDINPUTS               0x0018
/ * 没有有效的输出 * /
#define     ALSTATUSCODE_NOVALIDOUTPUTS              0x0019
/ * 同步错误 * /
#define     ALSTATUSCODE_SYNCERROR                   0x001A
/ * SM WDT * /
#define     ALSTATUSCODE_SMWATCHDOG                  0x001B
/ * 无效的 SM 类型 * /
#define     ALSTATUSCODE_SYNCTYPESNOTCOMPATIBLE      0x001C
/ * 无效的输出配置 * /
#define     ALSTATUSCODE_INVALIDSMOUTCFG             0x001D
/ * 无效的输入配置 * /
#define     ALSTATUSCODE_INVALIDSMINCFG              0x001E
/ * 无效的 WDT 配置 * /
#define     ALSTATUSCODE_INVALIDWDCFG                0x001F
/ * 从站需要冷启动 * /
```

```
#define    ALSTATUSCODE_WAITFORCOLDSTART              0x0020
/ * 从站需要 Init 状态 * /
#define    ALSTATUSCODE_WAITFORINIT                   0x0021
/ * 从站需要 PreOP 状态 * /
#define    ALSTATUSCODE_WAITFORPREOP                  0x0022
/ * 从站需要 SafeOP 状态 * /
#define    ALSTATUSCODE_WAITFORSAFEOP                 0x0023
/ * 无效的输入映射 * /
#define    ALSTATUSCODE_INVALIDINPUTMAPPING           0x0024
/ * 无效的输出映射 * /
#define    ALSTATUSCODE_INVALIDOUTPUTMAPPING          0x0025
/ * 设置不一致 * /
#define    ALSTATUSCODE_INCONSISTENTSETTINGS          0x0026
/ * 自由运行模式不被支持 * /
#define    ALSTATUSCODE_FREERUNNOTSUPPORTED           0x0027
/ * 同步模式不被支持 * /
#define    ALSTATUSCODE_SYNCHRONNOTSUPPORTED          0x0028
/ * 自由运行需要第三缓冲区模式 * /
#define    ALSTATUSCODE_FREERUNNEEDS3BUFFERMODE       0x0029
/ * 背景 WDT * /
#define    ALSTATUSCODE_BACKGROUNDWATCHDOG            0x002A
/ * 没有有效的输入和输出 * /
#define    ALSTATUSCODE_NOVALIDINPUTSANDOUTPUTS       0x002B
/ * 同步错误 * /
#define    ALSTATUSCODE_FATALSYNCERROR                0x002C
/ * 无同步错误 * /
#define    ALSTATUSCODE_NOSYNCERROR                   0x002D
/ * EtherCAT 循环时间小于从站所支持的最小循环时间 * /
#define    ALSTATUSCODE_CYCLETIMETOOSMALL             0x002E
/ * 无效的 DC SYNCH 配置 * /
#define    ALSTATUSCODE_DCINVALIDSYNCCFG              0x0030
/ * 无效的 DC Latch 配置 * /
#define    ALSTATUSCODE_DCINVALIDLATCHCFG             0x0031
/ * PLL 错误 * /
#define    ALSTATUSCODE_DCPLLSYNCERROR                0x0032
/ * DC Sync IO 错误 * /
#define    ALSTATUSCODE_DCSYNCIOERROR                 0x0033
/ * DC Sync Timeout 错误 * /
#define    ALSTATUSCODE_DCSYNCMISSEDERROR             0x0034
```

```
/* 分布时钟无效的同步循环时间 */
#define    ALSTATUSCODE_DCINVALIDSYNCCYCLETIME            00x0035
/* DC Sync0 Cycle Time */
#define    ALSTATUSCODE_DCSYNC0CYCLETIME                  0x0036
/* DC Sync1 Cycle Time */
#define    ALSTATUSCODE_DCSYNC1CYCLETIME                  0x0037
/* MBX_AOE */
#define    ALSTATUSCODE_MBX_AOE                           0x0041
/* MBX_EOE */
#define    ALSTATUSCODE_MBX_EOE                           0x0042
/* MBX_COE */
#define    ALSTATUSCODE_MBX_COE                           0x0043
/* MBX_FOE */
#define    ALSTATUSCODE_MBX_FOE                           0x0044
/* MBX_SOE */
#define    ALSTATUSCODE_MBX_SOE                           0x0045
/* MBX_VOE */
#define    ALSTATUSCODE_MBX_VOE                           0x004F
/* EEPROM 无访问 */
#define    ALSTATUSCODE_EE_NOACCESS                       0x0050
/* EEPROM 错误 */
#define    ALSTATUSCODE_EE_ERROR                          0x0051
/* 外部硬件未准备 */
#define    ALSTATUSCODE_EXT_HARDWARE_NOT_READY            0x0052
/* 检测到的模块识别列表(0xF030)和配置的模块识别列表(0xF050)不匹配 */
#define    ALSTATUSCODE_MODULE_ID_LIST_NOT_MATCH          0x0070

/* ------------------------配置的同步类型(0x1C32.1 / 0x1C33.1)-------------------------- */
/* 自由运行模式 */
#define    SYNCTYPE_FREERUN                0x0000
/* SyncManager synchron (同步于相关的 SM 通道,0x1C32.1 对应 SM2,0x1C33.1 对应
SM3) */
#define    SYNCTYPE_SM_SYNCHRON            0x0001
/* SyncManager2 synchron (只用于 0x1C33.1) */
#define    SYNCTYPE_SM2_SYNCHRON           0x0022
/* 同步类型 Sync0 synchron */
#define    SYNCTYPE_DCSYNC0                0x0002
/* 同步类型 Sync1 synchron */
#define    SYNCTYPE_DCSYNC1                0x0003
```

```
/* ----------------------------------应用层事件掩码---------------------------------------- */
#define      AL_CONTROL_EVENT           ((UINT16) 0x01)
#define      SYNC0_EVENT                ((UINT16) 0x04)   /* Sync0 事件 */
#define      SYNC1_EVENT                ((UINT16) 0x08) /* Sync1 事件 */
#define      SM_CHANGE_EVENT            ((UINT16) 0x10) /* SM 改变事件 */
#define      EEPROM_CMD_PENDING         ((UINT16) 0x20) /* EEPROM 命令挂起 */
#define      MAILBOX_WRITE_EVENT        ((UINT16) 0x0100) /* 输出邮箱数据写事件 */
#define      MAILBOX_READ_EVENT         ((UINT16) 0x0200) /* 输入邮箱数据读事件 */
#define      PROCESS_OUTPUT_EVENT       ((UINT16) 0x0400) /* 输出过程数据写事件 */
#define      PROCESS_INPUT_EVENT        ((UINT16) 0x0800) /* 输入过程数据读事件 */

#ifndef MAX_PD_SYNC_MAN_CHANNELS
    #define  MAX_PD_SYNC_MAN_CHANNELS  2 /* 过程数据 SM 通道的最大数目 */
#endif
/* SM 通道的最大数目 */
#define  MAX_NUMBER_OF_SYNCMAN   ((MAX_PD_SYNC_MAN_CHANNELS)+2)
#define  MAILBOX_WRITE   0 /* 用于邮箱数据输出的 SM 通道的 ID(主站到从站) */
#define  MAILBOX_READ   1 /* 用于邮箱数据输入的 SM 通道的 ID(从站到主站) */
#define  PROCESS_DATA_OUT 2 /* 用于输出过程数据的 SM 通道的 ID(主站到从站) */
#define  PROCESS_DATA_IN   3 /* 用于输入过程数据的 SM 通道的 ID(从站到主站) */
#define  MEMORY_START_ADDRESS   0x1000   /* ESC 的 DPRAM 的开始地址 */
#ifndef  DC_SYNC_ACTIVE
/* 主站预期激活的同步信号 */
    #define     DC_SYNC_ACTIVE           ESC_DC_SYNC0_ACTIVE_MASK
#endif
#ifndef     DC_EVENT_MASK
/* DC 模式下应用层事件掩码(寄存器 0x204)的值 */
    #define     DC_EVENT_MASK           PROCESS_OUTPUT_EVENT
#endif
#endif
#if defined(_ECATSLV_) && (_ECATSLV_ == 1)
    #define PROTO
#else
    #define PROTO extern
#endif

/* ----------------------------------------全局变量------------------------------------------ */
/* 表明运行在 OP 状态,在 StartOutputHandler()中置位,在 StopOutputHandler()中复位 */
PROTO     BOOL     bEcatOutputUpdateRunning;
```

```
/ * 表明运行在 OP 状态或 SafeOP 状态,
  在函数 StartInputHandler( )中置位,在 StopInputHandler( )中复位 * /
PROTO     BOOL        bEcatInputUpdateRunning;
/ * 如果输出数据被接收(SM2 事件)到或者输入数据被读取(如果输出字节数为 0 时发
生 SM3 事件,则该变量在应用置位并在函数 StopOutputHandler( )中复位 * /
PROTO     BOOL        bEcatFirstOutputsReceived;
/ * 表明 SM2 通道 WDT 触发位(寄存器 0x814 的第 6 位) * /
PROTO     BOOL        bWdTrigger;
/ * 表明分布时钟处于活跃状态 * /
PROTO     BOOL        bDcSyncActive;
/ * 用于监测 ESM 超时的计数器。-1 表明计数器停用,0 表明已超时 * /
PROTO     INT16       EsmTimeoutCounter;
/ * 最大可错过计数器值的阈值(0x1C32. 11 和 0x1C33. 11 的值) * /
#define    MAX_SM_EVENT_MISSED        4
/ * 表示是否 Sync0 事件是否被收到 * /
PROTO   BOOL          bDcRunning;
/ * 每当发生 Sync0 事件该变量增加 1,当发生 SM 事件时该变量复位为 0 * /
PROTO     UINT16      u16SmSync0Counter;
/ * 在一个 SM 周期内允许的 Sync0 事件。如果是 0 则序列检查被失能 * /
PROTO     UINT16      u16SmSync0Value;
/ * 如果 SM 或 Sync0 序列有效则该变量置为真 * /
PROTO     BOOL        bSmSyncSequenceValid;
/ * 在状态从 SafeOP 状态向 OP 状态转换过程中,时间 bPllRunnig 应为真 * /
PROTO     INT16       i16WaitForPllRunningTimeout;
/ * 该变量在每个有效地 Sync-SyncManager 周期会增加 * /
PROTO     INT16       i16WaitForPllRunningCnt;
/ * Sync0 WDT 计数器 * /
PROTO     UINT16      Sync0WdCounter;
/ * Sync0 WDT 的值 * /
PROTO     UINT16      Sync0WdValue;
/ * Sync1 WDT 计数器 * /
PROTO     UINT16      Sync1WdCounter;
/ * Sync1 WDT 的值 * /
PROTO     UINT16      Sync1WdValue;
/ * 该变量用于表示 Sync0 事件,发生该事件时输入将被锁存并复制到 ESC 的缓冲区。
  如果输入应该被锁存,则不要将 Sync0 的值设置为 0 * /
PROTO     UINT16      LatchInputSync0Value;
/ * Sync0 计数器用来获得 Sync0 事件以锁存输入。 * /
PROTO     UINT16      LatchInputSync0Counter;
```

```
/* 表示 ESC 中断使能，在函数 StartInputHandler()中置位，在 StopInputHandler()中复位 */
PROTO      BOOL       bEscIntEnabled;
/* 表示输入和输出正运行于第三缓冲模式 */
PROTO      BOOL       b3BufferMode;
/* 如果应用有一个本地错误则该变量包含错误信息 */
PROTO      BOOL       bLocalErrorFlag;
/* 当前错误的原因 */
PROTO      UINT16     u16LocalErrorCode;
/* 表示是否需要从 Al_ConntrolRes()函数中调用本地应用 ESM 功能(如果 NOERR_IN-
WORK 被通用 ESM 函数返回则该变量为真) */
PROTO      BOOL       bApplEsmPending;
/* 该变量包含状态机等待的来自应用程序或通用堆栈的最后一个 Al_ConntrolRes()函
数的确认信息 */
PROTO      BOOL       bEcatWaitForAlControlRes;
/* 当前的状态转换 */
PROTO      UINT16     nEcatStateTrans;
/* 如果不支持输出则该变量包含输入字节数(SM3 字节数)，必须在应用中写入 */
PROTO      UINT16     nPdInputSize;
/* 该变量包含输出字节数(SM2 字节数)，必须在应用中写入 */
PROTO      UINT16     nPdOutputSize;
/* 包含 SM 通道的最大数目，在函数 ECAT_Main()中初始化 */
PROTO      UINT8      nMaxSyncMan;
/* ESC 支持的最大地址(0x1000+支持的 DPRAM 字节数) */
PROTO      UINT16     nMaxEscAddress;
/* 该变量包含实际应用层状态，在函数 AL_ControlInd()中将应用层状态写入该变量 */
PROTO      UINT8                        nAlStatus;
/* 该变量包含 100μs 内 WDT 的值，在函数 StartInputHandler()中将 WDT 的值写入该变
量。如果只是使用 WDT 功能，则该变量只是表示 WDT 是使能还是失能 */
PROTO      UINT16                       EcatWdValue;
/* 包含用于输出过程数据的 SM 地址 */
PROTO      UINT16                       nEscAddrOutputData;
/* 包含用于输入过程数据的 SM 地址 */
PROTO      UINT16                       nEscAddrInputData;
```

9.2.3 EtherCAT 控制器中寄存器的地址和相关掩码头文件 esc.h

esc.h 中对 EtherCAT 从站控制器中寄存器的地址和相关掩码做出说明。

esc.h 文件中源代码的关键部分如下。

```
/* -----------------------------------------------------------------------------------------
\文件:esc.h
```

```
与 EtherCAT 从站控制器相关的定义和类型
------------------------------------------------------------------------------------------------ */
#ifndef _ESC_H_
#define _ESC_H_

/* ---------------------------------------文件包含------------------------------------------- */
#include "ecat_def.h"

/* ---------------------------------------定义和类型----------------------------------------- */
/* 每个 SM 通道有 8 字节的配置和状态寄存器 */
#define SIZEOF_SM_REGISTER                    8
/* ESC 支持的 SM 通道的最大数目 */
#define MAX_NO_OF_SYNC_MAN                    16
#define     BL_PAGE_SIZE                      512

/* -------ESC 中寄存器偏移(有关寄存器的详细信息请参见 ESC 数据手册)----- */
#define   ESC_INFO_OFFSET                     0x0000    /* ESC 信息寄存器偏移 */
#define   ESC_COMM_INFO_OFFSET                0x0004    /* 通信信息寄存器偏移 */
/* 寄存器描述:以 KB 为单位描述支持的 DPRAM 大小 */
#define   ESC_DPRAM_SIZE_OFFSET               0x0006
/* 基于 ESC 偏移"ESC_COMM_INFO_OFFSET"掩码 */
#define   ESC_SM_CHANNELS_MASK                0xFF00
/* 基于 ESC 偏移"ESC_COMM_INFO_OFFSET"的位移 */
#define   ESC_SM_CHANNELS_SHIFT               8
#define   ESC_DPRAM_SIZE_MASK                 0x00FF
/* 寄存器说明:用于站点寻址的地址(FPxx commands) */
#define   ESC_SLAVE_ADDRESS_OFFSET            0x0010
/* 寄存器说明:初始化设备状态机的状态转换 */
#define   ESC_AL_CONTROL_OFFSET               0x0120
/* 寄存器说明:设备状态机的实际状态 */
#define   ESC_AL_STATUS_OFFSET                0x0130
/* 寄存器说明:应用层状态码 */
#define   ESC_AL_STATUS_CODE_OFFSET           0x0134
/* 寄存器说明:通过 ESC 设置 EtherCAT 运行指示 */
#define   ESC_RUN_LED_OVERRIDE                0x0138
/* 寄存器说明:通过 ESC 设置 EtherCAT 错误指示 */
#define   ESC_ERROR_LED_OVERRIDE              0x0139
/* 寄存器说明:指定物理设备接口 */
#define   ESC_PDI_CONTROL_OFFSET              0x0140
```

```
/*寄存器说明:应用层中断事件屏蔽寄存器*/
#define   ESC_AL_EVENTMASK_OFFSET                        0x0204
/*寄存器说明:ESC 事件的"镜像"寄存器*/
#define   ESC_AL_EVENT_OFFSET                            0x0220
/*寄存器说明:WDT 分频器*/
#define   ESC_WD_DIVIDER_OFFSET                          0x0400
/*寄存器说明:基本 WDT 增量的数值*/
#define   ESC_PD_WD_TIME                                 0x0420
/*寄存器说明:过程数据 WDT 状态(由同步管理器触发)*/
#define   ESC_PD_WD_STATE                                0x0440
/*过程数据 WDT 的触发状态*/
#define   ESC_PD_WD_TRIGGER_MASK                         0x0001
/*寄存器说明:EEPROM 访问配置*/
#define   ESC_EEPROM_CONFIG_OFFSET                       0x0500

/*EEPROM 配置和访问状态位掩码*/
/*说明(0x500.0):PDI 有 EEPROM 控制*/
#define   ESC_EEPROM_ASSIGN_TO_PDI_MASK                  0x0001
/*说明(0x500.8):PDI 锁住 EEPROM 访问*/
#define   ESC_EEPROM_LOCKED_BY_PDI_MASK                  0x0100

#define   ESC_EEPROM_CONTROL_OFFSET                      0x0502

/* EEPROM 命令和状态位掩码*/
/*说明(0x502.6):EEPROM 的可读字节数*/
#define   ESC_EEPROM_SUPPORTED_READBYTES_MASK            0x0040
/*说明(0x502.8:10):命令位掩码*/
#define   ESC_EEPROM_CMD_MASK                            0x0700
/*说明(0x502.8):当前执行的读命令*/
#define   ESC_EEPROM_CMD_READ_MASK                       0x0100
/*说明(0x502.9):初始化写命令*/
#define   ESC_EEPROM_CMD_WRITE_MASK                      0x0200
/*说明(0x502.10):触发 EEPROM 重载*/
#define   ESC_EEPROM_CMD_RELOAD_MASK                     0x0400
/*屏蔽所有 EEPROM 错误位;校验和错误;EEPROM 未加载(0x0502.12);缺少 EEPROM 确认(0x0502.13);写错误(0x0502.14)*/
#define   ESC_EEPROM_ERROR_MASK                          0x7800
/*说明:(0x502.11): EEPROM CRC ErrorChecksum 错误(0x0502.11)*/
#define   ESC_EEPROM_ERROR_CRC                           0x0800
```

```
/* 说明(0x502.11):EEPROM 加载状态(0 表示加载正常) */
#define    ESC_EEPROM_ERROR_LOAD                        0x1000
/* 说明(0x502.13):EEPROM 确认和命令 */
#define    ESC_EEPROM_ERROR_CMD_ACK                     0x2000
/* 说明(0x502.15):EEPROM 忙碌 */
#define    ESC_EEPROM_BUSY_MASK                         0x8000


#define    ESC_EEPROM_ADDRESS_OFFSET                    0x0504
#define    ESC_EEPROM_DATA_OFFSET                       0x0508

/* 寄存器说明:同步管理器配置和状态寄存器的起始地址 */
#define    ESC_SYNCMAN_REG_OFFSET                       0x0800
/* 寄存器说明:同步管理器设置寄存器 */
#define    ESC_SYNCMAN_CONTROL_OFFSET                   0x0804


/* 寄存器说明:同步管理器激活寄存器 */
#define    ESC_SYNCMAN_ACTIVE_OFFSET                    0x0806
/* 寄存器说明:系统时间的本地备份 */
#define    ESC_SYSTEMTIME_OFFSET                        0x0910

#define    ESC_DC_UNIT_CONTROL_OFFSET                   0x0980
/* 说明(0x980.8):同步输出单元被激活 */
#define    ESC_DC_SYNC_UNIT_ACTIVE_MASK                 0x0100
/* 说明(0x980.9):Sync0 信号生成被激活 */
#define    ESC_DC_SYNC0_ACTIVE_MASK                     0x0200
/* 说明(0x980.10):Sync1 信号生成被激活 */
#define    ESC_DC_SYNC1_ACTIVE_MASK                     0x0400
/* 说明(0x980.11):当系统时钟被写入时同步输出单元被自动激活 */
#define    ESC_DC_SYNC_UNIT_AUTO_ACTIVE_MASK            0x0800
/* 寄存器说明:以纳秒为单位时两个连续 SYNC0 脉冲之间的时间 */
#define    ESC_DC_SYNC0_CYCLETIME_OFFSET                0x09A0
/* 寄存器说明:以纳秒为单位时两个连续 SYNC1 脉冲之间的时间 */
#define    ESC_DC_SYNC1_CYCLETIME_OFFSET                0x09A4

/* -------------------------------同步管理器----------------------------------------- */
```

```
/ * 同步管理器寄存器结构 * /
typedef struct STRUCT_PACKED_START
{
  UINT16        PhysicalStartAddress; / * 同步管理器地址 * /
  UINT16        Length;               / * 同步管理器长度 * /
  UINT16        Settings[2];          / * 寄存器值 * /
/ * -------------------------------------------------------------------------------
SM 控制寄存器:0x0804
SM 状态寄存器:0x0805
所有定义都基于寄存器 0x0804
------------------------------------------------------------------------------- * /
/ * 同步管理器控制寄存器(0x0804)访问 * /
#define SM_SETTING_CONTROL_OFFSET          0
#define SM_SETTING_MODE_MASK               0x0002         / * 同步模式掩码 * /
/ * 同步管理器第三缓冲区的值 * /
#define SM_SETTING_MODE_THREE_BUFFER_VALUE   0x0000
/ * 同步管理器第一缓冲区的值 * /
#define SM_SETTING_MODE_ONE_BUFFER_VALUE     0x0002
#define SM_SETTING_DIRECTION_MASK           0x000C / * 同步管理器方向掩码 * /
#define SM_SETTING_DIRECTION_READ_VALUE     0x0000 / * 同步管理器读取数据 * /
#define SM_SETTING_DIRECTION_WRITE_VALUE    0x0004 / * 同步管理器写入数据 * /
#define SM_SETTING_WATCHDOG_VALUE           0x0040/ * 同步管理器 WDT 的值 * /

/ * 在第一缓冲区模式下指示缓存区是否已经完全写入 * /
#define SM_STATUS_MBX_BUFFER_FULL           0x0800

/ * -------------------------------------------------------------------------------
SM 激活寄存器 0x0806
SM PDI 控制寄存器 0x0807
所有的寄存器基于 0x0806
------------------------------------------------------------------------------- * /
/ * 同步管理器激活寄存器(0x0806)访问 * /
#define SM_SETTING_ACTIVATE_OFFSET          1
#define SM_SETTING_ENABLE_VALUE             0x0001 / * 同步管理器使能 * /
#define SM_SETTING_REPAET_REQ_MASK          0x0002 / * 同步管理器重复请求 * /
#define SM_SETTING_REPEAT_REQ_SHIFT         0/ * 同步管理器重复请求转换 * /

/ * 同步管理器 PDI 控制寄存器(0x0807)访问 * /
#define SM_SETTING_PDI_DISABLE              0x0100  / * 寄存器 0x0807 的位 0 * /
```

```
#define SM_SETTING_REPEAT_ACK                    0x0200  /* 寄存器 0x0807 的位 1 */
}STRUCT_PACKED_END
TSYNCMAN;
#endif
```

9.2.4　对象字典的结构体头文件 objdef. h

头文件 objdef. h 中定义了一些数据类型,对一些用于描述支持的同步类型的变量进行定义,定义了描述对象字典的结构体。

文件中源代码关键部分如下。

```
/* -----------------------------------------------------------------------------------------------------
文件:objdef. h
CAN 应用程序配置文件应用于 EtherCAT 对象字典
----------------------------------------------------------------------------------------------------- */

#ifndef _OBJDEF_H_
#define _OBJDEF_H_

/* ---------------------------------------------文件包含--------------------------------------------- */
#include "sdoserv. h"

/* ---------------------------------------------定义和类型------------------------------------------- */

/* ---------------------------------------------数据类型--------------------------------------------- */
#define     DEFTYPE_NULL                       0x0000
#define     DEFTYPE_BOOLEAN                    0x0001
#define     DEFTYPE_INTEGER8                   0x0002
#define     DEFTYPE_INTEGER16                  0x0003
#define     DEFTYPE_INTEGER32                  0x0004
#define     DEFTYPE_UNSIGNED8                  0x0005
#define     DEFTYPE_UNSIGNED16                 0x0006
#define     DEFTYPE_UNSIGNED32                 0x0007
#define     DEFTYPE_REAL32                     0x0008
#define     DEFTYPE_VISIBLESTRING              0x0009
#define     DEFTYPE_OCTETSTRING                0x000A
#define     DEFTYPE_UNICODE_STRING             0x000B
#define     DEFTYPE_TIME_OF_DAY                0x000C
#define     DEFTYPE_TIME_DIFFERENCE            0x000D
#define     DEFTYPE_INTEGER24                  0x0010
#define     DEFTYPE_REAL64                     0x0011
```

```
#define    DEFTYPE_INTEGER40            0x0012
#define    DEFTYPE_INTEGER48            0x0013
#define    DEFTYPE_INTEGER56            0x0014
#define    DEFTYPE_INTEGER64            0x0015
#define    DEFTYPE_UNSIGNED24           0x0016
#define    DEFTYPE_UNSIGNED40           0x0018
#define    DEFTYPE_UNSIGNED48           0x0019
#define    DEFTYPE_UNSIGNED56           0x001A
#define    DEFTYPE_UNSIGNED64           0x001B
#define    DEFTYPE_GUID                 0x001D
#define    DEFTYPE_BYTE                 0x001E
#define    DEFTYPE_WORD                 0x001F
#define    DEFTYPE_DWORD                0x0020
#define    DEFTYPE_PDOMAPPING           0x0021
#define    DEFTYPE_IDENTITY             0x0023
#define    DEFTYPE_COMMAND              0x0025
#define    DEFTYPE_PDOCOMPAR            0x0027
#define    DEFTYPE_ENUM                 0x0028
#define    DEFTYPE_SMPAR                0x0029
#define    DEFTYPE_RECORD               0x002A
#define    DEFTYPE_BACKUP               0x002B
#define    DEFTYPE_MDP                  0x002C
#define    DEFTYPE_BITARR8              0x002D
#define    DEFTYPE_BITARR16             0x002E
#define    DEFTYPE_BITARR32             0x002F
#define    DEFTYPE_BIT1                 0x0030
#define    DEFTYPE_BIT2                 0x0031
#define    DEFTYPE_BIT3                 0x0032
#define    DEFTYPE_BIT4                 0x0033
#define    DEFTYPE_BIT5                 0x0034
#define    DEFTYPE_BIT6                 0x0035
#define    DEFTYPE_BIT7                 0x0036
#define    DEFTYPE_BIT8                 0x0037
#define    DEFTYPE_ARRAY_OF_INT         0x0260
#define    DEFTYPE_ARRAY_OF_SINT        0x0261
#define    DEFTYPE_ARRAY_OF_DINT        0x0262
#define    DEFTYPE_ARRAY_OF_UDINT       0x0263
#define    DEFTYPE_ERRORHANDLING        0x0281
#define    DEFTYPE_DIAGHISTORY          0x0282
```

```
#define      DEFTYPE_SYNCSTATUS                  0x0283
#define      DEFTYPE_SYNCSETTINGS                0x0284
#define      DEFTYPE_FSOEFRAME                   0x0285
#define      DEFTYPE_FSOECOMMPAR                 0x0286

/ * 用于表示支持的同步类型的变量(0x1C32.4 / 0x1C33.4) * /
/ * 自由运行模式被支持 * /
#define      SYNCTYPE_FREERUNSUPP                0x0001
/ * SM 同步被支持 * /
#define      SYNCTYPE_SYNCHRONSUPP               0x0002
/ * Sync0 同步被支持 * /
#define      SYNCTYPE_DCSYNC0SUPP                0x0004
/ * Sync1 同步被支持 * /
#define      SYNCTYPE_DCSYNC1SUPP                0x0008
/ * 具有固定 Sync0 的从属应用程序被支持 * /
#define      SYNCTYPE_SUBCYCLESUPP               0x0010
/ * 利用本地计时器进行事件转移被支持。
输出转移:0x1C32.4;输入转移:0x1C33.4(默认的 SSC 不支持) * /
#define      SYNCTYPE_LOCALSHIFTSUPP             0x0020
/ * 利用 Sync1 事件进行事件转移被支持。输出转移:0x1C32.4;输入转移:0x1C33.4 * /
#define      SYNCTYPE_SHIFTBYSYNC1SUPP           0x0040
/ * 延迟时间应被测量 * /
#define      SYNCTYPE_MEASURE_DELAYSUPP          0x0200
/ * 延迟时间时固定的 * /
#define      SYNCTYPE_FIXED_DELAYSUPP            0x0400
/ * 动态周期时间被支持 * /
#define      SYNCTYPE_TIMESVARIABLE              0x4000
/ * 用于检查对象索引是否为 SM 通道分配对象的宏 * /
#define      IS_PDO_ASSIGN(x)     ((x >= 0x1C10) && (x <= 0x1C2F))
/ * 检查对象索引是否为 RxPDO 映射对象的宏 * /
#define      IS_RX_PDO(x)     (((x) >= 0x1600) && ((x) <= 0x17FF))
/ * 检查对象索引是否为 TxPDO 映射对象的宏 * /
#define      IS_TX_PDO(x)     (((x) >= 0x1A00) && ((x) <= 0x1BFF))

/ * 对象字典的结构 * /
typedef struct OBJ_ENTRY
{
/ * 对象字典列表中指向前一个对象的指针 * /
    struct OBJ_ENTRY       * pPrev;
```

```
    /* 对象字典列表中指向下一个对象的指针 */
        struct OBJ_ENTRY        * pNext;
    /* 对象的索引 */
        UINT16                  Index;
    /* 目标访问和类型 */
        TSDOINFOOBJDESC   ObjDesc;
    /* 指向对象描述的指针 */
        OBJCONST TSDOINFOENTRYDESC OBJMEM     * pEntryDesc;
    /* 指向对象和条目名称的指针 */
        OBJCONST UCHAR OBJMEM     * pName;
    /* 指向对象缓冲区的指针 */
        void MBXMEM        * pVarPtr;
    /* 指向读取函数的函数指针(如果默认值为 NULL,则读取函数会被使用) */
        UINT8 ( *  Read)( UINT16 Index, UINT8 Subindex, UINT32 Size, UINT16 MBXMEM
*  pData, UINT8 bCompleteAccess );
    /* 指向写入函数的函数指针(如果默认值为 NULL,则写入函数会被使用) */
        UINT8 ( *  Write)( UINT16 Index, UINT8 Subindex, UINT32 Size, UINT16 MBXMEM
*  pData, UINT8 bCompleteAccess );
    /* 非易失性存储器内的偏移量(对于备份对象需要定义该变量) */
        UINT16      NonVolatileOffset;
    }
    TOBJECT;

    /* 对象 0x1C3x(SM 通道参数)数据结构 */
    typedef struct OBJ_STRUCT_PACKED_START
    {
        UINT16      subindex0;                  /* 子索引 0 */
        UINT16      u16SyncType;                /* 子索引 001:同步类型 */
        UINT32      u32CycleTime;               /* 子索引 002:循环时间 */
        UINT32      u32ShiftTime;               /* 子索引 003:转移时间(不被支持,该变
                                                   量仅用作占位符) */
        UINT16      u16SyncTypesSupported;      /* 子索引 004:支持的同步类型 */
        UINT32      u32MinCycleTime;            /* 子索引 005:最小循环时间 */
        UINT32      u32CalcAndCopyTime;         /* 子索引 006:计算和复制时间 */
        UINT32      u32Si7Reserved;             /* 子索引 007:32 位被保留 */
        UINT16      u16GetCycleTime;            /* 子索引 008:获得循环时间 */
        UINT32      u32DelayTime;               /* 子索引 009:延迟时间 */
```

```
    UINT32     u32Sync0CycleTime;              /* 子索引 010:Sync0 循环时间 */
    UINT16     u16SmEventMissedCounter;        /* 子索引 011:SM 事件错过计数器 */
    UINT16     u16CycleExceededCounter;        /* 子索引 012:循环超过计数器 */
    UINT16     u16Si13Reserved;                /* 子索引 013:转移太短(不支持) */
    UINT16     u16Si14Reserved;                /* 子索引 14 不被支持 */
    UINT32     u32Si15Reserved;                /* 子索引 15 不被支持 */
    UINT32     u32Si16Reserved;                /* 子索引 16 不被支持 */
    UINT32     u32Si17Reserved;                /* 子索引 17 不被支持 */
    UINT32     u32Si18Reserved;                /* 子索引 18 不被支持 */
    UINT8      u8SyncError;                    /* 同步错误 */
}OBJ_STRUCT_PACKED_END
TSYNCMANPAR;

/* ----------------------------------------周期诊断-------------------------------------------- */
typedef struct OBJ_STRUCT_PACKED_START
{
    UINT16     syncFailedCounter;              /* 同步失败计数器 */
}OBJ_STRUCT_PACKED_END
TCYCLEDIAG;

/* --------------------------------对象 0x10F1(错误设置对象)数据结构-------------------- */
typedef struct OBJ_STRUCT_PACKED_START {
   UINT16    u16SubIndex0;                     /* 子索引 0 */
   UINT32    u32LocalErrorReaction;            /* 本地错误反应 */
   UINT16    u16SyncErrorCounterLimit;         /* 同步错误计数器限制 */
} OBJ_STRUCT_PACKED_END
TOBJ10F1;
#endif
```

9.2.5 从站驱动和应用程序的入口——主函数

从站以 EtherCAT 从站控制器芯片为核心，实现了 EtherCAT 数据链路层，完成数据的接收和发送以及错误处理。从站使用微处理器操作 EtherCAT 从站控制器，实现应用层协议，包括以下任务。

1）微处理器初始化，通信变量和 ESC 寄存器初始化。

2）通信状态机处理，完成通信初始化：查询主站的状态控制寄存器，读取相关配置寄存器，启动或终止从站相关通信服务。

3）周期性数据处理，实现过程数据通信：从站以自由运行模式（查询模式）、同步模式（中断模式）或 DC 模式（中断模式）处理周期性数据和应用层任务。

1. 主函数—从站驱动和应用程序的入口函数

主函数是从站驱动和程序的入口函数，其执行过程如图 9-5 所示。

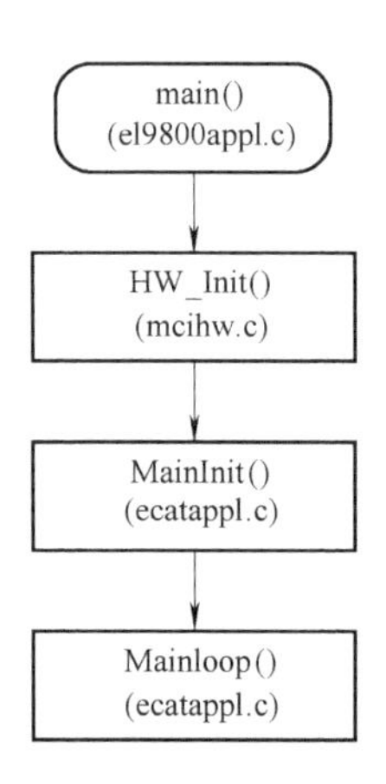

图 9-5　main（）函数执行过程

EtherCAT 从站驱动和程序主函数源代码如下。

```
#if _STM32_IO8
int main(void)
#else
void main(void)
#endif
{
    HW_Init();          /* 初始化微处理器寄存器和过程数据接口(PDI) */
    MainInit();         /* 初始化 ESC 寄存器和通信变量 */

    bRunApplication = TRUE;
    do
    {
        MainLoop(); /* 若处于自由运行模式,则通过此函数查询周期性数据 */
    } while (bRunApplication == TRUE);
#if _STM32_IO8
    HW_Release();
    return 0;
#endif
}
```

2. STM32 硬件初始化函数 HW _Init ( )

Main ( )函数中调用了函数 HW_Init （）。函数 HW_Init （） 执行过程如图 9-6 所示。

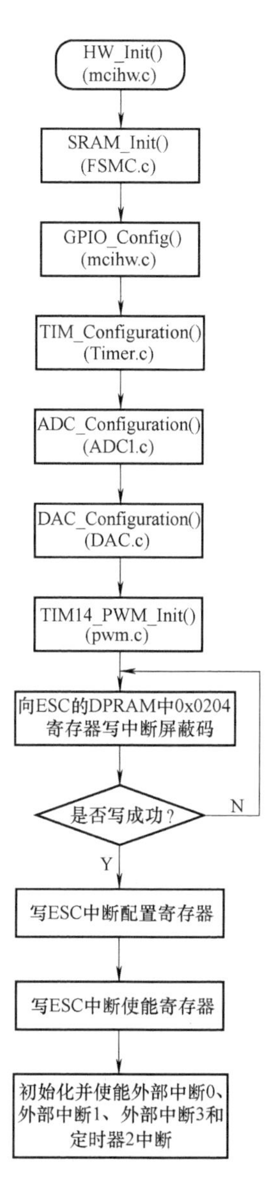

图 9-6　函数 HW_Init （） 执行过程

函数 HW_Init （） 主要用于初始化 LED 发光二极管和 Switch 按键开关对应的 STM32 的 GPIO 端口、配置 ADC 模块和 DMA 通道、初始化过程数据接口、读写 ESC 的应用层中断屏蔽寄存器和中断使能寄存器，对 STM32 的外部中断和定时器中断进行初始化和使能操作。

函数 HW_Init( )源代码如下。

```
/ * ----------------------------------------------------------------------------------------------------
返回值:如果初始化成功则返回 0
```

```
该函数初始化 EtherCAT 从站接口
-------------------------------------------------------------------------------------------------*/
UINT16 HW_Init(void)
{
  UINT32   intMask=0;
/*ESC 的内存接口,ESC 中断和实现 WDT 监视的 ECAT 定时器在这里进行初始化
宏 MAKE_PTR_TO_ESC 应该在 mcihw.h 中定义*/
SRAM_Init();
GPIO_Config();                  /*初始化与 LED 发光二极管和 switch 开关相连的引脚*/
TIM_Configuration(10);          /*时间设为 1ms*/
ADC_Configuration();            /*初始化 ADC 配置*/
DAC_Configration();             /*初始化 DAC 配置*/
TIM14_PWM_Init(4096,84-1);  //初始化 PWM 配置,84M/84=1MHz,1M/500=2kHz
/* 在这里等待直到 ESC 开始工作*/
#if   ESC_32BIT_ACCESS
    {
        UINT32 u16PdiCtrl = 0;
        do
        {
        HW_EscReadDWord(u16PdiCtrl,ESC_PDI_CONTROL_OFFSET);
        u16PdiCtrl = SWAPDWORD(u16PdiCtrl);
        } while (((u16PdiCtrl & 0xFF) < 0x8) || ((u16PdiCtrl & 0xFF) > 0xD) );
    }
#else
    {
        UINT16 u16PdiCtrl = 0;
        do
        {
          HW_EscReadWord(u16PdiCtrl,ESC_PDI_CONTROL_OFFSET);
          u16PdiCtrl = SWAPWORD(u16PdiCtrl);
        } while (((u16PdiCtrl & 0xFF) < 0x8) || ((u16PdiCtrl & 0xFF) > 0xD) );
    }
#endif

   do
    {
        intMask = 0x0093;
```

```
            HW_EscWriteDWord(intMask, ESC_AL_EVENTMASK_OFFSET);
            intMask = 0;
        HW_EscReadDWord(intMask, ESC_AL_EVENTMASK_OFFSET);
    } while (intMask != 0x0093);

    intMask = 0;

    #if  AL_EVENT_ENABLED
        /* 初始化 PDI 接口资源 */
        INIT_ESC_INT;

        /* 初始化 AL 事件屏蔽寄存器 */
           /* AL 事件屏蔽寄存器初始化为零,这样就不会发生 ESC 中断。当状态机从
PREOP 状态转换到 SAFEOP 状态时,将调用 ecatslv.c 文件中的 StartInputHandler 来处理 AL
事件屏蔽寄存器 */
        HW_EscWriteWord(intMask, ESC_AL_EVENTMASK_OFFSET);

        /* 使能 ESC 中断的特定微控制器,宏 ENABLE_ESC_INT 应该在 ecat_def.h
    中定义 */
        ENABLE_ESC_INT();
    #else
        /* 初始化 AL 事件屏蔽寄存器 */
        HW_EscWriteWord(intMask, ESC_AL_EVENTMASK_OFFSET);
    #endif

    #if DC_SUPPORTED&& _STM32_IO8
        INIT_SYNC0_INT;
        INIT_SYNC1_INT;

        ENABLE_SYNC0_INT;
        ENABLE_SYNC1_INT;
    #endif
        return 0;
    }
```

3. ESC 寄存器和通信变量初始化函数 MainInit ()

主函数 main () 调用了函数 MainInit (),用于初始化 EtherCAT 从站控制器 (ESC) 寄存器和通信变量。函数 MainInit () 执行过程如图 9-7 所示。

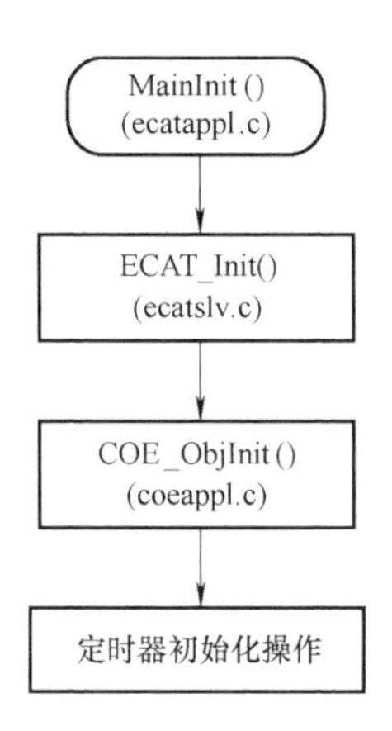

图 9-7 函数 MainInit （） 执行过程

函数 MainInit （） 源代码如下。

```
UINT16 MainInit( void)
{
    UINT16 Error = 0;
#ifdef SET_EEPROM_PTR
    SET_EEPROM_PTR
#endif
    ECAT_Init( );          /＊初始化 EtherCAT 从站控制器接口＊/
    COE_ObjInit( );        /＊初始化对象字典＊/
    /＊定时器初始化＊/
    u16BusCycleCntMs = 0;
    StartTimerCnt = 0;
    bCycleTimeMeasurementStarted = FALSE;
    /＊表明从站栈初始化结束＊/
    bInitFinished = TRUE;
    return Error;
}
```

1） 函数 MainInit （） 调用了函数 ECAT_Init （），用于获取主从站通信中使用的 SM 通道数目和支持的 DPRAM 字节数，查询 EEPROM 加载状态，调用函数 MBX_Init （） 初始化邮箱处理，对 bApplEsmPending 等变量进行初始化，这些变量在程序的分支语句中作为判断条件使用。

函数 ECAT_Init （） 执行过程如图 9-8 所示。

函数 ECAT_Init( ) 源代码如下。

```
void ECAT_Init( void)
{
```

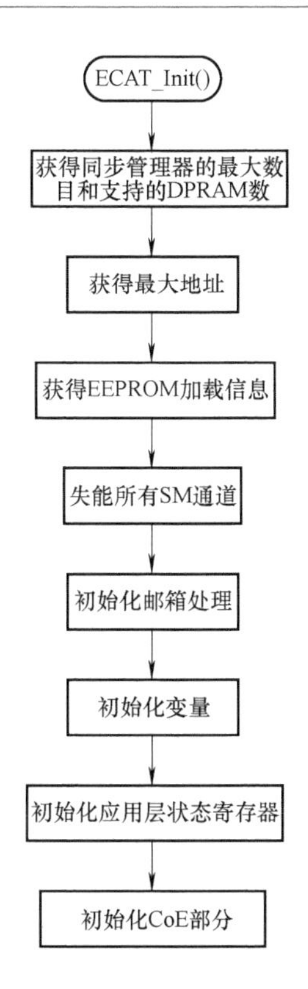

图 9-8 函数 ECAT_Init（）执行过程

```
    UINT8 i;
    /* 获得同步管理器的最大数目和支持的 DPRAM 字节数 */
    {
        UINT16 TmpVar = 0;
        HW_EscReadWord(TmpVar, ESC_COMM_INFO_OFFSET);
        TmpVar = SWAPWORD(TmpVar);
        nMaxSyncMan = (UINT8) ((TmpVar & ESC_SM_CHANNELS_MASK)>> ESC_
          SM_CHANNELS_SHIFT);
          HW_EscReadWord(TmpVar, ESC_DPRAM_SIZE_OFFSET);
        TmpVar = SWAPWORD(TmpVar);
        /* 获得最大地址(以字节为单位,为寄存器和 DPRAM 的内存和) */
        nMaxEscAddress = (UINT16) ((TmpVar & ESC_DPRAM_SIZE_MASK) << 10)
+ 0xFFF;
    }
    /* 获得 EEPROM 加载信息 */
    UpdateEEPROMLoadedState();
    /* 失能所有 SM 通道 */
   for (i = 0; i < nMaxSyncMan; i++)
    {
```

```
        DisableSyncManChannel(i);
    }
    /*初始化邮箱处理*/
    MBX_Init();

    /*初始化变量*/
    bApplEsmPending = FALSE;
    bEcatWaitForAlControlRes = FALSE;
    bEcatFirstOutputsReceived = FALSE;
    bEcatOutputUpdateRunning = FALSE
    bEcatInputUpdateRunning = FALSE;
    bWdTrigger = FALSE;
    EcatWdValue = 0;
    Sync0WdCounter = 0;
    Sync0WdValue = 0;
    Sync1WdCounter = 0;
    Sync1WdValue = 0;
    bDcSyncActive = FALSE;
    bLocalErrorFlag = FALSE;
    u16LocalErrorCode = 0x00;
    u16ALEventMask = 0;
    nPdOutputSize = 0;
    nPdInputSize = 0;

    /*初始化应用层状态寄存器*/
    nAlStatus = STATE_INIT;
    SetALStatus(nAlStatus, 0);
    nEcatStateTrans = 0;

    bEscIntEnabled = FALSE;

    /*初始化 COE 部分*/
    COE_Init();
}
```

2）函数 MainInit（）调用了函数 COE_ObjInit（），函数 COE_ObjInit（）将“coeappl. c”和“el9800appl. h”两个文件中定义的描述对象字典的结构体进行初始化并连接成链表。

函数源代码如下。

```
void COE_ObjInit(void)
```

```
{
    /* 初始化 SM 输出参数对象 0x1C32 */
    sSyncManOutPar. subindex0 = 32;
    /* 索引 1 包含实际的同步模式,它由主站写为自由运行模式或同步模式(在从站支持这两种模
式的前提下)。在 DC 模式下,该变量被写为 SYNCTYPE_DCSYNC0 或 SYNCTYPE_DCSYNC1 */
    sSyncManOutPar. u16SyncType = SYNCTYPE_FREERUN;
    /* 子索引 2 包含应用程序的循环周期,在 EtherCAT 自由运行模式中,它能用于定时器中断来
运行应用程序;在 EtherCAT 同步模式中,可以由主站将本地周期时间写入变量,从站可以检查是否
支持此循环时间;在 EtherCAT DC 模式中,该值被写为 DC 周期时间寄存器的值 */
    sSyncManOutPar. u32CycleTime = 0;
    /* 仅用于 DC 模式:子索引 3 包含 SYNC0(SYNC1)信号之间的时间偏移 */
    sSyncManOutPar. u32ShiftTime = 0;
    /* 子索引 4 包含支持的同步类型 */
    sSyncManOutPar. u16SyncTypesSupported =
                SYNCTYPE_FREERUNSUPP          /* 支持 EtherCAT 自由运行模式 */
                | SYNCTYPE_TIMESVARIABLE      /* 运行时间取决于关联的模式 */
                | SYNCTYPE_SYNCHRONSUPP       /* 支持 EtherCAT 同步模式 */
                | SYNCTYPE_DCSYNC0SUPP        /* 支持 DC Sync0 模式 */
                | SYNCTYPE_DCSYNC1SUPP        /* 支持 DC Sync1 模式 */
                | SYNCTYPE_SUBCYCLESUPP;      /* 支持从属应用程序周期 */
    /* 索引 5 包含从站支持的最小循环时间,该时间取决于实际连接的模块,所以需要动态
计算 */
    sSyncManOutPar. u32MinCycleTime = MIN_PD_CYCLE_TIME;
    /* 子索引 6 包含从站在接收 SM2 事件后的最小延迟时间,因为该事件取决于实际连接
的模块所以需要动态计算,仅用于 DC 模式 */
    sSyncManOutPar. u32CalcAndCopyTime = (PD_OUTPUT_CALC_AND_COPY_TIME);
    /* 子索引 8:触发循环周期测量 */
    sSyncManOutPar. u16GetCycleTime = 0;
    /* 子索引 9:开始驱动输出到输出有效之间的时间 */
    sSyncManOutPar. u32DelayTime = (PD_OUTPUT_DELAY_TIME);
    /* 子索引 32:表明是否发生同步错误 */
    sSyncManOutPar. u8SyncError = 0;
    /* 初始化同步管理器输入参数对象 0x1C33 */
    sSyncManInPar. subindex0   = 32;
    /* 默认模式为 EtherCAT 同步模式,如果输出字节数大于 0,输入随 SM2 事件的发生而更新 */
    sSyncManInPar. u16SyncType = SYNCTYPE_FREERUN;
    /* 子索引 2:和 0x1C32.02 相同 */
    sSyncManInPar. u32CycleTime = sSyncManOutPar. u32CycleTime;
    /* 仅用于 DC 模式:子索引 3 包含 SYNC0(SYNC1)信号之间的时间偏移 */
    sSyncManInPar. u32ShiftTime = 0;
    /* 子索引 5:和 0x1C32.4 相同 */
```

```
sSyncManInPar. u16SyncTypesSupported = sSyncManOutPar. u16SyncTypesSupported;
/ * 子索引 5:和 0x1C32.5 相同 * /
sSyncManInPar. u32MinCycleTime = MIN_PD_CYCLE_TIME;
/ * 子索引 6:延迟读取输入,计算并复制到 SM 缓存区 * /
sSyncManInPar. u32CalcAndCopyTime = (PD_INPUT_CALC_AND_COPY_TIME);
/ * 子索引 8 触发循环周期测量 * /
sSyncManInPar. u16GetCycleTime = 0;
/ * 子索引 9:延迟准备输入锁存 * /
sSyncManInPar. u32DelayTime = (PD_INPUT_DELAY_TIME);
/ * 子索引 32:如果发生同步错误,则自增 * /
sSyncManInPar. u8SyncError = 0;
/ * 表明用户未指明特定同步模式 * /
bSyncSetByUser = FALSE;
{
    UINT16 result = COE_ObjDictionaryInit();
    if (result ! = 0)
    {
        / * 清除已经连接的对象 * /
        COE_ClearObjDictionary();
    }
}
u8PendingSdo = 0;
bStoreCompleteAccess = FALSE;
u16StoreIndex= 0;
u8StoreSubindex = 0;
u32StoreDataSize = 0;
pStoreData = NULL;
pSdoPendFunc     = NULL;
pSdoSegData = NULL;
}
```

9.2.6 EtherCAT 从站周期性过程数据处理

EtherCAT 从站可以运行于自由运行模式、同步模式或 DC 模式。

1）当运行于自由运行模式时，使用查询的方式处理周期性过程数据。

2）当运行于同步模式或 DC 模式时，使用中断方式处理周期新过程数据。

1. 查询方式

当 EtherCAT 从站运行于自由运行模式时，在函数 MainLoop（）中通过查询的方式完成过程数据的处理，函数 MainLoop（）在 main（）函数的 while 循环中执行。

函数 MainLoop（）的执行过程如图 9-9 所示。

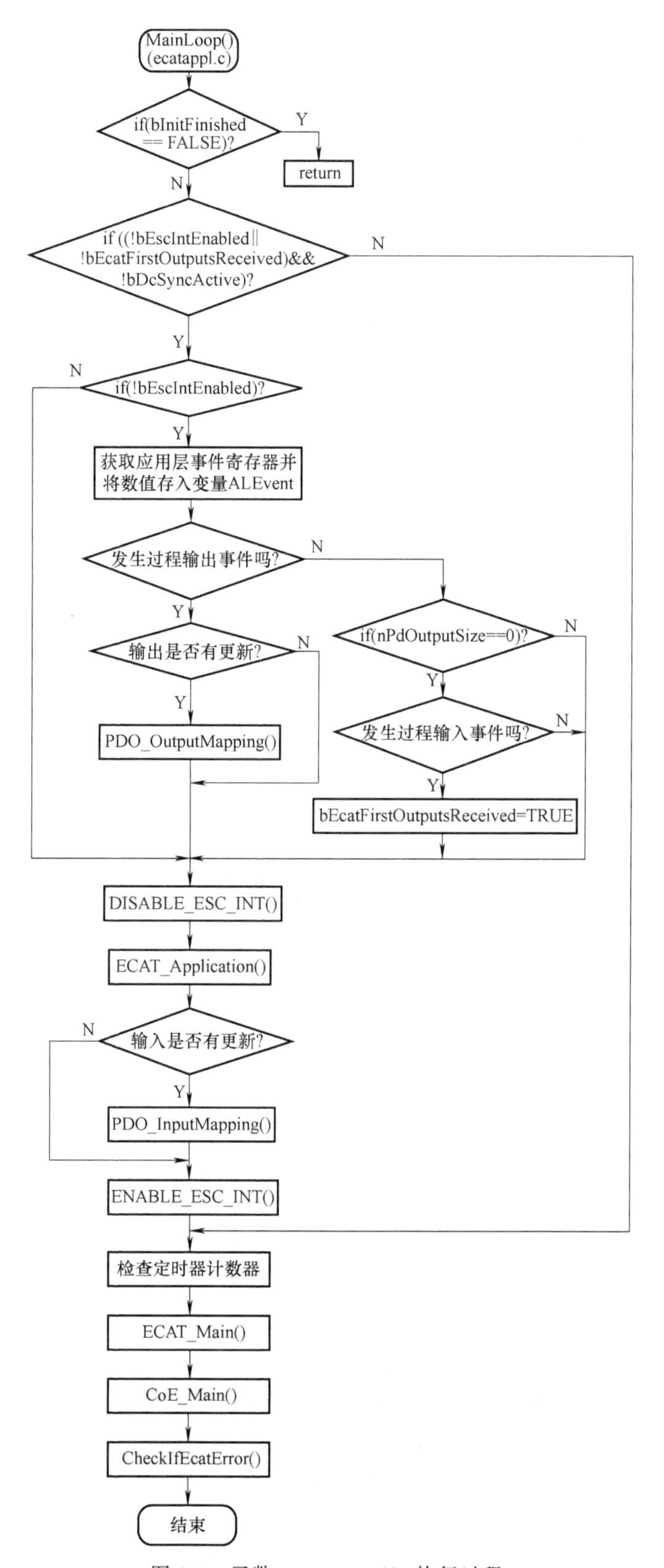

图 9-9 函数 MainLoop () 执行过程

函数 MainLoop( )源代码如下。

```
void MainLoop(void)
{
/*如果初始化未完成则跳出调用函数*/
if (bInitFinished == FALSE)
return;
/*自由运行模式：  bEscIntEnabled = FALSE, bDcSyncActive = FALSE
   同步模式：      bEscIntEnabled = TRUE,  bDcSyncActive = FALSE
   DC 模式：       bEscIntEnabled = TRUE,  bDcSyncActive = TRUE */
if (
   (! bEscIntEnabled||! bEcatFirstOutputsReceived) /*SM 同步,但无 SM 事件被接收到*/
   && ! bDcSyncActive                               /*DC 同步*/
)
{
    /*如果应用程序运行于同步模式,则函数 ECAT_Application( )在 ESC 中断进程中被
    调用。在 EtherCAT 同步模式下应额外检查是否 SM 事件至少被接收到一次(即变量
    bEcatFirstOutputsReceived 是否为 1),否则不会有中断发生,并且函数 ECAT_Applica-
    tion( )必须在此处被调用(并且应先失能中断服务,因为 SM 事件可能会在执行函数
    ECAT_Application( )时发生)*/
    if ( ! bEscIntEnabled )
      {
        /* 应用程序运行于自由运行模式时,首先应检查输出是否被接收到*/
        UINT16 ALEvent = HW_GetALEventRegister( );
        ALEvent = SWAPWORD(ALEvent);
        if (ALEvent & PROCESS_OUTPUT_EVENT)
          {
              /*为状态机设置标志*/
              bEcatFirstOutputsReceived = TRUE;
              if ( bEcatOutputUpdateRunning )
                {
           PDO_OutputMapping( );/*更新输出映射*/
         }
    }
   else if ( nPdOutputSize == 0 )
       {
           /*如果没有输入被发送,WDT 在输入被读取时必须复位*/
            if ( ALEvent & PROCESS_INPUT_EVENT )
              {
                /*输出被更新,为 WDT 监控设置标志*/
```

```
                    bEcatFirstOutputsReceived = TRUE;
                }
            }
    }
    DISABLE_ESC_INT();      /* 失能 PDI 中断 */
    ECAT_Application();      /* 应用层数据更新 */

    if ( bEcatInputUpdateRunning )
    {
        /* EtherCAT 从站至少处于 Safe-OP 状态,更新输入 */
        PDO_InputMapping();
    }
            ENABLE_ESC_INT();   /* 使能 PDI 中断 */
    }
    #if ! ECAT_TIMER_INT
    /* 因为没有用于检查硬件定时器的中断服务程序,所以当所需周期已经结束时检查定时
器寄存器 */
            {
              UINT32 CurTimer = (UINT32)HW_GetTimer();
              if(CurTimer>= ECAT_TIMER_INC_P_MS)
                {
                    ECAT_CheckTimer();
                    HW_ClearTimer();
                }
              }
    #endif
        ECAT_Main();       /* 调用 EherCAT 函数 */
        COE_Main();        /* 调用更低优先级的应用程序部分 */
        CheckIfEcatError();/* 检查通信和同步变量并更新应用层状态 */
    }
```

(1) 处理邮箱事件函数 ECAT_Main()

函数 MainLoop()中调用了函数 ECAT_Main(),用于处理邮箱事件。函数 ECAT_Main()源代码如下。

```
void ECAT_Main(void)
{
    UINT16 ALEventReg;
    UINT16 EscAlControl = 0x0000;
    UINT16 sm1Activate = SM_SETTING_ENABLE_VALUE;
    MBX_Main();          /* 检查服务是否已保存在邮箱中 */
```

```
if( bMbxRunning )/ * 从站至少处于 Pre-OP 状态,邮箱正在运行 * /
{
    / * 获得 SM1 通道的 Activate-Byte 以检查是否收到邮箱重复请求 * /
    HW_EscReadWord( sm1Activate, ( ESC_SYNCMAN_ACTIVE_OFFSET + SIZEOF_SM_
REGISTER) );
    sm1Activate = SWAPWORD( sm1Activate);
}
/ * 从 ESC 中读取应用层事件寄存器 * /
ALEventReg = HW_GetALEventRegister( );
ALEventReg = SWAPWORD( ALEventReg);
if ( ( ALEventReg & AL_CONTROL_EVENT) && ! bEcatWaitForAlControlRes)
{
    / * 应用层控制事件被置位,获取主站发送给应用层控制寄存器的数据以确认事件
    (应用层事件中的相关位将被复位) * /
    HW_EscReadWord( EscAlControl, ESC_AL_CONTROL_OFFSET);
    EscAlControl = SWAPWORD( EscAlControl);

    / * 复位应用层控制事件和 SM 改变事件(因为 SM 设置将在函数 AL_ControlInd( )
       中被检查) * /
    ALEventReg &= ~( ( AL_CONTROL_EVENT) | (SM_CHANGE_EVENT) );
/ * 在函数 AL_ControlInd( )中进行状态转换被检查 * /
    AL_ControlInd( (UINT8)EscAlControl, 0);
}
if ( (ALEventReg & SM_CHANGE_EVENT) && ! bEcatWaitForAlControlRes &
      (nAlStatus & STATE_CHANGE) = = 0 && (nAlStatus & ~STATE_CHANGE) ! =
  STATE_INIT )
{
    / * SM 改变事件被复位(寄存器 x220 的第 4 位) * /
    ALEventReg &= ~(SM_CHANGE_EVENT);
    / * 函数 AL_ControlInd( )被调用,以检查同步管理器设置 * /
    AL_ControlInd( nAlStatus & STATE_MASK, 0);
}
if( bEcatWaitForAlControlRes)
{
    AL_ControlRes( );
}
/ * ---------------------------------------------------------------------------
邮箱事件处理顺序改变以防止竞争条件错误。
在读取应用层事件寄存器之前,SM1 通道激活字节(寄存器 0x80E)被读取。
```

1）处理邮箱读事件；

2）处理重复触发请求；

3）处理邮箱写事件。

```
----------------------------------------------------------------------------------------------------*/
    if ( bMbxRunning )
    {
        /*通过读取 SM1 控制寄存器确认 SM 改变事件*/
        if (! (sm1Activate & SM_SETTING_ENABLE_VALUE))
            AL_ControlInd(nAlStatus & STATE_MASK, 0);
        if ( ALEventReg & (MAILBOX_READ_EVENT) )
        {
            /* SM1 事件在主站发送邮箱数据时被置位*/
            u16dummy = 0;
            HW_EscWriteWord(u16dummy,u16EscAddrSendMbx);
            /* 变量 ALEvevtReg 应在调用函数 MBX_MailboxReadInd()前复位*/
            ALEventReg &= ~(MAILBOX_READ_EVENT);
            MBX_MailboxReadInd();
        }
        DISABLE_MBX_INT;
        /*变量 bMbxRepeatToggle 保持重复位(第 1 位)的上一个状态*/
        if ( ( (sm1Activate & SM_SETTING_REPAET_REQ_MASK)
          && ! bMbxRepeatToggle )||( ! (sm1Activate &
          SM_SETTING_REPAET_REQ_MASK) && bMbxRepeatToggle ))
        {
            MBX_MailboxRepeatReq();
            /*在发送邮箱被更新后确认重复请求*/
            if (bMbxRepeatToggle)
                sm1Activate|=SM_SETTING_REPEAT_ACK;  /*置位重复确认位*/
            else
                sm1Activate&=~SM_SETTING_REPEAT_ACK;  /*复位重复确认位*/
            sm1Activate = SWAPWORD(sm1Activate);
            HW_EscWriteWord(sm1Activate,(ESC_SYNCMAN_ACTIVE_OFFSET + SI-
            ZEOF_SM_REGISTER));
        }
        ENABLE_MBX_INT;
        /*重载应用层事件,因为它被改变可能导致一个 SM 通道失能*/
        ALEventReg = HW_GetALEventRegister();
        ALEventReg = SWAPWORD(ALEventReg);
        if ( ALEventReg & (MAILBOX_WRITE_EVENT) )
```

```
            {
            /* SM0 事件被置位，在主站写邮箱前要确认邮箱的第一个字节被读取，这在函
               数 MBX_CheckAndCopyMailbox()中完成 */
            /* 变量 ALEventReg 将在调用函数 MBX_CheckAndCopyMailbox()前被复位，在
               函数 MBX_CheckAndCopyMailbox()中收到的邮箱报文将被处理 */
                ALEventReg &= ~(MAILBOX_WRITE_EVENT);
                MBX_CheckAndCopyMailbox();
            }
        }
    }
```

(2) 函数 COE_Main()

函数 MainLoop()中调用了函数 COE_Main()，其源代码如下。

```
void COE_Main(void)
    {
        UINT8 abort = 0;
        if (pSdoPendFunc != NULL)
        {
            abort = pSdoPendFunc(u16StoreIndex,u8StoreSubindex,u32StoreDataSize,
                    pStoreData,bStoreCompleteAccess);
            if (abort != ABORTIDX_WORKING)
            {
                switch(u8PendingSdo)
                {
                    case SDO_PENDING_SEG_WRITE:
                        if (pSdoSegData)
                        {
                            /* 分配的缓存区可被释放 */
                            FREEMEM( (UINT16 VARMEM * ) pSdoSegData );
                            pSdoSegData = NULL;
                        }
                    case SDO_PENDING_WRITE:
                        /* 发送 SDO 下载请求 */
                        SDOS_SdoRes(abort, 0, NULL);
                    break;
                    case SDO_PENDING_SEG_READ:
                    case SDO_PENDING_READ:
                        /* 发送 SDO 上传请求 */
                        SDOS_SdoRes(abort, u32StoreDataSize, pStoreData);
                        break;
```

```
                }
                u8PendingSdo = 0;
                u16StoreIndex = 0;
                u8StoreSubindex = 0;
                u32StoreDataSize = 0;
                pStoreData = NULL;
                bStoreCompleteAccess = 0;
                pSdoPendFunc = NULL;
            }
        }
}
```

2. 中断方式

在主从站通信过程中，过程数据的交换及 LED 等硬件设备状态的更新可通过中断实现。

在从站栈代码中，定义了 HW_EcatIsr（）（即 PDI 中断）、Sync0Isr（）、Sync1Isr（）和 TimerIsr（）四个中断服务程序，它们分别和 STM32 的外部中断 0、外部中断 1、外部中断 2 和定时器 9 中断对应。三个外部中断分别由 ESC 的（PDI_）IRQ、Sync0 和 Sync1 三个物理信号触发。

通信中支持哪种信号，可根据 STM32 程序中以下两个宏定义进行设置。

1）AL_EVENT_ENABLED

若将该宏定义置为 0，则禁止（PDI_）IRQ 支持；若将该宏定义置为非 0 值，则使能（PDI_）IRQ 支持。

2）DC_SUPPORTED

若将该宏定义置为 0，则禁止 DC UNIT 生成的 Sync0/Sync1 信号；若将该宏定义置为非 0 值，则使能 DC UNIT 生成的 Sync0/Sync1 信号。

（1）同步模式

当从站运行于同步模式时，会通过中断函数 PDI_Isr（）对周期性过程数据进行处理。函数 PDI_Isr（）执行过程如图 9-10 所示。从站控制器芯片的（PDI_）IRQ 信号可触发该中断，PDI 中断的触发条件（即 IRQ 信号的产生条件）如下。

1）主站写应用层控制寄存器。

2）SYNC 信号（由 DC 时钟产生），如图 9-10 所示，SYNC 信号也关联到了 IRQ 信号。

3）SM 通道配置发生改变。

4）通过 SM 通道读写 DPRAM（即通过前面所述 SM0~SM3 四个通道分别进行邮箱数据输出、邮箱数据输入、过程数据输出和过程数据输入）。

函数 PDI_Isr( )源代码如下。

```
void PDI_Isr(void)
{
    if (bEscIntEnabled)
    {
        /* 读取应用层事件寄存器的值 */
```

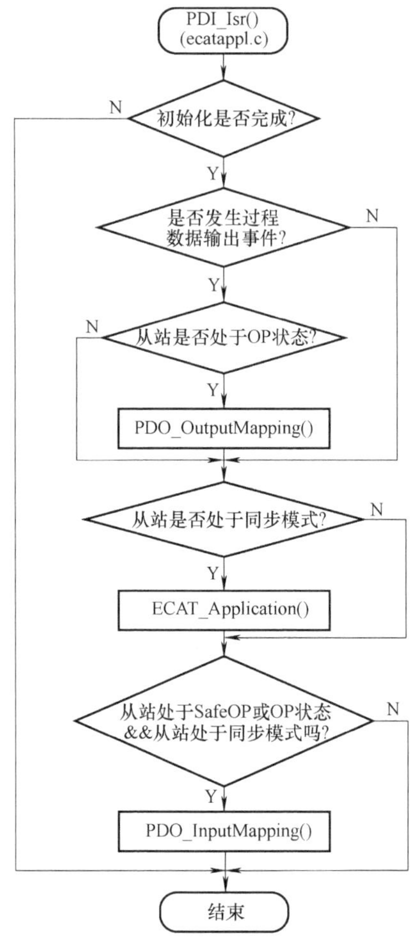

图 9-10 中断函数 PDI_Isr () 执行过程

```
UINT16  ALEvent = HW_GetALEventRegister_Isr( );
ALEvent = SWAPWORD( ALEvent);

if ( ALEvent & PROCESS_OUTPUT_EVENT )
{
    if (bDcRunning && bDcSyncActive)
    {
        /* 复位 SM 和 Sync0 计数器。计数器在每次发生 Sync0 事件时会自增 */
        u16SmSync0Counter = 0;
    }
    if (sSyncManOutPar. u16SmEventMissedCounter > 0)
        sSyncManOutPar. u16SmEventMissedCounter--;

    /* 如果需要则计算总线循环周期 */
    HandleBusCycleCalculation( );
```

```
        /* 输出被更新,为 WDT 监控设置标志 */
        bEcatFirstOutputsReceived = TRUE;

        /* 处理输出过程事件 */
        if ( bEcatOutputUpdateRunning )
        {
        /* 若从站处于 OP 状态,则更新输出 */
        PDO_OutputMapping();
        }
        else
        {
        /* 若从站处于 Init、Pre-OP 或 Safe-OP 状态,则只确认过程数据事件 */
        HW_EscReadWordIsr(u16dummy,nEscAddrOutputData);
        HW_EscReadWordIsr(u16dummy,(nEscAddrOutputData+nPdOutputSize-2));
        }
    }

    if (( ALEvent & PROCESS_INPUT_EVENT ) && (nPdOutputSize == 0))
    {
        /* 如果需要则计算总线循环周期 */
        HandleBusCycleCalculation();
    }
    /* 在 SM 同步模式中调用函数 ECAT_Application() */
    if (sSyncManOutPar.u16SyncType == SYNCTYPE_SM_SYNCHRON)
    {
        /* 调用该函数处理过程数据 SM 事件 */
        ECAT_Application();
    }

    if ( bEcatInputUpdateRunning &&
     ((sSyncManInPar.u16SyncType == SYNCTYPE_SM_SYNCHRON) ||
     (sSyncManInPar.u16SyncType == SYNCTYPE_SM2_SYNCHRON)))
     {
         /* EtherCAT 从站至少处于 Safe-OP 状态,更新输入 */
         PDO_InputMapping();
     }

     /* 检查循环是否超时 */
```

```
        ALEvent = HW_GetALEventRegister_Isr();
        ALEvent = SWAPWORD(ALEvent);

        if ( ALEvent & PROCESS_OUTPUT_EVENT )
        {
            sSyncManOutPar.u16CycleExceededCounter++;
            sSyncManInPar.u16CycleExceededCounter=
                sSyncManOutPar.u16CycleExceededCounter;
    /* 确认过程数据事件 */
       HW_EscReadWordIsr(u16dummy,nEscAddrOutputData);
       HW_EscReadWordIsr(u16dummy,(nEscAddrOutputData+nPdOutputSize-2));
          }
    }
}
```

（2）DC 模式

当从站运行于 DC 模式时，会通过中断函数 Sync0_Isr（）对周期性过程数据进行处理。函数 Sync0_Isr（）执行过程如图 9-11 所示。

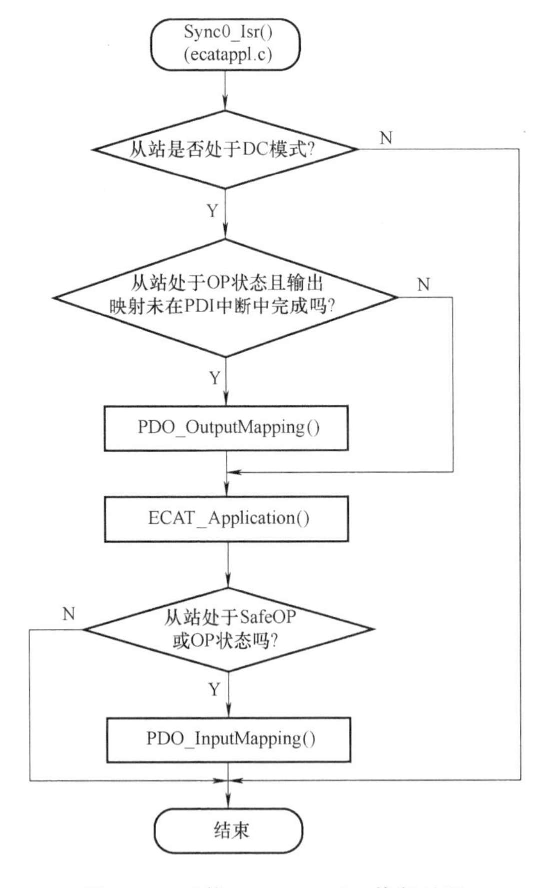

图 9-11　函数 Sync0_Isr（）执行过程

函数 Sync0_Isr()源代码如下所示。

```
void Sync0_Isr(void)
{
    Sync0WdCounter = 0;
    if (bDcSyncActive)
    {
        if ( bEcatInputUpdateRunning )
        {
            LatchInputSync0Counter++;
        }
        if (u16SmSync0Value > 0)
        {
            /* 检查 SM 同步序列是否有效 */
            if (u16SmSync0Counter > u16SmSync0Value)
            {
                if ((nPdOutputSize > 0) && (sSyncManOutPar. u16SmEventMissedCounter <=
                sErrorSettings. u16SyncErrorCounterLimit))
                {
                    sSyncManOutPar. u16SmEventMissedCounter =
                    sSyncManOutPar. u16SmEventMissedCounter + 3;
                }

                if ((nPdInputSize > 0) && (nPdOutputSize == 0) &&
                (sSyncManInPar. u16SmEventMissedCounter
                    <= sErrorSettings. u16SyncErrorCounterLimit))
                {
                    sSyncManInPar. u16SmEventMissedCounter =
                   sSyncManInPar. u16SmEventMissedCounter + 3;
                }
            }

            if ((nPdOutputSize == 0) && (nPdInputSize > 0))
            {
                /* 检查上一次输入数据是否被读取 */
                UINT16  ALEvent = HW_GetALEventRegister_Isr();
                ALEvent = SWAPWORD(ALEvent);

                if ((ALEvent & PROCESS_INPUT_EVENT) == 0)
                {
```

```
                /* 若没有输入数据被主站读取,则 SM 错过计数器的数值增加 */
                u16SmSync0Counter++;
            }
            else
            {
                /* 复位 SM 和 Sync0 计数器 */
                u16SmSync0Counter = 0;
                sSyncManInPar.u16SmEventMissedCounter = 0;
            }
        }
        else
        {
            u16SmSync0Counter++;
        }
    }  /* 使能 SM 同步监视器 */

    if (!bEscIntEnabled && bEcatOutputUpdateRunning)
    {
        /* 输出映射在 PDI 中断中不进行 */
        PDO_OutputMapping();
    }

    /* 应用程序同步于 SYNC0 事件 */
    ECAT_Application();

    if (bEcatInputUpdateRunning && (LatchInputSync0Value > 0) &&
            (LatchInputSync0Value == LatchInputSync0Counter))
    {
        /* EtherCAT 从站至少处于 Safe-OP 状态,更新输入 */
        PDO_InputMapping();
        if (LatchInputSync0Value == 1)    /* 如果输入在每次发生 Sync0 事件时被锁存 */
        {
            LatchInputSync0Counter = 0;
        }
    }
  }
}
```

在两个中断函数中多次出现参数 sSyncManOutPar. u16SyncType（与对象字典 0x1C32 子索引 1 的值相同）和 sSyncManInPar. u16SyncType（与对象字典 0x1C33 子索引 1 的值相同），

并且均将它们与在“ecatslv. h”文件中通过宏定义表示的变量做比较，与从站模式相关宏定义如下。

```
/* ---------------------------------------------------------------------------------------------
                    Configured Sync Type (0x1C32.1 / 0x1C33.1)
--------------------------------------------------------------------------------------------- */
#define  SYNCTYPE_FREERUN          0x0000 /* Sync type FreeRun */
#define  SYNCTYPE_SM_SYNCHRON      0x0001 /* SyncManager synchron */
#define  SYNCTYPE_SM2_SYNCHRON     0x0022 /* SyncManager2 synchron */
#define  SYNCTYPE_DCSYNC0          0x0002 /* Sync type Sync0 synchron */
#define  SYNCTYPE_DCSYNC1          0x0003 /* Sync type Sync1 synchron */
```

参数 sSyncManOutPar. u16SyncType 和 sSyncManInPar. u16SyncType 的值会根据 TwinCAT 主站上 SM 模式或 DC 模式的选择而不同。

当在主站上选择为 SM 模式时，参数 sSyncManOutPar. u16SyncType 和 sSyncManInPar. u16SyncType 的值如图 9-12 和图 9-13 所示。

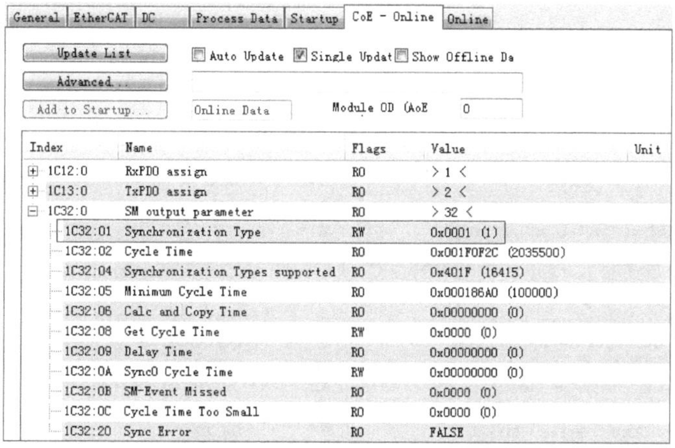

General | EtherCAT | DC | Process Data | Startup | CoE - Online | Online

Update List　☐ Auto Update　☑ Single Updat　☐ Show Offline Da
Advanced...
Add to Startup...　Online Data　Module OD (AoE　0

Index	Name	Flags	Value	Unit
1C12:0	RxPDO assign	RO	> 1 <	
1C13:0	TxPDO assign	RO	> 2 <	
1C32:0	SM output parameter	RO	> 32 <	
1C32:01	Synchronization Type	RW	0x0001 (1)	
1C32:02	Cycle Time	RO	0x001F0F2C (2035500)	
1C32:04	Synchronization Types supported	RO	0x401F (16415)	
1C32:05	Minimum Cycle Time	RO	0x000186A0 (100000)	
1C32:06	Calc and Copy Time	RO	0x00000000 (0)	
1C32:08	Get Cycle Time	RW	0x0000 (0)	
1C32:09	Delay Time	RO	0x00000000 (0)	
1C32:0A	Sync0 Cycle Time	RW	0x00000000 (0)	
1C32:0B	SM-Event Missed	RO	0x0000 (0)	
1C32:0C	Cycle Time Too Small	RO	0x0000 (0)	
1C32:20	Sync Error	RO	FALSE	

图 9-12　SM 模式下 sSyncManOutPar. u16SyncType 的值

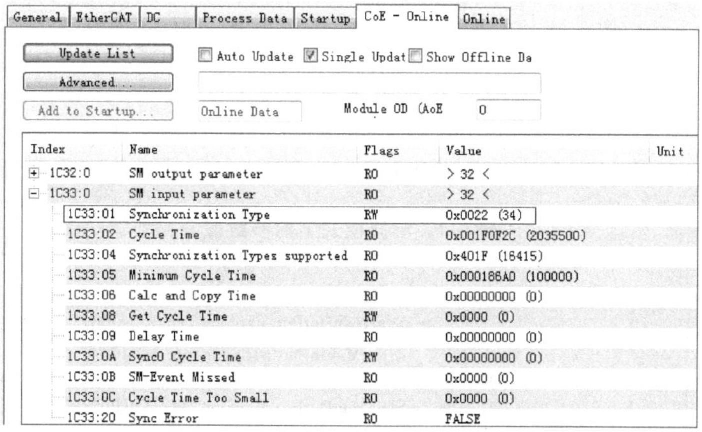

General | EtherCAT | DC | Process Data | Startup | CoE - Online | Online

Update List　☐ Auto Update　☑ Single Updat　☐ Show Offline Da
Advanced...
Add to Startup...　Online Data　Module OD (AoE　0

Index	Name	Flags	Value	Unit
1C32:0	SM output parameter	RO	> 32 <	
1C33:0	SM input parameter	RO	> 32 <	
1C33:01	Synchronization Type	RW	0x0022 (34)	
1C33:02	Cycle Time	RO	0x001F0F2C (2035500)	
1C33:04	Synchronization Types supported	RO	0x401F (16415)	
1C33:05	Minimum Cycle Time	RO	0x000186A0 (100000)	
1C33:06	Calc and Copy Time	RO	0x00000000 (0)	
1C33:08	Get Cycle Time	RW	0x0000 (0)	
1C33:09	Delay Time	RO	0x00000000 (0)	
1C33:0A	Sync0 Cycle Time	RW	0x00000000 (0)	
1C33:0B	SM-Event Missed	RO	0x0000 (0)	
1C33:0C	Cycle Time Too Small	RO	0x0000 (0)	
1C33:20	Sync Error	RO	FALSE	

图 9-13　SM 模式下 sSyncManInPar. u16SyncType 的值

当在主站上选择为 DC 模式时，参数 sSyncManOutPar. u16SyncType 和 sSyncManInPar. u16SyncType 的值如图 9-14 和图 9-15 所示。

General | EtherCAT | DC | Process Data | Startup | CoE - Online | Online

Update List | Auto Update | Single Updat | Show Offline Da

Advanced...

Add to Startup... | Online Data | Module OD (AoE | 0

Index	Name	Flags	Value	Unit
1C32:0	SM output parameter	RO	> 32 <	
1C32:01	Synchronization Type	RW	0x0002 (2)	
1C32:02	Cycle Time	RO	0x001F0F2C (2035500)	
1C32:04	Synchronization Types supported	RO	0x401F (16415)	
1C32:05	Minimum Cycle Time	RO	0x000186A0 (100000)	
1C32:06	Calc and Copy Time	RO	0x00000000 (0)	
1C32:08	Get Cycle Time	RW	0x0000 (0)	
1C32:09	Delay Time	RO	0x00000000 (0)	
1C32:0A	Sync0 Cycle Time	RW	0x003D0900 (4000000)	
1C32:0B	SM-Event Missed	RO	0x0000 (0)	
1C32:0C	Cycle Time Too Small	RO	0x0000 (0)	
1C32:20	Sync Error	RO	FALSE	
1C33:0	SM input parameter	RO	> 32 <	
6000:0	DI Inputs	RO	> 8 <	

图 9-14　DC 模式下 sSyncManOutPar. u16SyncType 的值

General | EtherCAT | DC | Process Data | Startup | CoE - Online | Online

Update List | Auto Update | Single Updat | Show Offline Da

Advanced...

Add to Startup... | Online Data | Module OD (AoE | 0

Index	Name	Flags	Value	Unit
1C32:0	SM output parameter	RO	> 32 <	
1C33:0	SM input parameter	RO	> 32 <	
1C33:01	Synchronization Type	RW	0x0002 (2)	
1C33:02	Cycle Time	RO	0x001F0F2C (2035500)	
1C33:04	Synchronization Types supported	RO	0x401F (16415)	
1C33:05	Minimum Cycle Time	RO	0x000186A0 (100000)	
1C33:06	Calc and Copy Time	RO	0x00000000 (0)	
1C33:08	Get Cycle Time	RW	0x0000 (0)	
1C33:09	Delay Time	RO	0x00000000 (0)	
1C33:0A	Sync0 Cycle Time	RW	0x00000900 (2304)	
1C33:0B	SM-Event Missed	RO	0x0000 (0)	
1C33:0C	Cycle Time Too Small	RO	0x0000 (0)	
1C33:20	Sync Error	RO	FALSE	
6000:0	DI Inputs	RO	> 8 <	

图 9-15　DC 模式下 sSyncManInPar. u16SyncType 的值

将图 9-12~图 9-15 中方框中的值与从站模式宏定义中的值相比较，便可知两种工作模式下参数 sSyncManOutPar. u16SyncType 和 sSyncManInPar. u16SyncType 的值与从站工作状态的对应关系，不同模式下的参数值见表 9-1。

表 9-1　不同模式下的参数值

工作模式	参数值
SM 模式	sSyncManOutPar. u16SyncType = 0x0001 sSyncManInPar. u16SyncType = 0x0022
DC 模式	sSyncManOutPar. u16SyncType = 0x0002 sSyncManInPar. u16SyncType = 0x0002

9.2.7　EtherCAT 从站状态机转换

EtherCAT 从站在主函数的主循环中查询状态机改变事件请求位。如果发生变化，则执行状态机管理机制。主站程序首先要检查当前状态转换必需的 SM 配置是否正确，如果正确，则根据转换要求开始相应的通信数据处理。从站从高级别状态向低级别状态转换时，则停止相应的通信数据处理。从站状态转换在函数 AL_ControlInd（）中完成。

函数 AL_ControlInd（）执行过程如图 9-16 所示。

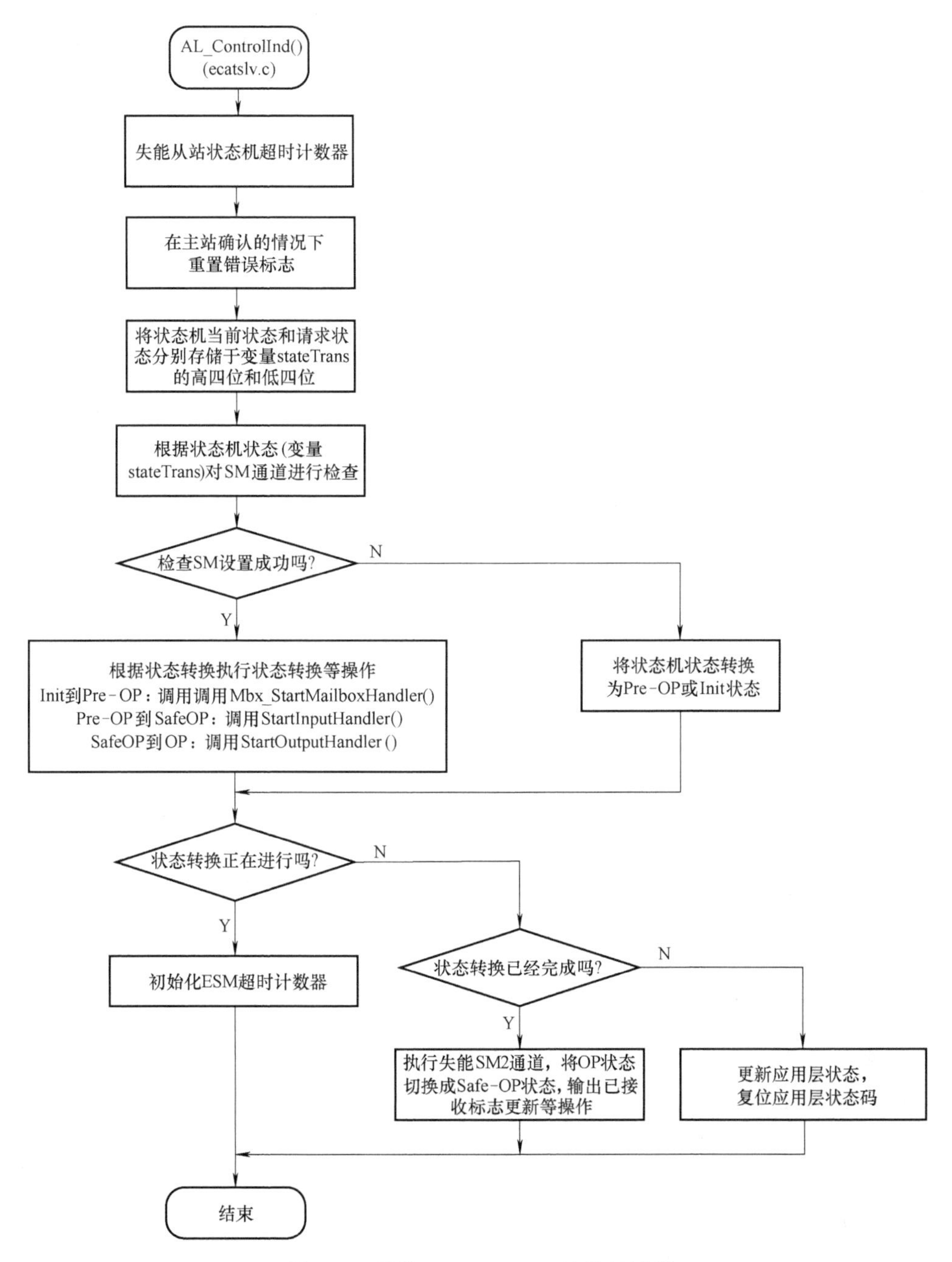

图 9-16　函数 AL_ControlInd( )执行过程

函数 AL_ControlInd()源代码如下。

```
void AL_ControlInd(UINT8 alControl, UINT16 alStatusCode)
{
    UINT16          result = 0;
    UINT8           bErrAck = 0;
    UINT8           stateTrans;
    /* 失能 ESM 超时计数器 */
    EsmTimeoutCounter =-1;
    bApplEsmPending = TRUE;

    /* 在主站确认的情况下复位错误标志 */
    if ( alControl & STATE_CHANGE)
    {
        bErrAck = 1;
        nAlStatus &= ~STATE_CHANGE;
    }
    else if ( (nAlStatus & STATE_CHANGE)
          && (alControl & STATE_MASK) != STATE_INIT)
        /* 应用层状态寄存器的错误标志位(第 4 位)被置位,应用层控制寄存器的 ErrAck
        位未被置位。所以从站状态不能被转换为一个更高状态,新状态请求被忽略 */
        return;
    else
    {
        nAlStatus &= STATE_MASK;
    }

    /* 创建一个用于表示状态转换的变量。
    0~3 位:新状态(应用层控制);4~7 位:原状态(应用层状态) */
    alControl &= STATE_MASK;
    stateTrans = nAlStatus;
    stateTrans <<= 4;
    stateTrans += alControl;

    /* 根据状态转换检查 SM 设置 */
    switch ( stateTrans )
    {
      case INIT_2_PREOP:
      case OP_2_PREOP:
      case SAFEOP_2_PREOP:
```

```
    case PREOP_2_PREOP:
     /* 从站处于 Pre-OP 状态时,仅检查 SM0 和 SM1 通道的设置。如果结果不为 0,则
        从站将保持或切换到 Init 状态,并且应用层状态寄存器的 ErroInd 位(低 4 位)将
        被置位 */
     result = CheckSmSettings(MAILBOX_READ+1);
     break;
     case PREOP_2_SAFEOP:
     {
     /* 在检查 SM2 和 SM3 的设置时,如果结果不为 0,则可以调整输入数据(nPdInput-
        Size)和输出数据(nPdOutputSize)的预期长度,从站将保持在 Pre-OP 状态并且将
        应用层状态寄存器的 ErrorInd 位(低 4 位)置位 */
     result = APPL_GenerateMapping(&nPdInputSize,&nPdOutputSize);
     if (result ! = 0)
          break;
     }
     case SAFEOP_2_OP:
     case OP_2_SAFEOP:
     case SAFEOP_2_SAFEOP:
     case OP_2_OP:
     /* 从站处于 Safe-OP 或 OP 状态时,将检查所有的 SM 设置。如果结果不为 0,从站
        将保持或切换到 Pre-OP 状态,并且应用层状态寄存器的 ErroInd 位(低 4 位)将被
        置位 */
     result = CheckSmSettings(nMaxSyncMan);
     break;
}

if ( result == 0 )
{
     /* 根据状态转换进行相关的本地管理服务 */
     nEcatStateTrans = 0;
     switch ( stateTrans )
     {
     case INIT_2_BOOT       :
          result = ALSTATUSCODE_BOOTNOTSUPP;
          break;

     case BOOT_2_INIT       :
          result = ALSTATUSCODE_BOOTNOTSUPP;
          BackToInitTransition();
```

```
        break;
    case INIT_2_PREOP :
        UpdateEEPROMLoadedState( );
        if (EepromLoaded == FALSE)
        {
            /* 如果 EEPROM 未正确加载则返回一个错误(每更新一次 EEPROM 后都
               需要重启设备) */
            result = ALSTATUSCODE_EE_ERROR;
        }
        if (result == 0)
        {
        /* 函数 MBX_StartMailboxHandler( )(在"mailbox.c"文件中) 检查邮箱同步管
           理器 SM0 和 SM1 的区域是否有重叠。如果结果不为 0,则从站将保持 Init 状
           态,并且应用层状态寄存器的 ErroInd 位(低 4 位)将被置位 */
        result = MBX_StartMailboxHandler( );
        if (result == 0)
        {
            bApplEsmPending = FALSE;
            /* 特定的应用程序对从 Init 到 Pre-OP 的状态转换是否完成进行检查。如
               果结果不为 0,则从站将保持在 Init 状态并且将对应用层状态寄存器的
                 ErrorInd 位(低 4 位)进行置位 */
            result = APPL_StartMailboxHandler( );
            if ( result == 0 )
            {
                bMbxRunning = TRUE;
            }
        }

        if (result != 0 && result != NOERROR_INWORK)
        {
            /* 如果函数 APPL_StopMailboxHandler( )在之前被调用,则停止该函数 */
            if (! bApplEsmPending)
                APPL_StopMailboxHandler( );
             MBX_StopMailboxHandler( );
        }
        }
        break;

    case PREOP_2_SAFEOP:
```

```
        /* 开始输入处理程序 */
        result = StartInputHandler( );
        if ( result == 0 )
        {
            bApplEsmPending = FALSE;
            result = APPL_StartInputHandler(&u16ALEventMask);
            if (result == 0)
            {
                /* 初始化应用层事件掩码寄存器(寄存器 0x204) */
                SetALEventMask( u16ALEventMask );
                bEcatInputUpdateRunning = TRUE;
            }
        }
        /* 如果有输入处理程序返回错误结果,则停止输入处理程序 */
        if (result != 0 && result != NOERROR_INWORK)
        {
            if (! bApplEsmPending)
            {
                /* 应用程序可以对函数 APPL_StopInputHandler( )中的状态转换做出
                   反应 */
                APPL_StopInputHandler( );
            }
            StopInputHandler( );
        }
        break;

    case SAFEOP_2_OP:
        /* 开始输出处理程序 */
        result = StartOutputHandler( );
        if (result == 0)
        {
            bApplEsmPending = FALSE;
            result = APPL_StartOutputHandler( );
            if (result == 0)
            {
                /* 设备处于 OP 状态 */
                bEcatOutputUpdateRunning = TRUE;
            }
        }
```

```
        if ( result ! = 0 && result ! = NOERROR_INWORK)
        {
            if (! bApplEsmPending)
                APPL_StopOutputHandler( ) ;
            StopOutputHandler( ) ;
        }
        break;

    case OP_2_SAFEOP:
        /* 停止输出处理程序 */
        APPL_StopOutputHandler( ) ;
        StopOutputHandler( ) ;
        bApplEsmPending = FALSE;
        break;

    case OP_2_PREOP:
        /* 停止输出处理程序 */
        result = APPL_StopOutputHandler( ) ;
        StopOutputHandler( ) ;
        bApplEsmPending = FALSE;
        if (result ! = 0)
            break;
        stateTrans = SAFEOP_2_PREOP;

    case SAFEOP_2_PREOP:
        /* 停止输入处理程序 */
        APPL_StopInputHandler( ) ;
        StopInputHandler( ) ;
        bApplEsmPending = FALSE;
        break;

    case OP_2_INIT:
        /* 停止输出处理程序 */
        result = APPL_StopOutputHandler( ) ;
        StopOutputHandler( ) ;

        bApplEsmPending = FALSE;
        if (result ! = 0)
```

```
            break;
        stateTrans = SAFEOP_2_INIT;

    case SAFEOP_2_INIT:
        /* 停止输入处理程序 */
        result = APPL_StopInputHandler( );
        StopInputHandler( );
        bApplEsmPending = FALSE;
        if (result ! = 0)
            break;
        stateTrans = PREOP_2_INIT;

    case PREOP_2_INIT:
        MBX_StopMailboxHandler( );
        result = APPL_StopMailboxHandler( );
        BackToInitTransition( );
        break;

    case INIT_2_INIT:
        BackToInitTransition( );
    case PREOP_2_PREOP:
    case SAFEOP_2_SAFEOP:
    case OP_2_OP:
        if (bErrAck)
            APPL_AckErrorInd(stateTrans);
        if (! bLocalErrorFlag)
        {
            /* 当前没有本地错误标志处于活跃状态,使能 SM 通道 */
            if ( nAlStatus & (STATE_SAFEOP | STATE_OP))
            {
                if (nPdOutputSize > 0)
                {
                    EnableSyncManChannel(PROCESS_DATA_OUT);
                }
                else
                if (nPdInputSize > 0)
                {
                    EnableSyncManChannel(PROCESS_DATA_IN);
```

```
            }
            }
        }
        result=NOERROR_NOSTATECHANGE;
        break;

    case INIT_2_SAFEOP:
    case INIT_2_OP:
    case PREOP_2_OP:
    case PREOP_2_BOOT:
    case SAFEOP_2_BOOT:
    case OP_2_BOOT:
    case BOOT_2_PREOP:
    case BOOT_2_SAFEOP:
    case BOOT_2_OP:
        result=ALSTATUSCODE_INVALIDALCONTROL;
        break;

    default:
        result=ALSTATUSCODE_UNKNOWNALCONTROL;
        break;
    }
}
else
{
    /* 检查同步管理器，如果设置未成功，则将状态切换为 Pre-OP 状态或 Iint 状态 */
    switch (nAlStatus)
    {
        case STATE_OP:
            /* 停止输出处理程序 */
            APPL_StopOutputHandler ();
            StopOutputHandler ();
        case STATE_SAFEOP:
            /* 停止输入处理程序 */
            APPL_StopInputHandler ();
            StopInputHandler ();

        case STATE_PREOP:
        if ( result==ALSTATUSCODE_INVALIDMBXCFGINPREOP )
```

```
        {
            /* 邮箱同步管理器设置错误，将状态切换为 Init */
            MBX_StopMailboxHandler();
            APPL_StopMailboxHandler();
            nAlStatus = STATE_INIT;
        }
        else
            nAlStatus = STATE_PREOP;
    }
}
if(result == NOERROR_INWORK)
{
    /* 状态转换仍在进行。函数 ECAT_StateChange() 必须在应用程序中被调用 */
    bEcatWaitForAlControlRes = TRUE;
    /* 状态转换必须被保存 */
    nEcatStateTrans = stateTrans;

    /* 初始化 ESM 超时计数器 */
    switch(nEcatStateTrans)
    {
        case INIT_2_PREOP:
        case INIT_2_BOOT:
            EsmTimeoutCounter = PREOPTIMEOUT;
        break;
        case PREOP_2_SAFEOP:
        case SAFEOP_2_OP:
            EsmTimeoutCounter = SAFEOP2OPTIMEOUT;
            break;
        default:
            EsmTimeoutCounter = 200; //* 将默认的 ESM 超时计数器值设置为 200ms */
            break;
    }
    /* 将 ESM 超时计数器减去 50ms，以在主站超时前做出反应 */
    EsmTimeoutCounter -= 50;
}
else if(alControl != (nAlStatus & STATE_MASK))
{
    /* 从站状态已改变 */
    if((result != 0 || alStatusCode != 0) && ((alControl | nAlStatus) & STATE_OP))
    {
```

```
    /*请求本地应用程序离开 OP 状态,必须失能 SM2 通道,并且通过调用函数 StopOut-
putHandler()将状态由 OP 状态切换为 Safe-OP 状态 */
     /* 如果输出更在进行更新,则只运行函数 StopOutputHandler() */
    if(bEcatOutputUpdateRunning)
    {
        APPL_StopOutputHandler();
        StopOutputHandler();
    }
    if(nPdOutputSize>0)
    {
        /* 失能 SM2 通道 */
        DisableSyncManChannel(PROCESS_DATA_OUT);
    }
    else
        if (nPdInputSize > 0)
     {
        /* 如果无输出可用, 则失能 SM3 通道 */
        DisableSyncManChannel (PROCESS_DATA_IN);
    }
  }
  if (result! =0)
  {
    if (nAlStatus= =STATE_OP)
        nAlStatus=STATE_SAFEOP;
    /* 保存失败状态, 以便决定在状态转换成功的情况下是否重置应用层状态码 */
    nAlStatus | =STATE_CHANGE;
  }
  else
  {
    /* 状态转换成功 */
    if (alStatusCode! =0)
     {
        /* 来自用户的状态转换请求 */
        result=alStatusCode;
        alControl | =STATE_CHANGE;
    }
    /* 确认新状态 */
    nAlStatus=alControl;
    }
    bEcatWaitForAlControlRes=FALSE;
```

```
        /* 写应用层状态寄存器 */
        SetALStatus (nAlStatus, result);
    }
    else
    {
        /* 没有状态转换时进行错误确认 */
        bEcatWaitForAlControlRes = FALSE;
        /* 如果错误位被确认，则应用层状态必须被更新，应用层状态码必须被复位 */
        SetALStatus(nAlStatus, 0);
    }
}
```

在进入函数 AL_ControlInd( ) 后，将状态机当前状态和请求状态的状态码分别存放于变量 stateTrans 的高四位和低四位中。然后根据状态机当前状态和请求状态（即根据变量 stateTrans）检查相应的 SM 通道配置情况（若 stateTrans 的值不同，则所检查的 SM 通道也不同），并将检查结果存放于变量 result 中，上述 SM 通道的检查工作是在 switch 语句体中完成的。

1）如果 SM 通道配置检查正确（即 result 结果为 0），则根据变量 stateTrans 进行状态转换。

若从引导状态转换为 Init 状态，则调用函数 BackToInitTransition（）。

若从 Init 状态转换为 Pre-OP 状态，则调用函数 MBX_StartMailboxHandler( )。

若从 Pre-OP 状态转换为 Safe-OP 状态，则调用函数 StartInputHandler( )。

若从 Safe-OP 状态转换为 OP 状态，则调用函数 StartOutputHandler( )。

2）如果 SM 通道检查不正确（即 result 的值不为 0），则根据状态机当前状态进行相关操作。

若当前处于 OP 状态，则执行函数 APPL_StopOutputHandler( ) 和 StopOutputHandler( ) 停止周期性输出过程数据通信。

若当前处于 Safe-OP 状态，则执行函数 APPL_StopInputHandler( ) 和 StopInputHandler( ) 停止周期性输入过程数据通信。

若当前处于 Pre-OP 状态，则执行 MBX_StopMailboxHandler( ) 和 APPL_StopMailboxHandler( ) 停止邮箱数据通信。

在从站状态机转换过程中需要经过以下阶段。

1）检查 SM 设置。

在进入"Pre-OP"状态之前，需要读取并检查邮箱通信相关 SM0 和 SM1 通道的配置，进入"Safe-OP"之前需要检查周期性过程数据通信使用的 SM2 和 SM3 通道的配置，需要检查的 SM 通道的设置内容如下。

① SM 通道大小。

② SM 通道的设置是否重叠，特别注意三个缓存区应该预留 3 倍配置长度大小的空间。

③ SM 通道起始地址应该为偶数。

④ SM 通道应该被使能。

SM 通道配置的检查工作在函数 CheckSmSettings( )(位于"ecatslv. c"文件中）中完成。

2）启动邮箱数据通信，进入 Pre-OP 状态。

在从站进入 Pre-OP 状态之前，先检查邮箱通信 SM 配置，如果配置成功则调用函数 MBX_StartMailboxHandler( ) 进入 Pre-OP 状态。

函数执行过程如图 9-17 所示。

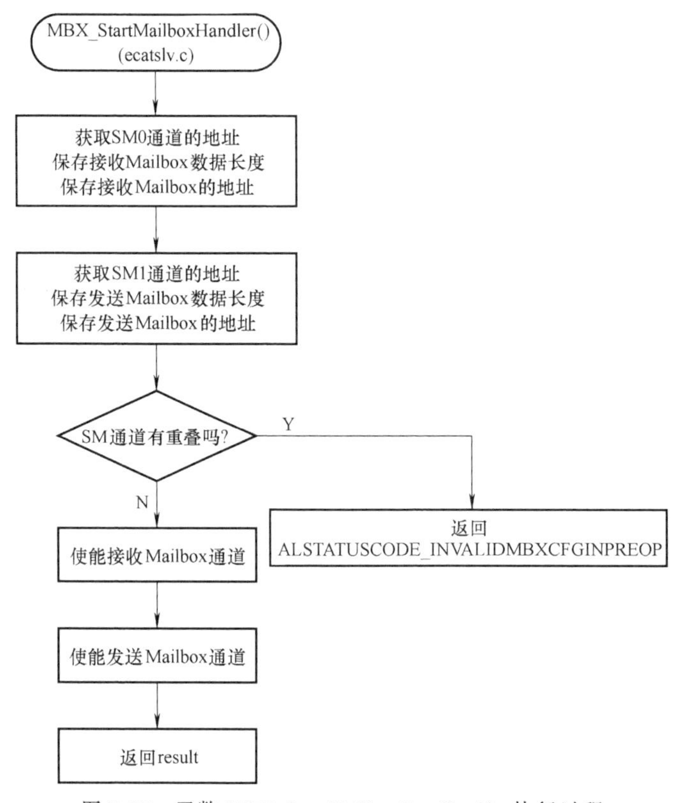

图 9-17　函数 MBX_StartMailboxHandler( ) 执行过程

3）启动周期性输入数据通信，进入 Safe-OP 状态。

在进入 Safe-OP 状态之前，先检查过程数据 SM 通道设置是否正确，如正确则使能输入数据通道 SM3，调用函数 StartInputHandler( ) 进入 Safe-OP 状态，函数执行过程如图 9-18 所示。

4）启动周期性输出数据通信，进入 OP 状态。

在进入 OP 状态之前，先检查过程数据 SM 通道设置是否正确，如正确则使能输出数据通道 SM2，调用函数 StartOutputHandler( ) 进入 OP 状态，函数执行过程如图 9-19 所示。

5）停止 EtherCAT 数据通信。

在 EtherCAT 通信状态回退时停止相应的数据通信 SM 通道，其回退方式有以下三种。

① 从高状态退回 Safe-OP 状态时，调用函数 StopOutputHandler( ) 停止周期性过程数据输出处理。

② 从高状态退回 Pre-OP 状态时，调用函数 StopInputHandler( ) 停止周期性过程数据输入处理。

③ 从高状态退回 Init 状态时，调用函数 BackToInitTransition( ) 停止所有应用层数据处理。

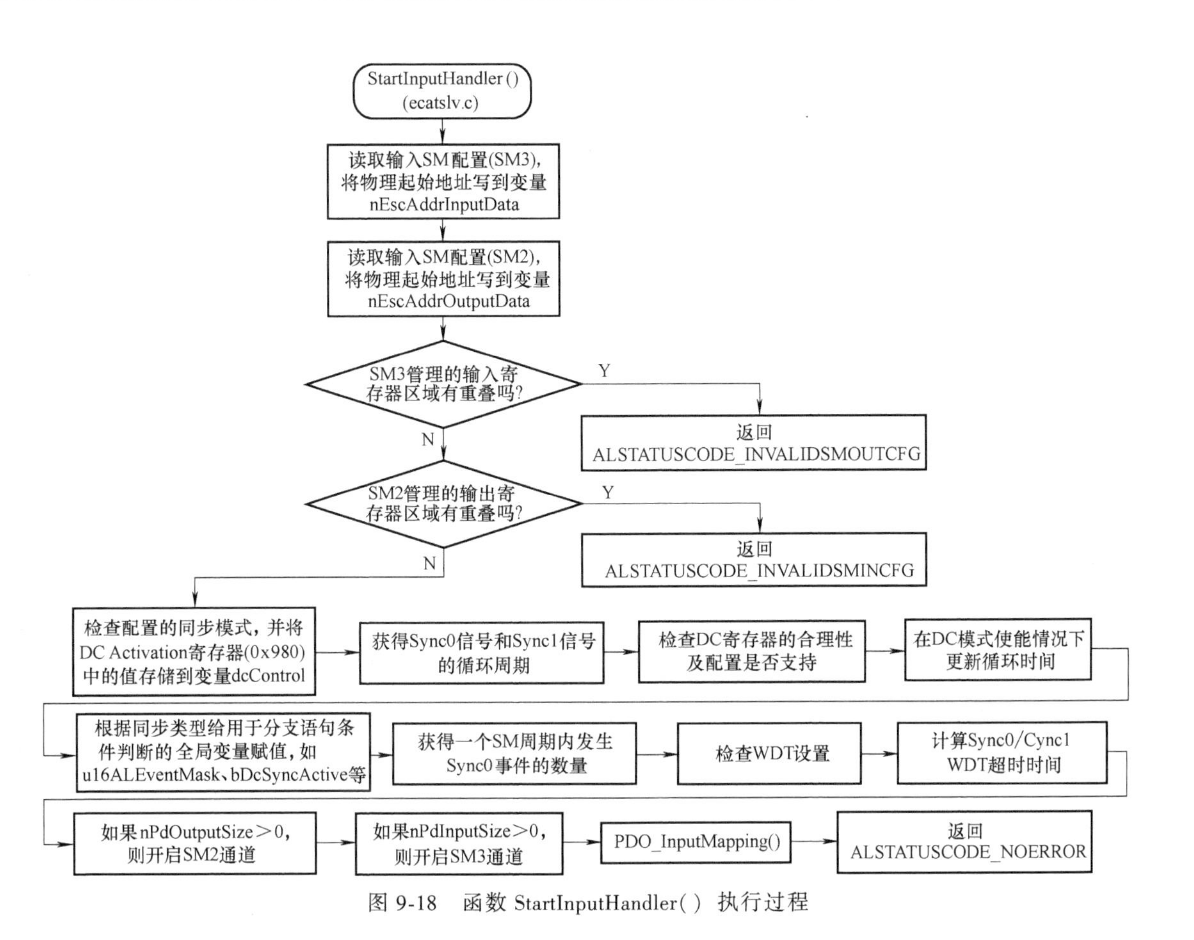

图 9-18 函数 StartInputHandler( ) 执行过程

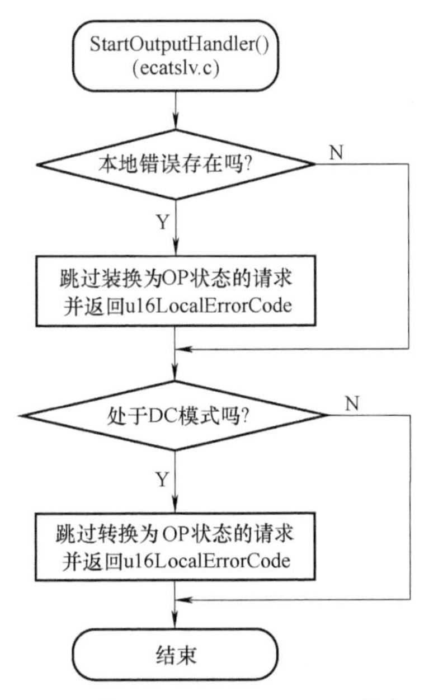

图 9-19 函数 StartOutputHandler( )执行过程

9.3 EtherCAT 通信中的数据传输过程

9.3.1 EtherCAT 从站到主站的数据传输过程

以 STM32 外接 Switch 开关的状态在通信中的传输过程为例，介绍 EtherCAT 从站到主站的数据传输过程。

1. 从 STM32 的 GPIO 寄存器到结构体

首先，在头文件“mcihw. h”中通过宏定义“#define SWITCH_1 PCin(8)”将 switch1 开关的状态（即 STM32 GPIO 寄存器中的值）赋给变量 SWITCH_1。在函数 APPL_Application () 中通过语句“sDIInputs. bSwitch1 = SWITCH_1;”把 Switc1 开关的状态赋给结构体 sDIInputs 中元素 bSwitch1（结构体 sDIInputs 在文件“el9800appl. h”中定义）。

函数 APPL_Application() 中完成了 Switch 开关状态（GPIO 寄存器）向结构体的传送，其源代码如下所示。

```
void APPL_Application(void)
{
#if _STM32_IO4
    UINT16 analogValue;
#endif
    LED_1 = sDOOutputs.bLED1;
    LED_2 = sDOOutputs.bLED2;
    LED_3 = sDOOutputs.bLED3;
    LED_4 = sDOOutputs.bLED4;
#if _STM32_IO8
    LED_5 = sDOOutputs.bLED5;
    LED_6 = sDOOutputs.bLED6;
    LED_7 = sDOOutputs.bLED7;
    LED_8 = sDOOutputs.bLED8;
#endif

    sDIInputs.bSwitch1 = SWITCH_1;
    sDIInputs.bSwitch2 = SWITCH_2;
    sDIInputs.bSwitch3 = SWITCH_3;
    sDIInputs.bSwitch4 = SWITCH_4;
#if _STM32_IO8
    sDIInputs.bSwitch5 = SWITCH_5;
    sDIInputs.bSwitch6 = SWITCH_6;
    sDIInputs.bSwitch7 = SWITCH_7;
    sDIInputs.bSwitch8 = SWITCH_8;
```

```
#endif

    /*将模数转换结果传递给结构体*/
sAIInputs.i16Analoginput=uhADCxConvertedValue;
TIM_SetCompare1(TIM14, sAOOutputs.u16Pwmoutput);
    /*在更新相应TxPDO数据后切换TxPDO Toggle*/
    sAIInputs.bTxPDOToggle^=1;
/*模拟了一个模拟输入的问题，如果在这个例子中Switch4是断开的，则此时TxPDO
状态必须设置为向主站请示问题的状态*/

    if(sDIInputs.bSwitch4)
    sAIInputs.bTxPDOState=1;
  else
    sAIInputs.bTxPDOState=0;
}
```

2. 从结构体到EtherCAT从站控制器的DPRAM

对象字典（在从站驱动程序中用结构体来描述对象字典）在EtherCAT通信过程中起到通信变量的作用。

通过在函数MainLoop()、PDI_Isr()或Sync0_Isr()中调用函数PDO_InputMapping()将结构体sDIInputs中变量的值写到从站控制器芯片的DPRAM中。

函数PDO_InputMapping()将结构体中的变量写入EtherCAT从站控制器芯片DPRAM中，其源代码如下所示。

```
void PDO_InputMapping(void)
{
    APPL_InputMapping((UINT16*)aPdInputData);
    HW_EscWriteIsr(((MEM_ADDR*)aPdInputData), nEscAddrInputData, nPdInput-
Size);
}
```

函数APPL_InputMapping((UINT16*)aPdInputData)用于将结构体中的变量存放到指针aPdInputData所指的内存区。

函数HW_EscWriteIsr(((MEM_ADDR*)aPdInputData), nEscAddrInputData, nPdInput-Size)用于将指针aPdInputData所指内存区的内容写入EtherCAT从站控制器芯片的DPRAM中。

3. EtherCAT从站控制器到主站

通过EtherCAT主站和从站之间的通信，将从站控制器芯片DPRAM中的输入过程数据传送给主站，主站即可在线监测Switch1的状态。

9.3.2 EtherCAT主站到从站的数据传输过程

以在主站控制STM32外接LED发光二极管状态为例，介绍从EtherCAT主站到从站的数据传输过程。

1. 主站到 EtherCAT 从站控制器

在主站上改变 LED1 发光二极管的状态，经过主从站通信，主站将表示 LED1 状态的过程数据写入从站控制器芯片的 DPRAM 中。

2. EtherCAT 从站控制器到结构体

通过在函数 MainLoop（）、PDI_Isr() 或 Sync0_Isr() 中调用函数 PDO_OutputMapping()，将从站控制器芯片 DPRAM 中的输出过程数据读取到结构体 sDOOutputs 中，其中 LED1 的状态读取到 sDOOutputs. bLED1 中。

函数 PDO_OutputMapping() 将 EtherCAT 从站控制器芯片 DPRAM 中的过程数据读取到结构体中，其源代码如下。

```
void PDO_OutputMapping(void)
{
    HW_EscReadIsr(((MEM_ADDR *)aPdOutputData), nEscAddrOutputData, nPdOutputSize);
    APPL_OutputMapping((UINT16 *)aPdOutputData);
}
```

其中函数 HW_EscReadIsr(((MEM_ADDR *)aPdOutputData), nEscAddrOutputData, nPdOutputSize) 将 EtherCAT 从站控制器芯片 DPRAM 中的过程数据读取到指针 aPdOutputData 所指的 STM32 内存区。

函数 APPL_OutputMapping((UINT16 *)aPdOutputData) 将指针所指内存区中的数据读取到结构体中。

3. 结构体到 STM32 的 GPIO 寄存器

在函数 APPL_Application() 中通过语句“LED_1 = sDOOutputs. bLED1;”将主站设置的 LED1 的状态赋值给变量 LED_1，通过头文件“mcihw. h”中的宏定义“#define LED_1 PGout(8)”即可改变 GPIO 寄存器中的值，进而将 LED 发光二极管的状态改变为预期值。

函数 APPL_Application() 中完成了结构体数据向 LED 发光二极管（GPIO 寄存器）的传送，其源代码如下所示。

```
void APPL_Application(void)
{
#if _STM32_IO4
    UINT16 analogValue;
#endif
    LED_1 = sDOOutputs. bLED1;
    LED_2 = sDOOutputs. bLED2;
    LED_3 = sDOOutputs. bLED3;
    LED_4 = sDOOutputs. bLED4;
#if _STM32_IO8
    LED_5 = sDOOutputs. bLED5;
    LED_6 = sDOOutputs. bLED6;
```

```
        LED_7 = sDOOutputs. bLED7;
        LED_8 = sDOOutputs. bLED8;
    #endif

        sDIInputs. bSwitch1 = SWITCH_1;
        sDIInputs. bSwitch2 = SWITCH_2;
        sDIInputs. bSwitch3 = SWITCH_3;
        sDIInputs. bSwitch4 = SWITCH_4;
    #if _STM32_IO8
        sDIInputs. bSwitch5 = SWITCH_5;
        sDIInputs. bSwitch6 = SWITCH_6;
        sDIInputs. bSwitch7 = SWITCH_7;
        sDIInputs. bSwitch8 = SWITCH_8;
    #endif

        /* 将模数转换结果传递给结构体 */
    sAIInputs. i16Analoginput    = uhADCxConvertedValue;
    TIM_SetCompare1(TIM14, sAOOutputs. u16Pwmoutput);
        /* 在更新相应 TxPDO 数据后切换 TxPDO Toggle */
        sAIInputs. bTxPDOToggle^= 1;

    /* 模拟了一个模拟输入的问题，如果在这个例子中 Switch4 是断开的，此时 TxPDO 状
态必须设置为向主站请示问题的状态 */
        if(sDIInputs. bSwitch4)
            sAIInputs. bTxPDOState = 1;
        else
            sAIInputs. bTxPDOState = 0;
    }
```

第10章 从站增加数字量和模拟量通信数据的方法

10

本章基于采用微控制器 STM32F407 和 EtherCAT 从站控制器 ET1100 的开发板，详细讲述了 EtherCAT 从站增加数字量（DI、DO）和模拟量（AI、AO）通信数据的方法，主要内容包括 EtherCAT 从站驱动程序、应用程序和 XML 文件具体修改方法的概述与实例。开发者可以根据工程需求，参照本章讲述的方法完成 EtherCAT 从站的开发设计。

10.1 EtherCAT 程序和 XML 文件修改概述

1. EtherCAT 程序修改概述

如果 EtherCAT 从站驱动和应用程序在同一微处理器或微控制器移植，只需要修改以下相关代码文件。

1）包含各对象字典定义的 el9800appl. h 文件。

2）与应用层接口相关的 el9800appl. c 文件。

如果 EtherCAT 从站驱动和应用程序要移植到其他微处理器或微控制器，还需要更改如下相关代码文件。

1）与通信接口和中断相关的 mcihw. h、mcihw. c 文件。

2）与定时器相关的 Timer. c 文件。

2. 增加 DI/DO 数字量输入/输出和 AI/AO 模拟量输入/输出变量的相同点与不同点

（1）增加 DI/DO 和 AI/AO 变量的相同点

增加 DI/DO 和 AI/AO 变量的相同点如下。

1）增加自定义变量的步骤都是先修改 XML 文件，包括修改索引的数据类型和对象、相应的 Txpdo 或 Rxpdo 通道。

2）修改 STM32 程序，包括在 el9800appl. h 文件中修改索引的本地存储、初始化、表项描述和对象描述。

3）在 el9800appl. c 文件中修改函数 void APPL_Application（void）给自定义的变量赋值，在函数 void APPL_InputMapping（UINT16 * pData）或函数 void APPL_OutputMapping（UINT16 * pData）中添加变量。

（2）增加 DI/DO 和 AI/AO 变量的不同点

增加 DI/DO 和 AI/AO 变量的不同点如下。

1）添加 DI 变量需要修改 0x1a00、0x6000 和 Txpdo 通道。

2）添加 DO 变量需要修改 0x1601、0x7010 和 Rxpdo 通道。

3）添加 AI 变量需要修改 0x1a02、0x6020 和 Txpdo 通道。

4）添加 AO 变量需要修改 0x1602、0x6411 和 Rxpdo 通道。

例如，模拟量输入 AI 要上传到主站，对于 PDO 的 Tx 和 Rx 是针对从站来说，Tx 为从站发送给主站，Rx 为主站发送给从站。

模拟量输入 AI 的“Name”为 AI Inputs，定义在 Txpdo2 里面，所用的 Sm 通道为 Sm3，Txpdo2 的映射为 0x1a02。0x1a02 里映射的内容有字典的 0x6020 和 0x1802 的内容。

XML 文件中 AI Inputs 的数据映射关系如图 10-1 所示。

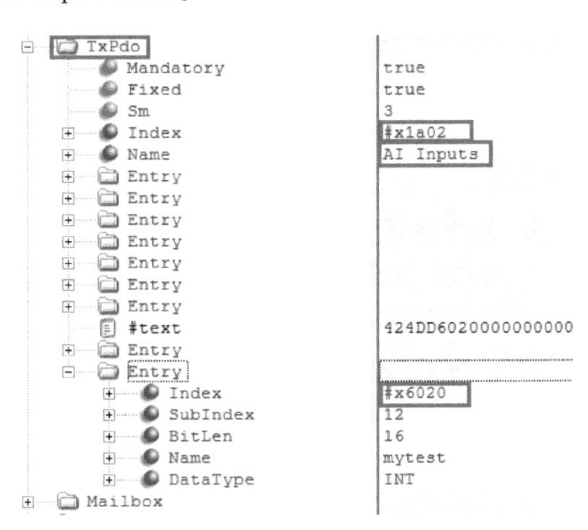

图 10-1　XML 文件中 AI Inputs 的数据映射关系

3. 数据映射关系

数据映射关系参考图如图 10-2 所示。

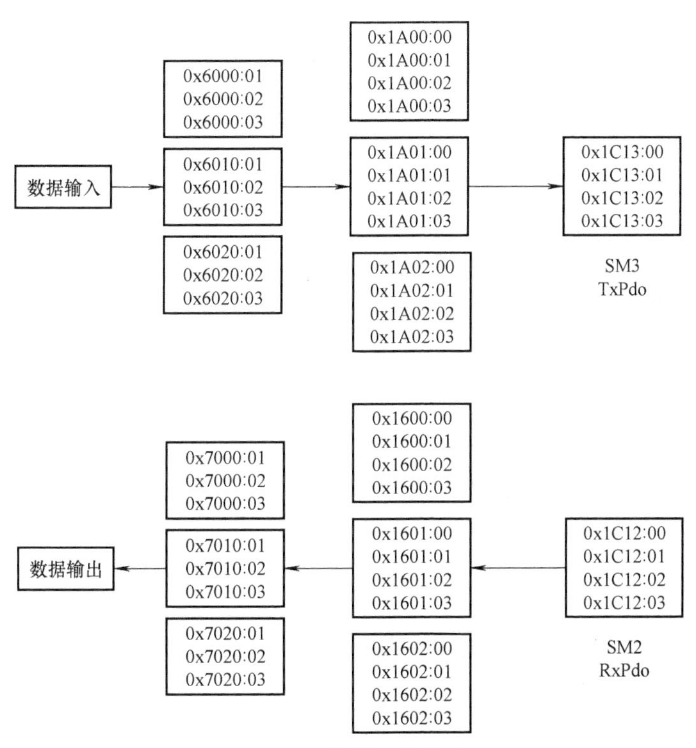

图 10-2　数据映射关系

以 0x7010、0x1601、0x1c12 为例，具体解释三者的映射关系。

① 0x7010 定义了一个数据对象。

② 0x1601 为 0x7010 建立了一个映射，用于在 Sm 通道中传输对象字典 0x7010 中的数据。

③ 0x1c12 把 0x1601 建立的映射添加到 Sm2 中，以便在主站和从站的通信中传输数据。

一般来讲，CoE 协议的对象字典中有如下关系。

① 0x6000~0x9fff，如 0x7010 是用来定义数据对象的。

② 0x1600~0x17ff，如 0x1601 是为输出数据建立映射的。

③ 0x1a00~0x1bff，如 0x1601 是为输入数据建立映射的。

④ 0x1c10~0x1c2f，如 0x1c12 依次添加映射到 Sm0~Sm31，以便在主站和从站的通信中传输数据。

4. 关于修改 XML 文件的简要说明

本文档中所有 XML 文件的修改都基于名为 “FBECT_ ET1100. xml” 的 XML 文件，该 XML 文件中拥有两个 RxPdo 通道和两个 TxPdo 通道。

第 1 个 RxPdo 通道，其 “Name” 是 DO Outputs，该通道用于数字量过程数据的输出，并且其下拥有 9 个 “Entry”，前 8 个 “Entry” 的 “Name” 分别是 LED 1~LED 8。

第 2 个 RxPdo 通道，其 “Name” 是 AO Outputs，该通道用于模拟量过程数据的输出。

第 1 个 TxPdo 通道，其 “Name” 是 DI Inputs，该通道用于数字量过程数据的输入，并且其下拥有 9 个 “Entry”，前 8 个 “Entry” 的 “Name” 分别是 Switch 1~ Switch 8。

第 2 个 TxPdo 通道，其 “Name” 是 AI Inputs，该通道用于模拟量过程数据的输入。

10.2 EtherCAT 从站 XML 文件的修改实例

当开发设计一个新的 EtherCAT 从站时，需要写一个该从站对应的 XML 文件，一般会在已有的 XML 文件基础上进行删除、添加修改。

下面通过工程名文件为 “FBECT_PB_IO” 的从站 XML 文件实例，对 EtherCAT 从站的 XML 文件格式、内容和需要修改的地方做详细注释说明。

“FBECT_PB_IO” 从站的 XML 文件修改之前的 XML 文件具体如下。

<? xml version = "1. 0" encoding = "utf-8"? >

<EtherCATInfo xmlns:xsi = http://www. w3. org/2001/XMLSchema-instance
xsi:noNamespaceSchemaLocation = "EtherCATInfo. xsd"
Version = "1. 6">

<! -- EtherCATInfo 是 EtherCAT 从站设备信息描述的根元素 -->

<Vendor>

<! -- Vendor 描述由 EtherCAT 技术组指派的设备供应商的名称、EtherCAT 供应商 ID 和供应商公司图标 BMP 文件的十六进制表示 -->

<Id>

#x0AEB

<! -- Id 描述 EtherCAT 供应商的 ID，为一个十六进制序列，需要向 ETG 申请会员来申请此 ID 序列 -->

</Id>

<Name>SDU-CSE

```
<! -- Name 为 EtherCAT 供应商的公司名 -->
        </Name>
        <ImageData16x14>
        424DD8020000000000003600000028000000100000000E0000000100180000000000A20
        20000120B0000120B00000000000000000FFFFFFFFFFFFFFFFFF8F6F3E3DCC
        …
        FFFFFFFFFFFFFFFFFFFFFFFFFFFFFFFFFFFF7F5F2E3DED1DDD4C5DDD2C6DFD8C9
        ECE7DFFFFFFFFFFFFFFFFFFFFFFFFFFFFFFFFFFFFFFF0000
<! --ImageData16x14 条目中的序列为 EtherCAT 供应商公司 logo BMP 文件的十六进制表
示-->
        </ImageData16x14>
      </Vendor>

      <Descriptions>
<! -- 在 Descriptions 中包含 Groups 和 Devices 两个条目,用来描述 EtherCAT 设备 -->
      <Groups>
<! -- Groups 下可包含一个或多个 Group,相似的 EtherCAT 设备被分配到同一个 Group 中
-->
        <Group SortOrder="0">
          <Type>FBECT_ET1100_IO</Type>
          <Name LcId="1031"> FBECT_ET1100_IO </Name>
          <Name LcId="1033"> FBECT_ET1100_IO </Name>
          <ImageData16x14>
          424DD8020000000000003600000028000000100000000E0000000100180000000000A
          2020000120B0000120B00000000000000000FFFFFFFFFFFFFFFFFF8F6
          …
          3DED1DDD4C5DDD2C6DFD8C9ECE7DFFFFFFFFFFFFFFFFFFFFFFFFFFFFFFFFFF
          FFF0000
          </ImageData16x14>
        </Group>
      </Groups>

      <Devices>
        <Device Physics="YY">
        <Type ProductCode="#x00001100" RevisionNo="#x1">
        FBECT_ET1100
<! -- Type 描述产品类型和产品号,ProductCode 指产品类型,RevisionNo 指产品号 -->
        </Type>
        <Name LcId="1033"> FBECT_ET1100</Name>
```

```
    <Name LcId="1031">FBECT_ET1100</Name>
    <Info>
<!-- Info 描述状态机转换和邮箱数据通信的相关时间参数 -->
      <StateMachine>
        <Timeout>
          <PreopTimeout>2000</PreopTimeout>
          <SafeopOpTimeout>9000</SafeopOpTimeout>
          <BackToInitTimeout>5000</BackToInitTimeout>
          <BackToSafeopTimeout>200</BackToSafeopTimeout>
        </Timeout>
      </StateMachine>
      <Mailbox>
        <Timeout>
          <RequestTimeout>100</RequestTimeout>
          <ResponseTimeout>2000</ResponseTimeout>
        </Timeout>
      </Mailbox>
    </Info>
    <GroupType>
      FBECT_ET1100_IO
<!-- GroupType 描述该从站设备所属的组类型 -->
    </GroupType>

    <Profile>
<!-- Profile 条目包含通道信息、数据类型和对象字典的相关内容 -->
      <ChannelInfo>
<!-- ChannelInfo 中是对通道信息的描述 -->
        <ProfileNo>5001</ProfileNo>
        <AddInfo>100</AddInfo>
      </ChannelInfo>
      <ChannelInfo>
        <ProfileNo>5001</ProfileNo>
        <AddInfo>200</AddInfo>
      </ChannelInfo>
      <ChannelInfo>
        <ProfileNo>5001</ProfileNo>
        <AddInfo>300</AddInfo>
      </ChannelInfo>

      <Dictionary>
```

```
<! -- Dictionary 中包含数据类型和对象字典的定义 -->
        <DataTypes>
<! -- DataTypes 中包含各种数据类型的定义 -->

          <DataType>
<! -- 数据类型 DT1601 和子条目的定义,与数字量输出 DO 有关,增加或删除 DO 变量需要修改此处 -->
            <Name>DT1601</Name>
            <BitSize>304</BitSize>
            <SubItem>
              <SubIdx>0</SubIdx>
              <Name>SubIndex 000</Name>
              <Type>USINT</Type>
              <BitSize>8</BitSize>
              <BitOffs>0</BitOffs>
              <Flags>
                <Access>ro</Access>
                <Category>o</Category>
              </Flags>
            </SubItem>
            <SubItem>
              <SubIdx>1</SubIdx>
              <Name>SubIndex 001</Name>
              <Type>UDINT</Type>
              <BitSize>32</BitSize>
              <BitOffs>16</BitOffs>
              <Flags>
                <Access>ro</Access>
                <Category>o</Category>
              </Flags>
            </SubItem>
            …
            SubIndex 002～ SubIndex 008
            …
            <SubItem>
              <SubIdx>9</SubIdx>
              <Name>SubIndex 009</Name>
              <Type>UDINT</Type>
              <BitSize>32</BitSize>
```

```
            <BitOffs>272</BitOffs>
            <Flags>
              <Access>ro</Access>
              <Category>o</Category>
            </Flags>
          </SubItem>
        </DataType>

        <DataType>
    <! -- 数据类型 DT1602 和子条目的定义,与模拟量输出 AO 有关,增加或删除 AO 变量需
要修改此处-->
          <Name>DT1602</Name>
          <BitSize>32</BitSize>
          <SubItem>
            <SubIdx>0</SubIdx>
            <Name>SubIndex 000</Name>
            <Type>USINT</Type>
            <BitSize>8</BitSize>
            <BitOffs>0</BitOffs>
            <Flags>
              <Access>ro</Access>
              <Category>o</Category>
            </Flags>
          </SubItem>
          <SubItem>
            <SubIdx>1</SubIdx>
            <Name>SubIndex 001</Name>
            <Type>UDINT</Type>
            <BitSize>16</BitSize>
            <BitOffs>16</BitOffs>
            <Flags>
              <Access>ro</Access>
              <Category>o</Category>
              </Flags>
            </SubItem>
          </DataType>

          <DataType>
    <! -- 数据类型 DT1A02 和子条目的定义,与模拟量输入 AI 有关,增加或删除 AI 变量需
要修改此处 -->
```

```
    <Name>DT1A02</Name>
    <BitSize>272</BitSize>
    <SubItem>
      <SubIdx>0</SubIdx>
      <Name>SubIndex 000</Name>
      <Type>USINT</Type>
      <BitSize>8</BitSize>
      <BitOffs>0</BitOffs>
      <Flags>
        <Access>ro</Access>
        <Category>o</Category>
      </Flags>
    </SubItem>
    <SubItem>
      <SubIdx>1</SubIdx>
      <Name>SubIndex 001</Name>
      <Type>UDINT</Type>
      <BitSize>32</BitSize>
      <BitOffs>16</BitOffs>
      <Flags>
        <Access>ro</Access>
        <Category>o</Category>
      </Flags>
    </SubItem>
    …
    SubIndex 002～ SubIndex 007
    …
    <SubItem>
      <SubIdx>8</SubIdx>
      <Name>SubIndex 008</Name>
      <Type>UDINT</Type>
      <BitSize>32</BitSize>
      <BitOffs>240</BitOffs>
      <Flags>
        <Access>ro</Access>
        <Category>o</Category>
      </Flags>
    </SubItem>
  </DataType>
```

```
<DataType>
<! -- 数据类型 DT1C12 和子条目的定义,与 RxPdo 通道的分配有关,如果新增了 RxPdo 通道需要在此处增加子条目 -->
    <Name>DT1C12</Name>
    <BitSize>32</BitSize>
    <SubItem>
        <SubIdx>0</SubIdx>
        <Name>SubIndex 000</Name>
        <Type>USINT</Type>
        <BitSize>8</BitSize>
        <BitOffs>0</BitOffs>
        <Flags>
            <Access>ro</Access>
            <Category>o</Category>
        </Flags>
    </SubItem>
    <SubItem>
        <Name>Elements</Name>
        <Type>DT1C12ARR</Type>
        <BitSize>16</BitSize>
        <BitOffs>16</BitOffs>
        <Flags>
            <Access>ro</Access>
            <Category>o</Category>
        </Flags>
    </SubItem>
</DataType>

<DataType>
<! -- 数据类型 DT1C13 和子条目的定义,与 TxPdo 通道的分配有关,如果新增了 TxPdo 通道需要在此处增加子条目 -->
    <Name>DT1C13</Name>
    <BitSize>48</BitSize>
    <SubItem>
        <SubIdx>0</SubIdx>
        <Name>SubIndex 000</Name>
        <Type>USINT</Type>
        <BitSize>8</BitSize>
```

```
          <BitOffs>0</BitOffs>
          <Flags>
            <Access>ro</Access>
            <Category>o</Category>
          </Flags>
        </SubItem>
        <SubItem>
          <Name>Elements</Name>
          <Type>DT1C13ARR</Type>
          <BitSize>32</BitSize>
          <BitOffs>16</BitOffs>
          <Flags>
            <Access>ro</Access>
            <Category>o</Category>
          </Flags>
        </SubItem>
      </DataType>

      <DataType>
<! -- 数据类型 DT6000 和子条目的定义,与数字量输入 DI 有关。DI 变量的增减和重命
名需要修改此处 -->
<! -- 当前拥有 8 个有效的 DI 变量,其 name 分别是 Switch1 ~ Switch8 -->
        <Name>DT6000</Name>
        <BitSize>24</BitSize>
        <SubItem>
          <SubIdx>0</SubIdx>
          <Name>SubIndex 000</Name>
          <Type>USINT</Type>
          <BitSize>8</BitSize>
          <BitOffs>0</BitOffs>
          <Flags>
            <Access>ro</Access>
            <Category>o</Category>
          </Flags>
        </SubItem>
        <SubItem>
          <SubIdx>1</SubIdx>
          <Name>Switch 1</Name>
          <Type>BOOL</Type>
```

```
            <BitSize>1</BitSize>
            <BitOffs>16</BitOffs>
            <Flags>
                <Access>ro</Access>
                <Category>o</Category>
                <PdoMapping>T</PdoMapping>
            </Flags>
        </SubItem>
        …
        Switch 2~ Switch 7
        …
        <SubItem>
            <SubIdx>8</SubIdx>
            <Name>Switch 8</Name>
            <Type>BOOL</Type>
            <BitSize>1</BitSize>
            <BitOffs>23</BitOffs>
            <Flags>
                <Access>ro</Access>
                <Category>o</Category>
                <PdoMapping>T</PdoMapping>
            </Flags>
        </SubItem>
    </DataType>

    <DataType>
<! -- 数据类型 DT6020 和子条目的定义,与模拟量输入 AI 有关。AI 变量的增减和重命名需要修改此处 -->
        <Name>DT6020</Name>
        <BitSize>48</BitSize>
        <SubItem>
            <SubIdx>0</SubIdx>
            <Name>SubIndex 000</Name>
            <Type>USINT</Type>
            <BitSize>8</BitSize>
            <BitOffs>0</BitOffs>
            <Flags>
                <Access>ro</Access>
                <Category>o</Category>
```

```
    </Flags>
  </SubItem>
  <SubItem>
    <SubIdx>1</SubIdx>
    <Name>Underrange</Name>
    <Type>BOOL</Type>
    <BitSize>1</BitSize>
    <BitOffs>16</BitOffs>
    <Flags>
      <Access>ro</Access>
      <Category>o</Category>
      <PdoMapping>T</PdoMapping>
    </Flags>
  </SubItem>
  <SubItem>
    <SubIdx>2</SubIdx>
    <Name>Overrange</Name>
    <Type>BOOL</Type>
    <BitSize>1</BitSize>
    <BitOffs>17</BitOffs>
    <Flags>
      <Access>ro</Access>
      <Category>o</Category>
      <PdoMapping>T</PdoMapping>
    </Flags>
  </SubItem>
  <SubItem>
    <SubIdx>3</SubIdx>
    <Name>Limit 1</Name>
    <Type>BIT2</Type>
    <BitSize>2</BitSize>
    <BitOffs>18</BitOffs>
    <Flags>
      <Access>ro</Access>
      <Category>o</Category>
      <PdoMapping>T</PdoMapping>
    </Flags>
  </SubItem>
  <SubItem>
```

```
        <SubIdx>5</SubIdx>
        <Name>Limit 2</Name>
        <Type>BIT2</Type>
        <BitSize>2</BitSize>
        <BitOffs>20</BitOffs>
        <Flags>
          <Access>ro</Access>
          <Category>o</Category>
          <PdoMapping>T</PdoMapping>
        </Flags>
      </SubItem>
      <SubItem>
        <SubIdx>15</SubIdx>
        <Name>TxPDO State</Name>
        <Type>BOOL</Type>
        <BitSize>1</BitSize>
        <BitOffs>30</BitOffs>
        <Flags>
          <Access>ro</Access>
          <Category>o</Category>
          <PdoMapping>T</PdoMapping>
        </Flags>
      </SubItem>
      <SubItem>
        <SubIdx>16</SubIdx>
        <Name>TxPDO Toggle</Name>
        <Type>BOOL</Type>
        <BitSize>1</BitSize>
        <BitOffs>31</BitOffs>
        <Flags>
          <Access>ro</Access>
          <Category>o</Category>
          <PdoMapping>T</PdoMapping>
        </Flags>
      </SubItem>
      <SubItem>
        <SubIdx>17</SubIdx>
        <Name>Analog input</Name>
        <Type>INT</Type>
```

```
        <BitSize>16</BitSize>
        <BitOffs>32</BitOffs>
        <Flags>
          <Access>ro</Access>
          <Category>o</Category>
          <PdoMapping>T</PdoMapping>
        </Flags>
      </SubItem>
    </DataType>

    <DataType>
<! -- 数据类型 DT6411 和子条目的定义,与模拟量输出 AO 有关。AO 变量的增减和重命名需要修改此处-->
      <Name>DT6411</Name>
      <BitSize>48</BitSize>
      <SubItem>
        <SubIdx>0</SubIdx>
        <Name>SubIndex 000</Name>
        <Type>USINT</Type>
        <BitSize>8</BitSize>
        <BitOffs>0</BitOffs>
        <Flags>
          <Access>ro</Access>
          <Category>o</Category>
        </Flags>
      </SubItem>
      <SubItem>
        <SubIdx>1</SubIdx>
        <Name>AO1</Name>
        <Type>USINT</Type>
        <BitSize>16</BitSize>
        <BitOffs>16</BitOffs>
        <Flags>
          <Access>ro</Access>
          <Category>o</Category>
          <PdoMapping>T</PdoMapping>
        </Flags>
      </SubItem>
      <SubItem>
```

```
          <SubIdx>2</SubIdx>
          <Name>PWM1</Name>
          <Type>USINT</Type>
          <BitSize>16</BitSize>
          <BitOffs>32</BitOffs>
          <Flags>
            <Access>ro</Access>
            <Category>o</Category>
            <PdoMapping>T</PdoMapping>
          </Flags>
        </SubItem>
      </DataType>

      <DataType>
  <! -- 数据类型 DT7010 和子条目的定义,与数字量输出 DO 有关。DO 变量的增减和重命名需要修改此处 -->
  <! -- 当前拥有 8 个有效的 DO 变量,其 name 分别是 LED1~LED8 -->
        <Name>DT7010</Name>
        <BitSize>24</BitSize>
        <SubItem>
          <SubIdx>0</SubIdx>
          <Name>SubIndex 000</Name>
          <Type>USINT</Type>
          <BitSize>8</BitSize>
          <BitOffs>0</BitOffs>
          <Flags>
            <Access>ro</Access>
            <Category>o</Category>
          </Flags>
        </SubItem>
        <SubItem>
          <SubIdx>1</SubIdx>
          <Name>LED 1</Name>
          <Type>BOOL</Type>
          <BitSize>1</BitSize>
          <BitOffs>16</BitOffs>
          <Flags>
            <Access>ro</Access>
            <Category>o</Category>
```

```
            <PdoMapping>R</PdoMapping>
          </Flags>
        </SubItem>
        …
        LED 2～ LED 7
        …
        <SubItem>
          <SubIdx>8</SubIdx>
          <Name>LED 8</Name>
          <Type>BOOL</Type>
          <BitSize>1</BitSize>
          <BitOffs>23</BitOffs>
          <Flags>
            <Access>ro</Access>
            <Category>o</Category>
            <PdoMapping>R</PdoMapping>
          </Flags>
        </SubItem>
      </DataType>
    </DataTypes>

    <Objects>
<! -- Objects 下包含若干个对象字典的定义 -->
<! -- Index 为该对象字典的索引号;Name 为该对象字典的名称,Name 可由使用者自行定义;Type 为该对象字典的数据类型,是 DataTypes 中的一种;DefaultData 为该对象字典的默认值;SubItem 为该对象字典中的子条目。
需注意以下两点。
1）在定义某个对象字典之前，一定要确保该对象字典要采用的数据类型已经定义，否则应在 DataTypes 中定义要采用的数据类型。
2）对象字典 Object 中 SubItem 的数目和类型，与对象字典采用的数据类型 DataType 中 SubItem 的数目和类型是一一对应的。-->
    <Object>
<! -- 对象字典 0x1601 和其子条目的定义 -->
<! -- 在此处定义数字量输出 DO 的映射关系 -->
<! -- 0x1601 为 0x7010 建立了一个映射,用于在 Sm 通道中传输对象字典 0x7010 中的数据 -->
<! -- 对数字量输出 DO 变量进行增减需要在此处进行相应映射关系的增减 -->
      <Index>#x1601</Index>
      <Name>DO RxPDO-Map</Name>
```

```
            <Type>DT1601</Type>
            <BitSize>304</BitSize>
            <Info>
              <SubItem>
                <Name>SubIndex 000</Name>
                <Info>
                  <DefaultData>09</DefaultData>
                </Info>
              </SubItem>
              <SubItem>
                <Name>SubIndex 001</Name>
                <Info>
    <! -- SubItem 的 DefaultData 就是具体的映射位置,“7010”代表映射索引号 -->
    <! -- “7010”代表映射索引号;“01”代表数据大小,1 位;“01”代表索引 7010 的第 1 位 SubIdx -->
                  <DefaultData>01011070</DefaultData>
                </Info>
              </SubItem>
              …
              SubIndex 002~ SubIndex 007
              …
              <SubItem>
                <Name>SubIndex 008</Name>
                <Info>
    <! -- “7010”代表映射索引号;“01”代表数据大小,1 位;“08” 代表索引 7010 的第 8 位 SubIdx -->
                  <DefaultData>01081070</DefaultData>
                </Info>
              </SubItem>
              <SubItem>
                <Name>SubIndex 009</Name>
                <Info>
                  <DefaultData>08000000</DefaultData>
                </Info>
              </SubItem>
            </Info>
            <Flags>
              <Access>ro</Access>
              <Category>o</Category>
```

```
            </Flags>
        </Object>

        <Object>
<! -- 对象字典 0x1602 和其子条目的定义 -->
<! -- 0x1602 为 0x6411 建立了一个映射,用于在 Sm 通道中传输对象字典 0x6411 中
的数据 -->
<! -- 在此处定义模拟量输出 AO 的映射关系 -->
<! -- 对模拟量输出 AO 变量进行增减需要在此处进行相应映射关系的增减 -->
            <Index>#x1602</Index>
            <Name>AO RxPDO-Map</Name>
            <Type>DT1601</Type>
            <BitSize>40</BitSize>
            <Info>
                <SubItem>
                    <Name>SubIndex 000</Name>
                    <Info>
                        <DefaultData>01</DefaultData>
                    </Info>
                </SubItem>
                <SubItem>
                    <Name>SubIndex 001</Name>
                    <Info>
<! -- "6411"代表映射索引号;"10"代表数据大小,16 位;"01"代表索引 6411 的第 1 位
SubIdx -->
                        <DefaultData>10011164</DefaultData>
                    </Info>
                </SubItem>
                <SubItem>
                    <Name>SubIndex 002</Name>
                    <Info>
<! -- "6411"代表映射索引号;"10"代表数据大小,16 位;"02"代表索引 6411 的第 2 位
SubIdx -->
                        <DefaultData>10021164</DefaultData>
                    </Info>
                </SubItem>
            </Info>
            <Flags>
                <Access>ro</Access>
```

```
            <Category>o</Category>
          </Flags>
        </Object>

        <Object>
    <! -- 对象字典 0x1a00 和其子条目的定义 -->
    <! -- 在此处定义数字量输入 DI 的映射关系 -->
    <! -- 0x1a00 为 0x6000 建立了一个映射,用于在 Sm 通道中传输对象字典 0x6000 中的数据 -->
    <! -- 对数字量输入 DI 变量进行增减需要在此处进行相应映射关系的增减-->
          <Index>#x1a00</Index>
          <Name>DI TxPDO-Map</Name>
          <Type>DT1601</Type>
          <BitSize>304</BitSize>
          <Info>
            <SubItem>
              <Name>SubIndex 000</Name>
              <Info>
                <DefaultData>09</DefaultData>
              </Info>
            </SubItem>
            <SubItem>
              <Name>SubIndex 001</Name>
              <Info>
    <! -- SubItem 的 DefaultData 就是具体的映射位置,“6000”代表映射索引号;“01”代表数据大小,1 位;“01”代表索引 6000 的第 1 位 SubIdx -->
                <DefaultData>01010060</DefaultData>
              </Info>
            </SubItem>
            <SubItem>
              <Name>SubIndex 002</Name>
              <Info>
    <! -- “6000”代表映射索引号;“01”代表数据大小,1 位;“02”代表索引 6000 的第 2 位 SubIdx -->
                <DefaultData>01020060</DefaultData>
              </Info>
            </SubItem>
            …
            SubIndex 003~ SubIndex 007
```

```
                    …
                    <SubItem>
                      <Name>SubIndex 008</Name>
                      <Info>
                        <DefaultData>01080060</DefaultData>
    <! -- "6000"代表映射索引号;"01"代表数据大小,1 位;"08"代表索引 6000 的第 8 位 SubIdx -->
                      </Info>
                    </SubItem>
                    <SubItem>
                      <Name>SubIndex 009</Name>
                      <Info>
                        <DefaultData>09000000</DefaultData>
                      </Info>
                    </SubItem>
                  </Info>
                  <Flags>
                    <Access>ro</Access>
                    <Category>o</Category>
                  </Flags>
                </Object>

                <Object>
    <! -- 对象字典 0x1a02 和其子条目的定义 -->
    <! -- 在此处定义模拟量输入 AI 的映射关系 -->
    <! -- 0x1a02 为 0x6020 建立了一个映射,用于在 Sm 通道中传输对象字典 0x6020 中的数据 -->
    <! -- 0x1a02 为 0x1802 建立了一个映射,用于在 Sm 通道中传输对象字典 0x1802 中的数据 -->
    <! -- 对模拟量输入 AI 变量进行增减需要在此处进行相应映射关系的增减 -->
                  <Index>#x1a02</Index>
                  <Name>AI TxPDO-Map</Name>
                  <Type>DT1A02</Type>
                  <BitSize>272</BitSize>
                  <Info>
                    <SubItem>
                      <Name>SubIndex 000</Name>
                      <Info>
                        <DefaultData>08</DefaultData>
```

```
          </Info>
        </SubItem>
        <SubItem>
          <Name>SubIndex 001</Name>
          <Info>
<! -- SubItem 的 DefaultData 就是具体的映射位置,“6020”代表映射索引号;“01”代表数据大小,1 位;“01”代表索引 6020 的第 1 位 SubIdx -->
            <DefaultData>01012060</DefaultData>
          </Info>
        </SubItem>
        <SubItem>
          <Name>SubIndex 002</Name>
          <Info>
<! -- “6020”代表映射索引号;“01”代表数据大小,1 位;“02”代表索引 6020 的第 2 位 SubIdx -->
            <DefaultData>01022060</DefaultData>
          </Info>
        </SubItem>
        <SubItem>
          <Name>SubIndex 003</Name>
          <Info>
<! -- “6020”代表映射索引号;“02”代表数据大小,2 位;“03”代表索引 6020 的第 3 位 SubIdx -->
            <DefaultData>02032060</DefaultData>
          </Info>
        </SubItem>
        <SubItem>
          <Name>SubIndex 004</Name>
          <Info>
<! -- “6020”代表映射索引号;“02”代表数据大小,2 位;“05”代表索引 6020 的第 5 位 SubIdx -->
            <DefaultData>02052060</DefaultData>
          </Info>
        </SubItem>
        <SubItem>
          <Name>SubIndex 005</Name>
          <Info>
            <DefaultData>08000000</DefaultData>
          </Info>
```

```
                </SubItem>
                <SubItem>
                  <Name>SubIndex 006</Name>
                  <Info>
    <! --“1802”代表映射索引号;“01”代表数据大小,1 位;“07”代表索引 1802 的第 7 位
SubIdx -->
                    <DefaultData>01070218</DefaultData>
                  </Info>
                </SubItem>
                <SubItem>
                  <Name>SubIndex 007</Name>
                  <Info>
    <! --“1802”代表映射索引号;“01”代表数据大小,1 位;“09”代表索引 1802 的第 9 位
SubIdx -->
                    <DefaultData>01090218</DefaultData>
                  </Info>
                </SubItem>
                <SubItem>
                  <Name>SubIndex 008</Name>
                  <Info>
    <! --“6020”代表映射索引号;“10”代表数据大小,16 位;“11”代表索引 1802 的第 17 位
SubIdx -->
                    <DefaultData>10112060</DefaultData>
                  </Info>
                </SubItem>
              </Info>
              <Flags>
                <Access>ro</Access>
                <Category>o</Category>
              </Flags>
            </Object>


            <Object>
    <! -- 对象字典 0x1C12 和子条目的定义,与 RxPdo 通道的分配有关,如果新增了 RxPdo
通道需要在此处增加子条目 -->
    <! -- 0x1c12 把 0x1601 和 0x1602 建立的映射添加到 Sm2 通道(RxPdo 通道)中 -->
              <Index>#x1c12</Index>
              <Name>RxPDO assign</Name>
              <Type>DT1C12</Type>
```

```
                <BitSize>32</BitSize>
                <Info>
                  <SubItem>
                    <Name>SubIndex 000</Name>
                    <Info>
<! -- SubIndex 000 的 DefaultData 是 02,表示拥有两个 RxPdo 通道 -->
                      <DefaultData>02</DefaultData>
                    </Info>
                  </SubItem>
                  <SubItem>
                    <Name>SubIndex 001</Name>
                    <Info>
<! -- SubIndex 001 的 DefaultData 是 0116,表示把 0x1601 添加到 RxPdo 通道中 -->
                      <DefaultData>0116</DefaultData>
                    </Info>
                  </SubItem>
                  <SubItem>
                    <Name>SubIndex 002</Name>
                    <Info>
<! -- SubIndex 001 的 DefaultData 是 0216,表示把 0x1602 添加到 RxPdo 通道中 -->
                      <DefaultData>0216</DefaultData>
                    </Info>
                  </SubItem>
                </Info>
                <Flags>
                  <Access>ro</Access>
                  <Category>o</Category>
                </Flags>
              </Object>


              <Object>
  <! -- 对象字典 0x1C13 和子条目的定义,与 TxPdo 通道的分配有关,如果新增了 TxPdo 通道需要在此处增加子条目 -->
  <! -- 0x1c13 把 0x1a00 和 0x1a02 和建立的映射添加到 TxPdo 通道中 -->
                <Index>#x1c13</Index>
                <Name>TxPDO assign</Name>
                <Type>DT1C13</Type>
                <BitSize>48</BitSize>
                <Info>
```

```
                    <SubItem>
                      <Name>SubIndex 000</Name>
                      <Info>
<!-- SubIndex 000 的 DefaultData 是 02,表示拥有两个 TxPdo 通道 -->
                        <DefaultData>02</DefaultData>
                      </Info>
                    </SubItem>
                    <SubItem>
                      <Name>SubIndex 001</Name>
                      <Info>
<!-- SubIndex 001 的 DefaultData 是 001a,表示把 0x1a00 添加到 TxPdo 通道中 -->
                        <DefaultData>001a</DefaultData>
                      </Info>
                    </SubItem>
                    <SubItem>
                      <Name>SubIndex 002</Name>
                      <Info>
<!-- SubIndex 002 的 DefaultData 是 021a,表示把 0x1a02 添加到 TxPdo 通道中 -->
                        <DefaultData>021a</DefaultData>
                      </Info>
                    </SubItem>
                  </Info>
                  <Flags>
                    <Access>ro</Access>
                    <Category>o</Category>
                  </Flags>
                </Object>

                <Object>
<!-- 对象字典 0x6000 和其子条目的定义 -->
<!-- 如果要对数字量输入 DI 变量进行增减和重命名需要在此处进行修改 -->
                  <Index>#x6000</Index>
                  <Name>DI Inputs</Name>
                  <Type>DT6000</Type>
                  <BitSize>24</BitSize>
                  <Info>
                    <SubItem>
                      <Name>SubIndex 000</Name>
                      <Info>
```

```
<! -- SubIndex 000 的 DefaultData 为 08,表示有 8 个有效的 DI 变量 -->
                        <DefaultData>08</DefaultData>
                    </Info>
                </SubItem>
                <SubItem>
                    <Name>Switch 1</Name>
                    <Info>
                        <DefaultData>00</DefaultData>
                    </Info>
                </SubItem>
                <SubItem>
                    <Name>Switch 2</Name>
                    <Info>
                        <DefaultData>00</DefaultData>
                    </Info>
                </SubItem>
                …
                Switch 3～ Switch 7
                …
                <SubItem>
                    <Name>Switch 8</Name>
                    <Info>
                        <DefaultData>00</DefaultData>
                    </Info>
                </SubItem>
            </Info>
            <Flags>
                <Access>ro</Access>
                <Category>o</Category>
            </Flags>
        </Object>

        <Object>
<! -- 对象字典 0x6411 的定义 -->
<! -- 如果要对模拟量输出 AO 变量进行增减和重命名需要在此处进行修改 -->
            <Index>#x6411</Index>
            <Name>AO Outputs</Name>
            <Type>DT6411</Type>
            <BitSize>48</BitSize>
```

```
    <Info>
      <SubItem>
        <Name>SubIndex 000</Name>
        <Info>
          <DefaultData>08</DefaultData>
        </Info>
      </SubItem>
      <SubItem>
        <Name>AO 1</Name>
        <Info>
          <DefaultData>00</DefaultData>
        </Info>
      </SubItem>
      <SubItem>
        <Name>PWM 1</Name>
        <Info>
          <DefaultData>00</DefaultData>
        </Info>
      </SubItem>
    </Info>
    <Flags>
      <Access>ro</Access>
      <Category>o</Category>
    </Flags>
  </Object>

  <Object>
<! -- 对象字典 0x6020 的定义 -->
<! -- 如果要对模拟量输入 AI 变量进行增减和重命名需要在此处进行修改 -->
    <Index>#x6020</Index>
    <Name>AI Inputs</Name>
    <Type>DT6020</Type>
    <BitSize>48</BitSize>
    <Flags>
      <Access>ro</Access>
      <Category>o</Category>
    </Flags>
  </Object>
```

```
                <Object>
        <! -- 对象字典 0x7010 和其子条目的定义 -->
        <! -- 如果要对数字量输出 DO 变量进行增减和重命名需要在此处进行修改 -->
                  <Index>#x7010</Index>
                  <Name>DO Outputs</Name>
                  <Type>DT7010</Type>
                  <BitSize>24</BitSize>
                  <Info>
                    <SubItem>
                      <Name>SubIndex 000</Name>
                      <Info>
                        <DefaultData>08</DefaultData>
                      </Info>
                    </SubItem>
                    <SubItem>
                      <Name>LED 1</Name>
                      <Info>
                        <DefaultData>00</DefaultData>
                      </Info>
                    </SubItem>
                    <SubItem>
                      <Name>LED 2</Name>
                      <Info>
                        <DefaultData>00</DefaultData>
                      </Info>
                    </SubItem>
                    …
                    LED 3~ LED 7
                    …
                  <SubItem>
                      <Name>LED 8</Name>
                      <Info>
                        <DefaultData>00</DefaultData>
                      </Info>
                    </SubItem>
                  </Info>
                  <Flags>
                    <Access>ro</Access>
                    <Category>o</Category>
```

```
            </Flags>
          </Object>
        </Objects>
      </Dictionary>
    </Profile>

    <Fmmu>
      Outputs <! -- Fmmu 描述了现场总线内存管理单元的配置信息 -->
    </Fmmu>
    <Fmmu>Inputs</Fmmu>
    <Fmmu>MBoxState</Fmmu>
    <Sm MinSize="34" MaxSize="128" DefaultSize="128" StartAddress="#x1000"
     ControlByte="#x26" Enable="1">MBoxOut
    <! --Sm 描述了存储同步管理通道 SM 的配置信息 -->
    <! --MinSize 和 MaxSize 分别是每次允许传输字节数的最小值和最大值,
         DefaultSize 为每次传输字节数的默认值 -->
    <! -- SM0 通道用于主站到从站的邮箱数据通信 -->
    </Sm>
    <Sm MinSize="34" MaxSize="128" DefaultSize="128" StartAddress="#x1080"
     ControlByte="#x22" Enable="1">MBoxIn
    <! -- SM1 通道用于从站到主站的邮箱数据通信 -->
    </Sm>
    <Sm DefaultSize="6" StartAddress="#x1100" ControlByte="#x64" Enable="1">Outputs
    <! -- SM2 通道用于主站到从站的过程数据通信 -->
    </Sm>
    <Sm DefaultSize="6" StartAddress="#x1400" ControlByte="#x20"
    Enable="1">Inputs
    <! -- SM3 通道用于从站到主站的过程数据通信 -->
    </Sm>

    <RxPdo Mandatory="true" Fixed="true" Sm="2">
    <! -- 0x1601 为 0x7010 建立了一个映射,用于在 Sm 通道中传输对象字典 0x7010 中
的数据-->
    <! -- RxPdo 中包含通过 SM2 通道传输的输出过程数据,"Mandatory=true"表明该配
置是强制的,"Fixed=true"表明该配置是固定的 -->
  <! -- 如果对 DO 变量进行增减或者重命名也需要在此处进行相应 Entry 的修改 -->
      <Index>#x1601</Index>
      <Name>DO Outputs</Name>
      <Entry>
        <Index>#x7010</Index>
```

```
            <SubIndex>1</SubIndex>
            <BitLen>1</BitLen>
            <Name>LED 1</Name>
            <DataType>BOOL</DataType>
        </Entry>
        <Entry>
            <Index>#x7010</Index>
            <SubIndex>2</SubIndex>
            <BitLen>1</BitLen>
            <Name>LED 2</Name>
            <DataType>BOOL</DataType>
        </Entry>
        …
        LED 3～ LED 7
        …
        <Entry>
            <Index>#x7010</Index>
            <SubIndex>8</SubIndex>
            <BitLen>1</BitLen>
            <Name>LED 8</Name>
            <DataType>BOOL</DataType>
        </Entry>
        <Entry>
            <Index>#x0</Index>
            <SubIndex>0</SubIndex>
            <BitLen>8</BitLen>
        </Entry>
    </RxPdo>

    <RxPdo Mandatory="true" Fixed="true" Sm="2">
<! -- 0x1602 为 0x6411 建立了一个映射，用于在 Sm 通道中传输对象字典 0x6411 中的数据-->
<! -- RxPdo 中包含通过 SM2 通道传输的输出过程数据，“Mandatory=true”表明该配置是强制的，“Fixed=true”表明该配置是固定的 -->
<! -- 如果对 AO 变量进行增减或者重命名也需要在此处进行相应 Entry 的修改 -->
        <Index>#x1602</Index>
        <Name>AO Outputs</Name>
        <Entry>
            <Index>#x6411</Index>
```

```
            <SubIndex>1</SubIndex>
            <BitLen>16</BitLen>
            <Name>AO 1</Name>
            <DataType>INT</DataType>
          </Entry>
          <Entry>
            <Index>#x6411</Index>
            <SubIndex>2</SubIndex>
            <BitLen>16</BitLen>
            <Name>PWM 1</Name>
            <DataType>INT</DataType>
          </Entry>
        </RxPdo>

        <TxPdo Mandatory="true" Fixed="true" Sm="3">
    <!-- 0x1a00 为 0x6000 建立了一个映射,用于在 Sm 通道中传输对象字典 0x6000 中的数据 -->
    <!-- TxPdo 中包含通过 SM3 通道传输的输入过程数据,"Mandatory=true"表明该配置是强制的,"Fixed=true"表明该配置是固定的 -->
    <!-- 如果对 DI 变量进行增减或者重命名也需要在此处进行相应 Entry 的修改 -->
          <Index>#x1a00</Index>
          <Name>DI Inputs</Name>
          <Entry>
            <Index>#x6000</Index>
            <SubIndex>1</SubIndex>
            <BitLen>1</BitLen>
            <Name>Switch 1</Name>
            <DataType>BOOL</DataType>
          </Entry>
          <Entry>
            <Index>#x6000</Index>
            <SubIndex>2</SubIndex>
            <BitLen>1</BitLen>
            <Name>Switch 2</Name>
            <DataType>BOOL</DataType>
          </Entry>
          …
          Switch 3~ Switch 7
          …
```

```
    <Entry>
      <Index>#x6000</Index>
      <SubIndex>8</SubIndex>
      <BitLen>1</BitLen>
      <Name>Switch 8</Name>
      <DataType>BOOL</DataType>
    </Entry>
    <Entry>
      <Index>#x0</Index>
      <SubIndex>0</SubIndex>
      <BitLen>8</BitLen>
    </Entry>
  </TxPdo>

  <TxPdo Mandatory="true" Fixed="true" Sm="3">
<! -- 0x1a02 为 0x6020 建立了一个映射,用于在 Sm 通道中传输对象字典 0x6020 中的数
据 -->
<! -- TxPdo 中包含通过 SM3 通道传输的输入过程数据,“Mandatory=true”表明该配置是
强制的,“Fixed=true”表明该配置是固定的 -->
<! -- 如果对 AI 变量进行增减或者重命名也需要在此处进行相应 Entry 的修改 -->
    <Index>#x1a02</Index>
    <Name>AI Inputs</Name>
    <Entry>
      <Index>#x6020</Index>
      <SubIndex>1</SubIndex>
      <BitLen>1</BitLen>
      <Name>Underrange</Name>
      <DataType>BOOL</DataType>
    </Entry>
    <Entry>
      <Index>#x6020</Index>
      <SubIndex>2</SubIndex>
      <BitLen>1</BitLen>
      <Name>Overrange</Name>
      <DataType>BOOL</DataType>
    </Entry>
    <Entry>
      <Index>#x6020</Index>
      <SubIndex>3</SubIndex>
```

```
        <BitLen>2</BitLen>
        <Name>Limit 1</Name>
        <DataType>BIT2</DataType>
    </Entry>
    <Entry>
        <Index>#x6020</Index>
        <SubIndex>5</SubIndex>
        <BitLen>2</BitLen>
        <Name>Limit 2</Name>
        <DataType>BIT2</DataType>
    </Entry>
    <Entry>
        <Index>#x0</Index>
        <SubIndex>0</SubIndex>
        <BitLen>8</BitLen>
    </Entry>
    <Entry>
        <Index>#x1802</Index>
        <SubIndex>7</SubIndex>
        <BitLen>1</BitLen>
        <Name>TxPDO State</Name>
        <DataType>BOOL</DataType>
    </Entry>
    <Entry>
        <Index>#x1802</Index>
        <SubIndex>9</SubIndex>
        <BitLen>1</BitLen>
        <Name>TxPDO Toggle</Name>
        <DataType>BOOL</DataType>
    </Entry>
    <Entry>
        <Index>#x6020</Index>
        <SubIndex>11</SubIndex>
        <BitLen>16</BitLen>
        <Name>Analog input</Name>
        <DataType>INT</DataType>
    </Entry>
</TxPdo>
```

```
    <Mailbox DataLinkLayer="true">
<!-- MailBox 对邮箱数据通信进行相关配置 -->
      <CoE SdoInfo="true" SegmentedSdo="true" CompleteAccess="true" />
    </Mailbox>
    <Dc>
<!-- Dc 描述了从站处于 OP 状态时主站的两种工作模式 -->
      <OpMode>
        <Name>Synchron</Name>
<!-- Syncchron 表示 TwinCAT 主站处于同步模式 -->
        <Desc>SM-Synchron</Desc>
        <AssignActivate>#x0</AssignActivate>
        <CycleTimeSync0 Factor="1">0</CycleTimeSync0>
        <ShiftTimeSync0>0</ShiftTimeSync0>
        <CycleTimeSync1 Factor="1">0</CycleTimeSync1>
      </OpMode>
      <OpMode>
        <Name>DC</Name>
        <Desc>DC-Synchron</Desc>
        <!-- DC-Syncchron 表示 TwinCAT 主站处于 DC 模式 -->
        <AssignActivate>#x300</AssignActivate>
        <CycleTimeSync0 Factor="1">0</CycleTimeSync0>
        <ShiftTimeSync0>0</ShiftTimeSync0>
        <CycleTimeSync1 Factor="1">0</CycleTimeSync1>
      </OpMode>
    </Dc>
    <Eeprom>
<!-- Eeprom 描述了 EEPROM 存储器的相关信息,“ByteSize”等于 2048 表明 EEPROM 存
储空间大小为 2048 个字节 -->
      <ByteSize>2048</ByteSize>
      <ConfigData>080E00CC0A00</ConfigData>
      </Eeprom>
      <ImageData16x14>
      424DD8020000000000003600000028000000100000000E0000000100180000000000A
      2020000120B0000120B00000000000000000000FFFFFFFFFFFFFFFFFF8F6
      …
      3DED1DDD4C5DDD2C6DFD8C9ECE7DFFFFFFFFFFFFFFFFFFFFFFFFFFFFFFFFFF
      FFFF0000
<!-- ImageData16x14 条目中的序列为 EtherCAT 供应商公司 logo BMP 文件的十六进制
表示 -->
```

```
        </ImageData16x14>
      </Device>
    </Devices>
  </Descriptions>
</EtherCATInfo>
```

10.3 在 EtherCAT 从站开发板上增加一个自定义的变量

10.3.1 在索引号 0x1a02 基础上增加一个 16 位整型的自定义 AI 变量

主要包括 XML 配置文件的修改和 STM32 程序的修改。

1. STM32 程序需要修改 el9800appl. h 文件

STM32 程序需要修改 el9800appl. h 文件的以下内容。

1）修改对象 0x1a02 的数据结构 TOBJ1A02。

2）在函数 PROTO TOBJ1A02 sAITxPDOMap 中修改对象 0x1a02 的变量来处理对象数据。

3）在结构体 OBJCONST TSDOINFOENTRYDESC OBJMEM asEntryDesc0x1A02[ ]中修改对象 0x1a02 的条目描述。

4）在函数 PROTO TOBJ6020 sAIInputs 中修改对象 0x6020 的变量来处理对象数据。

5）在结构体 OBJCONST TSDOINFOENTRYDESC OBJMEM asEntryDesc0x6020[ ]中修改对象 0x6020 的条目描述。

6）在结构体 TOBJECT OBJMEM ApplicationObjDic[ ]中改变对象描述。

2. STM32 程序需要修改 el9800appl. c 文件的函数

STM32 程序需要修改 el9800appl. c 文件的如下函数。

1）void APPL_ Application(void)。

2）void APPL_ InputMapping(UINT16 * pData)。

10.3.2 修改 XML 文件中有关模拟量输入 AI 的部分

1. 增加变量对应于输出映射索引 0x1a02

增加变量对应于输出映射索引 0x1a02 的，需要修改 DT1A02 数据类型以增加第 9 个变量。

（1）修改 DT1A02 数据类型

利用 XMLNotePad 打开要修改的 XML 文件，之后依次单击节点：“EtherCATInfo”→“Descriptions”→“Devices”→“Device”→“Profile”→“Dictionary”→“DataTypes”，依次单击子节点“DataType”，直至找到 DT1A02 所在的位置，在最后的“SubItem” 右键选择 “Duplicate” 复制一个新的 SubItem。之后，修改这个新建的 SubItem 的 SubIdx、Name 及 Type 等信息。

SubIdx 按顺序递增，Name 等根据需求定义，BitOffs 是上一个 SubItem 的 BitSize 和 BitOffs 之和。

因为添加了一个新的 SubItem，所以 DT1A02 的 BitSize 要随之更新，它的值是最后一个 SubItem 的 BitSize 和 BitOffs 之和。XML 文件中 DT1A02 修改后的状态如图 10-3 所示。

（2）修改 DT1A02 对象

在 XMLNotePad 中单击“Dictionary”的子节点“Objects”，依次单击“Object”，找到 0x1a02 所在的位置，修改 BitSize 即可。这个 BitSize 值与上面 DataType 中 DT1A02 的 BitSize 要保持一致。

本例中修改了 0x1a02 数据对象（输出映射表），增加 SubIndex 009，索引号为 60201210，其中“6020”代表映射索引号，“12”代表索引 6020 的第 18 位 SubIdx，“10”代表数据大小，16 位。

注意，在 XML 中“写”的顺序与实际不同。

XML 文件中 0x1a02 的修改如图 10-4 所示。

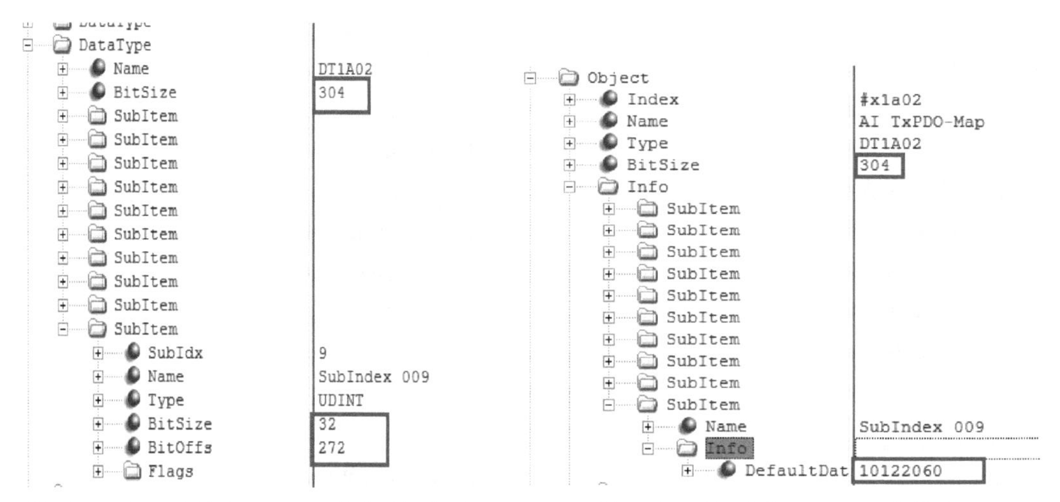

图 10-3 XML 文件中 DT1A02 修改后的状态　　图 10-4 XML 文件中 0x1a02 的修改

2. 修改 0x6020 数据类型及对象

由于索引 0x1a02 将输出过程数据映射到 0x6020 中，因此需要修改 0x6020 数据类型和对象。

（1）修改 DT6020 数据类型

利用 XMLNotePad 打开要修改的 XML 文件，之后依次单击节点：“EtherCATInfo”→“Descriptions”→“Devices”→“Device”→“Profile”→“Dictionary”→“DataTypes”，依次单击子节点“DataType”，直至找到 DT6020 所在的位置，在最后的“SubItem”右键选择“Duplicate”复制一个新的 SubItem。之后，修改这个新建的 SubItem 的 SubIdx、Name 和 Type 等信息。

SubIdx 按顺序递增，Name 等根据需求定义，BitOffs 是上一个 SubItem 的 BitSize 和 BitOffs 之和。

因为添加了一个新的 SubItem，所以 DT6020 的 BitSize 要随之更新，它的值是最后一个 SubItem 的 BitSize 和 BitOffs 之和。XML 文件中 DT6020 的修改如图 10-5 所示。

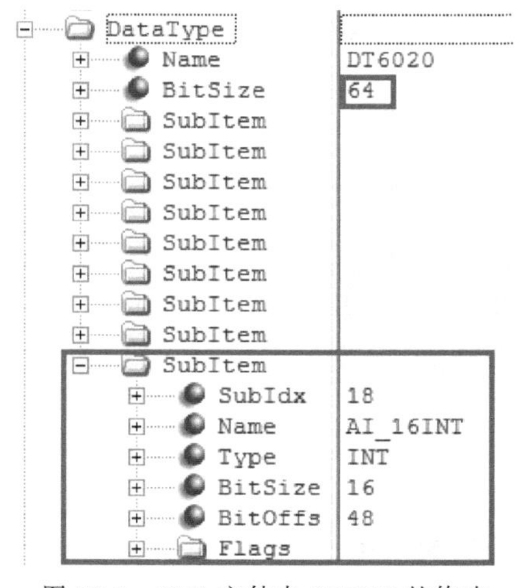

图 10-5 XML 文件中 DT6020 的修改

（2）修改 DT6020 对象

在 XMLNotePad 中单击“Dictionary”的子节点“Objects”，依次单击“Object”，找到 0x6020 所在的位置，修改 BitSize 即可。这个 BitSize 值与上面 DataType 中 DT6020 的 BitSize 要保持一致。XML 文件中 0x6020 的修改如图 10-6 所示。

3. 修改 TxPdo 的 Sm3

在单击节点的过程中发现，0x1a02 出现在第二个 TxPdo 中，Name 是 AI Inputs，增加一个 Entry，在这里进行变量的命名。XML 文件中 TxPdo 中 AI Inputs 新增一个 Entry 如图 10-7 所示。

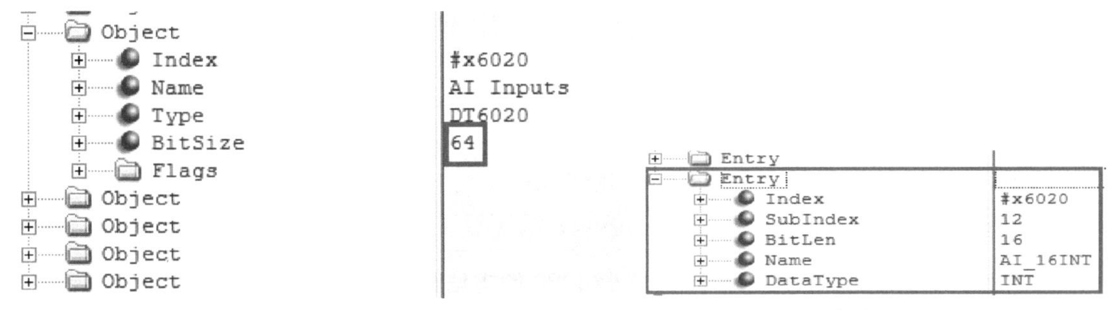

图 10-6　XML 文件中 0x6020 的修改

图 10-7　XML 文件中 TxPdo 中 AI Inputs 新增一个 Entry

10.3.3 修改 STM32 程序中有关模拟量输入 AI 的部分

1. 在 el9800appl.h 文件中修改索引 0x1a02 的本地存储变量等相关信息

（1）修改 0x1a02 的本地存储

修改 TOBJ1A02 对应的结构体 typedef struct OBJ_STRUCT_PACKED_START。

```
/* 0x1A02 (Analog input TxPDO) data structure */
typedef struct OBJ_STRUCT_PACKED_START {
        UINT16   u16SubIndex0;
        UINT32   aEntries[9];
} OBJ_STRUCT_PACKED_END
TOBJ1A02;
```

（2）初始化 0x1a02 与 XML 文件对应

在图 10-3 中，在 XML 文件中对 DT1A02 进行修改，增加了一个 SubItem，且其 SubIdx 是 9。在图 10-4 中，在 XML 文件中对 0x1a02 进行修改，增加了一个 SubItem，其 DefaultData 表示映射索引号。故而在函数 PROTO TOBJ1A02 sAITxPDOMap 中进行相应修改：首元素变为 9，末尾添加一个元素即为新增变量 SubIndex 009 的索引号 60201210。

```
PROTO TOBJ1A02 sAITxPDOMap
#ifdef _EVALBOARD_
= {9, {0x60200101, 0x60200201, 0x60200302, 0x60200502, 0x08, 0x18020701,
0x18020901, 0x60201110, 0x60201210}}
#endif;
```

（3）修改 0x1a02 表项描述

在结构体 OBJCONST TSDOINFOENTRYDESC OBJMEM asEntryDesc0x1A02[ ]中修改。

```
OBJCONST TSDOINFOENTRYDESCOBJMEM asEntryDesc0x1A02[ ] = {
{DEFTYPE_UNSIGNED8, 0x8, ACCESS_READ}, /* Subindex 000 */
{DEFTYPE_UNSIGNED32, 0x20, ACCESS_READ}, /* SubIndex 001: SubIndex 001 */
{DEFTYPE_UNSIGNED32, 0x20, ACCESS_READ}, /* SubIndex 002: SubIndex 002 */
{DEFTYPE_UNSIGNED32, 0x20, ACCESS_READ}, /* SubIndex 003: SubIndex 003 */
{DEFTYPE_UNSIGNED32, 0x20, ACCESS_READ}, /* SubIndex 004: SubIndex 004 */
{DEFTYPE_UNSIGNED32, 0x20, ACCESS_READ}, /* SubIndex 005: SubIndex 005 */
{DEFTYPE_UNSIGNED32, 0x20, ACCESS_READ}, /* SubIndex 006: SubIndex 006 */
{DEFTYPE_UNSIGNED32, 0x20, ACCESS_READ}, /* SubIndex 007: SubIndex 007 */
{DEFTYPE_UNSIGNED32, 0x20, ACCESS_READ}, /* SubIndex 008: SubIndex 008 */
{DEFTYPE_UNSIGNED32, 0x20, ACCESS_READ}};
```

2. 在 el9800appl. h 文件中修改索引 0x6020 的本地存储变量等相关信息

（1）修改 0x6020 的本地存储

修改 TOBJ6020 对应的结构体 typedef struct OBJ_STRUCT_PACKED_START。

```
/* 0x6020(Analog input object) data structure */
typedef struct OBJ_STRUCT_PACKED_START{
    UINT16   u16SubIndex0; /* SubIndex 0 */
    BOOLEAN(bUnderrange); /* (SI1) Analog input under range */
    BOOLEAN(bOverrange); /* (SI2) Analog input over range */
    BIT2(b2Limit1); /* (SI3) Analog input 1st limit */
    BIT2(b2Limit2); /* (SI5) Analog input 2nd limit */
    ALIGN2(SubIndex006)/* 2Bit alignment */
    ALIGN6(SubIndex007)/* 2Bit alignment */
    BOOLEAN(bTxPDOState); /* (SI15) TxPdo state */
    BOOLEAN(bTxPDOToggle); /* (SI16) TxPdo toggle */
    INT16   i16Analoginput; /* (SI17) Analog input value */
    INT16   i16AI_16INT; /* (SI18) Analog input value */
} OBJ_STRUCT_PACKED_END
TOBJ6020;
```

（2）初始化 0x6020 与 XML 文件对应

在图 10-6 中，在 XML 文件中对 0x6020 进行了修改，增加了一个 SubItem，对应在函数 PROTO TOBJ6020 sAIInputs 中进行修改：第一个元素为新增变量 AI_16INT 的 SubIdx，末尾添加一个元素即为新增变量 AI_16INT 的初始值。

```
PROTO TOBJ6020 sAIInputs
#ifdef _EVALBOARD_
```

```
= {18, 0x00, 0x00, 0x00, 0x00, 0, 0, 0x00, 0x00, 0x7FFF, 0x0001}
#endif;
```

(3) 修改 0x6020 表项描述

修改结构体 OBJCONST TSDOINFOENTRYDESC OBJMEM asEntryDesc0x6020[ ]。

```
OBJCONST TSDOINFOENTRYDESC    OBJMEM asEntryDesc0x6020[ ] = {
    {DEFTYPE_UNSIGNED8,0x8,ACCESS_READ},
    {DEFTYPE_BOOLEAN, 0x01, ACCESS_READ|OBJACCESS_TXPDOMAPPING},
    {DEFTYPE_BOOLEAN, 0x01, ACCESS_READ|OBJACCESS_TXPDOMAPPING},
    {DEFTYPE_BIT2, 0x02, ACCESS_READ|OBJACCESS_TXPDOMAPPING},
    {0x0000,0,0},
    {DEFTYPE_BIT2, 0x02, ACCESS_READ|OBJACCESS_TXPDOMAPPING},
    {0x0000,0x02,0},
    {0x0000,0x06,0},
    {0x0000,0,0},
    {0x0000,0,0},
    {0x0000,0,0},
    {0x0000,0,0},
    {0x0000,0,0},
    {0x0000,0,0},
    {0x0000,0,0},
    {DEFTYPE_BOOLEAN, 0x01, ACCESS_READ|OBJACCESS_TXPDOMAPPING},
    {DEFTYPE_BOOLEAN, 0x01, ACCESS_READ|OBJACCESS_TXPDOMAPPING},
    {DEFTYPE_INTEGER16, 0x10, ACCESS_READ|OBJACCESS_TXPDOMAPPING},
    {DEFTYPE_INTEGER16, 0x10, ACCESS_READ|OBJACCESS_TXPDOMAPPING}
};
```

3. 修改 0x1a02 和 0x6020 的对象描述

修改 TOBJECT OBJMEM ApplicationObjDic[ ]，需要特别注意方框中数据要与子索引最大值相对应。

```
TOBJECT    OBJMEM ApplicationObjDic[ ] =
{
    ……
    /* Object 0x1A02 */
    {NULL, NULL, 0x1A02, {DEFTYPE_PDOMAPPING, 9 | (OBJCODE_REC <<
8)}, asEntryDesc0x1A02, aName0x1A02, &sAITxPDOMap, NULL, NULL, 0x0000},
    ……
    /* Object 0x6020 */
    {NULL, NULL, 0x6020, {DEFTYPE_RECORD, 18 | (OBJCODE_REC << 8)},
asEntryDesc0x6020, aName0x6020, &sAIInputs, NULL, NULL, 0x0000},
```

```
    ……
};
```

4. 修改 el9800appl. c 源文件中的有关内容

(1) 在 void APPL_Application (void) 中给自定义的变量赋值

```
void APPL_Application(void)
{
    ……
    sAIInputs.i16AI_16INT=1234;
    ……
}
```

(2) 在 void APPL_ InputMapping (UINT16 * pData) 中将已添加的变量传给 EtherCAT 主站

```
void APPL_InputMapping(UINT16 * pData)
{
    UINT16 j=0;
    UINT16 *pTmpData=(UINT16 *)pData;
    /* we go through all entries of the TxPDO Assign object to get the assigned TxPDOs */
    for (j=0; j < sTxPDOassign.u16SubIndex0; j++)
    {
      switch (sTxPDOassign.aEntries[j])
      {
      /* TxPDO 1 */
      case 0x1A00:
        *pTmpData++ = SWAPWORD(((UINT16 *) &sDIInputs)[1]);
        break;
      /* TxPDO 3 */
      case 0x1A02:
        *pTmpData++ = SWAPWORD(((UINT16 *) &sAIInputs)[1]);
        *pTmpData++ = SWAPWORD(((UINT16 *) &sAIInputs)[2]);
        *pTmpData++ = SWAPWORD(((UINT16 *) &sAIInputs)[3]);
        break;
      }
    }
  }
```

10.3.4 AI _16INT 数据的 EtherCAT 通信测试

利用 TwinCAT 3 查看数据，可知 AI_16INT 数据被扫描到，且数值与 STM32 程序中赋值相同。通过 TwinCAT 3 查看 AI_16INT 数据如图 10-8 所示。

需要注意的是：下载新的 XML 文件后，从站开发板需要重新上电才能够被主站读取数据。

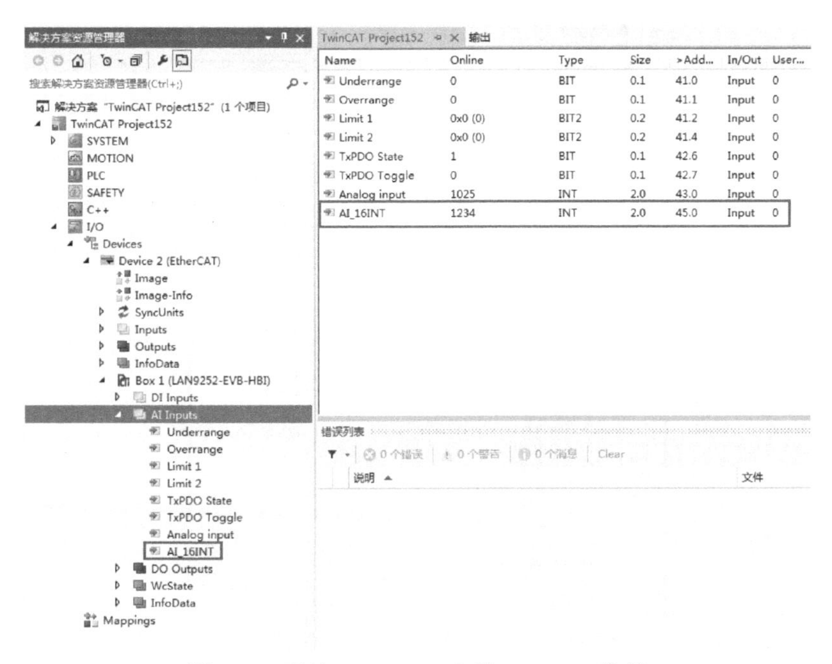

图 10-8　通过 TwinCAT 3 查看 AI_16INT 数据

10.4　EtherCAT 从站增加数字量输入/输出 DI/DO 数据通信的方法

实现 EtherCAT 主站和从站之间数字量输入/输出 DI/DO 的 EtherCAT 数据通信主要包括 XML 配置文件的修改以及 STM32 程序的修改。

STM32 程序需要修改 el9800appl. c 文件中的函数 void APPL_Application（void）。

10.4.1　EtherCAT 从站增加数字量输入 DI 数据通信的方法

1. 修改 XML 文件中有关数字量输入 DI 的部分

数字量输入 DI 的 EtherCAT 数据通信需要 8 个 DI 对象，打开 XML 文件，单击第一个“TxPdo”，可以看到其“Name”是 DI Inputs，并且其下拥有 9 个“Entry”，前 8 个“Entry”的“Name”分别是 Switch 1～Switch 8。这 8 个已存在的 DI 对象就可以作为主从站数字量输入 DI 的 8 个变量，因此不需要对 XML 文件进行修改。XML 文件中 TxPdo 通道信息如图 10-9 所示。

如果需要对数字量 DI 组中的变量进行添加或者删减，可以参照 10.3.1 节“在索引号 0x1a02 基础上增加一个 16 位整型的自定义 AI 变量”的方法进行修改。当然也可以对这 8 个已存在的 DI 变量进行重命名，本例中不改变其“Name”。

2. 修改 STM32 程序有关数字量输入 DI 的部分

1）在本例中没有在原有的 XML 文件上进行过修改，也就是说其原有变量没有增加也没有删减操作，因此不需要修改 Keil 工程对应的 el9800appl. h 文件。

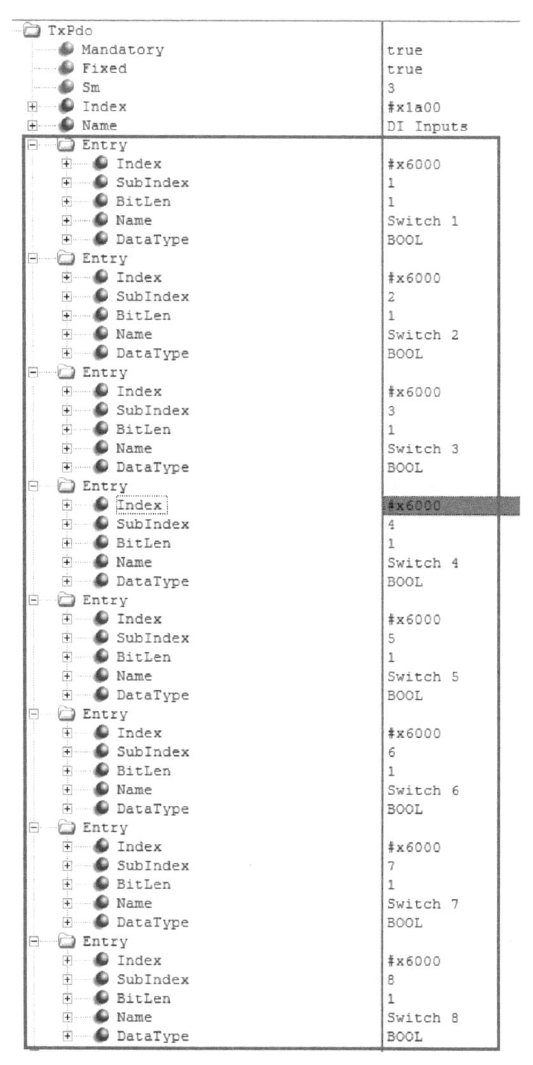

图 10-9 XML 文件中 TxPdo 通道信息

2）主从站之间的 DI 通信要在 el9800appl. c 文件的函数 void APPL_Application（void）中实现。ET1100 的从站开发板上有 8 个可拨动开关，记为 IN1～IN8。本例中将 IN1～IN8 的值依次赋给 Switch1～ Switch8。函数 void APPL_Application（void）的修改如下所示。

```
void APPL_Application(void)
{
#if _STM32_IO4
    UINT16 analogValue;
#endif
    sDIInputs.bSwitch1    = SWITCH_1;
    sDIInputs.bSwitch2    = SWITCH_2;
    sDIInputs.bSwitch3    = SWITCH_3;
    sDIInputs.bSwitch4    = SWITCH_4;
```

```
#if _STM32_IO8
    sDIInputs. bSwitch5      = SWITCH_5;
    sDIInputs. bSwitch6      = SWITCH_6;
    sDIInputs. bSwitch7      = SWITCH_7;
    sDIInputs. bSwitch8      = SWITCH_8;
#endif
    ……
}
```

其中 SWITCH_1 中保存的就是从站对开关进行拨动操作之后对应的布尔值，通过这条赋值语句就可以把操作结果传给 DIInputs 组中的相应变量。

3. 数字量输入 DI 的 EtherCAT 通信测试

向右拨动开关 IN1，在 TwinCAT 中单击“DI Inputs”，可以看到 Switch1 的 Online 值变成 1，向左拨回 IN1，它们的值又回到 0。

向右拨动开关 IN1、IN3、IN5 和 IN7，DI Inputs 中各个变量的值如图 10-10 所示。

Name	Online	Type	Size	>Add...	In/Out	User...	Linked to
Switch 1	1	BIT	0.1	39.0	Input	0	
Switch 2	0	BIT	0.1	39.1	Input	0	
Switch 3	1	BIT	0.1	39.2	Input	0	
Switch 4	0	BIT	0.1	39.3	Input	0	
Switch 5	1	BIT	0.1	39.4	Input	0	
Switch 6	0	BIT	0.1	39.5	Input	0	
Switch 7	1	BIT	0.1	39.6	Input	0	
Switch 8	0	BIT	0.1	39.7	Input	0	

图 10-10 拨动奇数位开关 TwinCAT 中 Switch1~Switch8 的数据

向左拨回 IN1、IN3、IN5 和 IN7，再向右拨动开关 IN2、IN4、IN6 和 IN8，DI Inputs 中各个变量的值如图 10-11 所示。

Name	Online	Type	Size	>Add...	In/Out	User...	Linked to
Switch 1	0	BIT	0.1	39.0	Input	0	
Switch 2	1	BIT	0.1	39.1	Input	0	
Switch 3	0	BIT	0.1	39.2	Input	0	
Switch 4	1	BIT	0.1	39.3	Input	0	
Switch 5	0	BIT	0.1	39.4	Input	0	
Switch 6	1	BIT	0.1	39.5	Input	0	
Switch 7	0	BIT	0.1	39.6	Input	0	
Switch 8	1	BIT	0.1	39.7	Input	0	

图 10-11 拨动偶数位开关 TwinCAT 中 Switch1~Switch8 的数据

单击 Switch1~Switch8 中任意一个变量，在弹出的对话框中单击 “Online”，可以看到该变量的波形变化，如图 10-12 所示。

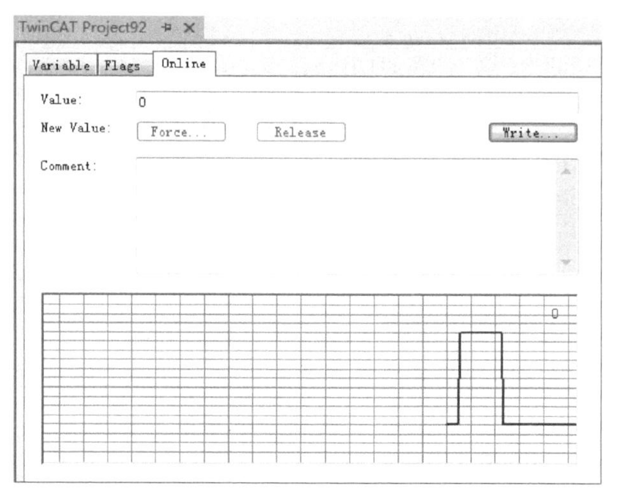

图 10-12　TwinCAT 3 中按键 K0 按下前后 Switch1 的波形变化

10.4.2　EtherCAT 从站增加数字量输出 DO 数据通信的方法

1. 修改 XML 文件中有关数字量输出 DO 的部分

数字量输出 DO 的 EtherCAT 数据通信需要 8 个 DO 对象，打开 XML 文件，单击第一个“RxPdo”，可以看到其“Name”是 DO Outputs，并且其下拥有 9 个“Entry”，前 8 个“Entry”的“Name”分别是 LED 1～LED 8。这 8 个已存在的 DO 对象就可以作为主从站数字量输出的 8 个变量，因此不需要对 XML 文件进行修改。XML 文件中 RxPdo 通道信息如图 10-13 所示。如果需要对 DO 组中的变量进行添加或者删减，可以参照 10.3.1 节“在索引号 0x1a02 基础上增加一个 16 位整型的自定义 AI 变量”的方法进行修改。当然也可以对这 8 个已存在的 DO 变量进行重命名，本例中不改变其“Name”。

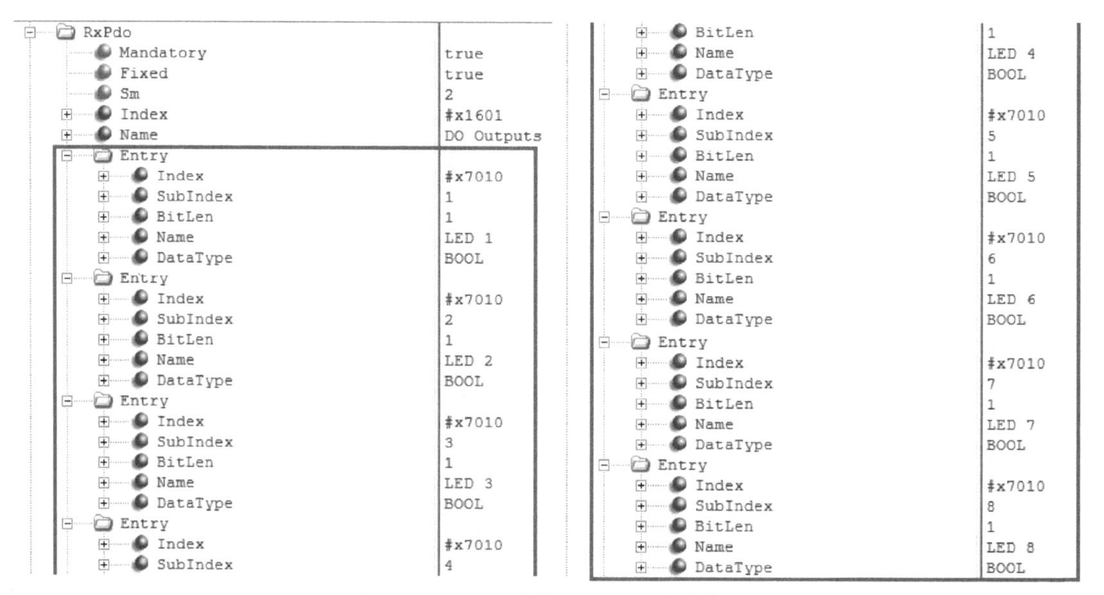

图 10-13　XML 文件中 RxPdo 通道信息

2. 修改 STM32 程序有关数字量输出 DO 的部分

1）在本例中没有在原有的 XML 文件上进行过修改，也就是说其原有变量没有增加也没有删减操作，因此不需要修改 Keil 工程对应的 el9800appl. h 文件。

2）主从站之间的 DO 通信要在 el9800appl. c 文件的函数 void APPL_Application（void）中实现。ET1100 开发板上有 8 个 LED 指示灯，分别记为 LED1～LED8。本例中将 DOOutputs 组中的 8 个成员变量和开发板上的 8 个指示灯一一对应，赋值语句如下所示。

```
void APPL_Application (void)
{
……
LED_1 = sDOOutputs. bLED1;
LED_2 = sDOOutputs. bLED2;
LED_3 = sDOOutputs. bLED3;
LED_4 = sDOOutputs. bLED4;
#if _STM32_IO8
LED_5 = sDOOutputs. bLED5;
LED_6 = sDOOutputs. bLED6;
LED_7 = sDOOutputs. bLED7;
LED_8 = sDOOutputs. bLED8;
#endif
……
}
```

3. 数字量输出 DO 的 EtherCAT 通信测试

打开 TwinCAT 3，点开 DO Outputs 节点，在这里对 LED1～LED8 进行赋值以改变开发板上 LED1～LED8 的亮灭。譬如在 TwinCAT 3 上单击 LED1，单击“Online”写入 1 或者 0，对应着改变开发板上 LED1 的亮灭。如图 10-14 所示在 LED1 写入 1，可以看到从站开发板上

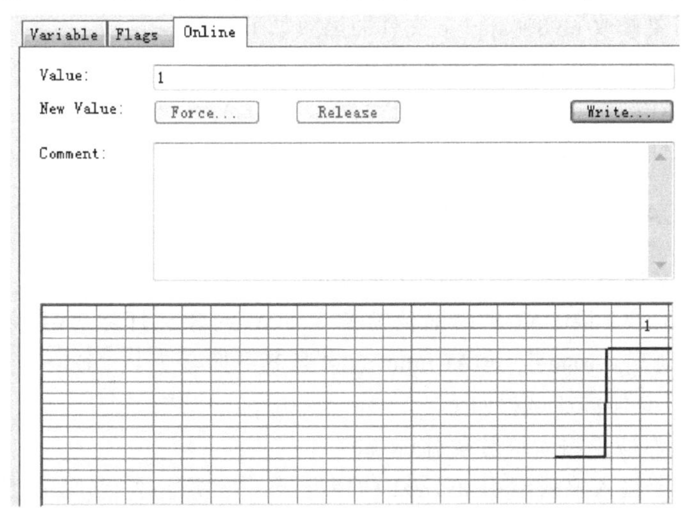

图 10-14　TwinCAT 3 中 LED1 写入 1

LED1 变亮。

10.5 EtherCAT 从站增加模拟量输入/输出 AI/AO 数据通信的方法

10.5.1 XML 配置文件和 STM32 程序的修改内容

实现 EtherCAT 主站和从站之间模拟量输入/输出 AI/AO 的 EtherCAT 数据通信主要包括 XML 配置文件的修改和 STM32 程序的修改。

1. STM32 程序需要修改 el9800appl. h 文件的部分

STM32 程序需要修改 el9800appl. h 文件的部分内容如下。

1）修改对象 0x1a02 的数据结构 TOBJ1A02。

2）在函数 PROTO TOBJ1A02 sAITxPDOMap 中修改对象 0x1a02 的变量来处理对象数据。

3）在结构体 OBJCONST TSDOINFOENTRYDESC OBJMEM asEntryDesc0x1A02 [ ] 中修改对象 0x1a02 的条目描述。

4）在函数 PROTO TOBJ6020 sAIInputs 中修改对象 0x6020 的变量来处理对象数据。

5）在结构体 OBJCONST TSDOINFOE [N] TRYDESC OBJMEM asEntryDesc0x6020 [ ] 中修改对象 0x6020 的条目描述。

6）在结构体 TOBJECT OBJMEM ApplicationObjDic [ ] 中改变对象描述。

7）在函数 PROTO TOBJ1602 sAORxPDOMap 中修改对象 0x1602 的变量来处理对象数据。

8）在结构体 OBJCONST TSDOINFOENTRYDESC OBJMEM asEntryDesc0x1602 [ ] 中修改对象 0x1602 的条目描述。

9）在结构体 OBJCONST TSDOINFOENTRYDESC OBJMEM asEntryDesc0x6411 [ ] 中修改对象 0x6411 的条目描述。

10）在函数 PROTO TOBJ6411 sAOOutputs 中修改对象 0x6411 的变量来处理对象数据。

2. STM32 程序需要修改 el9800appl. c 文件的函数

STM32 程序需要修改 el9800appl. c 文件的函数如下。

1）函数 void APPL_Application（void）。

2）函数 void APPL_InputMapping（UINT16 * pData）。

3）函数 void APPL_OutputMapping（UINT16 * pData）。

10.5.2 EtherCAT 从站增加模拟量输入 AI 变量的方法

1. 修改 XML 文件有关模拟量输入 AI 的部分

模拟量输入 AI 的 EtherCAT 数据通信需要 8 个 AI 对象，打开 XML 文件，单击第二个 “TxPdo”，可以看到其 “Name” 是 AI Inputs，并且其下拥有 7 个 “Entry”，在其后增加 8 个自定义的 AI 变量。具体添加过程如下。

（1）增加变量对应于输入映射索引 0x1a02

增加变量对应于输入映射索引 0x1a02 的情况下，需要修改 DT1A02 数据类型以增加 8 个变量。

1）修改 DT1A02 数据类型。

利用 XMLNotePad 打开要修改的 XML 文件，之后依次单击节点："EtherCATInfo"→"Descriptions"→"Devices"→"Device"→"Profile"→"Dictionary"→"DataTypes"，依次单击子节点"DataType"，直至找到 DT1A02 所在的位置，在最后的"SubItem"右键选择"Duplicate"复制 8 个新的 SubItem。之后，修改新建的 SubItem 的 SubIdx、Name 和 Type 等信息。

SubIdx 按顺序递增，Name 等根据需求定义，BitOffs 是上一个 SubItem 的 BitSize 和 BitOffs 之和。因为添加了新的 SubItem，所以 DT1A02 的 BitSize 要随之更新，它的值是最后一个 SubItem 的 BitSize 和 BitOffs 之和。XML 文件中 DT1A02 的修改如图 10-15 所示。

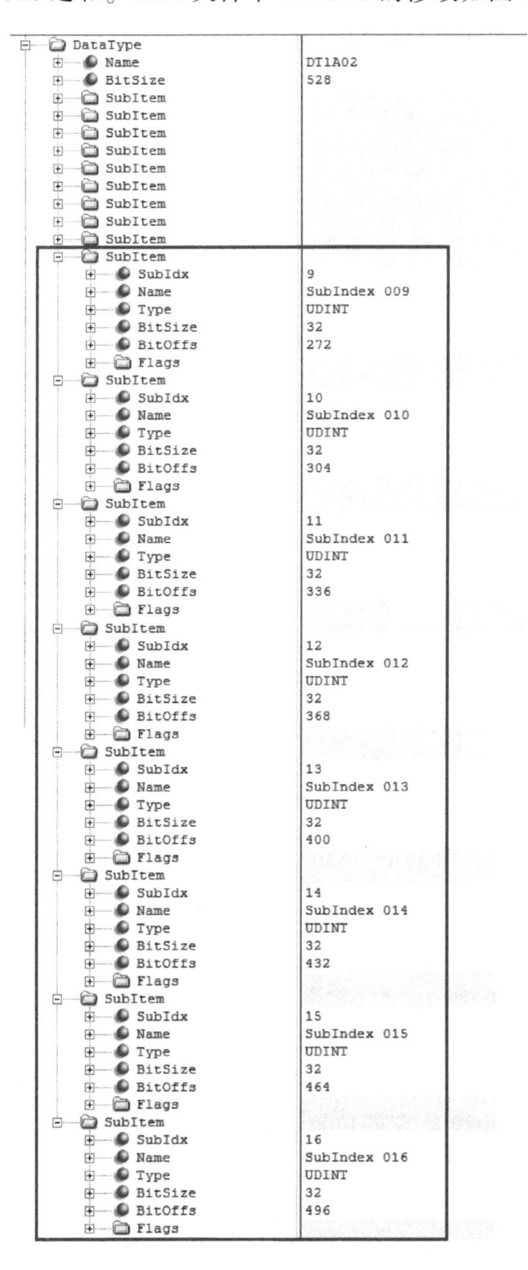

图 10-15 XML 文件中 DT1A02 的修改

2）修改 DT1A02 对象

在 XMLNotePad 中单击 “Dictionary” 的子节点 “Objects”，依次单击 “Object”，找到 0x1a02 所在的位置，修改 BitSize 即可。这个 BitSize 值与上面 DataType 中 DT1A02 的 BitSize 要保持一致。本例中修改了 0x1a02 数据对象（输出映射表），增加了 8 个 SubItem，XML 文件中 0x1a02 修改如图 10-16 所示。

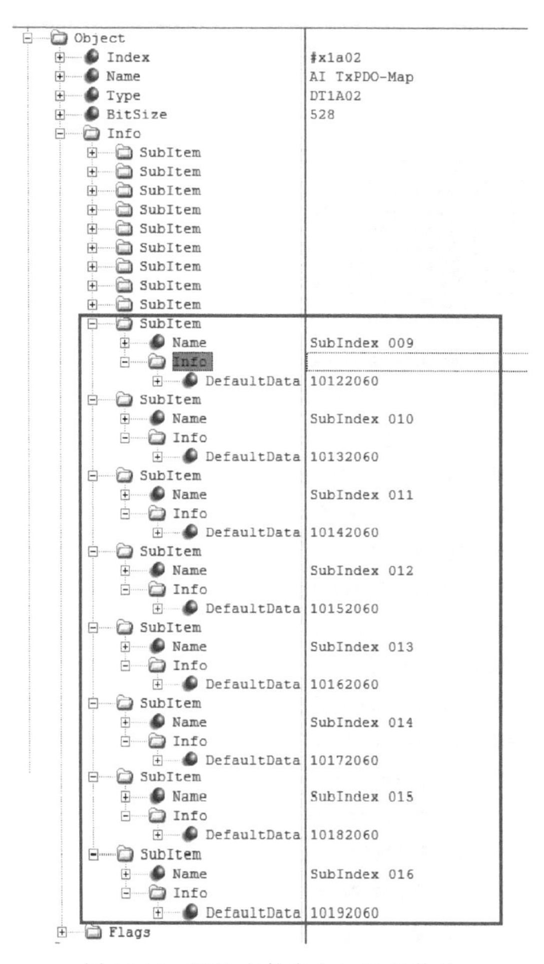

图 10-16 XML 文件中 0x1a02 的修改

（2）修改 0x6020 数据类型及对象

由于索引 0x1a02 将输出过程数据映射到 0x6020 中，需要修改 0x6020 数据类型和对象。

1）修改 DT6020 数据类型

利用 XMLNotePad 打开要修改的 XML 文件，之后依次单击节点：“EtherCATInfo”→“Descriptions”→“Devices”→“Device”→“Profile”→“Dictionary”→“DataTypes”，依次单击子节点 “DataType”，直至找到 DT6020 所在的位置，新增 8 个 SubItem。之后，修改新建的 SubItem 的 SubIdx、Name 和 Type 等信息。

SubIdx 按顺序递增，Name 等根据需求定义，BitOffs 是上一个 SubItem 的 BitSize 和 BitOffs 之和。同时因为添加了新的 SubItem，所以 DT6020 的 BitSize 要随之更新，它的值是最后一个 SubItem 的 BitSize 和 BitOffs 之和。XML 文件中 DT6020 的修改如图 10-17 所示。

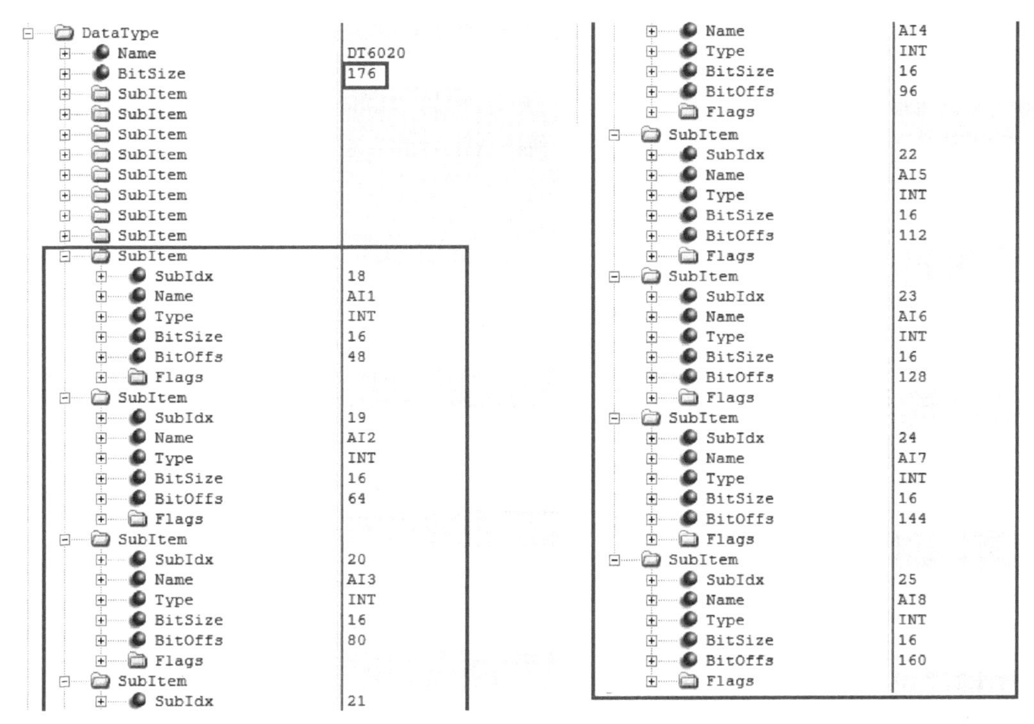

图 10-17　XML 文件中 DT6020 的修改

2）修改 DT6020 对象

在 XMLNotePad 中单击“Dictionary”的子节点“Objects”，依次单击“Object”，找到 0x6020 所在的位置，修改 BitSize 即可。这个 BitSize 值与上面 DataType 中 DT6020 的 BitSize 要保持一致。同时增加 8 个 SubItem 并进行命名。XML 文件中 0x6020 的修改如图 10-18 所示。

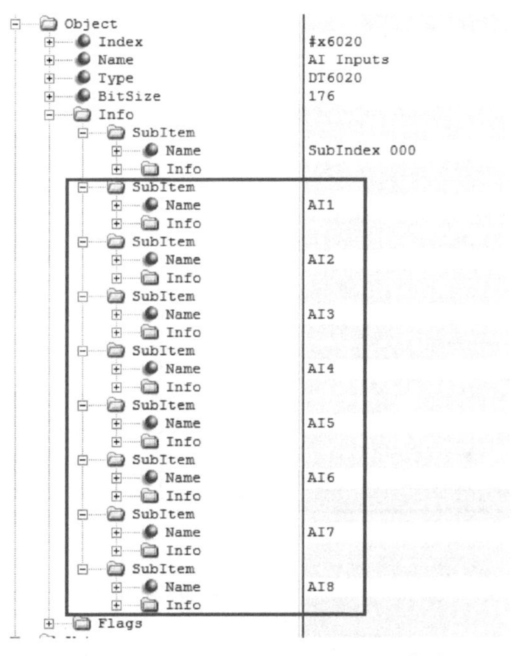

图 10-18　XML 文件中 0x6020 的修改

（3）修改 TxPdo 通道

单击第二个"TxPdo"，其"Name"是 AI Inputs，其下已经拥有 7 个"Entry"，在现有的"Entry"后面再增加 8 个"Entry"，这 8 个"Entry"的"Index"为 0x6020，SubIndex 从 12 依次递增到 19，BitLen 均为 16，"Name"分别是 AI1～AI8。在 XML 文件中修改 TxPdo 通道给 AI Inputs 新增 8 个"Entry"，如图 10-19 所示。

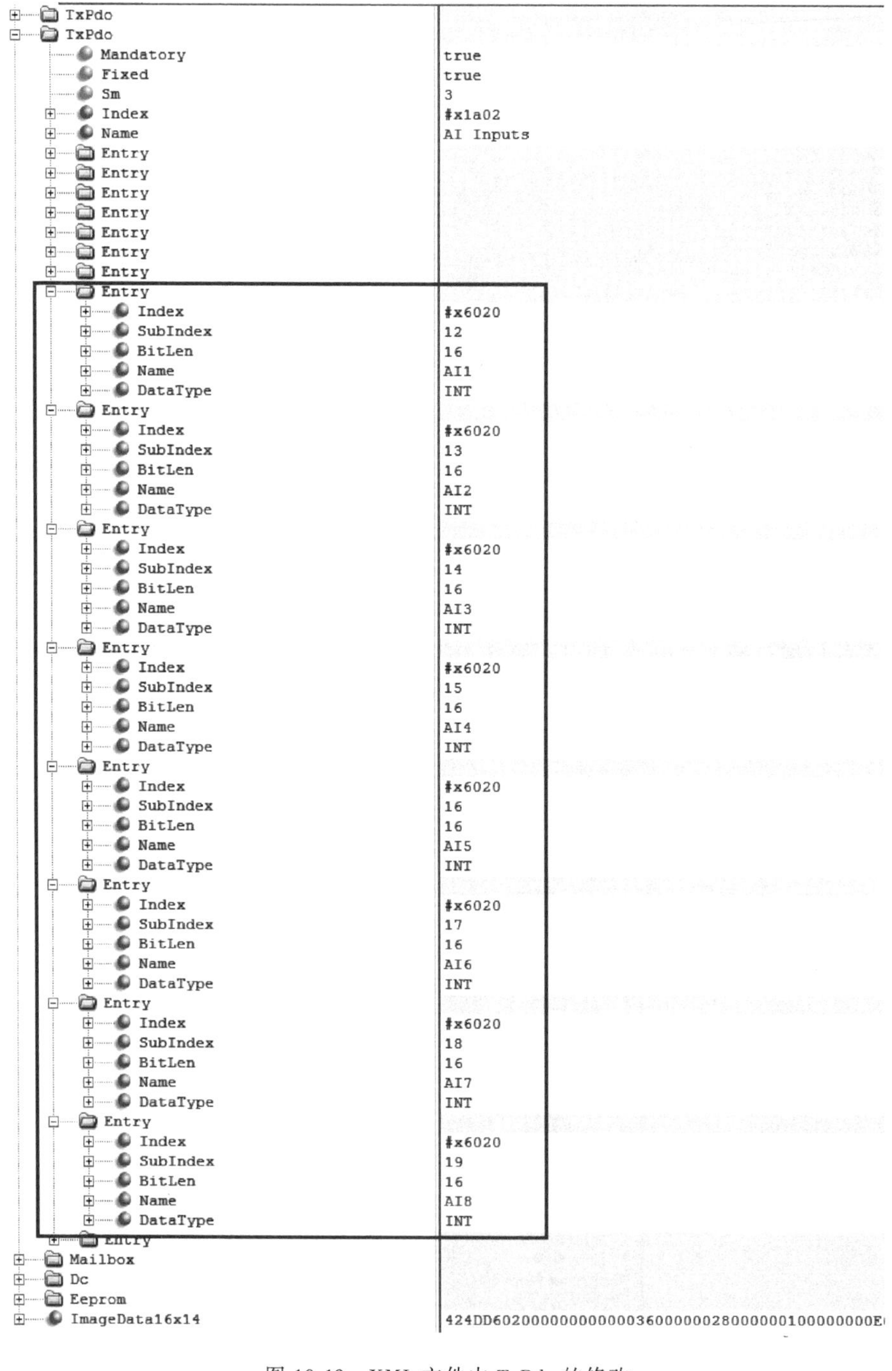

图 10-19 XML 文件中 TxPdo 的修改

2. 修改 STM32 程序有关模拟量输入 AI 的部分

（1）在 el9800appl.h 文件中修改索引 0x1a02 的本地存储变量等相关信息

1）修改 0x1a02 的本地存储

修改 TOBJ1A02 对应的结构体 typedef struct OBJ_STRUCT_PACKED_START。

```
typedef struct OBJ_STRUCT_PACKED_START
{
    UINT16   u16SubIndex0; /* SubIndex 0 */
    UINT32   aEntries[16]; /* Entry buffer */
} OBJ_STRUCT_PACKED_END
TOBJ1A02;
```

2）初始化 0x1a02 与 XML 文件对应

在图 10-15 中，在 XML 文件中对 DT1A02 进行修改，增加了 8 个 SubItem，且其最大的子索引是 16。在图 10-16 中，在 XML 文件中对 0x1a02 进行修改，增加了 8 个 SubItem，其 DefaultData 表示映射索引号。故而在函数 PROTO TOBJ1A02 sAITxPDOMap 中进行相应修改：首元素变为 16，末尾添加 8 个元素分别是新增的 8 个 SubItem 的相应索引号。

```
PROTO TOBJ1A02 sAITxPDOMap
#ifdef _EVALBOARD_
= { 16, { 0x60200101, 0x60200201, 0x60200302, 0x60200502, 0x08, 0x18020701,
0x18020901,0x60201110,0x60201210,0x60201310,0x60201410,0x60201510,0x60201610,
0x60201710,0x60201810,0x60201910}}
#endif;
```

3）修改 0x1a02 表项描述

修改结构体 OBJCONST TSDOINFOENTRYDESC OBJMEM asEntryDesc0x1A02[]。

```
OBJCONST TSDOINFOENTRYDESCOBJMEM asEntryDesc0x1A02[] =
{
{DEFTYPE_UNSIGNED8, 0x8, ACCESS_READ },
{DEFTYPE_UNSIGNED32, 0x20, ACCESS_READ},
{DEFTYPE_UNSIGNED32, 0x20, ACCESS_READ},
{DEFTYPE_UNSIGNED32, 0x20, ACCESS_READ},
{DEFTYPE_UNSIGNED32, 0x20, ACCESS_READ},
{DEFTYPE_UNSIGNED32, 0x20, ACCESS_READ},
{DEFTYPE_UNSIGNED32, 0x20, ACCESS_READ},
{DEFTYPE_UNSIGNED32, 0x20, ACCESS_READ},
{DEFTYPE_UNSIGNED32, 0x20, ACCESS_READ},
{DEFTYPE_UNSIGNED32, 0x20, ACCESS_READ},
{DEFTYPE_UNSIGNED32, 0x20, ACCESS_READ},
{DEFTYPE_UNSIGNED32, 0x20, ACCESS_READ},
```

```
{DEFTYPE_UNSIGNED32, 0x20, ACCESS_READ},
{DEFTYPE_UNSIGNED32, 0x20, ACCESS_READ},
{DEFTYPE_UNSIGNED32, 0x20, ACCESS_READ},
{DEFTYPE_UNSIGNED32, 0x20, ACCESS_READ},
{DEFTYPE_UNSIGNED32, 0x20, ACCESS_READ},
};
```

（2）在 el9800appl.h 文件中修改索引 0x6020 的本地存储变量等相关信息

1）修改 0x6020 的本地存储

修改 TOBJ6020 对应的 typedef struct OBJ_STRUCT_PACKED_START。

```
typedef struct OBJ_STRUCT_PACKED_START
{
UINT16  u16SubIndex0; /* SubIndex 0 */
BOOLEAN(bUnderrange); /* (SI1)Analog input under range */
BOOLEAN(bOverrange); /* (SI2)Analog input over range */
BIT2(b2Limit1); /* (SI3)Analog input 1st limit */
BIT2(b2Limit2); /* (SI5)Analog input 2nd limit */
ALIGN2(SubIndex006)/*  2Bit alignment */
ALIGN6(SubIndex007)/*  2Bit alignment */
BOOLEAN(bTxPDOState); /* (SI15)TxPdo state */
BOOLEAN(bTxPDOToggle); /* (SI16)TxPdo toggle */
INT16   i16Analoginput; /* (SI17)Analog input value */
INT16   i16AI1; /* (SI18)Analog input value */
INT16   i16AI2; /* (SI19)Analog input value */
INT16   i16AI3; /* (SI20)Analog input value */
INT16   i16AI4; /* (SI21)Analog input value */
INT16   i16AI5; /* (SI22)Analog input value */
INT16   i16AI6; /* (SI23)Analog input value */
INT16   i16AI7; /* (SI24)Analog input value */
INT16   i16AI8; /* (SI25)Analog input value */
} OBJ_STRUCT_PACKED_END
TOBJ6020;
```

2）初始化 0x6020 与 XML 文件对应

在图 10-18 中，在 XML 文件中对 0x6020 进行了修改，增加了 8 个 SubItem，且其最大的子索引是 25。对应在函数 PROTO TOBJ6020 sAIInputs 中进行修改：首元素变为最大子索引 25，末尾添加 8 个元素分别是新增的 8 个 SubItem 的初始值。

```
PROTO TOBJ6020 sAIInputs
#ifdef _EVALBOARD_
 = {25, 0x00,0x00,0x00,0x00,0,0,0x00,0x00,0x7FFF,0x0001,0x0001,0x0001,0x0001,
```

```
0x0001,0x0001,0x0001,0x0001}
#endif;
```

3）修改 0x6020 表项描述

修改结构体 OBJCONST TSDOINFOENTRYDESC OBJMEM asEntryDesc0x6020[]。

```
OBJCONST TSDOINFOENTRYDESC  OBJMEM asEntryDesc0x6020[] = {
    {DEFTYPE_UNSIGNED8,0x8,ACCESS_READ },
    {DEFTYPE_BOOLEAN,0x01,ACCESS_READ | OBJACCESS_TXPDOMAPPING},
    {DEFTYPE_BOOLEAN,0x01,ACCESS_READ | OBJACCESS_TXPDOMAPPING},
    {DEFTYPE_BIT2,0x02,ACCESS_READ | OBJACCESS_TXPDOMAPPING},
    {0x0000,0,0},
    {DEFTYPE_BIT2,0x02,ACCESS_READ | OBJACCESS_TXPDOMAPPING},
    {0x0000,0x02,0},
    {0x0000,0x06,0},
    {0x0000,0,0},
    {0x0000,0,0},
    {0x0000,0,0},
    {0x0000,0,0},
    {0x0000,0,0},
    {0x0000,0,0},
    {0x0000,0,0},
    {DEFTYPE_BOOLEAN,0x01,ACCESS_READ | OBJACCESS_TXPDOMAPPING},
    {DEFTYPE_BOOLEAN,0x01,ACCESS_READ | OBJACCESS_TXPDOMAPPING},
    {DEFTYPE_INTEGER16,0x10,ACCESS_READ | OBJACCESS_TXPDOMAPPING},
  {DEFTYPE_INTEGER16,0x10,ACCESS_READ | OBJACCESS_TXPDOMAPPING},
  {DEFTYPE_INTEGER16,0x10,ACCESS_READ | OBJACCESS_TXPDOMAPPING},
  {DEFTYPE_INTEGER16,0x10,ACCESS_READ | OBJACCESS_TXPDOMAPPING},
  {DEFTYPE_INTEGER16,0x10,ACCESS_READ | OBJACCESS_TXPDOMAPPING},
  {DEFTYPE_INTEGER16,0x10,ACCESS_READ | OBJACCESS_TXPDOMAPPING},
  {DEFTYPE_INTEGER16,0x10,ACCESS_READ | OBJACCESS_TXPDOMAPPING},
  {DEFTYPE_INTEGER16,0x10,ACCESS_READ | OBJACCESS_TXPDOMAPPING},
  {DEFTYPE_INTEGER16,0x10,ACCESS_READ | OBJACCESS_TXPDOMAPPING}
};
```

4）修改 0x1a02 和 0x6020 的对象描述

修改 TOBJECT OBJMEM ApplicationObjDic []，需要特别注意方框中的数据要与子索引最大值相对应。

```
TOBJECT  OBJMEM ApplicationObjDic[] =
{
……
```

```
/* Object 0x1A02 */
{NULL,NULL,0x1A02,{DEFTYPE_PDOMAPPING,16 |(OBJCODE_REC << 8)},
asEntryDesc0x1A02,aName0x1A02,&sAITxPDOMap,NULL,NULL,0x0000},
......
/* Object 0x6020 */
{NULL,NULL,0x6020,{DEFTYPE_RECORD,25 |(OBJCODE_REC << 8)},asEn-
tryDesc0x6020,aName0x6020,&sAIInputs,NULL,NULL,0x0000},
......
};
```

(3) 修改 el9800appl.c 源文件中的有关内容

1) 在函数 void APPL_Application (void) 中给自定义的变量赋值

```
void APPL_Application (void)
{
......
sAIlutpuls.i16AI1 = sAOOutputs.i16AO01;
sAIlutpuls.i16AI2 = sAOOutputs.i16AO02;
sAIlutpuls.i16AI3 = sAOOutputs.i16AO03;
sAIlutpuls.i16AI4 = sAOOutputs.i16AO04;
sAIlutpuls.i16AI5 = sAOOutputs.i16AO05;
sAIlutpuls.i16AI6 = sAOOutputs.i16AO06;
sAIlutpuls.i16AI7 = sAOOutputs.i16AO07;
sAIlutpuls.i16AI8 = sAOOutputs.i16AO08;
......
}
```

2) 在函数 void APPL_InputMapping (UINT16 * pData) 中将已添加的变量传给 EtherCAT 主站

```
void APPL_InputMapping(UINT16 * pData)
{
UINT16 j = 0;
UINT16 *pTmpData =(UINT16 *)pData;
/* we go through all entries of the TxPDO Assign object to get the assigned TxPDOs */
for(j = 0; j < sTxPDOassign.u16SubIndex0; j++)
{
switch(sTxPDOassign.aEntries[j])
{
/* TxPDO 1 */
case 0x1A00:
*pTmpData++ = SWAPWORD(((UINT16 *)&sDIInputs)[1]);
```

```
break;
/* TxPDO 3 */
case 0x1A02:
        *pTmpData++ = SWAPWORD(((UINT16 *)&sAIInputs)[1]);
        *pTmpData++ = SWAPWORD(((UINT16 *)&sAIInputs)[2]);
        *pTmpData++ = SWAPWORD(((UINT16 *)&sAIInputs)[3]);
        *pTmpData++ = SWAPWORD(((UINT16 *)&sAIInputs)[4]);
        *pTmpData++ = SWAPWORD(((UINT16 *)&sAIInputs)[5]);
        *pTmpData++ = SWAPWORD(((UINT16 *)&sAIInputs)[6]);
        *pTmpData++ = SWAPWORD(((UINT16 *)&sAIInputs)[7]);
        *pTmpData++ = SWAPWORD(((UINT16 *)&sAIInputs)[8]);
        *pTmpData++ = SWAPWORD(((UINT16 *)&sAIInputs)[9]);
        *pTmpData++ = SWAPWORD(((UINT16 *)&sAIInputs)[10]);
        break;
      }
    }
}
```

10.5.3 EtherCAT 从站增加模拟量输出 AO 变量的方法

模拟量输出的 EtherCAT 数据通信需要 8 个 AO 对象，打开 XML 文件，单击第二个“RxPdo”，可以看到其“Name”是 AO Outputs，并且其下拥有 2 个“Entry”，在其后增加 8 个自定义的 AO 变量。具体添加过程如下。

1. 修改 XML 文件有关模拟量输出 AO 的部分

（1）增加变量对应于输出映射索引 0x1602

该情况下需要修改 DT1602 数据类型以增加 8 个变量。

1）修改 DT1602 数据类型

利用 XMLNotePad 打开要修改的 XML 文件，之后依次单击节点：“EtherCATInfo”→“Descriptions”→“Devices”→“Device”→“Profile”→“Dictionary”→“DataTypes”，依次单击子节点“DataType”，直至找到 DT1602 所在的位置，在最后的“SubItem”右键选择“Duplicate”复制一个新的 SubItem。之后，修改这个新建的 SubItem 的 SubIdx、Name 和 Type 等信息。

SubIdx 按顺序递增，Name 等根据需求定义，BitOffs 是上一个 SubItem 的 BitSize 和 BitOffs 之和。同时因为添加了新的 SubItem，所以 DT1602 的 BitSize 要随之更新，它的值是最后一个 SubItem 的 BitSize 和 BitOffs 之和。XML 文件中 DT1602 的修改如图 10-20 所示。

2）修改 DT1602 对象

在 XMLNotePad 中单击“Dictionary”的子节点“Objects”，依次单击“Object”，找到 0x1602 所在的位置，修改 BitSize 即可。这个 BitSize 值与上面 DataType 中 DT1602 的 BitSize 要保持一致。本例中修改了 0x1602 数据对象（输出映射表），增加了 8 个 SubItem，XML 文件中 0x1602 的修改如图 10-21 所示。

（2）修改 0x6411 数据类型及对象

由于索引 0x1602 将输出过程数据映射到 0x6411 中，因此需要修改 0x6411 数据类型及对象。

1）修改 DT6411 数据类型

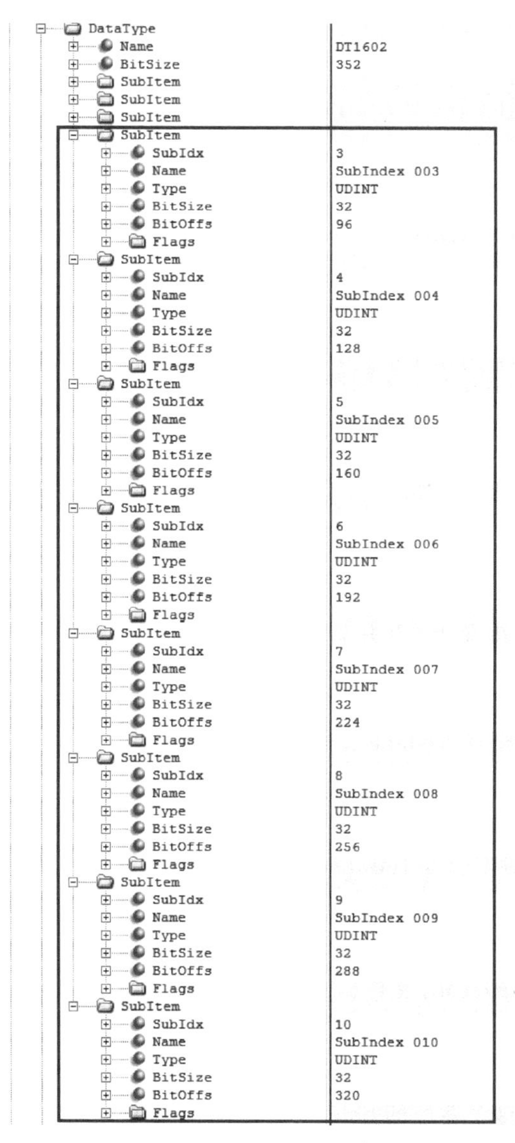

图 10-20　XML 文件中 DT1602 的修改

利用 XMLNotePad 打开要修改的 XML 文件，之后依次单击节点：“EtherCATInfo”→“Descriptions”→“Devices”→“Device”→“Profile”→“Dictionary”→“DataTypes”，依次单击子节点“DataType”，直至找到 DT6411 所在的位置，新增 8 个 SubItem。之后，修改新建的 SubItem 的 SubIdx、Name 和 Type 等信息。

SubIdx 按顺序递增，Name 等根据需求定义，BitOffs 是上一个 SubItem 的 BitSize 和 BitOffs 之和。同时因为添加了新的 SubItem，所以 DT6411 的 BitSize 要随之更新，它的值是最后一个 SubItem 的 BitSize 和 BitOffs 之和。XML 文件中 DT6411 的修改如图 10-22 所示。

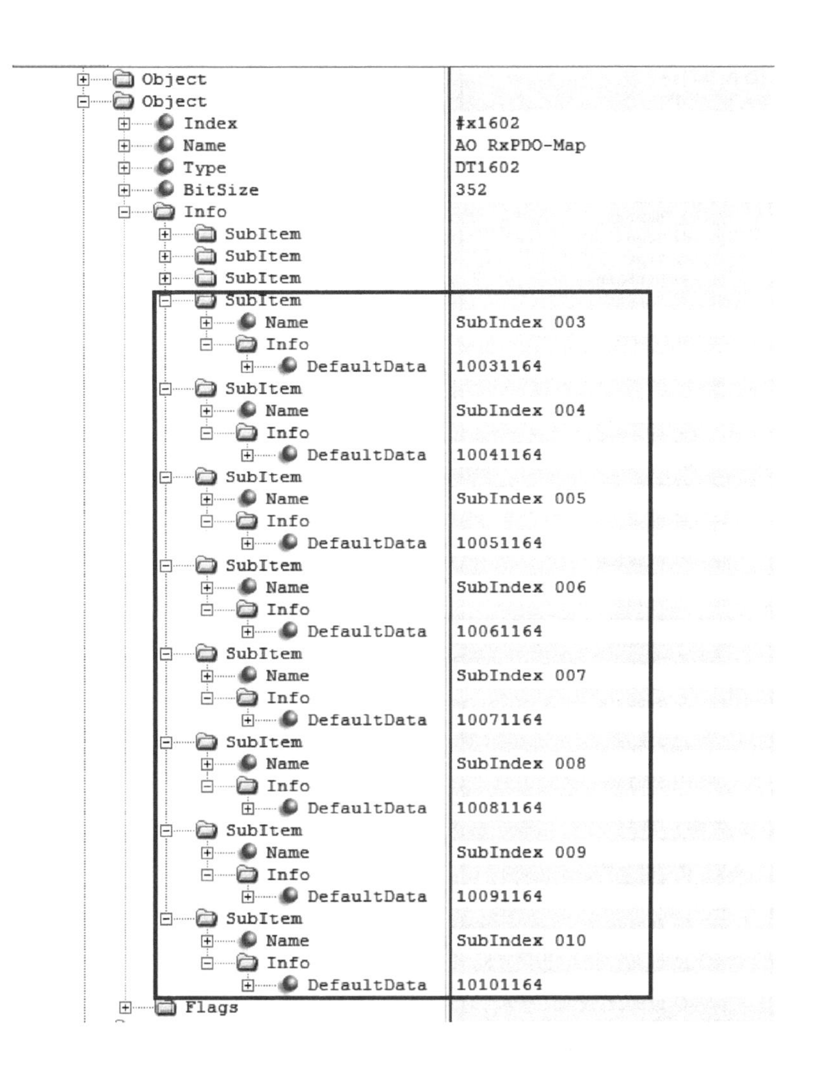

图 10-21　XML 文件中 0x1602 的修改

2）修改 DT6411 对象

在 XMLNotePad 中单击“Dictionary”的子节点“Objects”，依次单击“Object”，找到 0x6411 所在的位置，修改 BitSize 即可。这个 BitSize 值与上面 DataType 中 DT6411 的 BitSize 要保持一致。同时增加 8 个 SubItem 并进行命名。XML 文件中 0x6411 的修改如图 10-23 所示。

（3）修改 RxPdo 通道

单击第二个“RxPdo”，其“Name”是 AI Inputs，其下已经拥有 2 个“Entry”，在现有的“Entry”后面再增加 8 个“Entry”，这 8 个“Entry”的“Index”为 0x6411，SubIndex 从 3 依次递增到 10，BitLen 均为 16，“Name”分别是 AO01～AO08。在 XML 文件中修改 RxPdo 通道给 AO Outputs 新增 8 个“Entry”，如图 10-24 所示。

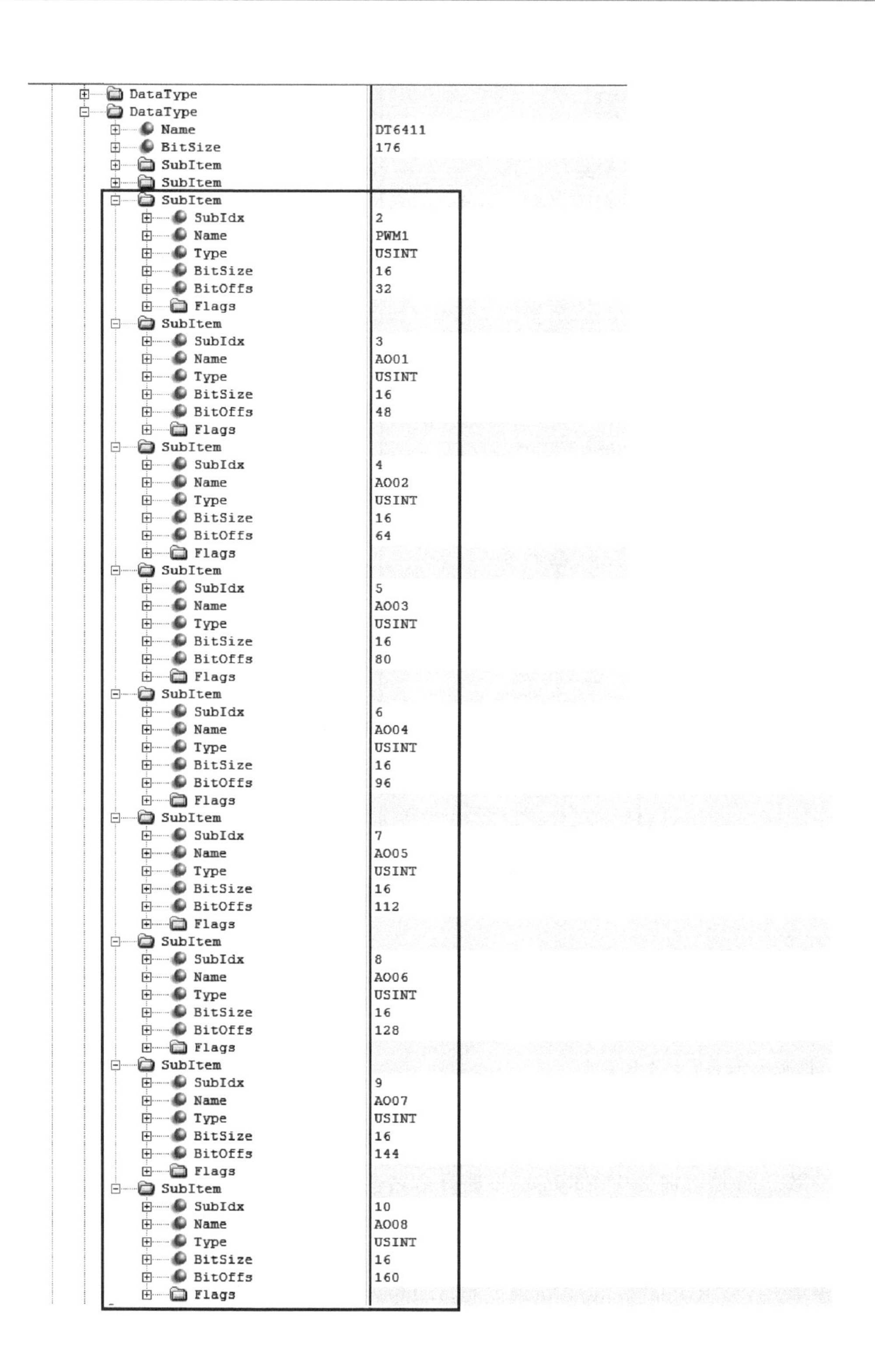

图 10-22　XML 文件中 DT6411 的修改

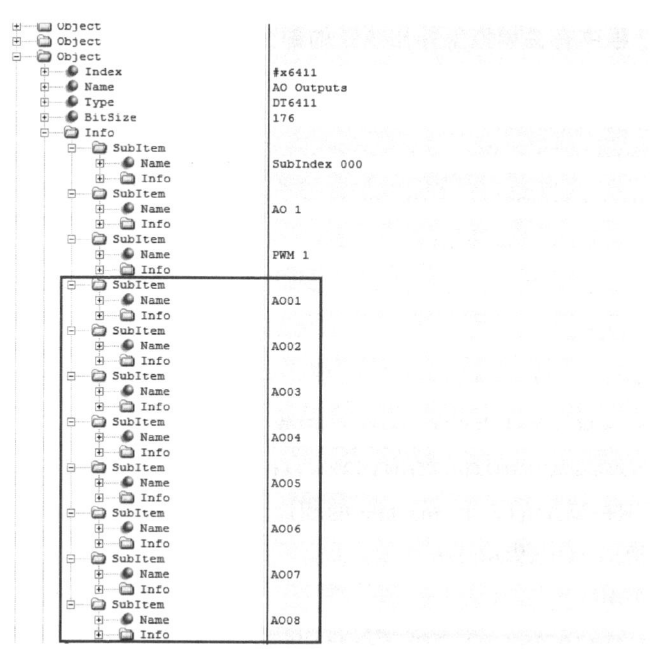

图 10-23　XML 文件中 0x6411 的修改

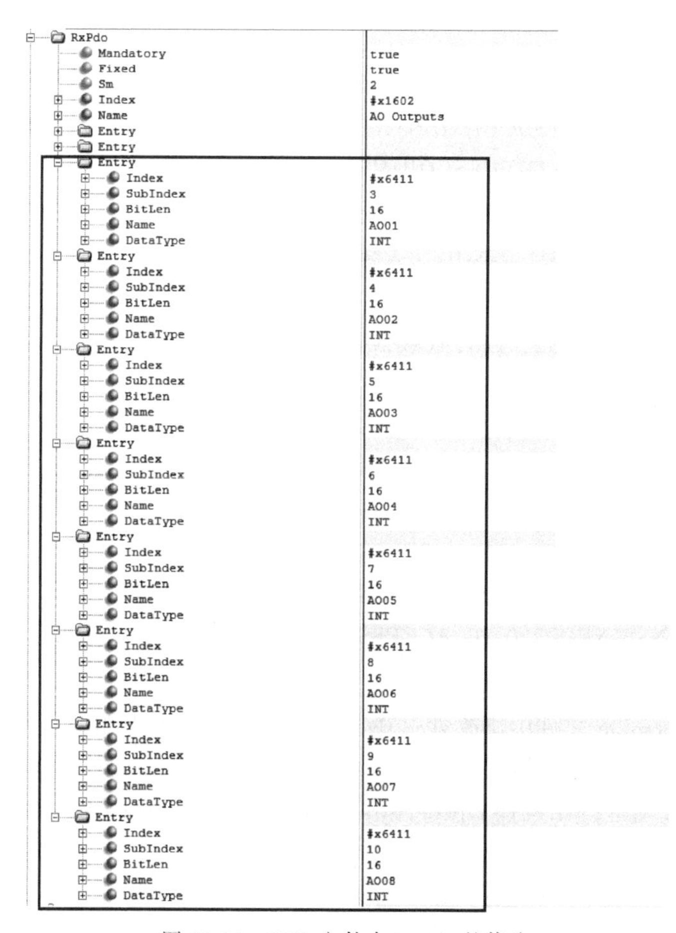

图 10-24　XML 文件中 RxPdo 的修改

2. 修改 STM32 程序有关模拟量输出 AO 的部分

（1） 在 el9800appl. h 文件中修改索引 0x1602 的本地存储变量等相关信息

1） 修改 0x1602 的本地存储

修改 TOBJ1602 对应的结构体 typedef struct OBJ_STRUCT_PACKED_START。

```
typedef struct OBJ_STRUCT_PACKED_START {
UINT16  u16SubIndex0; /* SubIndex 0 */
UINT32  aEntries[10]; /* Entry buffer */
} OBJ_STRUCT_PACKED_END
```

2）初始化 0x1602 与 XML 文件对应

在图 10-21 中，在 XML 文件中对 0x1602 进行修改，增加了 8 个 SubItem，其 DefaultData 表示映射索引号。故而在函数 PROTO TOBJ1602 sAORxPDOMap 中进行相应修改：首元素变为 10，添加 8 个元素分别是新增的 8 个 SubItem 的相应索引号。

```
PROTO TOBJ1602 sAORxPDOMap
#ifdef _EVALBOARD_
    = {10,{0x64110110,0x64110210,0x64110310,0x64110410,0x64110510,0x64110610,
0x64110710,0x64110810,0x64110910,0x64111010}}
#endif;
```

3）修改 0x1602 表项描述

修改结构体 OBJCONST TSDOINFOENTRYDESC OBJMEM asEntryDesc0x1602[]。

```
OBJCONST TSDOINFOENTRYDESCOBJMEM asEntryDesc0x1602[] = {
  {DEFTYPE_UNSIGNED8,0x8,ACCESS_READ },
  {DEFTYPE_UNSIGNED32,0x20,ACCESS_READ},
    {DEFTYPE_UNSIGNED32,0x20,ACCESS_READ},
{DEFTYPE_UNSIGNED32,0x20,ACCESS_READ},
{DEFTYPE_UNSIGNED32,0x20,ACCESS_READ},
{DEFTYPE_UNSIGNED32,0x20,ACCESS_READ},
{DEFTYPE_UNSIGNED32,0x20,ACCESS_READ},
{DEFTYPE_UNSIGNED32,0x20,ACCESS_READ},
{DEFTYPE_UNSIGNED32,0x20,ACCESS_READ},
{DEFTYPE_UNSIGNED32,0x20,ACCESS_READ},
{DEFTYPE_UNSIGNED32,0x20,ACCESS_READ},
};
```

（2） 在 el9800appl. h 文件中修改索引 0x6411 的本地存储变量等相关信息

1） 修改 0x6411 的本地存储

修改 TOBJ6411 对应的结构体 typedef struct OBJ_STRUCT_PACKED_START。

```
typedef struct OBJ_STRUCT_PACKED_START {
  UINT16  u16SubIndex0; /* SubIndex 0 */
  INT16  i16Analogoutput; /* AO 1 */
```

```
    UINT16   u16Pwmoutput; /* PWM1 */
    INT16   i16AO01; /* AO01 */
    INT16   i16AO02; /* AO02 */
    INT16   i16AO03; /* AO03 */
    INT16   i16AO04; /* AO04 */
    INT16   i16AO05; /* AO05 */
    INT16   i16AO06; /* AO06 */
    INT16   i16AO07; /* AO07 */
    INT16   i16AO08; /* AO08 */
} OBJ_STRUCT_PACKED_END
TOBJ6411;
```

2）初始化 0x6411 与 XML 文件对应

在图 10-22 中，在 XML 文件中对 DT6411 进行了修改，增加了 8 个 SubItem，且其最大的子索引是 10。对应在函数 PROTO TOBJ6411 sAOOutputs 中进行修改：首元素变为最大子索引 10，末尾添加 8 个元素分别是新增的 8 个 SubItem 的初始值。

```
PROTO TOBJ6411 sAOOutputs
#ifdef _EVALBOARD_
= {10,0x00,0x00,0x00,0x00,0x00,0x00,0x00,0x00,0x00,0x00}
#endif;
```

3）修改 0x6411 表项描述

修改结构体 OBJCONST TSDOINFOENTRYDESC OBJMEM asEntryDesc0x6411 [ ]。

```
OBJCONST TSDOINFOENTRYDESC   OBJMEM asEntryDesc0x6411[ ] =
{
    {DEFTYPE_UNSIGNED8,0x8,ACCESS_READ },
    {DEFTYPE_UNSIGNED16,0x10,ACCESS_READ |OBJACCESS_RXPDOMAPPING},
    {DEFTYPE_UNSIGNED16,0x10,ACCESS_READ |OBJACCESS_RXPDOMAPPING},
  {DEFTYPE_UNSIGNED16,0x10,ACCESS_READ |OBJACCESS_RXPDOMAPPING},
  {DEFTYPE_UNSIGNED16,0x10,ACCESS_READ |OBJACCESS_RXPDOMAPPING},
  {DEFTYPE_UNSIGNED16,0x10,ACCESS_READ |OBJACCESS_RXPDOMAPPING},
  {DEFTYPE_UNSIGNED16,0x10,ACCESS_READ |OBJACCESS_RXPDOMAPPING},
  {DEFTYPE_UNSIGNED16,0x10,ACCESS_READ |OBJACCESS_RXPDOMAPPING},
  {DEFTYPE_UNSIGNED16,0x10,ACCESS_READ |OBJACCESS_RXPDOMAPPING},
  {DEFTYPE_UNSIGNED16,0x10,ACCESS_READ |OBJACCESS_RXPDOMAPPING},
  {DEFTYPE_UNSIGNED16,0x10,ACCESS_READ |OBJACCESS_RXPDOMAPPING},
};
```

4）修改 0x1602 和 0x6411 的对象描述

修改 TOBJECT OBJMEM ApplicationObjDic [ ]，需要特别注意方框中的数据要与子索引最大值相对应。

```
TOBJECT  OBJMEM ApplicationObjDic[] =
{
……
/* Object 0x1602 */
    {NULL,NULL,0x1602,{DEFTYPE_PDOMAPPING,10|(OBJCODE_REC << 8)},
asEntryDesc0x1602,aName0x1602,&sAORxPDOMap,NULL,NULL,0x0000},
……
/* Object 0x6411 */
    {NULL,NULL,0x6411,{DEFTYPE_RECORD,10|(OBJCODE_REC << 8)},asEn-
tryDesc0x6411,aName0x6411,&sAOOutputs,NULL,NULL,0x0000},
……
};
```

(3) 在 el9800appl.c 文件中进行修改

1) 在函数 void APPL_Application(void)中给新增加的变量赋值

```
void APPL_Application(void)
{
    ……
    sAOOutputs.i16AO01 = sAOOutputs.i16AO01;
    sAOOutputs.i16AO02 = sAOOutputs.i16AO02;
    sAOOutputs.i16AO03 = sAOOutputs.i16AO03;
    sAOOutputs.i16AO04 = sAOOutputs.i16AO04;
    sAOOutputs.i16AO05 = sAOOutputs.i16AO05;
    sAOOutputs.i16AO06 = sAOOutputs.i16AO06;
    sAOOutputs.i16AO07 = sAOOutputs.i16AO07;
    sAOOutputs.i16AO08 = sAOOutputs.i16AO08;
    ……
}
```

增加以上语句就可以将在 TwinCAT3 主站上对于 AO01~AO08 的设定值相对应地传给 sAOOutputs 组中的 i16AO01~i16AO08 变量中。

2) 在函数 void APPL_OutputMapping(UINT16 * pData)中将已添加的变量传给 EtherCAT 主站

```
void APPL_OutputMapping(UINT16 * pData)
{
    UINT16 j = 0;
    UINT16 *pTmpData =(UINT16 *)pData;
    /* we go through all entries of the RxPDO Assign object to get the assigned RxPDOs */
    for(j = 0; j < sRxPDOassign.u16SubIndex0; j++)
    {
```

```
        switch( sRxPDOassign. aEntries[ j] )
        {
        /* RxPDO 2 */
        case 0x1601:
          ((UINT16 *)&sDOOutputs)[1] = SWAPWORD( * pTmpData++);
          break;
        /* RxPDO 2 */
        case 0x1602:
        ((UINT16 *)&sAOOutputs)[1] = SWAPWORD( * pTmpData++);
        ((UINT16 *)&sAOOutputs)[2] = SWAPWORD( * pTmpData++);
        ((UINT16 *)&sAOOutputs)[3] = SWAPWORD( * pTmpData++);
        ((UINT16 *)&sAOOutputs)[4] = SWAPWORD( * pTmpData++);
        ((UINT16 *)&sAOOutputs)[5] = SWAPWORD( * pTmpData++);
        ((UINT16 *)&sAOOutputs)[6] = SWAPWORD( * pTmpData++);
        ((UINT16 *)&sAOOutputs)[7] = SWAPWORD( * pTmpData++);
        ((UINT16 *)&sAOOutputs)[8] = SWAPWORD( * pTmpData++);
        ((UINT16 *)&sAOOutputs)[9] = SWAPWORD( * pTmpData++);
        ((UINT16 *)&sAOOutputs)[10] = SWAPWORD( * pTmpData++);
        break;
      }
    }
}
```

10.5.4 将模拟量AO输出的数据通过模拟量AI进行读取

增加8个新的模拟量输入AI变量之后，已经在el9800appl.c文件的函数void APPL_Application (void) 中添加过以下语句，这部分语句的作用就是实现新添加的AI变量和AO变量之间的通信。即把sAOOutputs组中的i16AO01~i16AO08储存的值一一对应地传给sAIIutputs组中的i16AI1~i16AI8。

```
void APPL_Application(void)
{
    ……
    sAIIutputs. i16AI1 = sAOOutputs. i16AO01;
    sAIIutputs. i16AI2 = sAOOutputs. i16AO02;
    sAIIutputs. i16AI3 = sAOOutputs. i16AO03;
    sAIIutputs. i16AI4 = sAOOutputs. i16AO04;
    sAIIutputs. i16AI5 = sAOOutputs. i16AO05;
    sAIIutputs. i16AI6 = sAOOutputs. i16AO06;
    sAIIutputs. i16AI7 = sAOOutputs. i16AO07;
    sAIIutputs. i16AI8 = sAOOutputs. i16AO08;
```

```
    ……
}
```

10.5.5 模拟量输入/输出 AI/AO 的 EtherCAT 通信测试

打开 TwinCAT 3，单击“AO Outputs”中新添加的变量，例如 AO04，在 Online 中单击“Write”按钮赋值 4000（图 10-25）。再单击“AI Inputs”中的 AI4，就可以看到 AI4 的值也随之变为 4000（图 10-26 和图 10-27）。

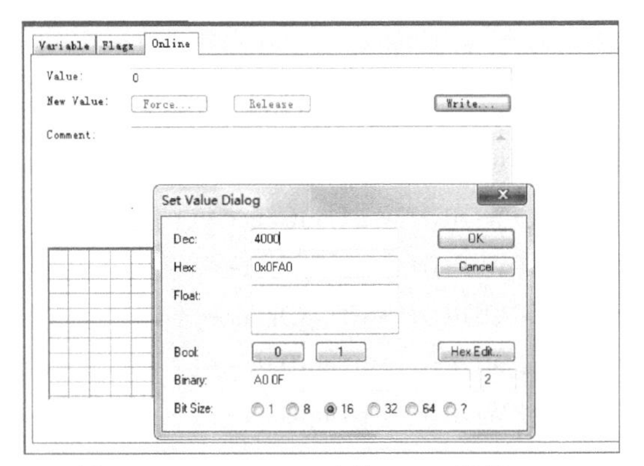

图 10-25 TwinCAT 3 中给 AO04 赋值 4000

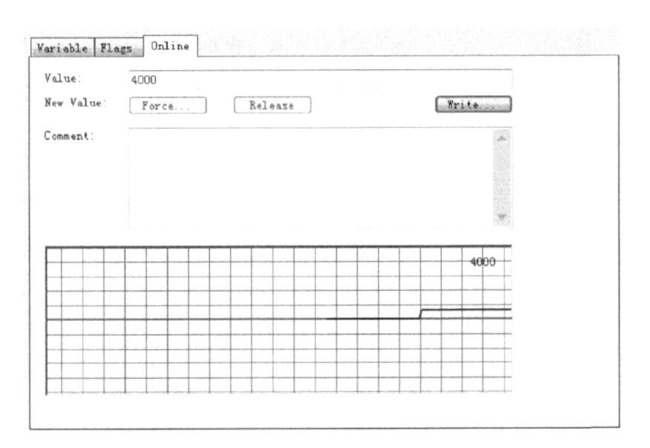

图 10-26 TwinCAT 3 中 AO04 变为 4000

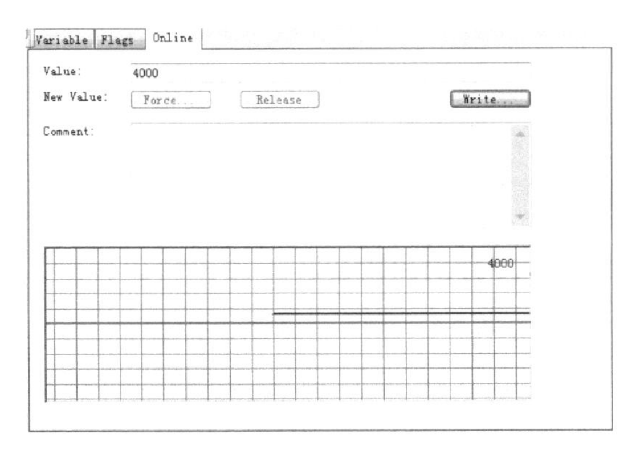

图 10-27 TwinCAT 3 中 AI4 变为 4000

按照上面的办法，在 TwinCAT 3 上将 AO Outputs 中的变量 AO01～AO08 依次赋值为 1000～8000，AO Outputs 中变量一览图如图 10-28 所示。之后单击“AI Inputs”，在右侧的 CoE-Online

Name	Online	Type	Size	>Add...	In/Out	User...	Linked to
AO 1	0	INT	2.0	41.0	Outp...	0	
PWM 1	0	INT	2.0	43.0	Outp...	0	
AO01	1000	INT	2.0	45.0	Outp...	0	
AO02	2000	INT	2.0	47.0	Outp...	0	
AO03	3000	INT	2.0	49.0	Outp...	0	
AO04	4000	INT	2.0	51.0	Outp...	0	
AO05	5000	INT	2.0	53.0	Outp...	0	
AO06	6000	INT	2.0	55.0	Outp...	0	
AO07	7000	INT	2.0	57.0	Outp...	0	
AO08	8000	INT	2.0	59.0	Outp...	0	

图 10-28 AO Outputs 中变量一览图

中可以看到AI1~AI8的值依次变为1000~8000，如图10-29所示。由此可知，模拟量输入和模拟量输出之间的EtherCAT通信成功。

Name	Online	Type	Size	>Add...	In/Out	User...	Linked to
Underrange	0	BIT	0.1	41.0	Input	0	
Overrange	0	BIT	0.1	41.1	Input	0	
Limit 1	0x0 (0)	BIT2	0.2	41.2	Input	0	
Limit 2	0x0 (0)	BIT2	0.2	41.4	Input	0	
TxPDO State	1	BIT	0.1	42.6	Input	0	
TxPDO Toggle	1	BIT	0.1	42.7	Input	0	
Analog input	1521	INT	2.0	43.0	Input	0	
AI1	1000	INT	2.0	45.0	Input	0	
AI2	2000	INT	2.0	47.0	Input	0	
AI3	3000	INT	2.0	49.0	Input	0	
AI4	4000	INT	2.0	51.0	Input	0	
AI5	5000	INT	2.0	53.0	Input	0	
AI6	6000	INT	2.0	55.0	Input	0	
AI7	7000	INT	2.0	57.0	Input	0	
AI8	8000	INT	2.0	59.0	Input	0	

图10-29　TwinCAT 3中AI Inputs数据一览

至此，添加完所有的DI/DO和AI/AO变量之后，TwinCAT 3中资源管理器如图10-30所示。

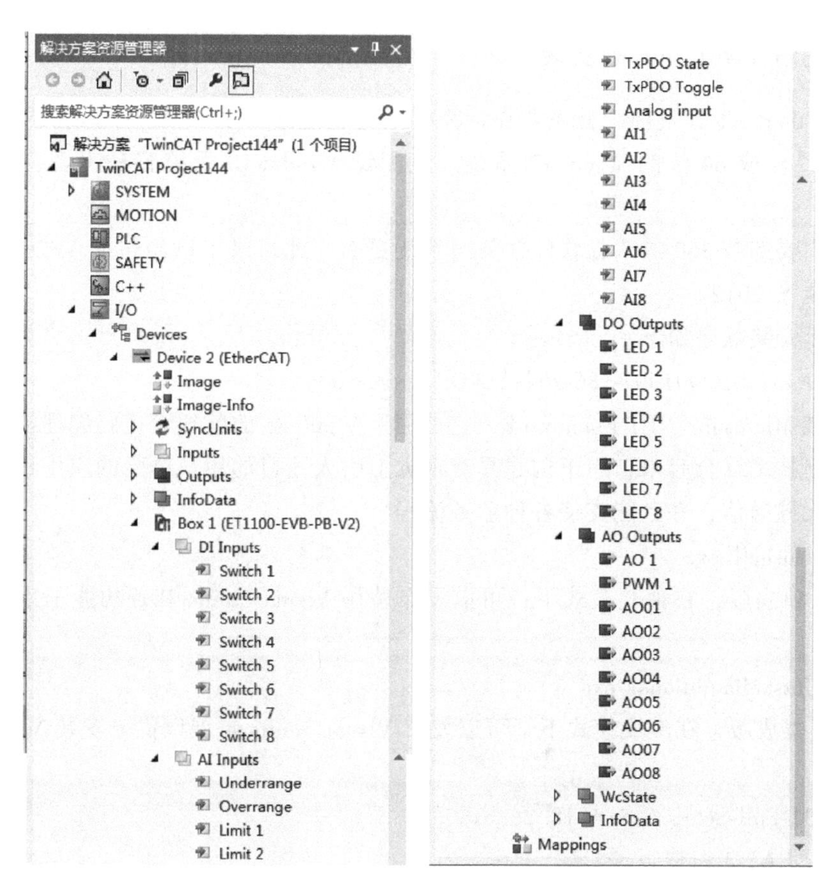

图10-30　TwinCAT 3中资源管理器

第11章 主站软件安装与从站开发调试

11

无论是购买或者是开发的 EtherCAT 从站，都需要和 EtherCAT 主站组成工业控制网络。首先要在计算机上安装主站软件，然后进行主站和从站之间的通信。

本章以 BECKHOFF 公司的主站软件 TwinCAT 3 为例，讲述了主站软件的安装与从站的开发调试。

11.1 EtherCAT 开发前的准备——软件的安装

11.1.1 主站 TwinCAT 的安装

在进行 EtherCAT 开发前，首先要在计算机上安装主站 TwinCAT，计算机要装有 Intel 网卡，系统是 32 位或 64 位的 Window7 系统。经测试 Window10 系统容易出现蓝屏，不推荐使用。

在安装前要卸载 360 等杀毒软件并关闭系统更新。此目录下已经包含 VS2012 插件，不需要额外安装 VS2012。

TwinCAT 安装顺序如下。

（1） NDP452-KB2901907-x86-x64-ALLOS-ENU. exe

用于安装 Microsoft . NET Framework，它是用于 Windows 的新托管代码编程模型。它将强大的功能与新技术结合起来，用于构建具有视觉上引人注目的用户体验的应用程序，实现跨技术边界的无缝通信，并且能支持各种业务流程。

（2） vs_isoshell. exe

安装 VS 独立版，在独立模式下，可以发布使用 Visual Studio IDE 功能子集的自定义应用程序。

（3） vs_intshelladditional. exe

安装 VS 集成版，在集成模式下，可以发布 Visual Studio 扩展以供未安装 VisualStudio 的客户使用。

（4） TC31-Full-Setup. 3. 1. 4018. 26. exe

安装 TwinCAT 3 完整版。

（5） TC3-InfoSys. exe

安装 TwinCAT 3 的帮助文档。

11.1.2　TwinCAT 安装主站网卡驱动

当 PC 的以太网控制器型号不满足 TwinCAT 3 的要求时，主站网卡可以选择 PCIe 总线网卡，如图 11-1 所示。该网卡的以太网控制器型号为 PC82573，满足 TwinCAT 3 的要求。

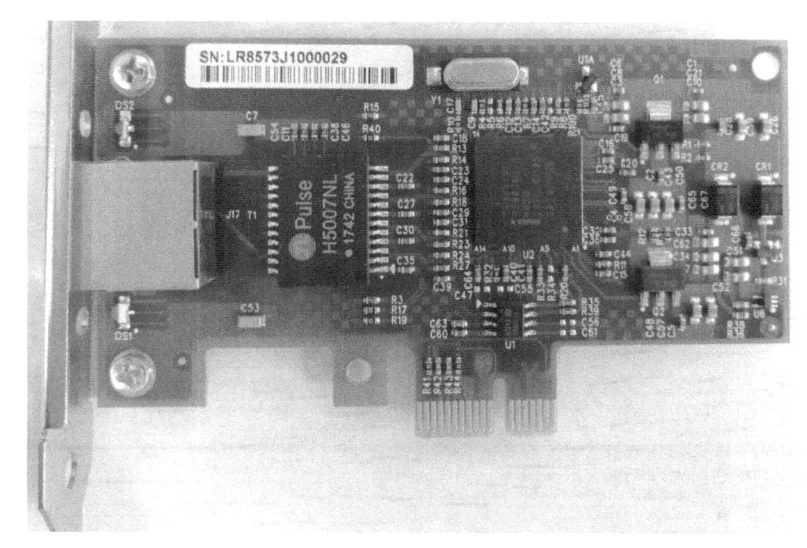

图 11-1　PCIe 总线网卡

PCI Express（简称 PCIe）是 Intel 公司提出的新一代总线接口，旨在替代旧的 PCI，PCI-X 和 AGP 总线标准并称之为第三代 I/O 总线技术。

PCI Express 采用了目前流行的点对点串行连接，比起 PCI 以及更早期的计算机总线的共享并行架构，该连接方式中每个设备都有自己的专用连接，不需要向整个总线请求带宽，而且可以把数据传输率提高到一个很高的频率，达到 PCI 所不能提供的高带宽。传统 PCI 总线在单一时间周期内只能实现单向传输，PCIe 的双单工连接能提供更高的传输速率和质量，它们之间的差异跟半双工和全双工类似。

PCIe 在软件层面上兼容 PCI 技术和设备，支持 PCI 设备和内存模组的初始化，过去的驱动程序、操作系统可以支持 PCIe 设备。

PCIe 与 PCI 总线相比主要有以下技术优势。

1）PCIe 是串行总线，进行点对点传输，每个传输通道独享带宽。

2）PCIe 总线支持双向传输模式和数据分通道传输模式。其数据分通道传输模式，即 PCIe 总线的 x1、x2、x4、x8、x12、x16 和 x32 多通道连接，x1 单向传输带宽即可达到 250MB/s，双向传输带宽更能够达到 500MB/s。

3）PCIe 总线充分利用先进的点到点互连、基于交换的技术和基于包的协议来实现新的总线性能和特征。电源管理、服务质量（QoS）、热插拔支持、数据完整性和错误处理机制等也是 PCIe 总线所支持的高级特征。

4）PCIe 与 PCI 总线良好的继承性可以保持软件的继承和可靠性。PCIe 总线关键的 PCI 特征，比如应用模型、存储结构和软件接口等与传统 PCI 总线保持一致，但是并行的 PCI 总线被一种具有高度扩展性的、完全串行的总线所替代。

5）PCIe总线充分利用先进的点到点互连，降低了系统硬件平台设计的复杂性和难度，从而大大降低了系统的开发制造设计成本，极大地提升了系统的性价比和健壮性。

PCIe接口模式通常用于显卡、网卡等主板类接口卡。

打开TwinCAT，单击“TWINCAT”→“Show Realtime EtherNet Compatible Devices...”，安装主站网卡驱动的选项如图11-2所示。

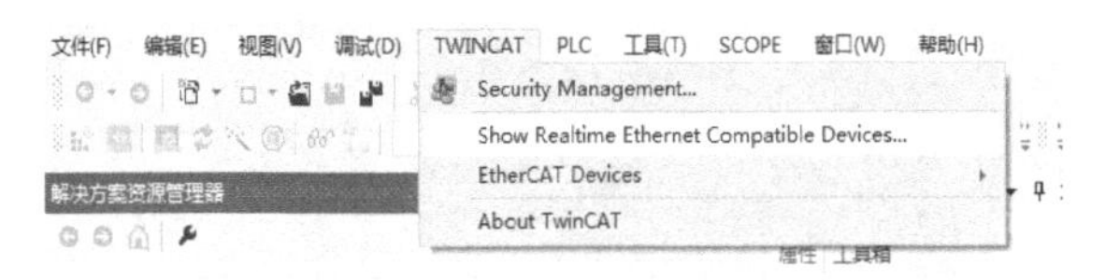

图11-2 安装主站网卡驱动的选项

选择网卡，单击Install，若安装成功，则会显示在安装成功等待使用的列表下，如图11-3所示。

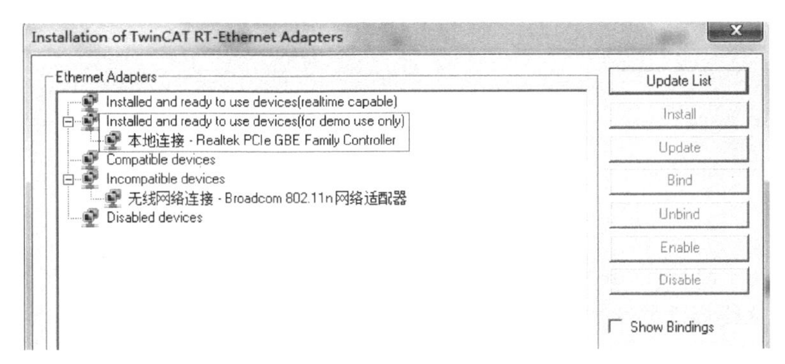

图11-3 主站网卡驱动安装成功

若安装失败，检查网卡是否是TwinCAT支持的网卡，如果不是，则更换TwinCAT支持的网卡。

TwinCAT支持的网卡以太网控制器型号见表11-1和表11-2。

表11-1 Intel快速以太网控制器（厂商ID：0x8086）

设备ID	主芯片型号	设备ID	主芯片型号	设备ID	主芯片型号
0x1029	82559	0x103E	82801DB	0x1068	82562
0x1030	82559	0x1050	82801EB/ER	0x1069	Intel PRO/100
0x1031	82801CAM	0x1051	82801EB/ER	0x106A	Intel PRO/100
0x1032	82801CAM	0x1052	82801EB/ER	0x106B	Intel PRO/100
0x1033	82801CAM	0x1053	82801EB/ER	0x1094	Intel PRO/100
0x1034	82801CAM	0x1054	82801EB/ER	0x1209	8255xER/IT
0x1038	82801CAM	0x1055	82801EB/ER	0x1229	82557/8/9/0/1
0x1039	82801CAM	0x1056	82801EB/ER	0x1249	82559ER
0x103A	82801DB	0x1057	82801EB/ER	0x1259	82801E
0x103B	82801DB	0x1059	82551QM	0x245D	82801E
0x103C	82801DB	0x1064	82801EB/ER	0x27DC	Intel PRO/100
0x103D	82801DB	0x1067	Intel PRO/100		

表 11-2　Intel 千兆以太网控制器（厂商 ID：0x8086）

设备 ID	主芯片型号	设备 ID	主芯片型号	设备 ID	主芯片型号
0x1000	82542	0x1049	82566MM	0x109A	82573L
0x1001	82543GC	0x104A	82566DM	0x10A4	82571EB
0x1004	82543GC	0x104B	82566DC	0x10A7	82575
0x1008	82544EI	0x104C	82562V	0x10A9	82575
0x1009	82544EI	0x104D	82566MC	0x10B5	82546GB
0x100C	82544EI	0x104E	82571EB	0x10B9	82572EI
0x100D	82544GC	0x104F	82571EB	0x10BA	80003ES2LAN
0x100E	82540EM	0x1060	82571EB	0x10BB	80003ES2LAN
0x100F	82545EM	0x1075	82547EI	0x10BC	82571EB
0x1010	82546EB	0x1076	82541GI	0x10BD	82566DM
0x1011	82545EM	0x1077	82547EI	0x10C4	82562GT
0x1012	82546EB	0x1078	82541ER	0x10C5	82562G
0x1013	82541EI	0x1079	82546EB	0x10C9	82576
0x1014	82541ER	0x107A	82546EB	0x10CB	82567V-ICH9
0x1015	82540EM	0x107B	82546EB	0x10D3	82574L
0x1016	82540EP	0x107C	82541GI	0x10E5	82567LM-4-ICH9
0x1017	82540EP	0x107D	82572EI	0x10E6	82576(Fiber)
0x1018	82541EI	0x107E	82572EI	0x10E7	82576(Serdes)
0x1019	82547EI	0x107F	82572EI	0x10E8	82576(Quad Copper)
0x101A	82547EI	0x108A	82546GB	0x10EA	82577LM
0x101D	82546EB	0x108B	82573E	0x10EB	82577LC
0x101E	82540EP	0x108C	82573E	0x10EF	82578DM
0x1026	82545GM	0x1096	80003ES2LAN	0x10F0	82578DC
0x1027	82545GM	0x1098	80003ES2LAN	0x10F2	82579LM
0x1028	82545GM	0x1099	82546GB	0x10F3	82567LM
				0x10F5	82579V

11.2　EtherCAT 从站的开发调试

下面给出建立并下载一个 TwinCAT 测试工程的实例。

主站采用已安装 Windows7 系统的 PC。因为 PC 原来 RJ45 网口不满足 TwinCAT 支持的网卡以太网控制器型号，需要内置图 11-1 所示的 PCIe 总线网卡。

EtherCAT 主站与从站的测试连接如图 11-4 所示。EtherCAT 主站的 PCIe 网口与从站的 RJ45 网口相连。

EtherCAT 从站开发板采用的是由 ARM 微控制器 STM32F407 和 EtherCAT 从站控制器 ET1100 组成的硬件系统。STM32 微控制器程序、EEPROM 中烧录的 XML 文件是在 EtherCAT 从站开发板的软件和 XML 文件基础上修改后的程序和 XML 文件。

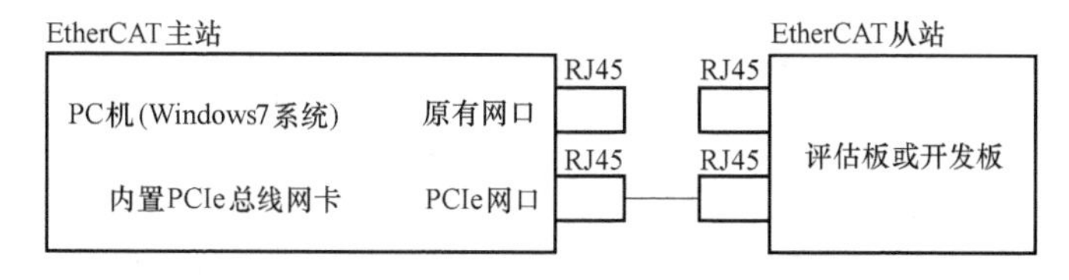

图 11-4　EtherCAT 主站与从站的测试连接

STM32 微控制器程序、EEPROM 中烧录的 XML 文件和 TwinCAT 软件目录下的 XML 文件，三者必须对应，否则通信会出错。

在该文档所在文件夹中，有名为“FBECT_PB_IO”的子文件夹，该子文件夹中有一个名为“FBECT_ ET1100. xml”的 XML 文件和一个 STM32 工程供实验使用。

11.2.1 烧写 STM32 微控制器程序

安装 Keil MDK 开发环境，烧写 STM32 微控制器程序，注意烧写完成后重启从站开发板电源。

11.2.2 TwinCAT 软件目录下放置 XML 文件

在安装 TwinCAT 后，将工程中的 XML 文件拷贝到目录“C:\TwinCAT\3. 1\Config\Io\EtherCAT”下，若该目录下已有其他 XML 文件则删除，工程 XML 文件存放路径如图 11-5 所示。

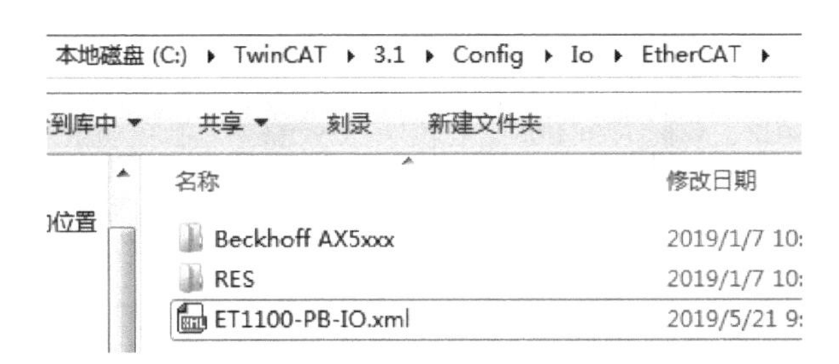

图 11-5 工程 XML 文件存放路径

11.2.3 建立一个工程

1. 打开已安装的 TwinCAT 软件

打开开始菜单，然后单击“TwinCAT XAE（VS2012）”。进入 VS2012 开发环境，TwinCAT 主站界面如图 11-6 所示。

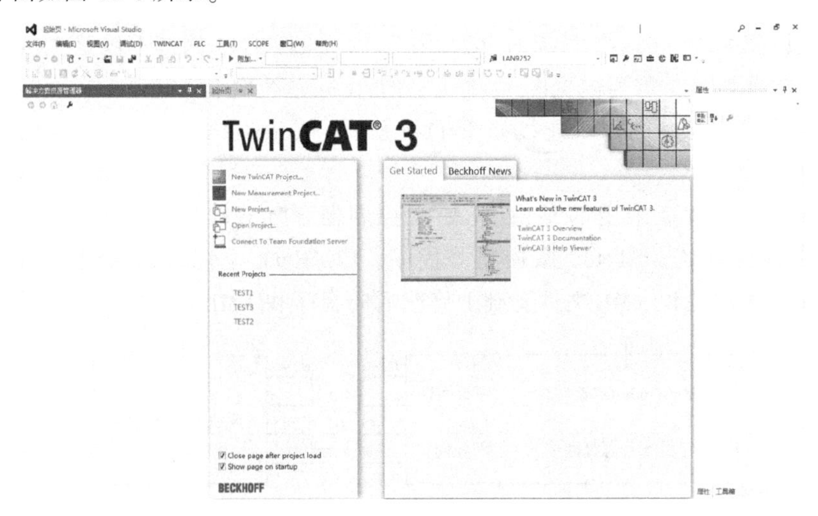

图 11-6 TwinCAT 主站界面

2. 建立一个新工程

单击“文件”→“新建”→“项目”→“TwinCAT Project”→“修改工程名”→“确定”，具体操作的界面如图 11-7 和图 11-8 所示。

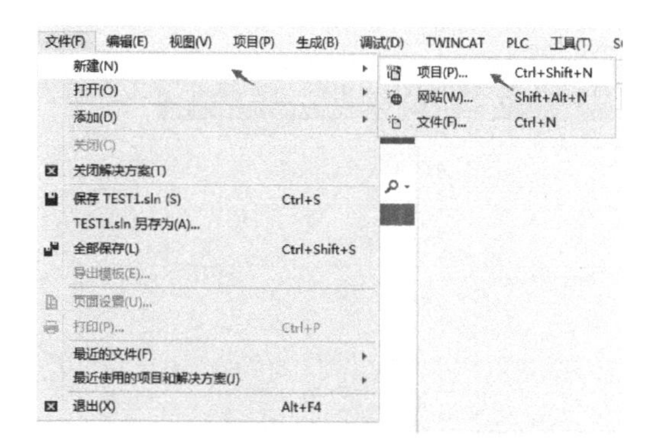

图 11-7　建立新工程步骤

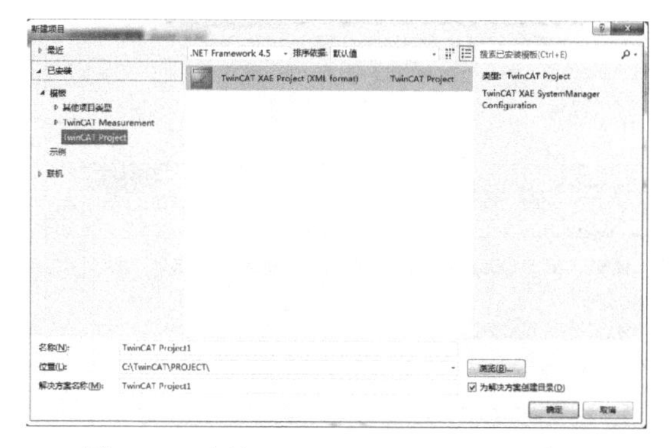

图 11-8　选择 TwinCAT Project 及工程位置

在单击“确定”后出现如图 11-9 所示的界面。

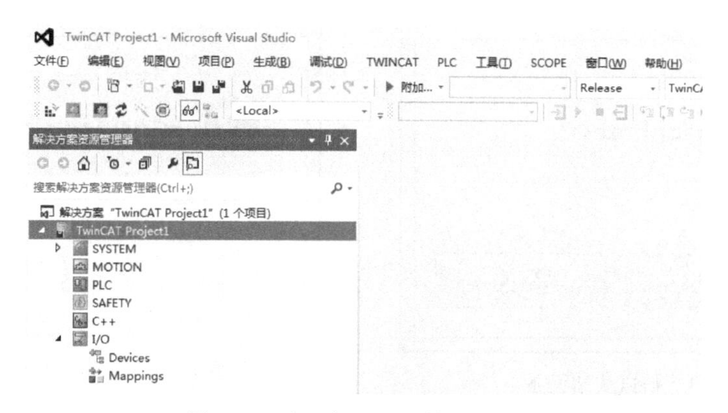

图 11-9　建立新工程后的显示界面

3. 扫描从站设备

通过网线与计算机主站连接，打开从站开发板电源，然后右键单击“Devices”，在出现的子菜单中单击“Scan”，开始扫描连接的从站设备，具体操作如图 11-10 和图 11-11 所示、

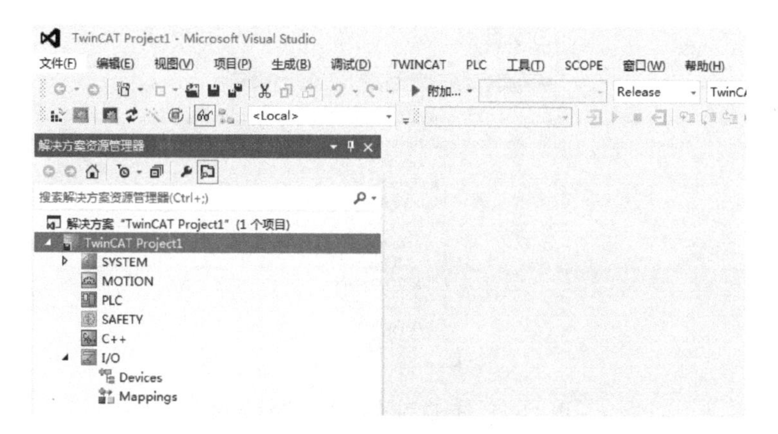

图 11-10　扫描从站设备

图 11-12～图 11-14 所示。

如果扫描不到从站设备，则关闭 TwinCAT 并重新启动，或拔下从站开发板与 PC 主站的连接网线重新尝试。

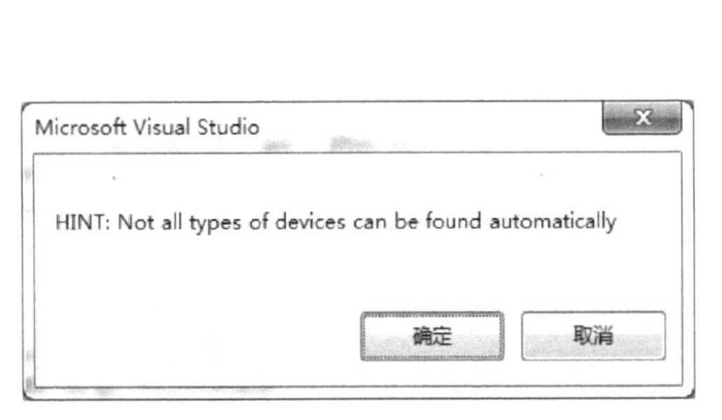

图 11-11　从站设备扫描提示

图 11-12　扫描到的从站设备

图 11-13　扫描从站设备

图 11-14　自由运行模式选择

扫描到从站设备显示界面如图 11-15 所示。

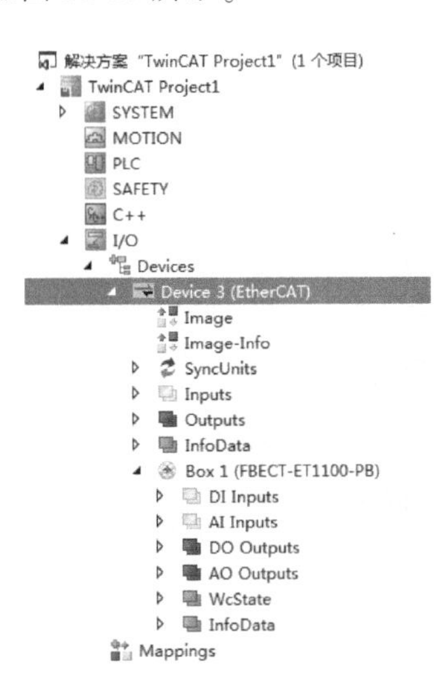

图 11-15　扫描到从站设备显示界面

双击“Box1”，单击“Online”，可以看到从站处于 OP 状态，如图 11-16 所示。

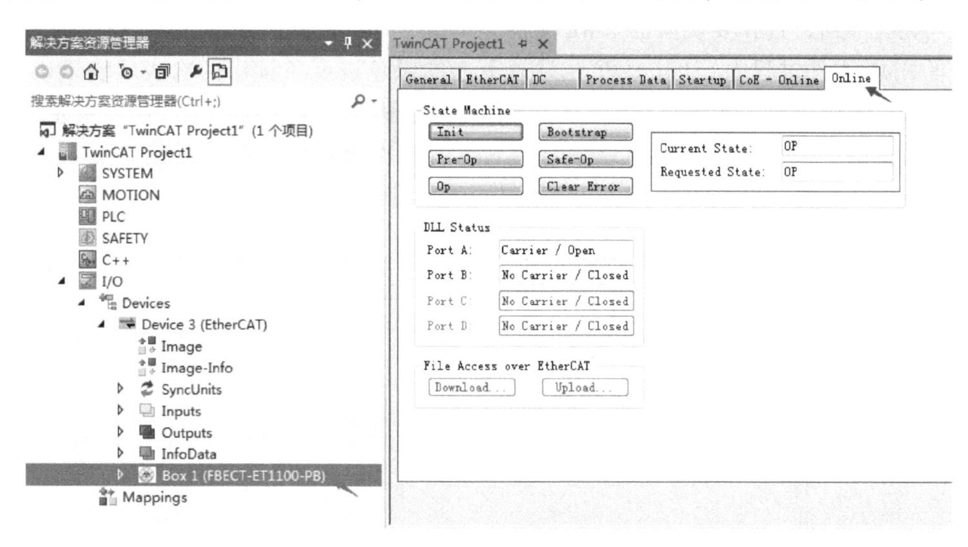

图 11-16　检查从站状态

11.2.4　向 EEPROM 中烧写 XML 文件

EEPROM 中存放从站配置信息，即 XML 文件。通过 TwinCAT 3 直接向 EEPROM 烧写 XML 文件的方法如下。

1. 打开“EEPROM Update”界面

在扫描并连接从站设备后，单击左侧节点“Device3（EtherCAT）”，在右侧的对话框中选择“EtherCAT”，在右下方对话框的“Box1...”上右键选中“EEPROM Update...”。更新 EEPROM 的界面如图 11-17 所示。

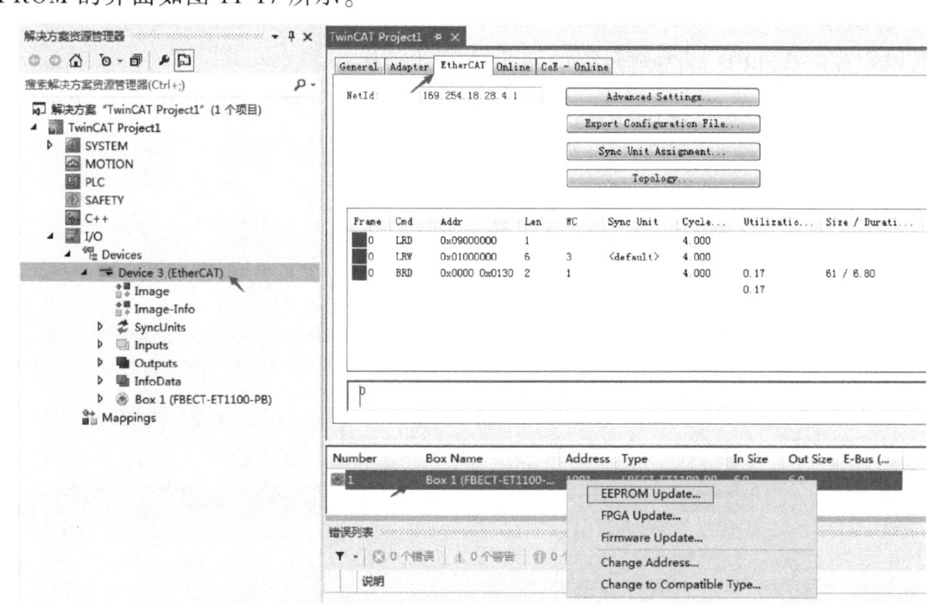

图 11-17　更新 EEPROM 的界面

2. 烧写 XML 文件

进入烧写界面，选择要烧写的 XML 文件，单击“OK”进行烧写，如图 11-18 所示。

烧写 XML 文件过程中，TwinCAT 主站右下方的绿色进度条读满两次表示烧录成功，第一次进度读取较慢，第二次进度读取较快，若烧录过程中出现卡停现象，则需要重新烧录。烧录完成后重启 TwinCAT 会发现从站信息更新，若多次重启仍未见从站信息更新，则可移除 Device，关闭并重新打开 TwinCAT，重新进行 Scan 操作。

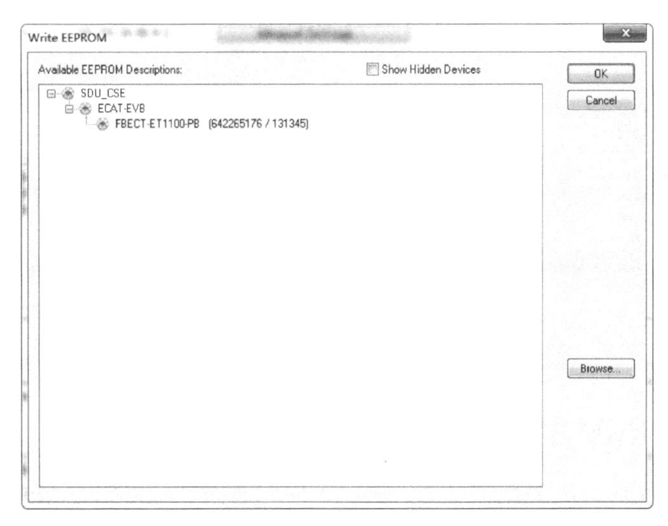

图 11-18 勾选要烧写 XML 文件的设备

11.2.5 在 TwinCAT 主站上与从站设备进行简单通信

可通过手动操作和自动操作两种方式实现在 TwinCAT 主站上与从站设备进行简单通信。

1. 手动操作

下面以点亮一个 LED 灯为例介绍如何实现手动操作。

1）在从站已经进入 OP 状态后，用鼠标单击 LED 1，出现如图 11-19 所示界面。

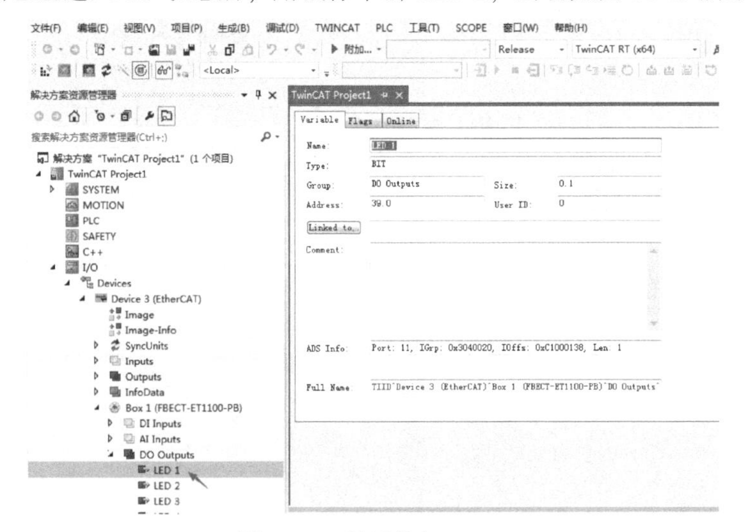

图 11-19 鼠标单击 LED 1

2）单击“Write...”，修改 LED 1 的状态值，然后点击“OK”，如图 11-20 所示。

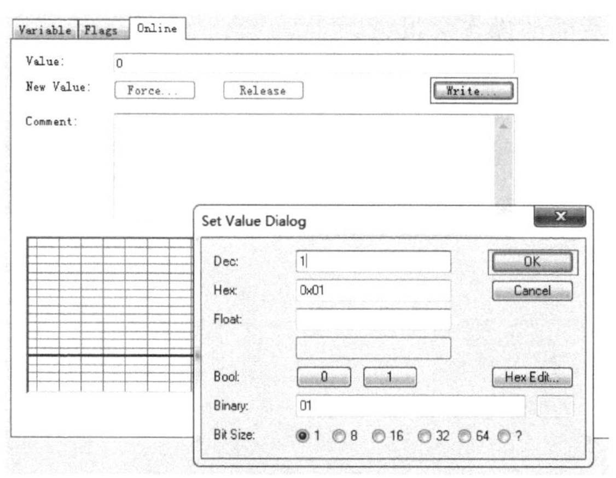

图 11-20　修改 LED 1 的状态值

3）此时，TwinCAT 主站上 LED 1 的状态监测发生变化，如图 11-21 所示，同时从站开发板上 LED 1 会亮起。可用同样的方式修改其他 LED 的状态并观察结果。

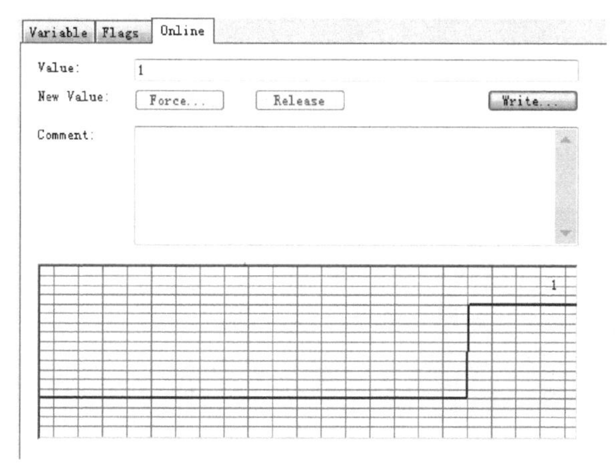

图 11-21　主站上的 LED 1 的状态监测

2. 自动操作（建立一个 PLC 任务）

测试版的 TwinCAT 在 DC 模式下，需要建立 PLCtask 才能稳定运行，否则会出现报错。先新建一个 TwinCAT 工程，再新建 PLC 程序。

1）右键单击 PLC，然后单击“添加新项”，如图 11-22 所示。

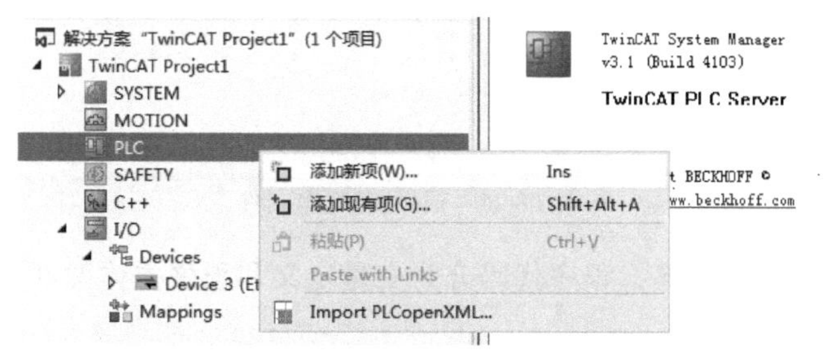

图 11-22　新建一个 PLC 任务

PLC 工程添加界面如图 11-23 所示，单击“添加”，这样就建立了一个 PLC 工程。工程名字必须为英文，否则后面的操作会报错。

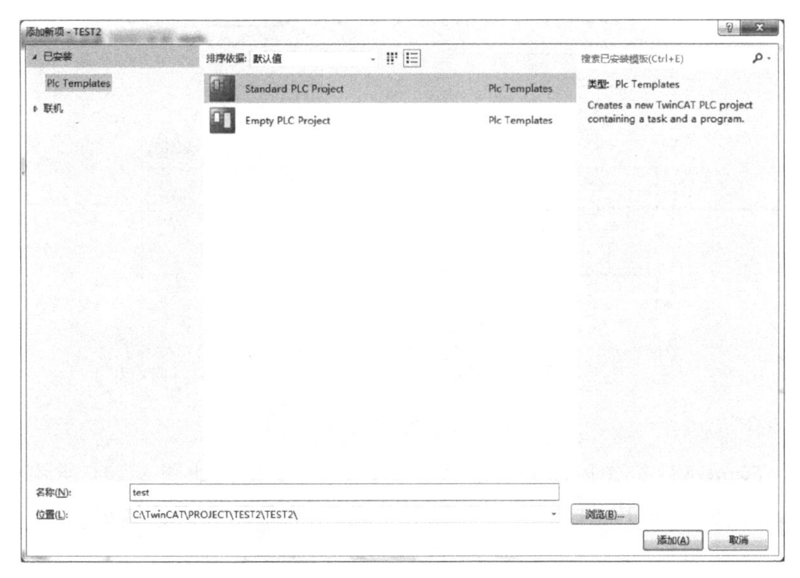

图 11-23　PLC 工程添加界面

2）展开 PLC 工程，双击打开 PlcTask 下的“MAIN”，可以看到右边窗口出现 PLC 源文件，编写 PLC 程序，如图 11-24 所示。

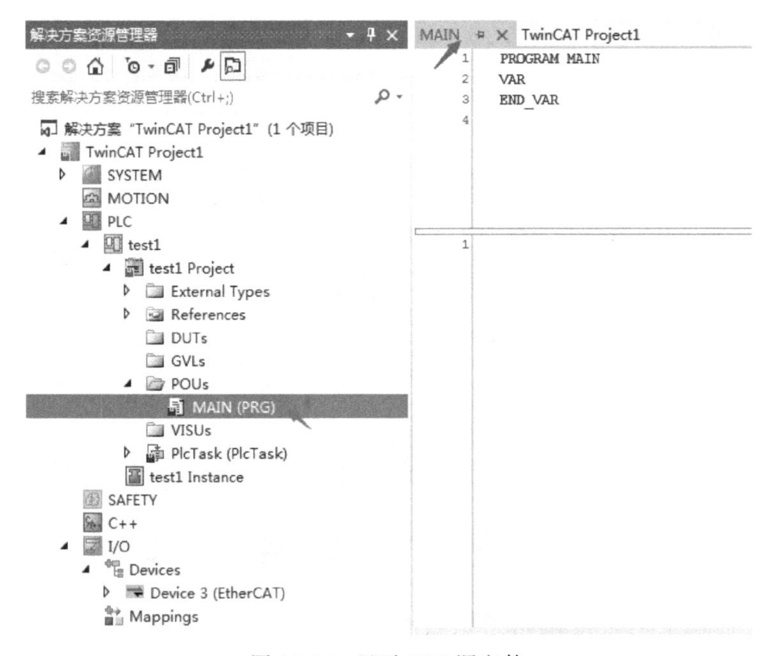

图 11-24　显示 PLC 源文件

下面编写一个流水灯程序，程序代码分为变量定义和程序主体两部分。

变量定义部分如下。

```
PROGRAM MAIN
```

```
VAR
    //下面语句定义一个含 8 位布尔变量名称为“light”的数组
    //实际工作中程序要求有输入/输出变量,来获取或输出信息
    //这种变量可以通过“AT%Q * ”来进行声明,AT%是关键字,Q 表示输出
    // * 表示自动分配一个内存地址给这个变量
    light AT %Q *  :ARRAY[0..7] OF BOOL;
    i:INT:=0;                  //定义一个整型变量并赋初值 0
    t1:TON;                    //TON 表示定时器功能块,下面语句定义 8 个定时器 t1~t8
    t2:TON;                    //TON 为一个功能块:当输入为高电平时,计时器开始计时
    t3:TON;                    //CV 表示计时器计时的当前值,而 PV 则是计时的目标值
    t4:TON;                    //当 CV 的值等于 PV 的值时,输出置“1”
    t5:TON;
    t6:TON;
    t7:TON;
    t8:TON;
END_VAR
```

程序主体部分如下。

```
    CASE i OF
    0:
        light[0];
        //下面对 t1 进行配置,IN 表示上升沿开始计时,要保持高直到 Q 输出,PT 为定时时间
        //Q 是输出,在定时时间到后置“1”,ET 为定时器工作实时时间
        t1(IN:=light[0],PT:=T#0.1S,Q=>,ET=> );
        light[0]:=NOT t1.Q;         //NOT 为非运算
        IF t1.Q THEN
            i:=i+1;                        //将变量 i 加 1 以进入下一个 CASE 语句
        END_IF
    1:
        light[1];
        t2(IN:=light[1],PT:=T#0.1S,Q=>,ET=> );
        light[1]:=NOT t2.Q;   //NOT 为非运算
        IF t2.Q THEN
            i:=i+1;
        END_IF
    2:
        light[2];
        t3(IN:=light[2],PT:=T#0.1S,Q=>,ET=> );
        light[2]:=NOT t3.Q;   //NOT 为非运算
        IF t3.Q THEN
```

```
        i:=i+1;
    END_IF
3:
    light[3];
    t4(IN:=light[3],PT:=T#0.1S,Q=>,ET=>);
    light[3]:=NOT t4.Q;   //NOT 为非运算
    IF t4.Q THEN
        i:=i+1;
    END_IF
4:
    light[4];
    t5(IN:=light[4],PT:=T#0.1S,Q=>,ET=>);
    light[4]:=NOT t5.Q;   //NOT 为非运算
    IF t5.Q THEN
        i:=i+1;
    END_IF
5:
    light[5];
    t6(IN:=light[5],PT:=T#0.1S,Q=>,ET=>);
    light[5]:=NOT t6.Q;   //NOT 为非运算
    IF t6.Q THEN
        i:=i+1;
    END_IF
6:
    light[6];
    t1(IN:=light[6],PT:=T#0.1S,Q=>,ET=>);
    light[6]:=NOT t7.Q;   //NOT 为非运算
    IF t7.Q THEN
        i:=i+1;
    END_IF
7:
    light[7];
    t8(IN:=light[7],PT:=T#0.1S,Q=>,ET=>);
    light[7]:=NOT t8.Q;   //NOT 为非运算
    IF t8.Q THEN
        i:=0;
    END_IF
    END_CASE
```

3）保存，然后右击“解决方案”，单击“重新生成解决方案”，如图 11-25 所示。

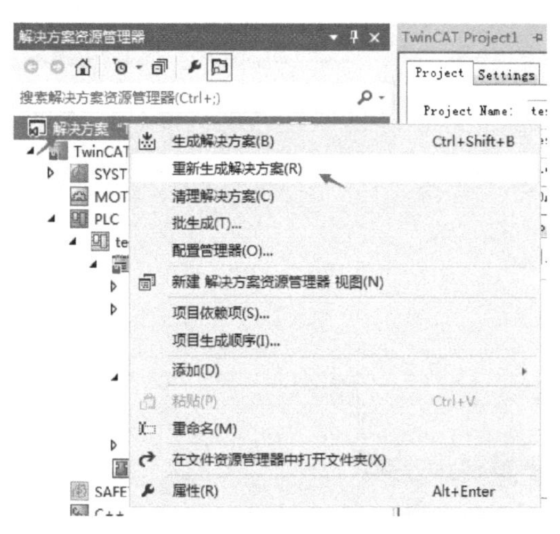

图 11-25　重新生成解决方案

编译完成后，显示如图 11-26 所示界面。

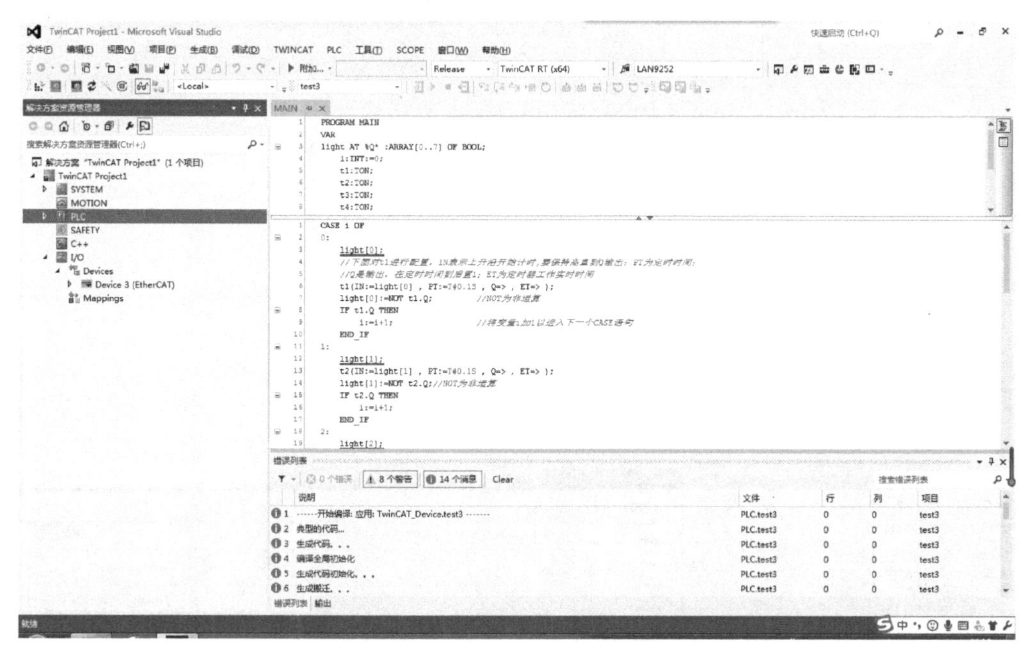

图 11-26　流水灯程序编译完成界面

4）从站设置为 DC 模式，单击“Box 1”→“DC-Synchron”，具体操作如图 11-27 所示。

单击“TWINCAT”→“Restart TwinCAT（Config Mode）”来重启 TwinCAT，如图 11-28 所示。

单击“Online”界面，可以看到状态机正常进入 OP 状态。

5）链接 PLC 端口到对象字典。

打开“MAIN. light”，双击“MAIN. light［0］”，然后单击“Variable”中的“Linked to”，如图 11-29 所示。此窗口要先勾选“All Types”，再选择需要链接的对象，然后单击“OK”。

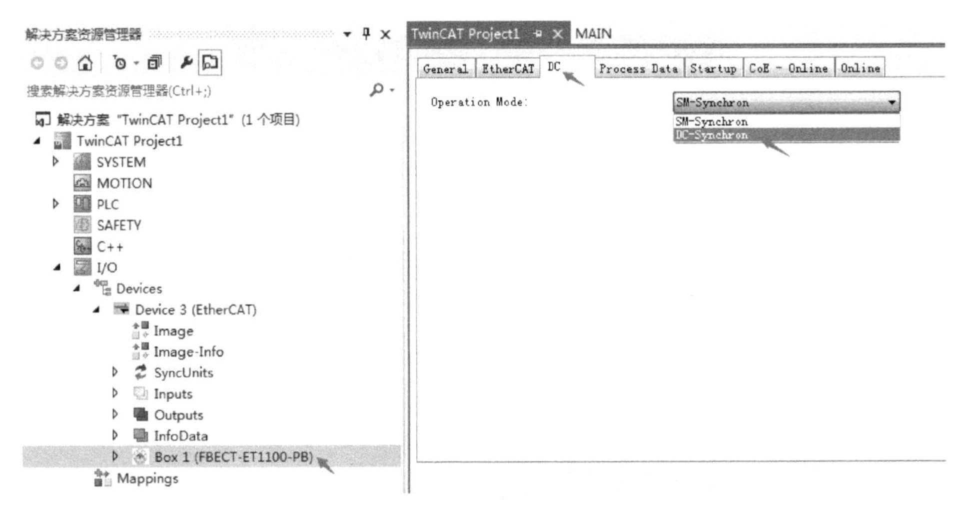

图 11-27 设置从站为 DC 模式

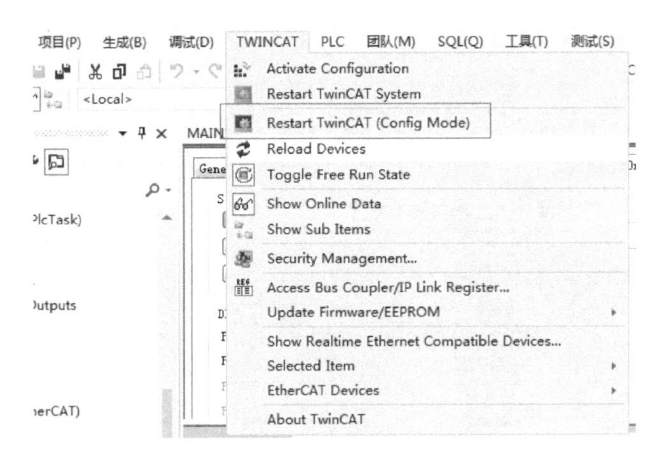

图 11-28 重启 TwinCAT 选项

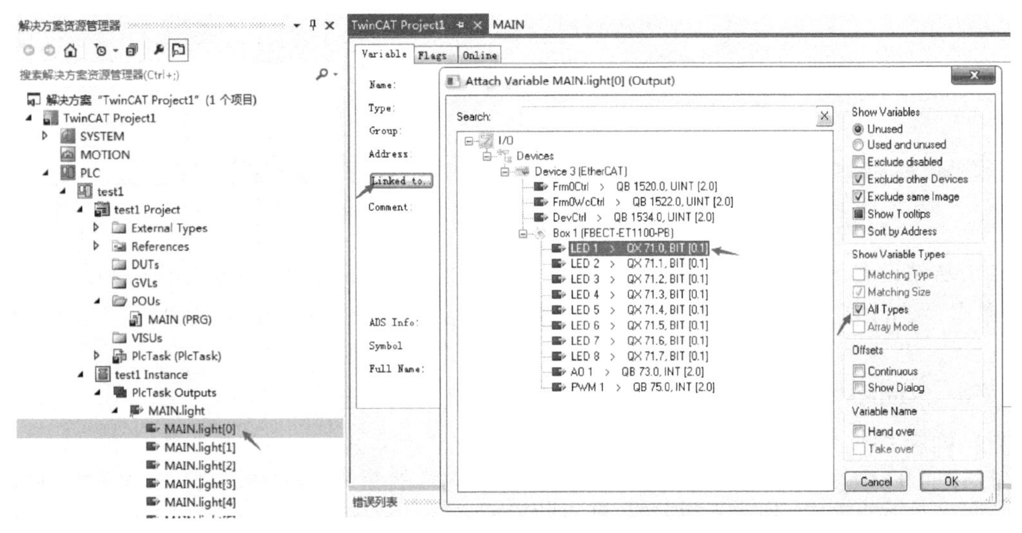

图 11-29 链接 PLC 端口到对象字典

在该 PLC 程序中是对数组 light 中的布尔变量进行操作的，将布尔变量与和硬件设备相关联的对象字典进行链接，便可将对布尔变量的操作映射到硬件设备。在该 PLC 程序中体现为数组中布尔的状态与所链接的 LED 发光二极管的状态一一对应。

按照同样的方法链接 “MAIN. light ［1］”～“MAIN. light ［7］”，链接完成后的界面如图 11-30 所示。

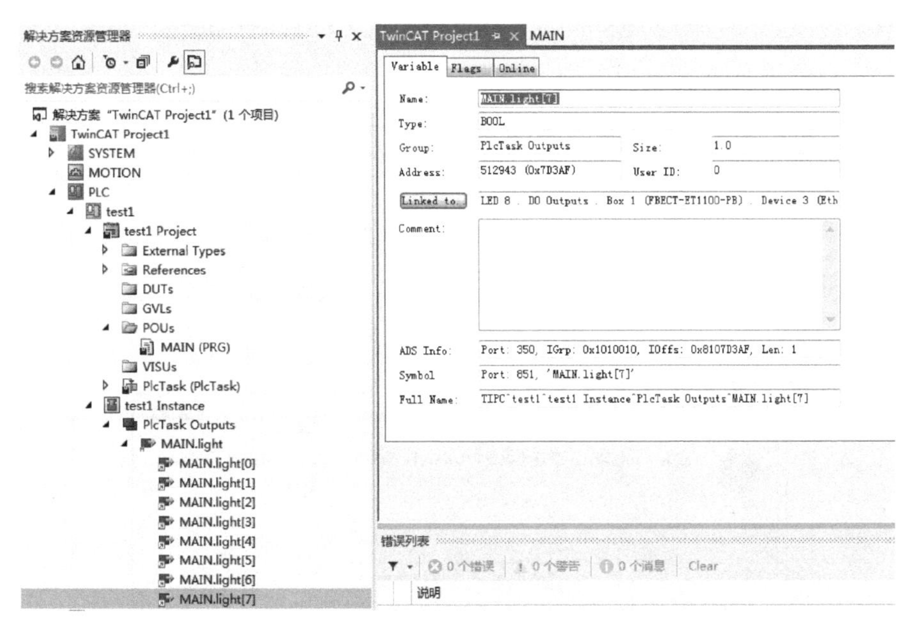

图 11-30　依次链接 MAIN. light

6）单击 “TWINCAT”→“Activate Configuration”，激活配置，如图 11-31 所示。

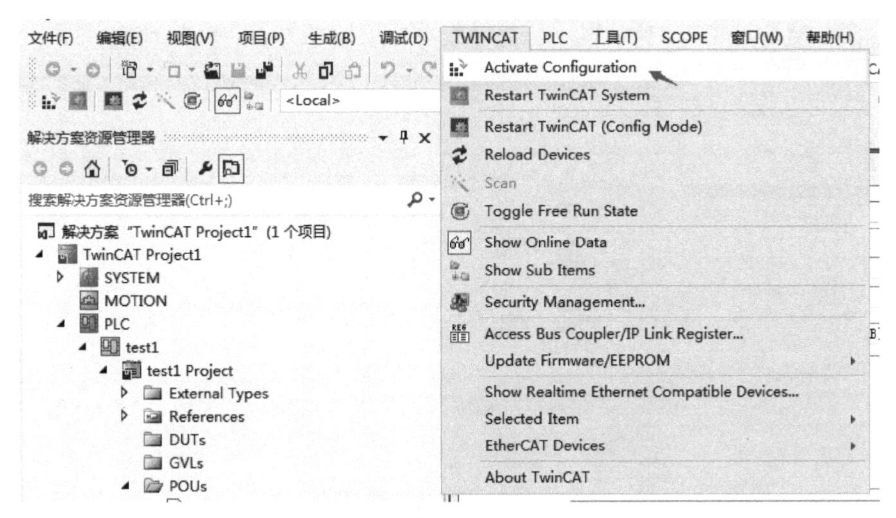

图 11-31　激活 TwinCAT 配置

7）运行 PLC 程序。右键单击 “test3 Project”，单击 “登录”，如图 11-32 所示。然后单击 “Yes”，如图 11-33 所示。其中 “Port_851” 是 PLC 的端口。

登录成功后显示如图 11-34 所示界面。

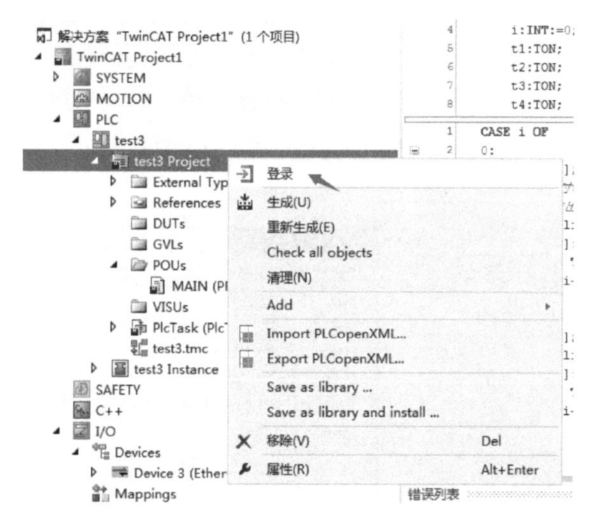

图 11-32　登录 PLC 程序

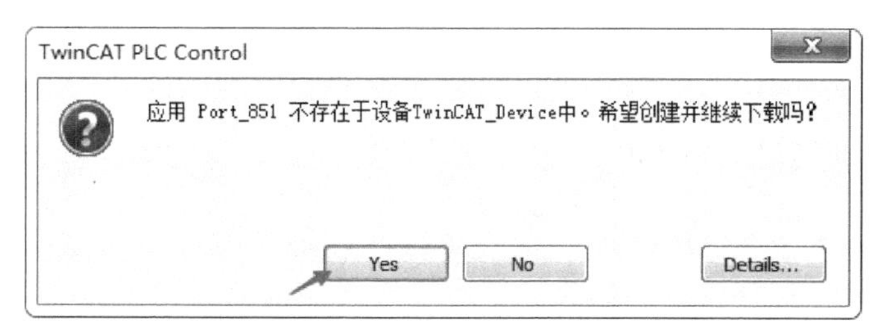

图 11-33　创建应用 Port_851

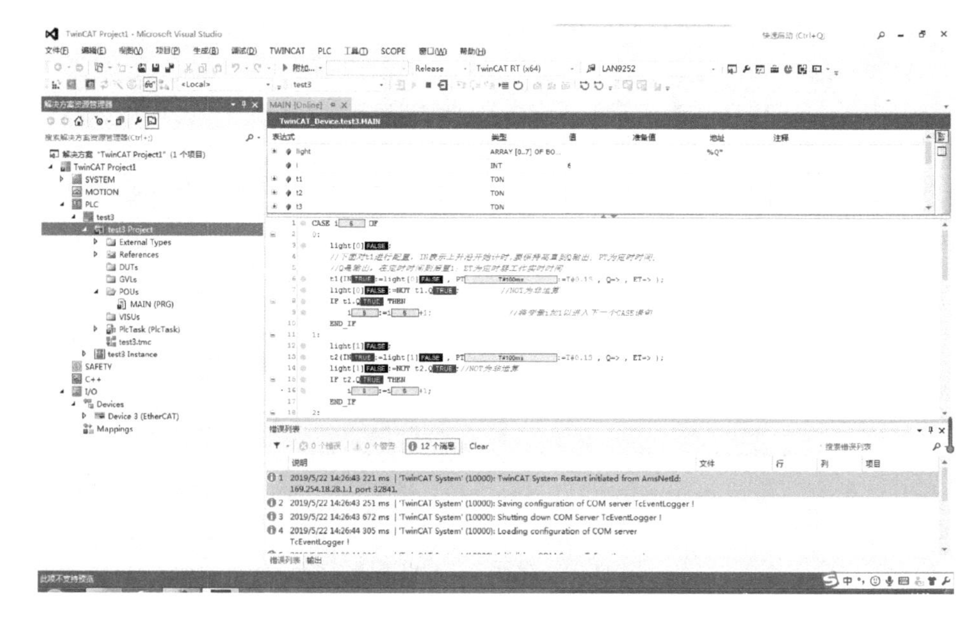

图 11-34　登录成功界面

最后启动 PLC，单击“PLC”→“启动”，具体操作如图 11-35 所示。

图 11-35　启动 PLC

可以看到从站开发板上 LED 1~LED 8 逐次闪烁。

习　题

第 1 章

1. 什么是现场总线？
2. IEC 61158 第四版主要包括哪些内容？
3. 工业控制网络应满足哪些要求？
4. 什么是工业以太网？它有哪些优势？
5. 工业以太网的主要标准有哪些？
6. 画出工业以太网的通信模型。工业以太网与商用以太网相比，具有哪些特征？
7. 画出实时工业以太网实现模型，并对实现模型做说明。
8. 简述 3 种工业以太网的特点。

第 2 章

1. EtherCAT 工业以太网的主要特点是什么？
2. EtherCAT 的通信方式分为哪两种？
3. 什么是存储同步管理 SM？EtherCAT 定义了哪两种同步管理器（SM）运行模式？并简述两种运行模式。
4. EtherCAT 应用层的作用是什么？说明 EtherCAT 的协议结构。
5. 什么是简单从站设备？
6. 什么是复杂从站设备？
7. 什么是 EtherCAT 邮箱？
8. EtherCAT 设备行规包括哪几种？
9. CANopen 标准应用层行规主要有哪些？
10. 画出 EtherCAT 系统运行图，并做简要说明。
11. 简述 EtherCAT 主站的组成。
12. 简述 EtherCAT 从站的组成。
13. 简述 OSI 和 EtherCAT 各层对应关系。
14. 什么是现场总线应用层（FAL）？
15. 什么是 DLL-PHL 接口？
16. 什么是媒体相关子层（MDS）？
17. 简述 EtherCAT 数据链路层的工作原理。
18. 说明 EtherCAT 从站的拓扑结构。
19. 简述 EtherCAT 的报文寻址。
20. 什么是现场总线内存管理单元（FMMU）？
21. FMMU 操作具有哪些功能特点？
22. EtherCAT 支持的通信服务命令有哪些？

第 3 章

1. EtherCAT 从站控制器主要有哪些功能块？
2. 说明 EtherCAT 数据报的结构。

3. EtherCAT 数据报的工作计数器（WKC）字段的作用是什么？
4. EtherCAT 从站控制器的主要功能是什么？
5. EtherCAT 从站控制器内部存储空间是如何配置的？
6. 简述 EtherCAT 从站控制器的特征信息。
7. 简述 EtherCAT 从站控制器（ESC）ET1100 的组成。
8. EtherCAT 从站控制器（ESC）ET1100 的 PDI 有什么功能？
9. 说明 EtherCAT 从站控制器（ESC）ET1100 的 MII 接口的基本功能。
10. ET1100 的 MII 接口信号有哪些？画出 ET1100 端口 0 的 MII 接口电路图。
11. 画出 ET1100 和 16 位微控制器的异步接口电路图，并说明所用的微控制器信号。
12. 说明 EtherCAT 从站控制器的帧处理顺序。
13. 简述分布时钟同步信号的 4 种模式。
14. 简述 EtherCAT 从站控制器 LAN9252 的组成。
15. EtherCAT 从站控制器 LAN9252 具有哪些主要特点？
16. LAN9252 提供哪两个用户可选的主机总线接口？分别做说明。
17. LAN9252 提供哪三种工作模式？分别做说明。
18. 画出 LAN9252 的寄存器地址映射图。
19. LAN9252 的中断源有哪些？
20. LAN9252 的主机总线接口（HBI）模块提供的功能由哪些？
21. AX58100 主要有哪几部分组成？
22. AX58100 有哪些主要特点？
23. AX58100 应用领域有哪些？
24. 画出 8/16 位微控制器通过局部总线与 AX58100 的接口电路。
25. 说明 TI 的 EtherCAT 解决方案的软件架构。
26. AR3359 的 PRU-ICSS 的功能是什么？
27. netX 网络控制器的特点是什么？
28. netX 网络控制器的技术特点是什么？
29. netX 网络控制器能为哪些现场总线和工业以太网提供解决方案？
30. netX 网络控制器产品的分类？
31. Anybus CompactCom 接口有几种形式？主要能实现哪些现场总线与工业以太网？
32. NP40 网络处理器的实现的主要功能是什么？

第 4 章

1. 画出基于 ET1100 的 EtherCAT 从站总体结构图，说明由哪几部分组成？

2. 画出 ET1100 与 STM32F407ZET6 的 FSMC 接口电路图，编写 STM32F407ZET6 的 FSMC 接口的初始化程序。

3. 画出 EtherCAT 从站控制器 ET1100 应用电路图，简要说明该电路图的工作原理和功能。

4. FSMC 驱动程序的作用是什么？说明 STM32 微控制器的 FSMC 存储块的分配。

5. 画出 ET1100 引脚的配置电路，说明其作用。

6. EtherCAT 从站 PHY 器件应满足哪些条件？

7. 物理层收发器 KS8721 有哪些特点？说明其功能。

8. 画出 ET1100 与 KS8721BL 的接口电路图，简要说明其功能。

9. 画出直接 I/O 控制 EtherCAT 从站控制器 ET1100 应用电路图，简要说明其功能。

10. 基于 LAN9252 的 EtherCAT 从站总体结构如图。

11. 画出基于 LAN9252 的 EtherCAT 从站总体结构图，说明由哪几部分组成？

12. 画出 LAN9252 与 STM32F407ZET6 的 FSMC 接口电路图，简述其工作原理。

13. 画出 EtherCAT 从站控制器 LAN9252 应用电路图，简要说明该电路图的工作原理和功能。

14. 简述 8 通道模拟量输入板卡测量与断线检测电路的工作原理。

15. 简述 8 通道热电偶测量与断线检测电路的工作原理。

16. 简述 8 通道热电阻测量与自检电路的工作原理。

17. 简述 4 通道模拟量输出板卡 PWM 输出与断线检测电路的工作原理。

18. 简述 16 通道数字量输入板卡信号检测电路的工作原理。

19. 简述 16 通道数字量输出板卡输出自检电路的工作原理。

20. 简述 16 通道数字量输出板卡外配电压检测电路的工作原理。

第 5 章

1. EtherCAT 从站的评估板或开发板的作用是什么？

2. EL9800 基板支持哪四个物理、可配置的过程数据接口？

3. 简述 EL9800 评估板的功能。

4. 说明数字 I/O EtherCAT 从站配置步骤。

5. 说明从站栈代码工程创建步骤。

6. 简述 EtherCAT 从站栈代码 SSC 的功能。

7. EtherCAT 从站栈代码由哪三个部分组成？

8. EtherCAT 从站栈代码与硬件相关的设置有哪些？

9. SSC 硬件存取实现需要支持哪些特性？

10. SSC 函数有哪些？

第 6 章

1. 什么是 EtherCAT 从站信息规范？

2. XML 文件的作用是什么？

3. XML 具有哪些特点？

4. XML 主要应用领域有哪些？

5. ESI 文件基于什么架构？

6. 说明 XML 数据类型。

7. 说明 EtherCAT 从站配置信息的结构。

8. 说明 Vendor 的结构。

9. 说明 Devices 元素包含的内容。

第 7 章

1. CAN 具有哪些特点？

2. 什么是 CANopen 协议？

3. 什么是 CAL（CAN Application Layer）协议？
4. CAL 提供了哪四种应用层服务功能？
5. 简述 CANopen 的数据通信模型。
6. 什么是对象描述？
7. 简述 CANopen 的物理层。
8. 简述 CANopen 的应用层。
9. CANopen 规范中所定义的基本通信服务有哪些？
10. 什么是对象字典？
11. 说明 CANopen 对象字典的结构。
12. 服务数据对象 SDO 是什么？
13. 过程数据对象 PDO 是什么？
14. IEC 61800-7 由哪三部分组成？
15. 简述 CiA402 子协议。
16. CoE 主要功能有哪些？
17. 简述 CoE 通信数据对象。
18. 简述什么是 CoE 周期性过程数据通信。
19. PDO 过程数据映射分为哪几种形式？
20. 简述什么是 CoE 非周期性数据通信。
21. SDO 有哪三种传输服务？
22. CANopen 驱动数据对象有哪些？
23. CANopen 驱动行规定义了哪些模式？
24. 画出 CiA 402 伺服驱动器的状态机示意图，并对状态机各状态进行简要说明。
25. 说明 CiA 402 设备控制相关对象。
26. CiA 402 伺服驱动器支持哪五种停机方式？
27. 伺服驱动器支持的 CiA402 运行模式有哪些？

第 8 章

1. EtherCAT 定义了哪两类主站？并对这两类主站做简要说明。
2. EtherCAT 主站的功能由哪些？
3. 简述 TwinCAT 3 EtherCAT 主站的功能。
4. TwinCAT PLC 是如何与外设 I/O 连接的？
5. Acontis EtherCAT 产品有哪些系列？
6. 简述 Acontis EtherCAT 主站完整解决方案。
7. EC-Win 主要特点是什么？
8. EC-Win 系统管理软件具有哪些特点？
9. EtherCAT Master runtime 有什么功能？
10. Acontis EtherCAT 主站运行特点是什么？
11. EtherCAT 主站协议栈 EC-Master 有什么特点？
12. Acontis 功能扩展包包括哪些内容？
13. EC-Engineer 有什么功能？

14. EC-Motion 产品包括哪些内容？
15. Acontis 主站用户有哪些？
16. IgH EtherCAT 具有哪些功能？
17. 简述 IgH EtherCAT 主站架构。
18. SOEM EtherCAT 主站的主要功能有哪些？
19. SOEM v1.4.0 版本有哪些特点？
20. SOEM 协议栈采用哪 5 层结构？并做简要说明。
21. KPA EtherCAT 提供哪些产品和服务？
22. KPA 自动化软件平台主要特性有哪些？
23. KPA 支持的硬件平台/供应商有哪些？
24. KPA 支持的操作系统有哪些？
25. 简述 KPA EtherCAT 主站协议栈架构。
26. KPA EtherCAT Studio 主要特性和功能有哪些？
27. KPA EtherCAT Studio 的主站配置包括哪些内容？
28. KPA EtherCAT Studio 的从站配置主要有哪些功能？
29. KPA 运动控制库的亮点是什么？
30. RSW-ECAT Master EtherCAT 主站的特点是什么？
31. RSW-ECAT Master 的系统是如何配置的？
32. RSW-ECAT Master 主站协议栈提供主要哪些 API 函数？
33. 说明 RSW-ECAT 控制从站的步骤。

第 9 章

1. EtherCAT 从站采用 STM32F4 微控制器和 ET1100 从站控制器，说明 EtherCAT 从站驱动和应用程序代码包的架构。
2. EtherCAT 通信协议和应用层控制相关的文件有哪些？
3. 从站驱动和应用程序的主函数实现哪些任务？
4. 简述 STM32 硬件初始化函数 HW_ Init（）的执行过程。
5. 简述函数 MainInit（）的执行过程。
6. 简述函数 ECAT_ Init（）执行过程。
7. 简述 EtherCAT 从站周期性过程数据处理的方式。
8. 说明函数 MainLoop（）的执行过程。
9. 说明中断函数 PDI_ Isr（）的执行过程。
10. 说明函数 Sync0_ Isr（）的执行过程。
11. 简述 EtherCAT 从站状态机转换。
12. 说明函数 AL_ ControlInd（）的执行过程。
13. 说明函数 MBX_ StartMailboxHandler（）的执行过程。
14. 说明函数 StartInputHandler（）的执行过程。
15. 说明函数 StartOutputHandler（）的执行过程。
16. 说明 EtherCAT 从站到主站的数据传输过程。
17. 说明 EtherCAT 主站到从站的数据传输过程。

第 10 章

1. 如果 EtherCAT 从站驱动和应用程序要移植到其他微处理器或微控制器，需要更改的相关代码文件包括哪些？

2. EtherCAT 从站增加 DI/DO 和 AI/AO 变量的相同点是什么？

3. EtherCAT 从站增加 DI/DO 和 AI/AO 变量的不同点是什么？

4. 写出 16 个 DI/DO 和 AI/AO 变量的 XML 文件。

5. STM32 程序需要修改 el9800appl. h 文件的哪些内容？

6. EtherCAT 从站增加到 16 个 DI/DO 和 AI/AO 变量，需修改哪些相应的从站驱动和应用程序？

参考文献

[1] 李正军，李潇然．现场总线及其应用技术［M］．2版．北京：机械工业出版社，2017.

[2] 李正军，李潇然．现场总线与工业以太网［M］．北京：中国电力出版社，2018.

[3] 李正军．现场总线与工业以太网及其应用技术［M］．北京：机械工业出版社，2011.

[4] 李正军．计算机控制系统［M］．3版．北京：机械工业出版社，2015.

[5] 李正军．计算机测控系统设计与应用［M］．北京：机械工业出版社，2004.

[6] 李正军．现场总线与工业以太网及其应用系统设计［M］．北京：人民邮电出版社，2006.

[7] Holger Zeltwanger．现场总线 CANopen 设计与应用［M］．周立功，黄晓清，彦寒亮，译．北京：北京航空航天大学出版社，2011.

[8] 郇极，刘艳强．工业以太网现场总线 EtherCAT 驱动程序设计及应用［M］．北京：北京航空航天大学出版社，2010.

[9] 肖维荣，王谨秋，宋华振．开源实时以太网 POWERLINK 详解［M］．北京：机械工业出版社，2015.

[10] 梁庚．工业测控系统实时以太网现场总线技术——EPA 原理及应用［M］．北京：中国电力出版社，2013.

[11] 刘火良，杨森．STM32 库开发实战指南［M］．北京：机械工业出版社，2018.

[12] 靳新，谢进军．XML 基础教程［M］．北京：清华大学出版社，2018.

[13] 中华人民共和国国家质量监督检验检疫总局，中国国家标准化管理委员会．工业以太网现场总线 Ether CAT 第1部分：概述［S］．北京：中国标准出版社，2015.

[14] 中华人民共和国国家质量监督检验检疫总局，中国国家标准化管理委员会．工业以太网现场总线 Ether CAT 第2部分：物理层服务和协议规范［S］．北京：中国标准出版社，2015.

[15] 中华人民共和国国家质量监督检验检疫总局，中国国家标准化管理委员会．工业以太网现场总线 Ether CAT 第3部分：数据链路层服务定义［S］．北京：中国标准出版社，2015.

[16] 中华人民共和国国家质量监督检验检疫总局，中国国家标准化管理委员会．工业以太网现场总线 Ether CAT 第4部分：数据链路层服务定义［S］．北京：中国标准出版社，2015.

[17] 中华人民共和国国家质量监督检验检疫总局，中国国家标准化管理委员会．工业以太网现场总线 Ether CAT 第5部分：应用层服务定义［S］．北京：中国标准出版社，2015.

[18] 中华人民共和国国家质量监督检验检疫总局，中国国家标准化管理委员会．工业以太网现场总线 Ether CAT 第6部分：应用层协议规范［S］．北京：中国标准出版社，2015.

[19] Beckhoff Automation GmbH & Co. KG. ethercat_et1100_datasheet_v2i0. 2017.

[20] Beckhoff Automation GmbH & Co. KG. ethercat_esc_datasheet_secl_technology_2i3. 2017.

[21] Microchip Technology Inc.. LAN9252 datasheet. 2015.

[22] Micrel, Inc.. KS8721BL/SL datasheet. 2005.

[23] Beckhoff Automation GmbH & Co. KG. an_el9800_vli7. 2018.

[24] Beckhoff Automation GmbH & Co. KG. el9800e_ver4. 0. 1. 2018.

[25] Beckhoff Automation GmbH & Co. KG. AN_ET9300. 2015.

[26] Beckhoff Automation GmbH & Co. KG. ethercat_esc_datasheet_secl_technology_2i3. 2017.

[27] Beckhoff Automation GmbH & Co. KG. ethercat_sec_datasheet_sec2_registers_2i9. 2017.

[28] Beckhoff Automation GmbH & Co. KG. an_phy_selection_guidev2. 4. 2015.

[29] ETG. ETG2000_S_R_V1i0i6_Ether CATSlaveInformationSpecification. 2014.

[30] ETG. ETG1500_V1i0i2_D_R_MasterClasses. 2019.

[31] ASIX Electronics Corporation. AX58100_Datasheet_v103. 2019.

[32] ETG. GiA402_ImplDirective. pdf. 2014.

[33] Geneva. IEC Press. IEC 61800-7-1：Adjustable speed electrical power drive systems-Part 7-1：Generic interface and use of profiles for power drive systems-Interface definition［S］. 2014.

[34] Geneva. IEC Press. IEC 61800-7-200：Adjustable speed electrical power drives systems-Part 7-200：Generic int erface and use of profiles for power drive systems-Profile specifications［S］. 2014.

[35] Geneva. IEC Press. IEC 61800-7-300：Adjustable speed electrical power drives systems-Part 7-300：Generic inte rface and use of profiles for power drive systems-Mapping of profiles to network technologies［S］. 2014.

[36] 毕孚自动化设备贸易（上海）有限公司．Twin CAT 3 入门教程．2015.